"十二五"国家重点图书出版规划项目
江苏高校优势学科建设工程资助项目（PAPD）
南京艺术学院学术著作出版基金资助

王琥 著

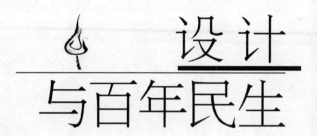

设 计
与百年民生

江苏凤凰美术出版社

　　《设计与百年民生》是一部按照中国社会近现代历史发展轨迹来探讨中国近现代设计历史的学术性研究论著，而不是一部单纯的设计史编著。本书以设计学入手，大量运用了现代经济学、社会学和艺术学、历史学的分析研究手法，着眼于深入分析、研究对近现代中国设计事物发生、存在、发展起到基础性影响的社会形态与产业背景以及风俗民情、商业宣传等决定性因素，从中梳理出以民生商品的创意设计——生产制造——物流销售为"产业链"形态不断完善、不断改良的历史事实对中国近现代设计事物支配性的作用，也总结出一条中国设计百年得失最为关键的经验教训：设计事物文化属性的最根本内容和最基本价值，全在于设计事物对社会绝大多数人的生活品质改良与生产效率提升。本书全部的学术见解和立论依据全是围绕着这个核心展开的。

　　本书具有创新性的学术观点主要有几点：1. 占社会总人口绝大多数的主流消费群体（民众百姓）是近现代中国设计史的发展主线；2. 近现代中国设计的百年历史本身就是一部百年文化发展史，是少数人通过文化媒介对绝大多数人逐步地、持续地产生巨大影响和良好作用的伟大社会改良运动；3. 近现代中国设计产销业态的发生、发展，是中国社会工业化、现代化百年努力的具体成果，也是最重要的组成部分；4. 中国当代设计产业的唯一出路是建立更符合客观规律的自由、公平竞争的市场环境和个人权益得到充分保障的法制、民主社会。

《设计与百年民生》相关内容，侧重点是本书作者对近现代中国民生设计发生、发展的文化成因（民生状态、产业背景、时局与社会风俗等）和设计事物之间关系所作的宏观性研究。本书既不是对设计史的编纂，也不涉及对设计个案的具体分析，特此敬告读者。

《设计与百年民生》的所谓"百年"，大致划定在清光绪二十年（1894年）甲午战争爆发至改革开放20世纪90年代中期的前后约一百年。因为这一百年的中国，一直处于剧烈而深刻的社会变革与转型时期，各种影响了过去与现在、并足以影响未来中国的文化事物，大多产生于这一百年。近现代中国民生设计及产销业态，是这个百年社会变革的标记性文化事物之一。

太平天国运动和两次鸦片战争失利的内忧外患，虽然确已撼动大清国本，但政体吏治、经济制度并未大变，尤其是作为中国社会精英阶层的文化名流们，尚在续梦回春，以为西洋之坚船利炮，无非奇技淫巧，自家小打小闹地搞点洋务运动，"中学为体，西学为用"（[清]张之洞著《劝学篇》），便可峰回路转，国运再兴。可甲午一役，东洋海军以劣势军力，全歼号称"集半数亚洲诸国兵舰总吨位之和"的大清北洋水师，丢地赔款，丧权辱国，终使全社会有识之士集体梦醒，方知老大帝国早已千疮百孔、风光不再了，由此明白了一个大道理：用当年闻达之士痛心疾首的话说，就是"臣民打不过国民"；用今天的时髦话说，就是"专制社会的草民打不过开明社会的刁民"。这种全中国社会自上至下的全员觉悟，方见改良举措有所递进。随后的列强大举输入西洋文化，通商口岸华洋混居的殖民文化传播，正是近现代中国民生设计之肇始。时至20世纪90年代，正值改革开放初见成效：工业化初步完成，转型时期剧烈波动渐见平复，政治经济改革步入正轨，一个三百年沉沦不已的庞大而羸弱的民族开始快速崛起,其速也急,其势也猛,仿佛一夜之间就从根本上彻底撼动了全世界的经济秩序和文化构架,并开始改变全世界的政治版图。中国崛起给全世界带来的巨大震动,一如百年前八国联军侵占中国皇城一样引人瞩目。

这短短的一百年跨越了古代至近代、近代至现代、现代至当代三个中国社会艰难转型的历史时期,集中反映了中国社会积弊顽症和图新自强两种文化相互交织、反复缠斗的百年奋斗历史。甲午战争后,中国的文化精英开始真正意识到:社会改良,首先是人的改良;要想"强国",首先要"富民"。从此中国的文化史、政治史、经济史包括设计史,始终贯穿了一个词:"求新图变"。几千年华夏文明从未有过如此之全幅震荡和剧烈转向。这种社会变革的烈度,亘古未有,彻底撼动了曾延续数千年的中国社会基础结构,影响深达全社会的方方面面,涉及每一个阶层、每一个人。中国人民在这个沧桑巨变的百年历史中付出了上亿条生命的巨大代价,炮火连天,血流漂杵,哀鸿遍野,饿殍满目,新政改良或暴力革命,几乎一直是中国百年历史的主旋律。中国文化体系的重新建构和新文化形象的重新树立,正是在昔日辉煌大厦的满眼瓦砾中得以萌发,犹如凤凰涅槃般浴火重生。中国社会的百年经历是如此之艰难曲折,百年创伤是如此之巨痛惨烈,纵观人类文明史,唯西罗马帝国灭亡、法国大革命和美国南北战争带给世界之震撼,可与之比肩。终于在 20 世纪末,中国社会展示出震撼世界的发展态势,正说明这种文化改造后体现出的勃勃生机和所预示的巨大进步潜力。

百年变革的核心内容,是涉及全社会绝大多数成员的生存状态(生产方式加生活方式)的无数新事物在中国社会相继出现、发展、扎根——近现代中国民生设计(创意及产销业态)发展史,正是中国百年变革历史的一个缩影。究竟是以国家政权意志为中心的"强国论",还是以个性解放、强调个体的自由意志为中心的"富民论"(其核心内容为:天赋人权;法律面前人人平等,人人享有言论、结社、职业、信仰的选择自由;私有财产神圣不可侵犯;政府、议会和司法"三权分立"的法治制度等等),也许这正是"反帝反封建"的"五四"新文化运动与在其百年之前影响力就传遍全世界的欧洲启蒙主义运动之间真正的差距所在。由于这种认识与实践上存在着的巨大差距,造成了中国社会百年革新历史颇多坎坷的主要原因。与严酷的政治现实不同,"民生商品设计"这一块,恰好是近现代中国社会成长得最好的"文明之花",它既集中体现了近现代西方人文与自然科学的精髓所在(人人生来平等的民主概念和自由公平竞争的市场原则),同时在推动社会变革、促进科学民主意识和改造旧体制社会下的经济模式、政治制度、民俗国情的关系衔接上,不那么激烈、不那么暴力、不那么突兀,特别能让社会主流群体的老百姓相对容易接受。在近现代中国历史中的很长一段时期,作为民生设计产物的民生商品,实质上充当了普及西方式科学民主等文明思想的最好载体。

上述理由就是为什么本书作者在书中一再强调"近现代中国民生设计与中国传统手工艺是在形式上相互承接、交叉渗透,在性质上又泾渭分明、截然不同的两种产销业态"的原因。每一个文明社会的进步成长,必然出现这种新旧产业形式的转型经历,这种新旧更替的转型速度的快与慢,程度的深与浅,直接地代表了每个即时社会的文化生态——本书作者把文化生态直接理解为事物产生的社会状态与经济背景。《设计与百年民生》就是对近现代中国设计事物成因中最关键的基础条件(民生状态和产业背景以及社会时局、舆情民俗、设计特征)所做出的一种回顾与梳理,并由此得出个人的研究结论。

一、民生设计的文化价值

在任何社会,包括设计事物在内的所有人造事物,都是每一个人赖以生存的物质形态和精神载体。百年中国设计,正好是中国社会百年巨变的缩影,最集中地反映了百年来中国人的生活状态、生产手段及文化传统、审美取向。正因为设计事物人人涉足,较之其他学科,涉及人数最多,涉及面最广,也最直观、最普及,对百年中国社会的变革与定型,程度最深,影响最大。市镇升斗小民与乡村耕牧农夫,他们可能一辈子没去过京城,不知道谁当皇帝、总统或主席,也可能一辈子没听说过胡适、林语堂、鲁迅和美利坚、法兰西、英吉利,甚至一辈子目不识丁,一辈子不懂音乐、哲学,但绝不可能一辈子不造物、不用物。中国的百年设计历史,正是通过无数细小的事物,直接或间接地全方位地改造了中国社会的文化史。往往出现这样的情形:每一件新出现的设计事物,都是对中国社会既有物质形态与精神架构的一个巨大的挑战和突破,从衣食行住,到闲用文玩。一个白炽灯泡,能给上至皇族王公、中至商贾衙役、下至工匠农妇,带来恍如隔世的观念巨变。一件免袖、立领、高开衩的民国旗袍,能给一个封闭小镇带来革命性的伦理意识突破,所有既往的道德、审美、人伦皆为之剧变。正因为检验设计事物成败的标准,直接取决于它在社会上承传、散播、影响的长度、广度和高度(即对传统事物进行界定的"三维尺度",详见拙作《设计史鉴·思想篇》,江苏美术出版社,2011 年版),而能使设计事物承传、散播、影响的"设计消费体",最主要就是无数普通老百姓。缺少了普通老百姓的使用、流传和认可,任何设计事物都只是昙花一现,既传不下去,也统不起来,更不可能成为中国百年文化改造运动(最主要的受体是全社会绝大多数中国人的生产方式与生活方式)的动因和媒介。因此,中国百年民生设计,是中国百年文化改造的最佳载体,其价值和重要性,远大于中国文化精英们自以为是的估计。对民生设计文化影响价值的认可与否定,这是个大是大非的关键问题,甚至可以说是鉴别设计史论学者"可靠身份"的试金石。时至今日,如果还有人继续罔顾占社会成员绝大多数的普通百姓对中国设计决定性影响和作用,总把眼睛盯在旧货市场、拍卖行、博物馆玻璃展橱里那些"美轮美奂"的御用、官造器物上,以为是宫廷"造办处"和形形色色的"侍卫室""政府机关管理局"缔造了中国百年设计史,那就不仅仅是"精英意识"和"史官情结"在作怪的问题了,直接可以判断为基本不懂设计是何物、基本属于设计学的门外汉。还不仅如此,甚至完全可以质疑其文化人的身份:没有正视百年来民生设计对中国社会的巨大影响和重要作用,说明本身就不懂"文化"这个词汇的真实涵义。

"文化"，不仅仅是《新华字典》撰写的词条那么简单。从先民发明了"文"这个甲骨文字形起，"文"就是"人"，"文化"就是"人化"，专指人对人的影响、人对人的作用。对人的正面作用和影响力越大，文化价值就越大。从设计学角度看，由一个人创意产生、制作完成的一件设计事物，由一群人学习、传播、改良、再传播，从而使一辈人、几代人受益而改变了原有状态，提升了自身生产和生活的品质——办这事你都跟我学着做了，说明我已经影响了你、对你起了作用，我还不比你更有文化？文化的涵义，绝不仅仅是会背几句诗、会认几个字那么简单、肤浅。文化的核心，是人造事物的作用力与影响力，即"以文化人"，是人所创造的人为事物（包括设计事物这种人造事物）对其他人产生的良好影响和促进作用。离开了这个前提，有文无化，形同虚废，会几句歪诗、识几个破字又有何用？"君子生非异也，善假于物"（《荀子·劝学》），荀子如何巧妙利用客观自然条件的"假物借力"观点，便包含了设计事物这种人所独具的最高文明智慧。民生设计中的"文化"，正是通过"人对物的克化"来实现"人对人的教化"，这是最符合设计学范畴的"文化"概念。

与百年来中国社会涌现的许多新事物的命名一样，"工艺美术"和"设计"这两个词，都是地道的日源词，但所说的事物大致都是一个范畴，只是词汇在中国社会输入和流行的时间不一样，因此在性质、构建上存在诸多差异。其他在白话文兴起时代先后融入新汉语词汇的日源词，仅常用词汇也不下数百。百年前的东洋社会，从已历时近百年的福泽谕吉的"脱亚入欧"至伊藤博文的明治维新，在自上而下的倾力改造中脱胎换骨，再通过和两个邻国打的两场胜仗（打败沙俄远东舰队和大清北洋水师）而一战成名，跃升为世界强国。日本，犹如文化变压器一般，将西洋文化转化成更能适合在中国社会传播、流行的事物，客观上起到了很好的开渠搭桥作用，我们今天的中国人不能忘记这点功劳。

设计的源体是人，设计的受体是物，设计的消费体（也是传播主体）是人。正是设计文化固有的"人为用物"与"物用为人"本质，决定了设计文化的唯一界定标准必然是设计事物影响人、作用于人。中国古代民物设计，代表了数千年中国古代造物传统的主流，一切在时间上的承传性（长度）、文化上的统合性（高度）、范围上的普惠性（广度），都是以中国传统民物为主要载体的。以物克物，造物为人，物我和谐，天人合一，这种由古代中国造物传统所承传的文化精神，正是中国文化传统中最有价值、最值得承传的民族特征之一。本书作者一再宣扬一个观点：何谓"传统"？要真正理解它，查《新华字典》是没戏的。其本质一句话便可以概括：传统是无数创新的链接。创新和改良行为一旦中止，所谓传统本身就不存在了——如同无数官作设计文物那样，显赫一时，瞬间即逝，既没传下去，也没统起来，更没普及开，只配待在博物馆玻璃展柜和收藏家老旧箱匣里供人瞻仰遗容。数千年古代中国设计史和一百年中国近现代设计史，都是诠释"创新的链接即是传统"这个文化传统本质的最好写照。中国社会百年巨变，非但没有中断这个中国文化的优良传统，而且不断吸纳外来文化的新鲜血液，彻底改良、更新了这个传统，使其在不断创新、变革的演化进程中，渐入佳境，在世人眼前崭露头角。

二、民生设计是百年设计史的一条主线

在晚清新学的种种文献中,尚无"设计"词汇出现,连"美术"这个日源词仅初见于中国社会,首倡者是康有为。但现今美术概念与起初康梁主张的"美术"早已大相径庭。康有为在所著《日本书目志》中,已将"美术门(方技附)"单列,包括:美术书、绘画书、模样图式、书画类、书法及墨场书、画手本学校用、音乐及音曲、音曲、演剧、体操书、游戏书、插花书、茶汤书(围棋附)、将棊书、占筮书、方鉴书、观相书、大杂书(康有为辑《日本书目志》,上海大同译书局,光绪二十三年/1897年石印本)。看来康氏将一切人为造美的手段,统统划归到"美术"范围里。其中"模样图式"和"插花书""绘画书""游戏书"等部分内容,理应是近现代中国人最早的"设计"概念所涉范围。尽管这个概念还很粗浅,毕竟是其现代美术思想起源的第一步。

在西方工业文明不断影响之下,康有为对设计事物的理解也在不断提升,逐渐完善了自己的美术思想。彼时的康有为已经意识到:从"重农"向"尚工"的进化,是中国社会走向现代化的必由之路。而在西方大机器生产为特征的工业化进程中,美术必然是自己主张的"工业国"生产形式的关键环节。在光绪二十四年(1898年)上奏朝廷的新折中,康有为毛遂自荐,主张委以他"工局"之职"司举国之制造机器美术,特许其新制而鼓励之"(康有为撰"应诏统筹全局折",载于郑振铎编《晚清文选·卷下甲》,中国人民大学出版社,2012年版)。康有为这种将美术与机器制造视为一体的"超前意识",眼光深邃,一下就涉及了美术行为理应包含工业制品的造型审美的核心内容,而且将这种包含了设计本质(尽管没有用"设计"这个后来才发明的专用词汇)的"美术"抬高到大清社会除弊革新重要步骤的关键地位。

康有为后来还多次进一步鼓吹自己这种独特的美术思想,抨击保守顽固的封建意识:"诸欧政俗学艺,竞尚日新,若其工艺精奇,则以讲求物质故",反观中国,"以重农故,则轻工艺,故诋奇技为淫巧,斥机器为害心,锦绣纂组,则以为害女红,乃至欲驱末业而缘南亩,此诚闭关无知无欲之至论矣"(康有为撰"育请厉工艺奖创新折",转载于周德昌编《康南海教文选》,广东高等教育出版社,1989年版)。康有为的新主张具有相当的"超前"意识,自然与当时的政体、礼制甚至民舆、国情发生激烈的碰撞。

成熟期的康有为美术思想,从一开始就包括了机器、工人、工艺等设计基本要素,理应视为近现代中国设计观念之滥觞。其得意弟子梁启超则据此延伸了康有为现代美术思想中的设计概念,而且更加直截了当:"愿我农夫考其农学书籍,精择试用,而肥我树艺。愿我工人,读制造美术书,而精其器用。愿我商贾读商业学,而作新其货宝贸迁"(梁启超撰《读〈日本书目志〉书后》,《饮冰室合集·文集2》,中华书局,1989年版)。很明显,在清末康、梁美术思想中,美术从来就不是书斋画室内的山水花鸟,而是事关机器生产、工业制造的设计创意与精细化建造技术,只是梁启超说得很露骨,直接把"美术"之"美",定格在"精其器用"上。"精其器用",说白了,就是精细化造物动作,目的是使器物更加适合人用。这个观点既包括"人为用

物"的实用性功能设计,也包括"物用为人"的适人性功能设计。再拿现在的设计学流行用语翻译一下:美术,是以人的审美意识为设计主导、以机器的制造手段为实现条件的人为制造器物的"造美之术"。对近现代中国设计史而言,"精其器用"是一个特别伟大的启蒙主义思想,这就是近现代中国设计思想的源头,基本奠定了现代中国设计史研究的对象、性质和基本路径。

纵观各种版本的众多《中国设计史》(包括各种古代、近代、现代、当代设计史),我以为最致命的缺陷,就是着眼点有误:没把眼光盯在设计事物与生俱来的商业性市场条件、社会性传播渠道、文化性大众审美三大要素上,弄不明白"设计"究竟为何物,思想上有个狭义概念的"工艺美术"条条框框:无非是图案加造型,再加点自己也不甚明了的工艺而已;至于功能、选材、技术与形态,就不再深究了。定位不准,自然懵懵懂懂忙一气,还是不辨东南西北。通病一,基本都是考古学、收藏界的"陪读书童",把人家收集的破烂玩意儿划拉一批过来,也不嫌沾满故人口涎,津津乐道地再回味一遍,还乐此不疲。这样做的好处是基本不需要费脑筋、下力气,只需要换个说法、创造些新词。通病二,凡是被收藏下来的、进了博物馆的,都被冠以"传统";凡是能用的、能看的,都被冠以"设计"。至于是否能传下去、统起来,作者一般是不上心的,大多语焉不详。通病三,精英意识浓厚,却泥古不化。脑袋里还是那些一成不变的东西,却能以不变应万变,过去赶时髦叫"工艺美术史",今天赶时髦叫"设计史",便能使自己永远立于不败之地,随时随地可以示人以"时代弄潮儿"面目。这个普遍在当代中国设计史论研究中存在的重大缺陷,几乎成了不少人立言晋升的诀窍,论文过关、学位攫取、职称评定,全靠这些路数了。自己糊涂点原本不要紧,横竖挤上了席面都要混口饭吃的;要命的是原本清纯无辜的一代代莘莘学子,也学着我们的样,沿着前辈们开辟的羊肠小道,捷足先登,居然都能爬到风光无限的名利巅峰。

为什么研究近现代中国设计历史必须首先关注百年民生设计? 因为民生设计是近现代中国设计的主流载体、传统主干、文脉主线。一旦从近现代中国设计历史中剥离了"民生设计"的具体内容,近现代中国设计历史就是一种虚拟的真空状态,"好一似食尽鸟投林,落了片白茫茫大地真干净"([清]曹雪芹《红楼梦·第五回》)。这是个设计史观的大是大非问题,谁弄不清"民生设计"在百年中国设计史(甚至是中国社会发展史)中具有压倒性的重要价值,还要搞近现代中国设计史研究,那就是个笑话,属于"入错行、嫁错郎"之误。

"民生"之"民",古今相通,中外无异。《老子·第七十四章》:"民不畏死,奈何以死惧之。"《孟子·尽心下》:"民为贵,社稷次之,君为轻。"《孙中山·建国方略》:"余为一劳永逸之计,乃采取民生主义,以与民族、民权问题,同时解决,此三民主义之主张所由完成也。"因而,"民生"之"民",通俗地讲,就是老百姓的意思;文绉绉地讲,就是占全社会成员绝大多数比例的普通人。"民生"之"生",通俗地讲,就是老百姓的生计、生态;文绉绉地讲,就是广大民众的生产方式、生活方式。本书所谓"民生",在这儿就是民众基本的生活状况和谋生方式;本书所谓"民生设计",就是专指与民众的生活状况和谋生方式息息相关的设计行为。对"民生设计"的理解，如果超出了上述概念界定，那就是别的问题了，一概不属于本书所涉范围。

《设计与百年民生》在剖析、梳理作为社会主流的民众群体与中国百年设计事物之间相互作用所起的决定性影响时，主要是基于设计的消费行为与创意行为彼此之间的对价关系中普遍存在交叉影响的客观规律性，这种对价关系本身是超越地域、时间和意识形态差异的，理解起来也并不困难，简单到甚至可以用一幅表格来概述：

表 0 - 1　设计的消费与创意行为之间的对价关系

影响设计事物存立的主要因素	社会主流群体的消费作用	设计行为的基本内容	本书的主要章节结构
设计物的使用价值	民众消费的普及率（城乡普通家庭的占有比例与使用频率）	功能设计（实用性功能与适人性功能设置）	生活方式（衣、食、住、行、闲、用、文、玩、礼俗、宗教）
设计物的消费成本	民众消费的购买力（城乡普通家庭的生存水平与收支状态、消费能力）	选材设计与工艺设计（选材、质地、肌理与其相匹配的制造、加工技术）	生产方式（产能、工效、标准、物流等产销业态）
设计物的审美时尚	民众消费的品位性（城乡普通家庭的消费意愿、情趣认同、习俗影响、身份彰显、美感共识）	形态设计（立体的内部结构造型，外部器表造型与平面的设色、图案、纹样、符号等）	社会状态（时局与习俗）
设计物的文化引导	民众消费的认知度（城乡普通家庭的前瞻性预测消费趋势、宣讲消费利益、诱导消费主张）	商业宣传设计（广告、招贴、包装装潢、书籍装帧、时装表演、建筑装饰、橱窗陈设等）	设计分析（具体时段民生设计事物的特点与研究价值分析）

如何将消费者的舒适度、愉悦感和审美性，以工业化（机械化、标准化、规模化）的生产手段、以现代化（文明、自由、科学）的消费方式所表达出来的"适人性设计"，这就是由晚清民生商品开始逐步在中国社会建立起来的近现代中国百年设计史中"艺术范围的设计行为"的主体内容。不理解现代民生商品中原本技术设计与艺术设计就是"一体两面"、无法分割、仅存在视角与侧重点有所差别的同一物体，要真正理解设计学范围的"审美"，无疑会是十分困难的。

有一句民间老话说得好：钞票即选票。在绝大多数情况下，老百姓只会根据自己的利益和意愿去选择商品，任何人也无法左右这个在现代文明社会普遍适用的大趋势。无论其社会制度是民主政体还是威权政体抑或专制政体，这都是条颠扑不破的真理法则，放之四海而皆准。只可惜当今有相当比例的政治家和学者看不明白（或者是假装不明白）而已。这一点也是本书作者之所以要研究设计与百年民生之间因果关系的兴趣点之一：民主不是一句空洞的口号和概念，而是很具体很实在的事物。自由公平竞争的市场环境和民主法制的公民社会，是合二为一、相互依存的文明共生事物，相互依存，缺一不可，皮在毛附，唇亡齿寒。百年来，人民大众在以钞票当选票来行使自己的天然权力的同时,也在日常生活中学会辨别、认知、熟识存在于日常生活方方面面的现代的、合理的经济规律和社会法则,熏陶、培养出自己基本的现代文明民主意识。任何政体和利益集团不可能、也无法永久阻碍这种真正事关社会绝大多数人根本利益的文化觉醒。随着中国社会改革开放的不断深入,妨碍、阻挠自由经济与民众利益的社会现象在不断得到纠正,使我们有充分信心认为:一个真正由人民当家做主的民主社会虽然极为缓慢,但却是不可阻挡地向我们走来,终究必将在中国社会得以实现。从这个意义上讲,近现代中国民生设计事物一直是中国社会民主化与现代化百年奋斗进程中最先进、最基础和最高效的文明进步载体之一。

综合所述,民生设计之所以是近现代百年中国设计历史的主线,主要原因有三:

其一,庚子事变之后,由传教士引发的中西方文明极端性冲突,充分表明了晚清民国的中国历史中不断重复的一种规律性社会现象:封闭导致愚昧,愚昧导致落后,落后导致挨打。挨打轻了不以为然(鸦片两败后搞点洋务运动、中体西学来遮羞盖脸,继续当钻沙鸵鸟);被彻底打败了、打服了、认输了,才肯心悦诚服、老老实实地向敌人来学习文明、科学(甲午、庚子惨败之后兴起的全民西学、商战热潮和后来的辛亥革命、五四运动等等)。

清末民初,西学大举进入中土,将包括中国文化阶级在内的全体社会成员,带入了一个前所未有的崭新视野。西式新学潮流裹挟三百年文明成果一夜毕集,如水银泻地般无孔不入,一泻千里,衣食住行、闲用文玩、礼俗宗教,无所不及、无处不在,令人目不暇接,心灵震撼。一百年前由西洋输华事物导致中国人生产方式与生活方式发生重大社会改良的现象,是中国文明发展史上最为重要的大事件之一,程度之深、波及之广、涉人之众,纵览华夏数千年历史,民风之变,未见同例。尤其是西学宗教以基督教中"上帝面前人人平等"为基本教义而延伸出的"法律面前人人平等"现代人权观念,使中国人初萌民主为何物,亦使中国社会数千年一贯道之的等级结构,开始发生根本动摇。旧有的"格物"方式渐成保守、顽固之象,人人唯新而论,唯洋是举。辛亥肇始,民主即成时髦热词,上至军阀、政客、遗老、文人、商贾、乡绅,下至贩夫走卒、差役兵丁、蓬首匠人、跣足农夫,人人以"民主"为新学之标签,言无不及,文无不至。西学之社会生活与生产业态,理论上有两条存立之前提:一是由法律确定的"人权法"、并由国家机构全力维护的"人人平等"的公民社会,二是由法律确定的"物权法"、并由国家机构全力维护的"自由公平竞争"的市场秩序。这两个观念逐渐为国人熟知并接受(尽管一直不彻底),就为中国近现代社会的新型生产方式和生活方式的普及与推广,营造了最重要的社会氛围和文化语境。依附在社会主流成员的生产与生活方式之上的设计事物,自然随之发生巨变,第一次将占全社会绝大多数人口的普通百姓,作为自己的首要服务对象,一举突破了在中国社会数千年并存的官作设计与民物设计之间固有的巨大鸿沟,使近乎自生自灭的民物设计,转换为社会主流业态的民生设计,无论是生产资源、科技发明,还是物流分配，都逐渐占有相对的优势。这在中国历史上还是第一次，其影响远远超越了经济学和设计学本身。从晚清和整个民国时期创立的中国民族企业的产品创意设计、产品生产制造、产品经营销售，都能看出这种新型的、压倒性比例的社会学方面的巨大变化。

其二，本书作者有个近乎武断的观点：凡是没有哪怕是相对公平的商品交换机制和条件，就不存在真正意义上的设计事物。缺乏了等价交换这一市场交换的根本性原则，产品就不可能是商品，既流通不起来，也承传不下去。官作设计就属于这类"奉旨造办"的产品，奉旨办差之一应人马，从大内督办、官衙监造，到奉差工匠、徭役小民，唯有战战兢兢、尽心竭力地听差办事。御制官造，跟商品交换毫无关系，且从创意之初便无出匠人之见，多以未来物主的旨意为转移：做好了"龙心大悦"，顶戴花翎也能捞着；做不好"龙颜震怒"，脑袋就搬家了。以皇上为楷模，达官贵人、豪商富绅，莫不以独占、稀缺为前提，用物花销，处处要区别出与普通百姓的身份差异；在等级秩序的封建社会，基本就不存在所谓"公平交换""自由竞争"。设计行为发生之三个主体（设计者、设计受体、设计消费者）之间关系如此之不公平、不等价、不自由，决定了官作设计的物品不可能进入全社会主要的流通、交换、贸易商业渠道，其影响力自然大为受限。现在越来越多的设计史论学者认为"古代中国官作设计从未、也绝不可能成为中国古代设计传统的主线"，原因概出于此。虽说明代中期起中国社会就开始出现资本主义工商业萌芽，但皆属"无法无天"，既没有牢靠的法律保障，也无广泛的市场体系。甚至可以说，西洋式的自由竞争市场环境，迄今在中国社会尚未完全建立起来。中国社会几千年来民物设计与官作设计，一直是泾渭分明，是两条平行发展的路线；时值百年中国，传统民物设计逐渐演化为民生设计，传统官作设计逐渐演化为奢侈品设计，都是百年中国设计的两大组成部分。西风东渐，斗转星移，倒是清末民初通商口岸洋行里为洋人们跑腿办差的中国买办们，最先负笈留洋的中国学生们，租界里华洋混居的差役、仆人、工匠、手艺人及其家属们，这三种人首先接受了西洋人的现代设计概念（不唯官民，不论贵贱，洋码为价，童叟无欺），抓住任何现代社会都必然建立的市场良机，先是临摹、仿造，继而自办产业、自创设计，拉开了近现代中国设计百年发展的序幕。

中国传统造物业态，通常是集设计、制作、销售于一身，大多是前店后场的手工作坊，产业人员构成主要是血亲家族成员，辅之以雇佣劳工。西洋式企业则是设计与生产、营销三者之间有明确分工，设计者不但通晓产品之功能之需，且生产业态完全达到了机械化、标准化、批量化，还实现了西式现代化的物流储运经营销售。中国社会百年前开始出现的这类设计产业在生产方式上的变身转型，奠定了中国近现代设计历史最重要的基础。时至今日，传统民物设计演化成现代民生设计，遍及整个社会的每一个阶层；而传统官作设计演化成现代奢侈品设计，继续为高端消费者提供着有别于大众消费的奢侈商品。

作为中国近现代设计历史主线的民生设计产销业态（亦可以称之为"产业链"：设计创意——生产制造——物流销售）有三大基本特征：产业链前端的"自由化创

意",指排除了他人意志胁迫或外力因素非自愿影响的、身心处于完全自由状态下完成的个性化的设计构思;产业链中端的"工业化生产",指至少局部实现了以机械化、标准化、规模化作为主要生产手段的产业形式;产业链末端的"市场化营销",指基本采用"树状物流模式"(商品从运输到仓储的一点到多点的单向流动)和"网状零售模式"(按消费状况预设的散点连锁门店)的现代化商业机制。这是中国社会百年苦斗的心血成果,得来确实不易。

其三,与西学之机械、力学、化学、数学等自然科学成果为伴,西洋的人文科学思潮也泥沙俱下、鱼龙混杂,日益浸淫中国人的身心。尤其是与设计息息相关的艺术审美意识的重大转变,在很大程度上迅速改变了古代中国社会造物造美的既有传统。中国造型艺术,从来就是一种善于融合他民族长处的优质艺术,靠数千年不断吸纳外来文化元素,才成就完善了自身的文化体系。如汉魏时引入器物外形之S形腰线,晋人引入非对称式器型,隋唐时引入图案骨式之缠枝卷草,宋元时引入服色之青绿时尚,明人引入家具之构件外观,清人引入蓝白青花瓷工艺与纹样,民初更是"拿来主义",一切可视造型巨变皆唯洋人马首是瞻。

陈寅恪说:"李唐一族之所以崛兴,盖取塞外野蛮精悍之血,注入中原文化颓废之躯,旧染既除,新机重启,扩大恢张,遂能别创空前之世局。"(陈寅恪著《金明馆丛稿二编·李唐氏族推测之后记》,生活·读书·新知三联书店,2001 年 7 月版)正如这位国学大师形容的那样,每当华夏民族的农耕文明处于难以为继之际,游牧民族总是金戈铁马,越关而来,以胡羯之血激活华夏之羸弱衰老机体,使其重获生机。百年西学之盛,正是胡羯之血注入之时。新与洋,在百年前之中国社会,完全可以被视为一体两面的事物。服色装束、茶饮膳食,不洋则不够新,不新则不够洋。这种颇有些粗制滥造、生吞活剥的新型审美观,首先在新学堂培养出的知识分子中快速传播开来,蔚然成风,继而成为一种社会共识,有效地摧毁了旧学"格物"传统,使"大众审美观"成为民生设计在百年中国社会迅速普及、传播、拓展的最可靠、最高效的文化保障。这个近现代中国社会特有的"大众审美观",确有其粗劣低俗之处,狗尾续貂之嫌,与欧美原型所代表的审美尺度相距遥远,但"牛溲马勃败鼓之皮皆可入药"(〔唐〕韩愈《进学解》)确是适合中国社会国情民意的。由此摧垮数千年传统官作设计之形色桎梏,不啻一场改天换地的视觉革命。

一旦生产活动从简单的、相对无序的、没有固定标准的造物活动提升为一种有规模、有标准、有丰厚利润的生产活动,以大机器生产和网络化销售为标志的现代产销业态,便诞生了;必然与此相适应的社会观念和一系列法律法规,也随之应运而生。这个变化的意义甚至超越了纯粹的经济活动范畴,而具有深刻的政治意义:从西方世界的市场经济与公民社会的立国原则被确立、民生商品占据主要经济地位的一百多年来,老百姓作为占绝大多数比例的主流社会成员,完全可以用钞票代替选票,来决定任何产销业态的命运。这是一种社会进步,有强大的自然科学与人文科学成果作为基础,是一种历史的必然,也是不可扭转、不可阻挡的,是早晚都会发生的事情。由于人的基本利益所系,任何社会的绝大多数成员都会选择这一人类文明进步的必然成果，任何试图迈入现代社会门槛的民族、国家，都必须经历这种产业革命与社会革命的文明洗礼。

时至今日放眼望去，中国社会与东亚诸国甚至和欧美列国，无论是衣食住行，还是闲用文玩，视觉上已无多少外观差距。这个恍如隔世、沧海桑田般的审美巨变，暂不说优劣好赖，单是一百年里造就出几代中国设计师，就是首功一件。在民国后期成熟起来的中国设计师，又以自己的产品创意培育了人数更多的设计消费群体，使不少民生类国货产品，率先突破几十年洋货充斥中国市场的一统天下，继而走远东、下南洋，逐步打开了中国民生商品的世界市场。如今，很多去过欧美日列国的朋友都遭遇了类似的烦恼：想找到不是由中国人设计生产的、而且价廉物美的民生类商品带回国馈赠亲友，是一件相当困难的事情。

三、百年民生设计的经验

百年中国民生设计的经验是什么？第一条，民生为本的理念树立；第二条，放眼世界的格局形成；第三条，国家意识的文化形象重建。

晚清洋务，虽多有着眼于国计民生之民族企业创立，但成效不佳。因其产业规模、生产成本、制作方式、应用范围的局限，对社会改造的移风易俗影响甚小。一如多种西洋货品早年早期登陆上海滩铩羽而归一样，清末民初，即有国货牙膏、肥皂研制成功，上市营销。但生不逢时，百年前除一小撮官绅商贾外，吾土吾民未见"开化"，卫生习俗尚未养成，绝大多数中国百姓每天能做到青盐漱口、净水洗面尚且不易，牙膏、牙刷、香皂、面霜，皆属多余之奢侈品。民风使然，钱耗倒在其次。任何商品缺乏了民众作为消费主体，其下场可想而知。民初企业家（如侯德榜等）致力原料、工艺的国产化，使民生日化产品之成本倍减，产量倍增，且彼时新学盛行多年，市镇乡村百姓之个人卫生渐成时尚，此类国货方见立足。至民国中期之"黄金十年"，国民政府倡导"新生活运动"多年，刷牙护齿、搽皂洗面、抹香润肤已蔚然成风，遍及全国城乡，国货之牙膏、牙刷、香皂、面霜方能大行其道，雄霸市场。近现代中国民生设计之雏形，亦始出其业，孵化出中国最早的产品造型、包装选材、印刷装潢、广告文宣等一系列专业化设计行为。这种把奢侈品不断转化为必需品的过程，正是近现代中国社会不断进步的集中表现——设计事物，恰好充当了引发这种波及全社会进步改良的文化酵母。由此可见，民生设计之存立，不单是个新产品研发问题，更是个文化问题、社会问题。从设计学角度讲，只有正确选择了消费主体，并且切实关注消费主体的成本考虑、使用方式、行为习惯，设计本身才有可行性。有消费人口的基数，便有市场占有率；有市场占有率，才能使产业长盛不衰，这是经济学和社会学最浅显的道理。几百年来全世界成功企业都是这么做的。本书作者有把握这么说：垄断企业除外，全世界没有一家市场化的企业不是靠民生产品、而是靠奢侈品的设计与生产进入世界五百强的。我最讨厌眼下设计学文章中动辄就是"以人为本"的陈词滥调。混淆"以人为本"和"民生为本"截然不同的两种设计观念，就彻底模糊了民生消费的必需品和高端消费的奢侈品之间基本概念的区别。

人跟人是不一样的,凡夫俗子是人,龙种贵胄也是人。不同的人,有不同的行为习惯、经济条件,自然便有着不同的消费需求。设计行为的消费主体选择不同的人,从创意到手段到目的再到效益,便大相径庭,千差万别,岂能混为一谈?民生企业兹事体大,弄不好身家皆损,祸国殃民;弄好了移风易俗,改造中国。近现代中国设计的成就之道,就是逐渐确立了"以民为本"的核心理念,历经艰辛,逐步建立起如同西方社会一样相对自由竞争条件下的市场机制。民生设计产业,是中国近现代民营实体经济最好的容身之所,不但保民生固根本,而且止损输血、滋养国体文脉,使中国现代社会最早的工业化进程变为一种不可逆转的历史趋势。

毋庸讳言,百年中国历史,向内而言,于自身是一种剧烈的转身变型历史;对外而言,于他民族是一种中国人学习洋人文明事物的历史。洋务运动、维新变法、"五四"新文化新生活运动……直至改革开放,本质上都是与世界接轨,引他山文明之石,攻我族革新之玉。

西方欧美国家经过17、18、19世纪的脱胎换骨改造,俨然已成世界现代自然科学和人文科学的策源地。从16世纪末英国威尔逊勋爵以弱敌强彻底打败西班牙"无敌舰队",控制了通往中国、印度和日本的太平洋水路之后,前所未有的世界规模的东西方交流就不可避免了。只是在东方尚未有一个有先见之明的政治家能想到这种东西方交流竟是如此的残酷、血腥、令人屈辱。在坚船利炮轰开远东诸地的国门之后,英国人和其他西方列强通过赤裸裸的掠夺方式展开了殖民贸易,同时大举输入西方式的生产方式与生活方式,试图培养起符合西方人标准的消费市场、消费群体和原料与劳工来源。必须指出的是,在付出了近百年内忧外患的巨大代价之后,远东国家(主要是日本和中国)毕竟建立起了初级的、类似于西方标准的社会组织构架和市场经济体系。近现代中国民生设计事物,正是这个"殖民文化强行植入"过程的副产品。由学习、模仿到创新、自立,几乎每一个民生类设计实体和产业,都经历过同样的发展过程。毫不夸张地说,中国的现代文明,是"以洋为师"的学习结果。自古就善于向世界学习的中国人,眼光就该具有世界性的大格局,这是我们民族与生俱来的优点、特色,也是每一个中国人天然具备的大国民意识。经过三百年起伏沉沦、一百年浴血奋斗、三十年改革开放,华夏民族终于有机会又一次站在世界最前沿,国势初兴,百业待举。我们依然要牢记之所以获得今天成果的最成功经验:向世界的先进文明实施开放,对自己的落后愚昧进行改革。

一个民族、一个国家的文化形象,往往不光是官媒宣传就能一手遮天塑造起来的。全世界老百姓还做不到经常互相走动,他们绝大多数只能通过某国的某种产品,来了解彼此陌生的国家。于是,些许微末、但无所不及的民生产品,必然成为产出国最好的、也是最有效的文化名片。看看新中国成立60年来中国外贸的主要货单,就能明白民生设计产品在塑造中国的文化形象中起到了何等重要的作用:以2008年为例,第一位是纺织服装(含成衣面料家纺制鞋等),第二位是机械五金(含农机矿业医疗器械小五金等),第三位是家电(含几乎所有品种的白色家电和家用小电器)。这个中国外贸的大货单,估计在未来二十年内难以改变。"夫道无小无大，无有无无"(康有为《广艺舟双楫·自叙》)，把千千万万原来只属于少数人消费的"高端奢侈品"不断地变为普通民众日常消费的"民生必需品"，这是国运所系、民生所系，也是每一个中国设计师的天然使命。

人们对一个国家(尤其是世界性的大国)的文化形象，并不光是原子弹、宇宙飞船，而是社会生活层面时时刻刻无所不在的民生产品。这点是西方诸国(尤其是二战后的美国)迅速崛起、全球称霸的捷径之一。试看美国从20世纪初到战后的"大众商业消费主义设计"传统再到90年代的具体成果，电灯电话电视电影，夹克尼龙墨镜卷烟，可乐汉堡口香糖，微软电脑互联网，美国佬是靠这些看上去鸡零狗碎，却无一不经过精心设计、精心营造的民生类产品征服全世界人民的，一个美国新文化形象就此被树立起来，继而培养了世界人民对美国产品的认可，占有世界市场的最大份额，获取了丰厚的政治、文化与经济利益。这是我们未来必须面对、且必须战而胜之的潜在对手——美国人的过人之处。现任美国总统奥巴马在这点上"鬼"得很，就试图延续这种"巧实力""软实力"。前苏联的原子弹、宇宙飞船比美国人不差，可惜罔顾民生，一味在军工重工上与欧美较劲，最终把自己玩"散架"了，从此一蹶不振，难成气候。我们甚至想不起来前苏联时代有什么值得一提的民生商品类世界级品牌。"灭六国者六国也，非秦也；族秦者秦也，非天下也。……秦人不暇自哀，而后人哀之；后人哀之而不鉴之，亦使后人而复哀后人也。"([唐]杜牧《阿房宫赋》)从历史上看，古今中外，任何世界强国的崛起，都是由于某种民生类商品的创意发明、生产销售取得成功的产物，着眼点无一例外不是盯在民生市场上的。没有哪一个世界强国的经济腾飞是建立在奢侈品的设计创意与生产经营之上的。有太深厚的文化传统，有时候并非全是好事。当包袱背起来，就是一种负担；当引擎用起来，就是一种动力。顽固死守所谓"高端品牌"的奢侈品产业，必是自寻死路——这点正是百年来英法老派欧洲人逐渐衰落、日美德后来居上的关键原因。

未来唯一能挑战美国人"巧实力""软实力"的是谁？中国人。这点美国人和全世界人民都不信，可我信。中国百姓天生好奇，天生崇洋，天生喜欢追逐时髦；有些肤浅，但很随和；有些自尊，但并不固执；有深厚文化传统，却并不太拿传统当回事。遇好事一拥而上，遇麻烦树倒猢狲散。这种百年来养成的民族集体性格，利弊参半，却有着巨大的进步前景，恰好是民生消费主体培育基础的期望所在。只要中国社会利用好已经辛苦占有的全世界民生产品低端市场的现有份额，像美国人那样设计创意、制造生产、经营销售，将大多数中国的民生产品逐步铸造成世界级品牌的畅销民生商品(绝不是仅指奢侈品)，让全世界人民用起来就直喊好还忘不掉，中国的经济崛起，就将发生质的巨大飞跃，不但可以延续发展速度"世界第一"的神话，还可以重新树立中国的新文化形象，真正以世界强国的文化身份来引领世界潮流，一如我们先民曾经做过的那样，也像美国人已经做到的那样。

四、百年民生设计的教训

百年中国民生设计的教训是什么？亦有三条：第一条，崇洋成事，媚外败家；第二条,假冒学艺,伪劣坏名;第三条,民生为重,国强次之,官富为轻。

百年来中国社会的转型,最重要的一条就是向西方发达国家全面学习。在中国历史上,从未有过这样的集体性学习,规模如此之大,涉及如此之广,程度如此之深。即便是魏晋时代的五胡乱华、辽金时代的夷蛮入主,也不曾发生全社会人人参与的"以洋夷为师"、全面改造中国的延续百年的变革运动。虽然说古代北方游牧民族从西戎到清朝轮流到中原来当中国皇帝,给华夏民族不断注入新鲜的活力,但是中国社会的文化体系从未被打垮,建构尚存,甚至在融合外民族文明优点后愈发强盛,最终倒是侵入者无一例外地被中华文明的强大体系所完全溶解、彻底吸纳。中国文化阶级中大汉族精英们的心理优势始终存在,即便是遭遇世运衰微、家国俱废之危难时局,仍能满怀对他民族居高临下的文化优越感:"狄夷之有君,不如诸夏之亡也。"([春秋]孔丘《论语·八佾第三》)

清末社会就不同了,两次鸦片战争、甲午战争、庚子事变,对洋开战却一败再败,长毛、捻军、白莲教、义和团此起彼伏,涝、旱、蝗、匪,连年灾祸不止,内忧外患彻底撼动了大清国的社会基础,使每一个中国人(包括社会精英们)都开始怀疑中国文化体系本身是不是出了大问题。于是"破鼓众人捶",两千年来充当中国文化传统主线之孔孟儒学,便成了替罪羊,人人喊打,个个当先。殊不知"搏浪锥击,误中副车"([清]汪笑侬《(京剧)戏曲集·搏浪锥》),孔家店坍塌成一片废墟之际,中国文化阶级竟成了一群没头苍蝇,"乱哄哄,你方唱罢我登场,反认他乡是故乡"([清]曹雪芹《红楼梦》),病急乱投医,牛溲败鼓,皆可入药,什么"洋落"都当宝贝往家里捡,鱼龙混杂、泥沙俱下,把个清末民初几十年中国社会整成了真洋人、假洋鬼推销各种从物质到精神的玩意儿的试验田。只要是个时髦的洋主义传到中国,就一定有文化名人追捧,为之摇旗呐喊,擂鼓助威,从德国费尔巴哈的人本主义到美国杜威的实验主义,从法国普鲁东的无政府主义到德国马克思的共产主义。

失去了文化自信的民族,是不可能产生世界级文化影响的。在世界文化舞台上已缺席了三百年,又使中国文化阶级更加不自信。既然自家所有事物都乏善可陈,自然一切唯洋人马首是瞻。这种全社会几乎一边倒的崇洋意识,在一百年来先后兴起过三次:第一次是清末甲午惨败之后;第二次是抗战胜利之后;第三次是改革开放之初。实事求是地讲,这种举国崇洋之风,不但不是个缺点,而且每每成为社会变革的最大的直接动力。全民崇洋,以洋为师,就不需要格外的动员、号召,洋风兴起,冲毁了一切羁绊枷锁,涤荡了所有陈腐陋习,在此基础上才能建立起新社会的公序良俗。崇洋,对于几度缺失文化方向感的中国人而言,纵然矫枉过正,却不失为一种最彻底最有效的社会改良推动力。

近现代中国社会的工业化进程,其基本定义是由西洋人发明的、全世界统一适用的工业化实现的衡量尺度:标准化(按消费的不同需求,以批量化方式按各批次统一标准进行生产;而非传统式手工产品那种即兴式、无统一规格的任意标准)、规模化(按市场占有率、利润率为经营目标的产业规划和商业规划,以规模最大化的制造、销售方式组织生产和经营;而非无规划的、短期的、临时性的传统式手工产业）、机械化（材料采选、动能来源、劳动操作、物流运输等所有生产制造环节尽可能采用机械装置与设备，以最大幅度提高劳动生产率和产品质量，而非基本靠手工劳作完成生产流程的传统手工产品）。这在晚清社会是个全新的产业概念。伴随着中国社会的百年革新进程，两种截然不同产业观念的持续冲突，亦长达百年。历史证明：只有完成了上述标准的工业化彻底改造，其营造的崭新的生产方式与生活方式才可以被全社会绝大多数成员接受，并被他们广泛吸纳为自己日常的、不可逆转的生存状态与主要谋生手段，中国社会的工业化才是真实的、可信的，中国社会的全面现代化，才能获得实现的最基础条件。近现代中国民生设计产销业态，正是这种中国社会工业化、现代化最重要的产物之一，也是中国人民为努力实现民富国强而奋斗百年的伟大历史成果之一。

媚外，则与崇洋不可同日而语，是一种盲目、迷信的卑贱行为。崇洋之崇，全在佩服，有目标有理想，好得很。媚外之媚，全在巴结，只要是洋大人洋玩意儿，不辨优劣，不分是非，一律谄颜献媚，争宠邀赏。早年在上海滩洋行办事的中国买办们，之所以要媚外，多半因为得了洋大人的薪酬，为洋大人办差跑腿，唯恐洋大人不高兴，丢了饭碗。于是乎狗仗人势，狐假虎威，欺上瞒下，伤天害理。一百年来给八国联军带路，领鬼子进村，替洋人出头捣乱，全是这帮媚外的新旧买办、掮客。人有崇尚之心，学海无涯，成就有期；人有谄媚之态，小我私利，腿短腰软。早年从民初到抗战在上海滩帮日资英资洋行独霸市场、打压中国民生企业的那帮中国买办们，事实上延缓了中国工业化的进程和民生设计产业的拓展，起到了与汉奸一样坏的反作用。一百年来，中国的民族企业及民生设计产业，正是在与形形色色的内外敌人的抗争中才逐渐壮大成长起来的，其斗争之艰巨、代价之高昂，不亚于战场上的喋血拼杀，也一样的可歌可泣。

说起"崇洋"，本不是我华夏原创。二战后五六十年代日本、德国及韩国、东南亚相继经济腾飞，很大程度上是靠"傍洋款"起家的。以二战后崛起的日产民生类设计世界品牌为例，日本人战前已师洋二百余年，国民的消费习惯、外观包装、产业规模、技术条件，均与欧美国家接近，甚至在某些领域对全世界亦时有突出贡献，如棉纺的坯布、印染，丝织的缫丝工艺等等。二战后日本社会满目疮痍，体无完肤，得美国人接济而苟延残喘。当时正值战后美国事物在全世界大行其道，日本顺势而上，将全由美国人研发设计的各种民生类产品一体模仿剽窃，且深度改良，逐一形成自己横行世界的霸王产业：如基本是由美国人发明的影视、音响、通讯、家电，二十年内概由日本企业全盘接手，不但使日本的电视、摄像、音响、冰箱、洗衣机、小家电，还有汽车、造船，享誉全球，称霸世界，成为日本社会最肥的一批"下蛋母鸡"，还挤对得美国人除汽车外基本退出了这些领域的全球市场。翻翻每一部战后日本企业的发家史，就能看出这个规律：先是虚心学习，刻苦模仿，然后借势搭船，鱼目混珠，羽翼丰满后一鼓战而胜之。韩国及我的台湾、香港地区亦是如此，先明着学习、借鉴，暗着剽窃、模仿，最后是取而代之。如韩国之服装设计，起步时双管齐下，既师法欧，也学日本，数十年风格可谓亦步亦趋，惟妙惟肖，甚至不惜与诸家名牌缠斗三十年官司，仍顽强地剽之窃之，假冒而绝不伪劣，最后于面料、款式、做工、烫洗等关键工艺上与诸大牌已无明显差异，遂甩开摹本，自立门户，以韩版服饰跻身亚洲一流品牌行列。

很长时期以来，中国社会（包括产业界和学术界）对于"创新"概念的理解一直含混不清，没有清晰意识到一个浅显道理：研制出新的产品的技术发明是"创新"，把各项技术发明通过设计手段转化为社会普遍接受的新商品（就是民生商品），也是"创新"，而且利益和功效更为直接、更加重要。中国社会科学院研究员冯昭奎对此写道："调查机构对 20 世纪世界的新发明数、新产品化数、新商品化数做了一次国际比较，其结果是：第一，出自美国的新发明数达 29 项，出自欧洲的新发明数达 11 项，而出自日本的新发明数为 0；第二，出自美国的新产品数达 30 项之多，欧洲为 6 项，而出自日本的新产品数仅为 2 项；第三，出自发明最多美国的新商品数却只有 6 项，欧洲只有 2 项，而出自发明为 0 的日本的新商品数却多达 24 项。这说明欧美人虽然擅长于发明，在一定程度上也擅长于将发明'物化'成为令人耳目一新的产品。然而却往往未能将发明创造'进行到底'，真正实现熊彼特所定义的'创新'的全部内容，即开发新商品、新市场、新的生产方法和组织、新的原材料供应来源等。"（冯昭奎《中国现代化仍然远远落在日本的后面》，载于《南方日报》，2010 年 8 月 22 日）这个把创新意识"物化"的关键手段，就是设计产销业态的全部作为。

改革开放初期，中国民生产品原本也是日韩崛起靠"模仿加疑似剽窃"这个路数，家电业和成衣业占了一些小便宜。可惜皆因农民、手艺人出身的企业家们，难免目光短浅、急功近利，既假冒也伪劣，逃不出骨子里根深蒂固的那点"小打小闹地弄几个小钱花花快活"的"小富即安"小农意识，未曾抓紧时机趁乱而上，未能搞出在世界市场上打得响、卖得动的一批国货品牌，也未能趁势发力在国内建立成体系的民生设计品牌产业和研发单位，以致今日洋人始见狡诈，擎起"知识产权保护"大棒伤人，许多中国民生产品原本就名声不佳，如今进退维谷，伸头一刀，缩头亦一刀，局面实在尴尬。放眼全球民生商品名牌市场，哪怕是中国人占据大比例市场份额的成衣、制鞋、玩具、面料、家电等，任何一类品种的世界名牌，仍然欠缺中国设计师力量。此番错失良机，时运不再，中国企业已被套上了 WTO 的紧箍。今后中国民生产品若要在世界上打响品牌，估计前期技术发明和创意设计要数倍于前的天量成本投入，加之诸环节必经多年磨难，恐怕是在所难免。教训如此深刻，令人扼腕叹息。

不必遮掩，在全世界人民看来，目前中国民生商品整体形象不佳。我们自我吹嘘的国货"价廉物美"并不属实，价廉不假，物美谈不上。中国人能占据许多民生商品世界级市场份额，全凭别人无法承受的低廉价格取得订单。这是目前中国人与人争天下的唯一法宝。"价廉物不美"是一把双刃剑，带来蝇头小利的同时，是早已透支的劳力、资源，还有污染的空气土壤、河流湖泊。中国民生外贸商品最缺的是什么？高水平的设计。良好的设计能赋予商品以最低成本投入、最高利润回报的经济附加值，现在这已是一个公认的道理，但是中国社会曾经对此选择了集体性失语、失盲、失策。我们已经在为此战略性的失误，持续偿付着巨大的社会代价。

在"世界经济一体化"的生产链排序中，上游是物品的技术发明和创意设计，中游是产品的制造与生产，下游是商品的仓储物流与市场营销。就绝大多数外贸商品而言，中国人一直处于生产链中端，既不占有技术发明与创意设计的前端，也不占有经营销售的末端，只能在生产链的中端靠卖资源、卖体力，来赚一点血汗钱。"美联储的经济学家发现，以苹果手机为例，在每一个贴有'中国制造'标签的商品背后，每1美元中，最多有55美分被设计该商品的美国人转走，而中国得到的只是手工业环节的费用。"（引自《华尔街日报》2012年9月19日社论）改革开放三十年，中国人赚的都是当"世界农民工"的辛苦钱。中国人生产了全世界八成的鞋子、近半数的服装、六成的玩具、三成的家用电器、四成的中小学文具……但我们所得甚微，还被全世界人民瞧不起：中国民生产品设计粗劣，品质低下，安全性、耐久性都成问题，唯一的优点就是便宜。靠低廉价格赢来的市场份额，不啻是一种沉重的负担。中国人一直在死扛着全世界民生产品的大头：我们耗尽了几代人的自然矿产资源，预支了实施40年计划生育才获得的"人口红利"，毁掉了原本绿水青山的自然环境，才让全世界人民有吃有喝，有衣穿，有鞋穿，有玩具玩，有纸笔写，还不落个好，形象丑陋，口碑不佳，整天被人指责、批评、打官司。

民生设计从来不是一个孤立的经济现象，它能直接反馈出彼时此地的民众消费能力、消费心理、消费需求——请注意，这个消费不单是生理需求的消费，同时也是文化精神的消费。民生设计与民众消费，是一种双向性影响的事物。良好的民生设计，从来都可以引导社会变革、促进大众消费。这种事关国运兴衰、也时刻存在的文化传播方式，却一向不为人们所重视，尽管千百年来圣贤古训言犹在耳："凡治国之道，必先富民。民富则易治也，民贫则难治也"（［春秋·齐］管仲《管子·治国》），"仓廪实则知礼节，衣食足则知荣辱"（《管子·牧民》），"盖闻治国之道，富民为始"（［西汉］司马迁《史记·平津侯主父列传》）。不拘何时何地，民富则兴邦，民足则强国。国计民生之较，民生不济，国计安出？孰重孰轻，食肉者当善谋之。

五、民生设计产业发展的战略意义

设计与民生有何关系？往大里说，唇齿相依，唇亡齿寒；往小里说，事无巨细，息息相关。老百姓的民生，无非衣、食、住、行、闲、用、文、玩八个字，缺一个，幸福感就无影无踪了。这八个字哪一个离得开设计？拿吃喝的事来说，食品的包装近几年问题尤其突出：标识不清、信息"三无"、品牌假冒、漏气走水、污秽损染……卫生监察、工商管理、市容执法，各行种行政岗位设置了一大堆，偏偏仍然无法完全保障食品安全问题。其实就盯住包装，什么问题都能查出来。拿居住的事来说，首先就必须从民居设计的源头抓起，严格设计、严格施工，彻底铲除现在几乎成了行业潜规则的偷工减料风气：减薄楼板、拉细钢筋、掺假外立面、作弊涂料层……拿穿衣戴帽来说,设计学院毕业的服装设计师们,爱把眼睛盯在洋人那种"国际流行"的 T 型台表演装,搞的都是给神仙娘娘穿的样式,对于内销外贸的成衣太不上心,致使中国成衣在占据全世界四成市场份额的同时,基本都是地摊货色,绝迹于各大时装专卖店。拿交通器具来说,中国工业设计虽有长足进步,但在车船外观设计上还基本是门外汉,仍未打开局面,中国车企船企基本上还是依赖模仿为主搞设计,缺乏核心的关键技术(如引擎等)的突破,离"独立自主研发"的宏伟目标,相距遥远。拿家用电器来讲,"海尔"等"国货知名品牌",也依然要靠"合资"在国际市场上打品牌,"中国货"名声不佳,生怕外国消费者不肯买账。内销的民生家电也不乐观,比国外品牌普遍低几个档次,造型不美观、功能不善不说,还存在不少安全问题。拿文化艺术新兴产业的焦点来说,国产影片在投资规模上倒是可以看齐美国大片,但也多靠炎黄子孙们捧场喝彩,要达到真正传播国家形象的目的,风马牛不相及。动漫产业倒是方兴未艾,但能走出去赚大钱、树形象的动漫产品却不多。动画片学了西洋学东洋,就是拿不出自己的独创设计,主角个个都像洋人著名动画作品的"远房亲戚",疑似剽窃,怎么可能让全世界儿童和家长既叫座又叫好呢?"夫取法于上,仅得其中;取法于中,不免为下"([唐]李世民《帝范》),很多吃设计饭的中国设计师学洋人学糊涂了,混到现在连"国际品牌"不等于"奢侈品牌"的浅显道理都没弄明白,眼睛里全无一脉同种的"衣食父母"们,就知道盯在洋人后面抄袭、剽窃、当跟屁虫。可大家忙了几十年,中国设计界非但没有站起来,反而蹲下去了——只能继续在世界市场上搞搞"地摊货"设计。

党的十七大强调科学发展观,提倡经济转型。可怎么个"可持续发展"?如何"实现经济模式转型"?全社会上下狠抓民生设计,就是个投入最低、产出最高的最佳切入点。只要在维持中国民生设计产业现有国际市场份额的基础上,通过设计升级,便可效益倍增——比如一双拖鞋、一件衬衣、一把雨伞、一个玩具,经过良好设计,就再也不卖一美元一双,而是能卖两美元……就这点想想,无论是国家形象的传播,还是企业利润的倍增,可操作的"可持续性科学发展"的空间有多大?

民生商品看起来鸡零狗碎不起眼,但全世界人民一日三餐、路途奔波、穿衣戴帽、住房用度,谁都须臾不离。从国家战略高度讲,从民生设计商品角度去全力打造中国人的"新文化形象",不但完全可能,而且绝对必要。从数千年文明史看,中国的"造物造美"可以傲视群雄,独霸天下,是古代中国造物设计把华夏民族送上了"文明古国"的宝座。今天中国人还在支撑着全世界民生商品市场的"半边天",只是中国民生商品尚属于中下游档次而已,但同时意味着存在着巨大的发展潜力与空间——这是我们能看清、能利用的最大历史机遇和挑战。因此,扬长避短,审时度势,继续秉承民族传统,继续发挥我之特长,在现有基础上大力提升"中国创造"的设计含量,是未来几十年中国经济发展、社会改良甚至是国家前途的大问题。看不到这一点,玩忽职守,错失战略机遇,我们这代人和子孙数代人,将自毁前程,为此付出惨重的经济和政治代价。

改革开放三十多年,日月轮转,山河巨变,中国社会已初显良好发展态势,伟业骄人,前程似锦,复兴有望。恭逢盛世,侪辈甚幸! 若外和内安,假以时日,吾土吾民,我族我邦,必承五千年文明传统之深厚底蕴,掩三百年弱国嬴民之奇耻大辱,重返昔日世界尊强之巅。窃为天下计,能官事,富民生,强国体,以民为本,以法代情,方能保党业国运,昌隆长盛,华夏振兴,江山永固。

王 琥

2012 年 8 月于金陵龙江三冷斋

与真刀真枪跟清廷对抗的革命党人为首的各种激进力量相互呼应，席卷整个清末社会的"新学"思想和进步文明观念，成为推动社会变革的最大动力。褪褓期的中国民生设计产销业态，在这场百年前浩浩荡荡、轰轰烈烈的变革大潮中，扮演了极为光彩、也极为重要的角色，起到了新思想、新观念快速传播的关键作用。可以这么说，如果没有晚清民生设计事物代表的文明进步行为方式所天然具有的巨大文化影响为全社会变革提供了行为引导、思想铺垫，任何政党和社团组织，都无法在如此广泛的社会层面和思想深度上能够及时动员全体民众响应革命、拥护共和、顺应变革的。因为托生于西洋现代化产业模式和文明进步生活方式的近现代中国民生设计行为，它的兴废存止，与绝大多数社会成员的生产方式与生活方式都息息相关，而且其影响波及社会各阶层，几乎是无孔不入、无所不及，并且是其他任何文化传播媒介都无法取代的。因而新生的民生设计事物直接充当了清末中国社会变革的文化风向标，自其诞生之日起，就是共和理想的天然盟友，也是封建制度的天然死敌。

这个深刻而细微的文化影响，几乎可以拿任何在清末社会逐渐普及起来的民生商品举例说明，比如一块肥皂、一个灯泡、一盒火柴：

小小的肥皂在今天几乎人人每天必用（除去特殊原因），它看起来是多么的微不足道。肥皂早先由洋教士带入中国时，并不为宫廷贵妇们看好，她们不喜欢肥皂的"怪味儿"，鄙夷地称为"洋胰子"。通商开埠之后，华洋混居的租界那些混在洋人圈子里跟班吃洋饭的中国人首先意识到：用肥皂洗干净嘴脸、手脚对于讨洋大人喜欢、保住饭碗是多么的重要，于是肥皂就被当成了不得的稀罕物。由最早接触西洋事物的洋行买办、留洋学生和官眷商妇们开风气之先，渐渐地，中国社会各阶层接受了这个由小小肥皂带来的进步观念：用肥皂、牙膏搞个人卫生，是"文明开化"的最起码标准。

一百年前，中国人使用的都是洋肥皂，还根本谈不上民生设计及它的产业与销售形态。有了潜力巨大的市场需求，洋人就瞅准机会在沿海大城市开设以肥皂厂为主，还有安全火柴、香水等各类日用品化工厂，在赚取大把真金白银的同时，无意间在各生产环节中培养了一批最早的中国工匠、技师、设计师。直到民初时代，侯德榜等人终于破解了洋人生产日用化工的诸多技术秘密，一大批本土生产的民生商品终于面世，口碱、食用醋、肥皂、酱油、花露水、润肤膏等等，这些国货与清末以来仿洋国货一道，构成了完全符合市场产销规律的地道的民生商品，也宣告了现代中国民生设计产业体系的正式形成。围绕着肥皂产业链，上游产业的油脂原料、化工合成，下游企业的零售百货、甚至肥皂盒配套产业，都应运而生。

本书作者坚定地认为：需要把在中国近现代社会长期并行存立的民生设计商品与传统方式生产的手工土特产品完全区分开来。两者在销售方式、产业形态和设计创意方面都存在着天壤之别。单拿设计深度介入的各产销环节说，生产一块肥皂，首先要解决产品的功能设计问题，于是肥皂的去污能力、溶解能力和成本考量，便成为功能设计的关键。设计完好的功能，又必须有可行性的材质设计作为保障，原料采选、勾兑配方、化合操作等等。有了可行的材质与功能设计，接下来便是结构设计与工艺设计的问题：人们为了批量化生产肥皂，还需要在技术上解决热熔浇注、一次成型、多块分解的流水线生产的模具设计、机械设计、动能设计。待产品坯块出来后，还要解决分片包装、装箱仓储、物流配送、商业文宣、市场销售等经营问题，这就少不了容器设计、包装设计、标志设计、招贴设计和广告设计。由此可见，一块不起眼的肥皂凝聚了多道民生设计的具体环节，成为标准的现代设计事物。尽管百年前进入中国城乡的洋肥皂在今天的设计师和消费者们看起来是多么的丑陋、粗糙，但它是近现代中国民生设计最近距离、最先仿造、最有成效的学习范本。

为什么说一块小小的肥皂对近现代中国民生设计是如此的重要？因为从晚清社会起，使用肥皂的社会风气逐渐养成，直接培育了未来社会大众的销售市场。有了市场的预期，才会有产业的跟进，于是一系列原料采配、灌注装置、传动机械和商业渠道、营销手段便逐渐建立，形成体系。肥皂从进入晚清中国社会的第一天起，就预示了近现代中国民生设计产销业态的伟大前程：这是与运行了数千年的中国传统设计产业截然不同的新式文明事物，代表着世界进步潮流最本质因素：工业化、现代化。往大里说，肥皂代表的"工业化作为"具体体现在肥皂的生产环节上：不同于以往任何中国传统手工作坊，必须是符合西方现代产业普适性的"工业化标准"才能生产出来，这就是现代日化工业必需的机械化、规模化、标准化。肥皂代表的"现代化作为"具体体现在肥皂消费环节上：作为西方近现代日用化学科技的成果，肥皂具有世界级的普惠性质，作为在中国社会新出现的民生商品,其产业又必然要求与之匹配的真正的自由竞争性质的市场行为和人人接受的西方式卫生文明标准的社会新风俗。肥皂、牙膏、花露水所代表的社会消费习俗在中国社会的逐步确立,其文化影响已远远超过了单纯的个人消费行为本身。因民主社会和市场经济的"逐利"本质所决定,肥皂的功能设计直接瞄准的是社会的主流消费群体,不分种族、不分阶级、不分地域,以最大化销售为第一目的的社会大众消费群体。有了这个根本性的功能设计定调,选材设计(原料采购、勾兑配方、化合方法等)、工艺设计(浇注装置、传动机械、切分设备等)和形态设计(模具造型、容器包装、图文宣示等)就围绕着基础——建立起来了。肥皂等早期民生商品所附丽的文化价值(移风易俗)也得以体现出来:提倡健康卫生、改变生活陋习、讲究文明进步。

当模样怪异、味道难闻、用途可疑的洋肥皂百年前进入中国城乡社会时,是微不足道、毫不起眼的。"洋胰子"仅仅是第一批识货的极少数中国家庭的奢侈品。它和同时期许多"舶来品"命运一样,需要面临数十年的市场检验,彻底实现"本土化改造"才能得以扎根、生存。当使用肥皂的生活习惯被中国社会越来越多的消费者接受时,它便确立了自己的市场前景。当第一批中国人自己生产、销售的国货肥皂面世时,它便确立了自己在中国社会扎根、繁衍的市场地位——延至今日,中国人早已占有全世界肥皂市场的"龙头老大"位置,世界所有著名肥皂品牌都在中国开店设厂,中国日化企业也每年生产着全球近六成的各种香型的肥皂。一百年来,中国人不断把原来仅有极少数人拥有的西洋奢侈品逐渐转化为全社会人所共有的民生必需品的百年工业史、设计史,西装、皮鞋、电灯、电话,甚至洋房、汽车,都是同一个道理,起于微末,闻于宏达。这正是近现代中国民生设计在百年中国社会变迁过程中扮演角色的一个伟大历史贡献。

与今天早已变得毫不起眼的诸多早期民生商品一样,一块小小的肥皂身上不但凝结着百年中国社会进步的缩影,也烙刻着近现代中国民生设计产销业态从无到有、从小到大、从弱变强的时代印记。

像关注设计案例本身一样地关注设计事物的成因,研究设计事物之所以发生的消费环境(民生状态)和生产条件(产业背景)以及同时期的社会时局的影响,这正是《设计与百年民生》的主旨所在,也是本书作者十年设计史研究得出的深刻体会。这点与本书作者以往出版、发表的个人论著(包括所有的专著、编著、论文、教材等)存在着最大的不同之处。尽管力有不逮、学识有限,也未必讨出版社编辑们的喜欢(他们似乎更喜欢我永远只搞个案研究"图解文论"那种招牌式动作),本书作者也要努力坚持这一自认为正确的学术主张,积极尝试、不断完善,因为设计史论研究的目的,说到底是要通过对既往史实的深刻剖析来找到今日现实之出路,理应把关注创意、生产、消费设计事物的人本身,放在第一位置。这点特别希望本书的读者们能理解我这份苦心。

第一节 晚清时期社会时局因素与民生设计

大清国运衰败之兆,乾隆盛世始见端倪。彼时中华,物产丰富,商贸发达,以今日之国民生产总值计算,天下财富,三成在我。自然清廷君臣上下踌躇满志、傲视全球,全然漠视西洋崛起之深刻意义。马尔嘎尼使团来华,商议中英全球共治东西方贸易之事,因叩拜礼仪,多有纠结,清廷傲慢,英使狡诈,最后竟不了了之。这使中国社会丧失了最重要的一次接触世界,以跟上西方列强发展步伐、顺势而为的良机。康熙朝起,天主教即来华传教,布道课徒,多年发展至乾隆朝,已成尾大不掉之势,罗马教皇竟直接颁令干预中国内政。清廷震怒,遂开始逐步限制洋教洋商在华活动,史称"闭关锁国"之始。此番之举,虽延缓了洋人在华殖民之势,但同时隔绝了中外其他文化交流,使中国社会与全世界突飞猛进的电气化、机械化发展态势,渐行渐远,不啻埋藏下日后技不如人、落后挨打之败因。

从道光帝算起,大清国运就算到了头。虽说是借了祖上基业的余光,大清国表面上还是威风八面,歌舞升平,但中国社会各种矛盾早已暗流汹涌,危机四伏,败象初显。与老子乾隆不一样,嘉庆帝也是个平庸皇帝,但心眼手段都不缺,杀伐定夺,果敢决绝,尚能挟乾隆朝余威,保一代平安,可谓创新不足,守业有成。道光帝就不同了,为人迂腐且性格猜忌,众史家评其终生"守其常而不知其变",又恰逢多事之秋,故鲜有良策而常有谬断,屡误国事,致中国社会就此滑入二百年快速衰败之深渊。

英国人的鸦片贸易乃是二度痛创我中华国体之战祸肇始。何谓"鸦片贸易"?康雍乾盛世,中国社会富甲天下,诸国皆仰慕华夏之富裕,与我通商,丝绸、瓷器、茶叶、香料、文玩、颜料……无不畅销欧美,至乾隆朝中晚期,全球财富,大清国独占三分之一,以一国之力,足可富敌天下。英华商贸,初以真金白银计量,后华货行销全欧,尤以英人为巨:试问彼时英伦三岛,哪一个家庭没穿过中国丝绸? 哪一个家庭没喝过中国茶叶? "1800~1833 年间,茶叶进口量已经飙升到年均 35 000 担,茶叶在英国甚至变成了一种食品。普通大众喝的家庭浓茶中,往往添加了许多牛奶和糖,这样的混合物热量很高,普通英国人把它当做生活中的一种必需营养品,所有的英国人都变成了茶鬼。"(波音《透过钱眼看中国历史》,北京航空航天大学出版社,2011 年版)经年累月,逆差日聚,库存匮乏,入不敷出。何况中土素以造物见长,且物产富饶,民生产品从不缺项,使洋人无法以物易物来弥补贸易逆差。英人遂以"维护公平贸易"为由,先是偷摸行事,继之明火执仗,强行推销鸦片入华,试图颐缓白银之亏。初时清朝官民未见其祸心之阴险,任其行事,更有无耻汉奸买办为之营销宣传,美其名曰"福寿膏",吸食后可增寿颐年,进而逐步培养起百万计烟民消费群,包括大清皇廷之皇太后及嫔妃、亲王、贝勒爷。彼时晚清社会官民上行下效,趋之若鹜,处处喷云吐雾,个个瘦骨包皮。到了 19 世纪初,输华鸦片年度已达 4 000 箱以上,成为当时全球贸易最大宗单项商品。为此项贸易大清库银外流白银也占到了出口总值的两成。由此中英贸易开始出现逆差，并且达到了 250 万英镑的高峰值。鸦片贸易占据了英国对华贸易总额的六成以上，此项收入已占英印政府年度财政收入的七分之一。自始有识之士方察觉其荼毒之剧，上折痛陈弊端。道光爷遂命当时呼吁禁烟最力之林则徐为钦差大臣，急赴广东，一体督办禁烟之事。道光帝还嘱咐要"竭力查办，以清弊源，贩卖吸食，种种弊窦，必应随地随时，净绝根株"（肖刚《历史总是令人叹息》，新世界出版社，2011 年版）。林大人到任不含糊，洋行拘人，货栈封货，南海扣船，虎门焚烟，一时全社会群情激愤，民风大转。英人眼见鬼魅之计难逞，竟议会共商寻衅开战。英国国会经过激烈的争论，最终在维多利亚女王决定性的首肯表态驱使下，271 票对 262 票，以"保卫自由公平之世界贸易原则"为借口通过对大清国展开军事行动的决议，公然派遣海军远征中国，赤裸裸地耍流氓大打出手（详见姚薇元著《鸦片战争史实考》，武汉大学出版社，2007 年版）。斗转星移，时过境迁，以当年铁骑入关之骁勇八旗，二百年后竟不能御敌于万里海防之一隅一岛，一败再败，生灵涂炭。由此为开端，国门洞开，西方列强已尽晓大清国之虚弱不堪。之后凡与中国人一言不合即尽遣坚船利炮来华威逼，且无往不利，每每斩获颇丰。彼之劣习已养成，势不可挡，我族我民遂成待宰牛羊，任其巧取豪夺，搜刮抢掠。至拳匪起事，滥杀教民，列强喜获借口，遂八国联手，豺狼蜂拥而来，屠我良民，劫我宝藏，焚我佳园，辱我社庙，大清国二百余年之繁荣，自此烟消云散，中国就此沦为半殖民地半封建制社会，刀俎环列，鱼肉苟生，险落万劫不复之深渊绝境。

一百多年"康乾盛世"后，中国内外环境已大为改变。洋夷蛮强，船坚炮利；洋货横流，光鲜诱人；洋教诡谲，遍及城乡。清廷内惧民变，外惧洋祸，道光帝竟重颁闭关锁国之策，以鸵鸟埋首之态应对险恶局面。鸦片首败，国人惊心，促成了中国社会"三千年未有之变局"（李鸿章《复议制造轮船未裁撤折》，同治十一年 5 月）。清廷上下自然要查究败因。除去为平洋忿、主战的林则徐等人悉数丢官流放下大狱，全社会并未意识到外敌环立，时运不我，老大中华早已风光不再。首败失尊，唯赔款、开埠、通商而已，尚不足警醒国人自省自强。连战前战后的中国文化精英阶层，对西洋之船坚炮利尚未有足够认识，许多想法竟充满谬误。即便是被誉为"睁眼看世界的第一人"和"民族英雄"的林则徐与首倡"师夷之长技以制夷"（[清]魏源《海国图志·上册·序》，岳麓书社，1998 年版）的启蒙思想家魏源，亦不能免。如林则徐于道光十九年（1839 年）9 月在他向道光皇帝上折奏议防阻洋夷海患时说："夷兵除枪炮之外，击刺步伐俱非所娴，而腿足裹缠，结束严密，屈伸皆所不便，若至岸上更无能为，是其强非不可制也。""夷兵腿足裹束紧密，屈伸皆所不便，若至岸上可用竹竿将其钩倒。"定海沦陷后，虽溃败如此，林则徐仍固执认为英国人膝盖不能弯，鼓励军民奋勇杀敌："一仆不能复起，可任由宰割"。"英国要攻中国，无非乘船而来，它要是敢入内河，一则潮退水浅，船胶膨裂，再则伙食不足，三则军火不继，犹如鱼躺在干河上，白来送死。"（详见王龙著《天朝向左，世界向右——中西交锋的十字路口》，华文出版社，2008 年版）当然，因病辞官返乡的林则徐在晚年主编了

《四洲志》，较系统地介绍世界数十国概况，又编译《各国律历》，向国人介绍外国法律，无愧于"睁眼看世界的第一人"的美誉。

鸦片再败，国体撼动。此役清军南北炮台俱失，水师尽殁，大半全由几十年来洋人设计、洋人督造之钢铁岸炮、水泥炮台，一战完败。再败之后，大清国颜面尽失。不单赔款、内惩主战大员了事，更有割地丧权之辱，实为大清开国之首见。外战失利，又恰逢天灾连年，社会矛盾大为激化，民变四起。值此风雨飘摇、时局大坏，君臣失措，上下互讦。咸丰、同治二朝原本就不乏性情桀骜、言辞喋喋之群臣，有见识者多上折奏事，痛陈国是，"师夷长技以制夷"一说渐占上风，此说既可盖脸遮羞（战败之因，不在国体羸弱，而在技不如人而已），又看似实用（奇技淫巧，乃洋人寻常事物，拿来即可，无伤大雅）。既屡败于人，尚如此矜持，并无彻骨反省之意，焉能不一败再败？前有朝野群臣冬烘庸议，多方掣肘，"洋务派"尚不得尽施抱负；后有两宫主政，垂帘专权，对"洋务派"多有垂青，遂洋务大兴。其间以总理大臣曾国藩首倡遣洋留学、两湖总督张之洞致力重工实业、浙闽总督（转任甘陕总督）左宗棠创办造船纺织等实业之洋务成果，较为显赫。尤其是李鸿章，不但倾心洋务、多有建树，于国势危难之际，独挽狂澜，却落下个里外不是人的"卖国贼"百年骂名。倒是清朝遗老们对李鸿章的评价较为中肯，百年后读起来依然字句铿锵："中兴名臣，与兵事相终始，其勋业往往为武功所掩。鸿章既平大难，独主国事数十年，内政

图1-1 晚清洋务运动主将张之洞

外交,常以一身当其冲,国家倚为重轻,名满全球,中外震仰,近世所未有也。生平以天下为己任,忍辱负重,庶不愧社稷之臣;惟才气自喜,好以利禄驱众,志节之士多不乐为用,缓急莫恃,卒致败误。疑谤之起,抑岂无因哉?"([民初]赵尔巽等编修《清史稿·列传·一百九十八》,中华书局,1977年版)

东洋崛起之后,首先拿朝鲜开刀。李朝素尊大清宗主礼仪,是故无有不救之理,故全力卷入朝鲜戡乱。以大清北洋水师之船坚炮利,实为亚洲列国之首。不想甲午海战,一役而水师尽殁,精锐俱失。日人素为虎狼之族,亡我之心常存,觊觎中华山河物产久矣,借此役之胜而逼清廷签城下之盟,劫财裂土,无所不用其极。此番战败之后果尤为惨重,可谓集历次战败之和。大清国受此重创,威权不再,人心涣散,国库空虚,民生凋敝,以至于兵哗民变四起,旱涝蝗疫毕集。

庚子之乱,八国联军携手侵华,京师被占,皇室西逃。自始国体溃烂,门户洞开,西洋事物在华长驱直入,纵横流溢,并无半点羁绊。战祸内乱创痛之巨,身陷之深,债负之重,隐患之大,我族历经数千年之风雨坎坷,从未遇此奇祸大难。由此引起的集体反省,不仅对大清国之统治者而言,更使中国文化阶级开始觉悟,痛感中国传统文化体系之应变乏术,检讨己责,积极探索救国拯民之文化良策。康、梁之公车上书、戊戌变法、喋血戮力,虽未见成功,实如黄钟大吕,振聋发聩,警醒世人,为百年前最伟大之文化事件。由此实业师洋、政体变革、国民教化之风,成为全中国无须动员全民参与的社会改良文化主题,波及中国社会每个阶层,其深入程度和传播规模,亘古未有。官办新学,官遣留洋,成就了一批近现代中国最早的科学技术人才。民间实业亦遍地开花,催生了一大批近现代中国社会最早的民生企业。有名士张謇弃学从商,开创轻纺染印实业于淞沪苏南各地,更倾家荡产助学建校(同济学堂、复旦公学等)。平心而论,近现代中国新学初创,一切以洋人为楷模,尚无窠臼藩篱,其校园自由风气之盛,学术氛围之浓,大师辈出,名家云集,一切社会改良之策,多出大学校门。彼时治学致用之效,实为后世之教育望尘莫及。正是在上世纪初这种中西新旧文化讯息大交汇、大冲突之际,技术更新,产销结合,才孕育出一百年前最初的中国近现代设计。清末各地劝工局、劝业会开设官办"培训班"和组织民生产品参与国内外各类展会(如巴拿马博览会和南洋劝业会等);各地洋人教会开办"传习所""讲习班";"聚宝斋"等手工商号举办"培训班";各地新型洋学堂(如"三江示范学堂""浙江中等工业学堂"等)开设图案、染织、手工课程,皆以民生类商品为目标。西式民生设计在中国社会的植入和全面衍生、拓展,对当时社会改良、移风易俗和民生改善,是个很重要的促进动力。

一、奇技淫巧:"西风东渐"与传教士

虽然中国和欧洲的正面接触始于南宋和元代,但较大规模的西化影响,还是17世纪英国人从西班牙、荷兰人手中夺取太平洋水路、在远东各国设立"东印度公司"之后的事情。严格意义上讲,"西风东渐"专指17世纪清康熙朝之后,西方文化开始逐渐影响中国社会的文化事物。早先之"西风东渐"仅局限于大内深宫,多是一些皇室重臣把玩的稀罕玩意儿,被视为"奇技淫巧"的"洋落",民间上很少触及,基本谈不上有所影响,仅有个别有识明君,终生对西洋物品之外的文化事物感兴趣,如康熙帝,是有记载的研究和学习西方人几何、函数、外语等科技知识的中国第一人。雍正帝、乾隆帝亦是如此,多有关于他们积极了解、研究西洋事务的记载。上行下效,当时各级官员中不乏喜爱西洋事务、潜心钻研的有心人。后历经数次战败,洋人洋货威风大振,西风劲吹,朝野上下迫切希望对西方有所了解,于是传入中国的洋货,便直接担负起宣讲西洋文明的"形象大使",很大程度上改变了一部分上流社会中国人的传统习俗,培养起关于现代文明社会生产与生活方式的新观念。但这些身居皇廷宫闱之内的西洋事务,对晚清社会数兆平民几无影响,遑论中国民生设计及产销业态之创立。

长期以来,在华传教士名声不佳,中国人写的近代史几乎众口一词地把传教士一律定性为帝国主义侵华的帮凶、走狗、急先锋。这也是咎由自取,不少洋教士们在华期间参与了历次西方列强侵华战争,积极为其充当翻译、向导,甚至违反教义,直接参加对中国平民的迫害与杀戮。还有些传教士在传教期间不但诋毁中国传统文化、干扰民众的公序良俗,还经常欺压中国老百姓,敛财搜刮,巧取豪夺,贪婪无耻,确实干过不少坏事。据各类文献记载,清廷被迫签订了被称为"史上最不平等"的《南京条约》后始,传教士在中国各地所引发的各类"教案",大多数涉及侵占田产、欺凌弱小、侮辱乡民,还有性犯罪、盗窃财物等等,不下万起。这些罪行在中外文献中比比皆是,是铁案如山,不容抵赖的。

现在得知,晚清民间社会对于洋教士的负面印象,至少有部分是来源于各种离奇的谣传。《剑桥中国晚清史》中提到了19世纪在中国流行过的一些小册子如晚清民间刊印过一本匿名编撰的《辟邪纪实》,里面全是些说洋人洋教如何行为古怪、举止诡异的,有些事例则相当的骇人听闻,如说洋人"所有出生三个月的婴儿,不论男女,肛门都塞以空心小管,而于晚上取出,他们称这为'固定生命力要素'之术,这使肛门扩大,长大时便于鸡奸。"(引自[美]费正清、刘广京等著/中国社会科学院历史研究所编译《剑桥中国晚清史》,中国社会科学出版社,1985年2月版)另一份匿名刊印的小册子则将洋教士的罪责归纳为:"采生折割""奸淫妇女""锢蔽幼童""行踪诡秘",号召民众"齐心拆毁天主教堂,泄我公愤"。为教案赴赣查访的清廷官员问百姓:"我等从上海来,彼处天主堂甚多,都说是劝人为善。譬如育婴一节,岂不是好事?"老百姓作答:"我本地育婴,都是把人家才养出孩子抱来哺乳。他堂内都买的是十几岁男女,你们想是育婴耶?还是借此采生折割耶?"(详见《扑灭异端邪教公启》,无名氏撰,1862年,转自[清]文庆等著《筹办夷务始末》,上海古籍出版社,2011年10月版)

后来酿成义和团起义和八国联军侵华的"天津教案",最初也是子虚乌有的"教堂唆使武兰珍(注:'天津教案'中迷拐儿童的首位嫌疑犯)用迷药诱拐幼儿挖眼剖心炮制药丸事件"引起的。法国领事丰大业在被传至通商大臣崇厚办差衙门交涉过程中,因言语不和,偶有肢体冲突,这位傲慢的法国人竟拔枪射杀天津知县刘杰之随行家仆,激起民变,围观者"一拥而上,将丰大业及随从群殴致死,余恨未消,又焚毁了法国教堂,教堂中10名修女、2名牧师在冲突中死亡。事态进一步扩大,4座英、美教堂成为池鱼之殃,被天津民众捣毁,3个俄国商人也丢掉了性命"。"教案发生后,外国炮舰迅速开至天津示威,同时7个国家的公使联名向清政府的总理衙门提出强烈抗议,要求赔偿损失和惩凶"。后来还是曾国藩查清真相,上奏禀明"经曾氏实地调查,民间甚嚣尘上的洋教士'杀孩坏尸''采生配药',教堂内'有眼盈坛'云云,并无其事";洋教士之育婴系慈善事业,"以收恤穷民为主,每年所费银两甚巨";"育婴堂死人过多(注:按照西俗,各教堂修女常为临终之人洗礼,自然也包括生病和垂死儿童)乃事出有因"等等,最后以天津知府、知县以失职罪革职发配黑龙江、赔偿洋人各种损失白银46万两结案。(详见黄波《晚清真相:重现变革背后的众生群像》,江苏文艺出版社,2011年8月版)

庚子事变之前潜入京师的义和团所贴传单上控诉洋教罪名主要有几点:"我邦混乱扰攘均由洋鬼子招我来,彼等在各地传邪教、立电杆、造铁路,不信圣人之教,亵渎天神,其罪擢发难数","天意命汝等先拆电线,次毁铁路,最后杀尽洋鬼子。今天不下雨,乃因洋鬼子捣乱所致","消灭洋鬼子之日,便是风调雨顺之时。"(引自"英国档案馆所藏有关义和团运动的资料",载于《近代史资料》,1954年第2期)这说明义和团不仅仅冲着洋人邪教来,还诋毁所有西洋文明事物,代表了民间底层社会的愚昧群体,宣泄仇视一切新事物的戾气。

即便是清廷内部也不都是一味附和慈禧和"主战派"大臣载漪、载澜、董福祥、英年之流的,徐用仪、许景澄、联元、袁昶、立山等不少大臣们,既反对屠杀洋教士和围攻使馆,也反对在无充分准备下"轻启战端",个个不惜牺牲身家性命,有的冒死直谏,有的冲撞权贵,结果全部被清廷下令斩杀,死后还都被扣上"卖国贼"罪名,有的甚至被满门抄斩,灭了九族。(详见胡滨译《英国蓝皮书有关义和团运动资料选译》,中华书局,1980年5月版)如此杀鸡儆猴,自绝言路,朝野上下自然只剩下"爱国"热情高涨,喊打喊杀声一片。

事实证明,不少传教士是善良的,对中国人民有所帮助的。特别是明代早期传教士,带来的不仅仅是宗教,而且也带来了大量的西方先进的科学文化,如窦玛利、汤若望、郎世宁等,这对中国最早了解西方世界,启蒙中国社会的近现代改良,起到了重要作用。清代起,因清廷颁布了限制洋商、洋教的"闭关锁国"法令,传教活动有所收敛,部分有良知的传教士致力于医疗卫生、赈灾、文教的基础工作,将自己的青春年华、聪明才智完全献给了中国人民。我们不应该忘记他们的善意和贡献。可以这么说:中国最早的现代天文学、历书、现代高等教育、女学、西式医院、孤儿院、铅字印刷、新闻学等等文明事物的初建,都与这些传教士的努力有关。这同样也是有案可稽、不容忽视的。正如后世学者公允评价的那样:洋教士"不是为了追求自己的利益,而至少在表面上是为中国人的利益效劳。"([美]费正清、刘广京等著/中国社会科学院历史研究所编译《剑桥中国晚清史》,中国社会科学出版社,1985年2月版)

传教士是最早在中国建立民生设计产品和消费市场的开拓者。早先为了博得朝廷和官员的欢心,西方传教士多以钟表、船模、枪械、玩具、地球仪、艺术品等作为馈赠和行贿的礼物,以换取自己在华传教的方便。这些西洋玩意儿曾在宫廷和上流人士中引起过很大的惊叹,逐渐传入民间,由此也促成了中国最早的相关民生产业。如座钟与怀表,从康熙朝起就深受中国富裕家庭的喜爱,渐由宫廷造办处召集能工巧匠开始模仿,后各地民间群起仿效,在沿海一带逐渐建立起中国最早的一批钟表行,专一复制欧美座钟怀表。以国产座钟为例,在晚清时期国产作坊已相当有规模,分成"苏作""广作"两大种类,均做工精良,装饰华美,在很多方面并不输给洋人洋货,并在国内和南洋很有市场。远在华洋混居传播普及卫生新民俗的各通商口岸城市租界出现的很多年之前,传教士就努力影响并培养了部分与之接触的中国教民(官员家属、买办仆役、商贾乡绅、新学学生等)良好的卫生习惯:刷牙漱口、洗脸洗脚、理发剃须。于是家用卫生器具逐渐进入当时少数家境优裕的老百姓家庭,如搪瓷制品、镀银镜子、牙刷牙膏、单刃剃刀等等。当这类新习俗被越来越多的中国家庭接受之后,市场的消费群就形成了,这类看似新奇的物品,就逐渐变成了中国境内最早的地地道道的民生产品,中国人的这类产业和维修作坊也逐渐建立起来。

肤浅的学者总喜欢走极端,要么全盘否定,要么全盘肯定,使自己的学术思维时常陷入哲学意义上的"二元悖论"泥沼之中,非黑即白,非善即恶。正确区分帝国主义分子传教士和对华友善的传教士,正视传教士在促进中西文化交流历史中的重要作用,是近代史研究绕不过去的一道门槛。不能实事求是看待,就不能还原真实的历史现象,只能得出错误结论,严重影响我们辨识历史上的重大事件。

本书作者在此重复一下《序论》中的一个观点:由传教士引发的中西方文明冲突,也表明了晚清中国史不断重复的一种奇特社会现象:愚昧导致落后,落后就要挨打,挨打轻了不以为然(鸦片两败后搞点洋务运动、中体西学遮羞挡脸);被彻底打败了、打服了、认输了,就长记性了,才肯下决心老老实实向洋人学习文明、科学(甲午、庚子惨败之后兴起的全民西学、商战热潮和后来的"五四"新文化运动等等)。

总的说来,晚清以来的传教活动,除布道说教之外,其"善举"大体上是为中国普通民众做三件事:其一,建立了大量的教会学校。可以说,近现代中国第一流的大学和中小学中,有不少前身就是教会学校,它们构成了中国最早的西学教育的核心部分。其二,建立了中国最早的西式医疗系统。几乎所有大城市最早建立的现代化医院以及设备、医护人员,无一例外来自洋人教会聘任和培训。其三,建立了中国的慈善救济体系。其中包括"红十字会"等正式组织和日常救助场所,包括收容弃婴、病婴的"育婴堂"和向无业弱者传授谋生技艺的"传习所"等等。事实上,我们今天常见的许多日常事物,当年都是通过这三条渠道输入中国的,如铅字印刷、书籍装帧、近视眼镜、吹玻璃器皿、木架纺线车、手工印染、软木雕刻等等。这些半机械化、规模较小的西式造物技艺,在很大程度上充当了中国社会从传统手工产业向现代民生设计产业过渡时期最好的媒介物。

二、洋务运动的兴衰与内忧外患

晚清洋务运动，又称"自强运动""同光新政"，是二度鸦片战败、太平天国运动风起云涌之际，清政府里部分手握重权的洋务派领袖在全国范围发动的一次对社会的改良运动，核心口号是"师夷之长技以自强"。

曾国藩、李鸿章、左宗棠等人，在镇压平息"长毛之乱"（即太平天国运动）过程中，得到了洋人不少洋枪洋炮的军火支援，还有上海洋枪队（洋人商会的雇佣兵，头目叫戈登）助战，同时还聘用洋技师培训了一批能够操作、维修洋人军械的中国人，结果在具有决定性的几次战役中发挥了关键作用。这件事给当时主政的曾、李等人印象极深，认为通过遣人留洋、采办洋人军火、创建官办制造业几项涉洋实务，即可一举多得，攘外安内，"我能自强，可以彼此相安"（[清]官修《咸丰朝筹办夷务始末》，贾桢等修，中华书局，2011年版）。洋务派领袖、和硕恭亲王奕䜣颇有远见，直接盯上了"西洋新学"，奏称："盖以西人制器之法，无不由度数而生，今中国议欲讲求制造轮船、机器诸法，苟不藉西士为先导，俾讲明机巧之原，制作之本，窃恐师心之用，徒费钱粮，仍无裨于实际……"（中国史学会编《洋务运动·第2册》，上海人民出版社、上海书店出版社，2006年版）

洋务运动所办实体较著名的有：江南制造总局、安庆军械所（即后来南京的"金陵机械制造局"）、汉阳兵工厂、福州船政局、上海轮船招商局、北京同文馆（京师大学堂前身之一部）等。这是近代中国工业化进程的开端，意义非凡。在这些最早的中国工业实体中，孕育出中国最早的工业设计萌芽。

洋务运动在当时深得人心，也办了不少实事，可谓揭开了中国近现代工业化的序幕，但一开始就注定了后来的失败。原因有三：其一，西方式的国家实力不光是洋枪洋炮，而是有经二百年发展、相对完善的法制公民社会和相对自由的市场机制，这是所有国家完成现代化进程必须具备的社会基础。在封建人治社会下，官体、民生两条泾渭分明的产业体系，在资源分配、产业形式、产品分配等关键环节上从未见平等、自由竞争，因而根本不可能建立西方样式的、在世界市场上有竞争力的产业实体。其二，洋务运动领袖们本身就是官僚地主阶级的代表人物，不可能触及封建法统制度本身，"中体西用"原则本身，就说明了他们对中国社会封建制度真实的维护态度。因此洋务运动不但不是要从文化根基上改造中国社会，而是在维护既有封建法统基础上借洋人之技，更好地维护清廷统治。其三，洋务运动所办实体，皆为军工机械，偶有矿山开采、车船修造，也全是涉及军械重工配套产业，而且全是官办、官督体制，全无商业市场概念，对改造社会最重要的民生百业，几乎毫无联系，这使得西洋产物背后更深层次的先进科学技术未能及时渗透中国社会各阶层，因而有着很大的局限性和片面性。因此洋务运动未能发动中国社会各阶层广大民众，形成全社会共识，影响极其有限；对社会改造和中国的现代化进程，作用有限。遭遇甲午惨败，国人群情激愤，全社会共讨战败原因，多位洋务运动领袖被选为"替罪羊"，自然洋务运动在国人一片声讨中随即寿终正寝。

晚清外交家、首位中国驻英公使郭嵩焘曾一针见血地批评"洋务运动"只务"强国"不求"富民"的局限性:"然西洋汲汲以求便民,中国适与相反。今言富强者,一视为国家本计;抑不知西洋之富,专在民,不在国家也。"郭疾呼"民富则国富"的"立国之道":"泰西立国之势,与百姓共之。民有利则归之国家,国家有利则任之人民,是以事举而力常有继,费烦而国常有余。"(引自钟叔河著《郭嵩焘:伦敦与巴黎日记》,岳麓书社,2006年版)事前便能如此清醒地看出晚清"洋务运动"必然失败的病根所在的中国人,即便是在今天的中国史学界,也是极少数的。

晚清这场三十年苦心经营、耗费无数国库民间血汗银两的"假洋务""真官作"运动,只营造出"中体西学"的虚假幻象,毕竟经不住实战真打的残酷检验,终于在甲午海战的隆隆炮声中土崩瓦解、烟消云散了。

当代学者这么评论甲午惨败、"洋务"运动这场事变对清末社会形成的巨大冲击:"偌大一个清王朝败给一个弹丸小国,而且输得如此惨烈,颜面无存。朝廷官场纷纷奏上,辩称失败的原因乃清军武器不如倭寇所致,意图减轻失败的责任。事实上,近代清国的武器装备与世界列强国家军队相比,仍呈中上等水平,参战的陆军三分之二作战部队,装备了西洋和仿洋枪炮,进口连发步枪的性能超越日军村田式单发步枪。清军配备当时世界上先进的速射炮(注:这儿指重型机关炮),战斗火力对日军构成威胁。海军从德国、英国进口新型战舰,组成强大的北洋舰队,定远、镇远两战舰,更是盛气凌人,称雄亚洲,武器之不精良之说难以服人。"(宗泽亚《清日战争》,世界图书出版公司出版,2011年版)

清军外战屡败是有其深刻原因的。其实早在晚清平叛"长毛之乱"时建立的大清洋枪队、洋炮队,因其军政管理与训练水平低下,从洋人手里买的大炮洋枪洋炮也就是摆设。即便是清军中装备了洋枪洋炮,又高薪聘请了洋教官训练多年的新式军队,其官兵的素养也大多十分糟糕。中国士兵的标准战术动作,被洋人讽刺为"习惯性地缩脖埋头、朝天鸣枪"。连外行的笔墨文人都看出些门道来:"绿营兵(注:'绿营'是清军中最具战斗力的主力,通常中下层官佐皆为八旗子弟,最先装备洋枪洋炮)在长官校阅时有两招,一是会跑,所有姿势就是跑,兜圈子,排在一溜的叫长蛇阵,围在一起的叫螺蛳阵,分作八下的叫八卦阵。二是会喊,看大人来了就喊:'某官某人叩接大人。'大人喊一声'起',众人答'喳',校阅结束。"([清]李伯元《官场现形记》,上海古籍出版社,2009年3月版)军事训练简直是形同儿戏。以甲午为例,大清海军虽然技不如人,但毕竟多数系死战捐躯,也算悲壮;大清陆军则"每仗就败,从平壤一直退到山海关,经营多年的旅顺海军基地守不了半个月,丢弃的武器像山一样,威海的海军基地周围门户洞开,随便日本人在哪里登陆。当时日本军人对中国士兵的评价是,每仗大家争先恐后地放枪,一发接一发,等到子弹打完了,也就是中国军队该撤退的时候了。当年放枪不瞄准的毛病,并没有多大的改观"(张鸣《民国的角落》,红旗出版社,2011年9月版)。所以甲午惨败告诉了国人一个基本事实:大清军队不仅仅输给了洋人的船坚炮利,而且更是输在自己的愚昧无知,用当年的话说,就是"臣民打不过国民";用今天的话说,就是"专制社会的草民打不过开明社会的刁民"。这个社会共识不仅使只倚重军火工矿业、主张"中体西学"的"晚清洋务运动"半途夭折,而且是后来清末民初社会实业救国、商战初起、文教兴旺的重要原因。

甲午惨败,日本之贪婪狠毒,彼时已全无遮掩,惟索性直取而已。割地赔款让权,所致惨祸数倍于其他列强。甲午战争后,洋务运动彻底失败,大清国更趋衰弱。以现在的 GDP 计算方式为例,甲午之前,虽数度战败于列强,亦割地赔款,但中国经济积淀颇深,国体厚重,仍能勉强保持全社会经济总量(也就是今天所称的GDP)的"世界第一"宝座;甲午之后,裂土分权,索款劫富,无不创下列国与我签订"城下之盟"之最。由此大清国势遂一蹶不振,快速衰败,导致中国社会各阶层冲突加剧、矛盾丛生;也造成了中国民众仇洋排外心理滋生、蔓延。中国人全社会上下一体、同仇敌忾的这种对洋人的愤恨情绪日积月累,酝酿发酵,逐渐聚集了巨大的破坏能量,终于在各地教案频发的 19 世纪末找到了爆发点,于 1900 年酿成了"庚子事变"的惨烈大祸。

庚子之乱(即"义和团运动")始于中国基层民众对社会现实与外敌入侵的日益不满,在聚集日久的对洋教洋商洋兵种种劣迹之反感和对皇上、军队无能愤懑情绪发酵之中,终于找到了宣泄点、进而引发的全社会大动乱。大清军人打不过洋军人,中国老百姓就找眼前的洋百姓撒气。这点深刻原因很少被史学家提及。每每史书论及此事,要么说义和团运动是"反帝爱国运动",要么说是"拳匪聚众反上作乱",鲜见中庸理性之说。

跟长期宣传的"中国人民反帝斗争"完全不一样,在庚子之乱中,无论是清军还是义和团,都没有得到绝大多数老百姓的支持,几乎所有文献记载都表明:在历次战事中,老百姓基本都在冷眼旁观,有时还喝倒彩。据说八国联军进北京攻打皇城时,还有老百姓帮着扶梯子。"*当统治者以国家为自家私产,当统治者是强加在百姓头上的征服者、压迫者的时候,作为被奴役对象的老百姓肯定不会热心替这样的国家或政府卖命。*"(梁发芾《晚清百姓为什么不那么爱国》,载于《杂文月刊(选刊版)》,2008 年第 8 期)百年来被传得妇孺皆知的梁启超名句"天下兴亡、匹夫有责",原句是这么写的:"*斯乃真顾亭林所谓'天下兴亡,匹夫有责'也。*"梁启超还进一步解释他理解顾炎武该句的意思:封建社会的中国人,国家观念之缺失,主要有三个原因:"不知国家与天下之差别","不知国家与朝廷之界限","不知国家与国民之关系也"(梁启超《无聊消遣》,《饮冰室文集点校本·第二集》,云南教育出版社,2001 年版)。顾炎武原句则是:"*有亡国,有亡天下。亡国与亡天下奚辨? 曰:易姓改号,谓之亡国;仁义充塞,而至于率兽食人,人将相食,谓之亡天下。是故知保天下,然后知保其国。保国者,其君其臣,肉食者谋之;保天下者,匹夫之贱,与有责焉耳矣。*"([清]顾炎武《日知录·正始》,安徽大学出版社,2007 年 8 月版)可见在古代贤士心目中"天下"与"国家"还是有区别的。后来"天下兴亡,匹夫有责"被人篡改成"国家兴亡,匹夫有责",成了从北洋军阀到民国内战及历朝历届政治家自己胡作非为、却鼓动百姓为其卖命的绝大理由。正所谓"国不知有民,民亦不知有国"，这是从甲午军败到庚子国乱用鲜血和性命换来的政治经验，可惜近现代中国社会没几个政治家以及依附权贵的文化人能记得住，这才是百年国运多舛的病根所在。

政治含意另说，但义和团被绝大多数历史学者定性为群氓闹事，理应是不成问题的。嗜杀教民在前，焚毁文明设施在后，斑斑劣迹是无论如何不能被几句"爱国主义"就能粉饰的。"1900 年 5 月，义和团在京津地区大举展开破坏铁路等近代化设施的活动。这种毁路断电的行为，严重影响了京津两地的交通和通讯。"（李远江撰《义和团：110 年的海水与火焰》，载《看历史》，成都传媒集团主办，2012 年 5 月刊）更有甚者，起事之后，义和团在清廷纵容下对手无寸铁的教民和教士均不分老弱妇孺一律大开杀戒，可谓残暴至极："毓贤：我奉太后懿旨办事，今日在衙门校场杀得三十余洋鬼子，您也是銮驾亲临的。还有在山西另一地方，杀了个待产的洋妇，一支铁棒捅进了她的阴户（希望是立时毙命，少受痛楚）。"（［英］埃蒙德·特拉内·巴恪思爵士著《太后与我》，王笑歌译，云南人民出版社，2012 年 1 月版）

义和团的卑劣之处在于：屠杀手无寸铁的教民、教士很行，打起仗来根本不行；能惹事，不能任事。真的动起手来，其乌合之众、顽劣卑贱的本相就暴露无遗了。据《西巡回銮始末记》（清佚名著，［日］吉田良太郎译，台湾学生书局石印本，1973 年版）记载：战端开启后，当聂士成（时任大清直隶提督，庚子战乱中于津郊八里台战死。所辖治"武卫前军"，其 30 营"武毅军"皆为拱卫京畿之清军精锐主力）统领的清军猛攻租界时，义和团一开始还能出阵御敌，但几度受创后，便常常作壁上观，甚至四处焚掠。只剩下官兵孤军奋战。《拳匪纪略》（［清］粤东侨析生山阴余氏辑，上洋书局石印本，清光绪二十九年版）记载：6 月 27 日，英法联军直扑城南海光寺机器局。清军赶忙上前迎敌，但义和团拳民担心联军切断其归路，遂争相撤出，挡住了聂军前进的道路。拳民甚至呵叱官军，为其让路。适逢战争胜负、生死存亡的紧要关头，官兵劝拳民留下来协力堵击。但义和团误以为是官兵有意让其速亡，又与官兵哄吵，欲夺路而回。此时，联军已尾随而至，拳民急于逃命，随之逃跑。结果，南局又丢失了。乌合之众如此举事，激愤盲动在前，怕死惜命在后，亦为彼时我军民上下失措、人心涣散之真实写照。

对于义和团运动的真正性质，在整个 20 世纪曾深刻影响了中国社会思想领域的那些公认的革命家和社会名流的评价，也许更加有说服力：自称"革命军中马前卒"的革命党先驱邹容说：义和团属于"野蛮之革命"，它"有破坏，无建设，横暴恣睢，足以造成恐怖之时代"，"为国民添祸乱"（邹容《革命军》，华夏出版社，2002 年版）。"五四"新文化运动领袖蔡元培说："满洲政府，自慈禧太后下，因仇视新法之故，而仇视外人，遂有义和团之役，可谓顽固矣。"（蔡元培著《中国人的修养·华工学校讲义》，中国工人出版社，2008 年版）作为新文化运动伟大旗手的鲁迅则认为"义和团起事"是"康有为者变法不成"后"作为反动的倒行逆施"（鲁迅著《鲁迅全集·第六卷·且介亭杂文末编·因太炎先生而想起的二三事》，人民文学出版社，2005 年版）。

　　庚子之乱史书多有记载，其祸之巨，其害之深，不忍卒读。国歌之"中华民族到了最危险的时候"，彼时最是：京师沦陷、社稷受辱、国体瓦解、库门洞开，任凭西方列强为所欲为，中国几乎险遭西方列强瓜分，中国社会已滑落至我华夏民族有国之年的数千载衰败之最深谷底。中国文化阶级也由此"触底反弹"，开始唤起民众，逐渐形成了发展教育改造社会、发展实业振兴国体的正确认识，而且使全社会对此达成了相当广泛的全民共识，使后来的一系列社会改良甚至革命，有了一个坚实的民众支持基础。

　　规模、装备均优于倭人之大清北洋水师，竟在一周内悉数被歼之甲午惨败，加之已有两次鸦片战败，再加清军崩溃、京畿沦陷的庚子事变，已盛行三十余年的洋务运动在庚子事变后宣告彻底失败。一连串战败的奇耻大辱直接告知国人，有封建脑袋的乌合之众，即便会使用洋枪洋炮，也打不过有现代文明意识和科技文化素养的少数人。庚子年数千名清军洋枪营精锐和数万名口念刀枪不入神咒的勇敢拳民，围攻只有41条洋枪的北京西什库教堂逾月，伏尸数千而奈何不得，即是铁证。可以这么说，甲午之败到庚子之乱的数年间，把最难下咽的苦果都吃了个遍，反倒使中国人开始真正的觉醒与反省，最终反而找对了能够改变自身苦难命运的文化方向感。之后持续百年的中国革命和改革都证明了这一点；在几乎当时所有中国革命领袖们的传记中，都能看到甲午战败和庚子之乱这两件事对他们年轻时立志投身革命以救国拯民的决定性影响，孙中山、毛泽东、周恩来、邓小平等等。还有大批民生企业家们、新学教育家们也随后不断涌现出来，远远超过了当年清末洋务运动的规模和影响。脓包囊肿，再疼也要排脓除根，方可痊愈。基于这一点，本书作者特别感谢八国联军和日本海军这些最终促成全体中国人猛醒的最凶恶、最无耻的强盗们。

　　跟以讹传讹的说法相反，是清末忧国之士发明了"东亚病夫"这一称号，目的是警醒危难之时犹不自知的国人。严复（资产阶级启蒙思想家）在天津《直报》发表《原强》一文中说："今之中国，非犹是病夫也。""中国者，固病夫也。"（详见严复撰文《原强》，载于天津《直报》，清光绪二十一年即1895年3月24日）光绪二十九年（1903年）10月，小说《孽海花》的第一、二回，在中国留日学生所办革命刊物《江苏》月刊第八期上匿名发表。为避清廷迫害，当时作者曾朴、金天翮所用笔名便是"东亚病夫"，寓意"病国之病夫"。光绪二十二年（1896年）10月17日，梁启超主编的《时务报》翻译并转载了英国《伦敦学校岁报》评价甲午战争一文（由上海英文报纸《字林西报》首发），其中有句"夫中国乃东方病夫也，其麻木不仁久矣，然病根之深，自中日交战后，地球各国始悉其虚实也"。梁启超亦称："而称病态毕露之国民为东亚病夫，实在也不算诬蔑。"（详见梁启超著《新大陆游记》，社会科学文献出版社，2007年1月再版）梁启超还大声疾呼："合四万万之人，而不能得一完备之体格。呜呼！其人皆为病夫，其国安能不为病国也。"（详见梁启超著《新民说·第十七节　论尚武》，中州古籍出版社，1998年再版）清光绪二十八年（1902年），蔡锷亦写道："显而言之，则东方病夫气息奄奄，其遗产若是其丰，吾辈将何以处分之?"(蔡锷《军国民篇》,载于《蔡锷集(一)》,湖南人民出版社,2010年版)陈独秀亦称:"艰难辛苦,力不能堪;青年堕落,壮无能力,非吾国今日之现象乎?人字吾为东方病夫国,而吾人之少年青年,几无一不在病夫之列,如此民族,将何以图存?"(陈独秀《今日之教育方针》,载于《新青年》杂志,民国四年即1915年,第一卷第二号)青年鲁迅深受此说影响,毅然弃医从文:"医学并非一件紧要事,凡是愚弱的国民,即使体格如何健全,如何茁壮,也只能做毫无意义的示众的材料和看客,病死多少是不必以为不幸的。所以我们的第一要著,是在改变他们的精神,而善于改变精神的是,我那时以为当然要推文艺,于是想提倡文艺运动了。"(鲁迅《呐喊·自序》,人民文学出版社,2012年再版)由此看来,"东亚病夫"称谓的流行,是中国人一种极为深沉痛苦的文化自责与觉醒。

由少数有识之士开创的近现代中国民生企业,直接孵化了近现代中国民生设计的产业形式。在庚子之前,中国民生产业均为传统的手工性质,带有深厚的大农耕自给自足的特点。官僚买办之洋务运动,对近现代中国民生产业形成和设计诞生,未见有任何直接影响。庚子之后,租界兴起,华洋混居,始有国人主办的西式民生商品(以洋行订货代理经销为主,以零配件维修保养为辅)的小型民生产业雏形初现,见诸沿海各通商口岸城市(主要是上海),进而拓展至全国,遍布中土;中国民生设计遂获得一定的生存空间和消费群体。我个人有个谬见:近现代中国设计史,不一定以鸦片战争划分时段,当以甲午前后为划分时段:甲午之前为古代设计史,甲午之后为近代设计史。鸦片二度战败,尚无伤及国本,亦未见中国社会之民生改善与民俗改良显现。唯甲午战败及随之之庚子事变,令国体撼动、法统颠覆,全体国人痛入心髓,自觉反省,洋学新风遂得以深入人心,始有后来建立民国、五四运动等革命之成功基础,设计产业随之获得形成及发展环境。其他理由早已前述,此处不再复述赘议。

三、设计事物的输入:沿海通商口岸与殖民化

洋务运动失败和庚子之乱的教训是:与其用洋枪洋炮武装军队,不如用科学民主改造民众。中国社会用了从清末到民初几十年动荡、沉沦,才明白了这个大道理,始有后来中国文化阶级的全盘西化直至"五四"新文化运动。中国民生设计是凭借这个大的文化背景,才得以诞生、发展起来的。

两次鸦片战争均以大清国全面溃败、被迫签订城下之盟狼狈收场。中国被迫陆续向列强开放沿海、沿江的"通商口岸",其中包括与英国历次签约"开放"的口岸有:《南京条约》(1842年8月29日):广州、厦门、福州、宁波、上海;《天津条约》(1858年6月26日):牛庄(营口)、登州(烟台)、台湾(台南)、潮州(汕头)、琼州、汉口、九江、南京、镇江;《北京条约》(1860年10月24日):天津、塘沽;《烟台条约》(1876年9月13日):宜昌、芜湖、温州、北海(后1890年3月31日《烟台条约》续增专条增补一处:重庆);《藏印议订附约》(1893年12月5日):亚东;《续议缅甸条约附款》(1897年2月4日):腾越、梧州、三水(三水县江根墟);《续议通商行船条约》

(1902年9月5日）：长沙、万县、安庆、惠州、江门；《续订藏印条约》（1906年4月27日）：江孜、噶达克、亚东。

与俄国历次签约"开放"的口岸有：《伊犁塔尔巴哈台通商章程》（1851年8月6日）：伊犁、塔尔巴哈台（今塔城）；《北京条约》（1860年11月24日）：喀什、库伦（今乌兰巴托）、张家口；《伊犁条约》（1881年2月24日）：肃州（嘉峪关）、乌鲁木齐、哈密、古城（奇台）、吐鲁番、科布多、乌里雅苏台。

与法国历次签约"开放"的口岸有：《天津条约》（1858年6月27日）：台湾（今台南市安平区）、淡水（今新北市淡水区）、潮州、琼州、江宁（南京）；《续议商务专条》（1887年6月26日）：龙州、蒙自、蛮耗（今曼耗）；《续议商务专条附章》（1895年6月21日）：思茅、河口。

与美国签约"开放"的口岸有：《通商行船续约》（1903年10月8日）：奉天（沈阳）、安东（丹东）。

与日本历次签约"开放"的口岸有：《马关条约》（1895年4月17日）：沙市、重庆、苏州、杭州；《通商行船续约》（1903年10月8日）：长沙、奉天（沈阳）、大东沟（丹东）；《会议东三省事宜正约》（1905年12月22日）：菲尼克斯（凤城）、辽阳、新民屯（新民）、铁岭、通江子（通江口）、法库门（法库）、宽城子（长春）、吉林、哈尔滨、宁古塔（宁安）、珲春、三姓（依兰）、齐齐哈尔、海拉尔、瑷珲、满洲里；《图们江中韩界务条款》（1909年9月4日）：龙井、局子街（延吉）、头道沟、百草沟。

〔以上内容均根据美籍华人学者徐中约的专著（〔美〕徐中约著/秋枫、朱庆葆译《中国近代史》，世界图书出版公司北京公司，2008年版）所列信息改编。〕

被定为"商埠"的通商口岸城市，一般都具有优良的交通条件，包括优良的深水港口和较好的港口设施，或本身就是内陆与沿海之间的贸易重镇，其周边的商品经济或商品农业比较发达。在商埠中，通常划定一定的区域，供相关国家商人定居、开业、存放货物。"商埠地"和此后的"租界"内，洋人建工厂、开商店、办学校、创医院、搞市政，几乎搬来了在欧美国家的所有新玩意儿。各国在内设立领事馆，所属国家通常保有对"商埠地"的主权，以及行政、警察、司法等权力。有些国家还在"商埠地"内设有兵营，驻扎军队，理由是"保护本国商人和侨民利益"。此类"商埠地"与1860年之后出现的"租界"共同构成了剥离于中国主权之外的"国中之国"，成为帝国主义列强经济入侵的"桥头堡"。同时，也成为西洋文明事物输入中国内地的最重要渠道，无形中充当了促成近现代中国社会文明进步的历次变革的重要推动力之一，也是近现代中国民生设计产销业态得以成形的"孵化室"和"温床"。

近现代中国民生设计产业的商品消费行为的"始作俑者"，有三类人：首先是洋商与洋教士，其次是买办阶级，再次是新市民阶级。这三类决定了中国民生设计诞生的社会阶层的出现，其基本条件分别是通商口岸的崛起、租界的出现、中国沿海城镇的都市化。

在通商口岸出现之前，洋商洋教对西洋文明的传播，总带有很大的局限性，不是受限于宫廷衙门，就是受限于城乡一隅。而首批五个沿海通商口岸的出现，使洋商洋教为主体的文化殖民运动几乎解除了任何人为限制，可以畅行于这些"国中之国"周边大量有完整社会结构的城镇乡村，其对近现代中国社会变革特殊的重要作用，是不应该被全盘否认的。不光是民生设计，近现代中国社会几乎所有的新式科技、教育、产业，都是以此为开端的。

中国的买办阶级，包括各类洋务襄助和其他涉洋事务中人身权益和经济利益完全依附于洋使、洋商、洋教三方面的华人。甲午战败后，打着"保护在华侨民利益"的旗号，洋人强迫清政府签约允许在中国各大中城市内划分租界，这些租界基本不受清政府节制，完全实行自家国内一般的法律法规，凭借租界的出现与扩大，洋人驻华使团、西方教会、各类洋商驻华机构得到了极大扩张，各类洋商驻华机构的受雇中国人（我们统称这类人为"买办阶级"）和依附于洋人驻华使团、西方教会的中国雇员越来越多。相继开埠的各通商口岸（上海、福州、烟台、厦门、荆州、沙市、汕头等）直接受雇于洋人、为洋人直接服务的各类中国人及家属，多达十数万之众。他们的人身权益与经济利益，直接依附于在华洋人，并且由于租界华洋混居，他们最早地接受西方式生活方式与生产方式，并通过宽泛的渠道传播到租界之外的中国社会各阶层。从本质上说，中国买办阶级是近现代中国社会进步的有功之臣，是最早传播西洋文明的文化掮客，同时也是近现代中国民生设计的实践者和推广者。晚清社会遍及中国城镇的"文明化"浪潮，不仅传入了西洋东洋的现代科技人文思想，还或早或晚地植入了中国最早的现代化工商模式——这种现代化的工商模式，培养、教化并形成了虽然整体素养欠缺、但与民生产业与民生设计现状相适应的"新市民阶层"，这些在租界接受新式生活与生产的"新市民阶层"，人数众多，阶层宽泛，包含了中国城镇社会民生百业，直接导致了近现代中国民生设计的发展、壮大。在晚清社会诞生、并在民国时期发展成占中国社会举足轻重作用的"新市民阶层"，是近现代中国民生设计的发生主体兼接受主体，是近现代中国民生设计发展、生存最重要、最关键的决定性力量。

"我国商业，在海禁未开之前，仅有个人行商或私营小铺，逐什一之利，墨守成法，未足以言商业之规模。"（郭泉《永安精神之发轫与长成》，香港：作者印行，1960年）依据首次鸦片战败后签订的《中英通商条约》于1842年开埠的第一批"五大通商口岸"为广州、厦门、福州、宁波和上海。这五个商埠在中国沿海由南向北分布，彼此互相衔接，成为西方输华货物的集散地，"舶来品"由这五个口岸转销当时中国社会最富饶的珠江流域和长江流域各地城乡，加上后来陆续开放的其他通商口岸城市，在中国社会经济中心的沿海与内地，逐渐建立起了洋货销售与加工生产的商业化市场网络——这个洋人初建，后来为中国人仿造、发展的现代产业、营销体系和逐步培养起来的较成熟的广大消费群体，恰巧成为后来的中国民生设计得以萌发、模仿、借力发展的最重要基础条件。事实证明，近现代中国社会的几乎所有新生事物，大多来源于沿海各大通商口岸，尤其是上海。

五口通商，不但直接移植了西方资本主义经济的生产技术、装备和市场经营模式,建立起中国第一批具有现代化标准的工商企业,而且也对中国社会的传统手工产业向现代型企业转变,产生巨大的促进与推动作用,而且这种促进和推动,效果既迅捷又高效,往往远甚于朝廷法度和行业预估。例如,泛长江出海口三角洲流域的苏锡常地区和杭嘉湖地区,素有"天下丝棉尽出江浙"的美誉,自元明以来中国内销外贸的丝绸、棉布产品半数以上出产该地区,但同时又是传统手工产业最集中、也最顽固的集散地。这些江浙产"出口蚕丝当时都由产地小农手工缫制,难免色泽不净,条纹不匀,拉力不合欧美国家机器织机的要求。因此生丝在运抵欧美上机前还得用机器再缫一次,在法国里昂普通白丝每公斤价值47法郎,而再缫丝则值63法郎","中国劳动力价格低廉,对外商来说,在生丝离开上海时就地再缫一次更为合算"([美]马士著、张汇文等译《中华帝国对外关系史·第1卷》,生活·读书·新知三联书店,1957年版)。当洋商们在上海兴建第一批缫丝厂、纺纱厂和棉织厂后,尽管起初的市场份额还不算大,但其技术、产能和品质的巨大优势立即对相邻地区的丝绵传统产业产生了潜在致命威胁。新兴的现代纺织业"立刻取得了作为中国丝市场的合适的地位,并且不久便几乎供应了西方各国需求的全部"(姚贤镐《中国近代对外贸易史资料》,中华书局,1962年版)。当这种生存威胁不断扩张、逐步转化为近在眼前的可怕现实时,江南传统丝棉纺织业的经营户们便不得不正面应对迫在眉睫的竞争,而唯一的出路只能是也学着上海洋商们去引进先进的机器设备和织造、印染工艺,以提升自家在市场竞争中的生存发展能力。于是,自明代以来就一直是世界最大出产地的江南丝绸业和棉麻纺织业,成为近现代中国社会第一批实现全行业现代化改造的中国企业。依附于纺织业的现代印染、织造类设计产业,也就应运而生了。这种由市场竞争自由调节、促成传统丝棉纺织业实现现代化转型,是中国工业化进程最早、最成功的实例,后来在其他产业也一再反复出现。

通商口岸的出现,还不仅仅是建立了像上海和香港这样崭新的大都市和形成中国首批西洋式"都市生活圈",对周边地区尤其是广大乡村发生的文化和经济辐射作用,也是巨大的。"1893年中国农产品出口总值为2 842.3万元,占全部出口贸易总值的15.6%;到1903年分别增至8 949.6万元和26.8%;1910年又达23 195.7万元和39.1%。同一时期,外国商品对华输入有增无减。进口贸易净值指数,如以1871~1873年为100,则1891~1893年为206.6,1909~1911年为662.3。"(严中平等《中国近代经济史统计资料选辑》,科学出版社,1957年版)将中国社会即时的主体经济形态(农副产品和传统手工业产品等)挪入中外商贸运作的主渠道,这对于整个社会经济形态的改良和新型商业制度的建立,无疑是发挥了不可取代的关键作用的。

四、消费先驱:租界洋商与华人买办

受雇于在华洋人使团、商务机构和教会的中国人,在近现代中国历史上名声一向不好,也确实出了不少叛徒、汉奸之流。而对他们在中国社会的客观作用,在大陆版的众多正规历史教科书上是很少见到公正评价的。

受雇于洋商在华机构，为洋人在生意上、生活上照料事务的中国人，被称为"买办"。这个称谓原出明代，是个显赫的头衔，指专为宫廷采办支应一切物品的专职商人。清初广州被指定为洋商来华贸易的两个口岸之一后，"买办"则专指涉洋贸易的"十三行"为洋商采办货物的代理人或商务管事，其工作性质开始是很清楚的："准许外商自雇引水……其雇觅跟随，买办及延请通事，书手，雇佣内地船只，搬运货物……均属事所必需，例所不禁，应各听其便。"（引自《百度文库·史哲·"中美望厦条约"文本·道光二十四年/1844年》）上海开埠后，这类人被早期的老上海人称为"康百度"（葡语的 comprador 华语译音），多为各大洋行以佣金受雇形式为洋商服务的中国商人。后通商口岸不断增加，洋商所需买办队伍亦日益扩大，在宁波、厦门、烟台、湖州等地的新买办，多为广州、上海等地原有买办或由他们举荐、中介的亲朋好友、故交新知。到庚子之乱的1900年，各地雇佣的中国买办仅洋行代理人一职，已达两万之数；加之服务于洋商其他买办（洋行的总管，账房和银库管理，机要秘书，翻译及中间商、供货商、经销商等），数十倍于此，再加之家属、随扈，当有百万之众。

"尽管中国商人与外国商人之间的接触很早，但是西方商业理念最重要的传播渠道却建立于19世纪，当时中国商人已开始在外国公司工作。称之为买办的这些人主要为西方商行工作，如收集市场信息、充任翻译、确保中国本土钱庄以及商人的偿付能力及采买内地产品。"（郝延平《中国十九世纪的买办：中西间的桥梁》，哈佛大学出版社，1970年版）随着西方列国在华商贸的不断拓展，从事为洋商打理商务的中国买办越聚越多，竟形成了独立于士农工商之外的新兴社会阶级。这类人多有留洋经历，熟悉洋人的文化，会写洋文会说洋话，他们知晓中国社会的方方面面，也知晓洋人所需所求，是洋人在华经商不可或缺的好帮手。尤其是清末民初的新买办，多半文化素养较高，阅历丰富，视野开阔，生活习俗和情趣较接近西方，自觉不自觉地成为西洋生产技术和生活方式在华传播最重要的启蒙者和传播者。他们因为常年跟洋人接触，又长期生活在华洋混居的租界，而这些租界依据各项不平等条约，一概不受中国政府节制，自立法律、各行其是，完全由洋人打理一切社会事务，是典型的"国中之国"。中国买办阶级，正是在租界这种自成一体、华洋混居"小社会"的特殊形态下孵化、发展起来的新型社会阶层。

中国买办阶级，依仗洋人势力，成为晚清社会的强势阶级，具有其他社会阶层所没有的天然优势，在近现代中国历史上扮演着非常特殊的角色，也起到了正反两方面的作用。清初至第二次鸦片战争时期的早期买办，人数尚少，还不成气候，且多有中国文化阶级的深刻烙印，举止穿戴与典型的旧中国商贾乡绅无异，如被称为"晚清四大买办"的唐廷枢、徐润、郑观应、席正甫等人。但随着洋商渐多、洋务见稠，且买办人数日益扩大，开始自成一体，逐渐形成了中国近现代社会独特的一个新兴社会阶层，开始有了自己独特的社会地位、法律诉求、交际范围、文化品位。

"每个阶级的成员总是把他们上一阶级流行的生活方式作为他们礼仪上的典型,并全力争取达到这个理想的标准。"([美]托尔斯坦·本德·凡勃伦著、蔡受百译《有闲阶级论》,商务印书馆,2002年版)由于"华洋混居"的特殊生活、生产方式,他们能最先接触并接受,且随之学习、模仿了洋人的许多"新文明事物",从谋生手段到生活情趣。中国买办阶级是晚清社会第一批地地道道的"新文明人",他们通过血亲同宗、故交新友,买办阶级成员及家属,有意无意地将所接触到的西洋事物所代表的新文明观念、方式、媒介、载体,向自己生产谋生范围和生活圈内外的所有人进行了有效地散播和宣讲,耳濡目染、言传身教、身体力行,在客观上不但为大时代的社会整体转型起到了相当积极的促进和推动作用,而且成为中国近现代民生设计及其所依附的民族工商产业的萌生、发展、壮大,直接充当了开拓者的重要角色,还间接地为中国民生设计产品带动、培养出了一个完整的、人数庞大的社会消费群体。在研究近现代中国民生设计历史时,侧重于晚清社会的租界的社会作用和买办阶级的经济作用,都是不可或缺的重要研究内容。

晚清社会的中国民生商品,先是由洋商直接输入,再是由华商间接模仿,后是由民族产业改良、改造,最终独立独有。在最早的民生商品被改良性仿造、创意性设计的初始阶段,一大批买办出身的民族实业家,功不可没。他们在洋行供职多年,深谙现代商务,具有先进的时政意识和商业头脑。他们在完成一定的原始积累之后,有不少自筹华资,自行创建或投资近现代中国的第一批工商产业和船运业,如祝大春、吴懋鼎、朱志尧、王一亭等人。

买办阶级成员,长期接受洋人影响,生活方式亦与之趋同。华人买办们是中国最早的"有车一族",也是中国人里最早住上花园洋房的人,还是最早的洋货化妆品、服饰、餐具、厨卫用品、文体用具等等所有西洋式民生商品的消费先驱。他们的生活方式与消费行为,都自觉不自觉地充当了西式文明新生活在中国社会传播普及的重要中介力量。作为个体,买办阶级成员都有最基本的生产方式(在洋行服务于洋人)与生活方式(在租界与洋人混杂相居,参见表1-1)需要和特点。他们的一饮一食、衣着穿戴、出行交通、起居坐寝,正是在这种特殊的环境中逐渐形成各种"新变化"。这种"新变化"意味着中国社会前所未有的各种新事物,包括劳作方式、交际方式、饮食方式、服饰方式和"新变化"所必然导致的各种个人文化素养、个人卫生习惯、个人生活趣味、个人审美取向等等。这些无形的生产、生活方式的新变化,正好是通过各种民生类商品得以实现、继之以推广流传的。从纯商业角度讲,中国新兴的买办阶级,是中国民生设计及其产业、商业形态的始作俑者之一。

中国新型的买办阶级,成为晚清社会的中坚力量,从贬义上说,是洋商在华进行经济掠夺、文化殖民、甚至军事侵略的走狗、帮凶(有时确实如此,可谓罪行累累);从褒义上说,是中国社会引入西洋文明事物、实现移风易俗的社会改良的最重要推手,也是晚清社会中国民生设计最初阶段的实践者、传播者、消费者。

表 1-1　晚清上海租界常住人口统计部分数据

时间	公共租界		法租界	
	洋人	华人	洋人	华人
1844 年	50	不详	—	—
1865 年	2 297	90 587	460	55 465
1900 年	6 774	345 726	622	80 528

注 1：自民国建立以后，中国政府及上海市政府不再承认租界有"主权"，只承认部分"治权"，故而租界当局不再公布人口普查各项数据。

注 2：上表根据《上海地方志·上海劳动志》（上海市地方志办公室，2002 年版）所列数据编制，不包含流动人口和不在籍户口人数。

五、消费群体的崛起：新市民阶级

晚清社会的租界设立，直接带动了中国沿海内地各大中城市的"都市化"运动。而"都市生活圈"的出现，则孕育、培养了社会阶级划分中新兴的利益集团的出现，这部分占都市社会相当人口比例的消费群体，就是伴随城镇都市化而逐渐形成的"新市民阶层"，他们是近现代中国民生设计及产销业态不可或缺的社会基础。

上海也许是人类历史上用最短时间完成"都市化"的城市。它从一个仅有数千居民和几间渔行客栈的籍籍无名的江南小渔港，发展成聚集了数百万市民、在东半球首屈一指的繁华大都市，仅仅用了不到半个世纪的时间。没有一座城市像上海这样曾深刻影响百年中国历史，从经济史、政治史到文化史、思想史，还包括设计史。这个奇迹的出现，首先要归功于华洋混居的租界的出现。

租界制度，存在于中国社会从 19 世纪上半叶到 1949 年中华人民共和国成立的一百余年。最早的租界出现在上海，1845 年 11 月 15 日，英国依据与清政府签订的通商条约，在中国上海设立了中国近代史上的第一块租界。租界最主要的特点是内部自治管理，最高行政机构为洋人所把持的市政管理机构"工部局"。"工部局"兼有西方城市议会和市政厅的双重职能。由其统一管理、协调、仲裁租界内一切社会事务，并担任市政、税务、警务、工务、交通、卫生、公用事业、教育、宣传等诸社会职能。之后历次战败西方各国均以上海租界为蓝本，在沿海内地建立了一大批租界，形成了晚清中国社会各大中城市特殊的"国中之国"。这些租界和准租界的出现，一方面使洋人势力在华有了为数众多的"桥头堡"，更好地保护其对晚清中国社会的经济掠夺与文化殖民；另一方面这些租界客观上形成了中国社会最早的"都市生活圈"，成为西方先进文明新思想、新技术的最重要输入渠道，还培养了后来构成近现代中国民生设计及产销业态最早消费群体的"新市民阶级"，吸引并聚集后来改造成为中国民生设计最大消费群体的广大都市社会底层民众。通商开埠几十年内，进入中国沿海及内陆广大城乡百姓家庭的民生类洋货商品已"不可胜数"，"饮食日用洋货者，殆不啻十之五矣"（姚贤镐《中国近代对外贸易史资料》，中华书局，1962 年版）。

　　近现代中国民生设计的社会基础是西化的"文明生活方式",经济基础是西化的"科学生产方式"(即现代工商业产销体系)。随着通商口岸各城市开埠,晚清中国沿海城市都不可避免地出现了"都市化"倾向:有别于中国古代社会的既有传统,崭新的生产方式和生活方式被逐渐建立起来。在这些数量不断增加的通商口岸城市,大量的外来人口不断迁入。适应这种高密度人口聚集的都市化社会结构被建立起来,民生百业以适应于都市化生产生活的新业态获得重生,以便服务于如此庞大的消费人群;西化了的新型城市功能得到加强,出现了以前从未有过的很多新职业、新产业,如邮差、消防员、秘书、司机、教师、巡捕、警察、律师等等,我们不妨称他们为"公共服务人员"。这些公共服务人员,再加上都市社会服务百业的从业人员,构成了都市社会的"宝塔形结构",最上层是洋人小圈子,其次是买办新贵,再次是公共服务人员,最次是服务于上述人群的广大城市平民。于洋人和买办阶层所代表的"上流社会"和城市底层平民百姓之间,由这些"公共服务人员"构成了各都市社会最重要和最基本的社会构架。我们不妨把这个新兴的社会阶层称之为"新市民阶层"。

　　与买办阶级不同,"新市民阶层"被基本排除在都市生活圈的"上流社会"之外,仅能部分地直接接触洋人社会,社会地位依附于洋人与买办的上流社会,多半在现在被称为"第三产业"的服务型行业内就业。这些在都市化了的大中城市新型社会生活、劳作的人,都有都市社会所提供的相对稳定的职业,也有最基本的生活保障,也享受都市社会提供的法律保障和人身自由。他们人口基数庞大,思想较为开放,接受西洋新事物能力较强。他们是都市生活圈中衔接、沟通、联系洋人与买办阶级为主的上流社会与那些或服务于都市生产生活各个方面的底层小人物之间的重要渠道。作为都市社会特殊的"夹心层",这个新兴阶层是社会变革的最主要力量,他们的生产生活方式的变化,能直接带动整个都市社会的改变。他们的愿望、诉求、主张,通常也能在很大程度上左右都市社会的运作方向。在上流社会的洋侨和买办来看,"新市民阶层"与他们的生活品质虽有巨大差别,但在生活情趣、生活习惯上有相近之处,是他们能够勉强接受的"平民百姓"。在社会底层广大劳动者看来,"新市民阶层"代表着新型的文明生活榜样,他们的生活方式,是自己追求的方向。每一件进入都市生活圈的新生事物,都是经由"新市民阶层"的接受、消化,才能传播到都市社会的各个角落。因此,近现代中国民生设计及产销业态在最初发展阶段,无论是功能设置、材料选取、加工程度、审美情趣,以及成本核算、商贸渠道、操作方式、仓储形态,都是以"新市民阶层"作为服务对象、参照对象和消费对象的。从晚清社会到民国末期社会,各大中城市的"新市民阶层"对民生商品的接受态度,会直接导致民生设计及产业的成败。

　　都市社会的底层民众,包括民生百业的各色人等,谋生职业从产业工人、店铺学徒、厨师跑堂、跟班衙役、小商小贩、校友辅工、护士药工,到裁缝、锁匠、铜碗人、木匠、稳婆、奶妈、戏子、舞娘,再到扫街拾荒、修脚擦背、鸨母妓女、算卦杂耍,还包括人数众多的因灾避祸的流民乞丐。这些社会底层的民众,绝大多数是都市附近乡村城镇的大批破产商人、手艺人、失业工人、遭灾农民和大批清末科举废除后失去文化方向感、急于在都市生活圈内立足谋生的众多文化人。与"新市民阶层"相比,他们所具备的谋生技能尚待都市生活严酷检验,职业极不稳定,收入微薄,谋生艰难,朝不保夕,还挈妇将雏、拖家带口,尚未彻底解决存身立业问题,无法完全融入都市生活圈,因而在生活品质、生活情趣、生活方式上,不可能也没有条件成为初萌阶段的近现代中国民生设计及产销业态的主力消费者。但他们的耳濡目染的见闻与间歇式消费行为,又使他们必然成为"文明生活方式"向都市社会之外更广大的城乡影响扩散的最大媒介群体,实质上形成了一个庞大的准"新市民阶层"后备人群。

围绕着这种新型生产生活方式逐渐成形的民生商品消费群体("新市民阶层"加社会底层民众),成了晚清民生设计及产销业态得以萌生、发展的关键所在。这个晚清民生设计及产销业态所依附的最大消费群体,主要来源于中国经济较为发达沿海诸省的各个通商口岸城市的普通老百姓——这个新出现的、迅速增长的庞大消费群体,直接决定了中国民生设计及其产销业态的命运。

六、晚清普通民众收支状况一瞥

研究晚清社会的民生状态,首先要了解晚清社会的基本物价水平及民众的基本收入水平。本文作者综合各项途径不一的资料来源(从清廷军机处档案到来华传教士鲁日满考察报告、到清学者詹元相撰《畏斋日记》、再到晚清报文刊载等等)进行了平均值换算,得出如下与晚清时期(道光至宣统)社会物价水平息息相关的一些主要物资(粮食、金银比价、银价与制钱兑换率等)的大致数值:

基本粮价:以光绪十五年(年)为例,在晚清江南地区,百姓主要口粮的米面价格为:上白米每石九钱五分,中白米每石九钱二厘六毫八钱,下白米每石八钱三分,白面每升(市斤)九文。直隶省顺天府、大名府、宣化府三地的民间三种主要口粮谷子、高粱、玉米的平均价格均为每仓石一两四钱六分白银。"三十斤为钧,四钧为石"(引自《汉书·律历志·上》),由此可推算出一石为120市斤(60公斤)。晚清粮价每公斤约合今日之人民币2.8元左右(每市斤1.5元以下)。

城镇居民基本收入:按照晚清相关资料折算,当时的银圆从理论上讲约合今天的人民币100元,可购买力就大不相同了。如在相对发达的江南地区中等城市(苏州、扬州、嘉兴、镇江、绍兴、宁波等),商铺就职人员的收入相对稳定,一般店铺伙计的月俸在8~10个银圆。按当时的生活方式与物价水平,单靠此项收入养活3~4人的家庭,是没有任何问题的。比如在药行、当铺、南北货日杂店,一个读过几年私塾、能简单计算、识字的十五六岁少年,入行当学徒,三年内店里要管吃管住,但白干活没有工钱,年终却发给3~5块银圆当"压岁钱"。三年满师后,如果还在店铺里干,职位笃定做到"小通事",起始月薪便是5个银圆,自己的吃喝住宿依然是店铺负担,年终还会有店里分账的正式"花红"、给家属长辈的"孝敬钱"、有未成年儿女的还有"压岁钱",杂七杂八加一起,大抵相当于三个月的俸银约15～20块银圆。做得久了,熬成"大通事",月薪就能涨到10块银圆以上。有幸做到"管账",月薪就有20块银圆左右。最后能升到"管事"(根据店铺规模,分为"大管事""二管事""三管事"等,相当于现在的正副总经理)位置,月薪在20～50块银圆之间。当时江南一带城镇一幢三进两厢七架梁带天井照壁的半新宅院,价格也就在100～200块银圆之间,乡下上好的水田每亩售价在3～5块银圆。当上老号大店铺的"大通事",连月薪加"年终奖",每年挣上150块银圆不成问题。一般家庭连老带小5～6口人,依各自丰俭程度不同,家用加其他杂项开销在80～100块银圆上下,基本可以保障每顿有荤腥、每季有新衣,都能过得相当不错。结余下来的银圆每年可达50～80块,每月结余都能买一亩上好水田;或攒上三五年买一处房产(中等宅子);甚至再攒钱久点、多点,好盘进一家规模小点的商铺自己当老板,就可以真正过上"小富人家"的幸福生活了。这部分小康家庭是新兴的晚清民生设计产销业态最佳的潜在消费群体。他们基本解决了温饱和必需品消费问题,衣食无忧,有较为迫切的提高生活品质的生理需求和急切融入现代文明的心理需求。若是随常消费时髦而昂贵的进口洋货,尚有差距;但偶尔消费进口奢侈品和日常消费国货民生商品,当是寻常状态。

社会最底层的劳苦大众对民生商品(无论是洋货还是国货)的消费意愿,就受到自身经济拮据的严重制约了。晚清城镇日工工价最少者为30文(注:"一文"即是一个铜板,下同),最多达200文,但一般的为50文至70文,月工最少者为300文,最多达1 500文,但以800、1 000文为常价,长工最少为3 000文,相当于年薪三两白银或最多至20吊(年薪20两),但以10吊一年者为多(10两)。依各种文献资料描述看,晚清社会各大中城镇的维持一个人的基本生活水平,一年至少要5两银子(即5 000～8 000文)。以苏州地区晚清发达的纺织行业为例,一名技术熟练的苏州纺娘每天收入50～60文,月收入约在一两白银上下,共合1 600个铜钱左右,凑合维养一个有4～5口人的家庭,精打细算、勤俭节约,还是可以对付的。若在苏州织造官衙里干活,收入则在一两四钱左右,还有实物配给(约四斗米),日子自然宽松不少。但在家自行生产土布织造的,就差了很多,每日仅得20～30文,月入约合白银半两而已,那就相当拮据了。这部分城镇家庭日杂消费渠道主要是依靠传统手工产业(特别是邻近乡村手工家庭作坊)提供所需商品,离大都市洋货、国货的新式民生商品的消费,还相距遥远、尚待时日。

基本汇兑:金银比价在康熙年间为1:8,到咸丰年间竟达1:20左右。道光初年一两白银约合1 640文制钱(老百姓俗称"铜板"),咸丰年间银价大涨,一两白银可换2 300文。按晚清大多数时段看,当时一两官银(或银圆)可通兑1 000～1 300个铜钱(各地经济水平不一致,兑换比例也有不小差异),一个铜质制钱又俗称"一文钱""一个铜板""一个大子儿"。

生活成本:以康熙年间的一文钱为例,时有"一文四碗"之说,即"一个铜板(注:即一文钱)可到酱园店买到酱醋油酒各一小碗"(彭泽益《中国近代手工业资料》,中华书局,1962年版)。"本朝顺治初,良田不过二三两,康熙年间,涨至四五两不等……至乾隆初年,田价渐涨,然余五六岁时,亦不过七八两,上者十余两。今阅五十年,竟亦涨至五十余两矣。"([清]钱泳《履园丛话》,中华书局,2011年版)宣统初年,物价翻番,一斤猪肉的标准价格为92文制钱;至宣统三年(1911年),江汉关税务司苏古敦(A. H. Sugden)10月5日给中国海关总税务司安格联(F. A. Aglen)写信抱怨说:"猪肉这几天就要涨到三百文制钱一斤了。"(何映宇《晚清物价那点事儿》,载于《畅谈》杂志,2011年第19期)综合各种因素影响下的物价及收入状况,晚清老百姓普通人家每人每年的花销约在五两白银;按人民银行兑换价格(以本书作者写作此书时间为例白银卖出价每克6.8元,一两合50克)计算,晚清之一两白银约合今日之人民币340元,每人岁费相当于今日之1 700元人民币左右。其他社会民众阶层的生活水准均在此基础上上下浮动。

<u>劳工收入</u>:一个留学归来的华人被聘为华界的警察教官,月薪为100银圆(详见《申报》,1904年11月4日)。普通劳工则要少得多。以清末上海地区修路民工为例:沪宁铁路于1903年分四段开建,上海至无锡段在四乡招收民工,工资每天2角半银圆,至上海为8角(详见《上海滩》杂志,2005年第10期,第58页)。据此推论,彼时一个民工的月薪估计为20银圆左右。清末时期"全国米价约为每公石5 250文"(彭信威《中国货币史》,上海人民出版社,2007年12月版),相当于5银圆。占普通民众月均工资(60银圆)的1/12,占民工月薪(20银圆)的1/4。一石米(约120市斤)为三四口之家饱食所需,表明那位民工尚能赡养家庭。在来上海做工前,一般民工日工资仅为2.5角,月薪约为6元2角,仅够本人糊口而已。可见当时上海的普通劳工收入明显高于周边地区2倍左右。

<u>副食品价格</u>:本书作者从晚清部分文史资料中获取当时副食品(注:指粮食之外的日常食物)的价格,由于来源复杂,亦无法证实,仅供读者参考。

表1-2 晚清(道光至宣统)民生基础物价参考数据(以制钱为单位)

鱼(每斤)	5~40文	葱(每斤)	5文	食盐(每斤)	3~5文
猪肉(每斤)	50~60文	白菜(每斤)	1~3文	菜油(每升)	70~80文
牛羊肉(每斤)	30~50文	蒜薹(每斤)	8文	酱醋(每升)	20文
鸭蛋(每个)	2文	大枣(每斤)	16~25文	棉布(每尺)	12文
熟鸡蛋(每个)	4文	桃子(每斤)	6~10文	丝绸(每尺)	150文
黄瓜(每斤)	2文	梨(每斤)	10~20文	棉花(每石)	125文

需要说明的是,丰年和灾年、北方和南方、城市和乡村的物价水平差异很大,实在无法一概而论,读者需要根据具体情况参照以上物价数值。

自第二次鸦片战争失利后,云南在蒙自(1889年)、思茅(1897年)、河口(1897年)、腾越(1902年)相继开关之后,大量法欧印度商品进入中国,同时也伴随着法律、宗教、文教及消费习惯的渐次引入,使清末云南诸地成为一种有别于内地各省的"特殊开放社会",愚昧与文明交织,落后与时尚相杂,呈现出清末中国社会急剧变化的缩影。以清末边陲重镇、云南府城昆明为例,光绪二十六年(1900年)前后,城中百姓(匠人、店员、教席、厨师、跑堂、郎中、货郎等)每人月均消费之"中数"为八钱至一两二钱白银之间,且多用于租房、伙食、衣着等必需品消费,鲜有洋货消费之奢望;而昆明城中富庶人家洋货消费竟占云南诸口岸进口洋货之半数以上。这种新出现的洋货消费时尚,必然带来对原有产销传统业态的致命冲击,"我滇地处边微,风气晚开,一切制造之精、工艺之巧,无不曰外洋颇称新奇,于是物品、食品及诸消耗各品,不惜巨资争相购买,不知利权外溢、人民日形穷困于不觉"(云南省档案馆编制《清末民初的云南社会》,云南人民出版社,2005年版)。

再如以清末社会偏远地区的四川甘孜为例,根据2002年甘孜州政协文史委员会修编的《甘孜文史资料》记载,当地清末时期主要民生物价状况详见下表:

表1-3　清末甘孜地区(光宣年间)民生基础物价参考数据(以白银为单位)

绸缎(每匹)	5两	白酒(每升)	0.5两	大米(每石)	7.2两
烟草(每斤)	0.42两	白糖(每斤)	0.3两	挂面(每石)	10两
黄烟(每斤)	0.75两	黄糖(每斤)	0.3两	猪肉(每斤)	0.35两

很显然,偏远地区的物价是要加上运输的人工成本的。这些完全产自内地的民生物资,由甘孜作为集散地发往西藏和青海地区,其物流成本会更高。

公务员收入:清雍正年间,福建巡抚刘世明在任职时曾具折奏报朝廷:"巡抚衙门一切需用……酌量于不丰不啬之间,每年不过一万四千五百金。"(《雍正朝汉文朱批奏折汇编·第十四册》,张玉柱编注,江西古籍出版社,1989年版)跟今天的公务员一样,往往各种"补贴"远高于官吏们的正式薪俸。顺治年间,朝廷考虑到官员生活的"实际需要",按官职级别给几种补贴。如封疆大吏的各省总督们,就有"蔬菜烛炭银""心红纸张银""案衣什物银""修宅什物银"等诸项"补贴",这部分隐形收入合而计之为五百八十八两,是基本工资的四倍左右(详见黄惠贤、陈锋《中国俸禄制度史》,武汉大学出版社,2005年版)。清朝官吏还有一笔数额较大的进项,"养廉银":乾隆十二年,朝廷定两江总督养廉银为一万八千两(黄惠贤、陈锋《中国俸禄制度史》,武汉大学出版社,2005年版)。与今日完全不同的是:当年高级官吏的"幕僚"人数(相当于今日高官身边云集之秘书、办公厅人员)皆由长官自行负担,丰俭自便,国库是不用掏一文银两的(详见张宏杰《曾国藩的正面与侧面》,国际文化出版公司,2011年版)。

再以边远内陆省份"公务员"为例:赵尔丰(《清史稿》主编赵尔巽之弟,时任川滇边务大臣、驻藏大臣、四川总督,辛亥革命后试图复辟,为督军捕杀)在康藏地区"改土归流"后,设站置官,按官职定级来确定薪俸,每年进项数额显然远高于康藏地区普通百姓。

表 1-4　晚清甘孜官府吏员、随从、杂役月薪支取情况

职位	薪俸	职位	薪俸
道员	300 两/每月	边务收支局、关外学务局总办	300 两/每月
知府	200 两/每月	提调	160 两/每月
道署用州、县衙佐治人员	160 两/每月	同知、通判、知州、知县	160 两/每月
州同、州判、府经、县丞	80 两/每月	府、州、厅、县衙佐治人员	80 两/每月
巡检等	60 两/每月	科委员	50 两/每月
革职人员	原级减半	捐衔官员	40～50 两/每月
武弁队专	12 两/每月	文理司事	10/每月
各府、州、厅、县衙所聘中医、教师、工匠等(分 5 级)	10 至 80 两/每月	藏区村长(工食)[注1]	青稞 30 克/每年[注2]
司书生等	6 两/每月	杂员及夫役等	3 两 6 钱/每月

表 1-5　晚清甘孜官府吏员取养廉(俸廉)支取情况

职位	薪俸	职位	薪俸
道员	2400 两/每年	知府	1600 两/每年
知县	1200 两/每年	其他佐治、聘用人员	由上司察情时议
驻藏大臣	薪俸、"养廉银"按在京副都统领取,另支"口粮银"168 两/每月		

注 1:"工食"相当于现今之"工时补贴"。
注 2:"克"为藏族传统重量单位,每克合内地 28 市斤,30 克相当于 840 斤左右。
注 3:上表根据《甘孜文史资料》(甘孜州政协文史委员会编印,2002 年版)所列各项数据由本书作者编绘。

　　洋人对内地物价的感受:有英国人在长沙以 23 先令 3 便士购买了 1 万个铜钱,可知民间汇率为 1 英镑大致等于 10 两白银。按晚清当时通兑的基本汇率算,1 两白银约合 1 000 枚铜钱(老百姓俗称"大子儿");1 英镑是 24 先令,1 先令是 12 便士,所以晚清时期英镑和清制铜钱的比价为:便士与铜钱之比大致为 1:36。以当时洋人一次长江流域旅行费用统计,可看出当时的物价水平:

表 1-6　晚清时期洋人在中国内地旅游的物价观感

项目	职业、级别、时间计算单位	花费金额
宜昌到重庆旅途费用	上水 30～50 天	船夫人均收入 4 先令(包食宿),约合上水 1.3 两/月
同上	下水 4～10 天	船夫人均 18 便士
织布工工资	普通技能水平	600～720 钱/周,2 两银子/月
士兵军饷	以士兵最高级别计算	4 两/月,约合 1 两/周
轿夫和挑夫	随行苦力	19 天,共花费 25 000 铜钱;人均 3 570 钱,平均 3.7 两/月
食宿费	主仆共计	1 先令/天,人均 280 钱/天

（续表）

项目	职业、级别、时间计算单位	花费金额
学费	乡村和小城镇小学生	3~6块钱(2~4两银)/年,小学共计需耗时3~5年,总费用12~20两
随用家具	椅子、长条凳等	椅子4便士,长条椅19便士,约合160~800个制钱之间

注:上表根据何映宇《晚清物价那点事儿》(载于《畅谈》杂志,2011年第19期)所列数据编绘。

晚清人口统计:康熙六十一年(1722年)全国人口突破1亿,乾隆六年(1741年)人口突破1亿(1.4亿),乾隆三十一年(1766年)突破2亿,乾隆五十五年(1790年)突破3亿,道光十四年(1834年)突破4亿,而在咸丰元年(1851年)达到峰值4.3亿。有一点须指出,清廷官方的历次人口普查机构对当时全国人口的统计数据未必精确,原因很多,一来是谣言颇多,老百姓不甚理解、不予配合,乱报乱填现象严重;二来官员专业素养有限,很多数据是根据推算出来的,如认定每户平均人丁为8.3个,于是只根据各地州县官衙自行上报的户数,再乘以户均人数,推论出各地总人数。

第二节　晚清时期民生状态与民生设计

晚清社会的普通百姓,包括广大内陆城乡和沿海都市的劳工、农夫、小贩、手艺人以及靠他们养活的家人,对于西洋文明风尚对其生活方方面面的影响,总是要滞后一步的;西风东渐也好,改朝换代也罢,离自己的生活毕竟很遥远。就四万万普通百姓而言,每日营生才是"悠悠万事,唯此为大"。生活在社会最底层的大多数民众,并不因为热衷于洋务的皇上大臣们,脑袋发热的革命家和越来越多的洋教士、洋商的言行,而随之改变祖祖辈辈延续的生活方式。他们只操心自己和家人的一日三餐、穿戴打扮、出行入卧、婚丧祭礼,只是在茶余饭后才从道听途说中偶尔了解到一些彼此矛盾的、无法证实的新奇事物:洋兵占了京城,乱臣贼子被砍了脑袋,县城南关有大户家里装了电灯,某洋大人脸上戴了副眼镜,某秀才留洋回家竟没了辫子……他们没办法理解这些变化,依然日复一日地按照从祖先到自己的既有生活惯性昼出夜伏地忙碌着,日出而作,日落而息。这种社会基本面的稳定性(或者说是滞后性)制约了近现代中国民生设计及其产销业态的生存空间。洋油、洋火、洋钉、洋布、洋伞、洋灯、洋车,这是晚清绝大多数中国民众对民生产品"新变化"的最高认知。仅局限于都市生活圈的民生设计及产业雏形,还仅仅是一种影响力极其有限的新奇事物。

清末社会之民情大变,始于新世纪前后之甲午、庚子两桩事变。甲午战败,国门洞开,大清朝几近覆灭,各种赔款累计已远超大清国年入之数倍,人均负债之重,古今中外未见其例。民难深重,民苦无告,上下失措,朝野无计。统治者和文化阶级的无能,老百姓却无辜地沦为直接受害者,无计可施、无处商告,如无头苍蝇、乌合之众,民怨淤积持续发酵,遂逢时择点爆发,终酿成数年后震撼世界的"庚子之乱",反致加倍之国事崩坏,民生不堪。这种令全社会深受其祸的国耻民灾,转化成无数的苛捐杂税、徭役摊派,人人殃及,无可逃避,竟成了唤醒全体民众的"变革动员令",由此才有民众广泛参与的各项移风易俗、崇洋新学、工商实业等社会改良现象出现。事实证明,近现代大多数成功的社会变革得以提速实施,包括中国民生设计及产销业态,概出甲午、庚子事变之后。

甲午、庚子两次大败之后,人们从洋务运动失败中悟到一个真理:仅仅有洋枪洋炮,还是敌不过洋兵。社会变革、改造国民,成了一个有一定全民共识基础的大事情。这种社会改良的实现,必须从外部获得最大动力,也必须从社会底层做起。唤起民众、改良社会之伟业,总要从人的生产生活方式的点滴做起,于是饮食起居、客行货运、读书写字、穿衣戴帽、卫生习惯、健身体育、交际礼俗……无不涉及。可以这么说:从20世纪第一年的庚子事变爆发到辛亥革命成功的短短十年,中国社会民生状态之剧变,超过了此前三百年之累计渐变。清末民生设计及产业,正是获得了这样的社会"语境",才得以顺势而起,立足存身的。

就近现代中国民生设计在晚清社会雏形阶段之文化背景,下文从宏观角度列项综述、逐案分析发生了诸多变化的晚清民众生活状态。

一、晚清时期民众衣着方式与设计

大清国官家朝服和随常服饰,史家多有记载评述;因与民生无涉,此处不赘述。

清末民间社会男人常服以长衫为主服,妇女以旗袍为主服。清代长衫源出满洲旗人旧式,清人入关后渐成中土民服。大清国民间百姓之长衫,布料多为乡织,以酱褐色、土黄、酞菁蓝、瓦灰色、墨绿色、黑色居多。长衫款式为小直领,右开襟,布盘扣,长及脚踝。

清末之民间长衫,出现了一些新变化。劳作小民,出门皆着更加简化之长衫,但绝少纹饰图案,亦无饰品。劳作时挽起大襟,系结于腰间;休闲时放下。城镇乡村一体,农贩渔樵不辨。官绅士族商贾一族,夏季外着府绸长衫,内穿洋纱小褂内裤;冬季外着毛呢、羊绒面料或丝絮、棉胎之布面长衫,加套裘皮或棉呢马褂。彼等饱食暖衣,无需劳作,方有此以服饰为主的"形象设计"。

清末民间旗袍,亦为高立领(清末已达二寸),右开襟,宽袖,筒状无腰,下摆长至膝上,讲究些的旗袍,在领口、袖口及衣襟、下摆边沿常缀有色织、刺绣之花鸟鱼虫之边条。亦有单、夹、棉、皮之分,各按季节之需、经济条件来穿着。

清末民间男人随常服装,还有马褂、领衣、马甲、裤、套裤等。百姓衣裳,多无镶边、滚沿、锁眼等饰物装饰,一者不堪额外耗费,二者日常多劳作辛苦,环境污秽,不必多此一举。领片袖口襟边略有加厚加针脚处理,多为增厚耐用经磨之"实用功能"设计。

马褂,是清代独有的流行衣式,原是清初兵士号衣;因前胸后背处或缀或印各属建制营号(通常为一个大大的汉字),故称为"号衣"。因此等号衣穿着便捷,活动方便，尤受兵丁差役和广大耕渔贩作等劳苦民众喜好，故称"胜褂"；又因其通常套穿在外，亦称"补褂"。马褂多为圆领，对襟为主，另有大襟、琵琶襟（缺襟）、人字襟等结构；亦有长短袖、宽窄袖之分。清末马褂袖口皆平，已无前清号衣之马蹄斜口。清嘉庆期马褂始用如意云纹做襟沿衣边饰物条，晚清后来渐普及于民间，成为较正式马褂款式之缀饰特色之一。

清末领衣，原为满清兵差衙役之制服，上宽下窄，多白地，通常绣印花纹，起自锁骨双肩，束于腰间，颇有雄健干练之观感。因其外形近似拖挂之牛舌，民间俗称为"牛舌头"。

清末马甲，又名"牛臂""巴图鲁坎肩"，即今之"背心"，是一种罩在长衫之外的一种无袖上衣。清代马甲，源自魏晋"袖裆"演化而来，在元明民间逐渐普及，至清末成为一种民间常服。马甲通常与长衫配套穿着，春秋冬三季皆可套在长衫外，有加厚保暖、兼做服饰之双重功效。晚清之官民尊卑、男女老幼，皆穿马甲，只是面料、款式、做工大有不同而已。

社会底层劳作百姓夏季着土织对襟小褂，布料多为乡间织造或洋织坯布，下着宽裆短裤；冬着棉袍，内胎为棉絮或麻丝，甚至棕丝、芦花絮。作坊工匠、下田农夫、走街小贩多四季常着一袭长衫，劳作时挽结下摆前襟至腰间。夏季热燥时或免袖无领之对襟小褂，质地为亚麻细织之布料（南人称"夏布"、北人称"老豆腐布"），亦常赤身裸体，仅着短裤而已。平时赤脚居多；下田、走街、坊间劳作时，穿自编草鞋抑或跣足。出门时或自带多双草鞋；偶遇重大礼仪、重要会客，方足穿黑面千纳指圆口布鞋。

士农工商，鞋帽囊带，皆成职业特点。清末读书人多戴毡呢之瓜皮小帽（清代称为"六合一统帽"，由六个单片缝合而成；帽口外沿环圈饰带，中央镶嵌颗薄片玉石之类；顶部有粒状结构，通常是面料蒙裹一粒纽扣缝成，便于拎提，且兼做装饰），长辫后拖，出门另持布片裹扎成包袱。乡绅市贾亦如此，只是质料要讲究得多：帽坯为细腻之洋呢，间饰绿白宝石，内衬丝绸。足登千层底圆口布鞋，雨雪天另着长短皮毡靴子；随身另缀洋货之银链怀表、金丝眼镜、白铜水烟袋或精饰之旱烟锅。

清末之乡人市民，常以布条缠裹头额，尤以长江沿线中上游山区之湘、鄂、赣、川、贵、滇诸省为最，民间百姓成年男人几乎每头必裹。其功用多多，一来收汗拢发，无妨劳作；二来拭汗洗面，随取随用；三来近身用物，绑缚捆扎皆可；四来如帽如笠，御寒遮阳挡雨避风。

后来在民国被称之为"国服"的旗袍，虽在清末未见大变，亦开始出现一些细微变化，如社会中下层妇女旗袍，其边饰已大为简化甚至取消，下摆提升，长不及膝。沪上及各通商口岸都市圈，洋风劲吹，亦少有仿英长裙之缀以蕾丝边、收腰出胸之新式旗袍出现，首现于买办家庭女眷与梨园女优、留洋女士、交际花等人。

乡村农妇之旗袍，广袖宽腰，下襟长掩股膝，短仅及臀。已全无边饰，仅以另色布条缀之。至清末，越发简约，除右衽开襟（因哺乳之需），一如长衫，雌雄难辨。

至清末，甲午、庚子连败两役，国体震撼，民心思变，遂国门洞开，通商开埠，洋服迅速流行于各大都市生活圈。19 世纪中叶，洋人即在上海率先开设"洋服店"，专为在华洋商洋使节及家属、中国买办等上流人士量身定做各类西式时装服饰。庚子年后西服大热，各界趋之若鹜，洋服店师徒纷纷另立门户，各大中城市土造洋装、华资衣店，比比皆是。清末之洋服西装，皆仿英伦款式，主要有燕尾服、西装、马甲、西裤、衬衣等。桶状阔檐的大礼帽及各式领结、领带、胸针、领带夹等西式服装饰物，民初前尚未见国内有制造作坊之史料记述，当概从欧美输入。

上海开埠之际，便有洋服店开张营业，多为洋店主、洋裁缝主持料理。随着租界日益扩张，这些店铺生意火红，逐渐雇佣华人学徒、帮工。这些中国学徒、帮佣多来自通商较早的苏浙粤等地，眼界开阔、头脑灵活、技艺精湛，经年学艺后，后来便脱离东家独自或合伙开设各种成衣铺，甚至上门替人量身定制，专门制作各种款式的洋服。这些专营洋服的新式裁缝们，是近现代中国第一批宽泛意义上的时装设计师。"当时，人们把这些拎着包裹和缝纫器具到外轮上兜揽加工洋服生意的人称作'拎包裁缝'或'落河师傅'。"(华梅《中国近现代服装史科技展销》，中国纺织出版社，2008 年版)西装洋服逐渐在市民中传开后，因为清末时代苏浙老百姓称呼洋人为"红毛鬼"，故而最早做洋人生意、属中国首批专制西服的浙江宁波裁缝们(如"李顺昌"等)被称为"红帮师傅"。迄今，"红帮"品牌依然在中国的西服市场上声名显赫。

清末之洋式服饰波及社会各阶层，不唯上流社会所独美。清末租界及各大中城市之公共服务机构和洋资商铺雇员，多着洋式制服，这是西式服饰向全社会散播的最重要渠道。邮差、警察、消防员、护士、弹子房 BOY、衙署差役、狱卒、服务生、接线员、新学师生等新职业雇员，他们本身就是"新市民阶层"主力成员，与社会底层平民百姓有着千丝万缕的联系，又能直接间接地接触上流社会时尚事物，成为沟通社会各阶层之间情趣取向、审美标准的中介媒质，因此，"新市民阶层"对整个社会服饰风向转变起着支配性作用。由"新市民阶层"中的公共机构雇员、新学堂师生、军人为三大传播渠道的西式服饰，在 20 世纪初短短十几年，就改变了中国人穿仪戴帽的传统服饰观念，使西式服饰成为进入现代的中国社会的最热门样式之一。"趋改洋服洋帽，其为数不知凡几"([民初]潘月樵撰《请用国货》，载于《申报》，1912 年 3 月 4 日)；清末社会洋服之盛，虽偏远小城，亦"文武礼服，冠用毡也，履用革也，短服用呢也，完全欧式"(国民政府修编《慈利县志·卷十七·风俗》)。

就中产家庭而言，比之中装讲究起来在面料、款式、刺绣、佩饰、穿戴方面的昂贵花费和繁缛俗节，西装既新潮又节省，自然成了不少在大众场合抛头露面的人物的首选服饰。晚清小说《文明小史》里有位"洋装朋友"说："你说我为什么要改穿洋装？只因中国衣裳实在穿不起，一年到头要换上好几套，就得百十块钱。如今只此一身，自顶至钟，通算不过十几块，可以穿一年，这一年工夫，你想替我省下多少利钱？"闻者深以为然："兄弟回去，一定要学你改良的了。"([清]李伯元《文明小史》，上海古籍出版社，1997 年版)

据国民党元老胡汉民回忆，在其于 1903 年任教广西梧州中学时，校方允许学

生在岁时年节"披洋衣而揖孔孟"(胡汉民著《胡汉民自传》,载于《近代史资料》1981
年第2期)。京津粤及沪上洋人教会或洋商所办之新学堂,师生多着学生制服,完
全仿造欧美及日本学生装样式。这种新学堂制服自清末始到民初时期,逐渐波及
全国各地,远及山区边陲的乡县城关。彼时办学风气,唯有身着洋式学生装,方可
显其学堂新潮、理念先进,与旧私塾有天壤之别。清末英日样式的学生装,经民初
改造即为后来之"中山装"及"毛氏正装"。

清末军队亦出现西式制服,首现于北洋大臣袁世凯训练之天津新军。其士兵
着装皆仿造英日式军常服,棉布面料,浅蓝灰色调,小翻立领,带盖四兜,中开襟,有
西式铜纽8～10枚;下着同色同料之西式长裤。士兵多扎绑腿,腰系皮带;休闲着
圆口黑面布鞋,战训着洋式皮鞋。军官多着马裤,足蹬西洋式长筒皮靴。

清代之男人蓄长辫、女人裹小脚,一度被视为中国愚昧落后之服饰特征。清末
男人发式,仍是清人标准样式:后结长辫、前剃光头。受洋风影响,不再如宋明及前
清社会那般视"体肤毛发受之于父精母血",不得擅动,光面剃须已成时尚。即便留
须,也有讲究,年长者多留环口长髯,年中者多留山羊胡,年少者多上唇留八字胡或
仁丹胡。仅极少数留洋归来之"文明人",割辫蓄发,且发式一如洋人:喷胶塑形,抹
油增亮,中分二瓦,唇留小髭。清末满人富阔人家女眷,仍保留独自特点,以"两把
头""大拉翅"最为常见。

妇女裹扎小脚之陋习,始于五代,在明代普及全社会,延祸国人心智长达千年。
虽晚清屡有学人呼吁妇女"天足",革除裹脚之服饰弊端,但绝大多数清代中国女
童,不分官民,一律自幼童时即开始裹脚,终日紧缚,皮肉皆萎,骨筋俱短,以缩至小
粽为"美"。及笄嫁娶,至老妪苟生,犹自日日绑缚,终身以"三寸金莲"示人,方显贤
淑典雅之貌。清末此等陋习,实为荼毒妇女之封建桎梏。其状之惨,其情之劣,今
日国人难以想象。因而辛亥建国,率先革命的对象,便是男人长辫和女人小脚。

清代绣鞋,除去设计功能之不堪,显失人性天体之自然法则,亦不合西洋式设
计之"人机工程学"原理,实在禁锢人体之"软性枷具"。若论及绣鞋之设计创意、设
计表现,"三寸金莲"的选料、做工、形态,无疑是传统官作设计事物之经典范本:面
料多选锦绸丝缎,凸曲折光,晶莹泛亮;加之金属、棉线、涤丝等折光度不同的纹样,
互为衬映,相得益彰。绣鞋之工,女红之精,凝聚了传统刺绣工艺之要撷。平面形
态无非寓意祥瑞的各种花草鸟兽,但个个点线流畅、卷舒怡然、疏密得当、布局精
巧,几乎所有刺绣针法都在"三寸金莲"上有所展现。尤以立体形态之款式设计,非
积淀深厚之封建士族礼教被扭曲的审美情趣,难得要领。其造型之视觉效果,确有
种扭曲异样的残缺美感,盈盈一握,娇小玲珑,艳莲嫩角,楚楚可怜。这本身就是中
国古代官作设计传统营造千年的畸形审美情趣之产物。

除旗袍外,清末民间妇女常服还有窄袖袄衫、女式坎肩及长短裙、裤等。清代
民间汉族妇女之服饰,大多沿袭明代特点:一般是上着袄衫、下着褶裙,从不穿裤。
后至清中期,民间汉制渐弛,从便就简,遂弃裙着裤。清末女子裤式均为高腰,合
裆,管长至踝,长带系腰。女裤均较为贴身,不似清末男裤之宽松阔大。清末女式

袄衫多是圆角立领,右衽琵琶襟或对开襟,宽袖,前摆衣襟阔大,且多有锦织刺绣镶片滚边。各种夹袄面料以棉布、丝缎两种为主,各种长短衫衣多用纱、罗、绸等,乡村民间多用色织染印之土织花布。服色以天青、湖蓝、粉、白、红等居多。

清末民间妇女亦有常着裙装者,多为殷实人家(无非士绅商贾、地主店主)无须强度劳作之家眷、大家闺秀及小家碧玉是也。晚清江南民间流行款式以苏州女裙的"百褶裙"为最,一袭上身,婀娜多姿,整裙展幅竟达百余条裙褶,松紧由人、静动自如,可谓清代女装服饰设计之翘楚。

本书作者试图从自己收集的照片中去解读清末社会女性服饰的"时尚元素"。有这么一张洋人拍的高清晰度黑白女人像,用光、角度十分讲究,女主人年龄在十七八岁,显然是大户人家闺女,侧坐在梳妆台前,身穿元宝高立领夹衣裤,领边、襟沿、袖口都滚着刺绣花边,窄袍窄袖,对开大襟的下摆垂至膝盖;筒裤是印花九分铅笔裤,面料为当时流行的透花黑纱绸缎。这位大家闺秀耳垂上挂着一对翠玉耳环,手腕上套着一对水金花手镯,发型梳剪得十分精致,头发紧贴脑袋,一丝不乱,且油光锃亮(一定抹了点什么),前额上斜撇着一抹刀式"刘海",脸蛋上显然化妆过重:厚重的粉底惨白一片,撅着的樱桃小嘴是深色的且油亮(估计抹了口红),螺壳般高耸的领口里衬出一张卵形小脸蛋。估计百年前深闺之中的时髦女孩子就这么点念想了。

二、晚清时期民众餐饮方式与设计

晚清社会农业科技的进步、稻米的高产稳产,促进了作为民间主食的稻米在食材和相关用具的外观造型以及包装、进食、物流等方面设计的一些新变化。尤其在南方,稻米主食不唯蒸煮一种,叶包菜卷、油炸火烤、舂粉制条、打糕摊饼,可谓花样百出。其中以植物阔叶(粽子、米粑等)、枝干(竹筒饭等)作为稻米煮食原材料的"食材设计",由来已久,遍布于长江流域全境和西南地区。

因端午节习俗,加之平时洋人、市民喜好,营销渠道日趋通畅,江南民间在晚清时期出现了一批产销粽子的商铺,专门向本地和周边各大中城市供应。江南粽子只用糯稻(一种脱壳的稻米,在南方称为"糯米",北方多称为"江米"),造型为五角,除糯米外,填入馅料有赤豆、火腿、酱肉、大枣、鸭蛋黄不等。粽叶多生长分布于长江以南各省丘陵地区。陆生粽叶称为"箬叶",水生粽叶称"苇叶",南方大多地区仅以箬叶作为包粽食材,概取其三大优点:1. 叶汁浸米,竹香味幽;2. 叶色碧绿,保洁防腐;3. 质地坚韧,折磨耐用。包粽子是江南民间一门手艺,清末时成年妇女几乎人人皆会,包裹时先将两片粽叶折成锥斗形,依次填入糯米和馅料;再收紧叶片,包裹成五角状(底部四角加顶部一角,侧视如三角),最后根据馅料之不同,绑扎各色棉线作为品种标识。

各种香型的叶包米粑,是至今长江流域中上游两湖地区和西南地区各族民众常见的稻米类主食,山区少数民族(如湘西、黔东南、川南、滇北的土家族、苗族、彝族、布依族等),都有此进食习俗。所用树叶不唯粽叶,更有名目繁多的各类阔叶,有些树叶带有药用成分,长期食用,亦有保健养生之功效。米粑做法颇为简单:先将蒸煮半熟之饭粒捏塑成团(此食材内放置作料情况,完全视食用者个人条件和愿望而定,少数民族皆为纯白饭团),再将叶片包裹束缚,线材以棉线、草节、竹签、藤条均可。然后随时可以入锅煮熟(部分民众亦学汉人以笼屉蒸熟),或就地贮存,食用时再行蒸煮。此法原为山民田间送食、出门带食之主要方式,晚清社会亦常见于集市、庙会、寺庙、景点之山道与摊点之上,多为当地土民贩售。

竹筒饭是两湖两广云南等地常见的民间稻米主食方式。其源流失考,当不晚于新石器大农耕兴起时代,楚汉之际常为南方士卒商贩游客流民所食。竹筒饭在晚清时期不仅民间常见,亦进入酒肆菜馆,为颇受食客欣赏之地方佳肴。竹筒饭制法较粽子、米粑更为简单:取竹节一截,以清水浸泡隔夜去其草酸异味,再煮沸灭菌(也有直接加入香料、作料煨焖制法)取用。按口味喜好装入米粒及配料(从火腿颗粒到肉末、松仁、芸豆,因人而异),上锅气蒸,须臾即可。食用时米粒与佐料浸透竹油清香,口味醇厚天然。粽子、米粑和竹筒饭,是晚清社会民间常用食品,都体现了中国传统包装和食材设计之优越特点。

以此三种常见于清末民间的稻米食品的包装设计为例,从功能上讲,无论是叶片还是竹筒,就地解食也好,携带贮存也罢,包之煮之,食之存之,无需任何餐具,沾污肢体也少,卫生便捷,冷热均可,丰俭由人。从选材上讲,无论是植物叶片或竹节,选材卫生环保,绝无如今化学塑料包装之污染,事后处理简单,极易天然分解,且随取随用,造价低廉。从工艺上讲,全系手工绑扎、装填,动作简单但技艺颇为讲究,经数次训练即可熟练掌握。从造型上讲,植物叶片与竹节茎杆内液汁浸透稻米,观之无不颗粒饱满、油亮沁黄,晶莹剔透,异香扑鼻。就投入与效益之比的性价比而言,这是中国传统包装及食材设计最佳范例之一。

晚清工商业兴起,都市化出现,使各地大中城市的商业餐饮业获得了前所未有的大发展。近现代中国"简式商业餐饮改造",亦发端于晚清沿海一带通商开埠城市。经此改造,近代民生设计之商业餐饮设计,得以形成。晚清"简式商业餐饮改造"运动,对原有之传统餐饮进行了全方位的改造,如食材加工、菜式造型、店堂装潢、厨具更新等等,并逐渐采用洋式批发零售方式,广辟进货渠道;添置后厨设备(租界已有店家使用洋人之煤气供热及洋式合金钢厨具),以缩短出菜时间,加快堂店服务节奏,以规模化、多样化抵消促销成本等等具有"初级市场化"性质的餐饮改造措施,以顺应"都市生活圈"餐饮消费者加快的生活节奏,来全面应对愈演愈烈的市场化商业竞争,争取更多客源。

之所以冠以"商业餐饮",是因其有别于旧式餐饮那种招牌不变、菜式不变、客源不变的老套经营模式,因为羊城、沪上及其他通商口岸城市,已出现了按西式市场法则运作的商业化趋势,且快速蔓延,渐成行业主流。尤其是清末,各通商口岸开埠,人口大量聚集,客贩蚁附、华洋混居、百业兴隆,使沿海通商各大中城市成为清末餐饮业高度发达的区域,营业销售产值均居诸业之首。一时酒肆茶楼,鳞次栉比;菜馆饭店,招幌林立。清末民间商业餐饮店家,因商业竞争,在清末民初有明显发展,无论在刀功、配料、菜式、花色和店铺装潢上都下足了工夫,品质、规模均有较大提升;但排场大为缩小,菜分大为缩水,餐具亦大为缩编,这就为降价促销提供了足够的经营空间,将商业餐饮的客源从原来的少数官绅名流拓展至社会中下层客户,顺应了清末"都市化生活圈"形成后的新型餐饮消费风俗。这个百年前的市场化改造的成功案例,迄今仍不失其启迪意义。

清末商业餐饮的菜式设计在"简式商业餐饮改造"中大显身手,成就斐然。原有的几大菜系汇集于各通商口岸,按照新的市场规律同场竞技、一决雌雄,结果是相互交流、各取长短,同步发展、皆大欢喜。在商业餐饮的带动下,各大传统菜系逐渐演化、归列出餐饮市场上行业公认的南北几家名牌,尤以淮安菜、潮汕菜、川菜、湘菜、鲁菜、宫廷菜等既叫座又叫好,后来在民初时期形成了所谓的"八大菜系"。清末民间商业餐饮,秉承自古传统之"色、香、味并重"理念,力求使客人一顿饭之际,做到视觉、嗅觉、味觉俱佳。因此在食材造型、菜式花色、两案刀法、餐饮用具的诸环节设计上下足工夫,形成仍延续至今的近现代中国美食风格。

淮安菜是所有东南沿海菜系的原型。淮安菜肴,因菜味清淡、食材美观、养生护身,一向深得历代大清皇帝赏识。在康雍乾盛世,大内御膳所用厨师,淮安籍者出任首席御厨,十常七八。康熙、乾隆数下江南时,多有封赏赞誉。彼时江南官员进京办事行贿,最佳礼物便是给各王府、贝勒府或大臣官邸带去一个淮安厨师。其风头强劲,在整个清代社会一直位居众系之首。因比邻之扬州成大清国漕盐重镇,国家赋税重地,淮安厨师蜂拥而至扬州开店经营,无不斩获颇丰:既有几朝皇上南巡时每每激赏,官绅商贾一体附庸风雅,附和捧场;加之扬州一地,盐商多阔富多金,户户皆以雇佣烹饪高明之淮安厨师为荣,斗财炫富之风盛行。扬州大埠,人烟密集,士农工商市井用餐,亦无人不以淮安菜为首选。是故淮安菜在扬州大行其道,独霸清代餐饮业成"一家天下",其他菜系很难比肩。因世人只知扬州富甲天下,而不知淮安小城,遂更名"淮扬菜"。

绍兴—杭州菜肴,在清末时期保持自身特点(辅料有酒糟、腌货、梅干菜等,做法有蒸、煨、汤等),并结合淮扬菜的刀工、花式、配料优点,声名鹊起,跻身著名菜系。南有宁波浙菜,近似闽菜、潮汕菜之生鲜海味为主,亦在浙菜中与绍兴菜互成犄角之势,同为浙菜主力,与绍兴菜彼此相得益彰,丰富了在清末之后便全国盛行的浙菜体系。

上海开埠,都市餐饮业大兴。淮扬菜在此结合周边的苏州(用糖)、绍兴(用糟)、安徽(重油赤酱)的地方特色,即杂烩而成上海"本帮菜"。但上海"本帮菜"较之融入"家常菜"特点之民初,尚未形成气候,属于依附于江浙菜系的支流菜系,影响甚微,清末上海商业餐饮市场,依然是几家南方菜系角逐的商战场所。

粤菜在清以前并不流行于内地诸省。在晚清有较大发展,皆赖于清初即开埠通商的有利条件,一夜之间从籍籍无名跃身为著名菜系。粤菜核心为潮汕菜式,食材以生猛海鲜为主,讲究食材之原汁原味、原形原样。后广州菜式在清末渐显,渐成粤菜之一部,概融入内地江浙诸菜及洋菜特色所致,如烤鸭(江南)、烤乳猪、椒盐猪手(欧洲)、菜粥(东南亚)等等。

川菜、湘菜、赣菜,并不是晚清兴起的新式菜肴,历史皆源远流长,于食材设计、刀法做工、配菜花式上一向各见特色,均以辣、咸、腊等重味见长。尤其是川菜,在沿海诸菜崛起之前,一直是明清社会民间菜肴大系,无处不见,遍布南北。晚清工商化、都市化之后,虽已不见大红大紫,但依然位列前茅,全国流行。虽然川、湘、赣、滇、贵各菜都是辣腊众口,但并不完全相同。如腊味肉菜,川人以柴火烧烤,赣人以烈日暴晒,湘人则以稻糠、栗壳、花生壳焖而熏之。如此制法,其食材在外观、口味上自然略有差异。

除去各大地方菜肴在晚清社会得到长足发展外,沿街贩售的民间小吃,亦是清末"都市化生活圈"中"简式商业餐饮改造"运动兴起后出现的一大景观。必须强调的是:大多数传统民间面点早在晚清之前即已有之,但晚清的都市化趋势和工商业崛起,非农业流动人口增加,以民间菜肴和面食为主项的各类餐饮业得到了快速发展和扩张,食材造型、选料、手工和用途之整体水平,也随之大幅提升。

北方民间面点,一向是中国传统食材设计的范本。国人食麦,源自汉时,皆从西域传入,初始制法,仅欧人、阿拉伯人发酵之烤饼、烤团而已。曲醭在明时已普及民间,制法、食法为之大变,可谓花样百出,一改烘烤单一制法,衍生出蒸、煎、煮、烤四大类。面点分类,与中国传统的民间餐饮器具有直接联系:如捞面条的筷子,蒸馒头的屉笼,煎炸油豆角的竹夹,制饺皮的擀面杖等等,洋人没有此等"精细化厨事器具",故而仅能以炉烘烤、以手攫食。还有徒手面点制作技艺,更是国人手工特长在食材造型设计上的展示。

时值清末各大中城市都市化趋势,工商兴起,生活节奏加快,部分面点制作亦出现批量化、标准化,如大中城市饭庄出现的外卖馒头、面条、包子、馄饨等等。晚清社会较为发达的乡村民间集市(包括各种赶圩、社火、庙会、集市等)的面点贩售,是北方传统面点走向现代商业营销方式的重要起点,也深刻影响了北方民众日常面食的食材、手艺和造型。面点的"卖相"好赖,直接关系到营销收益,因此在面点的食材造型设计上,争奇斗艳,花样翻新,彼此间都有很大促进。如作为北方民间主食面点的面饼一项,民初学者徐珂在《清稗类钞·饮食类》中就列举了14大类,对称呼出处、材料选用及做工、配料、花式均有较详细记载。如北方饺子,晚清时期已在南方各地普及,擀皮馅料技术亦有很大提高,称呼上也日趋统一,成为南北大多数民族都有的主食面点之一。"饺,点心也,屑米或面,皆可为之。中有馅,或谓之粉角。北音读'角'为'矫',故呼为'饺'。蒸食、煎食皆可,蒸食者曰'汤面饺',其以水煮之而有汤者,曰'水饺'。"([民初]徐珂撰《清稗类钞·饮食类》,中华书局,1986年版)

以面条为例,东有关东冷面、山东手擀面、闽南拌面和面线糊、江南阳春面、上海挂面,中有山西刀削面、河南热面、江西拌面;西有陕西裤带面(一碗只一根,款如裤带,拌上酸辣作料,嚼口韧劲十足)、甘肃"小鱼儿"(一次搓一根长条,盘于手中,锅水滚沸时飞快扯出小条入锅,犹如小鱼在水里上下畅游般)、四川担担面(浇头为肉皮等胶质稠厚类,多挑担沿街叫卖)、新疆炒面(将切面与各种羊肉丁和菜蔬混炒而成)……口味上因各种作料介入各有风味,但视觉上感受差异巨大,造型上风格迥异。

以馄饨为例,不但南北造型各异,口味不一。北方与江南一致,都叫"馄饨",馅料菜肉不一,坯皮厚薄各异。福建闽南却叫"扁食",唯肉馅一种。广东汤料富足,清淡为主,唤作"云吞"。四川则因是否加海椒分成"清汤""红汤",统称为"抄手"。

北方民间面点,不仅是日常主食,还是婚庆丧事寿仪的重要物品,兼有法器、礼器、祭器,甚至儿童玩具等多重功能。因此这类面点更为考究,造型、着色上几近美术作品。尤以山东、山西、河南三地民间面点,不但题材喜庆、寓意吉祥,且造型夸张、设色大胆、手法精妙,堪称近现代中国民生设计之杰作。

在通商口岸各都市圈的上海、汉口、天津、青岛、厦门等地,西式餐饮在清末社会大举进入,成为都市生活圈红男绿女的时尚饮食。光绪二年(1876年)"沪上虹口始有西洋餐馆,有华人间亦往食焉"([清]葛元煦等撰《沪游杂记·淞南梦影录·沪游梦影》,上海古籍出版社,1989年版),"六国饭店、德昌饭店、长安饭店,皆西式大餐矣"([民国]胡朴安撰《中华全国风俗志·下篇·卷一》,上海书店,1986年版),京津之"品升楼""德义楼"等"番茶馆",皆"请得巧手外国厨房精调西菜"(《大公报》光绪二十八年5月25日、8月23日)。"辛亥之后,在一些大城市,吃西餐成为一种时髦。海昌太憨生在《淞滨竹枝词》中咏道:'番楼争推一品香,西洋风味瞎先尝,刀又耀眼盆盘洁,我爱香槟酒一觞。'"(顾柄权著《上海风俗古迹考》,华东师范大学出版社,1993年版)于清末普通百姓而言,其消费程度和口味习惯,相差过大。很多都市百姓终身未嚼一块牛排、未饮一杯咖啡者,大有人在。唯有西式蛋糕、茶点、面包,在清末的都市生活圈,还是被广泛接受的。后来华资西点餐厅纷纷开设,随时西式面点在中国迅速普及开来,成为"新市民阶层"主食之一。西式糕点也是近现代中国民生食材设计的重要部分,其重要形式在造型、配色、选材、包装等关键环节,提升了新式面点的整体技术,开启了晚清社会民生面点类产业化、商业化、文明化之先河。

还有清末出现在上海滩的西式冷饮,虽然多为洋商直接设计造型及督导制作,但为民国时期国产冷饮产业的创办与发展,奠定了坚实的制作技术与造型设计之基础。

中国食具设计分厨具、食具、饮具三大类。它们也许是全世界分类最细、品种最多,也最具特色的器具体系,是在从新石器大农耕崛起时代直到明清社会逐步完善起来的。延至清末社会,不分贫富、每户必有的民间餐饮用具主要是碗、盘、碟、筷、勺、菜刀、锅、切墩、抓篱、笼屉和大灶、烟囱、水缸、挑桶、洗盆及大小不一的食材调味料容器。

自南宋起,茶叶就是中国出口的大项,南方各地茶园遍布、产业规模宏大。与宋时茶道(以茶粉冲泡为主)、元时茶饼(以发酵茶煮食为主)不同,明时始普及青茶焙烤技术。清末社会,民间饮茶南北迥异。江南及大多数国人,善饮绿茶;而沿海南方之闽南、广东一带,多近洋人习俗,喜饮红茶(蒙元传入欧洲,全发酵茶叶)和乌龙茶(半发酵茶叶)。是故清末之绿茶产业规模,远大于发酵茶业,各地茶业之炒茶技术已相当成熟,彼此技术要领和炒茶用具亦日趋相同:"其器筛竹为之,略如筥形,但差扁耳,俗名焙冲。取茶平铺其上,熏以文火,以一炷香为度。取出,更宜焙冲熏之,互易两三次。取出,以手揉之。揉毕,更焙,亦经两三次,毋令枯燥。焙毕再入铁铛,常以两手颠之倒之,毋或不同,而其下用武火。制茶者颇难之,必俟茶身缩紧而小,乃出而簸扬之。如此,则制法得,而茶之色、香、味皆全。"([清]张振夔《记红崖陈文明洙说茶》,引自陈祖椝、朱自振编《中国茶叶历史资料选辑》,农业出版社,1981年版)

茶饮器具在晚清社会亦有规模上的快速增长。但就民间社会茶饮用具的造型、质地和品种而言,反不及明代及前清。原因是清末社会都市化和工商业的生活节奏,已使原来繁缛复杂的"茶道"在晚清社会的各大中城市几乎一夜之间就基本上销声匿迹。民间饮茶的趣味性,已从宋明社会盛行的"赏茶具、观茶色、嗅茶香、品茶味"漫长过程和渣斗、托盏、盖碗、茶点、茶海、托案等的全套装备,简化成一把茶壶带几个杯子了事。茶客的兴趣点,更加关注茶叶本身的口味了,兼有沏茶前后的食材造型考虑。除去明清两代各地窑厂之外,江南宜兴紫砂茶壶和醴陵提梁白瓷茶壶、执手白瓷茶杯,因多次参展获奖,渐成茶具新贵。

晚清社会最负盛名的酒业,当属贵州茅台、山西汾酒、绍兴花雕、四川五粮液等。因工商经营需要和当时盛行的展会陈列需要,它们也是近现代中国最早采用民生设计概念的民族企业之一:在容器造型、包装装潢、商标设计等环节,大多于晚清时期开始,部分采用洋人的外观设计处理。哈尔滨、青岛则由洋商在19世纪末创立了中国最早的啤酒产店,百年相传,迄今仍为中国最著名的啤酒品牌。

腌制副食品也因晚清社会工商经营和都市生活需要,逐渐部分地采用西式油纸包装和商标注册,如在清末民间社会名气很大的云南宣威火腿、金华火腿、"苏式"和"广式"月饼、山西陈醋和镇江香醋、四川涪陵榨菜、南京板鸭、苏州话梅、北京宫廷蜜饯、天津凉果等等。

值得一提的是晚清社会民生食具设计,还有在各大中城市街边巷口所常见的各种小吃担子。开埠之初的上海,这类馄饨、元宵、面条、油茶、水饺挑子很多,多为竹木结构的两副框架,一头担着火炉和锅子,一头担着碗筷调料。小贩们挑着担子走街串巷,即停即食,还可以随时逃避租界巡捕和警察的驱赶,机动性很强,成本很低。酒肆茶楼饭馆一般都有各类外卖、包伙,大凡由跑堂伙计用多层提梁食盒盛之,按时送至客户。

清末时期各大中城市的酱园店,是城镇化生活最重要的配套商业网点之一。城镇的酱园店在南宋时已出现,但大多在清末时期改造升级为"前店后场"业态。前面是店铺,专事售卖各种咸菜、调料,后面是腌制作坊,有缸有池。咸菜进货半成品再进行二次加工,可以大为降低成本。酱油则是日本人在中国酱料基础上新近发明的家用必备作料,本土已仿造洋人实现了机械瓶装。日资商人将瓶装酱油生

图1-2 清末上海街边的馄饨挑子

产流程移植到天津、上海后,亦迅速普及,深受主妇们欢迎,但较之土产酱油,所需不菲。因此绝大多数平民家庭,仍在各地酱园店"零拷"酱油——后场在大缸内曲酵酿化制好,再注入陶瓮,泥封盖头储存。具体制法可详见清末女学者曾懿所著《中馈录·制酱油法·第十五节》(中国商业出版社,1984年版)。店家可临时搬一坛到店铺内销售,零拷时,伙计可依照钱数以竹制长柄斗杯取出等值酱油,盛入客户携带之容器。

西洋饮料亦于清末在中国都市生活圈内扎根,先后由洋商在上海开设了第一批洋式酒吧、咖啡厅、冷饮店。之后天津、汉口、北京、福州、南京等大众城市也有此类洋店逐渐开设,品种有奶茶、啤酒、香槟酒、汽水、冰棒、冰淇淋、面包、布丁、蛋糕等,皆为洋商独营。主要消费者不是洋人就是官绅、买办、富商,民间百姓很少涉足,其规模和影响力均无法与中式茶楼、酒店相提并论。

三、晚清时期民众出行方式与设计

早在19世纪70年代起,在华洋商在中国各地修建了一些具有营业性质的商用民用铁路;晚清洋务运动力主在中国境内修建了几条官办铁路;远洋海运和内河漕运也出现了一些由洋商置办的蒸汽铁船;各地城乡道路上也出现了许多大大小小的汽车。以京师为例,1902年,北京城出现了第一辆小汽车;在之后到民初截止的十几年内,北京城共有30余辆小汽车。清末宣统二年(1910年),北京洋商行会从法国购进一架"苏姆式"双翼飞机,在京郊南苑进行试飞,并随后建立了南苑商用机场。但由于清末社会出现的这些现代化西洋交通器具规模有限、里程较短、成本昂贵、运力有限,尚未影响到广大中国城乡普通民众出行方式。

新事物的出现往往招致极大的骚乱和反感。中国境内最早的铁路建造命运颇为坎坷:第一回,"同治四年(1865 年)7 月,英人杜兰德,以小铁路一条,长可里许,敷于京师永定门外平地,以小汽车驶其上,迅疾如飞。京师人诧所未闻,骇为妖物,举国若狂,几至大变。旋经步军统领衙门饬令拆卸,群疑始息"([清]李岳瑞《春冰室野乘》,山西古籍出版社,2006 年版)。大清国第二次修造铁路,是于光绪二年(1876 年)建成的"淞沪铁路"(即上海至吴淞),由英商"怡和洋行"下属"吴淞道路公司"所建。出了几回轧死路人的事故之后,被上海道台以官银收购后,再次悉数拆毁。第三次铺设铁路并投入运营、事后也保存下来的实存"中国第一条铁路"是开平矿务局修建的矿石外运专用线"唐胥铁路"(唐山至胥格庄),全长 11 公里,于光绪七年(1881 年)建成,光绪二十年(1894 年)延至山海关。

现代化的钢铁桥梁也开始出现在中国。光绪三十二年(1906 年),上海公共租界"工部局"建上海外白渡桥(Garden Bridge of Shanghai)。此为中国第一座全钢结构铆接的市区内桥梁,也是当今中国唯一留存的不等高桁架结构式钢结构桥梁。宣统元年(1909 年),兰州官资"黄河大铁桥"竣工通行。该桥所用全部钢制构件均为从德国购进并运抵现场,再由德国工程师指导中国工匠建造完成。

当时的自行车(上海人俗称"脚踏车")还远没有成为中国百姓的交通工具,仅仅是极少数富裕家庭给孩子们买来在庭院里骑着玩玩的"洋玩具",市区道路上是绝对看不到的,普及率比汽车还低。据传中国人里第一个拥有自行车的,是上海女孩宋霭龄(国民政府财政部长孔祥熙之妻,蒋介石夫人宋美龄的大姐),那是她父亲宋嘉树(洋名:查理·琼斯·宋,Charles Jones Song)在光绪二十六年(1900 年)赠给她的 11 岁生日礼物。

在整个晚清社会,步行、畜力骑行、人力车轿、畜力车马,仍是中国城乡民众陆路出行(包括人员乘运和货物运输)的四大方式;水路出行则主要依靠人力、风能为动力的大小木质船舶。空路基本不涉及普通民众,仅京师及沪穗在华洋人自置的双引擎小型飞机和热气球偶有升空。由于晚清社会城乡道路修造情况所决定,普通百姓依然保持着一如自己祖先那种传统的出行方式。

由社会状况、经济条件、乡风民俗形成了清末社会普通民众的出行方式。清末之乡村民众出行,如人货混运需要用车,无非大车和独轮车两种为主。大车动力来源皆为畜力,牛马骡驴皆可。独轮车南北流行,城乡通用,山林皆可,人货混装,北方平原地区、南方丘陵地区尤盛。如单纯人乘短途出行,有钱人家自备轿夫及各式抬轿——轿子的形制和抬轿人数,直接关系使用者的社会地位。陆路长途货运南北不同:从关东到甘陕广大北方地区,多用耐饥渴的骆驼商队;西南山区道路崎岖蜿蜒,多用脚力强健、能翻山越岭的马帮。

江南水网地区的河道出行与货运,多有带篷双桨直橹的小木船;东部沿海渔民出行货运,则兼用渔船及舢板、划艇。渔船多为单桅双帆大船。清末各大都市的市区河道内,都停满了各种以船为家的民众,他们常年生活在船体内部,岸上并无居所,被称之为"船民"。部分船民弃船上岸,便加入城市的棚户区栖身。南部沿海各地(粤、闽、滇、桂等)亦有"船民"以小舢板拼接而成的海上村落,民国时期开始还为

"船民"编籍入户,每船一个门牌号码。

清末社会,新学初兴,各地城镇呈西洋式市政化倾向,但市区内公共交通工具仍以各式人力抬轿、畜力车(各种无厢、有厢马车)为主。庚子年后,津沪等地首先出现了黄包车,这是日本人发明的近现代公交车辆,通过各通商口岸日租界传入中国,至民初发展成20世纪初各大都市生活圈主要公交车辆,各个大都会城市(北京、上海、天津、广州等)都有黄包车数千之众。

下面就晚清社会几种与普通民众出行密不可分的主要出行方式与旅途行序、用具设计,展开一些设计学内容的具体分析:

骑马:中国先民是最早驯化马匹,作为自己乘用、运输主要帮手的民族,也是最早设计并制作了最科学合理、后来在全世界广为流传的马具的民族。全世界第一只铁质脚镫,出土于南京西善桥东晋墓葬,千年之后的13世纪才传入欧洲,被誉为"中国人在13世纪传入欧洲的最伟大的科技发明"(英国皇家科学院院士、著名科技史学者李约瑟撰《中国科技发明史》,上海译文出版社,2002年版)。从汉魏到南北朝时期的许多壁画、器物纹样看,全世界最早的鞍桥,也出现在中国。各类挽具全世界倒是各有高招,但中国人在春秋战国时期的"乘"(念 shèng,两轮战车)上首次采用了后来广为传播的"胸部扼挽法",后来在元蒙时期传入欧洲后,使欧洲人从埃及到希腊代代相传的那种不人道的"颈部扼挽法"仿佛一夜之间就销声匿迹。当全面解决了马背上乘骑者的固定问题(鞍桥可控制骑马人身躯的前后固定;脚镫可解决骑马人身躯的左右固定;腹带可固定鞍桥;口勒可控制马匹的行为)之后,乘骑者的上半身就完全解放出来。于是,在所有中国古代的水墨画、壁画、漆画、器物纹样和所有文学描述中,中国版图内各民族的骑马者上半身都多姿多彩,骑射、格斗、叼羊、传花,风流潇洒,自由驰骋。而同时期的中世纪欧洲人,连武士们庄严的决斗,在中国骑马人看来也那么笨拙粗鲁、滑稽可笑。最常见的方式是决斗双方一身几百斤铁甲,连马匹也不例外。骑马者双腿必须紧夹马腹(因为没有鞍桥固定下身),再各自用胳肢窝和右臂夹着一根又长又粗的铁矛(另一只手必须控制缰绳,空不出来端枪),然后打马对冲;没一方被弄下马,兜圈子转回来再开始,直到有一方被冲下马为止,基本上谈不上任何马上战术动作。可以这么说,中国马具(包括鞍桥、马镫和挽具三大部分)传入欧洲,不但彻底改善了欧美人的出行方式,而且顺带着创造了后来欧洲人所有与骑马有关的全部浪漫情节。

清末之八旗铁骑,久疏阵仗;旗人子弟中沉溺酒色闲玩者甚众。然有志者,不忘祖先马背创业之艰,仍以骑射为本,不时操习者大有人在。汉族士人白丁,亦以驯服硬弩劣马为强身健体要务。时值甲午、庚子年国破军败,始弃骑射之术,转攻新学,遂使清末之城乡骑马者全然系代步脚力所为,已全无昔日士人仗马橄文之家国情怀。清末社会都市生活圈已出现小汽车、黄包车、马拉有厢轿车,大都市内骑马出行渐成落伍之态,挽具、鞍桥、铁镫日趋简朴,至民初前后,已风光不再,淡出都市社会公共视野,仅县镇乡村久有持续。直到20世纪50年代末,除北疆、内蒙古牧区及西南边陲山区外,城乡民众骑马出行的传统习俗,方告彻底结束。

轿子:人力抬轿,本是一种古代中国最重要也最普及的交通工具之一,其起源之久,何处原创,谁也说不清。历史上曾有多种不同的名称,如"肩舆""檐子""兜子""眠轿""暖轿"等等。中国古籍文献关于轿子的记载始于《尚书·益稷》:"予乘四载,随山刊木。"这所谓的"四载",西汉司马迁解释为"水行乘舟,陆行乘车,泥行乘橇,山行乘檋"(《史记·夏本纪》)。对这个"檋"字,晚清史学大家俞正燮进一步解释:因轿子"一前一后负在二人之肩,远望状如桥中空离地也"([清]俞正燮《癸巳类稿·轿释名》,辽宁教育出版社;2001年2月版)。这大概就是后来所有轿子的原始出处了。历史上的轿子样式很多,延至晚清,官轿一如前制,鲜有改动,有厢有帘,一般用轿夫至少四人,官阶高、排场大的,则用轿夫八抬、十六抬。民轿则多趋简化,一般皆用二人小轿。

图1-3　清末轿子

晚清官场用物服色皆有制度,轿子是官员排场的重要道具。按照官阶的不同,在轿子的尺寸大小、帷帐用料、轿夫人数各方面,都有严格规定,超越了限制,便是"僭越",属大逆不道行为。因此从设计学的功能讲,晚清官轿具有礼器性质,已远远超出了乘行的原有生活需要。

晚清社会南北民间流行的轿子,多为江南地区原在南宋时期首创的二人抬"暖轿"(又称"帷轿")。之所以称"暖轿",概因多有帷幔遮蔽之故,一来可以遮风、保暖;二来可以隐蔽视线,有私密之功能设计。"暖轿"多为木质结构,包括以下几大部分构件:木制的长方形框架、在轿体中部固定的两根轿杆、用木板封闭的轿厢底板、轿厢内设置的单人或双人靠背座位(其下另有储物功能),拱形或锥形轿顶,轿顶两侧及后侧均有帷帐,轿厢前侧有可以掀动的轿帘,轿厢两侧多开有小窗、并各以帘布遮掩。使用"暖轿"的人,多为民间家境较富裕者,士人官吏乡绅商贾者是也。清末亦有三种不同性质的轿夫,第一种是"家养"轿夫,被富人家常年豢养,专为主家及女眷出行需要服务;第二种是"包月"轿夫,是根据客户需要,包年或包月为其服务;第三种是"散户"轿夫,类似后来的黄包车和今日之出租车,大多街边揽生意,临时停靠,临时接客,按程计费,钱银现清。

清末民轿大多因两根抬杠上安装类似座榻、座椅、兜座或躺椅,分有篷或无篷两大类。南方山间(西南及两广、湖湘、江南等地区)民间多以竹竿制造此类简易民轿(后来在民初时期被称之为"滑竿")。有篷民轿多座位下向四角处支起细竿,上面扎起布篷,可遮阳避雨挡风;无篷民轿唯两根抬杠,中部绑缚座椅而已。山区之竹制民轿,在使用上尤为轻便:因抬杠为竹枝所制,材质韧性,载客移动时,每送力向上,座椅则因竹枝抬竿之弹性借惯性向上"滑翔",待减力下落时,又因抬竿弹性有一段"自由落体"降程而无需费力抬举。这个与竹木扁担的省力、减负作用是一致的,都属于古代中国器具功能设计的杰作。

市区有轨客运小火车:清末前后,首先是上海租界和哈尔滨,然后波及南京、杭州、北京、青岛、汉口等地,这些城市先后在市区兴建了一种现已消失的特殊公交车辆:市区有轨客运小火车。以南京为例,"早在清末的光绪三十三年(1907年),南京市内就有了小火车。最初路线长11.3公里,从下关至白下路,贯穿全市,沿途设有9站"(详见李建飞撰文《民国时期的南京公共交通》,载于《南京史志》,1997年第1期)。

黄包车:根据上海法租界公董局与公共租界工部局颁发"手拉人力车执照"的文献记录看,营运性质的黄包车,首次出现在同治十二年(1873年)的上海法租界。黄包车原创者是明治三年(1870年)前后的日本人在当时欧美社会盛行的脚踏车(即"自行车")机械原理上加设座椅、拉杆而进一步发明的。故该车进入中国后,被沪上居民首先称之为"东洋车"。因在租界普及后,商业竞争加剧,车行多以醒目之黄漆涂装车身以招徕顾客,故上海百姓更名称其为"黄包车"。

黄包车的基本原理,是由人力拽扯拉杆提供初动力,通过辊轴将动能传至车轮产生机械能及惯性动力,使车体前行时产生减负作用。黄包车的兜厢外壳多为金属,多涂黄漆;车厢内侧衬裱天鹅绒(民国时期为降低成本,多改用耐磨耐脏的棉麻粗布面料)背靠、坐垫,其内填充棕丝、海绵、丝团不等。

在晚清至民初社会中国各大都市流行了半个世纪左右的黄包车,不但充当了城市居民的主要出行工具之一,而且黄包车的营运、维修体系,还孕育了近现代中国最早的城市公交体制和商业营运模式。在此基础上,中国沿海都市生活圈首次出现了一系列市政服务性机构的配套行业:颁发营运执照、核定收费标准、交通意外仲裁、维修车辆构件等等。晚清黄包车的短暂出现,为近现代中国社会的现代化城市公共交通体制的建立和完善,积累了丰富的早期商业管理经验。

独轮车:若论两千年来真正属于中国老百姓携家带口、运柴搬货的车辆,首推独轮车。独轮车究竟是何时开始使用于民间,久已失考;现存最早记载是西汉画像砖上的独轮车,其基本结构与两千年后的清末并无二致。

独轮车之所以世代相传、千年不辍,于平民百姓而言,有下列几大好处——由此可引申出古之民具意匠、今之民生设计诸点优势,窃以为可充当时下设计学研究华夏造物传统精要之入门捷径：

其一，独轮车功能齐备。我老大中华，虽山川锦绣、物产丰富，但幅员辽阔、人口众多。清末社会国体大坏，于水利、修路乏力张举，公共设施整体系统脆弱不堪。中国自耕农人口占全社会总人口百分之九十五以上，赋税剧增、物力维艰，若以普遍之自耕农一己之力，逢山开路、遇水搭桥，谈何容易。民众生计之难，尤见于官道民路。然民众之出行贩运，数千年全仰仗区区直独轮车，得以维系！独轮车的特殊构造，使其可全方位、全天候使用。全方位，是指独轮车无论在南北地域，还是平原山川，均可使用；全天候，是指独轮车无论是艳阳高照，还是风雪交加，畅通无阻。石板小径、河道滩涂、崎岖野路、车马官道，独轮车无所不往。就已知全世界各种车辆而言，唯有中国民间独轮车之使用，最不计较任何地质、路况、气候、物资条件，生产生活通用，坐人载物均可。有一方车架，左右伸展，既可载物，亦可载人；靠两柄把手，动之可推进，静之可支止；凭一具轮毂，虽塞北千峰、关山万里可达，虽草荡芦塘、荷田阡陌可通。

其二，独轮车选材因地制宜，随取随用。民具之要，首取成本低廉。独轮车全具木质，所用木材，不拘品类，榆、枣、柳、梨、梓、杨、桃、柞，皆可入料。农户之房前屋后、田边道旁，俯拾皆是。不唯物耗极低，仅取人工；修缮养护亦简易寻常，随取随用，随修随护而已。其维修技术与材料条件要求极低。

其三：独轮车虽设计精巧，做工却简单。独轮车妙在设计本身：就设计构思与所获效益而言，纵览古代车辆之中外大成者，性价比能与之比肩者寥寥。之所以产自中华，概出国人造物传统之特性：心灵手巧。以心智之高、心机之灵，毕集机械学、力学、物理学诸长，以手工之精湛，以技能之巧妙，毕集榫卯、攒边、框架、辐条之木作大成，构建此亿兆民生常用车具——不独木工匠人可为，庄家农户亦能善为之。山路、泥地、草滩，皆可畅通无阻；人力、畜力、风能皆可提供动力。由此可见中国传统民居设计最为突出的优点：设计简洁、条件简陋、耗费简单、制作简便、养护简易。

其四，独轮车集结构与形态之内外贯通，实用巧美，人工意匠，天趣造化。以枝干型器具造型论，独轮车无论正视侧视俯视，骨式遒劲、间架周纳，于参差中见诸和合完整，于框局中蕴含腾挪变化。此等人造物之所以具有极高的审美价值，不在其设计创意之初有何"装饰"方面的考虑，而在于千年演化中，渐次剔除了任何与使用功能（包括物用功能和适人功能两部分）无关的构件，精进妙合，始成此人造天物。这一点足以警示眼下学设计的现代美术小青年们：就设计美学而言，装饰是结构的外延、肌理是材质的外延、工艺是技术的外延，任何美观的设计物，都是在功能、材质、形态、工艺上达到极致的设计物。割裂实用价值与外观形态之间从属联系的设计物，只能是"伪设计"行为。

独轮车久居民车之首数千年，即便是清末社会洋车处处可见，独轮车仍为占社会绝大多数人口比例的普通民众（农夫、小贩、市民、手艺人、民夫、灾民等等）居家生产生活用车之首选。

大车：其动力来源依靠畜力提供，牛、马、骡、驴等。清末之殷实大户、薄田小户，多家中自有畜力大车——只是牲口类别、大小、匹数，各有不同。车体主要品构件由三部分组成：车架、车轮、辕架。车架指车身所有载重部分构件，包含车把、支脚、底板及插件厢板等等；车轮指车体底部所有传动装置部分构件，包含辊轴、轮毂、车轮、辐条等等；辕架指所有连接车体和牲口的挽具部分构件，包含肚带、口勒、驮条、粪兜等等。因喂养条件、路况条件和常年载重、里程的要求有所不同，北方平原及关外多骡马大车，南方长江流域全境水网地区及西南、新疆多驴拉小车。

中国古代大车一直有个致命缺陷，未能发明类似古罗马人双轮马拉战车那种"双杠平行铁质挂钩转向装置"，因而从未彻底解决大车行进时的自动转向问题。按《考工记》的说法，中国古代车辆的转向，以轮盘着地点为支点，仅能靠车轮木质辐条的"伸缩弹性"，做减速侧斜转向或就地静态转向；若是动态自动转向，只能兜上一大圈，其转向半径不下十数米甚至百米开外，甚为不便。这个缺陷，一直影响大车作为乡村生活和生产的主要车辆的适用范围。以货物运输为例，如果是乡村货运，大车需与其他运输工具配套使用。清末社会农家大车，通常用来装载货物走大路官道，遇到小道、山路随即停靠卸货，需另用独轮车和扁担挑夫进行"二次作业"，才能送至指定地点。尽管如此，畜力大车在中国仍是古代至清末南北城乡广泛使用的大型客运货运交通车辆之一，华北及平原地区尤以胶皮两轮马拉大车为主。四轮大车南北皆有，虽载重很大，但其体积庞大，自重亦大，加之载货，负重甚大，非壮牛数头不可驱动；且无法转向亦无法野路迂回，使用范围极其有限，因此当地若无宽阔大道、家底不丰，很少有农户有能力置办此累赘之车。

清末各通商口岸城市的都市生活圈建立以后，街道马路较宽，路况条件较好，马拉大车转向不是问题；其运营成本的购置、养护投入较低，操作的技术要求也较低，因此马拉大车一直是公共服务设施的常用车辆，如城市的粮油物资供给和泔水、粪便等生活垃圾的清理和运输，通常都是由骡马大车完成的。这种清末时期开始的中国都市生活圈市政服务运输独特方式，一直延续到 20 世纪 60 年代方告结束。

驼队与马帮：清末社会的南北民间商贸，能借助洋资官营的铁路船运甚少，长途贩运主要靠民间行会及商号自己组织运力进行。于是，北方的骆驼商队和南方的马帮，就是这种民间陆路长途货运的主要补充形式之一。

清末之北京城，络绎不绝的驼队穿城而过，乃京师一大人文景色。口外的皮货、江南的布匹、塞北的草药、西南的盐巴，驼队无所不往、无货不载。赶驼人的辛苦与驼队的价值，不是本书话题所在，而驼队贩运形式及所形成的销售网点，构成了清末北方民间商贸重要的一环，对我们理解清末民生商品货运与销售方式之间的关系，不无进益。与千年之前的丝绸之路一般，骆驼商队是沟通内地与边塞地区最主要的长途运输力量，即便是在 20 世纪初的清末社会，管道马路、火轮铁路都已修造有年，但民间商贸的基础需求量十分庞大，尤其是西北、华北的长途贩运，需要长时间穿越许多荒无人烟、干旱少雨、饥渴难耐的沙漠、戈壁滩和草原地区，自然只有驼队可以胜任。骆驼行进速度不快,一般时速仅在三至五公里,但可以在驮负相当于自重三分之一货物时,连续行走十八小时以上。这种超强的耐久畜力和对苛刻自然条件的忍受力,使驼队成为中国北方地区最重要的长途货运力量。

清末骆驼商队的基本装备,主要有赶驼脚力的随身用具和骆驼挽具。赶驼人因地域、种族的不同,随身用具不尽相同,但有几件是必备的:用来发火以煮饭烧水兼顾抽烟、点火把照明的火镰;用来切割肉干兼顾荆棘开道、削制拐杖的小刀;用来御寒兼顾地毡、盖被的羊皮袄;用来盛水兼顾盛酒的皮囊、葫芦;用来约束驼队的驼铃。

驼铃有大小两种,小的驼铃为白铜敲制,每峰骆驼脖下悬挂,使骆驼之间在风沙雨雪、视线模糊时仍能彼此提醒、紧跟队形、保持间距;大的驼铃多为生铁铸造,矩形,通高有 20～30 厘米,多悬挂于领队骆驼的背囊之上,近处听不出洪亮,于旷野中却回音悠长,传达数里开外。一来可在视线所不能及时随时告知赶驼人驼队是否走散;二来可告知附近商队、旅人及时回避,以免误会冲突;三来可驱赶深谷荒漠之出没野兽。这些装备均属于传统民具设计,其来源大多失考,无非内地和西域或东蒙传入、后经千年演化而成。

西南及湘鄂多处山区,清末时期基本没有交通干线。法国人虽在宣统二年(1910 年)修通了滇越铁路,但云南、广西、粤北和湘西山民所需的生活物资供给和山货输出等大宗货运,有不少还依赖马帮这种中国南方山区独有的陆路长途货运形式。

马帮究竟何时出现,民间说法很多,莫衷一是。但根据地方志和官史记载,在晚清的云南地区,始见活跃。"滇茶除销本省外,以销四川、康、藏为大宗,间销安南、暹罗、缅甸及我国沿海沿江各省……什九赖乎骡马,得资水道火车者不多。"(云南省国民政府编修《续云南通志长编》)明清以来,中国外贸大宗商品集中在南方几个主产区:江浙的丝绸及生丝,江西的瓷器,云南的茶叶和草药等等。洋人饮茶,不喜国人之绿茶清饮,习嗜类同于蒙元传至欧洲的发酵茶汤,即今之红茶。国产红茶中,尤以云南普洱茶饼声名卓著,品质不次于英人在锡兰、印度、尼泊尔移植开发的各种红茶,且滇民种茶饮茶历史悠久,闻名遐迩,"茶出银生城界(即今之思茅、版纳一带)诸山,散收无采造法,蒙舍蛮以椒、姜、桂合烹而饮之"([唐]樊绰《蛮书》,中国书店出版社,2009 年 1 月版)。普洱茶主要产自滇南山区的思茅、版纳一带山区民间茶场,因产地与外界远隔崇山峻岭,主要依靠当地善走山路、脚力耐久之滇种小马结队运输。马帮不仅将山区的茶叶、药材运往山外,还带回山民生活必需的物资,如盐巴、布匹、煤油及针头线脑等日用百货。清末以来马帮活跃的地区,称之为"茶马古道",行踪遍及西南诸省和湘鄂,成为大西南国际商贸的主要渠道之一,延续百年,迄今尚存。

马帮的规模长短不一,小则十数匹结队;大则百余匹或几支小马帮相伴结队。马帮人员结构,通常由"锅头"和"赶马人"组成;若几支马帮组队,即共同推选一位"大锅头",统管全队总务和各队起止协调,各队本帮事务则由"小锅头"自行管理。

独立的马帮其成员之间，一般都有点天然联系：要么是血亲宗族，要么是同寨邻里，这使得马帮在应付各种路途上的困难（山洪土流匪患等）时，仍一直能维系较强的队形建构。

清末马帮在装备上有所改善。防身驱兽方面用具，除去原有地产的火统、腰刀外，有些马帮还有洋制滑膛枪、毛瑟枪。照明供暖方面，除去原有的火把、篝火外，还有马灯（一种洋人发明的、用白铁皮敲制焊接、装有玻璃罩的煤油灯），保障了风雨雪雾山地取暖煮食的取火需求。马帮全队首尾，每匹马脖颈处亦拴黄铜小铃，便于视线外保持人畜彼此联络之用和马帮队形完整。

<u>舢板与帆船</u>：舢板之名，现有歧义，原来"舢"指"像山一样的大船"，"板"指"无桅无帆无仓之平板小船"。两字连用，概指用来与其他大船和陆地之间联系的小船，今泛指沿海一带船民自备的桨划平底小船。

清末社会对来华商贸的洋人船队，均有严格规定，非获取通关谕示，不得擅自离船上岸。因而总有大批洋船停泊静候，是故粤闽南海水面，常年洋商船队云集；日常淡水菜蔬一应消耗和打探联络，不得不仰仗当地居民的各种小船。民间舢板则蚁附于各大港口，在船楼间穿梭往来，供水送货，传信领航，无所不在。清末之广州、江门及潮汕各港湾，均有无数民间小舢板结成的庞大船流，蔚为壮观。清末之闽粤舢板，船型已灵活多样，有舵立帆搭棚者亦属常见。船民用舢板为各大船队供水送菜，运人传信，竟成一时港区首要之"服务业"，常年以舢板谋生于港口水道之船民，仅广州一地，计以万家之巨。

舢板与帆船平面以下各有仓位，多由木板隔格，成为"放水隔板"。此处构造为中国人独创，始见于南宋，其功能善备：隔间内平日可储存物资，可鱼可货；若遇船底触礁漏水，仅需处理单格空间即可，补洞填缝，边舀边行。此等船底密封舱构造多见于历代宋元明清大船，后为洋人所学，普及于全球船运，如著名的首支豪华游轮"泰坦尼克"号等。

江南地区多河沟湖汊，水网密织，民间出行货运，多靠船体结构类似舢板的平底小木船。此等有棚有舵双桨平底小船，在江浙唤为"乌篷船"。"乌篷船"体量狭小，容积不大，但于蜘网密布、桥洞时现、芦草丛生、河道狭窄的江南水路，却轻松往返，穿行自如，俨然是民间出行的首选交通工具。清末时期，江南地区任何凡有百户以上的县关市镇，皆有专靠"乌篷船"载人运货谋生的船民依存。

清末之内河漕运，是南北货运的主业，亦是国库官银之重大进项。沟通南北水路的船队，其船型均为立舵桅帆平底木船。常年运送盐、米、茶、绸、瓷等大宗货物，上达京师，下至江南。

中国之古代帆船，于技术发明和设计创意上有几点世界首创之技术特长：1. 艉部船底通常装有一个立舵，船行时利用水流可控制航向。2. 在甲板下的船舱部分多为防水隔间结构，可在船底部分损毁条件下，不使水浸全船货物，且边修边走，不误航期。3. 船身皆涂油漆（生漆、柿油、桐油等），既可防木质船身水浸腐朽，亦可增强船体磨损能力，兼有延长使用寿命之功。故每年停船维修时，船体都要被涂刷数道油漆层膜。4. 风帆制动因装有"帆夹",不致帆布收叠展放时卡位纠缠,一般仅靠上下扯动平时拴在船桅上的棕绳即可完成全部收帆下帆动作,远优于当时的洋船。5. 中国古船桅杆有活体拉杆装置,使船帆均可逆向顺向任意转动,因而中国古代帆船皆可侧向、逆向兜风,借力行船。这些后来传到全世界的行船与造船技术,都是中国人首创的。至于清代内河漕运之通行帆船在船体外观设计方面,因其原型远出宋元,清末时一如旧制,未见大变,故而不作赘述,徒费尺牍。

四、晚清时期民众居住方式与设计

纵观中国建筑史上下五千年,真正属于占绝大多数人口比例的社会底层老百姓居住的建筑样式,大致有下列几大类,它们大多数在清末社会依然是社会底层劳动人民最常用的居所修造方式:

1. 干栏式建筑:干栏式建筑发明那会儿还没有阶级划分,属于官民一体的原始共产主义,现存比较完整的有浙江河姆渡村落遗址,它是新石器时期农耕时代开始后必然产生的人口大量聚集而出现的村落遗址。遗址内多为垂直木质插件上铺设的草顶人字坡茅屋,有木栏井台、晾晒粮食的空地,人为平整过的公共活动空间,铺设石板、石块的台阶,道路等等。这是人类最早离地建屋的实物存留,也是中国土木建筑的源头之一。南方潮湿多瘴,人畜保健、粮食贮存,都需要回避地面的湿气,故立竿筑巢,结木为屋——华夏民族之所以有"有巢氏"的雅号,概出于此。使木构件随意翻转、衔接,这是中国原始建筑技术的特长之一,其核心技术便是大名鼎鼎的"榫卯工艺"。中国先民在建造七千年前全世界最早的干栏式建筑时,便发明了中国人独有的建筑大木作"榫卯工艺"。它的诞生,其意义远远超出了建筑本身,被衍生到家具、水利工程和器械制造等广泛的领域。

延至晚清,类似干栏式建筑样式,仍是南方长江流域全境绝大多数普通百姓居所的主要样式。从清末建造的存留实物看,基本保持了如同先民数千年前建造时发明的基本结构与形态:顶部多为搭接栋梁、构结木框,立架"千木"、组合脊檩,形成人字坡屋顶,再铺设茅草而成。立面墙体多为垒石而成,亦多见薄木板铺陈或先铺设芦席,围成墙体,再糊上细黄泥,干涸后粉刷石灰做白。如湘西、赣南及川贵全境山区各族山民皆用此法。底部多为立桩上铺搭木板,形成基础平面。湘鄂山区及西南民间此类"干栏式"民居,具体使用仍一如古法:顶层楼面或屋顶栋梁檐椽之间,放置粮食或金银细软、家珍私宝,中层住人,老幼妇孺同居一室;最下层立柱间蓄养牲口,猪马牛羊、鸡鸭鹅狗。

延续至今的西南少数民族聚集区的竹楼、吊脚楼等,在晚清社会的长江流域全境的广大乡村,是社会底层民众最普及的一种居所建筑样式;在20世纪二三十年代之后,才逐渐被土坯茅草房、砖瓦房逐步取代。

2. 版筑式建筑:版筑式建筑产生于新石器时代大农耕时期。古代版筑的建筑实物存留不算少,新石器文化遗址比比皆是。版筑法不单是中国古代人居建筑的最常用方法,而且还是城墙、祭坛、墓穴等大型公共类建筑的常用手法,如京郊的燕长城遗址相对完整,从层层叠加的夯土层能清晰辨认出当时的版筑劳作特点。版筑的具体做法是:将木杆一对对竖立,沿两侧码排木板,绑缚成两道木墙;在两道木墙内填土灌水,并在土中调入混有秸秆、稻屑、麻丝等纤维碎片,以强化制成后墙体的坚固度。制作时每层填土洒水后,用数人操作之夯石大力锤砸至实,然后再填土、再夯实。周而复始,循环往复,直到墙体高度达到预期要求。

版筑房屋立面泥墙自春秋始有窗门洞开,均为造墙时预先埋入木框形成空处形成。初时门窗皆为木板;窗棂、门扉始见于春秋,在汉代逐渐普及于民居。版筑房屋顶部与干栏式近似,皆为栋梁起框、椽条铺面以形成屋顶构架,再铺陈稻草、秸秆、麦秆等形成屋顶。

版筑式房屋之所以从发明起就一直延续到清末社会,数千年流传,其自身建造方式有几大优点:其一是成本低廉。建造房屋是人生大事,但劳苦大众一直居社会最底层,不占有生产资料和文化资源、物资分配的任何优势,尤其是广大乡村、山区农民,生计维艰,常举一家之力,尚不能果腹,建屋仅求避风遮雨之栖身之所而已。若建造居所烧砖制瓦,开方下料,需另行大量耗费钱财、人工,非小康农户尚不能举,力有不逮,故数千年来常用最少耗费钱物的版筑方式建造居所。因此,除去西北窑洞以外,茅顶版筑土屋,是南北广大普通民众数千年最主要的建屋方式,直到清末社会依然如此。

晚清社会大多数北方东部民居(关外、西北及冀、鲁、豫等地),仍保留版筑式建造特点。版筑法一直延续到 20 世纪五六十年代。只是老百姓不再叫"版筑法",而称呼为"干打垒"。

3. 砖瓦框架式建筑:烧砖制瓦,是古代中国土木建筑技术最杰出的成就之一,也是全世界最早的"模数化技术"在建筑设计中最早的运用实例。属于设计思维范畴的所谓"模数化"概念,是指在设计创意过程中,预先就设置好相关建筑型材的同一比例、尺寸、规格,然后按照统一的生产技术制造出来,再按照统一的配置技术安装起来。"模数化"技术在今天高度工业化条件下的现代设计和应用中,是个不足为奇的最基础技术,但属于标准的"模数化"砖瓦设计与烧造,早在两宋时代就普及于民间,这不能不说是中国先民的一大造物技术成就。可以这么说:"模数化"的砖瓦器型设计与烧造技术,是与榫卯木作、框架结构并称古代中国土木建筑的三大成就。尤其是中国古代"模数化"的砖瓦设计与烧造,与批量化、规模化、标准化的现代工业设计与生产理念异曲同工,这不能不说是件"十分巧合"的事情。

所谓框架是木作构建,是指在早先榫卯—斗拱的建筑"大木作"技术基础上进一步改良发展起来的古代建筑木作技术,它大大简化了榫卯的千木、斗拱的架构等木作构件建造的技术难度,免除了先前大量的榫接构件,使房屋顶部对立面支柱的负重大为减轻,提高了抵御自然灾害的安全性。由于整个木作构建像鸟笼框架般地紧密衔接,从而极大增强了房屋整体构造的稳定性、牢固性、耐久性,也节约了大量的人工、材料成本。这个木作框架结构的稳定、安全、廉价的突出优点,使古代中国土木建筑设计与建造技术,达到了最辉煌的顶峰。早在19世纪美国芝加哥学派所谓框架楼体建造技术发明的一千年前,就普及于中国南北广大地域了。

用木模填泥来制造一模一样大小的砖坯和瓦件,然后进窑烧造,即可得到标准化的大批量砖瓦及其他附件(指挡水瓦当、盖脊盖瓦等),大大提高了土木建筑的操作便利、坚固程度,还兼有防火、耐久、修葺、装饰等多种功能。标准化、批量化设计、烧造出来的砖块,还能够在事先就计算出大致所需件数,避免了重置的巨大浪费。有了"模数化"建筑型材的设计与烧造,加上先进的框架式木作建造技术,中国土木建筑就很好地解决了人居建筑的立面、顶部和基础三大结构的建筑型材问题。标准尺寸、器型的砖块,不但可以垒砌立面墙体,还可以铺陈室内外地面;同样是标准尺寸的瓦片(包括筒瓦、板瓦两大类)则可以替代茅草屋顶,而且更加密闭,防雨防风防晒性能更加完善。

因此,千余年来只要条件允许,砖瓦框架式建筑即为建屋筑房之首选,上至官府衙署、宅第府邸,中至商号店铺、庭院戏台,下至茶楼酒肆、人居民舍,青砖黑瓦,漆柱粉墙,竟成了中式土木建筑的基本形象。砖瓦框架式这种建房技术,始建于东汉,在南宋广为普及,到晚清时代已成为中国南北广大地区、特别是长江流域和珠江流域富裕地区广大城镇乡村最常见的民居建筑样式之一。

4. 窑洞:南人筑巢、北人穴居,是洪荒年代的华夏族人所特有的居住方式。中国西北地区黄土高原的人们,迄今仍有不少保留着这一古老的窑洞民居建筑。窑洞是中国先民根据陕晋甘地区黄土高原特有的地质条件、自然环境、生活习惯所独创的一种民居建筑方式。晚清以来,窑洞建造最普遍的形式为"靠山窑"(也称"靠崖式"),顾名思义,就是在黄土堆积层的截面纵向往山体内部挖掘。其他少数形式还有"下沉式"(在平层往下挖掘,加顶盖后堆土而成)和"独眼式"(平地筑棚架,取土掩埋)两种。"靠山窑"素有省工省料、冬暖夏凉等优点,为西北民众最普及的居所窑洞建造形式,多为拱形(有承重的预应力计算考虑),外侧修门窗,窗沿连接大通铺,门户为走道,人的活动区域主要集中在采光充分的门窗处。晚清社会,凡黄土高原人民,无论贵贱贫富,多以修造窑洞为终生居所;家境差异,无非门窗处有无漆木装饰、窑眼地面有无地砖铺陈、拱顶有无夯土粉刷、窑壁有无砖墙、炕体有无通灶取暖设置而已。

从设计的角度讲,靠山窑有几处结构设计非常精巧:其一,拱形的窑孔空间,利用空洞夯实表层(有条件立面还加砖砌墙),形成依次渐转的表层预应力,来承接窑孔上方积土的巨大压力,将其传送到地基中去,如若是平面顶部,肯定无法承载顶部负重。其二,拱形空间,更有利于光照进入窑孔。圆形通常是同等面具中容积最大的形态,正由于窑洞采用了圆形的采光开口,使得能照射的范围更大。其三,窑洞外侧通常修造高窗,下部连接大炕和出入门扇,这就更加确保了光照的无障碍摄入。南向高窗,即便是冬季,一般也能确保窑孔每天能接受至少4~6小时的光照。窑洞民居的特殊采光方式,也是诸如陕北剪纸(山西称"窗花",甘肃和宁夏称"铰花""铰纸"等)等民间艺术赖以形成的重要原因。

靠山窑是已知所有常规性的人居房屋中整体所耗资源最少的建筑形式。一家一户都能独立修造,最大支出仅仅是人工劳力而已。这一点是窑洞式民居始终深受西北人民喜爱、得以千年流传的最重要原因之一。

5. 都市棚户区:清末社会相继通商开埠以后,在沿海大中城市形成了"都市化"倾向。都市化生活区的建立,除去上流社会和"新市民阶层"之外,它的最大人口基数,是无数的外来平民。这些来自各地的平民百姓,被新型的"都市生活圈"所吸引、依附,同时也提供着城市服务所需的各种廉价劳力、巨大的消费市场、民生百业的所有技能,强有力地支撑了"都市生活圈"的日常维系。

清末社会新近形成的"都市生活圈",工商发达,秩序良好,生计多多,有力地吸引了周边乡村人口的不断涌入,试图在新城市寻找到谋生机会,这就形成了晚清社会各大中城市都存在的巨大外来流民群。还有洋商在各地修造的矿山、铁路、工场,也吸引了大量劳力前往,这些劳工连同他们的家属,也形成了巨大的人口聚集群。这些依附于城镇社会的大大小小的外来人口群落尚立足未稳,还没有在"都市生活圈"找到自己的相对固定的谋生职位、建立自己生计来源之前,他们的生活状况通常呈现两大特点:一是由于暂时缺乏固定收入,他们在衣食住行等最基本生存条件上,具有突出的简陋性。另一点是不断寻找更适合自己谋生的动机,使他们天然具有极高的流动性。

清末社会沿海通商城市的都市化倾向,导致了在20世纪初前后几十年规模空前的人口大迁徙。这种人口大量迁徙,不同于以往因战争和自然灾害引起的同类事件,具有一定主动性利益驱使的主观动力,是更加推动都市化倾向、形成"都市生活圈"、完善庞大的城市功能体系的最重要社会基础之一。这些外来人口构成,通常包含如下六个方面的主要来源:1. 城市附近乡村农民,特别是没有自己田亩土地的贫雇农;2. 从事各种手工制造行业的工匠、手艺人,他们是都市社会民生百业商品制造产业的最大技术劳力人群;3. 寻找都市生活圈带来的新商机、起着都市生活圈社会底层民生百业产销沟通桥梁作用的各类小商小贩;4. 取消科举后试图寻找新的谋生职业的广大读书人;5. 因各种自然灾害避难谋生的各种灾民;6. 因为各种私人原因需要异地谋生的外来流民。在他们还没有固定职业、固定收入、固定居所之前,赖以栖身的居所形式,绝大多数情况下,只能依靠自建的所谓"棚户式民居"。这些外来流动人口所形成的棚户区,是清末社会几乎每一个出现都市化倾向的大中城市都有的街区,它们构成了每个都市最基础、最庞大、最显眼的城市社区。这是中国建筑史上首次出现这样规模庞大、人口众多的主体建筑片区。事实证明,自清末社会以来的一百年,中国近现代所有大都市的扩展、外延,主要是靠无数的棚户区不断地形成、聚集、变化、散布,才得以完成的。实质上是由广大棚户区形成了每个"新城市"为数不少的街区、街道——从上海、天津、北京、南京,到汉口、福州、宁波、厦门。

棚户式民居的搭建方式可谓五花八门,多种多样。除去建筑本身的基本功能和基本构造外,无论在选材、做工、形态上,甚至无法用统一的固定标准论述其设计特点。棚户多半是新到的外来人口,由于生活状况无法固定,上无片瓦栖身、下无立锥之地,且称之为"流民",他们建造的棚户式民居最为简陋,选址多在流经城市的河道两岸建造,以便于上游汲水、下游排污。棚户区的道路基本属于自然分布形成的空隙,清末时期所有城市的棚户区基本没有公共照明设施,家用照明多用碗盛豆油灯、煤油马灯、蜡烛等。直到民国中期的 20 年代末起,上海、北平、天津、汉口、南京等大城市的贫民棚户区才逐步接入民用电线、安装上路灯、修建下水道,然后有些棚户区被国民政府市政机构翻建成砖瓦房屋,形成新的都市街区。

由于自身条件限制,流民棚户的基本功能是栖身居所,有个睡觉和遮雨避风的地方,兼做放置生活资料、生产工具的地方。流民棚户建材,基本上属于捡到什么就用什么,墙体多半是河道两岸砍伐的树干或毛竹搭建竹木框架;再缚结芦席、木块、竹编篾条、铁皮等任何片状材料,形成"墙体",有条件的糊上层黄泥,可增加棚子的保暖性。墙体只有留出的洞口以代替门窗,不少仅以布帘代替门板、窗扇。因有遮雨防晒避风诸多需要,棚户的顶部结构因缺少大型木料,仅以细枝竹木搭建框架,多为"一面坡",屋顶铺陈材料较之墙体略有讲究,多用油毛毡、烂皮革、铁皮等稍结实的材料建造。流民棚户的室内地面基本不做任何处理,仅有进户入口、安置床柜处垫上几块砖块而已。

6. 亭子间:通商城市的"都市生活圈",为因清末取消科举(1904 年)而丧失仕途机会的大量读书人提供了新的谋生机会。这部分读书人和有一定技能的外地人(如手艺人、郎中、小商小贩、厨师、算命先生、稳婆、妓女等),他们文化素养相对较高,接受西洋事物较快,适应都市生活的能力较强,又有都市生活圈不可或缺的一技之长,因此比农民、灾民、工匠等流民更容易在都市找到谋生机会。一旦解决了基本生存问题,为自己和家属寻找更舒适、更体面的居所,成为这些作为"新市民阶层"主力成员的头等大事。但他们毕竟立足未稳,薪酬微薄,身无长物,阮囊羞涩,既不甘久居棚户区,也无力购置自由住房,因此向当地居民租借其居所剩余空间作为栖身之处,便是他们的首选;其环境、设备、条件,完全根据他们支付能力而定。作为都市生活圈的新加入者,各种都市居民住宅的"剩余空间",包括阁楼、贮藏室、楼梯肚、走廊尽头、过道拐角、阳台搭建,甚至靠楼搭建的棚子(上海、南京一带旧称"坏子",取"疑似建筑"之意),因租金低廉,都是"新市民阶层"新加入成员可以接受的居所。

"亭子间"的称呼,源自清末上海石库门一带民间,专指洋式小楼中三楼阳台(上海人旧称"晒台")之下、一楼灶披间之上的二楼之建筑空间。原为过道拐角,多面带窗,类似小亭子,故名"亭子间"。与建筑本身其他房间相比,"亭子间"一般条件较差,朝向北面,冬冷夏热,且无独立汲水、卫生设备,层高也远低于其他房间,一般仅 2 米左右,甚至更低,面积多在 5～7 平方米。有住户将此部分立墙安门,使其单独隔成独间,专事堆放闲置不用的家什杂物;也有用来安排用人、奶妈、保姆寝室的。清末上海滩都市生活圈形成,大量外来人口涌入上海谋生,始有部分石库门原住户逐渐将这些"亭子间"出租给外来户,赚取些租金贴补家用。附近居民纷纷效仿,始成沪上风尚。

"亭子间"也有少数条件是很不错的,如在静安区一带晚清时上海开埠时期洋人所修建高档别墅,各层楼道拐角结构较为宽敞,举架也较高,被隔成"亭子间"使用后不但房屋空间较大,采光也好,有些还被处理成套间,安装卫浴设备,将原有廊灯电线铺设成各路照明线路,甚至还装修了墙裙(沿房间内四面墙体用薄木板镶嵌而成,一般高度1.3米),条件绝不输于一般花园洋房的正规房间。但租金要远高于石库门地段的众多"亭子间",非家境殷实的外来户不能承租。

近现代中国文化名人中有不少在上海生活期间,都曾栖身于各种"亭子间"。通过他们的笔端,沪上"亭子间"大名远扬,成为清末民初时期中国文人在尚未发迹前努力融入都市生活圈的个人奋斗生活烙印。

家具设计样式在清末时期开始出现较明显的分野:高档的明式家具早已成为家庭的"有身份"的标志;洋家具则成为洋务派人士或崇尚开明新学人士家庭的新宠;平民阶层则依然如故——其产品普及到绝大多数城乡平民家庭的现代中国新式家具产业,直到20世纪30年代后半期才算初创,迟至50年代才算真正建立起来。

上流人士(包括权贵人家、退野官宦、富贾豪商、闻达乡绅等)所用家具皆从"古制",一律以明式红木家具为正统家私;只是材质与做工上,因购买力有所差距:豪富人家多直接仿制当年清廷造办处专为宫内订制的样式,且做工极为考究,多有浮雕、透雕和大理石镶片构建为耀,特别是主要模仿在整个晚清都闻名遐迩的"广作"红木家具样式为主。

这类高档家具档次最好的用料是"老料"(即经历多年充分脱水、干燥而型材稳定的南洋原产红木,或直接从正版老款红木家具中拆卸的原材)。其实长期以来红木家具消费者存在一个认识"盲区":以明代为例,真正意义上的红木家具,其用料都来自南洋诸国,中国版图内极少出产。最后一批原产于海南岛的国产红木"黄花梨"在清末民初时期已告绝迹。因红木属于地道的热带植物,百年来国内先后引种、培育的红木苗材在品质和型材规格上与原产地相差甚远,都不了了之。连国内业界号称"正宗红木"的紫檀木、金丝楠木、花梨木、香枝木、黑酸枝、红酸枝、乌木、条纹乌木和鸡翅木等等,皆属"代用品"。本书作者认为,明代原型的红木家具用材,很可能最早出自明初郑和七下南洋后每次返航时在浙闽两地多个港口卸载的"压舱木"。因为历次郑和船队出航时皆满载出海,为"弘扬国威"而广为布施后返航时空空如也。因怕船身太轻、风浪颠簸,多在沿途裁割分量沉重、材质密实、因含水量稀少不易变形的树木充作"压舱石",返航时随意卸在港口码头。恰逢浙闽各地多出木作细匠,偶试则喜,遂红木大兴。后国内绝少原木,除明清大内监制的家具可用原产南洋红木外,民间红木家具多以肌理紧密、含水量少、无需漆艺絮作的部分高档"硬料"替代。此观点可详见本书作者与人合作编著的《福建工艺美术史》(黄宝庆、王琥、王天亮合编,福建美术出版社,2003年版)相关内容。

晚清"广作"红木家具在造型设计上多兼有传统样式与西洋样式的融合,属于典型的"中西合璧"风格,是明代之后中国传统木作工艺的又一个高峰。如晚清"广作"红木家具多用明清家具特有的"团花"图案,外形接近牡丹花,通常以一朵花头或几朵花组合成团为中心,向四围辐射状延展,团花枝叶繁茂、线条流畅,可根据器型变异而随意做"适合性延伸"——这点显然是图案设计中异域风情(源于阿拉伯、流传于近代欧洲)的标准处理手法。这类晚清"广作"红木家具的花卉图案当时在业内被叫做"摩登花",是"广作"的卖点之一。桌椅类部分构件的造型设计则是"广作"家具的另一个卖点:如座椅扶手多用纤巧细腻的弧线和S形线造型,圆润娇媚而柔中寓刚,美其名曰"灵芝手"。这种从缠枝纹样延伸变化出的造型骨式,显然带有浓郁的16~18世纪风靡欧美的法国路易王朝时代的经典家具造型风格。晚清"广作"红木家具以其做工精良、造型新颖、用材考究,不但深受晚清宫廷喜爱,也成为从晚清到民初上流社会最流行的款式,还热销到南洋诸国的华裔商绅家庭,同时也造就了"广作"的百年声誉和庞大的产销规模。

即便是国产花梨、酸枝、楠木替代红木,亦价格不菲。晚清社会家境稍逊的中上流人家,则多以次等"硬料"代替,如乌木、枣木、水曲柳,甚至还有老榆木、柞木等。清末此类红木家具并不少见,样式多模仿正牌"广作",但做工粗糙了许多,尤其指用料低下,能在桌椅关键部位(椅靠扶手、桌面裙边)处用一点真材实料就不错了,其他部位皆以低档"硬料"打制,然后以"搓色""髹清""推光"做红器表,来仿造正宗红木特有的木质肌理。此法一如当下之"红木家具"。由此看来,明式红木家具产业的"做假"工艺,确实起源于清末时代。

租界兴起后,洋务官员、洋行帮办、留学归侨等少数华人家庭,流行使用西洋家具,多以17世纪前后法欧古典样式为主。起初因国内极少能仿制,多通过洋行直接采办进口;后喜用洋货之富庶家庭日益增多,先由租界洋商开办各类洋式家具店铺,后有华商涉足其间,"新式家具"(当时亦有人称作"文明家具")开始在各通商口岸城市的"新潮"人家流行起来。较之原版洋家具,清末民初时代的地产"新式家具"在造型、配件上简单了许多,去掉了绝大多数法式、比利时式的花哨装饰配件,仅仅保留了基本框架外形以维持基本功能而已。用料不甚讲究,多以寻常、廉价的松木、柳木、枣木,甚至柞木、泡桐木为主,涂装也多用洋油漆——酚醛类清漆为主,或调入色粉做"浑水涂"。由于此类家具材质、做工都较为粗陋,一方面因价格低廉,大量流入普通市民家庭;另一方面因难于保存,一般寿命在8~10年,现在极少有实物存留。

处于社会底层、却占据社会绝大多数人口比例的普通城镇乡村百姓人家,所谓家具基本就是一张方桌、几张条凳,外加一口木箱而已。桌凳箱匣的样式属于明式家具的"普及版"——去掉了所有的装饰物件,采用最廉价的木材,仅保留基本功能。对于最底层的穷困家庭而言,购买力决定了一切。果腹尚属第一需求,家具则属于地道的奢侈品。为了生存,起码的温饱条件占据了每个平民家庭的绝大部分开支,为此连桌凳箱子也是谈不上的。对于城乡绝大多数百姓而言,盘坐在炕上或蹲在门槛上吃喝,桌子就不另置了;一张包袱皮裹进所有衣物,箱子也可省略;席地而坐或拣砖搬石,椅凳也就不需要了。当晚清时代上流人家才能使用的各式家具如今早已进入城乡普通人家,这正是百年民生设计文明进步的社会功效之一;不断地将高档奢侈品变成民生必需品,是近现代中国设计的核心社会成效,也是中国设计师被天然赋予的历史使命。

五、晚清时期民众礼俗方式与设计

清末和通商口岸的都市生活圈的建立,西洋式人际往来、社交礼仪、集会庆典等文明事物大举输入,使清末上流社会首先受到强烈冲击,受益良多。尤其在20世纪初的庚子事变之后,新学大盛,洋风劲吹,在各大中城市均产生了新式社交和礼仪活动,涉及各种社会活动,如婚礼庆典、殡葬仪式、生日聚会、留洋同学会等等,一切所用器物及装束,概从洋制。这类洋式礼俗虽然规模尚小,影响有限,毕竟开一时文明之风,对清末社会传统礼俗制度的改良,建树新时代之公序良俗,仍具有十分重要的意义。

清末社会广大城乡普通民众,从各种渠道中多多少少、直接间接地感受这种席卷全社会的洋风新俗。囿于条件和信息之限,晚清社会绝大多数城乡民众依然在各种社交礼仪活动中谨遵旧制。这些礼俗方式的守旧与变化,都集中表现在下列几点:待人接物的礼节方式、公私祭祀的礼仪排序、婚丧典仪的器用服色、节庆社火的乡风俚俗等及各种礼仪中属于"无形设计创意"的礼仪行序设计。

<u>社交礼仪</u>:与人交往时的礼仪行序方式,是"形象设计创意"的重要内容,晚清社会民间礼俗用语主要包含寒暄用语、称谓用语、肢体用语三个方面。晚清民间彼此相见或下属晚辈拜见上司长辈寒暄用语一般都要先互道"吉祥";长辈上司或垂问对方父母、家事,以示关怀。商人小贩相见则互道"发财",夹杂些"财源广进""日进斗金"的祝福用语。北方民间百姓最流行的寒暄用"您吃了吗"据说便起始于清末时期的北京,后遍及南北,迄今流传。晚清社会有身份的人见面寒暄时一般互相称谓对方官衔全称,以示敬重;民间百姓则互称对方的家族排序:"他三叔""九爷""四叔祖""二舅"等等;关门一家,则直呼各人在家庭内部的身份:一等血亲则呼为"老爷""少爷""太太""小姐",若为小妾、填房则称为"如夫人""二太太""姨奶奶";仆佣下人则呼为"张妈""柳婶"等。清末时都市社会移风易俗,开始互称"某君""先生""太太""小姐""女士"等,不唯血亲相称,立显亲切之貌。民间市井则互称"爷",前置姓氏加以区别:"张爷您来啦?""黄爷,老没见着您倒好?""咱给赵爷您老请安了。"

清末之晚辈初见长辈,行三跪九叩大礼;平辈相见,彼此拱手作揖;下人见官长,需叩拜请安:双臂甩马蹄袖作俯身拱手状,单膝跪地。清末时若平时遭遇上司则简化为"打千":欠身弓背,低首唱"喏",单臂甩袖后横于胸前。女眷见客,双掌持

图 1-4 清末之见面行礼

帕,手指上下相扣位于右腰,颔首斜肩,口称"万福"。清末之上流社会则大兴洋风,始有西洋之互相握手、东洋之互相鞠躬之通常礼仪;男士对待女性亦模仿洋人绅士之态,提倡"First Lady"(女士优先),有以嘴唇轻触右手背之"吻手礼"及持大檐礼帽和手套于前胸、欠身鞠躬;女士则双臂自然挽结于腹前,双膝略作弯曲一下作答,概模仿英伦之"屈膝礼"。

婚庆礼仪:清末大都市之上流社会,西洋式婚礼开始流行,多为新学激进者效之。有记录的首行西洋婚礼,始于道光年间(约 19 世纪五六十年代),沪上极少数与外国人交往密切的买办家庭联姻或洋务新派人士成婚,喜用西礼。"前日为春甫婚期,行夷礼。"(《清代日记汇抄》,上海人民出版社,1982 年版)至光绪及宣统年间(19 世纪末 20 世纪初),在沿海诸大中城市,西洋婚礼渐成时尚,都市生活圈内买办、新财阀等上流社会及新市民阶层,亦有婚姻"仅论财力不问门第"的新气象出现,皆以西式婚礼为时尚。"光宣之交,盛行文明结婚,倡于都会商埠,内地亦渐行之。"([民初]徐珂撰《清稗类钞·卷五》,中华书局,1984 年版)人们把这种西洋式婚礼统称为"文明婚礼"。所谓"文明结婚",婚礼地点不一定非在教堂,也不一定非牧师、神甫主婚,但所用仪式皆从洋俗:新郎着燕尾服,戴大檐礼帽和白手套,持"文明棍"(仿英式手杖),内着白衬衫和呢料马甲,颈系意大利式领结,下着西裤,足登尖头皮鞋。新娘则身着白色英伦维多利亚式拖地长裙,内衬鲸鱼骨架(也有竹条仿制的),头戴珠宝花冠。双方以跟读主持人誓词、佩戴戒指,在亲友祝福声中拥吻成礼。

清末新政时期,首推"官制婚书"的人是四川南充县知县谢廷钧,目的是"维持风俗,预防流弊"。为防止民间愈演愈烈的赖婚、骗婚、悔婚及趁机勒索、敲诈等诉讼事件频发现象,谢知县下决心"拟定婚式样,发交刊字铺照样镌出,无论是何纸铺,先行照办",特规定"凡有婚姻,听凭两家买用,不准多索分文,并示令嗣后遇有婚姻,务由其父母尊属主持。如果查明退娶不干例禁者,先将两家家世、男女年岁、有无残疾明白通知。愿为婚者,两家主婚人眼同媒证将主婚人多(名)及为何人择配、聘定某姓某人第几女逐一书明,再将男女年庚写立后,即注明年月日期及媒证主婚执笔之人,两家互换执据。如有悔婚另字另娶,许抄婚书呈控"(详见《南部档案·8—1034—1522》,光绪十年/1884 年 8 月,四川省南充市档案馆藏)。省按察司的顶头上司在获知谢廷钧所具禀此事的具体做法后大加赞赏,并加以推广:"该令拟定婚书,饬令两家凭媒书写分执,以杜争端。办理极为妥协,应如禀通饬各属照办"(详见"督宪通饬各属购用婚书札文",载于《四川官报·第二十八册·公牍》,宣统元年/1909 年 9 月下旬)。清末"官制婚书",是中国礼仪制度改革的小小举措,虽不足动摇数千年传统婚姻制度弊端根基,但无形中部分引入了类似西方近代契约精神的实际做法,对改造民间社会婚姻风俗,具有一定积极意义。

西洋式文明婚礼,在清末时期的广大农村和边远城镇,仍被视为伤风败俗的事情。绝大多数社会底层民众家庭谈婚论嫁时,还是要讲究"父母之命、媒妁之言"的,也首选传统婚礼完婚,否则即成乡间邻里绝大笑柄。清末之满汉习俗相融,许多方面互为交织。但婚俗差异仍有较大差异,甚为明显,如满人婚礼,新娘不分贵贱总梳"两把头""大拉翅"出嫁;汉人新娘则头戴凤冠,绞毛粉面,抹唇粉腮。旗人接送新娘用四抬以上红呢官轿,抑或牛马数头牵引之披红车轿;汉人民间娶亲则用较为简朴之花轿,多系清末流行之"暖轿"临时改装。旗人女子天足一双,故出嫁礼仪须穿戴正式,均足登"花盆底"高脚鞋履;汉女则足穿红地绣鞋。满人订婚,向女家馈赠玉如意是必不可少的聘礼;汉人则无此俗,概以钱银契约等财物下聘,以证诚意。晚清民间南北汉人婚礼多样,但基本程序大致相近:先雇花轿上门接亲,新郎戴花披红,新娘锦帕盖头。一路上新贵跨马、花轿藏娇;女家彩礼暗箱明匣地招摇过市,鼓乐手吹吹打打、锣鼓喧天。进得婆家门,跨门槛、跳火盆必不可少,跪厅堂三拜成礼自不能免,于婚宴间胡吃海喝、收礼敛财亦属常规。此婚俗在清末基本定型,流传至今百年不辍。

但也有特立独行的时尚君子,做出惊世骇俗的壮举:一位匿名男子在两家报纸上同时刊登了一则自撰的"征婚广告",文中称"应征女子一要天足;二要通晓中西学术门径;三是聘娶礼节悉照文明通例,尽除中国旧有之俗。如有能合以上诸格及自愿出嫁又有完全自主权者,毋论满汉新旧,贫富贵贱,长幼妍媸,均可"(详见匿名者撰"征婚启事",同日载于天津《大公报》、上海《中外日报》,光绪二十八年/1902 年 6 月 7 日)。

晚清广州洋风劲吹，不唯男人有"龙阳之癖"，亦有妇女结成"金兰"之闻。"此等弊习为他省所无。近十余年，风气又复一变，则竟以姊妹花为连理枝矣。且二女同居，必有一女俨若薰砧者。然此风起自顺德村落，后渐染至番禺、沙茭一带，效之则甚，即省会中亦不能免。又谓之'拜相知'。凡妇女订交后，情好绸缪，逾于琴瑟，竟可终身不嫁，风气极坏矣。"（[清]张心泰《粤游小志》，载于[清]王锡祺辑《小方壶斋舆地丛钞·第九帙本》，台湾学生书局，1975年1月版）

丧葬礼仪：自西汉起，中国人就形成了厚葬习俗。无论官民贵贱，只要条件允许，大多对死者实行厚葬。传统丧葬礼仪经数千年演化，也形成了某些相同或近似的行序方式——这些都是华夏民族文化凝聚力的体现之一。清末社会虽有洋俗丧葬传入，但绝大多数地区的普通人家仍谨守旧制，丧葬礼仪一如既往。主要表现在丧葬仪式的行序设计（包括出殡葬式、墓穴选址、丧事用语等）和丧葬用器（包括仪式用具、丧葬殓具、丧事服饰）的造型设计两大方面。

传统丧葬延至清末，在民间丧事行序设计上已大为简化，将以往历代繁文缛节的许多内容合并归纳，设计成了较为简洁的行序方式。这点和晚清洋务及新学所提倡的移风易俗不无关系。如在晚清民间，整个丧葬礼仪活动被浓缩成了如下步骤："光、宣间，有所谓追悼会者出……其会程序如下：一、摇铃开会。二、奏哀乐。三、献花果。四、奏琴。五、述行状。六、读追悼文。七、奏哀乐。八、行三鞠躬礼。九、奏琴。十、演说。十一、奏哀乐。十二、家属答谢，行三鞠躬礼，即闭会。"南方诸地"丧葬婚姻，率渐于礼"、"治丧不用浮屠"；个别地区甚至"丧葬不尚僧道"，连请和尚道士做超度亡灵的道场法事也省略了（详见胡朴安编著《中华全国风俗志·上册》，河北人民出版社，1986年版）。

虽然清末丧葬较之前朝已大为节俭，但于丧葬礼仪几个重要环节，还是普遍十分重视的。如请风水师选择墓穴的方位、朝向、地址，是绝大多数丧家必不可少的程序，很多死者甚至在生前就选好了以后下葬的"风水宝地"；即便是民间贫寒人家，墓穴也多选择在坐北朝南、背山面水的地方。

清末社会殷实人家大办丧事亦属寻常，有丧礼服制图、题主礼仪、吊奠礼节、哀祭礼节、公祭礼节等繁琐冗长的程序。"凶丧之礼，少数士绅，曾有改革陋俗、力从节俭之举。行之未久，旋即复旧。近今以来，日趋奢靡"，"京师出殡，最为虚费，一棺舁者百人，少数亦数十人。铭旌（注：指仪式中送葬队伍所用招魂幡、挽联等）高至四五丈，舁者亦数十一，以帛缠之，至用百余匹"（[清]嘉庆道光年间佚名编著《燕京杂记》，北京古籍出版社，1986年版）。晚清身居总理大臣的曾国藩致曾国荃及亲属、族人多封信函，总是念念不忘提醒家人为自备的楠木寿材（棺材）每年多上几道漆（详见《曾国藩家书》，光明日报出版社，2002年版）。丧事之繁简，亦根据丧家条件及死者身份，官绅士庶，各有区别。民间丧葬礼仪即便再节俭，持幡摔盆、披麻戴孝，总是不可或缺的最基本程序。普通农家及赤贫灾民，掘土为穴、芦席裹身，亦属寻常之举。汉魏以来佛教传入中土之后，佛教徒亦多有火化葬式。此种移风易俗之举，在清末多为新学者提倡；一些大城市近郊均设有火化尸骨场所，清末民间俗称"化人场"。

晚清起在都市生活圈内流行"新式葬礼",至清末时节逐渐固定成标准模式,分属八个主要环节:"报丧、视殓、受吊、祭式、别灵、出殡、葬仪、附则。"(胡朴安编著《中华全国风俗志·上册》,河北人民出版社,1986 年版)以讣文登报亦是"新式葬礼"一项时尚举措。"新式男讣文云:'某侍奉无状,痛遭先考某某府君讳某某,恸于某年某月某日某时,以某病卒于正寝。距生于某年某月某日某时,享寿几十有几岁,某某亲视含殓,即日成服。定于某月某日下午几时至几时,在家设奠。哀此讣文。'"讣文格式也颇为讲究,大凡起首便是"不孝某罪孽深重,不自殒灭,祸延先考皇清诰授某某大夫……"云云;文中则介绍死者自然状况、死亡原由、官衔或业绩生平及大量溢美之词;末尾落款联署为"以女、媳、孙女、孙媳、曾孙女、曾孙媳列于同辈男子之后者"云云([民初]徐珂撰《清稗类钞》,中华书局,1986 年版)。

节庆礼仪:民间的节庆礼俗,成就了传统民间工艺的许多精彩品类,这是有目共睹的史实。同时,民间节庆,也是清末民生设计品最重要的动机来源、功能需求、手工技艺、营销渠道等共有载体之一。如上元(即今日之元宵节)之灯彩(造型设计、扎制手工)、清明之祭品(造型设计与食材设计)、端午之粽子(食材设计与包装设计)、中秋之月饼(食材设计与模具、包装设计)、社火庙会之道具(彩扎与布艺工艺、造型设计)及各种宗祠家祭、族群海祭、农时乡祭、宗教庙祝等集体性公祭活动的行序设计与所用法器、礼器、祭器的造型设计和制作工艺。

中国传统节庆源远流长,多起自汉魏时期(甚至可远朔商周),在宋元时期形成基本格局。传至清末,在民间流传的节庆尚有阴历年(古称元日、元辰、元正、元朔、元旦等,民初采用公历,改称春节)、路神生日(农历初五)、上元节(即今元宵节)、春龙节(农历二月二日,龙抬头)、寒食节、清明节、立夏节、端午节、天贶节、翻经节、姑姑节、火把节、七夕盂兰盆节、中元节、鬼节、地藏节、中秋节、重阳节、祭祖节、冬节、阖时节、腊八节、小年、除夕及各种回族节日。每一种民间节庆,都体现了中国人独特的设计传统,包括无形的行序设计和有形的器物设计。

民间舞戏从来就不仅仅是娱乐活动,它是在文字发明之前就产生的肢体语言,是劳作、喜庆、祭天、告神、祈福等综合情感表达与交流方式;民间舞戏相关道具,则是这种肢体语言的辅助工具,具有较高的文化内涵和设计成分。如清末时期华北、关东地区社火庙会上的划旱船、踩高跷、扭秧歌;西北地区的陇东、陕北、甘南的锣鼓、秧歌;西南黔东南傩戏、藏区藏戏和锅庄、江南"大头娃娃";闽南、潮汕、台湾地区的"逢甲戏"、提线木偶(即唐之"傀儡戏")、布袋戏(即"掌中木偶");晋陕之皮影戏,都是民间舞蹈、戏曲、音乐、美术和设计综合作用的产物,只是某种成分的比例大小,使后世学者时常人为割裂它们之间天然的"综合性",将它们牵强附会地归纳到某一艺术门类中。综合看这些民间节庆舞戏用具的造型设计与制造工艺,几乎囊括了民间造物的全部创意和手段:竹木雕(面具、装饰类)、錾金银(法器、服饰、道具类)、布艺(道具、服饰类)、皮艺(服饰、道具类)、纸扎(装饰、灯具、祭品类)、烧造(祭品、装饰类)、面泥糖塑造(祭品、装饰类)、绘画(装饰、祭品类)等等。

清末社会是个新旧交替的大时代转型时期,上溯远古及此,来到了一个大变化、大转型的时代。正由于晚清至民初社会移风易俗、归并简化的作用,由清末时期成型的一系列民间节庆的行序设计与造型设计,才达到了前所未有的艺术与技术高度,使这些民间节庆行为成为我们民族百年流传至今的标准民族文化特征。

民间节庆相关事物是一个极其庞大的体系,每一个节庆假日所包含的礼仪和用物,都可以单写成一本厚书。近十年来,由我主持编撰的《中国传统器具设计研究》(全 4 册)、《中国设计全集》(全 20 册)、《中国设计全集》(全 20 册)和《设计史鉴》(全 4 册)所涉设计案例过万,各类民间节庆礼俗祭祀用物占其十之二三,一直是我研究工作的重心之一。为避免内容重复,也因本书尺牍有限,此处仅能就清末民间节庆常用器物的造物设计思想、造物设计特点,作概括性的简略分析而无涉具体案例,寥寥数言而已,点到为止。如对此感兴趣,请查阅以上所列相关拙作。

六、晚清时期民间闲娱方式与设计

清末时期社会阶层分化加剧,各自因为自己的利益结成大大小小的利益集团。这些经济政治利益不一的社会阶层,在社会生活中形成特定的生活圈,成员彼此间有相同或相近的生活情调和休闲、娱乐、文教方式,从而形成晚清社会独特的休闲娱乐类人文景观。

民风教化,国之根本;教化之变,不唯堂课习文,更在闲暇休娱之际。设计事物的成因,寓意其中。普通民众的休闲娱乐方式,从来是与自身的个人喜好、经济能力、技能经验、乡风习俗四项条件紧密联系在一起的;与此相关的行序、用物之设计成分,自然也不可能超越这一前提。尤其是晚清以来民间休闲娱乐方式与所用器物的关系,更能清晰地揭示设计事物与其文化成因之间的本质联系。看不清这一点关键所在,所谓设计史论的研究,就完全是自说自话的一派胡言了。

举例说明:比如在清末时期南北皆盛的"斗蟋蟀",无论贫富、官民,皆有好事者甚多。这里面就有前述四层"文化语境"的关联在其中起关键作用:首先要个人喜好。自己不喜欢,非但捉不到、养不好、买不了,难有上品在握,自然很难体会个中趣味。这叫"个人爱好"居首。其次是有了上品,好歹得有个合适的容器,材料、做工上还不能玩花活,要完全根据虫子的生长规律和豢养条件来办,细泥塑型、窑火焙烧,用心用力用钱,绝非易事。这叫"经济能力"其次。玩养蟋蟀,光有兴趣、光有银子还不行,还得有丰富的经验与技能。有钱人葫芦、象牙、皮囊、竹筒袖而藏之,未必适得其所;穷人瓦罐、泥盆蓄而养之,合天时而接地气,恰如其分。就算有钱人厚酬聘请高人代为玩养,恐怕也没了这件事本身的乐趣,事实上也很少有人这么办。这就叫"技能经验"再次。蟋蟀出产有地,江南、胶东及华北尤盛,故当地多有赏玩风俗,不论贫富贵贱,老少咸宜。此物此技亦是阔少乡绅豪赌之资,日间斗金进出并不鲜见。若无此自然环境允许及乡风民俗熏陶,便不会养成此休闲嗜好,也不会累积豢养经验。这叫"民风习俗"居后。此四层内容,是通用于研究所有清末民间休闲娱乐设计事物的必经之路,由表及里地得出玩赏蟋蟀这件事的"事理"与"物象",设计事物就能说明白了;再弄清个蛐蛐罐的功能、选材、工艺、形态等设计成分,自然可手到擒来,起码不至于混成个"二把刀"设计票友。凡分析传统设计事物之本质,不由此路径入眼,难免是雾里看花、水中捞月。

休闲:休闲休闲,要既休也闲,无劳作之体疲,无算计之心累,才算真正的休闲;这是每一个人于谋生与生存之外最要紧的生活内容了。对休闲的需要,是人的生命本能的一种平衡需要,无论是贵贱贫富,无论是生理和心理,只要是个人,都是需要做些与谋生与生存无关的事情来平衡心态、调节体能的。于是,围绕着休闲内容的一系列设计事物便应运而生、也与时俱进了,而且自古至今都是仅次于生产工具和生活用具的绝大产业;这种人的生活内容中自我生理与心理所必须具备的平衡需求(毋宁说是"追求放松精神与肉体的补偿性需求"),可以通过不同的行序设计、用具设计来完成行为,达到同一目的:抚慰因劳作造成的生理之疲劳困顿、弥合因算计造成的心理之紧张纠结。而且,休闲类用品的设计与制作,通常更能凝聚各自社会最优质的人力、物质、科技、审美资源,休闲设计事物也通常具有较高的人文研究价值。可以这么说,晚清社会以来,因外来事物的影响和近现代商业、服务业的兴起,休闲事物才真正作为生活内容的重要组成部分,被全社会重视起来,成为除去谋生劳作和生存需求之外最重要的生活内容——仅排在衣食行住之后的第五大生活内容。

晚清社会平民百姓日常休闲方式,通常与自己身处的自然环境、乡风民俗、个人兴趣、经济条件最为有关。如果是殷实人家,吃穿不愁,还有大把闲暇时间,也许茶余饭后便要找些自己感兴趣的事情来消磨时光,种花养草,抱猫遛鸟,并不是发展畜牧;茶酽酒醺,糕饼浆汁,也不在充饥果腹;赏月玩石,抚琴墨戏,更不为文举艺技,全是为了闲而休之,怡养性情。没耐烦或没条件弄这些劳什子的平民百姓,也会弄些让自己真正能放松的事情来,泡一个澡,抽一袋烟,沏一壶茶,摆一回龙门阵,哪怕是竹榻上玉体横陈,抓个痒痒挠有一搭没一搭地上下刨着,也会精神放松,通体舒泰。理解清末民间休闲类器物的设计要领,全在如何提升生活的舒适度,自然与彼时谋生工具和生存用具有着本质区别。

这些清末民间社会极为寻常的鸟笼、花盆、饼模、茶壶、凉榻、烟具、痰桶、唾壶、折扇、虎子(就是"夜壶"),还有前面说的蛐蛐罐,从设计学的角度分析,都必须包含设计物通常所具有的全部设计成分:从功能上讲,就必须考虑这些休闲设计品将来的使用者做什么用;从选材上讲,就必须考虑休闲设计品的牢固性、稳定性和成本考虑的性价比;从工艺上讲,就必须考虑休闲设计品的制作技术环节;从形态上讲,就必须考虑内部结构的实用性和外部装饰的观赏性。关于传统休闲类器具(包括清代同类物品)的分析研究,我主持的《中国传统器具设计研究》有十数例入选其中,亦有较充分论述,这儿就不重复分析了。

清末之休闲方式,较之历代传统的休闲器物,几乎每一类休闲器物都出现了一些设计上的新变化。例如洗澡用具:泡澡的习俗,在清末社会已十分流行。泡澡行为其很大成分并不仅仅是搞搞个人卫生,而是一种标准的、随常的民间休闲行为,尤其是在南方诸省(江南、闽南、潮汕及湘鄂川贵等省),无论贫贱富贵,人人有机会就去泡泡澡,一来肌体上可解乏除惫,二来精神上可舒缓放松,还兼有社交功能:澡客们很多谋生商讯、人事变迁、街尾巷议、道听途说,都是在澡池中、卧榻上完成交流、传播的。围绕着洗澡这一行为的主线,一系列相关用具的设计便包含其中了:筹牌、卧榻、水勺、浴巾、浴池、方几、茶具、灯具、衣物等等。拿晚清社会民间十分流行的大澡池来说,原本宋元驿站、客栈均备有大木桶,一次可供数人轮流泡浴,然后再爬出来以皂角洗拭干净,很少有同时赤身露体的共浴习俗。明清时驿站、骡马大店、客栈等继续沿用。晚清起时有东洋人在沪津等地建堂砌池,开办公共浴池,数十人同时光腚泡澡。因为日人古今皆有共浴之民俗,公共温泉内人共一池,男女雄雌、老少长幼、俊丑胖瘦、生疏不拘。公共浴池传入初始,国人很难适应彼等骇世惊俗之举,很少光顾;此风逐渐传开,在清末社会渐成南北城镇官士庶一体休闲的寻常去处。只是中国人再怎么开放,也学不了东洋人那样陌生男女能共浴一池;直到民国起各大城市有一定规模的公共澡堂,一般才分设女子部。晚清初建澡堂的洗浴用物,在设计上都一如日制,然后逐渐本土化,水泥澡池、竹牌小筹、葫芦水瓢、竹制卧榻、香水肥皂、浴衣浴巾;还趁势加上了中国人休闲服务类独门技艺:修脚、敲背、拔火罐。清时之浴池按摩,完全是纯正规矩的,老百姓俗称"敲背",并无今时乌烟瘴气的那种由日本原创、东南亚传入之"马杀鸡"(注:日语マッサージ、masaji、masachi之汉译读音,特指洗浴场所的异性按摩)。

文娱:娱乐的方式无所不在。只要心境渴求,一碗饭、一句笑话都可以成为娱乐的理由;而带有文化和商业性质的、人为的主动娱乐方式,通常含有较高的设计成分,我把它们姑且称之为"文娱",如晚清社会开始流行的民间曲艺、杂耍、西洋景、电影、戏剧等等。它们不但在表演行序上属于"无形创意设计",而且相关的行头、道具、舞台等方面,更具有很高的设计含量——比之纯粹的日常生活用具和生产工具的设计而言,文娱用具的形态设计,无论是平面形态的符号、文字、图像、纹样,还是立体形态的器型、款式,通常更具有装饰性,是经由人为设计而传达给受者的一种视觉感染力。

京剧:京剧是晚清戏剧的一个新品种。它的演唱曲式,是在南方两大民间戏曲(江苏的昆曲和安徽的黄梅戏)基础上,结合南北民间其他地方戏种(如江西弋阳腔、山西罗罗腔、京韵大鼓、湖北汉剧、乱弹等等)的曲式特点,经过五六十年的融汇,逐渐综合而成,逐步形成了京剧特有的曲牌、唱腔、伴奏方式。京剧形成之首功,全在乾隆年间扬州、苏州一带阔绰的盐商们,他们之间流行的"唱堂会"方式(包括自己豢养戏班和外请戏班包场演出两大部分),决定了京剧从诞生起就固定了的表演程式。后来的京剧发展经过三次转折,达到了自己的鼎盛时期,终成中国近现代传统戏剧的代表剧种。第一次转折是两百多年前的"徽班晋京",因给老佛爷慈禧祝寿去京城唱堂会,竟大受赞誉,于是戏班就地生根,在北京发展下来了。第二次转折是清末时期以京戏天才杨小楼为杰出代表的几代艺人的不懈努力,将肢体语言和角色程式大幅度地引入京戏,形成了生、末、净、旦、丑的固定角色流派;以武打入戏为突破,形成了京剧舞台表演做、念、唱、打的完整表演体系,极大提高了京剧舞台表演的视觉听觉感染能力。第三次转折是民国京剧大师梅兰芳的个人努力,他集众家之长,在唱腔、曲式、舞美、服饰等几乎所有京戏要素上都进行了大幅改良,使之适应现代观众和洋观众的欣赏需要。尤其是梅兰芳于 20 世纪 30 年代的几次访美巡演,形成了真正意义上的巨大轰动,使京剧影响力得以跨出国门,终成举世公认的中国"国剧"。

京剧在服饰、舞美、道具、化妆、灯光上的设计创意,是清末尚处于雏形阶段的中国民生设计的重要组成部分。

戏剧:清末戏剧改良最出名的成果,当属西洋歌剧的引入移植,它是多才多艺的清末艺术大家李叔同的杰作。自法人比才的《茶花女》首演之后,血统纯正、属性地道的现代舞美设计,才在中国社会扎根萌芽。由此引申出的服饰、化妆、道具等一系列设计创意,影响力逐渐超出了戏剧本身,成为清末民生设计关于时尚概念的风向标。清宣统三年(1911 年),留日画家周湘脱离原与人合办的"中西图画函授学堂",自办"背景画传习所",专门"传授'西洋剧场背景画法'及'活动布景构造法'。所招收学生中有乌始光、陈抱一、丁健行、刘海粟等人"(徐昌酪主编《上海美术志》,上海画报出版社,2006 年版)。这是目前已知中国最早的舞美设计教育课程。

电影:清末是中国电影业初创时期。清光绪二十二年(1896 年)在上海徐园的"又一村"首次放映"西洋影戏",这是在中国本土第一次公开放映电影。真正的国产影片诞生于清光绪三十一年(1905 年),北京丰泰照相馆老板任景丰独资拍摄了由谭鑫培主演的戏曲纪录片《定军山》片段,这是中国人自行拍摄的首部影片。清末中国影业初创,规模尚小,观众基本局限在官绅买办等上流社会,还没有形成平民观众为主体的庞大消费人群;于舞美方面还谈不上设计创意,基本沿用戏剧舞台用具。至于公众电影院的建立和故事片拍摄、摄影棚及舞美道具设计,那都是民初以后的事情了。

曲艺杂耍:除去昆曲早在明代即已闻名遐迩外,越剧、黄梅戏、豫剧、川剧及一大批地方民间戏曲(陕西二人抬、京韵大鼓、东北二人转、秦腔、苏州评弹等),都是在晚清时期形成了我们今天所看到的基本格式。清末民间戏剧曲艺的空前繁荣,促成了民生设计在舞台表演相关用物方面的成型、发展。

晚清时期位于北京城天坛与先农坛之间的天桥地区,是我国许多民间曲艺杂技的发源地,尤以北方说唱艺术和民间杂耍为盛。从晚清到民初的北京天桥,不但形成了民间演艺的,还是集民间餐饮、休闲、杂百货集贸、手工艺诸业于一体的集散地,各种洋式新奇玩意儿也首先出现在天桥地区,如"拉洋片"(南方人叫"西洋镜")等等。许多以传统手工艺为主要制作方式的民生产品也在此得以存续、发展,清末社会传统手工属性的那部分民生设计和业态由此可窥一斑。

博彩：晚清民众博彩，棋局牌戏，皆可为之。民间赌博之乐，当首推"搓麻"(老百姓对玩麻将牌的戏称)。清初时官府上严令禁绝各类赌博行为，参与赌博者"俱枷号两月"，开场聚赌及抽头者"各枷号三月并杖一百"，官员参赌"革职、枷责，不准折赎，永不叙用"([清]《大清会典事例·卷八二六》，光绪三十四年刻本)。乾隆盛世至晚清，社会富庶且世风奢靡，赌博之俗大兴，官民咸宜。"上自公卿大夫，下至编甿徒隶，以及绣房闺阁之人，莫不好赌。"(详见民初王祖撰《太仓州志·卷21》，民国八年/1919年刻本)此风甚至殃及宫闱皇妇，据清末才女徐珂记：咸丰帝孝钦皇后甚爱之，常召诸王福晋、格格聚而搓之，"每发牌，必有宫人立于身后作势，则孝钦辄有中发白诸对，侍赌者辄出以足成之，既成，必出席庆贺，输若干，亦必叩头求孝钦赏收。至累负博进，无可得偿，则跪求司道美缺，所获乃十倍于所负矣"。咸丰年有一代文宗美誉之赵菁衫，竟"嗜博成癖"，"一日不博，若荷重负"，"且赌技颇佳，常胜不负，人至莫敢与角"([民初]徐珂撰《清稗类钞》，中华书局点校本，1984年版)。上流社会尚且如此热衷，民间莫不趋之若鹜，赌风大兴，清末南北城乡，于农闲节庆时，可谓村村设赌，家家开胡。连后来的毛泽东也是爱好者，曾说"中国对世界有三大贡献，第一是中医，第二是曹雪芹的《红楼梦》，第三是麻将……你要是会打麻将，就可以更了解偶然性与必然性的关系。麻将牌里有哲学哩"(孙宝义、刘春增、邹桂兰《听毛泽东谈哲学》，人民出版社，2012年4月版)。

麻将牌本是自宋明时代叶子牌、马吊子、牌九等几类民间牌式演化而来。按苏南民间说法，麻将牌旧称"麻雀牌"(港台地区及日本、东南亚现仍大多称"麻雀牌")，原创是江苏太仓一带大清粮库的守备兵卒。时库粮春秋季多有麻雀劫扰，损失巨大，上峰责罚颇重，任事官员不堪其苦，遂悬赏以捉灭麻雀计数，发给等数筹牌，待岁末兑换现银。于是士气高涨，人人争先，于无聊闲暇时仍念念不忘，聚赌时常以获取麻雀之计数筹牌做赌资。久而久之，库兵筹牌便成了"麻雀牌"——"麻将牌"近似苏南之吴侬软语"麻雀牌"发音。今观之麻将牌几"筒"(亦称"饼")，即是打鸟之火统枪管横截面图案；几"条"，即是打下麻雀以五只为一条之束结成串进行登记结算状态；几"万"，自然是祈福自己打下的麻雀多多益善了。还有"东西南北"风，则是火统射鸟必须考虑的风向；红"中"当然是枪枪中的，弹无虚发；"白"板即是霉气脱靶；"发"财便是靠自己打下麻雀无数，可兑换大把银子，发财有望。由此可见，麻将牌无论在文化渊源和在行序编排以及骨牌的符号、造型、材质上，都有很高的设计文化成分，是中国传统休闲益智类成人玩具中的杰出设计范例(详见王浩滢主编《中国设计全集·文具类编·礼娱篇·卷十八》，商务印书馆，2012年版)。

清末民间，比麻将牌资格更老的博彩种类，计有掷骰子、叶子牌、牌九等等；官绅士族则文雅些，晚清时尚有古之壶射、双陆、手谈(即围棋)、象棋等为戏，另有孔明锁、华容道、七巧板等益智玩具，或玩或博，"小赌怡情"，一乐而已。

第三节　晚清时期产业状态与民生设计

随着西式现代化工商业的不断引入、扩展，中国社会长期封建制度下的"男耕女织"的传统生产劳作方式和与之相匹配的生活消费方式都随之发生渐变。因西洋式民生必需品以其规模大、产量高、质量好、实用性强、价格低廉等巨大优势，攻占了中国内地市场的众多领域，使得原来"自给自足"的自然型小农经济产业结构遭到了毁灭性的破坏。特别是洋商机织工厂和畜植农场的大量出现，使传统旧式农业经济作物种植和副业蓄养成为愈加无利可图的农家营生，基本毁掉了大都市附近乡村农户原有的全部生计。为谋活路，大量农业劳力被迫放弃原来祖辈相传的农耕生产和土地，不得不背井离乡进城去洋人或华商新式工厂、商铺里当学徒和做工；连原来大门不出的农家妇女们也不得不蜂拥至机织纱厂或丝厂去做工挣钱，以微薄收入来贴补家用。如此一来，新的谋生方式引导新的消费方式逐步确立，过去很多不可能的消费行为也逐渐成为日常生活的常态化事物。比如，过去乡村农家基本靠自家土织棉麻粗布来自给全部服饰需求（从衣裤鞋袜到帽囊袋巾），眼下则改由花销部分做工收入，即可购置款式更新、性能更佳、品质更耐用、成本更低廉的各种衣物服饰。还不仅仅是衣着穿戴，机器工厂生产的民生商品洪水猛兽般地吞噬着人们的全部身心，将人们裹挟进一个全新的、做梦也不敢想象的全新生活方式与生产方式之中。于是，通过一轮轮反复经历的愤懑、犹豫、尝试、喜悦，越来越多的城乡百姓自觉或不自觉地纵身跃入以"大都市生活圈"为核心所形成的令人头晕目眩的巨大生活漩涡中去畅游人生。

事实是，随着洋行、华商们的现代工商业不断拓展、延伸，即使是在边远省份的广大乡村，也有越来越多的农户，随着清末民初中国工商业的持续发展和国内外市场的不断扩大，也逐步开始从事某种商品化的农业生产。以往那种单纯依靠自给自足生产方式仍能维持同时期普通生活标准的中国农户，已经逐渐退出了乡村社会的主流位置。当越来越多的城乡百姓手中拥有了依靠非农业和传统手工业劳作的"新手艺"获取了一定的货币，得以购买到一定数量的、能维系自家生计的民生必需商品（从机制磨面到机织布料，从酿造酱油到点灯洋油，从火柴香烟到肥皂口碱），蕴含着设计创意巨大能量的民生商品产业伴随着文明生活方式的日益形成，进入人们的日常生活、生产方式，并逐渐成为广大城乡民众每日谋生和随常供给的"生活场景的主角"，旧式传统乡村经济机制的基本结构（包括谋生手段与消费方式）的壁垒就彻底坍塌，一去不复返了。

晚清中国民生设计产销业态，首先发端于洋商洋资在中国各大中城市创建的西洋式小型制造业和厂矿企业，它们是绝大多数后来陆续建立的中国民生产业初创时期直接学习的最实用摹本。如广东佛山、云南个旧、四川自贡、江西景德镇、安徽铜官镇（今铜陵）、山东颜神镇（今博山）等城镇，要么因为资源采掘，要么因为外贸生产为主要产业目的，成为晚清时期中国第一批在生产环节大量使用机械化生产的工矿业城镇。但由于产品与民生社会的消费尚有距离,生产方式存在着大量的传统手工操作成分,管理和经营模式上依然"积习甚深",这些中国人自己的官办民营产业毕竟未能承担起中国工业化百年奋斗的先驱角色。

中国社会真正的工业化进程,起步于民生商品生产与销售的现代化企业开始植入中国内地的"租界时代"。囿于早期条约的限制,洋资工商业起先仅能在沿海通商口岸城市租界及周边地区采取半合法、半违法的形式存在;直到《马关条约》完全取消了对洋资工商企业的一切限制以后,洋资制造业与矿业才得以快速扩展起来。在无情掠夺中国社会大量资源、财富的同时,无形中也直接引导、推动了中国本土工业化进程的启动,包括对最早的中国民生设计及产业在人员培训、技术提升、产销方式等各关键环节的初创。事实上,从晚清到民国中期的几十年期间,最早的华资工商业创办者和企业骨干,绝大多数都是原来曾在洋行供职的买办、协理、专营商和工程师、技工、留洋生们。他们是近现代中国工业化进程中真正的"普罗米修斯",这是个无法否认的历史事实。对于这批在晚清中国最早建立的现代化工商产业的存在意义,多年来学界未能做出实事求是的公正评价。

晚清洋务运动,是中国社会首次进行现代工业化的自我努力,实际上也取得了一系列引人注目的成果。洋务运动领袖们都是晚清权倾朝野的重臣,因此他们的洋务方略,不能挽救老大帝国的命运,但直接决定了近代中国工业化进程发端时期的具体内容。

一百多年前由清廷开明大臣(以恭亲王奕䜣和曾国藩、左宗棠、李鸿章、张之洞为杰出代表)发动、由官府独资为主体兴办的各种工业化项目,我们今天看起来觉得规模简陋得有些可笑,技术上也十分幼稚,但这些工业化成果毕竟是中国社会首次开始进行现代化的起步,是一个具有光荣历史的古老国家终于放下身段,开始向世界学习,以期实现从历经两千年大农业与手工业的辉煌之后,向现代化社会的沉重迈步和艰难转身。事实证明,这些成果的取得,是需要付出极其艰辛的努力和承受巨大非议和诽谤,甚至残酷血腥的生命代价的。作为坐享这些洋务运动工业化成果的后来人,理应向这些近现代中国社会变革的杰出先行者们表达我们后辈足够的敬意。

晚清社会的民生百货产业和商业,是随着清末时期各通商口岸城市"都市生活圈"的建立逐渐形成、完善起来的。清末民生百货业既不同于以往传统集贸方式,也不同于西洋商业模式,是在仿造西洋零售百货业运营模式的基础上,结合了中国新出现的沿海都市社会民生状况而形成的一种适合中国国情的、创意设计——生产制造——经营销售"三位一体"的市场化运作前提下的现代化新型业态。它的出现,不仅冲击了过时、固化的传统产销方式,而且将先进的现代商业理念逐步建立起来——这个意义已经远远超出了百货零售的经济价值,而是使以民生为主体的公众消费商业观念在中国清末社会就此建立起来,逐步拓展遍及南北城乡,并且使之成为社会进步、民风改良、不可扭转的时代潮流。因此,从源头上讲起来,无数百年来中国公众消费的新时尚、新观念、新模式,都是从晚清社会民生百货工商业基础上得以起步、传播的。

轻纺业是晚清至民初中国社会工业化初创时期最值得骄傲的民生产业成果之一。以洋资引进为先导、以蒸汽机为动力和以大型纺织印染机械为技术标准的新兴轻纺业的快速普及，使清末中国社会在短短二十余年之内，就建立了在亚洲乃至全世界都毫不逊色的大规模现代化棉织业、纱纺业、丝织业、印染业。清末轻纺业成了近现代中国民生产品设计最早的孵化基地，一大批西洋式纹样图案、质地肌理、布料款式方面的专职设计师，就是从轻纺业这个中国最早的现代化工商产业体制中被塑造培养出来。

晚清铁路、公路建设和火车、轮船的仿制、修配业，是近现代中国工业设计的摇篮。在经历了从模仿—改进—创意的艰难历程后，现代中国工业设计才得以在民国中期终于开花结果，设计、制造出了多项"中国第一"的不朽奇迹：第一艘轮船、第一辆汽车、第一架飞机……

与民生社会息息相关的大清邮政、官资民营银行钱庄、市政修造业的初创和扩展，是近现代中国社会极其重要的进步成果。在创建中国历史上第一批以民生消费为主体的服务业过程中，不但逐步形成了市政化的现代社会服务体系，而且成为近现代中国社会移风易俗、教化民众等社会进步的切实保障。

与上述晚清社会出现的新兴工商业态相比，传统手工产销业态依然是清末社会中国南北城乡广大地区的民生产业的主体形式。许多传统手工艺在日趋变化的商业竞争中被逐步淘汰而销声匿迹了，一些传统手工产业则结合新兴工商模式，在清末民初的大时代转型时期找到了自己的生存之道，主动加入或被动吸纳到新型的近现代民生设计——生产——营销体系之中，成为新时代中国民生产业的重要组成部分。

上海地区是西洋式机器生产最早、也是规模最大的输入地，最早的西式民生商品中绝大多数都是由上海输入、再流向全国的。与起初单纯由各大洋行进口外国商品在内地（主要是洋人聚居地）销售不同，清末民初的社会需求日益扩大，并且逐步形成颇有规模的市场，使得大多数"中国第一厂"应运而生。

表1-7　上海地区最早的西式民生商品厂家（部分）

商品类别	年份	商品内容	厂商国别及企业名称
火柴	1880	盒装火柴	英商美查洋行燧昌自来火局
普通肥皂	1882	洗衣皂	日商积善洋行
香皂	1908	固本牌茉莉香型香皂	德商固本香皂厂
毛巾	1912	铁锚牌熟纱毛巾	日商东华毛巾厂
制革	1878	服饰、家具类皮张硝制	英商全美洋行熟皮厂
牙膏牙刷	1912	三星牌牙粉、花露水等	华商中国化学工业社
保温瓶	1911	德、日产热水瓶	英商中英大药房（经销）
玻璃器皿	1882	各式液体容装及陈设玻璃瓶、罐、盆	英商平和洋行与华商唐茂枝合办中国玻璃公司

商品类别	年份	商品内容	厂商国别及企业名称
搪瓷器皿	1916	日用搪瓷器皿	英商麦克利广大工场
煤油灯	1916	玻璃罩防风煤油灯（马灯）	美商美孚公司油灯厂
钟表	1906	机械时钟	华商美华利制钟工场
电风扇	1916	台式电扇（仿美产奇异电扇）	华生电扇厂
家用缝纫机	1872	美国胜家牌缝纫机	英美普隆、华泰、天和、茂生、复泰等洋行代理销售
电熨斗	1922	复顺牌3、4、5磅电熨斗	华商复顺电器厂
洋式化妆品	1910	双妹牌花露水、生发油、雪花膏、爽身粉等	侨商香港广生行股份有限公司上海分厂
近视眼镜	1911	西式眼光及碾磨制镜	华商精益眼镜公司
电影院	1908	250座铁皮顶影剧场	西班牙商人安·雷玛斯办虹口活动影戏园
西式理发店	1900	西式剪发、吹风、发蜡	法商麦格仑巴黎沙龙理发店
西式洗浴	1908	蒸汽锅炉、冷热自来水、西洋浴缸、电话等	华商玉津池汽水盆汤浴室
菜场	1864	摊位集中、统一税制的菜蔬、肉蛋、副食品供应商场	法商中央菜场
西式零售	清末	百货商场（租界内）	英商福利、惠罗、环球公司等
银行	1847	金融业务	英商丽如银行（Oriental Bank）
西式医院	1844	西式医疗及护理	英教士洛克哈脱办中国医院（后改名仁济医院）
西式药房	1843	西药、医疗器械	英商怡和洋行大药房
西式学堂	1850	西式中、小学	耶稣教会办徐汇公学
电台	1922	奥邦斯商业电台	美商奥斯邦（Osborn）与英商《大陆报》合作开办
图书馆	1849	公共阅览	洋侨社团办上海图书馆
铅字印刷	1866	承印商业市价单及民用印件	英商同治印书馆
中文报纸	1872	申报（日报）	英商美查、伍德瓦德、蒲奈尔等
中文杂志	1861	上海新报（周刊）	英商西林洋行
西餐	1860	西餐、西点	美商礼查饭店（今浦江饭店）
面包	1855	面包、蛋糕等西点	英商爱德华·霍尔面包房
饼干	1907	冷粉、苏打、夹心饼干	华商泰丰罐头食品厂
罐头	1906	囍牌禽肉果蔬罐头	华商泰丰饼干食品厂
啤酒	1911	友牌（UB）12°黄啤	德商顺和啤酒公司
汽水	1863	瓶装汽水	英商末士法、卑利汽水公司
冷饮	1926	棍式棒冰	美商海宁洋行
日式酱油	清末	瓶装酱油	日商酿造化工厂

（续表）

商品类别	年份	商品内容	厂商国别及企业名称
味精	1923	佛手牌味精	华商天厨味精厂
卷烟	1902	大英、老刀牌香烟	英美烟草公司
西装	1896	西服洋装	华商江辅臣和昌号衣铺
棉花加工	1888	原棉机制轧花	英美日德洋行合办上海机器轧花局
纺纱	1894	棉纱机制纺线	华商裕源纱厂
生丝加工	1861	机制缫丝	英商怡和洋行
丝织	1878	机制丝织	美商旗昌洋行旗昌丝厂
织布	1889	棉布机织	官资上海机器织布局
麻织	1916	麻布、麻袋等	日商东亚制麻株式会社
针织	1897	内衣裤、袜子、手绢等	华商云章袜衫厂
染织	1913	色织布	华商荣大染织厂
木材加工	1884	3、5、7层胶木夹板	德商山打木行
西式家具	1871	西式机制家具	华商泰昌木器公司
西式民居	1872	首批石库门民居宽克路120弄（今宁波路）兴仁里	英国建筑商（机构名不详）
发电	1882	40盏街道照明用弧光灯供电	英商上海电气公司
供电	1907	民用电力供应	公共租界工部局变电所
电灯	1917	奇异牌家用炽灯泡	美商安迪生公司（通用电器）
电话	1882	民用市区电话	丹麦大北电报公司电话交换局
电报	1879	民用商务电报	丹麦大北电报公司
自来水	1875	家用自来水供应	英商格罗姆杨树浦自来水厂
煤气	1865	家用煤气供应	英商大英自来火房
黄包车	1873	人力车（黄包车）	法商米拉申办公共租界黄包车营运专利权
自行车	1940	26吋铁锚牌自行车	日商昌和制造所
公交汽车	1922	静安寺至曹家渡	英商公利汽车公司
公交电车	1907	外滩至静安寺公交线路	英商上海电车公司
出租车	1911	客运出租车	美商平治门洋行和美汽车公司
客运火车	1876	吴淞铁路客运（次年拆除）	英商吴淞铁路公司
客运轮船	1850	上海至香港客货班轮	英商大英轮船公司
长江航运	1861	火箭号蒸汽申汉班轮	美商琼记洋行
民航	1929	上海至南京（美国飞行员）	官办中国航空公司
沥青马路	1887	北京东路至外白渡侨之间	公共租界工部局
西式桥梁	1907	钢结构外白渡侨	公共租界工部局

注：上表主要根据《上海地方志》各行业志及其他相关资料汇编而成。

有一点要特别说明：在中国内地设厂办店之前，这些西式商品早已通过各种途径传入中国。至于洋式民生商品最早如何传入并在民间社会流行、普及的具体事例，绝大多数已无从考证（多数只有民间传说和私传文字，绝少曾正式发布、可证实的文献资料记载）。选择上海作为举例列表对象，正因为西洋事物（特别是民生商品）起码有过半数是首先经由上海传入中国的。根据常识，因为有了"一定的"市场需求，生产与销售企业才可能创办起来。因此上述商品和厂家并不是"最早把某商品传入中国内地"的人和物，而是首先在中国内地上海创办产业的人和物。之所以列出上述商品及厂家，是因为以上述这些西式民生商品为主的日常生活资料基础上，后来中国百姓在一百年内构筑了自己崭新的生活方式、谋生方式及与之相匹配的文化环境，也决定了本书所涉"近现代中国设计产销业态"的基本生存空间。

一、晚清时期重工制造产业背景

重工业通常是一个社会工业化程度的最主要标志。正因为民生设计产业是建立在西洋式现代工商业模式之上的，因此晚清社会工业化作为重工业（特别是作为制造业和轻纺工业基础的重工业），直接推动或制约了尚在襁褓之中的中国民生设计产业及销售企业的发育成长。

晚清中国重工业的初创，发端于三种资本的投入：洋资、官办、民营。

首先是在两次鸦片战争后出现在各通商口岸城市租界内洋商独资的机械制造业。据统计，"1895年以前在中国创办了103家外资企业"（［美］费正清、刘广京编《剑桥晚清中国史》，中国社会科学出版社，2006年版）。它们涉猎广泛，全面涵盖了新兴都市生活圈所需要的全部民生产业所涉范围：民用百货、公共文教、娱乐、照明、医疗、邮政、消防、民用市政设施安装与养护、车辆维修与保养等等。当时这些洋资企业规模都很有限，但大多采用当时世界上最先进的蒸汽、火力、电力作为动能，以较高的机械加工制造为主要生产手段，并且有当时中国社会从未具备的完整产业链：上游的技术发明和外观设计，中游的制造与加工，下游的物流与营销。上下两头，这是中国社会实现工业化最靠近、最实用的学习范本。

其次是三十余年的晚清洋务运动，它的一系列工业化努力的最重要成果，就是包括军工、机械、冶金、造船等在内的重工业的创立。这些重工业项目的建立，大多是官府拨款独资建造的；也有一部分是官资为主，民资为辅合资经营的；还有极少部分则是中外合办、官府主导的厂矿企业。第一类，有大约19个官办的兵工厂和造船厂，其中最大的设在上海（由曾国藩和李鸿章在1865年建立）、南京（1865年李鸿章建立）和汉阳（1890年张之洞建立）。除了制造弹药和少量轮船外，官办兵工厂一般都有生产和修理工具、零件的机器车间。其中几个厂还订有训练技术人员的计划，并且像上海洋炮局的译馆那样还为19世纪后期学习科学和工程的中国学生编译教科书。第二类是一批官方和半官方的采矿、冶炼和纺织企业，它们早在1872年起就已经开始经营了。在这些先驱性的企业中，像开平煤矿、汉阳铁工厂及其煤矿和铁矿（汉冶萍）、张之洞的湖北织布局和李鸿章的上海机器织布局等"最大和最出名的厂矿逐步摆脱了赞助它们的官员的控制而转到中国私人投资者手中,或者像开平煤矿那样处于外国的控制之下"([美]费正清、刘广京编《剑桥晚清中国史》,中国社会科学出版社,2006 年版)。

清政府两江总督、直隶总督曾国藩首倡了官费留洋制度,也首建了安庆军械所——在这里造出了中国第一艘木壳小火轮。曾国藩还督导华衡芳与徐寿父子试制成功中国第一台蒸汽机。从真正意义上讲,曾国藩才是晚清洋务运动的开创者。

历任闽浙总督、陕甘总督、军机大臣、两江总督、南洋通商大臣的左宗棠创建了福州船政局、船政学堂、兰州制造局(亦称"甘肃制造局")、甘肃织呢总局(亦称"兰州机器织呢局",为中国第一座机械纺织工厂),首创驻疆军垦。

先后担任两江总督、直隶总督、北洋通商事务大臣的李鸿章创建了松江洋炮局、上海炸弹三局、苏州机器局、江南制造局、金陵机器局、天津机器局、轮船招商局、河北磁州煤铁矿、江西兴国煤矿、湖北广济煤矿、开平矿务局、上海机器织布局、山东峄县煤矿、天津电报总局、唐胥铁路、上海电报总局、津沽铁路、漠河金矿、热河四道沟铜矿及三山铅银矿、上海华盛纺织总厂等。

历任两广总督、湖广总督、两江总督的封疆大吏张之洞创建了广东各地的枪弹厂、铁厂、枪炮厂、铸钱厂、钢轨厂、机器织布局、矿务局、广东水陆师学堂、湖北铁路局、湖北枪炮厂、湖北纺织官局(包括织布、纺纱、缫丝、制麻四个分局)、汉阳炼铁厂、汉阳兵工厂、大冶铁矿、芦汉铁路、粤汉铁路、川汉铁路,并兴办算学学堂、矿务学堂、自强学堂、湖北武备学堂、湖北农务学堂、湖北工艺学堂、湖北师范学堂、两湖总师范学堂、女子师范学堂,首创内河船运和中国最早的电讯事业……

晚清洋务运动的主将之一、时任浙闽总督的左宗棠,创办了"福州船政局"(主事者沈崇祯),始末共建造了 18 艘蒸汽木壳兵舰。难能可贵的是,福州船政局还设立了"马尾绘事院",专门聘请洋教席教授工业制图课程,成效十分明显:培养了一批技术工人和中级技术人员,使他们后来不需要洋技师的指导,便能根据图纸实行各自主管的工作,并会使用新购进的各种洋机械、洋装备。一位曾在 1868 年路经福州的法国海军助理工程师当时写道:"值得注意的是,中国工人极快地就懂得了使用我们工具的益处,他们都想使用大直锯和另一些最初只能发给几个人使用的工具。在这一点上,他们与日本工人截然不同:我们得费尽九牛二虎之力才能使日本工人放弃他们常用的办法去干某些事情。"到了 1874 年,所有到过"福州船政局"的洋人都注意到一个普遍现象:无论是在金属和材料加工方面,还是在制图、装置和调配方面,船政局各车间的生产技能和纪律都达到了高水平。人们同样看到,在船上,机器的操作和维修对中国工作人员来说,并没有什么困难(详见[法]巴斯蒂/Marianne Bastid《福州船政局的技术引进[1866~1912]》,引自辛元欧《船史研究》,中国造船工程学会,1985 年,美国密歇根大学发布,数字化处理时间 2007 年 4 月 20 日)。

这些项目的建立,使中国社会在某些领域中具备了一个工业化进程的起步基础,尽管这个基础还是十分脆弱,产能在整个社会经济总量中显得那么得微不足道。

再者是 20 世纪初至民初以民间资本为主的华商独资、合资企厂矿业。近现代中国工业化进程的加速发展时期，是甲午战败和庚子事变之后席卷全社会的自强图存、实业救国的工商化风潮。反帝救亡的民族主义，是清末民营制造业和矿业快速崛起的动力之一。清政府在 1903 年成立了"商部"（后改组成"农工商部"），在 1904 年颁布了意在鼓励华资民营企业的《公司法》，一大批民营华资工矿企业应运而生。但这些地道的国产工商企业在起步阶段经历都十分坎坷，很大一部分度日艰辛、产销两难，破产歇业者此起彼伏。建立于清末十几年的首批中国制造业和矿业，构筑了近现代中国历时百年工业化进程赖以启动的坚实基础，也成为近现代中国民生设计体系初创时期最珍贵的孵化场之一。

特别需要指出的是：清末重工业是近现代中国民用制造业、加工业和维修业的基础工业。有了清末重工业所形成的技术培训、人才培养体系，随之诞生的近现代中国民生产业才获得源源不断的关于新技术、新能源、新观念的强力支撑，才使中国社会第一批真正意义上的民用工业制品、民生百货产品、民用市政设施以及民用公交、水电、通讯等一系列民生商品的外观设计、选材设计、制造工艺、装饰设计和仓储—物流—营销三位一体的现代化商贸网络，得以逐步建立起来——这些在中国千年经济史上都是前所未有的重大突破，对后来中国民生设计及产销业态的百年发展，都具有决定性的意义。

本书作者姑且将坊间传说的清末前后在重工业方面所创造的多项"中国第一"作个整理，列举出来：中国第一台蒸汽机，1862 年（安庆军械所）；中国第一艘小火轮"黄鹄号"，1865 年（安庆军械所）；中国第一台车床，1867 年（江南制造局）；中国第一台汽锤，1868 年（江南制造局）；中国第一台轧花机，1887 年（上海张万祥福记铁工厂）；中国第一台刨床，1868 年（江南制造局）；中国第一艘近代军舰"恬吉号"，1868 年，排水量 600 吨（江南制造局）；中国第一台铣齿机，1870 年（江南制造局）；中国第一艘大马力军舰"海安号"，1872 年，排水量 2 800 吨，1 800 马力（江南制造局）；中国第一辆简易蒸汽机车，1881 年，用蒸汽锅炉改制（开平矿务局工程处）；中国第一辆标准蒸汽机车，1882 年，中国火箭号（开平矿务局工程处）；中国第一台对开平板印刷机，1900 年（上海曹兴昌机器厂）；中国第一台缫丝机，1900 年（上海永昌机器厂）；中国第一条榨油联合设备，1905 年（汉阳周恒顺机器厂）；中国第一艘大型军舰"宁绍号"，1906 年，排水量 3 074 吨，3 000 马力（福州船政局）；中国第一台抽水机，1907 年，15 马力（汉阳周恒顺机器厂）；中国第一台卷扬机，1907 年，60 马力（汉阳周恒顺机器厂）。

从设计学概念看，传统设计产业与近现代设计产业最明显的区别，都充分反映在设计本体语言的四大要素——功能、材料、工艺、构造之中。晚清重工业和制造业的形成，使近现代中国设计产业在基础制造能力上开始具备了一个前途无量的生存与发展空间：功能上可以上天、入地、下海，衣食住行、闲用文玩无所不及；材料上不但深度改造了各种传统的天然材质（烧造类的陶瓷琉璃、建筑类的土木砖瓦、家用类的布匹纸张等等），还出现了人工合成的新材料，如搪瓷、胶木和日用化学制品；工艺上机械加工逐步取代纯手工制作，还出现了许多闻所未闻的新工艺、新技术，如电镀、喷漆、蒸汽、火电等等；构造上不再重复官作设计的做派，内部结构设计更加强化物品的稳定性、牢固性，外部形态设计开始出现普适性的"适人性设计"，而不是一味延续传统官作设计那种仅针对极少数人趣味的、狭隘的"审美性"。这些时代进步的成果，在设计史上犹如"分水岭"一般意义重大，使起步阶段的晚清时期中国工业化进程，对催生近现代中国设计产业具有构建其基础的特别重要价值。

二、晚清时期百货零售产业背景

中国最早的现代百货零售方式在清末社会开始出现，始作俑者是租界的最早一批洋商们。19世纪下半叶，上海租界地区先后出现了由英商开设的"福利""泰兴""汇司"和"惠罗"等洋资百货公司。随之开办百货零售业的是一大批中国人：商行伙计、洋行买办、洋宅跟班、巡捕房包打听、工部局差役，还有第一批留学归来的假洋鬼子们。他们整天在租界跟着洋商们耳濡目染这种新型商业的操作方式，羡慕洋商们丰厚的利润，于是也尝试着依葫芦画瓢照着学，久而久之，也成为第一拨商海畅游的个中好手。

不同于以往的传统手工生产的民生类商品，除去功能上以民生消费为主外，两者无论在选材设计、工艺设计和形态上，都存在着巨大的概念差异。其中以社会最大主流人群为主要消费群体的现代商业目标，颠覆了以往传统商业习惯以固定而狭窄的顾客群为主要消费对象的陈旧观念。这一点根本变化，集中地反映在晚清时期百货商品的生产制造及零售配送方式上。只有日用百货这类民生商品，才能最广泛地囊括社会各阶层主流人群逐渐成为自己的销售对象，也只有民生日用百货，才能最深入地干预、介入、影响社会主流人群的日常生活状态，进而不断培养出人数众多的消费人群。

沪上百货零售业初见于平民街巷的"杂货店"，所营主项无非老百姓日常杂什百货用品。至通商开埠、租界兴起后，人口大增，华洋杂货比翼齐飞，只是经营内容和各自销售对象差异巨大：华人开办的杂货店，均为一户一铺的小规模自家店铺，多半以经销民间土特产品为主，从油盐酱醋到布匹、鞋袜、衣帽，皆为传统手工制作。这些华人杂货店的消费群体以附近街区的平民百姓为主。洋人开办的百货店的消费群体多以租界洋商洋眷为主，兼向在各洋行商社供职的"高级华人"及家庭。洋杂店以经销洋货为主，从各式服装、食品等日常生活用品到乐器、文具、书籍，不仅规模大、样式新、货源广，而且价格并不离谱。后来租界华人杂货店也开始兼营些新奇的洋货（如火柴、纸烟、香皂等），有些店名也改为"京广洋货店"等等，突出强调自家店铺进货渠道都是些大码头。租界洋货店铺经营的货物，由起初仅为少数洋人和华人买办家庭才能消费的奢侈品，逐渐转化为华洋混居的租界社会绝大多数居民须臾不离的民生必需品，这其中的性质变化，无意间缔造了最早的中国零售百货业——它们是近现代中国民生设计产销业态得以诞生的必不可少的经销方式,有了这个前提,以日杂百货为最先突破口的中国民生设计产业,才得以雏形粗具。与所有近现代西洋和中国民生设计产品形成、发展的固有方式相一致,这种由高档奢侈品向民生必需品的不断转化过程,本质上就是社会文明、开化、进步的必经历程,一百年来皆是如此。本书作者不厌其烦一再鼓吹的"设计文化"属性(设计事物对社会绝大多数成员生产方式与生活方式的影响力和作用力),正是反映了这条被百年设计史一再证实的事物发展特有规律。

清末时期短短十几年内就先后迅速在都市生活圈内形成普及性民生百货商品的品种主要有:电灯、镀水银镜子、西式珠宝首饰、酱油、味精(刚传入时旧称日源词"味素")、打字机、自来水笔、铅笔、留声机、护肤霜、肥皂、皮鞋、火柴(那时叫"洋火"或"自来火")、烟斗与卷烟、弹子锁(清末至民初,沪宁一带民间称"斯沛灵")、近视及老花眼镜、座钟与怀表、搪瓷餐饮具、不锈钢餐饮具、热水瓶(北方叫"暖壶")、燃油(主要是老百姓照明所用柴油、煤油,老百姓称"火油")、砖茶(西式发酵茶块,即红茶)、制糖、啤酒、汽水、制冰、造纸、砖瓦、水泥(民间称"洋灰")、木材加工、皮革(包括烤漆与硝制)、轧花、猪鬃、榨油、碾米、机制精盐、樟脑、西洋乐器装配与维修、电工器材等等。这些西洋式民用百货商品,不但供应了清末沿海大都市民生社会的日常生活需要,也深刻改变了中国都市普通民众的生活方式,还逐步向周边及内陆地区扩散,形成具有极大吸引力的新"文明生活"方式,从而不断培养出人数庞大的新消费群,形成新的消费市场。

上海是近现代中国最早的通商口岸大都市,也是西洋民用百货商品引进的集散地和中国最早民生商品设计、生产、销售的发祥地。以上海地区为例,从晚清咸丰年间到清末宣统年间,先后开设了数以千计的民用百货性质的工商企业,既有洋商独资,也有华洋合资,还有华商独资,它们是近现代早期中国民生设计及产销业态的大本营,其他地区(广州、汉口、天津、福州等地)无论从规模、品种、影响方面看,都是远远不及的。

由于上海地区以民用百货商品为主业的新兴产业的开创,使十分弱小的近现代中国民生设计逐步具备了后来形成独自体系的基础条件。在这些与民生设计息息相关的工商企业中,不但涌现出了民族产业的第一代企业家,也培养出了中国第一批民生产品的设计师,他们从这些早期民生百货产业的设计创意、生产制造、物流营销中学会了关于现代设计的基本知识、方法和手段。在此基础上,才有后来的中国最早的装潢设计、图案设计、标识设计、包装设计、模具设计、装帧设计、食材设计、电器设计、室内设计、家具设计、产品造型设计、美容美发设计等等。

研究近现代中国设计(特别是民生设计),《上海地方志》是首选参考文献。本书作者曾于2011年6月13日下午专门致电"上海市地方志办公室",表明身份并说明原委,询问能否在本书写作中引用相关资料并且是否需要"缴纳一定费用"时,王姓处长(我真的与其素昧平生)接电,不但得到引用相关资料的允许,且慷慨放言"做学问不是牟利,无需缴费,我们编这些东西就是为了社会效益"。在当下社会风气下,竟有如此大义之举,真实少之又少,令人肃然起敬,继而感慨良多。只是有些

遗憾,大部分专业志并没有列举主要参编者具体姓名。在此仅向《上海地方志》涉
及该书引用资料的全体原创编撰人员(有一部分专业志编者均未具名),还有"上海
市地方志办公室"各位领导,谨表我个人崇高的敬意和由衷的谢意。

晚清由租界开始逐渐普及的百货零售业,为一些国人尚无认识、但又极为重要
的西式科技在民生领域应用成果的文明事物的普及,提供了最初的既便捷又实惠
的渠道。以西药房为例,在晚清社会,绝大多数中国百姓还是对此敬而远之的,甚至
误会极深。但随着不少百货店铺开始出售一些"边缘性"的咳嗽水、膏药、眼药膏等
等,有市井好事者偶尔一试效果却大大强于中草药,西医西药自然逐渐传播开来,不
但不少百货杂铺贩卖西洋药丸、药水,原本专营中草药的老字号药房也开始出售西
药。至清末十年,不仅是上海,天津、广州、汉口、南京、青岛、烟台、福州、成都、西安
等地,都有西药房开业的记录在案。上海自然是西医西药最集中的城市,最早出现
专售西药的大药房,一般都经营良好,获利颇丰。(表1-8)还有些不伦不类的百货
店兼西药房,将凡是洋人搞起来的与卫生、健康有关的商品聚在一起卖,从糖浆、药
丸、红汞水、薄荷油,到牙粉、肥皂、玻璃杯,甚至手帕、蚊香。西药房还学着中药店家
的模样,也弄个穿白大褂的西医"坐堂看诊",不过不是"望闻问切",而是拿出压舌
板、测压器和听诊器对登门买药者比画一番,煞有介事,很是好看,也很能招徕顾客。

表1-8　甲午战争前上海的华商西药房(1888～1894年)

店铺状况			创办人		其他投资人	
商号	开业时间	资本(元)	姓名	身份	姓名	身份
中西药房	1888年	数千	顾松泉	英商大英医院职员	徐亦庄	英商大英医院职员
华英药房	1898年	10 000	庄凌晨	英商老德记药房买办	朱葆三	洋行买办
					严筱航	大清银行经理
					袁观海	上海道台
中法药房	1890年	3 000	黄楚九	眼科医生	虞洽卿	洋行买办
中英药房	1894年	数千	李厚贵	邮局高级职员	杨宝荣	银楼老板
					贝润生	颜料商
					严筱航	大清银行经理
华洋药房	1894年	6 000	黄德馨	牙科医生		
惠济药房	1894年	10 000	洪子文	中庸洋行买办		

注:上表引自许涤新、吴承明《中国资本主义发展史》(人民出版社,2003年1月第2版)第二卷第
二章第五节之二"经营进出口商品华商的出现";转引原件《上海私营医药商业发生发展及其社会主
义改造·油印本》(上海市工商行政管理局等编,1962年)和《上海近代西药行业史·油印本》(上海市
医药公司等编,1983年)。

三、晚清时期丝棉纺织产业背景

晚清时期最先开始工业化进程的民生产业,首推纺织业。棉麻丝织,乃国计民
生之大出处,小民求利之源,国家抽税之本。明初仅金陵一地,织户数以万计;康乾
盛世时,天下丝织三成尽出江南一省。时值19世纪,蒸汽机动力带动的一系列机

械化产业席卷全球,特别是棉花种植和棉布纺织业,发生了与传统手工产业相比、不啻是天翻地覆的巨大变化。西洋棉纺业,在不到一百年内基本解决了全部生产技术问题:抽纱、坯布、印染和成衣制作,几乎每一个环节都彻底颠覆了原有的设计概念和生产工序。可以这么说:如果说建筑业是西方近现代设计的摇篮,纺织业则是西方近现代设计的先锋。西洋纺织业(包括棉纺、毛纺和丝织)的技术进步,直接消化了一大批从17世纪至19世纪的自然科学成果,巩固了欧美资本主义自由式经济体制,使之成为不可逆转的世界产业发展趋势。

反观同时期的中国晚清社会,虽然纺织业仍是百姓谋生、官府税赋的最大出项,但织机、技艺数百年不变,耗时费力,产能低下。尤其是在18、19世纪,在科技进步(蒸汽动力、纺织机械、印染工艺等取得突破)的推动下,全世界棉纺产业达到有史以来最繁盛的"黄金时代",虽然嘉道年间的大清地广物茂、劳力勤廉,但面临全球机遇居然置身事外,份额甚微,影响全无。上海开埠之后,洋商在沪大肆进购原棉,使江南棉业大盛,邻近农户"均栽种棉花,禾稻仅十中之一","一望皆种棉花,并无杂树"。原先从无棉田的(赣、鄂、皖等)农村,也纷纷改种棉花;连以前专事蚕桑的浙江、江苏等地"今皆兼植棉花"(详见李文治《中国近代农业史资料·第1辑》,生活·读书·新知三联书店,1957年版)。咸同年间,正值英国棉纺业鼎盛、日本棉纺业快速崛起阶段,大举输入中国产原棉,带动了苏浙鲁闽沿海一带的棉植农业迅速发展。洋商随后又投资办厂,直接在原产地附近抽纱、织布,华商亦持续跟进,终于促成了清末中国种棉——纺纱——织布——印染整条现代化产业链的快速成型。

长期研究近现代中国农村经济的权威学者费孝通写道:"虽然织布业主要仍是个体户手工业,但在刚进入本世纪(注:指20世纪)之际,工业组织的其他形式已在有些地方出现。由于有了较便宜的机制纱的供应,有了能提高织布者日产量的改进的木质织布机和从日本引进的铁齿轮织布机,这些变化加快了。有一份计算材料记载,在1899～1913年期间共创办了142家手工纺织工场,其中69家设在江苏省,以上海制的棉纱供应它们,15家设在山东,14家设在直隶(河北),9家设在四川,山西、福建和广东各设7家,6家设在湖北,4家设在满洲,3家设在浙江,1家设在贵州。"([美]费正清等著《剑桥中国晚清史1800～1911年》,中国社会科学院历史研究所编译室翻译,中国社会科学出版社,1985年2月版)

表1-9 1899～1913年创办的142家手工业织布工场中有关资本、织机和工人数字

	工场数	总数	平均数	最大	最小
资本(银圆)	67	660 220	9 854	70 000	200
织机数	37	3 307	89	360	12
工人数	96	14 972	156	1 264	5

注1:上表原件引自彭泽益《近代手工业史料,1840～1949年》(中华书局,1962年7月版),转引于[美]费正清等著《剑桥中国晚清史1800～1911年》(中国社会科学院历史研究所编译室翻译,中国社会科学出版社,1985年2月版)。

注2:表中"工场数"为有资料记载的统计数据。

五口通商后,获益的经济体还不光是棉纺业。号称"天下蚕丝第一产区"的江南诸地,受惠最丰。原本要先运往广州外销的江浙生丝,一下子可以就近出货,既省了大半运费,又省了沿途花销、损耗;且"蕃鬼(指洋人)出手阔绰,动辄进货常以万计",江南蚕农丝贩竞相扩产,丝市一派繁华景象,湖州缉里人温丰在所著《南浔丝市行》中以诗咏道:"蚕丝乍罢丝市起,乡人卖丝争赴市。市中人塞不得行,干言万隙袭入耳。纸牌高揭丝市广,沿门挨户相接连。喧哗鼎沸晨午至,骈肩累迹不得前……小贾收买交大贾,大贾载入申江界。申江鬼国正通商,繁华富丽压苏杭。番舶来银百万计,中国商人皆若狂。今年买经更陆续,农人纺经十之六。遂使家家置纺车,无复有心种菽粟。"([清]温丰《南浔志·南浔丝市行》,转引于戴鞍钢《口岸城市与农村经济演变》,载于《社会科学》,2010 年第 2 期)

正因为中国具有的产能潜力,通商口岸设立后,少数有眼光的洋商瞄准了中国的巨大原料供应和产品销售市场,开始在中国投资建厂,开创了近现代中国纺织业的第一批现代化纺织企业;随之官府、华商亦纷纷兴办合资、独资企业。在短短的几十年内,就将中国社会一直引以为荣的传统纺织产业进行了彻底改造,使之成为现代化的大型工商业产销经济合体;同时也孕育、培养出中国最早的纺织—印染业的专职设计人员。

清末华商机织厂家的不断涌现,为近现代中国纺织业奠定了良好基础。事实证明,自清末十年之后,中国纺织业逐步壮大,终于在 20 世纪 70 年代开始占据纺织业世界市场"龙头老大"的宝座,迄今 40 年不遑他让。追溯起来,晚清最后 20 年(特别是清末十年新政时期)建立起的第一批民族机织产业,是一个尤其关键的基础因素。

表 1-10 1890~1910 年民族机器棉纺织产业主要企业简表

企业名称	年份	设备	创办人身份
上海机器织布局	1890	纱锭 35 000 枚,布机 530 台	郑观应(买办) 龚寿图(江苏补用道)
湖北织布官局	1892	纱锭 30 440 枚,布机 1 000 台	张之洞(湖广总督)
上海华新纺织厂	1891	纱锭 7 008 枚	唐松岩(上海道)
华盛纺织总厂	1894	纱锭 64 556 枚,布机 750 台	盛宣怀(津海关道) 聂缉规(江海关道)
上海裕源纱厂	1894	纱锭 25 000 枚,布机 1 800 台	朱鸿度(道台衔)
上海裕晋纱厂	1895	纱锭 15 000 枚	不详
上海大纯纱厂	1895	纱锭 20 392 枚	不详
上海兴泰纱厂	1896	不详	1902 年被日商山本条太郎收购
苏纶纱厂	1897	不详	陆养润(国子监祭酒)
湖北纺纱官局	1897	纱锭 50 064 枚	张之洞(湖广总督)
宁波通久源纱厂	1897	纱锭 17 046 枚,布机 216 台	严信厚(李鸿章幕僚, 曾督销长芦盐务)
无锡业勤纱厂	1897	纱锭 1 192 枚	杨宗濂(长芦盐运使) 杨宗瀚(曾总办台北商务)

（续表）

企业名称	年份	设备	创办人身份
杭州通益公纱厂	1897	纱锭 15 040 枚	庞元济（四品京堂）
上海裕源纱厂	1898	纱锭 18 200 枚	朱幼鸿（浙江候补道）
萧山通惠公纱厂	1899	纱锭 10 192 枚	楼景晖（候补同知）
南通大生纱厂	1899	纱锭 20 350 枚	张謇（翰林院编修）
常熟裕泰纱厂	1905	纱锭 10 192 枚	朱功鸿（浙江候补道）
太仓济泰纱厂	1906	纱锭 12 700 枚	蒋汝坊（郎中）
宁波和丰纱厂	1906	纱锭 21 600 枚	顾元珲（中书科中书）
无锡振兴纱厂	1907	纱锭 10 192 枚	荣宗敬（钱庄主） 张石君（买办） 荣德馨（买办）
大生纱厂二厂	1907	纱锭 26 000 枚	张謇（翰林院编修）
上海振华纱厂	1907	纱锭 11 648 枚	凯福（英商） 吴详林（华商）
上海九成纱厂	1907	纱锭 9 424 枚	后日商收购，改称"日信纱厂"
上海同昌纱厂	1908	纱锭 11 592 枚	朱志尧（买办）
江阴利民纱厂	1908	纱锭 15 040 枚	施子美（华商），严惠人（华商）
安阳广益纱厂	1909	纱锭 22 344 枚	孙家鼐（郎中）
上海公益纱厂	1910	纱锭 25 676 枚，布机 300 台	祝大椿（买办） 席立功（买办）

注：此表摘录于彭南生《中国早期工业化进程中的二元模式——以近代民族棉纺织业为例》（载于《圣才学习网·工程类》，2010 年 3 月 5 日）

通商开埠之后，洋商率先从纺织业入手，大举输入机织产品，在市场竞争中迅速打垮了以手工家庭作坊为主的传统纺织业。当时输华的洋产纺织品种中的洋面料主要有：哔叽呢、羽毛纱、白坯布、单色染布、印花布等等，洋家纺主要有：毛呢毡、羊毛毯、电植天鹅绒等等。仅清同治十至十二年（1871～1873 年）统计，上海进口的洋布、洋纱的货值占所有进口洋货总值的三分之一，洋布的进口值达 3 200 万银圆。清道光二十七年（1847 年）7 月，英国领事在"对华商务报告"中讲道："中国人所织的白而结实的布比我们（英国）的货物贵得多。我在上海发现，由于我们的布代替了他们（中国）的布的结果，他们的织布业也迅速下降了。"洋货仿制商品的大举入侵，使上海地区传统经济支柱型产业的手工棉纺产业首当其冲。洋商机织产品以其品质好、价格低、产量大、成本低的巨大优势，很快就在中国沿海和内地广大消费群体中建立了良好的口碑，利润不断攀升。上海民间棉纱纺织业不久便陷入了"纱业停顿""无布可织"的困境。清光绪九年（1883 年）的英国领事"对华商务报告"又说："上海邻近地区，每个村庄里都有英国棉线出售，每个商店的货架上都可以看到英国棉线。"作为挽救产业、维持生计，上海等地民间纺织产业基本放弃了棉纱市场，转而不得不大量购进洋纱进行加工性棉布织造和少量的单色印染生产，这在当时也属饮鸩止渴的无奈之举(详见《上海地方志·纺织工业志》,上海市地方志办公室,2002年版;转引于张毅《民国时期家用纺织品的发生与发展》,载于"设计在线",2009年3月31日)。

除上海之外,晚清以来外地创办的较有影响的新式纺织企业首推"湖北官纺四局"。光绪二十年(1894年),由当时的湖广总督洋务派领袖张之洞一力促成的"湖北官纺织布局"开业,后陆续增设缫丝局、纺纱局、制麻局,史称"湖北官纺四局"。四局共动用官银近400万两,采用本地原料,购置西洋东洋织机生产。后因经营不善,于光绪二十八年(1902年)由粤商"应昌公司"转租接办;数年后归"楚兴公司"转租,仍保留"湖北官局"头衔,议定年租金万两,租押25万两。其抽纱、布匹在武汉地区销售,"概免厘税,如转运它埠,在江汉关只完正税,沿途概免厘税"。"租办期间,由于经营得法,扣除租金及机械修理费用外,每年的净利,据说都在5%以上",其盈利五年可达580万两。宣统三年(1911年)再次转由张謇的"大维公司"承租(详见汪敬虞《中国近代工业史资料·第2辑·下册》,科学出版社,1957年版)。

晚清之晋陕、直隶、川渝、新疆等地官府先后拟购机设置纱厂,但均未成功。唯官民合资之纺织、毛织企业小有建树,如清光绪二十四年(1898年),官商合办的南京"利民柞绸纺织工厂"开业;光绪三十三年(1907年),北京"溥利呢革厂"开业;光绪三十四年(1908),武昌"湖北毡呢厂"开业。

自清末始,各地轻纺业相继引进西洋德英法及东洋日本各式纺机织机,彻底改良了旧有之丝绵纺织产业,加诸资源、人工、市场之优势,在苏、浙、沪、鲁、津、蜀等地逐渐形成纺织支线产业(如毛巾、被套、围裙、手绢等)。虽彼等产品之坯布、棉纱皆属洋产,但经印染图案、尺寸规格、产品款式之自行设计,已有部分产品具国内外市场之竞争实力。如清末民初成都所产的毛巾,因售价、款式、洁净、花色颇近民情,且与洋货相比,价廉物美而名噪一时,在内地市场与洋货成分庭抗礼之局。据《成都通览》记载,根据毛巾大小,蜀产头号毛巾每张一角六,若购买量大则有折扣,每百张十五元。二号毛巾每张一角三,三号毛巾每张九分。此外还有各种规格的炕巾、方花巾、澡巾、漂白宽绒布等,配套齐全。

洋资、华洋合资、华商独资的各类纺织企业,孕育了近现代中国民生设计最早的平面设计两大门类:印染图案设计、面料肌理设计。前者(印染图案设计)比较容易理解,不光是印花与染色,还包括色织、刺绣,古代中国传统手工纺织业也从不缺这些行当,只是产能、工效上不可与洋货同日而语;但后者(面料肌理设计)属于现代西方纺织工业的产物,于中国人而言,概念基本是陌生的,是洋纺织传入中国后才出现的新事物。一般地讲,面料肌理方面的设计,包括安排不同经纬支数和线束本身的纤维含量以在坯布织造过程中形成的面料厚度、密实度和粗糙度。这些面料肌理都是由无形创意与有形织造共同作用下被人为设计、织造出来的,这些经过人为设计、织造的面料肌理,都是根据既有制造技术和设备的前提下人为主观营造出的凸凹感、垂悬度、密实度,不但使面料具有更强的实用性(保暖度、牢固度、磨损度等),还使面料具有更强的视觉美感、肌肤触感、体着舒适感等等,从而使产品价值倍增。在现代纺织生产条件下,面料肌理设计都是由纺织过程中通过设计师和专职技师专门完成的。

在明清传统手工产业中,专门为各种面料绘制图形纹样的"花本"艺人不在少数,但专门设计面料肌理的匠人或技工至少还没有类似文字记载。通商开埠以后,在洋资在中国开设的现代化工厂中,最早的就是各类纺纱、缫丝、织布、印染工厂。这些新型纺织厂以蒸汽机为主要生产动力、大型纺线机和织布机为主要纺织工具、辊筒印花和色染为主要印染技术,彼此之间还以不断提高产品的实用与美观品质来进行市场争夺——专门的图案与肌理设计师就应运而生了。对于近代中国的本土纺织业者而言,这是一个全新的概念,还无法回避、忽视;无论是国内由洋资纺织厂生产或由各家洋行从海外直接进口的洋布、洋绸,在二十年内就将曾经生产了供应全世界近半丝绸制品和三成棉麻制品的中国传统丝绸业和棉麻纺织业彻底打垮,基本上退出城市商业领域,继续以民间作坊业态仅仅在生丝和土布生产的狭小空间中苟延残喘。

在晚清社会引入西洋式纺织业态几十年以后,通过在洋厂里学徒、机修工等低端岗位的不断学习、模仿,一批逐渐掌握洋式印染图案设计和面料肌理设计的中国工匠成长起来,日后纷纷脱离洋厂,或集资组厂、另立门户;或受聘在洋商华资厂店里任职。还有些洋人面料肌理和印染图案的专职设计师,受聘于在中国本土开办的各类纺织厂,不远万里来中国"淘金"。当年洋人技师的无数中国助手、技工中,后来逐渐成长出首批中国现代纺织业的面料肌理、图案纹样、印花染色等方面的专职设计师,中国纺织产业才具备将设计与生产两大环节分工处理的条件,从而逐步建立起自己比较纯粹的现代化纺织工业。

以纱线凸起的毛巾取代乡村土织粗布,是中国社会一项不小的卫生民俗改造工程,现代家纺业也应运而生。"产自日本的铁锚牌毛巾,具备区别于土布的柔软吸水质地优良的优点受到人们的欢迎而大量进口,占领了中国市场,从而替代了传统土织的'松江斗纹布'和'罗布巾'。"(《上海地方志·日用工业品商业志》,上海日用工业品商业志编纂委员会,上海社会科学院出版社,1999年版)清光绪二十六年(1900年),"江苏省川沙县张艺新、沈毓庆等人,改革土布木机织制生纱土毛巾获得成功,并在城厢沈宅设立经记毛巾厂,有纺织木机30余台,并招收妇女工人生产土纱毛巾。经记毛巾厂开风气之先,广大的土布生产者看到曙光仿佛绝处逢生,一时川沙的家庭毛巾生产作坊、工场纷纷建立转入毛巾织造,三四年时间里川沙城厢、江镇、合庆、营房、蔡路、青墩等地有十多家毛巾生产工场,川沙生产的毛巾迅速被市场接受,川沙也从此被誉为'毛巾之乡'"(《川沙县志》,上海市川沙县志编修委员会,上海人民出版社,1990年11月版)。至此,毛巾开始向内陆省份扩散,不到二十年就成为几乎每一个中国家庭的常备物品,一大批专营毛巾、床单、窗帘、桌布等新型纺织产业就此创立。西式毛巾逐渐成为普通人家的民生必需品,是晚清社会经由民生商品传入西洋文明事物最好的一部缩影。

四、晚清时期交通运输产业背景

经过从 17 世纪到 19 世纪两百多年的迅猛发展，欧美国家建成了相对完整的水陆空立体交通运输网络，并且依据强大的自然与人文科技成果，不断发明、完善与交通运输相关的几乎技术、装置、商业诸环节的所有问题，使之成为进入 20 世纪的全世界各国竞相效仿。晚清时期洋务运动和甲午战败后兴起的自强运动的工业化成就，有相当一部分集中在交通运输领域，主要是铁路铺设、机车制造和水路航运开通、船舶修造。

近现代工商业的基础条件之一，便是交通运输发展程度，一头连接着人员的来往便捷，另一头连接着产品的物流成本。陆上交通（包括铁路、公路两大系统）、水上交通（包括内河、海上两大系统）、航空交通，是每一个迈向现代化进程的国家和民族，必须率先解决的基础建设问题。以模仿西式生产方式为特征（机械化、标准化、规模化等）的近现代中国民生设计产业，不具备现代化交通运输的物流条件，无疑是发展不起来的。因此，清末民初时期在以铁路修建为重头戏的交通运输现代化进程中，为民生设计产业后来的崛起，奠定了基础。

铁路与陆路：晚清铁路的修造历史，可谓一路坎坷。同治四年（1865 年），美商在北京宣武门外修建了一里多长的铁路，期望以此样本引起大清国官民重视铁路建设，但没几天就被清步军统领衙门下令拆掉。光绪六年（1880 年），英商"怡和洋行"建造了吴淞铁路（从上海到吴淞），被当地百姓称为"寻常马路"。吴淞铁路施工时工人曾多达 2 000 余人。在短短的通车运营时间内，共计运送旅客 16 万人次。票价也获利不菲，上等座收大洋半元，中等座收大洋二角五分，下等座收制钱 120 文。两百多年前，英国作家塞缪尔·约翰逊（Samuel Johnson）说："爱国主义是无赖最后的避难所。"因清廷上下官员一致反对（主要理由是"有辱我中华人文礼仪"，辱没"大清国国体官威"，破坏大清之龙脉、风水等等），终以曾轧死一个士兵的借口，清廷用 28 万两白银赎买吴淞铁路后，将所有设施悉数拆毁，弃之入海。光绪七年（1881 年），第一条中国铁路——唐胥铁路（从唐山到胥各庄）终于由官办"开平矿务局"建成，全长 22 里。但因火车头"形状怪异可怖、吼声如巨兽"，须避免震动皇陵（遵化清东陵），经过时改以驴马牵引车厢在铁路上行走。此事在后世皆传为笑柄。1896～1903 年期间，沙俄在中国东北擅自修建"中东铁路"。该路网以哈尔滨为中心，西至满洲里，东至绥芬河，南至大连。日俄战争后，俄国战败，"中东铁路"南段（长春至大连）为日本所占，改称"南满铁路"。民国后改称"中国东省铁路"，简称"中东铁路"。

光绪初年，"开滦煤矿"的英籍工程师金达（C. W. kinder）率中国工匠建造了中国本土第一辆蒸汽机车。它是利用旧锅炉做车身而改装成的一台 0—2—0 式蒸汽机车，仅有两对动轮，而没有导轮和从动轮，因此时速极慢，不及骡马，每小时只能行驶 5 公里左右。光绪七年（1881 年），金达重新设计、制造了另一台机车，被其命名为"中国火箭号"（参加建造的中国工匠则称其为"龙号"）。此次机车改进设计较为规范、制作较为精良，机身全长 5.69 米，增设了三对动轮，轴式为 0—3—0，牵引力达百吨,时速达 30 公里。光绪十七年(1891 年),金达被聘为北洋官铁路局总工程师,主持中国第一条官办铁路唐胥铁路的建造;他还力主制订了中国铁路迄今沿用的英式标准规矩。

光绪十九年(1893 年),詹天佑主修的唐津铁路(从唐山到天津)通车,李鸿章等亲自登车沿途巡查。台湾巡抚刘铭传主修的台湾铁路通车运营,全长约 99 公里,耗官银 1 295 960 两。光绪三十一年(1905 年),张之洞主修的卢汉铁路(从卢沟桥至汉口,民国时改称"平汉铁路",今称"京汉铁路")全线通车。

庚子事变后,朝野痛感工业化之重要,清廷遂开禁铁路修建。清光绪二十九年(1903 年)9 月,清政府设立商部,兼管铁路,颁布《铁路简明章程》,规定"无论华、洋、官、商,均可禀请开办铁路"(引自铁雯《清末民间商办铁路概况》,载于《青年时讯》,2011 年 6 月 3 日第 20 版)。次年又颁布《商律》,在"公司律"中规定,凡申请商办铁路,必须要按实业公司的组织形式,办理登记手续,实行商业性的开发和经营铁路。由此洋商洋资大举进入,中国铁路迎来了建造史上的第一个"黄金时期"。

时值清末,朝野官庶对铁路的赢利与便捷的好处已确信无疑。国人眼热洋人洋资染指铁路获利颇多,民间社会收回路权、自办铁路之热潮日益高涨;中国民族工商业初萌,亦急欲介入此等好事。从清光绪二十九年(1903 年)至宣统二年(1910 年),全国共计有 15 个省开设了 19 家铁路公司,其中民商公司 14 家、官办公司 3 家、官督商办公司 2 家。主要有"四川川汉铁路有限公司""广东新宁铁路有限公司""江西全省铁路公司""山西同蒲铁路公司""安徽全省铁路有限公司""广东粤汉铁路有限总公司""浙江全省铁路有限公司""湖北铁路总局"等。清末之南北各省,均设有官野大小不等的"铁路公司",积极筹建本省境内的铁路干线和支线,无意他人染指。洋资与官资、民资还因此不时爆发多方冲突,如清末时席卷南方的"四川保路运动"等。

图 1-5　清末火车

至民初,清末时期各省铁路公司和地方政府筹建的铁路通车开业的主要有:沪杭甬线、潮汕线、宁省线、齐昂线、枣台线、新宁线、广三线及漳厦铁路嵩江段、南浔铁路九德段、粤汉铁路湘鄂段等等。

整个晚清时期至民初清廷倒台为止,清政府修铁路共计 9 968.5 公里,其中官办铁路 4 844 公里,约占 52.1%;商办铁路 675 公里,约占 7.3%;地方集资民营铁路 40 公里,约占 0.4%;洋商洋资修建铁路 3 733 公里,约占 40.2%。

公路官道:晚清以来,中国南北交通道路建设亦有所改善。各省道州府之间,形成了规模不大、里程有限、标准较低的"官道路网"。所谓"官道",指由官府出资或由官府担保、民间筹资形式修造的所有公共使用性质的城乡道路。但对于广大社会绝大多数民众而言,民间筹资修建的各种路桥涵洞等交通设施的"民道"和自然形成的"野道",仍是最主要的出行路径。能影响、作用于清末广大中国民众的人员出行与货物运输方式,都是建构在这一清末社会中国交通运输基本形态之上的。

较之铁路修建,至于公路、桥梁、涵洞等陆路交通设施,不大为晚清各地官府所重视,半个世纪鲜有重大建树。唯晚清洋务重臣的几位封疆大吏们辖治地区,稍有作为。如左宗棠经营西北,张之洞坐镇湖广,都力主修缮官道以巩固边防。至于修建西洋标准的各级公路(水泥铺设为一级,沥青铺设为二级,石子铺设为三级,夯土为四级),那大都是民国以后的事情了。除去沿海各通商口岸大都市租界街区,基本由负责市政工程及维养的工部局组织或洋商组织华工铺设水泥人行道和柏油马路之外,清末之城乡道路均以土石为主;即便是通衢省道,也不外石板铺设而已;民间人行货运的民用公路,多为碎石、夯土路面。公路、桥梁、涵洞、场站所构成的现代陆路交通干线网基本尚未成型,民间陆路交通运输,主要还依靠旧有的畜力车、人力车、骑马或徒步方式。故而时见山间铃响马帮来,大漠孤烟骆驼队行。

水路与造船:中国自南宋起,便是古代造船大国和远洋航运大国。但晚清时代,中国仍以木壳桅帆船楼为特征的船舶建造为主,自然在同时代与西洋东洋世界列强相比,显得十分落后简陋、效率低下。

晚清以来,洋商在沿海各港口自建了不少修造洋船及维修、保养的船坞、配件工场,如北方的天津卫、旅顺、青岛、烟台、秦皇岛、哈尔滨等,南方的上海、杭州、湖州、宁波、福州、厦门、广州、汕头等,都是洋船维修、保养的场店集散地,其中以上海地区最为集中。晚清上海地区较著名的洋商船舶修造商号有:上海的英商"和丰船厂"(1889 年)、英商"瑞记洋行"开设的"瑞澂造船厂"(1900 年)、英商"万隆铁工厂"(1905 年)。各港口之船舶修造业皆为清同治四年(1865 年)开业的英资"耶松船厂",于清光绪二十六年(1900 年)吞并了"和丰船厂",次年又吞并"祥生船厂",总资本增至 557 万两,改称"耶松船厂公司",至此,"耶松船厂"凭借其雄厚资本和先进技术设备,在从清末到民国时期一直为上海洋船修造业之翘楚,垄断了近现代中国造船修船产业近半个世纪。东北地区船舶修造业则皆为日商所设,较著名的企业有:清光绪三十三年(1907 年)"西森造船所"开业,次年"川崎造船所"和安东"鸭绿江造船会社"开业,宣统三年(1911 年)"小金丸造船所"开业。

中国人制造西式铁船,始于平定太平天国时期由曾国藩力主开设的湘军办安庆军械所。当时由安庆军械所研制的木壳铁机小货轮,主要在长江沿线各港口承担湘军之兵员接送、给养运输等军务。这只造型丑陋的小火轮,以燃煤锅炉为动力,吃水浅、马力小、载重低,却实为近现代中国造船业之滥觞。之后,在清末之南北港口城市,先后出现过多间官办、华资船舶修配工厂,但都因经营不善、技术薄弱而难以为继,开业不久便相继倒闭关张。

清同治五年(1866年),时任闽浙总督之左宗棠创办的"福建船政局"首座船台竣工。次年开建第一艘船舶"万年清"号,同治七年(1868年)建成下水试航,成为中国第一艘自建现代化兵舰。该船仍系木壳铁机,但形制要较安庆小火轮大出许多:船长约79.4米,宽约9.27米,吃水约4.4米,排水量1 370吨,载重可达450吨;指示功率为150马力,航速10节。"万年清"号北上试航,驾驶、导航及全体船员皆为中国人。"福建船政局"建造的第二艘兵舰"湄云"号于同治八年(1869年)建成试航,"湄云"号排水量550吨,功率80马力,航速9节,配备火炮计160毫米威亚维亚沙炮一门、120毫米威亚维亚沙炮两门。"福建船政局"建造的木壳巡洋舰"扬武"号于同治十一年(1872年)下水。该舰排水量1 560吨,马力1 130匹,航速12节,船员两百余名。"福建船政局"十年内造兵船、商船15艘,在吨位、航速、配备的修造技术上均一步一层楼,提升神速,反映了清末中国近代造船业的前进步伐。

现在的上海"江南造船厂",前身为晚清洋务运动的杰出成果之一的"江南制造总局",始建于清同治四年(1865年),一直是东亚地区规模最大、雇工最多、技术最强的造船企业之一,是近现代中国制造业的摇篮,同时也是中国工业设计的诞生地之一。上海"江南造船厂"在清末时期曾用名"江南船坞"和"江南造船所",自光绪三十一年(1905年)起,船坞部分被从制造局中划分出来,专营海运船舶建造。从开业起至宣统三年(1911年)共造船136艘,总排水量21 000多吨。其中宣统三年(1911年)建造的"江华"号长江客货轮,船长330英尺,宽47英尺,吃水7.5英尺,排水量4 130吨,为当时东亚地区造船业较为出色的大型客轮。上海"江南造船厂"在修船方面摒弃官办旧制,实行完全西洋式商业化经营,内外招揽船舶修造生意,业务量大增,客户面甚广,仅光绪三十三年(1907年)至宣统三年(1911年)的短短五年内,共修理大小舰船524艘,年均修船量105艘。提前多年偿清建厂所借的官银商资,进入赢利丰厚的快速发展时期。

清末时期民间水陆运输船只,海运及渔业多为木质桅帆船,一如古制。内河漕运除帆船外,还有各式小木船:从有舵双桨暗仓平底木船,到无舵摇橹有篷的木船。这些木船是整个晚清到民初期间中国社会民间人员出行和货物运输的水路主要运力。

航空与热气球:中国人之航空概念,首见于晚清魏源所著《海国图志》与宜垕所著《初使泰西记》,书中均描述了洋人的"天船"(热气球)之奇景。光绪三十一年(1905年),湖广总督张之洞从日商购得热气球两只,一红一白。其球体径粗约4米,通高约25米,气球以喷火之燃油装置加热球体内部,使其升空;球体下系藤篮,数人坐立其间,可用"千里眼"(即望远镜)作鸟瞰状,近可观察地面诸事,远可眺望极目之山川地貌。其后,清光绪三十四年(1908年),湖北陆军第八镇气球队成立。同年,直隶陆军第四镇与江苏陆军第九镇亦建立气球队。其乘用装备均为日本山田式气球数只。此皆为中国第一批空军部队。北洋新军在安徽太湖举行秋操会练,陆军第八镇和第九镇均派气球队参加军事演习。

宣统二年(1910年)2月,清政府军咨府大臣载涛奉旨率团出访欧洲列国考察军事,对欧人热气球及双翼飞机印象深刻,回国后极力倡导航空事业,并在北京南苑"毅"字兵营首设航空机关,购置法国桑麻式飞机一架,专门作参照和模仿之用;还指派留日学习航空的李宝浚、刘佐成为首席技师,开始试制国产飞机。次年因辛亥革命致清廷垮台,兹事遂止。

清末时期,在华洋商及洋教士曾多次在各地(如北京、天津、青岛、宁波等地)放飞、乘坐热气球。现场无不观者如堵,气氛热烈。然飞行器材之热气球或飞机被用于交通运输业,清时各类文献尚未见有所记载。空运民航,当后见于民国时期了。

近现代中国民生产销业态形成的一个最重要前提,就是各类民生商品的现代化物流条件的建立。这个现代化物流方式包括仓储——运输——批发——零售等主要环节。其中,货物运输和人员交通,是所有物流作业中的最重要构成部分:毕竟水路上用小舢板还是铁壳火轮,陆路上用骡马大车还是火车、汽车,在所运商品的数量、安全性、速度、人工花费各方面每项指标都相去甚远。由于物流的效率、规模、速度、安全和成本控制在产品变为商品、进入销售环节中占有决定性的地位,没有现代化的商品运输和消费人群出行的交通便利,现代化的大型产业、商业都是无法建立、也无法生存下去的。从这个角度讲,晚清铁路修建、水路航运和相形之下少得可怜的公路开通,都是后来近现代中国民生设计产业得以逐步形成的基础建设之一。晚清社会的民生商品运输和民众交通,主要还是依靠传统的交通运输完成的,现代化的交通运输工具与乘运方式,还远远没有涉及占社会主要成员主体的普通百姓的日常生产与生活层面,因而对社会状态的实质影响,还是极为有限的。

不仅如此,船舶、汽车、飞机的研制与建造,本身就是现代工业设计的主项内容。尽管晚清时期中国各地都有各式小火轮(安庆军火机械所)、大轮船(江南制造局)、蒸汽机车(开滦煤矿),甚至是飞机(福州船政局)的建造,但大多数都是洋人或留洋工程师、技师的手笔,也清一色属于直接根据洋货原型进行的仿造、翻制,不但原创性不高,而且基本不涉及中国本土的具体使用条件和具体生产条件。真正的交通运输类的工业设计,不但晚清到民初仍不具备,连整个民国时期也少有佳作,直到"文革"后期的20世纪70年代,中国社会才真正拥有自行研制、自行设计、自行建造的大型船舶、机车、飞机。

五、晚清时期市政公用产业背景

以沿海各通商口岸大中城市洋人聚集的租界为中心,西洋式市政设施和其他公用服务系统逐渐在晚清时期的中国各地被陆续建立起来。这种中国人闻所未闻的崭新文明事物,吸引了无数社会各阶层人士的好奇、关注、热切的目光,从而润物无声地改变了人们对既有传统生活方式的反思,对横空出世的大都市生活圈充满了美好的憧憬。无数的外来新事物,借助着人们对新城市生活的羡慕和赞美,渐渐深入人心,融入了几代都市中国人的行为方式和审美标准,使他们成为坚定的文明生活方式的拥护者和现代化时尚商品的消费者。由城市的市政公用建设营造的文明生活,是孕育近现代中国民生设计及产销业态最重要的温床。

清末各都市租界的市政管理及民用公共设施建设与经营,一直控制在由洋人把持的工部局手中。洋人洋商竭力阻挠华商华资介入,基本上垄断了各大都市租界的市政建设与公用事业长达几十年。

清末都市生活圈的形成,完全依赖于城市各项公共服务系统的完善程度。以民用电力为例,从光绪二十一年(1895)至光绪二十九年(1893年),英、法、日、德、比等国洋商先后在上海、北京、天津、汉口、厦门及东北各地投资设立火力发电厂9家。随着城市人口不断激增,用电量日益扩大,洋资电厂也越办越多,彼此之间也展开了激烈的商业竞争。清末时期仅天津一地就有5家电厂同时为市区供电。

作为规模最大、开埠最早的上海租界,市政设施与公用事业经营也最为完善、先进;即便是与欧美日本相比,其市政设施与民用公共服务系统的普及程度与维养水平,也相差无几。正因为城市公用系统的发达,使上海地区在开埠不到一百年的短短时间内,就迅速聚集了数百万外来人口,一跃成为中国最大的现代化大都市。以上海的城市民用水、电、煤气(当时叫"瓦斯")和公交电车几项公用民生事业为例,洋资在上述民生公用产业中形成三大托拉斯(即垄断企业):"上海自来水公司(原为大英自来水房,1900年改组)""上海工部局电气处"和"上海电气公司"。这些洋商企业长期经营,获利颇丰。光绪二十年(1894年),仅"上海煤气公司"一家年出售煤气量达52 484万立方英尺,用户达9 020户;其所持资本,已由开办时的2.24万两增至20万两。"上海工部局电气处"开办时资本尚不足万两,到光绪二十九年(1903年)竟增至9.5万两。其年发电容量开办之初仅为400千瓦,光绪二十四年(1898年)增至2 222千瓦,基本控制了大部分华资企业生产用电和大部市区的民用照明用电。"上海自来水公司"开业时日供水不足百吨,至光绪三十四年(1908年),已铺设自来水管道约20公里,日供水量达3 300吨。"上海电气公司"是世界上最早出现的公用电业之一,光绪八年(1882年)开业,光绪十四年(1888年)因经营不善破产,另行筹资在原址复业,更名"新申电气公司",此后渐成沪上电业老大。光绪十五年(1889年)起,上海市民家中陆续装用白炽灯。翌年,外滩街区首次安装了55盏白炽街灯。两年内上海市区白炽灯总头数已达2 895盏(详见汪敬虞编《中国近代工业史资料·第2辑·上册》,北京,科学出版社,2002年版)。

从租界起始,都市生活圈的民用公共服务体系还逐步纳入了完全是现代化概念的民用及公共照明、邮政、电信、金融以及医院、学校等等。以民用及公共照明为例,晚清至民初时期,各路洋商在广州、香港、上海、北京、天津、汉口、大连、青岛等20余个城市,相继开办了30余座电灯厂或电力公司。清地方官府与民间华商亦不甘落伍，先后在上海、宁波、杭州、福州、汕头、苏州、镇江、芜湖、武昌、重庆、成都、昆明、开封、长沙、济南、烟台、太原、吉林、满洲里、齐齐哈尔、台北等30余座城市相继开办了40多座电灯厂或电力公司。上述近80座电厂在清末时期的发电总量约有37 000千瓦。

市政设施建设方面，除去洋人洋商在各地修造的各种住宅、工场、商业区、办公楼、剧场、教会医院、孤儿院、教堂、学校外，晚清洋务运动时期前后，清各地官府还建造了一批大型民用建筑，如火车站、邮电局、船码头、国会、咨议局、劝业会场、新学堂等等。以北京为例，有京山铁路北京车站(1893年，现为北京前门车站)，北京的国会大楼(1908年，现为新华社)，北京的万牲园大门、畅观楼(1890年，现为西郊动物园)，北京的旧陆军参谋本部(1908年，现为北大医院病房)，清华学堂(1909年)等等；还有南京的江南水师学堂(1890年)、两江师范学堂(1905年)、江苏省咨议局(1908年)、清两江总督府西式花厅(1890年建，现为孙中山办公旧址)以及上海前市政府(1884年)等等。

与上海租界、华界普及西洋民用市政设施不一样，京城百姓的顾虑就大得多。北京的"京师自来水公司"虽于宣统二年(1910年)即建成通水，但北京老百姓信不过，见自来水"专走地道，不见阳光"，尽从地缝冒出，又称之"洋胰子水"，以为里面藏污纳垢，坊间风传"洋水阴气太甚，喝了伤脾侵腑，摄人魂魄"。又有数千靠卖水挑夫为生的山东籍劳工怕自来水坏了生计，便从中作梗，推波助澜。一时间只要听见"自来水"三个字，京城百姓便拔足狂奔。"京师自来水公司"一直半死不活地苦心经营着。据北平市政府统计，直到民国三十五年(1946年)，北平市民家庭通自来水的用户，仍不足三分之一(详见《清末民初北京办自来水厂：百姓害怕喝"洋水"》，《人民政协报》，2009年12月22日)。大多数北平老百姓宁愿喝井水、河水，也不肯喝"洋水"。没有自来水，西式冲水厕所自然也建不起来。直到上世纪五六十年代，北京满城居民区尽是不用铺设地下管道、自带化粪池的蹲坑茅房。此种民俗，倒是成就了控制京城挑水行当和掏粪行当、横行几十年无人敢惹的"两霸"民间垄断行业。

鸦片战败后，英商率先在中国各大通商口岸城市设立邮局，其他洋商也纷纷效仿，在不到二十年内，就建立起了通达中国几乎全部沿海大中城市和部分内陆城镇的庞大邮政网络。从清同治七年(1868年)到光绪十三年(1887年)，先后在中国开办邮政的洋商主要是法商、美商、日商和俄商。

因华洋贸易日益频繁，商埠通讯业务剧增，清政府决定成立自己的邮政机构。清同治五年(1866年)，清政府委任原大清海关总税务司总管英人赫德为邮政总监，着手由海关兼办邮递和试办邮政阶段。清光绪二十二年(1896年)，"大清邮政官局"正式成立，仍隶属海关治辖。当年即发行中国历史上第一枚邮票"大清龙票"。光绪三十二年(1906年)清廷改革官制机构，专设"邮传部"，下设邮政局专责管理邮政事务。宣统二年(1911年)大清邮政脱离海关治辖，独立办公。

晚清中国的电报、电话业，均是先由洋资洋商垄断经营，全系洋商之间的私人通讯及商务文件往来,未对中国市民全面开放。民用有线电报于光绪三年(1877年)开办;民用市内电话于光绪二十六年(1900年)开办。清末电讯业创办初期一度由官府主导,大多数电讯业都属于官督商办、华商申办或官商合办性质,其余皆由清政府及各省道府衙经办。光绪二十八年(1902年)至光绪三十四年(1908年),全国电报业被收归各地官府独办。我国第一条自办的电报线路(从直隶总督行辕到江南制造总局)于光绪三年(1877年)在上海建成。光绪十三年(1887年)福建巡抚丁日昌在"福州船政学堂"设"电报学堂",培训中国首批电报技师。同年,台湾台南至高雄的电报线路建成,全长约95华里,这是我国最早自行修建和经营管理的电报线路之一。

光绪五年(1879年),中国第一条军用电报线路建成,从大沽、北塘海口炮台架设电报线通达天津。光绪十四年(1888年)天津至上海的电报线建成,全长53公里。同年,清政府在天津设置电报总局和电报学堂,并于紫竹林、大沽口、临清、济宁、清江浦、镇江、苏州、上海等各处设立电报分局。此外,清政府还连续修建了津京线、长江线和广州—龙州线等官商兼用的电报线路。至光绪二十五年(1899年),清政府还新建了川汉、川滇、沪粤、粤桂、赣粤、闽台、津奉(今沈阳)、津保、保陕等电报线路,至此,清末全国总计有45 000多公里电报线路,初步构成了全国电报业务干线通信网。

清光绪十四年(1888年),就是美国人贝尔发明电话的第二年,丹麦"大北电报公司"率先在上海设立第一个电话交换所,在租界开始装设电话,经营公共电话业务。同年,英商"上海电话互助协会"也设立电话交换所,并开业通话。此两家电话所起初业务量都不大,各有用户二三十家而已。光绪十九年(1893年),英商"东洋德律风公司"兼并租界各处小电话所,进一步扩大用户覆盖范围,建立起了自己的客户服务网络。光绪二十三年(1897年)至光绪二十六年(1900年),洋商先后在汉口、厦门、青岛、烟台、天津等地开办公用电话业务。北京城于光绪二十七年(1901年)开设电话所。

光绪二十五年(1899年),清政府奏准电政督办盛宣怀所请,于当年官办电报局兼办电话业务,并在天津设置数部衙署官邸专用的公务电话。光绪二十六年(1900年),官办"南京电报局"设置电话交换机器,铺设市内电话网线,主要供官署办公使用,另有零散商业用户若干。中国的长途电话业务始于光绪三十年(1904年),中国自建的第一条长途电话线路"京津线"。架成通话。至宣统元年(1909年),中国各城市共建有电信局所503个,电话交换机容量达8 872门,电话用户839户。至辛亥时,上海、天津、厦门、烟台、北京、奉天(沈阳)、南京、苏州、武汉、广州、太原、昆明等地,均先后开设官办或官督商办电话所,开展市内公用电话业务和少数长途电话业务。

必须指出的是,清末时期各地修建、开办的各项电信业务所用设备、用具、零配件,均来源于洋商购自境外;仅少数中国技师参与线网架设及话机安装;因此在整个中国电信业早期阶段,基本还谈不上中国人自己的电信器材方面的技术发明与外观设计。

[以上有关电讯的各自然段所采列数据及事例均根据《中国邮电百科全书·电信卷》(人民邮电出版社,1993年版)缩写改编而成,详情请查阅原著。]

对于近现代中国民生设计产销业态而言,市政建设的直接益处就是产业与商业环境的形成。一方面是潜在的消费人群的大量聚集,形成民生商品的巨大消费对象;另一方面是产销业态的高度聚集:技术人才、生产劳力、产业设备、销售商区等等。中外历史都表明,任何社会突兀性的城镇化进程,都有赖于先进的、有别于之前的城镇生活配套(商业街区、市区道路、市政管理、排给水系统、消防设施、街巷照明、会馆教习、通讯邮递、医药防疫等等)的快速建立。就像古代那样,如宋元时期中国社会在世界第一流的造船业、造纸业、纺织业、盐业和陶瓷业全面崛起的带动下,一下子造就了一大批繁荣的沿海城市(兖州、扬州、杭州、湖州、福州、泉州、潮州、广州等等)一样。数百万专业工匠聚集起来;还有数倍于此的家属随之而来;人数相等的城市配套服务产业就此兴旺起来:作坊窑场、商铺店堂、漕运船队、陆路马帮、饭庄酒肆、菜市澡堂、当铺赌场、驿站邮馆、学堂妓院,不但供养着大量专业工匠、手艺人,还养活了无数做家具做棺材的木匠、卖针头线脑的货郎、看病下药的郎中、烧饭做菜的厨子、洗衣打杂的贫妇、剃头剃须的匠人,还有无数的艺人、流民、妓女、乞丐。晚清社会以来中国沿海城市的百年繁荣,几乎是千年翻版:广州、上海、苏州、厦门、福州、青岛、烟台、天津等等。这表明,发达的、吸纳人数众多的产业化经济直接促进了城市化的进程,城市化进程的速度,又反过来促进产业化更加发达兴旺。无论是产业现代化还是城市现代化,都势将大大促进包括设计和艺术的人文事业的快速发展,而设计和艺术的发展,肯定会进一步促进、刺激工商业和城市化本身。

由洋商率先引入租界并先后兴办的水、电、气公共市政服务产业,是中国城市现代化的突出标志。以当时各大中城市最早开办的首批公共照明设施的市政建设项目为例:

表1-11 晚清(甲午战争前)全国主要电气照明企业

主办方	创办年份	地点	企业名称和安装地	功率、容量、装灯数量
英商	1882年	上海	上海电光公司	100 hp
英商	1888年	上海	新申电气公司	25 kw
英商	1893年	上海	工部局电气处	500 kw(1894年末)
英商	1890年	香港	香港电灯公司	100 kw
英商	1890年	广州	粤垣电灯公司	546 kw
法商	1896年	上海	洋泾浜电厂	不详
法商	1896年	天津	世昌洋行绒毛加工厂	1盏1000烛光电弧灯
德商	1889年	天津	华瑞记洋行	不详
德商	1899年	北京	东交民巷发电厂	不详
俄商	1898年	旅顺口	孙家沟发电所	120 kw

（续表）

主办方	创办年份	地点	企业名称和安装地	功率、容量、装灯数量
官办	1898 年	台北	台北兴市公司	1 台蒸汽发电机组
官办	1888 年	广州	两广总督衙署	100 盏电弧灯
官办	1888 年	旅顺口	大石船坞电灯厂	49 盏电弧灯
官办	1889 年	北京	西苑电灯公所	20 hp
官办	1890 年	北京	颐和园电灯公所	4 台蒸汽发电机组
官办	1894 年	天津	北洋水师大沽造船所	95 kw
商办	1890 年	广州	广州华商电灯公司	200 hp

注：上表引自黄兴"晚清电气照明业发展及其工业遗存概述"（载于《内蒙古师范大学（自然科学汉文版）》第 38 卷第 3 期，2009 年 5 月），原件转引于黄晞《中国近现代电力技术发展史》（山东教育出版社，2006 年版）。

六、晚清时期军备修造产业背景

中国人建造洋式军械的努力，始于曾国藩治军时代。当时湘军在围剿太平天国叛乱时，得到了英人华尔率领的雇佣军洋枪队的大力帮助，使其印象深刻，决意引入西洋军备及其他机械，以期提振大清国力军威，未来"可防洋夷不测之患"。在部属积极鼓动下，曾国藩在安庆创办了中国历史上第一所军械所，不但用于湘军购置的各种洋枪洋炮、弹药机械，还修造了中国第一艘小火轮。之后，李鸿章、左宗棠、张之洞等清廷重臣相继在上海、汉口、兰州、广州、天津、福州等地建造了洋炮局、弹药厂、修配厂等军工企业和其他制造企业，形成了轰轰烈烈的晚清洋务运动。

光绪十三年（1887 年），上海"江南制造局"仿制第一支德式毛瑟枪成功。光绪十五年（1889 年），"江南制造局"研制出 8 毫米 5 响快利连珠后膛枪，简称"快利枪"。这种步枪已不再是简单的仿造，而是结合了当时先进的奥地利"曼利夏式"连珠快枪和英国"新利式"连珠快枪、"南夏式"连珠快枪三者优点，根据国人生理特点、操作习惯和维养条件，综合研制成功的。虽然该步枪存在许多缺点（次年停造），旋即被其他仿制枪械取代，但它的成功，不啻是近现代中国工业自主设计与生产的先驱者。光绪十六年（1890 年），清政府陆军部议定将德式毛瑟枪作为国产步枪制式，口径由 7.9 毫米改为 8 毫米。除上海外，广东制造军械总厂和各地枪炮局均先后仿制成功。

晚清湖广总督张之洞在光绪十六年（1890 年）创办的"湖北枪炮厂"（后改名"汉阳兵工厂"），是近现代中国洋式枪械仿制和自主发明、设计的大本营。光绪十九年（1893 年），生产出真正意义上的第一支国产步枪。它是以德国产"力佛 88 年式"毛瑟枪为原型，融入了中国当时许多设计创意，在仿造与研制相结合基础上设计出来的优质步枪。由于这种新枪较其他仿制步枪具有诸多优点，如：口径小，射程远，弹药装载、携带量大，性能良好，构造稳定，维养成本较低，因此在清末民初时期产量最高，为清军各镇下属洋枪队的主要装备。该步枪被定名为"汉阳造步枪"，于光绪二十一年（1895 年）正式投产，开始大批量生产。

光绪十年（1884年），南京"金陵制造局"仿制出美国"诺敦飞78式"多管排列式机枪，但因填弹费事、手动操作强度大，并未投入批量生产即告淘汰。光绪十四年（1888年），"金陵制造局"仿制美国"加林托82式"轮转机枪获得成功，这是中国境内生产的第一架手动式重机枪。次年，"金陵制造局"仿制出德国"马克沁99式"单管7.9毫米自动重机枪，该产品以火力配置强大、操作轻松、维养简易等优点在清军官佐兵卒中大受青睐。在清末时期共生产三百余挺，后在民国十年（1922年）停产。除"马克沁"重机枪外，其他地区枪炮局还仿制过奥地利"舍瓦兹洛色07年式"8毫米重机枪等。

"广东制造军械总厂"于宣统元年（1909年）仿制美式"麦特森"轻机枪获得成功。原枪口径为8毫米，为使与我国的步枪口径一致（可弹药通用），后将口径改为7.9毫米，定名为"79旱机关枪"。在此之前，"汉阳兵工厂"早在光绪二十一年（1895年）就已开始仿制"麦特森"轻机枪，但并未批量生产。同年，"上海制造局"（前名"江南制造局"）仿制成功法国"哈其开斯"轻机枪。同时期前后，"湖南兵工厂"、山西"军人工艺实习厂"也都曾仿制生产该型号枪支。

清光绪二十八年（1902年）起，"四川机器局"仿制"利川式"前装手枪970支，同时还仿造"德式毛瑟"手枪2824支。"金陵制造局"从光绪十九年（1893年）起仿造美式"勃朗宁900式"半自动手枪，至民国八年（1919年），共生产"勃朗宁"半自动手枪800余支。同期，"上海兵工厂"共生产"英寸勃朗宁"半自动手枪近千支（详见吕思勉撰《中国通史·第十一卷》）。

清末的现代洋式火炮仿制，始于19世纪60年代，其时的手法似乎可笑：将精钢锻车镟刨制作的洋炮原件拆卸开，按每个零件具体构造塑形铸模，以生铁浇铸，冷却后再用手工磨光。这样的"洋炮"形似神不似，实用时的质量可想而知。同治三年（1864年），"苏州洋炮局"首次用蒸汽为动力的天轴皮带机床，加工制造了一门24磅子生铁短炸炮——这是中国最早采用机器制造的前装滑膛炮。随后，"江南制造局""金陵制造局"亦先后仿造洋炮，开始采用洋人的技术、装备来仿造洋炮：委托洋商购置了一批机床，聘请洋人技师指导，同时组织工匠、学徒现场学习。不出数年，技艺进步明显，中国技师与工匠亦能掌握炮管内加工膛线的高级技术。光绪四年（1878年），"江南制造局"仿制当时先进的英国"阿姆斯特朗式"40磅子前装线膛炮获得成功。该炮以优质钢材为内管，采用热套工艺，在炮管外加固熟铁箍圈以增加炮身强度，是中国最早出现的"钢膛熟铁箍前装线膛炮"，实战效果大大优于之前仿制的所有洋炮。这是中国军工迈向成熟的最重要一步。自光绪六年（1880年）至光绪十一年（1885年），"江南制造局"陆续仿造了五十余门"阿姆斯特朗式"80、20磅子钢膛熟铁箍前装线膛炮，直到更先进的后装线膛炮引入中国后，这种炮因被淘汰而停产。

"江南制造局"在光绪十三年（1887年）至光绪十八年（1892年）仿制成功包括英国"阿姆斯特朗式"80磅子、90磅子、120磅子等在内的多种型号规格的后装来复炮。此后三十余年，"金陵机器局""兰州机器局""湖北枪炮厂""大沽造船所"

"福建机器局""四川机器局""吉林机器局"等也先后研制、生产过各种型号的后装炮。在清末民初时期比较著名的品种有:"江南制造局"于清光绪三十一年(1905年)产"沪造克式"75毫米山炮,仿德国"克虏伯式"4倍75毫米后装管退式山炮;"江南制造局"于光绪十九年(1893年)产"沪造克式"29倍75毫米野炮,仿德国"克虏伯式"29倍75毫米野炮;"汉阳兵工厂"于光绪十九年(1893年)产"汉造克式"29倍75毫米野炮,仿德国"克虏伯式"29倍75毫米野炮;"汉阳兵工厂"于光绪二十四年(1898年)产"汉造克式"20毫米榴弹炮,仿德国"克虏伯式"20毫米4倍口径榴弹炮······

清末之枪弹的生产,始于湘军平定长毛之乱的19世纪60年代。最初在湘军攻克的江南诸地多设有军械维修工场。光绪十七年(1891年),"苏州洋炮局"率先在洋人指导下成功仿制了装式铜火帽和铅丸。后各地洋炮局、枪械所均群起仿造弹药,从前装式洋枪的火帽、铅丸,快速发展到仿造后装式洋枪用黑药枪弹及各种无烟药枪弹。光绪二十年(1894年),"江南制造局"仿造后膛枪和后膛枪弹同时获得成功,使中国军械生产步入了系统配套生产时代。光绪二十二年(1896年),"江南制造局"生产出无烟药新快利枪弹,此枪弹为中国人最先采用制造的枪弹。随后其他各局厂也纷纷跟进,转而生产无烟药枪弹;弹药的规格也随着清军装备枪械口径的发展变化而不断增加新品种。至光绪二十三年(1897年)前后,大清步骑装备的洋枪所配弹药,已基本采用中国生产的无烟药枪弹。

自光绪十七年(1891年)"苏州洋炮局"采用机械加工的方式仿造短炸炮弹成功后,"江南制造局""金陵制造局""天津机器局""吉林机器局""福建机器局""云南机器局""杭州机器局""湖北枪炮厂"等都先后开始仿造各种炮弹。早期为前装滑膛炮弹,系生铁铸造,多为球形,重约30磅至80磅不等,分空心和实心两种。"江南制造局"于光绪二十年(1894年)开始生产前装线膛炮弹,包括2、8、40磅子等多种型号,直到光绪三十年(1904年)才停产。"金陵制造局"于光绪二十五年(1892年)开始生产前装式两种线膛炮弹:瓦瓦司三槽开花弹和铜珠来复炮弹,后膛式炮弹普及后淘汰停产。

大清各军工厂在19世纪60年代至90年代初期所仿制的旧式炮弹,弹体包括包铅作导引部、碰炸引信、填药仓;用黑炸药,用黑火药栗色火药引射。清军炮队各式钢膛熟铁箍炮和全钢后膛架退式等火炮,均使用这类炮弹。清末仿制成功的新式后装炮弹品种以75毫米山野两种炮弹,其使用、生产时间最长,产量最大。

在国内最先仿制手榴弹取得成功的是"汕头制弹厂",于光绪三十年(1904年)开始制造生产。"江南制造局"从光绪二十一年(1895年)试造无烟火药成功,批量生产手榴弹、水旱雷及各种炸弹铜引配件。

清末时期,与军械生产配套的各种冶炼、锻造、机械加工产业亦快速发展。仅"江南制造局"一处,作为中国第一座现代化大规模制造产业,在军工生产的引领下,已粗具规模:据光绪二十二年(1896年)统计,"江南制造局"所属炼钢厂每年可出快炮管、快枪筒及枪炮机件、炮架器具等所需钢料二千余吨;所属栗色药厂每年可出栗色火药二十余万磅;所属无烟药厂每年可出无烟火药六万余磅。其枪支、火炮、弹药均能随时改制研发,一般军工产品均能仅落后世界二至五年。

清末另一座巨无霸式现代化军工企业是"汉阳兵工产"(旧称"湖北枪炮厂"),开办于光绪二十一年(1895年)。大多机械设备均引自德国的枪厂、炮厂、炮架厂、枪弹厂、炮弹厂等,陆续建成投产后还相继开办了熔铜、机器、锅炉、翻砂、木样、打铁、打铜等配套工厂。至光绪三十年(1904年),"汉阳兵工产"可生产仿"丹玛式"机关枪、仿"克虏伯式"七五陆炮、仿"马克沁式"重机枪,并可生产各类黑、白、黄色火药和酸料等。到光绪三十四年(1908年)统计,共生产步、马快枪万余支,枪弹四千多万发,各种火炮740多门(其中前膛钢炮20余门),各种开花炮弹3万多颗,前膛炮弹万余发及诸多修造枪炮的专用机械装备。

[以上各自然段所引述晚清军火工业的具体数据、年份、品种,均采信、改编于如下文献:汪敬虞《中国近代工业史资料·第二辑·上册》(中华书局,1962年7月版)、魏允恭《江南制造局记·卷三》(上海古籍出版社,1995年影印本)、刘坤一《刘忠诚公遗集·卷二》(美国密歇根大学,1968年版/2007年电子版)以及百度、谷歌、维基百科网站部分搜索信息等,特此表示谢意。]

近现代中国社会的工业化努力,首先是发端于镇压太平天国时期的湘军统帅曾国藩的个人见识,继而引起朝野诸多有识之士的共鸣,随之引发了持续三十年的晚清洋务运动。作为中国早期工业化进程起步极端显著的具体成果,以西洋枪炮与舰船的仿造生产为主的大清军火工业,是晚清时代中国工业化努力最早展开的领域,也是开启后来中国现代化转型的重要标志产业,为奠基现代中国社会的制造业、重工业等基础工业,培养大批具有现代化生产技术能力的工程技术人才和产业劳力,创造了最基本的条件;同时,晚清军火工业也为以仿制、改进、发明为共有特征的近现代早期中国工业设计产业的形成,提供了宝贵的时代机运。在后来活跃于整个民国时期的现代中国机械、铸造、仪表等工业重要部门的中国第一批工业设计人才,有相当比例均起步于晚清官办军火工业所属枪炮局、弹药厂、船政局、装配厂、修理厂等众多军工部门。这份功劳,是任何研究近现代中国设计史的学者们所不能忽略的。

与不少欧美国家的过去和现在一样,集中了国家雄厚资金和全社会各方面精英的军火工业,多半都是社会工业化进程的发端之地。当发达的国家军火工业将部分技术推广于民用领域,往往就会带来爆炸性的社会效益和经济效益,如早先的无线电传输(电报、电话等)技术,现在的互联网技术,无一不是先军用、后民用的正面事例。

近现代中国的工业化进程是由官府为主导的社会上层拉开序幕的。这样官方色彩浓厚的初期工业化举措,自然不会首先把民生放在眼里。自晚清起,以大部分为官资独办或官民合资为主、小部分为官督民办的晚清企业,主要集中在军火、铁路、矿山这三大领域,至洋务运动后期才少量涉足民生范围的纺纱、棉织、毛呢、造纸、印刷、日化等行业。军火等官资企业在官府一体扶持、支应下,发展较快,成效显著,同时也聚集了当时中国社会特别珍贵的首批管理人才和技术人才(包括工业设计行业人才),为民初时期现代中国民生设计产业的起步和后来的发展,提供了大量的装备、技术和各方面人才。例如作为晚清军火工业主力的"江南制造局""金陵制造局""湖北枪炮局"等,民国之后分解成多家与民生息息相关的机械厂、造船厂、电机厂、化工厂,自身也得到持续发展,百年来一直是现代中国制造工业的绝对主力。

中国的现代工业设计,是在初步完成了工业化基础建设才形成有效的、独立的产业事物。早年在晚清时期还谈不上"工业设计",但因为本土性的军火企业日益增多、结合本土使用状况开始出现的"自创性"技术改造日益增多,使得清末民初开始出现一些真正意义上的"工业设计"行为,如"江南制造局"的兵舰建造技术,从起初完全凭借洋人技师的指导,经多年磨合后,已逐步在一些较为成熟的专项技术上时现自我创意的技术发明与设计创新:如舰炮、山炮、机枪的口径、膛线、发火装置等,都有中国独特的建造技术;船舶建造这方面更令人可圈可点,从船壳到构架,从各种机械、仪表到各种涂料、配件,晚清中国以上海为主,还有青岛、大连、福州、厦门等地,已初步建立了当时在亚洲仅次于日本的、较为完整的船舶建造——修配产业体系。可以说,因为种种缘故,晚清军火业是近现代中国工业设计名副其实的摇篮。

图1-6 清末金陵制造局生产山炮

第四节 晚清时期民生设计特点研究

近现代中国民生设计发端于晚清时期,尤其是甲午战败—庚子之乱后的清末"新政十年",在通商开埠的沿海各地租界洋行间率先形成近现代西式工商业实体,最早的中国民生设计产销形态孵化其中,呼之欲出。

近现代西式民生产业的形成,不仅仅是一个单纯的时间概念或经济概念,而是代表着中国设计传统的延续和发展在晚清时期遭遇到不可调和的挑战,也发生了前所未有的重大变化——这些涉及产业、民生的全社会生产方式与生活方式的新变化,本身就是与晚清大时代社会变迁同步产生的,是社会变革极其重要的具体内容。这些新变化有好也有坏,它们是晚清社会巨变的重要内容,也共同构筑了晚清民生设计的显著特点。正由于晚清初萌的中国西式民生设计产销业态所具有的特殊影响力与作用力,才使其成为研究晚清社会文化史、社会学,也包括晚清设计史必须重点关注的内容。

必须郑重强调的是,本书所及民生商品领域的"传统手工产业"和"近现代民生设计产业"是性质完全不同、彼此又存在一定联系的两种产业形式,介乎其中的设计行为自然有着截然不同的思维与操作模式:于晚清社会而言,从经营模式上看,传统产业的设计创意、生产制造、物流销售基本是三职兼于一身(一个人,或一个家族、一群合伙人);而现代产业则有明确分工、自成体系、各司其职、互为承接。从生产手段上看,传统产业基本以作坊式的手工生产为主,部分使用机械,这主要是出于对生产成本的人为控制所致;现代产业基本以机械化、标准化、批量化生产为特征,这主要是出自对靠扩大生产规模来实现薄利多销、积少成多的长远考虑。从商业销售上看,传统产业多半是"前店后场"的经营方式,"酒香不怕巷子深",基本依靠顾客的口耳相传的回头率维持生计;现代产业则主动迎合消费需要、宣传商品性能、讲究市场占有率。"价格与质量虽是消费选择的决定性因素,却并非唯一的因素,其中社会时尚、广告营销等因素亦极为重要,尤其是像日用消费品这类'低介入'商品。"([澳]马克斯·萨瑟兰著/瞿秀芳译《广告与消费者心理》,世界知识出版社,2002年版)民生商品的传统与现代产销方式正是基于以上诸点的巨大差异,于是晚清萌发的近现代中国民生设计产业从起步阶段就与以往的传统手工产业存在着巨大差异,这点尤其表现在设计创意的方式上:传统产业的经营者眼光总是死盯在商品本身上,现代产业经营者的眼光则不仅盯着商品本身(价廉物美、性能卓越),还更热衷于研究购买、使用商品的人(消费需求、消费能力、消费心理),于是,民生商品整个产业链各环节(创意——生产——销售)的设计分类就越来越明显了:创意环节的设计图稿、产品模型设计;生产环节的机械、电路、动能与模具设计;销售环节的包装、容器设计和商业宣传(包括广告、标志、海报、招贴等)。在晚清社会,这是个全新事物,人们闻所未闻,极大地冲击了仍占统治地位的传统产业,开始逐步深刻地影响社会各阶层的消费意愿,虽然这些影响还仅局限于人数稀少的社会上流阶层,谈不上对社会消费主体即城乡民众的消费习惯产生重大影响。在生产规模和市场占有上,九成以上属于洋人经营的民生设计产业还相对弱小,甚至微不足道,但它代表着现代社会产业发展的必由之路,因而显示出勃勃生机,一旦面世便一发不可收,最终彻底动摇了中国社会的传统产业的根基和大众消费习俗。

一、晚清时期设计教育与产业概述

康有为是近现代第一个把美术与工商实业联系起来的中国人。百余年后读其论述,仍感其"新美术观点"眼光卓越:"绘画之学,为各学之本,中国人视为无用之物。岂知一切工商之品,文明之具,皆赖画以发明之。工商之品,实利之用资也;文明之具,虚声之所动也。若画不精,则工品拙劣,难以销流,而理财无从治矣。文明之具,亦立国所同竞,而不可以质野立于新世互争之时者也。故画学不可不致精也。"(康有为《物质救国论》,上海广智书局,光绪三十四年/1908年初版)

清末自康有为把美术视为"工科"的观点提出之后,在20世纪初的中国学界一度十分流行。梁启超则进一步深化、发展了康师的新美术思想。光绪二十七年(1901年)梁启超说:"埃猛埒济氏曰,人间之发达凡有五种相:一曰智力(理学及智识之进步皆归此门)、二曰产业、三曰美术(凡高等技术之进步皆归此门)、四曰宗教、五曰政治,凡作史读史者,于此五端,忽一不可焉。"(梁启超《中国史叙论》,载于《饮冰室合集》,中华书局,1989年版)将美术的本质定性为"凡高等技术之进步皆归此门",一语道破"设计"是造物技术处理末端的"精细化技术"的本质。次年,梁启超在《读〈日本书目志〉书后》一文中又进一步提出美术即"精其器用"的观点,更加明确了设计事物审美的本质所在,同时也为日后近现代中国设计教育奠定了设计学最基础的核心理论。

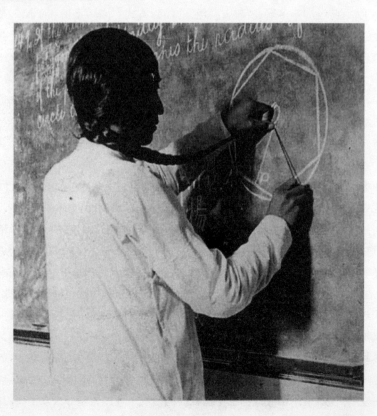

图1-7 清末西式学堂

清末以来，原多为教会创办的西式学堂逐步脱离诵经修课的宗教模式，第一批欧美现代模式的新型大学在北京、上海先后创建，其中有"南洋公学"（今"交通大学"，1896 年，盛宣怀）、"京师大学堂"（今"北京大学"，1898 年，国立）、"经正女学"（1898 年建，一年后停办，经元善）、"复旦公学"（今"复旦大学"，1905 年，马相伯等）、"上海德文医学堂"（今"同济大学"，1907 年，埃里希·保罗）、"清华学堂"（留美预备学校，1911 年，美庚子赔款所建）、"大同大学"（1912 年创建，1952 年停办，胡敦复等）等。这为后来的现代美术与设计类西学教育的开辟，提供了不同于清末以来混乱不堪的各种"新学"的纯粹西方式高等教育模式。

晚清以来，占压倒比例的留学欧美人数，自清末（大清国最后十年）以来有所变化，留学日本的人数剧增。至光绪三十一年（1905 年）和光绪三十二年（1906 年），人数达到最高值的八千余人。"粗略估计，从 1898～1911 年间，至少有2.5万名学生跨越东海到日本，寻求现代教育。"（［美］任达著、李仲贤译《新政革命与日本》，江苏人民出版社，2010 年 7 月版）而日本早于中国向西洋开放已近两百年（幕府晚期起），全社会很多方面已经西化，又在与清、俄战争中以大获全胜来充分证明了这种学习西洋文明的巨大成果，一时间日本社会成了中国人了解整个西方世界的重要窗口。因为文字接近、比邻咫尺、习俗相通，使中国留日人数大增。今天我们绝对想不到的是：起初绝大多数留学日本的中国学生的目的，竟是去日本学习西洋文明。不但有康有为、梁启超、孙中山这样的领袖级人物亡命日本多年，在清末到民初时期留日学生中，还涌现了不少在近现代中国历史舞台上堪称"国器"、声名显赫的一批大人物：章太炎、陈天华、邹容、黄兴、蔡锷、宋教仁、汪精卫、蒋介石、陈独秀、李大钊、周恩来、鲁迅、周作人、郭沫若、郁达夫、李叔同、胡风、周扬、田汉、夏衍、欧阳予倩……

国内不少教学机构也聘请了许多日籍教师前来授课，或者在各级政府机构担任农学、工矿、外交、教育、军事方面的顾问，或在各官办民营教育机构和厂矿企业中任教或担任高级技师。亦有不少日文学校来华办学，较有名的有杭州"日文学堂"、南京"同文书院"、北京"东文学社"、上海"留日高等预备学堂"等等。

近现代设计教育是依附于西学新式教育机构的逐渐成熟而派生出来的新型教育，直接得益于晚清社会（特别是清末新政十年）西式新学的日益普及与提高。有了西式新学、民生商品的产业与销售方式在中国社会的铺垫与推广，中国本土的设计教育机构的迟早出现，才可能水到渠成、瓜熟蒂落。

早在同治五年（1866 年），洋务派大臣左宗棠在洋务运动中的杰出成果之一，是在福州马尾港"福州船政局"内设置"船政学堂"，其教学科目除数学、物理、化学、天文学、地质学等课程外，还包括"画法课"，专门传授现代西洋式制图及产品图案课程。次年又设"马尾绘事院"，课程内容更有拓展，且频请洋人教席授课。其课程宗旨为强调"应科学与实业之需求"。此当为中国民生设计教育洋式新学之肇始。

光绪二十九年（1903 年），上海"私立了蚕业学堂"创办，这是已知中国最早的丝绸织造、印染、刺绣等专门技术人才的培训教育机构。学堂即为后来的"苏州丝绸工学院工艺美术系"前身。

光绪三十年(1904年)设立的福州教会孤儿院"传习所",是有文献记载在国内较早进行工艺美术教育课程的专门教育机构。它的宗旨是使孤残儿童有一技之长,未来能养家谋生。福州"传习所"与国内各地前后开设的设计教育一样,共为中国民生设计教育之滥觞。福州"传习所"多请洋人授课,教员来自荷兰、德国、日本、美国等。所传习课程有图案、手工两大类。图案课程有各种洋式印染之纹样骨式的绘制与创作,手工课程主要有木工、金工、玻璃等业。如后来被誉为福州特产、中国最早的"软木雕刻"(即以椴木水煮处理后雕刻成各类山景亭台,罩以透明之玻璃外壳,制成陈设品,此原系北欧民间之特色手工艺品),中国最早的吹玻璃花瓶、药瓶,皆出自该所作坊。

"三江师范学堂",为清末两江总督张之洞于光绪二十八年(1902年)开始筹建,光绪三十年(1904年)10月正式开学。初始分设3科,分别是3年毕业的本科、2年毕业的速成科和1年毕业的最速成科,并设附属小学堂。课程主要有修身、历史、地理、文学、算学、教育、理化、图画、体操等,另加法制、理财、农业、英文为随意科。光绪三十一年(1905年)末,"三江师范学堂"易名"两江师范学堂",并相继增设第三和第四分类科,有数学、理化、农学、博物、图画、手工、历史、舆地等选科和补习科。教员中除选派有举、贡、廪、增出身的中国教员分授修身、历史、地理、文学、算学等科目外,并先后延聘日本教员数十人担任教育、理化、农学、博物、图画等科目的教学。辛亥革命爆发后,清廷垮台。因官府筹银断绝,"两江师范学堂"一度停办。民国三年(1914年)在原址随园改设"南京高等师范学校"(今"南京师范大学")。

"两江师范学堂"的"图画课"和"手工课",是现有文献中最早记载的近现代中国高等设计教育机构。光绪三十二年(1906年),学堂监督(校长)李瑞清奏请获准,开设了第一个美术系科"图画手工科",其教学目的为通过制图与手工,"以养成其见物留心,记其实像……养成好勤耐劳……练成可应实用之技能,以备他日绘画地图、机器图,及讲求各项实业之初基"([清]李瑞清《奏定学堂章程》,引自王德滋主编《南京大学百年史》,南京大学出版社,2002年版)。"图画手工科"以图画、手工为主科,音乐为副科。"图画课"有"西洋画(包括铅笔、木炭、水彩油画)""中国画(包括山水、花卉)""用器画(平面、立体)""图案画"等。图画手工科的设立采用了日人美术教育体制,所设课程全面而完备(副科课程包含音乐、国文、英文、日文、历史、地理、数学、体操等)。其中始终作为"必修课"的图画主课,较系统地传授了图案的骨式、分类、绘事、应用诸法,开创了近现代中国平面设计教育之先河。"两江师范学堂"的"手工课"则依附于图画课程的应用项目,多介绍洋人相关产业与手工操作技能传授,尤重日人擅长之纸艺(包括印刷、折纸、装帧)、木艺(包括造型和涂装)、染织(包括色织和染印)、皮艺(包括皮革烤染与裁剪)及玻璃(西洋式吹制为主)等课程为主。因这些课程内容直接与后来逐渐创立的第一代具有真正现代意义的中国民生类产业的设计事物密切相关,它的出现,标志着中国民生设计作为近现代中国社会新事物已经出现。

清末民初各地开设的与民生设计有关的高等教育机构,还有保定优级师范学堂、浙江两级师范学堂、广东优级师范学堂、北京高等师范、北京女子高等师范、成都高等师范、通州师范、国立南京高等师范学校等,他们都相继开办了图画手工专修科。

西式设计教育(不仅仅是设计),为近现代中国社会(也不仅仅是设计)发展注入了先进理念。日源词"工艺美术",正是在清末民生设计高等教育中得到确认,以区别于包含绘画与雕塑的美术,并逐步传播于中国社会,成为"设计"的早期代用词,从清末一直被沿用到20世纪80年代。开始于晚清社会的民生设计高等教育,不但直接启蒙、培育了中国第一批具有民生设计概念的新型教育人才,还担负着促进民智开启、民族进步、民生改善的社会改良历史重任。

中国设计的高等教育的出现与发展,有个重大的概念变化:与既往全部历史的中国造物传统的设计行为不同,之前泾渭分明的民物设计传统和官作设计传统在此开始相互融合并重新划分,在后来数十年中,古代民物设计逐渐演化为"中国民生设计",古代官作设计逐渐演化为"奢侈品设计"。具有近现代自然科学与人文科学丰富成果为支撑和自由竞争的市场化条件为保障的近现代中国民生设计,开始进入中国社会的文化视野,并逐步占据以近现代商业化、市场化形式为标志的社会影响力方面的绝对优势。"民生为本"设计概念的开启并逐步传播、确立的观念新变化,率先在民众教化范围中初露端倪。这是中国设计史上具有划时代意义的重大事件,其价值和意义,已远远超越了设计事物本身。

与轰轰烈烈的西式办学恰成正比,中国最早的现代出版业也应运而生。光绪二十三年(1897年),"商务印书馆"在上海开业,创办人有夏瑞芳、鲍咸恩、鲍咸昌、高凤池等。与之后创办的"中华书局"(1912年,陆费逵)、"世界书局"(1917年建,1950年停,沈知方)、"光明书局"(今"中国青年出版社",1926年,章锡琛)并称晚清至民国"四大书局"。这些近现代出版业曾先后出版了多种设计、美术类书籍、杂志、画册,为中国民生设计的普及与提高,起到了推波助澜的作用。

作为清末新政的措施之一,就是各地官办官筹的"劝业会""劝工局""奖进会"等机构,它的职能是开设各种培训机构,传习各种民生产品的手工制作技能,组织各种民生国货参加当时西方世界十分流行的各种万国博览会,举办各地的民生国货展览会。这些措施从19世纪中叶持续到民国初年,推动了各地民生产业开始向现代化转型,部分实现了中国民生类产业的标准化、规模化和机械化;也引导了各地民生类产业向世界潮流看齐,特别是在民生产品的外观造型、包装装潢、营销宣传等关键设计环节,催生了最早的中国民生设计雏形,有力地促进了民生国货产业在大时代的转型变革,为后来民国时期的民族企业民生设计的大发展奠定了最初的基础。

光绪二十七年(1901年),北京首先设立了"工艺局"。次年,山东"工艺局"开办,创办人为当时主政山东的袁世凯。"工艺局"除翻译西洋各种书籍外,还经营金作、木作、丝作及绣活等传统手工艺产业。民国初年,"工艺局"的产品已经有了比较新式的木器,譬如支架周围雕花、中间镶着镜子的高大穿衣镜,当中有镜子、两边各有小抽屉而下边是橱子的梳妆台,带有抽屉的桌面与两个小橱插拼而成的写字台,以及摇椅等。此外,还有仿苏绣的绣花镜心和踏脚的小型地毯等等。不久,"工艺局"又改为"工艺传习所"。"工艺传习所"实际上只是官办的手工工场,它以倡导实业、传习工艺为宗旨,内设铜铁、毛毯、绣花、织布、木器、洋车六厂,工徒达两千余人。民国十六年(1927年)取消"工艺传习所",更名为"济南劝业场"。

光绪二十八年(1902年),主政湖广的张之洞在武昌倡办"两湖劝业场"。宣统元年(1909年),湖广总督陈夔龙又在武昌创办"武汉劝业奖进会",分设"天产部""工艺部""美术部""教育部""古物参考部"陈列展销各类商品,如"古物参考部"中又下列金类、石类、陶瓷、书画、杂物等五项手工艺产品陈列展销。

清政府首次派员观摩1873年在奥地利首都维也纳举办的世界博览会,但当时得知讯息时间仓促,并未组织国货参展。之后,官府出面牵头,由各地商会、民间行会遴选各类民生产品,以投寄参展产品或组团派员直接参展的形式,多次参加了历届博览会,如1878年法国巴黎博览会、1885年美国新奥尔良博览会、1903年日本大阪博览会等二十余次。甲午战败之后,民族危机深重,以置办修造洋枪洋炮为特点的洋务运动破产。朝野上下有识之士疾呼以振兴民族工商业为核心的"全面商战",试图以工商实业来实现"壮我国威,强我国体,增我国货,教我国民"的救国之道。清廷亦为世界潮流所动,朝野上下高度重视世界博览会的参展事宜。当时的北洋大臣袁世凯上折奏请"西人赛会为商务最要关键,为工艺第一战争,洵中国今日亟应举办之端"(详见《光绪二十九年正月二十二日北洋大臣袁世凯文》,《外交档案·各国赛会公会》,编号02—20—1—1);吉林将军长顺亦上折言称中国举办博览会(当时称"赛宝会""赛会"等)为"商战"当务之急:"今与列国开门通市竞争雄富,号为'商战'之时,人皆开通,我独自守,断无能胜之理,今日举办赛会实为当务之急。"(详见《光绪二十九年三月二十一日收吉林将军长顺文》,载于《外交档案·各国赛会公会》,编号02—20—1—1)

庚子之乱后,中国社会再受重创,国人变革呼声逾高。官民一体不仅积极参展世界之万国博览会,国内亦兴起成本更低、范围更广、参展更多的"办展热",各地积极倡办国内劝业会、劝工局、物产会等。川督锡良时称:"中国不兴商务则已,中国而兴商务必自赛会始。"流行于从清末到民国30年代的历次国货展会,对民生商品的分类界定、包装装潢、技术革新、产品推介,起到了很好的作用。我们今天仍耳熟能详的许多国产民生商品名牌,都是清末民初这段时期形成的,如四大名绣(苏绣、湘绣、粤绣、蜀绣)、八大菜系(川菜、粤菜、苏菜、闽菜、浙菜、湘菜、徽菜、鲁菜)以及许多各地土特产名品,如贵州茅台酒、苏式月饼、金华火腿、南京板鸭等等,都是经由国货展会逐渐为世人所知,传销海内外的。

20世纪初,一系列以展示各地土特产为主体的国货产品博览会陆续举办。较有影响的如光绪三十二年(1906年)举办的"成都商业劝工会"、光绪三十三年(1907年)天津商务总会主办的"天津劝工展览会"、光绪三十四年(1908年)上海总商会在上海南市举办的"上海南市劝业会"等。

宣统元年(1909年),湖广总督陈夔龙在武昌倡办"劝业奖进会"。这次展会规模空前,除武昌展区展览本省工商品外,武昌"劝业奖进会"还在直隶、湖南、上海、宁波四处设分馆,展期长达45天,展会分为"天产部""古物参考部""美术部""工艺部""教育部"及"汉阳钢铁厂"、枪炮厂、实习工厂等7个特别展览室。其中"美术部","凡基于美学以自发挥其意匠技能者皆得为出品,略分为绣织、绘画、雕塑、手工编制、陶烧六大类五百六十四种"(引自武洪滨《从赛会到艺术博览会》,载于《美术观察》,2010年第2期)。武昌"劝业奖进会"展品共1473件,历时约一个半月,参观人数共计20多万人。经费方面,共支白银35730两,门票收入大致相当,收支得以相抵平衡。

宣统二年(1910年),两江总督府(瑞方主政)在南京举办"南洋劝业会",于6月5日开幕,11月29日闭幕。它是一次堪称近现代中国历史上规模最大、影响深远的全国性博览会。

"南洋劝业会"主会场设在南京城北丁家桥、紫竹林、三牌楼一带,占地约700亩。展销会场内外附设了剧场、马戏场、动物馆、植物园等娱乐、游艺、益智场所,另附设旅馆、店铺200余家。会场外铺设了轻轨小铁路,每小时按点开行班次小火车,每节车厢可容纳二十余人,所行进路线环行会场一周。"南洋劝业会"还特地出版了《金陵杂志》一书,封面上印有"宣统二年南洋劝业会第一次开幕印"。

"南洋劝业会"吸引了全国诸省份积极参与,还有南洋侨商和英、美、日、德等国洋商赴会参展。"南洋劝业会"共设有工艺、农业、机械、通运、教育、卫生、美术、武备等分馆。三个实业馆有:湖南的瓷业、博山的玻璃、南京江宁的缎业;上海的江南制造局"兰锜馆"、广东的教育出品馆、江浙渔业公司水产馆等特别馆;华侨参展的暨南馆、陈列外国商品的参考馆(第一、二、三参考馆分别展出欧美、东洋等地产品)。"南洋劝业会"展品多为轻工、农副、工艺、美术等产品,展项主要分布于教育、图书、科学学艺器械、经济、交通、采矿冶金、化学工业、土木及建筑工业、染织工业、制作工艺、机械、电气、农桑、丝业及蚕桑、茶业、园艺、林业之经营、狩猎、水产、饮食品、美术、卫生及医药救助、陆海军军械军备、统计等行当,累计24部86门442类约百万展品(项目),几乎涵盖了当时社会生活的各个方面。以南京学者李瑞清为会长、实业家张謇为总干事的"南洋劝业会研究会",组织700余名专家对参会展品进行了审鉴评选,在440类、近百万件展品中评出一等奖66个、二等奖214个;一至五等奖共5 269个(详见张小雷《1910年南京南洋劝业会》,载于《人民政协报》,2006年7月27日)。

也有人对"南洋劝业会"上书画(其实有些属于刺绣等手工艺品,如沈寿的《意大利皇后肖像》等)作品数量太多(约20万件)且大出风头提出了批评:"陈去病(注:南社创人,近现代著名诗人)致驻所干事黄炎培:顾鄙人游会场数日,无论何馆大率以美术胜谭者,亦莫不以美术为津津然,则兹会之设直一美术博览宗旨而已,岂所论于振兴实业哉?"(详见《南洋劝业会研究会报告书·部乙·内编》,上海

中国图书公司,民国二年/1913 年 5 月版)

　　"南洋劝业会"以及之前举办的全国各地历次类似会展,为当时国殇民苦的中国社会开启了一扇了解新时代、新思想、新观念的启蒙之窗。大多数展品均为民生商品性质,其展示、评审、销售、物流一概模仿洋人方式。展会有些民生食物商品和地方土特产品进行了西洋式标准的包装装潢设计,有些五金、机械、民用家具、文具、军备用品外观造型还首次采用了中国技师的工业设计创意,如上海"江南制造局"和南京"金陵制造局"及江浙沪华商洋商送展的轻重机枪、海军快艇、岸炮、医疗辅助器械、文具、灯具等,这是近现代中国民生设计成果的首次正式登场亮相,意义非凡。工商同场,展售同时,使中国华资厂商客户之间首次有了正式交流的充分空间,也使当时许多先进民生设计创意和科技发明运用首次有了正式推广、传播的宝贵渠道。展会还设中外游艺、武术、科普类娱乐休闲活动,男女同游,官民同乐,吸引了社会各阶层游客广泛参与。这些新颖之举都对开启民智、移风易俗、提倡民生,起到了良好的作用。虽然与西方各国举办的万国博览会相比,清末国货展会还显得十分幼稚、粗糙,甚有些不伦不类,但它举办的重大意义全在于:我们已经开始了。这个推动民生类商品逐步向国内外市场全面进军的重大举措,对于当时改造社会、改良民风、改变国运而言,是十分积极、十分实用的,也是十分及时的。

　　除去办展参展、将中国民生国货推向世界之外,举办传授各种民生产品设计、制作技艺的培训机构,在清末亦被视为倡办新学、改造社会的新政。

　　自丁葆桢主川始,蜀地在全国即以锐意新政、开发工商著称。至 1906 年前后,成都开办了"劝工局",下设专司教习各类手工技艺之各科,以培养产业专门人才,促进民生工商繁荣,举国瞩目,成效斐然。如漆器科,聘请时下富有经验之名匠课徒授业,漆器生产之各环节均有讲传,从熬漆、制坯到纹饰、推光。还重点传授蜀产特色漆器之精良技法,如蜀漆之"卤漆"(以稠黏之黑推光漆液按粉本纹样描绘,使纹样凸起;或洒堆炭粉更增凸起)、"平脱"(以银、锡等薄篇用漆液粘黏于器表,刻画去空,髹漆覆平,待干涧后磨显见纹)等(详见沈福文《中国漆艺美术史》,人民美术出版社,1964 年版)。后"卤漆"等技法得以今时传延,"劝工局"功不可没。

　　"劝工局"还设刺绣科,不但召集蜀地各类刺绣名工当堂传技,还管理蜀绣的生产和销售。蜀绣素有盛名,亦曾被选皇室贡品,名匠曾被授"五品同知衔"顶戴。经"劝工局"推广、传授,川渝各地绣业大盛,产销两旺,远销诸省及南洋欧美,在送展之历届万国博览会中斩获颇丰,如 1915 年国际巴拿马赛中曾获金奖。傅崇矩所撰《成都通览》云:"劝工局所出之品为天下无双之品,以东洋之绣工较之,出于东洋十倍矣。"

　　晚清民生商品范围的实业创办,是近现代中国民生设计的实体雏形。据《上海地方志·上海美术志》(徐昌酩主编)考证记载:清道光三十年(1850 年),"戏鸿堂笺扇庄"开业,承接请柬、名帖等纸本机制印刷品,包括对排印样本的用句、字形、边饰纹样等进行设计。"戏鸿堂笺扇庄"原是由卖字画的古董店发展成为"前店后场"式的近代印刷所,所用机械、操作方式已无从考证。本书作者主观判断,"戏鸿堂笺扇庄"产品有相当比例为传统雕版印制。之后,又有多家类似印刷美术厂店开业,如光绪十年(1884年)开业的"陈一鄂纸号"(主营水印,兼职铅印,专接丝品包装业务)、光绪八年(1882年)开业的"谢文益印刷所"(初为刻字雕版手工印制,后为机制印刷)、光绪二十五年(1899年)开业的"永祥印书馆"和光绪二十六年(1900年)开业的"巨成印刷所"(经营内容不详)等等。这些半手工半机械、前店后场的印刷兼设计的厂店,规模都不大,却是中国最早的西式现代平面设计的摇篮。

光绪三十一年(1905)开业的"恒新泰纸盒厂",专营商品包装所用黄、灰纸板的生产。这是个具有划时代意义的事件。因为在此之前的商品包装实体产业皆为洋商所控,华商厂店只能高价订制。"恒新泰纸盒厂"的出现,无疑使此种状况为之改观。特别是业主从一开始就定位于包装材料的生产业务上,说明当时日用百货类民生商品很大程度上已经接受用西洋式纸板盒匣包装售卖的普遍现象,这是种极具预见性的经营思想:包装材料会形成大宗、持久的生意。此后,从宣统三年(1911年)至民国六年(1917年),在上海先后开设了多家华资纸盒厂,主要有"赵天福纸盒厂""茂泰祥纸盒厂""长新记纸盒厂""薛源兴纸盒厂"等。这些包装专用纸板,主要用于糕点食品、丝绸制品和鞋帽的盒匣制造。

晚清的传统手工艺产业在洋货充斥沿海大中城市内销市场、并不断向内地城乡蔓延的巨大压力下,一方面在不断添置机器、引进技术的同时,另一方面也在产品出新创意上下工夫,以图自存。如民国乃至整个20世纪最著名的民生商品"张小泉剪刀",就是个例子。据民间传说,现代剪刀的造型就是张小泉发明的;说张小泉在杭州开铁匠铺时,一次不慎落井,被人从井里捞起后,双手还各攥着一条乌蛇;死蛇被扔在地上,形成的图形,让张小泉若有所悟,连夜将它们摆来摆去,并且照样描画下来,终于"设计"出了后来风靡全世界的剪刀样式(详见《"百度百科"·"张小泉剪刀"词条》,2011年12月13日)。假设这是真的(本书作者个人没能力证明其原创性),"张小泉剪刀"是近现代和当代全世界剪刀(包括工业、医疗、家用等)众多行业通用样式的原型实物,这个意义就重大得不得了了。既算是近现代中国第一件真正的"工业设计"实例,也算是自晚明以来中国向全世界输出唯一的世界级设计创意范例之一。这个说法"百度百科"也没有注明作者出处,可信度照理应该是很低的,却被国内所有媒体当做真实的事情在传播,也没人认真去证实一下。本书作者认为,任何说法近似一面之词,要证实它,就必须拿出当时的实物佐证,包括图纸、配方、关键工艺要领、产品原型、国内销售记录、输出境外的记录、洋人最早模仿的例证等等。否则,民间传说毕竟是说故事,归于文学不归于科学。然而,不管这个传说是否是真实的,如果说"张小泉剪刀"是整个20世纪中国最著名的大牌民生商品,是一点没有问题的。

晚清时期沪上报刊、杂志已开创商业广告之先河。如清同治元年(1862年),上海第一份中文报纸《上海新报》发行之始即刊登大幅商业广告。其后的同治四年(1865年)《新闻报》发行,起刊登广告的版面竟达70%。再其次是著名的《申报》。同治十一年(1872年)4月30日创刊的《申江新报》[由英商安纳斯·美查(Ernest

Major)创办,后更名《申报》],其办报方式即为"新闻、评论、文艺(副刊)和广告",在创刊版(第1号)刊出《本馆告白》,称"如有招贴告白货物船只经纪行情等款愿刊入本馆新报者以五十字为式卖一天者取刊货二百五十文倘字数每加十字照加钱五十文"云云。《申江新报》创刊号共刊登"全泰盛信局""衡隆洋货号启""缦云阁""周虎臣笔店""立师洋行""生大马车店"等共计13条广告。

光绪六年(1880年),《申报》和"点石斋石印局"创办人、英商美查再办《点石斋画报》(吴友如主持,并有周慕桥、何元俊、田子琳、符艮心、葛尊龙、马子明、顾月洲、吴子美、沈梅波、王钊、贾醒卿、管劬安、金蟾香等参与编务)。《点石斋画报》刊有"点石斋书局告白"和"新开九华堂笺扇庄告白",均为图文并举的早期广告。"画面以西画透视方法,用简洁光挺的疏密线条描绘出书局和笺扇庄的建筑,配置生动的人物;文字则以工整的楷体将经营的品种逐一介绍。"(详见徐昌酩主编《上海美术志》,上海书画出版社,2004年12月版)此为境内已知首例广告画。杂志、画刊也逐渐跟风,光绪三十年(1904年),上海商务印书馆的《东方杂志》《妇女杂志》亦刊出多则商业广告。其后,广告发布不仅限于纸媒发布,愈演愈烈,延至墙贴、路牌等所有公共场合。

光绪二十八年(1902年)"英美烟草公司"在上海开业,设有专门的"广告部"和"图画间"。光绪三十年(1904年)之后,广告等设计业务均交由华资"闵泰广告社"经办;"图画间"则长期保留,专事"香烟画片"的绘制设计。"图画间"除从国外聘请英、美、德、日等洋画家外,还聘有中国的画家二十多位,其中著名的有胡伯翔、张光宇、丁悚、梁鼎铭、倪耕野、张正宇、丁讷、杨芹生、杨秀英、殷悦明、马瘦红、吴炳生、唐九如、王鹭等(详见徐昌酩主编《上海美术志》,上海书画出版社,2004年12月版);其中多位日后成为中国近现代商业美术(广告画和月份牌画等)与设计的先驱人物。

"香烟画片",原为英伦本土事物,成了"英美烟草公司"在华促销卷烟的重要手段:通常每包每听附上一张,消费者聚集齐一套后,还可以凭画片换取礼品。因消费对象以华人为主,故而"香烟画片"的题材多以戏文、历史和传说故事为主,都是老百姓喜闻乐见的内容;加之当时少见的彩色精印,老少咸宜,人人喜爱,使"英美烟草公司"的"香烟画片"取得十分明显的促销效果。"香烟画片"这种形式后来被沪上多家商企借用,广泛见诸粉饼面霜、糖果梅干、小儿药丸等促销赠品中。"香烟画片"也是后来十分流行的"月份牌"原型之一,只是小尺码"香烟画片"中除妖捉怪的英雄豪杰,换成了大尺码"月份牌"上搔首弄姿的香艳妖精。

同治三年(1864年),上海"山湾工艺厂图画间"(俗称"土山湾画馆")由曾在法国工艺美术学校学习过的天主教传教士(姓氏待考)向学生传授"彩绘玻璃工艺"。学生们的设计稿题材有"圣像故事"和人物鸟兽,用特种颜料将人物与景物等图像彩绘于玻璃上,再置于炉内高温烧制,其颜料永不褪色,造型晶莹璀璨。产品不但内地热销,还远销日本、澳大利亚和东南亚诸国。

晚清时代尚占主流地位的传统手工产业的商品销售形式,一如旧制,一般都是

"前店后场",其产品包装不是天然阔叶便是粗陶容器,绝大多数小件商品裸体出售、最多弄张纸包扎了事。在晚清建立民生产业起步阶段,绝大多数华资民生工商业,依然如此。而随着西洋民生设计观念不断传入、洋商实体设计产业不断开办,国人(包括民族工商业者与广大消费者)的认知水平在逐步提高。

从宽泛概念上讲,西方引入的现代民生设计"产业链",从源头的产品设计,到中途的产品制造,再到末端的产品销售,都必须符合西方国家已实践二百年、较为成熟的商品市场规则。简单地说,就是产品设计的文明化、科技化,产品制造的机械化、标准化,产品销售的物流化、网络化。以产品的包装处理为例:产品销售的物流化,包含对产品进行现代化方式的标准"包装"(包括对固体产品盒装处理、对液体产品瓶装处理),将"产品"升格为"商品",是尤为关键的一步。只有进行了合理包装处理的产品,才能获得传统包装无法企及的多种好处:1. 节省空间。现代纸盒包装、瓶装便于仓储、运输、陈设;2. 节省成本。以廉价纸盒、玻璃瓶取代纸张或天然阔叶、编结竹木容器和烧造陶罐容器,绝大多数情况下能节约大量包装成本;3. 提高附加值。标准化生产的纸盒、玻璃瓶容器及附加的商标、图案、文字等信息,可以使商品获得本身价值之外的精美效果,尤其是作为馈赠礼品更是如此;4. 卫生、环保。盒装瓶装的现代包装材料,可以在常态条件下的陈设、携运、贮存、使用状态下,保障商品不致污染、变质、损耗、散失,从而节约了消费和经营的双重成本;5. 商业宣传。无论是盒装还是瓶装,现代包装容器都可以大幅提升对商品进行促销性的宣传:介绍商品优越品质(抑或吹嘘)、彰显商品厂家字号、告知商品使用方法等等。正因为现代化(工业化加文明化)社会是以工业化(以机械化、标准化、规模化为主要内容)为生产方式,以文明化(以科学化、民主化、法制化为主要内容)为生活方式,理论上处于此种大环境中的民生设计事物,必然首先附着于包装与商业宣传这两者的实体产业的形成与发展。晚清民生设计产业,就是在缓慢的探索中,才逐渐形成自己有利有弊的独特经营风格的产业实体。

二、社会改良的必然产物

近现代中国民生设计产销业态的社会价值是什么?用各六个字的两句话就能说明白:"文明生活方式"与"先进生产方式"。正是与传统设计产销业态在本质上的差异,才造成新旧两种产业围绕着设计意识、生产方法、销售途径,形成百年不休的冲突、缠斗、突破、拓展,其结果只能是除弊图新、推陈出新、破旧立新,同步实现社会的文明与进步。

本书作者是将晚清洋务运动排除出促使近现代中国民生设计产生的直接因素的。为什么?因为晚清洋务运动的发起者、参与者,都是清一色的皇族贵胄、朝廷重臣、封疆大吏,亿兆民众仅仅是旁观者。这些洋务派人士们不会、也不可能意识到这样一个基本事实:晚清社会之所以对外屡战屡败,对内民怨鼎沸,完全是由于自身政治、经济、文化的全面落后,全民素质(包括生产技能与生活习惯)低下,是个尤为重要的致败因素。世界格局由于西方国家的全面崛起而发生了重大改变。欧美社会经过三百年血与火的洗礼,取得了自然科学与人文科学的巨大突破,事实上已经取代中国站在了人类社会文明与进步发展的最前沿。晚清中国的统治集团及其依附于他们的文化精英阶层,一直不愿意、不承认这个业已成形多时的事实。即便是在短短的几十年内发生的对外敌入侵战争中四战四败,依然自欺欺人,以为弄点洋枪洋炮,便可以"以夷制夷",试图"以不变应万变"来挨过这一内外交困的关口,永葆大清铁桶江山万年长青。即便是最新锐的洋务派领袖,也主张"中体西学",不肯放下身段、洗心革面地进行彻底的社会改良。这是地地道道的文化意淫现象,因此当庚子事变的又一次奇耻大辱降临时,洋务运动自然被充当替罪羊,在朝野上下一致声讨中寿终正寝、烟消云散了。洋务运动的失败表明:没有广大人民群众的"高度介入",任何社会变革举措都可能仅是海市蜃楼、昙花一现。在清末十年新政时期,西风劲吹、新学兴起的社会环境下,西式民生商品才开始了缓慢的、但意义重大的变化:逐渐引起社会大众的关注,起到了引导消费意识、改良消费习惯的作用。

两次鸦片战争失败之后接踵而至的甲午战败和庚子事变又两次惨败,是清末中国社会发生沧桑巨变的文化分水岭。只有军队不堪一击、洋兵长驱直入、草民任凭宰割,加之京师被占、社庙被辱、皇室西逃、国威无存这样的旷古惨祸,才足以激发亿万民众和文化精英们的反思。起码民众中的读书人开始意识到:中国的文化体系出了大问题,"中国是病国,中国人是病夫"(梁启超语)。愚昧落后的草民、良民、顺民,根本无法打败用科学与民主武装起来的国民、公民。要做到攘外安内,维护民族独立、国家统一,不仅仅是造些洋枪洋炮、买些电灯电话这么简单;而是要幡然猛醒,彻底从根源上铲除痼疾顽根,唤起亿万劳工民众,才能"移风易俗、改造中国"(毛泽东语),实现全社会的文化改良。这个获得全社会集体认可的基本共识,后来促成了清末民初的一系列重大社会变革,其中就包括以西式民生商品为最重要媒介物的文明生活方式与先进生产方式。

历次战败后签订城下之盟,无一例外地都要"开放"一批通商口岸,以保障洋人洋商所竭力主张的"公平自由贸易秩序"。随着沿海各大中城市洋人建立租界为原点、进而渐次成形的"都市生活圈",西方列强用枪炮输入的西洋式生产生活方式不可避免地深入中国清末社会方方面面,其影响扑面而来、深入肌髓,深刻影响了清末中国社会每一个社会阶层成员。西洋文明的核心内容,概括地讲,可以浓缩成两件事物:其一是"人权",其二是"物权"。"人权"是强调"人人生来平等"的公民社会全体成员集体约定的彼此人身权益;"物权"是强调"私人财产神圣不可侵犯"的公民社会全体成员集体约定的彼此财物权益。这两条权益,都是建立在以法律为准绳、靠国家机器维护的公民社会法制政体和公平竞争市场机制基础上的。洋务运动的失败告诉我们:缺乏了社会主流(不是上流,而是占社会绝大多数人口比例的主流人群)的积极参与,任何文明新事物的植入,都是水中捞月,镜中摘花。事实证明:这个"人权""物权"文明理念在中国的广泛传播,不光靠圣旨颁布、官府政令做不到,仅靠教堂布道、学堂宣讲也做不到。唯有能深刻影响亿万民众日常生产方式与生活方式的民生设计及产销业态,才是植根、传输、蔓延各种文明事物的最佳途径。从这个意义上讲,近现代中国社会改良的一切成效,都是建立在民生设计及产品被社会接受的深度、高度和广度基础之上的。

作为社会的压倒性人数群体,老百姓可以完全不在乎政客的漂亮口号、文化人的大声疾呼,但无时无刻不顾及自己的谋生途径(生产方式)和家人的生存条件(生活方式)。民生设计,是直接凝固在民生商品中物质化了的、可视可用的文化成分。设计的品质,决定了商品对人的生活状态的直接作用与间接影响。从来没有哪一种事物具有民生商品这种天然独具的、强大的、无孔不入的文化影响力。正是由于清末时期、国门洞开,伴随着无数民用商品裹挟而来的西洋文明事物如洪水猛兽般呼啸而至,仿佛一夜间冲垮了几千年凝固不变的中国社会生产与生活方式,近现代中国民生设计及产销业态才得以逐渐成形、萌生的。

三、移风易俗的最佳渠道

清末至民初短短十余年内,千百万民众迅速"改变日常生活方式和养成新型消费习惯"这件事,是近现代中国历史上最有价值的伟大事件,其重要性比辛亥革命加五四运动绑在一起都要伟大:因为这些变化的主体,是作为任何社会绝大多数成员的普通民众,而不是极少数政治精英、社会贤达们的一次次政改举措。由西洋输入的民生商品作为熏陶、影响、传播的主要途径,新意识、新观念、新思想得以"乘虚而入",渐入人心。有了无数普通民众对"文明生活方式"与"先进生产方式"层面的深刻变化作为基础,新式的文明生活方式(包括衣食行住和卫生、礼俗、闲娱等等)和新式的先进生产方式(以工业化为先导,包含机械化、标准化、规模化等产业要素)这些社会形态赖以依存的骨骼架构才能得以确立,民主、科学等其他文明事物,才有可能滋生其中,并且扎根、成活。

事实证明,缺少社会主要群体的响应,任何社会改良和社会革命,只能昙花一现,都是短命的、站不住脚的。唤起民众,仅仅靠暴力流血去打倒某个人、某个集团利益是远远不够的,文化精英们得提供出能长久吸引民众的理想的生活状态与谋生机会。总是用空洞的口号与道貌岸然的宣传来糊弄老百姓而长期窃取、侵占社会资源,最终会被识破的,其下场肯定与曾被自己率领民众打倒、推翻的前任威权集团一模一样。北洋军阀、国民党政权、"'文革'四人帮"集团,都是这么垮掉的——可他们从来不相信民众有这份觉悟、也有这份能耐,这是他们必然垮台的根本原因之一。

民生设计,不但直接与引导新式文明生活方式的建立有关,也是促成现代社会公序良俗形成的关键条件。文明生活新"规矩"的形成,往往直接与文明事物的使用、接受、推广程度有关。比如一个从乡村出来、只身投入清末大都市生活圈的人,原本从未养成清早洗脸、刷牙的卫生习惯,出门又从不遵守交通规则,跟人约会也不知道要准时守约……在城里人看来毛病一大堆。你尽可以指责他的自身教养问题,但更重要的是他从未置身于新式"文明生活"的生活环境之中。各式各样的新式文明事物,培养出各式各样新式文明生活的"规矩"。这些新"规矩",既是一个特定生活圈内所有人必须共同遵守的文明约定,也是这个特定生活圈内每一个成员赖以生存(包括谋生和生活)的附着体。只有摸清了这些"规矩",才能利用这些"规矩"去挣钱谋生、养家糊口,去出门办事、跟人交往,在这个"规矩"无所不在的都市生活圈里安身立命,找到适合自己生存的位置。从不知牙膏牙刷为何物、不晓得马路上红绿灯是何意思、连钟表针盘也不会读的人,肯定是无法理解这些新玩意儿所包含的文化影响力与作用力的。无知者不罪,怎么能指责根本不知道"规矩"的人去遵守"规矩"呢? 由此可见,民生设计商品及所营造出来的新的文明生活方式,是一切文明"规矩"最重要的载体。一个人,一个城市,一个民族,都是其生产生活方式的不断文明进步而获得不断发展的动力的。

民生设计及产销业态的诞生,是清末社会最重要的文化事件之一。尽管民生产业(既包括所有与民用有关的生产部分和生活部分,也包括与民用有关的工业和商业部门)在清末时还十分弱小,甚至幼稚可笑,还未形成独立的、公众认知的经营体系,但它预示了巨大的发展潜力和巨大的文化影响力——这个文化影响力大到了可以威胁传统习俗、可以无视祖宗家法、可以忽略圣旨政令的地步。一根小小的洋火,一只小小的灯泡,便可以使亿兆民众心目中的千年文明黯然失色。这些我们今天熟视无睹、却都在晚清时代曾引起轩然大波的每一件民生商品,在当时社会所营造的心理冲击和突破作用,是我们今天难以理解的。可惜以往"中国设计史"和其他设计史研究,有不少发布成果基本漠视了这一点,类似"盲人摸象"或"隔靴搔痒",把握不到设计学研究的本质内容。我竭力主张"近现代中国设计史研究,必须以百年民生设计作为主线",道理就在于此。

四、文明进步的标识性事物

晚清大举输入的西洋民用商品及营销方式,为近现代中国民生设计及产销业态提供了直接的仿造样本。与传统手工艺产品的设计、制造与出售方式截然不同,西洋式的民生产业与商业,是建构在公平竞争、自由买卖的市场化环境之上的。在清末之前的中国社会历朝历代,从未有过这样的崭新事物。正是通过长达百年的外来民生商品的引入、仿造、创意、发展,中国近现代社会才形成今天我们人人得以享之文明生活与文明生产。在百年中国社会文明进步的过程中,民生设计及商品的文化价值,我们怎么评价都不过分。

近现代中国民生设计,是中国社会吸吮西方自然与人文科学成果最粗的一根营养吸管。通过使用、贩售、推介进而仿制、自创各种民用洋货,中国人不但养成了文明生活习惯,还学会了先进的生产技能。从每一件民用商品中,中国人不但都赚到了钱,还长了见识、添了本事,逐渐建构起中国人自己的民生设计及产销业态。一百年前,每一个大中城市里的中国人,穿的用的玩的乘的,洋货比比皆是;一百年后,全世界每一个大中城市里的洋人,穿的用的玩的乘的,很少不是中国货。我们扪心自问:还有比这个天翻地覆般的变化更加引人注目的文化事件吗?

晚清社会以来,由西洋民用商品带给中国社会的文明事物,还有关于"造物造美"的全新设计概念。原本古代中国人一直有着全世界最优质的造物精神和设计传统,在西洋文明三百年飞速进步面前,显得多么的黯然失色,甚至如此不堪一击。这个文明的失落,不仅是中国人固有的"自耕农文化特征"(手工生产方式与以货易货式天然经济形式)的失败,而且是中国古代社会一直占据物质资源、人才资源、分配资源巨大优势的"官体设计"的彻底失败。在步入近现代社会的社会转型中,中国古代"官作设计"传统不可能也没条件担负起移风易俗、改造中国的社会重负。在社会资源分配中又一直处于劣势的中国古代"民具设计"传统既无条件也无能力承担引领文明生活方式的社会变革。于是,近现代中国民生设计及产销业态,便应运而生了。近现代中国民生设计,时时带有中国民具设计传统的深刻文化烙印,但又完全脱胎于西洋文明体系,凝聚着西洋文明几百年来在自然科学和人文科学领域所取得的几乎全部成果,因此天然具有很强的生命力与创造力。

从清末社会伴随着民生商品引入的全新设计观念,突破了陈腐不堪的中国古代"官体设计"传统的思想藩篱(传统文化人总是纠结于"器以载道"之类的无用争吵),使中国的新一代文化阶级(他们中涌现了后来的中国设计师)明白了民生商品对于设计行为的主导性地位,开始把眼光盯上了社会的主流消费人群——广大民众老百姓,也逐渐摸清了现代设计的基本生存门道:跟文明社会的政治法则一致,老百姓总是用钞票当选票来选举自己中意的商品。百年历史证明,"高端奢侈品"不断被变成"民生必需品",这本身就是社会进步的天然表征,电灯电话、电器电影、汽车洋房、珠宝时装,莫不如此。一旦民生商品成为无法剥离的日常生存状态的一部分,必然伴随着与之相适应的经济方式与社会体制的深刻而持续的良性变化。民生设计产业所产生的超越经济活动本身的全部社会进步意义,尽在于此。

清末传入西洋民生商品时也同步传入了设计观念。设计之要,全在"设"之事先设想与"计"之行事计谋。有了这个事先设想和行事计谋,才有后来的设计事物。设计之功,不唯实物,更在事理。设计之事,看不见、摸不着,全在设计师(古代和清末设计师之职全由工匠、手艺人兼任)脑袋里;设计之物,看得见、摸得着,全在消费者手眼里。可惜即便是今天,我们很多吃设计饭的人,依然不明白百年前就十分明朗的大道理。只见实物而不明事理,这样的设计学研究,就把自己降低到等同于普通消费者层次去了——人家老百姓消费者个个都能干的事,还要你当学者做什么?这不是混饭吃嘛。很有些设计题材的论文、专著就有这些毛病,光会拣些美术、工艺、考古("土鳖派"词源),甚至哲学、文学、美学("海龟派"词源)的词汇夹杂着瞎说一气,偏偏游离于设计事物本身。做学问能把人绕糊涂也算个本事,颇有些尸位素餐的意味。

五、清末民生设计特点的研究价值

本章末尾总结几条本书作者理解的晚清民生设计特点:

第一点,民生商品首次成为最重要的媒材,介入传播西式民主文明观念的社会改造运动。早期由洋务学堂、租界洋行传入中国社会的各种图案课程、手工技能，只要是进入大众消费的实用领域，无一例外地都是为只能在市场条件下流通贩售的商品服务的，这些普通商品的销售主体只能是普通民众。这个"民生设计"理念与长期存在于中国漫长的封建社会的"传统官作设计"有着根本的对立。以往的"官作设计"占有各个社会最优质的资源、技术、人才和产品，它们可以仅凭占有权而无视产品转变为商品所必须解决的"人权平等"和"物权平等"贸易法则。而诞生于西方的"民生设计"概念，其本身就是先进的自然科学和人文科学的直接产物（也可以说是结果），从一开始就是"人权物权平等"条件下的自由市场经济的绝对主体。因而，新式的"民生设计"和传统的"官作设计"概念之间的观念碰撞、市场挤占、人才争夺，必然导致由消费习惯引发的国情民舆方面的一系列深刻变化。

西方资本主义各国有两块立国奠基石，一块是"平等权益"的公民社会，另一块是"自由竞争"的市场经济。尽管我们可以从中挑出很多毛病（伪善、双重标准等等），但这两条以法律为保障、用整个国家机器来捍卫的"人人生来平等"的"人权原则"和"私人财产神圣不可侵犯"的"物权原则"，从根本上废除了以往人类历史上的奴隶、封建、威权制度将人和物划分等级的做法，使一部分人可以以各种借口无偿占有另一部分人的人身权益和财物权益成为既往历史。这是任何国家进入现代化社会而必须要面临的关键问题，也是早晚要彻底解决的根本问题。从这个意义上讲，"民生设计"概念的最初注入和不断传播，其开启民智、改良社会的价值，要远远大于民生设计产业建立的经济价值本身。

第二点，首次无障碍地将先进的自然科学成果直接应用于设计行为。以往中外"官作设计"通常占有即时最先进发达的造物技术，但总是因为占有者的个人意志、喜好、审美情趣甚至情绪波动，任何科技手段在设计创意阶段通常仅仅被少数人挥霍、浪费甚至埋没。如丝造、刺绣、青铜、铁器、机械、瓷器、髹漆、料器等造物技术，在中国都有世界级水平的发明创造。但用于民生通常总要滞后几个世纪，或终生不见于民间。这在很大程度上制约了一个社会科技发展的总体水平，使绝大多数原本能创造巨大社会财富、促成巨大社会进步的科学技术，因为官体占有者（通常是统治者利益集团）和依附于他们的文化阶级的不懂或轻视、歧用或破坏，而无法顺畅进入社会应用、流通领域，白白丧失了这部分巨大的人力物力资源。没有解决人权平等的社会和没有解决物权的市场，都属于文明发展低端的初级社会与市场，都是直接阻碍科学技术进步、阻碍民生改善的最大原因。从这个意义上讲，发轫于清末民初手工作坊、官办劝工局和洋学堂的这些民生设计课程的授业内容，都是对既有社会制度和经济体制的一种全新挑战；而民生设计教育，恰好担负着这些不仅仅创意设计民生商品的经济职能，还直接充当了先进科技思想、人文理念的"孵化器"作用。后来的百年历史一再证明：中国近现代资本主义工商业的起步和逐步壮大，几乎每一步都离不开民生设计伴随性的同步增长。

第三点，首次将具有社会共识普遍价值的公众审美标准，融入设计创意的具体行为之中。

中国人从来就是个讲求实用、唯实求简的民族。现代社会必然具有的"公共审美观",是社会学(主要是民俗学、人类学)、经济学、政治学价值评判的综合产物。由民用洋货引入的社会消费群体中的"公众审美观",存在着关于"时髦行为""时尚标准""时代精神"三者之间相互联系、又相互抵触的具体差异。与古代的中国传统设计行为不一样,以洋货(西方自然与人文科学的产物)为摹本近现代中国民生设计商品的审美概念,从一开始就显示出与传统设计在审美格调上的巨大差异,开始将不分阶级、不分种群、不分地域的最大范围的消费群体的商品使用效果,作为艺术性设计的重要因素加以考虑。这就是所谓的"适人性功能设计",由商品的消费环节中经由使用者感知并回馈的"舒适度""愉悦性""审美感"这三个由低到高的不同层次具体构成。由租界洋行率先引入的洋货,将这种全新的"物用为人"(现在的时髦话叫"以人为本")引入中国百姓的日常生活与生产活动中,并逐渐扎根、延展,开花结果。这是一个天翻地覆的观念变化,不但是近现代中国民生设计的关于"审美"的所有创意行为的主基调,也是百年社会"大众审美观"不断变革的主旋律。

后来的中国工艺美术史研究学者们有个致命的共同弊端,"无意间"总是将设计品的作者(包括各种手艺工匠、民间艺人和设计师)的全部"艺术思维"局限在狭小的施展范围,好像设计也就是塑个瓶瓶罐罐的器型,再弄些花花草草的器表图案、纹样、符号,就没什么事情可做了。说到底这还是"官作设计"的意识残留。他们研究个案的兴趣重点,总是盯在那些"官作精品"上,"审美尺度"也雷同于钦命的大内御制监造、衙府督办官差,这些案例无论是作者、消费者还是影响力上,都属于受众稀少、作品罕见的特殊案例。中国文化阶级在很大程度上充当了"官作设计"的拥趸,尽管物质上未必富裕,但精神追求上还是依附于每一个时段的强势阶级(或称"统治阶级")。他们把超越自己经济承受范畴的物质享受视为一种"审美",借此弥补生活上的失落感:"养笔以硫黄酒,养纸以芙蓉粉,养砚以文绫盖,养墨以豹皮囊"([明]陈继儒《小窗幽记》,华夏出版社,2006 年 1 月第 1 版),这种近乎病态的"审美情趣",延伸到现在,就是无数追逐时尚的阔绰消费者宁愿缩衣节食也要无节制地痴迷于自己也不明就里的奢侈品牌消费热潮。这些现象确属一种具有典型意义的生活方式与消费行为,在每一个时段都有它的存在空间和合理需求,也代表了少数人"物质人格化"的文化取向,却是与百年兴起的民生设计主流思潮格格不入的文化杂音。

晚清洋货所引入的近现代中国消费社会最时尚的审美观念之一,就是消费者使用商品时的舒适度、愉悦感、审美性。从一只小小的化妆油膏的玻璃瓶、镀铜锌管,到汽车的门把、手刹,从建筑内部因不同生活功能的空间分割,到船体骨架、机车外观、飞机造型。还是本书作者在"序论"中写到的那句话:如何将消费者的舒适度、愉悦感和审美性,以工业化生产、以现代化消费所表达出来的"适人性设计",这就是由晚清民生商品开始逐步在中国社会建立起来的"艺术范围的设计行为"的主体内容。无视时代的进步、拒绝更新自己的落后观念、不把因社会的工业化进程必然导致的适人性设计包含在艺术性设计的范围之内,这就是如今依然自诩为传统文化的"精神家园守望者"的那部分"工艺美术理论家"们的致病"命门",如同希腊神话中那位无敌天神阿喀琉斯软弱的后脚跟一样。

我在拙作《设计史鉴·文化篇》(江苏美术出版社,2010年版)中对社会时尚问题有所陈述,此处不再赘议,倒是要补充几句对百年中国社会"公共审美观"形成后确实存在的反面弊端的具体认识:

国人封建意识沉疴积久,早已骨血浸透,于"格物""致知"自有一整套陈腐体系,"以不变应万变"(《道德经·感应篇》)。一俟洋风袭来,鱼龙混杂、泥沙俱下,全社会误解多多,致使"新学""洋务"中西洋之糟粕充斥其间而民众尚不自省。如清光绪二十九年(1903年)4月17日《大公报》有文痛斥在青年中弥漫的盲目崇洋心理:"他们看着外国事,无论是非美恶,没有一样不好的;看着自己的国里,没有一点是的,所以学外国人唯恐不像。"国人多视西洋事物之肤浅之意、外观之貌而泛泛习之,不求其解、不明其理,囫囵吞枣、生吞活剥。此种仅学皮毛、不明就里的社会风尚多致文明事物半途夭折,而奢靡腐朽之技屡屡大行其道,有些甚至贻祸社会。这种对洋人事物不加甄别、不加评估地趋附,一味以洋人马首是瞻的社会风气,几乎铸成中国民众新的民族劣根性,虽文化精英亦未能免俗。

例如,论及吸烟劣习,烤烟源自美洲,水烟源自阿拉伯,鼻烟源自南亚,皆非国人之俗。自蒙元明清渐次传入中土后,竟然三毒俱备,全面开花,迅速培养起亿兆烟民。尤其是鸦片膏,乃欧美民众用以镇痛之寻常药物,药房多不禁绝,随意购买。亦有好事者吸之休闲,百年之久亦未成全社会时尚事物。一旦传入中土,彼物易得,彼技易学,士农工商皆以为洋人时尚,可"添寿增福,养身健体",遂趋之若鹜,终酿大祸。类似事例众多,均与清末民初学习西洋事务时我全体国民之肤浅态度不无关联。

又如,国人视西洋人之文明种种,误会甚深,多以为男女无忌、胡乱调情便是"浪漫";率真任性、恣意胡为便是"自由";聚众欺少、乌合暴掠,便是"民主"。旧规不存,新制不立,贴此时髦"文明"标签,劣质陈酿新添恶俗曲醅,毒上加毒,致使清末民初中国社会兵哗民变、官贪吏腐、狎妓嫖娼之风尤炽,悍风恶俗同起,酷吏刁民并存。只可惜光"浪"不"漫",徒然败坏社风民俗。此等肤浅劣根之偏见,至今犹存:乍富国人于出国旅游之际,声粗言恶,态丑状俗,凡劣迹斑斑,丑行种种,声名狼藉。此等曲解浪漫与自由之肤浅民风,概出清末社会洋风初至之"洋泾浜"媚洋新风,深祸数代国民,至今犹存。

对西洋文明事物一知半解或全盲全误,便鹦鹉学舌、生吞活剥地"拿来",还弄成了"主义",造成了近现代中国社会"文化自卑论"大行其道,崇洋媚外横行无忌——学术界尤其严重。这是国人20世纪最大的民族劣根性。

这些新毛病是清末社会新式文明输入后难以避免的副产品。事实上,在后来无论是民国时期,还是建国初期、"文革"时期,直到改革开放初期,从清末就"新"养成的国民劣根性,不断在不同时期以不同形式呈现出来,倒也构成了中国百年历史(包括设计史)另一面的显著特点。以史为鉴,使人警醒。这也许就是研究晚清民生设计特点的价值之一。

民国初年,是中国现代民生设计正式登上历史舞台的时期;而民众日常生活方式的改变与民生商品产业的逐渐兴起,是近现代中国民生设计得以存立之根本。之所以这么判断,基于下述三个理由:

其一,积清末内忧外患历次惨祸之血腥教训,民初社会大多数文化精英与部分民众已清醒地认识到:仅靠造一点洋枪洋炮、搞一点"中体西学",没有作为社会主体的广大民众的积极响应和参与,无法撼动中国社会封建法统、封建迷信传统之积弊顽症。要实现民族振兴,就必须唤起民众,彻底改变中国之命运;而唤起民众,必然从改造社会入手;改造社会,必然先从改良广大民众之日常生活方式与生产方式入手;改良民众生产生活习俗,又必须从废止封建社会宗法、礼仪、等级制度所造成的"男尊女卑""君臣父子"入手,树立"民权为大"的思想,尊重女权、保障劳工、强调个人自主独立之基本权益。西洋科学与民主的文明事物,是当时深陷于封建泥沼难以自拔之中国社会最值得仿效的榜样。因此,"五四"新文化运动以"德先生"(民主)、"赛先生"(科学)为旗帜振臂一呼而天下齐应。这一系列政治主张在民初社会形成了巨大的社会思潮,使封建法统、迷信观念受到严重打击,自由化、个性化的"新国民意识"至少在各大中城市的社会各阶层成为社会共识。这就给近现代中国民生设计及产销业态的形成、发展提供了较为理想的社会环境和政治背景——因为民生商品天然具有西式文明与现代科技的理想色彩,自觉或不自觉地扮演了传播西式文明生活方式的重要历史角色。

其二,正因为初生的西式民生商品具有的天然文化属性,使其从出现在中国社会的第一天起,就必然和既有的封建传统生活方式发生本质冲突。这种冲突是非此即彼、你死我活的,因为民生设计的新商品和传统商品之争,全面涉及市场份额、原料分配、技术占有、劳力投入,即便一时相安无事、河清海晏,终究不可能永远共存同容,会不断产生新进旧退、新兴旧亡的变化。这是由现代商品经济性质(以功能完善为前提的商品设计、以质优价廉为标准的商品生产、以利益双赢为目的的商品营销)和现代商人逐利本质(无利不起早)而决定的,是不以人的意志为转移的客观规律。从清末到民初输入中国社会的西式民生商品,不但负载了推广西洋文明事物的具体功能,而且直接导致了中国社会越来越多的社会各阶层成员逐步养成了新的西式生活方式。对于开启民智、移风易俗的社会改造而言,民生商品的开发与推广,这是一种最便捷、最有效、社会成本最低的商业路径。

其三,从清末西式商品大举输华到民初首批民生产业创建的史实看,从原型样本传入到模仿再到改良再到自主发展的全过程,是绝大多数中国民族企业生存发展的必由之路。清末民初输华的西式生活类商品,有一个突出特点,就是它的"民用为主"的性质。西方所有科技人文成果的终极目的,都是以提升全体人类社会成员(不拘特定的人种、阶层、国家而言)的生活与生产品质为己任。这不仅仅是研发应用商品的西洋工程师、设计师们天生具有国际主义思想,而是因为西洋文明的本质就是建立在"人人平等"的社会伦理、政治信条和"公平竞争"的市场原则、经济属性之上的。这是一种新式文明对旧式传统的胜利。洋人为此曾打了三百年仗、死了几千万性命才得以确立的,只是通过自以为是的、居高临下的、不无卑劣的血腥武力征服与文化殖民的蛮横手段,企图复制到中国社会来而已。因而输华西式民生商品不但在推动中国社会开启民智、移风易俗的百年社会改造中起到了原始启动作用,而且在促成近现代中国民生设计及产销业态方面也起到了关键的榜样作用。

本章下列的各节内容中,试图以民初时期十几年(1912~1927年)来中国社会民众在基本生存状态(生活方式加生产方式)方面的种种变化,来尽量证明本书作者各项分析内容及所做结论,都具有一定的合理性。

第一节 民初时期社会时局因素与民生设计

近现代启蒙思想家梁启超先生流亡日本时,曾与革命党人展开激烈论战。梁启超认为:革命必然导致暴力和流血,流血革命又必然导致专制独裁。因此他一向主张在中国建立英国式的"君主立宪制"。革命党人不这么想,他们认为中国政体已腐朽透顶,也顽固不化,非真刀真枪地流血革命,不能彻底打倒满清统治,拯救亿万国民于水火之中。于是从黄花岗起义干到武昌革命,终于打倒了满清王朝;却又遭遇了袁世凯称帝复辟,于是又继续流血牺牲,从"讨袁护国"到"二次革命",还要对付陈炯明叛乱、各路北方军阀围剿。这个仗是打来打去,人祸不断,其间还夹杂着几乎隔年一回的自然灾害。

由于缺乏欧陆启蒙主义思潮那样的全民文化自觉时代,民初社会包括"五四"在内的各种新文化运动始终纠结在先"强国"还是先"富民"的学术讨论中,不但于百姓社会的民生、人道未见直接功效，却使大权在握并一向高举"反帝反封建"旗号的各路军阀们、政客们可以披着"爱国""强国"的合理合法外衣，堂而皇之地延续封建主义向集权专制主义的"现代化"过渡。本书作者认为，包括钱玄同、陈独秀、胡适、蔡元培等"文坛大腕"们靠开小会、喊口号鼓吹的"德先生""赛先生"（即民主、科学）对于当时中国社会广大百姓民众而言，确实过于抽象、空泛，内容晦涩且遥不可及。真正从关心人文、人本、人道的角度去潜心建构新文化基础理论、去唤醒民众的启蒙思想家（如孟德斯鸠、伏尔泰、狄德罗、卢梭、康德等法欧启蒙主义学者）实在如凤毛麟角，少得可怜。从清末到民初，唯有二人担此重任，颇有建树：一位是严复，用的是"劝"的方法。自英国考察归来，严复即感到中国社会革新除弊的根本良方，是对社会大众民主意识的培养。于是翻译、发表了一系列借介绍西方文明之名旨在开明民学、启蒙民智、改良民风的文章、著作。第二位是鲁迅，用的是"骂"的方法。一部《狂人日记》，从封建仁义道德中看出"吃人"二字，矛头直指在集权专制下摧残人性的文化本质。鲁迅毕生论著字里行间极少侈谈、照搬洋人的"民主、科学"空泛词汇，却终生直面封建旧制呐喊、战斗，所塑造的中国男人（阿Q）和中国女人（祥林嫂）两个不朽的经典人物，是使我们今天揽镜自照依然眼熟心知的国人自我形象。以严、鲁二人充当近现代中国社会百年改造最伟大的文化旗手，真正的当之无愧，毫不勉强。

其实清末以来，新派青年嗜好侈谈政治、空喊革命口号而轻视西方自然科学的社会普遍现象，已经引起了部分有识之士的忧虑。"闻卢骚（即卢梭）、达尔文之学而遗其自然科学"（丁守和《辛亥革命时期期刊介绍·第1集》，人民出版社，1982年版）。民初思想家、"商务印书馆"建业元老、《东方杂志》主编杜亚泉在《亚泉杂志·序》里针对青年"日日言政治、言军备、言律法"的思潮批判道："其影响于吾国学界者，唯政论为有力焉，而吾国学界青年之思潮亦喜政论而不喜科学。"（转引自桑兵《晚清学堂学生与社会变迁》，广西师范大学出版社，2007年版）这种好高骛远、逐末舍本的社会现象，无视西方人文科学是靠自然科学取得巨大进步基础之上才得以建立的史实，极大地削弱了西洋科学精神的导入，蒙蔽了人民大众识别奸雄的政治眼光，以至于各类政界阴谋家们在"五四"之后只要谁高喊"爱国主义""反帝反封建"的空洞口号，就能为自己披上合法外衣、延续自己的独裁专制政体。这套操弄政治口号的把戏，百年来屡试不爽。对于中国百年社会变革而言，这个教训尤为深刻。

也有一批有识革命青年，在民初后毅然改变自己的人生方向，从"革命救国"到"实业救国"，再到"科学救国"，积极投身于认真学习、引进西方科学技术中去。比如，以"炸弹大王"著称的"辛亥功臣"、革命党内"暴力青年"领袖任鸿隽，辛亥成功后任南京临时政府大总统秘书。但他认识到：革命既以成功，当以建国为上，是故革命青年以科学报国为己任。任鸿隽决然推辞高官任命（中华民国参议院秘书长），甚至不惜违拗党内元老（孙中山、胡汉民、蔡元培等）就职强令，化名潜行去报考美国康奈尔大学化学工程系留学，毕业后又到哈佛、麻省理工和哥伦比亚大学继续深造,终身不入政坛,半生以"科学报国",始成现代中国化学科技事业奠基人(详见张剑《从"科学救国"到"科学不能救国"》,《自然科学史研究》,2010年第1期)。任鸿隽的革命党战友杨铨、张奚若等人,也弃官留学。"乃将青年同志,除已学成及原系留日读书有官费者外,一律请总理由稽勋局派赴日本留学。……新中国最急需的是建设,而我尤注意造就这方面的人才,因此这批留日生,大都学理工科。"(邹鲁《回顾录》,岳麓书社,2000年版)

民初之后,国人热衷仕途财运,中国青年的人生理想普遍是"要么当官搞政治,要么从商发大财",于实业技术与科学教育就不那么关心了。民国十年(1921年)的《科学》杂志从留学生所学科别中已留意到了这个趋势:"为农工科人数之减少与商科人数之加增,……所最不可解者,国内数学物理生物学人才最缺乏,而本届百三十五人中竟无一人欲习此三科者,吾国学生之不重视纯粹科学,于此可见矣。"(《科学》编辑部文章《十年来留美学生学科之消长》,《科学》,1922年7月刊)

反观民初政坛之乱,已不可收拾。各地割据政府一心想着或"偏安一隅"或"一统大业",无暇顾及民生诸业。官府苛捐杂税未减,军费摊派、徭役劳务陡增。各战区百姓生活真是苦不堪言。社会底层广大民众期盼革命后能出现安居乐业的太平盛世并未出现,日常生活一切依旧。孙中山在民国八年(1919年)的"双十节"感言:"今日何日? 正官僚得志,武人专横,政客捣乱,民不聊生之日也。"他深刻反省辛亥革命仓促起事的弊端:"这回革命一起,太过迅速容易,未曾见牺牲与流血,更不知前仆后继之人及共和之价值,而满清遗留下之恶劣军阀、贪污官僚及土豪地痞等势力依然潜伏,今日不能将此等余毒铲除,正所谓养痈成患,将来贻害民国之种种祸患未有穷期,所以正为此忧患者也。"(引自张健《中国文学与文学家》,台湾时报文化出版事业有限公司,1989年版)

民间更是怨声载道。如1917年《国民公报》有人撰文抱怨:"从前专制时代,讲文明者斥为野蛮,那时百姓所过的日子白天走得,晚间睡得。辛亥推翻专制,袁政府虽然假共和,面子上却是文明了,但是人民就睡不着了。袁氏推翻即是真正共和,要算真正文明了……不但活人不安,死人亦不安了。可见得文明与幸福实在是反比。"文化人的牢骚则多了几分火药味:"民国成立以来,惟以吾蜀论,人民处吁嗟愁苦、哀痛流离之日为多,至今则达于极点矣! 是岂吾民之厄运耶? 抑亦民国之晦气也? 若溯厥原,无非法律不能生效力耳。夫阻兵怙恶,焚杀频加,盗据神京,倔强边徼,是皆法律所不许者也。而彼辈必欲为之,所谓国家之妖孽者,其是之谓乎?"(详见王笛《街头政治:辛亥革命与大众文化(下)》,载于《南方都市报》,2011年10月14日)辛亥首义参加者蔡济民痛吟道:"风云变幻感沧桑,拒虎谁知又进狼;无量金钱无量血,可怜购得假共和。同仇或被金钱魅,异日谁怜种族亡? 回忆满清渐愧死,我从何处学佯狂!"(蔡济民《书怀六律》,载于刘运祺编注《辛亥革命诗词选》,长江文艺出版社,1980年版)陈独秀怒斥道:"吾人于共和国体下,备受专制政治之痛苦。"(《陈独秀文章选编·吾人最后之觉悟(上)》,三联书店,1984年版)鲁迅则说:辛亥革命后,"我到街上走了一通,满眼都是白旗。然而貌虽如此,内骨子是依旧的,因为还是几个旧乡绅所组织的军政府","我觉得革命以前,我是做奴隶;而革命以后不多久,就受了奴隶的骗,变成了他们的奴隶了"(鲁迅《朝花夕拾集·范爱农》,人民文学出版社,1973年版)。这个共和理想的幻灭,使包括鲁迅在内的一大批知识青年在度过民国建立之初的几年狂喜后陷入更大的苦闷,开始重新思考中国社会救亡图存的道路。

在民初时期洋人洋商们更忙活了,既忙着向各路军阀贩卖军火,也忙着向城乡老百姓贩卖洋货,赚了个满盆满钵。洋人把持的租界也更繁荣了——正由于民初这十余年的快速发展,昔日籍籍无名的上海,超越清末时最繁荣的广州、香港,成为中国最大最繁华的大都市,也跻身亚洲和世界著名的大城市行列。

洋人洋商们进入中国的步伐在民初时期更加迅速。他们分别在中国寻找适合自己口味的地方军阀势力做自己利益的代理人,从军费到军火都大量供应。人们几乎找不到当时有哪一派军阀身后没有西方政府、财阀的支持。在所豢养的军阀明火执仗的庇护下,洋商们纷纷到中国来开店办厂,他们以上海、广州、天津、汉口等大城市的"都市生活圈"为依托,用新颖奇妙的日用商品无时无刻地浸透"都市生活圈"内每一个中国人(从上流社会到底层平民)的日常生活,并向中国内地诸省日益扩展这种巨大影响。在民初短短的十几年里,洋商们在"康白度"(上海俚语"买办"之意)和各级代理商的协助下,不但在中国沿海城市建立起了不逊于西方本土的庞大销售网,还培养起了人口庞大、意愿强烈的消费群体。

客观地讲,这种新型的民生日用品产销关系的建立和在后来不断地发展、壮大,虽然使洋人攫取了大量的中国民间财富,也直接导致了中国民众生活方式的重大改变,促成中国社会移风易俗的改良,同时也催生了真正意义上的现代民生设计及产销业态。

弱小的中国民族工商业也是在民初时期逐渐崛起的。跟清末时期不同,已出现了并不完全依赖于聘请、雇用洋人工程师、技师的华资华商民生企业厂店;甚至有不少华商企业尝试着完全自主性的技术发明与产品设计。这部分主要出现在上海地区的交电器材行业和天津日用化工行业及汉口、成都一带的轻纺类商品方面。华商们的人员结构也发生了重大变化,不再是铁板一块的那些在清末时期跟洋商厮混的买办、协理、代理商了。经过晚清至民初几十年的西化新学教育和熏陶,一大批海外和本土的华商终于成长起来,开始逐渐成为中国民生产业的主力军。他们教养良好,知识全面,目光新锐,且熟知洋人事物。因此第一批在民初时期建立起来的华商华资民生企业,可谓血统纯正、起点颇高。中国民族工商业在洋商洋资占绝对优势地位的民初社会能生存下来、茁壮成长,都是经历过腥风血雨中的商战拼杀锻炼的。民初这批民族工商业,是后来中国民生设计与产销业态的坚实基础,也是现代中国民生产业设计师、工程师和经销商的摇篮。

民初时代蓬勃发展的文教事业,为中国民生设计及产销业态营造了较好的社会环境和文化基础。从提倡西洋式"文明生活"到全社会的移风易俗,大中城市的国民教育普及直接导致了无数人从小就接受了新型生活方式,也间接成为现代民生商品的消费人群。民生产业与国民教育,成为民初时期新生活新文化的两个巨大载体,为中国社会的移风易俗做出了最大的贡献。

纵览整个 20 世纪,民初十几年的短暂时期内中国社会发生的变革事件,其涉及面之广阔、意义之重大,唯有后来的民国中期"黄金十年"(1927~1937 年)和改革开放初期(1978~1992 年)方可与其相提并论。

一、北洋政府的工业化作为

在今天的中国年轻人心目中,北洋军阀在中国近现代史上扮演的角色一向是声名狼藉的,很少人提及他们也曾做过一些有益、有效的好事。事实上,以袁世凯为首的北洋新军将领们之中,还是有一些思想新锐、意识开明,程度不同地有些改造社会、振兴国家的政治抱负的人,也或多或少、实实在在地做了一些促进中国工商业和国民文教事业发展的大事情。

根据现有文献资料我们得知,在北洋军政府有效控制时期内,中国南北地区的制造业和轻纺工业、日用百货产业、民用公交(包括铁路、公路、车站、码头、桥梁、涵洞等)、公用市政设施(城市照明网线、学校、医院、图书馆等)都有较大的发展。一大批中国最早的民族工商业在北洋政府的直接庇护或直接督导、投资下得以创建。这些今天看起来显得"原始""幼稚"的现代化作为,却启动了现代中国社会工业化进程的"初速度",奠基了中国社会民生产业(包括技术发明与设计创意)体系的成型与成熟。北洋政府这些工业化作为,是值得后世学者和今天广大读者尊重的。

如果说清政府的工业化努力主要体现在军工业和矿业,北洋军政府的工业化努力则集中于纺织与民生百货业。从民国元年(1912 年)至北洋政府彻底垮台的民国十八年(1929 年)期间,是中国民族资本迅速增长、民族工商业快速发展时期。以民国二年(1913 年)与民国四年(1915 年)、民国八年(1919 年)这三个年份在北洋政府地方统计衙署进行注册登记的工业厂家做对比:以佣工在 30 人以上的工厂数为例(不包括天津的工厂数),1913 年时有 279 家,到两年后的 1915 年便增加到 1 457 家,到 1919 年更增加到了 2 532 家。民国二年(1913 年)到民国九年(1920 年)间,华商工业资本平均年增长率达 11.90%,远高于同期官府投资工业资本(3.44%)和洋商在华工业资本(4.82%)的增长速度。

尤其值得一提的是,在北洋政府治辖期间,中国的民生产业得到了前所未有的迅猛发展。表现最突出的是纺织业(包括棉纺业、缫丝业、印染业等)、百货业(包括火柴业、卷烟业、五金业等)和粮食加工业(包括面粉业、碾米业、榨油业、食品业等)。到民国十二年(1923 年),仅新建的民生产业就有六百多家。以投资规模看,1912~1926 年设立的民生产业厂家投资在 200 万元以上的有五家,其余投资皆在 70 万元上下。这些事关亿万百姓生计的轻纺业的纷纷创建和发展,直接奠基了现代中国社会民生产业体系的基本构架。

基础工业(制造业、矿业、水泥、冶金、发电、铁路、桥梁等)在北洋时期也有一定发展。最早的官资或官督商办重工业,是北洋军政府接受的清政府工业遗产,市场机制缺失，技术力量薄弱，加上多国洋商的重重夹击，原本就十分脆弱不堪。但在北洋时期的十几年中，大多数厂矿得到了技术和规模上的加强，有些还发展迅速，成为后来民国时期工业化进程的支点和主力。

尤其是机械制造业，北洋时期的建设尤为骄人，创建了多家企业，涉及面宽泛，技术程度大为提高，形成了"一条龙"的产销机制，首创了中国近现代最早的机器制造、维修、研发体系。以较发达的上海地区为例，私营机器修造工业有些发展，至民国九年（1920年）上海地区已有八家有较大规模和较强市场竞争能力的专业机床制造工厂，另有几十家修造农机和粮食加工机械的中小型工场作坊，还能制造和维修丝织、棉纺、纺织、缫丝、印染等部分机械设备。特别是主要客户为日商纱厂的上海"大隆机械厂"，是整个民初时期业绩最为出色的民族制造业厂家。

洋务派时期的矿业遗产（如开滦煤矿等），在民初时期有不少被洋资吞并。北洋时期的汉冶萍所属的煤铁矿有较大发展。北洋政府对矿业开发设立了专门的矿业管理机构，以官资为主，结合民间资本，积极倡导、组织了一些基础性的生产资源和能源的矿业开发。在北洋时期投资百万银圆以上的大中型矿业就有七处：热河的"北票煤矿"、东北的"八道壕煤矿"、辽宁的"两安煤矿"、河北的"临城煤矿"、安徽的"水东煤矿"、云南的"个旧锡矿"、河北的"龙姻铁矿"。其中"八道壕"和"水东"为政府官资独办，其余都是官商合办。北洋矿业较著名的业绩还有东北的"漠河金矿"，仅民国二年（1913年）其年产量就达到了两万七千余两。清朝开办的云南"东川铜矿"在北洋时期产铜年均达五百六十余万吨，产销两旺。

北洋时期的电力工业也得到了引人瞩目的快速发展。以小火力电厂为例，民初时期全国共建有七十余家以燃煤为主的火力发电的私营小型电厂，每个小电厂发电总容量均在四百千瓦左右。以这些小电厂为依托，北洋时期基本建成了以沿海各大中城市民生用电与工商用电的民生电业网络。

这一时期的民生化学工业有了突破性成就：民营资本的"水利制碱公司"在天津开办，首创了"侯氏制碱法"，生产出了中国第一批生碱。当时世界化学应用产业还属于"高端技术"，事关涉及国计民生的资源性生产工业基础，范旭东、侯德榜的这一成就，无疑是近现代中国工业化进程的一次重大提升。

必须指出的是，北洋时期的工业化发展，有一个偶然因素：西方列强同时期全数被卷入第一次世界大战，无暇顾及远东商贸，在产销市场上对中国资本的压力有所减缓。事实上，一战结束后（1918年前后）的洋人洋商重新大举返回中国市场，凭借其资本雄厚、技术先进的巨大优势，一下就收回"失地"，将许多在北洋时期辛苦建立的中国官资民营企业逼入绝境，有些勉强支撑挣扎，有些被洋商鲸吞，有些则干脆关门歇业。这说明北洋政府的工业化努力存在四处致命弱点：其一是能支撑整个工业化进程的基础工业还十分薄弱，还谈不上真正意义上的布局结网，缺少体系上的相互策应、相互支撑，致使大多数中国企业经不起稍有竞争的市场检验；其二是北洋政府的工业规划还存在相当的盲目性，基本不存在有计划的工业化布局规划——这点比晚清洋务运动领袖们（如李鸿章、张之洞之流）就差得很远了；其三是北洋政府没有抓紧时间建立起符合中国实际情况的、与官民工商业发展相配套的市场管理规划机制,以至于中国企业在内外市场的激烈竞争中一直未能得到有效庇护,往往处于下风;其四是北洋军政府一切听任民营商业资本自由发展,没能举国之力、由政府督导、民间商业资本筹资,兴办几个超大型工矿业作为中国工业化的骨干企业。事实上,北洋时期的新建厂矿绝大多数都是小型企业,普遍具有一个共性:雇工人数少、技术力量弱、修造能力差、业务口径窄。

北洋政府为中国社会现代化所作的最大一件贡献,便是以政府法令的形式,强制实行了计量单位的统一制式。民国三年,北洋农商部总长张謇制定《权度法施行细则》并由袁世凯颁布了《大总统公布权度例令》,在全国实行甲、乙两制并行的统一计量制度。甲制为"营造尺库平制"(表2-1),乙制为"万国权度通制"(表2-2);甲制为辅制,比例折合,都以"万国权度通制"为统一计量标准。

表 2-1　营造尺库平制(甲制)

长度	毫	0.000 1尺	厘	0.001尺
	分	0.01尺(10厘)	寸	0.1尺
	尺	单位	步	5尺
	丈	10尺(2步)	引	100尺(10丈)
	里	1 800尺(180丈)		
地积	毫	0.001亩	厘	0.01亩(10毫)
	分	0.1亩(10厘)	亩	单位(6 000平方尺)
	顷	100亩		
容量	勺	0.01升	合	0.1升
	升	单位(31.6立方寸)	斗	10升
	斛	50升(5斗)	石	100升(10斗)
重量	毫	0.000 1两	厘	0.001两(10毫)
	分	0.01两(10厘)	钱	0.1两(10分)
	两	单位[注1]	斤	16两

注1:"两"的重量单位,在该文件原注为"在百度寒暑表四度时之纯水,1立方寸之重量为0.878 475两"。

注2:上表所引资料来源于《权度法施行细则》(简称《权度法》,载于《中华民国史档案资料汇编·第二章　规章制度　第十一条》,凤凰出版传媒集团凤凰出版社,1991年6月版)。

表 2-2　万国权度通制(乙制)

长度	公厘	0.001公尺	公分	0.01公尺(10公厘)
	公寸	0.1公尺	公尺	单位(10公寸)
	公丈	10公尺	公引	10公丈
	公里	1 000公尺(10公引)		
地积	公厘	0.01公亩	公亩	单位(100平方公尺)
	公顷	100公亩		

容量	公撮	0.001 公升	公勺	0.01 公升（10 公撮）
	公合	0.1 公升（10 公勺）	公升	单位
	公斗	10 公升	公石	100 公升
	公秉	1 000 公升（10 公石）		
重量	公丝	0.000 001 公斤	公毫	0.000 01 公斤（10 公丝）
	公厘	0.000 1 公斤（10 公毫）	公分	0.001 公斤（10 公厘）
	公钱	0.01 公斤（10 公分）	公两	0.1 公斤（10 公钱）
	公斤	单位[注3]	公衡	10 公斤
	公石	100 公斤（10 公衡）	公吨	1 000 公斤

注 3：“公斤”的重量单位，在该文件原注为“在百度寒暑表四度时之纯水，1 立方公寸之重量为 1 公斤”。

注 4：上表所引资料来源与［注 2］同。

这项文化改造的成果，在我们今天看来似乎理所当然、稀松平常，却是中国工业化、商业化和百姓生活文明化极为重要的文化建设重大事件，尽管其中不少内容被后来的南京国民政府和新中国中央政府做了不小的改动，但作为中国社会第一次进行计量方面与世界标准的接轨的法度举措，其意义重大，价值非凡。没有这个“第一步”，就谈不上后来工业化进程和民生设计产业的规模化、批量化、标准化等现代化尺度。实施《权度法》的重要性比之白话文普及的价值，毫不逊色。直到今天，我们依然享受着一百年前曾耗费了无数学者、政要绞尽脑汁、反复权衡、不懈努力的巨大文明成果。

（以上具体数据均采选自“中国第二历史档案馆”“南京图书馆”和“中国国家图书馆”官网、各地政府部门的“地方志”“工业志”及百度、谷歌等处提供的资料，其中有相当的比例出自非具名性文献资料，在此一并致谢。）

二、“上海格调”

经过半个世纪左右的快速膨胀，上海在民初时期成为中国最大的城市。“上海城市人口，1893 年已达 90 余万，1913 年达 120 万，此后至 1915 年平均每年增加 14 万人。”（邹依仁《旧上海人口变迁的研究》，上海人民出版社，1980 年版）毋庸讳言，殖民文化是近现代中国社会变革的重要推力，上海租界又是这种变革推力的大本营和策源地。与其他城市的租界不一样，上海租界的规模（包括人口数量、经济体量、文化影响力）远远超过其他城市租界相加后的总和。可以这么说：近百年中国社会的大多数经济、文化事件，都与这座从小渔港迅速崛起的新型的世界级大都市有关。

上海租界，是百年前西方文明逐步植入最重要的窗口。民国二年（1913 年），北京大学名教授杨昌济（毛泽东的老丈人）说：“试观汉口、上海之洋街，皆宽平洁净，而一入中国人街道，则狭隘拥挤，秽污不洁，……上海西洋人公园门首榜云：‘华人不许入',又云'犬不许入',此真莫大之奇辱……平心论之,华人如此不洁,如此不讲公德,实无入公园之资格。"杨昌济认为,西方人虽然是欺人太甚,但中国人如果不改生活之陋习,"养成与西人平等交际之资格,则此等耻辱终渐洗之期"(杨昌济《老北大讲义·西洋伦理学史》,时代文艺出版社,2009 年 7 月版)。这充分说明当时作为中国精英阶层的思想界、学术界,对租界所导致的移风易俗社会变革作用,已有深刻认识。

民初时期上海的崛起,对于中国社会的发展走向意味着两件事:其一,上海位于长三角地区的龙头,毗邻中国历史上最富饶的江南地区。江南地区素有"鱼米之乡"美誉,天下财富三取其一。自唐宋后,江南地区一千多年来就一直是中国经济的中心,是历代朝廷赋税缴纳的重地。上海大都市的崛起,近可引发苏、浙、鲁、闽诸省联动,远可波及长江流域、黄河流域及华南诸省响应,其地理重要性不言而喻。其二,有着人口稠密、交通发达、经济繁荣的条件,上海"都市生活圈"的建立,对周边地区的快速传播,使得更大范围的"亚殖民文化生活圈"得以形成,既为以上海为核心的都市生活圈提供无穷无尽的人力、市场、原料供应,也不断接受新事物、新文化、新生活方式的持续影响。可以这么说:上海的快速崛起并占据中国社会文化、经济影响的核心地位,是整个 20 世纪中国社会最重要的文化事件之一。同时,上海也是近现代中国民生设计唯一的发祥地。在 20 世纪其他时期中国的民族工商业逐步壮大成长的进程中,上海也一直扮演着无人可及的特殊重要角色。我们今天念叨的最早的中国工业设计、最早的中国印刷——包装装潢设计、最早的中国建筑装修设计、最早的中国舞美道具设计、最早的中国纺织图案设计、最早的中国服装设计……无一不诞生在上海这一座城市,也无一不诞生在民国初年这一特殊的时期。

从两次鸦片战争后通商开埠到民国初年短短的几十年,上海已经先后超越印度的加尔各答、中国的香港、日本的大阪,至 20 世纪初就被营造成亚洲规模最大、最接近西方社会标准的繁荣大都市。民初时期,一种任何人在上海都能感受到这种氛围浓郁的、被逐渐中国化了的"西方格调"就此形成。这种与纯正西方生活品位有着一定差异,但又非常容易被向往都市繁荣、憧憬西化生活的中国人所接受的现象,是一种崭新的、充满理想化色彩的生活态度。无论对它的评价如何,它都是实实在在存在着,还左右了近百年中国都市社会关于消费时尚、生活技巧、人际交往、休闲娱乐等所有超越了单纯生理性生存需求的、属于更高级生活品质追求的一种集体性的生活态度。这种在民初时期上海滩成型的"市民共识",直接奠基了整个 20 世纪中国民生产业从设计创意到生产形式再到营销方式的方方面面。无疑,这是种特别影响巨大的、内涵丰富的综合文化现象,包含着经济学、社会学、人类学、民俗学相互交织、交叉影响的多重内容。为了便于分析这种城市格调对民初时期和后来中国社会(特别是近现代中国工业化进程及民生设计产业)的决定性巨大影响,本书作者在本书范围内将此现象姑且称为"上海格调"。"举中国 20 余省,外洋 20 余国之人民衣于斯,食于斯,攘往熙来,人多于蚁。有酒食以相征逐,有烟花以快冶游，有车马以代步行，有戏园茗肆以资遣兴，下而烟馆也、书场也、弹子房也、照相店也，无一不引人入胜"（《申报》报评，1890年12月1日）；"上海人到内地，总喜欢夸言上海的洋房怎样高，上海的马路怎样阔，上海的女人怎样时髦。内地人逛了一圈上海而回到故乡，也往往喜欢眉飞色舞地介绍给他的同乡人听，上海的洋房怎样高，上海的马路怎样阔，上海的女人怎样时髦。没有到过上海的人，而理想起上海的整个来，也总往往是上海的洋房不知怎样的高，上海的马路不知怎样的阔，上海的女人不知怎样的时髦"（徐国桢《上海的研究》，世界书局，1929年版），这种近百年来上海所独有的城市魅力，正是"上海格调"在中国社会主流阶层中赖以生根的主要基础。

究竟什么是"上海格调"？现在的上海学者们未必说得清，因为他们已被"地缘同化"了，除去满腔热情的讴歌赞颂外，说句得罪他们的话：我基本没看到什么能说到点子上的论调。这就像如今每一个著名风景旅游胜地的原住民们除去猛赚外地游客的钱之外，对"自己家乡好在哪里"的提问通常回答得驴唇不对马嘴、并不真正理解一样。生活上的惯性、感知上的惰性，加上昏头昏脑的"家乡观念"的盲目性，使他们缺少了文化比对的想象空间。我也不用鹦鹉学舌地照搬曾客居上海的众多文化大师是如何议论"上海魅力"或"上海陋俗"的，只能在本章节说说我自己理解的"上海格调"基本内容及对民初时期民生设计及产销业态形成与发展的重大价值。

"格"，指"格物"之法和"品格"标准，"调"指"情调""腔调"，"上海格调"是从晚清到民国中国社会"亚殖民文化"的产物。之所以说是"亚殖民文化"，是因为所谓"上海格调"的形成，授受主体已经并非是洋人洋商所强行施加，而是地地道道的中国人（居住在上海的中国人）自己营造出的"洋泾浜"式的西洋化、时尚化、文明化的"生活格调"。

"上海格调"是做了上海人之后就必须学会的判断事物和处理事物的一种特殊的生活态度。没学会这个，呆在上海再久，也会被"边缘化"，那就成了上海人口中轻蔑的"港督"（不是香港总督的意思，而是上海俚语中"二百五"、缺心眼的意思）、"十三点"（与前句意思近似，程度稍轻）、"乡窝宁"（没见过世面、土头土脑的乡下人），与这种城市生活规律的基调，格格不入。

"上海格调"是一种生存状态，它左右了这个城市绝大多数居民日常生活内容的方方面面，大到谋划生计、养家糊口，小到吃喝拉撒、往来结交、休闲娱乐。"上海格调"是一种情趣取向，它左右了这个城市绝大多数居民日常生活内容中所有关于时髦事物、时尚品位、时代精神的接纳程度、散播速度、理解深度。

"上海格调"是一种文化模式，不但深刻影响了这座城市的所有常住居民、外来移民，还辐射了大部分到过上海、甚至听说过上海的无数近现代中国人——从商界巨擘、文化名流、政坛高人到升斗小民、失地流民、逃荒灾民。

"上海格调"还包含着一些不为人齿的晦涩成分。自通商开埠以来，上海滩便云集了三教九流各色人等，自然也少不了黄、赌、毒。尤其是作为中国最大的消费都市,自晚清以来上海就是妓院林立,名花如云。民初以后更是"十里洋场,粉黛三千",人言"妓馆之多甲天下"。"据陈其元估计,上海妓院'有名数者,计千五百余家,而花烟馆及咸水妹、淡水妹等等尚不与焉'。"(《上海研究资料》,上海通社编,上海书店,1984年版,第554页)另据20世纪初上海工部局和公董局的报告,"租界华人女性中妓女所占比例高达12.5%"。其实哪个城市都有些见不得光的"无烟产业",只是清末民初的上海来得更加招摇、更加公开些,而且规模实在不小。"在近代上海,狎妓冶游已公开化,其方式有叫局、吃花酒、打茶围、乘车兜风、听书、吊膀子白相等,种类之多颇有使人应接不暇之感,这种现象在其他许多大城市中是不多见的。有人曾痛心疾首地指出:'无论男女,一入上海皆不知廉耻','上海男女淫靡无耻,为中外所羞言'。但更多的上海人,特别是上流社会并不以此为耻。当时在上海流传的所谓'七耻'中,有一耻是'耻狎幺二'。之所以'耻狎幺二',乃是因为'幺二'系地位很低的次等妓女。而能够与那些地位较高的'长三'妓女厮混,则不仅不以为耻,反以为荣";"大张旗鼓地开展选花榜的活动,也反映了上海风流场的兴盛。选花榜即是在妓女中选美,1882年已在上海开始举行。许多报刊为此大肆宣传,不少文人与嫖客各自为其钟情的妓女捧场,有时相互之间因笔墨官司闹得不可开交。妓女一旦榜上有名,立刻身价百倍,其大幅玉照登于各家报纸,成为家喻户晓的著名人物。与狎妓冶游成风的社会习俗相适应,上海的色情业也较诸其他城市更为发达兴盛,商人非但自身可以躬逢于花天酒地之间,而且还能通过发达的色情业赢利增财,遂趋之若鹜乐此不疲"(刘永文《上海租界地与晚清小说的繁荣》,载于《上海师范大学学报》,2004年第6期)。此种风气促成了所谓"上海格调"中残存的、有极少数上海人似乎与生俱来的暧昧特质,使依附于权贵、商贾的"拆白党"和"交际花"们生生不息、层出不穷,成为旧上海格外醒目的城市斑渍。

"上海格调"无形无物,不可触摸、视觉,却无时无刻不在左右这个城市生活的基本品位与基本质量——这恰好是民生设计的创意所在和产销业态的依托所在。"上海格调"也是营造上海自身优越性和对中国其他地区形成巨大魅力的源泉所在。虽然持续近百年,风采依然不减当年。之所以要花大篇幅论述这个"上海格调",正因为它是民初时期形成的、后来营造了现代中国民生产业的设计—生产—销售最重要的消费氛围,并不断向全中国传播,持续复制出更大规模的产销业态和培养出人口基数巨大的消费群体。这个由"上海格调"诱发的影响深远、层次丰富、范围广阔、价值巨大的社会现象,是20世纪中国最具社会影响力的文化大事件,已经远远超出了"民生设计"的范围。

正因为上述几个原因,本书作者认为"上海格调"是近现代中国社会变革最重要的文化成因之一,也是近现代中国民生设计及产销业态最重要的"孵化条件"。"上海格调"演变的主导力量,完全是由参与人口结构的变化而改变的。开始完全由洋人营造了"上海格调"的雏形,主导这个城市日常生活的品质、趣味、情调、物质水准;过渡到"华洋混居"后由买办阶级、苏浙地区富裕的投资移民共同组成的上流社会逐步主导"上海格调"的变化走向;再过渡到蜂拥而至的数百万文化移民、技术移民及无业流民,这三种人定型了对近现代中国社会民众生产方式与生活方式产生无可比拟巨大影响的所谓"上海格调"。

这一点不妨以上海民居建筑为例便可一目了然,它能直接反映居住者的生活状况、经济实力、生活品位和社会归属。我们在看上海几种不同时代洋人寓所建筑时就能真切感受得到:大凡通商开埠时代(也就是 19 世纪六七十年代)的洋人寓所(如静安区、卢湾、徐汇一带),修建得十分用心,西洋样式纯正、风格经典,装修也富丽堂皇,一望便知原主人身价不菲。后来黄浦、虹口一带大量修造的洋人聚集地的寓所,就简略了许多。再后来各区域洋人开发商在棚户区基础上修建的简易式民居(现在称为上海市区"石库门"老民居)就差更多了。它们是后来沦为外来人员迁入上海的租房主要供应地,成了上海普通民众聚集所特有的"弄堂""里弄"的原型。也许是上海社会的人口结构发生重大变化(涌现了人口基数庞大的"新市民阶层"、并逐渐占据时尚前沿)是造成了这种前后差异的原因之一。

上海是个典型的移民城市:一方面,无数的外国投资商、传教士、冒险家、淘金者、避债人、破产者、犯罪者纷纷涌入,他们把这个庞大的都市视为自己的"乐园",在此栖身安命,寻找自己的发财路径和享受人生的理想之地。因为这座城市完全是由洋人把持的,也完全按照西方人的生活方式(从衣食住行到休闲娱乐)和生产方式(从产业到销售)建造起来的。另一方面,正由于这种完全西化了的"都市生活圈"不断向外散发的巨大魅力,吸引了周边城镇、乃至内陆乡村人数更加庞大的流民人群蜂拥而至——以己一技之长能在此谋生安身的,就成了上海的第一批华人"土著";无所适从的,便从此离开,远走他乡。由于租界"华洋混居"的特殊人口构成,使大上海成为西洋事物进入近现代中国社会"第一集散地"。这个中国人接受西洋事物(无所谓优劣好孬)的吸管,就是民初时期能称为"上海人"的华洋居民共同营造的"上海格调"。

"上海格调"的缔造者由下列三种人构成:首先是通商开埠时代的洋人洋商开拓者。他们是"上海格调"的始作俑者。他们把故乡的生产技能和生活品位直接移植到这个新开拓的大城市来。大多数定居上海租界的洋人并没有在捞到了自己创业的"第一桶金"就离开,而是一心一意地想将此地营造成自己未来生活的理想之地。还有随后不断加入的各国洋人洋商,他们既促进了这座城市的持续繁荣,自身也成为这座城市既有生活方式的"受体"和"传播体"。

第二拨"上海格调"原创者是受雇于洋商的"康白度"(中国买办)、代理商及十数万的洋行雇员(帮办、襄理、翻译、跟班、差役、秘书、助理、司机、佣人等)、工部局市政雇员(协理、技工、巡捕、看门人、消防员、清洁工、打更者、医院勤杂工、教会学校校工等)。他们相对稳定的生活来源,使他们不得不紧密依附于这个城市既有生活方式赖以生存,跟着他们所能直接、间接接触到的洋人步调去努力适应它、理解它——很大层面上是一种曲解和误解,而恰恰是这种"误读"和"曲解",形成了和租界洋人发端的"租界生活方式"原型越来越大的差异,结果逐渐形成了真正的、有中国社会特色的"上海格调"。这些在上海租界过着"华洋混居"生活的中国人,同时又按照自己的解读在自己所属的社会阶层间强化固化自己所适应的这种生活方式，并向不断进入的外来新移民传播这种"新生活方式"。

后来在几十年内所吸引到上海的数百万移民，加上"都市生活圈"社会结构中属于社会底层、依靠为城市生活配套服务谋生的广大普通民众，真正奠定了"上海格调"的基本音符。从正面讲，这是"上海格调"真正的魅力所在；从反面讲，这就是备受病诉的"小市民情趣"。"小市民"，贬义指视野小、角色小、家产小的市民，褒义指占据人数压倒优势的社会主流民众，所谓芸芸众生。百万移民（连同他们数百万家眷）的生活条件、经济实力、社会地位，决定了他们远离洋人社交圈和华人上流社会的基本事实，只能通过间接地揣摩、传说去理解他们置身的"都市生活圈"的生活法则、交际方式、时尚标准。这就必然带有更大的"误读"和"曲解"，被有意、无意间掺融了自己解读的"新文明生活方式"内容（这些内容多半是自己有条件具备的、能很好适应的）。这种与原版洋人生活情调有差异的、先是依葫芦画瓢"洋泾浜"式的、后是主动进行本土化改造的"认知差异"，日积月累，将错就错，最后竟成了这个城市居民集体性的文化特点。当这部分在民国初年开头十几年内占据上海总人口压倒优势的新移民不断变为新市民形成后，真正意义上的"上海格调"终于成型了。这些生活在上海"都市生活圈"社会结构底层、却占据社会主流人口优势地位的"小市民阶层"（毋宁说是"新市民阶层"），成了这座庞大城市实质上的"隐形主导阶层"——任何在上海开厂办店、管理的洋人华商都绝对无法忽视这个占有商品消费、市政服务、提供劳务的主体地位的社会阶层。近现代的民生设计及产销业态，正是由于"小市民阶层"或"新市民阶层"的崛起，而得以发展、壮大的。融入了深厚小市民意识的"上海格调"才成为民初时代最鲜亮的"新城市文化"标记。

三、新文化运动

白话文形成和普及，是民初时期中国社会一项重要文化建设。

通过甲午海战、戊戌变法、庚子事变等一系列的内外重创，起码在中国文化阶级内部已达成广泛共识：中国的文化传统和社会体制出了大问题，早已积弊甚深、病入膏肓了。大清王朝若仅仅靠"中体西学"弄点洋枪洋炮，已经挽救不了衰败的必然命运。必须从教育、工商两端入手，引入西洋先进的自然科学和人文科学，方能开启民智、唤起民众，从根本上铲除社会积弊，彻底改造中国社会。于是，全社会从清末到民初洋溢着"一切以洋为师"的浓厚文化氛围。

清末废止了持续近两千年的科举之后，教育的方向和文化人的出路都成了重大的社会问题。原来一切为适应科举教育的文言文、八股文是否还有作用，也成了一个全社会瞩目的话题。于是以更加便利交流的"白话文"来取代专为科举应考所用的文言文，开始被提了出来，并且受到越来越广泛的支持。

清末民初全社会弥漫着的"以洋为师"的浪潮，较为激进的文化人则主张"全盘西化"。"凡物之极贵重者，皆谓之洋……大江南北，莫不以洋为尚。"[陈登原《中国文化史》(下)，香港世界书局，1935年版]一部分有西学背景或是有留洋经历的文化人,甚至提出干脆彻底废除中文体系,或是直接用洋文取而代之,或是在拉丁文语法结构基础上结合部分中文特点,新创一种文体"万国新语"。这些完全摒弃中国文化传统的"文化虚无主义"主张,自然受到了民初所有文坛领袖们的几乎一边倒的驳斥。民初国学大师、同盟会元老章太炎就曾痛斥这种现象:"因为他不晓得中国的长处,见得别无可爱,就把爱国爱种的心,一日衰薄一日。若他晓得,我想就是全无心肝的人,那爱国爱种的心,必定风发泉涌,不可抑制的。"(汤志钧编著《章太炎政论集》,上海,中华书局,1977年版)在民间流传的"白话文"基础上,引进某些西洋语法的元素,成为当时占社会主流地位的文化新主张。

其实"白话文"并不是清末民初才被发明的。它的源头,我们可以追溯到唐宋时期的酒肆茶楼、戏园铺坊。民间社会日常交流的语言文字表达方式,从来就与上流社会及举子考员们的书面文体,存在着很大差异。彼时平民百姓交往,从唱词说本到契约信笺,都以直白流畅的表达为要,有着最大范围的适应性和实用性。在清末民初的少数文化人努力下,参照西洋、东洋文体的某些特点,吸收了其中适合中国人普遍能接受、应用的句型、语法优点,才形成后来的"国语""国文"。胡适于民国六年(1917年)1月发表在《新青年》上的一篇文章《文学改良刍议》,被视为"白话文"运动的进军号角。胡适在文中认为"白话文学为中国文学之正宗",并引经据典、旁征佐引,说明了民间流行的"白话文"已有千年历史,一直是中国文学传统的重要组成部分。这就为"白话文"的普及找到了历史性、正统性的充分理由,对"白话文"运动被社会广泛接受,提供了重要的理论依据。当时的陈独秀、李大钊、钱玄同、傅斯年、罗家伦、白涤洲、唐钺等亦积极呼应,纷纷撰文疾呼;当时初出茅庐的鲁迅发表了《狂人日记》,率先以白话文为小说载体,酣畅淋漓地痛击封建礼制、文治的要害之处,被视为当时文学艺术上的重大突破,引起社会巨大反响。文化精英们的努力,掀起了一场席卷中国社会的关于"白话文"和改造应用文的大讨论,最终导致了"白话文"取代以往旧文体成为"国语"的决定性胜利。

尽管在清末民初"白话文"的推广、使用一直存在争议,但到了民国次年的北洋政府教育部正式颁令,发布刊印以"白话文"为主要文体的国民小学堂各门教科书,"白话文"便开始作为国家正规的语言文字表达交流方式,正式登上了历史舞台最前沿。将"白话文"教育作为国民教育的重要内容,为后来"白话文"的迅速普及和推广,奠基了最重要的社会条件,涉及千家万户、男女老幼。正如后来鲁迅所指出的那样,"白话文"是"四万万中国人嘴里发出来的声音"(鲁迅《现在的屠杀者》,载于《杂感录·五十七》)。被誉为"白话文运动"急先锋、留法归来的北京大学青年教授刘半农有句广为流传的"名人名言":"文言文是死的文字,什么人再写文言文,就是死人;白话文是活的文字,凡是写白话文的,就是活人。"(陈斌《往事:民国历史人物的逸事趣闻》,辽宁教育出版社,2011年8月版)"白话文"运动的胜利,是件非常了不起的社会改造伟大工程,惠及全社会,直到今天我们仍在继续受益。

"白话文"作为"第一国民用语"地位的确立,其意义已远远超出了语言文字方式和中小学教科书的范围,对从民初开启的百年国民教育产生了最重要最深刻的影响。这也是中国社会庶民文化对精英文化的一次前所未有的巨大胜利。从文化语境而言,对后来的近现代民生设计及产销业态的形成和发展,都起到了关键作用。

严复到英国观察学习数年之后得出了一个结论:西方之所以富强是因为人民自由。人民可以自由地结社、自由地办报、自由地办公司。由于人民有自由,西方社会就民气活泼,人民的力量就能自由发挥和伸展。严复大声疾呼道:西洋现代文明"其命脉云何?苟扼要而谈,不外于学术则黜伪而崇真,于刑政则屈私以为公而已。斯二者,与中国理道初无异也。顾彼行之而常通,吾行之而常病者,则自由不自由异耳"(严复《论世变之亟》,载于《严复集·第1册》,中华书局,1986年版)。严复在思想界第一个毫不含糊地主张:中国社会所需要的现代文明必须是"以自由为体,以民主为用"(严复《原强》,载于《严复集·第1册》,中华书局,1986年版)。严复的观点加上二十年之后胡适等人鼓吹的"个性解放",形成了"五四"之前的清末民初新文化运动的思想主流。

有一种说法是:"五四"造成了新文化运动由"民主启蒙"的核心内容转向"救亡图存"的集体主义"强国"意识,也就是"救亡压倒启蒙",而为后来中国社会多年的集权政治泛滥横行提供了理论支持。这种观点的始作俑者是美国学者舒衡哲,由李泽厚、王若水等人于上世纪80年代引入学界争论的(详见吴洪森《强国还是富民?——写在"五四"九十周年之际》,载于《粤海风》,2009年第3期)。其实在"五四"前后那种情形下,不先解决迫在眉睫的"反帝"问题,是谈不上"反封建"的长远之计的。如果说"白话文"运动和国民教育的提倡、文教新闻事业的发展、民族工商业的崛起是民初时代新文化运动的社会基础,"五四"运动是新文化运动的总爆发,一样是受西方民主思潮和科学观念影响下形成的"反帝反封建"的新文化产物。

"五四"时期关于"国本""国是"(即"国家为何物")的文化大讨论,本身就是一种民主思想的解放运动。章士钊指出:"国家者,乃自由人民为公益而结为一体,以享其自有而布公道于他人。"(章士钊《国家与责任》,载于《甲寅》杂志,1914年1卷2号)他还说:"中国之大患在不识国家为何物,以为国家神圣,理不可渎。"(章士钊《国家与我》,载于《甲寅》杂志,1915年1卷8号)陈独秀则明指出:"国家者,保障人民之权利,谋益人民之幸福者也。不此之务,其国也存之无所荣,亡之无所惜。"[陈独秀《爱国心与自觉心》,载于《陈独秀著作选·(1)》,上海人民出版社,1993年版]反而言之,作为"国民"的个人,也是自由权益与社会职责共享的。胡适认为"个人有自由意志之自我",还要强调"个人担干系,负责任"(胡适《易卜生主义》,载于《胡适文集》,北京大学出版社,1998年版)。当代"五四"研究学者则认为:"'五四'是功利主义伦理观特别流行的时期,受到约翰·密尔的'自由观'影响,'五四'思想家特别相信个性的发展将会给社会最大多数人带来最大的幸福。个人不仅要发展自己的个性,而且必须对社会和人类担当责任。"(许纪霖《国本、个人与公意》,载于《史林》,2008年第1期)

"五四"运动的经过和意义,近百年来已有高度评价,此处不必再做复述。我仅从事关进入现代社会的中国民生设计及产销业态的角度,谈一点"五四"运动对其萌生、发展所起的重要促进作用。

"五四"运动对中国民生产业的促进,最主要体现在文化语境的极大改善。近现代民生工商业从晚清到民初已初具雏形。它代表着一种与旧有民生供销体系格格不入的先进消费文化,不仅仅事关普通百姓的日常消费,还间接、直接地输入一种全新的、中国本土化了的生活方式。这个新生活方式能否确立与普及,往往直接检验着社会改良(或社会革命)的成效。但从晚清萌生到民初前十年,中国民生产业均未能形成与洋商洋资相抗衡的社会主干经济体系。究其原因,设计消费主体的弱小和不成熟性(包括认知水平、经济能力、消费习惯等)是其根本之一。

"五四"运动是民初时期各种社会矛盾持续激化、发酵后的总爆发,是新思想、新观念与旧有社会体制、观念的一次较为彻底的决裂。由民族工商业与洋资洋商在华利益形成的争夺中国市场的经济矛盾,演化为民族矛盾,喊出了"抵制日货"的口号;以北洋民国大总统徐世昌为首提倡的"复古尊孔"思潮,与方兴未艾的新国民教育浪潮形成的观念冲突上升为不可调和的文化矛盾;极少数北洋军政首脑和他们代表的利益集团同广大城乡民众之间的社会矛盾,转化为尖锐的阶级矛盾……"五四"运动相对于之前一百年的历次形形色色的各种社会改良运动而言,具有鲜明的反帝、反封建,提倡"德先生(Democracy)""赛先生(Science)"的纲领性主张,这一切都为尚在襁褓之中的近现代民生工商业后来的飞速发展,奠定了最基本的社会、经济、文化条件。因为现代民生设计的理念和业态,都是必须以民主政体和自由市场为先决前提的。以"五四"运动为文化分水岭的中国社会重大变化,为中国民生工商业在后来的发展和提升,开拓了无限的生存与发展空间。

同时,"五四"运动爱国主义和反帝反封建的政治主张,又为深陷西方列强在华企业和封建经济旧有体制双重压力下的中国民生工商业直接提供了强大的社会舆情和市场前景。事实上,民生工商业在"五四"之前只是一些零星松散、各自为政、不成体系的业态形式,在"五四"之后十数年内逐渐形成中国社会自有的设计——生产——销售网络,完成了自己全面体系化的提升。从这个意义上讲,以"白话文运动"和"五四运动"为核心内容的民初时期新文化运动,是现代民生设计及产销业态在其从萌生到成型的初创阶段所遇到的最良好的社会环境、文化背景。

四、传统手工艺的嬗变

民初时期可谓是中国近现代社会"第一次产业革命"最激烈的时代。晚清洋务运动搞的官资现代化工矿企业也不算少,但跟普通民众的日常生活和谋生方式几乎无关,其产业商业没能从根本上撼动旧有的社会生产方式与生活方式,特别是与广大民众的文明生活习惯与先进劳作状态的形成没有产生直接的联系,没什么直接影响,因而必然失败。而民初时期就有了很大改观,首先是官资军工企业都向民生产业方向分解(如江南造船厂和机器厂、湖北纺织厂、甘肃毛纺厂、福州船政局飞机处等等),华商民营企业更是完全集中于纺织、轻工、日用化工和发电、照明、交通等地道的民生产业领域，直接启动了以全体国民切身利益息息相关的全面工业化、现代化进程，也促成了以民生商品为主的民生设计产销业态的全面起步。

就中国商品市场消费群体的整体状况看，代表着西方文明的大机器生产和文明消费的现代西式工商业，在 20 世纪之初的清末"十年新政"时期，依然还局限在少数受众狭小范围内，传统手工产品依然占据着市场和消费的绝对主体位置。民初"商战"一开始就人人明白：当时以传统手工产品为主的"国货"和机制商品"洋货"争夺市场和消费群体的胜负关键，在于是否能成为赢得社会绝大多数消费群体的"民生商品"。民初"商战"在 20 年代末、30 年代初有了一个明确结论：以大机器为主要生产手段、以电气为主要动能、以文明生活方式为消费基础的西洋式机制商品，在民初时期逐渐占据上风，成为民生必需品的主流产业方向；受到前所未有冲击的乡村城镇传统手工产业也在几十年"商战"中茁壮成长，不断引入新机器、新技术和新材料，使自己也逐渐变身为中国人日常生活消费领域供需"民生商品"的不可或缺的重要部分。自民初"商战"洗礼之后，地道的中国原生态"国粹"作为产业形态生存下来的，十之二三而已。只有那些被基本剥离了"生活必需品"功能需求的，类似古代"官作设计"的手工制品，才被人圈在狭小的范围里奉为"国粹"供人瞻仰，无意间成为阻碍中国传统手工艺产业走向生活、走向百姓、走向市场的文化障碍。

跟很多搞工艺美术理论和实践研究的学者、手艺人的想法完全不一样，如今被视为"传统工艺美术"的许多品类，其原型不少是在清末民初由境外传入中国内地的"洋工艺"。当年传统手工艺从业者并没有今天的学者们这么固执、敏感，一切顺应消费者需求，一切顺应市场变化，从境外引进了大量的洋工艺、洋材料、洋创意。尤其是上海通商开埠几十年后，逐渐成为远东第一大都市，许多欧美民间手工艺由此传入中国内地。先是洋教士，后是洋商，再后来是有头脑的侨商，最后是留学归来的创业者，在沿海各通商城市开办了一系列小作坊、小学堂、小工场，使很多我们今天熟知的"传统手工艺"技术和产品在中国扎根下来。民初十几年，这种洋工艺向中国的输入达到了高潮，其密度遍及今天"中国传统手工艺"的大部分领域。

比如手工印染，不少染织工艺（如棉织的纺纱、织坯、通染、滚轴式印花；丝织的缂丝、机绣、图案设计等）和几乎所有染料其实都是境外事物；比如金属工艺，金银首饰、宝石佩件，从切割、镶嵌、打磨工艺到款式、纹样、表色设计，基本都是外来传入的；再比如口吹玻璃，从原料配方到热塑工艺都跟中国传统的"琉璃工艺"两码事，完全属于地道的外来事物；还比如木雕，闽粤江浙一带流行的软木圆雕（注：指罩着玻璃、里面有山景树木楼亭小景的软木雕陈设品），是地道的北欧民间传统工艺，是人家生辰节庆（圣诞节等）常见的礼物，于 1904 年首次在福州孤儿院传习所向中国孤儿学员们传授的。还有中国人一向引以为自豪的"青花瓷"，是最早的中外交流产物，自明代起就由欧洲经销商们（后来主要是"东印度公司"所垄断）提供（或在产地雇人设计、认定）器皿造型、器表图案、青色釉料的，是最早的"来样加工"

外贸专供商品。还有漆工艺,清末民初起,"倭制"漆器在中国内地市场就基本是"一统天下",莳绘、"吕漆"(注:指半透明漆液中含金属粉)、"变涂"(指类似中国彰髤工艺的改良型起纹技术)、"窑变"(注:指仿制陶瓷釉彩变化的一种"漂流漆"工艺)、罩清、磨显、推光等关键技术,无一不是"倭制"漆艺,真正的中国传统漆工艺只剩下"红雕漆"这根"独苗苗"了。还有"景泰蓝",其实原型是欧洲手工艺的"珐琅器",原创于17世纪的英国彭提普尔工场。总之,这方面事例很多,西洋手工艺的植入,几乎涉及今天被视为"国粹"的所有品种。

民初时代有不少传统手工艺产业也在有识之士引导下,积极引进相关器械、改进制造工艺,使自己重新获得市场的认可(表2-3)。如民初被视为瓷器国货翘楚之湖南醴陵彩瓷系列产品,便是在熊希龄一力倡导、奔走张罗,各界商绅积极响应下,集资创办的新型手工产业,不但聘请日本技师全程指导生产,而且引进全套拉坯、电窑装备,形成了远超国内各传统大牌窑场的烧制技术与设计新意,自面世起,就声名鹊起,不但其产品热销国内外,而且只要赴海外参展多半便能捧回大奖。还有南通传统手工刺绣艺人沈寿发明的"乱针绣",在清末主动迎合市场、迎合海外消费者观赏需求,将西洋绘画特点与古老刺绣技艺相结合,结果达到了自身完成产业化转型,市场获得既有中国特色、又完全符合即时消费品位的双赢效果。这些都是民初传统手工艺产业自我更新改造、成为中国社会工业化进程起步阶段重要力量的成功范例,也是当时无数传统手工产业成功转型事例的缩影之一。

表2-3　清末民初传入中国的部分西洋手工艺状况

种类	名称	传入时间	传入地点	传入方式	民生范围
玻璃	口吹玻璃	民初	上海	教会传习、洋商设厂	灯具、容器
	平板玻璃	民初	上海	日商设厂开店	建筑、家装
	镀银制镜	民初	上海	英德洋商设厂开店	家具、容妆
编结	绒线手织	民初	上海	英商设厂开店、培训	家纺、陈设
	毛线衣	民初	上海	英商设厂开店、培训	服装
	织毯	清末、民初	甘肃、山东	官资设厂、工艺局	家纺
织造	机制纺线	清末	陕西	教会传习	民间土织
	毛呢机织	清末	甘肃	教会传习、官资办厂	民间土织
	缫丝	清末	苏州	日商设厂、私立学堂	服饰、家纺面料
金工	镶钻	民初	厦门	技师入聘	珠宝首饰
	金银錾刻	民初	上海	技师入聘、留学创业	珠宝首饰
	五金铜配件	民初	山东	官资工艺局	家装、家具
雕刻	软木雕刻	清末	福州	教会慈善机构培训	节庆礼品、陈设
陶瓷	珐琅器	明末	北京	宫廷贡品仿造	官作陈设品
	青花、彩瓷	明清	江西	来样加工	外贸、内销
	电窑烧造	民初	江西	华商设厂办店	外贸、内销

种类	名称	传入时间	传入地点	传入方式	民生范围
	搪瓷	民初	上海	英日洋商设厂开店	餐饮炊具
木作	胶合板	民初	上海	英法洋商设厂开店	建筑、家装等
纸作	机拌纸浆	民初	上海、镇江	英商华商设厂开店	印刷、包装
	铅字排印	民初	上海	英商中文报刊	传媒
	纸盒包装	民初	上海	英商设厂开店	商品包装
	纸折手工	民初	上海	日本侨民学校	小学心智启蒙
髹作	莳绘（涂装）	明末	福州	留学归来创业	美术、装饰
	变涂（涂装）	民初	福州	留学归来创业	美术、装饰
	窑变（涂装）	民初	福州	留学归来创业	美术、装饰
	化学漆涂料	民初	上海	英法洋商设厂开店	建筑、家具
皮作	化学鞣制	民初	张家口	法商设厂开店	服饰、家具
酿造	瓶装酱油	民初	上海	日商设厂开店	家用厨事
	发面酵母	民初	天津、上海	英日洋商设厂开店	家用厨事

注：本书作者视野狭窄，所知有限，仅根据部分史料编制此表，很多更早的讯息并不知晓，难免挂一漏万，肯定疏失多多，故而此表仅供参考，不足为证。

对广大城乡百姓而言，民初时期的社会进步，集中体现在民生商品日渐融入百姓的日常生活；遍布城乡的传统手工产业不断引入现代工商业的机器、技术和设计；在民生商品影响下，新的日常生活方式和消费观念在不断形成，并迅速普及开来。正如本书"民初"章节下列所述那样，即便是内陆省份穷乡僻壤、信息闭塞的乡村、城镇，都感到了这种席卷中国大地的根本性变化。

其实这没有什么见不得人的。任何造物工艺都是文化事物，理所当然应由全人类分享，正如华夏先祖们向全世界输出了无数手工造物技术一样。我们民族文化品质中最优良的特点，就是与时俱进的学习态度，远及汉魏唐宋，近至改革开放，不断的外来新鲜血液滋养了中国的文化机体，激发了中国人无比的想象力、创造力，使我们民族的文化体系始终保持吐故纳新、推陈出新的良好状态。民初时代许多传统手工作坊、厂店、工场逐步转身变型为现代工商业的伟大实践，为近现代中国民生设计产销业态提供了极为丰富的最佳例证。

欧美列国（特别是英国）也不是一个早上就把现代工商业建立起来的。经过17～19世纪的长期累积、改良、拓展和不间断的技术发明、设计创意，才逐步建立起高度吻合所容身社会的生产方式与生活方式的现代工商体系的。在这三百年演进过程中，所有产业都不可能一夜间猛然全新建立，其中绝大多数都是在如同中国一样的传统的、民间的、家庭作坊与乡镇工场的既有产业基础上递次改良、渐进完善起来的。纵观上表所列各项，有相当一部分西洋式民生商品产业借助中国社会特有的家庭作坊式、村落和族群工场式传统手工产业载体，利用中国的廉价劳力资源和丰富的材料来源，在中国内地逐步建立起来的创意—制造—销售新型"产业链"。对于近现代中国民生设计产销业态而言，民初时代特别重要，就是因为相当一部分欧美"淘汰"产业（大多是低度机械化、手工操作为主的纺织、烧造、金属加工类为主）蜂拥移植到中国，它们不像完全新建的大机器、新设备的新式大工厂、大商场，投资少，见效快，风险低，是民初中国社会作为"过渡型""基础型"的工业化前期进程十分合适的产业形式。事实证明，在此基础上，华商华工都积累了自身的经验，掌握了商战规则，继而使一大批中国首次出现的、涉及普通百姓千家万户的、真正属于中国人自己的民生商品产销企业开始建立起来，而且渐成气候。在内陆省份更广大区域的无数乡村传统手工产业，从清末到民初，都不同程度地引进了相应的技术和创意、添置了部分机械、参与了市场销售环节。这正是经过晚清以来几十年积累终于发酵、酿化的"文化质变"，也正是近现代中国社会实现工业化、现代化的重要步骤。

跟眼下一样，每当西方发达国家又在技术发明上取得突破，继而用设计创意进一步使其产业化、商品化，争取到绝大多数消费主体，融入他们的日常生活，就赢得了市场的制高点。当更新的技术发明和设计创意又推出新的民生商品后，原有的"落后"产业必然向下游流动，输入低端消费市场和地区，争取"商业利润最大化"——毕竟把淘汰产业移植到下游市场可以节省下巨量的技术与创意的研发费用和商业渠道开拓费用。这种状况是自由市场决定的，而且符合后进地区下游市场的生产与消费环境。这倒不完全是资本主义国家的政府和商人们如何使坏，存心只把被淘汰的产业向中国转移。从民初到当代，中外产业交流基本都是这个模式，未有大变。江南民谚说得好："要想尝到春韭第一口鲜，就必须抢割第一茬菜。"只有在技术发明和设计创意的"产业链"前段就占据优势地位，中国产业（包括传统手工艺）才能避免老是在人家淘汰下来的产业里被人当"世界农民工"使唤。

往大里说，规律性的道理都一样：传统文化事物，"国粹"级的宝贝，不光是上述那些传统手工艺项目，还有京剧、中草药、书画印章等等。政府和学者们都想保护，可这些"国粹"如果不被老百姓们喜欢、在文化消费市场上站不住脚，再多的银子也保护不下来，咽气绝命那是早早晚晚的事。有本事让人一生病就往中医院跑，不喜欢看西医；剧场里坐满了年轻的戏迷，不去看电影电视；美术小青年看不上油画、雕塑，一心只热衷于画山水花鸟、刻图章、写毛笔字，哪里还用得着政府拨银子来抢救，忙着收税、促捐都来不及。这也是梦话，不可能做到的，因为这些半死不活的"国粹"眼下只能靠真心喜欢或别有用心的文化人、官吏、收藏者来为其张罗呐喊、大声疾呼了，时过境迁，它们永远丧失了当年盛兴的生存基点：人民大众的生活常态与消费意愿。

本书作者于世纪之初应邀在福建合作搞《福建工艺美术史》时，跑遍八闽大地，亲眼见过许多靠搞石雕、印章、陶瓷、草编、塑料玩具、皮革箱包等传统手工艺的手艺人们个个富得流油，不少户成了"千万富翁""亿万富翁"。有一户民间木雕手艺匠人,家里只住三个人,居然楼下院子里停着六辆地道美国原装进口车,"公羊""五星""凯迪拉克"什么的,主人还红着脸辩解,不是烧钱摆阔,就是业余爱好,买来玩玩。泉州一位石雕老艺人在美国留学的 26 岁女儿,就凭借祖辈搞石雕的父辈独创的"影雕"这一手创新工艺,设计了著名的美国阿林顿国家公墓里的"韩战纪念碑",就此跻身于美国一流设计师。"影雕"的工艺很简单:先凿出大小不同的凹点,再抹上浓淡相宜的涂料——当然都是用计算机编程加工的,本书作者既在其父工场里看过全部流程,也去美国亲眼见过实物。照样是传统手工艺,就看你用在哪儿、怎么用。日本几乎全部高档旅店、家庭必然铺设的"榻榻米"草席(只有廉价旅店和收入不稳定的劳工家庭,才不设"榻榻米"房间),最贵的清一色来源于福建闽南(仙游、龙岩地区),相当于国内每平方米要卖到 450 元左右。欧美很多城市几乎所有"古玩店"里的节庆礼品(以高分子塑胶玩偶居多,基本 1 美元 1 个)都是来源于闽南、浙西、粤东潮汕地区的传统手工艺作坊。这种传统手工艺的发展思路,还不够有启发吗?本书作者就深切感悟到:传统工艺美术的出路,全在生产技术与设计创意的持续出新上。与大众消费、市场需求吻合度越高的行业,就越有前途。不能经受市场检验、远离民生消费的玩意儿,该淘汰的必然要淘汰,政府投入再多也是不济;真正病入膏肓的患者是救不活的,还不如"安乐死",对谁都有益。

搞"传统手工艺研究"的文化人,要真想保护"文化遗产",不如放下身段、端正态度,赶紧老老实实地帮传统产业里挣扎的手艺人们在设计创意和生产技术上实现升级换代,努力融入民众百姓的生活视野和消费市场。总是像祥林嫂一样哭穷、怨天尤人,那是害人害己。为了自己的"文化保护神"桂冠,就把人家老实人往死路上推,往绝路上骗,缺了大德了。

民初时代出现的传统手工产业转型变化,其内涵是十分深刻的,足以给我们眼下和未来的传统产业现代化转型,提供丰富的实例借鉴和思路参考。

五、民初普通民众收支状况一瞥

跟任何时期一样,民初的民生商品消费状况,直接受社会大众的收入水平所支配。厘清民初时期民众的实际收入水平与消费水平,是了解民初时期民生设计产业基本生存状态的前提条件。可惜以往出版的设计史各种版本大多缺乏这方面哪怕是相对可靠的研究内容。这一课是必须补上的。本书作者不畏自己才疏识浅,尽自己最大努力做个粗浅的尝试,以期读者中有志者未来能在这本小书所构建的基础之上,展开更加专业、更加有成效的设计史研究。

燕京大学著名社会学者李景汉先生曾对近现代中国百姓生活状态进行过数十年的详尽调查,现根据其论著中民初时期的相关资料归纳、整理出一段内容,来说明民初中国社会局部地区的普通民众收入的基本状况。

表 2-4 民初北平近郊海淀挂甲屯村和黑山扈马连洼村劳工收入状况（以 1926 年为例）

行业	日收入（银圆）	月收入（银圆）	年收入（银圆）	备注
木工（大工）	0.6	18	144	冬季 4 个月失业
瓦工（大工）	0.6	18	144	冬季 4 个月失业
泥水小工	0.35	10.5	84	
打石工	0.45	13.5	81	半年 6 个月失业
杂小工	—	—	80～90	没技术，出苦力
人力车夫	0.6	15	180	每月歇工 4～5 日
赶车人	1	30	—	自己赶马车
赶车人	—	3～4	—	拉石头，管饭
听差	—	10	120	不供膳食
听差	—	5	50	供膳
长工	—	—	30	主家管饭
短工	平日 0.15～0.3 农忙 0.3～0.5	—	—	主家须每日另付 0.2 元饭钱
佃农	—	—	70	每亩收入 7 元，要向地主交纳 3 元的地租
自耕农	—	—	70～80	一个壮年男劳力可以照应 10 多亩田地
店铺伙计	—	—	100	店主供应饭食
学徒	—	—	—	店主只提供饭食，没有工资
小贩	—	—	100	——
政府办事员	—	—	120～500	
警察	—	8	60～70	政府时常欠薪，不能全给
邮递员	—	—	90～100	每年寄家费用
塾师	—	—	70	每年寄家费用
军队连长	—	—	430	每年寄家费用
军队排长	—	—	240	每年寄家费用
电线技师	—	—	300	每年寄家费用

注：以上具体数据均根据李景汉先生论著《北平郊外之乡村家庭》（中华教育文化基金董事会社会调查部，民国十八年版；三联书店，1981 年再版）、《华北农村人口之结构与问题》（载于《社会学界》第 8 卷，民国二十五年 6 月版）、《实地社会调查方法》（民国二十二年版，星云堂书店）、《定县社会概况调查》（民国二十二年版，中国人民大学出版社，1989 年再版）等综合摘录并由本书作者自编表格。

再看看以上海、北京等一线大城市为主的民生基本物价：

根据当时资料，本书作者顺手记下相关货币计算数值，以便对应参照民初时期民生之实际购买力：按现代标准换算，民初时一块银圆大约折合 20 世纪 90 年代中期人民币 45～50 元，加上 20 年通胀因素，大约折合今（2012 年）人民币 100 元。1911～1919 年米价恒定为每旧石（178 斤）6 银圆，也就是每斤米 2.9 分钱；1 银圆可以买近 30 斤上等大米；猪肉每斤平均 1 角 2 分至 1 角 3 分钱，1 银圆可以买 8 斤以上的猪肉；棉布每市尺 1 角钱，1 银圆可以买 10 尺棉布；白糖每斤 6 分钱，植物油每斤 7～9 分钱；食盐每斤 1～2 分钱。1920～1926 年间，在上海的大米价格为每市石（160 市斤）9.5 银圆，也就是每斤大米 5 分多钱；1 银圆可以买近 20 斤大米；猪肉每斤 1 角 2 分钱，1 银圆可以买 8 斤猪肉。本自然段各项数据引自陈明远《文化人的经济生活》（文汇出版社，2006 年版）提供的数据推算。书中陈明远认为民初 1 银圆约等于今 80 元，本书作者觉得显然偏少。

根据民初学者的真实记录，以民国五年（1916 年）为例，我们可以得知当时北京市主要副食品的大致价格。首先需要了解的是，按照眼下（2012 年）人民银行贵金属卖出价（每克 6.8 元）计算，1 银圆大致为现在 340 元（人民币）；由此推论，则民国五年（1916 年）底北京市场的 1 铜元约等于 2.4 元（2012 年人民币）。

表 2-5　民国五年（1916 年）底北京城副食品基本价格（单位：铜元）

品种	价格	销售方式
食盐	6～7 枚/斤	肩挑送货上门售卖
酱油	8～16 枚/斤	"铁门"商号可送货上门
甜咸酱	8～9 枚/斤	
素油	30～33 枚/斤	芝麻油，北京叫香油
荤油	34～30 枚/斤	猪板油，需要回家自己熬
叶菜	1～1.5 枚/斤	白菜、油菜、菠菜
瓜菜	2～3 枚/个	
豆类	2～3 枚/斤	
牛肉	16～24 枚/斤	
羊肉	16～28 枚/斤	
猪肉	16～24 枚/斤	
鸡	15～25 枚/斤	
鸭	25～30 枚/斤	
河鱼	20～30 枚/斤	
海鱼	20～30 枚/斤	
螃蟹	10～14 枚/斤	此为秋季成熟期价格
河虾	20～30 枚/斤	

注：以上数据引自民初学者单树珩《京师居家法》（开明书局，民国七年/1918 年版）。

表 2-6　民初时期北京城主要米面平均价格（单位：银圆/100 斤）

年份	小米	小米面	面粉	老米	白米	玉米面
1911	6.77	4.90	7.33	5.56	—	3.74
1912	6.10	5.10	7.40	5.01	—	3.97
1913	5.54	5.07	7.24	5.86	5.72	3.90
1914	5.39	4.65	5.80	—	4.89	3.34

（续表）

年份	小米	小米面	面粉	老米	白米	玉米面
1915	5.09	4.50	5.92	—	3.72	3.08
1916	5.54	4.75	5.52	—	4.55	3.80
1917	6.77	5.08	6.00	—	4.89	4.00
1918	5.80	4.82	5.89	—	4.95	3.46
1919	4.89	3.79	5.35	—	4.03	2.89
1920	6.99	5.59	6.64	—	5.62	4.42
1921	7.32	5.81	7.48	—	6.59	4.30
1922	7.11	5.45	7.21	—	5.55	4.11
1923	7.51	5.28	7.57	—	5.45	4.38
1924	7.47	5.65	7.94	—	5.57	5.23

注：以上数据引自"1900 年到 1924 年 25 年间的北京主要米面平均银圆价格"（载于 clong254440—ZOL博客《民初北京物价》，2012 年 3 月 25 日），均未经证实。

表 2-7　民初时期上海地区批发价格指数表

年份	指数	换算	年份	指数	换算	年份	指数	换算
1912	94.35	100.00	1917	99.50	105.46	1922	123.87	131.29
1913	100.00	105.99	1918	106.67	116.24	1923	128.14	135.81
1914	107.16	113.58	1919	109.55	116.11	1924	122.99	130.36
1915	97.11	102.95	1920	119.10	116.23	1925	124.75	132.22
1916	105.20	111.58	1921	131.41	139.30	1926	125.63	133.15

注：以上数据引自《上海地方志·物价计量志》（上海市地方志办公室编撰，2002 年版）。

"民初县府官吏事务员 14 元，检验员 12 元，雇员 10 元，公役 8 元"；民初时"本县共有三种雇工形式：'揽长工'，时间 1 至数年；'包月子'，忙月雇用，1 至数月；'打日工'，临时以日算工雇用。民国十五年（1926 年）前后长工年工资制钱约 12 千文，合大洋 8 至 10 元。包月子，每月约 1 000 文。打日工，每日约 35 文"；"据《中国实业志》载，民国二十四年（1935 年），本县男长工年工资 25 元，包月工资 2.7 元，临时日工资 0.13 元；女佣年工资 20 元，包月工资 2.4 元，临时日工资 0.12 元；木匠日工资 0.25～0.30 元"（《中国地方志集成·山西府县志辑·河曲县地方志》凤凰出版社，2008 年 11 月版）。

民国元年 10 月 17 日，北洋政府《中央行政官官俸法》颁布。该法规定了从特任官到委任官的各级官员官俸，特任官之外，简任官到委任官共分为九等。官员的薪俸按等级发放，同一官职因官等不同而薪俸不同。同一官等官员因为长官视其负责事务繁简、学时长短以及工作勤惰而定为不同级别而薪俸有异。

表 2-8　民初行政官俸等级（月俸，银圆）

特任官：国务院总理	1 500	各部总长	1 000
简任官：第 1 级	600	简任官：第 2 级	500
简任官：第 3 级	400	荐任官：第 1 级	360
荐任官：第 2 级	340	荐任官：第 3 级	300
荐任官：第 4 级	280	荐任官：第 5 级	240
荐任官：第 6 级	220	荐任官：第 7 级	200
委任官：第 1 级	150	委任官：第 2 级	140
委任官：第 3 级	130	委任官：第 4 级	115
委任官：第 5 级	105	委任官：第 6 级	95
委任官：第 7 级	80	委任官：第 8 级	75
委任官：第 9 级	70	委任官：第 10 级	60
委任官：第 11 级	55	委任官：第 12 级	50

原注：简任官：第一等官领第 1 级薪俸，第二等官领第 2、3 级薪俸；荐任官：第三等官领第 1、2 级薪俸，第四等官领第 3、4 级薪俸，第五等官领第 5、6、7 级薪俸；委任官：第六等官领第 1、2、3 级薪俸，第七等官领第 4、5、6 级薪俸，第八等官领第 7、8、9 级薪俸，第九等官领第 10、11、12 级薪俸。上列各等官员，担任本职最高等官最高薪俸 5 年、功绩显著者，分别给予简任官不超过 700 元、荐任官不超过 500 元、委任官不超过 200 元的"年功加俸"。

　　鲁迅曾在民初北洋政府教育部担任"佥事"之职，是"四等荐任官"，月俸当为"四等四级"，计 280 元，与担任北大一级教授的胡适等人的薪俸相当。胡适家信透露，胡适初到北大时月薪为 260 元，次月升至 280 元。按可比价格估算，民初之 1 银圆大致相当于眼下（2012 年）人民币约 100 元。

　　民初时期知识分子的优渥待遇，还不仅仅反映在社会地位上。

　　民国成立之初，全国人口 4 亿，其中文盲占 80％以上，学生总人数仅为 293 万，其中大中专院校的学生不到 5 000 人。受过高等以上教育的精英们虽然人数很少，但物以稀为贵，因此在各行各业中，那些受过教育的人都受到优惠待遇。这种社会优待，直接表现在文化人当时相当优越的工资待遇上。当时大学教授的工资水平远高于社会的平均工资，收入普遍在 200 元以上。如陈独秀任北大文科学长时，月薪为 300 元；李大钊任北大图书馆主任时，月薪 120 元；胡适任文学教授时，月薪 280 元，其在担任北京大学文学院长兼中文系主任后，月薪达600 元。

　　以当时的"新文化运动旗手"鲁迅先生为例：当年鲁迅刚进北洋政府教育部当公务员时，月薪仅 60 元，后迁升至"佥事"，月薪涨到 280 元。后来鲁迅被聘至北大任讲师，月薪达 300 元。因此他能以 1 000 元的价格，在北京买了个四合院，将母亲和兄弟们接来一起居住。鲁迅又先后被聘为厦门大学教授，月薪 400 元；中山大学教授，月薪 500 元。

20 世纪 20 年代初，当时大城市的中小学教员、记者、编辑等，一般月薪都在100 至 200 元之间，足以过上中户人家的小康生活，可谓衣食无忧。而当时的一个普通警察的月薪为 8 元。在北京雇一个女佣，除了食宿外，月工资只需 2 至 3 块银圆。中等收入的四口之家一般每月伙食费仅需 12 元左右，加上穿戴、消闲，全家每月 20 至 30 元的生活费，就已经相当奢侈了。文人们收入颇丰，开支有限，因而结余宽裕，自然花销开支就自在得多。高薪之下，大学教授和讲师们有很多钱来逛琉璃厂，买书籍报刊，买古玩字画。更重要的，他们有能力从经济上提携后起之秀，沈从文、何其芳等许多青年学生，当年在穷困潦倒之时，都得到过前辈们的资助。当时的很多教授不惜花上几千元来买房子，有些家中还雇有厨子、男女仆人、人力车夫，甚至自购几套房子用以出租，成为大笔收租发财致富的现成房东（详见陈明远《文化人的经济生活》，文汇出版社，2005 年版）。

民初乡村劳工收入渐有改善。以福建闽清地区为例，民国初期该县雇工有长工（俗称长年）、短工两种。长工全年膳食由雇主供给，短工有供饭、不供饭之别。民国元年（1912 年），县内雇工工资（法币）长工全年 41.8 元；民国十五年（1926年），长工全年工资 60.1 元；短工每日工资，农忙时不供饭 0.4 元、供饭 0.3 元，农闲时不供饭 0.4 元、供饭 0.2 元。战争期间到解放前夕，因货币贬值，长工工资改为每年谷子 700～1 000 市斤，短工工资改为每日大米 8 管（每管 10 小市两）左右。本段所列数据引自《中国地方志集成·民国版闽清县志》（[民初]杨宗彩修，江苏古籍出版社、上海书店、巴蜀书社，2000 年版）。

都市劳工的生活也并不完全与"文革"时期宣传得那样"暗无天日"。曾经担任过中共第六届中央委员、中央妇委书记的张金保在自传中回忆，20 年代她从乡下到汉口第一纱厂做工，1 个月后，领到半个月的工资：7 块大洋。她拿着钱心里高兴极了，因为她每月可以挣 14 块钱，可以养活家人了。第二年，张金保一人看管两台织布机，月薪 30 多块钱，这时她开始有了些积蓄。民国十四年（1925 年），中国女工平均日工资 0.45 元；民国十七年（1928 年），青岛纱厂女工日工资最高 0.73 元，最低 0.18 元，平均 0.455 元。而民国十八年（1929 年），山东各县一等警察队巡长的工资也才每月 12 元而已（详见《青岛党史资料》第二辑，中共青岛市委党史研究室）。

技术工人的生活状况要更好些：铁路工人工匠平均工作时间差不多每日是 11小时，待遇以技术和工龄来决定。刚提升的工匠，每月工资有 20 多元，工龄长、技术好的每月都有四五十元工资。特级工匠的工资还有到 70 元的。小工和临时工，工资也是八九元到十一二元不等。京汉铁路工人在铁路上也组织了一个员工联谊会，福利机构遍布在各段各厂各站，大的车站都有学校，主办中小学教育，专收员工子弟，一律免费，每年年终发双薪，季节发奖金，从局长员司到工匠都有（详见包惠僧著《包惠僧回忆录》，人民出版社，1983 年版）。

根据《上海解放前后物价资料汇编》（中国科学院上海经济研究所、上海社会科学院经济研究所合编，蒋立主编，上海人民出版社，2010 年 8 月版）和《上海工人运动史》(上海社会科学院历史研究所沈以行、姜沛南、郑庆声主编,上海人民出版社,1992 年版)两本在大陆正式出版的书刊所记载相关资料综合归纳,我们得知如下数据:

民国十六年(1927 年),上海地区的二号粳米 1 石 14 元,面粉 1 包 3.30 元,切面 1 斤 0.07 元,猪肉 1 斤 0.28 元,棉花 1 斤 0.48 元,煤炭 1 担 0.14 元,煤油 1 斤 0.06 元,肥皂 1 块 0.05 元,香烟 1 盒 0.036 元,茶叶 1 斤 0.23 元,活鸡 1 斤 0.37 元,鲜蛋 1 个 0.027 元,豆油 1 斤 0.19 元,食盐 1 斤 0.043 元,白糖 1 斤 0.096 元,细布 1 尺 0.107 元。

《银圆时代生活史》(陈存仁著,广西师范大学出版社,2007 年 5 月版)中记述:汉口的金银兑换价格为:民国九年(1920 年),每两黄金兑换 38 银圆,民国十六年(1927 年)为 65 银圆。上海的金银兑换价格为:民国九年(1920 年),每两 21 银圆;民国十六年(1927 年)为 37 银圆。"20 年代的上海,大米 1 担 3 到 4 个银圆,老刀牌烟一包 3 个铜板,剃头 8 个铜板,绍兴酒 1 斤 1 角钱,臭豆腐干 1 个铜板买两块。拿了 1 块钱稿酬,请六七个同学去吃茶,茶资 8 个铜板,生煎馒头、蟹壳黄等各种小吃也才花去 20 多个铜板。"

作为民初时期城镇社会底层的学徒、小工生活状态如何呢? 以位于闽粤赣交界山区的寻乌镇为例,也许更真实、更有说服力。毛泽东在早年著作《寻乌调查》中写道:杂货店"学徒三年出师后,照规矩要帮老板做一年。他在这一年的开头,就把他在学徒时期穿的那些破旧衣服不要了,通通换过新的,因为他现在有了些钱用……如果回家去讨老婆呢,那老板除送他十多块的盘费外(他家在远乡的),还要送他十元以上的礼物,像京果呀,海味呀等等,使他回家好做酒席。他不讨老婆而只是回家去看看父母呢,如果他是远乡人,就以'盘费'的名义送给他一些钱,盘费数目少也要拿十多元,多的到二十四五元。如果是近边人,那么径直送他十几块到二十几块钱。帮做一年之后,正式有了薪俸,头一年四五十元,第二年五十多元至六十元。……忠实可靠而又精明能干的先生,老板把生意完全交给他做……赚了钱分红利给先生,赚得多分三成,赚得少两成,再少也要分一成",毛泽东对此评价道"他们阶级关系原来是那样的模糊"(《毛泽东文集·第一卷》,中共中央文献研究室编辑,人民出版社,2011 年 7 月 10 日版)。显然,毛泽东亲眼看见的民初时代平民社会这种阶级关系,已"模糊"到令人羡慕的和谐地步。

当然,在连年不断的水旱灾区和军阀混战的战区,还有不时袭来的经济危机,社会物价和民众生活状况就严重恶化了,以上所说的常态状况就不复存在了,另有一番悲惨景象。

因为新事物的不断浸淫,即便是农村普通庄户人家的日常生活与消费亦发生细微变化:不再完全依附于单一农作物生产和生活资料的自给自足,而是利用新兴的市场渠道去部分解决生活所需,这就为民生设计产业提供了另一片广阔天地。

表2-9 1922~1925年河北、河南、山西部分农户生活资料中自给与购买所占比例(%)

	食物		衣服		燃料		其他		总计	
	自给	购买	自给	购买	自给	购买	自给	购买	自给	购买
河北平乡	82.6	17.4	29.5	70.5	96.6	3.4	65.4	34.6	79.3	20.7
河北盐山[注1]	78.4	21.6	—	100	100	—	40.4	59.6	69.7	30.3
河北盐山[注2]	80.4	19.6	3.7	96.3	80.4	19.6	25.9	74.1	65.1	34.9
河南新郑	91.9	8.1	—	100	46.9	53.1	28.2	71.8	77.5	22.5
河南开封	94.9	5.1	89.9	10.1	71.4	28.6	35.7	64.3	87.0	13.0
山西武乡	99.8	0.2	5.5	94.5	100	—	26.0	74.0	72.0	28.0

注1:此为1922年数据。

注2:此为1923年数据。

注3:上表"其他"栏目各项数据由李自典参考袁钰《华北农民生活消费的历史考察》(载于《生产力研究》,2000年第5期)所列数据改编汇入。

注4:上表引自李自典《传统与变迁—清末民初华北地区农民市场观念的考察》(载于《史学月刊》,2006年,第12期)改编列表,原件转引于[美]卜凯(J.L.Buck)著、张履鸾译《中国农家经济》(商务印书馆,1936年版)。本书作者改拟标题。

表2-10 1915年中国10万人以上的大中城市一览表

排名	城市	人口	是否开埠	排名	城市	人口	是否开埠
1	上海	1 000 000	开埠	2	西安	1 000 000	—
3	广州	900 000	开埠	4	汉口	821 280	开埠
5	天津	800 000	开埠	6	北京	700 000	—
7	福州	624 000	开埠	8	杭州	594 000	开埠
9	重庆	517 000	开埠	10	苏州	500 000	开埠
11	兰州	500 000	—	12	武昌	500 000	开埠
13	佛山	500 000	—	14	绍兴	500 000	—
15	宁波	465 000	开埠	16	成都	450 000	—
17	昆明	450 000	开埠	18	汉阳	400 000	—
19	南京	368 800	开埠	20	南昌	300 000	—
21	湘潭	300 000	开埠	22	长沙	250 000	开埠
23	太原	230 000	—	24	归化城	200 000	—
25	天封	200 000	—	26	兰溪县	200 000	—
27	凉州府	200 000	—	28	无锡	200 000	—
29	奉天	174 047	开埠	30	济宁	150 000	—
31	安东县	143 000	—	32	镇江	128 030	开埠
33	厦门	114 000	开埠	34	沙市	105 280	开埠
35	济南	100 000	开埠	36	吉林	100 000	开埠
37	贵阳	100 000	—	38	湖洲	100 000	—
39	潍县	100 000	开埠	40	扬州	100 000	—
41	温州	100 000	开埠	42	石龙	100 000	—
43	亳州	100 000	—				

注:上表引自《新华网》(新华通讯社,2012年10月12日)相关数据编绘,原始数据出处待考。

第二节　民初时期民生状态与民生设计

凡民初时期生活类民生设计,涉及两大类:一类是传统民用生活器具设计;另一类是清末民初时新创的民用生活商品设计。之所以把它们归类于民生设计,是因为它们的的确确已经成为绝大多数社会成员(也就是普通百姓)谋生的生产技能和日常的生活状态不可或缺的部分了。这个情况与晚清及更早时代有了本质的区别。一块香皂、一盒火柴、一盏汽灯、一条手绢,已不再是时髦的西洋事物,它们后面代表的是一种崭新的、令人向往的文明生活方式。它们快速地浸入人们的日常生活的方方面面,影响着人们的行为习惯、思维模式。在民初时期十几年时间内,这种民生商品所代表的文明生活新方式,上流社会已经完全习惯、新市民阶层已经逐步接受、广大城乡民众已经开始了解。

按照西洋式的、不同于以往传统手工制作生产出来的民生商品日益普及,还意味着机械化、标准化、规模化的崭新生产方式逐渐开始在社会经济形态中占据主导地位——这恰好是工业化社会的最起码的象征之一。西洋式生产方式在民初时代尽管依然还很弱小,但是它们所代表的先进生产观念已经深入人心,与各种新文明事物互为替补、相得益彰,成为民初时代经济生活中人人竞相模仿、趋之若鹜的文明事物。

民初社会一方面处处"以洋为师",另一方面又存在处处积习难改的复杂社会景象,各种新旧矛盾相互碰撞、交织并存。也许只有一个字可以概括民初时代的社会全民心态:变。从人们日常生活的吃喝拉撒到喜怒哀乐,一切都在发生剧变,只是变化的幅度多少而已。这种日新月异的变化,很少有哪一个时期可以和民初时代相比较。城里的男人们仿佛一夜之间就剪掉了留了几百年的大辫子,穿起了西装革履、长袍马褂;女人们也放开了裹脚布,留起了"学生头"。满大街黄包车越来越多,轿子越来越少;货郎担子越来越少,百货店越来越多;店幌灯笼越来越少,瓦斯街灯越来越多……

正是由于这种日新月异般的社会变化,中国民生工商产业所需要的文化氛围随之越来越浓厚、消费群体越来越庞大,中国民生设计也随之越来越发展、壮大,逐渐成为那个时代人们日常生产与生活方式中不可或缺的决定性事物。

一、民初时期民众衣着方式与设计

满清入关后,清廷对男性汉人强制实行"剃发易服"等严厉的服饰、发型规定:外衣皆从满人之长衫,发型皆从满人之"前秃后辫",所谓"留发不留头"。清廷对民间汉人女装及服饰倒是宽松处理,未作具体限制,故三百年满清妇女外衣多出宋明旧制,仍以袄裙为主——上衣与下裙分开,上袄为宽袖、小立领、斜开襟;下裙为多褶长摆。

辛亥之后,南京国民临时政府成立伊始,于民国元年(1912年)3月13日,即发布一系列公告（如《剪辫通令》《劝禁缠足文》《严禁鸦片通令》等），欲废止数百年发辫、裹脚、烟毒之社会陋习。尤其是将女人裹小脚、男人留长辫与吸食鸦片并列为社会三大陋习，可见革命党人对此深恶痛绝，彻底革除之决心不可谓不大。南京国民临时政府《剪辫通令》称"凡未去辫者，于令到之日限 20 日，一律剪除净尽，有不遵者以违法论"。抗拒剪辫子，竟以刑入罪，不可谓除弊革新之力度不大。

图 2-1 民初士兵强制给民众剪辫

　　民初时期的军阀们，无论是身任晚清朝廷北洋大臣的民国大总统袁世凯，还是早年官费留学德国、后来权倾南北的执政段祺瑞，大多数都思想开放、意识新潮。其中不少喝过洋墨水，通晓世界时局。因为各自代表的利益集团争权夺利的需要，他们对实现西方式的民主制度并不热心，但对大力推进西洋式教育、促进西洋式文明生活方式，都是比较热心的，有不少甚至可谓不遗余力，因为这些新事物本身就可以成为军阀们标榜进步、彰显文明的最容易实现的政治目的。可以这么说：北洋军阀们是近现代西洋文明事物在中国社会普及开来最早的、也是最辛勤努力的身体力行者之一。这一点尤其表现在民初时代北洋军阀们的服饰特点上，从政府要员到底层职员，从学校教师到普通学生，由于北洋政府在民初时代的持续努力，西式服饰能在短短的十几年中，就迅速取代了中国社会延续数百年的服饰传统，使更加便捷、卫生的西式服饰基本普及全国各大中城市的各社会阶层，民初政治家们的努力，功不可没。

北洋政府心血来潮,于民国元年(1912年)颁布《服制条例》,仿效西洋列国的官民服饰,强行规定了民国男女礼服的具体式样,要求"官吏士庶一律遵循"。当时社会上有好事者(多半是泥古冬烘之人)作打油诗讥讽北洋政府推行的"民国礼服":"大半旗装改汉装,宫袍裁作短衣裳,脚跟形势先融化,说道莲钩六寸长。"(摘抄于吕剑波《辛亥革命与移风易俗》,载于《西安晚报》,2011年10月16日)因《服制条例》其中颇多不谙国情之举,平民百姓无法企及,故社会各界非议多多,遂无疾而终、不了了之。

南京国民政府汲取此次教训,于民国十八年(1929年)重新颁布了新版《服制条例》作为"国民衣着参照准则",只对男女正式礼服和公务人员制服作了明文规定(男性公务员礼常正服为长袍马褂、中山装,女性公务员或女眷之礼常正服为简式袄裙),民众百姓所穿日常便服,未作任何具体约束。民国中期(1926~1937年)民国常服正装由此逐步确立:男人常服为长衫(外套马褂),正装为"中山装"(源出英日学生制服);女人常服为简式袄裙,正装为新式旗袍。

以民初之北京而言,占人口大多数的低层市民中以出卖体力或各色技能为生的普通百姓,谋生不易,生计艰难,对服饰的要求远不及沿海的上海、广东等地。"苦力巴"(注:北京方言,指仅靠体力劳动为生的穷苦人)于衣着但求蔽体御寒而已,所谓"功能"也仅限于方便干活、经久耐用,能洗刷干净、少几块补丁即可,几乎没有款式上的任何要求。大多数平民人家日常衣着很大程度上靠在生意火爆的各色"估衣摊"(注:北京方言中的"估衣"一词,指经济境遇较好的人家每逢换季更衣,便将旧时衣物以低价卖给收破烂的货担贩子,这些旧剩衣物被再倒手给有固定摊位或干脆在街边设点的"估衣摊",赚取差价)里解决。不少穷人家女子当起了"缝穷的"(注:北京方言中专为贫苦人家缝补衣物的女性劳力),她们的基本装备是挎着一只竹篮,里面备着针头线脑、布片纽扣,走街串巷地揽活谋生,挣些零钱贴补家用。"缝穷的"与"卖水的"(注:迟至20世纪三四十年代,仍有不少北京市民不信洋人发明的"自来水",称之为"阴水",多喜河水、井水,故而滋生出专门卖水的奇特行业,劳力多以山东籍为主)、"挑粪的"(注:迟至20世纪五六十年代,北京普通人家多使用没有冲洗设备、仅附带化粪池的简易式蹲坑茅厕,故而产生出专门定时为人家清理粪池的行当)一样,同为最具老北京特色的传统谋生行当之一。

民初时期全国大中城市民众日常衣着用料首推德商引入的"阴丹士林"布。因其以西洋化合成染料取代木蓝等传统靛蓝染料,在当时"阴丹士林蓝色"又被称为"洋靛"。"阴丹士林蓝"染料原产德国,晚清即有英德日商行进入中国沿海通商口岸开店设厂。"阴丹士林"在民初时期大行其道,其中蓝布最为畅销,被广泛用来制作长袍、旗袍、学生制服等。在民国中后期,"阴丹士林"蓝布长袍是大学校园里全体师生的代表服装款式。该布用"阴丹士林"特殊染料染制的衣裤面料,颜色鲜艳,耐日晒和洗涤。因其"性价比"极高,深受整个民国时期中国各阶层民众的喜爱。

其实在民国初年,清末所遗社会服饰风尚在民间仍基本延续,但不少细节已有所变化。民初最普及的男性常服为立领、窄袖、长下摆、右开襟的蓝色"长衫"（也叫"长袍"）。民初时普通市民的长袍马褂，与清末款式相比，变化首先是面料不甚考究，棉毛丝麻均可，再不济用，单色染布也行。长衫多为民初教师、职员所喜，都是大襟右衽，长至脚踝上方，在身体两侧下摆处各有尺余开衩，袖长均及手背，布料以蓝色居多，普遍是素地无纹。所谓"马褂"，源自旗人步骑"号衣"，类似洋人西服之马甲背心，只是马褂穿在长衫之外，马甲穿在西服之内而已。在民初"马褂"民间最为普及，类似现在的上衣，大多对襟窄袖，下摆掩腹而已；前襟钉5粒布条盘扣（胶木纽扣在民初尚属稀罕物，并不流行）。长袍马褂四季通用，初春或秋凉则可在长袍外罩件马甲。

民间混场面之男人，除长衫马褂外，冠履亦从清末，多头戴六瓣呢料圆帽（民间俗称"瓜皮帽"），足登圆口黑面千层底布鞋。20年代起，民国时髦男人开始冠履出新：由英伦古典式样的宽檐高筒"大礼帽"简化改良而来的窄檐低筒的美式礼帽传入中国，迅速在各大中城市流行起来，成为社会各阶层最受欢迎的帽子样式"民国礼帽"。"民国礼帽"的用料也很"中国化"，除去考究的洋呢细料外，还有各种布料，甚至草编、竹编、藤编的夏季凉帽皆从此式。"民国礼帽"流行后十数年，大城市的"瓜皮小帽"销声匿迹，仅存于地处偏远、资讯闭塞的山区乡村而已，为冬烘老朽、土豪劣绅的标志性穿戴。民初男人，如有固定职业，需要在场面上行走，再不济也要节衣缩食买一双尖头皮鞋穿着，否则会被视为"土包子"，遭受同僚、邻居轻蔑，甚至危及饭碗。至于劳工苦力，仍以布鞋、草鞋为主，甚至赤脚。

民初女装之袄裙，虽同于清末常服，但逐渐发生很多变化。尤其是民初女学大兴，稍有条件的人家，皆主动或被动地将女儿们送入各色洋学堂就读。至20年代初，"学生女装"加"学生头"大致定型，成为民国女性服饰最具影响力的标准样式。成熟于民初后期的女性"学生装"，在清末袄裙基础上做了大幅度的改变：上袄删除了襟边所有饰条，布条盘扣换成了胶木圆扣，宽袖口收紧变窄且短了不少。民初"学生女装"最显著的改造，在于模仿英式女装做了收腰处理，不但在布料裁剪时即将腰间两侧向内收紧，并在腰间前部、两侧有褶条缝合，以此突出青年女性之纤细腰肢与丰满胸部。这是一个前所未有的革命性服饰新观念。

20年代的城镇女子，尤其是学堂女生，穿着流行上衣下裙：上衣有衫、袄、背心（坎肩），款式有对襟、大襟、直襟、斜襟、一字襟、琵琶襟等；领、袖、襟、摆等处多镶滚花边，或加缀刺绣纹饰；衣摆有方有圆，宽瘦长短的变化丰富。在整个民初时代，上衣下裙的女装风气一直流行，裙式却不断简化，大致从原先宽摆、多褶、长及脚面，向窄幅、无褶、短仅盖膝。这种上衣下裙的着装方式几乎成了民初时代进步女性的标准款式。

同样具有革命性寓意的发式改造诞生了著名的"学生头"（民间俗称"妹妹头"）。与清末民初上流社会商妇官眷和普通小市民因盲目喜爱欧美电影中的卷发样式、流行以烫发模仿洋明星们的市俗风气不同，所谓"学生头"，就是不盘不簪不卷不烫，平铺直下，额前留齐眉刘海，脑后诸毛皆取两侧及耳垂处剪平了账，故民间亦戏称"耳道毛"。此种发式原创于东洋,非常符合东方年轻女性之脸形、肤色、气质,是故传入民初社会后大受欢迎,一时成为民初社会新女性时尚形象的标准发型。民初"学生头"(或"妹妹头""耳道毛")后来经民国中期30年代"新生活运动"蒋介石夫妇大力推介,成为整个民国时期职业妇女的标准发型。民初"学生头"历经八九十年而长盛不衰,迄今仍是诸多女明星、女白领钟爱的时尚发式。民初时期社会女子衣着"学生装"、留"学生头"的,已不仅仅是中高等学堂女生,波及了全社会,成为民初时期最流行普及的城乡女性服饰特点。其中个味,值得当今美容美发师和形象设计师们深思。

图2-2　民初新学堂里的女学生

　　民国初建时,南京临时大总统府颁布了《剪辫通令》等消除前清弊端的一系列通告,有些内陆省份的地方军政当局派士兵把住城门,强迫过往百姓剪去辫子。渐渐地,城乡百姓都没了辫子,留起了新式短发。于是,各地城市和县镇档次不同的理发行当便应运而生。以广州为例,辛亥革命没几年,街上的理发店纷纷开张,鳞次栉比。"高级店一般地处繁盛地段,店面宽敞、装修豪华,店中全部使用磨盆椅(可以在椅上卧着洗头)用名牌洗涤用品,工具经严格消毒,技术力量好,加上礼貌待客,接待的都是有身份的人。当时的名牌店就有'一新''豪华''中央''模范''南半岛''一乐也''北秀'等";"中级店环境次于高级店,装修设备一般,店中只设集中洗头盆,化妆品质量也是中等的,但对工具、毛巾等卫生消毒工作,还是跟高级店一样严格";"下级店多设在居民聚居点,开在内街横巷,装修设备简陋,只用木椅竹椅等,工人技术较差。至于街边及内街的小摊档,当然又比下级店差一层了。还有一些手携藤篓,在街道小巷为小儿剃头、为妇女梳头刮面等理发工,层次更算不上了"(《你所不知道的民国理发业》,载于《羊城晚报·羊城沧桑栏目》,2011年2月26日)。

民初时期的服饰变化还表现在西服洋装的大面积普及上。不同于清末社会,西服洋装仅在个别大都会城市中人数极少的上流社会间流行,民初时期已普及各大城市的中下层市民及内地部分市镇乡村。至20年代初,上海、杭州、宁波、广州、天津、汉口已有多间完全由华资华商开办的"西服洋装"裁缝店铺,只是尚未成熟,在市场上还不成气候,在面料、工艺、款式各方面,距离当地洋人开办的西服店差距甚远,唯价格低廉、周期较快而已,主要客户皆为洋行小职员、店铺小老板、低级公务员、穷教师、穷学生等中下层市民。讲究的政府要员、工商大亨、文化名流、富家子弟,无不鄙夷国货,皆从各地洋店定做正宗西服。

据"李顺昌"老师傅回忆,民初时在店里做一身三件套英国毛料正宗西装要一两黄金。租界华人上流社会的男人,出门起码要装备一身行头:一顶窄边毛呢礼帽(就是20年代美国影片里那种),一身三件套西装(上衣、西裤加背心),英美名牌衬衣,领带(英式条状领带或意式领结),日本或英式弹力袜和意大利皮鞋。其他零碎还要包括皮带或吊裤带、领带扣针、金属香烟盒和安全火柴(那时打火机还没传入中国)、牛皮钱包。爱臭美的还随身带修指甲的小剪刀、小圆镜和小梳子,繁琐程度比女人不差。

至清末庚子年前后,中国通商口岸增加到七十余处,遍布沿海及内陆各省,洋货消费亦随之遍及各阶层。到民初时代,即使是云贵川康等偏远地区,大小商店都能见到各式洋货,尤其是各种洋纺衣料。因东西洋商为抢占市场、宣传商品、培养消费的需要,大力倾销各种棉纺、毛呢、丝织面料,如各种哈喇呢、哔叽呢、法兰绒呢、亚麻、羽纱、印染丝绸、咔叽布、钴蓝棉布等,货色一应俱全,售价"并非贵得惊人"(姚镐编《中国近代对外贸易史料》,北京,中华书局,1962年版)。乡村"农民亦争服洋布",大户富家则更是"出门则官纱纺绸不以为侈","一般青年均羔裘(指西洋皮衣、毛线衣等)如膏矣"(严昌洪《中国近代社会风俗史》,浙江人民出版社,1992年版)。

至于后来成为整个20世纪最流行的"中国女装第一样式"的民国新式旗袍,那是30年代以后的事情了(民国新式旗袍是上海地区部分受英美舞台剧、电影影响后才出现的服饰变化)。而民初时期之流行旗袍,仍多为高领、阔袖、左开襟、滚镶边、无腰身、下摆及膝的晚清样式,其改良幅度乏善可陈。

民初时代的上流社会女眷们,因风气未开,虽在服饰上尚忌洋人女装那种袒胸露臂,不敢穿得太出格,但在闺房密室中早已"彻底革命",眉宇易容,仿佛一夜之间就摒弃了传统的容妆手法和材料,一体趋向洋脂洋膏。民初之上海、天津、北京、广州等大都市,化妆品洋货席卷而来,赚得不亦乐乎。早在民国九年(1920年),一种名为"古得克思"的美甲水率先在上海面市,该品牌大肆刊登广告,宣传自己商品的种种时尚之优:"近代之女子不用剪刀将指甲根上之表皮修去,因有碍美观也。今(古得克思)者乃一种液汁,用以整理指甲表皮,可使十分秀丽,此液功能滋养指甲,使尖尖如透笋。古得克思还有一种神奇的'点染之汁',可让指甲活色生香。此后,修饰指甲、趾甲在十里洋场蔚然成风,专门的美甲所也出现在街头,愉悦而出的潮人们的指甲个个整齐美观,或光洁可爱,或色彩亮丽。小小的指甲给她们换了心情。"("古得克思牌美甲油广告",载于《申报·广告版》,1920年10月15日)

在中国社会最早的西式女性容妆方式的实践者,其实并不是民初时代那些购买力最强的上流社会的人妻人母们。这类女性内有妇德忌惮,外有礼教约束,毕竟做事不敢太出格,最多在自己家里或特殊社交场合偷偷地喷个香、涂个油、搽个粉就了不得了。西式容妆最勇敢的实践者主要是三种人:沾洋女眷、交际花(包括大牌妓女)、新学女生。因这些人的生活圈里没有各种约束,也不忌讳谁说三道四,故而在容妆打扮上更加开放、激进。

洋商人妻或洋行帮办宝眷们的丈夫,大多熟知西俗洋风,一般都比较开明,不但不制止妻子女儿们花哨打扮,反而以妻女装扮出位、能吸人眼球为荣。加之这些家庭多半殷实巨富,购买力从来不是问题,各种时尚信息也较容易接受,因此这类人群是民初时代女性西式容妆商品消费的急先锋。第二类是民初时代新近崛起的各类交际花和头牌妓女。她们不是谋生于街巷胡同出租屋内的野鸡流萤,夜夜出入有豪门,往来无白丁,日子过得挥金如土,无甚拘束,自由自在。比起上流人家里那些拘谨与无趣的大家闺秀,名媛们"忙起来"需要职业操办,精心打扮,以色媚人;闲下来便逛街购物、看戏跳舞,终日以妖艳精致面容示人。这些花瓶们挣钱容易,花钱更快,自然成了各种刚刚引进的时髦洋货(尤其是能直接增色添亮的服饰和化妆品)的忠实拥趸。以至于从上海到北京,从广州到南京,各个社交圈名媛和各大红灯区的头牌,往往在成为各洋行进口的时髦服饰和化妆品的主要消费者的同时,很快能成为附近街区的时尚代言人,为无数心有不甘的良家妇女们暗中仰慕、私下仿效。

在民初时代比较前卫的服饰品,莫过胸罩。留洋学者们把它抬高到了愚昧与文明相区别的高度。率先向中国传统的"丁香乳"审美标准(即"以小为美")公开发难的是民初名噪一时、毁誉参半的"性学"大师、北大青年教授张竟生,他倡导让人的裸体处于自然的生活方式,其中就有让女人的胸部回归自然的主张,时人称为"天乳运动"。他在民国十三年(1924年)公然呼吁中国妇女"放乳",认为与辛亥革命时"放足"一样重要:"束胸使女子美德性征不能表现出来,胸平扁如男子,不但自己不美而且使社会失了多少兴趣。"(张竟生《美的人生观》,北京大学出版社,2010年11月版)名气更大的留洋同校青年教授胡适则遥相呼应,为其捧场。胡适在上海中西女塾毕业典礼上,发表了后来闻名遐迩的著名演讲"争取大奶子",其中称:"中国女子是不配做母亲的,因为她们的奶子被压制太久,减少了生殖力。所以各位要想争取做母亲的权利,第一就应解放奶子。"通篇核心观点就是:"没有健康的大奶子,就哺育不出健康的儿童!"(夏双刃《非常道·左右二十(1)》,北京出版社,2006 年版)。不期张竟生不辨好意、不识抬举(可能认为胡适想抢自己风头),大骂胡某人"欺辱女生""歪曲己见",二人遂论战多时,在当时亦成趣闻一则。但"天乳"与胸罩已渐入人心。民国十六年(1927 年)7 月 7 日,国民党广东省政府委员会第三十三次会议,通过民政厅代理厅长朱家骅(后历任国民政府交通、教育部长,浙江省主席,中央研究院代理院长)提交的"禁止女子束胸"案,正式规定:"限三个月内所有全省女子,一律禁止束胸……倘逾限仍有束胸,一经查确,即处以五十元以上之罚金,如犯者年在二十岁以下,则罚其家长。"(徐超《国民政府禁止女子束胸》,载于《河北青年报》,2006 年 8 月 27 日)上海刚创刊的时尚杂志《良友》适时推出了胸罩专题,介绍胸罩的式样与使用方法,各百货公司纷纷开始销售胸罩,被赶时髦的沪上太太小姐们抢购至脱销。

民初时代开放之风炽烈,故不乏惊世骇俗的"奇女子"。后来被反复搬上银幕、写进畅销小说的"民初奇女"余美颜,便是其中最为独特的人物。余氏本是"富二代",也嫁为商妻,只是旷夫怨女,不甘心年轻活守寡,便冲破公婆阻挠、礼教束缚,自家在外找乐子,非娼非媛亦正亦邪,浪迹于商政社会,也进过大牢里开办的"传习所",终日挥金如土、纸醉金迷,芳踪遍布省港南洋美洲。据称她四年内曾和三千男人上过床,还将此等事端一一笔录,集结成册,起名为《摩登情书》付梓出版。后余氏看破尘世,遁入空门,终因难参情事,跳海自戕,年仅二十八岁(详见红色玫瑰《上一站民国:民国娘们儿》,新星出版社,2011 年 5 月版)。

民初的校园,极为开放,尤其是洋风劲吹,人心向往。各大学女生,多半思想开放,意识新锐,心仪所有西式生活方式。她们像西方的女性一样游泳、骑马、射箭、打高尔夫。她们暂离父母,基本没什么束缚,因此也成为西式容妆和服饰的积极响应者,而且女学生们人数众多,理论上消费潜力巨大。无奈学生都属于家庭供养,毕竟开支十分有限,无法像贵妇、交际花们那样为容妆、服饰而无节制消费,因此除个别以姿色游走于"契爷""干爹"之间的花瓶女生特例外,绝大多数女学生成了各种华资仿制商品与冒牌洋货的消费主力军,无意间充当了国货西式化妆品和服饰商品从幼稚到成熟过程的首批实验对象,对这类民生设计产业的发展,确实贡献颇大。

中国的广告画,是在 19 世纪末上海租界的各家英美洋行率先兴起的。洋商们通过向潜在消费者免费赠送这类印制精良、内容都是五光十色的香车美女夹杂着趁机推销的各色洋货的彩色画片,来突破与中国广大消费者之间语言不通的巨大障碍,以视觉直观的交流方式,很有成效地向公众描述了使用其商品后的梦幻般美好生活场景。

清末民初的都市时尚女性认识到西方生活方式是社会进步的方向,于是对西洋时尚总是心驰神往,推崇有加,洋房、洋服、洋餐、洋酒成为当时上层社会女性追逐的人生目标。正好广告画为自己描绘了这般美好生活的具体内容:时装佳丽们置身的空间,不是典雅精致的洋房,就是宽敞明亮的欧式花园,还有花卉盛开的庭院、幽静宜人的亭台水榭，还有洋房客厅里摆着豪华考究的家具，墙壁上挂着西洋画，天花上悬下晶莹璀璨的玻璃球吊灯，窗台上摆放着色彩艳丽的花盆，橱柜里搁着名贵的洋酒和酒具，书架上码放着如墙般的牛皮封精装书籍，沙发上卧着暹罗猫、斑点狗，庭院里停放着福特汽车……画中男女主角一个个雍容华贵，气定神闲，男主人一定在抽着英式烟斗，女主角则夹着细长纸烟。早期广告画营造的是一派浮华富贵的海市蜃楼幻象，却被当时"新市民阶层"看做极为向往的西方式现实生活场景。

在民初时代，商业广告画这种舶来的艺术形式逐渐火了起来。在头脑灵活的"少壮派"美术家积极改进下，广告画有了很大程度的创新——这些上海时尚画家们知道潜在的消费者们喜欢看什么。于是，以时装美女为主要内容的月份牌画作，便应运而生了。

原本在上海滩混成三流画家的郑曼陀，是"月份牌美女画艺术"的"始作俑者"。早在民国三年（1914年），郑大师就以"擦笔水彩画技法"革命性地创造了后来月份牌美女的标准画法。郑氏作品中的时装美女个个勾魂摄魄，栩栩如生：长得都是黛眉如羽，白肤如雪，细腰如柳，皓齿如贝，美目流盼，风情万种。尤其是都瞪着一双要命的桃花眼，仿佛会随人而转，里面全是些诱人的晦涩内容。郑氏月份牌美人画的视觉杀伤力特别大。在普通百姓连看电影、看画报都是难得有机会的那个时代，陋室昏灯中看着似幻似真的画中美人，早就如梦如痴了，叫一般小百姓如何把持得住？自然月份牌上说什么商品好，就乖乖攒钱早日将美人和她身边那些劳什子一道请进家门来。郑氏作品一经面世便大获成功，不少洋行和华资商铺竞相央告订制，郑氏也从名不见经传的无名鼠辈，一跃而成上海滩知名度颇高的艺术家，起码进账银子远比当时也在上海滩卖画谋生的那些在艺术圈大家耳熟能详的大画家们要优渥得多。此风一开，群起效仿。后来依计行事，也靠月份牌美人画出名发财的"少壮派"画家还有谢之光、杭英等人。民初之上海滩如一夜春风，妖艳美女们云集毕至，各种月份牌、广告牌、橱窗模特儿、小画片、招贴画拔地而起，铺天盖地，蔚然成风，且进入千家万户，俨然成民初上海滩"靓丽景观"。

就社会大众的感知而言，民初新女性的觉醒，率先表现在服饰容妆上的种种革命举措，但不仅仅是这种容貌的更张，还有时代精神对女性灵魂的酿造。大家闺秀的容颜姿色，敏锐灵秀的诗书底蕴，殷实多金的起居行止，时尚气息的彰显鸣放，再加之适度的性情抒发、个性张扬，成就了一代民初时尚女性。她们敢爱敢恨，敢作敢为，学识渊博、举止优雅的文化名流，总是成为民初新女性追逐狩猎的首选目标。一如民初即红透天下的留美青年教授胡适博士，便是民初时代最有女人缘的"小白脸"。彼时坊间戏谑道："不见胡适已倾心，一见胡适误终身。"此言并不虚谬，有史为证。若不是胡博士心念结发夫妻，兼惧河东狮吼，早已溺死在桃花源里了。民主意识透入骨髓的胡博士为自己惧内事迹解嘲的理由也说得冠冕堂皇："一个国家，怕老婆的故事多，则容易民主；反之则否。德国文学极少怕老婆的故事，故不易民主；中国怕老婆的故事特多，故将来必能民主。"（胡颂平编《胡适之先生晚年谈话录》,新星出版社,2006年10月第1版)此番君子高论实在令人钦佩。

　　风流作家胡兰成说:"五四男女的爱情为什么如早春二月般青春而又情性焕发,让世人感觉一个民族的重生是真的来临了。"(胡兰成《乱世文谈》,载于《天地》杂志,1944年8月,第11期)这般时代赋予民初新女性的视觉魅力,使她们成为那个时代最为耀眼的人群,远非旧式人家里那些大家闺秀可比。这种民初新女性所焕发的集体魅力,成为当时社会进步最耀眼的文明标记,以至于民初诗人刘半农专门创造了一个新汉字"她"来标榜自己崇尚民初新女性的审美倾向(刘半农《"她"字问题》,载于《上海时事新闻》,1920年8月9日)。刘半农还写了一首小诗"教我如何不想她",被人谱曲(赵元任于1926年所为)传唱,不胫而走,大红天下,九十余年后依然脍炙人口:

　　　　天上飘着些微云,地上吹着些微风。啊! 微风吹动了我头发,教我如何不想她?

　　　　月光恋爱着海洋,海洋恋爱着月光。啊! 这般蜜也似的银夜,教我如何不想她?

　　　　水面落花慢慢流,水底鱼儿慢慢游。啊! 燕子你说些什么话? 教我如何不想她?

　　　　枯树在冷风里摇,野火在暮色中烧。啊! 西天还有些儿残霞,教我如何不想她?

　　　　　　　　　　　　　　　　刘半农,一九二〇年八月六日于伦敦

二、民初时期民众餐饮方式与设计

　　民初时代官府独资的工商业日见式微,且多集中于制造业和矿山;而在民生产业领域,洋商民营的资本主义工商业则获得了较快发展,尤其是轻纺业、零售业和包括餐饮在内的许多民用生活配套行业组成的城市服务业。集中于劳力、技术、市场供应充分的大中城市而开设的新型工商业如雨后春笋般涌现,短短十几年就出现了许多人们闻所未闻的新产业、新商号。

　　以沿海发达地区的每个城市为中心,大量以雇工、商贩、闲游为主的食宿条件不固定或半固定的流动人群大幅增加。这种新型的城市人口构成特征社会运行,需要有庞大的餐饮、旅馆及其他生活配套服务体系作为支撑。反过来,这种新型城市普通民众的生活配套服务体系本身又需要大量劳力、手艺人的不断加入才能进一步发展;获得发展的体系又不断吸纳更多的消费人群……除在亚洲首屈一指的大上海之外,民初时代津—唐、广州、潮汕、南京、杭州、苏—锡、汉口、北平等一大批粗具规模的"都市生活圈"的快速建立,使中国城镇的"城市化"倾向成为民初时期社会变革转型的一个非常显著的社会现象。

　　民初时期是新式餐饮业发展最快的时段之一。这本身就是一种前所未有的、中国大中城市的"都市化倾向"形成的时代缩影。清末起形成的"简式商业餐饮改造"运动促成了原各大通商口岸城市大众化餐馆和摊贩式饮食业的快速崛起,是推动民初城镇餐饮业发展的最大动力之一。在清末逐渐成形、到民初被当时影响日益扩大的各大报章广为参议的"八大菜系"(川、粤、苏、闽、浙、湘、徽、鲁),占据了各大中城市餐饮业主打菜式的主流位置。其中发展风头最劲的是川、粤、湘菜。城市的各种新产业、新店铺吸引了无数的常驻民与外来民前来充当廉价劳力和消费群体,这些人口基数巨大的消费者与从业者,充斥于各大中城市的每个角落,既支撑着中低档餐饮业的持续繁荣,也维系着相当一部分新旧市民一日三餐的庞大供给。

清末民初之上流社会以餐饮为主要形式的社交礼仪,早在晚清洋务兴起时已经多方改造,许多方面已融入西洋社交席宴行序设计内容。民国建立后,由于西方饮食文化的影响,特别是冷餐招待会这种自助餐饮食方式的传入,更是深入人心。民初上流社会遂大兴此风,文化知识界尤为卖力,认为这是改造民族陋习之起端。市面商业餐饮店家自然也趋之若鹜,纷纷扯起宴席改造的招幌,以图吸引更多的高端消费者。

民初时代的广州、上海、北京、天津、南京、汉口等大城市的主流中餐饭店酒楼,在大型的庆宴酒席行序中,早已将西餐宴会的诸多元素融入其中,"如仆人迎门、侍役拉座、设摆台、置餐具、插牙签、放餐巾、送沙滤水(也有以茶代替)等一系列西方饮食礼仪"。民初中式餐饮业还逐渐接受了西洋人商业餐饮的许多做法,如食物分盘盛放、菜式辅料搭配(沙拉酱、奶油、印度香料、彩色勾芡等)、餐具厨具严格清洗消毒、订餐与外卖等等。这种将西制引入中餐的潮流,也是民初商业餐饮改造运动的重要组成内容。民初社会西学盛行,民众饮食观念亦为之大变,中国传统养生饮食荤素搭配方式(平日以菜蔬为常食之品,鱼肉则唯阴历初二、初八、十六和廿三食之)和农业社会"崇俭恶奢"的餐饮传统,在民初时代被西式餐饮强烈冲击而逐渐式微。上海租界餐饮商圈率先打破此等陈规陋习,继而传至全国各大中城市商业餐饮。餐饮的商业化改进,仅是民初时代整个沿海通商开埠城市之开明餐饮的缩影。上海等地,因华洋混居已数十年,传统习俗影响较薄,租界市民谙熟洋俗洋风,"许多市民人家无荤不食,倡购时鲜的风气不再被视为奢侈。这样的观念改变,带来了菜市场的出现。在上海,早在清光绪十八年(1892年)便出现了中国第一个现代化综合型室内菜市场'虹口三角地菜场'。民国初年,此类新式菜场便在全国各大中城市先后出现,如雨后春笋般兴建起来,后来整个民国中期亦有快速发展。至抗战爆发前夕,仅上海一地已有大型菜市场49处"。(本段部分内容参考吕剑波撰文《辛亥革命与衣食住行》,载于历史网·近代史论坛网站,2011年10月15日)

和军政界工商界新贵们一样,民初时期涌现的大批新学名流,也是当时新式商业餐饮的积极参与者和推动者。一来是因为职业需要,一日三餐多有饭局应酬;二是收入颇丰,下馆子省心省力,自然不惧此等花销。据民初报业耆宿包天笑晚年回忆,民国三年前(1914~1915年之间),他常和友人在上海望平街一带饭馆聚餐,"我们常吃的什么糟溜鱼片、清炒虾仁等等,大概是两菜一汤,不喝酒,价不过两元而已……这时上海的番菜,每客一元,有四五道菜,牛扒、烧鸡、火腿蛋,应有尽有。"(包天笑《钏影楼回忆录》,中国大百科全书出版社,2009年1月版)"五四"文学名家胡山源对民初物价收入水平也有段可信度较高的回忆:民国五年(1916年),19岁的胡山源"刚从江阴旧制中学毕业,因没拍美国校长马屁,未像其他毕业生那样得到美国校长的安排,得自谋出路,由人介绍入上海基督教青年会全国协会书报部,做临时抄写员,月酬五元,算是有了'吃饭本钱',能在上海这块码头上混下去"(裴毅然《民国初年文化人的收入与地位》,载于中国社会科学在线网站,2012年7月25日)。当了15年北大校长的民国教育界名宿蒋梦麟也回忆道:"上海生活水准为中国之最,上海住校生的伙食费每月六块,内地只要三块。"(蒋梦麟《西潮与新潮·蒋梦麟回忆录·插图袖珍本》,东方出版社,2006年1月版)可见当时大众化商业餐饮价格较低、知识分子社会地位较高、收入也较高,是文化人成为民初商业餐饮消费主力军之一的主要原因。民初文化人的餐饮品位与对商业餐饮在菜式、食材上的格外挑剔,也是促进民初现代型商业餐饮不断进步的重要动力。

为了适应远比晚清更加快捷的城市现代商业节奏,各大都市的不同层次需求的餐饮业在菜式设计和食材设计上可谓花样翻新、创意百出,很多民初时代发明的老菜系的新菜式(包括红案、白案及面点)一直流传迄今。

以民初时期的南京为例,早在晚清两江时代,因军政衙府商家学堂云集,南京市面上南北餐饮商业店铺一向较为发达,民初时期更趋繁华。其中有些菜式,闻其菜名颇有"民国风情",如"逸仙豆腐",因孙中山喜爱而得名。菜式设计也不无绝妙之处:此菜原产广东省博罗县,称"瓢豆腐"——就是把豆腐中间挖掉一块,填上调入姜葱末屑的肉馅,盛盘后蒸食之。如今不少港式茶餐厅亦有供应。还有一道"胡先生豆腐",为原民国时期的"首都饭店"(今"华江饭店")所创,其中也有典故:南京著名的回民餐馆"马祥兴菜馆"颇受当时南京学界领袖胡小石、胡翔东二位教授青睐而经常光顾,店家自然百般逢迎,不时有新菜推出,让二位品尝定夺。有一次菜馆厨师用鸡肝、虾仁等鲜嫩配料做了一道豆腐菜,二位胡教授吃后夸赞不已,店家大喜过望,以招牌菜推出,历久不衰。社会上食客遂呼之为"胡先生豆腐",戏谑二位宛如今日之产品形象大使或代言人。还有当年新街口福昌饭店(传系蒋夫人宋美龄入股投资创办,抗战后改称"胜利饭店")招牌菜"美人肝"等,皆为民国官宴必备之佳肴菜式。这些民初创新菜式在近百年后被人们"发掘"出来,标以"民国菜式"头衔,其究竟正宗与否,早已无从考证。

在晚清至清末还颇为流行的宫廷菜式(如"满汉全席"、宫廷面点等)虽在各地顶尖级的酒楼、饭店仍为吸引高档客户的招牌菜式,但在民初时期均已逐步被改造成席面规模较小的新型菜式以争取中高层客源。如赫赫有名的"满汉全席"常规酒菜筵席,逐步被缩编为"八大八小""六大六小",甚至"四大四小"。如"八大八小"即为民初时期常见的高级肴馔,包括"八大件"和"四冷四热"。这个餐饮业传统菜式改造出新的大趋势,在上海、广州、北京、汉口、南京等大城市一线酒楼尤为明显。"八大件"菜式标准依各地饮食习俗有所变化,如老北京"八大件"系原汁原味的旗人标准宫廷菜式:雪菜炒小豆腐、卤虾豆腐蛋、扒猪手、灼田鸡、小鸡珍蘑粉、年猪烩菜、御府椿鱼、阿玛尊肉。在广州则调整为自清末发明、在民初广受食客欢迎的各种粤菜新创菜式：红烧大群翅、太史田鸡、炸锅巴、文昌鸡、滑鲜虾仁、白灼螺片、什景冷拼盘、金华玉树鸡（即火腿拼鸡）、鼎湖上素、京都窝炸、江南百花鸡、香糟鲈鱼球、生炒排骨等等，可凭食客喜好而任意组合。

之所以后来川菜在全国八大菜系中一直占据了近现代中国百年餐饮业的靠前排名，民初成渝川菜餐饮业的"大众化改造"最为彻底，是主要原因之一。川菜也是在民初时代这种"餐饮大众化"的改型趋势中一举奠定了自己的基本菜式，一直影响到今天的当代餐饮业：如创立于晚清同治年间成都市面的"麻婆豆腐"、初见于民初成渝的"废片"（即卤制牛头皮脆片，30年代被改进成著名的"夫妻肺片"）、川北凉粉（豌豆粉）、甜水面等。川菜的菜式层出不穷，异常丰富，但传至今日的菜名有些出处可考，有些出处失考，有些则疑为民初之后才发明的新菜式（如怪味鸡、鱼香茄子等）。

晚清湘军兴起后盘踞江南多年，所遗事物之一，便是湘菜自此在江南诸省名噪一时。晚清起至民初时期，湘菜几个招牌菜式有：湘南的蛋皮肉糕、红烧肉（疑为借鉴浙菜"东坡肉"所创）、粉蒸肉；长沙的火焙鱼、家常腊肉、扣肉、血肠、剁椒鱼头；岳阳的竹筒鲈鱼等等。最值得一提的是湖南腊肉。腊肉南北诸省均有出产，但制法大不相同。江西腊肉用烈日暴晒，耗去油脂而成，其味嚼口遒劲；四川腊肉以明火柴薪烤制而成，其味浓香爽口；甘南则以炭火窖焖而成，其味酥软细腻。唯湘人熏制腊肉，颇为考究：不拘猪腿、猪脊、猪头、猪肠，抹盐粒、花椒腌制数日，再取稻壳、花生壳、栗壳燃烟，使肉料密罩而久熏之，长达十数日，自然腌腊诸味焖透入里。蒸而食之，其味醇厚悠长，诸腊不可比肩。

与粤菜、川菜的变身成鲜明对比，京菜中的宫廷菜式和苏菜中的淮安菜式，都因为放不下自己的"皇家身段"，在民初十几年中就被逐渐淘汰出商业性餐饮业，甚至在民国时期被大众消费者彻底遗忘，成为极个别餐馆酒楼的"保留性菜式"，日常难得一见。

大上海的"本帮菜"，出自苏浙两地民间菜肴的杂混品种，原本不登大雅之堂，但在民初时期的大众餐饮崛起时代快速发展，成为苏浙沪一带众多餐馆饭店的供选菜式之一，有些饭店还以此为特色招揽中下层顾客。家厨式、平民化是民初时期上海"本帮菜"的重要特色，也是最主要的卖点。如普通市民日常自家菜式中的秃肺、圈子、腌笃鲜、黄豆汤等普通、廉价的食材和菜式，加之不断吸纳外地甚至外国（南洋咖喱、西洋奶糊、东洋芥末等做法）菜肴的长处，在民初时期新创了一批上海"本帮菜"看家菜式，终于奠定了自己在南方餐饮中的一席之地。后来在民国中期本地和苏浙地区，上海"本帮菜"风头强劲之势，甚至不输给久已成名的粤、川、浙、苏诸菜。上海"本帮菜"炒菜中，荤菜中特色菜有葱爆河虾、红焖大虾、响油鳝糊、油酱毛蟹、干烧河鳗、红烧圈子、佛手肚膛、红烧回鱼、黄焖栗子鸡等等，既体现出上海"本帮菜"原出身于江淮民间家常菜肴"浓油赤酱"的特点，又反映出民初时代上海新市民清淡鲜香的新口味。尤其是上海"本帮菜"的纯蔬清炒菜式，独树一帜，皆以茅草般时令小蔬菜和民间野菜（如马兰头、荠菜、鸡毛菜、小油菜、豌豆苗、芦蒿等）

为基本食材,辣锅清油,蒜姜佐味,入锅翻炒,须臾即罢。碧绿的菜色,原型的食材,加之清亮的油润度,这是个符合时代变化的革命性菜式改进,一扫清末餐饮业各味蔬菜在菜系中不入调的配菜地位,竟使上海"本帮菜"成名菜系,并在后来的几十年一直深刻影响各大菜系各种层次的菜式,成为百年中国商业餐饮和日常家用菜中蔬菜类菜肴的主导菜式。

西餐业在民初较清末有进一步发展,但仍然规模不大、消费群偏少,且集中于少数大都市(如上海、广州、北京等),特别是在民初餐饮业的"大众化改造"浪潮中未见有所作为,仍与大众消费、民生饮食格格不入,尚未形成各地餐饮业不可忽略的主流菜式。西餐业凭借快餐和饮料、冷食三大形态占据中国餐饮业一席之地,是几十年后的80年代的事情了。故本章节略过不提。

与商业餐饮"大众化改造"相呼应,粤、川、沪、津、汉等地大城市的茶楼也出现了大众化、商业化的趋势。如广州清末开办、在民初名声大噪的"南园酒家"(老板是绰号"酒楼王"的陈福畴),率先以"四局"招揽顾客:"雀局"即麻将牌局、"花局"即陪酒饭局、"响局"即召乐队席前演奏、"烟局"即以鸦片待客。一时间生意红火、财源广进,众茶楼纷纷效仿。"六国大饭店"更加别出心裁,率先聘请年轻貌美的少女做侍应,并在羊城各大报纸上大做广告:"女侍接待,周到殷勤",致使"六国大饭店"以新潮自居,独领茶楼风骚。广州市区"六国大饭店"所在的太平南、西堤二马路口一带门庭若市,车水马龙,几十年风光无限。

也有以文明进步为招幌的新式茶饮店铺在民初时期涌现。如民初时期20年代广州永汉路高第街上,曾有间"平权女子茶室"开办。取名"平权",大有呼吁妇女解放,男女平权之鲜明政治倾向。后在广州"酒楼茶室工会"的积极干预、阻挠下,短命收场。

民初时期成渝两地的茶楼也迅速"大众化",高档茶楼、茶庄精美菜肴、西式糕点一应俱全,美女侍应、西洋音乐不可或缺。但更多的简式茶楼大量涌现:讲究些的要一壶茶带两只杯子,另有卤菜、干果若干,市民在此可会商、交际、"摆龙门阵"(川人俚语,闲聊之意);不讲究的一壶茶梗、一碗沱茶而已。另有穷"棒棒"(指以一根竹杠帮人抬货的挑夫和抬轿脚力)在此歇脚进食,唯一碗"豆花"(一种川地民间豆制品,类似江南豆腐脑,但吃口粗糙许多,皆以花椒、朝天椒伴食,极度麻辣,极为下饭)加一碗籼米而已。

民初时代商业餐饮"大众化"还特别体现在各大中城市的餐饮小吃摊点、小吃担子急剧增多。据民国十一年(1922年)上海租界工部局的一份关于征领"临时饮食摊点"营业执照的统计,仅租界辖区申领户数已达两千多户。租界外饮食摊主及避税摊贩理应人数更多。据此推论,仅上海一地,小吃摊贩从业者也许已近万人。小吃摊点、小吃担子原型是北方乡村庙会、南方乡村赶集(西南称"赶圩")的速食摊点,从清末到民初形成了每个"都市生活圈"不可或缺的补充性餐饮业:公家人(部员、文秘、警察、巡捕、消防员、职员、护士等)的早餐、劳工(部分没有条件自备午餐的工人搬运夫、脚力、黄包车夫、杂役、清道夫、清洁工、机修匠等)的午餐、上流社会人士（洋行帮办、商行协理、店铺老板、政军官佐、文化名人外加富家女眷、牌局赌徒、青楼男女等等）的夜宵，以及外地商旅游客的一日三餐。新时代的崭新作息生活习惯，很大一部分正是依靠这些品种丰富、价格低廉、分布广泛、进食便捷的固定或游动式小吃摊点、小吃担子才得以形成。民初时期各大城市的城镇"都市化"趋势，在"三位一体"（定点饭庄酒楼、家宅烹饪店铺、游动小吃摊点）的新型的商业餐饮方式保障下，初步建立了每个"都市生活圈"餐饮业的"立体服务模式"，并且持续发展、流传百年，既吸纳了大批食材、菜式、面点方面的设计—制作人员，也吸引并培养了无数的固定、流动消费者和爱好者。

民初时期的各地小吃，由于缺乏可信资料（加之我个人的见识浅薄）而无法全面总结，唯几个"都市生活圈"建立较早的大中城市迄今仍保留着清末民初此类小吃摊点的特色，分别成为这些城市真正有含金量的文化名片之一。这些地方特色小吃的出处一般已无从考据，但从民初起就一直延传、流行，大多迄今尚存（也包括现在名称还在、但已名不副实的那部分）。以下仅以上海、长沙、南京、苏州四个地点（并称"民初四大小吃"）作为民初时期地方摊点小吃简述一二：

上海城隍庙小吃摊点聚集区，成形于清末时期，后在民初时期急剧拓展，占据了老上海开埠时代旧城商贸中心周边偌大一片市区。其小吃品种在清末时代以接近上海的江浙民间面点为主，如无锡的小笼包、苏州的阳春面、南京的小馄饨、杭州的小汤包、安徽的萝卜丝饼、苏北的黄桥烧饼等等，尚无本帮特色。至民初时期，各店家在食材、造型、配料上糅入自家特点，逐渐形成一批有地方特点的上海小吃，如城隍庙"南翔馒头店"的小笼包，"满园春"的百果酒酿圆子、八宝饭、甜酒酿；"湖滨点心店"的重油酥饼，"绿波廊"的枣泥酥饼、三丝眉毛酥。此外民初时期城隍庙一带餐饮小店还新创了一些新菜式，如塞入肉糜的面筋包（油面筋为无锡苏州一带苏南民间食品，面粉水洗搓揉去除麸粉，仅留胶状面筋，过油煎炸成球状泡囊）、百叶卷（百叶指江南地区特有的豆腐薄片，比入汤类豆腐皮略厚）、糟香田螺（酒糟烧菜是浙菜绍兴风味特色，田螺指江南特有的稻田内大粒螺蛳，挑出螺肉剁碎并掺入肉糜、葱姜，回填入壳，以红糟炖烧入味）、余鱿鱼等等。这些民初时期的新创小吃、菜式，大多数流传至今。

著名的长沙火宫殿小吃摊点聚集区，其基本规模形成于民初时期，在整个民国时期（除抗战初期战火毁城外）一直生意昌隆，一派火红。据80年代轻工部对各地餐饮工商业调查的不完全统计，长沙小吃中初创于民国初年、在80年代还在存留的"传统小吃"较著名的品牌有：姜二爹的臭豆腐，李子泉的神仙钵饭，张桂生的馓子，邓春香的红烧蹄花，胡桂英的猪血，罗三的米粉及三角豆腐、牛角蒸饺等，共三百多个品种。

大清的康乾时期，造就了南京夫子庙地区的百年繁荣。自晚清太平天国之"天京"被清军南北大营夹攻多年，最终被曾国荃（曾国藩九弟）率军破城而灭，屠城三月，十里秦淮一度破败凋敝、惨不忍睹，十数年不得复兴。迟至晚清，夫子庙又恢复昔日繁盛之貌，成为南京城最热闹的商贸娱乐场所，画舫彩灯、曲韵桨影，一派歌舞升平。六朝十都的南京，自东晋后一千多年内，过半时间一直作为中国古都，是典型的移民城市，南来北往，人口结构流动性较大，故菜肴一向少有自己特色，满街饭庄酒楼，多半是外地人开办的。唯小吃、面点颇有特色。晚清起城南（包括夫子庙）一带的小吃，开始作为南京地方餐饮的招牌，驰名南北。在民初期间，南京的地方特色小吃中较著名的品种有：油炸干（分香、臭两种）、豆腐脑（以虾皮、麻油、香菜、酱油佐味，与重庆麻辣豆花和汉口甜味豆腐脑大不相同）、五香回卤干（以老母鸡汤为底料，加油炸豆腐干、豆芽、葱蒜）、五香茶叶蛋、酥烧饼（以半熟面反复揉搓，每次揉搓间歇皆抹上鸭油或菜油，撒上小葱，最后团而摁之，再洒上芝麻，贴附于炉膛内壁烘烤而成，食之酥香松软）、小笼包（正确说法该是"小汤包"，上佳者以筷提之，透过光影观察，能看出薄皮小包内卤水中半浮着一粒肉丸）、小煮面（以南京特色之荤素菜蔬如皮肚、香肠、马兰头、青菜秧子之类混煮而成）、茶糕（粳米和糯米搭配混磨成粉，填入木模碗中，洒少许色染之果脯萝卜丝彩条，上屉笼汽蒸而成）、辣油馄饨（以极薄之面皮稍抹肉糜，抓捏成形后入锅一滚即捞，再加入辣油，充饥不可，唯喝汤畅快而已）、四色汤圆（糯米粉搓团，一碗四只汤圆，有咸甜各异四种馅料：肥膘丁、瘦肉糜、赤豆沙、花生泥）等。民初时期还有几道南京独有的佛教、回教食品亦为南京小吃之特色：牛肉锅贴（小嫩牛肉糜入酱料佐以葱姜末为馅，码放至平底锅生煎至底部呈焦黄硬壳而成）、兰花干（取矩形豆腐干，正反两面用刀刻画斜纹，拉扯时呈类似栅格状，油炸后以蘑菇浓汤卤煮而成）、金刚脐（半熟半醇面头，内有赤豆馅料，发酵中以刀划割，使之呈五角星状，似佛教壁画之护法金刚脐眼状，故而得名）、油球（半发酵面头，内有赤豆沙馅，入锅油炸而成）、京果（糯米粉条，如手指状，入锅油炸而成；坊间顽童俗称"猫屎"）、沙琪玛（以油炸馓子浇注蔗糖和高粱饴混合的糖胶，凝固后切块而成）等。

　　苏州本乃鱼米之乡，素有"天堂"美誉，物产丰富，衣食光鲜，其小吃、糕点亦名满天下。现有资料表明，自清末民初，苏州的民营工商业便趁势崛起，新型现代城市化程度，竟先于江南地区的毗邻诸城，如上海、南京、杭州、宁波等地。民初"大众化餐饮"兴起后，苏州的观前街（因玄妙观而得名）小吃，民初至今，在江南诸省颇负盛名。清末民初时期成形的苏州著名小吃有"五芳斋"的五香排骨，"升美斋"的鸡鸭血汤，"小有天"的藕粉圆子、炸酥豆糖粥等；此外还有"观振兴面馆"的各种苏式面条（以细面加猪油、酱汤、小葱煮食的"阳春面"最为著名）、千张包子、净素菜包子等等；此外还有供人们茶余酒后闲吃的品种：糖粥藕（藕段与蜜汁糯米煮食，因眼中充盈米粥而得名）、盐金花菜、腌黄连头、去皮油氽果玉、油氽黄豆、酱螺蛳、油氽臭豆腐、油氽粢饭糕、烘山芋、油三角粽等。

　　总之，民初时期各大中城市商业餐饮的繁荣，促进了不同层次（酒楼筵席、店铺菜肴、摊点小吃三大形态）的城市餐饮生活配套服务模式的形成。酒楼筵席的创新特色是"中西合璧"，既保持了部分原有满清传统宫廷菜式、配料、制法、烹饪的正统特点，又引进了西洋菜和家常菜中部分作料、刀工、烹饪方面的长处，形成了一线餐饮业现代商业化的新特点。店铺菜肴多以家常小菜为其特色，物美价廉，丰俭由人，无论是菜式、配料、刀工、烹饪，最讲究的是简明实用，以符合正在迅猛"城市化"进程的社会中下层消费人群的切身餐饮服务需求；它们是民初时期餐饮业"大众化"趋势的主力军。摊点小吃则以分不同时段、不同地区地满足各色人等的饮食需要为自己的生存之本，船小调头快，成本低、投入小、收益快、效率高，或街巷游走、沿途吆喝；或设点摆摊、固定贩售，是民初时期城乡普通民众日常生活最不可或缺的商业餐饮业态。

民生设计在这一类餐饮的菜式、配料、刀法、面点等方面的设计创意，是这一时期商业餐饮的重要技术成就，在提升了民生时期中国商业餐饮"色香味俱佳"的传统风格的同时，也促成了民生设计餐饮类"软性设计"自身水平的极大提高。正因为这段时期的崛起和发展，才奠基了后来百年来长盛不衰、誉满全球的现代中华美食餐饮业的持续繁荣。

南北各地在民初时代的餐饮小吃，都有不同程度的发展、创新，只是由于本书尺幅有限，加之本书作者见识所限及资料欠缺，既无法一一道及，亦无法一一求证，实在没有把握，怕闹笑话，故而有意回避。

民初茶餐业也是商业餐饮的重要组成部分。各地茶社、茶馆已不完全是消闲场所，在民初时期城市商贸交易、社交往来、民事调解中，茶馆已充当了重要的聚会场合。如买卖纠纷、邻里争执，甚至黑道议和，很多都是借助喝茶形式商议摆平的。据民国老人石三友回忆，民初时期的南京茶社经常是调解各类纠纷的场合，如黑帮、道会两派发生冲突，一时骑虎难下，遂约时定点在某茶社"摆场子"；各自请出黑道公认的头面人物为其撑腰壮胆。无论事由曲直，如一方请出的大角色来头更大、名气更响、辈分更高，另一方则必须"给面子"，听凭在场头面人物评判、发落（详见石三友《金陵野史》，江苏人民出版社，1985年版）。

民初时期的各地市面茶饮发展迅速，并各自形成了不同的风格特色。如在广州、潮汕、香港一带被叫做"茶餐厅"；在北京、天津、保定、太原和成渝地区以及东北各地都被叫做"茶馆"；在上海、南京、杭州、苏州等江南一带，则被叫做"茶社"。其经营项目大同小异，除各式饮品（不但有茶水、酒水，南方的上海、汉口、广州茶社还最早出现西洋咖啡、冷饮等）外，还供应各类简餐、小吃、糕点、零食（坚果、果脯、瓜子等）。不少茶餐业经营者还挖空心思，提供各式地方特色小吃以招徕顾客、广开财源。如扬州茶社在清末民初时期的主打小吃就是"大煮干丝"（一种用鸡汤卤煮的白豆腐干细丝）；民初杭州茶社以提供西湖藕粉及各类湖产鱼虾小菜为特色。

清末民初，南北城镇餐饮业的兴起，也带动了民营酿酒业快速扩展；同时，酒业的现代营销概念也在逐渐成形。彼时酒风为南人嗜饮黄酒，北人爱喝烧酒。甲午—戊戌后，全社会"商战救国"呼声渐高，展会盛行，通过不间断的国内外参展与展销活动，一批中国酒品被推向社会"商战"的前台，酒业厂商也部分结合洋人的包装装潢设计的现代意识，开始进行商标注册、酒瓶标贴、海报宣传，逐渐在清末民初时期的国内外市场创建了自己一定的商业声誉。民初时期一批中国知名的酒业品牌有：绍兴的花雕、山西的汾阳、陕西的凤翔、江苏的洋河、贵州的茅台等。

洋人洋商原在晚清便有啤酒厂店开设,如俄商1900年创办的"哈尔滨啤酒"和英德合资1907年创办的"青岛啤酒",但消费者多为在华洋人洋商,本地客户不多。民初时期,洋式文明生活方式风靡一时,南北各大中城市啤酒消费者大为增加,尤以新学、洋务青年为甚。营销旺盛,洋人自然追加投资,开办新厂,布设售网,民初时已遍布穗、沪、平、津、汉、宁等各大城市。

民初时期的各地餐饮瓷业,通过一系列国内外博览会参展、获奖,在餐饮具和包装容器的设计方面获得了长足进步。如后来在整个民国时期声名卓著的釉下五彩烧制的湖南醴陵瓷器和迄今瓷瓶容器百年未变的贵州茅台酒,双双于民国四年(1915年)在美国旧金山举行的"巴拿马太平洋万国博览会"上荣获金奖。它们都是由中国人自行设计、烧制的,也是中国民生设计产品第一次在世博会获奖,意义重大。自此国内业界群起效仿,极大地促进了中国餐饮、食品类包装设计产业的快速发展。

清末民初时代,是中国烟草行业的初创时期。清光绪二十九年(1903年)的德伦烟厂、清光绪三十一年(1905年)南洋华商简照南的"南洋兄弟烟草公司"、清光绪三十年(1904年)的三星烟公司等,是近现代中国第一批中国卷烟工场。除上述几家清末已创办的企业外,民初时期较著名的烟草公司有:民国六年(1917年)创立"华成烟草公司"(一直以"美丽牌"卷烟享誉市场);张心良、朱子云于民国十四年(1925年)开办的"大东南烟草股份有限公司"(品牌为"红牛""三伟人""白兰地"等);民国十五年(1926年)严惠宇创办的"大东烟草股份有限公司"(品牌为"邮政""醒狮""飞虎""金塔""香槟"等)。各地民初时期前后较为知名的国货卷烟品牌还有:民国六年(1917年)创立华成的"美丽"和福昌的"孟姜女",华达的"天女""玉女",和兴的"红妹",南洋兄弟的"美女",华品的"三妹",华菲的"白小姐""白姑娘""黑姑娘""金姑娘"等等。

洋资"英美烟草公司"从清末起就一直占据中国烟草产销行业的"龙头老大"位置,民国初期也不例外。直到解放前,"英美烟草公司"占据中国卷烟市场大约六成份额。"英美烟草公司"清末出品的"老刀"、民国三年(1914年)出品的"三炮台"、民国五年(1916年)出品的"大前门"和"大英"、民国七年(1918年)出品的"哈德门"等,无论在卷烟品质还是图案设计、包装设计、标志设计、文宣设计各方面,客观上为华商企业提供了现代化民生产品设计的学习范本,也一直是国货卷烟的赶超目标。

民初时期的副食品产业(烟草、酒类、果脯、糕点等)的商品包装、容器、海报、广告设计,和其他民生杂百货商品(除副食品外,还有牙膏、香皂、面霜、药品、火柴盒、卷烟纸及其他日用百货等)的纸本包装与广告设计(墙贴、报纸和杂志广告、月份牌等)一并成为现代中国民生产业平面设计最早的先驱型产品,不仅奠基了民生商品的平面设计,而且带动了印刷装潢、包装容器、展品陈设等民生设计领域相关产业的快速发展。

三、民初时期民众居住方式与设计

民初时期可以称之为"民居"的主要居住类建筑共有四大类：

1. 宅邸府院式民居建筑。

主人多半是满清遗族、豪绅富贾、洋行帮办、侨商家眷、社会名流、民国新贵。过去阔的，现在丢了花花江山，失去了营生，却驴倒架不倒，即便是不争气的八旗子弟们卖光了家当，还是有不少居住在昔日祖业房产里。新兴暴发户的商人、文豪、军政要员的家眷亲属们，要么自己拿银子依葫芦画瓢照着满清王府、贝勒府复制修造；要么直接从已穷极潦倒的昔日龙子凤孙们手里买下，再仔细修缮一番。辛亥革命后的前二十年，北京朝阳、景山、崇文门一代，曾保留有不少这样的深宅大院。这些勉强可以称之为"民居"的住宅建筑，在构造、朝向、布局、功能上大同小异。奉天（沈阳）和天津、福州、昆明等地，都有这样的"准民居建筑"，一般都有完整的院落、天井、楼栏、东西厢房；讲究的还有回廊、照壁、大宅门。这类"准民居建筑"今天在北京和部分北方大城市统一被叫"四合院"；中小城市则被叫做"乔家大院""王家大院"。

"在（民初时代的）北京，出现了所谓'四合院欧化'的新态势，即在保留传统四合院的基本格局上搞点洋化：简单的玻璃窗代替菱格子糊纸绢，复杂的搞点外国式柱子、拱券点缀一下。以后，不少四合院房屋布置进一步模仿西式格局，比如把厨房、锅炉房、配餐室、餐厅布置在一起，内有地板、护墙板、水汀、吊灯，设备则有抽水马桶、电话等。如此，既保存四合院的传统格局，又吸收西式房屋的优点，可谓中西合璧，相得益彰。"（吕剑波《辛亥革命与衣食住行》，载于《西安晚报》，2011 年 10 月 16 日）

沪、穗、港、津等新兴大都市，还有不少阔富"平民"买下了不少离华洋商的各式住宅，一般都是二至三层的小洋楼，各国建筑风格尽展风采，尤以英伦和德意志样式为盛。小洋楼内生活空间分布尽如洋人，客厅、阳台、主卧、客卧、育婴室、卫生间、厨房、用人卧室、储藏间一应俱全，且装修多半几近奢华。楼外一般也有自属的网球草坪、露台、院墙、门楼。今上海静安区和徐汇区宛平南路、康平路一带，尚保留着百年前洋人修建、品相相当完整的、原汁原味的此类建筑，现在被统一叫"花园洋房"。外地如南京、武汉、天津、广州、杭州、重庆等地的清末民初这类花园洋房的存留状态就不敢恭维了，多半沦为地方政府和开发商合谋的牺牲品，大多数被推土机一铲了账。即便有些劫后余生的民初时期的高档民居建筑，多半也被改造得面目全非、俗不可耐、不伦不类了。

北方大杂院的情况与此类似。原来都有高墙大门、天井围栏，形制规整、样式宏伟。改朝换代、人事变迁后，多半是原住户别无生计，自愿出让或分租给多家新来住户，后来渐失产权，迁移他处；新房东则继续分租或出售，借此谋生；更新的房东如法炮制。周而复始、循环往复，久而久之，这些里弄杂院的主人就无从考证、不知道被换过多少茬了。

2. 里弄杂院式民居建筑。

主人多半三教九流，但基本都有固定职业，如洋行职员、长官侍从、政府部员、店铺老板、记者编辑、教席文吏等等。这类民宅一般形式多样，虽有单门独户，却无草坪、院落，且大多数合租群居，几户一栋楼或几户一个院。这些成片的住宅区居民共用门户、院落、通道、照明。"里弄"概念源自上海石库门式建筑。清末大批洋人技工、随员、小投资商和冒险家们涌入沪上，洋商瞅准商机，遂在中心区域开发修建了大批不同于"花园洋房"的简易样式的西式住宅向来华谋生的穷洋人们出售或租借。后来这些简易洋楼的"原住民"们要么发财离开，搬进了更豪华更舒适的"花园洋房"，要么投机失败仓皇离开，低价出售或租借给蜂拥而至的外地来上海的江浙乡绅、本地"寓公"以换取现金。新住户则要么自住谋生，在上海滩打拼天下，最终成为地道的上海上流社会成员；要么安于现状，将住宅分租给后来上海定居的、暂住的各色人等。这些新来的"上海人"有少部分谋生有道获得成功，将租借的居所买下，就此落地生根或另择佳所；大多数如潮涨潮汐般的匆匆过客，往来无定。民国初年的南京、天津、武汉、广州、厦门、苏州、成都等大中城市，都存在与上海石库门"弄堂式民居"类似的大片居民区。

较早的石库门民宅，始为洋商设计、建造。民国五年（1916年），首批落成的石库门里弄建筑为东、西"斯文里"（详见《上海地方志·上海建筑施工志》，上海市地方志办公室，2002年版）。早期石库门民居的布局和建筑风格，既吸收了某些江南民居的特色，又具有西方城市民居的特点，算是兼容中西的经典样式。它保有中国式的礼仪空间"堂屋"（上海人称之为"客堂间"），可以从事一切以家庭为单位的重大活动：从家族聚会到接待客人，从全家聚餐到婚嫁礼仪等等。其他居住空间如前楼、后楼、正房、厢房，都有具体的区域功能划分，突出"长幼有序、尊卑有别"的传统理念的同时，兼顾了西方建筑对不同家庭成员个人私密需要的设计特点。其紧凑空间与高使用频率的设计风格，完全是由于这些建筑本身最初就是为刚来上海、尚未发迹的洋人冒险家们设计的，自然在投资成本、空间利用、材料节省等环节力求"低投入、高产出"的设计主张。这是西方实用主义设计的价值观在中国建筑上应用的良好结果。特别是后来二三十年代石库门住宅区普及了西洋式煤气、水电、厨卫用具以及巷道内的街灯照明之后，上海"石库门"民居建筑成了西式民居建筑在中国社会最成功、最值得效仿的民居建设范本了。

"里弄杂院"这种住户人员结构成分复杂、居住长短不定的民居特点，构成了民初时期开始的"都市生活圈"特有的城市景象。里弄杂院式民居，是每个大城市都有的、占社会绝大多数人口比例的中下层市民从民初时尚未发迹期一直延续到90年代的中国市民社会的最普遍、最重要的基本状况。它成就了大都市特有的市民文化，也谱写了民国时期都市化新社会"小市民情调"的主旋律。

3. 棚户式民居建筑。

这儿所称的"棚户式民居建筑"，不仅仅指上海等大都市市区和近郊大片外来劳工搭建的临时性住所，而且是民初时期广大城乡民众的常年住所。都市"棚户式民居"通常搭建于城市繁华之地的租界、商业区外延和近郊空地、内河坡地。清末民初各大城市人口爆炸性增长、市区面积日益膨胀，都和无数在"棚户式民居"安身的外来务工人员的大量涌现有关。都市"棚户式民居"的建筑材料通常什么都有，从充当梁栋柱栏的树木、废弃钢管、胶皮电线，到充当墙体的竹编篾片、破旧木板、洋油桶皮，甚至纸盒布片，再到充当屋顶的货箱木板、稻草芦苇、破旧毛毡、锈蚀铁皮，唯求遮风避雨而已，其他功能就一点谈不上了。

还有种造价更低廉的穷人居所：民初苏州河两岸颇多茅草棚子，都是河中船民与逃荒来沪的流民搭建的。这些草棚结构十分简陋，用竹片扎绳做成三角骨架，铺几张芦席，就地一卷，再用草绳绑缚结实即可，由于草棚矮小，里面无法站立，大点的也仅能蹲着，小的只能老老实实钻进去躺着。故而被上海市民戏称"滚地龙"。

其他城市情形也大致如此。"市内贫民，大部麇居于台西镇之挪庄、西广场等处（指青岛市区），矮屋一椽，仅能容膝，起卧炊涤胥在其中，甚者支板为棚，合居三四。"（赵祺修编《胶澳志》，胶澳商埠局，民国十七年版）

4. 乡村农舍。

民初时期华南、江南、长江中游区域的南方农舍多为土坯墙体（条件好的还有砖墙）、茅草顶盖（条件好的还有瓦片铺陈）。农舍室内一般有粗放的简单功能划分：靠窗部分是放床架的位置（北方多砌大炕）；迎门的是"餐厅"兼"会客厅""书房"，仅以一张四方"八仙桌"、几张条凳为中心。家有成年儿女或几世同堂则需另辟单间。墙东侧另辟灶间，通常有门且挂帘布，以防烟气倒灌。灶间内有灶台，用以烧水烧饭，切、剁、烹、煮全在灶台上进行；靠墙有简易橱柜，或房梁悬挂竹篮、藤筐以放置碗筷餐具及剩余食物，并罩盖布片，以防老鼠、蟑螂爬入污染。灶间墙角堆放柴火，外接排烟通道和屋顶烟囱；北方农舍则内接大炕火道，为室内和大炕供

图2-3　民初百姓茅屋

暖。需要特别指出的是：民初涌入大城市的无数流民劳工在建造"棚户式民居"时，大多凭自己的回忆想象，用简陋材料、外行手段去努力复制自己曾生活过的住所。因此，南北乡村农舍多是各大中城市"棚户式民居"最直接的建造范本，唯力量所及有所差异而已。

民间乡村大户人家，于风水选址上则讲究许多。以华北、西北地区那些在民初时期修建的青砖黑瓦白墙红柱的乡村富裕庄户为例：大户庭院，以西为上，上房多在西侧，通常修得高大；两侧西厢为耳房，东房为对厅，南北皆为配房。井和窖都在南面，猪圈羊栏一般在院落南角西角，鸡窝则搭建在正房两边或西北。一般茅房在院落西南侧，街门则位在东北。各房坐落朝向，一般依八卦而定：有"坎宅巽门"（意思是正房东南门朝向）之说，所谓"正房东南门，越过越兴盛"民谚。"坎宅坤门"（意思是正房西南门），则疙疙瘩瘩不顺当。

民初时期西南少数民族山民农舍则多为竹木结构，类似原始干栏式建筑：以木桩悬架，其上铺陈楼板、屋顶。通常是人住中间，楼下圈养家畜，楼顶安放家珍细软、活命口粮。这种人畜混居的方式，俗称"吊脚楼"，既可防止潮湿地气，亦可养猪拴马，还可以提供夜间警示。川南彝族、湘西土家族、桂北瑶族、滇南傣族等，本书作者都曾去过，其"吊脚楼"民居选材、造型、建造工艺虽有差异，但大致功能原理基本近似。如人居空间，无论瑶彝土苗，竹木墙体上部都是通体空缺半截，仅镶栅栏斜条而已，为的是照明、采光、通风，兼有排烟的复合功能——因为这些山民一无例外，均在楼板中央放置火盆。火盆不仅仅烧水、烤食、取暖、照明，家庭成员的所有家事活动和社交会客，全是围绕着火盆进行的。卧榻也有少数学汉人铺设床架，但大多数仍以藤麻竹丝编结的网状吊床为主。20世纪80年代本书作者曾到多处山区留宿体验，湘西土家吊网睡一夜下来腰酸背痛，甚是不适。但较之在凉山彝寨品尝过睡楼板，绝无小虫、耗子夜间造访、爬挠啃咬，亦无裹毡煨火的烟尘灰土呛肺、黏稠油垢缠身之苦，始悟吊床之妙。

已知国内最早仿制西洋家具并形成产业的是山东"工艺局"。民国初年，清末创建的山东"工艺局"木作工场的家具产品已经有了洋味十足的新式木器，如圆雕花枝支架、中间镶着镜子的高大穿衣镜，当中有镜子、两边各有小抽屉而下边是橱子的洋式梳妆台，带有抽屉的桌面与两个小橱插拼而成的洋式书桌，以及洋式"安乐椅"（即摇椅）等等。此外，还有仿苏绣的绣花镜心和踏脚的小型地毯等等。民国二年（1913年），山东"工艺局"更名山东省"工艺传习所"，为省属官办手工艺工场，以"倡导实业、传习工艺"为宗旨，内设铜铁、毛毯、绣花、织布、木器、洋车六厂，雇员两千余人。民国十六年（1927年）更名"济南劝业场"。

民初时代，除上海外，天津、北京、汉口、成都、济南等大城市相继建立起一批西洋式建筑为主体的大型商场"劝业场"，都装配有西洋式自来水、照明供电等现代化设施。"天津劝业场"由买办高星桥创办，于民国十七年（1928年）开业。"天津劝业场"大楼由法籍工程师慕乐设计，建筑面积共2.1万平方米，主体五层，转角局部七层，为钢筋混凝土框架结构，为典型的折中主义设计风格建筑。周孝怀、樊起鸿在清末创办的"成都劝业场",整个商场建筑为砖木结构中西式楼房,全长近百丈,分前场、后场,场中间辟有东西支路。

四、民初时期民众出行方式与设计

晚清的光绪年间,北京、上海、广州及各通商口岸城市先后都开始拥有私人小轿车,车主多半非富即贵,与老百姓的出行没什么关系。清末民初各大城市开始先后拥有公交车,而且里程、站点、车辆数目增长较快。首先出现公交车的大城市是上海和哈尔滨,之后是天津、北京、广州、沈阳、南京、汉口、成都等。民初城市公交业的行车调度、经营管理、车辆进口和维养,基本依靠委托洋行订货和洋商华商合资经管。到民国十年(1921年)前后,各大城市第一批地方政府督导的民营汽车公司先后创办,但所有保养、维修仍由洋技师充当指导或直接操办。公交客车的车型则是五花八门,来路繁杂。上海、南京、杭州一带在20年代初的公交车,以美国道奇车改装居多,进口原车后拆去车后货厢原件,自行加装木件座椅、玻璃车窗及铁皮车厢,再喷涂油漆、绘上公司标记。公交车兴起后,引起社会广泛关注。在民初社会,"男女杂坐不以为嫌"(参照民国政府编《夏口县志·卷二·风土志》,民国十九年版)。因为乘客不分等级、性别,直接打破了"人分三六九等""男女授受不亲"的封建陈腐观念,树立了最早的社会文明风气。

民初时期的上海,在开办市区公交线路上领全国之先。民国三年(1914年)11月,上海第一条无轨电车线路在公共租界内通车,它离上海第一条有轨电车线路的开通,相隔了6年。同年,上海"环球供应公司"在市内开办了全国第一家"出租汽车"业务,当时汽车是稀罕物,一般一次能载客5人,按小时计费。到民国九年(1920年),上海已有"云飞""祥生"等24家出租汽车行,成为城区公共交通中一支主要客运力量。民国二年(1913年)8月,上海华界首条电车线路通车;民国十年(1921年)8月,上海开通了全国第一条公共汽车营运路线,业主为华商董杏生"公利汽车公司"。在此前后,不分华界、租界,英商、法商经营的公共汽车线路也在上海市区相继开通。20年代初,"沪太长途汽车股份有限公司"率先辟通了上海第一条跨省市客运班车线路:上海至江苏太仓浏河镇。随后,沪闵、上南、上川、上松、青沪、锡沪等长途客运线相继开通。截止到民初末期,上海已基本形成多样化的现代陆路交通网络(详见《上海地方志·上海公交志》,上海市地方志办公室,2002年版)。

除上海、广州、北京、哈尔滨、武汉、青岛、福州、南京等大城市之外,全国各省会及中小城市在民初时期均由洋资或华资先后开办了公交汽车公司(在30年代均收购为市政统一管辖的华资公司),也相继建设了一批市区公交设施。如福州市区的第一家公交汽车公司,属于全国除上海、哈尔滨之外,建立较早的城市交通企业。"民国七年(1918年),为标榜新政,实现福州市区通行汽车,福建督军兼省长李厚基发起创办'官商合办福建延福泉汽车路股份有限公司',推举李子寿、林惠亭(即林炳章)、刘莲舫、王君泽、龚鸿义为董事,张遵旭担任总经理。公司定股1 000股,股金银圆 10 万元,每股银圆 100 元。公司的初期经营路线是从水部门到台江汛长约 6 公里的道路。全线共通过 14 座桥梁,设站点 3 个,每小时对开一班。"(陈风《福州第一家公共汽车公司创建始末》,载于《中国档案报》总第 2 254 期第三版,2012 年 1 月 11 日)

作为民初时期城市交通的主要商业代步车辆,依然是清末时期引自日本的人力黄包车。百万以上人口的大城市,一般都有千名以上的人力车夫。黄包车是民初时期各大城市普通市民出行的主要客运方式。与清末不同,北洋民国政府在各地成立了专门的交管部门,一体模仿租界洋人工部局,对越来越多的城市黄包车加强管理,如天津、武汉、南京、奉天(沈阳)、杭州等地。不但要客运黄包车全数登记注册、领取"营业执照",还对黄包车的卫生、路线、车资、安全设备(客座簧垫、夜行照明、警示铃响等)有明确规定。

民初时期,连拉黄包车的车夫们,也有了"吃回扣"的风气:有次罗常培(注:北大语言学家)与友人包乘黄包车长途郊游,"打尖的时候,车夫把他们带到自己早已串通的地方,他们四人(注:指罗与友人)'随便叫了三个菜,每人要摊到六块多钱',可是那些车夫却在一旁大吃大喝,'有菜有汤,每人只出两块钱','两下里的收入和消费恰成反比',不由得罗常培不叹息,'十年寒窗不如一辆车皮'"(葛兆光《穿行书林断简》,社会科学文献出版社,2011 年版)。

民初时期,自行车开始逐渐普及。民初时江南人(主要是上海、南京、杭州一带百姓)对自行车很是好奇,把自行车称为"脚踏车",以区别电动、燃油、人拉诸机械洋车。因彼时经销自行车的各路洋商铺天盖地贴海报吹嘘此为"自行车","轻松省力,近乎自行",故此得名"自行车"。民初的自行车皆为欧美进口,价格不菲,不是一般普通劳工、平民都能拥有。至 20 年代民初后期,自行车已成为城市中产阶级标准的私人代步工具,时髦而经济,深受开明学生和时尚青年喜好。当时私人要拥有自行车,还需向租界工部局登记注册,办理"行车执照",甚是珍重。民国中期以后各城市车主仍需向国民政府地方当局的交管部门登记注册、办理执照。随着自行车拥有量快速上升,国内各城市逐渐开办民营修车行。20 年代起上海、天津地区的较大车行逐步开始靠进口零部件组装整车,甚至自行加工、生产部分配件。民初时期的各类自行车行业务兴隆,是当时被视为"技术含量较高"的城市服务新兴产业。

长途陆路交通在民初时仅有少量几条客运铁路通行,主要是晚清至民初洋资官资修造的中东线(满洲里到大连)、芦汉线(民国时改称"京汉线",北京卢沟桥到汉口)、汴洛线(开封至洛阳,后东西向拓展为陇海线,徐州至兰州,1913 年动工,1924 年通车)、南满线(安东至奉天、奉天至抚顺等)、湘桂黔线(株洲至贵阳、桂林)、粤汉线(广州到汉口)、津浦线(天津至南京浦口)等。在 20 年代之前,主要由政府督办、洋人经营管理;20 年代之后至北伐胜利之前,社会上国有化呼声渐高,北洋政府逐步收回了部分路段的客运管理权。

民初时期各地尚未有定班定点的长途客运汽车,民间陆路长途多为私人包车,由邮件班车兼营,班次、周期、起止时间都不固定。正式的民营长途客运汽车公司出现在 30 年代初。

城际、省际汽车货运业务是民初时代的"新鲜事",由沿海大城市和边疆通商口岸省份率先创办,然后逐步扩大到内陆省份。沿海城市首先在民初时期开办长途汽车货运的有上海、烟台、福州和汕头等等。这些汽车改装大多跟"公交车"是一个路子:从国外购进汽车底盘,再找些木匠来自行装配成自己心仪的大小车厢。这种方法后来普及内陆各省,成了民初货运汽车的"标准制式"。于是大小不一、五花八门且造型奇特的载人、拉货汽车,便出现在民初时期尚不健全的公路网尘土飞扬、泥泞不堪的各条土路上。

"据 1934 年末的统计,在当时可通车线路的总里程中,苏、浙、皖、粤、闽、鲁、桂、辽、吉、黑 10 个东部省份拥有 43 510 公里,占 51.3%,而藏、疆、康、川、滇、黔、陕、甘、宁、青等西部省区只有 14 789 公里,占 17.4%。"(戴鞍钢《交通与经济的互为制约》,载于《中国延安干部学院学报》,2010 年第 2 期)

民国十五年(1926 年)6 月,云南第一条官资公路破土动工。与此同时,云南地方政府向美国"福特汽车公司"购买了 4 架载重一吨半的货车底盘,将其改装成跑长途的拉货汽车。因昆明本身没有装配车厢的技术,又缺乏五金材料,只好凭想象用木料"酌情装配",结果 4 辆"外形很像精致马车"的"长途货运汽车"便诞生了(详见和丽琨撰文《民国时期的云南汽车运输业》,载于《云南档案》,2009 年第 9 期)。

民初时期各地还很少有加油站,多半由汽车行(采办、修理、装配汽车各项业务)及下属修车铺代理加油业务。据车行老师傅介绍,加油方法都是半手工方式进行的:先找一只标准的"华孚"汽油桶(直径 60 厘米,高 95 厘米),将其直立,上端开一个 5～7 厘米的圆孔,配一只有螺扣,可以盖上、取下的盖子。因长途客货运耗油巨大,一般上路都要自带这种油桶。要给汽车加油时,先要去车行"采油":将汽油桶搬下,再移到车行或修车铺必备的储油罐边,摘下储油罐标准配套的胶皮管一头,塞进汽油桶,"采油"就开始了,直到汽油桶被注满,就关掉储油罐阀门。再将注满油料的汽油桶移回汽车旁,用一只自制(可以找位会点焊接技术的白铁皮钣金工匠即可)的铁质"打油器"往汽车油箱里加油。这种"打油器"盛行于整个 20 世纪的中国城乡社会,横跨民国时期和建国初期、"文革"时期,直到 90 年代各地加油站逐渐普及开来后,才完全退出人们的日常生活视野。

民初后期水路客运发展较为迅速。著名的"民生轮船公司"(原名"民生实业股份有限公司"),由著名实业家卢作孚于民国十三年(1924 年)发起筹办,集资 5 万银圆,次年(1925 年)正式在四川合川成立。这是国内首家专门从事长江主航道和支线客运业务的大型民营航运公司,打破了一百多年来洋商对中国内河客运的垄断地位。至 30 年代初,"民生轮船公司"已拥有各式从外国订购的现代化轮船四十余艘,总吨位逾万。

民国初期南北乡村民众的日常出行,短途主要依靠徒步,长途则畜力代步、车船并济。因各地自然状况、地理环境、经济条件、乡风民俗很是不同,往往同为社会

图 2-4　民初客运小火轮

最底层的劳苦大众,其出行方式会有很大差异。

北方平原、山区普通农户出远门(主要是回乡省亲或投亲靠友),条件最好的是一辆胶皮大车由大牲口拉着,一家老小、全部家当载着,时走时歇,夜投客栈,昼行土路,一般日行可达百八十里。出远门没有大车,弄一匹大牲口是绝计不能少的,因为民初时期农村妇女多半还裹着小脚,走路过久多有不便,只能骑行。马、驴、骡、骆驼为常见脚力。往往媳妇、孩子骑着,行李分挂在牲口两侧和后部,男人则牵引牲口一路前行。再不济也要搞一架独轮车,把全部家当和媳妇、孩子全装上,慢走缓行,死扛硬推,倒是"辛苦一个人,幸福一家人"。车马全无的穷户出远门(主要是灾年逃荒、战乱避祸),状况就悲惨许多:男人往往一根扁担加一对箩筐,一头挑着全部家当,一头挑着还不会走路的幼年儿女;女人就更惨,也顾不得裹脚难行,只能自己挪动,还要分担部分重负,锅碗瓢勺、被褥衣裳不等,说不定还要搀扶老人。一家人挈妇将雏,一路苦挨,自不待言。

南方普通农户出远门与北方大同小异,短途步行,长途靠牲口、车船代步。最大区别在于南方多河流湖泊,东部苏浙沪、南部闽粤桂滇、中部徽赣湘鄂诸省乡村农户,皆喜择亲水而居,故而即便不专门搞客货运输、野口摆渡,只要稍有条件,自家均备有私船,如北方农户必备牲口、大车一般常见。各色船型则因各地水路条件而差异巨大,撑篙竹筏、带舵木排、摇橹乌篷、双桨舢板、扯帆仓船不等。因此,水路出行通常是南方大多数乡村民众长途出行的首选。南方水面较大的河流,明代起就能常年提供长途航行的各色"班船"(指有固定开航时间和大致到达时辰可预先告知供顾客选择的),沿岸还设有码头、货栈。民初时期,内河客运已覆盖长江、珠江、湘江、赣江、川江等主要航线并不断向各支线流域拓展客货运输业务。民初后期(指 20 年代中期)已有多只火电洋轮在各主航道往返,支流航线则仍依靠篷帆木船,滩浅处水少石多、船体浮力不足,则另需纤夫在河道两侧牵拉过滩。如长江、澜沧江中上游的怒江、岷江、大宁河、川江、枝江、乌江等诸多支线航道。纤夫拉船之山区独特景色,因 20 世纪下半叶水利大坝兴起,河道水容提升,可走机轮船舶而逐渐消失。

西南之川、贵、滇北、桂北多为山区,水路一般湾窄水急,崎岖险峻,利用率较低,民初时期的普通农户一般无法自家备船,故出远门多走山路。贫苦农夫徒步跣足(视路途长短,准备草鞋若干双,与淡水、干粮一道,挂于颈项、腰间备用),或背篓或扁担(西南多为竹枝杠棒)驮负行囊,自赶山路。家境稍宽裕的西南山区农户短途出行,则靠"滑竿"(一种竹制的简易抬轿,遍布西南山区)代步。

西南山区富户乡绅多包月包年雇用"滑竿"出行办事。甚至不少大户人家常年自家豢养"滑竿"脚夫,一如京城贝勒府之包养轿夫。小宗、短途货物可雇苦力杠棒挑运,大宗货物出运进山,则多雇用马帮、船队代劳。若短途出行走山路,则自骑马驮货,畜力多云川贵特有之马、骡:小个、短腿,但忍饥挨饿、耐力持久。

就民众出行方式这一块来说,民初时代的民生设计,主要集中在两大块:其一是对由洋行洋商输入洋产之代步用具(黄包车、自行车、公交车、小轿车等等)的修理装配和维护保养,在入场这些辅助性的"售后服务"中,中国小工们既接受了关于工业化(生活用具完全可以用机械化、标准化、批量化的方式大规模生产)对生活影响的最初概念,也接受了现代经营的市场化操作的最初培训,同时培养了自己最初的"设计"概念(实用性和适人性功能设计),因此,从这些开始仅是辅助洋技师们做小工的中国"机器仔"中间,后来诞生了第一批民营企业的中国工业设计师。其二是当时尚处于压倒性优势的传统出行方式开始逐渐接受处于萌芽状态的市场化"游戏规则",身不由己地引入商业竞争概念,来维持自己的营运。如轻便抬轿,有厢马车,甚至独轮车,都不约而同地在提高效率、降低成本、保持卫生、加强装饰等环节有很大改善,加之天然的低廉收费,以至于传统出行营运方式在日新月异的民国社会,居然还能持续了几十年才彻底消失。

五、民初时期民众礼俗方式与设计

民国初建,新成立的南京临时国民政府随即颁布一系列法令,号召民众废除一切前清所遗腐朽习俗,其中包括革新礼仪称谓的具体规定:废止社会日常生活中的封建礼节,取缔叩拜、请安、打千、作揖、拱手等满清时期的旧式礼节,改行鞠躬、脱帽、握手、鼓掌等西式文明礼节。提倡新式婚丧礼俗,废除各种落后、愚昧的旧式婚丧礼俗(参照《丁祭除去拜跪》,上海《申报》,1912 年 3 月 5 日第二版)。人际交往时的相互称谓,不得再用封建等级之"大人""太太""老爷""少爷"相称,一律代之以"先生""女士""小姐""君"相称。主张能够男女平等、尊重女权,严禁卖淫、嫖娼、纳妾,严格实行一夫一妻制,尊重私有财产独立权,不苛待佣工……(详见《东方杂志》第 9 卷第 4 号,1912 年 9 月)。音犹在耳,临时政府成立仅三月余旋告下野,让权于北洋军政府首脑袁世凯,可惜这些进步法令只能不了了之。虽然南京临时政府垮台,但其所散布的革命、进步主张在全社会继续传播、发展,以人道主义、解放人权、声张女权、维护民权为宗旨的各种社会组织、民众社团纷纷建立,遍及各大中城市;以知识妇女为首的新女性也大批投入政治运动。社会各阶层民众对国事政治发生兴趣日浓,各种集会、结社、演讲、游行、选举活动此起彼伏。

民初时期这些文明新风尚,必然给中国社会日常生活的方方面面带来巨大冲击。首先是女权思想的日益高涨,私房纳妾和召妓嫖娼被全社会猛烈抨击而有所收敛;一些新女性投身政治,热衷工商、文教,不断占据社会传统男人领域的职位,彻底动摇了千百年来的"男尊女卑"社会观念。其次是封建婚丧礼俗受到很大挑战,在相对开放的大中城市,新式文明婚礼已部分取代了旧式传统婚礼;自主恋爱、自由结婚已部分取代了父母包办、媒人礼聘;追思会、追悼会已部分取代了旧时祭祀仪仗、法事道场。再次是涉及普通民众的官司、纠纷的事件,在媒体舆论和社会名流的监督下,对天然人权和私有财产的维护程度有所提升。这些新生的文明事物对改良社会风气、树立国民意识、涤荡封建传统、开启民智、移风易俗,都起到了重要作用。

民初时代,全社会文化改造绝不可能一蹴而就。数千年封建礼俗和法统观念,依然在全社会民众思想中占有主流地位,尤其是中国广大城乡地区民用公共资讯事业尚未建立起来,极度缺乏文明事物传播、进步思想的引导,封建礼俗、宗法传统依然大行其道。特别是婚丧礼俗方面,大多与辛亥革命之前的清末时期没有什么差异。如南北广大乡村城镇,"父母之命,媒妁之言"仍是大多数人的婚姻观念,全凭家长意志行事,个人婚姻很少能自由做主。

图 2-5　民初文明婚礼

民初时期乡村传统婚俗礼仪主要有下列几个步骤：

首先是聘请媒婆。媒人通常由人缘较好、见多识广，且能说会道的中年妇女出任，事成之后都是要给付酬金的。媒人的主要工作是为结亲两家牵线搭桥、传递信息；媒人先代表男家上女家提亲、下聘礼。经对当事双方反复沟通、揣摩后，条件基本谈拢（以门当户对为准），媒人索取当事男女双方的生辰八字，着人掐算占卜；如八字相合，生肖相配，接着便是媒人主中，安排两家家长会面换帖，订立婚书。

一旦婚约成文，经双方签字或画押摁手印，即由媒人代表男家向女家交割彩礼（西北一带称之"小交"）；民初时期北方人家娶媳妇的彩礼，多寡丰俭，因人而异。一般彩礼须包括现银大致为五六十块大洋，另附成婚时交割的其他实物礼单。彩礼交割完毕，由媒人居中沟通，双方共商迎娶诸事：择定良辰吉日，通告亲属邻里，安排婚庆礼仪等等。

成婚之日，新郎着民国正式礼服长袍马褂，头戴黑呢礼帽，由其三服之内血亲（叔伯兄第等）组成迎亲仪仗，抬着实物彩礼和花轿，并彩灯、鼓乐同列，编队而行，前往接亲。待近女家村边，先放三声铁统轰鸣，谓之"花炮报喜"；女方闻之，由男性家长出院门，三揖迎入，自有茶饭招待一番。食毕，由"喜童"（一般由女家幼弟担任，如无未婚之至亲幼弟，则由女家未婚之叔伯兄弟出任）为新郎官送来"喜花"：一对金色凤翅，插于新郎礼帽两侧；一条带大朵团花之红绸彩带，交叉系结于新郎官胸前，谓之"披红挂彩"。

新娘出嫁前要精心梳洗打扮一番（西北农村说法叫"找全人"），包括剃脸（即以细线绞汗毛）、粉面、腮红、画眉、染唇几道工序。新娘全身穿红，大户人家嫁女则要全副凤冠霞帔。出娘家门时须头盖遮面，足穿绣鞋，臀下垫坐四折锦面被褥，由兄长（或年长之叔伯兄弟）抱入花轿。女家送亲队伍一般由三服内血亲之叔伯、姐妹、姑婶、姨娘等组成，会合男家迎亲队伍，一并吹吹打打，返回男家村落。近时亦先放三响铁统"花炮报喜"，再点燃火把照明，鼓乐大作。新人下轿，踩着预先铺垫的席道，直达婚礼厅堂之红毡。南方则有新人入门"跨火盆"之俗，寓意"小日子火红兴旺"。一旁则伴有众人"唱喜"，边唱吉利歌词边撒黑豆、红枣、花生、干草，寓意"早生、多生"，还要"花着生"。正式婚礼无非一拜天地（对祖宗牌位），二拜高堂（对香案两侧端坐之公婆），三拜自家小公母（夫妻对拜），然后就吃喜酒、闹洞房（素有"三天以内无大小"之婚庆礼俗，迄今犹存）云云。

民初时虽有极少数时尚文明丧事，但如此"忤逆不孝""大逆不道"，没有几个人能架得住亲戚朋友、街坊邻里的众口一致的声讨，愿意为此身败名裂、自毁前程，丧失社会立足之本。故而民初时代西式文明婚礼常有，西式文明丧礼少见。

民初普通民众丧事诸礼一如晚清，其经济实力与丧礼繁简程度适成正比，绝无观念更新之意，此处略过不提。

与洋教有所区别的民间慈善机构，在民初各大城市有较大发展。这些新型的中国民间慈善组织并不以宗教信仰为接济条件，由当地实业家、文人名士及乡绅组成。每逢荒年，北京市区及城郊各设粥棚百余间，皆为民间慈善组织所为。以上海近郊的川沙县(当时还属于江苏省)为例,当地最大的民间慈善组织"至元堂",条例制订严格,举措规范得力,且公码明账,威信服众,各界亦好施乐捐,久成乡俗。

表 2-11 "至元堂"民国十五年(1926 年)收支状况列表(单位:银圆)

收入项目	金额	捐款人数	支出项目	金额	受益范围	支出项目	金额
田租	437.482	30[a]	备物	210.878	西南城湾	平泥工	1 337.153
房租	537.766	9[b]	修理	45.832	拆	西水关工	100
育婴捐	943.569	28[f]	育婴	1 262.893	造西水关桥	工料	213.773
宣讲捐	153	—	宣讲	373.508	福食		738.24
惜字捐	67.503 37	62.29	惜字	—	职员	薪水	440
孤贫捐	2 279.4	60	孤贫口粮	2 045.9	夫役	工资	216
保节捐	114.504	3	保节口粮	264.7	笔墨、纸张、油火、电灯等	181.053	
衣米捐	2 548.801	125[c]	棉衣冬米	2 335.596[g]	—	—	—
医药捐	38 263[d]	—	医药	555.639	—	—	—
掩埋捐	51 669	—	掩埋	638.2			35 722[h]
平器施棺捐	11.328	3	平器施棺	961.3			4 223
平器售价	71 050[e]		赋税	104.145			
临时平粜捐	191 587		临时平粜贴耗	1 915			
城濠塘坡让渡地价	8 446.5	—	建造西门市房	1 675.383			
南菁中学横沙板租	38.168		报买八团四甲沙田	575			
邱鼎盛房顶	216	—	沙田局清丈塘坡及溢额补价	1 002.782	—	—	—
各项典息	1 472.518	—	公费、邮信、年节杂支等	142.26			

原注:a. 本人数为给至元堂交田租的人数清单,本不属捐款人员之列,但是为了列表和叙述的方便,暂时把其归入"捐款人数"之内。其中,小高敦沙和合庆义塚并非以个人的名义交款,而是仅列出了有此两项。

b. 此处的人数也仅指给至元堂交房租的人数。

c. 其中周廷秀没有捐钱而是捐献白米 5 石。

d. 其中有 4 人捐献的为各种药品。

e. 此处为购买"平器"的人员数目。

f. 其中包括病故的 5 口和被人领做义女的 1 口。

g. 此处不显具体的受益人数,其中城厢及城外四乡给米 1 422 斤,合庆、青墩给米 4 152 斤,龚、曹、谷三镇给米 6 419 斤,华家路给米 1 065 斤。

h. 此处的"受益人数"系被掩埋的尸体而言。城厢内外共埋大棺 22 具、中棺 2 具、小棺 32 具,小营房、青墩、合庆共埋大棺 114 具、中棺 29 具、小棺 250 具,九团乡埋大棺 50 具、中棺 6 具、小棺 214 具,大虹墩大棺 1 具、车门大棺 1 具、小棺 1 具。

上表引自王大学撰文《清末民初江南地方慈善组织的经营实态》(载于现代中国网,2007 年 6 月 1 日;转引自《川沙至元善堂民国十五、十六年度征信录》,浦东新区档案局 33/1/1514,第 7~31 页)。

六、民初时期民众日常杂用方式与设计

熟悉鲁迅作品的读者,估计对他笔下所描写的早年跑典当行的文字理应印象深刻:"我有四年多,曾经常常——几乎是每天,出入于质铺和药店里,年纪可是忘却了。总之是药店的柜台正和我一样高,质铺的是比我高一倍,我从一倍高的柜台外送上衣服或首饰去,在侮蔑里接了钱,再到一样高的柜台上给我久病的父亲去买药。"(鲁迅《呐喊·自序》,人民文学出版社,2006 年 12 月版)在民初时期,典当行曾经被老百姓称做"第二银行"。很多生活拮据的家庭,是经常往返各种典当行(北方称"当铺")的。可以说,从典当行业自魏晋时期发明以后,当铺就一直在中国老百姓日常生活中占有相当重要地位。每当遇到急事却借告无门,只能把家里值钱的物件拿到当铺里去抵押,弄点钱出来应急救难。随着生活方式的不断变化,民初当铺所收的"新近抵押品"也包括了很多新玩意儿,如座钟、手表、留声机,甚至品相好点的洋装西服、皮鞋、裘皮披肩和做工考究的家具摆设等。

自 1852 年全世界第一间百货商场"邦·马尔谢"(Bon-marche)在巴黎开张以后,现代零售百货产业,就不可避免地取代传统经销方式,成为全世界民生商品最主要的流通渠道和消费场所。这是因为现代化的百货零售业是城市化、工业化、现代化的必然产物,在取代旧有的传统商业模式的同时,也在不断培养消费层次丰富、消费能力不一的庞大消费群体——从芸芸众生、基数巨大的普通消费群体,到人数稀少,但消费需求高端、消费能力极强的特殊消费群体。在洋人世界如此,在中国社会,亦是如此。随着西洋文明事物和工业化进程势不可挡地渗入中国社会,加之一战时期欧美各国疲于战事,美英等主要列强亦先后步入严重的经济大萧条时代,在华扩张略有舒缓之际。民初时期的华商由此获得了一个前所未有的发展机遇期。

中国沿海城市的百货零售业在民初时期(尤其是从一战结束到 20 年代初的那几年),进入了一个快速扩张时期。特别是在短短几十年就超越东半球各大都市,一跃成为"东方巴黎"的上海,经整个民初时代的发展,新式百货零售业,已在上海社会的日常商品销售活动中,取得了压倒性的绝对优势。不同于清末时期洋货店和最早的租界洋人百货商场,20 年代初创建的沪上百货商场均为华侨、华商们所开办:"先施""永安""新新""大新",并称"四大公司",它们的消费主体以上海普通市民家庭为主要对象。这个业主与消费者的集体角色转换,意义非凡,说明在民初时期的现代中国民生产业在经销环节上已日趋成熟、逐步壮大。有此基础,才会迎来民国中期"黄金十年"中国现代零售百货业的全面大发展时代。

民初前十年,西洋输华商品逐年递增,方兴未艾。同时,经过数十年的商业宣传和消费比较,洋货商品在中国社会各阶层消费者中建立了良好口碑和商业信誉,由此培养起一批人数越来越多的铁杆消费人群,而且这个人数庞大的消费人群超越了阶级、地域、种族的差异。以普通民众的日常生活生产杂用物品而言,即便是社会最底层的劳工家庭,也逐渐养成了把某种西洋日杂百货当成自己日常生活不可或缺的必需品了。通过蕴含着现代文明科技与民主气息的新式民生商品消费方式的迅速普及,人们逐渐接受了这些针头线脑般微小事物背后必然导致的生活方式的改变,并且越来越热衷于这种给他们的日常生活明显带来了某些便利、舒适的新事物。这是一个社会生活走向进步的显著标志,而且意味深长。

试想一下:当一个晚清时期居住在上海破烂棚户区的贫苦劳工,开始当众表演如何使用"高磷火柴"(其实一擦就着,十分危险,那时候还没有"安全火柴")时,他的邻居们用自己的眼睛看到这个新玩意儿确实非常便利,也非常安全;一打听,一个铜板就可以买三盒。因此开始对自己从祖辈起就一直使用了千百年的火镰、火绒产生莫名的厌恶感:操作实在不便,而且相当危险。于是一大片邻里街坊都使用上了物美价廉的洋火柴。当有某位外地投亲来的乡下人见识了这种"洋火柴",开始的震惊不亚于始作俑者和他首次做划火柴表演时的邻居们。这个外地乡巴佬后来也学会了使用洋火柴,也美美地带回去几盒,于是这个乡巴佬所在的乡村、县关、十里八乡,都会经历无数次同样的心灵震撼。有了这个消费基础,当美国人刚发明"安全火柴"的第二年,上海就有华商开办了第一家中国人自己的火柴厂,这是中国最早的现代化民生企业,生意红火,财源滚滚。直到20世纪60年代,上海、南京一带的大人小孩还一直把"安全火柴"叫做"洋火"。

图 2-6 民初安全火柴贴花

民国北大老校长蒋梦麟后来回忆道:"(蒋梦麟的)老家村民是用钢刀敲击打火石来生火的。当一位村民从上海带回几盒火柴,大人们十分欣喜,孩子们则着迷于划亮火柴时在黑暗中绽放的火花。然而,真正点燃现代性之圣火的并非被当做奇珍异宝的火柴,而是煤油。"正如蒋梦麟敏锐观察到的那样,"当煤油灯成为不可或缺的生活必需品,还没有几个人意识到这些生活用品被引进内地就是一个近在眼前之巨变的征兆,乡村生活即将完全地转型"(《西潮与新潮:蒋梦麟回忆录》,东方出版社,2006年1月版)。

洋火柴所燃起的小小火苗,不经意间就烧毁了人们对外界事物因无名恐惧、误解和愚昧无知造成的藩篱,也照亮了人们视野中的未知世界,开始逐渐接受、喜爱、热衷,甚至痴迷起更多的新奇事物来。民初时期的劳苦大众已经不满足小小的洋火柴了,他们之所以不辞辛苦地聚集到大都市来,受尽生活的煎熬也不肯回家,是因为他们深信城市生活充满了无穷无尽的新鲜事物,能够改善他们的生存状态,满足他们的生理和心理需求。于是,每当棚户区有人拿来第一只搪瓷盆,拎回第一只热水瓶,安装第一盏电灯泡,买下第一架座钟;还有第一次用牙膏刷牙,第一次用煤气烧饭,第一次用钢笔写字,第一次看无声电影,第一次坐公共汽车,都会引起如同清朝百姓第一次看见火柴所引起的视觉震撼。受惊之余,人们便群起效仿。久而久之,当生活杂用中的各种新鲜玩意儿越来越多,而且也越来越离不开,人们的生活方式已经发生了根本性的变化,而且是不可逆转的。设计的文化价值全在于此。

这就是设计行为的标准文化现象:一件人造事物影响了一群人,对这群人的生活状态产生了良好作用,改良了这群人的生活品质。于是,这种影响、作用、改良像雪球一样越滚越大,它的文化价值就越来越大,还引起对其他人造事物极为正面的连锁反应。近现代中国民生设计与古代中国民具设计一样,从来就跟古代官造设计与近现代奢侈品设计泾渭分明、格格不入;虽然现代民生设计和古代民具设计从来不占有原料、技术、人才、分配方面的任何资源优势,但正由于它们的服务主体是占社会绝大多数人口的普通民众,因此在承传的时间长度、应用的范围宽度、影响的文化高度上又占尽天然优势。因此我们说:过去是古代中国民具设计,现在是近现代中国民生设计,构成了从古至今的中国设计传统的文脉主线。当然,中国设计传统既包含过去的"官造设计"也包含现代的"奢侈品设计",但两者主次可分、轻重可测、优劣可辨,容不得含糊对待。弄不懂这个浅显道理,搞设计史论的人马就堕落成博物馆勤杂人员和文物贩子的狗头军师了,吃设计理论这碗饭,算是"入错了庙门,拜错了神仙"。

民初时期以日常生活杂用为突破口的近现代民生产业的创立,是在"三重压力"和"两次机遇"中获得长足进步的。

"三重压力"是指所有民初时期创办民族工商业(不光是日杂百货)都要遭遇来自三个方面的巨大压力:首先是在资金、技术、商宣、质量各方面占有压倒优势的洋资洋商;其次是在生活习惯、消费心理、传统意识、文化认同上占据绝对天然优势的本土旧式产销业态;再次是民初时期尚未建立有效的专利保护、商业规则的恶劣条件下,来自同行同业之间既无法无天,也残酷无比的商业混战。身处如此严苛的商业环境,说明了为什么在民初时期通常开业的民生工商业数目往往与同时倒闭关张的数目几乎一样。

"两次机遇"是指所有民初时期(1912～1927 年)这 15 年期间创立的民生工商业,都恰逢两次历史性的大发展良好时机:一次良机出现在第一次世界大战(1914～1918 年)期间。因一战席卷全球,欧美列强悉数卷入,洋资洋商爱国心切,纷纷撤出华资金,十去八九,投入本土军火业和其他战时经济,为弱小的华商产业腾出了绝好的发展空间。事实上，一批在一战时期立足的华商企业，后来都成了民国中期民族工商业的中流砥柱。另一次良机出现在从"五四运动"（1919年）到"五卅事件"（1925年）这几年在全国愈演愈烈的"抵制洋货，提倡国货"运动，为民族工商业的兴起提供了最佳的社会氛围和庞大的消费人群。尤其是日资日商总是首当其冲，在华利益受到了最沉重的毁灭性的持续打击。事实上，原来在棉织、印染、搪瓷、玻璃、造纸、印刷、制药、食品加工等民生商品中占有绝对垄断地位的日资日商，大多数在此期间损失惨重，不少企业甚至关闭撤资或转手出让。趁势而为的一大批华商民生产业逐步成长壮大，有些还成为后来在市场上称雄国内、驰名亚洲的著名品牌，如"益丰搪瓷""冠生园""无敌电池"等等。

清末民初传入上海等沿海通商口岸城市的西洋商品营销方式，是近现代中国民生产业最基础的条件之一。尤其是民初时期的上海，已初步形成了以"租界商业"为特点的民生商品零售百货业的现代化营销模式，对现代中国民生设计及产销业态的形成、发展，提供了最实用、最有说服力的商业样板。

整个民初时期，上海的租界商业高速发展，民初时期的租界店铺多达数万家，形成了一系列以特色民生商品划分区域的商业群落，广泛涉及社会民生各个层面，如洋服中装、绒呢毛料、丝绸亚麻、毛线鞋帽、古玩摆件、家用五金、民用机械、日杂百货及金融机构、客运船务等等。但在20年代之前，租界商业基本是各国洋行的"一统天下"。民初早期（指民国元年至民国八年"五四"之前）的部分华商通过与洋商合资迁入租界商业圈，得以抵近学习、模仿，逐步建立起一批中小型百货批发零售企业。一批实力增强的华资百货、五金等批发商和零售商，不但在上海地区逐步站稳了脚跟，还开始到沿海内地沿江的重要商埠设立分号。与此同时，外地大中型商号也纷纷到沪采购或设立"申庄"等采办机构。仅民国七年（1918年），在沪开设的批发行号的外地商号即有340余间，遍及川、粤、晋、鲁、闽、赣、津、鄂等大中城市。

建立大宗资源性民生商品期货交易所，标志着上海进入了建立现代化商业体系的新阶段。民国八年（1919年），"上海证券物品交易所"成立；民国九年（1920年），"上海面粉交易所"成立；民国十年（1921年），"上海华商纱布交易所"成立。与此同时，各类大小不一、名目繁多的"商品交易所"多达140家，乱象丛生，被租界工部局董事会下属金融管理机构在民国十一年（1922年）统一归并为12家。

中国第一家真正意义上的现代化的零售百货民族企业，是于民国五年（1916年）由华商独资创办的大型百货公司——"上海先施公司"。"先施公司"从创立初始，就在租界核心商圈中与其他洋商大型零售百货企业一路血拼火并，并逐步掌握了商战规律，在后来一系列商品营销、宣传、售后、采购各环节不但不落下风，还处处占得先机，为中国现代化零售百货业闯出了自己独立发展的新路。尤其要强调，现代中国民生产业的依存条件，除去自主性的创意设计、机械化和标准化的规模生产之外，现代化的零售经销方式，是格外重要的产业前提。以上海为发祥地的近现代民生产业在民族零售百货业建立之后，才被引入一个整体提升的更高平台。因此说,民初时期"上海先施公司"的创立和发展壮大,是首功一件,具有特别重要的示范价值和普及意义。

（以上本节所列相关产业之各项事件、数据、名称,均参考上海地方志办公室于2002年起组织编撰的《上海地方志·轻工业志》缩编改写而成。这些内容对于说明民初时期日杂百货类的民生工商业状况极为重要,以本书作者个人力量根本不可能找到比《上海地方志》更准确、更权威的其他资料。）

民初社会洋货横行、独霸中国内地市场的现象比比皆是。一来因为国货产业尚处稚嫩阶段,无论品质、口碑和规模、产能,均不是洋货对手;二来自清末以来"非洋不新,欲新必洋"的社会文化氛围早在民众内心根深蒂固。"凡物之极贵重者,皆谓之洋……大江南北,莫不以洋为尚。"坊间好事者以诗讽之:"洋帽洋衣洋式样,短胡两撇口边开,平生第一伤心事,碧眼生成学不来。"（金普森、周石峰《"国货年"运动与社会崇洋观念》,载于《中国经济史研究》,2007年第1期）民初时尚青年"看着外国事,不论是非美恶,没有一样不好的;看着自己的国里,没有一点是好的,所以学外国人唯恐不像"（《大公报》通讯,1903年4月17日）;"(民初湖北蒲圻县)农民争服洋布,中产之家出门则官纱仿绸不以为侈"（严昌洪《中国近代社会风俗史》,转引[民初]宋延斋《蒲圻乡土志》,浙江人民出版社,1992年版）;"积习既久,驯至服用非洋货不办"（进如《抵制日货之要义》,载于《银行周报》第二十卷第19号,1915年版）;"吾华在昔以农立国,习尚简朴,供求相应,海通而还,外货侵入,国人初则震其奇巧,继则贪其便益,终乃养成爱好外货,鄙夷国产之固习。故其初也,不过以为陈设之具,装饰之品,久而久之,遂至日用所需,多取给蔫"（贾士毅《提倡国货之步骤与方法》,《申报》1928年11月1日）。

各地晚清时就创办的一批老牌商号,从民初起也开始逐步采用西洋那种现代连锁销售模式,有些还获得了很大成功。如著名的鲁商"瑞蚨祥",在嘉庆二十五年(1820年)就开张开店了。"瑞蚨祥"在清末打入北京最繁华的商业区大栅栏,主营各色服饰洋货及专制新式旗袍,成为当时京城最负盛名的品牌之一。"瑞蚨祥"在民初时期的发展堪称"黄金时代",先后在天津、青岛、杭州、上海,以及沈阳等地开设多家分号,同时还在苏州设立印染厂,建成了其完整的产业链:从款式设计、面料设计,到裁剪、缝纫,再到订货、堂售的"一条龙"产销经营体系。从民国四年(1915年)到民国十九年(1930年),"'瑞蚨祥'遍布全国的各类分号已达108家。其中有52家'瑞蚨祥'布店、32家'祥洪记'茶庄以及多家钱庄、皮货庄、织呢厂和成衣店"（详见山东商报社《鲁商:山东商帮财富之道》,山西人民出版社,2011年版）。

都市里新式大卖场(百货公司等)给普通市民开启了一个了解新世界五彩缤纷事物的窗口。老百姓购买能力不高,并不代表消费欲望不高,他们通常一生要花费许多时间来"逛街",还乐此不疲。因为通过观赏琳琅满目的新奇商品,可以揣摩自己周边生活的点滴变化。因此,去商业区逛街,成了民初以来中国城乡民众的主要休闲方式之一。

照相也是民初时期以来逐渐普及民间层面的新时尚。

当时私人拥有一架照相机,还是非常奢侈的事情,起码一般老百姓想都不敢想。但一般民众可以在市场、百货公司和公园里找到许多照相馆来拍照。譬如北京的"东安市场",鞋帽、布料柜台在一楼,茶馆、理发店和照相馆则在二楼。中央公园里则有多家咖啡厅、餐馆、花店、撞球间和几栋展览馆与照相馆彼此竞争,都使出手段来吸引游客注意。上海更是有许多家面向普通市民的照相馆开张,名头响亮的有"中华""兆芳""冠龙""王开"与"宝记"等等。著名的游乐场"上海大世界娱乐中心"的三楼不但有最好的照相馆,紧隔壁还有当时稀罕的冰淇淋店和著名中药房。

民初时期的照相馆一般都主打"摩登"牌,无论是化妆还是背景,都弄些在当时颇为时髦的"稀罕玩意儿"。如民初时代的某间照相馆的布景很可能被设计成这样:"房间的尽头是个长茶几,铺着凹凸纹细布的床罩当桌布,像是为茶会准备的德国制杯碟摆满在茶几上;为顾客准备的现成服装挂在钩钉上,两件洋装看来相当受欢迎,领口和衬衫前面都泛黄了;洋式玻璃瓶里插着一束花,再加上几根手杖和几本英文书。"(匿名撰文《民国时期的社会生活》,转载于百度文库,2010 年 3 月 27日)连警察局和巡捕房也爱上了照相术;从民初起,各大城市(主要由上海开始)便不断有通缉犯的正面与侧面照片被张贴在公共场合的特设看板(类似后来的"布告栏")上,同时还有许多焦急的家长们张贴的失踪儿童的大幅照片。

在眼下绝大多数中国家庭已经被淘汰出局的家用电器,如电风扇、留声机、收音机、缝纫机等等,在一百年前的民初时代,还绝对是奢侈品中的奢侈品,仅有巨商政要家庭才可能拥有。这些时髦商品当年清一色都是从洋行订货,然后购进,方能添置的。如民生商品其他产业一样,中国人的电风扇、留声机、收音机、缝纫机,还有电熨斗、手表、挂钟、照相机、打字机,以及后来的电冰箱、空调机等产业,开始都是靠模仿洋货起步的。这种仿制行为当然不存在真正的设计创意,却培养了最早对设计诸单元的逐步理解:功能、材质、工艺、形态,还有动能、操作方式、维养方式等等。

从晚清时代起步的"模仿式"创业过程,到民初时代已经有所收获:如国产的第一批电池和电器开关(胡国光,国华电料厂,模仿对象是美日产品)、第一架电报机(张廷金,小功率长波火花式无线电发射机,模仿对象是美国"莫尔斯"电报机)、第一台电风扇(叶有才,民国五年,"华生"牌电扇,模仿对象是美国"奇异"牌电扇)、第一架印刷机(章锦林,民国五年,自动铸字机,模仿对象是美国产品)、第一只电灯泡(胡西园、周志廉、钟训贤,长丝白炽灯泡,模仿对象是日本产品)、第一台火柴机(马连生,民国十二年,火柴自动装配机,模仿对象是英国产品)、第一台造纸机(王庸章,单缸小型圆网纸造机,模仿对象是日本产品)、第一架收音机(苏祖国等姐弟 7人,民国十三年,矿石收音机和电子管收音机,模仿对象是美国产品)、第一只电熨斗(范国安,复顺电器制造厂,模仿对象是英国产品)……[以上人物、产品及时间等信息,均根据《上海地方志》(上海市地方志办公室,2002 年版)各专业志所提供的资料进行汇编改写。]

港资"先施百货公司"于 1917 年 10 月在上海开业。之后数年内,先后有"永安""新新""大新"公司等华资企业相继开业,并称"四大公司"。它们全都是按照西方现代商业理念经营的大型华资商业机构,开创了现代中国百货零售业的崭新局面,也为现代民生设计产业的生存与发展,提供了强大的商业保障。

自晚清日本"铁锚牌"毛巾进入中国市场后,无意间促成了中国现代家纺业的形成。到民初时期,华商家纺产业已能和日商英商等家纺业大户在市场上竞争角逐了。其中民初最知名的中国家纺厂家首推上海"三友实业社股份有限公司"。它在民国六年(1917 年)推出的"三角牌"优质毛巾,质地柔软,吸水性好,款式新颖,且图案更对中国百姓胃口,赢得了广大消费者的赞誉,很快就把独霸市场近二十年的日本"铁锚牌"等洋毛巾淘汰出局,由此国货毛巾开始在中国市场唱主角。

以日常杂用为消费目的的本土民生商品产销企业在民初时期的创立,使尚在襁褓之中的近现代民生产业有了一个健康的生长环境。尽管这些初创的民生产业还只能集中在沿海经济相对发达地区,对全国广大城乡的辐射影响还需经过好几代人的努力,但它们的面世就决定了这些新兴产业的光明前程,因为它们代表着未来和希望。这些华资生产的物美价廉的日常民生商品,越来越被占社会主流群体绝大比例的市民家庭所接受,开始不断进入普通百姓日常生活,从原来仅有少数上流家庭才能使用的高端奢侈品逐渐成为中国人每日不可或缺的民生必需品。这个由民初时期开始出现的社会现象意义尤其重大,一举奠定了民生设计在中国社会就此扎根繁衍的良田沃土。有了这些民初时期创办、拓展的首批民生设计产业,代表着先进文明的生活方式与生产方式的近现代中国民生商品产销行为,才能在后来数十年的风雨交加中枝深叶茂、根深蒂固。

对于绝大多数内陆省份广大城乡地区的广大民众而言,沿海都市的繁荣商业还过于遥远。与祖辈相似的传统手工产业与传统店铺,仍旧是自己日常生活中不可或缺的基本内容。以甘肃省号称"天下第一县"的甘谷县城为例,老人回忆中描述的城关商业街当年景象,今天读起来依然鲜活、逼真:民初时代城北关东巷北面开张的"柳树商行",是整个县城最老的商铺,地处城关繁华之地,"所经销货物有各种土布、洋布、丝绸锦缎、茶叶(民国时期甘谷主要经营四川茶,没有云南茶,若土黄坝、榨君坝、清花茶皆当四川名茶,一两卖 400 文钱,即 4 个大铜圆,约相当于现在 2 元钱)、硼灰、碱灰、食盐、黑糖、白糖、洋瓷……货物应有尽有,门类非常齐全,来自河西走廊如张掖、武威等地的骆驼商队一来就有二三十匹骆驼,运来硼灰、碱灰、食盐等日用必需品";"老字号家'九如昌'位于甘谷县城进北门右手第三家铺面,为甘谷当时最大的一家字号家";"在城内北马巷有一栈坊,在北街黄家宅子有一染坊,还有一家点心铺'九如福'(当时仅此一家点心铺,以后北街又有了马家点心铺,所经营点心称为'兰点心',有二三十个品种,刺玫花的馅子,味道非常鲜美可口)。天水设有'九如恒',在陕西宝鸡、甘肃秦安等地还设有许多分号,规模颇大。正掌柜彭世祥曾出任过甘谷县商务会会长。'九如昌'主营丝绸锦缎布匹以及各种日用杂货,货物非常全面。大尺寸西洋玻璃镜只有到'九如昌'才能买到,可见其货物之齐全。'九如昌'鼎盛之时各号共有伙计上百人";"'源顺德'为蒲家所开老字号,蒲家弟兄五人,蒲敏政毕业于北京大学,蒲敏功留学德国,蒲敏仁留学美国,蒲家民国时期人才济济,生意也非常红火。'源顺德'主要经营各类杂货";"'鹦哥铺'是城内北街孙家巷口第一家铺子的字号。因为铺子门前挂着一只绿鹦哥而得名,山上人到城里跟集,只要说'鹦哥铺',无人不知,无人不晓。该字号主要经营布匹和其他日用品,价钱便宜,东西质量高,深受百姓喜爱"(张梓林《民国时期甘谷商铺老字号拾遗》,载于甘谷县政府官网《甘谷县文化艺术综合网站·甘谷浏览》,2011 年 1 月17 日)。

第三节 民初时期产业状态与民生设计

中国社会经历了清末一系列外战完败、内乱不已的惨烈屈辱时期,风物民俗、舆情时尚相互交叉渗透、新旧并存。在民国之初,中国社会出现了一股鼎新革故的社会大潮流。西式事物、文明新学和对旧有政体、文化传统的反思,汇集成了移风易俗,万象更新的革命新思潮,掀起了声势浩大的社会改造运动。其波及之广,遍布全国城乡社会的每一个角落;程度之深,渗透中国社会生活方式与生产方式的方方面面;影响之大,涉及全体国民,士农工商、老幼妇孺皆不能免。如此规模宏大、气势磅礴、影响深远的社会改造运动,在中国历史上是前所未有的。

民国初建,人心思变,鉴于晚清洋务运动的教训,很多人把改变中国民穷国弱的希望,寄托在"实业救国"上。特别是社会精英、政界要员、知识青年,无不把"商战""实业"时时挂在嘴边。他们有一个基本观点:"洋人之所以能锐进豪强,盖国民日常生活皆能开智启蒙所致。日之所见所闻,夜之所思所想,无不文明事物耳。见闻物化感官,思想文化心脑,身心浸染,言行格致,久而积养成性,皆为文明人矣。故吾国开启民智、革除千年积弊陋习,当以工商为要。"(详见佚名撰文《劝诸君办实业》,载于《中华日报》,民国二年元月十一日,第四版)事实也证明:工商业越是发达的地区,社会大众消费方式的改变也越明显和迅速,这一特点表明了消费方式的变革与工商业的发展是一对相互依存的文明事物。正由于多年西洋文明的不断熏陶,使民初不少人看清了"文明生活方式与先进生产方式必须同步发展"这一点社会改革的大趋势,便把个人的前途理想和社会的图存救亡联系起来,一心投身工商,创办实业。在这种社会大环境促使下,民初时期的各种民营工商业如雨后春笋般创立起来。北洋政府先后制订、颁布了《奖励工艺品章程》《工商保息法》《商会法》《商人通例施行细则》《公司条例施行细则》等一系列鼓励工商业的法律法规。

以西洋之资本主义工商制度论,远不同于中国封建制度下的商贸制度与产业形式。从正面讲,西式工业与商业均是自然科技与人文思想成就孕育出的崭新工商形式,规模化、标准化、批量化是西式工业的最显著特征;自由竞争、公平交易是西式商业的最显著特征。这与清末民初时代中国各地占主要地位的以小作坊为主的传统手工产业体系和以小店铺为主的传统商业体系,有着天壤之别。民初时期在洋商洋资经营民生商品的带动下逐渐建立起来的民族工商业,因为各种原因和局限,虽然比较西洋工商模式在本质上是大大打了折扣,但毕竟是向正确的方向大大地跨出了一步。由此而必然产生的社会连锁反应(从提倡新式文明健康的生活方式,到促进高效人道的生产方式),就在情理之中了。

由著名近代民族实业家张謇创办的"大生"企业集团,就是民初时期较为成功的民族企业之一。它的经营范围跨越多种领域,创办了一大批中国首次出现的现代民营工商产业。(表2-12)"在大生集团发展过程中,张謇等增设大生二厂、三厂、八厂,实行在同一部门的横向发展;并以纵向一体化发展为主,向上、下游产业全方位扩展:既根据棉纺织业发展对原料的需要,创办通海垦牧公司,开垦苏北沿海滩涂荒地,'广植棉产,以厚纱厂自助之力',保障纺纱所需棉花原料的供应;为了解决新式棉纺工业等对动力的需要,建立电力工业;又为了综合利用纱厂的棉籽、下脚、飞花和剩余动力而设立油厂、肥皂厂、纸厂、碾米厂、面粉厂等;还为了提高产品附加值,为了进行机器维修和设备更新,为了产品和原料以及人员的运送,为了便利资金周转等,相应创建染织工业、冶铁业、机器制造业、轮船运输业及通讯、金融、贸易等企业。"(陈争平《试析近代大生企业集团的产业结构》,载于《江苏社会科学》,2001年第1期)

表2-12 "大生"所属产业结构比重分析

年 份	1910年		1923年	
类 别	资本(规元万两)	比重(%)	资本(规元万两)	比重(%)
棉纺工业	199.6	58.9	708.4	28.5
重工业	26.5	7.8	26.5	1.1
其他工业[注1]	55.8	16.5	114.6	4.6
公用事业	—	—	13.1	0.5
运输业	25.9	7.6	100.6	4.1
金融业			78.7	3.2
贸易业			198.6	8.0
房地产业	—	—	18.8	0.7
农垦业	30.9	9.1	1 223.7	49.3
合 计	338.7	100	2 483.0	100

注1:列表中"其他工业"含"同仁泰盐业公司"等;"贸易业"含"中比航业公司""南通交易所"等。本书作者对标题和个别措辞有所改编,不影响具体内容。
注2:上表引自陈争平《试析近代大生企业集团的产业结构》(载于《江苏社会科学》2001年第1期);转引于林举百《近代南通土布史》(张謇与南通研究中心筹备组编印,1984年版;美国密歇根大学数字化处理并发布,2009年3月6日)。

本书作者以为,对于百年中国社会的进步而言,民族工商业的贡献,不逊于同时期所有暴力革命或以"革命"名义发动的所有战争。百年中国社会的历史变迁用事实反复告诉我们:打仗要死人流血,办实业同样要拼命。打仗输了是丢掉无数别人的性命,军阀们、政客们多半自己没事;可办实业输了,老板们赔进去的可就是一门老小的身家性命。打仗赢了,成就的只是当官的,跟卖命的士兵、老百姓多半没什么关系,一切照旧,换汤不换药;实体办成了,不但能成就老板的锦衣玉食和雇工的养家糊口,还能直接提升消费民众的某种生活品质,间接促成社会的某种公序良俗。退一万步说,至少打仗和办实业同样的可歌可泣、悲惨壮烈。

万事开头难,民初时期的民族工商业全面起步阶段,在剧烈动荡的社会转型、文化改造历史关键时刻,以最小的社会代价,换取了最大的社会进步,兴办工商实体的华商资本家们和千百万劳工们,同样厥功至伟。

民初时期的民族工商业也是在不断纠错、提升后取得进步的。自清末商战兴起后,中国本土货品每每不敌洋货,除去品质低劣而外,产品的设计创意、制造生产、经营销售,步步落入下风,都是原因。"外国货物在'价廉物美'的条件之下,自然就会博得消费者之欢娱,而洋货遂代替土货畅销于中国了。"(范师任《振兴国货之先觉问题》,载于金文恢编《抵货研究》,浙江省立民众教育馆教导部出版,1930年版)正是由于意识到国货洋货之间存在的巨大差距,才使民初时期最早的中国民族工商从业者中的有识之士奋起直追,缩小距离,得以不断前行。

以民初时期几个年份的中国市场主要进出口民生商品的数值变化为例,可以有力地说明中国民生工商业的长足进步。

表 2-13　清末民初时期中国市场 12 种主要进口商品量(值)变动情况

货品	单位	1901 至 1903 年	1909 至 1911 年	1919 至 1921 年
鸦片	公担	32 003	22 596	126
棉布	千元	92 945	116 532	221 208
棉纱	公担	1 503 766	1 320 197	807 249
棉花	公担	113 482	72 571	2 141 764
染料[注1]	千元	6 455	15 789	34 752
煤油	千升	386 178	685 173	717 287
糖	公担	2 064 549	2 843 572	3 606 169
大米	公担	3 415 885	3 731 575	2 739 849
小麦	公担	——	1 388	17 497
面粉	公担	463 465	709 753	309 455
钢铁	公担	958 829	2 264 257	3 525 261
机器[注2]	千元	2 271	12 565	53 734

注 1:"染料"包括染料、颜料、油漆类。
注 2:"机器"包括机器及零件、工具等。

其中棉纱进口量的逐年递减、原棉进口量的逐年增长,以及印染原料、机器设备的快速增长,都充分说明了民初时期中国市场在进口洋货的结构上已发生重大变化:以轻纺产业为主的中国本土纺织印染产业和机器制造、装配业已经逐渐崛起,并在内地市场上开始与洋商洋厂分庭抗礼。

再看一幅表格:

表2-14　清末民初中国市场各主要进口商品在总值中所占比重变化（%）

货品	1894年	1913年	1921年	1929年
棉制品	32.2	19.3	23.6	14.2
棉纱	13.1	12.7	7.4	1.6
杂项纺织品	2.5	2.1	2.1	6.8
煤油	4.9	4.3	6.3	5.2
米	6.0	3.1	4.4	5.4
面粉	0.7	1.8	0.4	2.6
棉花	0.3	0.5	3.9	5.7
糖	5.9	6.2	7.7	8.3
纸张	—	1.3	1.7	2.4
卷烟	0.1	2.2	2.8	2.1
烟叶	—	0.6	1.6	5.1
鸦片	20.6	8.1	0	0
木材	0.8	1.1	1.2	1.6
染料、颜料类	1.5	3.1	3.3	2.2
机器	0.7	1.5	6.3	1.8
车辆	—	0.6	2.5	0.9
电器料及装置		0.5	1.6	1.4
金属及矿砂	4.6	5.2	6.7	5.4
煤	2.0	1.7	1.5	1.9

随着民初时期新式工交产业的蓬勃发展，煤油和汽油的进口逐年增加。民国九年（1920年）时煤油进口值约5 432万关两，汽油进口值134万关两；到民国十七年（1928年），两项合计已逾7 000多万关两。民初时期的机器、车辆、化学产品、电器材料、染料、钢铁及其他金属等生产资料的进口数额成倍或数倍增长，此六项商品占进口净值的比重，民国二年（1913年）为11.6％，至民国二十五年（1936年）时已达到33.7％。据民国十一年（1922年）统计，上海的棉纺锭总数已达175万枚，其中民族资本的棉纺锭为77万枚，日资72万枚，英资26万枚。这些数值的变化，都说明了中国民族工商业在民初至民国中期持续的快速成长。

　　［以上表格和数据均引自陈争平所撰《1912至1936年中国进出口商品结构变化考略》（载于国学网·中国经济史论坛，2007年8月8日）一文，本书作者略做缩编。］

　　民初时期的民生商品（衣食住行闲用文玩等）供应体系中，乡村传统手工产业的比例依然巨大，新兴的西式大机器生产工业在大多数领域尚显稚嫩，无法与之抗衡。以最基础的布匹消费为例，乡村手工织造产业依然占据城乡市场的主体位置。尽管洋布、洋纱早已在晚清遍布中国沿海各地，但以木质土造纺线机和织布机（民初时已部分引进日本式铁齿织机）、传统染布、印花（俗称"蓝印花布"，即唐代始有的"撷印法"）为主要生产方式的乡村民间织造手工业，凭借低廉价格和成本、消费

者熟知的品质和功能,依然在广大乡村地区占据市场的优势地位。以天津近郊的华北普通县城宝坻为例:

表2-15 1923年宝坻棉布销售区域

销售区域	数量(匹)	百分比	价值(元)	百分比
热河	3 303 000	72	7 392 000	61
东三省	680 000	15	1 734 000	14
西北	246 000	5	792 000	7
河北	360 000	8	2 226 000	18
总计	4 589 000	100	12 144 000	100

注:上表引自方显廷、毕相辉《由宝坻手织工业观察工业制度之演变》(南开大学经济研究所编印,1936年版),转载于《政治经济学报·第4卷》,1936年第2期。

围绕着大都市生活圈的建立,民初时期沿海大中城市邻近乡村实质上建立起了较为完善的民生物资生产供应基地,专门为都市居民提供各种民生必需品。久而久之,这些民生基础商品作坊和工场,逐渐也在实行机械化、商业化,有些日后还升级为西式现代化工商企业。如上海邻近的青浦、宝山、川沙、松江等县区在清末民初就应运而生了一批半传统、半手工、同时具备最早的现代工商元素的民生商品产业雏形。以专为上海市区提供肉禽蛋奶的副食品生产企业为例,其中不乏以西式经营与添置部分西式机械设备的新型工商户:

表2-16 民初上海郊区宝山、川沙部分新型养殖场开业情况

企业名称	开业时间	所在地	面积(亩)	经营业务
陈森记牧场	1884年	宝山殷行	不详	奶牛20余头
江湾畜植公司	1903年	宝山江湾	30余	养鸡鸭、种蔬菜、植棉等
江南养鸡场	1916年	宝山彭浦	27	养鸡万余
大丰畜植试验场	1921年	川沙高昌乡	20余	养鱼、鸡、牛、猪、兼种植
沐源畜植场	1923年	川沙	不详	养鱼并种植蔬菜、桑蚕、棉花
彭浦养鸡场	1925年	宝山彭浦	4	洋鸡养殖
德国鸡场	1926年	宝山江湾	15	德国种来亨鸡养殖
品园	1926年	宝山彭浦	4	洋鸡养殖
高氏农场	1928年	宝山	10余	洋鸡养殖、养蜂采蜜

注:上表引自方书生《近代经济区的形成与运作——长三角与珠三角的口岸与腹地(1842～1936)》,复旦大学博士学位论文,载于《中国国家数字图书馆》(BSLW 2008 F127.5 1 ,2007年);原件资料来源于民国编修《宝山县续志·卷六 实业》《宝山县再续志》《川沙县志·实业志》。本书作者对标题、措辞略有改编,不影响原作内容。

一、民初时期重工制造产业背景

近现代中国重工业、制造业在清末民初经历了三次较大发展:第一次是晚清洋

务运动的工业化遗产——以军火工业为重心的官资重工业;第二次是清末最后十年社会兴起"实业救国"时兴办的、在洋商和旧式传统手工产业双重夹击下生存下来的华商修造、装配产业;第三次是北洋政府时期(特别是一战时期)兴办的各类工矿业。截止到北伐胜利、南北统一为止,民初中国工业的基本状态还是以进口部件组装、机械修配、日常维养为主的中小型工场。严格意义上的中国现代制造业(包括规模工业产品的批量化生产,工业机械的整机制造),直到民国中期的 30 年代,方见端倪。

以上海为中心的东南沿海和长江流域各通商口岸城市,是中国近代工业最集中的地区。至民国元年(1912 年)统计,如上海有工业厂家 117 间;武汉有工业厂家 37 间;天津有工业厂家 134 间;青岛有工业厂家 97 间。全国共有工矿企业约千余家,另有商办轮船公司有近 20 家。依靠尚属薄弱的制造业,民初时期的中国重工业亦创造了若干"中国第一":中国第一架飞机(第一次升空后坠机,试飞未成功):1912 年,广州"燕塘广东飞行器公司";中国第一台柴油机:1915 年,烧球式 40 马力柴油机,广州"协同和机器厂";中国第一家车床制造厂:1915 年,上海"荣昌泰机器厂";中国第一家飞机专业制造厂:1918 年,福州马尾"船政局飞机工程处";中国第一台万能铣床:1918 年,上海"王岳记机器厂"。中国第一台为万吨轮配套的蒸汽机:1918 年,3 430 和 3 668 马力蒸汽机,上海"江南制造局";中国第一台重型柴油机:1924 年,5 种规格的低速重型柴油机,上海"新样机器厂";中国第一艘万吨轮:1920 年,排水量 14 750 吨,时速 10.5 浬,美国订单,远洋货轮(此后又生产了另外 3 艘,详见本书"民国中期"相关内容)。

民国初建之后,各地华商兴办的工矿企业加速发展,不仅数量增多,而且品质亦有所升级,规模化、机械化、批量化程度大有进步。这些民初后开办的工厂主要集中在纺织、民用化工、民生百货、煤矿、火力发电站等方面。民国元年(1912 年)时,仅有纱厂 20 家,纱锭 50 万枚,面粉厂 40 家,资本 600 万;民国六年(1917 年)增至 35 家,纱锭 65 万枚,面粉厂 40 家,资本 600 万(参考白寿彝编《中国通史纲要》,上海人民出版社,1980 年版)。另一组综合统计数据为:从民国三年(1914 年)到民国十二年(1923 年)的不完全统计,全国新设纱厂 49 家,布厂 5 家,纱锭由民国三年(1914 年)的 54 万枚增加 150 万枚,布机由 2 300 台增加到 6 767 台。从民国三年(1914 年)到民国九年(1920 年),新设面粉厂 127 家。从民国元年(1912 年)到民国五年(1916 年),缫丝厂则由 260 家增加到 460 家。同期前后新开办的民营煤矿有 13 个,铁厂有 2 家。

上海地区至 20 年代初,已有一大批华商兴办的民族工业,由民国三年(1914 年)的 91 家增加到民国十二年(1923 年)的 284 家。其中有些较大规模、实力雄厚的民营工业后来还成为中国现代工业的骨干企业,如荣氏兄弟的"申新企业集团",郭氏兄弟的"永安企业集团",简氏兄弟的"南洋烟草公司",刘达三的"中华美术珐琅厂",陆伯鸿等的"和兴钢铁厂",刘鸿生的"章华毛纺织厂""大中华火柴厂""上海水泥厂"等等。仅上海地区作为主要工业企业形式的棉纺织业就计有 109 家,华商纱厂纱锭拥有量从民国二年(1913 年)的仅有 15 万枚增至民国九年(1920 年)的 80 万枚。

［以上数据参编于费正清、费维恺、刘敬坤、叶宗敫编《剑桥中华民国史》(中国社会科学出版社,1994～2001 年版)相关资料。］

一战结束后,洋商洋资卷土重来,不但继续在上海投资办厂,而且规模不断加大,技术等级不断提高。20 年代初陆续开办的一些洋资工厂,因技术、资金的巨大优势,迅速重新夺回了上海地区的市场控制权。这在对华商企业形成巨大压力的同时,也输入了不断更新的现代化工业模式,意义重大。据《上海地方志·工业通志》记述:"英商'马勒机器造船厂',规模仅次于'江南造船所';英商'英美烟公司'的卷烟、'中国肥皂公司'的'祥茂牌'肥皂,一度占中国市场销量 70％～80％。瑞典商'美光火柴公司'火柴产量占上海产量 1/3。"特别是众多日商利用租界特权和在纺织技术、机械上的众多优势,蜂拥至上海开店办厂,仅日资各纱厂的纱锭拥有量竟占上海纺织业纱锭总量的半数,逐渐形成了占据上海纺织工业半壁江山、能左右整个民初中国纺织业的庞大日资日商纺织工业集团。

五卅运动之后,借全国上下"抵制洋货,提倡国货"的社会风潮,中国民族重工业迎来了自己在整个民初时期发展的"黄金期",仅上海地区就兴办了一批重工企业,如有色金属业的"大鑫炼钢厂""中国制铜厂""华昌钢精厂""中华碾铜厂"等;化工业的"正泰橡胶厂""大中华橡胶厂""天原化工厂""中孚染料厂""中国酒精厂"等。不仅如此,华商华资初步形成了以船舶修造、轧花机制造、缫丝机制造、纺织针织机修配、机器安装、公用事业修配、印刷机制造七个行业为主体的机械制造业。这些骨干型制造业的创立与发展,为民生产业提供了最强有力的基础保障,一大批以现代轻工业模式生产的民生商品应运而生,有些还成为国内外市场享有很高知名度的著名品牌,如"佛手味精""华生电扇""华成电机""美亚真丝被面""章华呢绒""永和热水袋""金城热水瓶""回力球鞋""大中华轮胎"等等(详见《上海地方志·工业通志》,上海市地方志办公室,2002 年)。

不仅是上海,北方的天津、北京、武汉、济南、青岛和东北地区,民国建立之后都陆续兴办了一批规模较大、机械化程度较高的工厂。如天津地区民国二年(1913 年)创办的"丹华火柴公司",民国四年(1915 年)创办的"久大精盐公司",民国五年(1916 年)创办的"恒源纱厂",民国九年(1920 年)创办的"华新纱厂",民国十年(1921 年)创办的"永利碱厂"等。又如青岛地区截止到民国十三年(1924 年)的统计,已建立了纺纱、卷烟、机器制造、炼油为主的洋资、华资、华洋合资的各类工厂数百家,仅日商开设的各类工厂就有 57 家,雇佣华工两万多人。民国三年(1914 年),薛玉官在广福铜店自制车床成功,成为福州第一台自产车床。民国十八年(1929 年)2 月,薛玉官在台江鸭塝洲择地创办广福利机器厂,专门从事机床修造(详见各地地方志"工业志"民初时期部分)。

号称"中国造钟第一家"的烟台"宝时造钟工厂"创办人李东山的办厂经历,就很有些传奇色彩:"李东山首先要掌握制钟的基本技术,他知道世界上机械制钟技术源头在德国。1913年李东山通过长年打交道的驻烟德国盎司洋行,先去印度后辗转到了德国。在德国 UHGHANS 钟厂他做了两年勤杂工,这期间偷偷记下制钟所需设备和原材料的型号,了解到制钟的基本工序。两年后李东山购买了一批原料和几台设备,乘远洋轮回国。他感到仍未掌握关键技术,回国不久又东渡日本。通过在日友人的关系,以购买设备为名进大阪钟厂观摩学习制钟技术。回国后李东山将学到的技术口述给唐志成,同时在他经营五金行附近的朝阳街南段路东动工建造厂房。"(山东商报社编《鲁商:山东商帮财富之道》,山西人民出版社,2011年4月版)民国四年(1915年)7月,烟台"宝时造钟工厂"成立,李东山任经理,唐志成(注:修钟匠,李发迹前旧友)任厂长兼技师。

特别需要强调一个概念:没有规模就没有产能,没有产能就没有市场。各类现代化工厂的规模,往往能直接决定同时期制造业的依存度。机械化程度越高的工厂,更加需要机械制造业的技术保障。特别对于尚处于起步阶段、以修配为主的民初时期中国机械制造业而言,同时期工矿业的规模化尤为重要,是完成"从单纯的维修保养,到零配件生产,再到模仿性组装和复制,最终到自主技术发明和设计创新"的"四个跨越阶段"的第一前提。虽然在民初时期兴办的这些规模工业中有很大比例是洋资洋商所开办;华商企业仍以修配、组装和保养为主,尚未能涉足商业机械的整机制造领域。就制造业而言,所谓以机械的技术发明结合机械和机制商品外观设计的"工业设计",此时还无从谈起,但这些民初时代有较大规模的中外现代化工厂的创立,为后来民国制造业的形成、发展、壮大和现代工业设计的诞生,准备了最宝贵的技术经验和市场基础。

二、民初时期交通运输产业背景

民国建立之初,交通运输业的现代化进程仍以清末所遗留的传统旧式交通为主,民间货物运输与商业物流主要依靠手推车、大车、驼队、马帮等人力和畜力驮运、内河船运、部分沿线港口城市之间的海轮船运等等,其次才是局部区域里程很有限、站点很少的铁路运输网。民间公路汽车长途运输比重极少,基本不值得一提;空运则为空白。

北洋政府在整个民初时期积极投入全国的公路建设,采用了各级政府独资、官商合资和鼓励洋资等多种政策扶持,取得不少成效。至民国九年(1920年),全国始有各等级公路1 185公里;到民国十四年(1925年),公路里程增至26 111公里(具体数据引用许纪霖、陈达凯编《中国现代化史》,学林出版社,2006年版),五年间增长十几倍,不可谓力度不大。

相对于公路建设而言,北洋政府在铁路修建方面则逊色不少,可以说是一种重大失策。在整个民初时期作为近代交通运输业骨干的铁路建设则发展缓慢,甚至不及晚清洋务运动时期。如晚清时期共建成铁路9 618公里,而北洋政府从民国元年(1912年)到北伐胜利的民国十五年(1926年),15年仅修建了3 422公里铁路(其中还包括了日商在南满修建的1 700公里),整个关内铁路仅修建了1 700余公里,包括(北)京绥(远)线全程,粤汉、陇海线的部分(具体数据引用许纪霖、陈达凯编《中国现代化史》,学林出版社,2006 年版)。而且从布局看,北洋新建铁路均远离当时经济发达、民族工商业较为集中的东南、华南、华北沿海地区,所发挥的经济作用甚小。

中国人的"造车梦"首见于民国二年(1913 年):当时东北少帅张学良在奉天(今沈阳)建立"辽宁汽车厂",用洋商订制的汽车零部件部分组装了一批汽车,取名为"民生牌",但并未能投入实际生产。20 年代初山西军阀阎锡山在太原创办兵工厂,并以此为依托建立"山西汽车修造厂",由工程师姜春京负责,仿造部分零部件组装美国产 1.5 吨载货汽车获得成功,并取名为"山西牌"汽车。由于这些以零部件仿制和局部组装为主的造车尝试,耗资巨大,又缺乏基本的设计和产销条件,并没能形成汽车制造的规模产能和自主性的各项造车技术,终以先后失败而告终。

近现代上海汽车修配业是中国汽车工业的雏形,正式形成于民初时期。自 20 世纪初洋人首先在上海租界引入私人汽车起,先后还创办了中国最早的公交汽车公司。一批洋商开办的汽车维修、销售厂店应运而生。有些洋商车行首先推出连卖带修、供应配件、定期保养"三位一体"的经营方式,最早把先进的汽车营销"售后服务"理念引入中国。但进口汽车零部件长期被各大洋行垄断,价格昂贵,周期漫长,因而民营资本的各类汽车配件制造业随之产生。民国元年(1912 年),华商应宝兴开设"宝锠号",华商杨杏福开设"杨福兴铁铺",开始生产汽车的车灯、活塞销、钢板弹簧等配件。民国七年(1918 年),"宝锠号"试制铸铁活塞获得成功。民国十年(1921 年),华商王茂德开设"王德记钢铁号",专营发动机气缸垫的修理和仿制业务。民国十四年(1925 年),华商郑兴泰创办"兴泰钢铁机器号",主营各类汽车配件的维修、仿制,还试制了国产人字齿轮。民国十七年(1928 年),华商"乐炳昌机器厂"开业,主产各类汽车发动机轴瓦、连杆、凸轮轴、曲轴等配件,把中国汽车配件制造技术推向一个崭新的技术高度(参照改编于《上海地方志·汽车工业志》,上海市地方志办公室,2002 年)。

以上海为中心的航运业,在民初时期得到了较快发展。上海的水路运输起步于民初早期,覆盖上海周边地区的内河航运。"至民国二十五年(1936 年),上海内河轮运企业已多达 270 家,有轮船 314 艘,载重 25 550 吨,航线覆盖江、浙,并延伸至皖、赣、鄂,囊括所有客运业务,并兼营相当部分货运业务",至民国九年(1920 年),上海码头常年雇用搬运工约五六万人,货运类人力车夫大约有六万至七万人。上海还开通了过江摆渡、乘凉夜班游船、交通快艇等市区水路交通(详见《上海地方志·内河航运志》,上海市地方志办公室,2002 年)。民初时期的中国在珠江、长江、黄河下游各支线的内河航运,其运力主要依靠各类民间木制帆船,有各类舢板、平底帆船、有篷双橹小船(即江浙民间"乌篷船"等)。至 19 世纪末 20 世纪初,上海内河轮运业渐成规模,当时较有影响的企业有"戴生昌轮局""内河招商轮船局""大达轮步公司"等,主要从事长江沿岸短途客运货运业务。

主航道沿岸长途客货运输,则控制在洋资洋商手中。据民国十四年(1925 年)

公布的《扬子江水道整理委员会月刊》对从民国十年（1921 年）、十一年（1922 年）、十二年（1923 年）三年内上海进出口轮船年货运总吨位的资料统计，长江航运以洋商轮船为主的货运比重分别是 20.8％、17.2％和 23.4％。

中国民营资本介入长江航运，首推卢作孚于民国十四年创立的"民生船运公司"。"民生公司"首先开辟了从重庆至合川的长江支线客货运输业务，并在沿线兴办实业（如北川铁路、天府煤矿、三峡织布厂、成渝民用商业电话网等），不断增强实力，陆续购进德、美、日各式轮船，进而在民国中期全面打入由洋商垄断的长江航运，逐步实现了与洋资轮船企业在长江航运分庭抗礼的目标。

以上海为中心的中国船舶修造业，在整个民初时期欣欣向荣，不断取得骄人成就。上海造船业具有作为晚清洋务运动最大的工业遗产之一"江南造船厂"的实力基础，加之"招商局浦东机器厂"和"张华浜修理厂"等官办船厂和"发昌""公茂""求新""大中华"等几十家民营修造船厂也在民初时期相继创立，使民初时期的上海船舶修造业自成体系、实力雄厚，成为民初中国现代化工业的主导行业。

以民国七年（1918 年）"江南制造局"在叶在复的主持下先后建造的川江货船和长江客货船为标志，其建造技术和质量超过了当时中国境内的各家洋资洋商船厂的建造水平，宣告了中国造船业和制造业发展的新纪元。自清宣统二年至民国七年（1910～1918 年）短短八年内，"江南造船所"共建造各类船舶二百余艘，计六万余吨，已全面超越了当时规模最大、技术最新，曾称霸中国造船业的英商"耶松船厂"，动摇了洋资船厂长期控制和垄断中国船舶修造业的地位。民国六年（1917年）创办的"合兴机器制造厂"，存续 14 年期间共建造轮船 48 艘，以其"工料兼优"的品质，在海内外造船业享有"造船巨擘"之美誉。尤其是民国九年（1920 年）和民国十一年（1922 年）"江南造船所"连续建造"官府"号等 4 艘远洋运输船出口美国、民国十六年（1927 年）"大中华造船机器厂"（现上海"中华造船厂"前身）建造"大达"号客货船和建造杨俊生等人自行设计的"天行"号破冰船均获得成功，一时蜚声海外，反响强烈，极大鼓舞了中国社会工业化的信心，被视为民初中国工业化最重大的成就之一。

民初造船业最值得炫耀的成绩，便是首次建造并出口了"万吨轮"。上海江南造船厂在民国七年（1918 年）至民国八年（1919 年）接受美国订货，制造 4 艘同一类型的全遮蔽甲板、蒸汽机型万吨货轮，分别命名为"官府号"（MANDARIN）、"天朝号"（CELESTIAL）、"东方号"（ORIENTAL）、"震旦号"（CATHEY）。船长 135米，宽 16.7 米，深 11.6 米，排水量 14 750 吨。其中第一艘"官府号"于民国九年（1920 年）6 月 3 日下水，四船经美国运输部验收，工程坚固、配置精良，美国船主对其建造质量十分满意。

民初工业在车船仿造、机具装配、设备维修方面的起步和发展，是中国社会工业化进程中极为重要的初级阶段，也是早期中国工业设计产业最为成功的突破口。最早的中国工业设计，正是由民初时期修配作坊里那些中国最早的机器匠人完成的，他们根据自己的具体条件和客户的特殊需要，将所有部件加工成与此相适应的各种形态。这些基础能力的逐步获取和持续深化,使现代化产业形态和影响,已深深搜入支配着社会大众日常生产与生活的主流生存方式的体系之中,也使早期工业领域中的现代设计行为,成为一种常规事物:任何后进社会完成外来文明植入所必然经历的"本土化"过程,而早期中国工业设计产业的现代化模式的萌芽形态,正好出现在民初时期与交通运输业密切相关的船舶建造、铁道铺设、汽车修配等行业,这些产业有着当时最好的市场前景,最高的技术条件,也聚集着当时中国第一批最熟练的技术人才。这些已较为成熟的产业与晚清时期单纯的仿造、复制产业相比,在产品的技术发明和形态设计上有一定区别,已表现出与引入模式不太一样的,更加适合中国地域条件、应用范围的产业特点,特别是在很多零部件的改进、研发方面,尤其是 20 年代初上海地区各民营汽车公司在公交车车厢配置、各民营航运公司和船厂自行设计安装的木壳、铁壳小火轮等整车、整船的配套产业方面,都逐渐呈现出较高的自主性成分,也呈现出一定的具有中国特点的最早的工业制品外观设计风格。这些都是早期中国工业设计特别珍贵的实验性成果,开辟了现代中国工业设计的发展道路。

三、民初时期市政公用产业背景

民初时期的中国市政建设与民用设施,是建立在晚清以来各通商口岸设立的租界内洋人开办的公用设施基础上逐步发展起来的。尤其是上海租界,是一系列中国最早的民用市政设施的发源地,比如自来水、民用电报电话、公用照明、邮政(民信局)、客运码头、城市火电厂等等。

早在光绪二十八年(1902 年),上海法租界有洋商投资在董家渡修建中国第一间公用自来水厂,专向法租界供水。清宣统三年(1911 年),闸北水电公司恒丰路水厂建成,向闸北地区供水。民国初年(1912 年),第一家华商自来水厂建成,向老城厢及南市地区供水。此后洋商华商先后创设多家自来水新厂。至民初早期,上海市区主要地区均有自来水供应。至民国十五年(1926 年),原来上海市区由煤气为燃料的城市照明被电力街灯全部取代。煤气则转向民用炊事供能方面,开创了中国城市民用燃气供给系统的先例。

虽然大清邮政及军用官用电报、电话在晚清即在京师天津卫之间开办,但涉及民生公用的电话业务,始见于上海租界。"电话的创制,起于清代光绪八年(壬午),迄今已五十多年。那时有英国人名皮晓浦者,初在租界区施行,分设南、北二局,南局在十六浦,北局在正丰街(即广东路)。惟彼时没有什么电话机,也不用摇铃报号,自动机更谈不到此,倘欲邀人对谈,自己到局里去,纳费十二文即可和人谈话,后因生意清淡,经费不敷,就停办了。明年(即癸未年)天主堂神父法国人能慕谷重起创设,改用电话机,从徐家汇教堂达到英、法两租界各洋行,以便报告风雨气候。后来人们知其利便,就纷纷装设,直到如今,不过从几十号电话机开始,经过了几十年的过程,现在已到数万号了。"(〔民初〕《申报》主笔黄式权《淞南梦影录》,上海古籍出版社,1989 年)当时上海人把这种无需接线生转接、拨号即用的自动电话叫做

"德律风"，系英文 Telephone 之"洋泾浜"发音。全国各大中城市均在民初时期纷纷建立起了自己的自动电话系统。鉴于全国民用电报电话业务迅猛发展，至民国十五年（1926年），北洋政府交通部将北京、上海、汉口、天津四市列为"特等电报局"，合称"全国四大局"，分片管控辖区民用电讯业务。

民国初建之后，上海租界的华人居住区实行了统一市政管理。同时，上海各界主张租界之各种市政公用设施应为全体上海人所有，对华洋市民实行无差别开放。

天津租界工部局在民国三年（1914年）将大马路（今建国道）修筑成沥青路，随后各租界纷纷仿效。天津英租界工部局规定：凡重修路面一律改用沥青。法租界则从民国十一年（1922年）起"五年内将所有街道全改建为沥青路"，并开始使用搅拌机、蒸汽机等近代修路机械（南开大学政治学会编《天津租界与特区》，商务印书馆，1929年版）。

晚清建立的天津邮政局（清末时所辖范围是"直隶邮区"）在民初时期民生邮寄业务发展迅速。从民国三年（1914年）至民国八年（1919年），五年内赢利逐年上升，从31万银圆逐年增长到55万银圆。尽管民国八年（1919年）起划分出"北京邮区"后，民国九年（1920年）仍赢利48万银圆、民国十一年（1922年）达123万银圆、民国十三年（1924年）达129万银圆（详见《天津地方志·邮政志》，天津地方志办公室，2003年）。

民国七年（1918年）广州"市政公所"成立后，在租界原有基础上的民用自来水、市区照明、供气供电、自动电话、民间邮寄业务、市区道路修造等方面都有较大作为。

北京的官办"京师自来水公司"建立于光绪三十三年（1907年），天津租界早在4年前（即光绪二十九年）便有了自来水厂。在民初时期，京津两地自来水厂发展迅速，至民国三年（1914年）前后，基本已覆盖两市全部市区。

除晚清时期先后成为通商口岸的各大城市之外，众多城市和内地中小乡镇都是在民初时期这15年内创立了自己城市的市政共用体系，开办了民用性质的公共照明、自动电话、民用邮政、自来水厂、火力发电厂和市区道路建设。如南京、杭州、成都、苏州、昆明、兰州、沙市、保定等等。

民初时期的城市公用服务业及市政设施，基本是在模仿租界原有市政设施基础上逐渐发展起来的。此时各项市政建设所用设计、规划和机械、技术，绝大多数还依靠洋资洋商来进行；即便是政府筹办、华资民办的各城市公用市政建设，在整个民初时代依然由洋人技师、顾问来协助、指导下进行，中国人尚未掌握相关建设的规划设想、建造技术、应用机械等等，所以在民初时期还谈不上真正意义上的现代化民生公用设施的设计创意问题。

四、民初时期文化教育事业背景

清末社会乱象丛生，国势日衰，使不少文化精英质疑中国文化传统本身，甚至主张中国文化及人种的"西来说"，一度甚嚣尘上。西化已二百年之日本，毕竟同文同种,其学说更容易被国人接受,因此在甲午之后对中国社会各方面都产生过巨大影响。民国初创时,西学大昌,新学堂皆无自编教科书,不少教科书直接引自日本。现代汉语迄今仍保留不少日源词,概出此时。日本学界的诸多观点、内容、体例,都成了新学的摹本,连个别日本学者关于华夏民族的起源问题的谬见,也受到国内文化界的一致认同。中国人种与文化的"西来说"始作俑者为日本史学家桑原骘藏:"汉族,东洋史中尤重要之人种也……此族盖似于遽古时,从西方移居中国内地,棲止于黄河两岸,寖假蕃殖于四方。古来搏东亚文化之先声者,断推此族也。"([日]桑原骘藏著,金为译《东洋史要》(卷一),上海商务印书馆,民国三年版)此书竟被北洋政府教育部审定为"中学堂教科书"。此后凡民初时期所编历史教科书,大多认同或延引这一观点。如"中国种族于上古最近之时,由西北方迤逦入中国内地"([清末]学者陈庆年主编《增订本·中国历史教科书》,上海商务印书馆,清宣统三年/1911年版);"汉族上古由帕米尔高原东迁繁殖于黄河沿岸,后遂蔓延全国。经周秦汉唐宋明而其势益盛"([民初]潘武编《历史教科书》(讲习适用),中华书局,民国二年/1913年版);"中国人民,近世称为汉族,与亚洲之民,同属黄种……然汉族初兴,肇基迦克底亚,古籍称泰帝。泰帝,即迦克底之转音,厥后逾越昆仑(今帕米尔高原),经过大夏(今中亚细亚),自西徂东。以卜居于中土,故西人谓华夏之称,起于昆仑之花园"(详见民初学者、同盟会元老刘师培编《中国历史教科书》,武宁南氏校印本,民国二十三年/1934年再版)。刘本历史教科书也被审定为"中学堂师范学堂通用教科书"。其他几本民初时期经官方审定颁布,且较有影响的历史教科书如赵玉森《共和教科书本国史》、钟毓龙《新制本国史教本》等等,都是"西来说"一个腔调,其流毒影响在中国学界迄今尚未完全肃清。

中国文化及人种的"西来说"在民初时期的泛滥成灾,在"五四"前后达到高潮。本书作者认为有两个深刻原因:其一是极端的文化不自信。原因无非是清末屡战屡败于列强,尤其是新败于日本,中国文化阶级惭愧自卑,自然而然对彼怀有敬畏、攀附之心。原本就自惭形秽,有东洋人说自家竟有西洋血脉,自然回嗔作喜,忙不迭认下糊涂宗门。其二是洋务西学已数十年,中国尚无现代考古学、历史学可言,佐证、考据全凭文史典籍那点老古董文字记录,却无法以田野考古、文物鉴定等科学手段一一证实,自然是洋人说什么,都当做"金科玉律",岂敢质疑。"西来说"一度是推行西学文明、倡导科学民主的思潮之一,具有一定的积极意义。但如今少数历史学者罔顾百年考古实证,继续秉持连主流西方学界都早已抛弃的"西来说"谬见,难免有一叶障目、拾人牙慧之嫌。

梁启超首先提出了"中华民族"的概念,主张"吾中国言民族者,当于小民族主义之外,更提倡大民族主义。小民族主义者何? 汉民族对于国内他族是也。大民族主义者何? 合本部属之诸族对于国外之诸族也"(梁启超《梁启超全集·第一册·知耻学会叙》,北京出版社,1999年版)。后来在民国之初,有人将新国号之"中华"与"本部属之诸族"会意复合,组成"中华民族"一词,频见于各大报章,遂流行开来。"大民族"概念的提出,为20世纪中国社会以文化凝聚民族、以国家团结民众的历次文化改革奠定了思想基础。民国建立之后，全社会的国民教育普及，就成了社会各界、朝野上下最关注的事情之一。

梁启超等人还竭力主张实行国民教育。他指出："一国之有公教育也，所以养成一种特色之国民使之结为团体以自立竞争于优胜劣败之场也。……故有志于教育之业者先不可不认清教育二字之界说，知其为制造国民之具。此不可不具经世之炯眼，抱如伤之热肠，洞察王洲各国之趋势，熟考我国民族之特性，然后以全力鼓铸之。"（梁启超《论教育当定宗旨》，载于《新民丛报》，日本横滨 1902 年合订本）把教育看做制造国民之工具，而不是制造官吏之工具，这是一个颠覆了几千年封建教育传统的崭新观念，具有极大的开创意义。

民初时期的南北各大中城市的国民基础教育普及和校园学术圈的兴起，是 20 世纪上半叶中国社会变革另两件最重要的事件。民国元年（1912 年），蔡元培任北洋政府控制下的"临时国民政府教育总长"时，废除清朝学部的教育宗旨，采用西方国家的教育方针，教育部公布的教育宗旨是："注重道德教育，以实利教育、军国民教育辅之，更以美感教育完成其道德。"（"教育部教育宗旨令"，北洋政府教育部颁布，载于《教育杂志》，1912 年 4 月版）平心而论，整个民初时期（1912～1926 年）历届北洋政府对文教事业的投入和关注，起码不次于后来的南京国民政府。民国元年（1912 年），国民临时政府教育部就公布了《中小学令施行规则》，自此各大中城市普遍开设了"国民小学堂"（有的叫"爱国小学堂"），还开始印发全国统一的教材读本，这点是特别重要的社会改良举措。民初时期有些小学、中学的条件，甚至超过了为它们筹资拨款的县衙官府。一大批后来在百年中国社会呼风唤雨的才俊英杰，都启蒙于这些民初时代创办的国民小学堂。

自晚清新学兴起后，当时"万般皆下品，唯有读书高"的社会观念颇为盛行，读书人常被老百姓和公差、军警们称为"学老爷"，一般不敢招惹。"晚清时节，士兵们就不敢轻易进学堂生事，哪怕这个学堂里有革命党需要搜查。进入民国之后，这种军警怕学生的状况，并没有消除。即使有上方的命令，军警在学生面前依然缩手缩脚，怕三怕四。他们尊学生为老爷，说'我们是丘八，你们是丘九，比我们大一辈'。"（张鸣《北洋裂变》，广西师范大学出版社，2010 年 5 月版）与大多数影视作品中血腥场面不一样，"五四"期间北洋政府面对爱国学生也并不是一味"残酷镇压"。"当学生闯入赵家楼，放火烧房时，全副武装的军警都不为所动。其时，章宗祥遭学生毒打，全身 50 多处受伤，而在场的几十个带枪军警竟然束手无策，他身边有人向警察呼救，巡警回答说：'我们未奉上官命令，不敢打（学生）'。唯一杀人的山东镇守使马良，杀的并不是学生，而是自己本族（回族）的几个参与者头目，好向上司交差。杀完人马良还为自己辩护：'我抓自己人，杀自己人，总没人管得了吧？'"（杨超《军警"残酷镇压"五四运动：跪地哀求学生别游行》，载于《凤凰网·历史栏目》，2012 年 7 月 3 日）

所有资料表明：民初北洋时期，大学师生的生活待遇和校园的学术风气都是比较好的。迄今中国最著名的高等学府如清华大学、北京大学、厦门大学、复旦大学、交通大学、同济大学、武汉大学……无一不是在民初时期初建自己后来得以闻名遐迩的学术声誉的。各大学校园还是社会变革的思想发源地，几乎任何重大社会事件的倡导者、组织者全都来自大学校园，如著名的白话文运动和"五四"新文化运动。

之所以民初文教建树颇多，这里面有着一层深刻的社会原因：民初时代，由于袁世凯复辟及原部属北洋军政府纷争作为，"武人专政、乱政"的说法被社会各界普遍认同；"去兵""废兵"的呼声甚嚣尘上。物极必反，当时特殊环境造成了对读书人特别尊重的一种社会普遍共识。在当时民众的眼里，教授、作家等文明人要比军阀们好得多，学生要比大兵强出一百倍。北洋军阀首领中系晚清官费留洋考察者甚众，自然也愿意通过热心新学、积极办教育来为自己捞取民意资本，故而民初是20世纪文教事业最自由最宽松的大发展时期。

北洋政府教育总长兼任北京大学校长蔡元培提出了"思想自由，兼容并包"办学方针，引进了西洋教育的开放学风，网罗了一大批中国学界名流到北大任教，其中有：陈独秀、李大钊、章士钊、胡适、辜鸿铭、刘师培、钱玄同、刘半农、吴梅、鲁迅等。还有不少受北洋政府委任担任过文教要职，如蔡元培（北洋教育总长）、唐绍仪（北洋内阁总理）、梁漱溟（北洋司法总长秘书、北京大学印度哲学讲席）、陈独秀（北京大学文科学长）、鲁迅（北洋教育部部员、北京大学和北京师范大学讲师）、马寅初（北洋财政部部员、北京大学经济学教授）……

民初时期还初建了几乎全部的中国最早的现代化标准的研究机构，从考古、历史到哲学、艺术，从理学、工学到农学、医学。这些科研机构技术装备、知识背景，基本都是按照西洋标准或直接在洋人指导下完成的。

例如，中国现代考古学的创建，就是一位洋人的首功。曾任"世界地质学会"秘书长的瑞典人安特生（Johan Gunnar Andersson），民国三年（1914年）受聘任北洋政府"农商部矿政顾问"，原本专职从事地质调查和矿石样本采集。民国五年（1916年）后因经费短缺而转向于古生物化石的收集和整理研究。他移植当时西方国家先进的矿业勘探、测绘、检样方法，一手创建了中国现代考古学的田野考古基本方法。安特生来华十数年间就硕果累累：民国十年（1921年）发掘河南省渑池县仰韶村新石器文化遗址，开创了"仰韶文化"的研究；后到甘肃、青海进行考古调查，发现遗址近50处，并提出"中国文化西来说"（此学说争议颇多，后自己也改口纠正）。民国十四年（1925年）起对北京周口店化石地点的调查，又促成了后来"周口店'北京猿人'文化遗址"的发现。安特生等人对现代中国文化事业的贡献，厥功至伟。

从晚清开始的小规模官费留洋，在20世纪初发展成大规模的全民留学热潮，官资、商助、自费留洋，遍及城乡各地。先后从晚清至北洋时期获得官费留洋资助并学成归来或留洋考察、勤工俭学的著名人物不胜枚举，他们中的佼佼者，后来都成为推动现代中国历史发展的重要人物。其中有唐绍仪（1874～1881年，美国）、詹天佑（1878～1881年，美国）、段祺瑞（1888～1890年，德国）、鲁迅（1902～1909

年,日本)、马寅初(1906～1914年,美国)、蒋介石(1908～1924年,日本)、胡适(1910～1919年,美国)、陈独秀(1910～1913年,日本)、陶行知(1914～1917年,美国)、周恩来(1917～1919年,日本、法国、德国)、林语堂(1919～1923年,美国、德国)、邓小平(1920～1927年,法国、苏联)……

清末民初时期,留日学生始终占留学生总数的第一位,其次是美国。"1908年7月,美国政府正式通知清政府外务部:从1909～1940年,将美庚款之半数1 078.528 6万美元,逐年逐月'退还'中国,由中美组成董事会共同管理,专门用于选送中国留美学生和开展中美文化科技交流。"(程新国:《庚款留学百年》,中国出版集团·东方出版中心,2005年版)"1909年6月,清政府设立游美学务处。1911年4月正式成立清华学堂。这二者先后负责考选、甄别和教育留美学生,拉开了近代中国庚款留美运动的序幕。此后,中国留美学生人数逐年增加,1912年为594人,1914年夏留美中国学生会会员增至1 300名,1915年11月留美学生总数为1 416人,1917年超过1 500人,1924年达到1 637名。"(徐志民《1918～1926年日本政府改善中国留日学生政策初探》,《史学月刊》,2010年第3期;文中数据引自刘伯骥的《美国华侨史·续编》,台北黎明文化事业公司,1981年版)

可以通过一件小事,来反映北洋政府对官费留洋的高度重视:清政府曾向外国订购了一批军舰。因欠款甚巨,北洋政府无法接受当时急需的大型战列舰"飞鸿"号等新舰,洋商遂全数拍卖。因清政府和北洋政府已累计支付了3万英镑费用,故而拍卖后该笔款项退给了北洋政府海军部。由北洋政府海军总长刘冠雄拍板做主,全数用以资助赴美留学生。民国四年(1915年),巴玉藻、王助等4人(专业学习飞机制造技术)和李世甲等27人(专业学习潜艇与舰船建造技术)共31名选拔留学生,得以赴美留学。大约十年之后,在福州船政局就诞生了中国第一架自主装配的双翼飞机,在上海也诞生了中国第一艘鱼雷艇和现代舰炮。

由于各路军阀中的领袖人物一向标榜开明、西化,其中不少都有留洋背景(段祺瑞等),因此总的来说,北洋政府一向还是比较重视国民教育的。无论是高等教育,还是中小学教育、职业教育、社会教育,都是很做了一些事情的。难能可贵的是,这些事情都是在一穷二白、没有条件可言的基础上完成的,还要天天忙着打仗。

众所周知,民初时期各大学校园内的学术风气是比较浓厚的,自由宽松的程度也是比较高的,这与当时"教育"和"实业"在民初时期救亡图存的社会大潮中占据突出的优势地位有关。因此整个民初时期的社会各种变革运动的策源地,也总是大学校园。可以说,民初时期南北各著名高等学府的快速发展和新校相继开办、国民中小学普及教育,是百年中国社会教育事业发展最快的时期之一,特别是民初现代化西式学堂教育,是在从无到有的基础上创建起来的,投入的人力物力极其巨大,殊为不易。

民国初建的1912年,由蔡元培为首的北洋民国政府教育部门就制订了"壬子癸丑学制"的《大学令》和《大学章程》的颁布,勾画出民国高等教育未来发展的制度框架。"抱定宗旨，研究高深学问""砥砺品行，敬爱师友""肩负责任，一往直前"，而校政则采取"教授治校""学生自治"。民初早期则由政府出资创办、改建了第一批现代化的国立高校，社会称"一大六高"，一所大学：由"京师大学堂"改名的北京大学；六所国立高等师范学校：北京高等师范学校（即后来的国立北京师范大学）、南京高等师范学校（即后来的国立中央大学、南京大学）、武昌高等师范学校（即后来的国立武汉大学）、广东高等师范学校（即后来的国立中山大学）、成都高等师范学校（即后来的国立四川大学）、沈阳高等师范学校（即后来的国立东北大学）。直到民国十七年（1928年）在原"清华留美预科学校"基础上创建了清华大学，至此，中国现代化高等教育体系雏形初备。由北大学者率先提出的"囊括大典，网罗众家，思想自由，兼容并包""抱定宗旨，研究高深学问""砥砺品行，敬爱师友""肩负责任，一往直前"的治学理念及"教授治校""学生自治"的校政原则（《蔡元培文集·任北大校长的就职演说》，线装书局，2009年版），成整个民国时期中国现代大学教育的总方针。

民初大学校园的自由风气和北洋政府对文化人的宽容程度，是令今人羡慕的。整个民初时期，批评甚至反对政府的各种声音，主要来自各大学校园。即便是弄得政府十分头痛，也往往息事宁人、忍气吞声。曾任北洋政府教育总长、时任北京大学校长的蔡元培，因"五四事件"愤然辞职，公开痛斥政府干涉学界自由，并坚拒北洋政府各部门的一再挽留，飘然南下，会同、组织南方学界继续声援北京学生（马勇《暧昧的挽留：蔡元培辞职之后》，载于《南方都市报》，2012年7月24日）。南方国民党人则公开抨击北洋政府中"无一可恃之人，无一非巧取豪夺，日与吾人为仇为敌，其思想，其行事，无一能与平民政治相容"（廖仲恺《三大民权》，载于《星期评论·第6号》，1919年7月13日）。起码在舆论方面，未见北洋政府有什么大的控制或镇压举动。

民国元年（1912年），北洋民国教育部即公布《中小学令施行规则》，并在民初早期审核、配发了一系列中小学教科书。其水准之高，迄今民初小学课本仍引起社会极大的羡慕、赞赏。如民国元年的南京临时政府和北洋军政府教育部先后勘定、颁发了《普通教育暂行办法》《普通教育暂行课程标准》《学校系统令》《小学校教则及课程表》等，其中关于小学课程方面的最大变革就是废止读经科、主张科学，在教学内容上铲除封建影响，合乎共和宗旨。当时中小学教科书编印思想就是"注重自由、平等之精神，守法合群之德义，以养成共和国民之人格"（详见商务印书馆《编辑国民小学教科书缘起》，《教育杂志》，民国元年）。民初中小学教科书的特点：一是教材质量的时代性和完整性，基本囊括了先进的自然科学人文科学基础；二是教材编纂的自由性和竞争性，从不指定、组织知名学者编写，而是从社会上择优录用，随换随新，保持课本内容的先进程度；三是教材结构的包容性和实用性，提倡从民初小学低年级即开始"德、智、体、美、音"全面发展，强化社会实践能力和人格独立性、自主性的素质培养。其实这些都是早期中国现代教育的可贵遗产，是在现代教育创建之初就根据中国国情制定的教育方略，可惜眼下中国大中小学教育现状早已将此等特色湮灭殆尽,知之甚少。

让我们来重温一百年前修编的民初时代国民小学堂教科书里的一段课文:

"第一课　技能:欲谋生计,必有职业。欲图职业,必有技能。家拥巨资,而水火盗贼或出不虞。向人假贷,而有无多少一听人便。唯有技能,可以随时择业,故无冻馁之忧。"(武进沈颐、杭县戴克敦编,长乐高凤谦校订《新修身·全八册》,教育部审定"共和国教科书",商务印书馆编纂出版,1918年3月第三百六十版)读者可扪心自问:课文里可有一句违心的说教或哄人的废话?

民初国民正规教育和社会教育,是包括民生设计在内所有现代化生活方式与生产方式的最重要基础。每个人幼年时接触新事物,都是需要成人引导和指引的。一个人由小学起接触社会(主要是校园和家庭)产生的行为规范、思想塑造,往往决定了其一生的人生走向。近现代中国民生设计及产销业态正是建立在这个依存基础上才得以发生、发展的文明产物。

由"科举应试"过渡到"国民培养"的教育方向改变,由笔墨纸砚"文房四宝"过渡到现代文具,是民国初期同步发生的天翻地覆的社会变化之一。整个民初时期,除去由华商造纸业提供的部分教科书、练习本之外,由华商开办的文具设计与产销行业,还基本没有形成。唯一能提及的,是民国十五年(1926年),由华商殷鲁深、卢寿笺合资在上海创建了中国第一家自来水笔厂"国益自来水笔厂",资本为5 000银圆,靠进口相关配件自行装配"自来水笔"(即钢笔)进行销售。至于中国的铅笔等产业,30年代初以后才有华商介入在上海办厂。民初时期各类学校所用文具、教具、实验设备,基本靠"因地制宜":沿海通商口岸城市之教会、租界的学校,所用所学一般基本与洋人学校同步,文具、教具皆由租界各洋行供给;全国中小城市学生20年代后半期才逐渐普及现代文具(铅笔、橡皮、削笔刀、课本、作业簿、文具盒、书包等),西北、西南乡村小学生至40年代还有很多拿砚台毛笔写作业的。

对教育的重视程度,还直接表现在教师待遇上:20年代,北京大学一级教授胡适、辜鸿铭、马叙伦、蒋梦麟、沈尹默、马寅初等人的月薪为280银圆。按当时一块银圆的购买力计算,一块银圆在上海可买7斤猪肉。胡适在9月30日寄给母亲的信中写道:"适之薪金已定每月二百六十圆。……教英文学、英文修辞学及中国古代哲学三科,每礼拜共有十二点钟。……适现尚暂居大学教员宿舍内,居此可不出房钱。饭钱每月九圆,每餐两碟菜一碗汤。适意俟拿到钱时,将移出校外居住,拟与友人六安高一涵君。"当时胡适26岁,留洋返国刚进入社会做事,就拿260银圆的月薪,相当于今人民币10 000多元。而他住的北京大学教员宿舍是免费的,9银圆的伙食已很丰盛(当时北大的学生在食堂包伙仅4两银子即5.6银圆),每月还有200多银圆节余。不久,胡适和安徽同乡高一涵另觅一僻静处合租而居,每月租金6银圆,每人仅出3圆。开课方及月余,胡即加薪为本科一级教授。10月25日胡适又写信给母亲说:"适在此上月所得薪俸为260圆,本月加至280圆,此为教授最高级之薪俸。适初入大学便得此数,不为不多矣。他日能兼任他处之事,所得或尚可增加。即仅有此数亦尽够养吾兄弟全家。及此吾家分而再合,更成一家,岂非大好事乎!"(《胡适书信集》,北京大学出版社;第1版,1996年9月1日)看来胡适在北京大学的经济状态,要比他在美国的生活优越得多,自然是心满意足,安心治学了。

不仅是教授,文人亦谋生有道。民国元年(1912年)12月,梁启超在天津创办半月刊《庸言报》。这段时间他在家信中说,"《庸言报》第一号印一万份,顷已罄,而续定者尚数千,大约明年二三月间,可望至二万份,果尔则家计粗足自给矣。若至二万份,年亦仅余五六万金耳,一万份则仅不亏本,盖开销总在五六万金内外也"(丁文江编《梁启超年谱长编》,上海人民出版社,2009年版)。根据同年10月他和商务印书馆经理张元济的通信,梁著《中国历史研究法》等书版税为40%;而梁启超在《东方杂志》上发表文章的稿酬为千字20圆,约合今人民币800元。鲁迅在生前的最后9年,完全靠版税和稿费生活,每月收入700多元,相当于现在的2万多元。而30年代的上海一个四口之家工人的每月平均一般生活费不到40元。可见文化名流小日子过得相当滋润。

即便是各地军阀,在教育的投入方面也是颇为客观的:以粗鲁愚钝著名的北洋军阀曹锟在保定办了一所综合大学"河北大学"。虽然曹锟自己出钱、管事,但从不干预办学之事。曹常说,自己就是一个推车卖布出身的大老粗,什么都不懂,大学得靠教授。每逢曹锟到"河北大学",就首先到"教授休息室"等候,一旦下课的教授露面,曹随即趋前嘘寒问暖。还亲自在暑天送毛巾到课堂上,给教授们擦汗;在教室里装了铁柜,放冰块降温。每逢发工资的时候,曹锟都嘱咐行政人员把大洋用红纸包好,用托盘托着,举案齐眉式地送给教授。"河北大学"的教授工资一个月二三百大洋,对于物价比北京低得多的保定,已属待遇极优厚,曹锟却时有内疚,如看见教授在用显微镜做试验感慨地说,你们这样用脑子,每月那点钱,抵不上你们的血汗呢。曹锟爱集合学生训话,可每每必重复强调一个话题:必须绝对尊重教授。反复说:这些教授都是我辛辛苦苦请来的,如果谁敢对教授不礼貌,就要谁的脑袋。

其他地方军阀们在办新式教育上也不含糊。东北少帅张学良,为改善"东北大学"办学条件,先后共捐献180万现洋、建筑文法学院教学楼各一座、可容数百人的凹字形学生宿舍一座、教授住宅38栋及化学馆、纺织馆、图书馆、实验室及马蹄形体育场等。韩复榘主政山东期间,重用何思源、梁漱溟、赵太侔等新派文人来抓文教事业。他任命何思源为教育厅长,并且有报随批,从不拖欠教育经费,且保证教育经费每年都有所增加,因此山东省在校学生由民国十八年(1929年)的50余万,到民国二十二年(1933年)增加到100余万。山东教育事业有了很大发展。据说韩复榘主政山东投入巨大,但从没有向教育界安排过一个私人亲属和友人子女,这在当时政坛风气中也是很难能可贵的。山西"土皇帝"阎锡山,最是以办教育著称的地方军阀,尤其是办中小学教育特别卖力,使山西境内的适龄儿童就学率和中小学普及率,在整个民国期间一直在全国名列前茅。

表 2-17 民初时期山西省国民学校发展情况一览表

年份	学校(所)	学生(人)	毕业(人)	教员(人)	职工(人)	经费(元)	生均(元)
1912	5 566	145 266	7 779	6 706	5 680	400 079	2.75
1913	7 547	196 526	8 433	8 713	7 554	540 491	2.75
1914	8 994	265 082	11 231	10 181	7 420	643 153	2.39
1915	10 817	304 283	3 465	12 031	8 680	737 677	2.42
1916	11 475	306 237	12 027	13 228	10 182	771 186	2.52
1917	12 212	319 786	10 588	13 941	12 282	898 012	2.81
1918	14 189	467 069	14 007	16 682	13 584	1 039 343	2.22
1919	18 187	647 863	19 881	21 787	18 253	1 481 266	2.27
1920	19 481	725 188	25 902	23 241	20 256	1 717 131	2.37
1921	21 536	835 993	39 306	25 413	20 509	1 786 408	2.14
1922	24 162	991 564	47 898	27 891	22 987	1 898 704	1.92
1923	25 821	1 089 141	51 029	不详	不详	2 031 504	1.92
1924	25 398	1 022 521	54 608	29 906	23 940	1 966 641	1.92
1925	25 511	961 104	74 237	31 984	25 320	2 527 835	2.55
1929	21 962	799 977	—	34 062		2 682 003	3.35
1930	22 163	812 477	—	31 233		3 343 853	4.11

不仅仅是山西等省,中小学教育在民初时期总体上各省都有一定程度发展,为现代中国教育奠定了较好的社会基础。

表 2-18 1922～1923 年全国部分省份初等小学在校学生人数

省份	男生(人)	女生(人)	合计(人)
直隶	497 414	22 265	519 679
奉天	275 703	17 448	293 151
河南	250 617	6 522	257 139
山西	608 305	129 889	738 194
江苏	307 124	36 019	343 143
安徽	69 056	4 319	73 375
江西	180 260	5 595	185 855
福建	115 335	3 713	119 048
湖北	183 542	6 620	190 162
陕西	185 415	3 544	188 959

注:上列二表均引自申国昌《民国时期山西省初等教育实施效果》(载于《教育理论与实践》,2008年第 34 期)。

对于民初以来风起云涌的学生运动,以胡适、傅斯年为首的知识分子心情是复杂的。一方面他们坚决支持学生的政治主张(傅斯年自己就是扛大旗走在最前面、发动"五四"大游行的总指挥,还领学生冲了赵家楼),另一方面担心学术与科技因此受损严重,更担心学生的政治热情被少数别有用心的政治家们操弄,危害国家与社会。"学生干预国事是政治腐败造成的,是关心国计民生的正义行动。但是,频频发生的学运已经出现不正常的现象:动辄罢课,学业损失太大,对大学和国家学术文化发展不利。学生不应沦为党派斗争的工具。有些学生集会不尊重少数人的权利,不尊重他人的自由,不准反对自己意见的人发言,甚至发展到把与自己观点不同的报馆烧掉,把政敌的房子和家具烧掉,这就已经脱离民主、自由和法治的正轨,转化为暴民专制。"(袁伟时《自由不是为了反自由》,载于《新闻周刊》,2004年第8期)

民初社会战乱不已,时局动荡。其时国民普通教育质量究竟如何?眼见为实,耳听为虚,本书作者且摘录一封普通家书(摘录于《民国模范作文·第2季》,新星出版社,2012年9月版),不做任何评价,让读者自己来判断彼时"高小一年级"学生的国文水平与心智成熟度。

> 父母大人膝下,敬禀者:
>
> 自别慈颜,常怀孺慕之情,敬维福体康健为颂,前上一禀想已垂鉴矣。男在校身体颇好,近因反对山东直接交涉问题,学生会又有罢课之举,本校先由中学生向校长说明理由,要求停课,得准予停课,不准宿校之答复。是以二月十四日一律出校,分投住宿。有借义务学校者,有借新友家者。终日沿途演讲,不惮烦劳,虽饥寒交迫,风雨频侵,亦所不顾,真可谓热心国事矣。男在高小第一年级,故不与其事,唯从三月初八起亦停课一星期,以表同情。男在校足不出户,按时温习旧课,一切自知谨慎。务请大人宽怀为幸,肃此驰禀。
>
> 敬请康安。
>
> 男某某谨上

信中自述中学生们去停课演讲,"男在高小第一年级,故不与其事",因此判断写信人可能相当于现在的六年级小学生,年龄约在十二三岁;信中言及"反对山东直接交涉问题",故判断写信时间在"五四"前夕。

五、民初时期军工兵器产业背景

民国初期的军火工业,实际上新开办的兵工厂寥寥无几,基本上属于晚清洋务运动时创办的军工企业遗产基础上的延伸和发展。其中仍以上海的"江南制造总局"、武汉的"汉阳兵工厂"两家中国军工行业的"巨无霸"成就较为显著,其他晚清军工企业(如南京的"金陵制造局"、福州的"船政局"等)时见式微,都是在民初时期相继倒闭关张,或被兼并后另作他用的。太原、兰州、昆明、成都和东北,先后都有地方军阀开办专为自己需要生产的各类小型兵工厂、军备修配厂、军服厂等,但技术程度、生产规模、适用范围都很有限,影响不大,且存续时间较短,均在北伐胜利后转产民生产品或陆续关闭。

民初时期，上海"江南制造总局"已逐渐分解成两个实体部分，一个是"上海机器厂"，另一个是"江南造船厂"，都开始从单一的军工生产转变为广泛生产民生所需的各种工业制品。如"江南造船厂"不但能组装小型舰艇及船用火炮等，还开创了中国现代化造船业，在民初时期建造了一系列大型船舶，并出口到美国、东南亚等；"上海机器厂"则在生产军队装备（从水壶到防毒面具）的同时，还装配、生产了一些以民用行业生产机械为主（纺织业、造纸业、汽配业、机修业等）的各类工业制品。

民初时期的"汉阳兵工厂"（清末名为"湖北枪炮局"，先后更名为"湖北枪炮厂""湖北兵工厂"等）规模不断扩大，军工产品的种类也日益丰富，到 20 年代初，已跃升为中国军工的"龙头老大"，产品门类遍及军队装备的各个方面，其中尤以"汉阳造"步枪最为著名。"汉阳造"是按德制 1898 毛瑟式步枪基础上仿制、改进的。民初时去掉了原型的套筒，并在管径、弹仓、配药等关键环节进行了深度改良，形成了中国部分自主设计、全部自行制造的"汉阳造"步枪：7.92 mm 枪弹，弹丸初速 650 m/s，标尺射程 2 000 m，全长1 250 mm，5 发固定弹匣。又如，"（河南）巩县兵工厂在生产山炮炮弹和野炮炮弹时，在国内首创将铸铁外壳改为钢质外壳，使之成为开花弹，威力显著增强；山炮炮弹及子母弹所用引信，巩县兵工厂采取了上下分隔式引信设计，既节省了工时，又增加了保险系数"（朱金中"近代中国真正的第一款制式步枪是哪款"，载于《大河报》，2012 年 3 月 2 日）。

民初时期的国产军备业，在技术发明层面上时有创新，但外观造型设计上基本属于模仿照抄，即便构件偶有改动，也是制造工艺与功能需要所致，还谈不上现代工业设计概念的自主性外观造型设计。虽说如此，但民初军备业开启了官资军火工业向民用领域逐步转化的先例，而且极为成功。当这些由多年军火工业磨合的高精尖技术转为技术要求、加工手段等层次较低的民生商品生产领域，无疑极大地提升、促进了各地民生产业的全面发展——民生设计就由此产生了：包括工业制品的构件与外形设计、产品变为商品后的包装与容积设计、营销过程中必然出现的商业文宣设计等等。这个现象不仅仅在上海出现，还有汉口、南京、广州、福州、天津、西安、沈阳、成都、兰州等众多大中城市。

需要讲明的是：民初北洋政府的官吏们，虽然大多依靠军权在握得以执政，但他们出身豪门，不少有留洋经历，经过几十年新政和西学熏陶，都具有一定的开明意识——这一点个人素养就首先表现在对军火工业与民生产业的轻重缓急的处理上：民初十数年，基本没有开办新的官资大型军工企业，而整体上工业化的重心移向轻纺、矿业和铁路这些与国计民生有直接关系的领域。众多地方原先由军备业分离出来的产业，后来都逐步成为当地民生商品产业的骨干企业。遍布各地的造船、机械、电机、日化、毛纺、汽配等等民生产业，在整个民初时期如雨后春笋般地冒了出来，为后来"黄金十年"的工业化迅猛发展，夯实了基础。

第四节　民初时期民生设计特点研究

如果说清末是近现代中国民生设计体系的"孕育阶段",民初时期则是现代中国民生设计的"起步阶段"。之所以说是"起步",是说以西洋式现代化新型工业为基础的民初民生设计产业已属破壳雏鸟,振翅欲飞了。事实上后来在民国中期(即"黄金十年")的中国现代设计全面兴起、体系成形,都与民初时期平民大众为主体的社会各阶层日常生活中逐渐出现的社会新气象,以及"准现代化"的工商业、文教事业、市政建设等全面创立等内外因素,有着莫大干系。正如民初社会的历史告知我们的那样,中国现代设计与其他文明事物,都是民初时代社会变革潮流的具体产物。一个"变"字,足以道出民初中国社会无数志士仁人开启民智、救亡图存、移风易俗、振兴华夏的种种努力。尤其是民初社会,是世纪交替、万象更新的新时代,亦是新旧并存、错综复杂的旧时局。现代设计体系成形所需的各种内部外部条件皆未具备,能如针尖挑土、蚕茧抽丝般地"从无到有"逐渐积累一些工商产业基础,普及一些文明意识,为后来的快速发展奠定一些基础,已属不易。我们今天珍惜这份文化遗产,探究其产生的内外原由,正是要深刻理解社会变革与新生事物之间的本质联系,更好地把握事物发展的客观规律,为今天社会的设计学研究和设计实践引导航向。

一、民初时期设计教育与设计产业概述

民初时代是设计教育与设计产业全面崛起的重要时期。有一点特别需要强调:民初时期的设计产业,已不再是清末时期那种仍以传统手工劳作、前店后场经营的"过渡型"的教育机构与产业实体了,很大比例已采取了西式产业经营方式。设计和美术教育机构的创办人多半有留洋背景,自然以西式教育模式办学,彻底摒弃了师徒传授的旧式学堂教育方式。

针对京津沪地区及全国大中城市洋商华资兴办的设计产业日益发展的状况,政府亦从宏观角度进行了法规制定方面的管理。民国十二年(1923年)北洋政府颁布了《商标法》,这是近现代中国设计行业的第一部重要法规;同时北洋政府还设置了第一个设计产业的管理机构——"中华民国农商部商标局",后更名"实业部",商标、广告、装帧及其他设计产业,一并隶属于该部管辖范围。

民国元年(1912年)"上海图画美术院"成立,创办人为乌始光、刘海粟、张聿光、汪亚尘、丁悚等。后更名为"上海美术专科学校"(即今"南京艺术学院"前身),张聿光为校长,刘海粟为副校长,于次年(1913年)开始招生。有四个专业:中国画科、西洋画科、工艺图案科、劳作科;两个师范科:高等师范科、初等师范科。是当时课程设置最完善的专门美术学院。1914年起,由刘海粟接任,长期担任校长(其中刘海粟六年旅欧期间由徐朗西代理校长之职)。

民初时期在上海先后开办的含设计类课程的美术学校还有:"聿光图画专科学

图 2-7 "上海美专"毕业生们

校"(1918年,张聿光、朱树起,曾设有"图案课")、"中华女子美术学校"(1918年,校长唐家伟,曾设有"工艺美术科")、"柏生绘画学院"(1927年,周柏生,曾设有"月份牌绘画"课程)等等(详见《上海地方志·上海美术志》,徐昌酩主编,上海画报出版社,2004年版)。民初上海先后开办美术教育机构数十家,绝大多数皆属短命。仅有"上海美术专科学校"一直能"相对正常地"维持教学,有着稳定生源,并且一直延续百年。这与"上海美术专科学校"雄厚的师资力量与社会认可度较为突出有关,更与老校长刘海粟先生的个人魅力与毕生努力难以区分。除此之外,其他同类办学机构都持续时间较短:长则坚持几年,短则数十天即告停办。从各种史料的名单中可以看出,多位"耳熟"教授们频繁地来回换地方任教,也说明了当时从事美术与设计教育是一份十分艰辛的谋生职业。

民国十二年(1923年),由早年留学于日本东京美术学校(即今"东京艺术大学")"工艺图案科"的陈之佛先生在上海创办的"尚美图案馆",是一间地地道道的设计人才培养单位。从开始起,"尚美图案馆"就将工业产品的外形设计包含在自己主营业务之中,而且格外强调"通过实际工作培养设计人员",这与以往或同期仅仅把图案理解为产品的附加内容,绝少注重实际生产与设计创意之间联系的普遍现象,不啻是一场观念革命。可惜民初中国工业化程度不高,人们对设计事物的认知不足,工商从业者中能意识到"设计也是生产力"的人寥寥无几,此类观念超前的设计事物总是曲高和寡,结局自然是半途夭折。陈之佛的"尚美图案馆"在困境中苦苦坚持了四年之后终究不得不关闭。[此段内容人事及时间引自陈修范、李有光撰"陈之佛年表"(载于《南京艺术学院学报》,2006 年 02 期)]

除去上海创办的含设计课程的美术教育外,全国亦有多家与设计有关的教育机构开办。其中较有影响的是:

清宣统三年(1911 年)成立于杭州的"浙江中等工业学堂",创办人为留日学习染织工艺归国创业的许缄甫。当时学堂开设了两个专业:"机械"与"染织",设计相关课程主要为构件造型设计的工业制图与染织图案设计。民国二年(1913 年),学堂更名为"浙江省立甲种工业学校",校长为许缄甫;在此期间,常书鸿、陈之佛、都锦生(著名实业家)、夏衍毕业于该校。民国九年(1920 年),该校再次更名为"浙江公立工业专门学校",设"电气""机械""应用化学"等专业,设计相关课程保留了构件造型设计的机械制图部分,校长仍为许缄甫。1927 年 7 月,该校改组,第四次被更名为"国立第三中山大学工学院"。

民国七年(1918 年)4 月,由北洋政府教育总长蔡元培倡导,"国立北京美术学校"(今"中央美术学院"前身)创立,设有绘画、图案两科,郑锦任校长。民国十二年(1923 年)更名"国立北京美术专门学校",设有国画、西画、图案三系。民国十四年(1925 年)更名"艺术专门学校",增设音乐、戏剧两系,刘百昭、林风眠先后任校长。民国十六年(1927 年)与其他七所学校合并成立"国立北平大学","北京艺专"更名"北平大学美术专门部",刘庄任部主任。民国十七年(1928 年)改称"北平大学艺术学院",徐悲鸿任院长。"北京美专"是民初时期最早设置设计类课程("图案"课、科)的高等设计教育机构之一。

民国九年(1920 年),"私立武昌艺术专科学校"由蒋兰圃、唐义精创办。先后还用名"武昌美术学校""武昌美术函授学校""武昌美术专门学校"等,民国十九年(1930 年)更名"武昌艺专"。民国后期设 3 年制及 5 年制艺术教育科(分图工、图音两组)。该校为后来的"湖北美术学院"前身。

民国十年(1921 年),著名油画和美术教育家颜文樑创办"苏州专科学校"。1934 年 9 月,扩建增容后的"苏州美专"新设"实用美术科",并自辟印刷、铸字、制版、摄影工场,开始培育专业的设计人才。"苏州美专"先后还出版《艺浪》《沧浪美》等校刊,装帧、版式、封面均为自行设计、自行印制或由苏州文新印刷公司承印。

民初时期是中国现代民生设计产业正式登台亮相的时代。一大批中国最早的民生设计实体产业纷纷创办。这些工商企业的"民生"设计产业定性,已和晚清以来"官办国有"那种有特定消费对象的奢侈品、专用品产业划清界限,最大范围地直接面向全国城乡平民,从而揭开了现代中国民生设计产业大发展的序幕。

自"英美烟草公司"的"图画间"绘制"香烟画片"大受欢迎之后,后来开业的华资烟草企业也纷纷效仿,都有自己的"广告社"兼营"香烟画片"的绘制与设计。如 20 年代的"美丽牌香烟"的厂家"华成烟草公司",聘有张荻寒、谢之光;"大联珠香烟""白金龙香烟"的厂家"南洋兄弟烟草公司",先后聘有周柏生、唐琳、陈康俭、王通、唐九如等;"金字塔香烟"的厂家"福新烟草公司"聘有程珧若等。

在民初时期,开办附属"广告部(社)"的华资企业不光是烟草行业,波及医药、日化及不少日杂百货生产、销售企业。如几个大的药厂:信谊药厂的广告部,聘有王逸曼、周守贤、董天野等;新亚药厂的广告部聘有许晓霞、陈青如、江爱周、李银汀等,后期由王守仁主持;中法大药房广告部有赵乐事;中西大药房广告部有张聿光的学生赵吉光;生产"三星牙膏""三星花露水"的中国化学工业社,聘请李咏森为广告部主任,还有高奎章、张益芹等;著名的漫画家张乐平也曾在中国化学工业社为三星牌化妆品画过广告;叶浅予也曾为"月光牌麻纱""三角牌手帕"创作过广告画。

民国六年(1917年)开业的"先施公司"是中国已知最早开设商业橱窗以展示商品的华资商企,其橱窗设计也一直独步于上海,乃至全国的同业,很长一段时期,保持着"橱窗设计示范窗口"的美誉。之后的"四大公司"纷纷推出自己的橱窗设计,在上海滩上争奇斗艳。如"大新公司"在南京路、西藏路、六合路三地同时设立商业橱窗,这在当时是全上海拥有最多橱窗和最完善的设备的商企。

民国十五年(1926年)起,绒线编结艺人黄培英在"丽华公司""荣华公司""安乐线厂"现场表演编结毛衣,在"中西""市音"等商业电台讲授"毛线衣编结法"课程,黄培英还撰写了几本毛衣编结的技法专著,传向全国。冯秋萍不但现场表演、电台授艺,还开办专门培训毛线编织技法的学校。这些绒线编结的推广工作在普通市民中引起很大反响,手工与机器针织毛线衣裤鞋袜帽巾,一时风靡全上海,继而传向全国各大中城市,使毛线衣成为民国时期至八九十年代最普及的平民服饰之一。早在清道光年间,英商"博德荣绒线厂"在推销"蜜蜂牌"绒线时,随赠教人如何编结绒线衣物的书籍,绒线编结由此传入国内。在民国中期,编结艺人黄培英、冯秋萍二人因毛线衣的迅速普及而在苏浙沪妇女中家喻户晓。

民初之中国传统工艺,逐渐融入西洋与现代设计元素,得以延续生存,有的还获得了很大的发展空间。民初时在上海探寻创业空间的手工艺人也颇有斩获。据《上海地方志·上海美术志》考证记载:刺绣艺人张华瑾(所绣《耶稣像》《菊花蛱蝶》等曾获国际博览会、南洋劝业会奖章)于民国元年(1912年)即与丈夫张尉(金石家)在上海设立"刺绣传习所"达十余年,还与许频韵合著《女子刺绣教科书》《刺绣术》出版发行。另有刺绣艺人金静芬(清末著名刺绣大师沈寿亲传女弟子),于民国三年(1914年)起,先后在上海"城东中学"、上海"创圣女子学校"教授"绣工课",课余创作不辍,一幅肖像绣曾于民国四年(1915年)在美国旧金山"太平洋万国巴拿马博览世博会"上获得奖状与青铜奖章。20年代,天津著名面塑艺人潘树华,山东菏泽李俊兴、李俊福兄弟等人先后在上海卖艺谋生。他们各有所长,名噪一时。

"中山陵园设计展览"于民国十四年(1925年)9月26日在上海展出。建筑师吕彦直设计的"自由钟"式图案荣获头名奖项,并被聘请为陵墓总建筑师。其设计方案在主体建筑的造型与设色、材料表现和细部处理上,都取得很好的效果,尤以庄严肃穆见长,获得了当时媒体舆论和广大参观者的一致好评。

民国八年(1919年),华资"马利工艺厂"开业。此为中国第一间专门生产西洋

图 2-8 "中山陵园"设计师：吕彦直

画颜料和工具材料的工艺厂家。创办人为洪季棠、徐宝琛、张聿光。早期产品为水彩画笔、水粉画颜料和其他水彩画工具，注册牌名为"马头牌"，后又研制生产出各种油画和水粉画颜料、画笔、蜡笔等以及油画布、水彩画纸等绘画材料工具。"马利工艺厂"的创办，打破了中国美术、设计进口画具、颜料的垄断，极大地促进了现代中国美术与设计事业的发展。

民国十五年（1926 年）2 月，由侨商伍联德创办的《良友》画报，是民初时代同类杂志中名气最大的时尚杂志，曾在民国中后期深刻影响社会大众消费趋势。《良友》的面世，一炮而红，仅初版创刊号就首次发行了 3 000 册，数日内销售一空；再版 2 000 册仍未满足广大读者需要，又再版加印 2 000 册付市，前后共计售出 7 000 册。这在民初出版业算是个相当惹眼的商业奇迹。《良友》第一期封面刊印着后来红极一时的电影明星胡蝶的大幅彩照。《良友》杂志所刊内容五花八门，涉猎广泛，社会贤达、军政强人、山川风貌、文化艺术、戏剧电影、财经商贸，无所不及；其插页广告不但有印制精美的民生商品经销的丰富信息，还有大量介绍商品从功能到品质，从使用方法到日常生活知识各方面内容的介绍。如此巨大的单位信息含量，在当时是任何一家平面媒体（报纸、杂志、广告牌、招贴画等）和立体媒体（电台、影院、展会等）都无法单独与其抗衡的。在几乎整个民国时期，《良友》成为全国大中城市各社会阶层广受欢迎的"第一读物"，有人评价：《良友》一册在手，学者专家不觉得浅薄,村夫妇孺也不嫌其高深。"(引自高云、马媛媛撰文《从〈良友〉看二三十年代上海女性生活变化》,载于《唐山师范学院学报》,第 33 卷第 6 期,2011 年 11 月,原始出处待考)《良友》不但在国内热卖,而且还在海外发行,远销全球各个华人社区,是民国时期最有影响、读者人数最多的国产出版物。《良友》于民国三十六年(1947年)停刊,前后共发行 172 期。本书作者在 90 年代曾收到香港友人赠送的数册港版《良友》新画报,不知是不是民国版《良友》复刊,未及深究。

《良友》的成功表明,随着社会文明进步的深入,公众百姓确实需要文化媒体在消费内容和时尚元素方面的积极引导和推介。"钞票即选票",谁掌握了社会主流群体的消费意愿,谁就赢得了市场商战的控制权。这本身就是现代社会经济运行的重要法则,也是近现代中国民生设计产业赖以生存的基础条件之一。

民初出版业是现代中国平面设计的摇篮。自从书印业与读者阅读习惯的主流逐渐从自右至左的线装书转为自左至右的西式新版书之后,洋装书籍连同西式铅字排印、版式、装帧等新型设计动作,开始成为公众文化消费的常规方式。这个变化是带有决定性意义的,在此基础上,包装、商标、招贴、纸媒广告等一系列平面设计产业得以形成。民初起算,整个民国时期有一批杰出的设计案例,可圈可点。其中书籍封面设计中公认的几件佳作为:《出了象牙之塔》(未名丛刊之一,1925 年 12月北京新潮社出版)和《故乡》(乌合丛书之一,1926 年 4 月,北新书局出版)两本书的封面设计(陶元庆);《呐喊》(乌合丛书之一,1926 年第 4 版,北新书局)的封面设计(鲁迅);《火殉》(1929 年 9 月上海文艺书局印行)的封面设计(待考);《痛心》(1928 年 9 月上海乐群书店)的封面设计(PAN·RU);《江户流浪曲》(1929 年 6 月开明书店)封面设计(丰子恺);《猛虎集》(1931 年 8 月新月书店)封面设计(闻一多);《流言》与《传奇》(1944 年 12 月上海五洲书店)的封面设计(疑似胡兰成,待考)等等(详见姜寻《书影衣袂飘》,载于《腾讯财经·时代财富》,2008 年 12 月 16 日)。

报纸的商品广告业在民初时期已十分发达,尤其是 20 年代中期达到高潮。因为报纸广告对于商品促销的明显作用,在报纸上刊登商品广告的华资厂家日益增多,各种报刊、杂志、画报所刊登的商业广告一度已经达到泛滥成灾的地步,以至于大量挤占了新闻版面。"如 1925 年的上海《申报》,全张面积为 5 850 英寸,广告的版面即占 2 498 英寸,新闻的版面仅为 1 825 英寸。同期的北京《晨报》全张面积为2 880 英寸,广告版面多至 1 258 英寸,新闻只占 949 英寸。天津《益世报》全张面积为 4 864 英寸,广告版面占 3 016 英寸。可见,当时各家有影响的报纸都由广告占据了大部分版面,对登载新闻的版面形成了较大的冲击";"有时会把新闻地位挤成一小块,或者夹成一条小弄堂。而且花样翻新,广告千奇百怪。有的在版面中央登一块广告,而四面都补上新闻。这是当时比较独特的'四面靠水'式的报纸广告,所需费用当然也是最昂贵的"(朱英《近代中国广告的兴盛》,载于《甘肃日报》,2012年 4 月 27 日)。

民初时期颇为时兴的报刊商业广告的公众影响力非今日可比。"(民初社会)崇洋风气的传播蔓延有两个不可或缺的媒介,一为商品广告,一为人口流动。广告在推销商品的同时,也向社会灌输着一种全新的生活样式。近代都市尤其是上海,广告业已经相当发达。其中经常出现以社会上层为对象的广告,如1910年2月9日《申报》广告'特请中华士绅前来惠顾',1905年12月6日《申报》广告'海内士绅咸称上品'。尤其是香烟的广告中,《申报》1915年7月8日广告极力强调'均是上等社会所最欢迎'。一些国货广告也以洋货为其诉求方式。"(黄克武《从申报医药广告看民初社会的医疗文化与社会生活1912～1926》,载于《中央研究院近代史研究所集刊》,1988年第17卷下册)"即便是国货也要取洋名。此类广告既是社会崇洋风气的反映,反过来又加剧了崇洋的社会心理。尤其重要的是,像《申报》《新闻报》这类企业化大报,其发行量突破了15万份,发行范围早已超出了上海一埠,广告中的暗示无疑也随着报纸一起散播到了全国各地。"(金普森、周石峰《"国货年"运动与社会崇洋观念》,载于《中国经济史研究》,2007年第1期)

以造纸业、出版业和包装业为开端的民初平面设计产业,因西式民生商品的日益普及,书籍出版和报纸、杂志、画刊等纸本传媒的快速发展,使与用纸和平面设计相关业务量不断扩展,发展迅猛。除清末官办的"江南造纸总局"和一批民营造纸厂外,民初时代华商自办造纸厂积极性尤高,至20年代末已形成与洋纸在中国市场上一较高下的局面。以上海为中心出现了首批完全按照欧美和日本模式建立、经营的民营广告社、印刷所和图案与装潢设计机构。专营民生商品进口和本土制造的各大洋行,不少设有自己的设计部门,专门处理广告、商标、商业宣传等设计业务,同时无意间也为民初时期中国本土的民营同类设计产业提供了可资仿效的直接摹本。

二、文明新生活的社会共识

与封建社会旧有的自然经济和"官作设计"传统不一样,民生设计及产销业态的建立,无论如何也脱离不了人民大众这个社会主体对西洋式文明生活方式和先进生产方式的全面接纳。之所以称"民生设计",它的服务对象是占社会人口绝对比例的人民大众。民众的日常生活需要,为民生设计提供了所有的设计动机、设计目的;民众的日常生产,又为民生设计提供了基本的设计条件、设计方法。产业条件与消费环境之间的相互交叉、彼此促进,使民初的现代化工商业有了一个前所未有的发展局面。

民初时期,社会各阶层都身处改朝换代的社会剧烈转型的大时代,无数新事物蜂拥而至,渗透了日常生活的每个角落。无论是都市社会,还是穷乡僻壤,都深受波及,无一能免,从没有哪个时代像民初社会这样充满了"变数"。往往一样新奇的事物被少数人接受,很快就带来一群人、一省人甚至一国人的集体性模仿。这些新奇事物的形态是多样性的,有的是"无形文化事物",比如思想意识、社会观念、卫生习惯、礼仪举止等等;有的则是实实在在的生产工具和生活用具。西风初兴、新学乍起,在人口中绝大多数还属于文盲和半文盲状态的民初时期中国社会,对于广大平民百姓而言,往往看得见、摸得着、用得上的民生商品能起到的文化影响,要比只能识文断字的读书人才能看懂的报纸、杂志重要得多。以一些"小事"为例,当一个城市最底层的劳工从清水漱口、青盐刷牙变成每天清早刷牙的卫生习惯,这意味着什么? 第一,他不得不刷,因为周围所有人都这么做了,自己就是穷死饿死,不刷牙不行。老垢黄牙见不了人,满嘴口臭说不了话,没法出门做事挣钱了,因此不得不刷。第二,他不想不刷。刷牙既已成最起码的"文明人标准",洁牙护齿,蔚然成风,谁也不想落单当个野蛮人,不然就不用挤进城里吃苦受罪地混了。再说一把牙刷、一管牙膏,尽管要花钱,但还算能承受;再说白牙亮齿、满嘴清香,怎么也算个人形象和生活品质的提升,姑且"从众"吧。这种"从众心理",是很多文明事物"裹挟"大众消费现象的最重要动因。这些"不得不做""不想不做"的事情越来越多,一个社会全面普及的文明生活方式就此形成。

民初社会是建立以西洋事物为原型的社会新式文明生活方式的最重要时期,而主要靠仿造西式民生商品而逐步建立起来的中国城乡民用商品产销业态,理所当然地充当了传播西式文明生活的最佳媒介物。民初之前,哪怕是大城市的中国平民也有百分之九十不知道电灯电话、牙刷肥皂、水瓶搪瓷、火柴座钟是为何物;民初之后,这些民生商品已经成为大多数大中城市平民家里的生活必需品,这正是民初时期天翻地覆、日新月异的社会进步缩影。当民生商品成为社会大多数成员所接纳的"理所当然"的生活用品和生产工具之后,民生设计和产销业态就有了自己生存发展的无限空间了。正如前述,有了社会需要,就有了设计动机和设计目的。因此,代表新式文明生活生产方式的民生商品已逐步获取社会共识,成为人们日常生活生产中不可或缺的物品用具,已构成常态化的社会习俗,对于现代民生设计及产销业态未来的发展而言,这是个具有划时代意义的巨大突破。

三、民生设计开始产业化

从理论上讲,真正的近现代民生设计产销业态,应该是以华资华商为主体的中国社会新型产业的建立。这个中国人自己创办、经营的现代化设计—生产—消费的经济实体的建立,比之晚清时期那些完全由洋商、官资照搬的西洋工厂、商店,意义上要重大得多。出自商人逐利的本性,民营工商企业始终不渝的经营目的便是牟利,但囿于资金、技术、经营环境的局限,因此业主往往要现实得多:在生产经营的商品中,最大范围地关注社会消费主体的实际需要,最大程度地迎合社会消费主体的实际能力,成为民初民生设计产业赖以生存的基础条件。这恰好是西式文明事物最本质、最重要的核心价值所在。而洋办官资企业虽然也同样以牟利为先,但仗着资金、技术的全面垄断与独占的优越条件,所选择的服务对象自然只能是同样处于优越地位的社会受众:洋商瞄准的主要是租界里的在华洋人、高级华人;官资瞄准的是国体官威、上流社会,广大社会底层的民众需求,仅是从属地位。

由于遭受洋商洋资、官僚资本和传统手工产业的"三重打压",民初时期建立的各类民族工商业中,民用日常商品的产销研部分还十分薄弱、处境艰难。纵览民初时期华商创办的民生企业基本状况,民生商品"产业链"从源头的技术发明与设计创意上讲,还基本谈不上有很大作为,多是以直接照搬、照抄洋货原型为主,或是从洋行订制零部件"自行"组装,独创性仅能体现在个别构件造型或尺度上的改良,基本不存在独自的研发与设计。民初的新建工商企业,有不少还仅仅是向新型现代化企业的过渡型经济实体。它们在根据"中国特色"融入自我个性的同时,掺杂了过多的品质、技术、经营方面的天然缺陷。民生商品"产业链"从中段的生产方式上讲,也并未形成整体化、规模化、标准化的现代化产业体系,绝大多数新建民生企业在规模上依然与传统手工产业的作坊、工场并无太大差异,很多厂家无非是多了几台机器而已。民生商品"产业链"从末端的商品销售上讲,其商业渠道依然主要依靠传统商业的家庭式店铺为主,具有进货渠道狭窄、商品种类缺乏、销售范围局促等天然弊端,还未形成在华洋商那种连锁化批发、物流、零售"一体化"的现代化商业体系。

尽管如此,我们仍能看到民初华商在创建民生企业"产业链"三方面的努力。如民初时期"江南造船厂"在造船技术方面的突破,也带动了金属铸造、机械加工方面的技术进步,使中国现代制造业整体提升了一个档次。上海、天津的造纸业、民用化工业、搪瓷业、玻璃业的华商产业从小到大、由弱变强,使中国现代民生商品的产业具备了一定的产能规模,成为中国民生产业第一批骨干企业。以"上海先施公司"及后来的"四大商场"的创立为重要标志,迈出了中国现代化零售百货业民族企业大发展至关重要的第一步。与各类产业形成对价关系,本身逐渐成为产业发展前端的设计事物,由此便应运而生了:机械、造船业与工业设计,造纸、印刷业与平面纸媒设计(书籍装帧设计、报刊广告设计),化学工业与药品、化妆品的产品造型与包装设计,纺织业与印染的图案、设色、纹样设计等等。

就对整个社会经济活动影响的程度上看,虽然这些新兴的民生工商业事件,开始看上去孑孑独行,还仅仅是个别的、规模不大的、影响力有限的先例,但毕竟从此开启了与中国社会的工业化、现代化同步发展的中国民生设计及产销业态的体系化发展进程,意义重大。

四、民生商品的文明教化作用

民初现代教育,对于移风易俗的社会改良,具有极其重要的现实意义;对现代民生设计及产销业态的普及推广作用,也是显而易见的。民初开始建立的普及型国民基本教育制度,冲破了满清封建以科举应试教育和清末洋务派急功近利的"新学"教育的种种藩篱,开创了中国社会现代教育之先河。

民初中小学国民教育的普及,使得广大中小城市和乡村亿万孩子以及他们的家长都有机会接触到外面世界的文明事物。这点对于信息封闭、地处偏远、经济落后的农村而言,意义尤为重大。民初新学堂给尘封了数千年的中国农村社会吹起了一阵阵清新之风,把光怪陆离、气象万千的外部世界活生生地带进了每一户农舍。细雨润物、潜移默化,任何触及社会根本的社会变革,移风易俗,改造中国,对于人口占中国社会绝大多数的社会成员(愚昧、无知、文盲、保守的乡巴佬和城市平民)来说,都不可能是听了一场演讲、看了一张报纸后,断然与自己过去的落后生活方式做出决裂的,而是通过无数新奇的细小事物的浸淫、酵化,逐步接受、吸纳,最终改变了自己生产生活方式的。一支铅笔、一只口琴、一方手帕、一册课本,或者是一篇国文、一道算式、一幅图画、一首儿歌,都可能给祖祖辈辈过着日出而作、日落而息的单调乡村生活带来令人无限遐想的梦幻亮色,使亘古未变的许多乡风民俗逐渐成为生活中的累赘,而使很多传说中的离经叛道的事件,成为追求自由、幸福的壮举。几乎每一个从民初时期民国小学堂走出来的科学家、艺术家、政治家们,后来都曾深情款款、不惜笔墨地回忆幼小的自己是如何在乡村简陋学堂里获得启蒙,找到人生方向感的。

有了生活的方向感,有了对外部世界的向往,从民国学堂走出来的青年,往往是与旧传统、旧思想和旧的生活方式决裂最彻底的群体,也是各种文明事物最热烈的拥护者——民初时代历次席卷全国的救亡图存、抵制日货、反帝反封建、农民革命、北伐革命等政治运动,主力军就是这些用科学民主思想武装起来的青年学生。他们人数不断增多、影响力不断加大,使得社会变革成为不可抗拒的时代潮流。

民生商品代表的文明生活方式,和国民小学堂代表的文化教育,是促进民初时期社会底层(特别是城市劳工阶级和乡村农友阶级)发生变革的两大推动力。当民生商品和国民教育普及到人人皆知的程度,现代中国民生设计及产销业态的春天,就到来了。

五、外来设计仍占据主导地位

清末社会有识之士疾呼"实业救国""商战兴邦",最重要的一点,是他们通过历次战败意识到:晚清洋务派的"中体西学"没有触及社会变革的根本,仅仅是搞点洋枪洋炮充充门面,旧道新器,遭遇地道洋气,自然是一触即溃、不可收拾。说到底,是发明洋枪洋炮、用科学武装起来的人更厉害,而不是仅仅拥有洋枪洋炮、满脑子封建意识的人。草民、流民、小民,肯定打不过国民、公民。这就需要发动哪怕是矫枉过正的、深入人心的社会革命,彻底颠覆固有的生产方式与生活方式,彻底放下身段,一切以洋为师,塑造善于学习、勇于反省、文明开化的新国民意识。社会成本最小、收效却最大的社会改良,便是人们日常生活和生产的点滴变化。中国的民生设计及产销业态,正是由于这种有强大文化背景的社会需求应运而生的。

这里必须强调:近现代中国民生设计及产销业态,是包括民初时期在内的中国现代化、工业化、文明化百年历史的组成部分。而这些工业化、现代化、文明化努力的唯一正宗摹本,正是从晚清到现在断断续续传入的各种西方文明事物。以租界为开端的中国民生设计与产业、商业,在整个民初时代(民国元年到民国十五年)依然是在洋资洋商的强势作为下才逐渐启动、成长起来的。尤其是民生产品"产业链"的前端(设计创意)和末端(商业营销),依然由在华洋商占据主导地位。可以这么说:洋商们的输华民生商品,无意间承载了缔造近现代中国民生设计及产销业态的历史使命。洋设计师是中国手艺人的好老师,洋工程师是中国工匠的好老师,洋商是中国老板们的好老师，尽管洋人们未必愿意这么做。

跟民初时期逐利而为的大多数华商一样，来华洋商们不是文化传教士，大多数没想过要通过兜售自己国家的新奇玩意儿来帮中国人摆脱愚昧、落后的生活状态，成为跟自己平等的社会公民。他们不是洋雷锋，而是商业殖民者，甚至是手上沾血的强盗。但他们的逐利本能，促成了他们直接、间接地充当了普罗米修斯般的文明传播者的作用。这有点像历史戏剧在重演：马其顿国王亚历山大大帝的血腥东征，却间接地促成了被征服的北非、中亚、南亚的广大"野蛮、愚昧的异教徒"地区经受了"泛希腊化"的文化洗礼，文明化程度大为提升，最终促成几百年后阿拉伯民族等"蛮族"逐渐崛起、强大，几百年后竟反过来成为希腊文明的正统继承者——西罗马帝国的掘墓人之一。中国社会现代化、工业化的百年进程，都反复证明了"泛西洋化运动"的极端重要性。

和他们参加八国联军的强盗同胞不一样，民初时期来华的洋商们这次所拥有的锐器不再是洋枪洋炮，而是技术、资金、商品和先进的研发—生产—销售方式，想要的东西不再是中国人的性命、古董，而是实实在在的真金白银。建立在"自由公平竞争"基础上的市场规律，是放之四海而皆准的真理。发明了这些市场竞争准则的人，自然会在市场竞争中长袖善舞，不用动枪动炮，会获利更丰。这就是西方现代文明的妙处。

建立在三百年自然科学和人文科学丰富成果基础之上的西方文明，通过两次鸦片战争和甲午海战、庚子事变，被用坚船利炮的血腥方式输入中国晚清社会之后，同时就奠基了中国社会百年后势必走向繁荣强盛、创造远比西方更加科学更加民主的文明社会的坚实基础，未来也许反过来可能把西方文明淘汰成二流文明，一如西方人的伟大偶像亚历山大身死后希腊文明的命运一样。这也是西方文明的宿命。

　　毋庸置疑,民国中期的"黄金十年",也是中国近现代民生设计的"黄金十年"。中国民生设计及产销业态,正是在这十年内被中国大中城市绝大多数民众消费者接受,融入了中国社会和中国经济的初步现代化努力之中,而且愈来愈成为不可逆转的民众生活与生产方式。这个突破具有特别重大的意义,在中国社会百年变革中发挥了巨大的文化影响力。

　　关于民国中期民生设计及产销业态的迅猛发展,原因当然是多方面的,最重要的一条,就是相对成熟的市场化经济运作机制和相对改良的法制政体开始在中国社会各项事物中逐渐占据支配性地位,这就强有力地保证了中国社会向工业化和现代化,使百姓民生状态、社会的整体文明程度和国家实力,在整体上都大大向前迈进了一大步。本书作者与绝大多数学者的观点相同:在近现代中国百年发展历史中,"黄金十年"只有后来"改革开放"之后90年代开始的"黄金二十年",才可与之媲美。

　　在政治评价方面,大陆版和港台版的中国现代史,对于从北伐到抗战爆发这一段时期的评述几乎每个重要节点都存在较多差异。如建国前的国民政府和港台版的历史教科书一致将北伐战争定性为打倒封建军阀、打倒西方列强在华殖民势力的"国民革命战争",是"使中华民国在形式上完成统一"的正义战争,时间划定为在民国十四年(1925年)7月国民革命军广州黄埔北伐誓师起,至民国十六年(1927年)12月张学良东北易帜为止。大陆老版(指改革开放之前)的历史教科书则不这么看,将北伐战争称为"第一次国内革命战争",且时间截止于1927年"四·一二"反革命叛乱(国民党称"清党运动"),认为在此之后蒋介石"叛变革命"了,战争性质遂发生了变化,成了蒋介石反革命集团与各路军阀之间的混战;至于北伐胜利后的南北统一,往往一笔带过,未作正面评价。好在时过境迁,眼下学术政策宽松,自由氛围浓厚,国内学界对北伐功绩认识基本趋同,除"四·一二"清党、分共事件仍各执己见外,时间划分和正面评价已大同小异。

这十年发生的许多重大事件,对于中国社会的现代化、工业化进程都产生过重大影响,既有消极的,也有积极的。由于内地学界与港台学界对每一个史实的评价依然存在诸多差异,有些属学术争议,有些属政治异见,故而在趟浑水之前,本书作者先要弄个"免责声明"。

本书作者不是历史学者,更不是政治家,无意对各种政治角度撰写的历史论著版本进行甄别、裁量,只是从设计史论的角度,根据具体的史实,对这一段历史时期内涉及现代中国民生设计及产销业态的发展状况所发生的各种社会事件,进行文化层面(这个"文化"不是指文学艺术,而是指民众生产方式与生活方式的相互作用、相互影响)的一些分析。

第一节 民国中期社会时局因素与民生设计

民国中期(从北伐胜利到抗战爆发)这十年,被很多史学家誉为中国现代社会发展的"黄金十年"。之所以这么说,是因为民国中期这一段历史时期,是中国社会现代化和工业化进程发展加快的时期,无论是工商业发展、城市建设,还是社会改良、文教体卫,都取得了令人瞩目的空前发展,一大批奠基现代中国工业化、现代化的企业、事业纷纷创立,各种自然科学与人文科学的成就纷至沓来,至民国二十五年(1936年),可以说中国的现代化社会已雏形初备。这一良好进程,可惜被日本军国主义侵华战争所中断。如若没有抗战八年(算上东北事变是十四年)的战火蹂躏,中国社会整体的现代化程度,起码比现在要提前二十年。

对于社会发展的"黄金十年",国内外史学界众口一致予以高度评价。即便是内地史学界泰斗级人物(因话题敏感又无法取证,姑且隐其姓名,全系本书作者当学生时亲耳聆听讲座所闻所记而已)亦认为:20世纪中国之经济、社会发展"黄金时期",唯有民国中期的"黄金十年"和"改革开放初期"可以比肩。若深究斯言,觉得"黄金十年"更属不易:这十年内忧外患层出不穷,局部战争连年不断(北伐战争、蒋桂大战、中原大战、川滇黔省割据内战、东三省事变、九一八事变、十年"剿共"等等),几乎没一天安生日子。但国民政府仍在战区之外的全国城乡取得工业建设和社会改造的诸多成就,使中国社会广大民众生产生活品质得到显著提升,这无疑是个奇迹。

现代民生设计及产销业态的发展,与民生状况息息相关。民生商品是民众生活品质提高、生活习惯改良的媒介,不同于人的基本生活物质资源(如粮食、燃料、饮水等)。民生改善,安居乐业,民生商品就销路大畅,反过来促进民生设计的发展;民生凋敝,饿殍遍野,民生商品就成了"奢侈品",处境艰难。民国中期的中国民生设计及产业能克服时艰,迎难而上,成果颇丰,亿万劳工与广大城乡普通百姓消费者、民族实业家和国民政府工商管理机构，皆功不可没。

一、经济法规、政策指导与民族工商业崛起

北伐胜利、南北统一之后，除了局部地区仍存在着不间断的小规模武力冲突外，全国政局和经济社会，进入了一个相对完整、稳定的快速发展时期。

与民初时期北洋政府工业化、现代化作为最大的区别是：南京国民政府一开始则仿造正宗的西方发达国家（美英等）的经济制度，并结合中国具体国情民意，制订颁布了一系列相关政策法规，对民族工商业采取了积极指导、大力扶持的具体措施，使全国各地的民营资本工商企业在整个"黄金十年"获得了空前迅猛的发展，填补了很多重要的经济建设"空白点"，一举奠定了现代中国工商业的体系建设。

蒋介石这位民国政府新强人，曾奉命为同盟会募集资金而在上海滩十里洋场长期从事投资证券炒作，之前留学东洋军校，深知国家的工商业发展不仅涉及百姓民生，更关系到民族独立和国家主权的完整性。虽然被部分学者描述为"崇洋媚外"，甚至"卖国求荣"，但根据其在大陆统治期间种种关于经济建设的实际作为，可以看出这位强人的基本面貌和深刻矛盾的"双重性"：一方面崇尚英美完善的经济制度（而不是近邻日本），竭力仿造欧美模式的中国工商经济的现代化体系，并且获得一定程度的成功；据新近逐步对外公开的"蒋介石日记"（美国胡佛图书馆收藏）逐步透露，甚至蒋介石与宋美龄之间的婚姻，也有接纳有欧美背景的官僚资本实力集团，试图长期控制中国经济主导权的政治考虑。另一方面具有极强的民族自尊心，对本国民族工商业的扶持力度远胜于之前的晚清洋务派和北洋军政府首脑们，并在收回长期被洋人把持的在华租界和恢复中国海关权益、限制洋商在华投资、积极鼓励和培养国家青年人才各方面，显示了地道的民族主义者真实心境。

民国十六年（1927年），当北伐取得全面胜利、全国政局基本稳定之后，南京国民政府随即颁布了一系列旨在全面恢复因多年战乱（不光是北伐，主要是民初军阀多年混战）造成的严重破坏的战区经济的政策法规，着手提速国家的工业化进程，逐步建立符合英美现代化标准的现代商业、金融及税收体系。民国十五年（1926年），刚光复江浙、定都南京的国民政府即公布了各项关于经济政策的法律法规，如关于各种工商业的《注册条例》及随后增补、修改的附属规定《公司注册规则》《工厂登记规则》以及这些规定的"暂行规定""补充规定"，宣布"凡在国民政府统治下经营工商业者，均应依法呈请注册"，注册的种类先限于公司、商号、商标和矿业，之后拓展到全部经济领域。起初南京国民政府在所颁布一系列与矿业、公用事业相关的具体法规中，雄心勃勃，明确提出并严格划分企业的国营或民营（"私人"）性质，并区别对待；确立国家资本的主要、主导地位，实行节制私人资本、扩张国家资本的政策。民国十六年（1927年）由国民党中央政治会议通过的《建设大纲草案》和《国民政府宣言》都表示重要的工矿交通等业均应由国家经办。但"由于国家经办实业的财力严重不足，遂容许、鼓励和倡导民营计划外的工业"，乃至计划中的轻工业部分和重工业的一些项目。同年国民政府还颁布了《奖励工业品暂行条例》，

234

奖励对象为"关于工业上之物品及仿照方法首先发明或特别改良,应用外国成法制造物品著有成绩者"。它承认据前政府有关法规所获的专利,经审核后仍有效。民国十八年(1929年)至民国二十三年(1934年)颁布的还有《特种工业奖励法》《小工业及手工艺奖励规则》《奖励民营电气事业暂行办法》《奖励工业技术暂行条例》《奖励实业规程》以及《工业奖励法》。这些奖励法规广泛涉及了从特种工业到一般工业、小工业和手工工场,从工业制品到工业技术,从发明到仿制改良,从企业到个人、集体,还有总体性的奖励法规;奖励方式也由给予奖金、奖章增加到减免税费、给予专利等六种具体方式。

如民国十七年(1928年),南京民国政府颁布《特种工业奖励法》,其所定"特种工业",指"基本化学工业、纺织工业、建筑材料工业、制造机器工业、电料工业及其他重要工业"。为解惑社会质疑,随后又颁布了《奖励特种工业审查暂行标准》,进一步把"特种工业类别"进行详细界定,具体划分了这些国家重点鼓励、支持的工业制造内容。如"其他重要工业"就具体是指那些"使用机器为主要生产手段"的制纸、钟表、科学仪器、改良陶瓷(即电窑烧制和机器拉坯)、珐琅(即搪瓷)、制革、橡胶、香料、产业机器装备、金属板片条管及线缆和车辆、船舶、飞机等制造业",首次主动在民族工商业内推行符合欧美现代工业规范的标准化、机械化、规模化政策,意义重大。《奖励标准》还制订了具体的奖励措施,"凡创办以上工业的国民,可以获得专制权、减免运费和税收的奖励"。这些十分优厚的惠民奖励政策,极大地鼓励了二三十年代民族工商业的大量创立,遍布民生国计的各行各业,为中国社会的工业化、现代化,打下了良好的坚实基础。民国二十三年(1934年),南京国民政府废止了《特种工业奖励法》中过时、落后的相关条款,重新颁布了《工业奖励法》,"取消'特种'二字,扩大受奖工业之范围,并增加奖励金一项";"凡应用机器或改良手工制造产品,在国内能够替代洋货、在国外市场上形成国际竞争的产品",均可获得税收、信贷、运输、专利等方面的重点奖励(详见张忠民、陆兴龙、李一翔《近代中国社会环境与企业发展》,上海社会科学院出版社,2008年3月版)。

新的《工业奖励法》和其他一系列旨在鼓励民族工商业的政策法规,对于发展民生商品相关产业尤为有利,由此民国中期30年代的轻工百货类民用商品获得了空前高涨的大发展。据统计,从民国十九年(1930年)至民国二十三年(1934年)间,获得国民政府奖励的"特种工业"企业有"商务印书馆股份有限公司""天原电化股份有限公司""东亚毛呢纺织股份有限公司"等,共3批24家公司;民国二十三年(1934年)至民国二十五年(1936年),依照《奖励工业技术暂行条例》而获专利奖励者共70起(如穆湘玥发明的纺纱机构件等);民国二十四年(1935年)至民国二十五年(1936年)间依照《工业奖励法》而获得奖励的企业有"五洲大药房""大中华橡胶厂""华生电器厂"等,共73家,被政府给予专制权、减免税收、减低国营交通企业运输费等实惠奖励。依照民国二十年(1931年)颁布的《小工业及手工艺奖励规则》获奖的小工厂及个人,仅在规则公布之次年(1932年)即有宋斐卿发明的"发网"(本书作者不解其为何物)和"华北油漆工厂"发明的磁漆、干油等共18起。

后因抗战爆发,上述各项政府奖励措施遂告中止。

民国二十年(1931年)后,南京国民政府相继颁布了《银行法》《储蓄银行法》《银行注册章程》《交易所法》和《保险业法》等金融法规,对银行金融业的机构设立、营业范围、政府经济管理机构的监管等方面,均作了具体的明细规定,有效地发挥了政府对金融行业的企业规范和政策引导作用。国民政府控制下的国有银行(被称之为蒋、宋、孔、陈四大家族控制下的"官僚资本银行")在沪创立,分别为"中央银行""中国银行""交通银行""中国农民银行",号称"四大行"。同时期还有民营性质的"中国国货银行""四明银行""中国实业银行""中国通商银行",合称"四小行"。依靠这些国有民营的现代化银行系统,国民政府开始在中国境内印发各种钞票、证券,同时为国家工业化和社会事业建设(也为国民党军队所耗内战军费开支)筹募了大量资金。

早在民初时期,孙中山在《实业计划》中就提出"国家经营之事业,必待外资之吸集、外人之熟练而有组织才具者之雇佣、宏大计划之建设,然后能举……拟采用相互认可的原则",对洋商直接经营的在华企业则"于平等待遇之中稍加限制"(孙中山《实业计划》,外语教学与研究出版社,2011年12月版)。据此方略,南京国民政府在洋商办厂的审批问题上,一向采取"内外有别"的"特殊政策",即严格限制洋人在华投资办厂,鼓励国内及华侨创办民营企业。民国十九年(1930年),南京国民政府发布《外国公司注册准驳,以对方国家允否我国同类公司在彼国注册为先决条件令》。民国二十年(1931年)民国政府实业部公文称:外人为避开我国关税保护政策,乃"因袭不平等条约所遗留在华设厂之权,更乘金贵银贱之便,挟其雄厚之资本、熟练之技术,就我廉价之原料和低值之劳工,亟谋在华增设工厂";"外人在华设厂,实属危害我国工业。其在商埠区域以外设立工厂者,固应绝对制止,即在商埠区域以内及租界内设立者,亦应施以限制"。同时,民国政府却积极鼓励华侨华商回国兴办实业,先后颁布了《华侨投资国内矿冶业奖励条例》和《华侨回国兴办实业奖励法》,鼓励华侨回国兴办建筑、交通、制造、农矿及其他允许范围内的各项民营企业。

民国十七年(1928年),《国民党中央常会告诫全国工会工人书》称:"须知一切不平等条约之存在,实使帝国主义扼锁我国之咽喉,管理我国之产业,垄断我国之金融,吸收我国之膏血,掠夺我国之治权。……至于本国,则尚无何种强大之资本家,足以压迫我工人。就两年来之工潮事实言之,反而小实业受工人之压迫,小工厂为工潮所摧毁,而其终极将复转使小实业之工人流离失所,造成工人之压迫人者,转而压迫自己之恶现象。以此可知在生产未发达之国家,施用怠工罢工种种阶级斗争之方法于工人,其弊不独败坏社会之生计,抑且增加工人自身之痛苦。"(邢必信等《第二次中国劳动年鉴·第2编》,北平社会调查所,1932年版)此种政府文告为未来的劳资纠纷、罢工浪潮预留了阻止、劝导的说辞。

[以上政府公文内容均参照"中国第二历史档案馆"所藏民国政府历年正式公布的相关资料及梅仲协《公司法概论·第二章 公司法之沿革》(正中书局,民国

三十四年/1945 年版）、徐建生"民国政府的经济法规与近代企业发展"（载于《国学网·中国经济学论坛》,2006 年 1 月 12 日）;企业名称及数据则参照各地地方志。]

事实表明,"黄金十年"并非虚构,中国社会在这一重要而短暂的历史时期获得了空前的全面发展,建构了作为现代化社会基础的工业商贸、教育科研、医疗卫生、新闻出版、文学艺术等事业企业,而其中大多数在中国社会原本是一张白纸,都是在"黄金十年"中首次创建的。由于这一段时期南京国民政府在经济建设和社会改良方面的出色成绩,国民党政权的稳定性有所提高。

二、"新生活运动"与国民素质

"新生活运动",是由蒋介石夫妇倡导发起,并由中华民国政府全面推动的"国民教育运动",时间是民国二十三年（1934 年）至民国三十八年（1949 年）。由于开展不到三年,抗战爆发,"新生活运动"只能在大后方继续;抗战胜利后不及一年,内战全面爆发,"新生活运动"基本只能在"国统区"进行,且三年后国民党战败、退守台湾,遂宣布"因戡乱失利,新生活运动暂停办理"。因此,"新生活运动"多项活动主要是在民国二十三年（1934 年）至民国二十六年（1937 年）这三年期间内展开的。

蒋介石夫人宋美龄女士,出身洋教神职兼新财阀世家,是一位从小深受美式教育熏陶的知识女性,举止优雅,讲得一口流利英语。宋美龄作为蒋委员长夫人,是 20 世纪上半叶中国社会许多重大事件的参与者、策划者。宋氏与欧美人士频繁接触时,深感彼等所议我国民卫生习惯、乡风民俗、言谈举止、交际礼仪诸多弊端,恐影响中华民国之国际观瞻而失去欧美社会政治支持与财金援助。宋氏多次枕边风言于夫婿,蒋委员长深以为然,亦感全国政军局势大定,经济建设良好,实现大规模国民素质全面改造之时机业已成熟,遂拍板在全国开展"新生活运动"。

民国二十三年（1934 年）2 月 19 日,蒋介石在南昌行营举行的"扩大总理纪念周"上,发表"新生活运动之要义"演讲,宣布"新生活运动"开始。"新生活运动促进会"随即在南昌成立,蒋自任会长;同年 7 月 1 日改组为"新生活运动促进总会",宋美龄出任"妇女委员会指导长",并成为"新生活运动"的幕后策划者和实际领导者。宋美龄大力鼓吹"妇女为改造家庭生活的原动力","中国的妇女,非但多数没有受教育的机会,而且大半还仍过着数百年前的陈旧生活",因此改造社会必从改造家庭入手,改造家庭必从改造妇女入手。为此她向全国女性大声疾呼:"知识较高的妇女,应当去指导她们的邻舍,如何管教儿女,如何处理家务,并教导四周的妇女读书识字。"

蒋介石本人曾不遗余力地推行"新生活运动",亲自撰写了一大批公告、文章,对"新生活运动"进行指导。蒋提出的"四维""三化",被认为是"新生活运动"的行动纲领。所谓"四维",即儒家学说之"礼""义""廉""耻";所谓"三化",即"生活艺术化、生活生产化、生活军事化"。蒋介石希望民众能把中国优秀文化传统之"礼义廉耻"结合到日常的"衣食住行"各方面，不仅是表面的衣着齐整、饮食卫生、市容清洁、谨守秩序，而且要彼此诚实守信、亲密友爱、团结互助、效忠党国，"要改革社会，要复兴一个国家和民族"。蒋介石过于理想化地、不无天真地希望"毕其功于一役"，通过"新生活运动"能将封建残余思想和民间陋俗旧规彻底铲除，使全体国民就此改头换面，从此具备"国民道德"和"国民知识"，人人从基本生活开始，改善各自生活习惯与基本素质来达到所谓"济世救国""复兴民族"的目标。蒋氏对其中的所谓"三化"曾有多次详细拆解细说，"生活艺术化"就是以"艺术"为"全体民众生活之准绳"，告别"非人生活"，力行"持躬待人"，并以传统之提倡"礼、乐、射、御、书、数"（即儒家"六艺"）为榜样，以艺术陶养国民，以达"整齐完善，利用厚生之宏效"。"生活生产化"，则旨在"勤以开源，俭以节流，知奢侈不逊之非礼，不劳而获之可耻"，从而"救中国之贫困，弭中国之乱源"。而"生活军事化"，则是兴办竞技及国民体育，提高全体国民集体化、军事化认识程度，强身健体，祛病防灾，以我之强健体魄，建设现代文明国家；同时提高国民政府战时动员人民之能力，"安内攘外"，剿共与抗日并举。关于蒋介石对"新生活运动"指导思想"四维""三化"的具体论述，详见蒋本人所撰之《新生活纲要》和《新生活运动之要义》等文。

"新生活运动"的指导思想即是从中国文化传统中汲取进步、积极的因素，结合西洋现代文明观念，逐步形成适合中国具体国情的国民基本素质行为举止标准。这个动机无疑是好的，史学界也对此褒贬不一。批评者主要认为"新生活运动"与晚清洋务派主张之"中体西学"、清末君主立宪派之"改良主义"、民初北洋政府提倡之"颂孔读经"并无本质差别。褒奖者则认为"新生活运动"正得其时，把凝聚民族国体的中国文化传统做新的现代化诠释，具有移风易俗、改造社会之功效，是对中国文化传统的继承和发展。

据所有史料记载，自"新生活运动"始，蒋自己带头"克服个人之不良嗜好"，戒烟、戒酒、戒茶，并严格遵守民初时孙中山领导的南京临时国民政府颁定之《公务员着装规定》，礼服着戎装西服，常服着长袍马褂……之后唯有重大国务及社交宴会时偶尔饮酒（如民国三十四年重庆谈判时主持毛泽东接风酒会、民国三十七年就任总统时出席国民议会庆祝国宴）外，终其生不抽烟、不饮茶、不喝酒、不喝咖啡，唯一杯白开水而已；1975年在台湾病逝时乃着一袭长衫马褂下葬。斯人之节俭、强悍、坚忍之性格，由此可窥一斑。

在"新生活运动"中，为了提升全体国民对时尚和仪表的正确认识，蒋氏夫妇从公务员和军界抓起，有些措施今天看起来颇有些滑稽。如民国二十六年（1937年）1月，蒋介石破天荒地下达了《关于禁止妇女剪发烫发及禁止军人与无发髻女子结婚》的命令。30年代的都市女郎，能嫁给军政界职员和军官，是件既实惠又时尚的事情。这道近乎荒唐的政令，居然使得南京城和沪杭等地青年女性中短直发型（也就是老百姓戏谑的"妹妹头""学生头"）一时成为"知识女性"和"革命女青年"最为时尚的"进步容妆"。

"新生活运动"推行之后，积极推行务实求新，由个人生活习俗的改良做起，力图直接涉及国民个人物质生活与经济活动的品质改良。尤其是战前的"新生活运动"工作，重点提倡国民养成个人良好的清洁卫生习惯和遵守公共秩序的规矩品德。如"守规矩"方面有"守时运动""节约运动""升降旗礼仪"等；如"讲清洁"方面则有"夏令卫生运动"、"童子军"社团、清除垃圾和污水、"灭蝇除鼠竞赛"等。亦有针对愚民陋习、不良风气的活动，如"识字运动""禁烟消毒（即禁毒）运动"，甚至还提倡"不赌博、不打麻将"等。有些事物确实逐渐成为后来民众生活的具体内容，如"有暇时常至野外旅行"；"年未满六十岁者，不得设宴祝寿"；"提倡冷水洗浴"等。蒋介石以自己在日本步兵学校留学经历为例，以"日本人能洗冷水脸、吃冷饭"为例来说明日本人"早已军事化了，所以他们的兵能够强"，希望"中国民众亦能达到同样的标准"。对于这些基于国民个人素养和生活习惯的改良，全社会早已文明开化数百年的洋人未必能理解其重要性，反觉得有些"小题大做"，如美国学者杰姆·托马斯（James Thomson）不无调侃地将"新生活运动"称为"建基于牙刷、老鼠夹与苍蝇拍的民族复兴运动"。

洋人的误解出自对中国彼时具体国情未作深入了解。本书作者认为，"新生活运动"虽然因当时的经济条件、时代背景、社会状况而成效有限，但直接以政府层面大力推动全民参与的移风易俗、素质改良运动，是中国社会实现现代化、工业化改造的必不可少的全民运动。事实上，之后中国社会迄今延续的一些公序良俗的建立，与30年代的"新生活运动"不无关联。尤其是作为民生设计及产销业态建立所必须具备的全民消费基础（大多数社会成员之文明生活习惯、卫生习惯），"新生活运动"极大地拓宽了同时期中国民生百货设计与民生商品产销渠道，使一大批相关产业的民族工商业因此应运而生，逐渐发展成后来中国社会实现现代化、工业化的骨干企业。

［以上蒋介石、宋美龄演讲、论著及国民政府相关公示、文件，均参考自"中国第二历史档案馆"所藏民国政府文函及社会出版物《新生活运动言论集》（中国国民党中央执行委员会宣传委员会编，南昌行营刊印，民国二十四年）、《新生活运动须知》（南京"新生活丛书社"，民国二十四年）、《新生活论丛》（蒋介石等著，贝警华编，上海青年出版社，民国二十三年）与台湾地区出版的《新运十四周年纪念特辑》（台湾省新生活运动促进会，台北市政府，民国三十七年）、《蒋夫人思想言论集》（蒋宋美龄著，王亚权、李萼编纂；台北蒋夫人思想言论集编辑委员会，民国五十五年）、《蒋夫人言论集》（台北"中华妇女反共联合会"编印，民国六十六年）、《先总统蒋公思想言论总集》（秦孝仪编，中国国民党中央委员会党史委员会、中央文物供应社，民国七十二年）、《民国二十三年新生活运动总报告》（新生活运动促进总会编，台北文海出版社，民国七十八年）、《民国二十四年全国新生活运动》（新生活运动促进总会编，台北文海出版社，民国七十八年）、《新生活运动史料》（萧继宗主编，《革命文献》第68辑，中国国民党中央委员会党史委员会，民国六十四年）等。读者引述请以资料原件为准。］

根据"新生活运动"的总体方针,全国各地各业都制订颁布了自己的"计划大纲",连小学校也不例外。有些条例制订得过分严苛,使人怀疑能否执行得下去。不妨来读一份民国二十三年(1934年)的《江苏省淮安县新安小学第六年计划大纲》的部分内容:

该《大纲》分四部分:"一、经费,二、生活,三、环境,四、口号。"其中"生活"部分,下列五项"生活目标":"1. 康健的体魄,2. 科学的头脑,3. 艺术的兴趣,4. 生产的技能,5. 自由、平等、互助的精神。""生活的方法"下分"个人生活"和"团体生活"。"个人生活"共29项:"一、每天做内体运动一次。二、每天整洁一次。三、每天写日记一篇。四、每天吃开水五大碗和豆浆一大碗。五、每天大便一次,且有定时。六、每天看本埠和外埠报各一份。七、每年种痘一次。八、每年洗澡约八十次到一百次。九、每年和国内外小朋友通信十二封……十五、要认识环境中最易见的动植物各十种以上,并且要观察各一种以上的生长过程及对人类的关系。十六、要认识每晚容易看见的恒星和行星十二颗以上,并能懂得风云雨露等自然现象的成因和人生的关系。十七、能欣赏名歌名画和自然风景……十九、会唱十二首新歌。二十、会弄一种乐器……二十三、会制科学玩具及动植矿物标本各十种以上。二十四、会开留声机、电影机和无线电收音机。二十五、会摄影和冲洗晒印照片……二十七、会运用十种以上的普通药品。二十八、要认识社会生活,并择一种构成社会生活之基本的工人生活,如,种蒲田者、瓦匠、木匠、铁匠……的生活,详细观察,并加记载,为研究社会科学的基础。二十九、要学会游泳和撑船。""团体生活"部分则有"每日轮流做主席和记录""每日轮流烧饭和抬水""每年长途旅行一次""养鸡五对狗两只""捕灭蚊虫、并懂得蚊虫何以为人类大敌""征集社会的批判"等(详见王丽撰文《1934年的素质教育》,载于《羊城晚报》,2011年6月3日第B04版)。其中不乏纸上谈兵,甚至荒唐的内容,令人忍俊不禁(如"每天大便一次,且有定时"等),但民国中期对培养小学生全面素质的认真态度和具体要求,很值得今天的中小学素质教育工作者好好反思。

"新生活运动"的具体成效很难以数字统计来表达。但不容忽视的是:三十年代以后,绝大多数中国城乡居民最起码都知道"文明生活"是有些具体内容的,不光是穿西服洋装、讲外国话、唱外国歌那么简单,而是每一个国民的行为和思想先要在生活中具体靠自己做出来并养成习惯的。每个老百姓都多多少少能记住几条:在公众场合不能衣冠不整;走路要拔上鞋跟,不能赤脚或穿拖鞋、不拔鞋跟地上街;穿衣要扣齐纽扣,不能敞胸露怀,有异性的场合更不能赤身裸体;行车靠右、走路靠左,还要留意交警手势和信号灯(注:当时街上汽车、马车、大车、滑竿和行人交织,毫无交通秩序可言;提倡"人车分左右"的原因是当时马路上车辆不多,路面也不宽,因此规定:车辆靠右行驶,行人靠左走路),可以加速通行、避免事故;不能抽大烟、不能赌博、不能嫖娼;跟人约会或出席公私场合一定要守时,不能不讲信用;坐行站立都要挺胸抬头,姿势端庄,表现精神振奋、体格健康,不能萎靡不振、呵欠连天,表现出对人不专注、不尊重;在公众场合不能大声喧哗,以免影响别人;进餐馆不能剩余食物,以免浪费粮食;不能随地吐痰,以免痰中细菌繁殖后在空气中挥发、传播疫病;更不能随地大小便——因为不单是污染公共场所,而且那些都是不懂文明的猫狗猪牛等畜生们的标准动作……现在看这个 30 年代初的低标准"文明守则"觉得很好笑,但大家都可以扪心自问,这些当年力图根除的"不文明习俗"现在都绝迹了吗?

三、大上海的魅力

咸丰四年(1854 年),上海的洋人居留地成立了洋人第一个在华自治机构"工部局",租界开始形成并进行大规模建设。当民国十五年(1926 年)初北伐军攻占上海时,短短的几十年之间,上海已经发展成远东最繁荣、最摩登的现代化大都市之一了。以租界为中心的上海市区,拥有毫不逊色于同时期整个东半球其他著名都市(大阪、孟买、香港等)的先进的市政设施、发达的商业片区、完善的金融系统,还拥有占当时中国整个现代工业半壁江山的众多企业,包括制造业、轻工业、纺织业和民生百货业。总之,南京国民政府得到了上海一座城市,就犹如得到半个国库。事实上在后来长达二十二年的统治大陆时期,刨去日据时期的几年,大上海一直是南京国民政府的经济、政治、文化最可靠的依托之一。

因广东军阀陈炯明叛变而逃离广州、曾在上海寓居流亡多年的民国之父孙中山,对上海在中国社会和中国现代化进程中的特殊地位十分关注,于民国十一年(1922 年)撰写《建国方略·实业计划》时曾特别指出:上海"苟长此不变,则无以适合于将来为世界商港之需用与要求",进而还提出未来之共和政府"宜设世界港于上海"。民国十六年(1927 年)7 月,北伐军进驻上海后刚成立的"上海特别市政府",即遵循先总理孙中山"建设大上海"之遗志,多次提出"城市建设计划草案"。国民政府在南京定都之初,随即着手大规模建设大上海。南京国民政府于民国十七年(1928 年)宣告设立"上海特别市",将上海行政区域从民初孙传芳治辖时期的五个区(上海、闸北、浦东、沪西、吴淞)扩展为包括上海周边和宝山县之一部,设立十七个区(吴淞、引翔、闸北、法华、沪南、塘桥等)。民国十八年(1929 年)7 月,上海特别市政府第 123 次会议通过了《大上海计划》,将北邻新商港、南接租界、东近黄浦江、地势平坦的江湾一带(约 7000 亩合 460 公顷土地)规划为未来上海的市中心区域。《大上海计划》于当年上半年开始实施各工程项目,在一片农田间修筑了四通八达的城市交通网线,并以新上海市政府大厦为中心,数年间快速完成了运动场、图书馆、博物馆、市医院、卫生试验所、国立音专、广播电台、中国航空协会等等众多现代化建筑,形成与上海洋人租界遥相对应的"上海新城"。因而国民政府的《大上海计划》被视为中国的现代城市建筑历史上的奇迹。民国十九年(1930 年),国民政府又改上海特别市为直辖市,重新调整十七个区的划分与命名。至此,上海全市面积共 527.5 平方公里,东起浦东,西至静安寺、徐家汇,南抵龙华,北达宝山路末。《大上海计划》至抗战爆发遂告中止;抗战胜利而内战旋至,国民政府亦无力继续施行,故《大上海计划》无疾而终。原《大上海计划》规划建设辖区,在解放后被上海市人民政府于 1950 年统一设立为江湾区。

史称民国十六年(1927 年)至民国二十六年(1937 年)的"黄金十年",亦是上海租界持续发展的"黄金十年"。与早期通商开埠时代的洋商不同,这一时期的在沪洋商和租界当局采取了与南京国民政府合作、服从、支持的明智态度,自动废止了租界一些歧视当地民众、华商的殖民色彩管理条令、行政法规,接受上海市国民政府对包括租界在内的所有上海市区施行名义上的统一市政管理,以消除因租界当局"国中之国"的帝国主义、殖民主义堡垒形象而招致全社会的忿恨、积怨,同时还有效地协商保留了不少"保护洋人洋商在沪私人财产与个人权益"的条款(如巡捕房,工部局,独立之经济、民事法庭裁决等)。同时,租界当局和租界洋商行会还出钱出力,积极协助国民政府在上海建立各种国有民营的工商、金融、税收、科研、学校等,还直接参与了上海市国民政府主持的各项市政建设,从技术提供、管理指导,到资金募集、设备置办等等,也为上海市区在"黄金十年"的快速发展做出了一定贡献。

租界洋商们在拥护、服从上海国民市政府管辖的前提下,也换取了以实质上的"国中之国"独立治权继续发展。"黄金十年"内,租界洋商在沪投资和兴办企业不但不见少,而且蓬勃发展,甚至业务拓展到租界通埠时代洋商先辈们难以想象的众多行业、广阔地域,与当地的华商民营产业同场竞技、自由竞争,而且凭借技术、管理、资金方面的多方面优势,处处占尽上风。

大上海经"黄金十年"的高速发展后,至抗战爆发前夕,无论是城市规模、市民人数、经济总量、产业效能、市政设施各方面,均一举全面超越了东京、大阪、香港、孟买等城市,跃升为整个东半球最大的都会城市,且奠定了自己在中国社会作为经济、金融、外贸、交通、文化各行业枢纽的中心地位。

以"黄金十年"的中国外贸为例,上海已成为亚太地区最大的世界商品市场,与全球一百多个国家的三百多个城市口岸建立了常规性贸易通关往来,常年占中国对外贸易年度经济总量的半数以上。上海的港口、码头、车站、仓储、货运路网的建设发展,已使其成为世界各国输华商品和中国出口贸易最大的集散地。

尤其是上海的纺织、轻工、民用百货、民用化工、船舶制造、机械修配等行业,在"黄金十年"时期高速发展,特别是侨商民营产业所占比重已超越洋资洋商,民族工商业成为左右中国内地和亚太市场的关键因素之一。在日本加紧侵华阴谋、全国人民掀起"抵抗日货"高潮时,上海华商民营企业顺势而为,在轻纺、搪瓷、玻璃、造纸、印刷、民用化工等原先日商的优势产业展开"商战抗日",全面排挤了在华日资日商企业在中国市场的占有份额,甚至部分产业已领先压倒日商、独占国内市场。尤其是轻纺业和搪瓷业已跃升为亚洲规模最大、技术最新的龙头产业,开始与日本纺织、轻工在中国和亚太市场上分庭抗礼,全面角逐。

20 年代末,南京国民政府就在上海虹桥建立了"上海航空工厂",常年从事各种洋制小型飞机的仿制和修配,还进行了多次国产组装飞机的试验性尝试,开始了一系列旨在创建中国航空工业的努力。虹桥航空工厂在"一·二八"事变时被日本空军全部炸毁。抗战全面爆发后技术人员、管理人员随政府迁至西南大后方,继续为初生的中国航空事业效力。

上海在"黄金十年"期间还发展成了辐射整个亚太地区的国际金融中心。民国十四年(1925年)时,上海除洋商开设的三十余家银行外,华资华商的民营银行已达158家,在中国内地各大、中小城市设置分支机构、通汇点、办事处,形成覆盖中国大多数地区和部分境外城市的发达的金融商业网络,远超同时期只有十余家银行的东京、大阪、孟买、香港。"黄金十年"期间上海还开办了包括"四大银行"在内的国有银行,成为国民政府主导中国金融政策、调节经济局势、筹集建设资金的决策地与来源地,发挥了名副其实的"经济首都"的中心作用。

"黄金十年"的上海,发挥了现代化市政建设的示范作用,成为全国加速城市化改造的"样板",对二三十年代中国的市镇现代化进程起到了独一无二的楷模、表率作用。至30年代中期,上海市在装机客户数量与民用通讯(电话、电报、邮政等)、街区公用照明、市政排给水管线、自来水厂和民用燃气厂及发电厂、市区马路铺设及维养、公交汽车拥有量和站点及修配厂、病床拥有量与手术台数及救护设施、展览馆所与图书馆及体育场馆等各方面市政建设指标上,已整体超越亚太地区所有城市,甚至部分接近欧美城市标准,成为亚洲最发达的、市政功能完善的现代化大都会城市。

30年代大上海的巨大魅力不仅仅反映在经济实力上,还更多体现在无比的文化活力上。30年代的大上海,成为中国社会一切新奇、时尚事物的最大发源地。与清末民初外来文化事物的直接输入中国不一样,二三十年代绝大多数西洋事物传入中国时,往往都要先在上海接受适应这一外来文化事物传入中国本土的"文化变压器",尤其是民生商品类洋货输华,其操作性能和使用方式能否在上海市民中站住脚,成了日后能否在中国其他地区流传、发展的关键。如缝纫机、熨斗、煤气灶、自动电话、手电筒、手表、自行车(上海人称"脚踏车")、摩托车、暖水瓶、钢笔、墨水、收音机、照相机、摄影机等等,绝大多数外来民生商品都是通过"上海模式"的检验,才能在中国内地普及、推广开来。

社会层次划分细腻、生活经验丰富的数百万上海"新市民阶层"成员,是检验所有新创的华洋民生商品"上海模式"的缔造者。由于天然具备华洋混居、中外交流的地域优越性和文化承传性,一出生就经受殖民化人文与现代化商业的双重洗礼,使上海市民具有与生俱来的精明心智与商业嗅觉,素有"东方犹太人"之"美誉"。中国任何城市也无法比拟的、"见过大世面"的宽泛文化视野,也使上海市民具有超强的文化自信力。因此,一切民生商品想要在中国市场上有所作为,它的商业效益追求、民用普及程度,必须通过(绝不仅仅是"经过"那么简单)上海市民十分挑剔的日常生活检验。能通过"上海模式"检验,商品便能畅通无阻、大行其道、遍地开花、财源滚滚;没通过"上海模式"检验的商品,多半不是直接胎死腹中,便是惨雨凄风、苦苦挣扎求活而已。

与此同时,通过了"上海模式"检验的这些洋式民生商品,往往不久就会面临来自于中国人同类民营产业的市场竞争——因为那时候虽然在上海市政府和租界工部局都有进行"专利登记"的机构,但从没有被认真执行过类似现在的"知识产权保护法"的维权行为。对洋人民生商品模仿——改良——创新,这是上海"黄金十年"绝大多数民族工商业发展的基本模式,也是现代中国民生设计在建立中国自己的民生产业与商业过程中发挥力量的基本空间。"黄金十年"的上海,集中了现代民生设计几乎全部的初创产业与营销网点,从民用商品的包装装潢,到印刷美术和书籍装帧;从商业餐饮的菜式和食材,到土特产副食品的"卖相";从机械设备的构件造型,到车船外观的工业设计;从影棚剧院的舞美化妆,到时装民服的裁剪样式。以上海为基地的现代中国民生设计及产销业态,绝大多数都是经历了从"以洋为师"到"与洋抗衡"的固定发展模式。这也成为整个20世纪中国大多数现代化工商企业(不光是民生产业)发展的基本模式。

"黄金十年"的上海,还拥有中国最发达的新闻、出版、广播业,其中各种洋资华资开办的报纸杂志多达千余种,出版机构、印刷厂所数百家,民用及商用广播电台近百家。上海还是中国电影产业的摇篮,至30年代初即拥有近十家电影制片厂,年度拍摄近百部故事片、纪录片;电影院和各类剧场遍布市区。

众所周知,以30年代的上海为核心,聚集了中国社会最优秀的文化艺术人才。"黄金十年"的上海新闻(主要指报业)、出版(主要以上海商务印书馆为主)、电影(主要指初期有声电影)、美术(主要指木刻版画),在30年代中期,都曾达到世界级水准。上海的高等教育、文学创作、音乐创作、人文科学研究(主要指东西方哲学史论及比较研究)当时也都属亚洲一流水准。甚至可以这么说,二三十年代没有在上海文化圈打磨过的文化人,就不可能获得全国性的文化声誉和影响力而跻身中国文坛的"名流"地位。

"(上海)1930~1936年增长的45.298 2万人之中,产业工人占了21.070 7万,占人口增长总数的46.6%,另有3.9万人进入剩余劳动力市场(即无业人口),加起来占增长总数的55.2%。"(邹依仁《旧上海人口变迁的研究》,上海人民出版社,1980年版)上海作为一个中心城市,对二三十年代民国中期的中国社会所产生的巨大辐射性影响,是任何城市都无法比拟的。尤其是对近现代中国民生设计及产业的创立、发展和壮大,起到了决定性的关键作用。

从下列表格中可以看出,成为上海"新市民阶层"人口来源的省籍构成基本情况。

表3-1　1930年上海公共租界华人省籍统计

省籍	人数	省籍	人数
江苏	500 576	河南	2 027
浙江	304 544	四川	1 135
广东	44 502	广西	224

省籍	人数	省籍	人数
安徽	20 537	山西	177
山东	8 759	云南	172
湖北	8 267	陕西	167
河北	7 032	贵州	144
湖南	4 978	甘肃	19
江西	4 406	东三省及其他	151
福建	3 057	租界华人总数	910 874

注：上表根据上海公共租界工部局 1930 年人口普查公布数据编制，原载于《上海统计》2003 年第 7 期。

一般地说，通过这份上海公共租界市民的省籍调查可以了解三点基本情况：其一，此项数据仅包括公共租界内的在籍华人数据，已有九十多万之众，若加上未登记人口、流动人口、洋籍人口和数倍于租界人口的华界居民总人口，可以判断 30 年代初的上海总人口约在五六百万。其二，苏浙省籍新增人口占有压倒比例，决定了上海地方话必然以"吴侬软语"为主的基本语言结构。其三，人口省籍基本情况直接决定了上海商业餐饮的经营方向和上海市民家庭餐饮的基本菜式，必然以苏浙菜系为主，形成了"上海本帮菜"。上海餐饮业一向以苏浙口味为主，就毫不奇怪了。省籍对于总人口构成的其他间接影响就更多了，如穿着打扮与服饰特色、消费习惯与消费品位、谋生倾向与商业传统等等，在此不一一赘述。

四、民中社会普通民众收支状况一瞥

关于民国时期民生物价指数的研究资料，近年所见颇多，但多失之笼统，言之无据，难免令人质疑。唯有民国 30 年代初期湖南省汝城县政府编制的《汝城县志·近年物价表》较为系统、详尽，表格做得十分规范（表 3 - 2）。查资料得知，该表作者为汝城县县长陈必闻，湖南耒阳县人，早年毕业于北京大学商业科。由此表可窥"黄金十年"长江流域广大地区城乡百姓日常生活状况之基本面貌及光宣至当时 60 年来的价格变化。本书作者对原表样式和个别名称进行了一些必要调整，不影响原件内容。

表 3 - 2　民国二十一年（1932 年）湖南省汝城县民生商品物价表

物别	数量	同光时期	光宣时期	民国时期	附记
谷	1 石	大洋 1.5 元	小洋 3 元	小洋 7 元	光宣时期大、小洋没有大的差异（注：原文如此）
米	100 斤	大洋 2 元	小洋 4 元	小洋 8 元	
豆	1 石	大洋 6 元	小洋 12 元	小洋 24 元	
玉蜀黍	1 石	大洋 2 元	小洋 4 元	小洋 8 元	
番薯	100 斤	大洋 1.2 元	小洋 2.5 元	小洋 5 元	
茶油	100 斤	大洋 8 元	小洋 16 元	小洋 40 元	
盐	100 斤	大洋 2.5 元	小洋 4 元	小洋 11 元	
柴	100 斤	铜钱 150 文	小洋 0.4 元	小洋 0.8 元	同光时期柴价为铜钱

物别	数量	同光时期	光宣时期	民国时期	附记
肉	100 斤	大洋 8 元	小洋 16 元	小洋 40 元	
土布	100 尺	大洋 1.5 元	小洋 2.5 元	小洋 5 元	
洋纱	100 捆	——	小洋 3 元	小洋 7 元	同光时期没有洋纱
竹布	100 尺	大洋 8 元	小洋 15 元	小洋 32 元	
桐油	100 斤	大洋 7 元	小洋 15 元	小洋 36 元	
洋油	1 瓶	——	小洋 1.5 元	小洋 7 元	同光时期没有洋油
上等水牛	1 头	大洋 25 元	小洋 50 元	小洋 100 元	
次等水牛	1 头	大洋 20 元	小洋 25 元	小洋 50 元	
上等黄牛	1 头	大洋 18 元	小洋 35 元	小洋 70 元	
次等黄牛	1 头	大洋 8 元	小洋 16 元	小洋 22 元	
猪	100 斤	大洋 8 元	小洋 16 元	小洋 40 元	
鸡	100 斤	大洋 8 元	小洋 16 元	小洋 40 元	
鸭	100 斤	大洋 7 元	小洋 14 元	小洋 32 元	
蛋	100 个	大洋 0.8 元	小洋 1.2 元	小洋 28 元	
水酒	100 升	铜钱 600 文	小洋 1.2 元	小洋 2.5 元	
烟	100 斤	大洋 10 元	小洋 20 元	小洋 40 元	
条木	围码 1 两	大洋 8 元	小洋 12 元	小洋 22 元	
砖	1 筒	大洋 1.2 元	小洋 2.5 元	小洋 5 元	砖的一筒为 200 皮（注：原文如此）
瓦	万皮	大洋 10 元	小洋 20 元	小洋 45 元	
铁	100 斤	大洋 5 元	小洋 10 元	小洋 20 元	
山贝纸	1 担	大洋 4 元	小洋 8 元	小洋 16 元	
高封纸	1 担	大洋 5 元	小洋 10 元	小洋 18 元	
上等田	1 工	大洋 40 元	小洋 80 元	小洋 120 元	
中等田	1 工	大洋 25 元	小洋 50 元	小洋 80 元	
次等田	1 工	大洋 12 元	小洋 25 元	小洋 40 元	
木工	1 日	铜钱 60 文	小洋 0.15 元	小洋 0.3 元	光宣时期土木等工价均以钱为单位
土工	1 日	铜钱 60 文	小洋 0.15 元	小洋 0.3 元	
雇农	1 日	铜钱 40 文	小洋 0.1 元	小洋 0.25 元	
夫役	10 里	铜钱 100 文	小洋 0.2 元	小洋 0.4 元	

注：此表之"同光时期"，指的是同治末年到光绪初年；"光宣时期"，指的是光绪中期到宣统末年。

本书作者根据一些有据可查、比较可信的资料来源，编绘了一幅关于民国中期大中城市各种民生物品基本价格的表格，仅供读者参考。

表3-3　民国中期(1927~1937年)全国部分主要民生商品物价(单位:法币)

鸡蛋(1斤)	0.20元	煤油(1斤)	0.15元	活鸡(1斤)	0.37元
肉馅饺子(40只)	1元	二号粳米(1石)	14元	豆油(1斤)	0.19元
加糖小米粥(2碗)	0.23元	面粉(1包)	3.30元	食盐(1斤)	0.043元
大米(1斤)	0.025元	切面(1斤)	0.07元	细布(1尺)	0.107元
小米(1斤)	0.005元	煤炭(1担)	0.14元	臭豆腐干(2块)	1个铜板
麻油(1斤)	0.20元	肥皂(1块)	0.05元	便宴(1桌)	20个铜板
棉花(1斤)	0.30元	老刀牌香烟(1盒)	3个铜板	客栈(1铺)	0.35元
猪肉(6斤)	1元	茶叶(1斤)	0.23元	石库门(沪,月租)	10元(20平)
鲤鱼(1斤)	0.05元	剃头(1次)	8个铜板	纱厂宿舍(沪,月租)	2~5元
煤球(100斤)	0.80~1元	水田(江南,1亩)	70~140元	四合院(平,月租)	20元
绍兴酒(1斤)	0.10元	茶资(6~7人)	8个铜板	四合院(平,售价)	1000元

需要说明的几点是:1929年,每块银圆可兑换200~300枚铜板(详见陈明远著《文化人的经济生活》,陕西人民出版社,2010年6月版);当时的一石(担)约为今天的100公斤、一包(面粉)为44斤;汉口的金价在1920年为每两38元,1927年为65元;上海金价在1920年为每两21元,1927年为每两37元。

除去物价,再看看"黄金十年"部分百姓收入状况:

表3-4　民国中期劳工阶层及公务员部分收入状况(单位:法币/元)

纱厂女工(青岛,月薪)	20元	政府机关职员(月薪)	100元左右
营业员(汉口,月薪)	10~40元	警察局巡士(山东,月薪)	120元
小学教师(汉口,月薪)	39~56元	工程师(上海,月薪)	120元
技工(上海,月薪)	50元	中学教师(山东,月薪)	100~150元
护士(上海,月薪)	50元	医生(上海,月薪)	200元
双职工家庭(上海,年收入)	400元以上	记者(上海,月薪)	150~200元
警察(山东,月薪)	15~50元	律师(上海,月薪)	200元以上

需要说明的几点是:民国中期还没有双休日概念,多为星期天休息、轮班。大城市雇员减去52天星期天,还有10余天带薪假期。教师另有2个月或72天带薪假期。学徒工一般三年内免费吃喝住宿,但不拿工资,每月仅有2~3元零花钱,但年底有相当于成年雇员月薪(约20元)的红包。

[以上各表采选数据主要来源于:陈明远著《文化人的经济生活》(陕西人民出版社,2010年6月版)、陈存仁著《银圆时代生活史》(广西师范大学出版社,2007年版)、陈达和马超俊等主编《劳工月刊》(云南大学社会学研究会,1934年7月1日出版)、《青岛党史资料·第二辑》(中共青岛市委党史研究室编,1999年版)、《上海地方志》(上海市地方志办公室主持编撰,方志出版社,2002年版)、《青岛市志》(青岛市市志办公室主持编撰,方志出版社,2011年版)、《湖北省志·武汉市志》(武汉地方志编纂委员会主编,方志出版社,2006年版)等等。]

普通市民的收支状况,且以汉口[注:汉口在民国十六年(1927年)与汉阳、武昌合并,改称"武汉特别市"]为例:汉口过去有家老牌商号"悦昌新绸缎局",营业员工资最低 10 元,最高 40 元,一日三餐的伙食由店方提供,早上馒头、稀饭、油条,中午和晚上四菜一汤,八人一桌,节假日加菜。每年还有两个月例假(学徒除外),下江籍的回家,报销车费。穿衣有津贴,每年多发一个月的本人工资。年终如有盈余,则按 16 股分红,店东 12 股,经理 1 股,全体职工 3 股。还有家"叶开泰",待遇也不错:学徒三年期满后,月薪 10 个银圆,第二年 15 个,第三年 20 个,全体店员每月发"月费钱",作为剃头、洗澡、洗衣的费用。每年带薪休假 72 天,如果没请假,则多发 72 天的薪水。端午、中秋有奖金,到年终再以各人薪水为基数进行分红,一般年景,1 元薪水可分红四到五毛钱。药店还有基金会,分期存入 4 个月薪水,切药老师傅吴硕卿告老回乡时,取回本息 500 多元(详见李少兵《民国百姓生活文化丛书:衣食住行》,中国文史出版社,2005 年版)。

但毕竟民国中期的工业化水平尚未达到现代化标准,绝大多数中国劳工阶级的收入偏低、生活困苦。以内地省会城市的成都为例:"工人们的工作时间长达 10 小时,甚而长至 12 小时,其平均工作时间为 10 小时 30 分,其劳动时间之长,工作之艰辛可见一斑。而工人们如此辛勤地工作所换来的工资待遇却是十分低下的"[《苦矣成都市的工人》,载于《社会导报·第 1 卷·第 6 期》,民国二十年(1931 年)6 月 15 日];"工人们的平均工资尚不及 8 元。而 1931 年成都市食米的平均价格维持在每石 30 元左右,由此可见工人工资水平之低微"(吴虞《日记中物价摘录 1912~1947》,载于《近代史资料·总 60 号》,中国社会科学院近代史研究所主办,2005 年 9 月版)。二三十年代,成都工人大都居于御河、后子门一带垃圾堆边的棚户区,卫生条件极其恶劣,瘟疫时有发生。如 1932 年 8 月 10 日上午 6 时至 9 时,仅 3 小时,因死于霍乱的出丧户即达 34 起,多为穷苦之人[详见《成都快报·社会新闻》,民国二十二年(1933 年)8 月 10 日]。

表 3-5　20 世纪 30 年代上海职业人口构成(%)

职业	1930 年	1931 年	1932 年	1933 年	1934 年	1935 年	1935 年[注1]	1936 年
农	9.72	9.28	10.71	10.16	9.83	9.61	0.10	8.09
工	19.10	19.57	20.74	20.60	21.79	22.08	18.28	21.47
商	10.33	10.11	9.50	9.53	9.15	9.15	16.36	8.86
家政[注2]	20.08	20.69	20.25	19.90	20.36	20.36	—	22.39
学徒	4.01	3.85	2.69	2.50	2.45	2.45	—	2.55
医务[注3]	0.09	0.09	0.09	0.09	0.09	0.09	—	0.09
无业	18.21	16.92	16.34	15.62	15.76	15.76	—	16.19

注 1:此栏数据为租界 1935 年的统计数据,其他年份未知。
注 2:原件名称为"家庭服务",未注明具体所指;估计为仆人、随扈、保姆、司机等等。
注 3:原件名称为"医生",30 年代上海人口约在 200 万~300 万,0.09%便是拥有 2 000 名以上的专职医生(不包括公私医院、诊所数倍于此的护士、司药、护工、检验师、化验员和工友等),此数值是否过于庞大,未可证实;故而改为含糊其辞的"医务"。
注 4:上表引自邹依仁《旧上海人口变迁的研究》(上海人民出版社,1980 年版);本书作者对原标题"上海人口职业构成"略作改动,以回避教师、公务员等有职业者和未成年人、学生、无劳力老人等无职业者这些"上海人口"的缺项。

"1934年，上海平均五口之家，一年收入约为416元，支出约454元，收支相抵，不敷约38元；88％与78％的工人分别靠借款、当物为生"（《上海工人生活程度之调查》，载于《劳动季报》，1935年2月10日，第4期）；"1934年，天津6大纱厂工人中，25％的人月入6元至10元不等，大多数收入在5元至25元之间，实有不足果腹者"（"天津工厂之调查"，载于《中华邮工·第1卷·第4期》，1935年6月5日）。朱懋澄（国民政府工商部劳工司司长）根据上海工人家庭年收入与市场行情推算，"工人租房费用月平均仅3元，而市价一般为8元，劳工住房实属困难"（朱懋澄《劳工新村运动》，载于《东方杂志·第32卷·第1号》，1935年元旦）。

经济发展和国内外贸易市场的变化促使物价总体水平的上涨，这个趋势总是难免的。民国初期和"黄金十年"也不例外。以内陆欠发达地区的川东涪陵地区为例：

表3-6　民国时期涪陵地区银圆与铜钱比值变化情况

年份	1911		1929		1937	
通兑情况	兑换率	涨幅[注1]	兑换率	涨幅	兑换率	涨幅
比值	1：1 200	—	1 6 100	508％	1 10 100	740％

注1：指各年份与1937年比对涨幅。
注2：上表引自孙昌文、贺依群《抗战中后期涪陵物价暴涨》（重庆市涪陵区档案馆编印，2011年12月21日）。

再让读者从当时记载的两种经济发展差距较大的地区的劳工收入情况，来客观感受民国中期普通百姓的基本生活水平。先看西北地区的山西省普通县镇：

表3-7　民国二十二年晋西北部分县雇工工资一览表（单位：银圆）

县别	性别	年工				月工				日工			
		最高	最低	平均	膳宿	最高	最低	平均	膳宿	最高	最低	平均	膳宿
交城	男工	72	36	52	甲	6	3	4.3	乙	0.25	0.15	0.2	甲
	童工	24	12	18	甲	2	1	1.5	甲	0.1	0.05	0.075	甲
兴县	男工	30	10	20	甲	3	1	2	甲	0.15	0.07	0.1	甲
	童工	10	5	7.5	甲	1.5	0.5	0.9	甲	0.1	0.03	0.06	甲
汾阳	男工	60	15	43	乙	5	2	4	乙	0.3	0.1	0.2	乙
	童工	15	5	10	甲	1.5	0.5	1	乙	0.05	0.02	0.03	乙
临县	男工	50	35	41	甲	6	4	5	甲	0.3	0.2	0.25	甲
	童工	20	12	16	甲	2	1	1.5	甲	0.1	0.06	0.08	甲
方山	男工	30	15	21	甲	3	1.5	2.1	甲	0.12	0.08	0.1	甲
	童工	12	7	9	甲	1.5	1	1.2	甲	0.08	0.05	0.065	甲
山阴	男工	60	30	40	甲	5	2.5	3.5	甲	0.2	0.1	0.1	甲
	童工	20	12	16	甲	1.7	1	1.4	甲	0.06	0.04	0.05	甲
右玉	男工	54	30	40	甲	4.7	2.7	3.5	甲	0.2	0.1	0.15	乙
	童工	—	—	—	—	2.5	1.5	1.9	甲	0.09	0.06	0.07	乙

（续表）

县别	性别	年工				月工				日工			
		最高	最低	平均	膳宿	最高	最低	平均	膳宿	最高	最低	平均	膳宿
左云	男工	24	12	17	甲	2	1	1.5	甲	0.08	0.04	0.06	甲
	童工	10	4	8	甲	0.8	0.35	0.51	甲	0.04	0.02	0.03	甲
偏关	男工	48	25	36	甲	6	2	3.6	甲	0.2	0.1	0.15	甲
	童工	24	12	17	甲	2	1	1.5	甲	0.15	0.1	0.12	甲
神池	男工	36	20	28	乙	5	2	3.7	乙	0.2	0.1	0.15	乙
	童工	18	10	13	乙	2	1	1.5	乙	0.1	0.05	0.07	乙
静乐	男工	40	20	30	甲	3.5	1.5	2.4	—	0.1	0.05	0.07	—

注：上表引自民国二十二年（1933年）民国政府主计处统计局编印的《中华民国统计提要》。

再看上海地区普通劳工收入与家庭开销情况："据调查，这一时期上海工人的工资收入一般每月在14～15元""1932年4月，英美烟草公司浦东老厂包装部职员杨闻远对本厂几个工人的家庭进行过调查，情况如下：房租4元，柴火2元，米6元，衣服、鞋3元，蔬菜9元，灯火1元，豆油、盐等1元，日常开支2元，冷、热水2元，合计30元（原注：上列仅是对某一家庭及其成员，包括一对夫妇和一个小孩而言，还不包括医药费、婚丧费、怀孕开支、小孩糕点费、学费等）"（周仲海《建国前后上海工人工薪与生活状况之考察》，转引自《上海工运志》（上海市工运会编纂委员会，上海市社会科学院出版社，1997年版）。

民国时期乡村社会的非农业性生产与消费的经济活动，不可避免地受到都市圈生活方式的部分影响；越是靠近沿海大城市，这个迹象就越发明显。这一方面促使了乡村经济向现代工商转型，另一方面使非基本生存类的家庭开支陡然增长。新的乡村农户资金筹集渠道主要还是依靠民间相互拆借和部分商业信贷，再加上县城和集镇的典当行实物抵押。特别是城乡贫苦农户和没有稳定收入的底层市民而言，典当行是他们自小熟知的、生活中不可或缺的"救难应急"之地，即便是江南富裕地区的农户也不例外，为此偿付的利率代价也是相当大的。

表3-8　30年代（1933～1934年）乡村现金借贷月利率所在百分比（%）

地区	10%～20%	20%～30%	30%～40%	40%～50%	>50%
江苏	14.3	48.7	25.2	5.9	5.9
浙江	41.2	57.7	1.1	—	—
全国平均	9.4	36.2	30.3	11.2	12.9

有了上述可信度较高的各种数据，我们就不难理解现代中国民生设计产业在民国中期的真实"语境"：占社会成员绝大多数比例的广大民众的消费能力（购买力）和消费意愿（需求度）是民生设计产业彼时的基础条件。在此基础上，才谈得上依附于大众消费、生产能力而存立的近现代中国民生设计产业——这点是以往设

计史论著作较为忽视的,也是本书自以为是的"学术创新点"之一。

第二节　民国中期民生状态与民生设计

1958年大陆学界(以北大为主)曾有人心血来潮,要搞点"学术创新"又不想"政治上出错",便把逃到台湾的胡适拿出来批判,一时颇为热闹。胡适没正面应战,绕着弯子说:"民主是一种生活习惯,是一种生活方式。"言下之意,他胡某人在为中国社会请来"德先生""赛先生"这件事情上,还是功勋卓著的。

其实民初的新文化运动的兴起,不是哪一位人物振臂一呼就能掀起万丈狂澜的。白话文和五四运动等民主化、科学化文化事件的兴起,是中国文化阶级的集体觉醒的结果,当然包括胡适在内的一大批许多新型知识分子发声疾呼,也是很有效的努力——只是胡大师当时站点不错,靠着传声器比较近而已;造型也很好,二十多岁就是个洋博士,还长得细皮嫩肉、有模有样的,完全符合当时文明进步小青年的标准造型。胡大师也没什么好抱怨的,就凭"五四"前后那几嗓子,成名后反而建树寥寥(起码远少于同期成名的其他文化名流),却吃了一辈子老本,从达官显贵当到学界领袖,也是该知足的。

论这一百年中国社会的深刻变化,除去文化人鼓捣各种"主义"外,每一个社会各阶层人士的共同努力,都是不可或缺的,尤其是广大民众,也尤其是在民国中期这"黄金十年"。他们中大多数人是文盲,读不了报纸看不得书,自然也不认识陈独秀、胡适、章士钊、李大钊、鲁迅、林语堂这帮文化人。可中国社会从清末到民中这短短的几十年的巨大进步,其中最大的、最具决定性的变化,便是中国乡村民众日常生活方式的改变,用天翻地覆、沧桑巨变来形容也不为过。作为占社会人口绝对比例的民众,他们绝大多数没机会听过谁的文明演讲,也没能力没兴趣读一本启蒙书,却通过生活的点滴细节,一食一饮,一言一行,一举一动,一仰一俯,逐步改变了自己,也改变了整个社会,使自己和社会都逐步走向开明、进步、现代化。没有这部分人的这部分变化,一切社会进步实同虚幻、无从谈起。

民众生活、生产方式的改良和变化,是整个社会变革的核心内容。那么,这个变化是如何促成的? 答案现成的:就是作为"个体"的每一个民众和作为"群体"的大社会之间这种"个体与个体""个体与群体""群体与群体"相互影响、相互作用的结果,民生商品和产生它的设计创意、生产制造和经营销售方式,恰好在这些"个体"与"群体"相互作用、相互影响的文明进步行为中,充当了一个不可或缺的重要角色。这就是本书作者一再鼓吹的设计文化本质的价值所在。

在经历了清末到民初近三十年极度混乱的"西洋化"浪潮洗涤后,西洋文明中一些好的、有生命力也有适应力的文明事物,逐渐在中国社会扎下根来,并慢慢地融入社会机体,成为广大民众日常劳作与生活中不可或缺的内容。而更多的时髦事物或弱不禁风或水土不服,要么如昙花一现般瞬间即逝,要么如明日黄花凋零枯萎。掌握这些外来事物生杀大权的,不是胡适们这等文化偶像,而是无数的平民百姓。

历来如此：民众的生活大舞台，是所有具有商品价值的文明事物（主要是民生商品）被一一筛选的大赛场。每个通商开埠时代发展起来的大都市，都是一个耀眼而残酷的"赛场"。

我们设想一下：30年代初的上海，一个洋人开了个街边小店卖烟斗兼卖雪茄，心想我们洋国有身份的绅士个个抽烟斗、叼雪茄，中国人这么"崇洋媚外"，不愁卖不动。中国富人的肺管子也许长得跟洋人不一样，受不了那个，大多只能抽卷烟，顶多偶尔叼根雪茄、烟斗装"洋派"，久了可不行。小市民也抽卷烟，只是抽那种几个铜板一包的便宜烟。来城市打工的底层劳工原来都是农民，南方农民抽水烟袋，北方农民抽旱烟锅，山民出身的干脆撕片纸撮着烟叶末自己卷烟抽，哪会糟蹋银子摆这个洋谱。结果烟斗店洋老板混得半死不活、大失所望，只能把店铺贱卖了，卷包袱走人。

又来个洋人，盘进烟斗店，吸取教训，改卖欧美人家天天要吃的"简易早餐"，燕麦片或麦粉小圈饼，热牛奶一冲就能吃喝；愿意加钱还给你打个生鸡蛋搅和在里面。心想，你们中国人穷，来不了吐司奶酪肉馅饼，这下我搞的洋早点又便宜又省事又营养还卫生，该火一把了吧？结果黄得更快。上海人不出门上班挣钱的，一般早饭不单做，拿昨夜剩饭、剩菜混煮（称"菜泡饭"，没菜的就叫"烫饭"），就着一块咸菜，也就对付了，又热乎又节省。就算出门打工养家的，也会在路途上来点实惠的，两块烧饼夹一双油条（类似今日"巨无霸"之土汉堡造型），再来碗热豆浆喝着，加起来也就两个铜角子还找零。谁耐烦吃那些劳什子洋早餐嘛，贵且不说，卖相一塌糊涂，还腥臭腥臭的。

第三个来接盘的洋人学乖了，心想又要便宜又要讨巧还要时髦，干脆卖冷饮。一下火了。这玩意中国人没见过，感觉很是新奇：夏天吃着防暑降温，还香甜可口，好吃；再阮囊羞涩，财力不济，一个小钱一根光溜冰棍还是可以的，实惠。一咬牙一跺脚，偶尔还可以买回巧克力冰淇淋、奶油大冰砖。于是街坊邻里口口相传，洋人办的冷饮店就算扎根在上海滩了。可好日子没过多久，隔壁中国人办的冷饮店，呼啦啦冒出来好几家，口味差点、食材也不正宗，但花样更多、价格低廉，洋人扛得住就死挺着不降价，扛不住就降价、贱卖，不然就得关张歇业、另谋生路。

这就是西洋事物（不光是吃喝）传入中国民众社会最常见的现象，一百年都没变过。任何新生的事物想要存续，总要改变人们对既有事物的"惯性依赖"（也就是生活习惯），力争取而代之，形成人们新的生活方式中的一个不可缺少的部分。融不进去就是失败，人数越多效率越高。民生设计中的"文化"，就是通过"人对物的克化"来实现"人对人的教化"。没什么大道理好讲，成功的全算故事，化成了你就日进斗金、财源滚滚；失败的全算事故，没化成你就门可罗雀、艰难度日。

这种由西方植入中国社会的新经济模式（由自由竞争的市场经济来推动社会民众生活生产方式的改良模式），绝不是人为可以操控的。其中阐发的联想，意味深长。包括商业、餐饮、理发、娱乐、洗染、修配、洗浴业等在内的民国时期城市服务业,就是在这种大背景下形成的。

按任何西方资本主义政治家、经济学家的说法,民主政体和自由市场,是完全"一体两面"的事物,不可能单体成立。在民主政体的保障下,自由市场才能充分满足所有社会成员的个性化物质需求并彻底调节或改造任何产业结构;反之,只有在自由市场基础上,才能建立确保任何社会成员的个性化精神需求并彻底调节或改造任何社会服务公共机构(包括所有国家机器)。可中国的情况就是不同。民国社会并不是完整的西式民主体制,是带有某种民主色彩的政治体制和某种市场成分的经济体制的"威权体制"社会。这种"威权体制"社会在维系"党国一体"的威权统治的同时,在初期和中期并不妨碍社会经济领域的市场化、现代化,只是到后期,才有可能因政体滞后,势必约束、阻碍市场经济发展而导致社会冲突。虽然民国社会的民众缺乏真正意义上的"政治选票",但他们拥有货真价实的"钞票"。"威权时代"的钞票,比选票更具有民主选举的价值,老百姓用钞票来选出他们喜欢的事物,淘汰不喜欢的事物(当然只能局限在跟他们生产方式和生活方式发生直接联系的民用领域)。"黄金十年"的民国社会和改革开放三十年的大陆社会,起码在民生设计产业这个领域,都反复证实了"钞票比选票更重要"的事实。

[下列表格纯属本书作者根据已知资料的分析得出的基本评估,其中肯定颇多个人印象(尚不足以充分说明彼时民生商品基本消费的真实状况),仅供读者在阅读本章节内容时参考而已。]

表 3-9　民国中期民生商品消费状况分析

区域	大中城市普通居民基本消费模式				乡村及小城镇普通居民基本消费模式			
类型	必需品		奢侈品		必需品		奢侈品	
品种	洋货	国货	洋货	国货	洋货	国货	洋货	国货
服饰	偶尔	主要	偶尔		基本自给,部分购买		—	
餐饮	偶尔	主要	部分		基本自给[注1]		—	
居住	—	主要			基本自给			
出行[注2]	主要	次要	—		基本自给			
休闲	—	主要	—	偶尔	偶尔	主要		
杂用	次要	主要	偶尔	主要	偶尔	主要	—	偶尔
文教[注3]	主要	次要	次要	主要	主要	次要		偶尔
游玩[注4]	基本相当		偶尔,基本相当		—	主要		
礼俗[注5]	次要	主要	偶尔		基本自给			
宗教[注6]	偶尔	主要	偶尔	主要	—	主要		

注1:所谓"基本自给",指主要依靠家庭作坊自制或乡村传统手工产业供给,下同。

注2:所谓"出行"方式,指利用公共交通工具的程度。

注3:所谓"文教",此处特指学业所需教材、教具、文具、校舍等文教实物用品。

注4:所谓"游玩",此处特指大众消费的公园、电影院、剧场和高端消费的舞厅、弹子房、酒吧等。

注5:所谓"礼俗",此处特指婚嫁、丧葬、节庆、祭祀等民俗事物所涉实物消费。

注6:所谓"宗教",此处特指非职业的信徒、居士及普通信仰、崇拜仪式所涉实物消费。

民国中期任由消费市场自由调节的这种渐进的"无为而治"式的社会变革,不但涉及面广,程度深,影响大,而且社会成本最小。很多方面值得当代关心改革开放向何处去的人们参考。可惜的是,民国政府大陆统治的"短命",没有完成这个由"威权政体"向"民主政体"的转化过程。但后来中国大陆周边地区相继发生了类似的变化,而且很成功。如葡英当局控制的港澳地区,由蒋氏父子控制下的台湾地区;由李光耀父子把持的新加坡,由朴正熙独裁的韩国,由国王通过军方控制的泰国等等,都先后完成(或正在迈向完成)这个亚洲社会变革的"特殊定式":先是由独裁色彩的强人控制下的"威权政体"直接发动、倡导推进了社会的工业化、现代化;再由实现了经济现代化后公民的民主意识必然提升的富裕社会,再倒逼政体由"威权政体"向"民主政体"的逐步转化。其中最大的启示就是:不能急,慢慢来。

一、民中社会民众衣着方式与设计

民国中期(1927~1937年)的中国社会,社会局面相对稳定,经济建设成就众多,城镇都市化进程加快,形成了大众化的包括服装裁剪、成衣制作在内的城市服务行业。特别是作为外来服饰时尚传入主要地区,同时作为现代印染纺织业主要基地、现代服饰时尚之都的上海,几乎引领了整个民国中期服饰设计风潮。30年代先后在上海等新都市生活圈内流行的"时尚面料"大多是正宗的洋货,如英国的法兰绒、人字呢、女式呢、条格毛织物;美国的"花旗布(平布)",是当时最受市民消费群体欢迎的洋面料,它们也对华资民营的同类面料设计与生产,起到了很大的引导作用。现代化标准的大型丝织、纺布、印染机械的广泛使用,新型化学染料的传入与仿制生产,现代西方艺术流派对民国时代中国纺织业图案、纹样、色织、面料肌理各方面设计的广泛影响,导致了30年代纺织品无论在面料、图案、染色、质地等方面的设计,都达到了前所未有的高度。

上海纺织印染产业与现代化的经销商业的蓬勃发展,直接带动了上游、下游诸多产业的全面兴旺,也逐步培养出面料和时装"海派"款式的人数庞大的消费群体。如30年代初起古香缎、织锦缎等丝绸新品种常用于流行女装;完全用东洋、西洋新式织机生产的软缎、纺绸、绉纱、绒类产品早已进入普通市民家庭;染织纹样有简化的趋势,以上海人特有的"洋泾浜"译文水平翻译过来的"迪考艺术"纹样风格,也就是抽象几何纹、条格网纹或干脆单色无纹的面料图案设计样式,一度风靡上海滩。受此影响,单色无纹的织物、面料在民生纺织商品中所占比例越来越大;印花类色谱棉织布料(滚筒、模板套色染印技术)被普遍用于四季时装[如"阴丹士林布"曾普遍用于旗袍和男女师生常服,还一度流行过用国产本白或毛蓝棉布(又称"爱国布")做常服时装]等等。

二三十年代最流行的棉布衣料首推"阴丹士林布"。厂家不但布料做得不错,广告做得也好。民国二十四年(1935年)末,"阴丹士林"向社会发行一种彩印条屏式"新年挂历",上面广告画很有特色:一位身着"阴丹士林"粉红色新款旗袍(注:指直立高领、高开衩、有腰身的"改良型"新式旗袍)的少妇,仪态万方地端坐在一家布店柜台前,布店伙计正态度恭谦地与之交谈。与当时街面上流行的连环画格式一样,画面上还引上了对话文字——职员问:很奇怪! 何以顾客只选购每码布边有金印晴雨商标印记的"阴丹士林"色布,而不买其他各种色布。王夫人要否试试别种花布呢? 王夫人答:不! 不! 我只信仰"阴丹士林"色布,因为我自小学生时代即已采用,确乎炎日暴晒及经久皂洗颜色绝对不变,不愧是世上驰誉最久的不褪色布。

二三十年代的国产呢绒也是时髦女装的常用面料,外观与欧洲进口的毛织物相差无几,到 30 年代已经基本能与洋呢绒相抗衡。尤其是兼有价格适宜的内因和"爱国买国货"的外因交叉作用,国产呢绒在"黄金十年"达到了自己 20 世纪唯一一次"鼎盛时期"。受英美画报、电影的服饰时尚元素影响,30 年代中期各类针织品开始进入时装的行列。条格织物(毛线衣、围巾、毛背心、披肩、手包、毛织大氅等等)是上海民国妇女十分流行的春秋时尚服饰搭配款式。

以上海为中心的服饰时尚,持续而深刻地影响了整个民国中期的纺织、成衣设计产业。上海"海派"服饰以色彩流行时常翻新,配色以高雅和谐为时尚设计特色的成衣业、裁剪业的逐步兴起、持续发展,带动了全国各城市之间服饰时尚化趋于统一的风尚。尤其是公务员、军人和特殊市政服务业员工及学生制服、妇女时装、市民常服这三大类,更能体现从民初起步至民中成熟的"民国服饰风范"。其中的"中山装""长袍马褂""新式旗袍""简式西装"四种,最能显示民国中期中国民生类服饰的创新成分和穿着特点。本章节具体案例的分析内容,以重点评述此四种民国中期代表性服饰品种为主。

中山装:二三十年代最流行的民国男装,首推大名鼎鼎的"中山装"。民初时期的"中山装"款式为上衣立领、前门襟、九粒明扣、四个压爿口袋,背面有后过肩、暗褶式背缝和半腰带。民国十年(1921 年)起,经孙中山亲自参与多次改进,形成后来流行八十年、迄今仍存的"中山装"正式形制款式:立翻领,有风纪扣;衣身三开片,前门襟,五粒明扣;四只贴袋,各有袋盖及一粒明扣,上为平贴袋,下为老虎袋,左右对称;左上袋盖靠右线迹处留有约 3 厘米的插笔口;双袖口各有三粒饰扣。一般采用同料同色的西裤与"中山装"配套穿着。

二三十年代的"中山装",服色并无政府公文规范,皆出社会民间约定俗成,皆以穿着者身份而定:民国官员及各级公务员,多以藏青色(深蓝色或酞菁蓝)、烟灰色和煤黑色三种为限;社会上各界人士则随意配色,民国中期的社会名流、商界领袖、帮会大佬除模仿官色外,多爱驼色、黑色、白色、灰绿色、米黄等亮色;教师、市政职员、大中学生等皆多为黑蓝深色。"中山装"面料亦视穿着场合而定,官员或场面上行走的人物以"中山装"作为礼服正装,故多用纯毛华达呢、驼丝锦、麦尔登、海军呢等,用这些面料取其质感厚重、垂悬感强,不容易褶皱,穿着后凸显端庄严肃。一般小职员、教师、学生、普通市民,多用染印棉布、厚卡其布(美式双织厚棉布)及麻棉、毛棉混纺面料等。

"中山装"的出处说法很多,无外乎四种;一是"孙中山自创说",二是"南洋工装说",三是"日式制服说",四是"晚清南装说"。"自创说"无需多言,既然是"中山装",理所当然是孙中山本人的创意结果,无论是参考了哪一种制服,都是做了很大的改进幅度,才形成"中山装"特有的款式,故此说无大错,但出处不知所指,仍含混不清。"工装说"意思是孙中山看上了流行于越南河内市面上的南洋"企领文装",着华侨服装店老板黄隆生助其改制而成。"晚清南装说"意思是"中山装"原型为清末流行的广东便服和宁波便服,于1916年着宁波"荣昌祥"衣店裁缝王才运裁缝制成。"日式制服说"意思是孙中山托日本华侨张方诚根据日本陆军士官生及中学校服设计了"中山装"草图,然后在上海着宁波名匠王才运依图缝制而成。倒都说得是有鼻子有眼的,但均无实例并文献佐证,皆疑系街巷口传演义并众店家蓄意附会商宣造势而已。

观当年日式制服与"中山装"确实最为接近。然当年日式制服亦不为东洋首创,盖出英德制服之源。19世纪末的德国,在"铁血首相"俾斯麦(Otto Von Bismarck)治下,经普鲁士统一战争与普法战争获胜,德意志工业、军力大振,一跃成为欧陆霸主之一。其时德军士官制服简约实用、利索整洁,一经露面便深受德国军队、工厂、商业与学校各界喜爱,竞相模仿成各业制服,后迅速流行、普及于欧洲列国。当时日本社会已明治维新百余年,久有"脱亚入欧"之论,自皇室以下皆以崇尚欧美为荣。日本宪法规定日本皇室继承人自幼须赴欧留学,且须以英国伊顿公学与剑桥大学为限,二百年来未曾改变。全日本城乡普及的"学生装"酷似百年前之英国伊顿公学(日本和很多国家皇储在此留学)的学生正装;疑为日本皇室借用效法,下令普及之作为。以本书作者几年前在日所见,迄今日本国立高中及大学名校(东京大学、早稻田大学等)仍着百年前之"学生装",丝毫未变,竟成了名校生的服饰标记,惹市民眼热;倒是一般杂牌学校没有严格规矩,此等差校学生皆着装随意、涂脂抹粉、披金戴银、招摇过市的。因此比较靠谱的说法,"中山装"还是在日欧制服基础上加以改良而成。想当年孙中山亡命日本,在彼处改组同盟会、创建"中华革命党",当时身边革命党人多在日本留学,无有多余银两整治豪装华服,终日皆身着士官制服和学生装,不足为奇。由此民国之父孙中山以此革命党人随常着装改制成"中山装",借以号召革命、改良民服,当事出有因,沿革轨迹清晰可究。但无论哪种说法,有一点是统一的,都是说由孙中山在"此"基础上改进而成。故而孙中山本人理应是"中山装"的"第一设计师",似无争议。

孙中山本人对"中山装"曾专门撰文,不厌其烦地详细解释其款式之革命寓意:根据《易经》、周礼等内容寓以新意,以前襟四个口袋象征"国之四维"(礼、义、廉、耻);前襟正面五粒纽扣,表示孙氏之民国立国"五权宪法"学说(行政权、立法权、司法权、考试权、监察权);领口风纪扣和内侧口袋,以示机构监察权之人民监督作用之彰显;左右袖口三个纽扣,则分别表示"三民主义"(民族、民权、民生)和"共和信条"(平等、自由、博爱);衣领外翻领封闭,表示治国严谨、克勤克俭的政治理念;胸部上部衣袋呈中凸且插笔之翻盖,表示重视知识,尊崇科学;"中山装"背部整片裁剪,不得缝接,表示"国家和平统一之大义"。

20年代初起,孙中山在所有重大政治场合皆身着"中山装",逝世后大殓亦着

"中山装"入葬。故北伐统一全国后,为追思先总理遗志,实现未竟之国民革命成功,南京国民政府于民国十八年(1929 年)颁布《服制条例》,正式将"中山装"列为公务员礼服正装。自此"中山装"成为民国中期和末期及抗战时期全国城乡一切正式公仪场合和大多数社交场合的首选男士着装。

长袍马褂:除去"中山装"和西服洋装,民国社会最普及的随常男装是晚清就流行起来的传统款式"长袍马褂",除去马褂部分在有无长袖和纽扣上小有更改外,半个世纪变化不大。南京国民政府于民国十八年(1929 年)公布的《服制条例》正式将蓝长袍、黑马褂列为"国民礼服"。其样式多为大襟右衽,长到脚踝,下摆左右两侧开衩。它的特点是庄重、典雅,体现出地道的民族韵味,尤其受到民国社会中老年政客、文化人的由衷喜爱。

所谓"长袍",北京人称"长衫",是满清入关后在京旗人随常便服,三百年小有变化(汉人长衫去掉了旗人长衫特有的马蹄袖端),至晚清时长袍款式大致为:小立领、大摆襟、右衽、平口袖、左右开裾的直身式长袍。又称为"长袄",亦俗称"大褂"。至民国时期,南人多称"长袍",北人皆呼"长衫"。作为正式礼服的长袍,常用蓝色面料(酞菁蓝或钴蓝居多),一般为素地无纹;锦缎面料皆为暗花纹,绝少有多色之印染或织绣纹案。

马褂,原型为满人关外时骑射所穿"号衣",亦称"巴图鲁"坎肩。入关后成为满清兵卒正规号衣,一般前后有所属兵营建制缩写,"勇""武""胜""吉"等。流入满清民间,汉人百姓喜其简约方便,逐渐普及开来,款式亦做了部分改进:如去掉了小立领,有些去掉双袖,作为夏季单穿。至晚清时款式类似今之马甲、背心,不过着装规矩相反,是套在长衫外穿着的。民国中期的"马褂"款式为立领、对襟、免袖(冬季皮料衬里马褂有长袖),襟长至腰,缀有襻扣(布条盘扣)五个。民国马褂服色多为黑色,绸缎面料常有织纹暗花,素地无文。

长袍马褂在清末民初社会为全盛时期,其后"中山装"与西服洋装迅速流行、普及,长袍马褂渐次式微。至民国中期时,社会上自认国士遗风、守常不二者,以穿长袍马褂为京城标志,如蔡元培、鲁迅、章士钊、梁漱溟等,终其身常着一袭长袍,鲜有穿着西服与"中山装"之时。有洋学背景者如胡适、林语堂、马寅初之流,除常穿西服外,也时常在公众场合身着长袍马褂,以示国士之风。文化名流如此示范,故 30年代后,亦有不少城乡教师及小公务员、小老板亦随常穿着长袍马褂出门社交。

30 年代的教师和大学生中最流行的服饰是长袍加西裤。校园里几乎人人都是上身穿阴丹士林的长袍,下身穿西式裤子,脚蹬布鞋,这种标准装束成了当时知识分子的"身份标志"。作家杨沫在她的成名作《青春之歌》中对此有过精准的描写:"余永泽过去是穿短学生服的,可自从一接近古书,他的服装兴趣也改变成纯粹的民族形式了。夏天,他穿纺绸大褂或者竹布大褂、千层底布鞋,冬天是绸子棉袍外面罩上一件蓝布大褂。"(杨沫《青春之歌》,作家出版社,1958 年第 1 版)

新式旗袍:"旗袍"乃是满清女子随常服饰,入关后逐渐传入汉人民间。清末民初时"旗袍"大为简化,逐渐去掉了襟沿滚边、饰带和花式盘扣等繁缛之处;尤其是

图 3-1　民国洋装与长袍马褂

民初新学女生,开始将"旗袍"大加改良,收腰、缩襟、去摆、低领,加上百褶裙,形成著名的"民初学生装"。所谓"新式旗袍",是指二三十年代普遍流行的旗袍款式,因采纳了大量西洋元素,对传统旗袍进行了大量改良设计而成,亦称"改良旗袍"。

至 20 年代起,各大城市都市生活圈形成,书籍、画报、电影等新文化媒体洋风劲吹,妇女装束最随常普通之"旗袍",随之发生革命性的巨大变化:高立领(使女性脖颈显得纤细挺拔)、免袖(彰显香臂横陈、玉腕婉约)、紧腰身(不用细解,但凡有前凸后撅之妙)、高开衩(更无须细解,胴体时隐时现,肌肤绰约可见;佳人穿着自然妙不可言,亭亭玉立、摄人心魄;虽为胡同柴妞、珠黄徐娘,有此开衩处,臀肉亦可冒充腿肉,起码可显腿长苗条,魅力平添亦增色大矣)。一位时装设计师对本书作者说:"性感不是裸出来的,全是靠穿出来的",想"新式旗袍"之创意,可鉴斯人斯言乃诛心之说。

"新式旗袍"从 20 年代发轫起不及十年,遂成野火之势,传遍全国。到 30 年代初,"新式旗袍"就一直成为民国社会时尚女性不二的首选时装,数十年长盛不衰。深究其因,众口铄金,莫衷一是。本书作者认为原因有三:

其一,入民国后,社会普遍崇倡维新、时尚洋派。至 20 年代初,上海等"大都市生活圈"形成,中外文化交流顺畅,大城市亦远离冲突战区,社会稳定、经济繁荣、百业昌隆。十数年新学培育和思潮积淀,城市妇女(特别是上海)思想开放、观念激进者不在少数,兼容知学、浪漫之"白领丽人"、新女性,成妇女界追求、奋斗最高目标。新出现的文化媒体(报纸连载小说、杂志、画报、广播、电影等)推波助澜,对此功劳最大。特别是当时之流行文学,不仅有男士女性小说家大行其道(鸳鸯蝴蝶派等),亦有特立独行之女性作家(如冰心、丁玲、张爱玲之流)各领风骚,对中国服装史上近乎"离经叛道"的"新式旗袍"被妇女界接受、流行、普及的社会"审美语境"的营造,起到了关键作用。当时最时尚的文化消费,除去读言情小说,便是看电影。新女性之头面人物(如宋氏姐妹、林徽因、陆小曼、唐瑛及众多影界女明星王人美、胡蝶、阮玲玉、李丽华之流)的"身体力行"、大力推介,对"新式旗袍"的兴起,可谓厥功至伟。

其二,关于"新式旗袍"的外来成因,本书作者认为有两条渠道:一条是由上海滩西装洋服店的输入渠道。这些原本在晚清通商开埠时期就开设在租界的洋服店,规模大些的一般都有为洋人洋商女眷服务的妇女用品专柜,出售和订制各色时装及女用内衣裤及文胸、鞋袜之内;后西装开始流行,洋式女装难免同时流入华人社会。19世纪之英皇维多利亚(Alexandrina Victoria)时代(1834~1901年),正值不列颠之鼎盛时期,各种英伦事物(包括女装)挟"日不落帝国"之盛世余晖扬威世界。观传统英格兰女式衬衫,高立领(细长颈部塑形好使穿着者显得挺拔精神有气质)、领口多缀饰蕾丝花边,及肘窄袖(露小半截手臂好使穿着者胳膊显得修长、白皙)、贴身裁剪(好使穿着者显得蜂腰高胸,女性特征明显)。不过这紧身衬衣加大摆裙所营造的"蜂腰宽臀"还要靠束胸(彼时未有今日之硬衬式文胸与比基尼)、束腰和裙底内衬撑架帮忙。这些服饰特点(立领、收腰、窄袖)与民国"新式旗袍"的上半截恰好吻合,时间上也合适。另一条输入渠道,是美国电影。清末上海即有私人放映电影,放映的大多为美国影片。至20年代起,上海电影业强势崛起,不但大小影片公司纷纷创办,全城影院林立、网点密布。当时最时髦的影片之一即为美国"百老汇"歌舞,片中舞台女郎,个个妖冶妩媚,衣着暴露。"百老汇"歌舞中百年未变之经典节目,便是头戴高筒大礼帽,手拿"文明棍",上穿无领无袖、深V低胸的衬衣,下穿短不掩臀的小褶裙的几十位妖艳女郎互相勾肩搭背排成一行,和着音乐节拍不断做高踢腿动作,裙底玉腿林立、春光四泄——沪上百姓戏称"美国大腿舞"。国人"人体审美"浪漫情怀与洋人比,再怎么开放,场面上也是较为含蓄的,从来不像美国人这么直白粗俗,这是国情民舆决定的。真假"新女性们"再有浪漫情怀,想标新立异、搔首弄姿,当时要玩高抬腿、大劈叉,那是万万不能够的,但玩些晦涩、含蓄、暧昧之手段,确属我族之莫大强项。藉开放浪漫之名,行女体暴露之实,民国旗袍之"高开衩"(上及大腿根胯轴处),就应运而生了。这个"高开衩"处理比美国人强多了,一刀下去,既展示东方女性之含蓄婉约、姿容娴雅之礼俗端仪,又尽显东方女性肌肤细腻、肢体修长之天生丽质。不用高抬腿、大劈叉,亦能窥见"深度隐秘",还绰约闪烁,时隐时现,韵味十足,妙不可言。

这个靠洋人成衣业和娱乐业传播合成的新元素,导致了"新式旗袍"最关键的几个因素得以成形:上半截的英式紧身元素(高立领、凸胸、收腰、窄袖),下半截的美式露身元素(高开衩露腿、免袖露胳膊)。

其三,至民国中期的二三十年代,上海新式服装裁剪缝纫业的全面崛起,已取代苏州、扬州、宁波旧式服装业的至尊地位。之所以把上海的成衣制作和裁剪缝纫行业称为"新式"的,而近邻苏浙地区久享盛誉的宁波、苏州、扬州称之为"旧式",全因为它们之间存在的本质差别。上海时装行业是民国时代全新的行业,现代化程度较高,模板则完全复制于原租界有洋商开办的西装洋服、血统纯正、观念开放,无论在款式设计、品种范围、裁剪技术、加工装备各方面,均远超同时期苏浙诸地行业同仁,亦不逊色于当时远东任何大城市。虽然依然与世界水平有距离,但就主要品种而言(西服、西裤、大衣、衬衫、裙装等)基本和欧美日本一流制衣行业仅保持着几年差距。反观宁波、苏州、扬州等地的制衣业,基本还维持在全手工裁剪、半手工缝纫的传统经营模式,这些小作坊小店铺特别致命的短处是基本不搞设计,总是量下客户样式和尺寸,再根据客户需要的固定款式依葫芦画瓢地复制即可。当时大多数外地裁缝铺成衣匠,还不会标准的西式"立体裁剪"手法:肩部向下、腰部向上的开衩缝褶,可以使胸部凸出;腰部前后和两侧的双向开衩缝褶,可以使腰部贴身收紧。外地裁缝们,只会前后片平面裁剪,与正宗西服洋装血统的上海制衣业,存在着款式设计上、缝纫技术上的巨大差异。加之上海制衣业形成后,吸纳了周边地区大量的技术人才(打样、裁剪、缝纫、熨烫、印染等),苏浙传统制衣业人才缺失严重,早年的技术优势早已风光不再。事实上,从民初到民中,能在上海站稳脚、扎下根、最终成上海乃至全国制衣业大亨的风云人物,大多数人原籍不是宁波、温州,就是苏州、扬州。在上海创业办点,加之上海拥有全国最发达的轻纺产业和众多洋行办理洋产面料进口业务,可供制衣业选择的面料极为宽泛。这几条产业背景,也是"新式旗袍"必然诞生于上海滩,并由上海流向全国的重要技术原因。

"新式旗袍"从诞生到普及的过程,生动地说明了中国传统设计元素和外来新兴设计元素之间是如何相互融合共存的,输华洋货如何实现"本土化改造"和传统产业如何完成"现代化改造"的真实案例。"新式旗袍"就是整个近现代中国民生设计及产销业态在民国时期形成、发展过程的一个进步缩影。

时尚与容妆:30年代都市圈的摩登女性们,已不再满足于涂脂抹粉,还要烫发卷发、抹口红、裁假睫毛、涂指甲油、修刮体毛,一如当时风靡天下的好莱坞女星们。估计当时一位时尚女性接到社交请柬后,不在自己的化妆台前忙上几小时,是没法出门赴会的。民国二十五年(1936年)出版的一本时尚小书《女人与修饰》的无名氏作者以善意的嘲讽口吻形容道:"夏天女子露了腿还要搽什么油膏,扑什么粉,赤了脚还染指甲,从贪图简便凉快一变而为要麻烦要好看。"因时尚所致,女性消费群体日益庞大,也促成了中国化妆品产业的蓬勃发展。统计资料显示,截止到民国二十年(1931年),仅上海一地的华商经营的化妆品企业就达138家,外商企业也有37家(详见《上海地方志·上海工业志·日用化工》,上海市地方志办公室主持编纂,2002年版)。尤其是社会普遍弥漫着"喜爱洋货、鄙夷国货"的消费氛围,"衣非'洋'不美,食非'洋'不足,居非'洋'不成,行非'洋'不速"(颜波光《妇女应永远负服用国货的责任》，载于《申报》，1934 年 12 月 27 日）。

曾有心情复杂的沪上文化人不无讥讽地谈及 30 年代上海女人趋之若鹜的崇洋风气："现代中国的摩登姑娘、太太们，哪一个不是成了洋货商店的好主顾，从头发丝尖儿起，至高跟皮鞋底的最末一英寸止，差不多除了她们固有的中华血统的皮肉之外，全都装饰着舶来的服用品。连日常的食品，为了求清洁卫生的决大理由，也积极的洋化起来，以期脱胎换骨，由黄皮肤黑眼珠渐渐地变成优生的雅利安或是斯拉夫的新种。掌握着家庭经济的太太奶奶，被人讥笑为洋货推销员"（愈治成《送旧迎新欲继续努力》，载于《申报·国货周刊》，1934 年 1 月 1 日）；"各校学生服饰，大同（注：指上海大同大学，1949 年停办）比较朴素，其余大多数习于奢侈繁华，衣履则竟尚新奇……甚至出入娱乐场所，感受时下习气极深……至于女生服饰，犹多繁华新奇"；"目下社会中最繁华奢侈的，无过于学生，无过于大学生，更无过于大学生中女学生……受教育程度愈高，需用奢侈品愈多，便是推销洋货愈力……和大学中的女生谈服用国货，等于是与虎谋皮"（天然《大学生与女学生之服饰》，《申报·国货周刊》，1934 年 1 月 1 日）。

蒋介石在"新生活运动"期间大力提倡使用国货。面对因过多进口民生商品导致日益庞大的外贸赤字，蒋委员长曾亲下手谕饬知南京市政府提倡国货，"略谓一般国民，奢靡成风，服用什物，几非洋货不能洽意，以致国产事业日趋衰落，入超年有增加，若不严加纠正，积极提倡服用国货，将何以图国产之富强，民族之复兴？""以后务需责令一般国民，无论贫富，均应一律以服用国货为主，借以养成人民之爱国观念，而杜塞每年巨额之漏卮"（汪瘦秋《贡献给蒋委员长》，载于《申报》，1934 年 12 月 27 日）。但明显收效甚微。

身为民国社会时尚风向标的名媛与交际花们，成了时尚商品消费（此处仅指各种服饰类高端奢侈品，如时装、洋品牌化妆品、首饰等，花园洋房、汽车、宴席、仆役开销等消费还不能算）的急先锋。她们大多用度惊人，非一般家庭可以负担。

陆小曼，号称"北陆南唐"之一的头牌民国交际花兼美术、文学界"高级票友"。自她与民国风流才子徐志摩"双栖双飞"后，每月仅零用花销至少在五六百大洋以上，也就相当于现在 25 000～30 000 元。彼时北大一流教授（如胡适、鲁迅等），月薪约四百大洋。如此庞大的开支让情郎很是吃不消。大诗人徐志摩只好玩命搞银子，除去授课、撰稿的报酬不说，还要倒卖古董字画，终年奔波于平沪两地挣些出场费、演讲费，死撑着供"爱人"任意挥霍；自家却暗中节衣缩食，抠勒得自己连衣服破得穿出了窟窿也舍不得买件新的。

另一位交际名流唐瑛更是了得。不仅谙熟国学洋文，更擅长钢琴琵琶，中西才艺无所不精，自然是民国上流社会积万千宠爱于一身的主儿。唐瑛除了容貌超群、修养极佳外，且穿衣考究、趣味前卫，一向被视为引领上海滩时尚风潮的风向标，如LV 手包、Channel（香奈儿）No. 5 香水、Ferregamo 高跟鞋、CD 口红、Celine 服饰、Channel 香水袋等大牌洋货进入中国内地市场，不少经唐瑛首试后倡，方得以大行其道。与陆小曼不同，唐瑛财源起码还算清晰公开：其父为晚清首批官费留洋之西医名家,名震上海滩,家境本就殷实。唐瑛为其父独女,打小视为"掌上明珠",宠爱有加,自然任凭其挥霍无度。唐瑛自小聪慧过人,不但在交际界长袖善舞,自己又极具商业头脑,知道利用良好人际关系、天然粉丝群来创办时装及化妆品公司牟利;军政商界无不捧场,左右逢源,自然财源滚滚日进斗金,花销不愁,不似陆小曼一味败家克夫。

图 3-2　民国名媛唐瑛(左)

同为民国才女的张爱玲于当时的时尚影响而言,就差远了。虽一度有胡兰成供养,但胡是个风流才子,于经济上也算不得大财主,铁定供不起让张爱玲如同"北陆南唐"那般花销。张爱玲多半靠自家卖字为生,且著作颇丰。为了谋生,民国时期、沦陷时期及漂泊美国,张爱玲均不问世事、靠埋头写作为生,故名声玷污,时有"汉奸作家"之诘。其实张爱玲职业写作,生计颇为艰难,时常稿件遭拒,即便是成名后,被编辑退稿也是家常便饭。此等境遇,经济拮据,穿戴打扮自然无法与陆、唐相比。但观其遗留玉照及遗作字句,处处流露出对30年代时尚的独特理解与深刻见识,且极具"民国才女"特有之敏感细腻婉约沉静。张爱玲于服饰时尚之才情见地上,绝非"北陆南唐"可比。倘若不愁银两花销,任其挥霍,后人自当只识张女风范,而不辨陆唐格调矣。

美式简版西服:西服订制起源于17世纪英国萨维尔街(Savile row)的裁缝铺。那儿是全世界西装洋服的发祥地,迄今仍聚集着世界最大牌最顶级的西装订制店家商号,如 Anderson & Sheppard、Huntsman、Henry Poole、Dege & Skinner、Jonathan Quearney、Ede & Ravenscroft、Gieves & Hawkes 等等。近代传入中国的西服,专为租界洋人洋商订制,多为出席商务场合和社交仪式的套装,包括一件又长又厚的黑色外套(frock coat)。

30 年代,林语堂曾写专文"论西装"谈及穿西服洋装之社会现象。文中字间不无刻薄尖酸,但对民国中期社会大众流行穿西装的消费心态,还是有入木三分之功效:"满口英语,中文说得不通的人必西装。或是外国骗得洋博士,羽毛未丰,念了三两本文学批评,到处横冲直撞,谈文学,盯女人者,亦必西装。然一人的年事渐长,素养渐深,事理渐达,心气渐平,也必断然弃其洋装,还我初服无疑。或是社会上已经取得相当身份,事业上已经有相当成就的人,不必再服洋装而掩饰其不通英语及其童稚之气时,也必断然卸了他的一身洋服。……洋行职员、青年会服务员及西崽为一类,这本不足深责,因为他们不但中文不会好,并且名字就是取了约翰、保罗、彼得、吉米等,让西洋大班叫起来方便。再一类便是月薪百元的书记,未得差事的留学生,不得志之小政客等。华侨子弟,党部青年,寓公子侄,暴富商贾及剃头师父等又为一类,其穿西装心理虽各有不同,总不外趋俗两字而已,如乡下妇女好镶金齿一般见识,但决说不上什么理由。在这一种俗人中,我们可以举溥仪为最明显的例子。我猜疑着,像溥仪或其妻妾一辈人必有镶过金齿,虽然在照片上看不出来。你看那一对蓝(黑)眼镜、厚嘴唇及他的英文名字'亨利',也就可想而知了。"(《林语堂散文精品·论西装》,汉语大词典出版社,1997 年版)

19 世纪末,美式简版西装逐渐在欧美流行起来,并于民初传入中国沿海城市(上海、广州等地)。美国是个移民国家,没有什么贵族血统可言。硬要说"美国传统",淘金者、牛仔、伐木工、摘棉花和纺织工人、修铁路的工人、躲债者、苦役犯、海盗、黑奴,再加上原住民,就是使这个国家起家的那拨原创人马。既然身份卑微,自然西装也没什么可讲究的。于是从欧洲穿到美国的西装,慢慢就变了样,少了些繁文缛节,多了些实用简洁。至 20 年代起,中国人逐渐喜欢上了这种小翻领、外插袋、摆长及腰、布料不太讲究的简式西装(称做 sack suit),穿着轻松、行动方便,对于鞋帽裤也并没有严格的配套要求,且定制价格远比英式洋服套装便宜许多。美式简版西装是 20 世纪初美国社会非正式、非工作场合的日间标准装束,有人甚至把这种"简易式美制西装"看成是美国社会的一种民主特征,因为它在美国可以跨越阶级区分,不论贫富贵贱,几乎人手一件;即使是最贫困的男性公民,也必然会有一套这样的西装,好在自己星期日上教堂祈祷时穿着。美式简版西装还演化出后来相继流行于民国中期的其他几种西装洋服品类:猎装、夹克衫等等。有此"民主""文明"光环,又有穿着上的便捷、价格上的实惠,美式简版西服在 30 年代的民国社会,想不流行都难。美式简版西服用了不到 20 年时间,就完全取代英式晚礼服套装(燕尾服、高筒大檐礼帽加小马甲、意大利式花领结、白手套、尖头鞋、金链表、夹鼻镜那一套)正装在西装洋服业的地位,并将后者压缩到除了个别西式婚礼婚服、餐馆侍从制服、马戏团杂耍艺人演出服之外,已在中国社会成衣行业基本销声匿迹的地步。

据说中国第一个订制西装的人是演出悲壮的"刺马"大案的晚清革命家徐锡

麟,制作者是上海的"王荣泰西服店",纯用手工缝制。晚清广州与上海租界即有多家西装洋服店,皆为洋人经办,顾客也都是洋人。民初起,部分在西服店做工的华人雇员开始自己办店设厂,华籍顾客也日益增多。20 年代初,经"五四"新文化运动洗礼的中国社会,西装普及率有了突飞猛进的提升;华商所办西装洋名为"西服公会"。民国二十三年(1934 年),著名国产西装品牌"亨生西服店"和"培罗蒙西服商店"开业。至此,以上海为中心的中国西装制衣业已形成"一挺、二平、三服、四圆、五窝"的"海派西装"的特点(详见《上海地方志·日用工业品志》,上海市地方志办公室,2002 年)。

30 年代的美国电影风靡全球,美式服饰也"借船出海",把美式简版西装(指有别于欧洲那种高筒礼帽、双排扣、燕尾后摆的古典样式)推向全世界。自此"美式简版西装"一跃成为名副其实的"世界第一男装"。因为流行穿西服男装,于是与其配套的美式衬衣、毛衣、大衣,也大行其道。以上海为首,30 年代的中国东部沿海城市男子流行服饰,在社交界、商界、演艺界要首推美式西装及容妆。尤其是电影业,无论是演职人员,还是场记杂工,人人竞相模仿银幕上的美国大牌明星们的装束。在 30 年代后期,西服男装已达到了能与民国政府明文规定的"公务员礼服"长袍马褂分庭抗礼的地步。以民国二十四年(1935 年)为例,当时特别流行深色滚边、宽驳头、单纽、圆角下摆的美式的西装上衣。另外,油光锃亮的中分头和吊带裤是这类美式行头的时尚标记。

蒋夫人宋美龄有长期的驻美生活背景,与美国政商教会各界均有千丝万缕的联系,自然对美国流行事物有天然好感,推崇备至。"黄金十年"期间,由于政绩显著,蒋介石也达到了他个人威望的顶点;人们也爱屋及乌,对蒋夫人敬爱有加。可以说,民国中后期中国社会美国设计事物风行一时,与蒋氏夫妇的"崇美情结"不无关系。

有了上述这些特殊的政治、文化、时尚背景,美式西装有了绝大的市场需求。当时的各大服装公司纷纷染指西装制作,先后出现了一批著名的国货西装品牌,如上海的"荣昌祥""培罗蒙",南京的"李顺昌""老久章",北平的"荣昌源"等等。

以民国二十一年(1932 年)广州市面出售的、以中产阶级之普通教员和普通公务员为主要消费对象的本地民生服饰类产品为例:一双广东产"威远"牌长筒线袜,零售价是 0.25 银圆一双,合现值人民币五十元上下;"太平洋"牌棉织毛巾,零售价是 0.18 银圆一条,折合现值人民币近四十元;一件地产阴丹士林面料的"中山装",售价是 5 银圆,折合现值人民币近千元;一双"东亚"牌男式皮鞋,售价 12.5 银圆,折合现值人民币两千多元(详见李开周"民国广州生活成本",载于《羊城晚报》,2011 年 3 月 19 日)。

绝大多数民间百姓(特别是内陆省份乡村百姓)的穿衣打扮,变化较小,一如清末、民初。此处不再赘议。

二、民中社会民众餐饮方式与设计

作为社会现代化、工业化进程的重要组成内容,社会绝大多数成员(即人民大众)的生产生活方式的改良,就显得尤为重要了。民国中期民生商品的设计及产销业态的成熟、发展,只是民国社会现代化进程的一个缩影。民国中期社会民众食品价格,很大程度上影响、制约了民生商品的社会消费规模。以上海地区(1930~1937年)市民一日三餐的主食粳米的价格为例:

表3-10 民国中期上海地区大米批发价格表(1930~1937年,市担/银圆)

年份	1930	1931	1932	1933	1934	1935	1936	1937
中白粳	9.301	7.079	6.736	4.709	6.012	6.876	6.348	6.400

注:上述列表根据"1930~1949年上海食糖与粮食比价(批发)情况表"(引自《上海地方志·上海价格志》(上海市地方志办公室编制,2004年版)相关内容改编而成。

遍及所有大中城市的"商业化简式餐饮"在民国中期达到高潮。所谓"商业化简式餐饮",是指有别于晚清或更早之前的传统市面餐饮模式,融入了西式菜点的某些优点,适应城市生活节奏日益加快的综合性要求的现代化商业中式餐饮服务业。这个商业化大规模改造,并不是社会贤达呼吁、政府督导管理的结果,而基本是靠市场调节下自然形成的结果,凸显出由洋人创造并在西方国家诞生的"自由公平竞争"市场机制的优越性,确实反映了商业事物自身发展、变化的客观规律性,可以适用于绝大多数牵涉到众多商业领域有意向现代化方向转变的全社会集体努力,无论中外。

特别需要强调的是,从清末开始、到民国中期基本成形的"商业化简式中餐"改造,是在商业餐饮的消费主体由社会上流向社会大众逐渐转化后发生的改变。这种消费主体的根本变化,引发了所有环节的彻底改造。并不是说民国时期的"商业化简式中餐"改造已经把高端消费者完全排除出餐饮业消费对象,而是餐饮业主和高端消费者双方都为形势所迫,达成了一种自然形成的"默契":餐饮业者从选材到厨艺、从配料到菜式,都要在适应已经形成大趋势的现代化改造的基础上,尽量保持"原汁原味";高端消费者也要在追求传统菜肴原有品味的基础上,适应因不可避免的"简化改造"而造成的品质"部分流失"。达不成"默契",就另请高就。这点也说明了为什么会出现这么一种现象:30年代初,上海、北平、广州、南京、天津等众多大城市,一方面很多老字号酒楼、饭店继续部分保持着以"宫廷菜"为主的招牌菜式吸引上流社会的高端消费者,一方面更多的饭店、餐馆、店铺都以"细作家常菜"作为主营菜式的基本格局。毋庸置疑,除去极个别被达官贵人包下或由官府长期包伙的极少数餐饮企业外,绝大多数即便是"宫廷菜"为招牌菜式的大饭庄、大酒楼,不敢也不可能放弃对社会中下层消费群体的争取,不时推出一些被大大简化而名不副实的"宫廷菜式"以招徕大众顾客。

事实上,在"商业化简式中餐"潮流驱使下,上流社会人士面临两种选择,要么放下身段,加入到大众消费的群体之中去,尽量去发掘、淘弄一些更符合自己个性化需求的菜肴、饮品;要么干脆另辟蹊径,用更时尚、更符合自己独有的尊贵身份的餐饮方式来满足自用或待客要求——到 30 年代,上海和广州、北平都有鳞次栉比的"西餐馆"片区,就反映了高端消费者的分流结果。这些起先完全以租界洋人洋商们为主要顾客的西餐馆,经过几十年发展变化,到 30 年代初,业主和消费主体已大多换成了地道的中国人,只不过更加追求"正宗西餐"的纯正性、地道性,借以满足自己不但是口感、视觉,更是心理上有别于大众消费的个性化需求。

民国中期基本成形的"商业化简式中餐"改造,使当时各大城市商业餐饮从前台的菜式(造型)、食材(材质)、配料(辅助材质)、装盘(装饰)和后厨操作的烹饪(制造工艺)、切墩(食材加工)、灶具(厨事装置)、热能(燃料方式)等一系列烹饪的行序设计与菜肴的"色香味"食材设计,多多少少都在发生一定程度的变化。当然,这种变化是根据各地区经济水平、消费习惯、民风乡俗综合因素发生作用而产生的。"商业化简式中餐"并没有摒弃在全世界都独树一帜的中式餐饮的特长,而是更好地浓缩、简化了中式餐饮的许多优势,使其在新的食材配料、厨房精作和台面展示几个关键环节不但符合民国时代大众消费的具体需求,而且能适应社会消费群体对商业餐饮的菜式、营养、食材、口味的传统期望值以及新产生的对菜式造型、食材口感、配料味觉、后台厨艺、前台环境和各种卫生标准、分量、价格标准上的新要求。比如民国中期流行的不少经典菜式(以家常菜为主),在确保主要食材的稀缺性的同时,早已大大简化了其配料和后厨工艺,凸出了中餐"色香味俱佳"的感官特点(后面会结合各地餐饮特点有所分析)。

民国中期基本完成的"商业化简式中餐"改造,成就了流传至今的现代化大众餐饮,是民国社会先后崛起、渐成体系的现代化城市社会服务业的核心内容。民国时期中国大中城市先后出现的现代化社会服务业是民国社会最成功的除弊革新、移风易俗成果之一,所付出的社会成本最小,波及面最大,几乎没惹出任何麻烦、带来任何社会骚乱,完全是由以城市的中下层消费群体为主构成的"新市民阶层"自由选择、淘汰的结果。

本书不是餐饮史,八大菜系及众多家常菜肴,实在无法一一论及,且选出北(北平)、东(上海)、南(广州)三个城市为采点,就民国中期商业餐饮业基本状况和所出现的新变化,及与食材、选料、烹饪相关的民生设计内容,逐一展开述评。

北平:民国十七年(1928 年)北伐军进占北京,国民政府改北京为"北平特别市"。在整个民国时期作为北方最大的消费性都市,北平的商业餐饮一直是北方各大中城市的风向标。清末时依然火红的"宫廷菜式"在民初时期被店家简化成"八大碗八大盘""八碗四碟",甚至"四热四凉",20 年代起"满汉风范"就日见式微了,到 30 年代,北平市区大众化餐饮店家干脆清一色"鲁菜"当家。原本"鲁菜"就是中国菜肴最正宗的源头之一,据说中国厨艺熘、炸、煎、炒几道常见厨艺基本招式都源自"鲁菜",北平商业餐饮的客源又多以中原、华北为主,"鲁菜"崛起不足为奇。民国中期的北平满城尽是山东菜,其他菜系加一起不足十之二三。民国中期在北平开店的山东馆子,所雇大厨一般分为两大派:"东派"(胶东)和"西派"(济南)。"东派"秉持熘、爆、炸、扒、蒸等传统"鲁菜"手法,突出食材本味,口感倾向于清淡;"西派"则以汤汁为百菜引料,辅之以炒、烧、靠、煎诸法,口感清、鲜、脆、嫩之外兼有醇浓之味。不少菜馆甚至一店两派同场竞技,方便了这两大流派的互相交流、吸纳彼此长处,把京城"鲁菜"推向了极致。与济南府和胶东诸地不一样,进了北京城的"鲁菜"不但顺应民国社会"商业餐饮简化"改造,在套装、煎炸、面点、调料上大为简化,并融入了冀平津等地方特色,甚至包括苏粤菜系的部分做法,进行了"精细化"的改造,更加注意食材、菜式、刀工和烹饪。从晚清就开始的北京"鲁菜"经过数十年的改造,终于在民国中期大放异彩,形成了京派"新鲁菜",影响力辐射到山陕蒙冀辽广大北方地区,以至于很多北方食客只认北平城里满大街的老字号"新鲁菜",而山东济南府及胶东诸地的"老鲁菜"反而风头不及了。

30年代的"鲁菜"馆占据了北平商业餐饮的大半壁江山,全北平最著名酒楼饭庄几乎清一色的"鲁菜"馆,如"福寿堂"(金鱼胡同)、"万寿堂"(五老胡同)、"庆和堂"(地安门大街)、"会贤堂"(什刹海)、"聚贤堂"(报子胡同)、"矢寿堂"(钱粮胡同)、"天福堂"(前门外)、"惠丰堂"(观音寺街)、"富庆堂"(锦什坊街)、"庆丰堂"(长巷头条)等。除去上述头牌"鲁菜"酒楼外,民国时期二三十年代还涌现了不少新餐馆,皆以"鲁菜"为主,其中以"八大楼""八大居"最为有名。八大居是:"广和居""同和居""和顺居""泰丰居""万福居""阳春居""恩承居""福兴居";"八大楼"是:"东兴楼""东北楼""安福楼""致美楼""正阳楼""新丰楼""泰丰楼""鸿兴楼"。连迄今以烤鸭名满京华的"全聚德",当年亦是主营"鲁菜"。

除去占据压倒优势的山东馆子,清真菜馆在民国时期的北平亦有一席之地,算是北平民国餐饮业的第二大势力。30年代前后较为著名的清真馆(北京人爱称"羊肉馆")集中于前门外附近的"元兴堂""又一村""两益轩""同和轩""同益轩""西域馆""西圣馆""庆宴楼""萃芳园""畅悦楼""同居馆""东恩元居"等;西长安街沿街的"西来顺"等,中山公园附近的"瑞珍厚",东安市场附近的"东来顺"等。

民国中期北京城硕果仅存的"宫廷菜"饭庄主要有两家:"听鹂馆"(颐和园)和"仿膳饭庄"(北海)。当时食客相传菜式皆出自宫廷大内"御膳房",是否属实,已无从考证。类似的"宫廷菜"当时皆称"仿膳菜",如"抓炒鱼片""抓炒里脊"两道招牌菜,据说是慈禧时的御厨王玉山所传。另有专门卖"白肉"的"和顺居"(后更名"砂锅居"),食材取自猪身各部位(从肌肉肥膘到内脏头尾),炖焖浑煮而已(类似今日东北之"杀猪菜"),店家每日宰猪一头,肉尽拉倒,过时不候。这菜式原为满族民间家常菜,居然也被稀里糊涂地列入京城"宫廷"菜馆行列,让人有点匪夷所思。

民国中期能在北平站住脚的其他菜系餐馆,就不算太多了。较有名气的有做江浙菜的"春华楼"、做部分闽菜的"同和居"、做杭帮菜的"康乐餐馆"等。另有些川、湘菜馆,因北人不善其菜辛辣之烈,客源稀少而不稳定,因而此开彼关,消长不定,亦未成气候。

[上述民国时期北平餐饮内容参照了由北京市地方志编纂委员会办公室主办

的"北京市地情资料网"之"燕都风情"和"京华百科"相关资料及署名为"红黑军团"的博文"民国时期的餐饮业之北京菜"等资料相关内容。〕

上海:大上海的商业餐饮,在民国中期席卷全国各大中城市"商业化简式中餐改造"中最为成功,已经形成了海纳全国大多数菜系,且兼容多国洋餐的体量庞大的商业餐饮服务体系。直到今天,中国现代餐饮服务业还在享受着大上海的民国商业化餐饮文化(特别是"简式中餐"和"中式洋餐")的优秀遗产。

到20世纪30年代,上海餐饮业(主要指日常供应各种菜肴的酒店、餐馆、饭庄等)已具有沪("本帮菜")、粤(分"潮州菜"和"广州菜")、川、淮扬、苏、锡、徽、闽、湘、豫、浙(分"绍兴菜""宁波菜"和"杭帮菜"三种)、京("新鲁菜"和"仿膳")、宁(以辣油馄饨、小笼包、鸭油烧饼等面点为主)、清真(以羊肉馆为主)、素菜(斋菜及上海家常清炒)等十余种地方风味的中餐菜系,兼有俄、德、法、日、比、英等列国风味的西餐菜系,可谓名副其实的"民国餐饮之都"。

上海"本帮菜"的贡献,特别值得强调。所谓"本帮菜",其本身就是民国时期的产物,它形成的历史较短,源自通商开埠后大量外来人口涌入之际、商业餐饮兴起初期。开始主要受附近江苏境内的"淮扬菜"(扬州),苏州和浙江北部的"绍兴菜""杭州菜"影响较大,奠基了上海"本帮菜"倾向于清淡的菜式主调;兼有"安徽菜"的某些特点(重油浓酱)。从民初起,上海本地逐渐形成自己某些特色,开始区别于其他菜系,突出创新在于三点:其一是"亮油清炒";其二是"中菜西做";其三是"细作家常菜"。

"亮油清炒":是指专做蔬菜的做法。除去盐和味精,不加任何影响食材色泽、材质作料,亦不加高汤;倒些许菜油入锅炼熟,丢进一些蒜末、姜块,以锅内开始冒些许青烟为准,掷入蔬菜,翻炒数下即起锅装盘。彼时蔬菜内熟外生状,透体熟尽,却油亮碧绿,食之清脆爽口,色香味俱佳,还保持了蔬菜的天然养分和原材料品相。南人蔬菜"炒"功之妙,尽出"本帮"沪菜,至今南方家庭虽一般总角小丫、鬖髦老妪,皆能为之。反观今日之大多数普通北方妇女(泛指京津、华北、东北、西北诸地)虽家内主厨多年,善炒蔬菜者甚寡。即便是北方大多数酒楼饭庄,做蔬菜多清水烧煮而成,其味焖浊,其相蔫烂,无论口味和品相,差距极大。

"中菜西做":由于上海滩十里洋场聚集了中外多家餐饮楼馆,也为在上海的各系菜肴之间的互相交流提供了很大方便。"本帮菜"本无传统,出身低微,更不在乎正宗名分,于各大土洋菜系中夹缝求生,自然难免广纳百家之长。尤其是沾上时髦洋落儿,在上海永远是个大卖点。于是不同于地道洋人的"中菜西做",成了民国中期"本帮菜"的特点之一。印度的咖喱和其他香料,欧洲的椒盐和熏烤(指培根、烤肠、烤麸等),日本的酱油、味素(中国人叫"味精")作料和腌泡小菜等等,都是从上海商业餐饮传入,再流向全国的。

"家常菜"是上海"本帮菜"的最大亮点之一。算起来"本帮菜"的主打菜肴,一多半原本不是酒楼饭庄大厨所创,而是寻常百姓人家的常规菜式。但这些家常菜经过后厨的精细化加工,无论是刀工、作料、配菜、装盘都进行了精细化改造,才形成"本帮菜"以清淡、精细、廉价见长的特点。这个特点也决定了上海"本帮菜"物美价廉、天然质朴、亲切随常、爽口实惠的长处,自然在本地民国时期已蔚然成风的商业化"简式中餐"中如鱼得水,大行其道。

这三条上海"本帮菜"的独创烹饪手法不但造就了上海"本帮菜"特色,而且在后来逐渐被周边地区吸纳,成为今日之中国商业餐饮及家常菜肴(特别是南方菜)必不可少的共有特长。

除去"本帮菜",上海在民国中期已经发展成为亚洲首屈一指的大都会,是常年有无数中外游人、南北客商八方汇聚的大码头。有客流规模就有求财门道,各路菜系自然在上海云集,形成了民国中期上海商业餐饮规模和品种,都是其他城市都无法比拟的丰富多彩。

在民国中期上海商业餐饮业中较为著名的西菜馆有:通商开埠到民初时期开办的"礼查饭店"(今"浦江饭店",美商,外白渡桥北堍)、"汇中饭店"(今"和平饭店"南楼,南京东路外滩)及外滩附近的"水上饭店""麦赛尔饭店""沙利文""东海饭店""德大饭店"等。法租界霞飞路(今淮海路)的俄式菜馆计有四十余家,均以"罗宋大菜"招揽顾客,2角钱"可吃一菜一汤(罗宋汤)面包加黄油的经济大菜",甚受沪上市民喜爱。20世纪二三十年代上海餐饮中西菜馆步入"极盛时代",在福州路、汉口路、西藏路、延安路一带就有"杏花楼""同香楼""一品香""一家春""申园"等饭菜馆近三十家,时称"四马路大菜"。

民国中期上海所有的西餐品种里,以英美西餐为主,另有法、德、意、俄等西式菜肴、酒水、咖啡、糕点、干果、冷饮等。至抗战前的民国二十六年(1937年),上海共有西菜馆、咖啡馆二百余户;其中名头最响、牌子最硬的大饭店有:"国际饭店""金门大酒店""百老汇"(今"上海大厦")、"汇中饭店"(今"和平饭店")等十余家,中小菜馆达150家左右。以洋人主厨、菜式正宗而著名的西餐馆有:"红房子""德大西菜馆""凯司令西菜社""蕾茜饭店""复兴西菜社""天鹅阁西菜馆"等。

(以上著名餐饮企业的名称均根据"上海市地方志办公室"主持编纂的《上海地方志·饮食服务行业志》相关资料整理而成。)

广州:其实广州粤菜真正的"黄金时期"是在晚清嘉庆、道光、同治三朝,因当时上海、香港均未崛起,广州又是被指定的唯一与洋人通商的城市,是中国社会一扇可以观察世界的窗口,故而民风开化,新学昌盛,近现代史上叱咤风云的思想家、革命家、科学家、军事家、艺术家多位出自广东籍(洪秀全、邓世昌、康有为、梁启超、孙中山、宋子文、詹天佑、苏曼殊、吴大猷、叶挺等),包括餐饮在内的民生百业先于内地各省而洋风劲吹,也就不足为奇了。清末民初时期(指甲午至辛亥这十几年),上海、香港先后崛起,成为远东数一数二的经济商贸中心,广州于中国社会的"窗口"作用大为下降,商贸总额、客商人数与港口货运吞吐量亦逐年递减不已,故而民初以来城市餐饮、服务业所争取的客户来源逐渐转向本地客源。这点从民国时期的粤菜馆规模、品种、菜式上都能看出来。尽管如此,粤菜依然在民初时期逐渐定位的"八大菜系"中位列三甲,可见粤菜(特别是广州菜)在中式餐饮的特殊地位非同一般。

总的说来,民国中期的粤菜特点有三:一是食材丰富,取料广泛;二是菜式百变,随创时新;三是清淡生鲜,烹饪精致。

广州菜是与潮汕菜并立的粤菜两大种类,但与潮汕菜的生猛海鲜不同,所用原材料几乎囊括所有常见的生物,从哺乳动物到爬行宠物,从腔体动物到软体动物,连常见的昆虫如蟑螂、蛇、蚂蚁、蚂蚱、蚕蛹、菜虫都不放过,只要是个活物,估计没广州人不敢吃的。连老广们自己也戏称:长腿的板凳不吃,长翅膀的飞机不吃,长脑袋的螺丝帽不吃,其他没什么不吃的。正因为这种广泛的食材来源,使得广州菜单是食材种类就吓人的丰富,把全国所有菜系都比下去了。一般初到广州的"北佬"们,没心理准备还真一下接受不了。

广州菜虽然食材有些恐怖,但广州人视野开阔、厨艺高超。晚清时期起,广州就是个中国最早向洋人开放的大都市。因嘉庆爷忌惮洋人惹是生非,对洋人商船来华多有限制,指定只能停泊在广州附近海面,不但限定时间(每年5月到8月)还限定地点(只能在官府指定的广州行业公会办的驿站驻留,通过官府指定的华商买办代理,故有"十三行"俗称)。洋人及中国买办、代理商们受如此之约束,倒是催成了广州商业餐饮和服务业的蓬勃发展。广州的商业餐饮不但要伺候好洋人,还要伺候好搞洋务的各省官员、搞洋贸的各色商贾,自然能叫得上菜名的各地菜肴,在广州都能找到。久而久之,南洋、东洋、西洋的很多菜式、烹调术、配料逐渐融入了广州菜,使其形成了既包含许多中外各色菜肴长处,又具有自己鲜明卖点的高度商业化餐饮特色。

"吃在广州"并非徒有虚名。任何外地菜肴入了粤菜大系,都要经历脱胎换骨的精细化改造,这种改造幅度之大,以至于本来源自外地的菜肴被改造得面目全非,完全压倒了原型菜肴,不断成为粤菜新品。以烤鸭为例,自古到今,南京人爱吃鸭,举世无双;因皇城有了烤鸭,清末起南京人就改吃烤鹅了,鸭子拿来清卤,谓之"盐水鸭"。烤鸭最早为前明帝都南京地道的地方菜肴之一;朱棣迁都北京,地道的南京本土"挂炉烤鸭"遂传至燕京,成了非宫廷菜肴类的京式大菜之一;晚清传到广州,变成了"广州烤鸭"。无论是卖相、口味还是选材,"广州烤鸭"远胜于"北京烤鸭"与"南京烤鸭"。吃过的人理应有此同感:比之"广州烤鸭","北京烤鸭"太油腻,"南京烤鸭"太老涩,唯有"广州烤鸭"才真正做到了酥香嫩滑。但"广州烤鸭"一直籍籍无名——不是"广州烤鸭"不好吃,而是广州菜吸纳、改良、创新的外地菜太多,委屈了"广州烤鸭"被长期淹没。另以浙菜最擅长的淡水鱼菜为例,原本粤菜潮汕菜素以海鲜为长,浙菜绍兴菜杭帮菜皆以河鲜为佳,可浙菜烹鱼传入广州,制法翻新、花样百出,既保持了淡水鱼菜的鲜嫩爽滑,又自创了广州鱼菜特有的醇厚脆酥,菜式、口感远胜于苏浙同类鱼菜。

二三十年代在广州餐饮业中较有名气的几家菜馆、饭店有:晚清创办、民国十四年(1925年)迁往太平沙北京路财厅前的"太平馆",当时其规模在广州城内首屈一指,民国十四年(1925年)北伐军在北校场举行誓师仪式所需万份茶点、民国十八年(1929年)"中山纪念堂"落成庆典有1 200个席位的盛大宴会,都是由"太平馆"来承接业务,可见其当时在广州餐饮业中的地位和声誉。另有同为晚清开办的"莲香楼",所烘制的月饼独执"广式月饼"之牛耳,首创了椰蓉系列的"广式月饼",以莲蓉、榄仁莲蓉和蛋黄、双黄、三黄、四黄莲蓉月饼在二三十年代享誉南国,无人可敌。30年代初创办的"广州酒家",以独创之"文昌鸡"(上海名吃"三黄鸡"之原型)"红棉嘉积鸭""沙湾原奶挞""椰皇擘酥角"等独领新式粤菜、粤点之潮流,享誉广州美食圈几十年不辍。

民初开办、在30年代红极一时的广州西菜馆有两家,位置都是在长堤大马路,"东亚餐馆"创办于民国三年(1914年),"华盛顿餐馆"创办于民国七年(1918年),皆雇洋厨打理,在广州西餐业号称最为正宗。广州西菜馆有个特点,不按菜品收费,而是按人头收费,类似今日之"自助餐",30年代初每客西餐收费按不同菜馆档次,一般在0.6圆至5圆之间不等。

30年代广州最有名气的茶楼首推晚清开办的"陶陶居",位于广州第十甫路。"陶陶居"不但供应各式茶水、饮料、中西糕点,每天还雇佣苦力,以大板车置大木桶载白云山泉水,桶上赫然写着"陶陶居"斗大店名,终日在市区招摇过市。店内全用正宗宜兴紫砂茶具、潮州炭炉炉具,号称"瓦鼎陶炉,文火红炭",一时门庭若市、车水马龙,军政要员、商界大佬、粤剧红星、报业名流云集,一般市民亦纷纷慕名前往,婚庆生宴、相亲会友、商务签约,多选择"陶陶居"举行。

民国中期的广州餐饮业有个重大转变,就是本地消费群体的人数激增。一方面原因是餐饮业自主转向,大力简化传统菜式之繁文缛节,降低成本,以高低随意、丰俭由人来吸引顾客;另一方面是广州一如全国各大中城市出现的生活节奏加快、新兴行业增多、外来人口涌入的共同情势,形成了现代化"都市化生活圈"的市民生活消费趋向,使商业餐饮和其他城市服务业(理发、洗浴、洗染、钟表、修配等)高速发展。按当时广州市面民生物资价格看,应该说价格因素决定了"大众化商业化"的商业餐饮改造趋势。据不完全统计:30年代初广州市面"安南白"大米每斤0.08圆,"新兴白"大米每斤0.11圆,牛肉每斤0.6圆,瘦猪肉每斤0.9圆,菜籽油每斤0.33圆,咸鸭蛋每个0.02圆(详见"广州市零售物价表",广州市国民政府秘书处编,《新广州·第四期》,民国二十年/1931年)。按民国十五年(1926年)广州黑市价格(一枚"袁大头"实兑白银20克),本书作者即时查询的2011年8月15日国际白银价格是每盎司买入价38.93、卖出价39.03美元,合每克白银人民币买入价7.99元、卖出价8.01元,一克白银大致约合今日之8元,20克即160元人民币(详见李开周撰《民国广州生活成本》,载于《羊城晚报》,2011年3月19日)。

以广州市民每日不能缺的茶饮为例,30年代大众化茶楼日益普及,都根据顾客消费能力划分各种档次的消费区域,如不少茶楼均设有"三厘馆"(一盅茶售价0.003银圆,一般设在大堂散座,客流滚滚,壶盏穿梭,甚是闹吵)、"三分厅"(一盅茶售价0.03银圆,一般设在过道、走廊小隔间,有局部挡板做隔断以隐私闲聚)、"五分厅"(一盅茶售价0.05银圆,一般有单间包房)、"二毛室"(一盅茶售价0.2

圆,属于高档正房"雅座",有唱片机、专座侍女陪候,还能点红酒、咖啡)。同是一盅茶,价格差别如此之大,不唯茶叶好赖,皆应包间厢座装潢水准、设施装置与茶具家伬差距巨大。

30年代市民去饭店包席待客或自用家宴,一桌中餐的价格(不含酒水、自行商定档次)一般在10银圆到30银圆不等;豪华宴席则需50圆以上,合今日之人民币1 600元到万元之间,似乎不是普通市民能承受的日常消费。民国时期全国大中城市面对大众消费的商业餐饮简式改造,当不涉及酒宴消费,均以单例菜式和大堂消费为主。

三、民中社会民众居住方式与设计

就普遍状况看,大都市劳工居住条件在民国中期持续改善。据调查统计,当时上海的工人租房主要分为三种:租住工厂的工房、租客栈的铺位,以及自己租房子住。在所调查的97家纺织企业中,就有62家给所有工人提供住房,有8家给工人提供一部分住房。公司职员租住的工房条件比较好,甚至有的公司为职工建造了职工公寓。比如由广东中山籍华侨刘锡基开的"新新百货公司",单身职工可申请免费住公司宿舍。宿舍还有图书馆、食堂、运动场等设施。而作为最底层的包身工的情况则属于第一种,他们基本以租住工房为主。当时,上海租界工部局对一个纺织厂的60幢工房进行了调查,民国二十四年(1935年)平均每幢住2.73户、15.32人,正好和《包身工》写作是同一年,"而《包身工》中提到的每幢房子要住'三十二三个',整整夸大了一倍"(详见沈彬《从"包身工"谈旧中国的廉租房》,《南方都市报》,2011年8月28日)。

"上海的石库门一层楼,有电灯、自来水,月租10块钱;住客栈,每一铺位3角5至6角;纱厂宿舍,月租2到5元不等,两层楼可住10人,自来水由厂方提供,有的还供电,带家眷者,两家分租一层,费用不过1元多;最好的宿舍,为砖瓦结构,铺地板,长宽500立方尺,容积5 000立方尺,有厨房、路灯和下水道,月租6至9元;此外,工人也可租地,结庐而住,半亩地年租金200元,21户人家分摊,平均下来每户每月8毛钱,当然,环境极差";"(北平)四合院,房租每月仅20元左右;一间20平方米的单身宿舍,月租金4至5元……鲁迅所购买的西三条胡同21号四合院有好几间房屋和一个小花园,售价国币1 000元"(陈存仁《银圆时代生活史》,广西师范大学出版社,2007年5月版)。

上海地区的房屋建造,无论是规模还是投入,几十年来都是全国首屈一指的。"民国十九年(1930年)4月,上海房产业主公会成立,有会员200家,其中外商140家,华商60家。同时建房数量激增,宣统元年(1909年)到民国二十年(1931年)仅公共租界工部局核准建造的房屋就达12万幢以上";"由于建屋数量猛增,地价迅速上升。1865年公共租界每亩土地平均价银为1 318两,1928年为26 909两。1931年全年房地产交易总额高达18 321万元,创上海房地产业有史以来最高纪录"(《上海地方志·上海房地产志》,上海市地方志办公室,2002年版)。加之理应数倍于前的沪上百姓自建、政府官建、华企商建这三类华界房屋建筑，整个民国时期上海新建房屋当不下百万幢之数。

图 3-3　20 世纪 30 年代的上海，是中国进步的标志

　　30 年代初，有学者提出：首都南京市区过多棚户区，"有碍观瞻，有碍卫生，有碍消防，有碍治安"，提议"由官方直接投资，建设平民住宅"。此项建议得到国民政府和南京市政府首肯，于规划停当之后，不久便开始正式实施。

　　"平民住宅"的兴建，最早启动于南京市政当局"整顿市容计划"。当时南京城区散布有数以万计的棚户住宅，街巷垃圾遍地、污水横流，环境极为恶劣。民国二十三年（1934 年），南京市政府推行"棚户住宅改善运动"，具体做法有两种：其一是由政府出资，划拨近郊土地，补贴棚户区居民按照"平民住宅"的标准，自行新建新房；其二，由市政府直接投资兴建"平民住宅"，建成后"平价出租，以便部分财力较为充裕之棚户，迁移租住"。从民国二十四年（1935 年）至次年，南京市政当局斥资十余万银圆，在中山门外、和平门外、武定门外、止马营和七里街等地共兴建 790 所平民住宅，以无房的劳工等低收入者为承租对象，月租金从 1 元到 2.6 元不等，租价低于南京市区的普通住宅。其中，止马营和七里街的平民住宅房屋质量略好，"每户有正屋二间，檐高二公尺四，两端用十寸砖墙双面粉饰，分户及前后墙皆用五寸砖墙，杉木隔间板，全部青砖平铺地面，杉木柱帖，杉木桁条及格橼，木格窗，加板木松门。屋面用芦席青洋瓦铺盖。普通约十户连成一列，行列之间有宽三四公尺的甬道。水井、厕所、垃圾箱等公共卫生设备，亦相当完全"。"平民住宅"在设计上今天看起来依然可圈可点，实用简约的选材与结构、合理的间距处理，加之在当时较为适宜的生活配套（因资金有限，尚无法通自来水和供气），"不仅保证了住宅的采光、取暖、汲水,而且以甬道拉开房屋间距,减少相互干扰和病菌传染"(详见陈岳麟《南京市之住宅问题》,载于《民国二十年代中国大陆土地问题资料》,台北成文出版社、英国中文资料中心联合影印,民国六十六年/1977 年版)。

武汉等地也开始着手解决"棚户区改造问题"。特别是民国二十年(1931 年)长江洪灾之后,大量鄂、湘、赣、皖灾民涌入武汉三镇,形成了规模庞大的"棚户区"。据武汉特别市国民政府有关部门统计,至 30 年代中叶,武汉市辖地仅汉口区的棚户住宅,就有 12 746 所、17 865 户,棚户居民总数接近十万之众。"尽管 1930～1935 年间汉口的人口增长率远低于南京,但同样住房供应奇缺,房地价格攀升,居住非常拥挤。二房东任意分隔房间、擅自分租的现象屡禁不止。棚户居民无力负担普通住宅的房租,只能临时搭建棚屋暂住。汉口市政府兴建平民住宅的初衷,是要解决这批人的居住问题。至 1935 年,汉口市政府共兴建了 800 栋平民住宅,每栋月租 1.2 元"。后又有学者认为,"政府对平民住宅的建筑,仍应不断进行"。"政府建平民住宅,仅是一种社会救济事业,不能与公用事业相提并论,更无所谓投资"。因此建议干脆"废除(平民住宅)房租,每月仅使住民缴纳极少数之维持费,以作管理费,进一步减轻居住者的经济负担"。此外,学者们还认为"平民住宅不该在远郊兴建,最好选址在商业区附近,以避免因选址过远而造成政府疏于管理、平民住宅最终沦为'贫民窟'"(详见鲍家骊《汉口市住宅问题》,载于《民国二十年代中国大陆土地问题资料》,台北成文出版社、英国中文资料中心联合影印,1977 年版)。

北平市则由于时局变化,在处理"棚户区居民住宅"问题上十分棘手。一来因为入关日军逐渐形成对北平的战略包围态势,致使北平田亩、房产价格一落千丈,谁都怕投资"平民住宅"会拿钱打水漂;二来关外东三省难民不断涌入,形成的棚户区规模远超南京、武汉、上海,故而北平市政府裹足不前,少有作为。"'房荒'问题一直困扰着低收入阶层。虽然房租很低,但低收入者依旧租不起、住不起,遑论购置住宅。居住条件恶劣的棚户区在城内随处可见,不少难民甚至只能到粥厂、暖厂寻求吃饭、暂住。不光是难民潮,北平本市的贫民人口也在日益增多。"据统计,北平贫民数量众多,'实为社会病态之总源'";"北平市公安局所调查全市贫民占全人口 12.1%,每八人约有贫民一人……外一区贫民最少,占全人口 3%;内四区贫民最多,占全人口 22,7%";"全市贫民 168 000 人,公私救济院所收容者约有 7 000 人"(详见车鸿毅《北平市财政局实习总报告》,载于《民国二十年代中国大陆土地问题资料》,台北成文出版社、英国中文资料中心联合影印,1977 年版)。好容易拨款 3 万元,兴建了 130 间"平民住宅",计划于民国二十六年(1937 年)8 月 30 日竣工收验,北平已沦陷月余矣(详见孙洪权、刘苏《宋哲元、张自忠留下的"平民住宅"》,载于《北京档案史料》,1995 年第 1 期)。

〔写到这一段,本书作者忍不住又要批评国内某些搞建筑史(尤其是搞"民国民居建筑"研究)的人,翻遍了他们的大作,满眼全是该建筑如何有名气,住过哪些大人物,转手倒卖过多少回等等,不少连跟建筑设计有关的基本信息都懒得介绍,弄得像"房产中介公司"似的。不对,连这都不如,人家倒卖二手房,最起码还要介绍一下朝向、几室几厅、有几层楼、水电设施、铺什么地板、层高如何,专业搞建筑史论研究,居然模仿其街道文保小干事口吻谈专业,尽胡扯些跟建筑本身没关系的附加成分,还忙个什么劲? 干脆改行算了。]

在中国建筑史学者眼里,真正的老百姓居所根本没看在眼里。中国老百姓们过去住什么房子、什么样式、造价或租金几何,从来不是他们的研究内容。看看人家港台建筑史学者的研究成果,真为建筑史学者们脸红。倒是现在被学者们大肆介绍的许多"南京民国民居建筑"(特别是被各级市区政府视如珍宝的那些民国建筑),依本书作者看,全都是地道的"伪民居建筑"。如作为"南京民国民居建筑"招牌的鼓楼区江苏路、颐和路一带的民国住宅建筑群,一半原是国民政府时期的各国驻华外交使馆区,另一半是各种政界名流的私人公馆、府邸。该片建筑群全是清一色三层小洋楼,高墙铁门、庭园门厅,还带着壁炉烟囱。过去是洋人使节或国民政府里担任要职的达官显贵们的豪宅,现在是各级领导们的官邸,从来就没老百姓什么事。这是哪门子"民居"? 说这些是"民居建筑",分明是拿大官们不当领导干部,算成人民代表、人民公仆,连"民居建筑"中的"民"这个字的性质都没搞清楚,就绑着国共两党的领导们一起挖苦。

本书作者认为,"民用建筑"应划分成三大块:一块是公共建筑,指起码名义上的功能是要部分涉及民事处理的公共类建筑设施,主要是市政工程、车站、码头、公园、桥梁、水利、电厂、政府机关等;其性质基本属于公益的、非赢利的办公设施,也基本是各级政府靠全民税赋完成建设。第二块是民用建筑,指基本建筑功能属于民用范围的建筑,如校舍、科研单位、图书馆、电影院、医院、商业店铺、工厂等;其性质在赢利与公用两可之间,主要视建设投资方和产权所有者而定。第三块是民居建筑,分为公馆式"疑似民居"和真正的普通民居建筑两种。之所以称"疑似民居",是因为屋主从来不是民众老百姓,但也有些公馆小洋楼因屋主在解放前后逃离大陆,后来确实被一些身份普通的好几户平头老百姓合伙杂居着,这个现象在每一个大中城市都有。但起码民国中期还没有出现大量的无主洋楼被百姓瓜分居住的现象,故本章节此类公馆洋楼的住宅建筑,只能成为"疑似民居"。

"黄金十年"的民国中期,是南京国民政府的鼎盛时期,各方面情况发展都不错,因而有银子在涉民建筑上花点钱,搞点建设。尤其是作为首都的南京,民国中期的民用、公共、民居建筑,还是保存了一些相对完整的建筑原作。作为对标准的"民国中期民居类建筑"的研究,南京地区的民国民居建筑,还是具有其他地区类似建筑无法比拟的优越性、代表性的。故此本章节"民国中期民众居住方式与设计"涉及范围以南京地区的同期同类建筑为分析采样案例。

二三十年代期间的南京市区民国建筑群较为集中的有五大片区域,规模最大的当属城西沿江片区,从下关码头到挹江门、中山北路一带的老城区,民用性质纯粹,集中了民初到民中大量道地的普通市民居住的民居建筑、商业建筑。其次是市中心新街口中山东路沿线一带,开发程度较高,集中了大量民国"黄金十年"的政府机构、民用设施和公共建筑,亦有不少里弄式民居建筑杂处其间。再次是城南夫子庙至太平南路沿线一带,在抗战日寇屠城之前一直是南京最繁华的市区,号称南京的"十里洋场","黄金十年"建造的各种民营商业建筑和民居建筑非常集中,"南京大屠杀"连轰炸带烧毁几乎夷为平地,之后就一直没缓过气来,日见衰落,目前已沦为南京市区相对发展滞后的老旧城区。再再次是前述的市区城西北片区(颐和路、宁夏路、江苏路、拉萨路一带)的使馆、公馆区,道地民国建筑不假,是否是"民居"暂判疑似。最后是散落于城东郊外中山门之外的部分民国著名建筑群及小片民居(中山陵、孝卫街、汤山镇一带)。以下将其中较为著名的民国建筑风格代表性建筑分类列出:

公共建筑:南京地区的二三十年代民国建筑较多,著名的公共建筑有总统府(国府路)、国防部(三牌楼)、国民大会堂(长江路)、国货展览馆(长江路)、中央银行(中山东路)、中山陵(东郊)、灵谷寺("国民革命阵亡将士纪念塔",东郊)、和平公园、白鹭洲公园("辛亥革命阵亡将士人马冢",城东)、乌龙潭公园(原"怡红院"遗址)、第一中央公园(下关)、三军俱乐部(中山东路)、美军顾问团(中山东路)、励志社(中山东路)、南京海关(下关)、外交使馆区(城西北)、中央医院(中山东路)、中央博物院(中山东路)、中央图书馆(碑亭巷)、紫金山天文台(东郊)等。

图3-4　南京"国民大会堂"

民用建筑:二三十年代期间建设的南京著名民国民用建筑有:中央大学(碑亭巷)、中央警官学校(黄埔路)、中央商场(新街口)、太平商场(太平南路)、下关火车站(下关)、浦口轮渡码头(下关)、胜利电影院(新街口)、胜利饭店(原"福昌饭店",抗战胜利、国民政府还都南京后改名,新街口)、大华电影院(新街口)、新街口商业区、山西路商业区、夫子庙商业区、大行宫(原"江宁织造司"原址)商业区、中山北路(下关)商业区等。

民居建筑:三十年代前后建设的民居建筑较为集中的街巷有青石街(中山东路沿线)、邓府巷(中山东路沿线)、同庆里(新街口)、德贤里(中山东路沿线)、雨花里(中山东路沿线)、破布营(市中心)、鸡鹅巷(新街口)、北门桥(鼓楼)、抄纸巷(中山东路沿线)、明瓦廊(新街口)、游府西街(城东南)、五老村(城东南)、评事街(城东北)、二条巷(鼓楼)、三条巷(城东北)、四牌楼(城北)、平江府路(城南)、七里街(城南)、东井亭(城东)、卫岗(东郊)等。

本书作者自幼居住在一栋标准的南京民国民居建筑内(有楼下青石嵌碑为证"民国十七年建造"),一共22年。它属于市中心新街口地区中山东路沿线的一个小里弄"德贤里"的一部分。"德贤里"坐落在南京市中心的新街口附近,中山东路沿线上,左侧紧挨着"国防部三军俱乐部"旧址(解放后的"南京市总工会"),右侧是"美军顾问团大楼"(后为南京军区后勤部办公大楼)和"复兴社"(后为"南京工商联")旧址。据说"德贤里"是从事旅馆和蔬菜加工(就是咸菜)的民营富商亲兄弟两人合资所建,共有前后四栋小楼,以一条贯穿整个里弄的水泥路面为界:东边两座楼叫"贤记界",西边两座楼叫"德记界",据说是各取兄弟俩名字中的一个字,故称"德贤里"。这两位名为"德贤"的兄弟其实无贤无德,日据沦陷时期竟附日通敌,抗战胜利后国民政府将"德贤里"作为"敌伪财产"没收,分由附近之国府军政机构公务员及家属居住。解放初又被再度作为"敌产"由人民政府没收,分配给市府各局干部职工居住。"德贤"俩兄弟不知所终。彼时家母为粮食局职员,故而分得此房,三十年来每月租金仅3至5元人民币。

三层小楼是青砖砌成(个别贪小住户竟掘出砖块拿回家磨刀用,可见其坚硬细致程度);楼顶铺盖的是日式大洋瓦(属于板瓦类,上沿有凸槽构件,可互相钩挂);一至三楼有铸铁管雨水道上下连接(常被我等顽童攀爬登顶)。楼中间被砖墙隔分开,底层无隔断,是一个很大的通间,分两个楼道出入,在三楼共用阳台又有两个楼道出入口,形成一栋小楼有两套相对独立隐私的居住系统。小楼每层左右楼层都是通间,被后来住户自建隔断分成若干独立住房。我家盘踞在"贤记界"后楼的东侧之三楼整个楼面,自行隔成三间房(三楼通间两房,阳台上自搭一间)。房屋在50年代制定房租政策时被定为"上天花、下底板的甲等房",每层都有当时很稀罕的卫生间,装有白瓷坐便器和搪瓷浴缸;楼板原来涂有红漆,均为松木材质;天花板为柞木小条钉成棚架,糊以含稻草泥浆抹平、再粉刷石灰;门窗皆为木格框架,配有风钩、插销(后来去转过日本京都小巷后才知均为日式门窗)。印象中每层楼梯占据面积较大,在楼层之间盘来绕去,后被各层住户争占用以堆放杂什破烂、闲置家具及蜂窝煤(南京人叫"煤基")。以一家大小共五口人(父母和兄姐加上我)计算,这个居住条件在五六十年代的我家这等平民老百姓来说,还算挺不错的。

四、民中社会民众出行方式与设计

民国中期的民用交通运输业有较快发展。这点不单体现在南北城市之间以铁路、公路客货运、内河航运为主的民用交通运输的明显改善方面,还表现在各大中城市的市区公路铺设、车站码头机场的建设、市区公交线路里程数和公交车辆保有量及修配业发展等方面。

民国十一年(1922 年)8 月在上海市区开通公交线路的"华商公利汽车公司",是第一家由华商创办的中国民营公交企业。此后,天津、北平、哈尔滨、南京等先后开办了公办、民营、洋资等多种方式的公交企业。早在清末时期各通商口岸城市的租界,已有专营民用交通的商业营运业。但这些公交运输业的顾客主要是洋人和中国帮办及华洋混居的租界市民,对中国社会民众的出行方式影响并不大。在"黄金十年"之前,清末民初时期的中国各大城市(如北平、上海、广州、天津、南京、汉口、奉天等)的民众交通方式先后经历了以抬轿、马车、独轮小车、黄包车、人力三轮车等传统交通工具为主的时期。至 20 年代起,上海、广州、天津卫、北平、成都、杭州、南京先后开通了市区公交线路,成立了民营为主、公办为辅的各种"汽车(公交)公司",到 30 年代中期,大城市的公交车乘行已经成为市民主要的出行方式。

以"黄金十年"发展最迅速的上海为例,继"公利汽车公司"之后,上海市区不久便在闸北与沪南地区相继出现了其他华商公共汽车公司。民国十二年(1923 年)上海公共租界开办英商"中国公共汽车股份有限公司",凭借整车进口、修配技术、营运管理方面的优势,使上海市区公交整体上有了一个跨越式发展。法租界当局于民国十六年(1927 年)增办了公共汽车的营运业务。城郊长途客运方面,民国十年(1921 年)即有华商"沪太长途汽车股份有限公司"成立,首辟上海至太仓长途汽车线。此后青浦、松江、闵行、川沙、南汇、宝山、吴淞、崇明,都先后开通公交客运业务。至民国二十六年(1937 年),上海的公共汽车、电车(包括长途汽车)和小型火车等各类公交车有 900 余辆、线路 70 余条。货运汽车则数倍于公交车辆。

市区有轨小火车客运业务在民国中期是上海、南京、青岛、哈尔滨、北平等城市最重要的公交方式之一。这些市区公交设施都是在清末时期兴建起来的,在民初和"黄金十年"均有缓慢而持续的发展。以国民政府首都南京为例,"民国二十五年(1936 年),宁芜铁路完工后,小火车线路又延伸了 3.8 公里至雨花台附近,与宁芜铁路接轨,称为'京市铁路'。小火车有 3 个火车头、8 节客车厢和 3 节货车厢,每趟能载客 500~600 人和近万斤的货物,最盛时日开上下行 30 次,平均每小时就有两班车对开,票价也比马车便宜。当时,它是市民交通的主要代步工具"(李建飞《民国时期的南京公共交通》,载于《南京史志》,1997 年第 1 期)。

需要说明的是,即便是在已发展为亚洲最繁荣城市的上海、广州,公交系统新兴甫定,亦有大量传统交通车辆并存营运。如古代之抬轿,在上海地区迟至民国十八年(1929 年),租界工部局方停发轿子的"营业执照";上海其他市区亦逐步禁止抬轿参与商业运营,至此,除社火、庙会及婚嫁丧事外,抬轿在上海市区彻底消失。

其他城市均要稍晚些,广州、厦门、汉口、杭州、南京、奉天(沈阳)和天津、青岛等地,先后在20年代末至30年代初前后,已将人力抬轿彻底排除出市区公交营运行业。而北平、张家口、昆明等地区,40年代初仍有一些营运性质的抬轿在市区各处往来,直至解放初才彻底禁绝。

二三十年代各大中城市市区的营运马车业,依然繁荣,不过业务范围有了重大变化:多由清末民初时以客运为主转变成以货物运输为主。30年代中期上海地区的马车行所有车辆,则基本退出了市区客货运输业,专为市政服务业配套货运工具,如市区垃圾收集、公厕粪水运送、餐饮泔水运送、市政材料及设备运送等等,至70年代末,才完全退出市区。

人力车(包括清末民初的独轮小车、黄包车和民国中期风靡各大城市的三轮脚踏车)依然是民国中期中国社会城市市区公交的重要辅助工具。据《上海市地方志》记载,当年租界工部局亦有统计,至"20世纪20年代,(上海)全市约1万多辆独轮小车";而同时期上海偌大市区,营运之公交汽车尚不足百余台。至民国二十五年(1936年),上海华界、公共租界、法租界分别有捐照货运汽车1 500~1 700余辆;至30年代抗战爆发时,全上海仅公交专用车辆已达近千辆,货运汽车逾万辆,另有榻车(平板车)、老虎车(一种用木炭代替汽油的代燃提供动能的民间机动车,仅存在于30年代上海)等超过两万辆。

中国非军事用途的航空业,最初仅用于邮政、货运及官员乘用。民国十九年(1930年)民国政府交通部派员赴美签约"航空运输及航空邮务"合同,由美航开通京(南京)平(北平)、沪汉(汉口)、沪粤三条航线。同年"中国航空公司"成立,直属国民政府交通部。次年改组"中航",规定负责中国国内航线经营之美航机构必须任用"中方人员为南京至北平航线之飞行驾驶技师"。自民国二十年(1931年)首次开通上海至新疆迪化(今乌鲁木齐市)"中航"处女航后,"中航"和"欧亚"(与德国汉莎合办)先后开辟成功上海至成都、北平、广州、迪化等九条国内航空干线,客货邮运业务量逐年倍增。民国二十五年(1936年),第一个国内民用机场"龙华机场"建成。随着国营航空业的建成,中国民航服务业(包括机场管理、票务管理、餐饮提供、货运储存、飞机维修及保养等)逐渐形成。

30年代长江航线沿线停靠客运有华商民营之中大型轮船"恒胜""天福",以及"景德""仁和""宝丰""新太安""庆宁"等多艘现代化蒸汽轮船,开始与一直占绝对优势的洋船公司在长江客货运业务中"分庭抗礼";南京、安庆、汉口、沙市及重庆等长江沿线码头,均在30年代建成了一批现代化程度较高的新式客运码头候车室、仓储设施及装卸机械设施。上海市区内河客运业一度非常兴旺,仅上海至崇明便有"大运""大连""天赐""天佑""甬舟"等五艘轮船,建成小铁浮码头两座、简易候船室96平方米,外滩另有一座铁质浮码头、候船室40平方米。

川东巴蜀地区地貌险峻,河道乱滩、急流、暗礁密布,给开发长江支流的西南内河运输带来了不小的难度。"重庆上溯至昆明及滇缅各水道,多系流经崇山峻岭之峡谷间,地势陡急,滩多流乱,水速缓急悬殊。水运航行,素鲜其利,仅于地势平坦、水流和缓处,用小木舟及竹筏等截江横渡,以利交通。其间亦有可以通航部分,惟程途极短。"(云南省档案馆藏"1938 年 4 月云南省建设厅为查复重庆至昆明等处水道航运情形致省政府呈",《云南档案史料(3)》,1993 年)云贵川大部皆山区,河流甚多,但近半支流、河道地质条件过于复杂,时而河滩乱石裸露,吃水过浅,稍大点的木船即失去浮力,仅靠纤夫生拉硬拽拖过乱滩,铁壳小火轮是万万进不来的;时而石壁夹流,水深湍急,且河道中尽是不规则的暗礁,使得河流旋转乱向,行船非得万分小心,船老大要不住用篙头猛撑石壁,方能避开直接撞击,船散人溺。故而众多内河无法做到全程通航。本书作者于 80 年代初客居西南就读时,多次在长江干线乘船往返,亦泛舟于岷江、乌江、大宁河,从拉船纤夫到撑船老大,所见不鲜;从大木船到冲锋舟,所乘不拘。故而深知川江之险、蜀道之难。"金沙江流至四川,由宜宾以下始有航行之利,故长江沿岸货物多至宜宾为止。宜宾以上必须驼运,种种困难不胜枚举。"([日]今井美代吉等著、杨华等译《入蜀纪行》,湖北人民出版社,1999 年版)

"藏人使用一些大木船,但是他们一般都还是使用皮革制造的船只。这些船只不长,也不尖,有点圆,平底,没有什么龙骨,所以它们很容易翻船。它们一般都是用牛皮制造,三四张牛皮缝到一起,然后用一个木头架子支撑起来",用于摆渡过河([意]依波利多·德西迪利著、杨民译《西藏纪行》,西藏人民出版社,2004 年版)。

西北黄河航运亦受制于枯水期,无法做到常年通航。但涨水期时,能走比较大的木船,而且航线较长,"从归化城(即今呼和浩特)到包头镇之间的里程是 320 华里,4 天的旅程中住宿地如下:第一日皮克其,第二日托休霍,第三日萨拉齐。阴山山脉在其北,黄河在其南,道路便从中间的大平原通过,附近一半是牧场、农地,树林散见于各处","过萨拉齐后,便开始看到鄂尔多斯大草原,黄河在这里画了一个大圈,折向南方"([日]"沪友会"编《上海东亚同文书院大旅行记录》,商务印书馆,2000 年版)。

"黄河自发源处至甘肃北境之五方寺,水流湍急,或为悬河,或为险滩,木舟不利于行,故多取牛皮筏代之,驾用四人或六人不等。自西宁运货至兰州、包头,多赖此物。河行之期,年约八月。盖冬至前即结冰,谓之封河,至次年清明后始解冻","据筏工言,如自皋兰至宁夏、包头间货物往来,下水以羊毛、驼绒、各种生皮、水烟、木料、药材等为大宗,运售内地;上水则自内地转运之洋布、土布、茶叶、糖、海菜、罐头及各色杂货为大宗。下水顺流,如不阻于风雨,半月可抵包头镇。上水逆流,自包至兰,则至速须一月时间。唯以取价视陆行廉约两倍,故商旅多循水道"(林鹏侠《1932 年西北考察记》,载于《西北行》,甘肃人民出版社,2002 年版)

"当时西北与天津间的交通运输,水路段主要靠木船和皮筏,陆路段主要靠骆驼和马车、牛车,运量有限,行进迟缓。"(樊如森《西北近代经济外向化中的天津因素》,载于《复旦学报》,2001 年第三期)西北民间亦有自己的畜力"土轿":"如走小路,只可用牲口或坐架窝子。架窝子者,扎一篾篷之大轿,以牲口抬之,可坐可卧,行时摆动如摇篮,然为西北内地交通最舒适之工具,惟自兰州至西宁至少须四五

日。"(庄泽宣《西北视察记》,甘肃人民出版社,2002年版)

　　全国各省乡村间客流往来,南方山区的"滑竿"、华北平原的胶皮大车、江南水乡的"乌篷船"、厦漳汕琼沿海的小舢板,依旧是民国中期民众出行乘用、驮货的工具主角,其次是骑乘各种牲口脚力,马骡驴驼不等。

　　整个民国时期城乡社会家用货运挑具,首推扁担箩筐。除个别大都市外(上海等),不少大城市底层劳工市民家亦常备随用,乡村农户更是每家必备了。南北方的挑具在功能、操作上完全一致,构件、造型上基本相近,材质上却大有出入了。南方扁担箩筐皆为竹制竹编,北方则是木作扁担、藤编箩筐。扁担箩筐源自秦汉(汉画像砖有图为证),动可驮货载物,静可横架为座,亦可防身、开道,是数千年先民随常生活用具与生产工具。其用之妙,已有前述(详见本书作者主编的《中国传统器具设计研究》,江苏美术出版社,2004年版),此处故不赘言。西南山民则多用藤编竹编背篓(一种敞口深腹喇叭状的锥形双肩挎竹筐),湘鄂川贵山区乡村的背篓内侧还有凸出之构造,方便幼童篓内稳坐。此番乡风至80年代初仍相当盛行,本书作者当时在渝就读,于重庆街上常见打扮入时、花枝乱颤之时尚女性们身负背篓在旁若无人地逛街。

图 3-5　民国货郎

五、民中社会民众礼俗、休闲方式与设计

　　二三十年代,新式文明婚礼在大中城市逐渐流行。民初之"西式婚礼"大多经本土化改造,形成了大为简约的"新式婚礼"。此等"新式婚礼"经"中西结合"改造,并不一定在教堂举行,也并不一定非请牧师、神甫,多由市政人员代办登记并主持婚礼(主要是宣读誓词),但讲究些的"西式婚礼"新郎穿一身燕尾服外加大礼帽、白手套、小马甲,新娘穿一身西式白纱曳尾长裙、头戴花冠并掩臂长筒手套是必不可少的。礼成后并不出门旅行结婚,而是设宴款待赴会亲朋好友,然后是乘坐汽车或英式马车前往私宅"入洞房"。

30年代中后期,南京、上海甚至出现更为简化的"集体婚礼",常能见诸报端、广播。"集体婚礼"多为男女学生、公职雇员、军政文员所喜爱,每场三五十对不等,盖由市府党部大佬主持,在广场、大院等公开场合举行,主席台类似会场,高悬革命标语并党国旗帜;红底金字的"囍"也是不能少,新郎一律着中山装,胸口挂个写有"新郎"的小条幅即可,新娘穿旗袍,手持花束;小公母鱼贯登台,并立向台上国父画像鞠躬,亦从主婚人手中收受结婚证件并接受祝福,便告礼成。

图3-6　1935年上海市政府前的集体婚礼

小城镇及乡村婚礼一切如旧,媒妁撮合、父母包办仍是主流,数目不等的彩礼、嫁妆、聘礼总是不能少的,分量则视双方状况协商谈判而定。婚礼则有钱大操大办,没钱凑合了账。

民国中期的民众丧礼方面仍以旧式礼仪为主,但行序、开销有所简化。大城市棺材铺已出现洋式新品,归葬公办墓园也渐成风尚。民初移植于西方的"文明丧礼"也多了起来,亡者亲友为其开一个"追思会"或"追悼会",生者戴黑色袖标轮流登台泣诉亡者生前善绩并勉祝亡灵安生超度,礼成后抬灵柩入土下葬。

在娱乐方面,民国时期劳工及普通市民阶层的大众娱乐项目最流行的还是京剧,其次是各种地方戏剧、曲艺,唱本、戏文均以各种豪杰传奇、民间故事为主,亦有少数结合当下社会时政或是流俗趣闻的新唱词,总体品位不算太高。上海、广州、南京、北平等都市生活圈里极少数社会上流人士以搞"爬梯"(Party)、沙龙(Salon)小聚,或是看歌剧、听音乐会、打桥牌并雪茄、马爹利消闲。阮囊羞涩的一般文化人和学生、职员、公务员则以进电影院、看话剧、读小说、唱流行歌曲、打洋牌(扑克牌)、喝咖啡为时髦;小本商人、老迈乡绅、食利寓公、债主房东、帮会门人则以看戏、听书、搓麻、泡澡、抽白面、养鸟、遛狗、斗蛐蛐并茶酒聚会为乐；豪门阔少、大户"小 K"（上海俗称，指多金亦多情之彼时"富二代"）、权贵公子外加吃软饭的"拆白党"、交际花们，则出入逛弹子房、夜总会并各色舞池，以喝洋酒、抽洋烟、跳交际舞、打康乐棋、"马杀鸡"（源自日本、流行于东南亚之异性按摩）为主要休闲娱乐方式。

中国的剃发行业源于北宋，那时候剃头匠有个好听的名字，叫"待诏"，估计身份比画家不差。然而干活内容与现在差距很大，修理胡须、光洁脸毛就是主要活计了，打理头发不在其内，因为"肤发受之于父精母血不得擅动"是中国人的传统观念。元明社会也皆是如此，到清代剃发才迅速形成民众社会日常生活的偌大行业，因为按清时发辫造型，脑壳前半部都要剃光溜，所谓清制"留发不留头"，使得众多百姓不得不隔三差五就剃头。故而城镇街边，常有"剃头挑子"出入，一把单刃剃刀外加全副洗涮家什，便是民间剃头匠全部家当。此种游走生意虽卫生状况狼狈，但收费低廉，因而极受百姓认可，虽民国中期时西式理发业风靡城乡，仍能延续很久，直到 20 世纪末，中国很多偏远乡镇尚有遗存。

西式理发店首先出现在晚清时期的广州的"十三行时代"，其次是上海租界。起初洋人开店专为洋商洋官服务，逐渐流入华界，恰逢清末新学兴起、洋风大盛，理发业遂成城市服务业之主项之一。以上海为例，初时租界洋人理发店也偶有华人上流人士光顾；民初时剪辫理发蔚然成风，西式发型渐成时尚。华人学艺者遂自办店铺，开张营业；后因生意火红，店铺林立，遍布全市。上海西式理发店在 20 年代初已出现火钳烫发，男女顾客皆有。至 30 年代初，欧人在沪开设新式理发店、美容院，并以炫目之发型设计及设备、工具、技术确立压倒优势，如蒸汽烫发、火电夹卷、揩光打蜡等，兼有新近发明之电轧刀、电吹风、旋转座椅等高档设备。华人理发店群起效仿，纷纷向各洋行订货引进。至 30 年代后期（抗战爆发前夕），上海市区已有二十余家高中档理发店，主营业务的西式理发技术与理发装备，比之洋店毫不逊色。到抗战前夕之民国二十六年（1937 年），上海一地理发业发展至两千余家，其中高级理发店两百多家。

乡村（尤其是山区民众）男女老幼理发，多自家解决，一把裁衣长剪刀即可，发型多为"瓦片式"（如一块板瓦扣于脑上）。迄今傈僳族乡民中成年男性皆"身怀绝技"，凭借一把锋利的镰刀，彼此互相理发，自然也仅有一种发型：脑壳大部溜光，前顶部仅余一撮头毛。此"一片瓦"竟暗合拉美印加传统发型，90 年代末的世界球星、巴西"外星人"罗纳尔多当年依此"一片瓦"倾倒亿万球迷。

我国民众讲究礼数，即便是同性，也绝少公众场合裸体相对。大和民族乃一国岛民，地处多山多泉，素来有聚众泡温泉之民俗，今伊豆、箱根常年开设浴场，陌生游客举家入池，不避男女亦不避老幼。故而日人城区，多办有公共澡堂，本书作者在东京银座附近曾亲身经历了一回：先于光身肉腿林立之大池中浸泡老垢、解乏身心；爬上来至池边隔间搓擦蹭刮（严禁在大池中打肥皂），再取木瓢舀大木桶中清水冲洗。一切如幼年时街巷澡堂，恍如隔世。民初时，京津沪广皆出现日式公共澡

图 3-7　民国理发店

堂,因人们观念尚未更新,更倾向于在家自己于大盆、木桶中洗浴,因而这些公共澡堂不温不火。时至 30 年代初,因提倡国民提高个人卫生素养,刷牙、洗澡、打苍蝇被视为重点,日式公共澡堂便大行其道,在上海、北平、天津、广州等大都会城市率先流行起来,继而普及至全国中小城镇。

　　民国中期修建的公共澡堂,分"男子部"和"女子部"。先行至柜前偿付澡资,领取标注等级的竹筹,由引座员领行入内。入浴前可领取公用之浴巾(一般用高温蒸气消毒)、肥皂;脱光溜后将衣裤放至睡榻背部的带翻盖暗箱中,自行前往拥挤不堪之公共浴室。浴池内有滚水及常温两种,滚水池皆以蒸汽持续加温,上有木格阻隔,任顾客坐卧其上,当属简式桑拿蒸汽浴(正式说法是"芬兰浴")。浴毕离池有引座员带领入"休息厅"小憩。"休息厅"亦有通铺与雅座之分,高档"雅座"每间有二至三张日式睡榻,铺以软垫和勤换之干净浴巾;榻边有茶几,免费供应茶水、瓜子,并有电风台扇一座。通铺则几十张睡榻同居一室,天棚高悬当时甚为时髦之电风吊扇,闲唠嗑与嬉笑声同飞,热毛巾与瓜子皮共舞。雅俗睡榻之构造倒完全一致,只不过通铺睡榻铺陈之垫巾脏些、还须自行购买茶点。这些 30 年代开始流行的日式公共澡堂,融入了旧澡堂鲜明的中国特色,将搓背、修脚、按摩(那时候按摩比较纯正,"马杀鸡"等蝇营狗苟之术尚未普及)、掏耳甚至拔火罐、针灸一并列入服务项目,收费另计。

　　西洋式澡堂也在各大城市中开办,如民国二十年(1931 年)上海法大马路(现金陵东路)一家"土耳其浴室"开业,男女浴部齐备,兼有装备了可调节温度的电箱

（即旧式空调冷气机），号称"专治一切伤风、感冒"等常症。开办时多位各界大佬前往捧场，在当时小有轰动。更有"卡德池浴室"于民国二十一年（1932年）夏在上海卡德路（今石门二路）247号开业，规模巨大，有上下两层共288个座位；设备装置系全新引进，在当时雄冠沪上澡业。帮会领袖黄金荣、杜月笙各赠题款镜座致贺。至民国二十六年（1937年）统计，上海一地浴池业发展已到四十余家。

民国二十一年（1932年），地处上海高档社区静安寺、由华商顾联承所办"百乐门"（Paramount Hall）娱乐场开业。不同于清末起租界即有的各类舞场、俱乐部，"百乐门"拥有当时全国最大面积的舞池五百余平方米，可同时供千人群舞。地板用汽车钢板焊接支撑，大舞池周围并有各式小舞池，供人习舞或幽会。"百乐门"装潢豪华，设施先进，还装有当时中国少见的冷暖空调。"百乐门"当时曾通过报纸、杂志、电台刊登广告招聘舞女，引起全社会多日之巨大反响。之后在全国大城市类似舞场、夜总会、俱乐部纷纷设立，职业伴舞（兼带陪聊、交际）竟成时尚职业。30年代之上海、北平、南京的一线舞女，平均月收入高达三千至六千元，是普通公私企业职工和政府文员的十倍以上。

民国二十二年（1933年）前后，上海"爵禄""一品香""扬子"等旅店增设舞厅、书场、弹子房、商业电台、屋顶花园等娱乐设施，开上海滩夜生活之新风。

各种30年代初开始在上海大量出现的夜生活娱乐场所生意兴隆，致使特殊的寄生性职业涌现，如"交际花"亦成30年代社会职场新贵，素有交际圈唯"南唐北陆"之说，"南唐"指上海的唐瑛，"北陆"指北平的陆小曼。她们出身豪门，多半会洋文（不少有留洋背景或洋行工作经验），姿色超群，打扮前卫时髦，中学西学半解，音乐文学皆通，多与时下文坛领袖、商界精英（宋子文、徐志摩等）恩怨情感纠结不已，一如明末之秦淮青楼艺妓与东林党人之风流倜傥，风流佳话传为百姓茶余饭后之谈资。其余"交际花"皆标榜"卖艺不卖身"，她们常穿梭于商界领袖、军政要员、帮会大佬之间，依靠这些"契爷干爹"做后台，自然风光一时。高档的"交际花"出入各种名流沙龙、聚会、婚礼、酒会、舞场；落魄的混迹于酒吧、弹子房、茶楼打拼生活，多以晦涩、暧昧之调情暗术捞金搏银。曹禺《日出》笔下之陈白露，当为民国"交际花"之真实写照。男性"交际花"亦成沪上30年代独特之景色，市民俗称"拆白党""小白脸"，皆出身卑微，但谙熟各种嘴脸修饰及调情技艺，靠傍附富家女性吃一口"软饭"，路数与"交际花"们如出一辙，到处认"干娘""契姐"做靠山。

30年代的上海滩，颇有些纸醉金迷，民国名媛、名妓、交际花之间概念往往含混不清，不少时尚女性的真实身份难以确定，其中难免"暧昧业者"，与正牌的名媛、交际花相比，仅沽价不等而已。这成了民国中期上海时尚社会的特殊景观。"一些甲级旅馆如'大东''东亚''大中华'等都有这样的女租客住着。而长期租住在'国际''金门'和'华懋公寓'这几家特级旅馆中的这类女人的'档次'则更高。而这些女人中，有的是上海各大舞厅中的红舞女；有的是过去书寓、长三中的红信人，从良嫁人后重又下堂出来招蜂引蝶；也有的是脱离了家庭住到外面来广交'朋友'、受人供养的……这些女性平时过着豪奢的生活，游走都有相当的排场，甚至在上至政要下至黑道之间周游交接。说到底,她们不过是当时名妓花魁的华丽转身。"(详见佚名撰文《名媛距名妓还有多远?》,载于《合肥晚报》,2010 年 11 月 24 日第 B20 版)这部分人往往是新式洋货与国货奢侈品的时尚代言人与激进消费者。

民国二十二年(1933 年),《明星日报》举办"电影皇后选举大会","明星公司"的胡蝶(21 334 票,头名)、"天一公司"的陈玉梅(13 028 票,第二名)、"联华公司"的阮玲玉(第三名)及徐琴芳、朱秋痕、钱似莺和卢翠兰等当选。民国二十三年(1934 年),在上海影业联名举办的"十大影星"选举中,胡蝶当选为"最美丽的女明星",阮玲玉当选为"演技最佳的女明星"。民国时期其他"选美"活动还有:民国十五年(1926 年)由"新世界游乐场"发起的"电影女明星选举";民国十八年(1929 年)由"联华编译广告社"发起的"职业电影明星选举";民国十九年(1930 年)5 月,由《影戏杂志》发起的"电影明星选举";同年由天津《北洋画报》举办的"四大女伶皇后"评选;民国二十二年(1933 年),由英商"中国肥皂有限公司"发起的"力士香皂奖电影明星竞选"等等,但影响皆不及前二者。

民国公园,先见于北洋政府时期率先对公众开放的一批古建筑群。民国甫定,北京市政府部门报请北洋政府批准,将原来大清朝用于国家祭典的"社稷坛""先农坛"改造为"中央公园""先农坛公园"于民国初年向公众开放。之后故宫、地坛(改为"京兆公园")、北海、颐和园、天坛、中南海、雍和宫等相继开放(金文华编《北平旅游指南》,中华书局,1933 年版)。"民国十三年十月一日清帝出宫,清室善后委员会即查封各宫殿,嗣点查各宫殿物品,备异日建设博物图书文献各馆。惟点查未竣,而欲参观者日众,爰于十四年四月二十日起,先行开放。"(《实用北京指南·地理·第一编》,商务印书馆,1930 年版)"成都之有公园,始于民初,其地址系由前清某将军花园改建也,即今少城公园⋯⋯内有茶社可供游人憩息之所,此外提督衙门,改建中山公园。"(周芷颖著《新成都》,复兴书局,1943 年版)广州"中央公园"为前清巡抚衙署故址,"民国七年改辟为公园"(详见广州市政府编《广州指南》,1934 年版)。著名的苏州"留园",原为民初名流盛宣怀之私人花园,民国十八年(1929 年)充为公产,整修一番后向公众开放(详见陈日章编《京镇苏锡游览指南·苏州》,上海禹域社,1932 年版)。重庆"南山公园"则是将富商杨氏之别墅改建而成。无锡"梅园",虽仍为私产性质,但也顺应潮流向公众开放,"如梅园为巨商荣宗敬之私园⋯⋯可公开游览"(民国政府编《中国公路旅行指南·江苏省·第 1 集·第 1 编》,1933 年版)。

新式旅馆服务业在 30 年代有较大发展。西洋、东洋样式的饭店旅馆在民初时已出现在各大城市租界及市区中心商业区。与旧式客栈不同,新式旅店主要客户大多为洋人和华籍买办、政府差旅人员,民众很少涉足。就营业额和市场占有率而言,新式旅馆业气候未成,远逊于旧式客栈旅社和骡马大店。在 30 年代初,经济发展加速和人员往来加剧,使商旅服务业态有所扭转,西式旅店开始逐渐占据行业上风,一大批有现代装备和现代旅店经营方式的商住旅馆开始在大城市涌现。如民国二十三年(1934 年),位于上海爱多亚路郑家木桥街的"大方饭店"开业。"大方饭店"独栋六层,内有电梯、电扇、冷热水汀(指当时非常时髦之淋浴莲蓬头),并有中西酒肴、蒸汽浴室、汽车接送等多项新式服务项目。房价为双铺 2 元 2 角至 3 元;普通 8 角至 2 元。大房间如需添加铺位,一概免费。至民国二十六年(1937年)抗战爆发时,上海大小西式旅店、中式客栈及简式小旅社已发展至三百余家。

随着华商西服洋装成衣业的快速发展,现代洗染业在上海等大城市发展起来。如民国二十四年(1935 年)在上海福熙路(今为延安中路)由美商霍尔出资开办的"普蓝德机器干洗公司",设备从美国进口,承接西服洋装及各种中式丝织衣裤的干洗、熨烫业务。至抗战前夕,上海已有各种洗衣店百余家。

六、民中社会民众文化消费方式与设计

近现代民生设计产业形成的重要标志之一,就是现代出版业、电影业、新闻业为主要载体的文化产业形成,并在民众文化消费中占据不可或缺的重要比例。这个现象在清末民初并未成形,虽然晚清即有小说刊印、报纸发行、电影放映,但仅局限在少数文化阶级成员的消费范围,在大众文化消费中还不成比例,规模不大、影响较小,对大众社会消费行为的引导力基本还未形成,更谈不上成体系的文化产业。

民国中期以来,电影业(包括制片与放映两条线)、出版业(包括书籍刊印出版、商业报纸、杂志、画报等纸本传媒发行)、广播业(包括官办电台及民营商用无线电频道)、摄影业(包括新闻摄影、商用产品广告摄影及民营照相馆人像摄影)四大民生文化产业迅速发展,到 30 年代形成文化产业现代化基本体系框架。另有大中小学校正规国民教育体系之外的私人集资、民间经办的各种产业化社会教育、职业培训机构方兴未艾;华商民营的各类文具厂、仪器厂也相继开办。至抗战前夕,中国各大城市已形成了中国社会最早的较有规模的民生文化产业。

既然是产业,必然涉及民众购买力,就有个当时货币对比今日货币的购买力换算的问题,好使读者对相关内容有所理解。通俗点说,30 年代在北京,一块银圆可以请一顿"涮羊肉";在上海,一块银圆则可以吃两次西菜套餐,可以买 20 张公园门票,可以买 2~3 张戏剧或电影的入场券,可以订阅整月的报纸(当时一份报纸零售3 分),可以买一本比较厚的书,或者两本比较薄的书(详见陈明远著《文化人的经济生活》,文汇出版社,2006 年版)。

民国照相馆:对于 30 年代的占中国人口压倒比例的绝大多数普通民众而言,一辈子能照上几回相片,留下自己曾经的年华岁月,已是莫大的精神享受。尤其是边塞小城、凋敝县关、荒芜集镇,老百姓手里能有张黑白照片,仿佛就与文明社会保持着某种联系,他们不认识徐志摩、陆小曼等靓女才男,也读不懂鲁迅、林语堂写的劳什子文章,但可以从一架蒙着黑布的魔术匣子里"冒"出来的自己和家人栩栩如生的相片,隐约理解了充满诱惑、光怪陆离的外面世界是多么神奇,令人向往。这份与照相馆结下的文化情缘,是深深埋藏在那个时代亿万普通民众心灵深处的圣地,也是我们这个年代的人所无法完全理解的。正因为照相馆有如此之魅力,才发

展成当时对社会大众影响最大、规模也最大的地道的"第一大众文化消费产业"。

民初时代的照相馆,不但承接民众个人和家庭登门拍照的广泛业务,还要部分承接报业新闻、商家广告,甚至某些戏剧影片的拍摄业务。因器材简陋、技术落后,一幅照片往往要等上七八天才能出来,且泛黄模糊,收费不菲——因当时显影药水竟要用黄金磨粉制成化学反应溶液;早期成像底片皆用"玻璃底片";相纸多用溴化银涂层反应成像,时称"银纸"。照片冲洗时,感光时间完全凭自己经验预估,将底板置于阳光下暴晒若干分钟,很难掌握准确的显像感光程度,若是某处曝光过度,即成黑色,沦为次品或废品。梅雨季节时赶制照片,还需用汽灯照射显像和烘烤干印。故成本耗费很高,成像效果却普遍不太好。因而清末民初之照相馆,绝不是一般民众可以随便涉足的消费场合。

20年代初,化学五金粉传入国内,相片才开始呈现黑白二色。照相馆所用的药粉、底片、相纸等,开始由美商"上海柯达公司"垄断,相纸的规格,以对角线计算,有2寸的,也有4寸、6寸、8寸的,最大的为1.2尺,价格依然昂贵,仅有黑白照。

20年代中期,国外先进的摄影技术(主要是照相技术发明者的美国和照相器材后起之秀的德国)逐渐传入中国各大城市,成为纸媒传播的主流视觉新宠。各报业、出版业和大型商场、厂家的商宣机构,一般都逐步建有自己的专事摄影的部门。民间照相馆回归到自己的本行,以为普通民众拍摄人物肖像为主业,兼为各杂志、报纸、画报提供主体性高质量人物肖像摄影作品。如三四十年代最负盛名的《良友》画报,以每期封面的"民国名媛"肖像作为"卖点",而这些大美人摄影肖像,几乎都是由上海各家知名照相馆提供的。

30年代初的大城市照相馆,因商业竞争越来越激烈和客户日益增长的挑剔眼光,一般都装备了欧美的先进摄像器材,如玛米亚匣箱相机、蔡司镜头和美制放大机及暗房洗相片所用的各种进口显影粉、定影液;成像技术也日臻完善,不单清晰度非清末民初可比,取景、构图、光影、亮度都有很大改善;个别民间照相馆的人物肖像摄影佳作,绝不逊于报纸、杂志、画报刊登的人物肖像。有些照相馆还能应顾客的"特殊需要"(当时彩色照片技术还没有运用于民间),用进口透明彩色颜料为黑白相片着色;还掌握了一定的暗房技术,可以删节、修改成像胶片,按顾客的需要制成相片。照相馆之间的竞争手段还有店铺门头的装潢、橱窗内作品陈列及摄影间各色风光布景的设计。

30年代照相馆主营业务中,以"全家福"拍摄难度较大。顽童往往不听话,眨眼、扭头现象此起彼伏,通常要浪费好几张底片才能差强人意。当时大多数店方与客户有个不成文的"行规":加拍一张底片,规定照片中一个孩子加收2角,两个孩子的,加收4角,依此类推,如孩子人数太多,双方事先另行约定付费标准,以弥补店方底片损失。即便如此,按当时业内人士透露,照相业的营业平均利润,一般均高达80%。

除去民众在家庭聚会("全家乐")、生日纪念、婚礼留影("婚纱照")等场合的照相需要,30年代流行的学校毕业照、同窗合影、学生登记照,还有抗战爆发前后的

"壮丁照"(征兵登记照)、政府会议合影、同僚袍泽聚会留影、军队官兵建制合影、个人留影等,都成了民国中期民营照相馆应约外接的最大生意来源。

至抗战爆发前夕,仅上海一地,共有照相馆百余家;另有誊印晒图社三十余家。

民国电影院:自从上海租界有私人放映电影以来,中国人对电影的热情追求就持续高涨、从未间断。从清光绪三十一年(1905年)北京"丰泰照相馆"老板任景丰拍摄了由谭鑫培主演的京剧《定军山》片段,宣告中国电影诞生起,在二十余年的短暂时间内,中国电影产业就达到了自己的巅峰状态。30年代,中国电影有一批杰出作品成为20世纪世界电影教科书中的范例,如《渔光曲》(1932年)、《桃李劫》(1934年)、《风云儿女》(1935年)、《十字街头》(1937年)、《马路天使》(1937年)等。影片制作产业在30年代欣欣向荣。仅上海一地的电影大公司就有"亚细亚""大中华""明星""联华""天一""民新""神州""长城"等;以小成本投入、小制作影片为主的小公司有"新民""幻仙""南国""开心""友联""朗华""光华""新中华"等。民国二十二年(1933年),《电声日报》举办"明星名片大选举"揭晓,当选"中国十大明星"之第一名为胡蝶,第二名为阮玲玉,第三名为金焰;当选"外国十大明星"之第一名为珍妮·盖诺,第二名为葛莱泰·嘉宝,第三名为麦·唐纳。当时的上海电影业不单是中国电影业的主要基地,也是远东地区最为活跃、最有规模的成熟电影产业。

抗战爆发前后,全国各大中城市已基本完成了以电影院建设为重心的放映、发行体系的创建。这是个非常具有文化价值的大事件。影院放映的最大范围实现,不但是电影作为文化消费产业开始对社会产生巨大影响,而且在电影这种大众文化消费行为中既不断锻炼了电影人的编导、表演、创编能力,也不断提升了广大观众的欣赏、鉴别水准。可以说,电影院对于二三十年代城市大众生活的影响力、吸引力,远胜于其他新媒体;而电影所发布的语言、音乐、服饰、布景、道具、仪容等视听讯息,几乎成了都市生活时尚社会的创意风向标,很多我们今天仍能感知的30年代具有时代象征的发型、时装、容妆、家用电器、日用品等新事物,都是通过影院银幕传播到全社会的。电影所传播的西洋式或都市化新型生活方式,直接充当了现代中国民生设计产品的义务宣传角色,使一大批后来对中国社会产生过很大影响的民生产品(服饰、化妆品、家用电器、五金机械、文教用品、医疗用品、交通工具、市政公用设施等)获得了大众社会空前的认知与推广。同时,现代民生设计的成熟与发展,反过来又使电影制片在舞台布置、演员容妆、服装道具、成像画面和电影院装潢、设施、器材等各方面,亦受益良多。

清光绪三十四年(1908年),洋商在上海租界创办了中国第一座对外营业的电影院。之后,在广州、北平、南京相继出现了洋商华商经办的电影院或附属于茶楼、饭店、娱乐场的电影放映机构。民国中期的"黄金十年",是上海地区和全国大中城市电影院普及、建设的大发展时期,电影市场十分繁荣。仅上海一地,30年代几年内新建和开设的正规电影院(不包括非经营性质的私人会所和附属于其他娱乐业的放映间)达四十多家。其中"大光明""大上海""国泰""卡尔登""南京""光陆"

"新光"等一大批新建电影院,建筑雄伟、装饰豪华、器材先进、设施齐全,不但在全国各地电影院中出类拔萃,而且在当时的亚洲各大城市中也是第一流的,甚至各方面比之欧美电影院也毫不逊色,属于基本同步发展的阶段。如民国二十二年(1933年)重新翻建的"大光明影戏院",号称"远东第一影院",是东半球最早由默片电影时代跨越到有声电影时代的第一家电影院。

30 年代上海电影院放映发行业的繁荣,吸引了欧美电影公司的极大关注。美英九大影片公司先后在上海均设立了发行机构,不断把刚刚在国内放映的新片通过繁荣的上海影线向海外市场发布、推广。事实上,除去部分优秀国产影片具有一定的票房号召力之外,欧美影片基本左右了中国二三十年代的电影发行放映市场;国产影片及华商民营电影院在影片制作市场和放映发行市场的占有率相对弱小。

电影院的建设和发行放映的普及,是二三十年代中国社会新兴文化消费产业的重大事件。以直面大众消费为生存前提的中国电影事业,不但在上海、广州、北平、南京、武汉等都市获得重大进展,而且逐步深入南北城乡社会,在诸如兰州、昆明、苏州、厦门、青岛、扬州、福州等大中型城市和近半数的小城市及县城(如沙市、宝鸡、天水、万县、湘潭、张家口、泸州、雅安、迪化等),都在 30 年代第一次拥有自己城市的电影院。随着放映技术和影院设施的不断完善,以及不断大众化的票房价格体系的建立,电影院成了 30 年代国民生活休闲方式中最具有吸引力的娱乐活动。如早期电影消费,远不是普通民众能够经常承受的沉重负担。以广州为例,民初时期的广州日商经营的"明珠影画院",小座票价 0.15 圆,大座票价 0.4 圆,包厢是 3 圆,折合成现在的人民币,少则几十元,多则几百元之间。到了 30 年代中后期,电影院大批出现,行业间竞争激烈,也促成了电影院票价更趋大众化,以争取最大范围的观众群体。上海、广州等都市除去包厢、雅座等依然高价之外,后排和加座的大众票价,一般稳定在 0.2 至 0.4 圆之间,约合今天人民币二三十元至五十元之间。

跟今天一样,30 年代的上海电影院基本是美国大片"一统天下"的局面。最有票房号召力的便是美国好莱坞的"八大电影公司":华纳、哥伦比亚、20 世纪福克斯、派拉蒙、环球、新线、米高梅、华特迪斯尼。凡是有美国新影片上映,电影院总是观众如潮、车水马龙。30 年代的影片宣传主要靠在各大报纸上刊登广告,但当时国内报业受困于摄影图片的印刷技术十分有限,绝大多数报馆无法印制清晰度很高的影片截图,故而电影首映"新片预告"的报纸广告和墙贴海报多半以文字为主,且以单色为主,设计者只能在字体、花边上竭尽所能地翻花样。报纸上的电影广告用语多半措辞刺激、香艳,可谓"语不惊人死不休"。如民国二十五年(1936 年)美国派拉蒙公司的《罗密欧与朱丽叶》在上海首映时,片名被翻译成《铸情》,各大报纸的广告文字都吹得神乎其神、耸人听闻:先来十几个通栏老宋体大字"哀感玩艳缠绵武侠传奇文艺巨片",下附一句字形小一号的楷体说辞"天长地久有时尽,此恨绵绵无绝期!"左右两侧则是更小的楷体字形"辉煌巨著、熠熠红星、巍巍皇宫、蝉衣艳舞、惊险斗剑"……很是醒目(详见王明明撰文、郑宇配图《民国也兴"禁映",翻译美国片名习惯性香艳》,载于《凤凰网·历史》,2009年8月3日)。

　　民国报刊发行:民初时代的报纸发行业,一方面因为社会经济状况尚未发展到普通大众能够容纳订阅报纸这样的"奢侈型文化消费"阶段,阅读类的文化消费意识和经济承受能力普遍不高;另一方面商界厂家尚未意识到大众媒体对产品宣传的重要性,报纸版面广告占有率稀少,加之报社自身编辑、排版、纸张、油墨、印刷、发行的日常运作及人员薪金、设备添置与维养等各方面开支巨大,导致报纸定价过高,限制了大众社会的接受程度。以北京报纸发行业为例,民国六年(1917年)9月17日出版发行《军政府公报》,规定"订购一月者定价大洋八角,三月二元三角,半年四元五角,常年八元,须先交报费";以广州报纸发行业为例,民国十二年(1923年),广州当地销量很大的报纸《广州民国日报》的全年定价也是八圆,折合人民币1 200元。八个银圆,通常是当时公职人员和教师、商贸从业者等中等收入的一般民众近一个月的收入,显然不会成为社会民众阶层私人消费的选项。

　　经过十余年的报纸发行业的快速发展,特别是通达全国城乡的邮递业务的初步建立,全国报业发行有了很大发展。至30年代初,全国经登记注册的各类报纸已有近千家,各种商业广告和私人信息付费刊载,已成为各家报社的主要资金来源,报纸本身的零售价与全年订阅价就大为降低了。以长沙为例,民国九年(1920年),长沙地区发行最多的报纸为《时报》,年度订户为500户,到民国二十三年(1934年),全年订户增长到1 450份。以上海为例,全国著名的《申报》,在民国二十三年(1934年)在全国各地发行总量已达约15万份,其中上海本埠发行占全部发行量的36%,其周边地区的苏、浙、皖三地占39.5%,其他外省市地区占24.5%。这些都说明了中国现代报业在"黄金十年"期间发展的成就。

　　民国杂志期刊就产业性质而言,是一种稳定性不高、投资风险较大的文化消费产业。从民初开始到30年代初,先后出现的各类期刊杂志不下万种,现今被各级公办图书馆和私人收藏,有名目等级的在档各类民国杂志期刊也有近千种。但真正获得稳定订户、存活率超过十年以上,并能在全国发行的仅有几十种,其中较有水准、在民众社会和学界均有相当知名度的杂志期刊,仅十余种而已。其他绝大多数都是创刊不久便因为各种各样的原因(大多数是经济原因,少部分是新闻检查制度和内部分歧的原因),便陷于苦苦挣扎,相继停刊歇业的境况。

　　虽然民国杂志期刊大多数都是匆匆过客,影响力远不及大众化的报纸发行业与电影放映业,但因为它的读者面一般都有固定的"锁定对象",因而专业性强、档次高、品质优越,可以说能代表大众纸本传媒中最精华的内容。如鲁迅、胡适、林语堂等民国文化大师,都曾倾力创办过一批具有一定影响力的杂志,为中国社会的文化消费留下了光彩亮丽的内容。有些杂志,甚至是社会变革的号角,在整个民国时期的各个历史变革阶段起到了关键作用。除民初陈独秀创办的《新青年》被视为"五四"新文化运动的旗帜之外,民国中期张元济创办的《东方杂志》(1905至1949年,长达44年),孙伏园创办的《语丝》,徐志摩、闻一多、饶孟侃等创办的《新月》,邹韬奋创办的《生活》,胡适、丁文江、傅斯年、蒋廷黻等创办的《独立评论》,储安平创办的《观察》等，都表现了中国文化精英在大时代变化时期的治学精神、学术品位和政治风骨。它们和同时大量出现的大众口味的普及型期刊杂志（如以生活照片为主的《良友》画刊和在华发行量巨大的美国《生活》周刊等），都是民国中期中国社会文化消费产业的重要组成内容，也对中国现代民生设计的发展壮大，起到了不可替代的促进作用。

民国广播电台：对公众广播的电台，是 30 年代起中国社会大众文化消费普及度很高的产业形式之一。中国境内最早的洋商办商用广播电台和中国的民营、官办电台，均出现在上海地区。民国十一年（1922 年）冬天，美商奥斯邦（Osborn）与曾姓旅日华侨合作，在上海成立"中国无线电公司"，销售电子管收音机。为了收音机的销路，"中国无线电公司"与英商《大陆报》合作在上海广东路 3 号的"大来洋行"楼顶设立无线广播电台发射装置（发射功率 50 瓦的自定呼号 XRO），名称为"奥斯邦电台"，于民国十二年（1923 年）初正式播音。"奥斯邦电台"仅比美国匹兹堡建立的世界上第一座无线广播电台（1920 年底建）晚两年左右。"奥斯邦电台"还全文首播了孙中山的《和平统一宣言》，为此孙中山致电《大陆报》盛赞此举："余之宣言，亦被宣传。余尤欣慰。余切望中国人人能读或听余之宣言。今得广为传布……且远达天津及香港，诚为可惊可喜之事。吾人以统一中国为职志者，极欢迎如无线电话之大进步。此物不但可于言语上使全中国与全世界密切联络，并能联络国内之各省、各镇，使益加团结也。"（详见张君昌《简论中国广播电视 90 年学术发展轨迹》，载于《北方媒体研究》，2010 年第 5 期）后"奥斯邦电台"被北洋政府于次年查禁。民国十二年（1923 年），美商"新孚洋行"开办学术试验广播电台，不定期播送节目，借以推销收音机，但也在第二年停止播音。美商"开洛公司"于民国十三年（1924 年）办"开洛广播电台"，在《申报》报馆建播音室，每天上午、晚间播放时间两小时节目，内容有新闻、市场行情，并播放唱片音乐等。"开洛广播电台"直到民国十八年（1929 年）才告停播。以上三家民初时期的洋商创办无线广播电台，均为中国最早对公众广播的无线电台。

第一家真正意义上的中国无线广播电台，由上海"新新公司"（无线电技师邝赞设计并主持装配）创办并在民国十六年（1927 年）首次开播。除新闻和商情通报之外，播放节目以粤曲等娱乐节目为主。民国十七年（1928 年），南京国民政府先后颁布《中华民国无线电台管理条例》及《中华民国广播无线电台条例》，开放公私团体和个人经营广播电台。自此中国民营广播事业获得极大发展，收音机等广播器材也进入大量市民家庭。

二三十年代的中国社会的"黄金十年"，亦是中国广播事业的"黄金十年"，上海和全国各大城市先后创办了一大批民营、商用广播电台，各地专营民用电讯器材的无线电行如雨后春笋纷纷开办。尤以上海地区洋行众多、进口器材先进较有技术优势，因此出现数家较有知名度的广播电台，如"亚美""大中华"等，代表了当时中国广播电台的最高水平。至民国二十一年（1932 年）底，上海已有各类广播电台四十余座，其中含洋商六座。除"福音""佛音"等宗教性电台外，均为民营商业性电台。

早期电台还组织"听众播音会"（成员多为洋商和殷实华商），靠这些会员交纳部分会费以资助电台维持；电台则按"听众播音会"要求播送节目。后因新设广播电台和收音机用户日益增多，各广播电台开始为客商插播广告节目来收取费用。商业性广告节目开播后，各商业电台之间商品推销广告业务的竞争日趋激烈，多以加强节目的娱乐性来争取听众人数和吸纳商家广告，且娱乐节目趋于大众化，以民众喜闻乐见的节目为主。据《上海地方志·广播志》统计，电台全部节目中娱乐类节目一般要占全天播音内容的 85％以上；其中以苏州评弹居多，其次是中西流行音乐、沪剧选段、滑稽戏、说书等。

民国二十三年（1934 年）起，交通部上海国际电信局着手对众多民营电台实施整顿，核发上海市各民营电台呼号、频率、许可证及执照事宜，同时审核节目播送。为规范行业、避免恶性竞争，亦为加强舆论控制"以正视听"，民国二十三年（1934年）"上海市无线电播音业同业公会"成立，会员单位须是经国民政府交通部核准发给营业执照的正规电台方可加入；没有入会者，一律视为非法，予以取缔。

民国二十四年（1935 年），中国第一家政府开办的"交通部上海广播电台（XQHC）"正式开播。继之，民国二十五年（1936 年），"上海特别市国民政府广播电台（XGOI）"开播。民国二十五年（1936 年）起，各民营电台节目全部送交国民党中央执行委员会所属"广播事业指导委员会"审核方能播送。数年间，交通部以技术不合格和节目内容违规为由，先后取缔上海民营电台 23 座。"八一三事变"时，上海各广播电台奋起参加抗战，发布前线消息，播放抗日歌曲，转达军政命令，号召劝募捐款。《义勇军进行曲》《保卫大上海》《出征歌》《伤兵慰劳歌》等救亡歌曲响彻沪上天空。著名作家茅盾（沈雁冰）在《救亡日报》上撰文称赞道："无线电播音在抗战宣传上确实起了很大的作用，这方面的工作人员也确实尽了最大的努力。"至抗战爆发时，上海地区共有正式资格的民营电台共 27 座、外商电台 4 座、官办电台2 座，拥有收音机的听众家庭已多达十万户以上。

<u>民国出版业</u>：中国最早的出版机构，首推于清光绪二十三年（1897 年）创办的上海"商务印书馆"，创办人为夏瑞芳、鲍咸恩、鲍咸昌、高凤池等。从晚清到民初，"商务印书馆"一直承担着开启民智、昌明教育、普及知识、传播文化、扶助学术的历史使命，出版了启蒙了几代国人的大量思想和学术专著，如严复、林纾等人编译的《天演论》《国富论》等，还编纂了中国首部《辞源》，整理刊印了《四部丛刊》《续古逸丛书》《百衲本二十四史》等重要古籍，创刊了《东方杂志》《小说月报》等重要刊物，还承担了大量北洋和南京国民政府教育部勘定的国民中小学教科书。在民国中期的"黄金十年"，"商务印书馆"获得了极大发展，全盛时期的 30 年代中期曾拥有员工 5 000 多人，在海内外设有分馆 36 个，各类办事机构 1 000 多个，所出书刊占全国 60％以上，创造了中国现代出版业的诸多第一，成为当时亚洲最大的出版机构。"商务印书馆"二三十年代的作者，大多为当时的中国文化名流，如张元济、茅盾、陈叔通、周建人、陈云、胡愈之、王云五、郑振铎、叶圣陶、蒋梦麟、竺可桢、黄宾虹、袁翰

青、陈翰伯、陈原等等，因此"商务印书馆"被誉为与北京大学齐名的近现代中国文化界的"双子星"。抗战爆发时，日寇飞机曾两度重点轰炸"商务印书馆"设施，可见其摧毁中国人文化阵地之迫切心情，也说明"商务印书馆"在中国文化界的特殊地位（详见商务印书馆编《商务印书馆图书目录1897～1949》，1981年版）。

　　"中华书局"是开办历史和经营规模仅次于"商务印书馆"的最早中国出版机构之一，于民国元年（1912年）在上海创办，创始人是陆费逵。"中华书局"开办时期以编印新式中小学教科书为主要业务。民国二年（1913年）自设编辑所，先后编辑出版了《中华教育界》《中华小说界》《中华童子界》等杂志和大型汉语工具书《中华大字典》等。二三十年代起，为维持出版经营，除编印出版教科书和继续出版各种图书杂志外，还于民国十八年（1929年）开办"中华教育用具制造厂"，制造教学文具仪器。民国二十年（1931年）扩充印刷所，次年在九龙新建印刷分厂，1935年在上海澳门路建成印刷总厂，购置先进印刷设备，既印本版图书，也承印各式地图、邮票、烟标及政府的有价证券、钞票、公债券等等。"中华书局"发展至民国十五年（1926年）资本达200万银圆，至民国二十五年（1936年）时资本实现倍增；雇员职工也大为增加，先后设立分局40余处，仅上海分局就有职员660人。民国期间"中华书局"先后编印出版了《四部备要》《古今图书集成》《辞海》《饮冰室合集》等重要书籍；"中华书局"还翻译出版了卢梭的《社会契约论》、达尔文的《物种原始》等西方重要著作。先后创办过几十种杂志，如《中华教育界》《中华小说界》《中华实业界》《中华童子界》《中华儿童画报》《大中华》《中华妇女界》《中华学生界》《中华英文周报》《新中华》等。其中以梁启超主编的《大中华》和创刊于民国十年（1921年）、由黎锦晖等主编的《小朋友》在社会上最为知名。

　　民国元年（1912年），沈知方（前"商务印书馆"营业助理和"中华书局"副总编）脱离"中华书局"，自行创办"世界书局"（曾用名"中国第一书局"）。在民初时期，"世界书局"为扩大业务专门出版迎合小市民低级趣味的传闻轶事、鸳鸯蝴蝶派的言情小说、礼拜六派的哀情小说、武侠黑幕小说和迷信算命等通俗文学书籍；20年代末开始趋向严肃，出版了一批文白对照的《古文观止》《论语》《孟子》等古代典籍和白话文集，深受教育界师生欢迎。在"世界书局"出版作品的通俗小说作者有张恨水、严独鹤、不肖生、施济群、江红蕉、王西神、程小青、李涵秋等。"世界书局"一度异常火红，出版业务总量竟与"商务印书馆"和"中华书局"形成三足鼎立之势。"世界书局"于解放次年停办。

　　"开明书店"（现"中国青年出版社"前身），于民国十五年（1926年）开办，创办人为章锡琛（原"商务印书馆"《妇女杂志》主编）。"开明书店"创办时仅有5人。在30年代初达到鼎盛，总店下分3个处所，1个室，18个部，32个课和委员会。经过几次增资后，民国二十五年（1936年）资金为30万，还先后兼并了几家著名的出版机构，如北京的"朴社""未名社"和上海的"大江书铺"等。"开明书店"先后在北京、沈阳、南京、汉口、武昌、长沙、广州、杭州、福州、台北等地设立分店17处。民国中期以来，"开明书店"编辑出版的各种较有影响的专著有林语堂编《开明英文读本》，朱光潜著《谈美》《给青年的十二封信》，夏丏尊、叶圣陶合著《文心》《阅读与写作》等；文学类书籍有《开明文学新刊》，其中有茅盾的《蚀》《虹》《三人行》《子夜》，巴金的《家》《春》《秋》《灭亡》《新生》及老舍、叶圣陶、巴金、夏丏尊等一批著名作家的小说、散文、戏剧集，还包括朱自清的《背影》、叶圣陶的《倪焕之》、丰子恺的《音乐入门》等。还翻译出版了高尔基的《母亲》（沈端先译）等外国进步书籍。由"开明书店"主办的较有影响的杂志有《新女性》月刊、《文学周刊》《一般》《中学生》《月报》等。"开明书店"还出版了叶圣陶编《开明国语课本》等教科书、工具书、古籍文献等一大批重要学术著作。

民国二十四年（1935 年），由巴金等人创办的"文化生活出版社"（初名"文化生活社"，现"上海文艺出版社"前身）在上海开业。先后出版《文学丛刊》《文化生活丛刊》《译文丛书》《现代长篇小说丛书》《现代生物学丛书》等，作者包括鲁迅、茅盾、王统照等著名作家和当时的文学新人曹禺、萧军、萧红、周文、沙汀、艾芜、张天翼、何其芳、李广田等（详见张静庐著《中国现代出版史料》，中华书局，1954～1957年版）。

"黄金十年"中国出版业唯一较有影响、规模较大的官方出版社为"正中书局"，其他先后开办的官办出版机构（如"民智书局""中国文化服务社""独立出版社""拔提出版社""铁风出版社"等），均影响不大。"正中书局"（总编辑叶溯中）于民国十八年（1929 年）在南京开业，在上海、杭州、重庆等地均设有分店。曾出版过十多种丛书，如《社会科学丛书》《中国文艺丛书》《新生活丛书》《正中科学知识丛书》等。分店也各自出版丛书，如上海"正中书局"出版的《师范丛书》等（详见贾鸿雁撰《民国时期丛书出版述略》，《图书馆理论与实践》，2002 年第 6 期），在当时的教育界、学术界具有一定影响。抗战爆发后迁往陪都重庆，继续在西南大后方出版时事、政治读物和文艺方面的图书。国共内战失败后撤离大陆，前往台湾继续经办。

民国中期，共产党亦在国统区开办了数家出版社，专门编辑、翻译、出版马克思主义读物和革命进步书籍，如"新青年社""人民出版社""上海书店""长江书店""华兴书局""北方人民出版社"等，先后出版了《马克思全书》《列宁全书》《新青年丛书》等。

由于国民政府对出版业采取了扶持、鼓励的宽松政策，除上述出版业外，教会、社会团体、政府机关、学校、报馆、科研机构等都定期或不定期地出版过大量书籍、杂志。当时的印刷技术也是多种多样，既有较大规模的出版社、书局均采用的西洋式铅质活字排版，也有中小印刷出版业者采用的古老的雕版线装本。事实上，除去上海一地，全国各地的雕版线装本在整个 30 年代仍占有相当比例。当时专门做雕版线装本印刷较有名气的书肆有："河南官书局""四川官书局""浙江图书馆""湖南丛书社"等；用木刻活字排版印刷的出版机构中较有名气的则有"西泠印社""陶社""味经堂""暮云山房""秦宝瓒""太平金氏""苏州文学山房"等（详见贾鸿雁撰《民国时期丛书出版述略》，《图书馆理论与实践》，2002 年第 6 期）。其他私人常年性经营的印刷出版作坊、机构在 30 年代多达百十余家,私人和社团临时出版读物、书籍、印刷品的单位就不计其数了。

民国艺术展演:在民国中期,以票房收入作为经常性经营维养来源的表演艺术产业,无论是演出收入、演出场次、演职员人数,稳坐头把交椅的,依然是京剧。尤其是 30 年代梅兰芳访美巡演大获成功之后,"海派"京剧顺应潮流,结合一些现代戏剧的元素,在唱腔、曲牌、伴奏配器、念白、武打、舞美、灯光、道具、服装等各方面均有较大提升,使一度略呈衰微的旧式京剧焕然一新,为自己重新赢得了大量观众。民初即出道成名的京剧界大腕依然活跃在民国中期的京剧舞台上,如谭鑫培、杨小楼、陈德霖、王瑶卿、黄润甫、高庆奎、余叔岩、郝寿臣、张芷荃、戴韵芳、路三宝、叶福海、裘桂仙、王连平、孙盛文、谭富英等。除梅兰芳异军突起、一骑绝尘之外,二三十年代前后崛起的京剧名角还有程砚秋、尚小云、荀慧生、周信芳、马连良、裘盛戎、张君秋、李少春、尚小云、袁世海等。

比之当时步步紧逼、剧院观众人数位居第二的竞争对手——电影放映业而言,30 年代的剧场京戏,在二三十年代众多表演艺术产业中仍能保持领先位置,一是由于相对于其他剧种演出和电影放映,所需要的装备条件和场地要求相对简陋;二是说唱内容都是社会大众耳熟能详的故事、传说,通俗易懂;三是在拥有压倒性的剧场观众票房优势之外,同时还拥有数目更加庞大的铁杆"票友"和广大京剧爱好者,而且是不分阶级、不分年龄、不分地域。得此三点优势,因而京剧表演产业具有一种天然的"普罗"(法文 prolétariat 、英文 proletariat 的音译,源出拉丁文 proletarius,原指古罗马社会的最下等级,今指广大社会普通民众)性质,在整个民国中期仍牢牢把握"第一票房"号召力的宝座。

除京剧和电影外,民国中期表演类文化产业拥有从业人员和观众人数较多的是曲艺表演,包括各种地方戏剧,如评弹、越剧、沪剧、粤剧、川剧、豫剧、河北梆子、河南坠子、湖南花鼓戏、京韵大鼓、三弦、东北二人转、陕西二人抬、秦腔、晋剧、逢甲戏、木偶戏、皮影、相声、山东快书、傩戏、藏戏等;肢体表演类的杂技、魔术、杂耍、功夫等等。它们不具备京剧那样的人才辈出、体系完整的表演优势,也不具备电影那样集声光电画于一体的视听感受时尚元素,但自身具有的票价低廉、地域特点浓厚两条优势,是任何剧场式表演无法比拟的。很多地方剧种的演职人员,农忙时拿起镰刀就是农民,农闲时穿上戏装就是演员;行头、道具用根扁担两个木箱挑起来就可以走街串巷。这种演出成本低廉、演出场次灵活机动、演出形式多种多样的表演,在特定区域和特定场合往往比大多在剧院演出的京剧和电影更具有票房号召力,尤其是对于民国中期内陆省份交通不便、信息闭塞的广大城乡观众而言,更是如此。

民国中期产业化的市民游艺项目中,传统中式的游艺产业,多带有博彩性质,如掷骰子、推牌九、搓麻将等等;大多数城市的旧式街区,或明或暗的赌档、牌馆鳞次栉比、星罗棋布。庄家抽头、输家付账、赢家得彩,大家一团和气、其乐融融。上至文化名流、军政要员、商界阔董、帮会大佬,下至贩夫走卒、市井小民亦不能免。

西式游艺项目在 30 年代引进中国后,在大都会城市(如上海、广州、北平、天津等)都是城市文化产业的新宠,包括打弹子、斯诺克和花式九球、康乐棋、飞镖、棋牌类的"梭哈"、桥牌、跳棋、国际象棋等,各地在 30 年代初兴建的夜总会、俱乐部、同乡会馆、私人沙龙,往往都是它们出入的场合,而贫民窟、棚户区亦有它们的身影。赛马会赌马,亦是沪上经济条件稍为宽裕的广大市民阶层一种新爱好,还以新潮、洋气自诩,一时蔚然成风。

西式戏剧(民初称"文明戏"),包括西洋音乐会(器乐独奏、伴奏、协奏、交响乐、歌曲演唱会)和歌舞剧、轻音乐剧、话剧、歌剧、芭蕾舞剧、市井风格的肥皂剧等。首先由洋人传教士和洋商行会引入中国,在租界组织演出。也时有华商及洋务官员应邀出席,并有信教华人和教会学校华人子女经常涉足。但自清末民初始,民国"文明戏"多为富家子弟"玩票"性质,从未形成票房经营的现代文化产业。到 30 年代初稍有提升,在上海、天津、广州、武汉、南京等地,有些剧场在演出京剧、曲艺、电影之余,亦安排少数西洋音乐会和歌剧、话剧演出场次。规模较大的饭店、酒楼还修有乐池,供多由商界、政府资助的音乐会、美式歌舞剧和其他洋剧演出。这些西式戏剧的观众面依然相对狭窄,仅局限于两类人:一是社会上流人士及其宝眷;二是只追求时尚、不怎么花钱的广大学生和艺术青年、文学青年。30 年代初的抗日救亡群众运动,倒是使"街头活报剧"(借鉴美国 20 世纪初流行的街头商业宣传表演形式)一度异常火热,但均为义演性质,都不是产业化的商业表演,根本谈不上产业化和票房价值。文艺界一向大力推广新式文明戏,组织过不少剧社团体,以图开启民智、除弊革新。除去民初时代"春柳社"李叔同、欧阳予倩、王钟声等人,二三十年代的"新民社"郑正秋等、"民鸣社"张石川等是新式戏剧产业化的开拓者。左翼作家如曹禺、洪深、田汉、夏衍、郭沫若等,亲自写剧本、参与编剧庶务,可谓不遗余力。但新式文明戏在 30 年代的中国社会文化产业中毕竟一直处于"边缘化"的尴尬境地,缺少大众所需要的舞台吸引力,收效甚小,从来不曾在票房号召力上形成气候,多以自筹自演或赞助形式维持,最终均难免草草收场。

得益于电台广播业的繁荣、收音机听众的日益普及,留声机和唱片刚发明不久便传入中国,还有舞场、夜总会、俱乐部的日益增多,以及民国社会大众歌咏活动的兴起,流行歌曲在 30 年代达到极盛时期,歌星多如牛毛。其中若论以电台播放、观众点播和唱片销售三项指标评选,最有人气的歌星当属白虹、李香兰(山口淑子)、姚莉、龚秋霞和当时还是童星的周璇等。

毋庸置疑,无论品质优劣与否,民国中期的传统和现代表演艺术的视觉元素,对中国近现代设计师们都产生过重大的深刻的影响,也一直是民生设计的创意灵感、造型特征、设色布局、文化寓意的主要来源之一。反过来,近现代民生设计(不包括不属于民众生活消费和文化消费范畴的精英式设计和奢侈品设计)的发展,又极大促进了包括舞台剧和电影艺术的整体表现力,如服饰、灯光、容妆、道具、布景、暗房冲印剪辑、拍摄画面构成和商业宣传、产业策划等等。

<u>民国乡村茶馆</u>:乡村集镇是 40 年代农民休闲娱乐的主要聚集地,其中以茶馆

（民间也称茶楼、茶社等）为中心，集合了商务买卖、会客访友、评理议事和戏剧、说唱、消遣、杂耍，甚至贩售、赌博等综合功能。人们（主要是通常为一家之主的中老年男人）利用赶场之日在大大小小的茶馆聚会，彼此交换信息、放松休闲。对以许多乡村长大的中国人心智开发阶段的作用而言，有时候乡村茶馆所发挥的文化影响力甚至大于学堂。根据1938年金陵大学农经系学生的考察调研，"农村的娱乐方式分为以下几种：茶馆消费、唱戏、玩灯、杂耍小唱，调查表显示（注：以1937～1938年温江县30户佃农为例），29户佃农有茶馆消费，最高金额为20元，最少为1.8元；两户佃农有唱戏（应为听戏）消费，均为2元，这两户也都有茶馆消费。可见，坐茶馆是农民最为普遍的娱乐方式。而乡村茶馆主要分布在集镇上，茶馆成为农民了解信息、进行社会交往的重要场所"（《温江县农家田场经营调查表1937～1938年》，四川省农业改进所编印，四川省档案馆：全宗号148，案卷572）。"高店子市场社区的农民，到50岁时，到他的基层市场上已经去过了不止3 000次，平均至少有1 000次，他和社区内各个家庭的男户主拥挤在一条街上的一小块地盘内。他从住在集镇周围的农民手中购买他们贩卖的东西，更重要的事，他在茶馆中与离他住处很远的村社来的农民同桌交谈。这个农民不是唯一这样做的人，在高店子有一种对所有人开放的茶馆，很少有人来赶集而不在一个或两个茶馆里泡上个把小时，茶馆老板殷勤和善的态度会把任何一个踏进茶馆大门的社区成员很快引到一张桌子边，成为某人的客人。在茶馆中消磨的一个小时，肯定会使一个人的熟人圈子扩大，并使他加深对于社区其他部分的了解。"（〔美〕施坚雅著，史建云、徐秀丽译《中国农村的市场与社会结构》，中国社会科学出版社，1998年版）"茶馆在镇里。它聚集了从各村来的人。在茶馆里谈生意，商议婚姻大事，调解纠纷等等。但茶馆基本上是男人的俱乐部。偶尔有少数妇女和他们的男人一起在茶馆露面。"（〔美〕费孝通《江村经济——中国农民的生活》，商务印书馆，2001年版）据本书作者在重庆四川美院读书几年的经历看，"泡茶馆、摆龙门阵、听川戏"的寻常风俗迟至八九十年代依然是西南地区从都市到乡村的普通百姓主要休闲娱乐项目。

七、民中社会民众日杂消费方式与设计

所谓"日杂消费"，是指那些既不是涉及生理存活的衣食行住类必需品消费，也不是涉及心理慰藉的休闲娱乐类文化消费，而是对这两大类生活消费日常行为所进行的细节补充和品质提升。例如，没有人可以不洗衣服，这是生存所必须从事的家务劳动，但怎么洗、怎么晾晒、怎么熨烫、怎么储藏，就不存在"必须"，只存在因人而异、因地制宜、因陋就简的权宜选择罢了。这个"权宜选择"的消费方式，往往是由社会大众在日常生活杂用行为的规律性特征所决定的。这个规律性的存在，跟消费者的主观愿望、梦中理想毫无关系。本书写作的目的，就是千方百计地揭示近现代中国民生设计行为与每个历史时段的民生状态和产业条件之间客观存在的这个"必然规律性"。

威权时代（包括国民政府统治下的中国社会）的社会大众虽然人数众多，亦是

生产活动和商业活动的消费主力，但个体的社会地位通常较低，一向处于从属地位，从没有生产资料和生活资源的占有权、生产劳动和生活需求的主导权、劳动产品和日常消费的支配权。这个社会特征造成了社会大众购买水平低下、物质消耗较少的基本状况；近现代中国民生设计的每一个行为都必须符合这个大众消费的基本状况，才可能使设计品变为产品，再由产品变为商品。任何背离社会大众消费状况的设计，都会使这个设计品——产品——商品转换的过程随时中断。消费行为由消费能力决定，消费能力由消费地位决定。因此，对于处于社会底层的社会大众而言，追求民生商品的最高的"性价比"，可以被概括成一句通俗的大白话"价廉物美"。这就是民生商品的最高设计原则。需要解释一下：这个"美"，从来就不是我们狭义理解的美观、好看，而是实用、顺手、称心、如意。

　　还是拿洗衣服举例，读者当玩笑看：原本普通民妇洗衣裳，拿到河边浸泡着，再搁在青石板上使劲用木槌拍打，挤出脏汁秽渍，最后晾晒收筐。一大家衣物、床单，隔三差五就要来一回全肢体运动的繁重劳作，确实不是闹着玩的。有回本地民妇上河边洗衣裳路过邻居家门前，看江南嫁过来的新媳妇，使了一块带牙齿的小木板，不用上河边，就在自家院场门前，且哼且唱地就把活干了，干净程度绝不比大木棒猛砸差，省时省力，还不损布料……于是不干了，死活要当家的（丈夫或者是婆婆）也给自己弄一块，不然就罢工。有了搓衣板，从此半脱离洗衣之繁重劳动。后来又出情况了，人家新媳妇用了一块半透明半油腻的劳什子，往衣服上涂抹一遍，搓揉片刻，漂洗几下，轻松了账，还干净清爽、十米飘香。于是本地民妇又坐不住了，连央告带强迫，自己也弄了块肥皂，就此繁重劳作变为择菜般轻松活计。事情还没完：邻居小媳妇晾晒衣裳跟自家不同，掏出个木头小物件，连衣服带绳子就这么一夹，任是风吹浪打也像生根似的不动；自家衣裳没干就被风吹得满地乱滚，鸡屎猪粪、污水烂泥，少不了追着捡回来重洗好几回。于是本地民妇又眼热了，讨来一枚端详一番，回家再跟"当家人"申诉、请愿，好歹赶集时买回几个来，不然就落下心病了。在这个杜撰的情节中，搓衣板、肥皂、木衣夹，就是属于日常杂用范围的民生设计商品。它们并不影响"洗衣裳"这个日常家务事件本身是否成立，也不是离了就不能洗衣的必需品（其实就算少洗几次衣服也没什么，了不起别人看着脏、自己闻着臭而已）。但凡有了这三样价廉物美的小东西，"洗衣裳"这件家务事，可以减轻劳作强度，提升劳作质量——设计的价值就体现出来了，民生的范围也肯定下来了（因为阔太和小姐是不太用自己洗衣服的）。

　　中国人家庭开始用搓衣板倒是始见于明末，据说是日人传入（未经证实），率先在江南地区普及。肥皂发明者据传是地中海东岸的腓尼基人，现代肥皂（跟中国古代的皂角、"胰子"完全是两码事）是因为 19 世纪德国人率先解决以电气分解食盐水来大量制作廉价的氢氧化钠这种肥皂基本原料，立刻形成巨大产业，才使肥皂能广泛用于全世界家庭，20 世纪初传入中国。木质衣夹，据说是英格兰乡间农妇所创，两块小木片用一根钢丝裹挟，功能强大而造价低廉，自然风靡世界，也是 20 世纪初传入中国。这些小小的日杂民生商品的产生、传入和普及于中国社会，本身就是近现代中国民生设计及产销业态从形成到发展、壮大整个进程的小小缩影。

以城市民众日常生活为例,本书作者以几组 30 年代几乎所有市民家庭都可能有的"民生商品",来试图说明民国中期社会普通民众的生活方式,是如何促成了这些民生杂商品的"产业链"形成,以及这些民国中期社会的民生设计行为,给普通民众的日常生活杂用带来了什么样的变化。

本书作者根据民国中期报纸、杂志和文学作品中透露信息综合换算,民国中期"黄金十年"(1928~1937 年)期间,可资参考的物价水平为:1 银圆约合现在人民币 50 元(约折合 90 年代中期人民币 30 元),在上海当时大米平均为每市石(160 市斤)10.2 银圆(按人民币计算,每斤大米 6 分多钱),1 银圆可以买 16 斤大米;猪肉每斤 2 角至 2 角 3 分钱,1 银圆可以买 4~5 斤猪肉。北京(北平)当时物价普遍比上海低些,如民国二十三年(1934 年)至民国二十五年(1936 年)物价相对稳定,北平市 1 银圆可以买 8 斤好猪肉,或买两丈(6 米)"蓝士林"布。(以上数值出自外行换算,一定不够准确,仅供阅读本章节涉及购买力内容时参照阅读。)

灯具:30 年代初,对于经历过那个时代的大多数市民而言,有个特别的记忆:家里装上电灯了。从清光绪五年(1879 年)上海租界虹口乍浦路的一间仓库里,英籍工程师毕晓浦(J. D. Bishop)试验用蒸汽机带动自激式直流发电机点燃了中国境内第一盏电灯(碳极弧光灯),到清光绪八年(1882 年)外滩马路第一次竖起 15 盏又亮又安全的电光路灯,花了不到三年时间。再到民国二十五年(1936 年)市区(无论租界华界)有九成以上家庭安装了白炽灯,却费时超过了半个世纪。上海当时人口已逾三百万,家庭总数六七十万户。拥有了这个用户基数,与此对应的火力发电厂、输电公司、电费缴纳和民用照明网线维修机构也相应建立起来,当时洋商和华商经营的大小电力公司共有 35 个,雇用员工 4 300 余人。此时上海发电设备容量已达 26.62 万千瓦,占全国总容量的 45.5%(以上具体数据均参照《上海地方志·上海电力行业志》统计)。市区通水、通气、通电,是现代化城市最基础的象征,大多数市民家庭依附于这些市政服务设施开始了自己崭新的生活方式。对他们而言,这是比改朝换代还要重要的事情。有了电灯,夜如白昼,祖祖辈辈"日出而作、日落而息"的生活习惯就此结束。晚饭后一家人聚坐桌边,闲唠家常、秉卷夜读,伴之飞针走线,生活习惯与品质因而由此大变。

在安装电灯之前,上海普通市民家庭经历了晚清开埠时代使用豆灯(陶质土灯,以棉纱捻绒为芯,以植物油为燃料),清末民初时代使用汽灯(也叫"马灯",白铁皮焊接外壳,玻璃灯罩,以煤油为燃料。煤油在当时被称为"洋油",全由发明了从石油中提取汽油柴油煤油的美国商人提供,上海地区的供应商为"美孚公司"),直到民国四年(1915 年)石库门平民区弄堂亮起第一盏钨丝白炽灯泡。

第一批在 20 年代初使用电灯的普通市民家庭,有钱人家去洋商办的百货公司买一只搪瓷铁壳灯罩,安装在灯泡根部。二三十年代的家用悬吊式搪瓷灯罩均为标准件生产,宽头直径约 30 厘米,小头孔径则小于 3 厘米。一般外侧皆为墨绿色,内侧雪白,铁皮冲压钣金呈锥体漏斗状(小头处有孔),再加温浸镀搪瓷膜层。灯罩中心小孔沿口有螺旋槽道,亦配有灯泡插口处胶木螺旋槽道,买回家安装到位、两下拧合,不但可以反光聚能、增大照度,还可以防止光源外散、炫目刺眼。得了使用电灯的方便之处,经济条件较好的家庭再去电器商店进一步购置洋式灯具,书斋用的台灯、门厅用的廊灯、客厅用的吊灯、抽屉里备一只手电筒(20年代末上海华商开始自主办厂,生产电珠和电池)……渐渐的,人们不再对电灯新奇,把它视为生活中理所当然的物件,犹如空气、阳光、水分一般,熟视无睹却须臾不离。穷人家虽有照明线路安装入户,但基本家家户户只装一个灯头。没这么多讲究,也没这份闲钱,于是用纸盒圈成漏斗状,再与灯头插口处缝合糊粘,自制成"灯罩"。本书作者在21世纪初四处游历时,在喀什老城区的维吾尔族小旅店、陕北榆林乡村窑洞、桂北三江瑶族土楼,都见过这种"自制灯罩",清一色用几层报纸裁剪、糊裱而成。

前所未有的新型民用照明方式(电灯泡及其附件配套、供电配套,这些标准的民生商品,由设计——生产——销售构成完整的民生商品"产业链")宣告成形,在中国社会就此站住脚、扎下根,融入每一户中国家庭日常生活杂用的固有生活方式。无形中部分地改变了这些用户的作息习惯,也部分地提升了他们的生活品质。

炉具:通商开埠引发的晚清社会中国城镇"城市化"倾向,使各大中城市的普通市民的生活环境发生了天翻地覆的变化,其中最彻底的变化之一,来自千家万户的厨房里必备的炉具。从古代至晚清,中国家庭使用最普及的炉具便是"柴火大灶"。因本书篇幅有限,关于"柴火大灶"的构造、功能、选材、历史渊源及设计特点,请读者参阅由本书作者主编的《中国传统器具设计研究·卷三》"大灶"篇目(编撰执行:王强,江苏美术出版社,2010年版),此处不再复述。

租界形成不久,基于越来越严重的火灾和空气污浊、垃圾处理问题,上海公共租界工部局市政管理机构就明令禁止所辖市区的居民使用烧柴草木块的砖砌大灶。提倡炊事燃料以无烟煤块和木炭取代。但效果不明显,大多数市民仍以廉价或无须花钱的柴草为主,兼烧价格相对昂贵的无烟煤块和木炭。其他城市情况也基本如此,一直到民初时代才先后在市中心地区的居民家庭逐步淘汰了"柴火大灶"。其实"柴火大灶"在全国各城市里从来没有被彻底取缔,它的使用一直延续到20世纪末,甚至目前有很多中西部小城镇的居民区,仍有众多为附近居民家庭和浴池业供应热水以及餐饮店铺的"柴火大灶"。上海、南京、杭州、苏州一带的老年市民,迄今仍把这种在自己城市已彻底消失的砖砌大灶称为"老虎灶"。

普通市民家庭祖辈使用的"柴火大灶",作为都会城市的上海、广州、北京、天津、汉口、南京等,在20年代初已大半废止使用,到30年代后期基本从市区家庭中绝迹。这并不是因为政府号召的结果,而是一方面烧锅的燃料(废旧木板、树枝、稻草、秸秆等等)来源越来越难找;另一方面城市普通居民谋生的工作性质决定了劳作节奏越来越快、空闲时间越来越少,使他们无暇去采集柴火或是为寻觅柴火花费的时间精力得不偿失。在淘汰"柴火大灶"之后和采用新式炉具之前,作为过渡时期的代用品,大多数普通市民有两个选项:一是花钱买洋油小炉,二是使用烧陶土炉(俗称"土锅")。

铁皮焊接的烧洋油小炉具通常不大,基本构造为正方形构架,通常尺寸为长、宽、高均在 35 到 40 厘米之间,工作原理近似于"洋油灯":下部为储油箱、中部为炉架和引火装置(内含棉芯)、上部为灶面(有可调节浸油棉芯上下伸缩的旋钮装置、支架锅子的脚撑)。选择洋油炉子的市民人数不多,多半是家境稍微宽裕的家庭,原因是家庭人口少、用量小、偶尔自己开伙,对自办伙食要求不高。

大多数普通市民选择了"土锅"。"土锅"既可以自己制造(黄泥塑形,篝火烧造,有低温陶之质地;今滇南景洪地区集市仍有出售),当年也可以在庙会地摊、街边杂货店铺随意买到。"土锅"的构造基本像两个广口深腹的半球体反向对接,上部腔体是炉具与锅具发生接触的"工作部位",直径要大些,一般在 50 至 60 厘米,因为需要承接铁锅底部,使之不至于在操作时因吻合口径过小而发生倾覆、晃动。下部腔体为有前端开口的半封闭式炉膛结构,是炉具提供热能的"燃烧部位",底部口径一般在 30 至 40 厘米,以确保炉具在操作时的稳定性和炉膛的宽敞空间。上下两个腔体构件之间连接处,有铁条栅格状"炉界"。比之柴火大灶而言,"土锅"的优越性有四条:因为炉具结构使燃烧部位与工作部位最大幅度地接近,在耗费燃料较少的前提下,能充分提供更高的热能;烟雾产生较少,这对于城市生活多半在室内进行是相当重要的;平时冷置,现用现烧,安全性要高了很多;不计较燃料种类,煤块、炭条、树枝、木片,甚至废纸板、旧报纸、破布头,只要是燃烧起来的东西,"土锅"来者不拒,一律笑纳。"土锅"用户多半是人数众多的棚户区广大居民和外来流民,原因是家里通常有富裕辅助劳力(未成年少儿和老人)承担起去工厂、铁路附近捡拾煤核、木片和其他一切能燃烧的物件的重任。

上海市民离别"柴火大灶"后的"过渡期"很短,因为 30 年代初起,几年内民用煤气管线就被逐渐铺设到了市区的每一个角落。因价格竞争失利、不得不放弃工商企业用电和民用照明用电等发电业务的英商"自来火房",将瓦斯供能(老百姓俗称"煤气")全力转向开发上海百万居民家庭的炊事供能业务。"煤气"炉具的优点很快就被广大上海市民集体认可,比之"柴火大灶"和"土锅"、洋油铁皮炉,无论是安全性、热能提供、干净卫生、省时省力省心,都高出一截。随着不断有新建公寓和里弄片区整体安装煤气管道和灶具,用户数量激增、业务量直线上升,英商"自来火房"深受鼓舞,于民国二十一年(1932 年)开建当时亚洲规模最大的"杨树浦煤气厂",并加紧向市区各地铺设管道,一年半后开通供气。至此,上海市区绝大多数市民家庭都使用上了煤气炉具,一步跨入与欧美日本等发达都市同步具备的"节能环保"型标准化厨房供能行列。中国其他大中城市的民用煤气普及率则要晚了很多,少则半个世纪(天津、广州、南京等),多则遥遥无期——不少中国城市迄今没铺设一寸煤气管道,全体市民仍以人扛车拉来不断置换液化气罐为主。

在没有开通民用瓦斯供应的漫长过渡时期内,绝大多数中国城市居民家庭几十年来逐渐采用了几种新型煤炉:北方普通市民家庭用的"铸铁煤炉",炉具通身为整体浇铸;炉面为平面,有圆形小盖,盖上有凹槽,在加入燃料(以煤球为主,兼有蜂窝煤或直接加入煤块)时可用炉钩开启或关闭;炉身为圆桶形,炉膛底部有弧形风门,靠上下凹槽开合,视需要靠它来调节炉膛内助燃氧气输入量,并清理炉膛煤灰。因这种北方家用"铸铁煤炉",一般兼有冬季取暖的功能需要,都是采用相对固定的室内安置(通常安装在室内中央,以利于散热均匀),为防止室内一氧化碳超标引起危险(老百姓俗称"煤气中毒"),都有相应防护配件:数根互相铆接、带带拐角的白铁皮烟管,还有烟道接通屋外后管口处安装一个白铁皮焊接的烟囱帽。此外还有生铁件的炉钩、白铁皮的畚箕等等。因各家热能需求不一致,北方家用铁铸件煤炉的形制尺度较为宽泛,大致高80至90厘米,炉体外径家用的一般约在40厘米,兼有家用、商用功能的炉具(烤红薯、烤烧饼、烤鸡鸭鱼肉等)一般在80至100厘米,更粗的也很常见。这种在民国中期流行起来的铸铁炉具,迄今还在包括北京、天津等华北地区各城市(特别是老旧城区)市民家庭中占有相当比例。2008年,本书作者还亲眼读到了北京市政府为这类炉具的防火安全措施而向各社区管理部门年年发布的"临时通知",确实有点匪夷所思,感慨莫名。

民国中期的南方城市普通市民家庭流行起来的"铁皮煤炉",据说是日本人设计发明的,先流行于上海未开通煤气的市区普通平民家庭,然后在附近地区(如南京、杭州、苏州、无锡等地)流传开来,逐步遍布徽、赣、鄂、川地区。南方"铁皮煤炉",因少有取暖需要,比之北方"铸铁煤炉",在构造上简单、实用了许多:南方"铁皮煤炉"铁皮外壳,圆柱筒状,耐火材料烧制的炉膛内壁,形状为直上直下的圆桶孔径,略大于蜂窝煤直径。"铁皮煤炉"底部有10厘米空间,为输氧助燃和煤灰堆积之所需,亦有嵌槽启合之铁皮炉门。炉身腰部还装有"铁环提梁",可以随时拎出拎进室内,或置于走廊、院落处随意置放。南方"铁皮煤炉"在炉具整体尺寸上要秀气些,一般高约70厘米,径粗35厘米,燃料一般均使用蜂窝煤(南方人叫"煤基"),"煤基"有半块、整块之分,可视烧水烧饭之多寡,灵活掌握。南方人节约措施之精打细算如此地步,不可谓门槛不精。也有少数北方南迁之市民家庭坚持使用煤球。迟至70年代初,南京、苏州、杭州等地全城还遍布"煤基商店",专门供应居民用煤,且要计划定量、凭票画证方能购买。

民国中期城市普通家庭厨房炉具的演变,集中了几代中国社会民众家用炉具的"更新换代":柴火大灶——洋油小炉、"土锅"——北方铸铁煤炉、南方铁皮煤炉——煤气、液化气。虽然这几代平民社会特有的家用炉具前后演化和普及所需的时间或长或短,但二三十年代的民国中期,是这几种炉具并存共处的唯一时段,深刻地反映出民国中期中国社会民众生活方式不断变化、不断进步的史实,也反映出民生设计产业紧随社会大众需要而创意、生产、销售的应时民生商品。正是凭借这个始终如一的演进路线,近现代中国民生设计及产销业态才一步步走向辉煌。

餐饮具:从甲午战败到抗战爆发前夕这四十年来,可以说中国人的生活方式和相匹配的生活用具,几乎全都程度不同地发生了变化,唯独餐饮具的变化,微乎其微。尤其是以家庭为单位的普通中国人的饮食方式和中餐的烹饪方式及其用具,除去在选材、工艺上小有扩展外,其基本功能和基本造型,较完整地保持着原有的传统模式。即便是在清末到民国中期持续了近半个世纪、风靡中国社会每一个角落的"崇尚洋风"时代大潮席卷而来,中式餐饮和中式餐饮具都巍然屹立,可谓岿然不动。这是个很奇特的现象,想来原因也很多,但有一条缘由是无可争辩的:洋式餐饮和洋式餐具的魅力,还没有大到可以说服普通民众放弃中餐和中式餐具的地步,差得还很远。事实证明,传统中式饮食的独有口味和传统中式餐饮具的科学合理性,使得不断涌入中国社会的洋式餐饮与洋式餐饮具,在以老百姓为仲裁者(用钞票当选票)的商业竞争中,无一不败下阵来。一百年来,即便有少数洋饮食(如肯德基、麦当劳之流)和洋餐饮具(如搪瓷制品、玻璃制品等)在中国站住了脚,而且还占有一定市场份额,但要想撼动中餐和中式餐饮具在老百姓家庭中的绝对垄断地位、取而代之,那是绝对不可能发生的事情。洋式餐饮和洋式餐具想溜边、捡漏、钻空子,还是可以的;中国老百姓天生好奇,什么都想尝试,骨子里有种兼容天下的民族特性,何况彼时正是"洋风劲吹"的年代;想让老百姓放弃捧了几千年的筷子和瓷碗,从此告别大米饭、红烧肉、炒青菜;下半辈子只能拿刀叉、用盘子整天吃土豆泥、蔬菜沙拉、面包加煎牛排,连门儿都没有。起码对于绝大多数中国人来说,任何一个去过国外的人都从心里明白(有人心里明白,可就是因为满脑子萦绕种种不可告人的念想,故意不说实话),走遍天下,尝遍美食,还是中式饭菜最可口、中式餐饮具最好使——保持着文化优势的传统事物,是可以超越时空限制继续延传下去的。既然洋人没有提供更好的东西,那土人们就恕不奉陪,我行我素了。这完全可以说明为什么中国人剪掉辫子、放开小脚、脱掉长袍马褂、穿起西装夹克、装上电灯电话、开起汽车摩托,却就是不肯放弃中式餐饮和中式餐具。

洋式餐饮和洋式餐具在中国不会无所作为的。比如二三十年代以来,作为补充性的餐饮花样和补充性的餐饮具品种,在中国人的日常饮食方式和日常饮食用具方面,还是有一席之地的。尤其是民国中期的各大城市,不但洋餐、洋茶、冷饮、西点已逐渐成为中国普通家庭"偶尔为之"的随常食物,而且洋人所长的搪瓷、玻璃餐饮具,也在不少中国家庭开始普及。当然其前提必然是不妨碍中国人维持自己近乎顽固的中式餐饮习惯。

西式餐饮具进入普通中国市民家庭,设计因素在其中起到了决定性作用。以搪瓷和玻璃制品为例:清一色的中式餐具在清末民初发生了变化,一些洋人的特色餐具进入市场,并立即获得青睐,只要是接触过的中国人无不叫好。由于这些洋餐饮具的功能缺陷和价格因素,使得搪瓷餐具和玻璃饮具迟至 30 年代中期才在每一个中国普通家庭的橱柜里扎根立足。

西洋搪瓷,始见 18 世纪的英格兰著名手工企业"彭提浦尔工厂",搪瓷的发明,完全吸收了中国发明的陶瓷窑烧方法,只是中国人用的是泥塑胎骨,英国人用的是金属胎骨:先用白铁皮锻造、焊接成型,再将硅酸盐液态原料鬃刷到金属胎骨上,然后入窑焖烧。在高温(1 200 度以上)作用下,金属底坯表面与涂层均发生材质内部的分子结构重组变化,形成一层附着牢固、坚硬光洁的膜层。搪瓷的发明,本身就是英法"玫瑰战争"的副产品,此项技术被发明以后,首先供应前线官兵,避免了因两军对峙所难免的旷日持久的据守战壕而造成一系列非战斗性减员:因盛放饮水、食物的容器生锈（英法军队在使用搪瓷之前，均用马口铁充当士兵携带餐具）和污染造成的大量腹泻、肠炎、胃病和疟疾。[此段分析详见本书作者于 2003 年出版的另一本拙作《漆艺术的传延》（江西美术出版社）。]经受战争检验的搪瓷制品，迅速在欧美国家普及开来，并早在清代即由传教士带入中国。但整整一百年并没有在中国流行起来，是因为英式搪瓷制品多为咖啡壶、水矩、花瓶和盘子，洋人没有中国人习惯的"碗""锅""杯"的概念，中国人拿着吃喝别扭无比，还贵得要命，因此普通民众家庭橱柜里不可能有它们的位置。日本人饮食习惯与中国人相近，倒是在西洋搪瓷工艺传入后重新按照东方饮食传统另行设计一番，做出了与中式传统餐具如出一辙的大量餐饮具，并在 19 世纪末基本普及于日本平民家庭。日商在 20 世纪初以搪瓷业享誉世界，并于民初时入沪经商，畅行热销，风光无限，独霸中国内地市场长达 30 年。到了二三十年代，在抵制日货的社会风潮帮助下，上海华商企业率先在原本由日商垄断的搪瓷业逐步取得突破，先是步步紧逼，继之分庭抗礼，然后取而代之。30 年代后期，以上海、广州"益丰搪瓷"为杰出代表的民族企业，在搪瓷餐饮具的设计和工艺制作上时有创新，自主创意、独立设计了一系列深受中国普通市民家庭喜爱的搪瓷用品：从单柄盖杯（江南人旧称"把缸"）到双耳平底锅，从小圆碗到大脸盆。自此中国搪瓷业不仅在中国内地市场上完全排挤出了洋资产业，而且使搪瓷国货热销南洋、欧美，为民国中期的中国民生设计产业画上了一笔最耀眼绚烂的亮色。

西洋玻璃历史远及古罗马时代，在各历史阶段不时有玻璃餐饮具传入中国。清末时期西洋输华玻璃器皿一般仅有高脚杯和细颈瓶两种，且工艺复杂、造价昂贵，一直难以打开销售局面，进入中国普通家庭的厨房。20 年代起，还是日资企业率先将民用玻璃产业引入中国，以制造民用玻璃容器（糖浆、安神水、花露水、灌装酱油、大豆油、调味品等）为主。30 年代初，上海的华商民生玻璃产业崛起，不但在灌装瓶方面超越对手，还持续设计与生产出更适合中国普通市民家庭的各种尺寸的玻璃杯、玻璃碗、玻璃瓶，品种齐全、批量浩大、价格低廉；还开始生产平板玻璃（家庭和店铺窗户用）。华商玻璃产业以自己的精巧设计和物美价廉而声名鹊起，为自己赢得了宽松的生存环境与发展空间，最终逐步将各个日企挤对得关张歇业，彻底赶出上海和中国内地玻璃制品市场。

以上两个 30 年代最普通的新式民生餐饮具设计产品形成、发展的成功案例表明：奢侈品设计可以不考虑用户基数，但民生品设计必须考虑用户基数，否则死无葬身之地。凡是能在中国普通家庭内找到位置的新式民生商品，必然要经过完全能符合中国人饮食习惯、消费水平、审美风格的严苛检验。不如中国原有事物的"洋落"就得靠边站，有长于中国原有事物优点的洋玩意儿，还得最大程度结合大多数中国民众的生活方式重新设计一番，才能在中国社会站稳脚跟，落地开花。同样，近现代中国民生设计产业，只有在设身处地替无数普通用户着想（而不是眼睛老盯着几个有钱人）的基础上，不断吸纳消化外来事物优点，才能使自己的设计创意真正融入社会大众的生活方式而立于不败之地。

家具：二三十年代是中国家庭家具大转换的时代。对于上海这类大都会城市的普通市民家庭而言，仿佛是一夜之间，各式各样的正规的、冒牌的"西式家具"涌入中国普通家庭，至30年代初，全国大中城市的"新式家具"普及率已相当高，传统家具在一般市民家庭里就所剩无几了。

这些以西洋家具为范本、又进行了"本土化"简约改造的"新式家具"有三个共同特点：其一，不同于传统家具连样式设计带打制生产全都出自一拨工匠之手，这些新式家具基本是由机械化工场打制、加工完成的。其样式基本来源于同时期欧美市场的流行样式，如办公桌、五斗橱、椅子、台桌等。其二，不同于传统家具的纯手工打制，所有30年代之后的民国家具都带有旋木半圆柱面和平齿凹槽；器面基本涂料都是西洋油漆——酚醛漆，既有手工髹涂，也有气泵喷涂。这说明当时中国大中城市的家具业在加工手段上已逐步进入机械化流水线式的现代化生产。其三，不同于传统家具的款式约定方式，这些新式家具基本都属于由生产厂家先行设计、批量生产、现货销售的现代化产销方式完成。虽然买家预定款式仍占有相当比例，但家具主体业态发展趋势已逐步让位于先行设计、批量生产、现货销售的现代化产销方式。

由于涉及家具的品种多如牛毛，本书尺度有限，又无法一一展开，故本书作者通过虚构一个中国城市普通家庭内部的陈设，来描述一下民国中期普通市民家庭标准的家具都有哪些，如说得不对，万请读者海涵。

假设这个家庭的男女主人都出去工作，身份是政府普通文员，或者是普通中学教师，再或者是洋行柜台职员，两人月薪收入合计在二十到二十三四块大洋，可能有一位老人和两个未成年孩子需要抚养，这户人家属于当时普通市民阶层中的标准中等收入家庭。这家人有租屋（或政府、企业分配，但仍需付一定租金）两间。大房间通常是会客厅兼主卧室兼书房，小房间通常是孩子和老人卧室兼储藏间。经十年奋斗，屋里有可能置办如下一批家具：

大房间（也就是"主卧室"）最扎眼的应该是一张夫妻同榻的双人大床，规格是宽150至180厘米（老百姓称"某尺大床"），长190至200厘米。双人大床一般为木架床板、棕绷床垫。讲究情调还可以奢侈点，夫妻大床弄个30年代刚流行起来的美式"弹簧床"（床垫为铁框四边，纵向多节钢丝弹簧相扣、横向仅为钢丝，编成网格而成；使用时非铺垫厚层棉絮床垫，硌人无比）摆在大房间（就是主卧室），又实用又体面。靠床头两侧一般没有床头柜，仅以方凳蒙布代替（须放置眼镜、闹钟、蜡烛，甚至摸黑起夜之手电筒或火柴等物件），亦无床头灯和台灯。

床边依墙处是一座大衣橱，立式三厢，中间是新式镀水银穿衣大镜子，两边是木门。大衣橱一侧门后上部悬空挂毛呢大衣、西服等贵重衣物，下部有两层抽屉，一层抽屉放女人化妆品小物件，另一层抽屉有弹子锁，收藏摆放各式杂什物件（包括金银细软、存折票券等）；大衣橱另一侧则多为空格，塞放各种杂什丝织物件、针头线脑、家用药箱等等。大衣橱的一项重要兼职，是充当女主人的"临时梳妆台"，坐在床沿上，打开一侧橱门拉出抽屉，对着穿衣镜就可以稍事打扮，先涂脂抹粉，再梳头抹油,后穿衣戴饰。

大房间靠采光好的南向窗下,还得有一张带抽屉的书桌(这种有抽屉的书桌是中世纪阿拉伯人原创的,后经法国人改良、简化,18、19 世纪风靡全世界,20 世纪初传入中国,30 年代起进入中国普通家庭)。书桌正中和左侧共有抽屉若干,上不上锁全凭家中孩子的年龄或里面打算放进什么宝贝而定;右侧门后为双层隔断空间,摆放文稿、纸张、文具等随杂物件。桌面无论如何得有座台灯,考究些的弄盏 30 年代流行铸铁镀铜灯座、带绿色玻璃罩的欧洲古典样式;再不济弄个铸铁灯座,胶木灯头,顶个铁丝编结框架、再裱糊丝绢而成的灯罩(灯罩内侧有两个铁丝弧圈可以夹住白炽灯泡)的简易台灯。桌面近体处通常有块玻璃板,下面压着女主人玉照、男主人得意时留影、伉俪合影、全家福等家庭照片,以及想出示给别人看的票据、证件,以及各种提示字条、警句格言等等。书桌边通常还得有只书架,一般为 30 年代流行“立式三层藤编书架”;条件相当好,且惜书如命的殷实人家才有带玻璃对开门的木质书橱。书桌主人若是长期伏案谋生者,一般配藤椅一把;不靠文案谋生者,一般多为西式靠背椅,讲究的椅面还刻有下凹之臀部造型,曲面承接上身体重,可使分摊体重的接触面更大,甚至符合“人机工程学”的适人性设计原理;只是视觉上过于扎眼,有轻佻、猥亵之嫌,不合官体公家端庄严肃之礼仪,遂在民国后期渐弃少用。

民国中期自恃为“中产阶级”或“布尔乔亚”(即今之“小资”)的市民家庭,无论如何还该有只“五斗橱”(也是阿拉伯人发明、欧洲人改良并推广到全世界的)。“五斗橱”身兼多重用途:祭祀香案、酒柜、食品柜、保险箱和纸本文件储藏柜,一般高约 150 厘米,深约 60 厘米,宽约 80 厘米,多倚大房间(主卧室)北墙靠立。“五斗橱”多为三厢式,中间一溜较宽(约 80 厘米),上部为副食品储藏空间,两片玻璃嵌在上下木槽中推拉开合,一般放些茶叶桶、糖果罐、饼干筒等瓶瓶罐罐,下部是三层大抽屉,上层多放些怕挤压出皱的针织品,中层放随时要取用的针头线脑、纽扣顶针什么的,下层放些家用维修工具,如五金工具的剪刀、锤子、老虎钳、扳手、螺帽铁钉什么的。“五斗橱”右侧带弹子锁的门后是储物空间,一般有一层中架隔断,一般放些不想让顽童接触的玻璃容器和装在纸盒内的团块状珍惜物件(如裘皮帽、狐皮围巾等)。左侧无锁门后则多上部为储物空间,下部为两层带暗锁抽屉,藏些少儿不宜之高度隐私物品。“五斗橱”台面类似祭台,中央靠墙处安放送子观音、赵公元帅或祖宗牌位等,前置香炉烛台若干。“五斗橱”台面上方正中多张贴领袖画像(孙中山或蒋委员长),两边多并排悬挂镜框两只(或以上),一边镜框里是可资炫耀的重要证书(结婚证书、官府奖状、毕业文凭之类),另一边镜框里杂陈些家庭历年照片之类。

讲究的人家大房间(主卧室)进户门边还该有只木质衣帽架。衣帽架一柱三足式,高约 200 厘米。柱体顶端多为车木葫芦状构件,可挂大檐帽、礼帽等;上段 15 至 20 厘米处环柱体四面均有帽钩,既有铜镀件也有木构件。再往下离顶端 40 厘米处的方柱体四面装有衣钩,离地面距离起码在 160 厘米以上;圆柱体衣帽架则一般安有 6 只以上衣钩。

没有私家卫生间的家庭,一般总有一具木质盥洗架:一般高约 150 厘米,四足长杆木脚,离地面 15 厘米左右有斜十字交叉支架(对角宽约 50 厘米),专门斜靠套放口径不同、用途不同的面盆、脚盆之用;后两根木脚向上继续延伸,在顶端和腰部连接上下两道横向木条,形成"口"字形构造,上横细圆木条用以挂放毛巾,下横多是有槽边的隔板(防止肥皂滑跑)。

这户人家的大房间中央还需有方桌一张,此方桌多为明清式大方案(俗称"八仙桌"),主要功能是一日三餐的餐桌,兼做全家聚会、闲聊之用;还兼做访客聚首、搓上几圈麻将之用;还可以供已上学的小朋友写作业。有些老货色方桌每条桌边均带有暗屉,供搓麻或打扑克时放置筹码、骰子并烟具杂物。大方桌应配无靠背之方凳、条凳若干。

小房间一般不进访客,便简陋了许多,除去老人、孩子的两张棕绷木床(拮据些的仅以木板铺垫),留出行走通道,屋内空间只剩下堆放几层的樟木箱、木板箱和纸箱,箱内是全家所有换季内衣和备用被套床垫。如杂物过多,一般男女主人多挤占楼内公用之走廊、过道、阳台、楼梯拐角处自行堆放。

或许这户人家装配有白瓷坐便器(民间俗称"抽水马桶")和带有铜质镀铬的洗浴喷头(民间俗称"莲蓬头")搪瓷浴缸的私家卫生间,另有私家厨房还有接通瓦斯供气和白铁搪瓷灶具、切剁小桌一张及收放餐具的小橱一只。没有私家厕所也很寻常,全家方便仅靠一只鼓状木桶(俗称"马桶")和一只搪瓷痰盂解决内急问题,是上海、南京、杭州一带绝大多数普通市民从晚清起百余年的民俗特征,90 年代才在市区宣告绝迹。外地人对马桶充满了好奇心,以至于 20 世纪上海(其实中国绝大多数城市基本大同小异)家庭主妇的标准形象,被人不无刻毒地描述为"清晨露面三部曲":

第一次露面:天刚蒙蒙亮便有满面倦容、打着呵欠、满脑袋卷发器(以 60 年代划界,之前是钢丝材质,之后是塑料材质)的女人,一手拎着马桶、一手拎着痰盂出没在弄堂口,等着马拉粪车前来倾倒(或就近倒入公厕化粪池内),然后是在晨曦中刷马桶的竹刷声一片,此起彼伏。事毕将马桶、圈座、木盖依弄堂两侧墙根夹道摆放晾晒,通常傍晚回收入户。以至于市区街巷到处是马桶扎堆,成了民国时期至60 年代前江南城市(不仅是上海)"一道亮丽的风景线"。

第二次露面:主妇拎着"铁皮煤炉"出现在弄堂里,用旧报纸、小木片开始生火,一时间弄堂里烟雾弥漫。家家如此,抱怨不得。被呛醒的男人能意识到:新的一天已经宣告来临。炉内火苗旺盛后,搁上一块"煤基"(北方人称"蜂窝煤"),然后掩好炉门留缝(进风太多煤块燃烧快,浪费能源),搁上铝合金带盖饭锅(俗称"钢精锅")小火焖煮泡饭(白饭加水而已)或是放上一个"钢精提梁壶"烧开水,然后自己回屋自家拾掇准备出门。

第三次露面:主妇胳膊挎上竹篮,吆五喝六地叫上女邻居(一般集体刷马桶时已约定)前往相中的菜场去买菜。不备早饭的,还得在回程顺路将早点(无非烧饼、油条、豆浆)买好带回。进屋后还要伺候老人、丈夫、小把戏(旧时江南人对小孩子的戏称)全家人吃早饭。饭桌上安排好留守老人择菜、烧饭、带幼童事宜,然后自己匆匆扒几口充数,再补妆更衣,就夺门而出,奔去上班,顺路还要送低龄学童上学校。

要是这个家庭的主妇碰巧真是个上班拿薪水的正规职员,丈夫还不帮忙做家务,循环往复、周而复始地每天这么过着,真正是暗无天日、苦不堪言了。可大多数横贯整个 20 世纪(不光是民国时期,也不光是上海)的中国城市职业妇女,就是这么几十年如一日挺过来的,任劳任怨、做牛做马、相夫教子、无私奉献。骂她们是可笑的"小市民"的人,良心确实"坏了坏了的"。

文具:无论是标榜进步,还是政治作秀,民初的南京临时国民政府和北洋军政府,对国民中小学教育的重视,是有目共睹的;即便是财政吃紧、捉襟见肘,对国民教育的投入,大小军阀们还是毫不含糊的。北伐之后的南京国民政府,对国民教育更是倾尽全力,尽管从掌权到抗战全面爆发的十年间可以说没过一天太平日子:强邻滋事,隔四五年就打一仗(1927 年济南事变、1931 年东北事变、1937 年卢沟桥事变);天灾频繁,隔三年闹场大灾(1929 年山东大旱、1932 年湘鄂大水、1935 年豫川春荒等);局部的匪患、兵变、战乱年年未息,但唯独国民中小学教育稳步普及。事实上,到民国二十六年(1937 年)前后,全国各大中小城镇和大多数乡村都普及了国民完小,大多数县城都有国民初级中学。这是个了不起的成就,在短短十年内,就使延续千年的私塾教育几乎绝迹。本书作者在收集照片时,看过一组三十年代初康定县国民小学堂和康定县政府的对比照片:如此偏远的县城,小学校却有在当时相当不错的校舍、操场,土墙瓦顶,窗明几净,还有篮球架、双杠、秋千;孩子们都笑容灿烂。县衙、县党部状如寒窑,穷酸无比、破烂不堪,镜头里站在墨汁手写"国民政府"破木片拼成的县府官衙招牌下,鞋冠不整、衣裳褴褛的县太爷却一脸骄傲神情,令人感佩动容,唏嘘不已。

至 30 年代,父母辈出身国民中小学校的下一代子女们,条件更好了。这点改善突出表现在市民子女的文具装备上:人人有个小书包,里边有道林纸铅字印刷的文化名流们撰写、国民政府教育部刊发的各课程教科书和胶版纸印制的练习簿(作业本),还有一个喷漆白铁皮或搪瓷文具盒,里面起码有一两支铅笔、一块橡皮擦、一把削笔小刀和一把小木尺(当时塑料和有机玻璃还没发明出来)。这些文具都是他们的父辈上学时想都不敢想的"奢侈品",只有教会学校洋崽子和阔人家少爷才有的稀罕物。乡村和内地城镇的条件要差很多,陕西潼关城内小学堂的学生们,迟至 40 年代上课时还天天带着一只藤编篮子,里面有毛笔、砚台和用缏鞋麻线缝制的土纸练习本,还有简陋寒酸的午餐和一架小算盘。

铅笔的发明得益于民间:苏格兰巴罗代尔一带的牧羊人,常用石墨在羊身上画上记号。受此启发,有人将石墨块切成小条,执而写之绘之;因手掌污染难除,继而木片夹而缚之;消耗一截就削出一截,铅笔就诞生了。18 世纪德国人将石墨粉碎,掺和硫黄、松香成糊状,填入有凹槽的小木条再两两胶合使之凝固成芯,铅笔产业就诞生了，一下传遍全世界。铅笔在晚清由租界传入中国，先由洋行订购，再有洋商在沪办厂，遂风靡于南北大城市华籍官商及上流社会家庭。二三十年代新办铅笔厂、文具厂众多，竞争激烈，价格也随之降低，渐入中国普通家庭。民国二十年（1931 年）香港九龙建立华商"大华铅笔厂"，其后，华商民营"北平中国铅笔公司"和"上海华文铅笔厂"相继创办（均为半成品加工厂）。民国二十三年（1934 年），上海"中国标准国货铅笔厂"（今"中国铅笔一厂"前身）开办，专营自制铅芯并全数由国产原料制造铅笔，产品为"中华""长城"两大系列木制铅笔，均为民生商品中享誉亚洲的著名品牌。

　　钢笔约在 19 世纪中叶被发明，30 年后大批生产。当时最牛的企业是法国 Waterman（中文译名"威迪文"）。后美国钢笔崛起赶超，先后在 20 世纪初输入中国，并在沿海城市办店开厂。"康克令"（Conklin）、"爱弗释"（Eversharp）、"百利金"（Pelikan）、"犀飞利"（Sheaffer）和"派克"（Parker）同为民国中期中国社会文具市场推崇备至的美国名牌钢笔。美国钢笔品牌之盛（尤其是"派克"金笔），所向无敌，华商民营企业甚至无法插足，根本不能与之抗衡，仅能以组装配件涉足钢笔修配业，至 40 年代后期才有真正的国产钢笔。尤其是当时中国大学校园上至教授、下至新生，人人都喜欢在胸前佩戴一支美式钢笔以显示文化身份及时尚品位。此风延及社会，亦成附庸风雅之俗举，直到 90 年代"拜金"兴起、全民"下海"、文凭贬值时方告结束。今"派克""万宝龙""威迪文"仍同为世界三大名笔。

　　卷笔刀虽发明、批量化大生产几乎与铅笔同步，但传入中国较晚，且不甚流行（当时刀刃多为熟铁镀锌所制，不甚锋利，且极易生锈；掌握不好力度，容易拧断笔芯），30 年代普通家庭子女一般没有。国产锰钢免锈卷笔刀发明和普及，是七八十年代以后的事情了。

　　有条件家庭的学生，无论如何都是要尽量为自己添置正宗的"洋货"文具、化妆品的，这在同学圈子里，意味着"有面子"："对于洋铅笔、洋信纸信封，以及洋橡皮擦钢笔杆等，有了深切的爱好，而争相掏腰包来购买，大妖精小妖精们对于外国的搽面粉和爽身粉，更有了性命似的爱好。"（柳塘《从举行国货年所得之感想》，载于《申报》，1934 年 12 月 31 日）

　　烟具：二三十年代"黄金十年"，中国社会普通民众的嗜烟方式同时发生了天翻地覆的三种变化：一是就全国范围而言，吸食鸦片者急剧减少；二是大中城市居民中抽吸卷烟的人数急剧增加；三是卷烟产业成日杂民生商品"重头戏"，销售量巨大、利润奇高；民族卷烟产业在国内烟草业十年"华洋混战"中逐步站住脚。

　　其实这三种变化是彼此密切关联的。民初起，北洋政府就在全国严查猛打，甚至在大城市（如广州、成都等）派军警巡逻马队拿大刀片沿街巡逻弹压，一经检举、发现，立即取缔窝点，缉拿贩售吸食人员，措施不可谓之不严厉。但收效甚微，因社会确实存在着基数庞大的消费人口，有需要就会有产业，故而屡禁不绝。连各路地方军阀为筹措军饷物资，暗中倒卖烟土被媒体揭露的事件也时有发生。英美烟草企业民初时既在华设厂开店，为培养未来消费人群，数十年如一日地全方位展开商业宣传,包括在当时几乎所有报纸上刊登大量广告,在闹市区墙壁上张贴醒目海报,在人口稠密的商业繁华地段竖立巨幅广告牌,在很多商品外包装上刊印小幅商宣插图和内附洋画卡片,并大量彩印免费发送有时髦美人画像的"月份牌",还常年雇人站在街头劝人试抽卷烟。可以说,欧美卷烟商为中国早期现代平面设计提供了最佳的学习模本。20 年努力并不白费,终于在 20 年代起产生丰厚回报:彼时恰逢洋风劲吹,提倡文明,中国社会上至官绅名流、下至士农工商,皆以抽吸洋卷烟为时尚。渐渐的,吸食烟土渐成"土老帽"之过时、迂腐习俗;至 30 年代末,在沿海及内陆各大中城市基本被遏止,仅存于关外及西北、西南偏远山区的部分城镇乡村。不仅是鸦片烟,晚清流行的鼻烟、水烟也均在卷烟业的强势拓展中渐次退出主流市场,逐渐萎缩消失。民国中期流行于南方乡村的水烟袋(改进版的阿拉伯水烟)、北方乡村的旱烟锅、西北"莫合烟"(自制卷烟类),都是作为卷烟的吸食烟草的经济型补充形式才得以存在。本书作者在 80 年代初当学生时,曾从宁夏一位开羊汤铺的回民老汉处学得此土造烟卷制法:撕片旧报纸或其他任何薄纸片(二寸宽、三寸长为佳),对角线填入烟料(颗粒状,烟味极辣口,劲大力猛),左手指捉里侧纸角向内翻卷收紧时,右手指则捉外侧纸角反向提拉,使其呈大小头细长斗状,拧几圈细头,舔一口纸外侧,使其粘合,再撕去细头空瘪处,点火吸烟。想当年鄙人技法十分娴熟,回校后时常当众表演,惊艳四座,曾众瞻仰俯,课徒无数矣。

上流社会极少数人消费的洋式烟斗、雪茄、烟嘴,则是作为吸食烟草的奢侈型补充形式得以存在,重在模仿洋人气概、拔高身份而已,真有此嗜好者寥寥。

民国中期的中国卷烟行业(包括洋商华商),是现代中国平面设计的摇篮之一。在商战的"贴身肉搏"中,中国民族企业通过临摹、学习洋商设计,生产、销售卷烟的全过程,逐步掌握了完整的民生商品产业链流程,建立起有自己特点的中国式商宣设计、包装设计、装潢设计、广告设计和覆盖全部平面设计基本元素的图案设计、符号设计、字体设计、色彩设计等众多设计细节技艺,还将这些已掌握技能广泛运用到其他平面设计领域,为开创并持续发展现代中国民生类商品的平面设计,使之渐成体系,做出了极大而特殊的贡献。

国产卷烟产业起步于上海。据《上海地方志·上海烟草行业志》统计:"五卅运动"(民国十四年爆发的"抵制洋货"群众运动)时,上海地区先后开办了 43 家华商烟厂,但除侨商"南洋烟草公司"有一定规模外,其余都是作坊式小烟厂,品质、产量、销路都不大,难与占中国烟草市场九成份额的英美卷烟相抗衡。"五卅运动"后,烟民纷纷响应社会风潮,改吸国产卷烟,英美烟草业务大幅萎缩,销量锐减,华洋卷烟销售量完全颠倒:华九洋一。一大批华商烟厂顺势而起,年度赢利均有数倍增长,并趁机购置机器、新建厂房、扩招员工,努力扩大产业规模,如"南洋""华成""福新""大东南""瑞伦""大东"等。"至民国十六年,上海民族资本烟厂已由'五卅运动'前的 14 家猛增到 182 家,跃增 12 倍,达到近代上海民族烟厂数的高峰。"但在英美烟草公司市场挤压、洋商与官僚资本(与"国舅爷"宋子文合资办厂逃避税收)相互勾结,加之国民政府增收烟税的三重打击下,上海民族卷烟工业由盛转衰,洋烟产业卷土重来。民国十七年(1928年),上海华商烟厂已由上年182家急剧缩减为94家。民国二十一年(1932年),递减为60家;至民国二十五年(1936年),全国华商经营的卷烟厂更递减为56家,上海有48家,占全国总数的86.4%以上,但卷烟产量只及外商烟厂两成左右;民国二十六年(1937年)仅存31家。至抗战爆发时,"仅有'华成''福新'等10多家民族资本烟厂维持生产"(《上海地方志·上海轻工业志》,上海地方志办公室编,2002年版)。

第三节　民国中期产业状态与民生设计

抗日战争爆发前夕,中国"共有92个城市对外开放,铁路和汽轮将这些城市与外界连接。新的职业和中外企业在这些城市发展起来,工业增长率在1912~1920年间高达13.4%,1921~1922年有一短暂萧条,1923~1936年为8.7%;1912~1942年,平均增长率为8.4%,整个1912~1949年,平均增长率为5.6%。而在二战前民国时期,尽管连绵战争,工业增长率仍高达8%~9%"(李飞《民国时期的经济》,载于《求是》杂志,中国共产党中央委员会机关刊物,2011年04期)。

在一个观点上,几乎所有公众和学者都难得一见地保持高度一致:"黄金十年"是民族工商业在20世纪两次获得空前发展的良好时机(另一次是"改革开放时期"),也是现代中国民生商品的设计、生产、销售产业蓬勃发展的时期。

与长期以来的宣传有所不同,民众谋生虽然艰难,但并不都总是处于"水深火热"之中,时代的进步或多或少地反映在民生状况上。以"最无产阶级"的码头工人为例,据被允许在大陆地区播放的"凤凰台"专题节目报道,一位被采访的民国时期做苦力工人的当事人回忆:"那时候想在码头上下力不那么容易呐,要先找一个可靠的人做担保",还要一次性交纳"租轮子"钱(2元左右)、"下河钱"(2元左右,交纳下河钱之后才能在码头上干活),自己购买简易工具如箩筐、扁担等。一旦成为码头工人,就有了固定下力的权利,也就有了收入的保障,那时候重庆各码头基本上每天都有活儿干,所以在码头工作后不久,他就将向亲戚借的7元本钱还上了(详见《凤凰网·历史栏目》"民国工人:有工作可养活一家七口人",2012年4月3日)。

另一位民国时期在重庆当码头工人的回忆者说:当时他家有七口人,生活是非常艰辛的,因为"家人等着我的工钱吃饭",所以只要是苦力活,他都去做,比如帮人抬滑竿、埋死人等。虽然那时候收入时好时坏,但工钱还是够家人温饱。据老人回忆,他给有名的"傻儿师长"范绍增(同名新编电视剧主角原型)抬过滑竿,一趟5角,一天就赚了2元。因为当时物价低廉,米价才几分钱一斤,2元钱相当于他们家一年的租房钱,可见这对他来说是笔不小的财富,让他至今记忆犹新。但是情形坏的时候也不少,有时候没有"活路"干时,一家人只好就着野菜喝粥,饿着肚子直到找到新的活儿干。据当时的政府部门调查,重庆市四口之家的最低生活费在民国二十六年(1937年)上半年平均每月是23.7元,而同年码头工人的月薪平均是27.25元,由此可见,当时最底层的苦力工人还是能养家糊口的(详见《社会调查与统计》第 3 号,国民政府社会部统计处编,民国三十二年/1941 年 10 月)。

张国成老人(1908 年出生,1928 年开始在重庆龙门下浩码头做苦力工人,现居杨家坪正街 9 号二单元 3~3,《凤凰台》记者采访)回忆:他们家的小孩到了上学的年纪,也都去上学了,甚至"娃儿能读到什么时候就让他们读",他们家的五个小孩基本上都上过小学。可见教育开支所占比例不大。此外,老人还提到当时重庆各码头上都有善堂,由当地士绅所办,主要负责提供一些免费药品,施粥施米、赈济衣物,还为赤贫家庭提供帮助,如资助子女上学、提供死后的安葬费等(详见《凤凰网·历史栏目》"民国工人:有工作可养活一家七口人",2012 年 4 月 3 日)。

新兴产业工人状况要比码头工人等苦力劳工更好些。以武汉为例,30 年代武汉一般工人的月工资平均 15 元(法币)。大多数是女工的第一、裕华、震寰三大纱厂,工人 1.5 万,工资平均 20 元。民国十九年(1930 年)到民国二十五年(1936 年)间,上海 16 个工业行业中,工人月实际收入最高的前三位,最高的月实际收入可达40 元以上(详见沈彬撰文《从"包身工"谈旧中国的廉租房》,载于《南方都市报》,2011 年 8 月 28 日 A29 版)。

县乡及偏远省份不及各大都市的劳工收入。以山西省河曲县为例,民国时期河曲县劳工主要有三种雇工形式:"揽长工",雇用周期为一至数年;"包月工",忙月雇用,一至数月;"打日工",临时应急(如婚丧祭庆等),以日算工雇用。民国十五年(1926 年)前后,长工年工资制钱约 12 千文,合大洋 8 至 10 元;包月子,每月约1 000 文;打日工,每日约 35 文。民国县府低级雇员月俸为:事务员 14 元,检验员12 元,雇员 10 元,公役 8 元;商行店员,在民国十年(1921 年)左右,头年工资制钱1 800 文,次年 2 400 文,3 年最高不超 8 000 文;法币通行后,约合工资法币 15 元(详见《山西地方志》,山西省史志研究院编,中华书局,1999 年版)。根据民国二十九年(1940 年)由商务印书馆编印出版的《现代中国实业志》所载史料得知:至民国二十四年(1935 年),河曲县长工年工资 25 银圆,包月工资 2.7 银圆,临时日工资0.13 银圆;女佣年工资 20 银圆,包月工资 2.4 银圆,临时日工资 0.12 银圆;木匠日工资 0.25~0.30 银圆。

30 年代的民族工商业频频发动"国货运动":在上海工商业地方协会的倡议推动下,1933 年被定为"国货年",1934 年被定为"妇女国货年",1935 年被定为"学生国货年"。尤其是"九一八"事变之后,在华日企遭受了全民抵制,成为最大的输家:自清末至民国中期,日本最大的对华实业投资集中在棉纺织产业,当时有 43 个日本工厂,其总投资额为 1.49 亿美元,而规模较大的华资工厂有 81 个,总投资额为1.3 亿美元;日企占中国内地纺纱生产总额的 38%、占织布生产总额的 56%。"九一八"之后,这些工厂都相继陷入停滞,而华商纺织业趁势崛起,挤占市场份额,直到抗战爆发。

在历次"提倡国货、抵制洋货"的运动中,民族工商业户则总是抵制日货、英货的积极参与者和得益者。但当时的国货与进口洋货相比,大多数确实"质次价高",因而社会普遍弥漫着"喜爱洋货、鄙夷国货"的消费心理,"国货运动"收效甚微。

1932 年发表的小说《林家铺子》(作者茅盾)这样描述了当时"抵制洋货"的普遍现象:"小伙计们夹在闹里骂'东洋乌龟!'竟也有人当街大呼:'再买东洋货就是王八!'……大家都卖东洋货,并且大家花了几百块钱以后,都已经奉着特许:'只要把东洋商标撕去了就行'。他现在满店的货物都已经称为'国货',买主们也都是'国货,国货'地说着,就拿走了。"(茅盾《林家铺子》,人民文学出版社,1978 年 11 月版)这种店主与消费者联手作弊的行为,谈不上不爱国,而是基于全社会消费心理上存在着根深蒂固的"国货整体上不如洋货"共识之下,作为消费者和经营者个体而言不得不为之的现实考虑和无奈之举。

"外国货物在'价廉物美'的条件之下,自然就会博得消费者之欢娱,而洋货遂代替土货畅销于中国了"(范师任《振兴国货之先觉问题》,载于金文恢编《抵货研究》,浙江省立民众教育馆教导部出版,1930 年版);"(老百姓)虽具爱国心,然无法推翻经济需供相求之原则,弃物美价廉的洋货不买,而用价昂粗糙之土产也";"我(注:指一位在 1933 年'北平国货展览会'《批评册》上留言的参观者)到此地,本想买一点国货,留作我参加国货展览会的纪念,岂料国货价值太高,我的购买力达不到"(白陈群编《国货鉴》,北平各界提倡国货运动委员会发行,1933 年版,浙江省图书馆藏);"虽不能以百十余万之香水脂膏费,及格子布衫之消减,土布营业之冷淡,为妇女国货年无成效之征,但上海妇女之奢靡豪华,争奇斗艳,仍无改乎往态"(柳塘《从举行国货年所得之感想》,载于《申报》,1934 年 12 月 31 日)。

也有商战中以实力取胜的华商企业:"实际上,当时在与洋商竞争中能够站稳脚跟的企业,多为产品质量堪与洋货媲美,而售价却甚低廉。如华生电器,刚刚投产时,年销售量仅 1 000 台,1926 年增至 3 000 台,1930 年猛增至 10 000 台,1932 年达到了 20 000 台。原因在于'出品优良,价格比外国货便宜了四分之一'。"(金普森、周石峰《民国时期中国人消费观念:爱好外货鄙夷国产》,载于《中国经济史研究》;原引于《申报》通讯,1933 年 1 月 1 日)

"黄金十年"民族产业的发展呈现如下态势:

一是不仅在开业数量上有大批增长,而且产业质量(标准化、机械化、规模化)有大幅提升。涉及工业化程度要求相对较低的民生商品产业,华资企业在与洋商争夺市场的长期锻炼中,形成了一个普遍的创业模式:通过在洋行洋厂跟师学艺、逐步掌握生产技术和管理方法,自己企业开办后又不断引进先进机械设备,从洋厂挖取人才或模仿学习洋商长处,随时根据市场需要调整品种结构,发挥自己劳力廉价、地缘占优的长处,最终在市场竞争中站住脚跟,甚至反超洋商。30 年代的棉纺、针织、印染、搪瓷、玻璃、火柴、卷烟等纺织、轻工行业中一批华商企业能后来居上,走的都是这个路子。

二是自主化技术发明、设计创意的比例有很大提高。在清末民初官办大型军工企业的基础上,不断寻找到中国制造业在民用商业领域的用武之地,突出自身规模大、有政治条件的优势与洋商展开竞争,打开了市场局面;同时积累了不断变化的市场经验,培养自主创新人才,更新技术与经销方式,逐步确保自身的市场份额,并积极开拓新的市场空间。如晚清企业"江南制造总局"在民国中期颇为成功地变身发展,使"江南造船厂"和"江南机器厂"在大型船舶建造技术和与民生纺织、日化、汽配、五金等民生产业的配套机械装备制造上都能独树一帜,长盛不衰。还有"汉阳兵工厂""民生轮船公司"和西北毛纺、机械等一批中国著名大中型民族企业,都能在残酷的市场竞争中顺势发展,都是在民生商品领域找到了自己的生存空间,并逐步确立了自己产品的技术特长和经营优势。

三是形成了一批骨干企业,涌现了一批民族企业家和设计人才。与晚清和清末民初社会环境不同,快速发展的世界产业在20世纪上半叶技术更新尤为迅速,很多商品被历经千辛万苦研发出来,再形成产能,刚投放市场不久,便被新的更高级、更有吸引力的商品所取代,如民国中期的火柴、肥皂、毛巾、针织品、民用钨丝灯泡、影片制作、副食品加工、自行车、卷烟等民生商品行业竞争尤为残酷,一批能存活下来并不断发展的华商企业,都是靠在竞争中不断对自身产业在管理、生产、开发新品各关键环节上的能力提高,逐步培养出具有中国民族工商业自己的新视野、新思维、新技能的一代优秀的现代企业家、工程师、设计师。

四是与国际主要经济体直接接轨,不断吸纳、引进同时期较为先进的设计、生产、销售方面的技术与知识。历史证明,认真学习西洋东洋的工业化、现代化文明成功经验,一直是百年中国社会变革最行之有效的康庄大道。几乎所有民国时期的中国第一流民生产业,都是在学习、引进西方产业模式基础上得以成形、发展起来的。尤其是贯通整个20世纪的"向西方学习"的三个重大"窗口期"(一战结束的民初后期、二战结束的民国末期,"文革"结束的改革开放初期),中国民族工商业都得到了快速发展。利用席卷全世界格局变动的重大社会事件,与世界一流的社会形态、政经体制、科学技术充分接触,是社会成本最低、推广新兴事物最便捷的现代化转型良机。民国中期的民族工商业十年大发展,恰好处于两次"窗口期"的中间,不但巩固拓展了清末民初时代积累的现代化、工业化成果,又为下一次腾飞蓄积了足够的力量。今天看来,没有"黄金十年"民国中期的民族企业初创了大致符合世界标准的现代工业体系的雏形,眼下中国经改革开放三十年业已基本实现的工业化社会,是完全不可想象的。

五是现代民生商品在社会风气改良、民众生活改善方面发挥日益重要的作用;反过来,社会民众消费的认可度提高又促使民生产业进一步发展壮大。民国中期中国民族工商业崛起的突破口,绝大多数都是民生商品企业。在改善民生、移风易俗、提升民族文明程度、建立符合现代化社会所必须具备的公序良俗的同时,增强国家力量,发展国防能力,巩固政府威信和执政能力,民生商品中的文化寓意价值,尤为关键。这同样也是条珍贵的历史经验。一把牙刷消灭了一代人的口腔疾病,一块肥皂更新了一代人的卫生习惯,一场电影改变了一代人的婚姻观念,历史上从未有过、20世纪上半叶却真实地发生在中国城乡社会的同类事件:能以如此小的社会成本,换取如此大的社会改良。

在国内市场中国货商品大幅增加的同时,"黄金十年"的出口贸易却受到世界经济危机的影响,呈现下滑趋势。其中自清末以来一直高居世界榜首的茶叶、生丝衰减程度较为显著。这种状况一方面打击了传统手工产业和传统农业(主要是桑蚕、茶叶、油料等经济作物产业),另一方面也逼迫一部分传统产业加快转型升级的步伐,挪入到社会整体工业化的轨道中来。

表3-11　清末至民中中国主要出口商品数量变化(单位:千担)

	1903年	1913年	1917年	1921年	1928年	1936年
茶叶	1 519	1 442	45	430	926	373
生丝	211	317	302	276	435	38
豆荚	2 615	10 326	10 433	11 836	40 391	1 875
豆饼	3 404	11 818	15 513	22 282	21 352	214
花生	157	1 115	361	1 214	1 465	749
棉花	760	739	832	609	1 112	368
棉纱	—	1	28	26	350	90
植物油	421	1 213	2 756	2 030	2 368	1 959
猪鬃	40	53	64	44	67	87
牛皮	242	498	477	217	420	241
羊毛	193	280	339	463	486	266
锡	42	139	196	103	118	41

表3-12　清末至民中中国主要出口商品所占比重变化(%)

	1894年	1913年	1921年	1928年	1936年
生丝	33.3	20.7	20.2	16.2	6.3
绸缎	6.6	5.2	5.0	2.4	1.5
茶叶	24.9	8.4	2.1	3.7	4.3
豆及豆饼	1.9	12.0	13.9	20.5	1.4
皮及皮制品	2.7	6.0	2.9	5.4	5.7
毛类	1.8	1.7	2.2	2.6	2.8
猪鬃	0.4	1.1	0.7	1.0	3.6
蛋品		0.9	2.2	4.4	5.1
籽仁及油	1.2	7.8	6.3	5.8	18.7
煤		1.6	1.9	2.9	1.6
矿砂及金属		3.3	2.9	2.1	7.7
棉花	5.7	4.0	2.7	3.4	4.0
棉纱及棉制品	0.1	0.6	1.2	3.8	3.0
合计占总出口值	78.6	73.3	64.2	74.2	65.7

　　注:以上两幅表格和数据均引自陈争平所撰《1912至1936年中国进出口商品结构变化考略》(载于《国学网·中国经济史论坛》,2007年8月8日)。

经过民国中期"黄金十年"的发展,中国社会的整体文明程度(包括全体人民的生活方式和生产方式)有了很大的提高,一个更适合民生设计及产销业态生存发展的社会空间被建立起来;同时,一个体系(从设计到生产、再到销售)前所未有地完整、产能和技术空前强大的民生商品"产业链"也越发更加深刻地影响着中国迈向现代化社会的伟大进程。

一、民国中期重工制造产业背景

以上海为中心的现代中国工业,在民国中期经十余年发展,形成了相对完整、有一定规模的制造业体系。凭借这个前所未有的工业化制造基础能力,一大批名目繁多、品种齐全,且初步实现了批量化、标准化、机械化的国产民生商品源源不断地被生产出来,极大改善了中国城乡民众的生活状态和生产条件。以下内容仅根据民国中期中国各主要工业基地地方志和文献资料整理而成,试图简要描述"黄金十年"中国现代工业中与民生产业密切相关的制造行业所取得的长足进步。

汽配:中国大城市如广州、武汉、上海、天津等在二三十年代已相继建立有部分自主研发能力及较全面修理、维护、保养和配件生产的汽车修配工业。尤以上海地区工业化、机械化程度为最高。上海的汽配工业从晚清起步,已有了半个世纪的发展经验并积累了一定的产业规模。难能可贵的是,上海是自民初时期就开始自主加工、改良、生产汽车零部件的全国最早的地区,为后来中国汽车制造业打下了良好基础。如民国十八年(1929年)开业的上海"乐炳昌机器厂",已能独自生产汽车引擎的凸轮轴、曲轴、轴瓦、连杆等配件,把中国汽车主要配件的制造技术提高到了一个前所未有的技术高度。据上海特别市政府公交部门统计:民国二十四年(1935年),上海全市汽车保有量已逾万辆;专门生产汽车配件的大中型厂家已有6家,其他修配小作坊、小车行近百家。民国二十四年(1935年),上海"新中工程公司"从洋行购进一辆柴油汽车,对发动机进行拆卸式测绘、复制,在次年制成中国第一台柴油发动机,并安装在样车上进行了一系列道路行驶试验,为中国人汽车整机制造奠定了坚实的基础。民国二十五年(1936年),上海"仲明机器股份有限公司"研制成功汽车煤气发生炉,并进行了装车试验。有了一系列基础性制造技术的突破后,"中国汽车制造公司"于民国二十六年(1937年)初宣告成立。当年即由德国"本茨汽车公司"供应的整车零部件组装当时世界一流汽车名牌的"本茨"(Benz,即今日之"奔驰"前身)牌2.5吨载重柴油汽车获得成功,至当年抗战全面爆发的短短数月间,共组装汽车近百辆,走出了中国汽车工业将世界名牌汽车"本土化"生产的第一步。可惜这个良好态势由于日寇入侵而中止。

建材:作为二三十年代中国社会城市化进程所必需的基础工业,现代中国建材行业逐步建立。华商刘鸿生等人集资120万元,于民国十二年(1923年)在上海创设中国第一家符合现代化工业标准的"华商上海水泥股份有限公司"("上海水泥厂"前身),从当年起开始生产水泥,市场前景十分红火。在面临国内市场中与洋商建材的垄断企业(特别是日商建材厂家)不断降价倾销、恶意排挤的严酷竞争中,上海华商水泥厂家和华商"华北启新洋灰公司"联手抗衡,以每桶水泥减银3钱的低价策略与日货展开殊死竞争。后在"五卅运动"和全国提倡国货、抵制日货运动的大环境中,华商民营建材行业获得了难得的发展机遇,至30年代初,仅上海一地已有机制砖瓦厂九家,加气混凝土砖厂一家,年产机制砖达到一亿块,机制瓦六百万片;上海地区的水泥制品厂已有四十多家,能生产与市政建设配套的各种规格的不含钢筋和有筋预应力水泥管。华商在上海地区还先后创办了石料建材厂三家,加工生产各类建筑内外所需的花岗石、大理石制品,其中由华商所承揽全部石材装饰工程的当年号称"远东第一大厦"的上海"国际饭店",于民国二十年(1931年)建成开业,标志着中国建材工业和建筑装修水平已跃上了一个崭新的技术平台。民国二十五(1936年),上海地区的华商建材企业的水泥总产量已达近万吨。当时行销全国南北城乡的国产建材名牌产品有"象牌"水泥、"瑞和砖瓦厂"的红平瓦、"泰山砖瓦公司"二厂的薄面砖、"中国制瓷公司"的瓷砖、"中国石公司"的大理石板材,以及"振苏""大中"等砖瓦厂的机制砖和空心砖等建材产品。品质大多数已达到各国洋商在华经销生产的各类建材产品,且成本低廉、价格公道,以至于30年代中后期的各大城市新建的高层建筑及其内部装修,普遍选用国产建材。对于现代中国民生设计的发展而言,这是一个了不起的成就,使现代中国民生设计产业和室内设计逐步摆脱完全依赖于洋人创意设计和选材局限,开始在建筑领域的工程实施、室内装修等关键环节上取得很大的独立自主的创意空间。

　　造船:前身为晚清洋务运动时期开创的"江南机器制造总局"的上海"江南造船所"(今"上海造船厂")在民国中期大力介入民生类产业发展的同时,仍在各种军用民用的大小船舶建造上,成就斐然:民国十八年(1929年),中国第一艘自主建造的"永绥"号炮舰下水,蒋介石夫妇亲自出席下水典礼。为了提升自主创新能力和先进技术的掌握,从20年代末起,"江南造船所"选派多人前往英国固敏工厂学习内燃机、涡轮及水管锅炉等工程技术。民国十九年(1930年),"新中公司"仿制"狄实尔"引擎(发动机)获得成功。当时的上海《申报》报道:"……费时约计一载,始告造成36匹马力双汽缸一种,可称我国第一座狄实尔引擎之出现。今装置于该厂内拖转发电机,供电力电灯之用,昼夜不停,成绩优良与外货堪相伯仲。"民国十九年(1930年),上海"江南造船所"建成浅水炮艇"致果"号,护航舰"翊麾"号、"逸仙"号。同年,为大力发展海军舰艇建造业和航空等当时急需的国防工业,国民政府海军部将"海军轮电工作所"于民国十九年(1930年)划归"江南造船所"辖制管理;同年,南京国民政府交通部拟具《造船奖励法草案》,于民国二十五年(1936年)经其行政院转咨立法院修正通过。民国二十年(1931年),国民政府海军部又将福州马尾"福州船政局"所属"飞机制造处"划归"江南造船所"。新的"飞机制造处"当年即制成双翼式侦察机两架"江鹤"号和"江凤"号。同时期的"大中华造船机器厂"在民国二十年(1931年)建成"长江"号炮舰和"天赐"号客货轮。"江南造船所"于30年代初为海军部开工建造"平海"号巡洋舰以及"华星""飞星""江宁""海宁"号巡逻艇,一度受"一·二八"日军炮击炸毁厂房设备所阻。民国二十一年(1932年),"中法求新机器制造轮船厂"为葡萄牙海军澳门基地建造的"巴梯亚"号炮舰竣工下水。同年,"江南造船所"建造炮艇"黎明"号、"复兴"号,巡逻艇"抚宁"号、"绥宁"号。民国二十二年(1933年),"江南造船所"新建第三座船坞开工,第一期先辟长375英尺(114.3米)、宽89英尺(27.13米)、深26英尺(7.92米),至民国二十三年(1934年)建成;第二期将该坞加长300英尺(91.44米),至民国二十五年(1936年)全部建成。新船坞长为675英尺(205.7米),宽为100英尺(30.48米),深26英尺(7.92米),是当时中国最大的船坞,可供建造万吨级的大型船舶。民国二十三年(1934年),"大中华造船机器厂"建成中国第一艘破冰船"天行"号(后更名"益通"号)。民国二十三年(1934年),"江南造船所"建造炮艇"安华""安民""安宁""忠孝""仁爱"号。民国二十四年(1935年),"江南造船所"所属"飞机制造处"制成摩斯式水陆两栖飞机"江鹦"和"江鹉"号。同年,"大中华造船机器厂"承接"天津永利制碱公司"所属"南京永利厂"五千和一万立方米两座煤气柜的设计和建造,建成中国第一批自主设计和建造的大型城市民用供气储存装置。南京这座煤气柜90年代仍在使用,使用寿命长达六十余年。民国二十五年(1936年),"江南造船所"为华商"民生实业公司"建造"民本"号双螺旋蒸汽机上游式大型客运钢壳轮船。民国二十六年(1937年),"江南造船所"建造"平海"号巡洋舰竣工,交付海军使用。由上述简单数据可见,当时以上海造船业为基地的中国船舶修造、航空器械制造业已发展到了一个相当高水平的地步。只是由于抗战全面爆发,突然中断了中国现代造船业和飞机制造业的持续发展。(以上船舶、飞机和其他工业设施的建造年代、名称、数量,均参照《上海地方志·造船工业志》相关资料。)

机械:一个国家的工业化水平,往往直接反映在民生产业的机械化装备水平和产品的机械化生产程度上。因此,现代中国产业机器的研发、制造和应用,成为民国中期"黄金十年"工业化进程的标志性成就。民国十五年(1926年)"五卅运动"之后,中国的机械产业有一个快速发展的短暂时期。上海机械业华商厂家陆续研发生产了卷烟机、橡胶机、电力针织机、搪瓷机、造纸机等制造业生产装备的机器品种,尤其在农机制造方面取得很大发展。当时苏浙地区连年干旱,灌溉机械销路看好,这给以上海为首的中国华商机器厂家带来了很大商机。从民国十五年(1926年)到民国二十年(1931年),"中华铁工厂""新中工程公司""大隆机器厂""上海机器厂"等著名的大型机器制造厂家(这4个厂的农用机械产量占上海当时457家民族机器厂总产量的一半以上;当时上海的机器生产总量又占全国机器生产总量的一半以上),都把农用灌溉急需的内燃机和水泵列为主打机器产品,一方面舒缓了华东地区大面积出现的连年旱灾,有力支援了南方的乡村农事需要;另一方面为自己的产能扩大、销路拓宽,找到了一条快速发展的捷径,一时间上海和中国的机器制造业形势一派红火。民国二十一年(1932年)"一·二八"日军侵犯上海期间,重点轰炸了中国机器生产厂家集中的闸北和虹口一带,将大批厂房、机械装备摧毁殆尽;事变结束后,以在沪日商最为积极的上海洋商倾销各种机械产品。这两下夹攻迫使上海民族机器工业全面衰退,至民国二十四年(1935年),中国机器行业的

图 3-8　1931 年的工人阶级

营业额仅及同时期进口机器总额之一成。有些厂为了生计，只得通过洋行承包国
民政府军需订货。民国二十五年（1936 年）事态回转，当年农业大丰收，加之轻纺
工业集体复苏，欧美日本各国忙于备战，中国民族机器工业又获得难得的喘息之
机，仅上海机器工厂陡增至 570 家，多数仍新建于日军曾野蛮轰炸的闸北、虹口和
南市地区，众多新厂开工后即积极扩大产能，增加市场所需各种轻工、纺织、农业、
汽配、百货所需的生产机械。如"新中公司"（今"新中动力机厂"前身）当年就研发
制造出国内第一台高速柴油汽车发动机，在国内外机器生产行业赢得很大声誉，也
为自己赢得巨大商机。"江南造船所"选派人员前往英国固敏工厂学习内燃机、涡
轮及水管锅炉等工程技术，不单为提升造船业的专项技术，也为后来中国的机械制
造工业培养了一批专业人才。可惜这个发展态势过于短暂，随着次年（1937 年）抗
战全面爆发，大多数中国机器厂家要么艰难辗转西迁入川，要么在沦陷区被日军占
领为其生产军需品，这一波中国现代机械工业快速发展的趋势，戛然而止。

　　再以在晚清时期最早通商开放、机械和制造业有一定基础的福州为例，"黄金
十年"期间，福州的基础工业也曾获得了快速发展。如"民国三年（1914 年），薛玉
官在广福铜店自制车床成功，成为福州第一台自产车床。民国十八年（1927 年）2
月，薛玉官在台江鸭塍洲择地创办广福利机器厂，专门从事机床修造。民国二十三
年（1934 年），福州电气公司铁工厂开始仿制德式、美式 6 英尺、8 英尺和 11 英尺车

床、24 英寸牛头刨床、正齿机、斜齿机等机床设备,成为福州最早的机床制造厂家。至民国三十八年(1949 年)8 月 17 日,该厂累计生产各种机床设备 30 多台"(详见《福州市志·第三册·第二节 机床》,福州市志办公室主持编纂,2001 年版)。

轻工:为了摆脱民生产业的洋商联手在中国内地市场上以产品倾销手段来排挤中国民族工商业,中国各大城市的轻工行业民族厂家纷纷组织起来,多次开展"提倡国货、抵制外货"的宣传运动,争取唤起社会各界广泛同情。上海"地方协会""上海商会""中华职业教育社"等社会团体将民国二十二年(1933 年)定为"国货年",民国二十三年(1934 年)定为"妇女国货年",民国二十四年(1935 年)定为"学生国货年",广泛邀请工商界著名人士播音演讲,组织国货厂商游行、巡展,扩大宣传国货,呼吁市民踊跃购买。"中华""益丰""兆丰""久新"等搪瓷厂及家庭工业社联合十七家民生商品生产企业,举行"国货大游行",组织多辆汽车巡游,举办"国货运动周"和"国货展览会"。为扶持民族工业,国民政府亦接受了国内厂家联名请愿,将输华民生用品类洋货的进口税从 5% 提高到 12.5%,极大打击了洋货向中国的倾销手段,洋货进口量也大为减少。以搪瓷制品为例,民国二十年(1931 年)外资搪瓷制品比上一年进口量降低近四分之一,日货竟减产过半。这些措施很大程度上帮助民族轻工产业在 30 年代中期迅猛发展、壮大。据《上海地方志上海轻工业志》调查记载:至民国二十六年(1937 年)抗日战争全面爆发前夕,上海民族轻工企业已有 31 个行业、1 160 家企业,十年内增加五倍多,其中化妆品、油墨行业增加近 8 倍,电池、印刷行业增加 10 倍,纸品行业增加 26 倍。民国中期出现的新兴民生商品生产行业有:缝纫机、热水瓶、打字机、计算机、感光材料、号码机、速印机、灯泡、铝制品、自来水笔、锯木、味精、冷藏制冰、墨水、复写纸等十五个新行业、近千家(注册登记为 979 家)新工厂。一批著名的民族轻工企业涌现出来,如"冠生园食品厂""益丰搪瓷厂""华丰搪瓷厂""天厨味精厂""梅林罐头食品厂""泰康罐头食品厂""光明热水瓶厂""汇明电池电筒厂""天章造纸厂""关勒铭金笔厂""中国标准国货铅笔厂""大中华火柴公司""中国亚浦耳电器厂"等,都是当时足以和同类洋货在市场上全面抗衡的优秀国货品牌,不但产能、规模、技术上已达到当时的现代化先进水准,也形成自己全面的产品设计能力:外观、容器、包装、商标、图文符号、套色印刷等等。

纺织:30 年代初,纺织业已成为中国工业规模最大、经济实力最强的一个产业形态,遍布中国南北多座大中城市;除作为中国纺织工业基地的上海之外,还有天津、济南、青岛、杭州、苏州、武汉、成都等地。截至民国十九年(1930 年),作为中国纺织业重心所在的上海纺织业(以棉织纱纺业为主),达到了 228 万锭的产能规模,形成了配套行业相当齐全的一个大型民生产业系统。但是,在上海棉纺织厂家中,日资棉纺厂家拥有纱锭 115 万枚,占当时上海纱锭总数的一半以上,民族纺织业生存环境依然十分严峻,产能和市场备受日商的挤压和排斥。尤其是民国二十二年(1933 年)日本占据东三省之后,使中国纺织业丧失了原本占据三成左右的市场销售渠道;民国二十一年(1932 年)"一·二八"事变中,日军炮火集中轰炸中国的机械、纺织、造船等重点产业基地,使上海纺织业遭受了毁灭性的破坏,损失纱锭、布机占民族资本棉纺织设备总数的 25% 和 35%。民国二十二年(1933 年)起,日军先后侵入占据华北大片国土,一方面日商趁机在天津、青岛等地新建纺织厂或强行廉价吞并中国的纺织厂家;一方面又采取跌价倾销、垄断棉花等原料供应等卑鄙手段,进一步压缩华商纺织业的生存空间,企图挤垮中国的民族纺织工业。民族纺织业在此内外交困的逆境中一直苦苦挣扎、艰难维持,仍保持着相对完整的产业规模和技术更新速度,且时常推出国人设计的新产品,而且在印染图案、针织肌理、面料质感各方面逐渐形成 30 年代国产纺织品的独特设计风格,实属不易。

表 3-13　1936～1937 年江南丝织业织机分布情况表

地区	绸厂(户)	账房(户)	机织(户)	电力机	手拉机	投梭木机	织机总数
南京		54	600			700	700
苏州	89	77	650	210	500	1 400	4 000
丹阳			1 000		4 300		4 300
盛泽	10		5 000	1 100	8 000		9 100
杭州	141		4 000	6 200	8 000	500	14 700
湖州	24		3 000	931	585	3 000	4516
绍兴	2		3 200	34	2 650	2 000	4 684
宁波	3			80	700		780
上海	480			7 200			72
总计	749	131	17 450	15 755	24 735	7 600	42 852

同时,内陆省份广大乡村百姓的纺织品供应仍由乡村土织手工业唱主角。以河北省高阳县为例,该县土织布匹销售几乎遍及全国:

表 3-14　1932 年高阳土织布匹销售区域分布情况

区域名称	销售数量(匹)	百分比	销售价值(元)	百分比
河北·	515 581	42.97	4 283 301.25	39.88
山西	238 857	19.91	1 990 542.62	18.53
河南	177 515	14.79	1 566 649.14	14.59
山东	6 700	0.57	82 006.41	0.76
绥远	52 326.5	4.36	278 953.55	2.60
察哈尔	21 772	1.82	181 374.15	1.69
陕西	82 610	6.88	829 698.81	7.73
甘肃	27 386	2.28	247 524.28	2.30
湖北	23 309	1.94	324 399.28	3.02
湖南	11 571	0.96	163 599.94	1.52
四川	31 966	2.66	665 700.58	6.20
江苏	1 168.5	0.10	13 157.04	0.12

区域名称	销售数量（匹）	百分比	销售价值（元）	百分比
广东	1 965	0.16	37 751.03	0.26
贵州	7 184	0.60	85 566.92	0.80
总计	1 199 911	100.00	10 740 225	100.00

注：上表引自彭南生《论近代中国乡村"半工业化"的兴衰——以华北乡村手工织布业为例》（载于《华中师范大学学报·人文社会科学版》，2003年第5期），原注具体数据转引于吴知《乡村织布工业的一个研究》（商务印书馆，1936年版）。

金属型材加工与矿业：截止到民国二十六年（1937年）抗战爆发前夕，全国在冶金工业方面已建成"中央钢铁厂"、湖南"茶陵铁厂"、湖北"灵乡铁矿"、江西"钨铁厂"，四川"彭县铜矿"，湖北"大冶""阳新"铜矿，"中央炼铜厂"，重庆"临时炼铜厂"，湖南"水口山铅锌矿"，云南锡矿，青海金矿，四川金矿等。在燃料工业方面，建成江西"高坑煤矿""天河煤矿"，湖南"湘潭煤矿"，河南"禹县煤矿"，四川"巴县石油矿"和"达县石油矿"等；在化学工业方面，建成氨气工厂及无水酒精厂等；筹备并部分建成投产的厂矿企业有"中央机器制造厂"，湖南"湘潭飞机发动机厂"，"中央电工器材厂"，"中央无线电机制造厂"，"中央电瓷制造厂"，四川"长寿水电厂"等等。以民国二十六年（1937年）年产统计，这些厂矿共生产电力153.3万度，煤2万吨，净钨砂11 926吨，锑14 597吨，精铜9吨，铁砂6 313吨，电讯机器425台。

符合现代工业化标准的正规钢材加工产业，是民国十年（1921年）首创于上海的民营轧钢企业。上海"荣泰铁管厂"用进口带钢以手工加工方式复制成焊接钢管，为本厂制造的"西式铁床"供用规格化构件材料。由于"西式铁床"（分有弹簧和无弹簧两种）当时十分畅销，"合兴床厂""公兴铁厂""永兴机器厂""祥兴钢管厂"等一批钢铁型材加工企业纷纷开办。华商荣锡九等创办的"大通五金钢管制造厂"，用进口带钢复制加工电线套管等特殊产品，畅销国内市场，并外销南洋。钢铁铜铝等金属型材加工企业的崛起，逐步形成了一批高水平钢管制造生产企业的诞生，如"新成钢管制造厂""大成钢管制造厂"等。"永大机器厂""鑫大拉管厂"等还发明了用进口无缝钢管通过拉拔复制成各种规格口径的无缝钢管的新技术，并迅速形成产能，占领市场。民国十七年（1928年）起，上海、天津还出现了一批以进口带钢复制打包铁皮的专营厂家。经历整个20年代十年的开拓，到30年代初，上海已形成了比较完整的复制钢材行业体系，其门类、品种和产量，都在全国同行业中居于领先地位。民国二十一年（1932年）起，上海新建了一批利用旧料、边料加工钢材的民营轧钢厂，经济实力、生产规模、装备水平、雇员人数均大大超过了之前的钢材复制加工企业。由华商任友三和洋行买办鲍和卿等合资创办的"中华制铁厂"，先后从洋行订购置办了五套热轧机组，用拆船钢板及进口的钢板边料做原料来轧制直条和圆丝钢材，供拉丝、制钉和建筑等行业广泛应用，其利润丰厚、业务兴旺。此后，"兴业制铁厂""中国轧钢厂"等一批同类型企业相继建立。民国二十二年（1933年），华商余铭钰与方文年合办"大鑫钢铁工厂"，专门生产铸钢件。"大鑫钢铁厂"先后设置化铁炉三座、一吨级转炉一座、一吨电炉两座等炼钢装备,为机械、造船等工业以及公共汽车公司、铁道部门提供铸钢件、铸铁件。同时期,机械行业的"大陆机器厂"和日资"丰田汽车修理厂"也设置电炉生产铸钢件,供本厂制造机器配套使用。随后日资企业开始逐步侵入钢材加工行业,先后在上海地区开办"公和伸铁厂",生产各种规格的小型钢材。日资"本久孚洋行"吞并华商"大明白铁厂",更名为"亚细亚钢业厂",增添30吨化铁炉一座,设化铁、拉丝两个工场,专营铁丝生产。日资钢铁型材加工企业以资本雄厚、技术先进、装备高级的优势,逐步垄断了30年代中国内地的铁丝市场。

化工:二三十年代是中国民用化工发展迅猛的时代。民国十年(1921年),华商顾兆帧购进法国生产设备,生产出浇铸型酚醛树脂(又称人造象牙),成为中国最早的塑料生产企业,所产"九链牌""人造象牙筷子"独占国内市场,远销南洋各国。民国十七年(1928年),华商吴蕴初创办中国第一家电解化学工厂"天原电化厂股份有限公司"。次年,吴蕴初花资8万购进法国"远东化学公司"生产盐酸的二手设备(120只爱伦·摩尔式电解槽),还以年薪1万银圆的高额酬金聘请法籍技师班纳主持生产技术。民国十九年(1930年)"天原电化厂"竣工投产,生产盐酸、烧碱和漂白粉。"天原"生产的"太极牌"盐酸、烧碱在市场上异军突起,一举打破了英商"卜内门公司"垄断中国碱业市场多年的局面。同时吴蕴初还向法国厂商订购日产200只盐酸坛设备一套,开办"天盛陶器厂",并聘请德国化学陶器制造专家马塞尔、加斯洛为技师,专门生产盐酸盛器。民国十七年(1928年)前后,上海"正泰""大中华"橡胶厂先后创建,相继生产出第一批真正意义上的国产套鞋、跑鞋、车胎等民用商品。民国二十二年(1933年),"中孚""大中"染料厂开业,这是主营生产与纺织印染行业配套的染料生产企业。民国二十三年(1934年),"大中华"添置进口橡胶塑形设备,为中国汽车工业生产出了第一只国产汽车轮胎。民国二十四年(1935年),华商吴蕴初又建中国最早生产合成氨的企业"上海天利淡气厂",从美国"杜邦公司"购进水电解制氢和中压法合成氨装置,生产合成氨、硝酸产品;后又从法国卡登巴许公司引进日产14吨稀硝酸的装置,专门生产合成氨和硝酸等民用化工原料产品。同年,华商李允成、郭永恩等开办"中国工业炼气股份有限公司",生产氧气及乙炔气;次年起又增设生产电石的部门。同年,华商"中国酒精厂"建成。这些新兴的民族工业的发展,打破了洋商独占中国国内化工市场的垄断局面,引起洋商采取压价倾销、分解收买等手段进行反扑,致使一批民用化工企业如"中孚染料厂""中华制造橡皮有限公司""亚洲橡皮厂""橡皮公司上海分行"等相继破产停业。华商企业继续以购进国外的设备,聘请外籍技师,引进西方的生产技术,千方百计提升产品质量、开发产业新品来以国货与洋货相抗衡。如"大中华橡胶厂"筹建创办时,与日本"A字护谟(橡胶)厂"达成协议,由日方负责培训制造套鞋的技术人员,提供全套机械设备;之后还高薪暗中秘密聘请日本技师加藤芳藏私下为其指导生产套鞋的配方、熬油和上光等关键技术。"正泰橡胶厂"生产"八吉"牌套鞋时,也聘请日籍技师足立之治为生产指导。"中国工业炼气股份有限公司"

开办时,购进德国"麦瑟公司"研制的"30 立方米/时制氧机",生产工业、医用、民用氧气,并请德籍技师驻厂工作,为解决乙炔电石生产技术问题;又在民国二十四年(1935 年)购进日本制造的 450 KVA 电石炉设备一套。民国二十五年(1936 年),"中国工业炼气股份有限公司"的国产"葫芦牌"电石问世。二三十年代的华商创建民族化工企业的种种努力,首创了一批中国现代化工产品的生产门类,填补许多民生产业急需的化工原料"空白点"。

手工业:中国社会的普通民众生活方式,尽管从晚清以来已有很大程度的改变,但在日常消费层面,依然有相当大比例属于既往传统生活习俗部分。这种传统的生活习俗渗透在人们生活的每一个环节,也左右了现代民生商品进入中国社会主流群体的时间、规模、效果。不光是大众生活方式仍保有很大幅度的传统习俗比例,大众生产方式也一直是西洋产业、民间传统手工产业和民族现代产业"三足鼎立"的状态。尤其对于社会底层民众而言,传统手工业一直是吸纳大量廉价劳力、提供大量谋生手段,也占据大量消费市场的不可忽视的经济因素。即便是民国中期新设的很多现代产业中,也聚集了大量以手工劳作方式从事生产的产业环节。以近现代中国工业的摇篮上海为例,民国八年(1919 年)前后,上海有近 20 万工厂工人和 20 多万手工业作坊工人,人员比例旗鼓相当。而前者中不少生产工序,依然大量依靠纯手工制作或半机械操作完成生产流程。如 30 年代初新建的"光华汽灯厂"(现名"上海汽灯厂")、"华昌钢精厂"(现名"华昌铝制品厂")、"岭南衡器厂"(现名"上海衡器厂")、"益泰信记铝器厂"(现名"上海铝制品一厂")、"汇明电筒电池厂""利用五金厂"(现名"利用锁厂")、"五华钢骨阳伞厂""新中华刀剪厂"等。这些具有传统和现代两种操作方式的生产企业,是中国完成工业化进程中民众生产方式不可或缺的重要转型业态,它们的不断发展壮大和技术提升,以及机械化、规模化的实现,直接关系到中国社会的现代化实现程度。事实上,华商手工业厂家,也一直是近现代民生产业兴起的重要推手,而不完全是阻力。民族手工业也和民族现代产业一样,都擅长利用爱国意识唤起消费人群的关注,在与洋商的市场竞争中逐步壮大自身力量。如"九成五金厂"将揿钮产品注册为"醒狮牌"商标,"上海胶木物品制造厂以数字"九一八"为其电器开关的货号,"大上海轧发刀剪厂"以"血心一二八"作为产品牌号,"中国新乐器制造公司"以"国光"作为自己生产的口琴商标等等。还有些民族手工业厂家也擎起了"爱国""民族"旗号来争取客户,如"胜洋制镜厂""爱国工业社"等等。这就使大众消费在 30 年代存在着一种非市场化的商业行为:同等品质的商品,往往民族产业(特别是具有天然民族色彩的手工业)能暂时性取得部分优势。据《上海地方志·上海手工业志》统计:至民国二十六年(1937 年)抗日战争全面爆发前夕,上海地区具有纯粹手工产业性质的民生商品生产企业已发展到 1 160 家,比二十年前增加 5.4 倍。截止到民国二十六年(1937 年)上半年,据不完全资料统计,上海当时共有商号 72 084 家,其中兼有手工业性质的商号26 128家(包含饮食行业 7 329 家)。民族手工产业成为民国中期民生商品的主力军,同时也拥有了自己的一批名牌民生商品,如"华生牌"电风扇、"信记牌"钢精（铝）器皿、"大无畏牌"手电筒、"Whippet 牌"及"CMC 牌"弹子锁、"五华牌"晴雨伞、"双箭牌"理发刀、"元昌牌"订书机、"马利牌"美术颜料、"麒麟牌"牛皮底革、"国际牌"足球、"火车牌"篮排球、"方趾牌"男皮鞋和工艺美术陈设品等。就上海 5 854 家手工业情况分析，家具（木制家具、金属家具、藤竹家具和皮箱等）、日用（针织品、鞋帽和制镜等）和木材（板箱、车木、木作和鞋楦等）三个行业最多，占总户数一半以上。其规模为平均每户雇用劳工为四人；雇工在十人以上者，占总户数的 6.59%。还有大量的个体经营，但未在民国政府工商部门登记注册、正常纳税的手工业散户，涉及无线电修理、修车（自行车、黄包车、三轮车）、裁缝、白铁匠、锔碗、修鞋等众多行业。

30 年代的家用机电产品多为机制洋货模本的简单模仿。因当时科学不甚昌明，产业不够发达，再加上洋商势力打压、束缚，国货往往价高质劣，于普通消费者而言，尚无法与洋货抗衡。各地市民"虽具爱国心，然无法推翻经济需供相求之原则，弃物美价廉的洋货不买，而用价昂粗糙之土产也"（详见白陈群编《国货鉴》，北平各界提倡国货运动委员会发行，1933 年版）。以作为国货骄傲的上海"华生"电扇为例，刚刚投产时，年销售量仅 1 000 台，民国十五年（1926 年）产销增至 3 000 台，民国十九年（1930 年）猛增至 10 000 台，民国二十一年（1932 年）产销总量已达到了 20 000 台，并且畅销于东亚、南洋各国。"华生"电扇成功秘诀就在于"出品优良，价格比外国货便宜了四分之一"（引自《申报》新闻报道，1933 年 1 月 1 日）。"华生"电扇这点启迪对于过去和当下的中国企业都具有现实价值。

有色金属：20 年代中后期起，中国的现代民生产业有了一个快速发展的"黄金时期"，一大批民生新产品投产销售，而且产销两旺，如热水瓶、电筒（外壳）和电灯（灯头）、铝器皿等热门行业。但这些新型民生商品的生产原料如铜皮、铝片等有色金属材料进货，很大比例需要从洋行进口。如民国十八年（1929 年），日商在上海开办"公和制铜厂"（不久改名"中国制铜厂"，现"上海铜带厂"前身），是当时垄断民生商品生产有色金属原材料的大型厂家。为摆脱洋商对有色金属原材料的控制和垄断，差不多在同时期创立、由华商兴办的"上海五金制铜厂""中华辗铜厂""七星铜厂"和日商"和兴炼铜厂"及另外几家华商洋商办的铜厂、铝合金厂相继建立，产品都为铜皮、铜丝、铝板、锌板为主，供各轻工厂家生产各种民生日用品和制作民用电线、家用电器零配件。至抗战爆发前夕的民国二十六年（1937 年），国产铜皮供应已达市场需用量的八九成。华商王宝信于民国二十四年（1935 年）在所属"益泰信记机器厂"建成年产 500 吨铝片的生产车间。此后，"华昌""华德""艺光""永昌"等钢精（即铝合金）厂陆续扩建铝片车间，使华商经营的民生餐饮具的铝器皿生产所需原材料基本做到了自给自足。

橡胶工业：橡胶工业在 20 年代初是风靡世界的新兴民生产业，传入中国也基本同步，广州、厦门、福州和上海，都有不少洋商华商转移资金投向橡胶工业及其民生商品生产。上海地区最早的企业有"劳大""德昌""启明""厚生""大新""义源""义昌"（正泰前身）共七家橡胶厂。产品除"厚生橡胶厂"生产人力车胎，"启明橡胶厂"生产鞋底、鞋跟及工业零件外,其余厂家一律以当时风行的胶鞋为主。其中以"大新橡胶厂"生产的"如意"牌套鞋,"义源橡胶厂"生产的"鹰麦"牌帆布运动鞋最为畅销。民国十七年(1928年)后,由于胶鞋旺销,而橡胶价廉,生产有利可图,开厂者逐渐增多,如"大中华""广东兄弟"(广东兄弟橡胶公司在上海的分厂)、"中国""大陆""务本""春华""大生""意大利"共八家橡胶厂。民国十八年(1929年),又有"义生""江南""利华""华兴"及"大生"二厂等五家橡胶厂。民国二十年(1931年)前后发展更快,新厂开设近三十家。其中以"大用橡胶厂"资本最为雄厚、规模最大,其次为"中国工商""大中"和"义和"三家橡胶厂。至民国二十年(1931年),仅上海地区橡胶厂家已达48家,占当时中国橡胶企业总数的六成以上,资本总额达400万元,有炼胶机220台,常年雇工总数达12 000人。除极少数厂家兼产人力车胎、鞋底跟、热水袋、皮球等外,均生产胶鞋并多以全胶鞋为主。民国中期先后成为著名品牌的国产橡胶制品有"箭鼓"(后改为"坚固")牌套鞋,"永"牌橡皮球及"永"牌热水袋、套鞋、揩字橡皮,"双钱"牌汽车轮胎等等。

另外,"黄金十年"期间,也创造了几项意义重大的"中国第一":沈阳"辽宁迫击炮厂"靠组装进口零部件生产出中国第一辆汽车(1929年,65马力,载重为1.8吨);福州"马尾船政局飞机工程处"组装出中国第一架投入使用的飞机(1919年,甲型一号水上飞机);至民国十九年(1930年),"马尾船政局飞机工程处"已生产出教练机、侦察机、海岸巡逻机、鱼雷轰炸机等7种飞机。

〔本章节有关上海地区企业名称、数据、年份均参照《上海地方志·上海工业志》(上海地方志办公室主持编制,2002年版)和其他地区地方志、年鉴等相关资料。〕

二、民国中期交通运输产业背景

南京国民政府对铁路建设,也算是有心无力,不能算太出色。民国十七年(1928年)国民政府刚完成北伐统一中国后,一度雄心勃勃地努力开展铁路建设,还将铁路事务由交通部划出,专门设立铁道部,直接受行政院管辖;还于民国二十一年(1932年)颁布了中国第一部铁路基本法规《铁道法》;民国十八年(1929年),国民政府实施铁路国有政策,原有铁路企业之股份,由铁道部换发公债。根据国民政府自己的统计部门核准,截至民国二十二年(1933年),全国铁路共有13 017 919公里,其中干线8 864 668公里,支线1 258 179公里,第二轨道161 699公里,串道1 016 662公里,岔道1 566 078公里,实业支线150 633公里(详见《中华民国统计提要》,国民政府主计处统计局编,民国二十四年版)。这里面一大半干线铁路都是晚清至民初时期修建的,所谓"黄金十年"在铁路建设方面主要是沿途的支线铺设,新建铁路仅有3 793公里,既远不如晚清洋务运动时期的成绩,也不如北洋时期的成绩,甚至连同时期东北地区伪满新修各级铁路4 500公里都不如。据统计,从南京国民政府成立的第二年即民国十七年(1928年)到抗战爆发前夕的民国二十六年(1937年),国民政府在关内共新修建了约3 600公里铁路;民国十七年(1928年)到民国二十年(1931)三年内在东北以官商合营方式修建约900公里铁路。截止到抗战爆发前夕的民国二十六年(1937年)时,全国铁路里程共有1.2万公里。南京国民政府在新建铁路方面的成绩单,相比其他高速发展的工业和文教行业而言,相对滞后些。

尽管如此,"黄金十年"的铁路建设仍小有"亮点",在晚清铁路的基础上,终于建成了横贯东西的陇海和沟通南北的粤汉两条主干铁路;还在华东、华北地区修建了浙赣、同蒲、江南、淮南、苏嘉等支线铁路,部分弥补了晚清和北洋时期修建铁路多集中于西部、中部地区,东部沿海发达省份的铁路里程却严重不足的弊端。特别是对苏浙沪和平津两大经济发达地区的支线铁路和沿途设施的建设,加强了沿海城市间人员往来和货物运输的能力,为"黄金十年"的中国工业化进程起到了输血供氧的作用。

民国二十四年(1935年)底,国民政府意识到中日全面战争的临近,紧急制定了"国防交通建设计划",使交通建设暂时得到了突击式的快速发展。从民国二十四年(1935年)到民国二十六年(1937年)抗战爆发的一年半左右时间,共突击建成铁路2 030公里,平均每年达1 353公里。这是从民国十六年(1927年)至民国二十四年(1935年)共八年间年铁路铺设速度的6.5倍。一些具有战略意义的铁路、公路干线都是在这一时期完成的。

民国时期最值得自豪的交通事业建设成就之一,便是民国二十四年(1935年)开始建造、民国二十六年(1937年)竣工通车的钱塘江大桥。该桥全长1 453米,上层为双车道公路,车道宽6.1米,为第一座完全由中国人自行设计、建造的大型钢结构公路铁路两用桥梁,设计者为留美(康奈尔大学土木工程系)归来的青年建筑师茅以升博士。钱塘江大桥命运多舛,先后经历抗战爆发、国民党撤退两次炸桥事件,可建成后从未经受任何一次结构性大修,75年来屹立如常,被杭州人民赞誉为"桥坚强"。

自行车,在民国中期的各大中城市普通市民出行方式中已成为最重要的出行工具。面对巨大的市场前景,洋商华商无不奋起创业。在上海、汉口、广州和南京,均在20年代初前后出现了专营自行车销售业务的洋行,以及数量庞大的自行车修配车行、店铺。其中上海自行车修配行业率先组装自行车获得成功,如民国十五年(1926年),上海"大兴车行"聘请两名日籍技工,从洋行购入之进口钢管和接头,进行了自行车车架的组合、焊接和油漆,配以部分进口零部件组装成"红马""白马"牌两款自行车销往市场,一时引起热捧。民国十六年(1927年),上海"润大车行"也在自制部分零部件的基础上加之其他进口零部件组装成"飞龙"牌自行车。这些"准国货"自行车还分别于民国十六年(1927年)和民国十七年(1928年)在"上海国货展览会"和"杭州西湖博览会"上获奖。民国十九年(1930年),"同昌车行"开办"自行车制造厂",自行制造车架、前叉等主要自行车构件,再加上少量进口零部件组装成平车、童车和三轮运输车等,品种规格较多,注册了"飞马""猛狗""飞人""飞虎""飞熊""飞鹰""燕子"等商标,在上海、南京、汉口等大城市代理经营,再销往全国各地。因市民的自行车拥有量日益增长，带动了中国自行车零配件制造产业和自行车维修装配行业。其中当时专门生产自行车零配件的著名厂家有民国十一年(1922年)开办的"王发兴侬记铁工厂"，民国十六年(1927年)开办的"泳昌钢圈厂"和"隆昌五金钢丝厂"，民国十八年(1929年)开办的"鸿飞车头制造厂"和"杨永兴坐垫厂"，还有抗战初时"孤岛时期"民国二十八年(1939年)在上海开办的"裕康五金制造厂"(主要生产自行车制动变速部分的飞轮)，以及民国二十九年(1940年)创办的"古特钢珠厂"和生产脚蹬、车铃的"百龄"工厂等等。这些自行车零配件生产和整车组装的产业形成，标志着当时的中国已由自行车完全输入型消费国家转变为自行车零部件部分生产和整车组装的生产型国家。

与此同时，全国各大城市的公共交通运力发展极不平衡。截止到抗战爆发的民国二十六年(1937年)，上海地区拥有公交营运的各种汽车已达两千余辆，广州、北平、天津地区也达到数百辆，而南京、杭州、成都等市仅有百余辆。包括上海在内的各大中城市的民众出行，很大程度上还要依靠脚踏式三轮车、人力黄包车和"老虎车"(一种动能提供靠烧煤气的自行改装钢架小车)。北方一些大中城市(如济南、太原、石家庄、青岛、兰州、迪化等)，公交运力相对严重滞后，加上厢座的畜力大车、人拉板车和独轮小车一直是作为公共交通中的"补充型"主要运力存在于市区各主要干道上，有些延续到40年代末还存在于城市的客运行业。

30年代初，由美国人承包的"中航"上海至新疆迪化(今乌鲁木齐市)航线开通；继而"中航"和德国"汉莎公司"合办"欧亚"，先后开通上海至成都、北平、广州、迪化等九条国内航空干线。民国二十五年(1936年)，第一个国内民用机场"龙华机场"在原先用于飞机制造和试飞的场地上建成。30年代建成的中国民用航空业务范围主要还局限在承接民用客货邮运业务方面，距离真正意义上全面开放的民航客运业务，尚未正式形成。

民国中期的公路建设方面成就斐然，至民国二十六年(1937年)抗战爆发，全国公路通车里程达到109 500公里，其中半数以上为"黄金十年"新建的公路。民初时，人们将这种按西方标准修建的道路称为"汽车路"，是因为可以走汽车是这些新式道路的最起码标准；北伐统一南北后，南京国民政府正式颁令称此类道路为"公路"，取公众使用、天下为公之意。以甘肃、四川、山西三地为例，据不完全统计，民国十六年(1927年)，甘肃省政府成立后，在原大车道的基础上，修筑了兰平(平凉)、兰肃(酒泉)、兰宁(宁夏)、兰固(固原)、兰临(临夏)、兰煌(敦煌)等8条汽车路。1934～1937年西兰、甘新两公路线通车。抗战爆发后，国民政府加速交通建设，修建26条公路干线，里程4 501.7公里，均以兰州为中心。四川地区从民国二年(1913年)修建成灌公路开始至民国二十二年(1933年)初成渝公路为止，共修筑公路43条，通车里程为2 755公里。山西地区自民国八年(1919年)由山西督军兼省长阎锡山颁布《山西省修路计划大纲》，并逐年付之实行。民国十年(1921年)，以省城太原为中心，南至平遥，北达忻县的山西第一条公路建成通车，全长213公里。民国十九年(1930年)前后陆续建成5条主要干线公路，总长1 757公里：平辽公路(北起平定县所属阳泉火车站,南至辽县,全长 121 公里)、太原至风陵渡公路(全长 688 公里)、太原至大同公路(全长 292 公里)、太原至军渡公路(全长 288 公里)、祁县白圭镇至晋城公路(全长 348 公里)。此外,还修有忻定台支路、侯河支线等几段公路。截至民国十九年(1930 年)底,山西省境内公路总计 2 060 公里。从 30 年代初至抗战第二年(1938 年)太原失守前,山西境内八年内又陆续新建各级公路近千公里。尤其是经济发达地区的华东地区,"京杭国道""浙皖公路""闽浙公路"等公路网的建设,和"苏嘉铁路"、钱塘江大桥和"浙赣铁路(因抗战爆发未完成)"等,直到 70 年代,江浙沪皖交通网基本是"黄金十年"时期兴建的。

三、民国中期市政公用产业背景

所谓"都市化",理应有三个基本标准:其一是具有数百万以上的常住人口,因为众多的人口基数决定了城市的基本格局和产业规模、劳力资源以及庞大的商业消费群体。其二是有足够发达的商业与产业体系,足以吸纳大多数城市人口能就业谋生,同时靠城市自身市场就能消化大多数产能,并提供丰厚商业利润。其三是不但有完善的市政设施,包括城市公交、供电、供水、供气、排污、道路修建与管理、码头、车站、公共照明等等;同时有完善的城市生活服务体系,如餐饮、医疗、教育、娱乐、文化、艺术、体育及制衣、印染、洗衣、理发、洗浴、修理等配套行业。

30 年代的上海,是现代中国社会最早实现"都市化生活圈"的典型城市,在所有中国大城市中最早形成符合大都会城市的所有标准,并具有相当完善、发达的市政工程与公用事业。民国十六年(1927 年),上海特别市政府设工务局,统一管理除租界地区外的全市市政工程;租界内的市政管理及市政建设,由公共租界内洋人把持的"工部局"实施管理。直到民国三十四年(1945 年),藉抗战胜利之际,国民政府才得以全部收回租界管理权益,由上海市国民政府工务局接管包括原租界地区在内的上海全市的市政工程,集中统一管理、实施建设。

以市区道路为例,在清末民初修建的市区道路网线基础上,"黄金十年"期间多有建树,如民国十七年(1928 年),新建贯穿市区东西干道的中山路;民国十八年(1929 年),上海特别市政府公布并实施"大上海都市计划",在江湾新辟市中心区,修建以江湾五角场为中心的邯郸路、翔闸路(今四平路)、黄兴路等新马路;在浦东修筑浦东路(今浦东南路和浦东大道)等。至民国二十六年(1937 年)止,在黄浦江与沪宁、沪杭铁路范围内,东抵杨树浦,西迄徐家汇,北至虹口公园、闸北中兴路、交通路一带,上海市区道路的总体骨架已基本形成。民国二十六年(1937 年),浦东第一家水厂建成供水;至此,上海市区各区自来水供应网线全部到位。

随着二三十年代的全国各大城市的"都市生活圈"的兴起,各种西方式的城市生活配套服务业相继建立起来。尤其是"黄金十年"上海的几片商业区形成,表明了民国中期城市建设与市政管理水平达到了一个新高度。民国二十年(1931 年),恰逢中国各地农业丰收,乡村经济活跃,农村购买力提高,使全国各大中城市民生商品百货零售业获得极大发展。当年上海市区总面积 527.5 平方公里范围内,共有 7.2 万商户;其中仅占地 33 平方公里范围的公共租界加法租界内,就有 3.4 万户,占全市商业户数总量近一半。民国二十五年(1936 年),在当时各项设施更加现代化的华商"大新公司"建成开业,与早期的"先施""永安""新新"并称"四大公司",加之附近万余家其他商店,共同构成 30 年代亚洲最繁华的上海南京路商业圈。与此同时,上海的霞飞路(今淮海中路)、法大马路(今金陵东路)、爱多亚路(今延安东路)、虞洽卿路(今西藏中路)、北四川路(今四川北路)都在 30 年代中期陆续形成繁华的商业中心。有些商业区还形成了有自己行业特征的路段,如兴圣街(今永胜路)的绒线业,小花园(今浙江路广东路口)的绣鞋业,抛球场(今河南中路南京路口)的裘皮业,棋盘街(今河南中路)的呢绒绸缎业,福州路的文化用品业,威海路的汽车配件业,北京路的五金业,同孚路(今石门一路)的时装业等等。

民国二十二年(1933 年),上海已有苏广成衣铺 2 000 家,连同个体裁缝,中式服装成衣业的从业人员达 4 万余人。截止到抗日战争爆发前夕,上海已有机缝业(主要是指以机器缝制布鞋、皮鞋、帽子以及皮革、鞋料、五金等作坊店铺)会员 620 家,大小西服店 420 余家,职工 3 050 余人。

随着市场需要变化,原本在租界开办、只为洋人服务的洋商西式洗染店逐步向上海租界之外的广大华界扩张业务,自身也从水洗、干洗、染色、织补等单一经营的作坊式店铺向项目齐全的洗染业综合服务、分店连锁经营方向发展。20 世纪初,华商也开始涉足西式洗染业,所经营的洗染店日益增加,如上海地区经营比较好的有华商"华利""利大""华丽""公和"等。民国九年(1920 年),"中央洗染店"开业;民国十四年(1925 年),著名的"正章洗染店"开业,"正章"资本雄厚、设备先进,并采取在上海周边城市开设分店的连锁经营模式,扩大了经营规模,争取了大量客户。"正章"还在民国二十六年(1937 年)引进日本用汽油洗涤衣物的干洗机,将中国洗染业装备提升到了一个新水平。至民国十九年(1930 年),上海地区的洗染店发展到 100 多家,多数为国人经营。原有的"同业公会"于民国十九年(1930 年)再次改组,分设"洗染业同业公会",首次将绒衣业、染坊等纳入会员单位"洗染业同业公会"或"染炼(坊)业同业公会"。

二三十年代上海华商界还利用并倡导的几次"国货运动",取得了良好的社会与经济效益,极大地促进了民族工商业的发展。如民国二十二年(1933 年)至民国二十五年(1936 年)全国各地成立的国货公司有上海、郑州、长沙、镇江、温州、济南、徐州、福州、重庆、广州、西安、昆明等 12 处。而最早大举"国货"旗号的则是民国二十二年(1933 年)在上海南京路慈淑大楼(今"东海商都")开设的"国货公司"。一些著名的华商经营的百货公司,则大幅提高国货销售比例,声援"国货运动",如著名的"永安公司"经营国货的比例由民国二十年(1931 年)前的 25% 提高到 65%。

[以上涉及上海地区的厂家名称、数据、事件均参考了《上海地方志》(上海市地方志办公室主持编撰,2002 年版)与公用事业、市政建设、轻工业、商业相关行业志资料。]

民国二十三年(1934年)1月,抵制日货运动兴起,山东"济南劝业场"更名为"国货商场",规定场内商户一律只准出售国货,不准贩卖洋货。30年代类似的官办民营大型商场,均以批发为主,兼顾零售百货、文具、土特产杂品。

除去上海、广州等大都市自晚清起已创办了一批集餐饮、旅游、休闲、娱乐于一体、拥有当时亚洲地区一流生活设施的大型西式现代化旅馆饭店外,天津、南京、武汉、北平等二线城市也在20年代末到30年代初相继兴建了不少现代化饭店、旅社。其中较有名气的是民国元年(1912年)开业的天津"亚细亚饭店",在二三十年代不断兴建、引入第一流的生活设施(电梯、蒸汽浴、舞厅、乐池、客房无线电、商务电报间等),使其名气、设施、规模和房价在当时的华北地区可谓首屈一指。"德人主其事,房舍不多而整洁,顾客多外人,房饭费1人1星期65元,2人130元,月费1人240元,2人370元,儿童仆妇狗等,可较他家通融,是店只宜潜心静养,以消暑夏,若短期游玩,因交通不便,离中心点遥远,殊不宜也。"(天津《益世报》通讯,1931年7月30日)天津"亚细亚饭店"主楼为两层木结构,每套客房均带有铁花栅栏和石雕柱饰的宽大阳台,凭此可眺望黄海。房间门窗均为比利时风格的弧形木件,还装有当时少见的欧式百叶窗;室内建有壁炉,铺着欧洲运来的厚实的橡木地板;灯火明亮的餐厅两侧有数间耳房,作为储藏室、厨房和仆役、司机、秘书用房。饭店内部各区域过道均以封闭长廊联通,私密性和安全性设计得很巧妙,客服人员和来客均只能通过长廊才能进入客房。

南京国民政府也兴建了一批官资宾馆、饭店,其中设备较齐全、名气较大的有位于中山东路上("总统府"所在"国府街"前侧)的"中央饭店"(招标洋人设计,1929年开业)、位于中山北路的"南京饭店"(杨廷宝设计,1936年开业)等。由于均为政府经营,其硬件设备也堪称一流,但比之当时上海、广州、天津等洋人修建、经营的饭店尚有明显距离。位于中山路上的"福昌饭店"(今"中心大酒店"之一部,抗战还都后改名为"胜利饭店")是少数正宗洋味的高档餐饮住宿所在,坊间传说有蒋夫人宋美龄的投资背景,不但客房一直由洋人经营管理,各式菜肴均为洋人大厨打理。

四、民国中期文教卫生事业背景

民国中期的国民教育和医疗卫生事业所取得的成就,是几乎所有中外近现代史学家交口称赞的成功事例。这不是说"黄金十年"共创建了多少所学校和医院,而是说就南京国民政府打赢北伐战争、实现南北统一之后接手的国家整体教育卫生事业状况是如此之糟糕,以至于根据西方标准,被说成是"白手起家"也不算过分。除极少数几所大学(所谓"一大六高")的人文学科外,中国人自己开办的西式标准的现代高等教育(尤其是理工科院校)还根本谈不上,基本靠北平、上海的几所民办公学和教会大学在撑场面。虽然民初时期国民中小学教育推行了十几年,但全国近九成的县城,都还没有一所学制完整的六年制中学。清末民初时真正具有现代化水准的医院不是没有,但全数集中在少数几个大城市(如北平、上海、广州、汉口、南京等)的教会医院和租界医院及洋资医院,至于国民防疫、社会保健、社区

图 3-9　民国消防队

医疗,还闻所未闻,基本依靠外国慈善机构和世界医疗组织自发组织和实施。

北伐初胜定都南京的国民政府即于当年(1927 年)公布《大学教员资格条例》。其中规定,大学教员的月薪,教授为 600 元～400 元,副教授 400 元～260 元,讲师 260 元～160 元,助教 160 元～100 元。教授最高月薪 600 元,与国民政府部长基本持平(引自刘明《论民国时期的大学教员聘任》,载于《资料通讯》,2004 年 06 期)。在 30 年代初,大中小学教师的平均月薪分别为 220 元、120 元、30 元;而同期上海一般工人的月薪约为 15 元。这一组真实数据还是说明了国民政府对教育的热衷和全社会对教育的重视程度。这些切实措施,确保了很多社会精英留在教师队伍中,确保了中国现代教育的高质量高水准。

南京国民政府教育部门自己统计:"黄金十年"期间,全国大学生人数增加了 90％,中学生人数增加了 65％。民国十八年(1929 年)到民国二十五年(1936 年)共七年期间,全国学龄前的儿童就学率从 17.1％上升到了 43.4％,当时的大学生占全国人口比例为 1∶16 000;中学生的比例是 1∶4 407;小学生的比例是 1∶60。民国二十五年(1936 年)全国共有专科以上的学校 108 所,其中大学 42 所,独立学院 36 所,专科学校 32 所。共有 272 个学院,1 095 个系,在校生 41 922 人。(这些数据未经第三者证实,仅供参考。)

也许数字过于枯燥乏味,现摘录一段由中央党史研究室原副主任李新先生撰

写《流逝的岁月》(作者的回忆录)来体味一下当事人对民国中期国民小学教育状况的真切感受:

作者小学念的是四川省荣昌县安富镇太星寺附近的一所普通小学"大观小学",入学时间是民国十六年(1927年),"大观小学"的入学考试题有语文、算术和常识三科,语文试题是用白话解释一首宋代的诗;算术题简单地问几道个位数加减;常识题是问"蚕丝是如何弄出来的"。课程有农业课、地理课和美育、图画、音乐副课和各类体育课。在小学作者学会了弹琴和吹箫,还爱上了各类体育运动,"尤其是足球"。"大观小学"的"教室的后面有一个很大的操场,操场内的足球场和篮球场是分开的,可以同时踢足球和打篮球。足球场也可以作网球场用,只是打网球的时候较少。至于打乒乓球则不在操场那边,而在院内。院内有四张乒乓球桌,供学生们用,而老师还有另外的地方。'大观小学'的图书室很不错,它订了全国著名的报纸,供小朋友看的报刊订得更齐全……还有一个博物馆和仪器资料展览室,老师讲地理时就有各种地图和地球仪,讲动物和植物时就有各种标本"(李新著《流逝的岁月:李新回忆录》,山西人民出版社,2008年出版)。

本书作者90年代去过荣昌县城,倒没去籍籍无名的安富镇。但对位于荣昌县城某小学校舍破败、校园简陋程度,近乎圈羊般的教学秩序,印象颇深。因此对时隔八十几年,现在荣昌县安富镇及相邻的西南普通小镇的小学校,能否都还保持住这个民国办学水准,本书作者确实不敢坚信。

在民国中期时学校盖得比县衙好,在西南诸省也许不是特殊事例。民国二十八年(1939年)摄影师孙明经在西康各地采风,见到沿途新盖的小学校总比县衙好得多,不免生疑。尤其是见到义敦县政府竟是几间漏风漏雨的旧平房,石垒山墙也要靠几根粗树枝勉强支撑以防倒塌,连县政府招牌也破败不堪,靠墙而立。立在县政府大门前的县太爷彭勖身着皱污旧袍,头戴破毡帽,腮帮塌陷,面容枯槁,一副穷酸模样,全无一县之长的父母官威仪(有当时实拍照片为证)。孙记者曾问这位穷酸的敦义县长:为什么县政府的房子比学校差那么多?义敦县长彭勖正色作答:"刘主席(注:指时任西康省国民政府主席的刘文辉)下了令,如果县政府的房子盖得比学校好,县长就地正法!"(详见《中国知名摄影家作品档案网》,版权联系单位:北京富图华腾摄影文化有限公司,2008年)

本书作者孤陋寡闻,无法查阅到民国中期全国准确的正规学制教育体系之外的"非正规"社会教育办学规模、在学师生人数等原始资料,仅能以上海一地为例,引述他人评论:"二三十年代,上海社会教育、民众教育在政府和社会力量的推动下,出现了一定的兴盛情形。1934年各类补习学校66所,有职业补校、高级补校、商业补校、妇女补校、贫儿职业补校、女工校、会计补校、英文补校、英日文补校、职工补校、商会商业补校、商业英文补校等,其中不少是社会团体和企业主办的补习学校。上海女青年会办了四所女工补校,沪地著名的报社《申报》共办了六所业余补习学校。这些补校的规模大小不一,大者,如上海市商会商业补校,有教职工114人,学生2640人;小者,教职工4人,学生四五十人。"(樊卫国《民国上海市民

图 3-10　民国西康省义敦县政府衙门与县太爷彭勋

文化素质论略》,载于《清华大学"多元文化视野中的中国历史"国际会议论文集》,
"凤凰网·历史栏目"转载,2011 年 8 月 11 日)

　　据国民政府自己统计,在整个民国时期共培养了 41 000 名医学院水平的医
师、药剂师、牙医以及 14 万名中等水平的辅助医生、护士和高级助产士、卫生检查
员和化验员,这是按照 30 年代制定的医学教育计划培养的兼顾质量和数量的两类
不同层次的医学人才。我们没办法详细区分哪些属于民国中期培养的医生、护士
和其他医药技术人士,但几个简单而具体的数字,也许更有说服力。

　　由于民国二十三年(1934 年)南京国民政府立法规定,当年地方税收的 5‰ 必
须用于卫生建设,"截止到 1936 年,18 个省建立了省级卫生中心,3 个准省级卫生
中心,181 个县级卫生院,86 个区卫生分院和 96 个乡镇卫生所。与两年前(1934
年)全国仅有 17 个县级卫生院相比,还是进步不小的。……到 1936 年 3 月,这些
(乡镇)卫生所大约进行了 42 000 例的诊断,改善了 204 个水井和 163 座厕所的卫
生状况;另外,仅在 1935 年,就为 1.7 万人注射了天花疫苗,5 000 人进行了预防伤
寒和霍乱的接种"(引自复旦学者侯杨方撰《筚路蓝褛:民国时期的医疗卫生建设》,
载于《21 世纪经济导报》,2007 年 9 月 10 日)。

　　全国大城市医疗卫生建设相对完善。以上海为例,至 20 年代,已有中、西医诊
所 200 余家。最早的西式正规综合性医院(The Chinese Hospital)为晚清英国传教

士开设,民初时期先后开设了"公济""同仁""宝隆""广仁""广慈"等14家综合性医院,共有病床2 000余张。同时期华人开设了"上海医院","红十字会总医院"和分院,"沪宁铁路医院"等。至民国十四年(1925年),上海先后开设综合医院50所,新增病床4 000张,其中拥有百张床位以上的大型医院5所。至民国三十七年(1948年)统计,上海有综合性医院101所,病床6 867张,其中新设医院中近半数(40余家)为"黄金十年"所建,且包括先期开设的医院在内,民国中期的上海每家医院的医疗器械、仪表和其他设施,都有很大增长,也新添了不少在当时最先进的器材,如X透视机、离心力尿检机、化学验血仪器等等。

还有一点需要说明,民国中期许多城市的中小学课程中,列入了"卫生课程",专门向学生讲解卫生知识,组织学生参加公益性清洁卫生活动、上街宣传市民卫生常识,鼓励民众养成良好卫生习惯。特别是30年代的"新生活运动",全国大中型城市及部分乡村,以中小学生和公务人员为先锋,广泛发动劳工、农妇、小商小贩、军政人员等积极参与,普遍开展了以消灭导致多起大范围公众性卫生事件的蚊蝇、蟑螂、老鼠为中心的"国民卫生大清扫运动",将中国社会的公众卫生水平整体提高了一个层次。这些举措使有中小学生的广大普通市民及乡村家庭,同时也接受了卫生常识的普及,对于民国中期社会卫生新习俗的形成和扩展,意义重大。

五、民国中期军火兵器产业背景

众所周知,无论是美国、英国、法国,还是德国、日本,20世纪以来最重大的民用科技成果,有九成来源于军事研究项目。在政府的积极扶持、资助下,世界各国的军火工业通常能代表这个国家的新产品研发能力和整体生产制造水平。国防力量的强大,不仅仅意味着战争武器能胜人一筹,而是其背后起支撑作用的资源、工业、科技、文化等整体国家实力,以及与这些母体行业构成的国家产业基础息息相关的设计实力:选材设计、工业设计、工程设计和艺术设计。因此,从民国中期的中国现代化工业的长足进步,可以看到中国社会向工业化、现代化迈进的大幅步伐;同时,从民国中期中国军火工业因国民政府无视中日间战争必然性而处于明显劣势的艰难处境、致命弊端,也能看出中国社会在经历现代化、工业化转身时的诸多不幸和无奈。

抗战爆发前,对比虎视眈眈的强敌日本而言,中国产业整体的现代化、工业化程度还非常之低。30年代中期,中国近代工矿业的总产值为20.76亿,在国民生产总值中的比重仅为10%左右。以民国二十二年(1933年)为例,中国的钢产量为3万吨,而日本为309.7万吨;我国的生铁产量为3.5万吨,而日本为203.1万吨;中国的煤产量为998.3万吨,而日本为3 000万吨。全国范围内符合"工厂登记法"规定的标准(即使用机器、雇工30人以上、资本1万元以上)的工厂仅有3 935家,工人45万;而日本有106 005家,工人2 937万人。特别是关系国防的重化工业,基础更差,重工业部门占工厂总数的16%,资本总额的4.4%,工人总数的7.3%。中国工厂每年所需的机器,平均有76%依靠进口,车辆船舶83%依靠进口,钢铁95%依靠进口。化学、光学仪器、石油等与国防密切相关的工业不仅不发达,有些甚至是空白,如制造水雷的硫酸、硝酸等化工原料的产量严重不足,制造火炮所需的特种钢材和制造枪炮身壳的特种铜材,以及光学仪器、通讯设备的生产几乎为零。

可以这么说,除去依靠晚清洋务派搞的那些官资军火工业的老底子生产出来的一些兵舰、炮艇、小口径火炮和部分轻武器及弹药外,民国中期的中国军火工业实在是乏善可陈,以至于在后来的八年抗战前半期付出沉重代价。不过,民国中期生产的步枪、手枪、山炮中很大一部分比例全系中国人自行设计、生产,堪称中国现代工业设计之范例。

值得一提的是,国民政府在民国二十年(1931年)"九一八"事变之后,就预感到中日必战的严重性,之后各年都把总产值40%以上的政府收入用在了军事和武器装备上,已做好对日作战的军事准备,仍能使国民经济保持在平均9%的增长速度,难能可贵。

抗战前国民政府着力加强国防建设,以应对即将到来的中日战争。可惜当时中国军火工业相对落后,只有通过重点进口德式军械装备组建"德械师",所需费用主要用钨矿砂、锡、锑、桐油等工业资源性产品支付。仅从民国二十五年(1936年)夏至民国二十六年(1937年)夏,一年内从德国进口的武器装备就包括飞机12架、105毫米榴弹炮36门、迫击炮800门、37毫米战防炮500门、13.2毫米高射机枪300挺、机枪1万挺、步枪5000支、驳壳枪2万支、手枪4400支、150毫米炮弹6000发、105毫米炮弹3.6万发、迫击炮弹190万发、37毫米炮弹50万发、子弹1.6亿发。至民国二十六年(1937年)7月抗战全面爆发后,次年"八一三"沪淞保卫战时期,国民党军队仅有的三个"德械师"中有两个整师携所有装备悉数开往前线作战。在重挫日军进攻先锋之同时,自身也遭受沉重打击,损失人员及装备约六成,且无法弥补:因为在日本的强烈抗议下,次年(1938年)5月德国宣布停止对中国出口武器,"德械师"残部遂从战区节节后撤至西南大后方休整、改编,后来在40年代初与远征军一道,成为中国第一批接受美军顾问整改、完全美械装备的国民党军队主力。

民国中期"黄金十年"的官资军工业,是建立在晚清洋务运动时期开办的军工业基础上发展起来的,聚集了中国社会数十年的无数人的心血和大量的民脂民膏,因此理所应当代表了中国工业化制造的高端水平。但民初以后,军工工业大多转为纯粹的民用,北伐胜利之后的国民政府延续了这个"军转民"的进程。因为抗战爆发的缘故,时有学者对民国早、中期这种军工业大比例"军转民"的做法颇多非议,认为这是抗战初期战事失利的主要原因。其实这都属于"马后炮"式的目光短浅的狭隘看法。正由于"军转民"的历史作用,才使得近现代中国工业化进程得以大大提速,中国社会现代化进程得以持续,才使中国社会具有了一定的"抗打击"能力,从而在后来的全面抗战中能经受前四年极为残酷极为艰辛的独立作战,又在后四年与全世界反法西斯同盟阵线一道,彻底打败了民族敌人,获得了全面胜利。

军工业这些高起步、高技术、高规格的产业力量的全面输入,使得民国中期在民用工业产品方面取得了尤其辉煌的成就。民国中期的军火工业,以所剩有限的产能,不但能生产大多数常规军事装备(从军服到饭盒,从防毒面具到钢盔,从山炮、榴弹炮到轻重机枪,从兵舰到双翼飞机),也大范围从事民生商品的工业制品领域,显示出军工业独一无二的机械化、规模化的现代产业优势:从电机到电器,从冲压机到轧钢机,从飞机到汽车,从船舶到火车头。就设计而言,有了军工业这个最先全面实现初步工业化的产业平台,再结合了中国民生社会特有使用环境与生产条件特点的自主性设计创意(以工业制品的构件与外形的造型设计为主)的民生工业制品逐步进入人们的视野,成为20世纪前半叶最值得骄傲的、真正意义上的中国工业设计先驱范例。

图 3-11　抗战前夕的国民党军队精锐"德械师"

第四节　民国中期民生设计特点研究

民初至民中的数次由民族工商业者发起的"国货运动"之所以收效甚微,关键在国货的品质和价格上尚无法与洋货媲美。除去各种复杂的社会、政治、经济环境等因素外,国货生产厂家设计环节的相对薄弱,是个关键。从晚清以来,"爱用洋货的风气,由国外传入租界,由租界蔓延都市,由都市浸淫乡村内地"(黄康屯《妇女国货年的棒喝词》,载于《申报·国货周刊》,1934年1月1日),洋商在市场商战中始终占据技术研发和设计创意、生产制造和销售方式等关键环节的巨大优势地位,逐步为自己建立了庞大的消费群体。较之民国中期尚未成熟的国货形象,洋货的口碑在消费者心目中要好了很多。这种消费心理不是一些民族工商业者利用"爱国主义"和"民族主义"就能打垮的。当时的明眼人就说得很明白:"'崇洋习气'绝不是几句'爱国''爱国'和来几个'什么年''什么年'所能杀得到的。"(茜《圣诞老人和妇女国货年》,载于《申报》1934年12月30日)民国中期搪瓷、电器、纺织、玻璃等行业的部分国货名牌,正是在品质、价格、耐用性、美观等方面一齐下功夫,才逐渐在市场上站住脚,继而战胜各路洋货,成为驰名中外的名牌商品的。这些成功范例是民国中期民生设计产业发展的最大特点,也是晚清和民初所不能比拟的。

民国中期之所以被称为20世纪中国社会发展的"黄金十年",原因是在工业、商业、文化教育和医疗卫生等方面都取得了引人瞩目的成就。在这种整体的快速社会进步背景下,现代中国民生设计才得到了相应的发展,其产业形式与销售业态在许多行业已初成体系。

一、民国中期设计教育与设计产业

民国中期(1927~1937年)既是中国社会经济发展的"黄金十年",也是民生设计产业大发展的"黄金十年"。全国各地在此期间先后开办的美术学校,大大小小不下数百间,尤以上海为最。但新设的设计专科学校和含有设计课程的美术学校尚属少见,影响也较为有限。以上海为例,民国中期开办的数十间美术学校中,含设计类课程的教育机构,除去"上海美专"一直开设的"图案课"之外,仅"柏生绘画学院"一处可查证。"柏生绘画学院"于民国十六年(1927年)7月开办,院长周柏生,曾设有"月份牌画特科"。

民国十七年(1928年),"国立西湖艺术院"由蔡元培倡导在杭州创建,设有国画、油画、图案、雕塑、建筑、音乐等学科。1930年更名"国立杭州艺术专科学校",1937年西迁,次年在湖南沅陵与南迁之"北平艺专"合并,更名为"国立艺术专科学校",后迁校于大后方昆明继续办学。解放后先后更名"浙江美术学院"和"中国美术学院"。其所设课程中一直有图案、商业广告、工艺美术、设计等相关内容,是现代中国设计教育的重要学府之一。

民国十六年(1927年)"中央大学"在南京创办,所含科系设"建筑系",为民国时期与北大建筑系齐名的建筑设计教育的最高学府之一。解放后不断更名,先改称"南京大学建筑系",再更名"南京工学院土木工程系",后换名"东南大学建筑学院"。

民国十八年(1929年),"河北省女子师范学院"(前身为1906年创办的"北洋女师范学堂")在"家政系"中附设国画副系,有国画、西画、图案、技能理论等课程,旨在培养中学美术师资及其他美术、设计的女性职业人才。

民国中期的上海设计产业,出现了一些行业社团,对指定整合行业力量、规范市场竞争行为、共守价格机制、拓宽业务范围,起到了良好作用。其中较有影响的首推成立于民国十六年(1927年)的"上海建筑师学会"(后更名为"中国建筑师学会"),庄俊为第一任会长,范文照为副会长。"上海建筑师学会"的会员分正会员和仲会员,正会员须有大学的建筑专业或相等的学历,仲会员须有六年以上的设计实践经验。学会活动包括"交流学术经验,举行建筑展览,仲裁建筑纠纷,提倡应用国产建筑材料"等,出版刊物《中国建筑》。学会于1933~1946年与上海沪江大学商学院合办建筑系。"上海(中国)建筑师学会"是民国时期上海和全国最具权威性的行业协会之一,解放初期宣告解散(详见《上海地方志·上海建筑施工志》,上海地方志办公室主持编撰,2002年版)。

民国十八年(1929年)成立的上海"组美艺社","由王庤昌、卞少江、陈景烈、蒋孝游、魏紫兰、汪灏等发起,并主持日常工作。社址初设于打浦桥,后迁谨记桥。有工商美术家三十余人入社,分为印染、刺绣、工艺设计、商业广告、铺面装饰、橱窗陈列等专业组。社员每半月聚会一次,提出学术问题,相互研究探讨。活动二年余停办"(详见《上海地方志·上海美术志·第四编·美术机构与美术社团》,上海地方志办公室主持编撰,2002年版)。

留学法国归来的庞薰琹先生于民国二十年(1931年)在"上海昌明美术学校""上海美专"任教,其间于民国二十一年(1932年)在上海曾筹办"大熊工商美术社",兼有设计实体与教育机构双重性质,只可惜多方面原因,壮志未果。之后曾举办过"广告画展览",于民国二十五年(1936年)起在多间学校担任图案及工艺美术课程专职教席,并开始搜集、整理中国古代装饰纹样和云南、贵州少数民族民间图案艺术,为现代中国设计早期教育做出了特殊的贡献。

陈秋草先生早年就学于上海美术专科学校,曾先后担任"上海明星影片公司"字幕与装饰画设计师、"上海大理石厂"造型设计师和"良友图书公司"办的《美术杂志》编辑。陈秋草先生于民国十七年(1928年)与潘思同、方雪鸪等人筹办"白鹅画会""白鹅绘画研究所"和"白鹅绘画补习学校",同时编辑出版了《白鹅年鉴》《装饰美》《白鹅画刊》。陈秋草先生在美术创作和艺术教育的同时,在长达十数年期间对早期中国现代艺术设计(装饰画、工艺美术、书籍装帧等)曾产生过不小的影响。

据卢世主所撰《20世纪前期中国设计行业的发展与运行》一文(载于《东南大学学报·哲学社会科学版》,2008年9月,第10卷第8期)介绍,留英"海归"李士毅在30年代初创办了"上海美术供应社",兼营美术用品经销与广告装潢设计业务。只是本书作者孤陋寡闻,对斯人兹事不甚了解,原文亦无出处标注,故而无从考证,列出所陈,仅供参考。

后来几位先后在现代中国设计教育事业中被奉为"先驱者""开拓者""奠基人"的李有行、沈富文(本书作者恩师)、雷圭元等人,都是在民国中期30年代完成自己的留洋学业后归国,开始从事自己的设计教育与艺术创业的。

30年代的民国设计率先在三个领域取得突破:建筑业、广告业和印刷装潢业。相比其他与设计有关的产业领域,这三个行业不但相对规模较大、从业人数较多、影响较大，而且经过几十年的学习、消化欧美设计理念，开始在应用领域崭露头角。尤其是民国建筑设计，是近现代中国设计史起步较晚，但成熟较早、成果较丰富的民国时期设计行业。当时有影响的建筑设计单位有"东南建筑公司"（留美建筑师、中山陵寝设计者吕彦直等创办）、"华海公司建筑部"（留日建筑师、中国建筑教育和建筑史研究创始人之一的刘敦桢等创建）、"华东同济工程事务所"（同为同济毕业的本土工程师舒震东、龚积成、赵际昌等创办）、"刘既漂建筑师事务所"（留法建筑师，杭州国立艺专和享誉上海、南京建筑业的"大方建筑公司"创始人之一刘既漂创办）等等。

针对日益活跃、蓬勃发展、商业纠纷也日益增多的设计产业，从民初北洋政府至南京国民政府都适时颁布了一系列法规进行行业管理，加强产业指导。如早在民国十二年（1923年）北洋政府就颁布了《商标法》；后在民国十九年（1930年）由南京国民政府工商部重新修订颁布了新的《商标法》；民国二十五年（1936年）民国政府社会部还颁布实施了《修正取缔竖立广告的办法》和《户外广告张贴法》，进一步完善行业规范。

民国中期设计教育和专业社团的形成与壮大及政府法规颁布，是百年现代中国设计早期事业粗具规模、蓬勃发展的具体象征，可惜这一刚刚开始的良好发展趋势被后来的八年抗战、三年内战及反"右"、"跃进"、十年"文革"等内忧外患所无情中断，使现代中国设计产业及营销业态与欧美发达国家，始终存在着数十年的巨大差距，难以弥补。

中国现代设计产业中成就最突出的，无疑是"黄金十年"的民族建筑业。作为当时中国经济、商业、文化中心城市的上海，建筑设计与土木建筑产业已发展到了前所未有的高度，建造、设计了一大批迄今仍堪称经典的"民国建筑"，其中最著名的有上海新区"市政府办公大厦"（董大酉）、南京"外交部大楼"（华盖）、南京"国民大会堂"（奚福泉）等；还有上海"中国银行大楼"（1937年建）、上海"大新公司"（1936年建）、上海"聚兴诚银行"（1938年建，基泰工程司设计）等等。

华商建筑业成绩最突出的无疑属姚锦林1900年创办的"姚新记营造厂"。在半个世纪经营中，"姚新记"先后承建了一系列清末到民国著名建筑工程：上海"外白渡大铁桥"修复工程和"中孚银行大厦""中央造币厂""中央银行""恒丰路桥""法国总会"（今"上海花园饭店"裙房），及南京"中山陵园一期工程"（即陵墓、祭堂、平台等主体建筑）等等。

民国中期是设计产业在20世纪前半叶最繁荣的时期。尤其是在30年代的上海，西式商品经济的发达程度已超过了亚洲绝大多数都会城市，设计产业的发展达到鼎盛时代。以现代广告产业为例，"黄金十年"期间在上海常年开办的广告社、广告公司达数十家，且经营情况与业务范围、获利水平都十分可观。从基本面看，大多数华资企业已不再相信"酒香不怕巷子深"的老旧格言，积极投身商业宣传战。大多数华资工商户已能量力而行地熟练运用广告发布这种当年最时髦的商战武器。

至 30 年代，都是由洋商首创并传入、很快被民族工商户普遍运用的四种主要广告发布方式为：纸媒广告（报纸、杂志、画刊刊登商品介绍信息，在公共建筑外立面或指定布告栏、市政设施上张贴商业美术宣传画等，月份牌、日历台卡、画片与传单发放等）；电媒广告（影片放映前加映幻灯片、电台节目中插播产品介绍、集声光电于一体的橱窗陈设、霓虹灯商业招牌等）；艺媒广告（利用街头活报剧、花车巡游、乐队演奏以及专场音乐会、戏剧、舞会、游艺会表演间隙加入商品介绍内容）；户外广告（在人流聚集的商业街区和居民社区的主要道路边竖立商品介绍内容的路牌、灯箱、立体塑像等，在建筑外立面绘制商业宣传内容的图形、文告、标语、口号等，利用公交车厢体内外、轮渡船体等交通工具以及站点、码头、机场等所有建筑设施发布商品信息等）。

与清末和民初时代不同，民国中期的 20 年代中期到 30 年代后期的"黄金十年"，中国由国人经办、国人为主体设计力量的现代广告产业，已经发展到能与各路洋商分庭抗礼的地步。尽管"黄金十年"来华淘金的洋商不断涌入，各种商业宣传的新创意、新手法层出不穷，但华资广告业总是能在"第二时间"学会、掌握，并迅速根据自身条件加以结合、改进，形成更大、更好的商业卖点，推出自己的商业宣传"新"形式。

民国中期广告业最发达的城市理所当然是上海。那儿聚集了全中国过半数的洋商华资广告产业，而且是所有商业宣传新形式、新渠道的主要策源地。其次是广州、北平、天津和武汉（汉口已和汉阳、武昌合并为"武汉特别市"）等大都市。相反，首都南京作为国民政府所在地，受制于南京市政府"市容管理"的特别规定，除指定商业中心区外，"不得举行任何商业发布活动"，因而广告业大为滞后邻近地区的苏州、杭州等地。30 年代的广告之盛，遍及所有省会城市。尤其是户外广告，即便是边陲县城、封塞小镇，亦随处可见"阴士兰丹布料""龙虎仁丹""老刀牌香烟"等在老百姓房墙上绘制、张贴的各类广告。

民国中期上海广告产业中较有名气的有：上海"联合广告公司"，开业时就设有"图画部"，王鬶任主任。先后聘有丁浩、张以恬、马瘦红、张子衡、陈康俭、柴扉、王通、张雪父、陆禧逵、钱鼎英、胡衡山、黄琼玖（女）、周冲、张慈中、夏之霆等人。"华商广告公司"，老板是林振彬，先后由蒋东籁、庞亦鹏、臧宏元等担纲"图画部"设计主创，客户以洋商为主。在商业招贴画中较有名气的还有李咏森（水彩画）、蔡振华（黑白装饰画）等等。

洋商广告业成了中国广告设计师们学艺成名的"中转站"。如老牌的"克劳广告公司"，1918 年由美商克劳开办，胡忠彪、特伟、柯联辉等先后入聘担任广告设计与制作。后来柯联辉跳槽去法商"法兴印刷所广告部"，三年后辞职单干独办"联辉美术社"，其子柯道中、柯亭、柯洛等子承父业，时有创新，在广告设计中率先引入照相喷绘技术。"柯家班"在民国设计界可谓名噪一时。另一位从"克劳"跳槽的胡忠彪，擅长洋人画风，后设计"九味一"味精包装成名，并办厂专产"四合一香皂"。再如英商"美灵登广告公司"，其"图画部"员工进出频繁，跳槽现象极为严重。从侨商

"维罗广告公司"跳槽的较有名气的画家、广告设计师有沈凡、王逸曼、周守贤等,都是干了一阵子,便去了"信谊药厂广告部"。

民国二十年(1931年),"决澜社"社员作品展览在上海举办,由庞薰琹、阳太阳等人组织、参展。作品中首次展出以喷绘手法绘制的广告招贴画,引起观众和舆论关注。民国二十五年(1936年),全国性的"商业美术展览会"在上海举办,参展作品包括广告招贴、包装设计、装饰设计等。此为已知中国境内首次全国性的设计类商业美术大型展会。民国二十六年(1937年),在上海的一部分广告、装潢设计师和商业美术画家共同成立"商业美术家协会",可惜不久抗战爆发,便自行解体,其活动内容不详。

民国中期商品包装与广告设计的部分经典案例有:"美丽牌香烟"(谢之光、张荻寒)、"金红香烟"(张以恬)、"金牛牌美国鲜橘水"(叶浅予)、"风景香皂"(李咏森)、"白猫深色花布"(庞亦鹏)、"地球牌绒线"、"双洋牌绒线"和"福利多布"(丁浩)、"固本浴皂"(王克明)、"新惜花散"(周守贤)、"四合一胭脂唇膏"(胡忠彪)、"回力球鞋"(蔡振华)等。路牌广告中较有知名度的有赵锡奎和费梦麟等。

30年代初,上海有包装装潢印刷厂和纸盒厂合计约百家之众。起先洋商厂家仗着技术、设备、规模、产能、经营观念的先进,对华商尚占据一定优势。但洋商之间,亦有血拼商战,尤以英、日、美商之间最为激烈。后来华资企业不断跟进、改良,一方面在设计创意上积极借鉴、仿制国外产品包装设计案例,一方面积极引进先进设备与印制技术,并突出价格低廉、品种丰富的特点,在30年代形成激烈竞争的市场格局,华商企业也有不少斩获。如民国二十年(1931年)"中国凹凸版公司"率先引进西洋金属雕刻制版,凹版部分多承印股票、有价证券、如意膏瓶贴等业务;凸版部分则印制"维他赐保命""艾罗补脑汁"等盒贴产品,在当时视为新奇。民国二十一年(1932年)创建的"飞达凹凸彩印厂"和民国二十四年(1935年)开办的"精美兴记凹凸彩印厂"等,都是后来居上的华商企业。

自晚清通商开埠以来,洋商以先进的纺纱、织布、印染技术与机器,一夜之间就彻底摧垮了中国的传统手工纺织业。经数十年奋斗,民族工商业在棉纱纺线和坯布织造行业逐步跻身市场,也站稳了脚跟。但在技术与装备程度要求更高的印染行业,尚无法立足;国内需求长期依赖洋商进口或就地生产。所谓"国货"印染产品,基本是些靠手工操作和传统作坊完成的单色布料,有图案、纹样变化的,也都是古法印染(即源自唐代"撷印法"的"蓝印花布"和民间"蜡染""扎染"等)产品,很难与洋货(主要是日商花布)展开竞争。中国首家西式印染企业的上海华资"达丰染织厂",在民国十六年(1927年)从洋行购置先进的蒸汽滚筒辊轴印花机,将厂区扩建成国内第一家西式技术与装备的大型印花车间。次年,拥有两台当时最先进的日制印花机、雇工500人、图案设计师以丁墨农为首的"上海印染厂"开业,老板是"日升盛"棉纺号业主章荣初。先后开业的华资印染厂还有"天一""恒丰""光中""新丰"等,不下十数家。然而,在30年代初的印染行业,竞争依然十分激烈。日资不断加码,先后在上海、济南、天津、青岛各地开办了多家印染厂,包括当时号称"远东第一"的日商"内外棉株式会社第二加工厂"。所有日企厂家"印染图案设计室"的设计方案对华籍员工实行严格保密,从不聘用中国人担任设计师,以防外泄。

30 年代初,美商"胜家公司"为了在中国市场推销缝纫机,在上海开设"胜家刺绣缝纫传习所",专门向市民消费者传授缝纫机绣织、缝纫技艺。

"黄金十年"的书籍装帧业十分发达。设计者多为当时一流的美术家、装饰艺术家,甚至文化名人。虽然还很少有专职书籍装帧设计师,但这些兼职者的卓越艺术眼光和深厚文化功底,使这一时期的书籍装帧设计佳作时现,精彩纷呈。据《上海美术志》(徐昌酩主编)考据:除最大牌的鲁迅之外,民国中期较知名的书籍装帧设计者有丰子恺、陈之佛、陶元庆、司徒乔、叶灵凤、孙福熙、郑川谷、莫志恒、曹辛之等,还有张正字、张光宇、庞薰琹、沈振黄、都冰如、丁悚、郑慎斋、季小波等人偶尔下水"玩票"。

橱窗陈设,是工业化以来欧美国家最常见的商品宣传方式之一,于晚清时期由洋资商企传入上海、广州、汉口、福州、天津、杭州、苏州等地。华商进军现代百货零售业之后,自然不会放弃这一重要手段。"黄金十年"期间,工业进步,商业繁荣,各大城市商业橱窗的精美设计与制作,给都市繁荣景象增色不少。"20 世纪 10 年代美国大百货公司开始极尽所能地'戏剧化其商品',橱窗设计的专业性杂志也不断介绍这种窗饰方法与效果。这些知识在 20 年代至 30 年代传入中国,成为上海百货公司橱窗设计的灵感来源之一。像永安公司就长期订购 Look、Life、Window Display 等外国杂志作为橱窗布置的参考,也不定期与香港永安公司互调设计人员,以刺激创意。"([台北]连玲玲《从零售革命到消费革命:以近代上海百货公司为中心》,载于《历史研究》,2008 年第 5 期;原件转引于"郭琳爽致郭乐函",1946 年 3 月 30 日,上海永安公司档案,编号:Q225—2—43 上海市档案馆藏)上海"先施公司"是国内最早开设商业橱窗展示商品的华资商企。"大新公司"的商业橱窗则以数量最多、设备完善见长。

30 年代较有知名度的商业橱窗设计师有方雪鸪("新新公司")、梁燕、李辉("永安公司")、陆光("大新公司""利华公司")等,著名画家和设计师涉足橱窗设计者也不乏其人,如张乐平、叶浅予("三友实业社")、蔡振华、张雪父("商务印书馆")等。更有许多不知名的众多橱窗设计者,以精美设计使橱窗陈设成为许多老人记忆中"黄金十年"上海商业繁荣的美好印记。如南京路、淮海路、石门路等商业中心地带的时装、钟表、眼镜、丝绸、呢绒商店,从 30 年代初就开设各种商业橱窗,数十年姹紫嫣红、争奇斗艳,一直是上海富有深厚传统的地标式城市景色,也是中国各地橱窗设计的首选摹本,成为中国商业宣传设计最成功的示范案例之一。

民国中期公私机构开办的各种展会与赴洋参展多多,其中国内较有影响的首推由林风眠、李朴园、刘既漂等设计规划的"西湖博览会",影响较大。民国十八年(1929 年),"西湖博览会"在浙江杭州举办,历时 137 天。参观人数总计达 2 000 余万。设有"八馆二所",即"革命纪念馆""博物馆""艺术馆""农业馆""教育馆""卫生馆""丝绸馆""工业馆"和"特种陈列所""参考陈列所",展品逾万。展览期间还有飞行表演、学术讲演、体育比赛等。"'西湖博览会'还专门设计了会旗、会徽、纪念章、纪念册、奖游券,印制纪念明信片 36 种,出版发行各类报章、会刊、杂志等印刷品。当时全国的艺术家参与热情甚高,有高剑父、高奇峰、林文铮、蔡威廉、吴大羽、张辛光、潘天寿、马叔平等。"(武洪滨《从赛会到当代艺术博览会》,载于《美术观察》,2010 年第 2 期)

在"西湖博览会"之前,与民生设计产品有关的展会是民国十七年(1928 年)秋在上海举办的"中华国货展览会"(国民政府工商部主办),其展品分为"普通"与"特别"两种;"普通"陈列展品又分成十四大门类,大多数属于国产的民生商品,如上海、天津、广州、香港等地华商厂家生产的肥皂、火柴、卷烟、门锁、铁钉、蜡烛、马灯以及家纺品(手绢、窗帘、桌布、枕巾等)、服装、建材(国产瓷砖、洋灰、红砖等)、手工艺品等等。虽然该展会规模和影响不及一年后的"西湖博览会",却是中国首次举办的设计展会:国产工业制品第一回集中亮相的民生商品主题性展览会,意义十分重大。

民国中期其他较有影响的、与设计事物有关的大型展会还有:民国十八年(1929 年)举办的"天津特别市第一次国货展览会"、民国十九年(1930 年)举办的"国产丝绸和棉织品展览会"、民国二十一年(1932 年)举办的"实业部三周年纪念展览会"、民国二十三年(1934 年)举办的"南昌新生活运动展览会"、民国二十六年(1937 年)举办的"全国手工艺品展览会"、民国二十六年(1937 年)举办的"上海市政府成立 10 周年工业展览会"、民国二十八年(1939 年)举办的"难民生产品展览会"等等。

其中由上海市政府社会局承办的"上海市政府成立 10 周年工业展览会"于民国二十六年(1937 年)7 月举办。此次展览旨在向市民展示国货名牌,引导民众积极使用国产民生商品,以促进民族工业的大力发展。该展览共分三部分:"机制工业展览""手工艺品展览""工业安全展览"。其中"机制工业展览部"为近现代中国首次"工业设计"性质的专题展会,集中展出了全部由上海民营厂家自民国十六年(1927 年)以来研制、生产的国产橡胶、搪瓷、机器、电器、化妆品、新药、化工、造纸、人造丝等工业制成商品。该部所有展品分为实物、模型、制造程序、工作表演四种,共分 13 大类 95 小项;每项产品至多以 6 家厂商为限,竞选参加展览。

30 年代有多位剪纸艺人在沪卖艺,其中较出名的有:武万恒(擅长剪花鸟刺绣花样)、张二爷(扬州剪纸世家张永寿的二叔)、王显钦(人称"剪纸大王")、张扣羊(擅长动物图案)、蒋桂荣(以文字鞋样图案见长)等等。在上海一家旅社供职的无锡人薛佛影,业余钻研微雕工艺,于民国二十三年(1934 年)起辞职设铺,专以雕件为生,声名鹊起,时有购藏。民国二十三年(1934 年)上海博物院征购象牙细刻《滕王阁插屏》等数件,另有 8 件作品送展巴黎。另有扬州微雕艺人黄汉侯(擅长刻名家书法)作品于民国二十一年(1932 年)在上海"宁波会馆"展出。民国中期先后在沪卖艺谋生、传授技法的传统手工艺人还有:木雕艺人杜云松(浙江东阳木雕,人称"雕花皇帝")、楼水明(人称"雕花状元")、乔松林(扬州雕漆镶嵌)、张国昌(刻漆)、周兴玉(苏州红木雕刻)等。"北京绢花"则由京津艺人来沪传入,20年代末城隍庙前街的"戴春林花粉铺"和30年代的"宝盛永花厂",都曾经营和制作过此类戏装头花(详见徐昌酩主编《上海美术志》,上海画报出版社,2006年版)。

二三十年代,洋人的绒线编结、电植绒绣、抽纱花边、镶钻饰件、金银首饰、口吹玻璃器皿、彩绘玻璃、珐琅器等外国手工艺技法经由厦门、烟台、青岛、天津和上海等沿海城市相继传入中国。其中毛线衣、首饰、抽纱工艺等先后形成产业,在普通百姓日常生活中普及率相当之高。彼时亦有多种洋工艺专著在上海刊印发行,如《造洋漆法》《金工教范》《染色法》等等。

图3-12 30年代的广告牌美术师

二、工业设计渐显雏形

民国中期的军火工业相对薄弱,其重要原因之一就是原来晚清时代由官府出资兴办的一批军工骨干企业(如"上海机器制造总局""金陵机器制造总局""湖北机器制造总局")和其他一批兵工厂、枪炮厂,晚清至民初时,一直是亚洲最具雄厚实力的军火工业,在"黄金十年"期间,产业重心已大部转为民用产业。没有深度介入民生企业的军火工业,在此期间关闭、歇业,基本瓦解殆尽。这个转变的结果是利弊参半的,比较严重的后果是十余年除了几万支"中正式"步枪和小口径山炮,竟然没有像样的国产武器装备开发生产出来,无意间削弱了中国的国防力量,使得在猝然面对日本军国主义发动的全面侵华战争初期,处于十分不利的局面。这种军工转民用的益处是,为现代中国工业化的重点方向的突破,做出了自己的牺牲和贡献。如从原"上海机器制造总局"分解出来的"上海机器厂"和"上海造船厂",和其他在民国中期新建的华商机器制造厂一道,为二三十年代的中国轻工、纺织、日用化工、汽车修配、食品和冶金、钢材加工等众多民生产业,开发生产了大量的机械装备和特性金属材料,如冲压机、轧钢机、针织机、打眼机、各种规格的车床、碾米机、配套农机、配套车床、汽车引擎、小型仪表仪器、通讯器材等等;还建造了大量的民用商用轮船,吨位大、数量多、装备新、品质好,既有兵舰、炮艇,也有客运班船、破冰船、邮递轮船和货运万吨巨轮,甚至出口到美国、朝鲜,一举奠定了中国造船的产业基础,后来几十年都受惠匪浅。

通常说,产业是否属于现代化的标准,往往是视其机械化、标准化、批量化的程度而定。在民国中期的各种新兴产业中,大量采用机器生产、实行产品的配套标准组织批量生产、讲求用规模化来提高工商利润比率,已逐渐成为现代化的产业新趋势。尽管原创性比例依然不高,很多新开发的工业产品还是有"学习""临摹"同时期洋货的嫌疑(如国产搪瓷制品与日商搪瓷,"华生"电扇与美商"新奇""华孚"电扇,国产缝纫机与美国"方胜"缝纫机等等),但中国工业属于在学习洋货基础上进行了深度改良,使之适应中国市场需要的众多设计,已经相当普及,尤其是在棉纺机械和丝织、纺纱机械和汽车、船舶、电器、电讯行业的零配件设计与生产方面,取得了长足进步,已局部形成在维养进口原机基础上,能有效实施较完整的零部件国产化供应。甚至可以对除汽车底盘之外的所有构件施行拆卸、自行生产各种配件、重新组装(如上海、南京、杭州的公交车和军用快艇、大型散装货轮、双翼教练机等)。正是在这种十数年的磨砺、进步中,具有中国人独特风格的早期工业设计逐渐形成,开始在以制造业为主的工业化进程中,日益扩大自己的重要作用。虽然这些大多属于配套性的零部件设计与生产行业规模本身相比,还处于微不足道的地步,但对工业产品用途的功能设计、对产品材质的选材设计与机理设计、对生产操作流程的行序设计、对产品规格尺度的"适人性"人机工程学设计、对产品外观的形态设计等等,都已经广泛涉足、深度参与,使得产业生产操作环节之外的创意设计,本身已在一些新兴产业中形成独立的重要产业部门,如纺织机械、自行车配件、照明灯具、搪瓷制品、玻璃容器、保温瓶等等。

三、"设计产业化"逐步形成

其实中国人中从来不乏聪明绝顶的人,更不乏有很多小发明、小设计、小创新的人。但对于民生设计而言,只有形成产能、变成商品的"发明创造",才具有商业前景和生存价值。民国中期民生产业中形成产能和实现商品生产的设计创意,开始逐步崭露头角,预示了民生设计产业的无限前景。

因为当时"设计"这个词汇尚未在中国社会流行,今天不可能查找到准确的文献资料可以统计出一个精确数据,以说明设计部门所创造的产值在民国中期的民生产业中究竟占据了多大的产业比重，但足以根据现有资料清晰地分析出民国中期中国工商业经济活动中究竟有哪些民生设计创意行为最终形成了具体产业能力和销售业绩。

本书作者认为，在民国中期率先实现"设计产业化"突破的领域，首推纺织面料行业（包括棉纺、麻纺、丝织、纺纱等，毛呢和混纺不在其内）：在众多华商纺织厂的国货产品中，完全属于自主性独创面料设计（包括图案、纹样、套色、肌理等设计）的比例，接近百分之百。其次是商业中式餐饮（不包括面点、小吃），食材设计的选材、配料、加工，菜式设计的烹饪操作、装盘造型和餐饮行序安排，本身就是中国独有的创意成分，但鉴于在后厨装备、厅堂装潢、席面陈设、糕点烘制等环节中确实吸收了不少西式餐饮的长处，"设计产业化"的比例至少占九成。再次是民生百货业，如火柴、卷烟、灯具、家具、餐具、饮具、童装、文具、雨具等，虽然原型均传自西洋，但经数十年发展壮大，这些产业中从产品本身到产品的容器、包装、商宣的所有设计创意，已有起码过半数出自中国设计师之手。最后是农机、五金、机械、汽配、电讯等新兴机电行业，经过多年的学习仿制，30年代起，已有相当比例的民生商品在产品结构设计、外观设计上属于实现了产业化的自主型设计，逐步摆脱了完全靠洋商设计、自己仅仅是复制性生产的"洋一统"局面。尤其是农用机械和家用小五金、小工具行业，在不断引进洋商先进加工机械形成产能的同时，已基本能按照当时中国城乡大众消费者的切实需要，不断研发、生产适时产品。这是个特别了不起的"跨越式"进步，也预示了后来现代中国民生设计巨大的产业前景。

二三十年代的产品设计，已从对民用小五金、特殊钢铁和有色金属型材、汽车和自行车配件的仿造式设计与翻造式复制和装配式生产，过渡到胶鞋雨靴的塑模设计与热铸生产、家用小工具的造型设计与锻造生产、保温瓶造型的设计与吹制生产、搪瓷餐具的塑模设计与钣金加镀膜再窑烧生产，再进步到农用机械、食品加工机械和部分大型船舶、电讯机器、钟表和医疗仪器的原机设计和机械加工生产，可以骄傲地看到，民国中期的民生设计在很多民生商品的研发——生产——销售的"生产链"环节中，已经成为研发、生产、销售业态每一个环节中不可或缺的重要生产能力。

四、平面设计日趋成熟

作为二三十年代中国现代民生设计摇篮之一的平面设计领域，其主要载体有三大部分：一是以书籍报刊为主的纸本传媒业、出版业；二是以民生百货商品为主的包装装潢业；三是以纸媒广告业为主的商业平面文宣（包括各种招贴画、海报、商业布告、门头装饰、店招、月份牌、小画片等）。

中国报业尽管是晚清时期就已经在几个大城市华洋混居的租界内立足扎根了，但真正普及于社会、成为影响广大市民日常生活的传媒力量，则是20年代初以后的事情了。民国中期平面设计快速发展的势态，既与工业化进程和商贸、传媒的发达，也与普通民众认知程度和接受水平的提升息息相关。这个进步是十分明显的。从清末民初的纸业印刷装潢美术开始起步的现代平面设计，到了"黄金十年"时期成了民生设计真正的"大主角"，几乎涉及所有民生商品的产销业态。特别是国民教育的普及，使得识字人数快速提升，直接导致了能读书看报的市民消费群体在整个 30 年代的爆炸性增长，依附于印刷业和出版业的报刊版式设计、装潢设计、杂志和书籍的封面装帧与内页版式设计，随之得以快速增长，不但从业人士众多，而且还吸引了越来越多的一流美术家。

拿民生商品平面设计中的题材来说，从火柴盒标贴、卷烟烟标、邮票、商品海报、月份牌、店铺招牌，到国民小学教科书、杂志期刊、小说画报，20 年代早期的平面设计图文内容，不是洋人奇观、英雄传奇，就是戏文故事、风景名胜。在选择平面设计的素材方面，无论洋商华商，都有个适应本土消费特性的过程。比如洋商"海盗牌"香烟广告刚进入中国市场时，因为罔顾中国老百姓对英法舰队和鸦片战争记忆犹新的心理阴影，很长时间遭受中国消费者的抵制。后来换成"老刀牌"称呼，就打开了销路，成为民国时期最畅销的卷烟名牌之一。华商香烟品牌营造对本土消费者心理把握就轻车熟路了许多，如上海"华成烟草公司"的"美丽牌"香烟，针对当时社会既崇尚时髦明星、又号召"抵制外货"的大众消费环境，用当时名伶吕月樵之女吕美玉的《失足恨》剧照头像作为美人大头贴标志，比较贴切地突出本土明星和本土产品的品质特色，因而成为当时烟草业能与英美烟草品牌相抗衡的极少数国产香烟品牌之一，受到中国内地市场的广泛欢迎，在民国时期畅销不衰。

20 年代平面设计的图案造型大多是写实性描绘；布局构图上还谈不上西方那种"构成处理"（即各种视觉对比元素之间的组合手法，舒缓与激烈，粗犷与细腻，滑润与粗糙，繁杂与简明，中心与边沿等等）；最通行的画面总是一处人或景色，周围弄个花边的方框；图框空处排几个汉字了账。彩色印刷多为套版印刷工艺（印几个色就刻几套版子，每次印一套色，源自德国近代石版、铜版机械印刷），30 年代还出现当时较先进的丝网印刷。彩印纸张也不咋地，多用又薄又暗还毛糙的胶版纸，甚至草板纸（老百姓俗称"马粪纸"），仅上海等地有少量国产道林纸和进口铜版纸。

30 年代中期情况就大不相同了，首先是印刷技术大为提高：以销售额最大的香皂、牙膏、化妆品外包装用纸为例，上海出现了现代纸厂，彩印业有了又亮又光的道林纸、蜡光纸、铜版纸，还引进了德国丝网彩印机器，色相色素分辨率和彩色油墨的"印后保鲜度"都大为提升（以当时最畅销的《良友》画报为例）。书籍装帧的平面设计水准进步最快，在设色、纹样、字形等基本元素上"全面西化"，引入了构成元素，在疏密、松紧、聚散等环节上及视觉节奏处理能力上已大为改观（以当时销量最大的"商务印书馆"和"世界书局"发行的书籍封面为例）；图文题材也日趋时尚化、多样化（与市民开放程度有关），美女元素突出，尤以商品包装和广告为甚：如果是洋货，少不了来个碧眼金发、前凸后撅的洋美女，身后则是洋房、洋家具、洋花园、洋车等洋景致，外加一行突出显眼的花体洋字码。要是国货民生商品，主角便换成国产美女，古典的粉腮皓齿杏眼朱唇是少不了的，多身穿新式旗袍，少数则裹皮洋服、波浪卷发。时政消息和社会事件也常用来作为平面设计题材：30 年代兴起"抵制洋货、提倡国货",不少卷烟、香皂、花露水、火柴、化妆品,甚至副食品的纸盒彩贴,也顺手造势,如"马占山牌""长城牌""爱国牌"等等。传统的戏文、圣贤和历史传说基本已经很罕见了。这种关注社会时局、关注老百姓日常所思所想的创意方式,是30年代广告设计的一个新气象。其中不乏个别精品案例:如"化成烟草公司"的"美丽牌"香烟广告月份牌,满幅就是一位国民时尚女郎,烫发、抹口红、旗袍加毛线衣,白肤明眸、红唇细腰,按当时的标准,既阳光又健康,既时髦又文雅,满足了绝大多数人对民国女性的基本想象。就是姿容妖媚的画中女郎用细长手指优雅夹着一支香烟,画幅边沿上一竖行小字,香烟厂家的厂名厂址。这份广告画的画面构成上不同于当时的其他洋商华商在广告上无所不用其极、把商品彩照和名称字符塞满画幅的惯常做法,整个画面既没有通贯大字,也没有花哨边饰,甚至不仔细看,都找不到商家署名和商品名称,却显示出设计者独具匠心营造的"高雅脱俗"妙思巧想,一下子就和当时几乎所有香烟广告拉开了距离,体现出"此时无声胜有声""四两拨千斤""隔山打牛"的创意特点。

值得一提的是包装设计的新变化:清末民初流行的食品天然材料包装(油纸、阔叶、陶罐、竹木筒、藤草编筐等)和造价颇高、成本昂贵的裱糊类锦缎纸盒和木盒,在精细商品的外包装范围内,很大程度上已被纸材类黄板纸(即"马粪纸")和瓦楞纸(化妆品、香皂、小电器、副食品、调味品等)及灌装方式的玻璃容器和白铁皮烤漆盒(酱油、醋、酒、饼干、果皮、药剂、油膏等)所取代。这种新的包装方式,不但使民生商品在物流、销售、贮存各方面的性能大为提高,也赋予了平面设计许多新的功能,如品牌宣传、产品介绍、使用说明方面等。

30年代的平面设计业务覆盖到了几乎全部的商品包装和商业宣传(商标、招贴、宣传画和街头广告、报刊广告、店铺门头等)领域,从业人员大增。由于大批的中国当时一流美术家(黄苗子、叶浅予、丰子恺等)的介入,使得书籍、画报、杂志、报纸的版式设计和装帧设计,达到了很高的水准;连鲁迅也经常尝试着弄过一些商标设计和书籍装帧设计(代表作是北大校徽和他自己的几本杂文集)。这些一流的文化精英介入,是民国中期的商标与书籍装帧设计,起到了良好的公众文化消费引导作用,获得了前所未有的社会影响力。

正因为一流美术家、文学家的介入,民国中期的民生设计至少在平面设计领域有着相当高的艺术水准,而"大都市生活圈"的大众消费群体用钞票来表达的"是否接纳进自己生活轨迹"所做的集体性选择,则形成了新的"公众消费审美观",这种由民生设计通过民生商品在民众消费群体中慢慢培养起来的30年代"公众消费审美观",就现代眼光和当时的西方标准看,还很幼稚、粗俗,甚至肤浅、愚昧,但是对民国中期的民生商品在形态设计的观感方面,起着支配性的主导影响力,而且成为那个时代的形象标识,这点倒是文化精英们所不能左右的。消费者的认知度(老百姓口中的品牌名气),不但是民生商品的生存本钱,也是为这个商品所做设计的价值所在。民国中期日益成熟的大众消费群体已逐渐培养出这么一种消费取向:没有设计行为全程参与营造的商品本身的品质(功用、性能、工艺、材质、形态等等),

来头再大的文化名流搞的设计,其实什么也不是,一钱不值。

这几年民国选题的研究内容(不光是民国设计)多了起来,但鱼龙混杂、良莠不齐。本书作者特别反感"一叶遮目式"的史论研究方法。自己其实不肯坐书斋、下苦功,什么也没搞懂,还怕别人看出来,就"半偶然"地抓到一个别人没听说的事例自以为是、神马浮云地瞎吹,而罔顾它在当时同类案例中是否具有考古学中类型学所说的"标杆意义"。这种"学术旅游者"的猎奇式"治学"方法,其实本书作者在混得一塌糊涂的时候也常用,现在想来也暗自脸红,既嘲笑了自己的学术形象,也贬低了别人的常规智力。但这类"学术旅游者"在目前的论文开题、答辩和各种名目繁多的项目评审评奖活动(绝大多数毫无意义)中比比皆是,竟成了晋身混世的法宝级路数,不由得本书作者时常哭笑不得,大有"黄钟毁弃、瓦釜雷鸣"之感慨,只好在这种场合装傻充愣,三缄其口,"万事万当,不如一默"。

纵览中国由盛转衰的三百年历史,从没有"八年抗战"这一次使中国人倍感屈辱和艰辛。

说屈辱,是因为以前中国人挨打,强盗们怎么也有个貌似"冠冕堂皇"的理由:如两次鸦片战争,英法联军的借口是"维护(鸦片贸易的)公平自由贸易秩序";甲午战争,日本人的借口是因大清国与李氏朝鲜的协定、中国政府被迫卷入朝鲜半岛战争而主动"对日宣战";庚子事变,八国联军的借口是"保护侨民和在华使馆生命财产"。日本人倒好,这次连借口都懒得找个像样的,竟称"宛平驻扎日军两名士兵失踪疑与中国守军有关",直接开打。

按理说蒋介石深知中日终究难免一战,但彼时中日实力悬殊,又有"剿共"问题掣肘于内,始终难下决心与之决战,因而面对日本的无端挑衅一忍再忍、委曲求全。早在民国十六年(1927年),北伐军攻占济南时,日军为策应北洋军阀主动攻击国民革命军入城部队,在济南屠杀中国军民数千;蒋介石为"顾全大局",吞声忍了。民国二十年(1931年),日本关东军悍然猛袭沈阳驻军大营,数月间占领东北全境,扶持起"满洲国"傀儡政府;蒋介石想着"攘外必先安内",仅仅发声"抗议""照会"几回,又咬牙忍了。民国二十四年(1935年),日本唆使蒙古、热河等地的汉奸、蒙奸脱离中央政府,搞什么"华北五省民众自治政府"汉奸政权,又大兵压境为其撑腰,直接把中日对峙的战线划到了北平城下;蒋介石干脆什么也不想,直接缩头又忍了。事实证明,蒋介石再三忍让的"好意",非但没有使日本人体会到中国领袖的"宅心仁厚",反而看穿了其虚弱、畏战的本质,更加吊起了日本人变本加厉入侵的胃口,终于酿成"七七事变"大祸,扬言要"三个月灭亡中国"。这下蒋介石无路可退了,遂在庐山声泪俱下地发表抗战动员,"地无分南北、人无分老幼",宣布全面抗战,动员全国军民共御倭寇,以保国体宪政,至此抗日战争全面爆发。

多年后解密的《蒋介石日记》写道:"我们中国是一个弱国,无论经济、工业、科学、技术,以及军队、武器,都不如日本。因此'九一八'以后,我们忍辱负重,与日本谈判和平,六年之中,并不轻言宣战。但是战端一开,我们只有不惜'向国内退军'的焦土政策,而以三民主义的新精神,和国民革命的新战法,来对日本军阀,作绝对性的战争。"(详见"《蒋介石日记》节选",转载于《同舟共进》杂志,广东政协主办,2012年8月4日)

说艰辛,全面抗战打了八年(其实从"九一八"满洲事变算起,加上东北人民局部抗战六年,抗日战争共打了十四年),至民国二十八年(1939年)战局相对稳定,开战两年多,国民党军队主力大部饱受重创,海军基本被歼,至民国二十八年(1939年),中国空军仅剩下56架飞机,十不存其一;经济发达城市悉数落入敌手,过半国土沦丧。国民政府退守西南边陲,所辖国土仅占全部版图之一隅,唯云贵川桂康藏疆等穷僻数省。民国中期"黄金十年"的中国社会现代化、工业化成就毁于一旦,大部工商企业要么落入敌手,要么拆卸西迁、重新创业,继之艰难维持,中国的整体工业水平直接倒退到二十年前的民初时代。至抗战胜利,中国军民在这八年浴血奋战中损失巨大,共计死亡三千多万,伤者逾亿,经济损失高达数千亿美元。尤其是战争前半程(1937~1941年),世界上绝大多数"民主国家"的政府,集体噤若寒蝉,只是发声"抗议"而已,最多弄点鸡零狗碎的物资,派少数"志愿人员",没有哪个政府真的肯出手与中国人民并肩作战,共同抗击日本侵略者。盟邦美国的罗斯福政府倒真心同情中国人民,但受制于国内"保守主义"影响,无法实施大规模援华行动。中国军民只身浴血奋战,独自拼死对抗着穷凶极恶、嗜血成性的日本法西斯。这几年中国人民经历了近现代历史上最黑暗的最极端的万分艰难困苦时期,直到二战全面爆发、同盟国阵线形成,中国抗战局面才得以舒缓,西南抗战大后方的中国军民开始获得美国大批援华物资。

中国社会"战时经济"背景下的民生状态和产业环境(包括刚刚起步的民生设计及产销业态),在这八年完全受战争因素主导,呈现出大踏步的倒退状态。本章节所论述的全部内容,都是在这个战争大背景下发生的历史事件。因为战争期间,敌我对峙、犬牙交错,各种政治力量所辖治区域时常改变,相关战时各地区社会的人口、产业、销售渠道亦无法完全清晰分辨(特别是敌伪控制的沦陷区),故而将与"民众生产方式"有关的产业部分处理成"大后方""沦陷区""根据地"三大块,进行整体的粗略论述;与"民众生活方式"相关的消费部分,则依然按衣食行住和文化消费、日杂消费分项,但不分敌我所辖(因为即使是敌伪控制最严厉的江南、平津、华南地区,亦存在国共各自建立的广大"游击区"存在,且有一定数量的县级"国民政府"或"民主政府"设立,实在没法细分)综合论述。

第一节　抗战时期社会时局因素与民生设计

抗日战争对于中华民族而言,是一场空前的劫难,也是一次新生:经过八年抗战的中国人民,一扫百年屡战屡败之颓势,终于迎来了一场历史性的伟大胜利。在

长达14年(包括"九一八"之后的东北人民六年抗战)的殊死搏斗中,中国人民和自己的军队得到了足够多血与火的锻炼和洗礼,凝聚了文化向心力,提高了国家地位,振奋了民族精神,从此走上了早年孙中山提出的"振兴中华"的康庄大道,民族复兴的伟业,终于在共产党领导下的"改革开放"时代得以初步实现。

一百多年来,日本军国主义之所以屡次选择拿中国开刀,有着深刻的内部原因和外部环境所致。本书作者当学生时读过叔本华(Arthur Schopenhauer)的一本小书《生存空虚论》(据说他的这个理论成了近现代各国外交的基础理论),自认为找到了20世纪法西斯主义必然产生的部分外力原因。其核心思想是:两个相邻的大国,必然在有限的资源(也就是生存空间的物化形态)的各方面(比如劳力、矿产、市场、资金、技术)展开争夺,其结果必然是此消彼长、不可调和。就像两棵挨得太近的大树一样,必然对宝贵的阳光、水分、土壤、营养进行争夺一样。从19世纪中叶就想着"脱亚入欧"(福泽谕吉语)的大和民族,想必深受当时风靡世界的这些学说的影响。加之在国家现代化进程中日本社会以武士阶层为核心的封建势力根深蒂固,不但没有被铲除反而随着工业化、现代化得到极大加强,实质上形成了一部庞大的战争掠夺机器,形成了以武士最高首领的化身"天皇"为国家象征的军国一体的现代化封建集权国家。先是入侵朝鲜,引发甲午海战,全歼了号称"亚洲老大"的大清北洋水师,进而吞并了朝鲜半岛和中国的台湾;十年后又与沙俄太平洋舰队在中国东北旅顺港展开一场血战,彻底打败了沙俄势力。靠十年内两场大战,日本从一个标准的二流国家,原先总是亦步亦趋学习欧美的小徒弟,连克强敌,一跃成为军事大国,奠定了自己世界强国的地位。20世纪初,日本在所处的远东地区和东半球,环顾四周已无敌手,自然骄狂无比、不可一世、肆无忌惮、横行霸道。受战事连捷影响,日本社会朝野上下军国主义士气高涨,专门针对周边国家(特别是中国)的"大陆政策"酝酿已久、终于出炉实施了。

"中日不再战",是两国和平人士的美好愿望。会不会战,一看日本各届当权者心里是否还藏着"大陆政策"的现代版本,二看中国自己是否还像几十年前与日本那么实力悬殊,让人家忍不住要欺负我们。鉴于今日之日本上下(尤其是一部分政府官员)连对侵华战争最起码的自省意识都没有,还为战争罪犯张目、翻案,本书作者坚信叔本华氏的"空间生存说",自行判断:第三次"中日战争"不可避免。不过未来的"中日战争"未必是刀光剑影,而主要是经济战场的"中日大决战"。当中国经济强大到能左右日本经济的地步,比如在其视为生命线的民生商品外贸主项上从原料进口到市场份额、从技术研发到生产规模全面超越(这并不是完全不可能的,而且已经开始局部显现,并且在可预见的未来很有可能大面积发生),空间有限的

岛国选民们唯恐台上执政的是"侵华政府"，而不是"亲华政府"，中日之间就永不再战了。"不战而屈人之兵，善之善者也。"（[春秋]孙子《兵法·谋攻篇》）

我们时常反思八年抗战浩劫给我们民族带来的永不磨灭的创痛，从中省悟了一条至理名言：落后就要挨打，弱国本无外交。虽然抗日战争的炮火硝烟业已消散，但帝国主义反华阴霾始终笼罩在中国人民头上。先辈们血的惨痛教训，应该化作全民族团结一心、众志成城、韬光养晦、埋头苦干的决心和气概，誓死把自己的国度建设成今后子子孙孙永无外敌胆敢入侵的强大无比、幸福和谐、自由舒畅的美好家园。

一、抗战初期西迁之工商业、文教业

中日开战，原本国力就不在一个档次。"1937 年，日本工业总产值为 60 亿美元，中国仅为 13.6 亿美元。这一年，日本钢铁年产量为 580 万吨，中国仅有 4 万吨；日本的煤产量为 5 070 万吨，中国仅有 2 800 万吨，其中还有 55％为外资企业所有。也是在这一年，日本的石油产量已达 169 万吨，中国只有 1.31 万吨，连日本的 1％都不到。发动全面侵华战争的日本，已经是个能够生产飞机、大口径火炮、坦克、汽车和军舰的世界排名第五的工业强国。而彼时的中国，基本没有这些武器的生产能力，只能生产少量的小型舰艇。中日经济实力，高下立现。"（蒲实《1937：同途殊归的中日工业化》，载于《三联生活周刊》，2012 年第 27 期）怪不得蒋介石畏首畏尾，实在是打不过人家，只能忍声吞气。只有被逼无奈，才肯玩命相拼。自然开头几仗下来就被揍得头破血流。

淞沪保卫战失利之后，国民政府撤离南京，全部党政机关和国有机构一律向西内迁。很多民族工商业主不甘依附敌伪苟活偷生，响应国民政府号召，纷纷拆掉机器、炸毁厂房、车载船装、举家搬迁，在大后方"实业抗战"，为国效力；文教界人士也率领师生随国民政府西迁，继续中国的教育文化事业。

西迁的总人口迄今仍是个谜，有各种不同的数据，从当时国民政府宣传部门的"八千万"到美国派往中国的军事观察家格兰姆·贝克的报告所称"至多两千万"，再到经济学者王洪峻、李世平等认为的"560 万～200 万"不等，差距巨大。两种较为可信的数据分别是：一种是 1 350 万，其中由沦陷区 24 个重要城市撤退到西南、西北大后方的约有 350 万，另有大约 1 000 万人由其故乡迁出（详见陈达著《现代中国人口》，天津人民出版社，1981 年版）；另一种说法是根据国民政府救济委员会于 1938～1942 年间运送后方的难民数及大后方各省市县收容救济难民人数总计得出："在千万人左右"。无论如何，这都是近现代世界史上短时期完成的规模最大的人口迁徙活动。

第一批西迁企业中以经济较为发达的苏浙沪地区和华北、中原地区为主，有上海、天津、南京、郑州、焦作、太原、青岛、济南、苏州、芜湖等地的许多厂矿企业。内迁的工矿企业所涉行业包括机器、五金、电器、化工、造船、纺织、轻工、印刷、食品加工、汽配、冶金等；仅上海一地，就有 152 家企业报名西迁。"武汉保卫战"（日军称

"武汉会战")前夕,又出现了第二波"内迁潮",主要是由部分初迁至武汉各地的华东、华北、中原沦陷区的工矿企业,以及武汉本地的工矿企业。内迁的主要地点多为四川的成渝两地和南充、雅安、内江、绵阳等四川腹地,还有部分企业落户云南、贵州、广西、湘西等地。截止到民国二十九年(1940 年)6 月底,先后迁入西南大后方的民营工矿企业共计 452 家,机器设备 12 万多吨;其中迁到四川的 250 家,技术工人合计 1.2 万余人、机器设备约 9 万吨。

抗战爆发初期,国民政府即意识到战争之残酷程度与漫长时间,提前紧急布置了所有战区高等院校的内迁工作。国民政府教育部指导平、津、沪、京等地的一些重要高校在战争初期就西迁至西南和西北,建立抗战教育基地。民国二十七年(1938 年)初,国民政府成立了"全国战时教育协会",专门负责战区高校的迁建工作。自民国二十六年(1937 年)到民国二十八年(1939 年),战区各高校中,北平的燕京大学、上海的辅仁大学等教会学校通过媒体宣告"保持中立"未予搬迁,上海交通大学等校迁入英法租界,其余所有中国高校全数迁往西南、西北和就近迁入山区,继续办学。如国立北京大学、国立清华大学、私立南开大学,在"七七事变"后先是于民国二十六年(1937 年)下半年迁往湖南长沙,联合成立"国立长沙临时大学";后于民国二十七年(1938 年)春"长沙会战"前夕又迁至云南昆明,正式改为"国立西南联合大学"(简称"西南联大")。京津地区的北洋大学、北平大学与北平师范大学,于民国二十七年(1938 年)上半年迁至陕西西安,联合组建"西安临时大学",后改名为"西北联合大学"(简称"西北联大")。国立中央大学、国立山东大学、私立复旦大学、私立金陵大学、国立武汉大学、国立东北大学等 31 所高校先后于抗战头一年迁至四川。国立浙江大学先迁浙西天目山山区坚持办学,因战事吃紧又再度辗转西迁至江西、广西等地,最终于民国二十七年(1938 年)底迁至贵州遵义。国立中山大学迁往云南澄江。虽中国绝大多数高校多从经济发达城市前往艰难困苦的偏僻山区城乡,仍有七成教职员工和半数学生随校迁徙。整个抗战期间,从战区迁到西南的高等院校 77 所,仅迁到重庆的就有 31 所。哪怕是在抗战最艰难的时刻,国民政府却坚持实现了地道的免费义务教育。据著名学者何兆武所述:在西南联大上学时,大学生不仅免学杂费,而且还免每天的午餐费,如果学生上学仍然有困难还可以申请助学救济金,且助学救济金在大学毕业后可以不还。同时,抗战客观上为我国的西部教育带来了发展的契机,使西部诸省在国民基础教育方面有了很大的发展。国民政府教育部抗战初期在四川、河南、贵州、陕西、湖南、甘肃、江西、安徽等地先后成立了 22 所国立中学及 3 所国立华侨中学,先后培养教育了 10 万"战区流亡学生"。中国高校的整体内迁,保存了中国现代高等教育事业的基本力量和科技精华,促进并推动了西南地区抗战大后方的中国文教事业的延续性,并促成了抗战大后方教育事业的不断发展。

绝大多数中国的社会名流、文化精英不愿意附敌同贼,毅然决然放弃原有之优厚生活待遇而举家西迁。文化机构及文化名人西迁形成了三次"内迁潮":第一次是"淞沪保卫战"失利后和南京沦陷前,大批文化机构、报社电台、文艺团体及文化人士，随行政院和军委会机关先后迁入武汉，继续开展轰轰烈烈的"文化抗战"活动；第二次是民国二十七年（1938年）底长沙、广州、武汉相继失守前夕，各地聚集在当地的文化界机构和人员随国民政府各机关先后迁至山城重庆；第三次是民国三十年（1941年）底"太平洋战争"爆发、美英对日宣战后，日军随即占领上海英、法租界（时称"孤岛"）和香港、澳门等地，迫使滞留在这些地方不愿依附敌伪的大批爱国文化人士，先后辗转到达重庆。至民国三十二年（1943年）上半年，重庆共有全国性文艺团体35个，聚集了全国绝大部分文化界精英人士，如著名作家茅盾、张恨水、胡风、叶以群、田汉；诗人艾青、臧克家；电影戏剧家夏衍、宋之的、洪深、于伶；表演艺术家金山、凤子、黄宋江、谢添、蓝马、沈杨、沙蒙；美术家徐悲鸿、叶浅予、丁聪等。与此同时，中国出版业中但凡著名的出版社，几乎全数内迁至重庆，陆续恢复营业和出版工作，如"商务""中华""世界""大东""开明"等大书局。这些中国文化教育的内迁西南，为西南大后方文化繁荣的形成，奠定了坚实基础。

图4-1 西南联大的教授们

二、"战时经济政策"与西南人民的贡献

民国二十六年（1937年）抗战爆发次月，南京国民政府召开"国防最高委员会"，通过了开战以来第一项"战争经济动员令"即《总动员计划大纲》，对战时财政金融作了具体规定："1. 改进旧税，变更稽征办法，维持固有收入；2. 举办新税，另辟战时特别财源；3. 发行救国公债，奖励国内人民及海外华侨尽力购买，指充战费；4. 核减党政各费及停止不急需之一切事业费支出；5. 修改关税进口税则，使消费品输入减少，战时必需品输入增加；6. 我国所产大宗而适于各国需要之物品，得由政府办理输出，交换战时必需之入口货品；7. 整理地方财政，增加收入，紧缩支出,使有余力补助中央战费。"次年(1938 年)3 月,国民党临时全国代表大会又通过了《抗战建国纲领》,"推行战时税制,彻底改革税务行政;统制银行业务,从而调整工商业之活动;巩固法币,统制外汇,管理进出口货,以安定金融"(详见《浙江省档案馆官网·历史档案·政府公文类》,2007 年 12 月 26 日)。

西南大后方的建立,使全民抗战事业得到了一个强有力的战略支撑。但在财政和民生方面则十分艰难困苦。工业方面:抗战以前,我国西北、西南地区工业比较薄弱,以川、湘、桂、滇、黔、陕、甘 7 省而言,其近代工业只占"全国工厂总数的 6.07%,占资本总额的 4.04% 和产业工人总数的 7.34%,其中四川仅有电厂一,水泥厂面粉厂五,纸厂一,机器厂二;陕西有纱厂一,面粉厂二;贵州有纸厂一……后方规模较大之工厂,仅此而已"。即使在中央政府搬迁了部分工厂进入西北、西南后,工业依旧非常困难。农业方面:粮食是关系到前方决胜、后方安定的头等大事。在 1939 年前,大后方由于 1937 年和 1938 年连续两年粮食丰收,粮价相对比较稳定。但从 1939 年年底开始,由于战区扩大、军队集中,战区难民迁入后方者甚多,后方人口急剧增加,粮食需求激增,粮价迅速上涨。1937 年上半年重庆米价每市斗为 1.32 元,到 1941 年 6 月涨至每市斗 41.87 元,增长 31 倍。此时,国统区军队已扩大到 400 万左右,加上内迁人口 5 000 万,粮食供应成为政府的第一要务,仅前方年需军粮就达 7 500 万石。而当时政府手上能掌握的粮食尚不足半数。于是引起粮价暴涨,一些城市甚至发生抢米风潮(陈雷、戴建兵《统制经济与抗日战争》,载于《抗日战争研究》,2007 年第 2 期)。

国民政府退守西南初期,各方面经济状况十分困难。一方面军事上节节失利,军队遭受极大损失,每日所需战费颇巨;另一方面因经济发达诸省相继沦陷,战略补给接济来源越发捉襟见肘。美英不是自顾不暇就是受制于国内"保守"势力,无法倾力援助;唯有海外华侨奋起募捐,战争前两年就捐款达 2.5 亿美元,强有力地支援了抗战。

为了苦撑抗战危局,国民政府在尚能管辖的地区全面实行了"战时经济管理",颁布了一系列有关经济和民生的法令,运用战时军事管制手段,大力改革财政税制,设法增加财政收入;严控奢侈品进口,稳定大后方金融物价,加强对敌经济作战,力图把全社会财政金融纳入战时体制,最大限度地动员全社会经济力量,确保抗战前线的军事需要。

抗战前,国民政府的财政收入向以关税、盐税、统税三税为大宗,三项相加,要占年度全国财政总收入的 80% 以上和税收总量的 90%。可战争前两年,全国产业发达的主要城市和外贸港口及盐产地、矿区,绝大部分悉数落入敌手,导致国民政府税收锐减,国家财政收入大幅减缩。以国民政府中央银行发行的法币计算,开战两年后的民国二十八年(1939 年)与战前的民国二十五年(1936 年)相比,国家财政的"关税自 3.69 亿元锐减至 0.86 亿元;盐税从 2.286 亿元锐减至 1.01 亿元;统税从 1.756 亿元锐减至 0.19 亿元,分别减少了 77%、56%、89%。而财政支出仅战费一项就远远超出收入,战时每天所需战费平均为五六百万元,每年约 20 亿元"

（陈雷、戴建兵《统制经济与抗日战争》，载于《抗日战争研究》，2007 年第 2 期）。收入锐减而军费激增，军队给养、装备添置、兵员补充和后方民生维持，使"国统区"陷入财政严重失衡的经济状态，迫切需要寻找新财源来填补缺项。国民政府本着"增税与募债两者并重"的原则，推行"战时税制"，创设新税以补充旧税短收之损失，如对统税货物一律实行由入境第一道的税务机关照章补征；统税范围除原来的卷烟、棉纱等 9 种外，增列饮料、糖类、陶瓷、皮毛、竹木、纸箔等土特产品。征收统税地区新增了云南、新疆、青海及西康等地。同时，还提高了印花税、土酒、土烟丝税的税率，在原有基础上一律加倍征收。国民政府财政部颁布的《土酒加征与举办土烟丝税办法》规定，"将各类土烟应征之税率，一律加征五成"，并"指定在苏、浙、皖、赣、鄂、豫、闽七省土烟特区内，一切用土烟叶所制成之烟丝，应按照土烟税率之半数，再加烟丝税一次"。此外，国民政府还开征了"战时消费税"等新的税种，规定"凡奢侈品及具有奢侈性之消费品，课以战时消费税"。"战时税法"实施后，从民国二十九年（1940 年）至民国三十四年（1945 年），国民政府共征得"战时消费税"32.59 亿元（法币），加上"货物出厂税"和"取缔税"合计 308.71 亿元，还有"矿产税"10.23 亿元，几项新税种共计为 351.73 亿元，占整个税收的 23.9％（详见陶宏伟撰《国民政府时期"战时经济学"的产生与发展》，载于《军事经济研究》，2008 年第 1 期）。战时"大后方"民生之苦、负担之重，由此可窥一斑。

尤其是民国二十九年（1940 年）前后，国民党军队倾力组织数次会战，但均告失利，武汉、广州、衡阳等相继失守；仅有的云南、广西外贸口岸又被英法殖民当局惧于日寇威逼利诱而被迫关闭，国际援华物资完全中止；重庆、昆明、桂林遭受日机日夜疯狂轰炸，许多军工、民生厂矿无法正常生产，前线各种军需、战费、兵员的补充和损耗越发告急，抗战局面真的到了万分危急的时刻。"1940 年，国民政府大规模征兵，三年内每年征兵 50 万人，减少了农业劳动力，直接影响生产。同时，在各省修建军事基地，运输军需物资，大大增加了军费，并使消费品的供应越来越紧张。从 1939 年到 1941 年，政府总支出增长 3.5 倍以上，其中国防开支占国民政府总支出的 73％；政府入不敷出，赤字惊人。1941 年，政府收入仅占支出的 13％（支出 100.03 亿元，收入 13.10 亿元）；赤字达 86.93 亿元，巨额赤字只有靠发行钞票（通货）来弥补。到 1941 年 12 月，法币发行额达到 151 亿元，使得批发物价比 1939 年 12 月上涨 6 倍。"（陈雷、戴建兵《统制经济与抗日战争》，载于《抗日战争研究》，2007 年第 2 期）

然而，大后方人民甘愿含辛茹苦、缩衣节食去支援前线。有三件在当年西南大后方广为流传的感人事迹（详见萧雪、刘建新等编著《中国抗战大写真·系列丛书》，团结出版社，1995 年 1 月版）：

其一，民国二十六年（1937 年）抗战爆发第二个月，安县王者成送其子王建堂前往"募征处"，面授亲儿旗帜一方，当众展示：白布中央黑墨写就一个大大的"死"字。王者成自读左幅一行小字"别儿嘱言"，涕泪滂沱："国难当头，日寇狰狞。国家兴亡，匹夫有份。本欲服役，奈过年龄。幸吾有子，自觉请缨。赐旗一面，时刻随身。伤时拭血,死后裹身。勇往直前,勿忘本分!"观者掌声雷鸣,无不泪如雨下。

其二,民国三十年(1941年),一位国民政府高官巡视乡间,路遇饥色之老农携瘦弱幼孙驱车载粮奋力向前,诘问方知此爷孙二人去增缴余粮。官员感叹:自食活命尚且不济,何来余粮?老农慨然作答:前线国民党军队皆吾之嫡血子侄,当兵打仗,无粮则无力,有命难拼。吾等日日就食苕藤、树叶活命足矣,余下谷米全数充当军粮,唯盼打垮日寇,换取胜利之日吾儿凯旋返乡而已!官员闻之泣而出声,遂挽袖卷裤助其推车。

其三,民国三十三年(1944年)初,成都少城公园发起"抗日募捐会",长长人流中出现近百名衣衫褴褛、蓬头垢面的乞丐排成一长串队列,其中大多身有残疾,相互搀扶着走上台,一个个把带有体温的铜元、镍币全部塞进"救国献金柜",叮咚作响。全场军民大恸,哭声震天,莫不切齿痛恨敌寇侵我家园,致我哀民亦以命相搏,惨状至此。

仅四川一省民众,抗战八年就负担了14 640余亿元(法币),占同期"国统区"财政总支出的30%以上;军粮8 408万石,占全国谷物征收的38.75%;征募兵员260多万人,占国民党军队总人数的20%以上。八年抗战川军伤亡64.6万余人,民工计300万以上人次参加各种机场、公路、军事设施建设和维修。

虽然开战不及两年,原本经济较为发达的沿海各大城市悉数落入敌手,大后方国统区依靠仅存的中缅边境(1941年日军占领缅甸后完全中断)和康藏口岸仍维持着一定数额的农产品对外贸易,为筹集前线战费和维持大后方财政提供了少量而宝贵的外汇。

表4-1　1938~1945年国统区进出口贸易值(单位:1 000美元)

年份	进口值	出口值	总值	出入超
1938	86 388	59 454	145 842	−26 934
1939	39 077	21 283	60 360	−17 794
1940	67 133	14 947	82 080	−52 186
1941	135 952	19 973	155 925	−115 979
1942	41 504	32 087	73 591	−9 417
1943	48 905	25 898	74 804	−23 007
1944	17 327	18 321	35 648	+994
1945[注]	7 028	8 788	15 186	+1 760

注1:1945年仅以1~8月统计。
注2:上表引自樊瑛华《抗战时期国统区农产品对外贸易研究》(载于《人文杂志》,2006年第3期)。

战时经济管理制度下的大后方及国民党政权统辖的各省抗日游击区内的工商业,其税负还是相当重的。特别是大后方经济和工商产业重心的四川地区,其一省在抗战最困难的1941年度的工商营业税总额,就远远超过其他省份之税收总和,为抗战财政做出了巨大的贡献。

表4-2　抗战前期各省历年营业税收入表（单位：法币/元）

年份	广东	浙江	安徽	四川	广西	江西
1936	907 503	3 665 600	2 444 941	853 797	982 000	673 802
1937	3 559 705	3 773 000	1 869 264	2 640 195	1 221 106	1 045 941
1938	1 167 088	3 960 000	417 353	8 388 305	1 713 462	321 434
1939	941 556	5 418 860	1 219 771	13 580 814	3 582 178	884 447
1940	2 289 548	12 400 000	1 449 744	50 397 011	7 216 596	1 157 417
1941	8 432 606	15 000 000	2 960 584	93 893 236	16 403 359	3 083 549

注：上表引自魏文享《工商团体与民国时期之营业税包征制》（载于《近代史研究》，2007年第6期）。

因抗战时期各地区行政辖制与军事控制形势犬牙交错、相互渗融、敌我难分、极为复杂，故而不单设"抗战时期普通民众收支状况一瞥"，而是将各地区老百姓收支情况按"大后方""敌占区"和"根据地"三大块，划分到各节"民众生活方式与设计"中具体表述。

三、抗战时期乡村社会传统手工业的重要性

在本节本书作者要表明两个观点：

其一，中国社会延续数千年的传统手工业，一直是20世纪前半叶中国广大民众日常生活最重要的产销业态（没有之一）。即便是"黄金十年"后中国沿海经济较发达地区已初步呈现工业化加速的趋势，而对于全国大多数内陆省份（特别是欠发达地区）而言，传统手工业在民生商品的基本供应市场中扮演的决定性作用，依然未见根本改变。这是一个20世纪前半叶的基本事实，脱离了这个前提去侈谈什么"中国社会的工业化进程"无疑跟意淫差不多。很可惜，许多设计史学者，甚至是社会学、经济学、人类学的青年学者们发表的大量论文、专著中，似乎看不到这个前提条件。他们往往眼里只盯着租界工部局、市政府工商局社会局发布的各种工业数据，忘记了中国社会直到"改革开放"前夕，城市化的比例不足二成。忽略占人口比例绝大多数的民众生活状况，似乎是当代青年学者容易出错、却不容易纠正的"通病"。

其二，20世纪前半叶中国社会的传统手工业，其实也在完成自己的"工业化改造"。这个以机械化操作为主要形式的工业化进程，缓慢而持续，但早已遍及传统手工业的所有领域。本书作者断言，对于绝大多数中国乡村社会而言，绝不存在如上海那般来一批洋人就建一批大工厂，然后全体老百姓就立马生活洋化、生产洋化、人人坐在家里数洋钱了。由传统手工业向现代工业的转化，在中国社会是一件漫长、复杂的过程，但从来没有停止过，只是和平时期显得突兀崛起、跌宕起伏；战乱时期显得时停时续、缓慢蜗行。实现机械化生产方式，最大的好处便是提高品质、扩大产能、减小劳动强度。但对于尚未实现工业化的地区而言，且不说机械化

要远超传统手工作坊的前期投入(资金、物资、人力、时间等等),提高品质如果没有带来售价的提高,扩大产能如果没有导致产品的畅销,减小劳动强度如果意味着裁减员工、没有减少薪金的支出,谁都能预料结果:这种与工商实业牟利目的截然相反的产业行为,是毫无生存空间的。之所以中国乡村社会有着漫长的传统手工业存续时期(越是相对经济欠发达地区就越是蓬勃发展,迄今仍是如此),大抵与社会的总体经济水平和由市场决定的商业"生态环境"不无关系。这点是搞设计史和社会学研究的人们千万不能忘记的重要前提。

为什么选择在抗战章节来谈作为民生设计重要内容的传统手工产业呢?因为时间节点使然。现代意义上的中国工业化进程从晚清开始起步,历经民初和"黄金十年"的发展,到抗战爆发为止,是一个完整的、持续的发生、发展状态。在设计民生商品的产销业态这一块,西式工业化产业与传统手工产业之间,你中有我、我中有你,既互相争夺市场,又互为替补、互相借鉴,再加上输华、地产的洋货这一块,共同成为支撑中国社会民生商品生产供销体系三大不可或缺的组成部分。在这个体系形成、发展过程中,充满了变数:洋货在不断"本土化",机制国货在不断"洋化",传统国货则在不断"机械化",互为参照又互为区别,在这三种产业"动态"发展的情形下,从整体层面上很难对其中一种业态做出一种固定不变的概括评述。抗战这个因素出现,情况就不同了。首先是抗战打了八年,紧接着又是三年内战,中国社会的工业化进程在这十几年内整体上被大大地延缓了许多,甚至可以说大致陷于停顿状态,在相对"静态"的情形下观察三种产销业态在中国社会民生状况的影响,以本书作者这种经济学、社会学门外汉的能力而言,观察对象清晰可辨了许多,定义它们的性质也容易了许多。本书作者特别不赞同部分学术观点偏激的学者总把这三种经济形态看成是互相对掐、你死我活的对立面的狭隘观点。

举个例子,原本在晚清制造生产像火柴、蜡烛、肥皂、马灯这类商品的厂家,绝对属于地道的现代化的洋商工厂所为,但到半个世纪后的抗战前夕,中国几乎每个县城都有家庭手工作坊能生产这些已经变得极为普通的民生产品,而且程度不同地都在使用机械来完成某些关键的生产环节;这些传统手工业也不一定全是"前店后场"的经销模式,为了扩大产能、扩大利润,也玩起了批发、零售的洋式经销,向邻村邻镇输送预定的产品。其实这就是晚清以来中国工业化极为重要的一种形式:由西洋传入、只在租界内销售的极少数人才消费的"高端奢侈品"逐步完成了先由"新市民阶层"的尝试与传播,在都市社会扎根、生长;再到向封闭、落后、贫困的广大内陆乡村递次式地推广与渐进式普及,得以彻底融入中国民众,最终成为30年代大多数中国家庭日常生活不可或缺的"民生必需品"。随着消费市场的不断扩大化,产业形态必然向下游转移,原先全由洋商开办的民生必需品生产厂家逐步被有眼光的买办、华商所取代;城里的资本家们又逐步被乡村手艺匠们所取代。三种产销业态的转换,并不是全然排斥的,而是一种在大多数状态下共存互补的"经济共同体"。比如30年代乡村手工业生产的"土肥皂""土火柴""土蜡烛""土布""土鞋",从来没有阻止住都市社会里洋人"力士香皂""安全火柴""美版西服""意大利皮鞋"照样风光无限的热卖局面。土洋商品,互为参照、互为印证,一个更突出价廉物美的优势,另一个更突出时尚高雅的优势。至于它们的各自归宿,则完全由不同需求的广大消费者用钞票选举来决定它们的存废死活。

民生设计产业的概念大得很,其中各社会阶层的经济能力、消费意愿、实际需要千差万别,正由于上述三种民生商品产销业态的互为补充的完整体系,才使民生商品充当了社会文明不断进步最有效的"无形杠杆"。这是经济规律决定的,是不以人的意志为转移的。这就是为什么本书作者一再强调"中国传统设计体系"理论表述时必须留意其"承前启后的因果关系"在思维逻辑上的完整性(详见拙作《设计史鉴·思想篇》)。

以抗战爆发前夕为例,即时的传统手工业有几大支柱型产业,如营造业(相当于现在的建筑业,只要是盖房子,从规划到设计,从土建到装修,包揽包办)、木作业(现在称"木匠",传统手工业里的角色既可能是营造业附属的"大木作",指专事栋梁檐椽等建筑木质构件的制造与安装,也可能是屋子盖好后室内装修的门窗安装、家具打制、墙体粉刷、铺瓦平地等等)、红炉业(就是当时几乎每一个村镇都有的打铁铺子,专门锻制各种农具、手持工具、家用五金及骡马挽具、掌铁等杂什用物)、编织业(机织丝棉麻品或手工编结藤草竹木用品)、副食品加工业(不包括粮食加工的榨油、磨面、豆腐)、酿造业(酒、酱、醋、腌菜)。需求促成市场,市场促成产业,产业促成设计,只有市场和产能都达到一定的高度,设计行为才有"用武之地"。无论是贫瘠落后,还是繁荣发达,只要人口聚集到一定数量,这一套完整运作的产销体系便一定会建立起来。祖祖辈辈就这么过来的。人们日常生活可以没有时髦的"意大利皮鞋""美国香皂""英国大礼帽",可一旦肥皂、毛巾、蜡烛、火柴进入了生活方式的常规序列,这些东西就不再是可有可无的时髦货了,而是千方百计要利用现有条件搞起来的"民生必需品"。尤其是抗战八年,现代化工厂不是沦陷敌手,便是全力投入军工生产,老百姓的"民生必需品"谁来生产与销售?自然而然地由遍布广大乡村的传统手工业来担当重任。大后方是这样,游击区、根据地也是如此,沦陷区也不例外。这不是一种工业化进程的倒退,而是一种并不惹眼,但更深层次的工业化普及与改造的普遍现象。事实上,抗战胜利至新中国成立初期的四五十年代中国社会整体上的工业化程度大幅度提升,都与坚持抗战八年、得到迅猛发展、同时也不同程度加速机械化程度的无数乡镇传统手工产业的集体发力有着极其密切的关系。因此,传统手工业(包括产与销两个部分)是中国20世纪前半叶民生社会不可或缺的基本构建,也是民生商品的主要产源之一,因此也是近现代中国设计产销业态的主要组成部分。

表4-3 抗战时期中国乡村社会手工产业业态概况

业态名称	主要产品	适用范围	机械化程度	销售方式
营造业	民舍及乡镇民用建筑之建造	居所	以手工为主	契约雇佣
织造业	棉麻丝之纺纱、织布、印染	服饰	木制机织	乡场集市

业态名称	主要产品	适用范围	机械化程度	销售方式
编结业	竹、木、藤、草之筐、笋、篮、篓、草鞋、草帽、蓑衣等	杂用	以手工为主	家庭作坊
榨油业	菜籽、豆类、花生之油料榨取	食用	水碓、畜力、风力、人工	前店后场
磨粉业	谷类、麦类粮食舂粉加工	食用	同上	家庭作坊
豆制业	豆腐及衍生产品之生产	食用	以手工为主	前店后场
木作业	大木作之建筑构件，小木作之装修、家具、农具、生活杂具（梳、篦、伞、桶、盆等），兼做漆髹	杂用	以手工为主	契约雇佣
红炉业	铁质农具（犁铧、锄、镰、镐、斧、铲等）及生活杂用（剪、锥、掌铁、厨刀、家用五金等）	杂用	以手工为主，部分使用锻压、吹氧小型机械	前店后场
烧造业	建材（砖、瓦、管等）、餐饮炊具（土烧陶灶、盖盆、陶钵及挂釉陶缸、陶碗、陶罐等）	居所、杂用	部分使用石质粉碎器械、木制拉坯器械及部分使用吹氧器械	前店后场
酿造业	酒、醋、酱等餐厨作料及肉、蛋、禽类腌、腊土副食品	食用	部分使用曲酵搅拌机械	前店后场家庭作坊
成衣业	服装裁剪与制作、针织（毛衣毛裤等）、家纺品制作、衣物织补	服饰	以手工为主，部分使用缝纫机械	前店后场
造纸业	建筑（窗户、墙裱、天棚等）、杂用（灯笼、丧葬彩扎、食品包装等）、文具（信笺、春联等）	居所、杂用、文具	部分使用原料粉碎、纸浆搅拌机械	前店后场
日杂业	洋火（火柴）、洋蜡、洋皂、洋灰（水泥）、洋灯（马灯）等制造	杂用	部分使用蘸料、冲压、模具机械	前店后场家庭作坊
服务业	稳婆（接生）、剃头、郎中、赌庄、当铺、钱庄、药房、澡堂、算卦、戏班、茶社、风水、代书、妓院等	杂用	以手工为主，部分使用专门器械	前店后舍流动兜售
修理业	钟表、洋锁、眼镜、焗碗、补锅等	杂用	部分使用机械	前店后场
零售业	行游货郎、集市摊贩、固定店铺	杂用	物流方式以人力、畜力为主	前店后仓流动贩售

由上表可以看出，再小的村落庄户，前列之营造（含木匠、泥瓦匠、油漆匠）、织造（含织布、染色、刺绣）、编结（篾匠等）、副食品加工（含榨油、磨粉、豆制品）这几个手工产业是基本不能少的，只是因为村落的大小来决定这几种基本产业的生产规模：是自产自销，还是部分外销。中间几项的打铁铺、窑场、酒窖、酱园、裁缝铺，没有一定的人口密度，就形成不了确保成本与盈利的市场，故而多半在百户以上的大村寨和小镇，才设有此等手工作坊。最后几项的日杂商品制造业和服务业（包括钱庄、米行、药房、当铺及各种理发、洗浴、娱乐等）、修理业、零售业，非是人口稠密、百业共生的万人以上大城镇才能生存下去。这三种层次不同、有机组合的传统手工产销业态，就是30年代以来与大中城市所不同的中国乡村地区"工商业生态体系"。明白了这个生态条件，就明白了近现代中国社会传统手工业与现代城市工业

的最基本区别所在,也就更容易明白为什么抗战条件下乡村传统手工业对民生设计产业存续的极端重要性。

即便是上海这样的大都市,传统手工业在整个民生商品产销业态中仍占据重要比例。特别有趣的现象是家庭作坊式的手工产业向西洋式商品产业的逐步渗透、转移,这是一种代表主流方向的传统手工业向现代工业转化的产业发展趋势。上海以手工方式生产的民生商品的具体种类,可谓五花八门,无所不包:"糨糊、印泥、卡片、球拍、石膏模型、领带、纱带、织造灯芯、表带、十字线、药棉纱布、织席、草编、草帽、藤器、造绳、冰糖、制造凉菜、果子露、豆乳、雪花膏、粉扑、油漆、擦铜油、擦鞋粉、电池、制碱、樟脑制造、赛璐璐、人造象牙、硬料饰物、白磁玻璃、坩埚、皮革、火漆、牛皮胶、制造薄荷锭、毛刷、制造棕擦、牙签、制镜、景泰蓝、钣金、红木器具、沙发、制造砂皮、制造烟刀、制造保真花、丝织画片等等,50余种";"部分手工生产者为:铸字、造纸、造蜡纸原纸、制造瓦楞纸、钢琴、织袜、染织、呢帽、宽紧带、手巾、造钟、制造蜡线、冰淇淋、化妆品、电刻、臭药水、染皮、皮棍、抛镀、肥皂、火柴、搪瓷、料器工业、牙刷、纽扣、西装袖扣、手电筒、铁床、软木塞、蚊香、儿童玩具、金木、机制纸盒、机制纸袋、印花制罐等等";"此外,尚有不少未详明生产方式之产业,估计手工生产亦占重要地位,如:花边、淀粉、大理石、阳伞、热水瓶、银箱、制磅、鞋油、打印台、洋烛、固木油、沼气灯、饼干、糖果等等"(何躬行《上海之小工业》,中华国货指导所编印,1932年版)。

在迟至20世纪末才完成的工业化"初级阶段"的百年努力中,中国的乡村传统手工业一直扮演着极其重要的角色。乡村传统手工业不是现代化和工业化的天然敌人,相反,它在很大程度上是中国本土产业工业化的雏形,除去洋商洋资直接创设的产业,中国城乡大多数本土产业,都是经历了从传统手工产业逐步向现代工业转型的漫长过程。在产业转型中,乡村传统手工业的经销模式也在悄然变化。在清末到整个抗战时期的半个世纪中,一种介于西方式现代商业模式和旧式传统经营模式之间的暂时性过渡型商业模式,是乡村传统手工业赖以生存的经销渠道:这就是20世纪前半叶在中国广大城乡较为普及、流行的"包买制"。"不能排除手工织布技术与效率迅速提高的原因,如用铁轮机代替了拉梭机,但即使在技术提高后,其手工织布效率与动力织机效率比在1/4到1/8之间,技术仍然落后。作者认为关键原因在于土布业内部组织和制度形式上的变化,即从小农的自织自销发展成为'包买制',农户从商人处领取原料,带回家做成产品后交换给商人,从商人处领取工资的制度。河北高阳布区的'包买制'尤其发达。当时的农村工业化较量实质是'包买制'与工厂制度的较量。"(周飞舟《制度变迁和工业化——包买制在清末民初农村工业化中的历史角色》,载于北京大学《社会学学刊·第一辑》,北京大学出版社,2004年第1期)大批遍布于中国广大城乡社会的过渡型产业与商业的发展与提升,这正是抗战时期中国工业化和现代化得以继续存延的基础因素之一。

四、太平洋战争爆发后的国际援助

抗战前期,中国政府主要从德、苏、美三国购买大量武器、聘用顾问,来供给前线抗战部队。其中有些是战前紧急订购的(如德国装备),但一年后因日本阻挠、德意日法西斯轴心国形成,德国断绝了与中国的军火贸易;后来苏联陷入苏德战场,无暇顾及远东,基本停止了向中国的军火供应。剩下的美国,又因为美国国会内势力强大的"孤立主义"影响,无法公开援助中国,只能通过"租借军援法案"等间接形式(以中国矿产品为抵押提前放贷购买美国产军火装备)小规模地向中国提供援助。国民党军队三年苦战,损耗极大,急需补充装备与兵员,日寇又不断侵占沿海口岸,到 1939 年底拿下与越南、缅甸接壤的最后两个口岸,基本完全封锁了中国所有对外贸易出口,又迫使英法殖民当局断绝与中国的贸易往来,妄图对抗战大后方军民施行"经济绞杀战略",一度中国深陷孤立无援的极端险境,抗战形势极度危难。直到 1941 年太平洋战争爆发,美国对日宣战,中国抗战军民才获得大量的宝贵援助,一举改变了中国战区敌我态势。

日本偷袭珍珠港后,太平洋战争爆发。中国战区(包括印度、缅甸等)成为二战主要战场之一,获得了同盟国大批援助。在所有的国际反法西斯同盟国的对华援助中,美国出力最多、影响最大,据统计 1941 年后美国援助中国的物资总值超过了13 亿美元。除去各项军需用品和民生必需品(药品、医疗器械、工程设备、面粉、奶粉等)外,美国的军事援助涵盖了陆海空三军和敌后游击区部队的军事装备与人员训练。

<u>空军方面的美援</u>:除了在抗战初期就以美国志愿人员形式来华参战的著名"飞虎队"(对外称号是"美国志愿航空大队 AVG",领导者为美国退役准将陈纳德;太平洋战争爆发后正式命名为"美国空军第十四航空大队",美国最初一批援华军机是 100 架 P-40,统归"飞虎队"使用,陈纳德也被提升为在役少将司令)外,美国在华驻扎了大批对日作战飞机(以陈纳德的"第十四航空队"为主);还以西南腹地为基地,用 B29 轰炸机多批次对日本本土进行了长达数年的战略轰炸。

此外,太平洋战争爆发后美国还为在抗战初期几轮空战下来就基本损失殆尽的中国空军(仅剩不到 50 架非作战飞机)提供了大批的新型作战飞机,从战斗机到歼击机、轰炸机、侦察机,"美国累计无偿援助中国军用飞机 1 394 架,其中战斗机1 038 架、轰炸机 244 架、侦察机 15 架、运输机 97 架",还全面承揽了包括对飞行、地勤、通讯、机场、维修所有空军作战人员的全面培训,中国空军和"飞虎队"全部所需航空燃料和配件设备也全由美方无偿、无定量充分供应。这些宝贵援助使中国空军迅速恢复元气,参加了战争末期对日空战并飞赴日本本土执行作战任务。

<u>陆军方面的美援</u>:从 1942 年起,由美国陆军中将史迪威主持,先后整训了 60 个师全部美械装备的新式国民党军队以供中国战区的大反攻投入战场。到抗战结束时,实际整训、装备了 39 个师的美械部队。仅装备这支"印缅远征军"的美方物资投入也是巨大的。截至 1944 年 4 月统计,已交付部队的美制武器包括:75 榴炮 244门;37 速射炮 189 门;60 迫击炮 1 238 门;火箭筒 395 只;汤姆逊冲锋枪 5 631 支;

布伦机枪 603 架；45 枪弹 18 640 400 发；303 枪弹 25 232 000 发；7.92 枪弹 164 551 500 发；还有全部人员的军需品（从钢盔、制服、鞋帽到餐具、牙刷、水壶、挎包等）一律由美方供给。另外有大批物资并没有被统计入账，而被国民政府军委会划拨给其他战区前线部队。

交通运输方面的美援：中印公路打通后，仅 1945 年 2 月至 1945 年 10 月，美国用汽车向中国公路运输了 161 988 吨的作战物资。比公路运输更加大规模的是美机空运。特别值得一提的是从西南腹地跨越罕见人迹的喜马拉雅山脉的著名"驼峰行动"。因中缅公路被日军侵占，切断了中国抗战唯一的国际援助管道，美国军方就毅然组织起历史上空前的大规模空运行动，更多的物资通过空运到中国。"驼峰行动"仅 1944 年度每个月运输量统计为：1 月 13 399 吨，2 月 12 920 吨，3 月 9 587 吨，4 月 11 555 吨，5 月 11 383 吨，6 月 15 854 吨，7 月 18 975 吨，8 月 23 676 吨，9 月 22 315 吨，10 月 24 715 吨，11 月 34 914 吨，12 月 31 935 吨。美军方统计，在整个人类历史上空前绝后、条件极其困难的跨越珠峰"驼峰行动"中，共计有约 1 200 名美军机组人员失事牺牲。

[以上"美国援华"各项数据均引自何应钦（历任抗战时期第二战区司令长官、国民党军队参谋总长、国民政府国防部长、行政院长等要职）所著《日军侵华八年抗战史》（台湾国防部史政编译局编印，1974 年版）一书，转引者请自行查阅原著。]

抗战时期的苏联援助：苏联政府的援华项目主要是抗战前期进行的对华军火供应，三期贷款共计 2.5 亿美元。三批贷款共购进苏制 248 架飞机之航运 953 724 美元计、232 架飞机整套武装设备及特种汽车运输工具与飞机发动附件等之铁路运输，共用货车 1 198 辆计 233 247 美元，汽车运送 H－15 式飞机特种包装费及由铁路运输其他飞机之包装费计 749 676 美元、H－15 型 122 架与零件及十大飞机上武装设备用汽车运输之运费 1 195 489 美元、400 辆汽车开运费 10 416 美元、129 节火车运送坦克车之运费 27 967 美元、炮兵财产由铁路运费计 244 节火车之运费计 87 932 美元、飞机武装设备 30 套、坦克车及炮类各装两轮之搬运费 40 253 美元，修理队派遣费 54 547 美元，组织费 125 759 美元，计 9 856 979 美元。尽管只是军火生意（全部采取以土特产和矿产实物偿付方式），而且价格不菲，但毕竟还有人肯卖。这是在抗战初期（1937～1939 年）中国军方得到的唯一一大笔军火合同。

苏联"志愿航空队"于 1937 年底参加了南京保卫战、武汉保卫战的空战，有 211 名飞行员牺牲。苏德战争爆发后苏联"志愿航空队"撤离中国。

抗战前期苏联援华物资数目说法不一，以苏联著名经济史专家斯拉德科夫斯基的数字为准，苏联共援华飞机 904 架（其中中型和重型轰炸机 318 架，歼击机 542 架，教练机 44 架），坦克 82 辆，牵引车 602 辆，汽车 1 516 辆，大炮 1 140 门，轻重机枪 9 720 挺，步枪 5 万支，子弹 1.8 亿发，炸弹 316 颗，炮弹约 200 万，以及其他军火物资。这些数字除牵引车 602 辆（中方统计为 24 辆）外，基本上得到中方多数学者的肯定。

至 1941 年 10 月,苏德战争爆发,苏联已无力支持我国,苏联援华贷款宣告结束。但当年仍援华千余吨物资,多为石油产品。

[“苏联援华”相关内容部分参考了王正华《抗战时期外国对华军事援助》(环球书局,1987 年版)和孙月华《抗战时期苏联援华的主要方式——中苏易货借款》(载于《泰山学院学报》,2008 年第 4 期)相关内容,各项数据均未经核实,转引者请自行查阅原著。]

其他国际援助:盟国如英国、加拿大、澳大利亚、印度等英联邦国家或因应付德国人入侵而自顾不暇,并无钱款军火等实物相助,所谓对华援助主要限于道义声援;或者在抗战前期曾有部分小额民间募捐到账并派遣过几批医疗队、修理技师来华工作。

第二节　抗战时期民生状态与民生设计

抗战八年,除少数西部边陲省份没有遭受战火的直接蹂躏之外,全国大多数地区均直接和间接受到战事严重影响。这种影响之大,“地无分南北,人无分老幼”(蒋介石“庐山抗战宣言”语),八年来无时无刻不在左右着整个中国社会,对中国各区域的工商产业、民众生活、国民教育乃至风俗习惯各方面,都留下了极其深刻的印记。

由于八年抗战期间,中国的行政版图实质上被人为划分、区隔成数种截然不同的社会管理机制,彼此的经济水平、工商业态、人口基数、流通范围存在着很大差异,本章节无法按正常的“衣、食、行、住、闲、用、文、娱”分类,来做笼而统之地分项概述每一项全国民众的生活、生产状况,故而将抗战八年中国民众的“生活方式”(含消费方式)与“生产方式”(含劳作方式)及其民生设计状况,按“国统区”(含西南“大后方”和国民政府领导的“游击区”)、“沦陷区”(含关外伪“满洲国”和关内广大敌占区)、“抗日根据地”(含陕甘宁边区和共产党领导下的广大“敌后抗日根据地”)三大块,概述“民众生活方式”包含其他章节的饮食、衣着、居住、出行、礼俗、休闲、文娱和日常杂用的即时行为习惯,与相应产生的设计构想的创意行为、设计产品的生产、设计商品的消费行为等等。

[由于战时资料来源的稀缺性和复杂性,在本书所有章节中,“抗战时期”这部分的民众生活方式和民众商业消费行为之间原本相对清晰的本质联系与各自特点,显得十分含混不清,本书作者只能根据既有资料(包括政府文件、战时出版物、回忆录、纪实影像、纪实文学等原始资料和一些既有抗战背景、又相对真实可靠的文学作品等),针对有典型意义、“标杆”价值的事件,结合设计学“行为成因”和“文化影响”的具体需要,对本章节相关内容进行概括性的综述。其间势必有不少内容肯定与史实存在偏差,未必完全是当时真实状况的记述,存在着本书作者和资料来源作者个人在视野、学养、分析能力等各方面的欠缺,难免局部“失真”,有待于今后一一补正。特此声明。]

一、"国统区"民众生活方式与设计

所谓"国统区"的概念,是指抗战期间由国民党和国民政府直接治辖的行政区域概念。这部分包括了以重庆(抗战陪都)为中心的大后方所有地区,含"西南大后方""西北大后方""敌后游击区"三大块。"西南大后方"指四川、云南、贵州、西康、西藏全境和广西、广东、湖北、湖南等部分战区省份未被日伪攻占、与"西南大后方"地理上连接成块、国民政府县级以上军政机构建制完整的地区;"西北大后方"指陕西、甘肃、宁夏、新疆全境和山西、中原、华北部分战区省份与"西北大后方"地理上连接成块、国民政府县级以上军政机构建制完整的地区;"敌后游击区"指在"沦陷区"存在着国民政府县级以上军政机构建制完整、有千人以上正规抗日武装力量、因敌我反复割据而归属不定、区域地理边缘模糊如苏北、浙东、粤北、冀中、豫南、豫西、晋西北、鄂西等地区的广大乡村、山区。

民国二十七年(1938年)11月,在国民政府南岳军事会议上,蒋介石提出:"政治重于军事,游击战重于正规战,变敌后方为其前方,用三分之一力量于敌后。"之后敌后根据地逐渐受到重视,蓬勃发展起来。1938年底,敌后战场的国民党军队兵力已有近30个师,至民国三十二年(1943年),国民政府又先后向敌后战场陆续增派了30个师;此外,敌后根据地各级国民政府还在敌占区、游击区控制着大量杂牌地方武装。国民政府于抗战期间在敌后战场建立了大量的敌后抗日根据地,其中较有成效的有豫东游击区、豫北游击区、山西游击区、豫鄂皖边游击区、浙西游击区和海南游击区等等。据当年国民政府军委会统计,抗战期间最高峰时,国民党敌后抗日武装有总计近100万人之众(具体数据引自史峰撰文《国民党敌后抗日游击战的兴衰》,载于中共河北省委党史研究室主办《党史博采》,2011年08期)。由于战争环境所致,数千万计的这部分敌后游击区抗战军民长达八年、极为艰苦卓绝的日常生产与生活状况,我们今天对此知之甚少,不能不说是大陆学者在现代中国史学研究领域中的一个很大缺憾。

抗战大后方民众生活困苦状况,是我们今天难以理解的。因缺医少食,饿死、病死的民众不计其数,不亚于因敌机轰炸、交战炮火而致死的人数。有很多家庭八年间没有吃过一滴油、一次肉。抗战前中国有约4亿人口,当时的西部只有1.8亿人;抗战初期内迁至西南大后方的外省人口共计约5000万。当时的西南、西北诸省的国民生产总值不到全国总量的三成,民生产业仅占5%,一下却要养活占全国总人口50%以上,再加上日益激增的军费开支,财政拮据、民生苦难之状,可想而知。

抗战前四年是中华民族近现代以来最黑暗的时刻,强敌侵入,孤立无援,国土大部沦丧,人民流离失所。从民国二十七年(1938年)起到民国三十年(1941年),日本利用威逼利诱各种手段先后强迫英、法殖民当局屈从,完全切断了中国对外贸易、获取外援的仅剩的两处口岸:滇粤公路和滇缅公路,使中国抗战军民在太平洋战争爆发前的三四年时间里,处于完全孤立奋战的状态。民国三十年(1941年),政府总支出增长3.5倍以上,其中国防开支占国民政府总支出的73%;政府入不敷出,赤字惊人。民国三十年(1941 年),政府收入仅占支出的 13%(支出 100.03 亿元,收入 13.10 亿元);赤字达 86.93 亿元,巨额赤字只有靠发行钞票(通货)来弥补。到民国三十年(1941 年)年底,法币发行额达到 151 亿元,使得批发物价比民国二十八年(1939 年)年底上涨 6 倍。大后方财政已经到了崩溃边缘的万分危急境地,抗战局面处于生死存亡的关键时刻。

抗战时期又是自然灾害频发的时期,天灾加人祸,严重加剧了中国民众生活困苦程度,甚至严重威胁了生存状态。以几例灾民死亡人口在万人以上的重大天灾为例:民国二十七年(1938 年),国民党军队为防止日军南下包抄而奉命炸毁了河南黄河花园口堤防,引起河水大决口,洪灾遍及豫皖苏 3 省 44 县市,1 250 万人受灾,死亡 89 万余人;民国二十八年(1939 年),海河大水灾,波及冀豫鲁晋 4 省近 900 万人口,淹毙 13 320 余人;民国三十一年(1942 年)中原大饥荒,灾民 3 000 余万,饿死约 300 万人;民国三十二年(1943 年)广东大饥荒,死亡约 50 万人(一说 300 万人)⋯⋯当年在黄泛区广为流传的一首民谣唱道:"蒋介石扒开花园口,一担两筐往外走,人吃人,狗吃狗,老鼠饿得啃砖头。"表达了部分灾民的怨恨心理。据统计,花园口破堤之后,黄泛区豫皖苏 3 省共有 3 911 354 人被迫漂流异乡,占原有人口总数的 15%,其中河南泛区 1 172 639 人,安徽泛区 2 536 315 人,江苏泛区 220 240 人。这些大规模的流民群,近者逃往邻近乡区、城市,远者逃往西北各省。据国民政府行政院"善后救济总署河南分署"的调查,当时逃往西北各省的泛区人口在 170 万人左右。仅战后民国三十五年(1946 年)初至次年底,由西北各省返耕的河南灾民,经官方接遣的就有 318 610 人(详见美籍学者白修德著、崔陈译《中国抗战秘闻——白修德回忆录》,河南人民出版社,1988 年版)。

自然灾害加剧了战时大后方民众的困难生活状况。"民国二十九年(1940 年)秋收之际,年景荒歉,粮价狂涨,每担 40 元;民国三十一年(1942 年),春夏迭遭洪水,早稻严重歉收,晚稻失时,入秋后,天又大旱,荒象已成,且抗日战局紧张,粮价飞涨,市面混乱,居民所需食米,全靠农民少量零售,每担(150 斤)价 140 元,政府虽规定限价每百斤 33 元 6 角 6 分,但徒具形式而已。民国三十二年(1943 年),百物昂贵,粮价又狂涨,政府限定米价,每担(100 斤)不得超过 220 元;茶油、菜油每斤 32 元,并指定警察局和田粮办事处组织米业公会,办理粮商登记,禁止非粮商收购粮食,以期控制粮价,但无实效。"(引自洪轨撰文《币制改革问题之研究》,载于《经建季刊·中》,民国三十六年/1947 年 9 月 30 日出版)

抗战八年期间,随着国民政府财政部"中央银行"法币发行量迅猛增加,大后方镇居民的工薪(货币收入)一直都呈上升的趋势,但同期生活费价格的上升速度更快、幅度更大,因此,出现了通货膨胀现象,军政人员和民众的实际生活水平在不断下降,既有财富在不断缩水。根据经济学的观点,个人的货币工资(月薪)或家庭的货币收入,并不能作为衡量实际生活水平的指标。因为货币数量所代表的购买力,随物价涨落而变化。只能将收入和生活费两者结合比较,得出的实际收入,才是作为衡量实际生活水平的指标。实际收入的多少,取决于两个因素:一是货币收入的多少;二是生活费的高低。用公式表示为:实际收入=货币收入/生活费。根据当时报刊透露的信息归纳,四川成都地区,从民国三十年(1941年)1月到民国三十一年(1942年)6月的一年半中,职工平均工资增长2~4倍,而一般物价上涨10倍,大米上涨35倍,一般每月伙食费用由4元提高到100元。似乎由于国民政府滥印滥发法币,大后方通货膨胀极其严重。

抗战期间大后方四川一带,薪金阶层和工资阶层实际收入指数如下:

表4-4 大后方工薪阶层实际收入指数(以1937年为100)

年份	小公务员	教师	服务人员	一般工人	产业工人	农民
1937	100	100	100	100	100	100
1938	77	87	93	143	124	111
1939	49	64	64	181	95	112
1940	21	32	29	147	76	63
1941	16	27	21	91	78	82
1942	11	19	10	83	75	75
1943	10	17	15	74	69	58

注:以上表格及相关数据,来源于张公权著《中国通货膨胀史(1937~1949)》(北京:文史资料出版社,1986年版)。

民国三十年(1941年)国民政府行政院为了根据"战时经济政策"制定和实施民生消费的相关管理政策,专门组织一批"西南联大"的社会学、经济学学者,根据昆明地区1941年10月的平均物价水平,结合社会调查的实际情况,整理出了一份"昆明市生活费指数",对成年人每月日常生活费用的基本标准,进行了具体的分类列项统计,其中包括民生基本消费品(以必需品为主,以每月消费为时间单位)的5大类、29项,为制定"公务员日用品消费量"做了详细的可行性研究。

表4-5 1941年昆明市生活费指数(民国三十年)

一、食品类				
名称	类别	消费量	单位换算价	合计金额
粳米	中等	2市斗(32市斤)	0.78元/市斤	25.1元/月
面粉	中等	2.5市斤	2.26元/市斤	5.60元/月
肉类	五花	5市斤	4.24元/市斤	21.2元/月
猪油	板油	1.5市斤	6.33元/市斤	98.5元/月
鸡蛋	中等	9个/1市斤	0.27元/个	2.43元/月
食盐	—	0.8市斤	2.1元/市斤	1.61元/月
白糖	蔗糖	0.5市斤	8.52元/市斤	4.26元/月
酱油	—	1.5市斤	1.45元/市斤	2.18元/月
豆腐	—	10市斤	0.84元/市斤	8.40元/月
蔬菜	5种	20市斤	8.52元/市斤	31.40元/月
食品类每月消费约计111.72元				

（续表）

二、衣着类				
名称	类别	消费量	单位换算价	合计金额
阴丹士林布	国产"美亭"	1市尺	2.68元/市尺	2.68元/月
白土布	中等	1市尺	1.97元/市尺	1.97元/月
冲哔叽	国产"梨花"	1市尺	9.92/市尺	9.92元/月
布鞋	土产	0.5双	29.78元/双	14.89元/月
皮鞋	国货	1双/20个月	86.97元/双	4.32元/月
线袜	中等国货	0.5双	4元/双	2元/月
衣着类每月消费约计35.79元				

三、居住类				
名称	类别	消费量	单位换算价	合计金额
房屋租金	中等	5平方米/人	4.67元/平方米	23.34元/月
居住类每月消费约计23.34元				

四、燃料类				
名称	类别	消费量	单位换算价	合计金额
燃料	柴火	70市斤	0.20元/市斤	14元/月
照明	菜油	1.5市斤	3.39元/市斤	5.90元/月
燃料类每月消费约计19.90元				

五、杂用类				
名称	类别	消费量	单位换算价	合计金额
自来水	饮用、涮洗	12挑/0.73吨	0.96元/挑	11.52元/月
肥皂	国产"金钟"	0.5块	0.80元/块	0.40元/月
毛巾	国货	1条/100天	4.72元/条	1.42元/月
牙膏	国产"三星"	1只/100天	2.82元/只	0.85元/月
饮料	绿茶	0.1市斤	12.57元/市斤	1.26元/月
车资	—	30公里	2.33元/公里	69.9元/月
沐浴	盆塘	2次	3.67元/次	7.34元/月
理发	—	2次	4.22元/次	8.44元/月
洗衣	—	12件(套)	2.44元/套	29.28元/月
杂用类每月消费约计130.41元				

以上各项合计，抗战八年西南普通成年市民的月度消费开支约计321.16元（法币）。该表格为本书作者根据民国三十年（1941年）国民政府"行政院"委托"西南联大"调查制定的"昆明市生活费指数"相关数据（详见罗元铮主编《中华民国实录·第五卷·文献统计》，吉林人民出版社，1997年10月版）自行绘制，个别物品名称按通行称呼略有改变。读者若引用详细数据请查阅相关政府档案文献实件为准。

由于以上数据是由"西南联大"社会学、经济学者等专业人士制定的，并非由国民党政府宣传机关"粉饰太平"或其他政治目的而炮制的,因而具有相当的可靠性、真实性。这份表格同时透露了几个与民生设计息息相关的重要信息:

第一个信息:即便是抗战最困难时期的1941年,即便是在物质困乏到了极致的西南大后方,作为一个成年人,除去衣食行住类基本生存需要,想有自尊、有人格地活着,衣着类的穿衣戴帽穿鞋,杂用类的洗漱、理发、个人卫生,是断然不可缺少的。恰好这些社会基本民生商品是无法由个人自行制造的,只能依靠社会产销服务系统来供应,也就是靠民生设计的产业与销售形式才能得以维持。这就是民生设计及产销业态的立足存身之本。

第二个信息:即便经历了战争初期敌军轰炸破坏、辗转搬迁入川,中国的民生产业最终还是在西南大后方站稳了脚跟,并且能承担起一下暴增的、占全国总人口半数以上的(五千万内迁的外省人士和本地一亿八千万民众)社会民生消费基本需求,这是件了不起的丰功伟绩,价值不比战场上的任何重大战役逊色。在"黄金十年"得以大发展的中国民生设计产业并没有在战争期间中断,反而在西南大后方继续生存并获得发展。

第三个信息:从类别和单位及单位换算价格看,普通市民的月度消费标准并不比后来50年代至70年代的老百姓差,甚至还要强了许多。如口粮,解放前30年的凭证定量强劳力才有32市斤,干部及学生仅有28市斤,未成年人仅有18市斤,何况每人每月的口粮定量中还必须搭售一定比例的粗粮(小麦粉或山芋、豆类等)。肉类供应的差距就更大了,"文革"时期老百姓每人每月成人定量为1市斤,未成年人为半市斤,远不及抗战困难时期的大后方供应水平。普通民众的基本生存需求直接左右了民生设计产品的消费能力,在口粮和肉类、禽蛋等食品基础消费这一点上,似乎确实有民生设计产品的生存空间。

第四个信息:暴露了当时西南大后方战时发电供水的市政设施被损毁的严重程度和维修乏力:居然日常照明靠菜油土灯、煮饭洗菜用水靠雇人挑水才能解决。因为这份调查材料是以普通成年市民消费量计算,不可能将"特殊人群"作为调查采样对象。有理由认为:市政服务系统的低下(公共照明缺失、水电供应不足等),既会提高生活成本,亦会很大程度上制约普通人的民生商品消费行为,如夜生活、逛商场等。尤其是武汉会战之后,日寇加强了对陪都重庆和西南诸地的猛烈轰炸,妄图迫使国民政府和抗战军民屈服。重庆和昆明、南宁等城市,原先在"黄金十年"先后建起的繁华商业区在日机频繁轰炸下早已毁灭殆尽,正常的民生消费与供应已不复存在。当年流行在重庆山城的一首《防空歌》,道出了彼时市民对日寇大轰炸习以为常、乐观坚忍的心态:"契约要件收拾好,煤炉灶火用水消,屋顶旗帜要收下,院内晒衣捆成包。天窗布幕须遮好,自己门户关锁牢,出城路线如何去,沿街立有指路标。"(引自《抗战大后方歌谣汇编》,重庆出版社,2011年1月版;原载于《中央日报》,1939年8月30日)

由于供应偏紧、筹措战费又急,军政和难民人口激增,西南大后方社会物价的整体水平上涨相当严重。以川东涪陵地区为例,战前和战时物价水平对比反差十分明显。

表 4-6　涪陵城抗战前（1930 至 1936 年）主要工农业产品零售价表

品名	规格	单位	1930	1931	1932	1933	1934	1935	1936	七年均价
大米	中等	50 公斤	5.07	8.09	5.44	3.71	4.45	4.42	5.68	5.27
桐子	中等	50 公斤	5.14	5.40	3.75	3.05	4.48	7.10	6.68	5.09
猪肉	中等	50 公斤	8.94	12.66	12.51	8.33	8.47	8.27	8.33	9.64
青菜头	中等	50 公斤	1.15	1.80	1.68	2.70	0.63	0.74	1.89	1.51
食盐	火花	公斤	0.18	0.186	0.202	0.204	0.208	0.208	0.214	0.200
红糖	内江春上	公斤	0.17	0.216	0.224	0.224	0.224	0.180	0.194	0.205
白酒	江津五合二	公斤	0.25	0.280	0.286	0.234	0.262	0.224	0.282	0.260
面条	李渡统面	公斤	0.46	0.196	0.168	0.148	0.146	0.148	0.170	0.205
白布	申龙头白布	米	0.294	0.300	0.294	0.294	0.264	0.264	0.261	0.282
色布	渝头裕华蓝	米	0.528	0.534	0.534	0.525	0.501	0.489	0.501	0.516
火柴	涪陵	10 盒	0.017	0.078	0.078	0.072	0.066	0.065	0.076	0.065
青	一市斤重	百块	0.34	0.380	0.400	0.377	0.380	0.400	0.417	0.385
煤炭	长寿统炭	50 公斤	0.231	0.215	0.215	0.227	0.228	0.264	0.276	0.237
铁铧	九斤重	件	0.741	0.732	0.720	0.690	0.690	0.730	0.690	0.713

随着战事吃紧、日寇封锁严密，民生物资供应越发困难。单是老百姓一日三餐的主食大米价格，就直线上涨。

表 4-7　涪陵城抗战时期（1937～1946 年）大米每市石零售价表

年份	1937	1938	1939	1940	1941	1942	1943	1944	1945	1946
价格	10.45	8.17	9.91	49.15	225.8	404.6	1 052.0	3 881.3	16 605.8	49 162.2

注：上列二表均引自孙昌文、贺依群《抗战中后期涪陵物价暴涨》（重庆市涪陵区档案馆编印，2011 年 12 月 21 日）。

在西南大后方民生的各行各业，物资的严重匮乏现象比比皆是。"太平洋战争"爆发之后的抗战后期，"国统区"汽油的百分之百，钢的百分之九十五，药品的百分之九十，武器弹药的百分之八十靠美英供给。因日军严厉封锁、疯狂轰炸、敌特破坏，运输道路极其不畅，人员、车辆损耗很大，到库物资与运输成本基本持平，如每运进一加仑汽油平均要消耗一加仑汽油。据参加过西南抗战运输的华侨陈姓司机在回忆录中称，在这条抗战最艰难时期中国战区唯一的输血线的"滇缅公路"上跑车的每名司机的平均存活率是"四趟半来回"；很多新手头回出车便被炸死，或是由于道路过于崎岖、路况复杂，因操作失误而摔下万丈深崖。同批从南洋慷然组团回国参加抗战的六十几位华侨司机和修车技师中，抗战胜利时，仅余十二人生还返乡（参考 2009 年 3 月"凤凰卫视中文台""历史大视野"节目）。

由于物质匮乏，大后方民众的经济生活趋向紧缩，衣着也日益简朴。在当时奢华服饰已遭到摒弃，若穿至公众场合必饱受诟病。西南诸地的知识界（文化人和迁入师生)大多穿士林蓝、安安蓝、蓝灰等色制服及棉大衣等,春秋季节也有穿工人装、两用衫、夹克衫的。《南京人报》的创始人、著名的"鸳鸯蝴蝶派"小说代表人物张恨水,曾细致入微地描述过他在抗战初期撤离南京时的衣着窘态:"寇火既遍故乡,搭友人侵车赴汉,匆匆上道,仅携一皮匣。及入蜀而检点之,其中乃有马褂二袭,一夹而一单。初未知家人何以置此,更未对之做何打算。及初度蜀地之夏,置一灰布衫,胸前有红斑一,织染痕也,甚不雅观。濯之下去,而又无力弃之,故每出,则加青纱单马褂于上,藉掩此污点。至冬,旧蓝布衫敝矣,而夹马褂则为青毛葛质,甚完好,又如法以加其上。"(黄强《民国男装的时尚变迁》,载于《南京日报》,2011年10月18日)"葛"即为细织麻布,虽坚韧结实,但较之棉布,甚为粗糙,不适于贴身穿着,谓之"老豆腐布""夏布",故战后多弃,唯城乡底层穷困苦力仍衣之如旧。著名作家尚且狼狈如此,一般难民之窘态,可想而知。

抗战陪都之重庆,军政文教人员大批涌入,商家厂店业主云集,也带来了服饰时尚前所未有的变化。就职于各种政府机关的官吏职员,一般皆着民国常见礼服,不是中山装便是长袍马褂,关键是胸前一律佩戴表明自己"公家人"身份的小徽章。这类行头在大街上最有派头,因为不仅是官场威仪,而且意味着稳定的生活保障和社会势力。生意场上行走的商贾老板们,没有徽章可戴,自然较少穿正经的中山装,免得有冒充战时军政要员之嫌,多以西装革履出客,还有人手持西洋文明棍、戴着墨镜,表明自己身份阔绰、思想"洋派"。文教人员一般阮囊羞涩,却也是正经"公家人",所以一般也是中山装或长袍马褂居多,穿西装的也不少,只是面料不甚讲究,棉麻毛呢不拘;少不了也在胸前佩戴各式校徽,以区别于其他"社会闲杂人员"。平头百姓大多短衣、短裤打扮,卖苦力的贫民,腰里还要结扎绑缚——大多买不起皮带,只是找块布条,甚至麻绳、草绳扎腰即可。连重庆黑道上的帮会人物也可从服饰上分辨一二:青帮头面人物自诩儒雅斯文,多从公教人员风格,常穿长衫为体面服饰;洪门袍哥入会成员大多来自社会底层苦力、劳工及社会上的三教九流,短褂、赤膊,下着宽裆大筒裤。女界服饰时尚一如"黄金十年",因战时经济管制和物资匮乏,进口面料及化妆品断了货源,自然逊色了许多。春夏常服皆着新款旗袍为主(面料就讲究不起来了,棉织布料为主)。重庆山城地处亚热带,并无内地春夏秋冬四季分明,冬季最冷时也不过摄氏五六度,绝大多数老百姓一辈子连冰凌、雪花都没见过,因而深秋冬季时外加穿一件毛线衣足以御寒。职场、军政公教女士大多直发短款,不事烫卷,大多不施粉黛、素面朝天。蒋介石对军政机关女职员曾有明文训示,严禁烫发、浓妆。大后方社会女界趋从此风,以示全民同仇敌忾、艰苦抗战之共同决心,连身为蒋介石宝眷亲属的宋氏三姐妹也一概如此。女用护肤面霜等必需品,多半由坊间民造的各种代用品充斥市面。直到太平洋战争爆发,抗战局面大大舒缓;盟军将重庆建设成大后方基地中心,有大批物资与人员往来,各种货真价实的英美生活物资(时装、化妆品、首饰等)与文化事物(电影、画报、宣传册等)随着军火也潮水般涌入,直把大后方妇女服饰水平快速提高了一大截。

虽然在战时西南大后方的日常生活中物质是极度匮乏的,但精神生活是相当丰富多彩。抗日战争在历史上第一次将全民族的命运最紧密地联系在一起,出现了中国近现代史上空前的大团结。不仅仅是国共两党能摒弃前嫌、一致携手抗日,而且民族矛盾的急剧上升,使长期分裂中国社会的阶级矛盾大为缓和。在"抗战"这个压倒一切、生死攸关的大使命面前,人们暂时忘记了贫富悬殊、劳资纠纷、官庶身份、文化差距,"一切为了抗战",这是当时全民族最响亮、最打动人心的民众心声。这个全民抗战意识深入人心的普及,除去战场上官兵的浴血奋战外,中国文化界的积极宣传鼓动,可谓厥功至伟。抗日战争时期,是中国文化的现代化进程的关键时期。抗战初期的湖南文化界提出"文化下乡,文化入伍"的口号;民国二十七年(1938年),郭沫若在演讲中反复强调文化工作必须"纠正偏重都市的错误,今后的文化人,应该分散到乡间去";田汉也呼吁"到农村去,到前线去,到敌人后方去"。

国民政府新闻宣传管理机构(国民党中宣部)统计,民国二十六年(1937年),全国报馆共有1 031家;截止到民国三十一年(1942年)11月为止,大后方报业获得核准出版发行报纸者,共有273家。

除早逝的鲁迅、出家的弘一法师和滞留南洋的郁达夫外,在以重庆为中心的抗战"大后方",几乎毕集中国所有的文坛领袖和学界名流。他们不甘依附敌寇,抛弃了多年优越的生活条件,挈妇将雏、举家西迁,用自己的行动证明了中国文化人的爱国传统。他们以科学知识和文学艺术为武器,与全民族共同参加抗战;同时担负起民族文化承传的历史重任。当时"大后方"虽境遇贫苦、生活窘迫(吴大猷、闻一多等名教授为家人和学生购买米面充饥,竟卖光了值钱的东西,如裘皮大衣、金表,甚至钢笔),但照样百花齐放、一派繁荣景象。当时"大后方"著名的文坛精英有:郭沫若、老舍、林语堂、茅盾、曹禺、梁实秋、谢冰心、田汉、胡风、巴金、夏衍、柳亚子、孙伏园、张恨水、萧军、萧红、曹靖华、梁宗岱、臧克家、艾青、阳翰笙、赵丹、项堃、舒绣文、白杨、张瑞芳、秦怡、徐悲鸿、张大千、傅抱石、潘天寿、关山月、李可染、丰子恺、林风眠、丁聪、贺绿汀、马思聪、熊十力、梁漱溟、张君劢、陈寅恪、冯友兰、朱光潜、胡适、翦伯赞、张伯苓、罗家伦、晏阳初、陶行知、黄炎培、梅贻琦、马寅初、潘序伦、章乃器、沈钧儒、史良、吴有训、吴健雄、严济慈、吴大猷、侯德榜、茅以升、竺可桢、李四光、童第周、梁思成等等。

民国二十六年(1937年)至民国三十四年(1945年)八年期间,位于西南"大后方"的昆明一隅,校史仅有八年的"西南联合大学",被众多学者公认是"中国教育史上的奇迹"。建校初时仅有芦席围墙、竹竿作栋;师生们满脸菜色,一日仅两餐。蒋介石大为感动,特令按"军供特需"(仅"飞虎队"享受过)给每位教授配发一瓶牛奶、学生按国民党军队作战序列之军队供应粮食。这个奇迹,不但表现在如此穷困艰难状态下的办学条件,而且表现在中国学人至今仍引以为傲"西南联大"八年间师生中涌现的人才济济:"西南联大"中共走出了90位两院院士,其中中国科学院院士80人,中国工程院院士12人,有2人(朱光亚、郑哲敏)为双院士。2位诺贝尔物理奖获得者,2位国家最高科学技术奖获得者,6位"两弹一星"功勋奖章获得者,还有一大批著名的社会科学家、政治家、革命家。在"西南联大"先后任教的名师有：陈寅恪、钱锺书、王力、朱自清、沈从文、张奚若、陈岱孙、潘光旦、钱端升、金岳霖、冯友兰、闻一多、吴大猷、陈省身、吴有训、费孝通、陈序经、吴晗、冯文潜、郑天挺、雷海宗、叶公超、吴宓等人，可谓全中华民族最优秀的人才集聚一堂、共赴国难。

战时重庆北碚，集中了内迁的中央级科研学术教育机构和著名院校，如复旦大学、中国乡村建设学院、汉藏教理院和"中央研究院"一半的研究所（即动物、植物、气象、物理、心理5个研究所）、中国科学社生物研究所、经济部矿冶研究所、经济部中央地质调查所、农林部中央农业试验所、经济部中央工业试验所、中国地理研究所、军事委员会资源委员会国民经济研究所、航空委员会油料研究所、清华大学航空研究所及雷电研究室、军政部陆军制药研究所等。这些内迁的学术教育机构在此期间取得了许多重要成就。英国著名科学史家李约瑟参观北碚时说，"最大科学中心地无疑是在一座小镇，北碚……这里的科学和教育机关不下十八所，大多数都很具重要性。"美国媒体也报道说：在北碚，"很多专家和学术团体的专门知识和经验得到了利用，明白了这一点，就很容易理解这个城市的繁荣兴盛……科学气氛形成了中国历史上任何一个城市中教育和学术机构的最高度的集中"（详见潘洵、彭星霖撰文《抗战时期大后方科技事业的"诺亚方舟"》，《西南大学学报（社会科学版）》，2007年06期）。汪曾祺在晚年回忆道："有一位曾在西南联大任教的作家教授在美国讲学。美国人问他，西南联大八年，设备条件那样差，教授、学生生活那样苦，为什么能出那样多的人才？——有一个专门研究联大校史的美国教授以为联大八年，出的人才比北大、清华、南开三十年出的人才都多，为什么？这位作家回答了两个字：自由。"（《汪曾祺集·新校舍》，杨早编注，花城出版社，2012年7月版）

西南大后方地区文学艺术的空前繁荣，直接导致了民生设计的活跃异常。抗战时期西南大后方民生商品中不断涌现佳作，有些堪称20世纪的设计经典范例。如当时的平面设计（公开发行的小说封面装帧设计，报纸版面设计，期刊版面与封面装帧设计，插图艺术，街头宣传画，募捐及招兵、献血、义卖海报等），日化民生商品包装设计（卷烟、肥皂、花露水、牙膏、衣帽盒、护肤品等民生商品的外包装），舞美及展示设计（电影景棚、街头活报剧、剧场话剧、民众歌咏会、抗战宣讲会、祝捷仪式、群众游行等），手工艺产品（民生杂用类的菜篮、斗笠、背篓、木器、家具、陶土炊具、烟具等），都取得了跨越式进步，有些在整体上甚至超过了战前水平。

在大后方坚持抗战八年的知识分子们是十分清苦的。"窗户要糊纸，墙是竹篾糊泥制灰，地板踩上去颤悠悠的吱吱作响"；"老舍穿上了斯文扫地的衣服，灰不灰，蓝不蓝，老在身上裹着，像个清道夫。香烟的牌子一降再降，最后抽的是四川土产的卷烟，美其名为雪茄。文学界的朋友聚在一起时，能到小饭馆里吃一碗'担担面'就觉得很美满了"（《梁实秋雅舍小品全集》，上海人民出版社，1993年版）。"物价飞涨，西南联大的教授经常要为吃饭发愁。在文学史家余冠英家的餐桌上，连蚂蚱也成了佳肴。语言学家王力心酸地说：每到月底都要去打听什么时候发薪水，好不容易领到薪水，马上举行家庭会议讨论支配方法，大孩子憋了一肚子气，暗暗发誓不再用功念书，因为像爸爸那样读书破万卷也没用，没有太多想法的小孩子只恨自己不生在街头小贩之家。就是清华校长梅贻琦家的情况也好不到哪里去,经常只能吃白饭拌辣椒,没有青菜,偶尔吃上一顿白菜豆腐汤,就像是过节。梅夫人韩咏华和潘光旦、袁复礼等教授的夫人做起了糕点,拿到街上去寄售,还特意取名为'定胜糕'";"在重庆歌乐山,女作家冰心除了节俭,还亲自动手种起了南瓜,到了秋天,门口的南瓜熟了,天天都是南瓜饭、南瓜菜。他们家晚上往往吃稀饭,孩子们每顿饭都抱怨没有肉吃,只有偶尔客人来,才会闻到肉香"。连驻外使节也很是不宽裕:"不愿从政的胡适做了战时的驻美大使,经济也很拮据,一生大病,住院费就要向朋友借。他的薪水每月540美金,除了自己在美国的开销,还要负担在国内的夫人生活费,及两个儿子的教育费。在写给夫人的家书中,他几乎每封信都要提到钱,很注意节约,衣服不讲究,茶叶不买顶贵的。但就是这样的情况下,当孔祥熙送他一笔钱付医药费,理解他的朋友知道他不会收的,后来退还了。大使有一笔特支费,是不需报销的,可是他分文未动,等到卸任时原封缴还国库"(傅国涌《抗战时知识分子们的日常生活》,载于《成功》杂志,2008年第4期)。教授、作家、外交官尚且如此,普通民众的艰苦程度就可想而知了。

西南社会的民间百姓艰苦抗战,部分国民政府军政机构的公私宴席,却夜夜灯红酒绿、日日杯觥交错,山城重庆餐饮业在抗战期间一度火爆异常,仅重庆市中区就云集了4 000多家餐馆,顾客自然以新近迁入之外省"公家人"为主。对此现象,报人讥讽为"前方吃紧,后方紧吃"。时隔多年,川渝餐饮业好事之人总结出当时流行的几味"抗战菜式",如"开水白菜""轰炸东京""灯影牛肉"等等(参考徐菊撰文《抗战名菜重出江湖》,载于《重庆晨报》,2012年6月6日)。"开水白菜",听上去朴素异常,可内容却没那么简单:白菜只用嫩鲜之菜心,开水则是去油、滤渣的土野母鸡汤。如此食材,焉能不鲜爽异常。此菜式出自宫廷,当年深为西太后慈禧所爱,据传是西逃入陕时流入民间的。"轰炸东京",原本是粤菜之"海参锅巴",抗战时川渝厨师做法一如原型:先将锅巴入油锅炸至金黄后捞起备料,然后再将海参条悉数倒入油锅,因海参骤热时迅速卷曲,犹如一枚枚黑色炸弹。跑堂多先端上盛盘锅巴,再将含海参、火腿、鸡脯肉和蛋清的汤料当着客人面倒入,热油热水乍遇,顿时响声大作,热闹一番。因1941年日寇轰炸重庆,一日竟炸死九千市民,渝厨含恨甚深,遂巧取其菜名为"轰炸东京",以图泄愤。此菜一出,声名大噪,在抗战时期广受大后方各地餐饮业欢迎。不期第二年(1942年)起,美军当真以B-29航空联队开始狂轰滥炸东京,数十万东京军民命如齑粉,血偿渝难。此菜名竟暗合天象,顺应民意,更趋火爆,无论公宴私席,此菜为必点之菜式。"灯影牛肉"原为川中内江地方名吃,盖以此菜切牛肉片之刀功见长遂得其名。意则所切牛肉片取往灯下观看亦能薄透见光。半熟之薄牛片余入浓味牛尾汤,其味鲜美可知。这几道抗战时期流行的著名菜式,本书作者倒是有所耳闻(老父淞沪失利后随青年军残部一路退入西南,在彼地客居至抗战胜利后方得以返沪),却无从证实今日菜品其出处是否正宗,仅此处据实列出,以飨读者。

西南大后方的民生艰难,许多百姓经常出入当铺抵押家中稍微值钱点的东西,以糊口度日。以贵阳为例,"贵阳的当铺行业,抗战以前全是陕西帮的独门生意。抗战开始后,因币值日渐贬值,当与赎之间币值悬殊,当铺纷纷改行,虽剩下城南的新鑫典、城中(法院路)的裕民典、城北(三才巷,四方井)的鼎丰典3家,但也因为分布疏散、法币贬值等影响,其营业也是不绝如缕,大门上常贴出'止当候赎'的条子,随时旨在停业"(赵世泽《民国时期贵阳当铺的那些事》,载于《中国商报》,2010年11月15日)。

比之外迁入川的军政文教人员的家庭而言,大后方乡村农民原本就很艰苦,基本民生必需品自给率较高,因而抗战时期供应困难和物价变动对他们的日常生活的影响相对要小一些。除农作物生产外,农户们还能有些非农业性生产收入,可以贴补家用、改善生活。以民国三十二年(1943年)四川崇庆县三江镇元通场地区农户的调查数据为例:

表4-8　抗战时期四川省崇庆县三江镇元通场地区农户副业结构及收入

副业	占收入比重	副业	占收入比重	副业	占收入比重
养鸡	20%	织线	5.5%	养猪	8.5%
打麻线	9.5%	养蚕	4.5%	编席	8.0%
养蜂	4.0%	编棚[注1]	5.0%	织布	6.0%
荒地种菜	10.0%	编草鞋	7.5%	编麻布	9.5%

注1:"编棚"为20世纪川东地区乡村民居营造的主要手艺,指此类民居多用毛竹、木材先行搭成框架,再以芦席蒙作墙体立面,最后糊上黄泥、刷上白石灰而成。

注2:上表引自李德英《民国时期成都平原乡村集镇与农民生活:兼论农村基层市场社区理论》(载于《四川大学学报》,2011年第3期)。

再看一幅1937至1938年"四川省农业改进所"对四川温江乡村集镇农民副业经营情况的调查列表:

表4-9　抗战初期四川省温江县农户非农业经营活动状况调查

编号	姓名	性别	租佃土地(亩)	经营场所(场镇)	经营项目	时间	收入	其他
1	杨治维	男	25	隆兴镇	推车[注1]	7个月	不详	自用
2	李文奂	男	25	文家场	推车	2个月	不详	自用
3	康仲永	男	27	隆兴镇	盖屋匠、推车	5个月	6元	贴补家用
4	张场主	男	27	苏坡镇	推车	2月	36元	贴补家用
5	杨先云	男	41	公平镇	推车	120天	28元	不详
6	周自安	男	45	文家场	行医	1年	72元	不详
7	张泽之	男	60	文家场	推车	60天	7.2元	不详
8	陈朝丰	男	72	温江	经商(贩猪)	4个月	60元	土地转租收入
9	周廷玉	男	28	公平镇	推车	3个月	不详	自用
10	周洪兵	男	28.2	隆兴镇	推车	不详	不详	不详
11	雷福轩	男	28.7	板桥镇、苏坡桥	插秧、推车	6个月	16元	不详
12	杨清如	男	30	公平镇	推车	3个月	不详	土地转租收入
13	白顺清	男	30	公平镇	推车	3个月	不详	不详

（续表）

编号	姓名	性别	租佃土地（亩）	经营场所（场镇）	经营项目	时间	收入	其他
14	李鸿兴	男	30	苏坡镇	推车	3个月	不详	不详
15	刘文长	男	31	隆兴镇	推车	3个月	不详	不详
16	宋天玉	男	32	公平镇	泥水匠	120天	36元	不详
17	王国珍	男	34	马家场	经商（贩猪）	11个月	240元	不详

注1：此处"推车"，是指用独轮车（古代和北方称呼）帮人拉脚力或搞货物运输，此类车在四川内地亦称"叽咕车""鸡公车"。

注2：上表引自李德英《民国时期成都平原乡村集镇与农民生活：兼论农村基层市场社区理论》（载于《四川大学学报》，2011年第3期），转引于《温江县农家田场经营调查表》（四川省农业改进所编印，1937～1938年，四川省档案馆藏，卷宗编号：148，案卷572）。

　　"太平洋战争"爆发后的抗战后期的几年，西南大后方涌入了数万盟军官兵及盟国各界人士，在带来大量作战物资的同时，亦将当时属于世界一流的美英民生商品设计创意和先进产业方式与设备大举输入中国社会：不但给女士带来了高跟鞋、护肤霜、笔式唇膏、透明尼龙袜、花边内衣，战后还有比基尼、三点泳装等；给男人带来了"雷朋"墨镜、"ZIPPO"防风打火机、变速摩托、高腰皮夹克、咔叽布工装、双卡皮带、弹力吊裤带；给儿童带来了动画片、电动玩具、巧克力、热狗、可口可乐、奶油蛋糕、棉花糖；也给中国设计界带来了电影人物形象设计，画报摄影与排版，纸品印刷装帧设计，商业海报与政治招贴画的创作与形象设计，墙体、纸本、影像、光电类商业广告，西式成衣的裁剪、制作，西式餐具对家用中餐的影响，西式烟具的普及与模仿复制，仪表和机械设备的工业产品外观造型等等。"美国风格"（不仅仅是民生商品）一时震撼了整个西南大后方社会，成了关于时髦、风尚、消费、社交这些字眼的"时尚风向标"。这里面除去有中国民众特别欢迎"救星"盟友的"爱屋及乌"心理基础之外，美式大众化商业设计挟战场胜势在全世界迅速普及流传，已证明其战后设计具有的"普世价值"，确实是个不争的事实。这一切都极大推动了西南大后方中国民生设计及产销业态的提升，为后来40年代后半期和五六十年代的民生设计及产业发展，奠定了坚实基础。美国大兵们让大后方无数在生活旋涡中苦苦挣扎的亿万民众开了眼界，认识到了形形色色、光怪陆离的花花世界，多了一份对未来胜利和美好生活的憧憬。可以说，没有40年代西南大后方西式商品的风行时尚，通过无数使人新奇的民生商品自然而然地灌输了美国"商业大众消费主义设计"理念，培育了数以亿计的热衷消费群体，开拓了中国社会现代民生设计的广阔消费市场，就没有后来战后中国民生设计产业短暂而繁荣的快速发展，更没有五六十年代现代中国民生设计的产业基础和"公众审美观"。这点中国设计界永远应当牢记当年出现在西南大后方的美国佬的一份大功劳——尽管他们完全是"无心插柳"。

　　抗战八年"国统区"在敌后数百块大大小小的"游击区"也不完全是一潭死水。本书作者在90年代末应邀合著《福建工艺美术史》时，多次前往福建省档案馆查询资料,曾见过一册完整的国民党在"游击区"县级机关相关活动的完整原始资料,既有省政府高官"手谕"、政府批文,也有丰富的黑白照片、报纸贴本等等。这块"游击区"因地域变化而名称时常改变,大致位于今日之浙南与闽北交界的山区。八年抗战期间国民政府的县级战时军政机构相当活跃,不但照常开衙办公、按章纳税,还举办了一系列工商、公教活动,有些还颇具规模。比如从民国二十八年(1939年)起,在闽北上杭、汀州地区先后六次开办"手工艺产品技能培训班",学员均身着军服,晨操夜寝,一如国民党军队;草棚教舍条件确实简陋,仅有条凳并无课桌,竹编墙体上并排高悬孙中山和蒋介石画像与国民党党旗,课程有时政、图案、木工、竹编、印染、美术等次。民国三十年(1941年)在仙游地区还举办了"福建省工商户手工艺比赛",响应者遍布福建各县市众多商家农户,踊跃提供商品报名参赛,经初选有四百多件手工产品(以土布、木雕、皮鞋、竹编及藤草手编之草鞋、草帽、蓑衣、陶罐、农具等为主)入选参评(参见本书作者和黄宝庆、汪天亮合著《福建工艺美术史》,福建美术出版社,2003年版;详情查阅"福建省档案馆"相关资料)。据福建省《南平市志》记载:"抗日战争时期,(福建省国民)政府企业特种股份有限公司铁工厂等10多家公、私营企业迁至南平;个体打铁店增至12户,从业人员40人。郑其椿的锄头和刘妹妹的排斧分别于民国二十七年和三十年创号面市,产品质量享有较高信誉。"(《南平市志·工业志·卷十二·金属制品》,福建省地方志编纂委员会主持编撰,1993年版;转载于"福建省情资料库·地方志之窗")令后人不敢相信这些事件发生在敌伪重兵占据的"沦陷区"腹地。在如此艰难困苦时期,尚能有如此促进民生经济之举措,看来国民党"敌后游击区"的实力还是相当强的。

二、"沦陷区"民众生活方式与设计

由于两岸学者们自觉保持"政治正确",对"沦陷区"经济与民生描述多着眼于控诉日寇搜刮、民不聊生,至于"沦陷区"普通民生物价、工薪等具体经济数据很难查到,因而本节内容很难用更有说服力的数据来说明当时绝大多数"沦陷区"民众生活真实状况。以下只能摘录几段对当时状况描述的文章。

作家老舍的名著《四世同堂》,深入细致地描写了日寇占领北平之后,"沦陷区"人民精神压抑、生活苦闷、物资匮乏、民不聊生的真实景象;与其他抗战题材小说相比,具有不同凡响的感染力。想深入了解"沦陷区"华北民众的日常生活状况,此书不可不读。尺牍有限,这儿就不复述了。

当年曾亲历"沦陷区"艰难的普通老百姓的回忆,更加可靠、详实:"在沦陷之后的1938~1939年间,大多人家就主要以小米、小米面、小米粥为主食,也就是主要改吃杂粮了。抗战后期水深火热;日伪机关对一些职员每月配给半袋面粉,勉强维持活命。每月配给伪师范大学1 200袋面粉,但不给大米。所以师大(指沦陷时期的北平师范大学)伙食最好的就是馒头,早起不能吃稀饭,只能吃疙瘩汤。1 100多名穷苦学生,加一些职员、工友,靠日本侵略者掠夺中国农民的粮食之后施舍的这一些残余过日子。混合面蒸出窝头是灰色的,吃到嘴里如嚼花生皮等物,难以下咽。1942年下半年起,日本侵略者扩大战场,物资缺乏,伪联银券开始猛烈贬值,物价大涨,粮食极为困难。到年底,玉米面已涨到每斤1元5角,较'七七'事变前上涨20~30倍,较沦陷第三年1939年上涨11倍。乱世物价不停上涨。1943年春夏之交,农村青黄不接,粮食最紧张时,北京粮市官价:小米每石285元,玉米每石195元,高粱每石234元,黑豆每石183元。但均'有行无市,有市无货'。各粮店前柜放的都是空筐箩,按照限定的'官价'压根儿买不到。粮食都秘密藏起,通过熟人卖高价,囤积居奇的粮商都大发其财。1944年夏天,玉米面涨价到每斤5元,不久又涨价到5元8角,小米涨价到每斤6元,大米每斤22元,油每斤45元……其他物价,也同步飞涨。"(详见笔名"立交桥"博文"二战各国的配给制与平民生活·中国篇",载于"春秋中文网",2007年11月28日)

1941年珍珠港事件之前,因日本与美英尚未宣战,所以没有侵入各地租界,上海英美租界犹如"沦陷区"洪水中的一片孤岛,因此有"孤岛"之称。抗战爆发后,沿海附近地区的有钱人既不愿吃苦受罪随国民政府入川抗战,又不甘愿附日通敌,普遍心情苦闷、无助,因而大批江浙地区的地主、官僚、豪商避入上海"租界"买房租屋当"寓公",以为靠着英美大国可以安全无虞。一时间号称"孤岛"的上海租界市面异常繁荣,吃喝玩乐之风大盛,饮食服务业随之兴旺,酒菜馆骤增至1 000多家,餐饮网点总数达1万余家。西菜馆因投机商崇洋需求大增,仅四马路附近即有30余家;点心店摊星罗棋布,黄浦、闸北两区条条马路摊店林立;旅馆业在抗战初期,家家爆满;理发业中的高档消费日增,设备用品西洋化,"新新""华安"在此期间开业;洗染业务日益增多,洗染店增至465家;上海照相业也在华界市民因在日伪当局命令下被迫办理"良民证"需要"良民照"的影响下,业务大增,户数增至128家;浴池业也发展至70余家,并开始分档经营,以适应高消费之需。1941年12月,"太平洋战争"爆发,美国对日宣战,日军遂迅速占领全部上海英美租界,"孤岛"不复存在,各服务业厂店陷入困境(详见上海市地方志办公室主持编纂《上海地方志·服务行业志》,2002年版)。原"孤岛"英美籍市民全数遭到逮捕,作为战俘监禁关押,华籍市民则作为"良民",与其他"沦陷区"民众待遇无异。

当年的上海名医陈存仁对"沦陷区"生活回忆道:"抢购米粮不必说,作为燃料的煤球也贵到几倍,因为上海的存煤越来越少,所以这时电力限制使用,每一户电表,最初限制每月只能用十五度,后来最少限到七度。超过限度,要加倍付费。马路上的霓虹灯及电灯装置,几乎全部停用。我们感觉整个上海,快要成为黑暗世界了。当时的新闻这样报道:物价像被吹断了线的风筝,又像得道成仙平地飞升。公共事业的工人一再罢工,电车和汽车,只恨不能像戏园子和旅馆挂牌客满。铜圆银币全搜刮完了,邮票有了新用处,暂做辅币。可惜人不能当信寄,否则挤车的困难可以避免。"(详见陈存仁《银圆时代生活史》,广西师范大学出版社,2007年版)

经历过上海沦陷岁月的江湾区老人毛闯宇撰文回忆道:"……为了控制物资流动,日军在上海四周设置封锁线。这一封锁线沿当时的新浦东路、浦东路到上海汽车站,往西到中山路,再转至翔殷路、水电路,沿途用铁丝网拦住,粮食和棉麻等,均作'军纳'物资,在乡镇按保摊派,限期缴纳。同时又厉行所谓'战时物资移动取缔',在交通要道,设卡盘问,凡棉布三码、火柴五小盒、肥皂半打以上,均不准运出上海地区;大米两公斤、面粉五公斤、豆类五升以上,不准运进上海地区。一经发现,即刀枪齐下,或放出军犬撕咬,这样一来,所有物资均被搜刮,或运往日本,或补充前线,而上海人民生活必需品严重不足,特别是粮食奇缺。日伪为了确保在苏、浙、皖地区搜刮到大量的粮食,严格控制粮食运入上海,从而造成空前的米荒。加之日伪实行粮食配给制,规定凭市民证领取购米证,每周配户口米一期,每期每人1升米,还不足成人3天的食量。以后配米延长为10天一期,配给半升白米,1升碎米或杂粮。……广大市民怨愤地说:'配给配给,配而不给,等待配给,饿得断气。'"

"由于户口米的严重不足,上海市民只得出高价买黑市米。为防止黑市米大量入市,破坏日伪的购米计划,日军就严厉打击米贩子,不少迫于生计而冒险'跑米'的乡民和城市贫民惨死在封锁线上。跑米者到这里排长队、过关卡。一斗米合16市斤,来回跑八次,费神费力。后来,有人想办法,把米灌进马甲袋里,穿在身上,蒙混过关,后来宪兵察觉了,便用刺刀刺路人胸口。跑米的一被刺,白米就从胸口洒下来,随后便遭到拳打脚踢。有的妇女,穿着宽大的衣服,把米袋捆绑在腰间,装扮成怀孕的'大肚皮'。此法颇灵,好多妇女仿效。'大肚皮'愈来愈多,引起日本宪兵的怀疑,终于接连发觉了假孕妇。以后就不管青红皂白,见一个刺一个。有的米袋被刺破,白米哗哗流一地,十几个耳光扇上来。我的母亲扮过一次'大肚皮',当场被宪兵识破,吃了几记耳光,左耳被打聋。还有一位农妇,确实怀孕了,肚皮被刺破,鲜血直流,惨不忍睹……"(详见署名"作者:毛闯宇"的博文,载于"网易历史",2009年7月15日)

图4-2　"沦陷区"日军设卡严查路人

女作家张爱玲这么形容自己在"沦陷区"生活的压抑感受:"时代的车轰轰地往前开,我们坐在车上,经过的也许不过是几条熟悉的街区,可是在漫天的火光中,也自惊心动魄。就可惜我们只顾忙着,在一瞥即逝的店铺的橱窗里,找寻自己的影子,我们只看见自己的脸,苍白渺小,我们的自私与空虚,我们恬不知耻的愚蠢,谁都像我们一样,然而我们每一个人都是孤独的。"(《张爱玲全集·流言·烬余录》,北京十月文艺出版社,2009年6月版)

上海"沦陷区"从民国三十一年(1942年)开始实行"粮食配给制":到抗战胜利为止,三年口粮配给标准为每人米1石2斗5升,面粉111.5斤,总量不及沦陷前一年的口粮数量。在北平沦陷区,老百姓口粮以豆饼、树皮、糠麸、草根等54种植物配制的"混合面"为主。由于配给严重不足和物价飞涨,仅上海地区"粮食配给制"实行的头一个月几天内,就冻饿致死800余人;北平地区则在民国三十二年(1943年)春荒季节,平均每天饿死300余人(详见史仲文、胡晓林主编《中国全史·民国·卷九十八》"日伪统治下的沦陷区经济",人民出版社,1994年版)。

民国三十六年(1947年),福州市国民政府编印的《福州要览》中刊载了一份关于福州从民国二十六年(1937年)至民国三十六年(1947年)"物价指数情况",调查对象包括粮食、其他食品、衣着、燃料、金属、建筑材料、文具、印刷、邮电、修缮、杂项等94种,编制指数皆以民国二十六年(1937年)上半年各月平均为基期。

表4-10 福州物价指数表

时间	零售物价总指数	上涨倍数
1937年(民国二十六年)	104	4%
1938年(民国二十七年)	118	18%
1939年(民国二十八年)	186	86%
1940年(民国二十九年)	460	三倍多
1941年(民国三十年)	1 183	十倍多
1942年(民国三十一年)	3 082	近三十倍
1943年(民国三十二年)	12 152	一百二十倍
1944年(民国三十三年)	39 670	三百九十五倍
1945年(民国三十四年)	93 395	九百三十二倍

注:表格中所列倍数原文如此,计算方法不明。

三、"根据地"民众生活方式与设计

斯诺的预言:本书作者二十几年前在复习考研时读过一份中英文语言教材,可惜年头太久,连书名都忘了。但里面一个关于"跳蚤"的故事,始终没忘,说的是美国记者埃德加·斯诺(Edgar Snow)如何三见毛主席,改变了自己对延安的观念,被新中国第一代领导人视为"终身好友"。

斯诺初到延安不久,就被安排去见毛泽东。斯诺当时满脑袋是外界对"共匪"首领毛泽东的种种评述,喜怒无常、性格暴戾,心中难免有些忐忑。进得毛泽东居住的窑洞,被主人招呼在炕沿上坐下,便通过翻译疙疙瘩瘩地交谈起来。毛泽东大多数时间沉默寡言,不怎么开口,只是安静地听着斯诺和翻译轮流说话。会面气氛一时很尴尬,斯诺心中不禁慌张起来,生怕得罪这位陌生大人物,只得勉强将这场"独角戏"进行下去。可谈着谈着,盘腿坐在斯诺对面的毛泽东竟然解开裤带,把手伸进去掏摸着什么。斯诺用眼神问翻译:"这算怎么回事儿?"翻译脸红口吃,嗫嚅着不敢搭茬。这时倒是毛泽东抓挠一阵后,带着舒坦的表情主动解释了:"我们延安卫生条件差,人人身上都长了跳蚤。听说你要在延安住上几个月,可千万要多多包涵啊。"斯诺听罢释然,但心里鄙视之心油然而生:到底是钻山沟、睡洞穴十几年的"匪首",竟然当客人面解衣抓痒,一点都不斯文,真是"匪"气十足。

第二回,毛泽东又主动约斯诺"打牙祭"(指"改善伙食")。等斯诺到了,毛泽东却领他钻进了朱德的窑洞去蹭饭局。客人被安排在唯一的太师椅就座,两位领袖上炕盘腿对坐。朱毛二位相谈甚欢,时而鼓掌大笑,时而拍案铿言。聊得兴起,浑身燥热,朱德竟解衣袒胸,边聊便捉起跳蚤来;毛泽东客随主便,亦宽衣解带、掏摸怡然。斯诺在延安已住了个把月,身上难免中招长出跳蚤,此时也奇痒难禁,于是也不见外了,也自顾自地浑身抓挠。三人相顾大笑。斯诺顿觉与毛泽东和他的战友们在情感上更亲近友好了一层。

第三回见毛泽东,是斯诺应邀去"抗日军政大学"听毛泽东讲课。"抗大"没有讲堂,借用老乡一个打谷场临时进行。前端用树枝搭个简陋"主席台",千名学员(清一色起码师团级以上的红军中高级军事长官)席地而坐。毛泽东如期抵达,登台讲演,题目是"如何开展敌后游击战"。毛泽东口若悬河,气度潇洒,全场气氛活跃,人人振奋。半途,"抗大"校长林彪上台,俯近耳语数言。毛泽东听罢朗声大笑,大手一挥:"天气这么热,批准!"林彪遂走到台口,用浓厚方言厉声大喝几句,全场将士放声哗笑,一齐宽衣解带,在太阳下面边捉跳蚤,边继续聆听领袖讲课。斯诺这回亲见毛泽东和他的部下们集体捉跳蚤的"壮观场面",眼噙热泪,内心激荡。回住处便写了一篇通讯发往外界,没提跳蚤,而是断然预言:毛泽东和共产党所领导的中国革命,必然在"可预见的未来",取得最终胜利。

这个小故事本书作者很喜欢,为什么毛主席当着斯诺的面捉了三次跳蚤,就把人心彻底征服了?其中寓意无外乎阐发了一个看似浅显、却深奥无比的大道理:

中国是个农民的国家,当时有百分之九十五以上是农民。不了解这个基本国情、不理解中国农民的基本诉求,中国什么事情都办不了、也办不好。蒋介石就是个失败的例子。蒋介石虽然也是农户地主出身,但从来不懂也不喜欢中国农民,在情感上有着天壤之别。原本北伐之初,蒋的屁股还是坐在工农大众一条凳子上的,"打倒军阀、打倒列强",既反帝国主义,又反封建军阀,好得很。可大权独揽就变卦了,屁股忍不住就移坐到大官僚、大资本、大地主那条板凳上去了。国民党的民意基础是占中国社会总人口极少数的"一小撮"官僚资本主义和土豪劣绅,跟共产党所代表的中国绝大多数劳苦大众立场相悖,焉有不败之理?

毛泽东则正好相反。他是农家子弟出身,大半辈子生在农村,长在农村,斗在农村,得了天下才真正进城居家过日子。这在 20 世纪全世界范围著名领袖人物的政治经历中,是绝无仅有的。毛泽东深谙中国革命的出路在于解决农民的根本问题,他一生被举世公认的最成功的革命实践和最著名的理论建树,全部与中国的农村、农民有关。尽管当时毛泽东领导的红军才区区数万人,装备简陋、训练不足,还个个面黄肌瘦、衣衫褴褛,甚至浑身长满了跳蚤。但这支军队是清一色农家子弟,是广大农民自己的子弟兵,首长和部下的行为举止高度一致、亲密无间。共产党领袖、八路军官兵和全体老百姓的土气、俗气,亦是相同,毫无差别,彼此关系正如鱼和水一般融洽,大有根脉相连、休戚与共之态。有这样坚实的社会基础和群众支持度,因此面对两个强大的敌人(眼前的日寇和未来的蒋介石),难怪看似弱小的共产党人,照样个个自信满满、目标坚定、意志如钢。

当年斯诺在延安窑洞里做出关于"毛泽东和共产党领导的中国革命必然获胜"的政治预言,在 30 年代时被全世界看成是个政治笑话,没几个人认真对待。当中国革命真的成功,中华人民共和国宣告成立时,尽管斯诺从来不是共产党,也压根不信仰共产主义,他只是睁开眼睛看实情的正直记者,却在战后美国麦卡锡时代给贴上了"红色标签",被认为给共产党成功"洗脑赤化"的"赤色分子",因而被迫离开美国、漂泊世界,终身郁郁不得志。但斯诺作为世界上第一个预言了"中国革命必将胜利"的非共产党人士,无疑既证明了他非凡的政治预见能力,也证实了毛泽东个人非凡的人格魅力。

上面的"红段子"未必是真事,但斯诺的预言倒是真的,有被翻译成十几种文字、在全世界发行过无数版、数百万册的《红星照耀下的中国》(又名《西行漫记》)的白纸黑字为证。"跳蚤"的故事是否虚构无从证实,但其中说明共产党讲究"官兵平等""军民一致"的群众路线,确实是其制胜法宝之一。

延安的物价与民生:延安原本只是个七千余人的小城,古称"肤施县",民初裁撤州府,实行省县直辖,废除原"延安府",将"肤施县"改称"延安县"。延安跟所有的西北小城镇几乎一样,普通到不能再普通的地步。可民国二十四年(1935 年)年底,进驻了一拨破衣烂衫、蓬头垢面的数千人马之后,就开始热闹起来了。再到民国二十七年(1938 年)开春,延安成了全中国和全世界都瞩目的地方,一心抗日的热血小青年呼啦啦全往这儿跑。共产党军政机关、后勤、保卫连带家属,就不下六万多人,再加上数万青年,没满三年,延安就从默默无闻的几千人小城镇,变成了座有十多万人口的中等城市,外来人口比例远超过 95%。

国共合作初期,由于红军接受国民政府改编,整编成国民革命军第八路军(简称"八路军")和新编第四军(简称"新四军"),延安可定期收到国民政府源源不断的财政拨款,小日子过得不成问题。民国二十六年(1937 年)至民国二十九年(1940 年)期间,延安的财政经费主要靠外部来源,其中大头为国民政府对八路军的军费拨款(每月 60 万军费),其次是各界华侨、工商界的踊跃捐款,这两项在年度财政收入中所占比例达 50%到 85%。

表 4 - 11　延安财政收入情况(1937 至 1940 年)

年度	金额(法币)	占年财政收入比例
1937 年	4 563.9(万元)	77.20%
1938 年	46.8(万元)	51.69%
1939 年	566.4(万元)	85.79%
1940 年	755(万元)	70%

注:以上表格根据《抗日战争时期陕甘宁边区财政经济史料摘编·第六编·财政》(陕甘宁边区财政经济史料编写组、陕西档案馆编,陕西人民出版社,2011 版)所列数据,由本书作者自行绘制。

　　延安《新中华报》曾一度开设"五日延安"专栏,从民国二十七年(1938 年)12 月 10 日开始至年底,专门公布延安市场上主要生活物资价格,以专栏开办当日为例:麦子每斗 4 元 1 角、黄豆每斗 3 元、绿豆每斗 3 元 5 角、猪肉每斤 5 角、羊肉每斤 3 角 5 分、食盐每斗 5 角 8 分、青油每斤 6 角 5 分、萝卜每斤 3 分、市布每尺 3 角、土布每尺 3 角、斜布每尺 3 角、有光纸每刀 3 元 5 角、工资每天 5 角 5 分。此间公布的物价,个别物品略有波动,但总的来说物价平稳。其中所列的工资额是指临时雇工的工资。当时西南大后方的重庆、成都的基本生活物资价格是:重庆大米每斗 3 元 5 角、食盐每斤 1 角 4 分、猪肉每斤 2 角 3 分、机器工人工资每月 30 元、纺织工人工资每月 18 元(自给伙食)。按每斗 37 斤、每斤 14 两计算,成都大米每斗 2 元、食盐每斤 2 角、猪肉每斤 2 角、机器工人工资每月 30 元、纺织工人工资每月 6 元(厂方提供伙食)。延安因物资供应偏少,故而价格略高,但总体上还说得过去,基本能满足当地百姓民生和驻军、机关的需要(详见白戈《平抑物价与平抑工资》,载于延安发行的《解放日报》,1942 年 2 月 13 日)。

　　但不到三年,双方闹起了小摩擦。蒋介石多了份心眼,生怕共产党借口抗战扩军,将来"尾大不掉",制定颁布了"限制异党活动法",不但撤销了"第十八集团军"番号,还要求共产党撤销"陕甘宁边区政府",共产党怎么可能答应,于是便断粮、断饷,还学鬼子模样严密封锁边区,不让一寸布头、一粒粮食流入抗日根据地。这下不说早已扩军成百万雄师的八路军军饷,供给没了着落,连党政机关六万多人马吃喝也成了大问题。于是边区政府只能在辖区的赋税上动脑筋。当时边区仅二百万老百姓,却要负担接近一百万的军队和党政机关人员的吃喝拉撒,赋税之重可想而知。

　　从民国二十八年(1939 年)开始,陕甘宁边区政府向当地民众征收的"救国公粮"连年翻倍,此前一年公粮征收数额不过 1 万多石,1939 年却猛然蹿升到了 5 万多石,民国三十年(1941 年)公粮收缴更是达到 20 万石,三年间翻了近 20 倍。中共领导人之一张闻天亲往神府县调查时坦言,边区最困难之际,正是边区农民负担最重之时。以民国三十年(1941 年)为例,当年公粮实征占收获量的 13.85%,比前一年(1940 年)高出 2.2 倍;1942 年虽降低为 11.14%,但仍比 1940 年以前高出许多(详见《抗战时期陕甘宁边区财政经济史料摘编·第 6 编·财政》,陕甘宁边区财政经济史料编写组、陕西档案馆编,陕西人民出版社,2011 年版)。

公粮征收量的一路飙升,对民生生活冲击很大,令当地民众叫苦不迭,时有怨言:民国三十年(1941年)6月3日边区"县长联席会议"正在延安杨家岭小礼堂召开,议题是"公粮的征收与农民的负担",暴雨突至,一声巨雷击中了会议室中一根柱子,将坐在边上的一位县长当场劈死。在葬礼上一位农妇竟失口喊道:"老天爷不开眼,响雷咋把县长劈死了?为什么不劈死毛泽东!"毛主席了解一下情况:这位口出怨言的延安农妇上有一双公婆,下有三个幼子,丈夫死于支前战斗,早已是不堪重负;村干部却不依不饶、日日上门催逼公粮,因而心生怨恨,大放厥词。毛主席让人当场释放了她(详见《人民网》转载《学习时报》文章《毛泽东延安"挨骂":为什么不被响雷劈死?》,2010年9月1日)。据毛泽东卫士长李银桥回忆(详见《读者》,2003年第12期),曾有位对公粮征收不满的愣头青农民,拿根枣木棒躲在毛主席开会的会场外,见了毛主席就扑上去猛砸,被警卫员挡住当场拿下,五花大绑。毛泽东问他为什么这么做?愣头青回答:赋税太重,口粮都缴公了,家里老小都活不下去了,干脆除掉你这个害人精!毛主席沉默不语,又让人放了这个鲁莽青年。后来边区民主人士李鼎铭婉言提议"精兵简政",大力裁撤机关冗员以减轻财政负担。毛主席深以为然,还在不朽名篇《为人民服务》中指名道姓地称赞了这条建议。

毛主席心胸宽广,反思政策失误,于是号召边区军民开展了以解决吃饭穿衣为主要目标的轰轰烈烈的"大生产运动",还亲手题词"自己动手,丰衣足食"。包括毛泽东、朱德本人在内,几乎所有边区军政人员全体参加农业和手工业生产,连直属的野战部队都轮流参加生产。至此边区财政收入得到根本好转,民众生活也得到很大改善,较好地解决了百万军队和机关人员的穿衣吃饭问题。

表4-12 "大生产运动"农业成就

年份	耕地(亩)	粮食产量(石)	植棉(亩)	棉花产量
1941年	12 223 344	1 470 000	39 987	509 131
1942年	12 486 937	1 500 000	94 405	1 403 646
1943年	13 774 473	1 600 000	150 473	2 096 995
1944年	12 205 553	1 750 000	295 178	3 044 865
1945年	14 256 144	1 600 000	35 000	—

注:以上数据详见《抗日战争时期陕甘宁边区财政经济史料摘编·第二编·农业》(陕甘宁边区财政经济史料编写组、陕西档案馆编,陕西人民出版社,2011年版)。

边区老百姓的日常生活状况:延安老百姓和西北广大地区的民众一样,传统衣料普遍比较粗糙、简单,多以自织土布、羊皮为主。一般男人衣着款式多为上穿满襟土布衣袄,下穿"本装裤"(一种黑面宽裆小裤脚长裤,裤脚管用带束住,腰间用布带或草藤缠扎,夏单冬棉),头戴黑色圆顶小毡帽;纯粹的农牧民没帽子就拿"羊肚白"(指白毛巾)扎在脑袋上,在前额绾成两只羊角状巾角。女人穿自制土布浅色满襟宽袖上衣,下身也是"本装裤"。大户、乡绅、文人多着黑色绫绸或土布长袍,外套蓝色绫布或绸缎马褂,有些戴毡呢礼帽。除夏季外,陕北农民、羊倌身上多一年三季穿着翻转绵羊皮(没有经任何缝纫及布片装饰),下身穿着棉裤,腰里束带。包括所有延安的边区乡村干部基本全是普通农民的衣着打扮,古朴淳厚。

抗战期间西北民众的日常生活是很艰苦的,尤其体现在一日三餐上。"关中、陇东农作物以小麦、糜子、谷子为主,主食与陕北有所不同,关中分区新宁县民食以小麦为主粮,杂粮为辅。"(宁县志编委会:《宁县志》,甘肃人民出版社,1988年版)陕北边区百姓的日常主食以麦面、小米、黄米、谷子、糜子为主,辅以豆类、荞麦、高粱等杂粮。"据1944年统计,麦类占总耕地面积的23.4%,谷子占22.3%,糜子占13.9%。"(黄正林《陕甘宁边区社会经济史(1937～1945)》,人民出版社,2006年版)边区民众饮食的基本特点是"过节时吃好一点,农忙时吃稠点,农闲时吃稀点"。以当时的延安县川口区赵家窑村为例,"每天吃饭两顿或三顿,吃得早,吃三顿,迟只两顿。有面时三五天吃一次,没面时十几天吃一次,一年吃肉的次数不一定……一年大概吃三五次,过年一定吃"(张闻天《延安川口区四乡赵家窑农村调查记》,载于延安《解放日报》,1942年1月13日)。至于百姓家庭日常饭食品种,以陕北神府县中农家庭为例,也只有在农历正月初一至十五、廿三,二月二等节日能吃上米窝窝、糕、捞饭、高粱饺子,间有羊肉或猪肉;农忙季节每日三餐,吃稠些;农闲季节每日两餐,吃稀饭。"富裕中农则吃得比中农强些。黑豆糊糊要稠,散面、炒面吃得多,捞饭三四天吃一顿,瓜菜、洋芋吃得少,过年还能吃馍,平常还有炒菜,吃些油,

图4-3 敲响警钟的中国母亲

而贫农吃得比中农差些,黑豆糊糊要稀,捞饭更少吃,吃瓜菜、洋芋更多。到青黄不接时,还要挨饿。"(张闻天《神府县兴县农村调查》,人民出版社,1986年版)边区普通农民的食物则以杂粮粗食为主,即使过节和农忙时食物也比平时好不了多少,很少有细粮和肉食(详见张闻天著《神府县兴县农村调查》,人民出版社,2008年版)。

抗战时,为了动员全民抗战,边区政府对地主富农主要采取比较宽松的"二五减租"政策,这部分少数家庭的小日子可就比普通百姓强多了:"曹守富种庄稼五十垧(注:即1公顷,各地计算方法不同;东北地区一垧一般合一公顷约十五市亩,西北地区一垧约合三至五亩),张作新种庄稼三十垧,两家都兼贩卖牲口,他们过去吃的是高粱、稀米汤,现在已经为白面条、馍馍、干米饭所代替了。端午节全家聚餐,吃着鸡肉酒菜。"(《各阶层人民生活蒸蒸日上》,载于《解放日报》,1943年6月18日)

共产党在敌后游击区的部队生活给养,基本"取之于民":"刘光涛(注:时任八路军冀东军区十二团政治处主任)将军言,冀东部队是真正的子弟兵。连队编制没有炊事员,走哪住哪,住哪吃哪,吃哪睡哪。睡老百姓的炕,盖老百姓的被,吃老百姓的饭。天黑住,天亮走,都是当地人,都是自家人。与老百姓关系好啊!连队集合后解散,最常说的一句话:'各班回家。'老百姓腌的菜,均置于大酱缸里,随便用,又脆又鲜,好吃!""1943年前,冀东部队有时与日军同住一村。村前住日军,村后住八路,竟相安无事。村办事员安排供饭,这锅饼烙给八路吃,下一锅饼烙给鬼子吃。有的战士还和日军在一个井里打水。因冀东部队大多为当地人,穿上军装是兵,换上便衣是民,鬼子根本分不清。能打就打,不能打就走。"(吴东峰《开国将军轶事·续集》,解放军文艺出版社,2006年1月版)本书作者读此闷笑之余,深感冀东百姓艰难不易。

边区"公家人"的服饰特点:八路军制服是边区中心延安城里党政军学与普通老百姓相区别的"统一标记"。"除了老百姓而外,八路军与边区政府各机关工作人员都穿青布军装";"延安的街上,没有高跟皮鞋,没有花花绿绿的绸衣服,女子同男子一样,穿蓝布军装,有的还打起绑腿"(陈学昭《延安访问记》,广东人民出版社,2011年版)。"在共产党人之中,你很难区分谁男谁女,只是妇女的头发稍长一些。"([美]海伦·斯诺《我在中国的岁月》,中国新闻出版社,1986年版)连中共领袖们也都不例外,毛泽东在冬季平时就"穿着棉布上衣、棉布裤子,同所有其他中国同志穿的服装一样,还穿着一双粗布鞋"([俄]彼得·巴·弗拉基米洛夫《延安日记》,东方出版社,2004年版)。投奔延安的华侨和知识分子们很快就脱掉洋装西服,换成了边区"公家人"的"统一行头":"穿的是土布衣裳,冬天穿的毛衣、毛袜,是自己纺的或用手捻的毛线织成的。"(郭戈奇《在延安岁月》,载于《抗日华侨与延安》,陕西人民出版社,1995年)也能从制服上区别干部还是普通职员,"少数干部和教师也发延安产粗毛呢服,只是学员的上衣是三个口袋,干部教师的上衣是四个口袋"(常青山《一九四五年的自然科学院》,载于《延安自然科学院史料》,中共党史资料出版社、北京工业学院出版社,1986年版)。

<u>边区财政与物价状况</u>：边区最困难的时期是民国三十年（1941年）开春到民国三十一年（1942年）秋，日寇反复扫荡、清剿，国民党严密封锁；边区财政几乎破产，共产党领导下的各抗日根据地不但老百姓民不聊生、时有饿死人的事件发生，连延安的全体党政机关、部队干部、战士和各延安院校师生的生活水平，都在急剧下降。部队官兵也被迫学习当地老百姓的饮食方法，"由吃小米饭改为吃'豆杂杂''饸饸'与'和合'饭（指将豆类、糠麸、饲料掺入野菜及一切可食用植物混合而成）……依农时和劳动量大小调整就餐次数，农忙时三餐，农闲时两餐"（陈俊岐《延安轶事》，人民文学出版社，1991年版）。

在"大生产运动"展开之后，边区财政逐步摆脱被国民党封锁的窘境，得以舒缓；加之"皖南事变"发生，国共近于半公开翻脸，边区政府将原本用以通兑小额法币的"光华券"（由公营"光华商店"代为发行）扩大为正式的"边区政府银行钞票"公开发行，并禁止大额法币在边区辖区内流行。人们将这种根据地和部分游击区流通的"钞票"称为"边区票"（亦称"边币"）。但事与愿违，"边币"发行不久，便由原来与"国统区"法币1∶1的比值下降到1.5∶1，不到一年缩水过半，物价由此飞涨，以至于绥德、关中陇东、三边等地区民众拒绝接受"边币"。连延安地区的物价仅在民国三十年（1941年）5月，就比4月上涨了30％，6月又继续上涨26％；到第二年即民国三十一年（1942年）5月，"边币"与法币兑换比又下降到2.9∶1，6月进一步下降到3.2∶1，绥德等地区黑市竟达到4.5∶1。同时边区全境4月物价比之3月又上涨36％，民间贸易亦公开使用法币、拒收"边币"。当时延安地区的物价飞涨、"边币"贬值问题，已经严重影响民生及军政人员的生活质量。如最初"边币"一毛钱一盒的卷烟，已上涨到一百至三百一盒不等；五分钱一盒的火柴则上升到五十元到一百元不等。以八路军连长的津贴为例，已由原来的每月三元上调到每月的三百元至五百元。需要指出的是，由于军队和党政机关、政府机构人员采用的是"供给制"，因此物价飞涨、货币贬值对这部分"公家人"的基本生活层面影响不大，而对不享受政府供给和津贴的普通老百姓而言，物价上涨、"边币"贬值，影响就很大了。

"人家对我说，在八路军未到之前，猪肉比菜还不值钱，一元可以买到十二三斤，而且陕北人的脾气很特别，猪肚里的东西是不吃的，猪肝呀、猪肠呀……都抛了的。但现在，猪肝卖五角一个。……有一次，我走进菜场，看见两只鸡，我问价，'一元。'鸡主人说。'九角两只卖不卖？''不卖，差一钱也不卖！'我正在想'一元买了也好'，可是正沉思着还没有决定的这顷刻，他说：'你不买，走开罢，立在这里看什么？'"（陈学昭、朱鸿召《延安访问记》，广东人民出版社，2001年9月版）

至民国三十一年（1942年）日伪禁止法币在"沦陷区"使用，华北地区大量法币涌入边区市场流通后，"边币"贬值和边区物价上涨，才得以舒缓。到当年10月，"边币"与法币的兑换比值已回升至2.1∶1。（此自然段内容参见1944年2月"边区银行"所做"关于金融工作总结"和中共西北局常委会1944年7月29日"关于发行商业流通券致各地委电"第三号令。）

<u>延安的业余生活</u>：虽然边区的物质生活是很艰苦的，但精神生活相当丰富。由

于民国二十七年(1938年)起,大量文化青年投奔延安,使边区的文学创作、艺术表演(包括音乐、美术、戏剧等)十分活跃。脍炙人口的《黄河大合唱》、歌剧《白毛女》和一大批抗战、革命歌曲在此间完成;一大批思想优秀、艺术高超的抗战版画和宣传画、民间剪纸在此间创作出来。还有后来被视为现代文学杰作的各种文学作品如《太阳照在桑干河上》《小二黑结婚》《吕梁英雄传》等等,都诞生在抗战时期的延安。

美国人马海德(原名乔治·海德姆)晚年回忆延安时期的业余体育活动时说:"每天,当太阳从东方升起,战士、学生、工人和机关干部都成群结队地跑步,做集体操。午间,篮、排球场上总有排成长龙似的队伍,大家轮流换班打球……夕阳西下,吃过晚饭后,山坡沟渠和延河两岸就更热闹了,球场上、空地上都是锻炼的人群,还有许多人在跳集体舞蹈,做集体游戏。"(马海德《忆延安时期的体育生活》,载于《新体育》,1980年第8期)

"每逢节日(如'五一'、新年、新春等),马列学院必举行晚会,节目丰富多彩,话剧、京剧、合唱、相声等应有尽有,有的甚至轰动了延安。"(文白《金色年华——马列学院八小时之外》,吴介民主编《延安马列学院回忆录》,中国社会科学出版社,1991年4月版)中央党校则"每周末组织文娱晚会和舞会,每个班根据个人不同的爱好,组成秧歌队、合唱团,自编自演话剧、秧歌剧、快板等"(陈俊岐《延安轶事》,人民文学出版社,1991年版)。"普通市民较集中的新市场有常设的剧场,偶尔鲁迅艺术学院的学员也在八路军司令部的大礼堂公演。党政军的工作人员都可以免费观看。"([日]铃木传三郎《当了俘虏去延安》,载于《日本俘虏在延安》,学苑出版社,2000年版)中央大礼堂是举行晚会最多的地方,"在一些节假日,或为欢迎某位重要人物时,杨家岭中央大礼堂肯定演戏","逢到晚会,除非天下大雨,或大雪与大雪之后,山路不好走,大礼堂总是挤满了人,从来不会有一个空座位。所以,在延安工作过的人几乎都有周末或节日在中央大礼堂看晚会的经历"(高智《在毛主席身边工作的点滴回忆》,西安市政协文史资料委员会编《忆延安》,2009年版)。

老百姓业余也没闲着,"庆环分区农村剧校1940年上半年在陇东各地演出戏剧36场次"(中共庆阳地委党史办编《陕甘宁边区陇东的文教卫生事业》,内部刊物,1992年印行);"延安的剧团也利用农闲的冬季到边区各地巡回演出,送戏下乡。1938年冬,民众剧团在陕北个三边等地巡回演出,演出的剧目多达10余个"(黄俊耀《柯仲平与延安民众剧团》,西安市政协文史资料委员会编《忆延安》,2009年版);"在延安经常从事于秧歌工作的,有鲁艺的文艺工作团、留守兵团政治部、边区文协的戏剧委员会等,在1943年开展秧歌运动时期中,延安共有32个秧歌队,差不多每个机关都有一个。今年春节,延安市上竟成了秧歌大会,表演了近百个剧本,其中大半是民间秧歌队出演的。综计现在全边区共有六百个民间秧歌队,大的有二三百人,小的也有二三十人。另据丁玲的估计,在边区人民中,每12个人里面必有一个人是扭秧歌的"(赵超构《延安一月》,上海书店出版社,1992年11月版)。

延安周末舞会:延安革命领袖们的休闲娱乐也绝不单调。"延安周末舞会"闻名中外,毛泽东、朱德、刘少奇、彭德怀、贺龙等领袖亦是常客。"延安周末舞会"始作俑者为美国记者史沫特莱,流行舞式先是弗吉尼亚土风舞,后是交际舞;地点是"中共中央大礼堂",时间是抗战八年的几乎每个周末。正面的理由是"他们在工作时间之外,要召开生活检讨会和批评会,还要组织宣传,发动人民抗日。此外,还被物质缺乏和食粮恐慌的气氛包围着,所以需要一种休息,需要一种娱乐。这就是他们举行的文娱晚会"(续约斋《延安纪事》,载于《革命史资料·第6辑》,文史资料出版社,1982年版)。

几十年来史家对此褒贬不一,如当时就有人指责"延安周末舞会"导致延安离婚率急剧上升,包括毛泽东在内的多位中共领导。"1938年前后,延安革命队伍里的男女比例为30∶1。到1941年前后,男女比例稍有缓解,为18∶1。1944年4月,男女比例为8∶1。男女比例的巨大悬殊,让那些来自全国的青年女性成为延安街头最引人注目的一道风景"(朱鸿召《延安文人·走进延安丛书》,广东人民出版社,2001年1月第1版);"当时延安的高级领导人,师级以上的军官中80%以上的人都是在这一时期恋爱、结婚、成家、生子"(梅剑《延安秘事·下》,红旗出版社,1991年版)。包括毛泽东在内的延安中共最高领导多数都在30年代末在延安新娶妻子。"毛泽东曾回忆说:延安我们也经常举办舞会,我也算是舞场中的常客了。那时候,不仅我喜欢跳舞,恩来、弼时也都喜欢跳呀,连朱老总也去下几盘操(意思是形容朱德的舞步像出操的步伐一样)……我那贵夫人贺子珍就对跳舞不喜欢,她尤其对我跳舞这件事很讨厌"(尹纬斌、左招祥《贺子珍和她的兄妹》,中国广播电视出版社,1998年版);结果毛泽东身边就出现了"舞会知音"、原上海滩影星江青。"每逢星期六,王家坪照例要举行舞会,江青和愉快的叶剑英是舞会的中心人物。朱德是个跳舞能手。"([苏联]彼得·弗拉基米洛夫著,吕文镜、吴名祺等译《延安日记》,北京现代史资料编刊社,1980年版)丁玲不无醋意地写道:"有着保姆的女同志(注:暗讽毛泽东新夫人江青),每一个星期可以有一次最卫生的交际舞。虽说在背地里也会有难比的诽语悄声地传播着,然而只要她走到哪里,哪里就会热闹,不管骑马的,穿草鞋的,总务科长,艺术家的眼睛都会望着她。"(丁玲撰《三八节有感》,《解放日报》1942年3月9日)著名的延安文化名人王实味火药味就更浓了:"在这歌唱玉堂春、舞回金莲步的升平气象中,似乎不太和谐,但当前的现实——请闭上眼睛想一想吧,每一分钟都有我们亲爱的同志在血泊中倒下——似乎与这气象也不太和谐!"(王实味《野百合花·前记》,载于《解放日报》,1942年3月13日)

党政机关的"供给制":从没有任何一份政府的正式文件来记述延安"供给制"的相关标准,本书作者对此仅能以当事人的相关回忆文字来力图还原真实状况。

享受"供给制"的边区党政机关的伙食质量,明显比普通民众高不少:"一般工作人员的粮食是每人日发小米一斤四两,每天菜钱分派方法是:1. 机关普通是三分钱;2. 延安边区政府是四分钱;3. 武装队伍是五分钱;4. 陕公、抗大是七分钱;5. 医院是一角。"(舒湮《战斗中的陕北》,文缘出版社,1939年版)延安的各类学校与党政机关伙食标准大致一样:马列学院供给的标准是"每人每天一斤三两小米、一斤青菜、三钱油、三钱盐"(吴介民《延安马列学院回忆录》,中国社会科学出版社,1991年版)。"延安女子大学一日三餐是黄米饭,有干白菜,菜内有肉,每周可吃一顿白面馍"(武听琴《忆延安女子大学》,载于《忆延安》,陕西人民出版社,1991年版);"自然科学院吃大灶的供给标准是每天口粮1斤小米……每周吃一两餐白面馒头或包子,也有吃肉的时候,伙房喂了猪、羊,可以额外增加一些肉食。有时每日也吃两餐干饭"(常青山《一九四五年的自然科学院》,载于《延安自然科学院史料》,中共党史资料出版社、北京工业学院出版社,1986年12月版)。

"大生产运动"后,边区"供给制"标准有所提高,分别为:"一是按照供给标准,小米,机关干部每人每天1.3斤,部队每人1.8斤;高级干部每人每月供肉4斤,普通干部每人每月供肉2斤,技术人员每月另有5 000元边币的津贴。二是依照本机关的生产情形,生产努力的机关,除了按标准供给生活品之外,还有多余,可以用在本机关人员的福利上,或者每人多吃几斤肉,或者每人多分到若干日用品。三是看个人生产的情形,个人生产好的吃得比较好,差的吃得较差一些。"(赵超构《延安一月》,南京新民报馆,1946年版)"'大生产运动'后,机关、部队、学校不仅开荒种地,还建立起了各种副业,如养猪、做豆腐等,使生活有了很大的改善。如1943年1月至9月,中直、军直机关吃大肉12.8万斤,牛肉0.6万斤,羊肉1.5万斤,合计17.9万斤。"(通讯《中直军直展览会结束》,载于《解放日报》1943年11月24日)以"大生产运动"中著名的359旅为例:"1943年1月至10月,全旅吃肉为318 262斤,平均每人每月约3斤肉。"(引自"生产自给",载于《抗日战争时期陕甘宁边区财政经济史料摘编·第8编》,陕西省档案馆,内部馆存本,1992年印)

虽然延安的抗日根据地实行的"供给制"总体上体现出"官兵平等""军政一致"的基调,但也有例外,这就是"供给制"下延安特有的"伙食分灶制度"。当然这在保证各级领导有足够营养和旺盛精力上,是很必要的。

根据当时文献资料,边区"伙食分灶制度"具体有如下标准:"……大灶标准:a.每人每月须吃8次肉,每次4两;b.馒头每月须吃4次;c.菜内应增加油4钱到5钱;d.米要碾细,米汤中加豆子。中灶标准:a.饭以现在水平为标准;b.每人每天须有3两肉吃。小灶标准:a.每日米、面各占一半,在一半中,大、小米又各占一半(若大米有时以大米为主);b.伙食(菜)维持现在水平;c.饭菜应注意调剂及变换。……关于来客吃饭问题,此次会议规定:1.凡来之特委、省委书记、省委部长须在小灶吃饭;2.凡来之县委书记、特委部长、特委秘书长须在中灶吃饭;3.各部处局同志的客,因工作关系而来者,应和自己吃同样饭。如果有人生病,则按临时病员享受特殊待遇:凡各部处局临时染病者,由各部处局秘书同志提出具体意见(发面1斤或给钱或吃小灶),交部长签字,由秘书处负责办理……"(1942年7月29日"西北局工作人员待遇的规定",载于《中共中央西北局文件汇集·甲2卷》,内部馆存本,中央档案馆、陕西省档案馆编印,1994年版)

在"公家人"专有的"供给制"中,在伙食供应专项上,边区政府机关按照行政级别和资历的不同,有"大中小灶"之分,还有供应中央主要领导的"特灶"(部分革命元老和外籍医生、专家也享此"殊荣"),内容迄今秘而不宣。据有关珍贵资料披露,民国三十二年(1943年)中共中央西北局曾就猪肉供应标准有过明文规定:"1.西北局党委同志每人每月5斤猪肉,特别保健者经常委批准每月8斤猪肉。2.政府厅长、西北局处长、科长以及各分区书记、专员每人每月2斤至3斤猪肉。3.县委书记、县长以及分区一级的科长每人每月一斤至一斤半猪肉。"(引自《中共中央西北局文件汇集·甲3卷·1943年(2)》,内部馆存本,中央档案馆、陕西省档案馆编印,1994年版)这些规定与几十年来的官媒公开的宣传口径,还是有较大差距的,反映了延安时期边区高级干部和一般干部、边区党政军机关"公家人"与边区老百姓之间,在食物供应等生活条件上,确实一直存在着较大的差别。

刚刚来华的白求恩谢绝了毛泽东提出每月发100元津贴的"特殊待遇",表示"我自己不需要钱,因为衣食住行等一切均已供给"。在延安担任"中央医院内科主任"的印尼籍华人医生毕道文,"组织安排他的生活待遇是:每月大米20斤、肉10斤、白糖2斤、津贴费20元,配勤务员1名、翻译1名、马1匹"(详见郭戈奇撰《缅怀国际主义战士毕道文大夫》,载于《白衣战士的光辉篇章》,陕西人民出版社,1995年版)。民国三十年(1941年)初到延安的知名文化人艾青,被组织定为享受"中灶标准",根据其晚年不无自豪的回忆,程光炜写道:"中灶的标准是每个月3斤肉,一半是细粮,一半为粗粮,每天则按1斤粮食、1斤蔬菜的量配给。……夫妻之间执行严格的分灶制度,艾青当时的妻子韦荧和孩子吃大灶。'中灶'由小鬼(即勤务兵)每顿送到窑洞门口,吃完后再把饭碗交给他拿回去。如果你不想吃,就原封不动地拿走,家人是不能吃的。"(程光炜《艾青传》,北京十月文艺出版社,1999年版)

民国三十一年(1942年)春延安"整风运动"开始时,作家王实味在报上发表《野百合花》一文,对颂为"革命圣地"延安所实行的"供给制"分"大中小灶特灶"等严格等级差别规定的"必要性"与"合理性"提出质疑,并批评"伙食分灶制度""使延安革命队伍'衣分三色,食分五等'"。王实味屡次臭嘴"触犯天条",其下场是在后来的"抢救失足者运动"中被定为"托派分子"而遭到监禁,民国三十六年(1947年)从延安撤退前被处死。当然,枪毙他的罪名不可能是恶毒攻击边区的"供给制"和延安"周末舞会"。

第三节　抗战时期产业状态与民生设计

如果说近现代中国工业化进程起步于晚清军火业,发端于民初轻纺业和交通运输业,全面崛起于民国中期的"黄金十年",截至抗战爆发前夕,经三十多年的累积,中国社会已经粗具现代化工业体系的基本体系。可惜"七七事变"全国抗战爆发,不及两年,国土沦陷一半,尤其是沿海发达地区尽数被占,粗具规模的中国现代化产业有八九成落入敌手,中国几代人创业、累积的现代化建设成果毁于一旦。中日全面战争的后果极为严重,尤其是面对日本这样骄横凶残、号称一个世纪对外战争保持完胜的世界强国的民族死敌,使中华民族陷入空前绝后的危难之中,中国人民被迫经历应对外侵内乱的长期战争之中,大大滞缓了中国社会现代化的良好进程,几十年也没缓过劲来。城门失火,殃及池鱼,现代中国民生设计产业及营销业态自八年抗战至战后三年内战的十几年内"战时经济"阴影笼罩下呈现的整体性持续衰败,仅仅是其严重后果的局部缩影之一。

民国二十六年(1937年)抗战爆发前,根据国民政府实业部"工厂登记法"统计,全国符合"工厂法"规定标准(即拥有机器动力和雇工30人以上)的厂矿共有3 935家,其中沪、苏、浙三省市有2 336家,占总数的56%;仅上海一地即有1 235家,占31%(详见齐植璐撰文《抗战时期工厂内嵌与官僚资本的掠夺》,《工商经济史料丛刊》,文史资料出版社,1983年版)。在抗战爆发后,大批厂家西迁至大后方,为抗战时期中国民族工业继续生存和发展,做出了特殊贡献。战前整个西南和西北符合"工厂法"规定标准的企业为234家,至民国三十一年(1942年)已增至3 758家,是原来的15倍以上。这些企业中生产资料工厂有2 215家,超过工厂数字的一半,其中水电厂124家、冶炼厂155家、机器厂682家、化工厂826家,资本总额1 939 026 085元,雇工总数241 662人(详见中华国民政府经济部统计处编《后方工业概况统计》,1943年5月)。当时形成了以重庆城为中心,由合川、长寿、江津三大块工厂集中区域,构成了西南大后方工业的"金三角"。抗战时期的重庆,是唯一的门类齐全的综合性工业区,成了中国战时大后方工业经济的命脉所在。

抗战期间,老天爷也不帮忙,自然灾害频发,加之战事频繁,天灾人祸一起来,严重摧毁了中国广大乡村地区粮食和经济作物的农业经济,加剧了从大后方到"沦陷区"的全国民众的困难处境。

延安开展的"大生产运动",不仅解决了穿衣吃饭问题,边区民生产业也得到很

图4-4　焦土抗战

大提高。以民国三十二年（1943年）为例，边区共有纺织厂23家，年产大布3.29万匹；造纸厂11家，年产纸张5671令。另有化工厂10家、肥皂厂2家、陶瓷厂3家、油脂厂1家、火柴厂1家、制药厂1家、皮革厂2家、印刷厂4家、被服厂12家、炼油厂2家、工具厂8家、木工厂2家。除上述公营厂家外，边区另有纺妇13.2万人，纺车12万多台，1943年共纺纱83.5万公斤（详见《庆祝五一劳动节》，延安《解放日报》，1944年5月1日出版）。

"沦陷区"工业经济基本被敌伪所控制，成为其维养战争机器的重要组成部分，在掠夺"沦陷区"自然资源、工业产品、劳力资源各方面，起了很大的破坏作用。

有必要将在抗战时期承担了中国社会几乎全部民生必需品产销的传统手工艺产业做一个粗略分析，以获得它在全民抗战这个特殊环境下，作为维系近现代中国设计事物主要载体的必然性和基本条件的正确了解。

原本经过"黄金十年"的快速发展，中国社会的现代化进程已经呈现良好态势。一般地说，从民生角度看，现代化社会的具体标准最基本的无非两条：第一条事关民众的生存状态（也就是生活方式），全体城乡民众的日常生活的文明程度、社会舆论、文化取向的开放程度是否达到一定水准；第二条事关民众的谋生手段（也就是生产方式），全体城乡民众的劳作手段、生产效率与劳作强度之比、劳作报酬状况等。当国家被入侵，民众被迫进入"战时经济管理"状态，一切和平时期指定的经济活动法律法规都会出现不同程度的废止和更改，民生类商品的产销行为自然会沿着战时经济的轨道继续运行。比如说，在二三十年代兴建的一大批国有民营新型企业（机械化大工厂和百货公司等），原本是现代中国民生商品的主要生产、销售者，进入战时状态后，绝大部分转入军需品（兵器、弹药和军备装置等）生产，原本由这部分企业承担生产民生商品的产能受到严重抑制，不可避免地出现大幅度的品质下降、产量下降、供应下降。于是，无论在大后方、根据地，还是游击区、沦陷区，全民日常所需的民生商品产销活动，便基本上全数转移到产业下游的城乡民间传统手工行业。因而使原本在30年代已日趋衰微的中国传统手工产业，在战时获得了一个奇迹般的全面快速增长，这种增长幅度，是自晚清到抗战半个世纪以来前所未有的。

这些传统手工产业的"战时发展奇迹"发展是建立在特殊的产销环境中的，往往仅仅是总体规模上和总体产量上的增长，企业的性质上并没有得到很大改变。从产能、条件、市场上看，战时手工业多半属于家庭式或邻里社团结成的小型生产单位，主要依靠生产成本低廉（人工酬劳低下、基本依靠手工操作、很少添置新型机械）来维持产业状况。其日常生产环节中的技术层面，还基本停留在手工艺方式为主；其主要生产装备是依靠体力劳作及少量传统低端机械来完成，如造纸、陶瓷、蜡烛、肥皂、火柴、卷烟、粮油加工的生产，在原材料处理中常用的机械装置无非石磨、石臼、碾盘和少量小型模具（商品用，如蜡烛、肥皂等）、滚筒（布料印染、纸张印刷等）、转轴（卷烟、火柴等）；其动能来源主要还是靠人力、畜力和水、风这些天然动能，个别经营状况好的小工厂还能装上个烧煤的蒸汽小锅炉，如此而已；机械部分的传动装置无非石木水碓、木制水轮、带桅风帆等等；其产品部分用于家庭及邻里自我消耗，部分对外出售，供应社会。正因为这些传统手工产业在战争时期产销两旺，没有技术更新、产能扩大的自身动力，因而在抗战胜利、新型工业恢复之后，在不到两年时间内就迅速退潮，出现大面积倒闭关张现象，总数不及抗战时期户数峰值的一半。

抗战时期的民生设计，很大程度是在传统手工艺产业中得以存延的。受到战时题材的激励和启迪，加之大量美术、文化精英介入，民生设计事物在设计创意方面不断有所提升，有些个例甚至超过了战前最好水平。与此同时，受到战时经济的种种制约，民生商品的整体制作水平较之战前有很大下降。尤其是纺织印染、包装装潢、纸媒印刷、书籍装帧、舞台美术、商业海报等各方面，部分作品确实质地粗糙、色彩灰暗、形象丑陋、纹样简单，远不及战前水平。但依然要强调的是：抗战民生设计仍表现出较高的艺术性、时代性，也深受广大民众喜爱，既维持了抗战军民的日常所需，也大力宣传了抗日救亡的爱国思想，是八年"文化抗战"的重要组成部分。

一、"大后方"的民生产业与设计

因为是战时状态，国民政府的"大后方"产业指导政策，是优先发展军火工业，一切民生产业均为此让道。"军工优先"的共商发展政策，在当时是有一定道理的。一是因为战争降临，不得已为之；二是因为欠账太多，属于弥补性增长。

自国民政府迁都至重庆之后，几乎全部中国兵工厂接踵而至。其中有，"济南兵工厂""太原兵工厂""汉阳兵工厂""巩县兵工厂""金陵兵工厂"等。"大后方"以这些公营军工企业为骨干，逐渐恢复、建立了抗战时期中国军工产业。国民政府"兵工署"对"大后方"军工企业进行了一系列调整、扩充，许多工厂增加了设备，军火产量有了很大增长。如各种迫击炮的产量，抗战结束时，当年产量已达战前的5倍。轻机枪战前仅有样品，未投入批量生产，至民国三十四年（1945年）年产量已达万余挺。抗战中的中国军火产业，所有轻重兵器产量，平均增强3至7倍。据统计，抗战期间大后方各种武器弹药产量为："中正式"步枪43.37万支、"马克沁"重机枪2 800挺、30节重机枪960挺、捷式轻机枪5.7万挺、"启拉利"轻机枪3 100挺、各式迫击炮1.28万门。另生产总量达11亿多发枪弹，包括山野炮弹41万多发、曳光弹5万发、曳光榴弹20余万发、2厘米榴弹23万多发、37榴弹10万多发、37破甲弹15万多发、步机枪弹9亿多发、手枪弹992万发、82迫击炮弹350多万发、手榴弹3 000多万枚、各型飞机炸弹3 100多吨（详见《浅析大后方与抗战的关系》，中国社会科学院近代史研究所民国史研究室主编，载于《中华民国史·抗战时期》，中华书局，2011年版）。

西南、西北两大块"大后方"，逐渐形成了重庆、川中、广元、川东、桂林、昆明、贵阳、沅辰、西安、宝鸡、宁雅、甘青10余个工业区。这些新型工业区的骨干厂家，绝大多数是民生产业，无一例外都是从战区内迁过来的。战争初期就内迁至"大后方"的厂矿共计639家，其中经国民政府"工矿调整处"协助内迁的448家、闽浙等地佀行辗转迁入的191家,拆迁机器材料总重量约12万吨。其中迁往四川的厂矿有37家,有"震旦机器厂""上海机器厂""老振兴机器厂""中国实业机械厂""陆大机器工厂""鼎丰机器制造厂""美艺钢铁厂""大公铁工厂""大鑫钢铁厂""顺昌铁工厂""复兴铁工厂""合作五金公司""广元制罐厂""中央制造股份有限公司""中央工业试验所""天源化工厂""中兴赛璐珞硝厂""中央化学玻璃厂""水利化学公司""久大盐业公司""中国无线电公司""华生电器厂""京华印刷厂""开明书店""时事新报馆""华丰印刷铸字厂""中国国货铅笔厂""精一科学仪器厂""中国纸厂股份有限公司""龙章造纸厂""湛家矶造纸厂""大明纱厂""美亚织绸厂""豫丰纱厂""苏州实业社""冠生园食品公司""六合建筑公司"等,资本额共计8 400余万元。这批厂家原本是"黄金十年"的中国工业化成就,涉及中国社会民生产业的基本构架。在全部内迁厂矿中,化工厂家占12.5%,文教用品生产厂家占8.2%,电器生产厂家占6.9%,食品加工厂家占4.9%,矿场占1.8%,冶金铸造厂家占0.2%,其他工业合计占3.8%。这些民生产业迁至"大后方",其价值绝不比军工企业小,对中国工业的续存和发展,提高"大后方"民众生活保障,稳定"大后方"抗战社会,都具有特别重要的意义。

西南地区(含川、滇、黔、桂、鄂、湘等地)和西北地区(含陕、甘、宁、晋、疆等),战前厂矿共有237家,资本总额仅1 520.4万元。沿海、内地厂矿的西迁,大幅度增加了西部地区的产业资本,同时也改进了西部地区的产业结构。如西南地区原有工业门类较少,仅有少数纺织、面粉和日用化工(如火柴、制革、肥皂、印染),其他工业规模较小,民营厂家中符合"工厂登记法"标准(即机器动力为主和雇员30人以上)者,整个西部地区达标者寥寥。四川地区电力厂、纸厂、水泥厂各只有一家,有两家机器厂,五家面粉厂;贵州有一家纸厂,两家机器厂;广西有一家机器厂。随着内迁工厂的生产设备逐步组装完毕、人员招募安排初步到位,先后在数月内正常运

图4-5 抗战西南"大后方"之街景

营,启动了抗战"大后方"地区中国工业的全面恢复与迅速发展。

以机器制造业为例,据国民政府经济部"1939 年上期工作进度报告"统计,"大后方"内迁复工的民营机器厂每月产量:车床、刨床、钻床等工作母机 100 台;蒸汽机、煤气机、柴油机、水轮机、小型发电机等动力机 420 部;轧花机、针织机、纺纱机、织布机、抽水机、造纸机等作业机 1 400 部。这是个了不起的成就,特别是在初期克服了缺水少电、人手不足、毫无经验的各种恶劣环境下办到的。这些机器制造业厂家发展到民国三十一年(1942 年)时,已累计生产各种型号、规格的蒸汽机、内燃机、发电机、起重机、纺纱机、变压器、球磨机等机器 4 万台,为中国抗战时期民生工业和军火工业,提供了较完善的工业装备。仅重庆一地的机器工业,在民国二十八年(1939 年)6 月底仅有机器工厂 69 家,至民国二十九年(1940 年)底增为 185 家,到民国三十一年(1942 年)底止,工厂数已增为 436 家,资本总额已增为 17 388.3 万元,工厂数在三年半内增加了 5.3 倍,资本额在两年内增加了 21 倍。整个西南地区的机器工业亦增至 682 家和 3.4 亿元资本。

其他部门情况亦是如此,到民国三十一年(1942 年),西南地区的纺织工业(包括织布厂和丝织厂)已发展到 788 家工厂,近 3 亿元资本。化工厂(包括制酸厂和制碱厂)拥有 32 家;日化厂数十家,产量亦已全面超过战前全国产酸 6.45 万余吨、产碱 9 万余吨的水平。

钢铁厂家复业后有了较大的扩展,"大鑫""华联""协和"三家内迁民营企业形成了"大后方"民营钢铁企业的"铁三角",尤其是"大鑫钢铁厂",战前年产不足 2 000 吨钢材,经内迁扩建后达到年产 3 500 吨钢材,成为西南"大后方"最大的民营钢铁厂。

在西南、西北"大后方"的工业发展中,国民政府相关部门的努力是功不可没的。截止到民国三十一年(1942 年)底,国民政府"资源委员会"所属企业的资产达 8 亿元,占当时"大后方"工矿业资本的 40%,国营资本的 55%[具体数据参见唐凌、陈炜撰文《抗战期间工矿企业的广告作用》,《广西师范大学学报(哲学社会科学版)》,2003 年第 02 期]。

内迁的机器设备亦给西南地区工业注入了先进的生产动力,使其不断壮大、拓展。如河南"中福公司"将机器迁入"大后方",首先大大提高了四川"天府煤矿"采掘、加工、运输产能,使之成为西南第一大煤矿,继之又开发了"湘潭煤矿"和"嘉阳煤矿",为"大后方"抗战军工和民生产业、民生条件改善等方面的能源保障,做出了贡献。又如重庆"民生机器厂",原是一家仅有百余职工的船舶修理厂,后来利用内迁机器厂"恒顺"和"大鑫"两家的部分设备和技术进行技术升级和设备扩张,很快发展成为有职工千余人专门制造锅炉、机床和建造内河客货运轮船的机器生产兼船舶修造大型制造工厂。

因"战时经济管理制度",民生设计产业大多数行业基本处于停顿状态,唯独"平面设计"能"一花独放"。这与绝大多数在"黄金十年"期间高速发展起来的印刷企业大多内迁至"大后方",促成了"大后方"印刷业空前繁荣不无关系。政府的战时文宣、教育和社会公众传媒的实际需求,也是抗战"大后方"印刷业繁荣的主要因素。以成都为例,战时成都竟有"大小印刷单位 200 余家……而抗战爆发前的成都仅有印刷企业近二十家"(范慕韩《中国印刷近代史·初稿》,印刷工业出版社,1995年 11 月版)。抗战爆发之初,上海、南京、武汉等大城市的印刷企业不断迁入成都,其中规模较大、设备较先进的著名企业有:"航空委员会印刷厂"、西安"良友印刷厂"(拥有平印机及其相应制版印刷设备,专印质量要求较高的精美印件)、"中央军校印刷厂"、《中央日报》和《新民报》等不少全国著名的大型报社印刷厂都迁至成都。

蜀地自办,于 1927 年创刊的《新新新闻报》,于抗战前夕自设印刷厂,刚从上海购入五台对开铅印机、一台四开机和铸字机、石印机、切纸机、划线机等设备及相应器材,有一线印刷、排字工 120 余人。"据统计,抗战期间在成都新开设的石印铺有55 家。其中规模较大的是'文垣印刷所',有石印机 11 台。拥有石印机 5 台以上的还有'青茂林''粹华''魏天禄''协文''德文''协华''张璧辉'等多家";"新建的铅印厂则有'综合''华美''国光''同华''自新''亚新''蓉新''鸿文''正新''利民''同和'等印刷社"(范慕韩《中国印刷近代史·初稿》,印刷工业出版社,1995 年 11 月版)。正因为印刷产业相对完整地迁入"大后方",又因为战时文宣需要得到政府大力保护和扶持,"大后方"印刷产业才呈现不同于其他民生商品产业的一派繁荣景象。这些有力地保障了现代平面设计及相关产业的持续发展、壮大,其创意水平和社会影响力达到了空前地步。抗战时期中国平面设计的全面繁荣,见诸八年抗战期间由"大后方"设计、印制的宣传画、教科书、报纸和杂志及其他出版物的版式、书籍装帧(封面、排版及内外装潢)和部分工业制品的包装装潢。

据国民政府经济部门统计,西南"大后方"到民国二十九年(1940 年)底,产业工人数量已达 2 万人左右(含四川 8 105 人、湖南 2 800 人);生产技术人员总计为6 000 人左右;科技人员约为 7 000 人。

西北"大后方"情况亦是如此。以陕西为例,东部地区有 42 家工厂迁到陕西,共有机器设备 1.5 万吨,技工 760 人。计纺织业工厂 19 家、机器业工厂 8 家、食品业工厂 8 家、化工业工厂 3 家、印刷和卷烟等工厂 4 家。民国三十一年(1942 年),西北唯一大型现代化煤矿"同官煤矿"建成,日产煤 200 吨。至抗战胜利当年(即1945 年),陕西共有大小煤矿 92 个,年生产能力近百万吨,是战前年产量 21 万吨的近 5 倍。战前陕西只有 1 个电厂,发电容量为 709 千瓦,度数为 628 千度,抗战期间除"西京电厂"增设 1 600 千瓦发电机 1 台外,宝鸡、汉中、王曲均增设电厂,使发电容量与度数远远超过抗战前。抗战期间原"西安三酸厂"扩建成西北最大的化工企业,民国三十年(1941 年)年产量比战前提高了 3 倍以上。酒精厂由抗战前的1 家增至 10 家。"西北化学制药厂"在战时进行了扩充、改造,产品由几十种增加到 500 多种。战时有 8 家沿海工厂迁入陕西,加之新设立的工厂,到民国三十二年(1943 年)达到 57 家,有资本 772 万元,工人 2 151 人,占陕西省工业工厂数、资本总额和工人总数的 23%、1/9、1/6。陕西省抗战前仅有棉纺厂 2 家,到民国三十一年(1942年)发展为36家,占全省工厂总数的23.3%;资本总额达20 736 400元,占全部工业资本的47.1%;工人4 385名,占全部工人的37.2%。其他如食品加工业、机制面粉业、机制烟业、机制造纸业、印刷业、制革业等,西北"大后方"工业的全行业生产水平,均比战前有很大发展。

抗战期间,西北"大后方"还完成了一系列重大的民生工程。如民国三十年(1941年)11月通车的"咸(阳)—同(官)"铁路;民国二十八年(1939年)通车的"甘(肃)—新(疆)"公路等。同时期,西北战略公路的"西兰公路""甘青公路"及其他多条支线公路,都进行了全面的整修和扩建。至民国三十年(1941年),战时竣工启用的大型灌溉工程就有"泾惠渠""渭惠渠""梅惠渠""织女渠""汉惠渠"等;到抗战胜利当年(1945年),甘肃水利建设完成了"湟惠渠""溥惠渠""永丰渠""永乐渠"等23条水渠及水利工程。

西北"大后方"的中国工业厂家,主要分布在陕西的西安、宝鸡、汉中和甘肃的天水、兰州等地。截止到民国三十一年(1942年),仅国民政府"资源委员会"所辖在西北地区独资或合资创办的工矿企业就有12家,即"甘肃机器厂""甘肃华亭电瓷厂""陕西褒城酒精厂""咸阳酒精厂""甘肃水泥公司""甘肃矿业公司""甘肃油矿局""陕西西京电厂""兰州电厂""陕西汉中电厂""青海西宁电厂""甘肃天水电厂"等。民国三十二年(1943年)到民国三十四年(1945年),又新建"甘肃化工材料厂""甘肃煤矿局"等8家大中型工矿企业陆续投产。

[本节内容及产业名称、数值等均主要参考了李仲明所撰《抗日战争时期的工业内迁与西部开发》(载于《北京观察》,中国社会科学院近代史所主办,2005年第8期),其余参考文献出处见行文中具体标注。]

抗战"大后方"在原本能够广泛应用于民生范围的科技产品方面,甚至还有些世界级水平的科研成果。如留美生物学博士樊庆笙等人历经千辛万苦归国抗战,奉命着手组织当时刚投放应用领域,还属于极端先进的消炎药剂——青霉素(当时被称为"盘尼西林")的研制。当时青霉素是各国战地医院的头号创伤抗炎药,需要量极大。因仅有美英德法极少数国家能够生产,且价格昂贵,中国战地敌我双方,均完全依靠少量进口,故此都对其配给采取严格的军事管控,民间获取极为不易,故而十分稀缺。至民国三十三年(1944年)底,第一批每瓶5万单位的"盘尼西林"面世,并直接供应战地医院。当时樊庆笙等人还专门为此公开发表了论文。此项成果使战乱中的中国成为当时世界上率先制造出"盘尼西林"应用型成品的七个国家之一,这一令人瞩目的成就也得到了世界的公认。可惜因当时战时物资匮乏,原料及设备均无法完备,仅限于小批量试制生产,未能形成大规模的青霉素制药产业,更未能普遍使用于民众医疗。现南京农业大学"农业展览馆"还收藏着当年樊庆笙从美国携带回来的三支青霉素原株菌种(详见谢静娴、戎丹妍撰文《中国第一支青霉素产于何处?》,载于《合肥晚报》,2010年11月24日)。

即便是在战时经济条件下,国民政府仍认真施行积极鼓励、保护科技与工业发明创造的"专利注册制度",使抗战时期的专利申请不降反升。

表 4-13　民初至抗战时期工业发明专利注册情况对比(单位:件)

类别	机器	仪表	电器	化学	矿冶	交通	家用	服用	文用	印刷	总计
民初	22	4	1	12	7	1	7	6	6	7	73
民中	20	9	16	36	1	13	23	9	26	7	160
抗战	50	29	54	123	19	34	59	5	36	14	423

　　注1:上表各项数据原引于黄立人"论抗战时期的大后方工业科技"(载于《抗日战争研究》,1996年第1期);转引于吴涧东"三十年来中国之发明专利"(载于《三十年之经济建设》,中国工程师学会编印,1948年版)。本书作者对原件三幅列表进行了合并、改编、重绘,并自拟标题。

　　注2:上表"民初"各项数据为1913~1929年期间,由北洋政府农商部、农工部核准发明的登记专利;"民中"各项数据为1927~1937年期间,由南京国民政府工商部、实业部核准发明的登记专利;"抗战"各项数据为1938~1944年期间,由重庆国民政府经济、实业部核准发明的登记专利。

　　由此可见,抗战"大后方"工业科技界的各项发明创造活动非但没有因为战时供应的极度困难而中止,反而因"科技救亡""实业报国"而更加活跃,甚至超过了民初时期和经济快速发展的"黄金十年"之总和。由于原件资料未加以说明,其中究竟有多少项技术发明经由"物化"设计而开发、研制成"大后方"社会的民生商品和抗战前线的军需品,我们今天对此不得而知,甚为可惜。

　　不少研究民国史和经济史、设计史的学者,忽略了一个重要的史实。在抗战八年期间,在很大程度上维系了广大城乡民众日常需要的,并不是从晚清到"黄金十年"建立起来的新型工商业,而是在现代化进程中日渐落伍的传统手工产业。尤其是抗战爆发初期,大多数工厂不是陷入敌手,便是内迁至西南"大后方",而且大多数转向兵器或军需生产的"战时经济"体制,抗战军民赖以生存的日常必需品方面的民生供应,主要是依靠尚在国民政府管辖范围的西南诸省遍布城乡的传统手工产业。机运使然,原本即将被现代化工业所淘汰的传统手工产业,竟成了抗战八年民生商品最主要的生产部门,无论是规模、户数、从业人数,还是产能、利润、销售额,都得到了成倍增长,进入到"空前绝后"的快速发展时期。在国家工业力量悉数投入抗战军工生产、物资供应严重匮乏、原材料奇缺、货物运输极为不便的种种困难条件下,各地国民政府有效地组织手工业工人和广大民众积极增产、扩大货物供应,不但使"大后方"社会民生供应得以维持,还强有力地支援了前方抗战国民党军队的日用军需。

　　从普通民众的日常最基本生活所需来看,战时西南几乎所有大中城市(包括陪都重庆、成都、昆明、贵阳、桂林、南宁等)不时遭受日寇飞机轰炸,发电供电设备经常被摧毁,维修不及,仅能优先保障军工生产,因此民用供电时常中断,极不正常;煤油等燃料又基本实行军管,不向普通民众开放供应;市民家庭夜间照明基本只能依靠蜡烛。而蜡烛生产企业绝大多数属于道地的民间家族式作坊,他们虽在二三十年代添置了少量的简陋机械,但生产工序主要依靠体力劳作来全程完成。民众日常所需的粮食加工、榨油、调味品、卷烟、火柴、造纸、印刷、文具、毛巾、草编容器、农具等民生必需品,无一不是靠工艺落后、设备简陋、行将淘汰的传统手工产业出产的,而他们原本在30年代"黄金十年"已被各中心大城市和省会城市纷纷新建的洋商华资新型工厂挤对得行将退出市场。仗是要打下去的，日子也是要过下去的。没有电灯，人们就点蜡烛；没有天然气、煤球，人们就烧柴火做饭；没有机织棉布，人们就穿土布；没有上海、天津产的道林纸、油光纸，人们就用民间土纸照样印报纸、出书、做练习册。在传统手工产业担当抗战"大后方"民生物资生产主力军的整整八年，自身也得到空前的发展。正因为"大后方"传统手工产业广大劳工的顽强努力，全体抗战军民才熬过艰难困苦的八年抗战，迎来了胜利的那一天。

以地处西南"大后方"最前沿的广西省为例："抗日战争时期，广西曾一度成为抗日战争的'大后方'，外省人大量涌入广西，一时人口激增，舶来品因海港封锁无法进入，民众所需日用品全靠手工业生产，在市场需求大增的刺激下，手工业人员急剧增加。民国二十九年(1940年)，全省专业手工业者约有12万人之多，产值成倍增长，手工业生产获得了空前发展。据广西省国民政府统计处对46个县市手工业各业户进行统计，共有手工业2 868户，计有服装用品业528户，棉纺织376户，木器业337户，铁器制造业176户，烟业139户，制革业130户，藤葵草棕器业101户，植物油制炼业99户，竹器业90户，炮烛冥镪业83户，机器业74户，理发业70户，金银首饰制造业63户，印刷工业57户，造纸业41户，酿酒业46户，酱油业40户，洗染业38户，锡器业35户，陶器业32户，交通器材业28户，教育用品业27户，玻璃制造业22户，铜器制造业20户，针织业13户，以及其他手工业。""桂林市的手工业有了更大发展，民国二十九年(1940年)全市手工业有727家，其中主要的有机器和制造业15家，酸碱业7家，棉纺织业127家，针织业7家，铜器制造业6家，铁器制造业26家，金银首饰21家，木器加工业74家，竹器业14家，制革业48家，烟草业62家，梳篦业11家，缫丝织业14家，教育用品业14家，造纸业4家，洗染业11家，服装用品业13家，度量衡制造业3家，印刷业20家等等。民国三十三年(1944年)，柳州市人口由5万剧增到14万，手工业很快发展到15个行业，828户，从业人员1 600人左右。由于外省人的涌入，一些边远山区的手工业获得了发展的机遇。民国二十九年(1940年)百色县手工业达129户……"(详见《广西通志·二轻工业志·第二节 中华民国的广西手工业》，广西壮族自治区地方志编纂委员会办公室主持编纂，2007年版)。

再以西北"大后方"的甘肃省为例，由于甘肃省是全国最大的牛羊畜牧区，也是在晚清就修建了中国最早的多家毛呢纺织厂，加上无数的民间毛纺作坊，抗战期间甘肃自然成了军需民用各种毛呢衣料的重点产区。民国二十八年(1939年)，国民政府国防部军需署电告甘肃地方政府，急订毛呢军毯30万条供应前方将士。全省产业、商户紧急动员，积极赶工，保质保量地提前完成这批军需品生产任务。国防部军需署极为满意，再次委托增订10万条军用毛毯。甘肃民众又随即兴起了"10万军毯生产运动"，有力地支援了抗战前线(详见裴庚辛撰《国民甘肃手工纺织业研究》，载于《西南民族大学学报(哲学社会科学版)》，2010年第6期，本文有所改编)。即便是在抗战最艰难的时期，"据民国二十九年(1940年)对毛编(注：指手工编织毛料衣物)最盛行的 24 县调查,每年生产大件(指毛衣、毛裤、毛背心)毛编物 59.2 万件,小件(指围巾、手套、毛袜、毛帽、童子袜)71.2 万件"(陈鸿肤《甘肃之固有手工艺及新兴工业》,中央训练委员会西北干部训练团(内部发行),载于《西北问题论丛》,1943 年版)。至民国三十五年(1946 年)甘肃省国民政府银行经济研究室统计:"全省有棉毛纺织工厂及生产合作社 206 家。其中 1938 年之前仅有 5 家,1939 年增加到 24 家,1940 年有 36 家,1941 年新建 47 家,1942～1944 年,共新建 94 家……其中单纯生产毛纺织品的有 52 家,棉毛混产的合作社共有 81 家。"(详见《甘肃省银行概况》[内部发行],甘肃省国民政府银行经济研究室编,甘肃省银行印刷厂,1942 年版)

二、"根据地""游击区"的民生产业与设计

抗战的延安,拥有自己简陋而实用的民生及军工生产体系。

抗战期间,依靠投奔延安的大量知识分子和工程人员、技术工人,边区相继建起了纺织、造纸、兵工、机器制造、炼铁、制革、被服、火柴、肥皂、玻璃、制鞋、化工等 80 多个国营工厂,而且不断壮大、发展。如民国二十九年(1940 年)时,边区只有 700 多名产业工人,民国三十一年(1942 年)发展到 4 000 人,民国三十三年(1944 年)发展到 12 000 人。这些工厂的产品包括马兰纸、火柴、钢铁、原煤、服装、鞋袜、食盐等民生必需品和军工基础原料,为打破国民党政府和日寇对共产党领导的抗日根据地的"双重封锁",奠定了坚实的物质基础。

延安的边区能快速建立起自己的工业体系,与共产党对知识青年、工程技术人员的特殊政策有关。延安抗战初期的清新氛围和对知识分子、技术工人的优待礼遇政策,使初到延安的文化人对延安的向往犹如教徒与圣地一般,故而延安有"革命圣地"一称,"好似基督徒之于耶路撒冷,回教徒之于默加","倘全国如此,我相信这个民族一定像飞机一样,在五十年工夫克服五千年的一切落后"(何思敏《论抗大》,载于《抗大动态》,延安"动员社"出版,1938 年版)。根据边区政府《文化技术干部待遇条例》规定,对大学程度的专门人才,给予"每月 15 元至 30 元的津贴,吃灶,窑洞一人独住,保证内部阳光空气之充足,尽量供给勤务员及马匹,便利与工作等"。边区政府建设厅、卫生处、文化部门还分别做了具体规定。如对一级技术人员的条件规定,"第一,专门以上学校毕业,并在所学习专门技术工作中服务五年以上者;第二,有七年以上的专门技术经验,并自修专门技术理论相当于专门以上学校毕业的程度者"(《抗日战争时期陕甘宁边区财政经济史料摘编·第 6 编》,财政部财政经济史编写组、陕西省档案馆合编,陕西人民出版社,1979 年版)。

延安地区在抗战时期出版发行的主要报刊有:民国三十五年(1946 年)复刊的《红色中华》,民国三十六年(1947 年)改名《新中华报》;中共中央机关主办的《共产党人》;八路总政治部主办的《八路军军政杂志》;"青年联合会"主办的《中国青年》;民国三十年(1941 年)创刊的《解放日报》等。

据延安"自然科学研究会"在民国三十年(1941年)的不完全统计,"学有专长的、大学程度以上的科技人员共330名,其中理科110人,工科120人,医科55人,农科45人"。这些都是抗战初期从"国统区"相继来到延安的科技人员,有的是国内高等学校学习理工科的大学生,有的是有多年实际工作经验的专家,有的是在国外留学并获得博士学位的学者,有的是原在沿海大城市供职多年的工程技术人员,有的是爱国的华侨技工、外国工程师。据文献记载,民国三十年(1941年)上述这330名人员的工作岗位分布是这样的:"经济建设工作90人,科学教育工作55人,医务卫生工作45人,还有在学习的20人,分别在党、政府、军队中担任工作的110人。"(武衡主编《抗日战争时期解放区科学技术发展史资料·第3辑》,中国科学出版社,1983年版)为了加强延安地区的工业生产和其他经济建设,民国三十三年(1944年),中共西北局和边区政府还发起了工业战线上的"归队运动",号召"边区一切与工业技术和学习过工业的同志,回到工业部门中来,又有一批科技人员转到经济建设部门工作"(详见《解放日报》,1944年6月4日)。

毕竟是战争时期,边区兵工厂承担着八路军和抗日游击武装的大部分武器装备的研发、制造、修配任务。尤其是需要不断根据前线实际需要研制出有针对性的新型武器。有边区兵工厂土法上马设计并批量生产的"五零小炮"就是一桩杰出的军工设计案例。

在战场上,日军为了对付八路军习惯使用的"人海战术",专门使用掷弹筒进行大面积杀伤。如"百团大战"时,人数数百、仅有几挺重机枪和几个掷弹筒的日军"冈崎大队",在晋西北关家垴利用优势地形,仅凭几门掷弹筒和机枪交织构成火力网,就能顺利挡住了八路军精锐129师三天无数次强攻,造成八路军的严重损失,其中25团、38团牺牲500多人,负伤的有1570人,包括其他参战部队(第772团、第769团等),伤亡总数竟超过3000人。这种轻型火炮,在华北战场上具有火力威猛、易于操作、携带方便的特殊功用。边区兵工厂在效仿国民党军队的"27年式"掷弹筒的基础上,参考所缴获的日军掷弹筒构件,放弃线膛结构,采用滑膛结构,避免了国民党军队掷弹筒射程近的缺点;还将日军掷弹筒发射筒的长度由日制280毫米增加到400毫米,筒壁也相应加厚,保持了500米的射程,大大增强了火器的覆盖延伸范围,某些作战性能甚至超过了日军掷弹筒(如具有能平射、能使用黄色炸药、炮弹延时10秒爆炸等特长)。在工程技术人员和职工的共同努力下,延安兵工厂终于在民国三十年(1941年)4月仿制生产出第一款自制的掷弹筒,第一批生产出40门(八路军野战部队习惯称"五零小炮")。后来八路军又对"五零小炮"进行了多种改进,生产出精度更高的按式发火掷弹筒、60毫米口径掷弹筒,甚至还有可以用来平射打碉堡的掷弹筒,总之成为自己的一个系列产品。延安产"五零小炮"在后来的一系列战斗中,让日军吃尽苦头,以至于前线日军向"华北派遣军大本营"不断报告:八路军在太行山上已建起了现代化兵工厂,并拥有先进设备与外国专家,请速派飞机轰炸剿灭。

在边区兵工厂数万名干部职工中,涌现了无数的英雄人物。吴运铎,就是这么一位赫赫有名的根据地军工战线的英模,被誉为中国的"保尔·柯察金",1951 年 10 月,中央人民政府政务院和全国总工会授予他"特邀全国劳动模范"称号。本书作者小学时就读过他撰写的自传体著作《把一切献给党》,字里行间透露了一位无限忠诚党的事业、受伤无数次而近乎残废,仍兢兢业业为抗战军火工业无私贡献的炽热情怀。这本书曾感动、影响了几代中国人,包括本书作者。

据近年逐步解密的部分文件,人们才开始了解原来在太行山区有一支兵强马壮的军工队伍。这就是八路军"流动工作团",是当年晋中抗日根据地组建起来的军工企业,专门为八路军开展敌后游击战研制、生产各类武器装备。因为身处敌我交错拉锯的游击区,常年随大部队行动,也有保密的需要,故而对外一直称"流动工作团",被八路军野战部队官兵称为"驮在驴背上的兵工厂"。"流动工作团"这伙"土八路"一点也不"土",全团一千多人编制,大多来自全国各个大学,既有留洋归来的留学生,也有归国抗战的南洋华侨技工,更多的是来自厂矿的熟练工匠、高级技师等等,甚至还包含百余名实业界各行业的知名工程师和研究学者,如郭栋材(日本东京工业大学内燃机研究室研究生),张华清(留英冶金博士),程明升(日本早稻田大学电机系毕业生),陆达(德国柏林工业大学钢铁系毕业),张芳(燕京大学物理系研究生),郑汉涛、牛治华(北平大学工学院),高源、李守文(清华大学工学院),陈志坚、孙艳清、张培江、刘致中、牛宝印、齐明(天津北洋大学),唐英之(上海同济大学),张浩、张温如、王锡嘏、耿震、李非平(天津河北工学院),李树人(云南大学采冶系),宋宗景(西北大学化学系),席永先、宋宗恕(山西大学工学院),赵云鹏(东北大学),柴毅(天津女师),高广平(山东大学),林溪(武汉大学),张志青(河南大学),唐成仪(上海雷氏德工学院动力工程系)等一大批高级知识分子,可谓群星灿烂、人才济济。他们抛家舍业、背井离乡,来到艰苦的抗敌前线,从事抗战军火工业的组建和科研生产,用自己的热血和生命,为抗战胜利做出了特殊贡献。本书作者满怀敬意、不厌其烦地抄录他们的姓名,也是对这批绝大多数早已作古的抗战英雄们(不少当年就牺牲在太行战场)表示一份个人的尊敬。我们这些身处和平时期的人,永远不该忘记他们。

八路军"流动工作团"所属边区兵工厂最显赫的成就之一,就是"八一式步马枪"的研制与生产。它是由"流动工作团"工程师们和有 13 年造枪经验的八路军"黄崖洞兵工厂"老军工刘贵福(原"太原兵工厂造枪分厂"钳工)共同创造的。兵工厂攻关小组充分吸收了捷克式步枪、国产"汉阳造"、日本"三八式""四四式马枪"等中外步枪的各自优点,结合八路军游击作战的特点,经过反复试验,于民国二十九年(1940 年)8 月 1 日研制出一种重量轻、体积小、射击精度高、便于战士运动携带、格斗中使用灵巧的新型"七九式步枪"。这种步枪比普通型步枪短 10 厘米,形似马枪,故被命名为"八一式步马枪"。造枪所用钢材,取之日伪严控的"白晋铁路",常由地方武装(县大队、区小队和各村民兵)于夜间破路拆卸钢轨运往兵工厂。根据八路军士兵的常规生理特点和特殊作战方式设计、生产的"八一式步马枪",是抗战时期共产党抗日根据地创造的军工业设计和生产奇迹,也是战争条件下中国"工业设计"知名度最高的成就之一:"八一式步马枪"枪身短,有利于步兵、骑兵、侦察兵、卫生兵等八路军各兵种广泛使用;自重仅 3.36 公斤,大大提高了操控便利、携带时效和隐蔽需要;采用三棱刺刀就相当于枪刺带有三道血槽,比日本"三八式"扁平长刃刺刀更利于近身格斗时的连续突刺和快速出刺(指用"血槽"快速放血解压,可以从人体中尽早拔出刺刀做下一个格斗动作)。"八一式步马枪"(边区军民称之为"边区造""小马枪")一经装备前线,便显示出近战夜战条件下该枪机动灵活、操控灵便的突出优点。经不断改进后,八路军官兵都认为其实战功能和操控性比日军"三八式步枪"(民间俗称"三八大盖")还要优越,更合适八路军野战部队使用,因而极受八路军前线部队官兵喜爱。"流动工作团"所属各兵工厂从 1940 年后大批量生产"八一式步马枪",在抗战后四年共制造出一万多支,及时地装备了八路军各前线部队。

[以上两个自然段参考了吴东才撰文《土八路并不土:抗战中八路军武器制造之谜》(载于《文史月刊》,2011 年第 2 期)所提及事件、人名、数字而整编改写。]

关于边区兵工厂具体的工厂数量、产量、产品型号、批次等产业情况,既可能由于当时这方面资料属于高度机密,没有多少纸本文件留下来;也可能仍属于"绝密"级别,迄今仍未"解密";更可能本书作者视野狭窄、孤陋寡闻,以至于本书没有就边区军工业有个完整、清晰的描述。本书这部分缺憾,有待后续补正。

在与敌伪拉锯、争夺的广大"游击区",抗日武装与抗日基层政权积极利用乡村集市贸易的方式,既筹措军费、财政资源,又改善军需、民生,确保可以与敌伪展开长期斗争。以安徽为例,"在抗战时期,淮北、淮南、皖江抗日根据地为粉碎敌人的经济封锁,满足群众需要,增加财政收入,针对农村集镇只有不多的手工作坊而无机器工业的局面,办起了许多工厂,发展了手工业和机器工业,如在淮北津浦路东的半城和淮南津浦路西定远的藕塘镇设有兵工厂,藕塘地区还设有被服厂、卷烟厂、肥皂厂、造纸厂、土膏站等,定远朱家湾设有香烟厂;滁县沙洼设有纺织厂,路西大赵家设有榨油厂;来安有新张家纺织厂、南半城被服厂";"皖江抗日根据地在汤家沟等镇也兴办了造纸厂、印刷厂、榨油厂、军服厂、香烟厂等。这些工厂除兵工厂外,很多是招股集资、公私合营,如淮南抗日根据地在天长铜城镇创办的'群众烟厂'是以天长铜城镇黄雅庭等几个商人合办的群众烟草股份有限公司为基础扩大发展的,新四军二师供给部也投资了 1 500 元。这些商人也是在集市贸易中有了资金积累才创办企业的";"因此,没有集市贸易带来的商业繁荣,中国近代工业将是无本之木,无源之水"(沈世培《集市贸易在近代社会转型中的作用——以安徽地区为例》,载于《安徽师范大学学报·人文社科版》,2008 年第 3 期;转引于叶进明《安徽革命根据地财经史料选·一》,安徽人民出版社,1983 年版;龚意农《淮南抗日根据地财经史》,安徽人民出版社,1991 年版等)。

为了筹措军费及维持党政机关日常开销,延安和各个比较大、政权建设比较巩固的根据地财政部门,先后多次发行了各种债券。具体情况如下:

表 4-14　抗战时期根据地公债一览表（单位:万元、法币）

序号	债券名称	发行时间	发行定额	实发行额	利率	偿还期限
1	闽西南军政委员会借款凭票	1937.8	不详	不详	无息	不定期
2	晋察冀边区行政委员会救国公债票	1938.7	200	354	年息4厘	30年
3	冀南行政主任公署救灾公债	1939.11	50	50	不详	不详
4	定凤滁三县赈灾公债	1940.5	2	2	年息4厘	1年
5	冀鲁豫边区整理财政借款	1940.7	98	53	无息	2年
6	盱眙县政府财委会救国公债	1940年秋	3	3	年息6厘	5年
7	淮北路东专署救国公债	1940	10	10	不详	5年
8	陕甘宁边区政府建设救国公债	1941.2	500（边币）	618（边币）	年息7.5厘	10年
9	阜宁县政府建设公债	1941.4	100	60	不详	1年
10	豫鄂边区救国公债	1941.4	50	50	年息6厘	10年
11	豫鄂边区襄西区建设公债	1941.7	10	10	月息6厘	2年
12	淮南津浦路西联防办事处战时公债	1941.9 1942.5	20	20	不详	不详
13	豫鄂边区建设公债	1941.10	100	100	年息5厘	7年
14	豫鄂边区孝感县赈灾公债	1941.10	5	5	月息5厘	32个月
15	晋冀鲁豫边区生产建设公债	1941年底	750（冀南银行币）	未完成定额	年息5厘	10年
16	文献伟公债	1942	1（银圆）	1（银圆）	年息5厘	7年
17	晋西北巩固农币公债	1943.1	30（银圆）	不详	不详	不详
18	山东抗日根据地胶东区战时借用物品偿还券	1944.10	不详	不详	无息	4年
19	豫鄂边区行政公署建国公债	1945年	50 000~100 000（边币）	不详	年息5厘	6年
20	晋察冀边区胜利建设公债	1945.8	200 000（边币）	不详	年息1分	1年
21	东江纵队第二支队生产建设公债券	1945.4	7 000	不详	周息1.5分	2年
22	皖中抗日根据地湖东行政办事处保卫秋收公债	1945.7	10（大江银行币）	10（大江银行币）	月息2分	3个月

　　注:上表引自《中国革命根据地货币·下册》(中国人民银行金融研究所、财政部财政科学研究所编,文物出版社,1982年版)。

三、"沦陷区"的民生产业与设计

抗战时期的日据沦陷区分为"中华民国维新政府"（南京汪伪政权）辖区和"满洲国"两大部分。本书所列沦陷地区产业状况分关内、关外两大块分别叙述，关内部分不包括东北三省（即伪满地区），关外的伪"满洲国"经济状况在其后单独叙述。

战前的上海为中国工业的中心，集中于上海的华商厂家有 5 200 家以上，占全国工业厂家过半。"八一三"沪淞会战期间，上海的工厂全部被毁者达 2 270 家，损失额在 5 亿元以上，损失惨重。国民政府经济部于民国二十八年（1939 年）发表的统计数据显示，战争初期全国已注册厂家全部被毁 3 735 个工厂（上海2 270 余个加上其他战区 1 465 个），使中国民族产业损失了 7 亿 4 千万的资金（上海约 5 亿元，加上其他战区的损失额 2 亿 4 千余万元），其他未注册的小厂，未计算在内。这部分中国民族资本的厂数，占"黄金十年"积累起来的全中国企业数的 50% 左右；资产损失折合资金数量占全国的 60% 左右。在抗战一年左右的时期内，中国沿海及内地大多数主要城市尽入敌手，中国企业中很大一部分不是被炮火摧毁，就是被日本占领当局伙同日商以各种手法强行霸占、"合并"，损失极大，中国现代工业的整体水平一下倒退到民初时期的 20 年代。

以日据时期的北平为例，原本在晚清时期就相当繁华发达的北京商业区，到沦陷时期已经跌入衰败的谷底。从历代北京市政当局统计数据看，"咸丰十一年（1851 年）时，京城商业行业达到 178 个，商铺已有 6 833 家。代表饮食、服饰、日杂、服务四大行业以众多自然行业形态分布在前门外大街、西单北大街、王府井大街、朝阳门外大街、隆福寺、护国寺和若干商业小街上"，可谓千商万户，人流熙攘，一派繁荣景象。至民国二十八年（1939 年）北平市伪政府社会局调查，"全城商业仅存 51 个行业、5 654 家商铺"，一派衰败景象。沦陷时期北平社会弥漫着恐慌、无奈、得过且过的气氛，通货膨胀频发，投机倒把盛行，商品匮乏，市场凋零，商业街歇业、打烊、倒闭的占了一半多（详见王希来《民国时期北京商业整体布局与三类商业街区》，载于《北京财贸职业学院学报》，2009 年第 1 期）。

在抗战初期全部被毁的民族工商业已注册厂家分布情况如下表所列：

表 4-15　抗战初期全部被毁中国企业数量及地区分布情况（截止期：1938 年）

地区	厂数	折合资金损失（单位：法币/元）
南京	91	19 941 509
北平	97	19 873 340
天津	53	20 502 093
青岛	137	10 618 980
江苏	372	61 191 250
山东	432	23 492 212
河北	27	23 487 713

（续表）

地区	厂数	折合资金损失（单位：法币/元）
山西	71	15 157 746
河南	87	13 232 287
浙江	269	15 402 884
江西	2	2 720 885
安徽	5	1 389 111
广东	9	16 973 558
厦门	2	1 420 000
合计	1 654	245 403 568

按行业分布看，"沦陷区"全部被毁的中国工厂分布如下：

表 4-16　抗战初期全部被毁中国企业行业分布情况（截止期：1938 年）

工业部门	厂数	损失数（单位：元）
建筑	3	10 273 000
机器	105	1 185 966
电气	222	54 152 951
运输	17	5 263 700
铁厂	64	770 025
其他金工厂	15	95 540
化学工业	161	25 082 148
纺织业	488	80 534 495
矿产	4	4 315 000
农产	216	32 491 803
林产	5	42 900
造纸	12	2 842 100
瓷器	40	18 201 790
其他	113	2 152 150
总计	1 465	237 403 568

日军在占领地区，为其掠夺战争资源的主要方法，除去直接抢夺、没收之外，主要采取大量开办享有各种特权的日本企业来实现。这些"沦陷区"敌企，直接充当了日本对中国社会进行"经济侵略"的角色。截止到民国二十九年（1940 年），沦陷区中日本人所经营的 1 129 家工厂，几乎全部是直接抢夺、霸占中国民族资本获得的。

表 4－17 "沦陷区"由日本人经营民生企业数量（1940 年，不完全统计）

工业部门	厂数	工业部门	厂数
纺织业	86	染织厂	189
缫丝厂	46	面粉厂	75
丝织厂	67	水泥厂	14
棉织厂	163	火柴厂	13
针织厂	4	制革厂	13
人造丝厂	5	造纸厂	50
毛织厂	10	化工厂	62
卷烟及饮食业	74	造船业	4
金属工业	84	冶铁炼钢业	10
煤业	7	合计	976

注：以上三份表格均根据许涤新撰文《日人在我沦陷区中的经济掠夺（部分）》（载于《世界知识》，1940 年 03 期）所绘。

抗战期间，上海民族资产阶级在工人阶级和市民支持下，积极支援前线，开展大规模的捐献活动。如"天厨味精厂"老板吴蕴初捐献 1 架飞机，"大中华火柴公司"老板刘鸿生则捐献给新四军 20 辆大卡车（据《上海地方志·上海轻工业志》调查记载）。还有不少上海民营企业响应国民政府号召，不惜血本、辗转数千里西迁至西南"大后方"，克服难以想象的种种困难，组织生产，积极参加"实业抗战"，为中国人民抗日战争的伟大胜利，同样做出了自己的独特而重要的贡献。

日本掠夺中国民族资本的企业的方式，大约可分为四种：

第一种是借助日军军事占领直接暴力劫取。如山西省的太原、临汾、平遥、榆次、运城等地的纺织厂、面粉厂、洋灰厂、毛织厂、皮革厂、印刷厂等，都是实现军事占领后直接予以"没收"，然后由日本特务机关把持，委托日本企业以"日军经营"的名义重新复工。又如上海南京及杨树浦一带的民营工厂，其设备、机器被占领军公然劫走，用于另设日商独资厂家所用。战区各地的粉厂都被"日清制粉会社"与"日东制粉会社"所接收，直接将中国民营面粉加工厂家无偿吞并。再如上海四大造船公司全部被日本"三菱重工业公司"所劫占持有；日本商人在占领军扶持下直接将上海七个华商水电厂无偿霸占，并在此基础上成立日本"华中水电会社"。

第二种是进行"收买"。在轻纺业方面，日本企业以极其低廉的报价，强行"购买"了上海的"申新"第二、第九纱厂，"永安"第三棉纺厂，"新裕"第一、第五棉纺厂等；天津的"裕大"、"裕元"、"宝成"第三厂、"华新"、"北洋"等号称"天津面上六厂家"中的五个厂。"日人心目中的上策，乃是无代价的抢劫，在不可能劫抢的时候，便玩弄花样进行收买。自然，这里收买是不会照价的"。即便如此，这类被日本商人偿付部分资金"收买"的工厂，在日本商人后来在沦陷区各地经营的厂数中，也属于绝对的少数。

第三种手法是用欺骗强迫的方法进行掠夺,这就是臭名昭著的"合并"政策。如无锡的"惠明"公司(后称"华中蚕丝公司"),是日商借助占领军威力强行"并购"原有中国民营企业"禾丰""振义""安余""福纶""振元"等各丝织、缫丝、印染厂合并而成。又如济南"振记面粉公司",被迫与"日东制粉会社"合设"山东面粉公司",日商无需出任何资金便获取了过半产权。中日"合办"企业,经营大权当然操在日商手中,其实质与霸占无二致,只是表面上属于"合并"。再如汉口法租界"金龙粉厂",战争爆发后即告停办,但在民国二十七年(1938年)被日本"三菱公司"以奉日军占领当局的命令与厂家老板接洽,原议定各出资2万元、产权各半合办。但在签订合同时即推翻前议,将该厂完全占领,仅允每月出租金1 500元了事。

第四种手法是大量滥印、滥发各种"公司债券",吸收"沦陷区"汉奸华商资本。利用"华北开发会社"与"华中振兴会社"之规定发行五倍于其缴足实际资本的"公司债券",实现了仅仅用几张形同废纸的"证券"票据,就无偿攫取了大量上当购买、自愿投靠日商的中国企业之大部分产权(详见许涤新撰文《日人在我沦陷区中的经济掠夺》,载于《世界知识》,1940年03期)。

战争期间,日本从华北、东北等地掳走大量中国劳工前往伪"满洲国"、伪蒙和日本国内各种企业做苦力。太平洋战争爆发后,随着日军在各个战场的失利,日本被迫扩大征兵,从而导致国内劳动力紧缺,日本内阁于1942年11月27日正式通过了从中国"输入"劳工以补充日本国内劳动力不足维持战时经济体系的决定,并于民国三十三年(1944年)起开始其对中国劳工"强制劳动"计划。青岛市档案馆部分馆藏资料证明:侵华期间,仅日军从青岛转口输出招募强掳的中国劳工达70万人。根据日本战时内阁和军部大本营的方针和命令,日本华北派遣军向伪"华北政务委员会"下达了强行征集中国劳工的命令。为此,日军在青岛专门设立了用于关押、囚禁待日劳工的集中营"劳工训练所"。这些劳工主要来自山东、河北、河南、山西、江苏、安徽等省。据战后日本资料揭露,这些中国劳工在日本国内矿山、工厂从事非人的强制劳动。据幸存者揭露,劳工在日本无任何"劳务合同"和酬金,每天劳作14小时以上,仅能获得维持生存的食物而已,身无暖衣,肚中缺食,安全和卫生条件极差,还要遭受日本监工毒打和侮辱;许多劳工在日期间患病伤残,死亡率高达37.3%。日本当局还残酷镇压了多次中国劳工的暴动和逃亡事件,战后在日本曾多处发现掩埋中国劳工的"万人坑"。直到战后才有部分幸存劳工(如50年代轰动一时的著名"刘连仁"事件的主人翁)得以返回祖国(详见《刘连仁在日本13年"野人"生活》,载于《北京日报》,2001年7月19日)。

在1941年夏季八路军发动"百团大战"、对华北日军后方给予一系列毁灭性的打击之后,日本侵华军队以六成兵力对共产党领导的抗日武装根据地进行了历时两年(1941至1943年)的残酷的扫荡和清剿。为了包围和分割抗日根据地,日寇在华北沦陷区和敌我争夺的游击区,调集各种物质资源,强拉民伕,大量修筑碉堡、封锁沟、公路网,对各根据地实行严格封锁,号称"铁壁合围","仅冀南地

图 4-6　"沦陷区"奴化教育

区,截至 1943 年,即有碉堡据点 1 103 个,公路及封锁沟墙 13 170 里"(魏宏运《1939 年华北大水灾述评》,载于《史学月刊》1998 年第 5 期)。日伪据点及交通战壕星罗棋布、纵横交错,不仅占用了大量的耕地和田间劳力,使成千上万的华北农民被剥夺了衣食之源,还使得华北平原的生态环境惨遭浩劫,树木砍光、田园荒芜,完整的平原被分割得支离破碎。原本就很脆弱、在"黄金十年"辛苦修建起来的华北、关中水利设施,遭受人为破坏,更加荒废凋敝,华北农村的防灾抗灾能力,受到了极其严重的彻底破坏(详见齐武著《一个革命根据地的成长》,人民出版社,1957 年版)。

　　没有学者对八年抗战期间"沦陷区"整体经济产业状况(特别是具体数据如工厂数、年产量等)进行完整的论述,其中重要原因之一,就是抗战极为困难的前四年,除去日伪盘踞的城镇外,哪怕是日伪控制严密的"中心地区"的乡村山区,也一直存在着国民党和共产党数千个规模大小不一的抗日武装力量和"游击区""根据地"。尤其是战争后半期,由于太平洋战场的开辟,日军兵员萎缩,仅能龟缩盘踞于"沦陷区"的各大中城市,广大乡村地区甚至部分中小县镇,不是国共两党抗日游击武装所占据,就是抗日武装和敌伪势力来回割据的"敌后战区",因而本书作者确实无法就除东三省以外的"沦陷区"工农业生产进行统一概述。

侵华日本研究机构曾对沦陷区华北农村庄户人家的生产资料做过一系列精心仔细的采样式调查,有些数据表格内容做得较为规范、详实,特别是对了解当时沦陷区北方农民的基本生产方式及劳作方式,还是很有价值的。特选用其中两幅仅供参考。

第一例图表是关于河北石门地区农户农具拥有状况的:

表 4-18　村民拥有主要农具的数量及价格

农具名称	村民所有量	沦陷前价格(元)	1941 年价格(元)	1942 年价格(元)
犁	93	10	30	50
大车	83	50~60	400	500
扇车	4	—	—	—
碾子	19	40	300	500
磨	85	10	30	50
水车	52	300	800	1 000
辘轳	197	5	25	35
锄	—	3	7	10

注:上表各项数据详见[日]相良典夫编《粮食生产地带农村的农业生产关系及农产品商品化——河北省石门地区农村实态调查报告(上)》(日本"满铁调查局"主持,原载于《满铁调查月报》,昭和 18 年 10 月号,1944 年 6 月铅印本)。

第二例图表是关于该地区拥有农具的人家在全体农户中所占比例的:

表 4-19　拥有的农具类别划分的不同耕种规模的农家户数及比率(%)

	50 亩以上	50 亩以下 30 亩以上	30 亩以下 20 亩以上	20 亩以下 10 亩以上	10 亩以下 5 亩以上	5 亩以下	合计
农家总户数	6	12	15	23	81	95	232
有犁户	6 100.0	12 100.0	1 493.3	19 82.6	33 40.7	55.3	8 938.5
有大车户	6 100.0	12 100.0	1 386.7	2 087.0	3 037.0	33.2	8 436.2
有扇车户	350.0	—	16.7	—	—	—	41.7
有碾子户	583.3	433.3	213.3	417.4	22.5	22.1	198.2
有磨户	6 100.0	975.0	1 386.7	1 460.9	2 530.9	1 717.9	8 436.2
有水车户	6 100.0	12 100.0	1 493.3	1 356.5	1 214.8	11.1	5 825.0
有辘轳户	4 100.0	866.7	1 280.0	1 460.9	6 377.8	6 669.5	16 772.0
有水车或辘轳中之一户	6 100.0	12 100.0	15 100.0	23 100.0	7 288.9	6 669.5	19 483.6

注:上表各项数据详见[日]相良典夫编《粮食生产地带农村的农业生产关系及农产品商品化——河北省石门地区农村实态调查报告(上)》(日本"满铁调查局"主持编撰,原载于《满铁调查月报》,昭和 18 年 10 月号,1944 年 6 月铅印本)。

持续不断的战事和连年的自然灾害,不可避免地使中国农业遭受极大破坏。以 1938 年的华北棉花种植业为例,呈现出年景比战前急剧下降的恶化趋势。

表 4-20　1938 年华北各省棉田收获面积及皮棉产额统计表

地区	棉田面积(千亩)	比上年减少率(%)	皮棉产量(千担)	比上年减产率(%)
河北	6 181	35	1 691	40
河南	2 585	60	543	60
山东	2 787	50	815	50
山西	457	80	125	80
均计	12 010	50	3 174	51

表 4-21　1939 年华北各省棉田收获面积及皮棉产额统计表

地区	棉田面积(千亩)	比上年减少率(%)	皮棉产量(千担)	比上年减产率(%)
河北	2 570	59	654	61
河南	919	64	246	55
山东	1 761	37	463	43
山西	362	21	69	45
均计	5 612	53	1 432	55

表 4-22　华北"沦陷区"棉花产量变化表(1936～1941 年)

年份	棉花产量(千担)	变化指数(%)
1936	5 552	100
1937	6 363	114.6
1938	2 709	48.8
1939	1 319	23.8
1940	1 440	25.9
1941	2 994	53.9

　　注:上列三表各项数据均引自马仲起著《近年来华北棉产之概况》(载于《中联银行月刊》第 5 卷第 3 期,1943 年 3 月版)。战时华北地区四省棉农生产在短短两年内逐年减半地快速下滑。虽战局相对稳定的 1941 年华北棉产达到战时最高值,也远不及战前年份(1937 年)产量的一半。日寇入侵对中国农业的巨大破坏,广大棉农和华北农村普通民众的生计该如何之艰难困窘,由此可窥一斑。

　　没有随国民政府迁往"大后方",而是留在日据"沦陷区"继续办学的各个大学,后来都饱受争议;抗战胜利后,这些大学的不少学者和行政领导都作为"附敌人员"受到了广泛的道德谴责,终生郁郁寡欢。其中一些在日伪时期担任公职的人,还作为"文化汉奸"受到法律制裁。连日据时期毕业的大学文凭起初也被战后国民政府否决,需经一一甄别之后,才能核准重发正式文凭。"燕大(即今北京大学)在北京沦陷时期,基本上是一个代表,相对来说,其实当时留在北京的院校基本上是教会学校。由于它独特的属性,保证了它没有受到日伪的骚扰";"我们也知道,当时北大也有一部分教授留在了北大,这个过程很复杂。你想想周作人我们都知道,周作人当时他留在了北大,被认为是下水的一个教授。但这个问题我怎么评价他,我觉得在一定程度上,确实从大节上说,他是大节有亏。但是在一定程度上，周作人确实保护了当时的北京城和北京文化，这一点也不能否认。而且我觉得我们后人在研究历史的时候，应该再对前人多一些了解"(陈远《民国时期的大学崛起》，"凤凰名博校园行之澳门大学"演讲稿，载于《凤凰网·博报》，2012年2月27日)。

关外情况就不太一样了，40年代前几年基本保持平静。民国二十九年(1940年)左右，自从关东军和伪"满洲国"伪军终于将东北境内最后一支"抗联"武装消灭之后，虽然时有小股反日活动发生，但大规模的武装事件暂时平息，直到抗战末期。原来共产党领导的"抗联"拥有30万之众，可谓兵强马壮，在长达七八年的武装斗争中艰苦卓绝，但孤立无援，遭到了百万之众的关东军和伪满军警残酷而反复的长期围剿，终告失败，基本被歼，其残部仅余2 000多人，大部退至苏联境内；极少数辗转到达延安，继续参加全面抗战。有众多资料和遗存实物可以证实，此后的东三省的"满洲国"产业、经济状态相对稳定，且有所建树，使东北地区成为向日本军国主义全面侵华战争机器输血供氧的重要后方战略基地。毛泽东在1938年说："大体上，敌人是将东三省的老办法移植于内地。在物质上，掠夺普通人民的衣食，使广大人民啼饥号寒；掠夺生产工具，使中国民族工业归于毁灭和奴役化。在精神上，摧残中国人民的民族意识。"(毛泽东《论持久战》，载于《毛泽东选集·第二卷》，中共中央毛泽东选集出版委员会编辑，人民出版社，1964年版)

"抗日战争时外国投资比重最高的是日本占领下的东北。其经济发展是二战时期中国经济发展最好的部分，当时整个中国的投资率是5%，而东北1937年高达17%，1939年高达23%。这主要是日本经济法律制度对私人企业产权的保护很好，政府不办国营企业，没有什么机会主义行为。日本人在东北的高投资率也刺激了中国私人企业的发展。"(杨小凯《民国时期的经济》，载于《求是》杂志，中国共产党中央委员会机关刊物，2011年04期)

下面列举一些根据伪满文献档案编制的伪"满洲国"经济状况具体数据。

伪"满洲国"的农业：据1936年"满洲国国务院"的《资源调查报告》，满洲地区可耕地面积为4 000万顷(40亿亩)，其中已耕地2 500万顷；森林面积为1亿7 000万顷；年产大豆250万吨、小麦200万吨、稻子70万吨、小米100万吨、高粱800万吨、玉米500万吨、杂粮豆类(大豆除外)60万吨、棉花30万吨、烟草16万吨；存栏牲畜包括马400万匹、牛300万头、羊3 000万头、猪4 000万头。日据时期，满洲地区年产粮食平均2 000万吨左右。

伪满时期，东北农产品(包括粮食、肉禽蛋奶、蔬菜、油料)必须优先供应日军和伪满军的军事用粮、日本与朝鲜移民的口粮以及供应日本本土国民日常需要。根据关东军的要求，伪"满洲国"每年至少要向日本提供1 000万吨以上的粮食，每年8月中旬开始征粮工作，11月底结束。抗战全面爆发后，日伪当局对东北农产品掠夺更加变本加厉，通过"中央采购公社""满洲农产公社"等施行"预购契约制度"，将输日农产品征收比例(日伪称"出荷率")一再提高。至战争末期(1943年)竟直接确定各县责任量，哈尔滨当年的出荷率竟高达89.9%。1945年伪"满洲国"末期时,农民需要上交的"出荷粮"占东北全境总产量的 51%。鸦片种植业是伪"满洲国"农业相当重要的经济作物,在日本人鼓励下得到大力发展。至 1936 年左右,伪"满洲国"共有七个省作为鸦片种植主要产区。为了通过鸦片贸易筹集战争经费,1942 年,日本"兴亚院"召开了"支那鸦片需给会议",做出了"由满洲国和蒙疆供应大东亚共荣圈内的鸦片需要"的决议,进一步在满洲扩大种植面积达 3 000 公顷,鸦片加工业也达到了"鼎盛时期"。

伪"满洲国"的工业:奉系军阀张作霖、张学良父子主政时期,曾致力于满洲的工业化。但囿于各种内外条件限制,鲜有较大作为。而日本扶持的伪"满洲国"时期,东北地区建立起了在当时亚洲各国中较为完备、先进的工业体系。其中属于亚洲一流水平的有:铁道运输、船舶建造及海运、钢铁冶炼、煤铁矿山、铁路机车及汽车制造、飞机制造与修配、军工制造与修配等。因而东北地区重工业在抗战胜利后一直是民国末期至"文革"之前中国境内最大的地方工业体。

伪"满洲国"工业的主宰部门为"大日本南满洲铁道株式会社(即'满铁')"。伪满政权对于工业部门采取"经济统制"政策,移植日本国内"一村一业"的发展模式,每个行业都成立"特殊会社"(即全面负责产供销的垄断性公司)。在"满铁"一手把持、控制下,伪"满洲国"下设有"满洲电信电话株式会社(简称'满电')""满洲机械制造会社""满洲炭矿会社""满洲航空会社""满洲人造石油会社""满洲纺织会社""满洲毛织会社""满洲化学工业会社""满洲林业会社""满洲采金会社""满洲畜产会社""满洲水产会社""满洲烟草会社""满洲农产公社""满洲开拓公社"等四十多家特殊会社。特殊会社由日本投资者和伪"满洲国"共同出资,赢利时按照双方股份比例分成,亏损时伪"满洲国"政府对于日方投资确保百分之十的利润。

满洲地区矿物资源非常丰富。据 1936 年"满洲国国务院"的《资源调查报告》所述,东北地区一探明的矿山煤炭储量约为 30 亿吨,铁储量约 40 亿吨。其他矿物有黄金、菱镁、铝矾土、油页岩、金刚石等。伪"满洲国"建成的"丰满发电站"是当时亚洲最大的水力发电站,1943 年的发电能力为 22 亿度。

日满时期,伪"满洲国"的产业布局:机械、军火、飞机工业以奉天(今沈阳)为中心;钢铁冶金和化学工业主要集中在鞍山和本溪地区;煤炭工业集中于抚顺、本溪、阜新地区,"油页岩和合成燃料工业"(即石油开采及汽油、柴油提炼加工业)集中在抚顺和吉林;镁等有色金属矿业集中于海城和大石桥;水力发电集中于吉林和鸭绿江地区;纺织和食品等轻工业集中在大连、丹东、哈尔滨、齐齐哈尔等地区。东北还是中国铁路机车制造工业的发源地,如伪满时期在大连组装生产的"超特急"机车和"亚细亚号"于 1934 年从长春到大连开通,时速达到了创纪录的 130 公里,为当时世界第三、亚洲第一快车。全车设施先进,豪华舒适,配备有空调和展望车等。其技术及建造工艺水准不亚于同时期日本国内机车制造业。

伪"满洲国"工业产值在 1936 年为 8.07 亿元,1940 年达到 26.47 亿元;生产力指数上升幅度超过 60%。形成了包括冶金、矿业、飞机、机车和汽车制造、造船、纺织、交通运输和能源等工业部门的较完整的工业体系。

图4-7 1934年的"亚细亚号"机车

在日本强制推行的"日满一体"的政策下,满洲的工业生产完全从属于日本的产业政策。以钢铁为例,连日本人自己都觉得其中完全不平等的殖民性质:"如从国家(日本)政策角度考察满洲炼铁事业的特点,则在以开发满洲钢铁资源为重点,将其生产的生铁和钢,尽可能多地输往日本,以加强和扶植日本产业……满洲……从通常的炼铁技术和炼铁企业的经营上来看是一项不合理的规划,也是一种畸形的炼铁方……这也是满洲为了日本所不得不忍受的畸形经营方式。"(详见"昭和制钢所"理事长小日山直登撰《从钢铁国策方面来看的满洲与日本》,山崎书局,昭和十四年)满洲大量的煤炭、木材等工业原料出产均主要输往日本。几乎所有生铁产品全被运往日本炼钢,在满洲炼制的钢材除了少量用于内需外,其他均炼成钢坯输往日本轧制成战时军工所需的各种钢材。"'满洲国'炼铁业有着丰富的原料和特殊的优越性,担负着'大东亚战争'的重大使命和责任。"("昭和制钢所"理事长久保田省三撰《满洲国和铁》,昭和十七年)

伪"满洲国"的民生政策及劳工待遇:由于东北地区每年全部农产品之一半以上必须被日军廉价征用或"自愿"作无偿"乐输",东北人民口粮及副食品严重匮乏。伪满政权对东北人民实行"食品配给制"辅以"棉织品特别配给制"。由于粮食供应不足,日伪当局规定严禁中国民众从事运输食用大米、白面的"战略物资",违者按照"经济犯"治罪。中国人主要配给杂粮,包括糜子、高粱、小米、莜面、荞面、玉米面等,有时还配给极少量的白面,分劳工、一般居民和农村人口三大类进行"战时口粮配给"。到中日战争后期,则实际上只能食用由玉米、小米,甚至榆树籽和锯末混合磨成的"协和面"。

在日满工矿企业中,满洲当地员工的薪水水平与日本雇员相比,非常之低。日本雇员的工资水平远高于满洲本地人。以 1931 年抚顺煤矿职工工资水平日满雇员薪金对比为例:日本人分"职员""雇员""佣员"和"准佣员"四个级别,其中前三类日籍员工年收入分别为 164 元、109 元和 80.99 元;"准佣员"为临时差用,"酌情偿付"。本地满籍员工则分"佣员""常雇方""常雇夫""承包工""临时工"五个级别,最高的"佣员"年收入仅 15.73 元,远低于日籍"雇员"年薪 109 元的水准(详见《满洲统计年报》,昭和六年度,第 738~741 页)。

由于侵华战争和后来太平洋战争的需要,战时产业工程、建筑工程、军事工程对劳动力的需求大增。1938 年,"满洲国协和会"就以"奉公"或"奉仕"为名强制东北劳工服徭役,以解决劳动力匮乏的问题。1942 年 5 月 4 日,伪"满洲国政府"设立的"'勤劳奉公'制度审议委员会"通过了《国民勤劳奉公制创设要纲》,提出以"勤劳奉公队"实施"勤劳奉公制度",强迫被征兵者以外剩余的青壮年劳力以"勤劳奉公"名义无偿为日满工矿、军事工程劳动。1941 年伪"满洲国政府"先后紧急颁布了《劳务新体制要纲》和《劳动统制法》,将劳动力的征募和配置置于伪政权的直接统治之下。伪满当局"打破惯例,刻不容缓地从(满洲)国内招募男工、杂役",强制东北人民常年服劳役,实现"全民皆劳",为日本侵略战争效力。

伪满企业被控制在日本人手中,中国劳工不但经常受到压榨,且工作环境极端恶劣。被称为有史以来世界最大矿难的"本溪湖煤矿瓦斯爆炸"就发生在伪满时期。东北各地遍布伪"满洲国"时期挖埋的"万人坑",坑内死者都是伪"满洲国"时期大量病死、工伤的中国劳工。仅辽宁有据可查的大型"万人坑"就有 34 个,掩埋劳工在 60 万以上。如东北国境线"东宁要塞"修建时,曾累计征用了百万劳工。待要塞修建完毕后,日军为杀人灭口,竟一次性"处理满人劳工"达数万之众。

伪"满洲国"的交通运输:日据期间,伪"满洲国"境内铁路网线稠密,铁道运输较为发达。全满铁路均由日本"满铁"经营,其干线为"南满铁路(长春至大连)"。1936 年,日本指使伪"满洲国"出资以 1.6 亿日元的价格向苏联收购了长春至哈尔滨以及满洲里至绥芬河的"北满铁路"。其他铁路干线还有"安奉线"(丹东至奉天)、"京图线"(长春至图们)、"平齐线"(四平至齐齐哈尔)等。至 1939 年,铁路里程数已超过 10 000 公里,1945 年达到 11 479 公里,成为当时世界铁道运输最发达的"国家"之一;而 1949 年全中国铁路总里程仅为 22 000 公里,伪满铁路所占比例过半。伪满时期大连组装生产"超特急"和"亚细亚号"机车先后出厂,时速达 130公里,为亚洲第一、世界第三,均为当时工业设计与制造技术的世界水平。

至 1943 年,伪"满洲国"共建成公路总里程近 6 万公里。而据 1949 年国民政府交通部统计,全中国公路总里程仅有 8.09 万公里,东北一地占据七成半。航运部分,主要港口有大连港和营口港两地,其工业装备设施均为当时亚洲一流的现代化海港。伪"满洲国"时期东北的内河水运主要集中在松花江流域。空运部门则以日本人把持的"满洲航空株式会社"为主要经营者,开通了中国境内最早的货运及民航业务。至 1932 年,东北地区航空线总里程为 1.5 万公里;刨除东北地区,关内大陆地区的中国民用航空线总里程，迟至1950年才达到1.14万公里。

伪"满洲国"的财政与税收：根据伪满"国务院"自己的统计数据，伪"满洲国"在1933年的财政收入为6亿元，1944年为21.5亿元（鸦片税为4.3亿元，占第一位；烟草税占第二位，其后依次是农业税、牲畜税、营业税、关税、户口税）。除了产业税收之外，伪"满洲国"还向百姓个人征收"村会费""区会费""兴农会费""协和义勇奉公费""爱路团费""国防献金""飞机献金""强制储蓄"等苛捐杂费，先后多达百余种。

为加强"日满一体化"，伪"满洲国"货币单位为"元"，与当时日元等值。"朝鲜银行券"和日元货币在伪"满洲国"境内亦可自由流通、兑换、使用。伪"满洲国"境内流通货币为"满洲银行券"，不可兑换金银。因战时经济需要，"满洲中央银行"纸币发行量不断加大，使其成为不断榨取东北人民血汗、掠夺战略物质资源的手段。如1933年纸币发行额为6亿元，1938年达50亿元，1945年8月高达136亿元，货币贬值十分严重。

伪"满洲国"的教育：日据期间，伪"满洲国"建立了比较完备的国民普及教育体系。据1936年的伪"满洲国"教育部统计，当年伪"满洲国"共拥有12 000所小学、200所中学、140所师道学校（院），以及50所技术及专业学校（院）和5所军官学校；伪"满洲国"全国共有60万学生和25 000名教师。另外，还有1 600所私立学校（须经日本人批准方可开办）、150所教会学校。哈尔滨地区还有25所俄国学校。伪"满洲国"设立的大专院校有20所，经办者和主持者绝大部分是日本人。伪"满洲国"的各级教师的培养较为严苛，有一整套针对教师的年度考核和教职晋升的严格制度。

之所以日满政权如此重视民众教育，主要目的之一便是在各级学校中施行以"日满亲善""民族协和""一德一心"为宗旨的奴化教育，各类与日本有关的事物在伪"满洲国"各级教育中占有绝对重要地位。如日语竟被列为伪"满洲国"的"国语"之一，中小学校大多数课程必须以日语授课。伪"满洲国"全体中小学生每天早上须向新京作"满洲帝宫遥拜"，再向日本东京方向作"日本天皇陛下遥拜"；"遥拜"时学生须以日语背诵皇帝诏书《国民训》。

伪"满洲国"各地广泛设立各种"职业技能学校"，培养各种日满企业所需要的职业技能人员。伪"满洲国"高等教育主要为先后开办了"大同学院"和"建国大学"。"建国大学"学制为六年，招生以日本人为主，仅有少数中国人入学。教师九成以上为日本人，全部课程以日语授课。极少数仅由非日本人所选课程方能以汉语或者蒙语授课。"大同学院"以招收满籍学生为主，专门为伪满政府培养高层官僚和职能管理人才。是一所生源以中国人、朝鲜人、蒙古人为主的一般高等专科学校，办学目标多为培养各种职业技术人员。60年代韩国前总统朴正熙和韩国将军白善烨均毕业于"满洲国军官学校"。

伪"满洲国"学校教育强调重视除人文及自然科学的基本教育外，比较重视学生"品格与体魄的培养训练"。乡村学校则注重学生对农业知识与科学耕种的实际培训,女学生还专门设有"家政训练"课程。伪满教育有一个显著特点:刻意培养学生"轻人文,重技能"的学业倾向,藉此实现培养只学技业、不问政治、甘心供日满政权驱使的"合格的满洲国民"的政治意图。

〔伪满时期"沦陷区"(1931～1945年)的经济状况、产业形式与文教情况,所引用原始资料主要来源于坐落于南京中山东路309号的"中国第二历史档案馆"国民政府相关档案资料相关卷宗、伪满政府经济部门统计报表及公函文件、日本战时出版的相关书籍,如本书作者在日本京都旧书摊亲购之《大东亚战争写真集·第四回·乐土兴亡篇》(森高繁雄编,富士书苑株式会社,昭和二十九年)等等,并参考了"维基百科,自由的百科全书"部分数据和事件描述。本书作者尽量客观、简略地做个概括性的陈述并附加评议。所遗甚多,不尽详细。如读者需引相关数据及厂名、文件出处,请直接引述其原始文件。〕

第四节 抗战时期民生设计特点研究

抗战时期的中国民生设计,呈现出"战时经济"的共有特征:军需生产一家独大,集中了全社会的人力物力的主体部分;用于民生商品的生产、销售部门的产业、商业整体水平下降,创意水平局部上升。抗战时期大后方军工业是同时期工业率先实现较高程度的机械化、标准化、规模化的工业部门,其工业制成品(如火炮、轻重武器、弹药、单兵防护用具等)在造型设计方面,大大超过以往历史的最好水平,无论是整机组装、配件制造,还是功能强化、适人性提升,均体现了前所未有的造型设计能力,其中包含相当部分的自主性研发创意。与民生商品重叠部分的军需品(如制服、车辆维修、交通设施、白铁罐头、速成米面等)生产与研发,也达到了历史最好水平。军工业的急速发展,相当部分是用民生商品生产部门做出的重大牺牲换取的。战争前半程(抗战爆发的1937年至太平洋战争爆发的1941年),国民政府、根据地民主政府和游击区政权,均集中社会上大部资源投入与战争有关的军火军需品生产,新建工商业的民生商品在数量和质量上都受到极大的挤压,与设计相关的产业更是遭受空前挤占,呈现出急剧衰减状态。民生商品生产大部转由各地民间的传统手工产业完成,原本属于工业化产物的现代民生商品设计基本处于停滞、衰减、退步的状态。

当太平洋战争爆发、中国开始接受大批美援、民生供应略有趋缓之后,更加符合现代化工业标准建立起来的部分军需工业产能在向民生商品领域的生产逐渐转移、延伸后,带来了大后方民生商品产业的全面提升。产业的工业化程度提升直接促进了大后方民生商品设计产业的飞速进步,40年代初的大后方食品及副食品加工(如粮油分装、面食包装、肉食灌装等)的包装设计,民生日用品设计(如民居、家具、照明、服饰、炊事、容妆等用品、用具),纸本媒介的平面设计(如宣传画、报刊杂志版式、书籍装帧和插图等),民生商品设计的平均水准都比战前有很大提升。特别是战争后期(1942年之后)大后方工业承揽了美军在太平洋战区军需品生产业务之后,美元、美式产能加设计观念快速植入中国工业部门,使中国工商业在各方面均有较大提高。

　　从整体上看,除军工产品外,因战时物资匮乏,大后方和根据地、游击区抗战八年期间的民生商品普遍在材料、工艺的设计与生产方面较为简陋,制造、加工的技术含量普遍低于战前"黄金十年",这一点尤其反映在大后方和根据地民众的服饰和日常杂用的花费等民生方面。"沦陷区"(东北和沿海大中城市)敌伪部分工商业具有当时亚洲一流的产能与设计能力,但在战时经济管制下,除为日伪战争服务外,在民生商品生产方面亦"小有作为",表现在纺织、印刷、书籍报刊出版、日用品包装、民用电机与电器等方面。

图 4-8　大后方"沦陷区难民女子学校"

一、抗战时期设计教育与设计产业概述

　　抗战八年期间,全国主要城市大部落入敌手。因为战时状态,民生设计产业已大为缩减,加之敌我控制区域模糊不清、犬牙交错,因此各方面文献记录对此描述可谓极为混乱,无法按政治概念分列"设计教育与设计产业"小节,故而将此一时期凡是中国境内所有相关事件列入第一节中。关于民生设计产业状况,"沦陷区"还算勉强能查阅到一些,"大后方"记载已十分薄弱。尤其是根据地和游击区相关资料,基本是空白一片。"沦陷区"的设计教育基本中止,设计产业一部分随政府内迁西南、坚持抗战,一部分留在原地艰难维持。(由于各种原因,现在要找到完整描述抗战时期全国各地区民生设计产业状况的资料十分不易,仅能查阅到一些片段性的文献记录和后人对此特殊时期的研究论述,其中相关事件和数据的真实性,以本书作者一己之力,确实是无法核实佐证的。因此请读者将本章节相关论述,仅作为对本书议题的部分参考而已。凡是本节内容涉及上海地区的事例,均主要根据《上海地方志》各专业志相关内容编写而成,特此说明。)

民国二十七年(1938年),留洋归国参加"文化抗战"的著名艺术家李有行、沈福文、雷圭元、庞熏琹等,在成都创办"中华工艺社"。坚持在上海租界"孤岛"内的工商界和艺术家也多次举办义捐、义卖,以自己的微薄之力支援抗战。

无论是在西南大后方,还是在游击区、抗日根据地,甚至是"沦陷区",曾经活跃一时的商业招贴画基本销声匿迹,取而代之的是大量宣传抗战的宣传画。抗战八年,宣传画涌现的佳作甚多,涉足的知名画家、设计师也很多,如张善孖、彦涵、李可染等。其中从纯粹的平面设计角度看,部分优秀的抗战宣传画设计案例有:《收复失地,拯救东北同胞》(首都各界抗敌后援会),《大祸临头了》(作者待考),《马占山江桥抗战》(作者待考),《通俗画报》(第一期,作者待考),《国民革命军第十六路军淞沪抗战》(作者待考),《打败日本》(作者待考),《运粮图》(沈逸千作、田汉题字),《全民抗战》(作者待考),《看,谁家小孩死在敌人屠刀下》(广东梅州大浦坪乡社抗日学联),《伪军弟兄请你仔细想想》和《家族在哭泣》(八路军政工部门),《是谁毁坏了你的快乐的家园》和《是谁杀了我们的孩子》(李可染),《誓死不当亡国奴》(上海大学生),《我愈战愈强,敌愈战愈弱》(作者待考),《恭贺新禧》(国民党军队文宣部门),《反对投降分裂倒退》和《顽固分子挡不住前进的历史车轮》(新四军政工部门),《身在曹营心在汉》(彦涵),《日军六千人覆灭》(八路军政工部门),《精忠报国流传千古,卖国求荣遗臭万年》(作者待考),《德日法西斯的末日》(边区美术工作者),《中国战区抗战最高统帅蒋介石》(作者待考),《中美协力》(作者待考)等等。这些新式宣传画不但题材好、构思巧,在表现手法上丰富多彩,木刻、年画、油画、漫画、白描、水彩等各种绘画门类一应俱全,而且在标题的字体设计、边饰纹样、套色安排、画面布局等方面都有些可圈可点之处,表现出经过民国中期中外商业招贴画

图 4-9 八路军宣传画

十数年熏陶的抗战宣传画作者们的良好的专业素养和饱满的爱国热情。在无论是大后方，还是游击区、根据地的商业美术、包装设计、书籍装帧、商标设计、纸媒广告等平面设计几乎全面沉寂的抗战期间，"一花独放"的抗战宣传画为战后现代中国平面设计的全面复兴保留了充满希望的理想火种。

原在二三十年代中国市场就有一定优势的日商印染企业，在沦陷时期基本占据国内市场。其中以日商"纶昌花布"和"防拔染花哔叽"最负盛名。"纶昌花布"为日商"纶昌印染厂"的产品，主要品种有印花麻纱、印花府绸、印花平布等。不仅是日据时期，"纶昌花布"还是20世纪前半叶中国城镇居民消费衣料中最畅销的品种之一。它的产品花色均为日籍设计师完成，花型图案设计具有欧式花布设计风格，结合了日本染织图案特色：花头均以写实为主；图案布局多采用缠枝骨式单独纹样、小碎花散点纹样、写实枝叶穿插花簇为主的四方连续纹样；造型精巧细致，色相清新明朗。"防拔染花哔叽"是日商"内外棉株式会社"开设的"第二加工厂"的畅销产品，其设计与工艺主要针对中国广大乡村消费市场，主要产品还有"花直贡"和"印花布"等。其图案设计主要是以浅色的朵花或几何图案为主，有深色小朵花、深色小碎几何、几何条格、浅色朵花、浅色几何等，其中日本风味的"空花"、麦穗花、条花图案的衣料和被面、床单、窗帘、桌布等家纺类品种，较受乡村平民消费者喜爱。"防拔染花哔叽"以价格实惠、品质优良著称，自20年代至解放前夕一直在中国各省乡村市场享有较高盛誉。

沦陷时代的民营染织业一直在困境中挣扎经营。一方面根据"战时经济管理制度"的空隙积极利用市场资源艰难维持，另一方面在模仿日商产品的同时，根据自身条件，努力设计、研制适销对路的各种产品，如民营"新丰厂"的"白猫"花布，白地花纹，色彩鲜亮，轮廓清新；"信孚厂"的"福利多"黛绸，多为浅色或大红色地，上印深色花卉，彼此对比强烈，光彩夺目，且具有凸凹感，为城市妇女广为喜爱的丝绸面料，1939年开始部分产品还远销海外。手工机绣方面值得一提的事件是：民国三十二年（1943年），上海"佳丽机绣社"开业，以生产机绣枕套等家纺产品为主。

"孤岛"时期的上海民生产业在工业制品的设计与生产方面取得了一些进展：

民国二十七年（1938年），上海华企"金钱牌热水瓶厂"（老板董吉甫）的"搪瓷壳热水瓶"新工艺研制成功，同时，"搪瓷喷印工艺"亦应用于搪瓷水瓶壳上。"金钱牌搪瓷印花热水瓶"一经面世，立即受到广大消费群体的一致欢迎，产品十分畅销。同年4月，上海"中西电影机器公司"开业，创办者金坚。此为国内第一家专营的电影机械研制生产企业。民国二十八年（1939年），华商"中国化学工业社"的名牌产品"剪刀牌肥皂"，全面压倒了原竞争对手英商"中国肥皂公司"的产品"祥茂香皂"。因英商抢先注册"剪刀"商标，并提出诉讼，"剪刀牌"被迫改名为"箭刀牌"。民国二十九年（1940年）3月24日，"中国钟厂"开业，创办人为毛式唐等人。次年更名为"中国钟表制造有限公司"。"中国钟表"工程师阮顺发研发出第一只采用"活摆"结构的国产"三五牌时钟"，走时由原先的7天延长一倍至15天左右。同年，日商"上海昌和制作所"开业，专产"铁锚牌26英寸自行车"，年产3 000辆左右。战后被作

426

为敌产没收,被华企接管,后来创建出"永久牌自行车",是与上海"凤凰"、天津"飞鸽"齐名的国产自行车"三大名牌"。同年,"中西电影机器公司"试制成功第一台国产电影放映机。民国三十二年(1943年),"中华电业股份有限公司"(战后更名为"上海电钟厂")研制出中国第一只篮球比赛用计时电钟。民国三十三年(1944年),瑞士籍洋商投资60万法郎开办"克波公司",专营复写纸、蜡纸、油墨的生产与销售。

"孤岛"时期的上海书籍装帧设计基本停顿,但偶有佳作,"如1938年上海复社出版的《鲁迅全集》,甲种纪念本用重磅道林纸精印,皮脊烫金,楠木包装箱包装,十分珍贵。1940年郑振铎编《中国版画史图录》全书五函二十册,图版用乳黄罗纹纸影印,彩色版用白色宣纸印刷,彩色织锦函面,每册用瓷青锦绸作封面,真丝双线装订,十分考究"(《上海美术志》,徐昌酩主编,上海书画出版社,2004年12月版)。

民国三十二年(1943年),绒绣艺人刘佩珍绣制《高尔基像》。此为绒绣作品中首次出现的写实性人物肖像。1937～1941年是上海绒绣手工艺产业发展的全盛时期,全市从业人员达2万人,月产量30万件,月销售额10万美元。当时"刘氏五姐妹"绒绣闻名上海,其中以刘佩珍的技艺最高。

"孤岛"时期的设计师们也一样具有爱国情怀。民国二十七年(1938年)10月13日和民国二十八年(1939年)5月12日,上海"孤岛"时期的"中国工商业美术家协会"为难民募捐并两度举行"义卖美术作品展"。

图4-10 "中美协力"宣传画

　　〔以上内容凡涉及上海地区的数据、事件、人名除已注明资料来源外，均摘录于《上海地方志》各专业志。〕

　　综合所收集到的极不完整的文献记载，从敌伪时期在"沦陷区"流通的一些民生商品的包装、图案设计上，本书作者试着分析"沦陷区"民生设计的水准与特点。

　　"沦陷区"出版物（分不清是日是伪），较著名的有《新民报》《平报》《新生活》《清乡日报》《经济日报》《新申报》《导报》《蒙疆晋北报》《民声日报》《中山日报》《香岛日报》《群声日报》等报纸，在标题的字形选择、字样的排印版式、版面的插画配图、印刷的纸张油墨、彩印的套色制版等平面设计方面，与"国统区"报纸（较著名的有《中央报》《扫荡报》《大公报》《新蜀报》《新民报》《力报》《国民公论》等）和共产党报纸（较著名的有《新华日报》《解放日报》《晋察冀日报》等）相比，在版式设计和印刷水平这一块，确实要高上一大块。"沦陷区"（包括关内伪满和关外敌占区）日伪当局为推行"皇民教育"和"中日亲善"的奴化教育，在中小学教科书的装帧、版式、封面设计上，还是用足了心思，也显得比同期"国统区"的设计水平高一些。造成这个差距的原因，既有敌伪对"国统区"和"根据地"人民实行严酷的物资封锁的"外因"，也确有"内因"：存在着一大批留在"沦陷区"各大城市、各行业中苟活偷生还不甘寂寞出来混饭、在日伪时期异常活跃，甚至附敌通伪的中国设计师。

　　从现存的"沦陷区"设计、销售、发行的各种民生类设计品（如金属徽章、纸本钞票和证券、商品包装、商业海报、商业招贴、明信片、画报、餐饮具贴画图案等）实物上看，其普遍制作技术优于同期"国统区"和"根据地"同类物品，但文化寓意等设计元素上未必占优势，尽显劣势。如图案题材多呈现三种趋势：一是风花雪月、妖冶美女、鬼怪神话、海天奇异，有意无意地营造"和平安宁"的太平景象，麻痹被占领地区民众恐惧战争、反感日伪的情绪；二是天真妇孺、花团锦簇、整洁乡镇等，有意无意地营造"太平盛世"虚幻景象，为日伪统治、安抚民心服务；三是赤裸裸的政治宣传，如中国儿童拿面日本膏药旗欢呼雀跃、田野中日军与百姓并肩插秧、农妇怀抱麦捆幸福微笑等等。如果上述纹饰图案系中国籍设计师所为（本书作者无法辨认），纯属"汉奸设计"案例，这些无耻的匿名或具名的设计师们，也该永远被钉在中国设计历史的"耻辱柱"上。

二、产业内迁与均衡布局

　　对于中日之间战略条件的优劣对比而言，中国人口众多、幅员辽阔无疑是个决定性的优势。如人口众多可以提供宽裕的后方生产劳力和前线兵员补给；幅员辽阔可以提供更具有能决定战争时效、层次、方式的战略纵深。但中国西部一向欠发达，产业基础极为薄弱。西部民生不举，致使战乱连年，又一直是历代统治者的心病。因此，自晚清左宗棠剿灭捻军、主政西北以来，力主军垦戍边与兴办工业。之后清末、民初一些有战略眼光的洋务派、北洋军政领袖，都把西部开发视为国家战略防御的头等大事来办。但自晚清通商开埠以来，中国东南沿海地区一向是经济相对发达地区，新兴的工商产业大多集中于华东、华南、胶东、平津等少数地区；而内陆中部省份相对较弱,西部地区更为薄弱。这个现象迄今仍未得到彻底根治。因而如今政府提出"西部大开发"的战略构想,是十分英明和极有远见的。

西南和西北"大后方",在抗战爆发初期吸纳了大量由沿海、内陆省份迁入的各类民生产业。这对于中国社会的工业化进程,起到了均衡布局的良好作用。尤其是川、桂、滇、贵等地区,经过抗战八年,地方工业得到了极大促进,尤其是机械制造业、矿业、冶金业、化工业形成了许多现代化产业,迄今仍是当代中国工业的骨干企业。这个格局和分布上的重要变化,对于后来现代中国产业的均衡发展,意义重大。

抗战时期西南"大后方"形成的一些现代化民生设计形态(包括创意—生产—销售),成为中国 20 世纪下半叶民生设计支柱型产销业态,对于提升中国工业化条件下的民生产业而言,无论在产业布局、门类分工,还是丰富品种、开拓资源等各方面,都是有巨大实际价值的现代化、工业化举措。大后方较为先进的工业部门,一部分为原沿海大城市"黄金十年"新建、在抗战初期随国民政府内迁大后方的新型工厂,它们大多代表了 30 年代中国工业化成就,具有现代工业的基本优点:产业规模较大,产能较高;全程为机械操作,全员劳动生产率较高;有独立的技术研发与产品设计部门;一般均有配套的物流与销售部门。虽然战乱和内迁使它们元气大伤,但纳入政府战时管理体制、充当战时军品生产部门之后,大量官资注入、原料基本能保障供应、军需采购等措施的大力扶持下,很快得以恢复并形成新的强大生产能力,成为"大后方"军火与军需品生产的骨干企业。另一部分是上述新建工厂中虽承接部分军需品生产但仍保留部分民用品生产的工商单位,它们是抗战时期西南、西北"大后方"形成的战时民生工业制品生产的主力军,如搪瓷制品、保温瓶、玻璃制品、汽车修配、机床制造、日用化工(火柴、肥皂、药品及少量化妆品、驱蚊剂)等众多民生企业。它们在规模、产能、技术、资金分配和供销渠道上远不及军工生产部门,但数目众多、门类丰富,是支撑大后方军民坚持抗战的中坚力量,也是延续现代中国民生设计产业不可或缺的重要部分。

在"游击区"坚持敌后抗战的民营工商业和根据地工商业,加上无论是"大后方"和"根据地""游击区",还是"沦陷区"的民间传统手工产业,是抗战时期民生设计产业的主要栖身之地,八年期间生产了除工业制品外的绝大多数主要品种的民生商品,在战时困难条件下,保障了全国各地的基本民生。这部分产业在抗战时期的发展,也大致经历"前抑后扬"过程,产能持续提高的同时,与设计直接相关的产销环节(如产品的包装、纸媒印刷、商品文宣等),仍然继续受到战时经济的严重制约,基本上属于从属性质的"次要环节",甚至是可有可无的部分。

三、战时民生产业的"飞跃"

战时中国军工企业,主体是在内迁到"大后方"的沿海兵器工业和制造业基础上形成的。八年抗战的"大后方"聚集,使原来分散经营的中国民生产业有可能在战时管理体制内实现资源、产能、门类方面的统一调度、筹划和分配。比如机械制造、汽配修理、日用化工、造纸印刷等行业实现了多家中小企业的合并,形成了一批骨干型大中型企业——这是企业拥有独立设计部门的关键所在。企业具有相当的产能、规模、稳定的销售渠道,才能使产品的技术研发和外观设计成为不可缺少的生产环节,而且能集中技术与设计力量开发新产品。这是抗战"大后方"工业制品在设计研发方面有长足进步的原因。虽然因为战争特殊条件下成功的新研发产品设计案例并不算太多,但抗战时期涌现的一批高水平的军工产品和民生产品,都与这种合并模式有关。

军工行业是"战时经济"的优先方向,无论是西南"大后方"还是延安"根据地",军工产业都比战前有很大提高,无论在新品研发、外观设计、弹药配给、批量生产各方面,都是这样。如西南地区在战争初期就聚集了一大批自晚清以来官资兵工厂为主的中国军工产业的精华部分,在极其艰难困苦条件下(特别是太平洋战争爆发之前的独自抗战阶段)为抗战前线的军需装备竭尽全力地生产各种武器弹药。特别是弹药生产,八年生产了11亿吨,这与二战时期各西方主要参战国家的产量相比也毫不逊色。

在军工产品的口径、规格、配弹各方面,中国抗战时期的军工新品均能根据中国自己的地理、气候、环境和兵员生理特征,研发设计出适合需要的武器装备,包括国民党军队的单兵武器(包括步枪、长柄手榴弹、马克沁重机枪等)也包括八路军的杀伤火器(从"五零式"掷弹筒到民间土制地雷等),这个设计意识在概念上已经把现代中国工业设计水平和行业标准大大地往前推进了一大步。这种把原先低下的"仅仅是外观设计"的工业设计概念发展成"适合操作、提高功效"的现代工业设计必备标准,是一个明显的时代进步。

总体上看,由于战时经济体制的民生必需品分配制度,自由竞争、自由消费的市场因素受到极大制约;物资原料供应极为紧张;技术人才严重缺乏(民国三十年精心培养的技术人才中,部分直接从军,剩下的均大部集中于军工部门),因而战时条件下的民生设计产销业态普遍严重受挫,比之战前均有严重后退现象。与战时工业制品(主要是军火及军需品工业部门)的造型设计不断进步相对应,处于次要部门的民用工业制品也在战时经济的夹缝中生存发展。尤其在抗战后半期,大后方民生产品部门大多数接近或达到战前水平,有些新建或合并的民生商品企业还创造了骄人业绩(毛呢纺织与印染、食品加工及包装、部分日化产品),远远超过战前最好水平,为保存中国社会工业化进程和维持民生设计产业,起到了关键作用。在战时条件下,这些成就是特别难能可贵的。

四、美式商品设计观念植入

战争后半期(自太平洋战争爆发、世界反法西斯同盟形成)之后,一大批西方现代军火及民生产品涌入西南"大后方"。这使得中国民生设计产业和军工产业在设计领域第一次主动性接触世界一流的同类设计样品。在学习、临摹、改良了一大批西方产品(主要是美国民生产品)之后,以西南"大后方"工业厂家为主,形成了一批真正具有现代设计水准的民生产品工业制品企业,为战后民生产业和五六十年代新中国民生产业的快速发展,奠定了坚实的基础。

太平洋战争的爆发,使美英为主的西方主要盟国越来越意识到中国坚持抗战的无比重要性,于是在美国人大笔慷慨军援的同时,中国的西南大后方作为盟军太平洋战场和中国战区(包括印度和缅甸、东南亚)的盟军(主要是美军)主要补给基地,主要由美国人资助兴建了一大批军需与民生设施,包括公路与机场修建、军需与民用重叠的日用商品生产工厂(如各种罐头和速食品、军用被服鞋帽、搪瓷与铝合金餐饮具、干电池、手电筒、扩音器、计时器、肥皂、牙膏、避蚊剂、防晒霜、冻疮膏、各种化妆品甚至是口红等等)。这些花美国人洋钱兴建起来的、当时属于世界级别的现代化工厂,是战时中国工业的一次"大补血",为后来的中国民生设计产业直接提供了学习、模仿、改进、自创的高级摹本。

尽管处于战时经济条件下,美式商品(主要是民生商品)的各种先进设计理念,通过美援方式输入大后方社会,加之民国中期"黄金十年"持续的崇美心态,现代中国消费大众对美式商品的特殊青睐在抗战后期达到高潮。美式商品的设计样式,左右了一切社会时尚,从上流军政界的公事场合,到文学艺术界的社交沙龙;从青年学生的文艺聚会,到劳工阶级的街巷话题。在这种氛围下,一切与大众消费有关的设计内容,自然随着大众消费的持续升温而发挥作用,还不时充当宣传美国时尚

图4-11 并肩抗敌的中美军民

事物的急先锋。

在美式商品设计观念的持续影响下,战争后期受世界先进设计理念刺激而快速发展的中国民生设计及产销业态,主要反映在印刷装潢业、商品包装业、服饰成衣业、美容美发业、日用化工业、仪器仪表业等领域。这些行业在数年间内就迅速形成了一批接近世界一般水准的设计能力和制造产能;设计创意也表现出 20 世纪少有的活跃与繁荣。抗战后期是中国现代设计继"黄金十年"之后又一次大发展的小高潮时期。尽管时间太短(被战后一年多就全面爆发的国共内战所中止,然后又因为新中国遭受西方世界集体封锁,开始转而学习俄式设计所延缓多年),但它在中国现代设计发展史上的价值,还是非常特殊的,影响也极其深远。对战时美式商品设计的良好印象,许多亲历过抗战的老年中国人,对此迄今也无法彻底根除。

直到今天,由于两岸还没有统一,中国并没有实现法定版图(这是二战期间所有国际法公约所规定了的)的完全统一,"国共内战"在理论上并没有彻底结束。因而关于这场战争的许多理论问题和学术问题,两岸学者分歧很大。也许今天仍然并不合适针对其"孰是孰非"提出标准答案,但每个学者根据自己的研究方向,从自己的专业角度,结合当年时局和社会状况做出自己独立的评价,可以汇集成能真正反映那个时代真实状况的科学评述。

第一节 民国后期社会时局因素与民生设计

本书作者认为,抗战胜利之后不及两年,规模空前的国共内战之所以又全面爆发,结果是不到三年,以国民党全面溃败、退守台湾结束,究其深刻的社会和文化原因,共有三条:

其一,抗战八年,人民饱受战争创伤,人心厌战,渴望和平;而国民党政府大搞"军政统一",企图吃掉共产党及其武装,谈不下来就要"剿匪""戡乱",妄图武力解决,自然违拗民意,得不到社会各阶层广泛支持。事实上"国统区"人民"反内战、反饥饿"的斗争几乎一天也没有停止。出师无名,焉能不败。

其二,蒋介石和国民党政府无视战后国共双方力量对比早已发生重大变化的事实,在战略估计上过于轻敌、狂妄,草率行事。想当年红军最旺盛时不过 30 万人马,苏区仅仅 200 万人口,可蒋介石和他的数百万军队尚且未能"彻底解决";八年抗战下来,共产党已经拥有 120 万以上的正规野战部队和 300 万以上的地方抗日武装,陕甘宁边区加上各种敌后根据地、游击区、县级抗日地方政权,已遍及西北、华北、中原、东北和华东,所辖人口已达 1 亿人口,还想靠军事手段"建国戡乱",自然是逆势而为、自寻死路。

其三,一方面战后国民党政府利用接收敌伪遗产大肆掠夺、搜刮,各种丑闻频频见于报端,以蒋宋孔陈等家族经济利益团体为首的大官僚资本得到快速膨胀。当时民间普遍流传着这类的顺口溜:"等中央,盼中央,中央来了更遭殃","接收成了劫收",国民党接收人员是"三洋开泰(捧西洋、爱东洋、要现洋)""五子登科(抢房子、车子、金子、料子、婊子)"等等,都反映了民众普遍的不满情绪。另一方面"国统区"战后经济形势搞得一塌糊涂,致使物价飞涨、通货膨胀,法币三年内贬值几万倍。这就触及了民生根本,全体民众度日艰难、民不聊生,使中国老百姓对国民政府失望透顶。而共产党及时提出农村"土地大纲"和"联合民主政府"的主张,在广大农村全面实行"土地革命",使占农村(也是全中国)绝大多数人口比例的普通城乡老百姓得到了实惠,看到了希望,民心向背立分高下。由于国民党已经将自己与占中国人口极少数的大官僚、大资本、大地主实行"利益捆绑",而共产党则将自己的命运与绝大多数中国人民紧密联系在一起,因而即便是从全世界通行的民主标准的"普世价值观"看,理论上国民政府已经失去了继续执政的合法性,所以其迅速垮台,亦在情理之中。

在总结国民党政权为什么会在抗战胜利没几年就迅速垮台时,著名经济学家茅于轼有条独特见解:"国民党实际把'国统区'的百姓和'沦陷区'的百姓分成两种不同的人:胜利者和投降者。这种区分不但存在于国民党的官员中,也存在于'国统区'的百姓中。从重庆来的百姓到达'沦陷区'往往自视甚高,看不起当地的老百姓。这极大地伤害了'沦陷区'百姓的自尊心。从人口数量讲,'沦陷区'的人口超过'国统区'的人口。把这样大的人口群体视为外人,就把自己彻底地孤立起来。"(茅于轼《抗战胜利后国民党为什么迅速溃败》,载于《同舟共进》,2011 年第 7 期)如此自外于绝大多数"沦陷区"数亿民众,确实使国民党丧尽民心。

连美国人也看出了国民党必败这一点。1948 年 11 月,美国军事顾问团团长戴维·伯将军在递交美国政治中心华盛顿的报告中写道:"自从我来到这里后,从来就没有一个战役的失利说是因为武器弹药的缺乏。依我看来,国民党军队的败北是因为糟糕透顶的指挥和其道德败坏的因素,把军队弄得毫无战斗意志。……在整个军界,到处是平平庸庸的高级军官,到处是贪污和欺诈。"(引自朱汉国、陈雁《历史选择了共产党》,山西人民出版社,2009 年版)相反,共产党军队深得百姓拥护,且纪律严明,所以越战越强。国民党高官张治中将军拿他自己在北平的经历说事:"国共两军的士气和纪律简直是一个天上,一个地下。……有一天他去故宫参观,不留意间从正在行进的士兵行列中穿过,意外发现中共士兵不仅停下来让他通过,还微笑示礼。他为此感慨万千,称:如果这是一队国民党士兵,他即使不挨一枪托,也免不了要被臭骂一顿。由此他明确告诉蒋介石,国民党的失败已成定局,无可挽回。"(王家声等《决策与较量》,世界知识出版社,2012 年 5 月版)跟国民党肿胀冗员、效率低下的数十万庞大的军政机关不一样,据说毛泽东领导解放战争时在西柏坡设立的解放军总部,全部编制才 800 余人。

这场国共内战的结果,既决定了 20 世纪下半叶中国的命运,也决定了中国社会的工业化、现代化,也许还有民主化的实现进程。内战结束后,持续了 22 年的国民党执政统治宣告结束,中华人民共和国得以建立。

本书作者认为,内战时期的所有时局变化和社会状况(包括民生设计及产销业态),都是基于上述三条基调前提下发生、发展、变化的。民国后期时段内(1945 年 8 月至 1949 年 10 月)涉及每一个人的生活状况(包括民生设计的大众消费)和生产状况(包括民生设计的生产营销)的所有事件,都是围绕着这个大的时局和社会状况展开的。

从晚清到 1949 年,通常被认为是改朝换代、战乱频发的"乱世"。但从中国人口的变化来看,整个民国时期全国人口都处于快速增长势态,甚至超过了"康乾盛世"。这从侧面说明了民国时期社会进步与经济持续繁荣的成果。"在 1911~1936 年间,全国人口从 4.1 亿增长到 5.3 亿,年均增长率达到 1.03%。尽管抗战时期又一次导致人口下降,但 1949 年年底仍达 5.4 亿。"据此学者侯杨方认为:整个"民国时期的全国人口增长速度之快可能是中国历史上前所未有的"(侯杨方《中国人口史·第 6 卷》,复旦大学出版社,2001 年版)。

"整个民国时代,财产权由于民法、土地法、公司法的通过和实行而逐渐现代化。清末政府可任意侵犯财产的行为成为非法,中国传统的佃农的永佃权概念,及地主卖地后永远可以以原价赎回土地的概念都被现代土地自由买卖概念和司法案例所代替。民国时期的中国农村保持着高生育率和高死亡率,基本自给自足的农村人口占人口的 75%,农业产出占产出的 65%。卷入较高分工水平的人口,主要是大中城市人口,只占人口的 6%";"二次世界大战后,由于政府将大量日本私人企业收归国有,使官办企业对重工业的垄断大大加强,为日后中国工业国有化和扼制私人自由企业的制度发展创造了经济结构上的条件"(杨小凯《民国时期的经济》,《求是》,2011 年 04 期)。

一、"国统区"经济乱象与民生窘境

其实国民党是抗战胜利后的"大赢家"。在政治上,蒋介石身为二战反法西斯同盟国划定的"中国战区(包括印度和缅甸)最高统帅",抗战胜利使其享有从未达到过的个人声誉,1945 年从北平天安门城楼到上海南京路最繁华大楼,从湖南芷江城关到吉林通化县衙,到处都高悬蒋介石的巨幅画像,代表全中国普通民众对这位"国家领袖"发自内心的崇高敬意。在经济上国民政府在战后恢复上发了"横财",一是战后当年 GDP 占全世界 52% 的美国,正在欧洲实行"马歇尔计划"(战后欧洲重建计划,总计投入约 200 亿美金)的同时,特别青睐中国,准备单独投入 100 亿美金作为中国战后重建的援助投入,试图把中国打造成西方为广大亚非拉世界塑造的"民主国家榜样";二是国民政府堂而皇之地接受了日伪八年苦心经营的庞大经济实体。据估算,这部分资产价值亦近 100 亿美金。

有了这个前所未有的良好政治局面和雄厚经济基础,原本好好做,中国社会在40年代下半期就可以达到20世纪全世界最快的发展速度,一如五六十年代的日本和八九十年代的中国内地那样,提前实现中国社会发展历史的百年梦想。可惜事与愿违,蒋介石和国民政府交出了一份完全不及格的考卷,其后果之严重,使中国再次遭受烈度不亚于八年抗战炮火的巨大破坏,伤亡累计千万,而蒋介石个人和国民党彻底失去民心,丢掉了大陆江山,退守台湾一隅而苟延残喘。

<u>接受敌伪遗产</u>:在整个抗战时期(从1932年"九一八"事变占领东北地区起算),日本占领当局和伪政权在"沦陷区"已形成了巨大的产业,这其中既包括被日伪无偿占有的原国民政府官资公营工商企业和民营资本工商企业,也包括日伪在占领期间进行的投资部分。抗战胜利后,国民政府依法对所有的日伪资产进行"敌产接收"。其接收的基本情况如下:

在金融方面,主要由国民政府财政部、四行二局等机构专门接收南京、上海地区的敌伪金融资产;由"中央银行"接收"朝鲜银行"、汪伪"中央储备银行"、伪"华兴银行"、"沦陷区"各省市伪"地方银行"等;"中国银行"接收日资"正金银行"、伪资"德华银行";"中国农民银行"接收日资"台湾银行";"交通银行"接收日资"住友银行""上海银行株式会社""汉口银行株式会社上海支店";"中央信托局"接收日资"三菱银行""帝国银行"及其附属企业机关、伪"中央信托局"、伪"中央保险公司"、伪"中央储蓄会"等;"邮政储金汇业局"接收伪"邮政储金汇业局"和伪"中日实业"、伪"中国实业等银行"等。据统计,仅在沪苏浙皖区,国民政府财政部门共接收黄金511 796.402两、白银8 571 015.498两、美金92 034.73元、日币38 255 585.56元、法币2 513 937 752.08元、有价证券2 350 968 627元等,各项金银、货币、证券计合法币172 955 872 823.94元(详见秦孝仪主编《中华民国重要史料初编·对日抗战时期·第七编·战后中国(四)》,中国国民党中央委员会党史委员会编印,1981年版)。

在工矿企业方面,由国民政府经济部"收复区工矿事业调整委员会"负责接收敌产。截止到民国三十五年(1946年)7月,经济部在苏浙皖区共接收的工矿企业及公司企业总数已达2 411个单位,估计价值20亿美元,其中"资源委员会"接收的日伪企业292家,资产估价总额为法币11 567.7亿元,相当于1937年币值326 588万元,合美金约10亿元。需要提醒的是:据统计,从19世纪70年代到民国二十五年(1936年)的60年内,中国本国资产经营的工矿企业资本总额共13.76亿元,仅是"资委会"一年间接收企业资产总额的42.1%(资料来源同上)。

在交通运输业方面,由国民政府交通部负责接收敌产。据交通部民国三十五年(1946年)3月统计,共接收管辖原敌伪铁路(包括东北、关内、台湾、海南等地)在内共计30 030公里;关内共接管国道公路共计38 608公里,台湾地区公路17 000公里、日伪车辆5 955辆;关外原伪满"国道"20 469公里,此外还有全国十数万公里省道、县乡公路;大陆关内各地接收船舶总计2 751艘,合计25 288吨(其中1 000吨以上者20艘),台湾地区共接收敌产船舶350艘。

在土地资源和农业设施方面,国民政府东北地方政府接收了东北日据"开拓地"数百万亩、营口日资"盘山农场"303亩、华北日资土地垄断公司资产50余万亩、日资"军粮城"稻田43万亩、日资"华北农事试验场"27万亩、日据台湾圈占的"官有地"数万亩等等。

通过经济接收,国民政府控制了许多日伪产业,首先使国家垄断资本进一步膨胀。据国民党六届二中全会上行政院公布的数字,共接收日伪物资价值6 200亿元,但实际所接收的则大大超过这个数字,许多物资被各级接收人员鲸吞。连当时中国战区统帅的参谋长、驻华美军司令魏德迈在给美国政府的报告中认为:"国民政府的胡作非为已经引起接管区人民的不满,此点甚至在对日战争一结束后,国民政府即严重地失去大部分的同情。"(陈真编《中国近代工业史资料·第三辑》,北京三联书店,1958年版)

借抗战胜利、没收敌伪财产之机大发横财的国民党政府军政官员,比比皆是。"国统区"老百姓讽刺国民党"接收大员"们是"三洋开泰""五子登科"。所谓"三洋开泰",即"捧西洋、爱东洋、要现洋",就是阿谀逢迎美英等西洋势力,喜爱没收日伪的东洋财物"敌产",搜刮银圆、美钞等现洋;所谓"五子登科",即趁"劫收"敌产之机,疯狂劫收原日伪机关、家庭的"车子、房子、金子、料子和婊子",就是霸占汽车、洋房、金条、原料(衣料和建筑材料等),甚至"劫收"敌伪官僚原有的二奶、姨太太、妓女等,吃喝嫖赌,肆无忌惮。另一种版本说法上略有不同:"三洋开泰"为"捧西洋、骂东洋、抢大洋","五子登科"为贪污所接收敌产的"金子、车子、女子、房子和票子"。"无数千万的人民都曾为胜利狂欢过,而今却如水益深,如火益热,大家不得聊生。"(详见徐盈撰文《今日之"三洋开泰"与"五子登科"》,载于重庆《大公报》,1946年11月19日)平津民谣唱道:"盼中央,望中央,中央来了更遭殃。"宝鸡民谣则讽刺国民党政府人浮于事、尸位素餐:"半分责任不负,一句真话不讲,二面做人不羞,三民主义不顾,四处开会不绝,五院兼职不少,六法全书不问,七情感应不灵,八圈麻将不够,九流三教不拒,十目所视不怕,百货生意不断,千秋事业不想,万民唾骂不冤!"重庆民谣说:"迟迟上班签签到,摆摆龙门说说笑,理理抽屉磨磨墨,写写私函看看报。"(黄修己《中国现代文学简史》,中国青年出版社,1984年版)

<u>大官僚资本垄断地位形成</u>:民国三十五年(1946年)11月1日,国民政府又宣布成立"中央合作金库",总库设在南京,下设省分金库,在部分县、市设有分支机构;由国民政府财政部和"国有"四大银行(中央银行、交通银行、农民银行和工商银行)拨给资本,办理各种存放款、储蓄、汇兑、信托、仓储、运销等业务。由此,利用接收敌伪资产,国家垄断金融资本发展到"四行二局一库",使国家垄断金融(实质是由国民政府军政要员及其亲属、幕僚直接掌握)发展到了顶峰。国民党和国民政府通过这些"国有"金融机构滥发货币和各种债券,支撑庞大的内战军费,又利用他们的资本扩大对民营工商业的投资,控制国家整个经济生活。在以"国家名义"开办的各种官僚资本金融机构中,"中国银行"实际控股掌握的全国厂矿企业总数达85个(抗战前23个、抗战中40个、抗战后新增22个),"交通银行"实际控股掌握的全

国厂矿企业总数达 52 个(抗战前 4 个、抗战中 29 个、抗战后新增 19 个),"中国农民银行"实际控股掌握的全国厂矿企业总数达 22 个(抗战胜利前 14 个、抗战胜利后新增 8 个),另外,"中央银行""中央信托局""邮政储金汇业局"抗战胜利后新增官办工商企业达 16 个(详见叶世昌、潘连贵著《中国古近代金融史》,复旦大学出版社,2001 年版)。

以国民政府"资委会"为例,这是个地道的"党政不分"的大官僚资本,却"以国家名义"先后接收大批日伪敌产,窃为己有,建立了庞大的官僚垄断企业产业体系,操控着民国后期中国社会的经济命脉。

表 5-1 国民政府"资委会"1947 年所属"国有"垄断企业状况

品种	产量	全国比重%	品种	产量	比重%
发电量	20 亿度	51.8	钨砂	6 402 吨	54.9
煤	5 162.2 万吨	28.9	纯锑	1 780 吨	100
纯锡	1 470 吨	100	铜及铜制品	1 634 吨	100
生铁	5 732 吨	100	钢铁	18 507 吨	100
钢铁制品	32 638 吨	100	水泥	243 477 吨	—
砂糖	41 598 吨	—	汽油	877.3 万加仑	20
煤油	401.5 万加仑	100	柴油	3 170 吨	100
接收敌产	292 家	资产估价	11 567.7 亿元	员工人数	共 223 775 人

注:此表根据郑友揆等著《旧中国的资源委员会——史实与评价》(上海社会科学院出版社,1991 年版)所列数据由本书作者编制。

到民国三十八年(1949 年)大陆解放前夕,国家资本在工业产量中,电力占 67%,煤占 33%,石油占 100%,钢铁占 90%,有色金属占 100%,水泥占 45%,纱锭占 40%,织布机占 60%,糖占 90%,银行中资本占 59%,交通中铁路、公路、航空运输均占 100%,轮船吨位占 45%,中国经济几乎为国家垄断资本主义所完全控制,国民政府官办工商产业,实质上已沦为通过国家名义、政府经办,但实质上为军政高层大官僚利益集团和极少数大资本的金融、工商寡头相互勾结敛财工具(详见《中美关系资料汇编》第一辑,世界知识出版社,1957 年版)。

美国民生商品输华状况:民国三十五年(1946 年),美向华输出的年度商品出口价值总额为 3.2 亿美元,占中国商品进口总值的 57.2%,这年,中国进口贸易总额为 5.6 亿美元,出口总值近 1.5 亿美元,外贸入超高达近 4.12 亿美元。由于美国货物进口量大增,使国民政府外汇储备急剧减少,国民政府遂于民国三十六年(1947 年)发布紧急措施令,取消了"自由进口"政策,改而采取"限额进口"制度,使美国商品输华进口额有所减少,民国三十六年(1947 年)进口为 4.51 亿美元,民国三十七年(1948 年)进口额为 2.11 亿美元。尽管如此,美国商品在中国进口额中所占比重依然较高,民国三十六年(1947 年)为 50.2%,民国三十七年(1948 年)为 48.4%。由此可见,战后数年内,美国商品几乎独占了中国民生商品的进口市场。此外,除正常贸易外,大量通过走私等渠道涌入中国的美国商品比比皆是。据统计,在战后三年中,美货走私进口总值达 2.5 亿美元。抗战胜利后,美国对华投资增加较快,以民国三十七年(1948 年)为例,美当年对华投资额为 13.9 亿美元,占各国对华投资额的 45%。此外,还有三年期间各种贷款、"美援"等共约 47.09 亿美元(详见秦孝仪、吕实强编《中华民国经济发展史》,台湾"近代中国出版社",1983 年版)。

由于美货像潮水般涌入中国市场,中国各地遍布美国商品,上海"永安""新新""先施"等大百货公司,美货占其全部货物总数的 80% 以上;天津各大公司的美货也占其全部货物总数的半数以上。战后输华美货以民生商品为主,如生产资料和器械工具类的机械、五金、工具、手术器械、仪器仪表、电讯器材、车辆、汽油、金属型材、水泥、棉花、坯布等,民生日常用度的印花面料、毛呢、绒线、成衣、时装、尼龙袜、高跟鞋、男式皮鞋、礼帽、卷烟、火柴、打火机、罐头、面粉、牙膏、牙刷、药品、香水、口红、手纸、画报、钢笔、眼镜、太阳镜等,可谓应有尽有。中国出口贸易中,美国所占比重也很大,民国三十五年(1946 年),输往美国货物的价值占出口总值的 38.7%,民国三十六年(1947 年)占 23.3%,民国三十七年(1948 年)占 20.1%。此外还有不少输往香港的货物也转输到了美国。中国输美出口商品以农副产品、矿产品等工业原料以及半制成品为主(详见黄苇撰文《美国帝国主义经济侵华的一段史实——战后美国货进口倾销对上海社会经济的严重破坏》,载于《学术月刊》,1964 年第 12 期)。

在参与中国战后重建、恢复民生商品供应方面,美国对华商品出口确实起到了很大作用。同时,美国民生类商品以全世界领先的设计创意优势、产业技术优势、营销方式优势,深得大多数中国社会各阶层消费者的欢迎,形成了对中国市场的实际上"一家独大"的垄断地位,使中国民生产业在遭遇官僚资本压迫、传统手工业产销双重竞争压力的同时,又要面对更具杀伤力的美国商品的挤占、打压,饱受摧残,产销困难。如美国的食品罐头在中国市场上的大量倾销,使中国罐头厂家遭受几乎是灭顶般的沉重打击,上海原有罐头厂 180 余家,到民国三十六年(1947 年)仅剩 50 多家;民国三十五年(1946 年)上海有制药厂 200 多家,在美国药品挤占市场的沉重打击下,不到一年就倒闭歇业 120 多家。民生商品的其他行业(如制鞋、成衣、玩具、文具等等),都是输华美货的"重灾区",中国民生产业遭遇到前所未有的困难(详见《上海地方志·轻工业志》,上海市地方志办公室主持编纂,2002 年版)。

"国统区"经济乱象与民生产业衰败:南京国民政府为挽回法币的信誉、维持法币的币制稳定,于民国三十五年(1946 年)12 月开始抛售黄金、美元,然而到民国三十六年(1947 年)2 月,上海率先发生抢购黄金的风潮,迅速波及全国各大城市。人们争相抛出法币,抢购黄金、外币,黄金对法币比价猛烈上涨,如民国三十六年(1947 年)2 月 1 日 1 两黄金合法币 40.8 万元,2 月 10 日则涨至 96 万元,法币贬值已达极致。在此情形下,政府不得不于 2 月 17 日起取缔黄金买卖、禁止外币在国内流通。这虽然抑制住了"抢购黄金"的风潮,却无法阻止法币走向全盘崩溃(详见张公权著《中国通货膨胀史》,北京:文史资料出版社,1986年版)。

民国三十五年(1946年)3月,南京国民政府财政部将外汇汇率1美元比20元法币改为1美元比2 020元法币,8月宣布1美元合3 350元法币;民国三十六年(1947年)2月,又改为1美元合1.2万元法币。而黑市上比价更高。物价的上涨远远高于货币发行速度。民国三十五年(1946年)12月,法币发行量为抗战前期的2 642倍,而同期物价上涨了5 731倍,为前者的2倍。民国三十六年(1947年)12月,法币发行为抗战前的235 373倍,同期物价上涨837 96倍,为前者的3.5倍。民国三十七年(1948年)8月,法币发行为抗战前的47万倍,同期物价上涨为492万倍,为前者的10倍多(详见《当前民族工业的危机与出路》,载于延安《解放日报》,1946年10月20日)。

由于少数官僚资本恶性膨胀、美国商品大量挤占市场、货币贬值导致的原材料价格飞涨,全国范围内大批民营工厂倒闭歇业,工业产量急剧下降。在抗战胜利后的头三年中,中国民营工业产值在全国工业产值中所占比例不断下降。据统计,在重工业和制造业中,民营工业产值在民国三十四年(1945年)全国工业产值中占80%,民国三十五年(1946年)降为76.2%,民国三十六年(1947年)降为56.1%。在民生产业中,民营工业产值在民国三十四年(1945年)占93.9%,在民国三十五年(1946年)占72.8%,在民国三十六年(1947年)占61.9%。以民营工业的主要行业棉纺织业而言,民国三十四年(1945年),民营企业棉纱、棉布产量均占棉纱、棉布总产量的100%;民国三十五年(1946年),棉纱占72.4%、棉布占75%;民国三十六年(1947年),棉纱占64.2%、棉布占66.4%(详见秦孝仪、吕实强编《中华民国经济发展史》,台湾"近代中国出版社",1983年版)。

抗战胜利后,由于大量美国剩余战争物资和民生商品涌入中国市场,使中国民营工商业遭到巨大冲击,加之国家垄断资本的排斥、苛捐杂税的增多以及通货膨胀、经济恶化的影响,民营工商业生产经营严重恶化,出现了大规模的关闭、停业现象,民生产业逐渐陷入绝境。如在上海3 419家民营工商业中,抗战胜利后一年多中倒闭的就有2 597家,占75%。民国三十七年(1948年),上海各面粉厂开工率不到年度产能的37.5%;到民国三十八年(1949年)1至5月,开工率平均不到年度产能的一成。如号称"行业老大"的"申新"纺织厂家、"福新"面粉厂家处境已十分危难,濒临倒闭。上海"申新"6个厂,民国三十八年(1949年)上半年,棉纱产量月平均比上一年下降11.1%,与抗战前的民国二十五年(1936年)相比,减少了41.2%。上海"福新"各厂,民国三十七年(1948年)开工率为31.6%,民国三十八年(1949年)1至5月下降为9.8%,平均日产量比上年下降69%,与抗战前的民国二十五年(1936年)日产量相比,则减少87.6%。抗战胜利后一年内,重庆368家工厂中,歇业的达349家,约占95%。如"重庆面粉工业联合会"原有会员工厂23家,至民国三十五年(1946年)4月,停工9家,减产7家。民国三十六年(1947年),昆明45家民营工业企业,倒闭26家。民国三十七年(1948年),青岛1 400家工厂中,只有四分之一处于半开工状态,其余悉数停产倒闭。从民国三十五年(1946年)下半年至民国三十六年(1947年),上海、天津、广州、重庆、汉口等20多个城市,工厂商店倒闭者2 700多家。在民营工业陷入绝境的同时,国营工业、省营工业也因国民党军队在内战中的不断失败和经济环境严重恶化的影响,产业状况急剧滑坡。以全国工业产量而言,到民国三十八年(1949年),全国轻工业生产量大约比战前减少30%,重工业产量减少70%,煤减少50%,生铁和钢分别减少80%。"国统区"工业生产的急剧下降,进一步将"国统区"经济推向全面崩溃的境地,又进一步导致更为严重的工商业衰败和民生困难局面。

由于生产经营艰窘,大批民营资本纷纷向香港、澳门、南洋等地转移资金,迁移工厂。仅香港一地,民国三十六年(1947年)开设登记的工厂共365家,其中约有20%是内地资金注册;民国三十七年(1948年)1至4月,香港新登记注册的工厂有144家,其中约60%属内地迁港。

国民政府进行全面内战,造成军费开支激增,财政赤字严重。民国三十五年(1946年)南京政府军费开支占财政总支出的59.9%,民国三十六年(1947年)占54.8%,民国三十七年(1948年)1至7月占68.5%。民国三十五年(1946年)岁入为28 769.88亿元,支出却高达75 747.9亿元,财政赤字为46 978.02亿元;民国三十六年(1947年)岁入为140 643.83亿元,支出为433 938.95亿元,赤字为293 295.12亿元,赤字为岁入的2.08倍;民国三十七年(1948年)1至7月,岁入为2 209 054.75亿元,支出为6 554 710.87亿元,赤字为4 345 656.12亿元,赤字为岁入的1.96倍[详见郑友揆著《中国的对外贸易和工业发展(1840~1948年)》,上海社会科学院出版社,1984年版]。

"国统区"工农业衰败状况与民众疾苦:在工农业生产衰退,社会经济处于严重崩溃的状况下,人民生活每况愈下,直至恶化。由于通货膨胀,物价飞涨,工资增长速度远远赶不上物价飞涨速度,人们的实际收入大大下降。以"天津启新洋灰公司"为例,民国三十五年(1946年)4月,工人的实际工资只有抗战前一年(1936年)的26.47%,民国三十六年(1947年)4月更降为20.34%,民国三十七年(1948年)4月再降至17.14%。又以上海"荣家"、"福新"二厂、八厂为例,民国二十五年(1936年)工人的实际工资为100万元,到民国三十六年(1947年)只有74.9%,至民国三十七年(1948年)更只有69%。公教人员的生活也十分清苦,以成都小学教师为例,民国三十五年(1946年)月工资为100万元,月工作时间为250小时,平均每小时只有4 000元,而当时寄一封信就要5 000元,喝一碗茶也要5 000元至12 000元。由于城市中不少企业关闭,大批工人失业。民国三十五年(1946年),上海登记失业者为30万人,重庆为6万人,成都为10人万,昆明为5万人。

为了打内战,国民政府计划民国三十五年(1946年)征兵总额定为50万人,民国三十六年(1947年)为150万人,民国三十七年(1948年)为150万人。由于遭遇各种自然灾害,加之苛捐杂税,同时政府还大量征兵、抓差,强征大量人数更多的民夫为军事工程和军需运输服务,人为抽减了农村生产的劳力资源,严重破坏了农村经济,使农民生活普遍较为艰难。政府赈灾不力、贪污赈灾物资款项的现象司空见惯,许多灾区农民以食野菜为生,饿死者时有发生。

"国统区"旧有的地租制度也是农村民生的一大困境。以湖南农村的地租现象为例,民国三十五年(1946年)度,湖南全省农地面积为 34 482 016 市亩,其中佃耕地占41%;全省农户有 3 976 458 户,其中佃农占44.3%,半自耕农占29.4%。当年湖南全省平均水田租额最高占收获量的59%,最低占49%,征谷租者平均占70.5%,分租占25.7%,钱租占2.3%。又以广西省为例,地租的平均分租占收获量的50%,谷租占42%,钱租占8%。此组数据表明,一般租地耕作者,年产量的半数以上需要交租,遭遇天灾人祸一概不免,旧中国农民地租负担之重,可想而知。

农村"高利贷"剥削,也是内战时期中国农村民生的一大沉重负担。以广东江门为例,民国三十五年(1946年)春借贷100斤谷,连本带利须还300斤谷以上。江南地区亦是如此。以江苏吴江为例,农民夏天借面粉一袋,秋天还米一石,一袋米粉市价为1.8万元,而一石米市价则为5万~6万元。沉重的各项剥削,使广大困境中的中国农民苦不堪言。

由于连年战争破坏、农村劳动力大量减少、自然灾害、物资价格飞涨等诸多因素,农村耕地荒芜严重。民国三十五年(1946年),河南荒地占耕地总数的30%,湖南占40%,广东占40%,三省共有荒地5 800万亩。民国三十六年(1947年),江苏省的抛荒耕地占耕地总面积的3/5,安徽、湖南各占1/3,河南占1/4,广东占1/3。

[以上农村部分的数据综合参考了秦孝仪、吕实强编《中华民国经济发展史》(台湾"近代中国出版社",1983年版);张公权著《中国通货膨胀史》(北京:文史资料出版社,1986年版);李文海、夏明芳、黄兴涛编《民国时期社会调查丛编(二编)·乡村经济卷》(福建教育出版社,2009年版)等文献,在此特别致谢。]

短命的"金圆券":抗战胜利后,法币贬值速度加快,直至恶性膨胀不可收拾,最后不得已用另一纸币"金圆券"取代。以猪肉价格为例,一元法币能购买的数量为:民国二十八年(1939年)7月为250斤;民国三十四年(1945年)3月只能买一斤;同年6月只能买八两三钱三分;民国三十五年(1946年)4月只能买二两五钱;同年11月只能买七钱一分;民国三十六年(1947年)6月只能买二钱八分;民国三十七年(1948年)7月只能买五厘六毫;民国三十七年(1948年)9月,只能买一厘一毫。"金圆券"的下场也比法币好不了多少。民国三十七年(1948年),"金圆券"一元折合法币300万元的比值收兑,因既无准备金,又无发行限制,不久即以比法币更快的速度贬值。最初,"金圆券"面额分主币一元、五元、十元、五十元、一百元和辅币一分、五分、一角、二角、五角共十种,但很快就被万元、十万元券所替代。人们常常用一大口袋"金圆券"钞票去买一小口袋米面,亦属常见。至解放前夕,"中央银行"已发行面值百万的纸币大钞,至此,政府金融信誉全面崩盘,市场上普遍以米代币,银圆重新流通,"金圆券"则被人们用来糊墙壁、贴门窗、做玩具、折纸扇。从发行到成为废纸,"金圆券"寿命前后不足10个月,是世界金融史上政府公开发行而寿命最短的货币。

经济政策的失败，直接导致了"国统区"物价飞涨、民怨鼎沸，连原本校园静读的师生也深受波及。被毛泽东赞扬"一身重病，宁可饿死，不领美国的'救济粮'……表现了我们民族的英雄气概"（详见毛泽东撰文《别了，司徒雷登》，载于《毛泽东选集·第4卷》，人民出版社，1960年9月第一版）的朱自清骂道："抗战胜利后的中国，想不到吃饭更难，没饭吃的也更多了。到了今天一般人民真是不得了，再也忍不住了，吃不饱甚至没饭吃，什么礼义什么文化都说不上。这日子就是不知道吃饭权的也会起来行动了，知道了吃饭权的，怎么能够不起来行动，要求这种'免于匮乏的自由'呢？于是学生写出'饥饿事大，读书事小'的标语，工人喊出'我们要吃饭'的口号。"（朱自清《论吃饭2》，载于《朱自清散文经典全集》，武汉出版社，2010年版）

民国后期的妇女就业出现倒退，很多国有厂矿、机关和民营工商业，以各种理由裁减女职员人数。这加剧了普通市民家庭经济状况的恶化。据统计，"1946年10月，重庆、昆明、成都、贵阳四地，被裁减的失业人数即达30万之多，其中妇女占很大比例。在南京，除邮局、电话局之外，一般有女职员的机关大大缩小，甚至不足1/10。1948年，在南京粮食部门600名职员中，女职员仅有41名；经济部300多名职员中，女职员只有3人；有许多机关，根本没有女职员"（杨蕴《国民党统治区的职业妇女》，载于《国民党统治区民主妇女运动》，全国妇联筹委会编，新华书店，1949年版）。"被裁减的女职员，一般只发3个月的遣散费，3个月后，她们就失去生活的保障。结果，不少失业妇女因生活无着而被逼得精神失常或者自杀。据记载，桂林政治部一位被裁女职员来渝找不到职业急疯了，每天睡在街上大叫'光明在哪里'。"（《本报全体妇女职工致宋庆龄先生邓颖超同志的一封信》，《新华日报·副刊·妇女之路》，1946年合订本）

帮会组织的产业化、社团化：民国后期中国社会还有一个帮会问题。自明清以来，帮会组织一直是各地社会影响力和社会资源都很强大的地方民间势力，一向不容各派政治势力所忽视，连不少民国军政要员都曾混迹其间（蒋介石、戴季陶等）。入民国后，不少较大的帮会组织认清了形势，积极拉拢当局，顺应政府意愿，基本保存了组织结构与经济实力。特别是在民国中后期（包括抗战），中国各大中城市的帮会组织（特别是上海）快速实现产业化、社团化，甚至积极从政的意图十分明显，试图使自己成为中国社会的一支主要政治力量。其中上海帮会（以杜月笙、黄金荣为首）在战后的产业化、社团化比较成功。抗战时杜月笙被重庆委以中将衔"敌后锄奸工作委员会主任"，协助军统特工在上海滩诛杀了不少汉奸和日伪要员，战后自然以"抗战功臣"自居，势力更甚，其产业已涉足几乎所有行业，从酒楼、银行、工厂、商场，到洗浴室、理发店、赌场、当铺。

特别是战后出现了一些新型的帮会组织，把成员发展主要定位在城市底层的广大劳工（码头搬运工、人力车夫、手艺匠等等），表现出很强的政治眼光和长远构想。如民国后期在上海十分活跃的"侠谊社"，就是这类有别于老牌帮会的新兴帮会组织。他们宣扬依靠帮会便"可以解决社会问题、生活问题、职业问题、家庭问题",吸引了不少劳工加入,"在工人群中确颇为活跃,以码头工人、纺织工人为主"。这种新型帮会的政治倾向,引起了上海市政府社会局的密切关注,派员秘密调查。以"侠谊社"的组织结构和基本状况,可以分析出40年代后期出现的帮会组织的新特点。

表5-2 侠谊社上海各分社情况一览表

分社	成立时间	规模(人)	主要负责人	社员职业	社务情况
邑庙办事处	1946.10	196	主任潘震,副主任陆善明,办事处书记为皮鞋业同业公会秘书胡钊吟	以该地工商界职员居多	主任活动能力颇强,组织尚称健全
南市办事处	1946.10	约300	主任张公明(码头账房)不经常到办事处,一切事务由杨尚志负责	工界社员,麻油业、豆腐业工会理监事及少许之码头工人	组织散漫,并无业绩可言
虹口办事处	1946.5	376	主任史福民(第四区装卸业理事,轮船业装卸工会负责筹备人之一)	工人居半数,有186人,以第四区装卸业工人居多	业务无甚,唯对各社员颇多联络
中区办事处	1946.10	146	主任冯化民(中医兼三轮车业工会顾问),副主任丁颂安(商业中华职工工会秘书)	其中工人42人,商人65人,学界11人	对外并不作积极活动
榆林办事处	1946.12	约200	主任吴锦章,副主任麋古山、蒋德甫	以鱼市场职工及恒丰纱厂工人较多	成立不久,尚无业绩可言
沪东办事处	1946.8	170	主任李学文(拳教师)	以纺织厂工人居多	无甚作为,但在地方颇有潜势力
沪西办事处	1946.8	893	主任严子良,能力颇强	以翻砂工人、纺织工人、猪鬃业工人、四区造船厂工人居多	在当地颇有力量,为该社办事处中最健全之一处
浦东办事处	1946.10	300(实则大多散去,仅存百余人)	主任张佑民(军校出身,曾打游击多年)甚为干练,副主任张敬敏为公和祥码头稽查	以码头工人及商业从业员居多	社务并无推展,唯张个人颇为活跃

注:上表引自吴学文"论民国帮会走向社团化、政党化的原因"(载于《西南交通大学学报(社会科学版)》,2007年第1期);原始资料来源《社会局派员视察侠谊社报告(1947年2月26日)》(上海市档案馆藏,案卷号Q-32-2)。

二、解放区"土改运动"的伟大意义

抗战胜利后的中国社会,国共两党都掣出自己的政治"撒手锏"来争取民心,为未来的争斗局面做好准备。国民党做大,非要摆出"宪政治国"的正统派头,又是"行宪"、又是"直选",蒋介石算给自己贴上了一副"中国历史上第一位民选总

444

图 5-1　发薪的日子

"统"的漂亮招牌。国民党操纵下的这轮"宪政"活动,从一开始目的就只有一个:利用行政权力的优势,基本排除中共和其他政治力量今后进入国家政治管理和经济建设的主导权力核心的任何可能性。而且隐藏着另一层深意:在未来政府可以"依照宪法精神"取缔任何非国民党的社会团体和政党组织。共产党在任何条件上都不及国民党:既不掌握任何有全国范围影响的新闻媒体,也不掌握任何有全国控制力的行政资源,自然在"直选"中一败涂地(详见毛泽东《论联合政府》)。

　　似乎政治剧情的重演。二十年前,共产党帮国民党即将取得北伐胜利之际,惨遭"清党";二十年后,共产党与国民党合作已经取得抗战胜利之际,竟然还有可能惨遭"取缔"。可这次傲慢的蒋委员长忘记了一个基本情况:经过二十年血雨腥风洗礼,中国共产党已是一个成熟的政党,领袖也不再是一群教授和学生运动领袖,而是个个雄才大略、文武兼济的中共集体领导层,为首的正是深谙中国国情、通达中国历史,且极具个人魅力的领袖毛泽东。共产党争取民心的"撒手锏"就是"土地改革"。因为全世界没一个人(包括毛泽东的全体战友)能比毛泽东更明白中国绝大多数人口的中国老百姓想要什么。在全国农村通过没收一小撮地主的田地、房产、浮财,把广大农民梦寐以求的东西直截了当地分配给农民。尽管这种一次性的"外科手术"式的社会大改革导致不少副作用而且不时带有血腥味道(比如不少地方发生屠杀地主全家人口、错划成分导致部分曾为革命和抗战出过力的民主人士蒙受委屈等等)。但这一手确实漂亮,而且是极其天才的"政治创意":靠牺牲极少数人的利益,一下子就争取到了占全国人口百分之九十以上的广大贫苦农民成为自己可靠而坚定的社会基础。

对于全国农村地区各种阶级成员占有土地的估算,社会各界在调查结果和认识上存在一定的差距。尤其是国共两党,在农村人口中仅为 5%～7% 的地主、富农究竟占据了多少土地,一直存在很大分歧。这个数据直接关系到各自代表的阶级利益和政治上的合法性等关键问题。如"土改"运动的直接领导者、中共领袖之一刘少奇 1950 年时曾说:"就旧中国一般的土地情况来说,大体是这样:占乡村人口不到 10% 的地主和富农,占有 70%～80% 的土地,他们借此残酷地剥削农民。而占乡村人口 90% 以上的贫农、雇农、中农及其他人民,却总共只占有 20%～30% 的土地,他们终年劳动,不得温饱。"(刘少奇《关于土地改革问题的报告》,新华时事丛刊社,1950 年版)这个估计跟毛泽东早年在江西苏区所作调查得出的观点基本一致。

图 5-2 斗地主

但经济学家们的估算结果与其存在一定差距。"薛暮桥曾根据农村复兴委员会等机关,1933 年左右所作的陕西、河北、江苏、浙江、广东、广西六省农村调查报告,推算合计地主富农共占户数的 9.9%,占土地的 63.80%;陶直夫(即钱俊瑞)则估计 1934 年左右全国耕地分配（亦不包括东北）约为合计地主富农共占户数的 10%，占土地的 68%。"（章有义《本世纪二三十年代我国地权分配的再估计》，载于《中国社会经济史研究》，1988 年第 2 期）

表 5-3 钱俊瑞与薛暮桥的中国农村经济状况调查情况

钱俊瑞的调查结论			薛暮桥的调查结论		
成分	户数%	土地%	成分	户数%	土地%
地主	4	50	地主	3.5	45.8
富农	6	18	富农	6.4	18.0
中农	20	15	中农	19.6	17.8
贫农、雇农	70	17	贫农、雇农	70.5	18.4

注：钱俊瑞（解放前又名陶直夫）、薛暮桥均为新中国经济学元老级权威专家，30 年代起即长期从事中国农村经济状况的调查。

当代经济学者乌廷玉则根据大量存档史料整理出一个更加详细的调查列表，支持了上述两位经济学权威的结论。

表 5-4 "土改时期"全国 24 省 991 县 18544 乡土地分配情况

成分\省别		地主		富农		中农、贫农、雇农	
		户数%	土地%	户数%	土地%	户数%	土地%
川康滇黔 523 县		4.75	42.24	2.68	8.7	84.38	47.58
苏浙皖闽 235 县		3.05	26.16	2.25	7.21	89.84	66.63
陕甘宁疆 69 县		4.31	23.2	2.62	12.55	94.7	64.21
冀鲁绥 55 县		3.39	19.16	3.38	8.61	88.37	71.02
辽吉黑 3 县 2 区 6 屯		5.23	45.5	6.3	21.6	78.3	32.9
湘鄂豫粤桂赣 97 县之 100 乡	集中区	4.75	53.1	2.25	7.25	83.39	33.65
	一般区	3.92	29.88	2.5	7.34	86.67	51.77
	分散区	3.39	18.83	2.25	6.74	40.65	67.74

注：上表引自乌廷玉《旧中国地主富农占有多少土地》（《史学集刊》，1998 年第 1 期）。

采选立场相对中立的外国学者当年的调查数据，也许更具有说服力。

表 5-5 根据阶级区分的中国人口及土地拥有状况（1930 年，估计值）

阶级成分	户数（%）	土地（%）	实际亩数	雇工情况
地主	4	39	3 公顷以上	终年雇工
富农	6	17	1.8 公顷以上	长期雇工
中农	22	30	0.6～1.8 公顷	偶尔雇工
贫农	60	14	0.6 公顷以下	偶尔被雇
农工[注1]	8	—	—	长期被雇

注 1：此处"农工"指雇农：没有土地、仅靠替人打工扛活维持生计的失地农民。

注 2：此表为本书作者根据《中国革命》[英]尤尔根·奥斯特哈梅尔著、朱章才译《中国革命》，台北麦田出版公司，2000 年版）提供的各项数据和列表合并汇编后绘制。

446

从上述几份非共产党人士提出的调查结论中可以看出一个共同特点,即:占有中国农村社会总人口比例达七成以上的贫农和雇农,仅占有土地总量不到一成。这恰好与共产党领袖们的说法相吻合,同时也证明了共产党发动"土改"具有可靠的法理依据。占有压倒性比例的大量赤贫农村人口,成了后来共产党领导的"土地改革"的真正受益者和积极参加者——这点成了国共两党在大陆地区生死决战中决定胜败存亡的关键因素所在。

国民党其实也想解决农民的土地问题。国民政府一度在各方面条件较好的"黄金十年"时期的民国十九年(1930年)还当真提出过一部《土地法》:"第一,限制地主占地的数量。在土地登记、申报地价、征收地价税及土地增值税等项,均作了具体的规定,体现了孙中山关于核定地价、照价纳税、照价收买和涨价归公等平均地权的原则。第二,限租。规定'地租不得超过耕地正产物收获总额千分之三百七十五',体现了'二五减租'的原则。原有约定,地租额超过此数者,应减为千分之三百七十五,不及者,依其约定,不再增加。又规定地主不得预征地租,不得收取押租等。第三,护佃。法令规定'地主出卖耕地或将租地收回后,再出租时,原承租佃农,依同等条件有优先购买、承租之权。承租佃农只要按期交付一部分地租时,地主不得拒绝接受'。"(关海庭《中国近现代政治发展史》,北京大学出版社,2005年)但受各利益方争议掣肘,加之八年抗战不久即爆发,这部内容不错的《土地法》便束之高阁,从来没有被认真执行过。

另一方面看,即便是在"黄金十年",中国农村土地兼并现象也日益严重,使原先就处于弱势地位的贫农、雇农处境益发恶化。占农村人口大多数的阶级成员加剧"赤贫化",使得"土改"不但具有合理合法性,也具有很高的迫切性。

表 5 - 6 　民国中期农村土地兼并加剧情况

年份	佃农(%)	半佃农(%)	自耕农(%)
1935 年	29	24	47
1936 年	30	24	46
1937 年	37	26	37
1938 年	38	27	35

注:上表引自秦柳方撰文《土地改革与农业生产——与董时进先生讨论土地分配问题》(载于《解放前的中国农村》第2辑,陈翰笙、薛暮桥、冯和法编,中国展望出版社,1987年版)。

即便是政治人物和经济学者调查结果差距不小(地主和富农占有土地究竟是"半数"还是"大多数"),但在民国时期中国农村社会因土地占有率导致农产品分配悬殊所引发的阶级矛盾问题,已十分尖锐。国民党人虽在"黄金十年"搞过一些类似"土改"的小动作(颁布《土地法》、推行"二五减租"等),但因自身利益所系(领袖、精英和相当比例的基层成员均来自城市中上层和农村地主富农家庭),没有能力、也没有决心来解决这个涉及中国最大社会群体(贫农、雇农)切身利益的土地问题,从而丧失了原本可以在两次和平时期("黄金十年"和抗战胜利之初)较稳妥处理土地问题的良好时机。而绝大多数基层成员来自贫农、雇农的共产党人,自然更有

"土地改革"的急切性、紧迫性。尤其是国民党政府长期无视中国农村社会土地租金愈加恶化的现象,更加催生了农村地区社会的阶级撕裂和"土改"具有的血腥革命色彩:

"在地主经济的中心地区,如江苏、广东等较富裕的省份,地租约占一半的收成;30 年代,全国的地租平均值是 44％的收成";"约四分之一的地租,是采取缴交部分收成的方式;这尤其是在生态不稳定的地区,如华北和西北的干燥区。这种方式,是佃户与地主共享收成结果(大多是各拥有一半),也一起承担风险";还有一种方式的地租,就是"缴交约定的金额;佃户卖掉部分收成,以现金缴交地租"([英]尤尔根·奥斯特哈梅尔著、朱章才译《中国革命》,台北麦田出版公司,2000 年版)。这种极其沉重的租金负担,使得广大缺地贫农和无地雇农与占有土地的地主、富农之间形成了不可调和的阶级矛盾。

本书作者之所以花费大量篇幅来相对详细地探讨共产党发动"土地改革"的法理依据,是想从正面论述一个史实:由于民国后期中国农村人口占中国社会总人口的九成以上,因此"土地改革"是"解放战争时期"(本书称为"民国后期")中国社会一切政治、经济事件中最大的一个事变,决定了同时期中国社会历史进程的主要走向,重要到连极端的战争行为也仅仅是其斗争水火不容后延伸出来的解决方式而已,自然也决定了包括民生设计及产销业态在内一切社会事物的存续、发展状况。

后来的所有史实证明:中共的"土改"运动是共产党率领全国人民彻底打倒国民党统治、建立新中国的"第一法宝"。例如,抗战胜利后国共双方抢占东北,国民党在美国人帮助下迅速调集百万军队进驻,三个月就占领东北全境,共产党只能经由陆路死活算进去了八九万人马,还扛不住压力,相继退出了所有大中小城池,只能跟当年的红军和"抗联"一样,继续钻山沟、蹲密林,在远离城镇的穷乡僻壤搞"土改"、发动群众。很快就收到了奇效,三千名从延安和华北、山东调入东北各地农村的"土改"干部,胜过了国民党盘踞在东北各大城市的百万雄师。不到一年,东北全境半数以上地区实行了"土改",凡是经过"土改"过的地区,绝大多数老百姓都成了共产党最坚定最顽强的拥护者。理由很简单:"土改"使广大贫苦农民分得了祖辈梦寐以求的大实惠——土地,只要谁敢夺回去,就跟谁玩命。因此后来国共内战公开摊牌,共产党号召广大农民"武装保卫胜利果实",老百姓自然个个急眼、人人争先,妻送郎、娘送子,上前线打老蒋,比抗战还热闹。不到一年,林彪的人马发展成130 万的"东北民主联军",后来在解放军战斗序列中番号为"第四野战军"。四野这支虎狼之师,后来先后吃掉了国民党 150 万精锐,开启了战场上的中国革命胜利之门。

又如"淮海战役"(国民党叫"徐蚌会战"),国民党军队有 80 万,而且大多是经历抗战考验、清一色美械军备的王牌主力;共产党军队只有 60 万,还是八路时代的小米加步枪。但经过"土改"运动的华北、胶东、江淮广大解放区人民,硬是组织起超过 150 万人的后勤大军,就凭小车推、肩膀扛,充分保障了战区所有的军需后勤支援,活生生地打垮了战场所有技术数值都拥有绝对优势的国民党军队,一鼓全歼了国民党五大王牌中的四张王牌,彻底动摇了国民党统治的政治基础,促成了国民党政权的迅速垮台。仅参战的解放区民夫,死伤也不下百万。这就是毛泽东"非对称条件下的相持理论"(详见本书第三章作者评述)最凸显的经典战例,值得全世界军事学院写入自己的课程教科书。由"土改"运动激发而觉悟起来的解放区人民和解放军官兵,战斗意志和决心远远超过不知道"为何而战"的国民党百万精锐。这是蒋介石和国民党军史专家到死也弄不明白的大道理。

"土改"运动开头并不那么顺利,农民们心里没底。靠"工作队"发动群众搞阶级斗争,斗地主、分财产,就逐渐见成效了。一位东北三岔河农民回忆当年"诉苦"经历这么说:"1947年初我们这下了很大的雪,开始搞'土改',把地主家的土地、房屋、生产工具全部没收。农民参加'土改'是要发动的。'土改'工作队要组织农民开大会,在村里找到最穷最苦的人,诉苦,大家就坐在一起哭;工作队的干部还要给农民作报告,教育农民,让农民提高觉悟,不然农民不敢要分给他们的土地。白天分给他们土地、牲畜,晚上又悄悄给地主送了回去,害怕呀,这么多年,土地都在地主手里,我们一直都在受封建剥削。把全村地主土地都没收后,按全村人口平均分配土地,无论男女。分土地的同时,我们还斗地主,我们斗地主不是看他家财产多少,而是看他民愤大不大。"(陈周旺《从"静悄悄的革命"到"闹革命"》,载于《开放时代》,2010年第3期)

"土改"运动最受诟病的是杀了不少人。但必须指出的是:"土改"和建国初期被镇压的那些人中,尽管存在不少质疑之声,但绝大多数都属于"有血债""民愤大"的恶霸分子。事后几十年的今天,无论国内外学者或是愤青网民,很少有人为这批人"鸣冤叫屈",这说明当年政策掌握在大的方面讲还是没有太大失误,绝大多数被镇压人员都是罪大恶极的该杀之人。

据原人民大学秘书长、中国社会科学院近代史所副所长李新所写的《回忆录》记述:1946年他在晋冀鲁豫根据地就任永年县委书记,刚去永年县就赶上县里召开斗争汉奸恶霸宋品忍的万人大会。"一位农民老太太上台边哭诉边掏出一把小刀,切下了宋的一只耳朵。再一个青年冲上台,边哭诉边把宋的一只手给剁了下来。另一名妇女抱着孩子也拿着刀上台,还没走到宋的跟前,就哭得昏了过去。之后,宋被群众拖下台,千刀万剐,身上的肉都被愤怒的群众割回家去了,最后只剩下摞在荒地上的几根白骨。"(详见李新《流逝的岁月:李新回忆录》,山西人民出版社,2008年11月版)如此场面,今天的读者一定觉得十分血腥、十分残暴。但作者后面告诉我们:宋当汉奸二鬼子时杀了割耳老太太的儿子,还强奸了她的女儿、儿媳,并极其凶残地将她们一并杀害(先割去乳房和生殖器,再一一肢解);那个剁手的青年则被宋领人灭了父亲和兄弟满门人丁;那个抱着孩子上台来还没动手就晕倒的女人,则被杀了丈夫、公婆。中国农民千百年就信奉"杀人偿命、血债血还"的大道理,过去旧社会哭告无门,现在有共产党为他们除霸安良、给老百姓报仇雪恨的机会,即便有些"过头",何罪之有?

当然被冤枉被错划成分的事件也不在少数。据民国三十七年(1948年)中共华东局山东省五莲县"土改工作团"的《总结报告》称:"成分的划分都只是干部自己主观的规定,在进行斗争时就规定谁是地主,谁是富农,在组织雇贫农时就规定谁是雇贫农。中农一般分成自地中农、翻身中农(佃中农与新中农),或是老中农、翻身中农、新中农。富裕中农许多成为小富农。富农好多就称为地主恶霸。地主一般分为地主、破落地主、化形地主等。因为划分时缺乏标准,及为过去情绪所笼罩,所以毛病很多,标准不一。如在经济上的标准,有单按地亩多少、单按自地佃地、单按生活好差,有过轻微剥削的即是地富,有过贪污盗窃行为的即是恶霸,因经营副业生活优裕的亦作为地富看待,在穷庄里是普遍的矮子里拔将军,'找不到阎王就找鬼',许多中农被升为地富。态度好坏亦作为定成分的标准,如做过坏事的,在顽方、伪方干过事当过兵的,有特务嫌疑的,有恶霸行为的,和干部关系坏的,阶级成分就上升;关系好的及干部积极分子本身,阶级成分就下降;有的则被挟私报复,有的查三代。此外,因为文化的差异,也作为定阶级成分的标准,如医生、教师、会算会写生活较好及其他自由职业者,有许多被认为是'大肚子'。"(引自刘芳撰文《由乱到治——华东局整党和结束土改五莲实验县工作始末》,载于《山东档案》,2005年第1期)

"土地改革"运动虽然在各地具体执行中"略有瑕疵",但其具有伟大意义,即以最小的社会代价,换取最大效益的社会变革。即便在今天看,"土改"运动的伟大创意依然是光彩夺目、令人心悦诚服。这是中国先哲"制衡理论"加毛泽东军事思想与中国革命实践相结合的最成功案例,其意义远远超出了军事学范畴,甚至可以以此来解释中国设计史不同于世界设计史的许多设计事件。

"土地改革"运动所产生的启迪价值,能为未来中国命运提供一条长治久安、颠扑不破的真理:只有永远和广大人民群众最紧密地联系在一起,什么样的天大困难都能战而胜之。

同时,必须指出,在"土改"运动的被革命对象中,有不少地主属于传统的发家农民。这些地主们一如自己的祖先,勤俭持家、精打细算,对自己和对雇工一样的抠门儿,才置办起一份来之不易的家当。例如曾上了木偶影片《半夜鸡叫》主角的地主"周扒皮"原型,叫周春富,辽宁省复县(今瓦房店市)黄店屯村人。在当年批判周扒皮的斗争会上,"一个当年在周家放过猪的小孩,若干年后回忆:'这地主真太可恨! 周家的四个儿媳妇,被他逼着干活! 一个月头10天,大儿媳妇做饭,二儿媳妇做菜,第三个儿媳妇当'后勤部长',推碾子拉磨什么都干。这10天四儿媳妇可以'休息',给孩子缝缝补补做衣服。下一个10天,就按顺序'轮岗'……对家人他都这么抠,对我们扛大活的长工,你想想得狠到什么地步!'……在周家当过长工的孔兆明上台开始讲周春富如何剥削长工,讲着讲着不自主地说起,老周家伙食不错,'我们吃的是啥? 吃的都是饼子、苞米粥,还有豆腐,比现在还要好。'干部们一听,急了,赶快拉他下来。……曾在周家打过短工的孔宪德说:'农忙的时候,就去帮忙,好吃好喝不说,你还得给我工钱,不给工钱谁给他干? 干一天的工钱还能买十斤米呢。你不好好待我,我就不给你干。'老长工王义帧则说:'都说老头狠,那是对儿女狠,对伙计还行。没说过我什么,我单薄,但会干。老头说,会使锄,能扛粮就行。'"(杜兴《周扒皮的 1947》,载于《晚报文萃》,中华全国新闻工作者协会主管、中国晚报工作者协会主办,2008 年第 20 期)周春富是在 1947 年的批斗会时被人活活打死的。这不是个例,被划为地主成分的农民均成为了革命对象,即便是四五十年代能逃过一劫,在后来六七十年代的"四清"和"文革"时也难逃厄运。

1947 年在上海创立"中国农民党"创始人董时进曾在 1950 年悲哀地预言说,政权巩固之后,就会将农民的土地收回,建立集体农庄,粮食大量交给政府,然后会出现许多问题。他还说:"他们(指共产党和人民政府)还是会放弃,回到正确的路上来。"(熊景明《先知者的悲哀——农业经济学家董时进》,载于香港《二十一世纪》,2010 年 6 月号;成都《看历史》2010 年第 8 期转载)。事实证明了董的两次预言:1954 年,中国农村全面开展合作化运动,由此进入互助组、合作社、人民公社的集体土地所有制;1978 年,中国农村全面实行家庭联产承包制,亿万农民重新获得了久违的土地。

三、内战期间中国社会所遭受的巨大损失

没有一份统计资料能完整显示在国共内战期间直接毁于战火的中国工业设施和市政设施究竟有多少。我们只能通过当年文献所透露的年度产量来判断,战争给刚刚从八年抗战中逐步恢复的中国造成了多么巨大的损害:截止到民国三十八年(1949 年),中国轻工和纺织业年产量大约比战前(1946 年)同期约减少 30%,重工业产量减少 70%,煤减少 50%,生铁和钢分别减少 80%。随着战局不断朝着不利于国民党的方向发展,"国统区"工业生产的急剧下降,进一步将"国统区"经济推向崩溃境地(详见孔经纬撰文《关于解放战争时期的国民党统治区经济》,载于《近代史研究》,1988 年第 4 期)。

农村情况更糟。抗战胜利后的几年,老天爷不帮忙,连续几年的自然灾害接踵而至。据国民党"赈灾委员会"统计,民国三十五年(1946 年)7 至 9 月,湖北大水灾殃及 18 个县市,淹没土地 137 万亩,灾民 54 万人。民国三十六年(1947 年)春,刚从洪灾中摆脱的湖北,又遭旱灾,受灾地区达 31 个县,受灾土地 425.8 万亩,灾民 396 余万人。民国三十七年(1948 年),又发生全国性大水灾。因战事连年,水利设施年久失修,几近崩溃,特大洪水遍及豫、鄂、湘、赣、皖、苏、闽、粤、桂、滇等 10 省大部地区。其中湖南全境普遍受灾,洞庭湖周围 11 个县,被淹土地 280 万亩;湖北 30 余县受灾,830 万亩土地被淹,灾民 370 余万人,灾区普遍早稻损失过半。当年(1948 年)全国粮食产量比抗战前的民国二十五年(1936 年)下降了 24.55%,棉花下降了 47.6%,花生下降 60%,整个农业年产量减少近三成。灾区一片凋零凄惨景象,田园荒芜,村镇残破,农事不举,产业衰败(详见桑润生著《中国近代农业经济史》,农业出版社,1986 年版)。

战争因素、天灾因素,加上国民党经济政策的失误因素,造成了民国末期社会经济的全面崩溃。"金圆券"失败后,国民党政府对控制经济一度采取措施,打击囤积居奇的金融投机行为(如著名的"小蒋打虎"行动),但因触及国民党高层大官僚资本利益集团之"底线",无法继续而最终不了了之,国民党政府遂宣布放弃所有"限价措施",导致"国统区"经济的总崩溃,民生商品的整体物价开始急速上涨。民国三十七年(1948年)11月中旬,米价从原限价每石20元9角上涨为2 000元。民国三十八年(1949年)1月,又上涨296.8%;2月,上涨670.9%;3月,上涨329.80%;4月,上涨2670.7%;5月,上涨8 430.6%。5月最高米价每石达3亿元以上。截至解放前夕,上海地区每匹12磅本色细布批发价达1.1亿元以上,黄金每条(312.5克)430亿元,美钞每元高达8 000万元。民国三十八年(1949年)5月比民国三十七年(1948年)9月物价上涨507万倍,其中米上涨692万倍、黄金上涨403万倍、美钞上涨517万倍(详见《上海地方志·价格志》,上海市地方志办公室,2002年版)。

原本接收了大量敌伪财产、还有近百亿美援的政治承诺,国民党政府完全可以延续"黄金十年"的经济发展奇迹,将中国社会的工业化、现代化大大地往前推进一步。可惜踌躇满志的蒋介石和国民党政府非要急于"建国戡乱",而且"建国"是假、"戡乱"是真,结果是越戡越乱,把国家戡得一塌糊涂,也把自己戡得一败涂地。

四、民国后期普通民众收支状况一瞥

抗战胜利的最初两年,中国社会处于百废待兴的战后恢复状态。普通民众的收支水平,直接表明了战后社会民众生活的主体状况和消费能力,也决定了民生设计产业的兴衰存亡。

民国三十六年(1947年)2月16日,国民政府颁布《经济紧急措施方案》,把职工工资冻结在1月份生活费指数水平上,即工人7 900倍,职员6 600倍,同时规定"不得以任何方式增加底薪"。当时工厂工人每月工资30万~40万元。由于底薪打一定折扣,生活费指数被冻结,而生活费仍在不断上涨,因此工人实际收入与飞涨的物价的差距越来越大。这样的工资水平一直滞留到当年5月,国民政府宣布"有条件解冻生活费指数"为止。

这一时期,交通运输邮电工人工资水平与工厂工人大体相当。手工业工人以泥水木匠为例,月收入(含膳食)民国三十五年(1946年)6、7月低于工厂工人,民国三十六年(1947年)2、3月同于工厂工人。店员工资水平变化与手工业工人基本相似。普通职员工资民国三十五年(1946年)6、7月较工厂工人为低,经调整,到民国三十六年(1947年)2、3月高出工厂工人,但工厂职员与工厂工人之间的工资差距大为缩小。教员收入一度下跌严重,到民国三十五年(1946年)2、3月其工资水平恢复到战前的位次。后期即从民国三十七年(1948年)8月"币制改革"前后至民国三十八年(1949年)5月上海解放。

按照本书各章惯例,本章起首先采列民国末期(1945~1949年)的劳工收入及基本民生商品物价。先来看一幅物价表格:

表 5-7　民国末期历年民生物资基本物价

年份 ＼ 单位	大米 石	黄豆 100斤	小麦 100斤	棉花 仔花,砠	菜油 1斤	猪肉 1斤	白糖 1斤	士林布 1尺	煤油 1升	食盐 1斤
1945,1～9月	44.27万	28.61万	20.11万	17.5万	4 340	5 373	8 484	4 658	4 344	3 456
1945,10～12月	7 683	4 767	3 166	6 500	103	167	440	243	80	43
1946	4.27万	2.19万	2.52万	2.05万	700	1 296	1 128	1 125	673	160
1947	36.91万	22.7万	21.94万	28万	7 990	9 537	6 260	9 917	7 872	1 342
1948,1～8月	1 445万	899.9万	851.8万	1504万	35.9万	35.2万	23.3万	41.4万	37.1万	7.54万
1948,9～12月	202	100.8	120.9	132.5	4.6	5.96	2.4	3.93	5.09	0.98
1949,1～5月	1 282万	945.6万	796.3万	1 075万	33.3万	19.2万	10.2万	18.4万	21.4万	5.05万

注:(1) 1945～1949 年大米每石为 150 市斤;(2) 1945 年 9 月 28 日施行新法币,与 1942 年日伪中储券兑换比例为 1:200;1947 年 2 月施行关金券,与新法币兑换比例为 1:20;1948 年 8 月施行金圆券,与关金券兑换比例为 1:300 万;(3) 表中年度价格为当年 12 个月的平均值。

[以上数据均根据《上海地方志·物价计量志》(上海市地方志办公室主持编纂,2002 年版)相关信息采编并由本书作者自行绘制表格。]

民国末期的劳工收入情况则比较复杂,一是因为短短数年三次更换币种,无法以简单数据统一表示;二是波动很大,很难有固定的标准来衡量,故而本书作者无法制表,仅能根据相关资料进行摘录、改编如下:

民国三十四年(1945 年)9 月抗战胜利至民国三十七年(1948 年)8 月,国民政府财政部施行"币制改革"。在此期间,物价不断飞涨,工资涨幅较小,上海各业各厂普遍展开增加底薪、按生活费指数计算工资的罢工斗争。

民国三十五年(1946 年)2、3 月份,多数工厂工资采用按生活费指数计算,底薪比战前一般提高 0.5～1 倍。民国三十五年(1946 年)8 月,工厂工人每日工资7 000 余元(法币,下同),每月工资 20 万元左右。其中造船、印刷、面粉工人工资较高,每月工资在 24 万元以上;火柴、榨油、丝织工人工资较低,每月工资都不到 17万元。

上海物价从民国三十七年(1948 年)5 月起疯狂上涨,不仅上涨幅度大,而且几乎是每天都涨,甚至一天上涨数次。为挽救崩溃在即的社会经济,国民党于同年 8月 19 日宣布进行"币制改革",再次冻结物价,发行"金圆券"来代替法币,两者兑换率为 1:300 万。这时职工工资即按折合数发给,不与生活费指数挂钩。然而到10 月上旬,大部分市场几乎无货可卖,职工拿到"金圆券"工资,却买不到东西,与此同时,黑市物价平均上涨 5～6 倍。到 11 月"币制改革"彻底失败,物价重新暴涨,其上涨速度,大大超过以往物价指数。

上海工人生活费指数与民国三十七年(1948 年)8 月 19 日比较,民国三十七年(1948 年)12 月下半月为 18 倍,民国三十八年(1949 年)1 月下半月为 88 倍,2 月下半月为 643 倍,3 月下半月为 3 402 倍,4 月下半月为 23.58 万倍,5 月为 1 085.42万倍。此时,职工工资重新按生活费指数发给。

到民国三十八年(1949年)4月,上海棉纺厂工人工资为30万～50万"金圆券"元。但这时的"金圆券"已经大大贬值,到上海解放前夕已贬值到原值的1‰。很多商品交易,已以银圆、外币计价,或以货易货,甚至连房租、学费、捐税等费用都以食米计算。为此,职工经济斗争转向要求工资按实物、银圆计算以及发"应变费"、借薪购贮粮食等。一些企业单位发给职工工资时也程度不同地搭发实物和银圆,或用大米作为工资的计发单位。

〔以上内容均根据"上海市总工会"官网(2006年12月)有关资料汇编而成,读者欲了解详情,可自行查阅。〕

战后的上海、武汉、天津、北平等大城市的市政公用服务业,还保持着大量外资或华洋合资工商企业,所聘请的洋经理、洋技师众多,一般收入要远远高于同岗位的华人。以洋企较为集中的上海为例,其中最有代表性的是美商"上海电力公司"。该公司实行明目张胆的"种族歧视"工资制度,"同岗不同酬",把职工分成英美人、西洋人(除英美人外的其他西方人)、白俄、中国人共四等,根据不同肤色、种族,给予不同的工资:英美人工资最高,西洋人次之,白俄再次之,中国人最低。即便是白俄收入,也超过担任同样职务的中国人2～3倍。据当时对英商"上海煤气公司"在民国三十八年(1949年)在上海解放前夕所做的调查统计表明,外国职员工资比同等岗位的中国职员一般高8～10倍。英商"上海电车公司",同样是查票,中国查票员的月薪为35～55元,而朝鲜籍查票员则为55～85元。外国籍职工除了基本工资高,变相工资(注:指奖金、福利、津贴等)也高。像"英美烟草公司花旗烟厂"平均每人所得年度奖金,外国籍职员是1 277元,中国籍职员只有49元(详见《上海地方志·上海工运志》,上海市地方志办公室主持编纂,2002年版)。

民国三十四年(1945年),宋庆龄主持的"中国儿童福利会"对重庆市的24所小学的9 944名小学生进行了健康普查,结果是:营养优良者为641人,仅占被调查总人数的6.4%;营养一般者为5 506人,占55.3%;营养不良者3 799人,占38.2%,其中贫血病患者91人,占0.9%(详见《革命文献》第99辑,秦孝仪主编,中国国民党中央委员会党史委员会编印,1984年版)。

美国驻华大使司徒雷登(John Leighton Stuart)认为:1949年以前的整个民国时期,中国平均每年有300万～700万人死于饥饿。按此君数值推算,民国时期共38年,应该累计饿死2亿以上(另有学者认为是5亿左右)。人口学者侯杨方认为:民国后期的"婴儿死亡率在170‰～200‰,全国人口的平均寿命则是35岁"(详见侯杨方《民国时期中国人口的死亡率》,载于《中国人口科学》,2003年第5期)。

第二节 民国后期民生状态与民生设计

抗战胜利后,老百姓的舒缓日子其实只过了短暂的一年多时间,从民国三十四年(1945年)夏到民国三十五年(1946年)春。在这一年多时间内,中国民众都盼望过上和平、安宁的日子。如同摆脱了日本占领和欧美殖民统治双重压迫的亚洲各国(特别是中国周边邻近各国和地区)蓄势待发、全力投入战后重建一样,中国各地都有万木逢春、百废待兴之势,有许多民生产业正在迅速恢复,还有许多新兴产业(特别是新型的民生设计及其产业、商业)正在涌现,大有从此走上幸福、安康的和平民主社会的美好前景。可惜事与愿违,一场不亚于抗战规模的三年内战,把中国人民幻想着从抗日战场的废墟中重建辉煌的美梦击得粉碎,使中国经济开始与周边国家、地区各经济体拉开了发展距离。

仅以平津沪宁地区大学校园教职员工的日常生活逐步恶化为例,即可管窥抗战胜利后普通民众生活之日益艰辛。民国三十五年(1946年)12月,"薪金加成倍数是1 100倍,生活补助费基本数是17万元,所以底薪为法币600元的教授实领薪金(600元×1 100+170 000元=)83万元,可买23袋(每袋44斤,合1 012斤)面粉,约合今人民币1 600元。副教授月薪法币400元,实领薪金(400元×1 100+170 000元=)61万元,可买18袋(792斤)面粉,约合今人民币1 200元。一个月薪法币100元的小职员,实领薪金(100元×1 100+170 000元=)28万元,可买8袋面粉。这样的生活水平总比抗战时期好些"。但是好景不长。民国三十六年(1947年)5月上旬,"物价陡涨。这时虽然又进行了调整,薪金加成倍数是1 800倍,生活补助费基本数增加到34万,但是一个教授所领的薪金142万元,还不够买10袋(440斤)面粉。底薪150元的助教,实领的薪金61万元,不够买4袋(176斤)面粉。以后虽每隔一两月调整一次薪金,但与物价上涨速度相比,还是望尘莫及。教育部于1947年8月发给大学教师每人实物差额20万元,还不够买半袋面粉。1947年9月,又以12万元一袋的优惠价格,每人配售面粉两袋,但4个月以后即行取消"(陈明远《文化人的经济生活》,文汇出版社,2005年版)。

内战时期"国统区"物价飞涨的民生困境,当时成了共产党宣传机构最强有力的事实陈述。下列几段当年新华通讯社编制的新闻广播稿(均选自1947年),就有根有据地真实反映了"国统区"人民百姓的痛苦生活:

"渝讯:战时重庆机器工厂数百家,胜利后纷纷倒闭,截至目前止,现存者只有民生、新昌、渝鑫、震旦、公益、外川等十余家,而现存各家尚仅部分开工,苟维残局。各该工厂近曾请求财部救济,竟被拒绝,现准备将未完成之存品作完后,即全体关门"。(详见1947年6月"新华社延安十七日电")

"北平讯:在百物价涨声中,官僚资本的公营事业起了先锋作用,自一日起,铁道客运增价六倍,货运增价四倍,电费增价一倍;七日起,航空邮资亦增十倍,航空平信增至每件五十元。据悉自来水也拟于本月份增资五成,市民对着一片涨价声,同声叫苦,称之为'公开的垄断居奇'。"(详见1947年2月"新华社延安十五日电")

"四川省已有二十余县、市公教人员,要求国民党当局改善待遇,并纷纷罢工罢教,除昨日报道之重庆、成都、铜梁、江安等县市外,最近又有隆昌、华阳、南川、长宁、宜宾等二十余县公教人员,纷起要求提高待遇,如不圆满解决,决定联名总辞职,现这一运动,尚在发展中。"(详见1947年4月"新华社延安十七日电")

"国民党统治区连日物价继续飞涨。据中央社报道:截至十二日止,北平面粉每袋由一万八涨至二万二,米每百斤由三万五涨至五万,黄金每两由十五万涨至二十一万。南京黄金竟达一十八万六,米每石三万四。杭州米每石四万,金十八万。天津米每百斤四万,黄金二十万以上。济南大米每百斤四万,小米每百斤二万七,面粉每四十斤一万九。青岛大米每百斤四万八千五。太原黄金则突破二十四万五。更有甚者,潮汕一带,米竟涨至每石十六万。广州上月二十二日,米每百斤即达六万。长沙上月二十三日,米每石即达五万,现当不止此数。"(详见 1947 年 12 月"新华社延安十七日电")

这些普通民众消费状况从侧面上也反映了国民党政权是如何一步步丧失继续执政的合法性、共产党政府如何在获得全国人民拥戴下一步步在全国大陆地区建立起红色政权的历史必然。这段史实,即便是过去了几十年,仍对今日社会具有极大的启示作用。

一、民国后期民众衣着方式与设计

跟美国最终率领世界反法西斯同盟国战胜德意日轴心国有关,一切与美国有关的事物都是社会风尚的热点。这股崇尚美国的热潮席卷了整个中国城镇社会,在战后头几年深入到城乡社会日常生活的方方面面,尤其是对战后中国社会民众衣着穿戴方式和成衣界服饰设计的巨大影响。国民党军政官员、机关职员平时除去正式场合的"中山装"外,热衷于各种美式服装。社会各界和中下层市民,也不甘落后,一时间中国城市的大街小巷充斥着美式简版西装、高腰夹克、厚布衬衫、猎装、吊带裤、工装裤、鸭舌帽、太阳镜等等。

军队的洋式装备起源于驻印远征军:"……统统都洗干净了,出来焕然一新,开始发装备:衬衣衬裤两套,毛袜两双,英式咔叽布军便服两套,皮鞋胶鞋各一双(打森林战没有皮鞋不行),薄厚军毯各一床,蚊帐一床,钢盔、便帽各一顶,便帽是印度帽子,我们叫通帽,很轻,夏天戴的。两用雨衣、背包各一个,水壶、干粮袋、米袋各一个"(黄耀武《我的战争 1944～1948》,春风文艺出版社,2010 年 4 月版)。抗战胜利后的国民党精锐换装都清一色美国味:当兵的身穿咔叽布夹克衫,足蹬大头翻毛皮靴,头戴美式钢盔或是无檐软便帽(老百姓戏称"牛逼帽");当官的则身穿哔叽呢小翻领西装,内着衬衣还打领带,头戴美式大檐帽,足登马靴或"三截头"黑皮鞋等等。当然,人数众多的杂牌军、地方军就凑合了,跟抗战期间和抗战以前没什么区别,甚至穿草鞋、戴斗笠都比比皆是,比抗战后的共产党军队装备都惨。

战后上海,是整个中国现代时尚文化的策源地。几乎所有外来服饰商品,能在上海站住脚,就不愁不扩散到全国大中城市。尤其是附近的杭州、苏州、南京等苏浙发达地区的市民服饰类消费时尚,更是随上海服饰的变化而变化。40 年代末苏浙地区有一则流传甚广的民谣:"人人都学上海样,学来学去学不像,等到学到三分像,上海已经变了样。"民国后期上海的服饰时尚就像一座巨大的"变电所",将西方输入的时尚能量,按照战后中国社会所适应的方式,源源不断地输往全国各地。

图 5-3　民国时髦女工

　　除各种紧追欧美时尚之都（巴黎、纽约等）的时装、服饰流行款式外，民国末期的都市社交圈和比较正规的公仪场合，还继续沿用长袍、西服裤、皮靴加窄檐小礼帽的标准民国男装款式，而且在许多细节上日趋接近美国同类商品的原版款式。这是民国末期较为成功的"中西合璧"经典服饰，既含民族传统之底蕴，又合洒脱时尚新潮之风，于典雅斯文礼数中显露精干、果决。

　　民国后期的女装时尚自不消说，可谓花样百出、美不胜收。美国元素的各类女性服饰元素如洪水般涌入，仿佛一夜间就改变了中国社会女装时尚风格：美国人发明的半透明尼龙丝袜，也是美国人发明的高跟鞋，还是美国人发明的"比基尼"三点式泳装，再加上美版花呢风衣、小开领衬衫、直腰大摆裙、长发大波浪、女用内衣、笔式口红、盒式小圆镜、亮发摩丝、麂皮小手包、眉笔、粉饼等等，美国文化在中国战后社会对妇女时尚界的影响之大，是我们今天无论如何难以想象的，以至于凡是美国产的民生商品，就一准是畅销货。与蒋介石提倡的简朴节约相反，战后都市时装业仿佛一夜冒出来，遍布沿海各大城市。即便是首都南京也不例外，人们会在外形保持简朴节约的基本款式的前提下，想方设法弄一些时尚华丽的服饰元素。这是一股在战后迅速蔓延开的"苦尽甘来""及时行乐"的消费心理，挡都挡不住。当时的成衣界有人做过统计，某一款时装刚在巴黎流行，基本在十天之后就会出现在上海街头；再过顶多三五天，开设在南京市中心商业圈新街口的"金门"（即"上海金门服装公司南京分店")就将它带入南京社交界。据被记者采访时已91岁高龄的丁玉芳老人回忆:"民国南京上流社会的女性最爱挎的是鳄鱼皮手提包。鳄鱼皮在皮料中属于高档皮,皮色光亮,花纹别致,色彩黑黄相间也很高雅,一只鳄鱼皮的手提包却能提高女主人的身份。上世纪40年代,鳄鱼皮都是从东南亚进口的,价钱昂贵,能买得起的人可不多。一只鳄鱼包,那可是相当于普通人家半年的开销。但只要你有钱,到永安商场(注:旧址在今天的南京城南夫子庙商业圈),准能买到。"(张荣《民国南京的时尚地图》,载于《现代快报》,2010年12月27日,A6版)

连中学女生也受社会影响,学着美国画报、美国电影里那些大明星拾掇自己。"我把工夫全用在自己头发的包装上。为梳那高高耸起的'飞机头',专门买了高级凡士林发膏,多多地往头发上又抹又搽,梳什么形便成什么形,要耸多高就有多高,因此我平日反复最多的动作是照镜子,常常是眼神往上移翻,右手使劲一按,把油光光的努力往上一'耸','耸'得那'飞机头'翘得足有5公分高。"(盂兆祥《我的舞蹈人生——卓越贡献舞蹈家》,载于"新浪读书",2012年2月25日)"社会心理都爱慕洋货,许多放弃很好的绸缎不穿,都去穿外来的假货,无非因为洋货时髦些。"(上海特别市妇女协会编《为提倡国货告妇女》,载于《提倡国货的理论与方法》,浙江省党务指导委员会宣传部丛书之九,浙江省图书馆藏)

经历了民国数十年文明进步的时尚熏陶和历次内外战争的血腥洗礼,民国后期的都市名媛们,既不同于民初时期青涩、率真的新女性,也不同于"黄金十年"花枝招展的交际花,更不同于战时大后方或沦陷区随波逐流、苟且偷生的职业女性,她们已变得十分成熟、也十分自信,不再拘谨、犹豫,直取标的。战后都市女性变得奢华慵懒,及时行乐,成为历史上最会打扮、最会享受的一代知性女子。她们眼光挑剔、要求苛刻,一切时尚标准向友邦美国靠齐,不到一年,就把大上海重新变成远超东京、压倒香港、直追巴黎的东方不夜城。十里洋场,灯红酒绿,游人如织,繁花似锦,使人感到刚结束不到一年的残酷战争仿佛很遥远。战后流行的"享乐主义"直接刺激了各大城市服饰业、化妆品产业、百货零售业和餐饮业、娱乐业的迅猛发展。

与经常出入社交场合、需要不时更新衣着打扮的公务员、商人、知识分子不一样,广大城市劳工阶层和乡村农民衣着穿戴的变化就非常缓慢。即便是大城市的普通市民,因经济收入和生活负担问题,经常是做一身衣服要穿上很多年,磨损破烂的地方就缝上补丁继续穿。在40年代后期,北平市民服饰消费主要品种为棉布衣裤、呢绒衣裤、绸缎衣裤、棉纱背心、棉毛衣裤、绒线衣裤、毛线衣裤、棉纱袜子、胶鞋、布鞋、皮鞋等。其中,普通民众的衣着消费以购买布料自行缝制或送到裁缝店加工服装为主,极少有购买成衣的消费行为。普通民众衣着面料九成以上以棉布为主,其他面料如呢绒、绸缎等,穿着者寥寥,绝大多数人一辈子仅穿过一两件。即便是面对普通民众的成衣消费,也以棉布面料的衣裤为主,而且销售面非常狭窄。普通市民购置的布鞋、胶鞋、皮鞋亦是如此,通常都要经过修补多年,始肯更换新置。因而服装裁剪与缝纫、毛线衣代客加工、皮鞋修补和胶鞋修补等服饰修理行业,在 40 年代后期的中国各大中城市,成了一个新兴配套服务门类,是广大普通市民日常生活不可或缺的热门行业。

内陆省份和西部广大乡村农民的服饰,自民初以来的变化屈指可数。如 40 年代后期,西南地区(云贵川滇桂),标准的西南农民装束可谓几十年一贯制:身着蓝色或褐色、黑色棉布长袍,右衽立领,下摆过膝;以宽布巾束腰,以长布条裹头;劳作时、赶路时将前襟挽起掖在腰间,平时放下。这种最常见的布面长衫一年四季只有两种变化:加棉花夹层或单穿。乡间妇女的唯一显眼变化,往往在腰间加系一块围裙。通常农民们做一身长衫要穿很多年头,大多数时间人们穿的都是补丁摞补丁的旧长衫,因时间过久、补丁过多,往往原面料本色都难以判别。西北普通乡民通常是一年三季一身黑棉猴(小立领,对襟,盘布纽扣),只有夏季穿单:侧面镂空的小褂;大多数季节头扎羊角白毛巾(既可洗脸又可擦汗)。条件好些的庄户人家冬季穿皮棉猴,本装裤,扎束脚踝,头戴瓜棱小帽,足登黑面圆口千层底布鞋。赶脚小贩、车夫、羊倌或出门走远道的人,则多身披羊毛皮板,肩上挂一副"褡裢"(一种两端有口袋的随常挎包,多以麻棉坯布缝制)。

民国后期都市社会的婚礼着装,已有较大改观。新郎官穿古典式的燕尾服外加高腰深筒大礼帽、白手套的,已几近绝迹;老牌的欧式双排扣西装亦不太常见;取而代之的是清一色美式简版西服衣裤。脑袋也多像美国电影里的男主角那样,发波起伏、胶油锃亮。女装则清一色蕾丝边领口紧身白色拖地长裙。

民国后期时装界最轰动的事件,莫过于上海南京路上的"新新"公司于民国三十六年(1947 年)夏推出的"比基尼"模特表演。从照片上看,彼时六位妙龄女郎在电动扶梯上一溜排开,身着三点式泳装,曲线毕露,尽显妖娆狐媚之态。这在当时崇礼尊教的中国社会算是爆炸性的新闻,相当刺激媒体的新闻嗅觉。可惜本书作者查遍《上海地方志》各"行业志"分册,竟无一点记录痕迹。估计上海服装行业参与地方志工作的编者们并不以此为荣,心情可以理解。

民国三十五年(1946 年)8 月 20 日,在上海新仙林舞厅举办"苏北水灾筹募会‘上海小姐’票选"活动。后因"参赛选手必须穿泳装"之特殊规定,影剧界名流周璇、王丹凤、白杨、李芳菲、杜小娟、袁雪芬等人因人言可畏而相继退出。曾在上海仙乐舞宫当过舞女的王韵梅,以 65 500 票绝对优势获"上海小姐"冠军。其他"闺阁名媛""京剧坤伶""歌星""舞星"四组奖项各有得主。"上海小姐"评选活动共募得 4 亿元善款。

需要特别强调的是:抗战胜利后的中国时尚流行,在很大程度上受到美国好莱坞电影和美国纸媒刊物的影响。这种电影对社会时尚的直观介入程度,甚至超过了战前各方面发展迅速的"黄金十年"。人们不再从国内男女明星身上接受"二手货"的西方服饰时尚信息,而是直截了当地出了电影院或拿着英文画报就直奔西服店、裁缝铺。当时崇洋风气之盛,以至于有报人这么形容:如果芝加哥店铺里出现了一款新式大衣,也许下个星期就会出现在上海街头;如果巴黎商场里在出售一种新型香水,也许过几天就会在上海闻到它的香味儿。

在时尚追逐方面一向受上海影响颇深的南京淑媛们,虽有作为国民政府首都的种种官场正统风纪制约,起码女市民们在置办化妆品方面,也是不输给上海淑女们的。战前女用化妆品的80％外贸进口额,都由各家洋行控制,战后则全然由各家民营商场所经营,货物包括各种洋品牌的雪花膏、香水、口红、指甲油、发胶等。如在沪宁女界一向口碑良好的"夏士莲雪花膏""巴黎素兰霜""曲线安琪儿""西蒙香粉蜜""司丹康美发霜""培根洗发香脂水""李施德林牙膏""黑人牙膏""力士香皂""礼和卫生浴粉""施克勒洗浴香水""四七一一""金铃牌古龙香水"等等。有报纸戏谑报道:南京各大高校女学生的课桌上,雪花膏、花露水的数目,竟然比钢笔和墨水瓶的数目多出两倍。可见当时时尚风潮之盛。上世纪40年代,美国Tangee口红厂商曾推出一个名为"战争、女人和口红"的广告让许多老人迄今记忆犹新,而且该品牌"口红可以让女人拥有一副勇敢的面孔"的广告语,"曾慰藉了动荡岁月里民国女性的心灵,使它成为上层社会女子坤包内的必备之物。"(张荣《民国南京的时尚地图》,载于《现代快报》,2010年12月27日)

如同民初、"黄金十年"一样,任何普通市民范围内的时尚革命都是从一些小小的服饰佩件开始的。这既有大众购买力远不及上流阶层的缘故,也有时尚信息获取渠道狭窄、行为上总是慢一步的缘故。但这些经济与文化的巨大障碍并没有阻止人的天性对美好事物的追求。于是,各种精巧低廉的服饰佩件,每每成为民国时代大众服饰消费的一个持续热点。无数的平民女子可以通过一袭合身旗袍、一只刺绣布包、一抹偏掩的刘海、一条毛织围巾、一方印花手帕、一串玻璃珠手链、一支錾花发卡,照样能宣示出自己对花花世界的向往,无意间也彰显了自身独有的价值:天然质朴,素面朝天,小家碧玉,别有风韵,一点不比灯红酒绿下厮混的民国名媛们逊色。

抗战胜利后城乡百姓对时尚追求的愿望,亦是如此。他们与名贵的洋货化妆品、时装基本绝缘,基本都是通过细小的服饰佩件来实现自己的审美诉求的。即便是最底层的穷苦大众,也有对服饰的审美追求。民国三十七年(1948年)在解放区首次公演、后来红遍大江南北、历久不衰的革命歌剧《白毛女》女主角喜儿的悲喜遭遇就令人难忘:即便是父女饿着肚子、吃不上饭,当躲债出门的爹爹大年夜偷着回家,给喜儿带来二尺红头绳作为过年礼物,便使得女儿欣喜异常。这种爱美天性是超越贫富差距的,也总是十分感人的,因为它属于人性中最神圣不可侵犯的天赋权利,触动了人最敏感最本能最脆弱的良知底线神经——地主老财连这点权利都要剥夺,这么老实可怜的父女还要被人欺负、糟践,自然是罪孽深重,非打倒不可。据资深电影演员陈强口述回忆,当年有次在解放区公演《白毛女》时,台下看戏的战士们泪流满面、激愤难抑,有一位战士居然挺身而出、拉开大栓就端枪瞄准,差点把饰演地主黄世仁的演员陈强给一枪崩了,所幸被人抱着拉下。据说后来此剧公演前几排一律安排老乡和干部就座,部队观演也一律不得带枪入场。

当然《白毛女》的情节(据说是真人真事)属于极端特例,民国末期绝大多数社会底层的百姓家庭,通过无数细小低廉的服饰佩件来实现自己的时尚之约,是没有

图 5-4　电影《白毛女》剧照

任何问题的。民国末期全国各大中城市及乡村集镇,到处都有这类平民服饰杂什物件出售。只是这些小商品难登大雅之堂,很少在大公司、大商场里出售,而是杂货店、货郎担,甚至街边地摊的主要货色。被所有研究民国服饰史的设计学者们严重忽略的是:这些看上去不起眼的平民服饰佩件,背后是一个相当大的设计产业。无论是产业规模、利润数值、消费人数、从业人口,都是十分巨大的。这些小玩意儿包括各种兼有实用价值的梳子、发卡、发簪、剪刀、小圆镜、润肤油膏、口红纸、花露水、驱蚊油、笔套、围脖、帽子、手绢、书包等,也有纯装饰用途的手镯、珠链、徽章、挂饰、画片、摆件等等,往往产自家庭作坊,手工制作为主,原料低廉,工具简陋,工艺简单,属于传统手工艺性质的"新兴"民生设计产业。它们凸显出一个明显的商业优势:造价低廉,随弃随换,花样百变,层出不穷,更新速度非常迅捷。

　　本书作者曾在一位教授级的民国藏品爱好者家中看过近百件出自 40 年代后半期的这类古怪物件,单从立体造型和平面图案上看,人物从抗战国民党士兵、盟军飞行员到庄稼汉、劳工;风景从自由女神像到巴黎凯旋门、从五台山庙宇到昆明滇池;纹样从独立缠枝到二方连续、从散点布局到满式构图、从具象造像到抽象几何,真是琳琅满目,涉猎广泛。这部分服饰佩件产业在民间有着深厚的生存空间和庞大的消费群体,它们是自民国末期兴起平民服饰时尚的主要媒介,其影响在中国社会一直延续到"文革"结束后的八九十年代,才渐告式微。

二、民国后期民众餐饮方式与设计

　　早在抗战爆发,南京、武汉、广州等东中部大城市相继失守之际,上海因英美租界的存在,形成了日军尚未军事攻占的"孤岛"地区。相邻战区的大量避难流民涌入,其中包括不少苏浙粤闽的有钱人迁入,使上海的商业餐饮业急剧繁荣起来,发生爆炸性的快速增长。"孤岛"商业餐饮消费的畸形繁荣,无外乎一个原因:有钱人对时局判断不清,甚至对战争前景极度悲观,普遍存在一种"得过且过""今朝有酒今朝醉"的苟安心理。这种"沦陷区"社会普遍存在的对抗战局势的悲观情绪,直接导致了"孤岛"商业餐饮消费的快速发展,而且在抗战胜利后依然方兴未艾:战事平息、和平降临,又有近百万有钱人(包括回迁返乡的工商业主、在华寻求战争剩余物资倾销市场的美英投资者、国民党接收大员及其宝眷、政府军政机关人员及其家属等),再加上有能力回迁的上海原住户(包括技术工人、小业主、公私机构小职员等)和文化机构与高等院校的师生等,上海迅速膨胀为拥有六百万人口的中国第一大城市,快速超越香港,又恢复了战前"远东最繁华大都市"的美誉。在战后短短的不到两年期间,上海的商业餐饮规模进一步扩展,达到空前繁荣的地步。

战后短暂经济繁荣的上海,商贾政客云集,商务应酬、社交聚会繁多,一时间灯红酒绿、杯觥交错,奢靡之风盛行。这种挥霍无度的畸形消费直接促进了大上海饮食服务业的畸形繁荣。战后新建了大批酒楼菜馆饭店,大多设备齐全、装潢豪华,且各家餐饮店家普遍对菜肴质量精益求精,以争取更多的消费客户。如当时驰名沪上的"金门""南国""红棉""康乐"等十大酒楼标新立异,为取悦富豪顾客无所不用其极,纷纷大力加强对菜品在食材设计、菜式设计、店铺装潢、筵席的行序设计等方面的"推新"力度,以广泛争取客源,开拓发展空间。

同时,上海战后饮食市场竞争剧烈,有一千余家知名有样的酒菜饭馆每日每夜同场竞技、各显所长,分别形成本、宁、徽、京、川、苏锡、镇扬、鲁、豫、湘、津、粤、潮、闽、清真、素食等 16 种地方、民族、宗教的菜系和风味特色。

战后上海西餐业尤其拓展神速,"十里洋场"欧美风劲吹,所盛行西菜(上海人称"大菜")细分成德、法、意、美、俄、日等六大菜系,各有行业领军的著名餐馆。战后美国人挟"盟邦"之誉,在上海和中国各地社会享有天然的独尊优势地位,美商趁机倾销其国内战时状态产业急速发展导致的产能过剩商品,如咖啡、牛奶、黄油、奶酪等剩余物资。战后中国沿海和内地各大中城市快速涌现出一批小型咖啡馆,仅上海南京路狭小地段,不到一年就新设了 30 余家西式饮品店。战后上海中西商业餐饮的快速发展,其美誉度在战后数年内一时声名鹊起,将广州和香港远远抛在脑后,"吃在上海"的战后中国商业餐饮"社会共识",也由此而生。

战后各大城市(以上海、广州、北平、南京、武汉和重庆为例)的中西面点品种异常丰富,新出现了许多欧美口味的西式蛋糕、松饼、饼干、糕点、通心粉、馅饼等,风靡一时,且逐渐进入普通市民家庭。中式面点则在原本就花样繁多基础上更加"推陈出新",纷纷在食材选料、面点造型、辅料添加上狠下功夫,推出了许多新花样。以上海为例,仅平民日常消费的普通大饼,就不下 50 余种。各地数量更多摊点小吃、平民饭铺也不甘寂寞,各显其能,各展所长,构成了适应战后各地经济恢复时期、生活节奏明显加快的城市普通市民餐饮服务业体系,形成了战后中国社会大中城市商业餐饮业全面发展、丰富多彩的繁荣局面。

在上海、广州、南京、北平等地,茶楼茶会成为重要的商务场所,仅上海茶楼就多达 1 200 余家。此时不少城市的茶社、饮品店兼容中西,既卖中式茶品和各种中餐小吃,也卖洋式饮料(咖啡、热巧克力、苏打水、啤酒、冷饮等)和西式糕点(蛋糕、馅饼、点心等)、大菜(牛扒、烤肉等),经营方式灵活多样。上海、杭州、南京等地还率先出现了美式新饮料"可口可乐"的专门西式饮品店。苏浙地区各大中城市的熟水业(指普通市民聚集区专门供应开水的店铺,其主要生产设备为"老虎灶",一种由传统柴火大灶演化而来,配有现代化补水设备如自来水管道、龙头的民用砖砌膛炉,从 30 年代至 90 年代在上海、南京、杭州、苏州等苏浙一带流行)也快速发展,仅上海一地,至民国三十七年(1948 年)统计,登记注册、领取营业执照的就有 1800 余家。其他与商业餐饮和家常菜蔬供应相关的行业(蔬菜行、肉类加工厂、副食品作坊、佐味调料生产厂家等),也都一度欣欣向荣、蓬勃发展。

可惜好景不长。从民国三十四年(1945 年)夏抗战胜利起算,至民国三十六年(1947 年)春,国共内战正式开打,"国统区"军费开支浩大,加之国民党政府金融政策失败导致"国统区"物价飞涨,民生困难,所有经济及产业整体状态迅速下滑,最后甚至严重到影响各地全体普通民众最基本的食品供应的地步,各地商业餐饮服务业随之发生经营状况一落千丈、举步维艰的严重状况,大批餐饮店家倒闭关张,整体经营大幅萎缩,个别地区(如华北、东北地区各城市)甚至不及抗战时期寻常年份。

[以上涉及上海地区餐饮业的名称、数据均来源于《上海地方志·餐饮服务行业志》和各地地方志及各地方志资料相关信息。]

"国统区"金融崩坏、经济严重衰退,直接反映在每一个普通民众家庭维持最基本生存条件(如食品)的供应水平上;加之人们头上无时无刻不笼罩着的巨大战争阴影,全国城乡民众的日常生活状况急剧恶化。连当时一直作为社会精英、待遇优渥的大学教授们亦不能幸免。参照抗战前民国二十五年(1936 年)标准领取 600 元(银币)薪水的教授们,在民国三十六年(1947 年)起,平均月薪为 122 元(金圆券),仅相当于战前银币 61 元,实际收入仅为战前标准的十分之一。以民国三十七年(1948 年)8 月 19 日上海市面食品价格为例,米价每斤金圆券 1 角 3 分、面粉每袋 7 元 6 角、猪肉每斤 7 角 3 分、生油每斤 6 角,物价还可以接受,可自从进入当年10 月份之后,国民党在战场上连连失利,国民政府加紧抽取军费开支,导致整个"国统区"经济不堪重负,几近崩溃。此时市面上就没有"限价"食品了,各种与吃喝相关的民生必需品价格如脱缰野马,一路飙涨。

以北平为例,民国三十七年(1948 年),北平的人口超过 200 万,年需粮食约 10亿斤。"到 1949 年解放前夕,全市经营粮食的商户共有 1 313 家,居各行业户数的首位。经营大米白面的称作'米面庄',经营五谷杂粮的称为'陆陈行',代理买卖的叫做'粮栈'。在天桥、广安门、西直门三处各有一个粮食行业交易市场。奸商与贪官勾结,哄抬物价,在'钱'与'权'双重压迫下,老百姓苦不堪言。"(陈明远《文化人的经济生活》,文汇出版社,2005 年 2 月版)

本书作者用三位教授私人言行的真实记录来表明当时无论战区还是后方的普

图 5-5 北平茶馆

通民众在生活最基本保障的"吃饭"问题上的艰辛不易。

内战开打一年后,"国统区"民生状态迅速恶化。一个教授平均所领的薪金 142
万元(金圆券),不够买 10 袋(440 斤)面粉,仅仅相当于一个清洁工的水平。民国三
十六年(1947 年)9 月 21 日,北京大学胡适校长致电国民政府,说平津物价高昂,教
员生活清苦,"请求发给实物;如不能配给实物,请按实际物价,提高实物差额金标
准"。胡适还在记者招待会上抱怨:"教授们吃不饱,生活不安定,一切空谈都是
白费!"

清华大学教授浦江清在民国三十七年(1948 年)12 月 16 日的日记中写道:"海
甸、成府(注:即在今清华大学、北京大学之间及周围地区,中关村一带)交通如常。
国民党军队撤、中共来,都无扰乱。商店渐开门,东西很贵。中共所用长城银行的
纸币出现了。"12 月 22 日的食品物价为:肉 60 元(金圆券)一斤,鸡蛋 10 元一只,
青菜 4 元一斤,冻豆腐 4 元一块,金圆券发了没几天就花光了。浦江清不无感慨地
写道:"不知中共何时把北平攻下,方始得到安定。"到 12 月 28 日,肉价还是金圆券
60 余元一斤,纸烟 40 元 20 支,花生米涨到 50 多元一斤,以至于浦江清"舍不得
买",跑了多处比较贵贱,最终只买了些黄豆(18 元一斤)、黑豆(20 元一斤)回家。

民国三十八年(1949 年)上半年,浙江大学教授夏承焘已无法安坐书斋,几乎
终日为全家老小维持基本生计而四处奔忙,他的日记在当时记录道:"1 月 4 日,米
价已至 700 元一石","6 日,午后买食物,费百余元","7 日,过大街购一帽,金圆百
元。物价猛涨惊人,午后过珠宝巷口,买金买银洋者甚拥挤。金圆券,将成废物
矣","9 日,午后与家人进城购日用衣物,费 600 元。物价一日数变,金圆券亟须脱
手","14 日,剪发付 13 元,前次仅 3 元"。

〔以上三个自然段之事件、数据均根据文亭所撰《抗战胜利后国统区通货膨胀
奇观》(载于《决策与信息》,2011 年 04 期)和原载于《文史参考》杂志第 23 期(2011

年)的相关文章整理而成。]

40年代末的乡村社会，即便是地主富农这样的富裕农户，一般年度开销的重点仍放在日常吃喝上，且相当节俭。以对河北省清苑县的调查统计为例：

表5-8　民国后期河北清苑各类农民家庭饮食结构户均消费水平（单位：元）

项别	地主	富农	中农	贫农	雇农	总平均
粮食	189.51	207.55	142.22	92.65	60.93	114.00
肉类	12.00	12.15	4.61	2.33	1.60	3.94
蔬菜	3.62	2.18	1.81	1.72	1.10	1.77
调味品	18.00	15.05	8.67	4.33	2.82	6.59
总计	223.13	236.93	157.31	101.03	66.45	126.30

注：上表引自侯建新《农民、市场与社会变迁——冀中11村透视与英国乡村比较》，（社会科学文献出版社，2002年10月版）。

正如前述，一旦赖以生存的民生产品成为短缺商品，人们的选择范围便会严重缩小，就必然导致对设计的需要量减少；一旦设计工作的需要量减少、设计者收益随之下降，设计者的投入量也会随之下降，直至完全剥离——这本身就是中国社会百年来的现代市场自由经济运作规律已经用事实反复告诫人们的事情。民国后期的餐饮设计与开展几十年的"大众化简式餐饮改造"渐行渐远，沦为极少部分"高端客户"的服务内容，以至于在解放后的50年代起就遭受致命性的打击，大批次直接关门歇业或转行换业，形成了停滞三十年的"真空期"；劫后余生的餐饮业缩小经营规模、降低服务档次，一直很难有较大发展。事实上，民国末期畸形化的"高端餐饮"盲目发展，为中国现代商业餐饮服务业的"未来"，预留了绝大的隐患。当然，这个集体性的失误，有深刻而复杂的社会原因，但自身目光短浅、急功近利，没有估计到"山雨欲来"的社会主流消费人群即将发生的重大变化，显然也是主要内因之一。

三、民国后期民众居住方式与设计

本书作者把"民居建筑"定位在"真正老百姓居住的房屋"上，与现有建筑学史论学者们的著作可能有很大差距。在本书作者看来，专家们列举的那些"民国民居建筑"，九成以上属于"伪民居"，因为屋主人个个都是官宦豪族、绅士名流，再不济也是资本家、大老板，跟本书作者理解的民生范围、与占社会绝大多数人口比例的平头老百姓相差甚大。不把这个范畴搞清楚，"民生设计"就简直没法谈了，甚至中国革命都成了伪命题——假如中国老百姓大多都住在这些专家们认定的"民国民居"里，高堂华屋的，吃喝穿用铁定也差不了，还需要打倒国民党、建立新中国吗？本书作者并不否认部分这样的"民国民居"确实属于"民"（不当官的都可以称为'民'），但一旦涉及"民生设计"，其主体必须是99%的"民众"，而不是一小撮"富民阔佬"。这是历史研究中"类型学"常识决定的。一旦设计案例失去了具有典型价值的"普适"标准，并不代表有相当实际人口基数的数据支撑，那就失去普遍意义和规律性概括了。因此，本书作者认为，专家们津津乐道的"民国民居"研究，理应归纳到"房地产二手房中介机构"或者是"旅游开发机构"去清谈,而不应该在建筑设计史论研究的严肃范围内涉及。

图 5-6　北平百姓人家

民国后期因战事连连,国民党政府并没有搞什么太像样的大规模民居建筑。倒是沦陷时期汪伪政权搞过一些颇有规模的社区民居建设(如大城市的上海、南京、天津等,中等城市的石家庄、张家口、太原等地,都有文献记录)。战后这些"民国民居"有不少被作为"敌产"由国民政府指定的各公私机构接收下来,作为机关宿舍和家属居住区;大部分则按市政部门要求,重新进行了"房产信息登记",造册编号。有些地方在民国末期短短的几年也兴建了一些新区简易式民居,如上海、沈阳、成都、南京等地。

这部分绝大多数民国末期老百姓居住的新式"简易民居",其原型一部分是战前(1933～1937年)南京、汉口、北平等地的"平民住宅"设计样式的延续;另一部分则抄袭"沦陷区"日据时期建设的民居设计样式。后者东洋设计的色彩浓厚,显然造价较高,但功能设计较为完善,每套单元均有客厅、餐厅、卧室、卫生间、厨房、储藏室等。民国末期官方投资兴建的数量极少的民居新区,并无南北风格之明显区别,倒是已有简单的供能区划分。民国末期大多数新建的高档民居建筑与简易式民居建筑,有几点"共有特征":

1. 板砖双码、错层堆砌(为的是使结构更牢固、隔音、保暖效果更好,也省工省料)。

2. 洋灰（即老百姓对"水泥"的民间俗称）填缝、抹平。砖砌时用洋灰,墙体形成后再用洋灰抹平。这样可以使墙壁密闭性更好些,兼有防雨水渗透、隔音、隔热等多种低级功能。

3. 洋瓦铺顶。这种在各城市民国建筑中很常见的矩形长板瓦,民间俗称"日本大洋瓦",其原型发明来自欧洲,每片宽约 30 厘米,长约 45 厘米,瓦面呈波浪起伏状(可聚集雨水,使其有序下流),下部檐口上侧为锹铲状,上部檐口反向有挂钩状结构。洋瓦比之中国民间的传统小板瓦而言,虽造价成本略高,但防水密闭性、防暑隔热性、维养耐久性都要好得多。

4. 胶合门扇。民国末期的新建"民居建筑",门扇已大量使用胶合板打制;使门扇连接门框的已不再是转轴,而是使用了铰链叶片,用木螺丝固定后可以自如翻转。最初的民居均是在门板上安装"锁鼻"和"锁搭子",再挂上一把环钩挂锁了事,仅能"防君子不防小人"。讲究些的则安装美国产的"嵌入式弹簧锁",老百姓俗称"斯佩灵"锁(英文弹子锁译音)。

5. 简易窗户。窗扇无窗棂、有玻璃。日式(其实源自英格兰地区民居)左右开启窗扇,一般是框格构造,无中式雕花镂空式窗棂,只镶嵌玻璃,接近公众视线的窗户(如底楼、客厅门窗等)多用磨砂玻璃或彩色玻璃。窗扇均有铁质风钩和竖状插销。

6. 有简单的室内装饰。档次高点的民国末期新建"民居",上有"天花板"(屋顶部分有木条构架,糊上掺入纸浆、碎稻草、布絮的黄泥,干涸后再细腻抹平、粉刷几道石膏白粉),下有地板(多为造价较低廉的松木、桦木、柳木拼接而成,需要过几年就刮腻子、刷油漆维养一遍);有些高档民居还有墙裙(多为客厅、卧室墙体下沿1.1 米高度的木板拼接而成)。简易式"民国民居"则既无天花板地板,也无墙裙踢脚,就刷大白了事;年久后石灰剥落一般也不补弄,实在不济就拿报纸一层层糊上了账。

7. 简易的厨卫设施。一般高档的民国末期"新建民居"都配有独家的卫生间(美式坐便器、盥洗池、搪瓷浴缸三大件),甚至有瓷砖贴面。高档民居还会有专属厨房,通管道煤气或使用简易式筒状铁皮煤炉(详见"民国中期"部分前述内容)。普通简易式民居则每个楼层有公用厕所,一如 50 年代至 90 年代的"筒子楼",盥洗室、厨房就更谈不上了,一般自己找个拐角楼道支锅造饭。洗洗刷刷则自行拿大小搪瓷面盆(南方称"脸盆")或木盆解决。

这是民国末期全国各城市大多数新建普通民居的基本特征。

更多的普通市民则混居在老式房舍里:华北民居的胡同、四合院;华东和长江流域各省大中城镇民居的弄堂、亭子间;东北民居的大杂院不等,更有不少社会底层劳工、市民居住在棚户区内(详见"民国中期"有关前述内容)。在抗战胜利头两年,"复兴重建规划"倒是搞了一大堆,但因经济逆转、战事殃及,除去上海、天津、北平、广州、南京、武汉等大城市在民国末期市政地下管网建设有所投入外,全国各大中城市基本没有什么新的像样的市政项目投入新建,公共居住和公共卫生状态与战前"黄金十年"时代差距不大。

四、民国后期民众出行方式与设计

战后中国各大中城市,在民国"黄金十年"和沦陷期间修建的市区市政服务设施系统(市区马路新建和扩宽、路灯等照明设备等有所改善、公交车数量增加等)基础上,有了一些新变化;全国省际陆路铁路和水路的公交客运也开辟了一些新路线,新建了一批车站、码头;民用航空也开通了个别新航线(平沪线等),但"中航"规模很小,全部空姐仅有二十余人。因战争和经济滑坡的影响因素,这些短暂的交通改善举措瞬间即逝。因而在战后至解放初期的整个民国末期中,全国的城乡公共交通事业并没有很大的改善。

在战后各大城市的普通民众出行的主要交通工具中,自行车比例有较显著增长。政府低级公务员、教师、公司雇员、青年学生,甚至巡街警察,使用自行车出行的人数比例有明显增加。据民国三十七年(1948年)统计,当年上海市区已有登记在案的"脚踏车"(即北方人说的自行车)23万辆。北平、南京、广州、天津等地,全体市民家庭中已有半数以上拥有至少一部自行车。但中小城市依然相对落后,自行车对于收入较低、仅维持温饱的劳工阶级而言,仍属于奢侈品范畴。以石家庄为例,至民国末期,全城私人拥有的自行车不足百辆,民众出行主要仍依靠步行、畜力代脚、人力车(指黄包车和三轮脚踏车),甚至大车、抬轿。

全国各大城市在抗战胜利后,城市公交客运业有所增长。以南京为例,在民国末期的几年内共有六家汽车公司在公交业务上展开商业角逐,分别是"宁垣""关庙""兴华""振裕""江南""首都",其中以回迁南京的"江南汽车公司"实力最为雄厚,一度拥有各种新型公交车百余辆,独家经营着市区近1/3公交线路。

战后的上海依然是全国公交客运业最发达的城市。抗战胜利当年,上海市政府公用局设置"上海市公共汽车公司筹备处",10月改组为"上海市公共汽车公司筹备委员会",11月设置"上海市电车公司筹备处",次年又将两处合并改组为"上海市公共交通公司筹备委员会"(简称"公交〈筹〉"),先后开辟市区公交新线10条。至解放前夕,上海与郊县途经区境的公共汽车已有13条线路。整个民国末期,上海拥有市区公交客货运输车辆达近两千辆,从业人员数万人。据上海市政府营运部门统计,截至民国三十七年(1948年),上海的常住人口为540万,全年的公交载客人数达到2亿7000万人次左右,已具备了亚洲国家中最大的城市公交营运能力。

在民国中期,上海已有了自己当时在全国最具规模的出租车业务,据民国二十四年(1935年)11月统计,公共租界登记的出租汽车企业增至107家,车辆1 003辆。沦陷期间因汽油等战略物资受敌伪严厉限制,出租车及公交客运业备受打击,生意一落千丈,行业规模大为萎缩。民国三十四年(1945年)抗战胜利后,上海出租汽车企业陆续复业,业务有所增长。民国三十七年(1948年),上海共有出租汽车企业57家,约有600余辆出租车辆在市区常年经营。至上海解放,尚有出租汽车行29家,营业汽车370辆。

以民国三十四年(1945年)统计,北京出赁汽车(出租车雏形)即有214辆营业小轿车,以美国车为主,其中"福特"车 69 辆、"道奇"车 45 辆、"雪佛兰"车 28 辆、"普力茂"车 25 辆、老式"别克"车(均为 20 世纪 20 年代后期生产)11 辆,其余全是十几种杂牌车。战后的汽车出赁业部分经营者自行组装车辆现象比较普及,为了让汽车好看又省钱,换上时髦的车壳,安上四马力旧引擎,便上路营业招揽生意,随叫随停。这是民国末期北方城市中最早的出租车经营模式。

民国三十五年(1946 年)底,国民政府"行政院"心血来潮,明令在全国各城市禁止"人力车"(指人拉二轮洋车,沪上称"黄包车"),受到全国各城市社会各界和劳工团体的强烈抗议,后上海市政府予以变通处理,逐步以改装脚踏式三轮车逐步取代了部分"黄包车"。至上海解放时,尚有"黄包车"3 600 余辆(至 1956 年 2 月才被全部淘汰)。民国三十四年(1945 年)年初,上海市区有三轮客车运营公司 34 家,拥有车辆 7 000 余辆。民国三十五年(1946 年)起,上海人力车分批改装成"单人脚蹬后座客厢三轮车"(简称"三轮车"),数量迅速增加,至民国三十八年(1949 年)12月,上海全市营业三轮车共有 26 570 辆,三轮车工人近 5 万人。

战后全国部分地区长途公交业务亦有小幅增长,有些地区甚至有急速发展。据不完全统计,至解放前夕,仅云南境内商用长途客货班车就有 1 600 余辆,是全国中长途客货运输较为发达省份。但前往"云南省保安司令部运输处"车辆管理部门登记的本地客货运输汽车仅有 615 辆。原因是本省客货运输税费过于繁重,大量外省汽车入境竞争业务,使云南省内汽车运输业处境十分困难,大批驾驶人员生活十分艰难,因而本省汽车反而要设法逃避等级及税收,以降低营运成本。

全国各大城市及省会城市,公交客运业均有一定幅度增长。以太原为例,抗战胜利后,官办供应的"复兴汽车公司"负责太原及周边县市的公交业务,当时以进口的 10 辆美国新型车底盘改装成公交班车。至解放前夕,共有太原至交城、太原至忻县、太原至榆次、太原至文水等几条班次固定的长途公交线路,有公交客货运输汽车 75 辆(其中客运 5 辆、货运 70 辆)。

抗战胜利最初两年,全国各大城市搞了一些公交车辆配置和路站建设,但有些战前老百姓主要公交工具并没有能恢复起来而逐渐消亡。如很多大中城市在二三十年代先后修建的市区有轨公交小火车,均在抗战沦陷时期先后停运,而在战后也没有能恢复营运,逐渐消失在人们的视野之中。如南京的客运有轨小火车,兴建于晚清,在全国不但历史较早而且相当有规模,一直是南京市民出行的主要公交工具。在沦陷后的汪伪时期停运,抗战胜利后和建国初期曾几度停停开开,一直未能正常营运起来,至 50 年代末彻底停运、悉数拆毁。这原本是南京这样的历史名城难能可贵的民俗风情文化符号,轻易丧失,殊为可惜。

[以上内容涉及上海地区部分详见由上海地方志办公室主持编制的《上海地方志·公用事业志》及各省市地方志相关章节。]

五、民国后期民众休闲娱乐方式与设计

战后前两年,与政治家们不一样,还未从抗战胜利的喜悦中恢复常态的人们,继续沉溺在欢庆的情绪中;加之人们一相情愿的"从此天下太平"的自我麻痹思想泛滥,整个社会笼罩着"苦尽甘来、劫后余生"的氛围,促使全国各大中城市的餐饮业和娱乐业、旅游业、生活配套服务业都在快速发展。

由于"孤岛"时期外地入沪避难富户盲目消费的刺激,上海餐饮业和洗浴、旅社、娱乐等服务业,在整个抗战时期有个畸形的快速发展时期。抗战胜利后头两年(1945~1947年),大批接收单位、返沪企业、新迁人员的回流,各种政治集会、社交聚会、商务活动大量增加,餐饮和生活配套服务业非但没有衰减,反而更加繁荣发展,白天十里洋场车水马龙,入夜灯红酒绿、歌舞升平,使大上海迅速恢复成昔日繁荣的亚洲第一大都会超大城市。以旅馆业为例,战后头两年新开业者快速增加,截止到民国三十五年(1946年)的不到一年内,新登记注册的住宿旅社多达477户,共计1.7万多间客房。

战后中国各城市新型理发店铺更是蓬勃发展。仅上海一地在抗战胜利前两年内竟发展至1万多个,从业人员3万多人,同业公会会员达5 000多户。这时的理发行业,在美式消费风尚的间接影响(如战后在中国城市社会泛滥成灾的美国画报、美国电影、美国广告等等)下,已开始兼有美容美发的双重服务性质,各理发店纷纷订购了大批美国产新式理发用具(如电动手推、电动卷发罩、电动烫发器、可调节座椅等),整体装备焕然一新,还新增了不少针对高档男女客户消费需求专设的新服务项目,如烫发、卷发、护发、染发、护肤、除皱、化妆等。尤其是美式发式设计、美式容妆设计等新型形象外观设计,使战后中国大中城市理发业的造型创意技能和装备整体水平迅速提升。以上海为首的中国理发业的快速更新改造,迅速影响了沿海各大中城市,使中国战后理发业在很短时期内迅速发展为城市生活配套服务业的一个重要行业,产值和从业人员都有很大增长。

同时,全国大中城市的洗浴业也在战后头几年有个短暂的繁荣时期。如上海的浴池业发展至150家;美式淋浴、盆浴在高档消费客户中开始流行,美式铜件镀铬(老百姓俗称"克洛米")或不锈钢"莲蓬头"(即淋浴专用出水龙头,亦俗称"花洒")、浴缸、盥洗小件(龙头、管道、下水、活塞等)逐渐向全行业店家甚至普通市民家庭普及。新添设备和新增服务项目使上海战后洗浴业的商业价值已远远超出了个人卫生服务本身;尤其是高档堂口(如浴室的"雅间""盆浴"等)成为人们进行商务洽谈、摆平纠纷、私下交易的新兴场所,生意一度十分红火。

战后全国大中城市洗染业也随之增长。如上海地区印染店家新增至760户店铺,从业人员5 000多人。这些印染店并不是工业生产概念的批量印染生产,而是零星业务接收形式:专为中低收入家庭将所买白坯布染成所需要色调面料,有些还从事将旧衣裤改款、翻新的业务。由于美式服装对中国战后消费者的巨大影响,西服洋装在各大城市(尤其是上海、杭州、广州、宁波、南京等沿海地区)日益普及,与此相配套的洗烫店家也迅速发展。仅上海地区的洗衣店就新增至1 300多户;业务范围是为客户干洗、熨烫、织补各种西式毛呢、咔叽布西式衣裤。

上海的照相馆业务也在战后前两年有所发展,至民国三十五年(1946年)已达500余家,所引进照相器材几乎清一色美国制造,在照相服务内容上也有所拓展,新增了许多青年客户喜爱的人工绘制或大幅彩印背景的影棚式拍摄和情节化妆项目等,有些照相馆还引进了不少美式器械,加强了后期胶片合成、暗房洗印技术,来招徕时尚客户,极大地拓展了自身的业务范围。

各大城市商贸契约活动频繁、文教事业的恢复与发展,还直接带动了誊印业、打字业、翻译业的短暂繁荣。如上海一地专事工程图纸晒图复印、契约文件打印的誊印社发展至11家,且新添了一些美式晒图、油印、排字、打印等设备,业务范围和业务量均有所增加。

战后全国各大中城市向市民开放的公园有一定程度增长,节假日游园的休闲方式,已成为大多数普通市民家庭的生活习惯。据统计,战后前两年中国各大城市公园平均在十个以上,中等城市和小城镇也普遍拥有数个公园,连不少县级城关也在战后前两年新设了自己的市民公园。一如战前"黄金十年"时期一样,中国社会的市民公园一直就具有一种"寓教于乐"的"中国特色",如公园内延绵不绝的自然科学、公众卫生、国防等科普展会,政治事件的纪念公园,政府机构和社会团体直接主办的政治宣传集会等等。

战后全国电影发行放映业也有较大发展,尤其是全国各大中城市,在影院放映机械、音响、座椅及装潢上,都大力引进了美式标准和设备,整体档次有较大提高。尤其是上海,一线电影院在战后前几年几乎日夜满场,生意很是兴旺。值得指出的是,战后一度繁荣的电影放映发行业,是建立在全社会"美风劲吹"消费心态氛围下,几乎清一色的美国好莱坞影片的洪水般涌入基础上形成的。反观国内电影制片和发行,却受到了美国电影的巨大冲击,无论在新片拍摄、拷贝发行、影院上座率各方面,都难与美片匹敌,国产影片开拍、发行数量甚至远不及"黄金十年"后期的年产量,处境颇为艰难。

战后上海、北平、天津、广州和首都南京等地区的各种夜生活娱乐场所急剧增长,新增了不少夜总会性质的经营项目,设备和服务内容也扩大不少。以上海为例,不但全市开设了近百家夜总会、舞会俱乐部,几乎各高档饭店、旅社都设有自己的舞池、音乐间、酒吧间,供客户消磨夜生活。临时性的公私设办的舞会、娱乐、游艺聚会就不计其数了。在政府严厉打击下,战后大城市中商业性的传统博彩业(掷骰子、推牌九、麻将档等)大幅衰减,在市面上基本销声匿迹,但新型的变相博彩业又日益滋生出来,除港澳、上海等地的赛马赌马外,欧美式的牌局棋局赌庄,甚至战后新建的俱乐部、健身房、弹子房的小型游艺(飞镖、康乐球、斯诺克、花式九球等)不少都成了新式赌博媒介,参赌者、从业者甚众。

[以上涉及上海地区的行业数据,均参考《上海地方志》各行业志相关内容。]

战后国民政府宣布除香港外收回大陆境内全部租界,加之在二战中英法元气大伤,本土复原尚自顾不暇,在中国的租界管理远不及战前强势;以前洋人享有的"治外法权"等种种租界特权全部丧失,只剩下个"工部局"旧班底勉强维持原租界地块的市政庶务(水电气供应、修马路、公交管理等等),上海的华界、法租界和公共租界已基本融为一体。短短半年,上海滩就恢复到歌舞升平、市面繁荣的水平,各种娱乐、餐饮等休闲服务的行业甚至远超战前水平。"娱乐场所是分层的。外国总会、租界公园、跑马厅是主要外国人的天地。舞厅、溜冰场、运动场、游泳池、酒吧、咖啡馆,穷人不敢问津。对于娱乐场所的分层,1936年《社会日报》一篇文章写道,上海的娱乐,分上、中、下三等,跳舞、坐汽车、吃大菜,是有钱的公子哥儿、摩登太太享受的。公司乐园,是一般靠着生意吃饭,也有些闲工夫的人去逛的。一般以苦力赚钱的下流社会,既看不懂电影,又没有那么许多钱去逛公司乐园,所以,他们唯一的娱乐场所,就是小戏院。这些小戏院,全上海有六十余家,扬州戏占了半数,绍兴文戏有十余家,淮戏十余家,还有宁波滩簧等。小戏院多开设在小菜场附近,票价很便宜,有一毛钱或十七八铜元就可听一次的。其设备极其简陋,几张破布景,几套旧戏衣,演员五六人,售票、查票、后台管理等都是这些人,其演出水平可想而知。"(熊月之《乡村里的都市与都市里的乡村》,在香港大学亚洲研究中心的讲演,载于《史林》,2006年第2期)

战后乡村普通农户(没有成年壮年男劳力)的订亲彩礼,是很有些分量的:"一九四六年二月初八,我妈把准备的两万块钱、一匹布、两段料子、一对耳坠及一个纸娃等信物让媒人送往西庄子上。媒人又从西庄子上送来一顶帽子、两个斜马、一个枕头及笔、墨、鞋、袜、小银马等物,算把婚事定下了,了却了一件大事。"(侯永禄《农民日记》,中国青年出版社,2007年版)侯永禄,陕西省合阳县农民,1931年出生,初中文化;60年写下了200万字日记,横贯抗战、民国、建国初期、"文革"、改革开放等重要历史时期。因其具有真实性史料价值,2007年出版后引起各界极大关注,广受好评。

六、民国后期民众文化消费方式与设计

战后第二年(1946年),国民政府制定并颁布了雄心勃勃的《教育宪法》,其中有几条措施具体而详实,令人印象深刻:"教育文化应发展国民之民族精神、自治精神、国民道德、健全体格、科学及生活智能……国家应注重各地区教育之均衡发展,并推行社会教育,以提高一般国民之文化水平……"对于教育经费的来源,《教育宪法》有具体规定:"边远及贫瘠地区之教育文化经费,由国库补助之。其重要之教育文化事业,得由中央办理或补助之……教育、科学、文化之经费,在中央不得少于其预算总额15%,在省不得少于其预算总额25%,在市、县不得少于其预算总额35%,其依法设置之教育文化基金及产业,应予保障。"《教育宪法》还规定:"国家应保障教育、科学、艺术工作者之生活,并依国民经济之进展,随时提高其待遇。"当时一般普通警察一个月2块银洋,县长一个月20多块银洋,而同时期同地域的"国小"老师一个月一般可以拿到40块银洋,民国时期小学教师的地位和待遇要远远超过公务员待遇。民国末期社会对中国教师待遇的重视和投入,足以让今人蒙羞不已。

抗战期间,一大批院校师生随国民政府内迁至西南大后方继续坚持办学,为现代中国高等教育事业发展做出了特殊贡献。抗战胜利后,这批骨干院校陆续回迁,并在原有基础上获得了一个短暂的快速发展时期。到民国三十六年(1947年),据国民政府教育部门统计,全国共有各类高等院校207所,含国立高校74所、省立高校54所、私立高校79所;其中大学55所、独立学院75所、专科学校77所;在校生共计155 036人,其中含研究生424人、本科生130 715人、专科生23 897人。

民国中小学现代教育,是在清末教会学校和民商私立学校、民初北洋时期国民教育、"黄金十年"普及教育的数十年累积基础上形成的体系。受战后经济规模、时局动荡、政府投入锐减等不利因素影响,大学、中学教育在民国末期仍属于珍稀教育资源,但国民小学在战后数年内已经相对较为普及,并且在全国大多数城乡(包括国共内战各战区)相对保持完整规模。据国民政府教育部门统计,至国共内战开战前夕,全国每六人中就有一名在校就读的小学生,尤其是山西省适龄儿童入学率竟达到80%的世界领先水准。这是个中国历史上前所未有的受教育人口比例,显示了社会各界(包括政府层面)对此投入的巨大财力和积极关注。

多年的民国时期文明开化的社会风潮,造就了一大批民国文化名流。民初、"黄金十年"和抗战时期尚在羽化之际的一批名家、名士、名流,在40年代终于破茧而出、崭露头角,焕发出耀眼的光芒:告别了李叔同、苏曼殊、徐志摩、梁宗岱、胡兰成、张爱玲,迎来了辜鸿铭、陈寅恪、沈从文、钱锺书的时代。美学家宗白华感叹道:"民国文化处于启蒙和过渡阶段,新旧交替,东西碰撞,孕育了最大的丰富性。产生了一大批名哲、名士、名作家。"(详见宗白华撰《论〈世语新说〉与晋人之美》,载于《宗白华全集·2》,宗白华著、林同华编,安徽教育出版社,1995年版)民国末期的知识界、艺术界,受战后欧美民主国家影响,自由学术风气更胜以往,每每充当了批评社会陋习,甚至抨击政府的公众代言人。这些不断涌现的民国文化精英,引领了社会精神时尚的每一波新潮。可惜民国名士这种桀骜不驯的独立人格和批判精神,因为各种原因,在很长一段历史时期内,彻底消逝在中国社会公众视野之中,迄今渺无踪迹。

抗战胜利后的中国出版业也是恢复迅速、方兴未艾。除去"商务印书馆""中华书局""开明书局"(今"中国青年出版社")"三联书店"四大机构外,各种民营出版机构如雨后春笋般涌现。且全行业大量引进欧美印刷机械设备,在出版物的编辑内容、印书用纸、印刷品质、版式设计、书籍装帧等环节都有快速提高。

全国大中城市公共图书馆、博物馆和科研机构,除从抗战大后方回迁原址之外,在战后头两年有一些新的增长。如科研机构在战后发展比较快速,形成了三种主要形式:以大学为依托、由国民政府财政部门直接拨款的官办科研机构(如"中央研究院""中国科学院"等);以省市两级地方政府全额拨款或主要托管的专业性研究机构(如"江西省农业研究院"等);还有众多的民营企业自属的产业研发机构。战后两年内,公共图书馆基本在大城市中得到普及,尤其以南京、北平、上海、广州等城市向公众开放的图书馆,设备更新加快,藏书量剧增,均达到历史最高水平。

文博机构也有所改善,尤其是南京的"中央博物院"和北平的"故宫博物院",在文物保护、库藏设备、考古鉴定等各方面都取得了一定成绩。

抗战胜利后的中国出版业,一度欣欣向荣。早在抗战之初就悉数迁入西南大后方的"商务印书馆""中华书局""开明书局"(今"中国青年出版社")"三联书店"等大牌出版业,成就了抗战至战后中国出版业的繁荣局面。尤其是民国后期文教事业的恢复与发展,又进一步促进了出版业的短暂盛兴。"抗战胜利后,教育部将小学和初中文、史课本改为统编教材,称为'国定本',其余为教育部审定的各种版本称'审定本'。国定本的发行数量根据各家权力和经济实力按比例分配。其顺序为正中、商务、中华、开明、世界、大东、交通等,又称'七联'。其中以正中、商务、中华三家分配较大。虽然经过分配,但暗中的竞争很激烈,如请客吃饭送礼、给经办人回扣等。当时书业工会规定销售折扣为8折,对学校为9折,但有的给到6折。从整个教科书发行数量来说,以商务、中华两家老字号为最。"(详见王航《中华民国时期出版业的扩张》,载于"新浪网·读书论坛·文化漫谈",2008年8月6日)以战后福州为例,截止到解放前夕,"福州地区先后办有书业375处。其中:官办出版社39处,民办出版社18处,学校办26处,大小书店177处,旧刻坊及新型印刷所49处,中共地下党办7处,私人传统家刻53处,宗教团体办6处"(详见福州市地方志编纂委员会主持编纂《福州市志·第七册·第二节·民国时期的出版业》,2001年版)。这个数据恐怕当下福州出版业也比不了。

图5-7 民国报章

印刷出版业的快速恢复与发展，促进了民国后期平面设计产业从版式设计到书籍装帧设计以及纸媒广告、商业海报、招贴的全面繁荣。战后引进欧美先进的彩色印刷设备，无疑使以出版印刷业为依托的平面设计产业得到了快速提升，设计能力大为加强，不少方面全面超越了民国中期的水平，无论是字体设计、商标设计、彩版套色设计、纹样图案设计，还是海报绘制、广告创意、商品包装，都显示出与欧美日本同行日益趋同的迹象，时有佳作涌现。风靡世界的时尚元素加当时在亚洲堪称一流的印刷装备与技术，可以说，民国末期短短两年（1945 至 1947 年）的现代中国平面设计成果，是整个 20 世纪中国近现代设计史上不多的亮点之一。民末平面设计产业的良好发展趋势可惜因内战爆发而半途夭折，重新全面崛起是在差不多60 年之后了——特别需要强调的是：当下中国平面设计的"崛起"仅仅指印刷技术与出版规模而已，就国内消费主流群体的认知程度和对最起码在亚洲范围的商业影响力而言，当今中国平面设计的创意水平是不是能与民末时期相比，还是要画上一个大大的问号的。

七、民国后期民众日杂消费方式与设计

战后前两年全国日用消费商品市场的繁荣，突出表现在全国性的民生百货业从产业规模、技术更新到销售渠道、商业网点的迅速而全面的增长方面。尤其是抗战胜利后中国民众普遍存在对"盟邦"美国的感激之情是"中美友谊"日益高涨、崇尚美国民生商品的社会普遍消费心理形成之际，美国商家趁机向中国市场大力倾销战时剩余物资，从布料到餐饮具，从副食品到化妆品。在战后前几年，美国货几乎在中国各大中城市民生百货商品市场上形成了"一家独大"的局面；只要是美国货涉及的领域，基本是横行无阻，纵横驰骋，众多国货仅能瓜分其剩余市场份额而勉强维持。这种状况一方面严重打压了中国民生产业的生存空间，另一方面又促进了战后中国民生产业在设计创意、技术升级、装备换代和从商业宣传到网点销售等一系列营销观念更新等方面取得全行业的巨大进步。

以销售量最大的民生百货为例，抗战胜利后，全国各地不仅有官办民营企业陆续回迁，还在"沦陷区"接收了一大批敌伪企业，这些敌伪企业经过七八年经营，有些无论在规模、资金量，还是在设备、技术层次上，在亚洲还是第一流的，如集中于上海、天津、广州等少数沿海大城市的造纸、印刷、棉纺、印染、搪瓷和玻璃制品、保温瓶、文具、食品加工、自行车、肥皂、卷烟、酿造、制革等产业。甚至个别企业不逊于日本战时的国内水准，如东北地区的汽配业、机车制造业，上海地区的玻璃业、日用化工业等。这些产业的整体实力，原本都为战后发展奠定了良好基础。但战后美国货的无节制涌入，将中国民生产业的发展空间无情地挤占了大半。

战前美国就以庞大的民生类商品产业（机械制造、航空业、汽车、电子、日用化工业等）占据全世界经济总产值的三分之一左右，经过几年战争期间的"战时经济管理"政策的正确疏导；加之当全世界几乎所有经济发达地区都无例外地遭受战火蹂躏，美国本土却毫发无损，经济产业一派欣欣向荣。美国产业经济的巨大潜能在

战时被完全释放出来,显示出无与伦比的巨大活力,在战后全世界一片废墟中,美国经济却"风景独好",以一国之力,独占全世界经济产值的半数以上。据来源不同的各种数据表示(因统计口径、类别不同,有微量差异),美国国内因战争时期形成的制造业和民生工业巨大产能,在二战后已高达全世界 GDP 的 48%(一说是52%)。美国经济这架高速运转的庞大生产机器一旦开动,就很难降下来,因为它连接着"生产链"上游美国人独步于世界,并引以为傲的强大的技术发明、设计创意研发领域,也连接着"生产链"下游遍布全世界的物流、经营、销售网点。这条"产业链"(它的别称是"世界战后经济新秩序")的成功建立,确保了全体美国人民无论在战时还是在战后的很多年期间,都充分享受着远高于全世界绝大多数地区的高品质生活水平和全世界最优越的社会福利水平,拥有全世界最充分的就业机会,并同时具备着支撑美国政府一切军事、外交政策的强大国家实力。任何一届美国战后产生的民选政府,都必须在战后采取积极措施去不断拓展庞大的海外市场,才能维持美国产业的基本规模,保障数以千万计美国产业工人的就业岗位,并维持美国人民的基本生活水准,从而维护美国国家整体实力。因此,不但战后亟须美援救济的欧洲重建,还是远东和东南亚、拉美等广大地区,都成了美国战后新殖民主义经济扩张政策的牺牲品。

战后美国产业,供应了全世界六成以上的新型民生商品,并借助战争时期树立的"救世主"形象,快速塑造了民生商品的一系列世界级品牌,如"黑人牌""高露洁"牙膏,"强生"妇孺护肤霜,"雷朋"系列太阳镜,ZIPPO 防风打火机,"万宝路"和"骆驼"卷烟,"可口可乐"饮料,"麦当劳"快餐和热狗,"马克西姆"巧克力豆,"M&M"口香糖,"派克"金笔,"波音"民航飞机,"通用"家用轿车等等,还有无数品牌林立的尼龙袜、连裤袜、女用内衣、比基尼、高跟鞋、咔叽布男装、化纤女用衬衣、工装裤、吊带裤、童装衣裤、简版美式西服,笔式口红、粉饼、眉笔、化妆盒、洗发水、护发膏、"摩丝",以及全世界战后头一批新光源照明灯具、音响设备、电视机、录音机、家用小型摄像机、洗衣机、电冰箱、洗碗机、电烤炉……美国商品在向全世界倾销的过程中,几乎是横行无忌、毫无阻碍的。这些新型民生商品,绝大多数都属于美国独自研发的,并且由靠战时经济特殊体制强力促进后形成的强大得令人恐惧的巨大产能所生产出来,然后流向全世界每一个角落。

战后的中国各大中城市成了美国战时剩余物资输华倾销的"重灾区"。在美货的冲击下,中国民生企业的天然缺陷暴露无遗:以上海为例,虽然上海是中国最繁华也是最先进的工业基地,但全行业工厂所使用的新式机器设备九成以上都依赖国外进口;不少主要原材料(如造纸行业的木浆、铝制品行业的铝锭、肥皂行业的椰子油、香料行业的合成香料、罐头食品行业的马口铁、火柴和搪瓷行业所用的化工原料等)都基本完全要依赖从国外进口;而且厂家普遍"产能低下、规模偏小(绝大多数是几个人或十几个人的小厂,一个亭子间可挂上一块工厂的招牌;如制笔行业80家企业中,20人以下的小厂占80%以上),作坊式手工劳作在生产操作中比比皆是(如火柴、食品、玻璃等行业,手工操作的比重占2/3以上;制盒行业300多家工厂,9/10 没有机器设备等)",全行业机器设备和生产技术的"更新换代"极为滞后。这些天然缺陷都严重影响了战后中国工业的"批量化、规模化、机械化"现代化进程。因而挟技术、设计、产能、规模、经营等全面优势的"战时美国国内剩余物资"(这是与国民政府就"经济协作"签约时掩盖倾销真实目的的婉转称呼)得以在中国市场长驱直入,如入无人之境。"由于美国货大量倾销,使上海卷烟工业停闭 2/3,梅林等 8 家罐头食品厂平均减产 3/4,日化、制笔、文教、制革、玻璃、牙刷等轻工业均遭严重打击。"(详见《上海地方志·上海轻工业志》,上海市地方志办公室,2002年版)美货剑锋所指,所向披靡,饱受战火摧残的中国民生产业完全不是对手,几乎美货所到之处,基本全盘退出所有市场份额。尤其是战后全社会弥漫着"崇尚美货"的社会风气,使美货在中国市场具有压倒性的全面优势:无论是商品规模,还是产业技术;无论是货物品质,还是实用性能;无论是包装外观,还是商业宣传;无论是价格策略,还是营销方式。可以这么说,百年中国社会的民生经济产业,从没有在整体上遭遇过如此大的冲击,从根本上撼动了无数中国人的消费观念和彻底动摇(或者叫推动、改变)了中国民生产业体系的根基。

图 5-8　铺天盖地的广告牌

　　国民党军政高层所代表的官僚资本(对外一律以"国营"名义)也趁接收敌伪企业之际大肆扩张,不断没收、兼并了很多经营状态良好的优质产业。这一切犹如"雪上加霜",加剧了中国战后产业经济的困难程度。在外来美货与国内官僚资本无节制的双重夹击之下，很多民营产业度日艰难，甚至不及抗战时期在"沦陷区"或"大后方"时的经营状况。以中国经济和产业的最大基地上海为例，战后一年内，上海民营企业开工率仅为20％左右。连官僚资本业也难以在美货倾销的大潮中幸免，如国民政府"资源委员会"接收的15家造纸厂仅5家开工；战前驰名亚洲的"梅林罐头厂"等8家副食品加工厂平均减产3/4；有20余家火柴及火柴梗片厂停工或改业（详见《上海地方志·轻工业志》，上海市地方志办公室，2002年版）。民国三十七年（1948年），国民政府实行"限价"政策，滥发钞票，又造成恶性通货膨胀，把产业经济几乎推向崩溃的深渊：维持产业所依赖的原材料价格、人工成本和物流成本急剧上升，抢购风潮四起，上海许多轻工、纺织、日化、百货企业亏损越来越大，入不敷出，原材料和成品存货越来越少，不少企业就此停业歇业，还有不少转产或缩小产业规模，整个中国民生产业在抗战胜利两年后反而深陷全面的不景气状态。

对于中国的现代民生产业而言，战后美货对华倾销所带来的负面经济影响和促进行业全面进步，同样都是巨大的。能从战后头几年美货倾销中国市场的残酷商战中"劫后余生"的中国民生产业，绝大多数都在后来的五六十年代成为现代中国工业化、现代化的骨干产业。因为它们是战后与世界一流的美国产业对峙下的幸存者，在设计创意、生产技术与装备、营销渠道和仓储、物流方式等各产业环节，都经受了极大的考验和得到了高水平的锻炼，自身能力得到了空前的加强，因而具备相当的生存能力。以上海为例，如"大同自来水笔厂""上海铅笔厂""丰华圆珠笔厂""中国钟厂""上海电钟厂""中国缝纫机厂""上海化学工业社""泰康食品厂"等民族产业都有所发展。至解放前夕，上海轻工业共有30多个行业、1975家企业，拥有万余人的职工队伍，也创造出一批国货名牌产品，足以跟美货等世界级民生商品在市场上抗衡：如"无敌牌"牙粉、"明星牌"花露水、"三角牌"雅霜、"三星牌"蚊香、"箭刀牌"肥皂、"金钱牌"热水瓶、梅林"金盾牌"罐头、"金鸡牌"饼干、"佛手牌"味精、"冠生园"月饼、"大无畏"电池、"ABC"糖果、"孔雀牌"香精等，这些民生百货商品不仅牢牢地掌控着国内市场、畅销全国各地，还远销欧美、东南亚、港澳等几十个国家和地区，个别产品还在国际上享有极高声誉，是当时名副其实的"世界品牌"。

第三节　民国后期产业状态与民生设计

抗战胜利后的前两年，全国各大中城市工商业得到迅速恢复。抗战之初随国民政府迁入西南、西北大后方的抗战企业，在政府协助下陆续回迁到位，其中不少抗战时改行做军工、兵器的企业，回迁后又恢复了本行，专营民生商品。这部分抗战有功的企业，在战后恢复生产过程中，得到了政府不少资助。作为奖励的形式，大部分回迁费用如机器装运费、安装费、新添设备安装费和人员差旅费、安家费等均由政府直接提供；在回迁到位、恢复、扩大生产过程中，国民政府又拿出一部分所没收的敌伪资产实物部分（主要为机械设备、土地、厂房等）作为对回迁企业"抗战有功"的奖励。因而这部分"抗战企业"成为战后恢复最快的经济实体,带动了全国工商业的全面复苏。统计表明,战后一年半左右,全国工业总值就恢复到抗战爆发前一年(即 1936 年)工业产值的最高值。

大部分留在"沦陷区"的民营企业,在抗战期间遭受日伪政权多年挤压、盘剥,本身就度日艰难,勉强维持;战后又招致国民政府主管部门反复清算,甚至处处刁难、挑剔,同时被行业内竞争对手在经营生产上围剿,日子很不好过。不少在抗战时期大中型"附敌"民营企业被迫纷纷更换高层管理,以期躲过"秋后清算"这场劫难。在政府授意下,还有不少"附敌企业"以苛刻条件被同行强行"合资"吞并。尤其是那些沦陷时期还担任过各种社会职务的企业主被作为"通敌分子"一一法办,名下所有资产被悉数没收。至于由日本人和汪伪政权经营的"沦陷区"官资工商企业,则作为"敌产"被国民政府直截了当地下令抓人封厂。这部分工商企业数目庞大,且不少具有当时亚洲一流的机器设备、经营规模,经营管理权易手后,变身为国民党的"国有资产"甚至是"党产",都成为民国末期中国工业体系中"官僚资本主义"的中坚力量。"抗战胜利后,这些日本私人资本大多被转化为中国的官僚资本,不但在接收过程中因贪污和不同单位争夺资产而受损,而且以后成为官商不分、制度化国家机会主义的工具。这使得 1947 年国民政府的官办企业(经济部控股的中国纺织公司)控制了当时纱锭的 36.1%,织机的 59.4%,及大部分重工业。"(杨小凯《民国时期的经济》,载于《求是》杂志,中国共产党中央委员会机关刊物,2011 年 04 期)

民国后期的中国现代工商产业的发展经历,分成两个阶段:前半程为抗战胜利至国共内战全面开打;后半程为内战开始后"国统区"经济严重滑坡至国民党政权土崩瓦解,最终全部撤出中国大陆地区、迁往台湾为止。

前半程战后中国产业经济一方面回迁归流、重建复工,中国整体产业经济基础有所加强;同时国民党靠大批接收敌伪产业使官僚资本快速膨胀,在产业领域逐渐出现垄断"国企""党产"行业;另一方面遭遇"美国战时剩余物资"民生商品输华大举倾销,战后中国产业遭遇前所未有的生存困难。后半程一方面内战期间军费急剧增长,美国原先答应的百亿美援落空、国民党政府加紧搜刮"国统区"工商经济以筹集急剧增长的内战军费开支;另一方面国民党政府战后金融财政政策彻底失败,法币、金圆券发行泛滥成灾,导致物价飞涨、市场萎缩,民生产业从人工花费、原材料进货到物流、仓储、经销成本日益增加,直至濒临绝境、奄奄一息。

民国后期的中国民生产业在极其困难、大批产业倒闭、停产的恶劣环境中,亦有所增长,主要是民生百货、机器制造、日用化工等行业逐渐成长出一批中国社会工业现代化的骨干企业;现代工业设计、平面设计和民生百货产品设计,在产业化经济中的重要性日益凸显;一批民营企业率先形成现代化的产品研发、生产、营销先进方式,日后成为 20 世纪后半叶中国社会产业现代化进程的立足点。

远离都市圈的地方城乡民间手工业,依然是民生商品乡村社会主要的生产销售企业。这些产业仍以传统手工生产方式和"前店后场"的传统销售方式为主。以安徽省蒙城县为例,解放前夕全县境内尚存"私营的纺织、缝纫、印染、酿造、砖瓦、卷烟、铁铺、木行、油漆、印刷、金银首饰、土陶等手工业,多系规模小、产量低、前店后坊、产销一体的民间工商户",以建国初期(1953 年)第一次官方正式统计的数据为准,"县城有洪炉(注:'洪炉'多指大型炉具,用于供热、冶炼、锻造等等)13 座,卷烟作坊 3 家,印刷作坊 8 家,酱园 2 家……当年工业产值 352 万元"(详见杨继仁主编《蒙城县志·第七章 工业》,中共蒙城县委地方志编纂委员会编,黄山书社出版,1994 年 12 月第 1 版)。

特别值得注意的是:即便是抗战结束后的远离都市的各内地省份乡村经济活动中,具有现代化意识的商品产销业态依然极为薄弱,人们的日常生活依赖于货物交换、抵押的传统契约方式,"农民可能并不熟悉国家的法律条文,但是,在他们的日常生活中,约定俗成的方法暨契约观念已经固化在他们的头脑中。寻乌的债务人向债权人借钱,通通要抵押,有田地的拿田地抵押,无田地的拿房屋、拿牛猪、拿木梓抵押,都要在'借字'上写明;还不起,就没收抵押品。不仅借债,农民向田主租赁土地,也必须写一个'赁字'交给田主,'赁字'上面必须写明田眼(田的所在及界址)、租额、租的质量及田信。因为若不写赁字,一则怕农民不照额交租,打起官司无凭据,二则怕年深日久农民吞没地主的田地。这种赁字,没有不写的,哪怕少到三石谷田都要写一张,是东佃间的'规矩',也就是不成文的法律。买卖儿子也要写张'过继帖',普通也叫做'身契','中人'多的有四五个。房族戚友临场有多到十几个。这种卖身契只有卖主写给买主,买主不写文件给卖主。很显然,借钱、租赁土地、买卖儿子,都要提供'抵押品'或'签订'一份契约,见证人一一到场,签字画押,其目的就是规范买卖双方的交易行为,保障交易安全,规避市场风险"(游海华《农民经济观念的变迁与小农理论的反思:以清末至民国时期江西省寻乌县为例》,载于《史学月刊》,2008 年第 7 期)。这种近似原始方式的"以货易货"商业状态,在全国各地农村是相当普遍的。造成这种状况的原因很复杂,但主要有两条:一方面由于交通不便、信息闭塞和长期战乱造成的封闭式经济环境所致,另一方面说明了由于规模过小、价格过高、品质不够稳定等因素,使得民生设计产业在民国末期乡村社会日常生活中的影响力,还是十分有限的。

40 年代末,曾有多位中美经济学者对中国内地的农村经济形态做过详尽的实地考察。有些学者注意到了广大乡村非常普及的"赶集"(西南百姓称"赶圩"、华北百姓称"庙会"等)是中国 20 世纪乡村贸易的主要形式。这是一种有别于仅限于大中城市现代百货零售的、为广大乡村普通百姓所熟知的传统商贸主体形态,燕京大学社会学系学生杨树因在毕业论文中认为"赶场"仍是 40 年代中国乡村经济自给自足的体现:"赶场是人类经济生活——原始交易中为市的遗留。在农业社会中,地域的分工是不存在的,同时商业也不发达,于是造成小社区经济自足的现象。社区中的人民有着简陋的分工,他们之间没有商人做交易的媒介,而自己不能随时随地地做买卖。于是便有了定期与定地的交易机构,那就是赶场制度。在这里生产者与消费者直接地从事交易的活动,场的势力范围是在以十二里为半径的社区范围以内,因为十二里的往返正相当于一日内的行程。"(杨树因《一个农村手工业的家庭——石羊场杜家实地研究报告》,燕京大学法学院社会学系学士毕业论文,指导教师:林耀华,1944年6月,北京大学图书馆藏)

从民生设计产业的本质上讲,其动能来源、生存依靠无一不是民生商品的产销状况所决定的。即便是远离发达都市的内地城镇乡村,20世纪以来便形成了能适应本地区消费状况的产销业态,这种以传统手工劳作和传统经销方式为主的乡镇工商业,尽管历经战争和自然灾害等天灾人祸,却支撑了20世纪大多数时间的当地民生商品供应,而且充当了乡村民生商品产业工业化进程的主要角色。以安徽泾县为例:民国三十四年(1945年)统计,"全县有采矿、造纸、纺织、缫丝、火柴梗片、卷烟、铸锅、铸铁、铁木家具、粮、油、食品、酿造、印刷、制笔、成衣,制鞋等行业私营作坊、工场、厂940余家,从业人员4万~5万人","抗战胜利后,全县仅有采(煤)矿、火柴梗片厂各3家,手工业大小作坊、窑、棚、铺店700余家,后因受通货膨胀、物价飞涨影响,或关闭,或收缩。解放前夕,多数濒临困境"(《泾县志·第七章 工业》,安徽省泾县地方志编纂委员会,中国方志出版社,1992年2月版)。

关于战后现代中国向何处去的政治斗争一时难分高下,但几十年来中国的现代化道路究竟是否必须率先实现"工业化"的争论,在战后社会的学界似乎已成定局:经过抗战血洗惨痛教训后,主张"农业为立国之本",甚至"无须实行工业化"的论点基本销声匿迹;而主张"中国的现代化必须首先实现工业化"的学者开始占据压倒性优势。这方面国共经济学者之间竟然没有很大差别。按当代经济学者孙智君的观点,从民初到民末经济学者的几十年争论焦点集中在"先农后工"(抑或无须工业化),还是"先工后农"。

表5-9 民国时期关于产业"现代化排序"学说的思想演进

时期	主要观点	代表人物	第一职业	主要论著
民国初期	实业建国	孙中山	政治家	《实业计划》(1919年)
		张謇	实业家	《实业政见宣言书》(1913年)
	农业立国	梁启超	政治家	《欧游新影录》(1920年)
		章士钊	教育家	《业治与农》(告中华农学会)(1923年)、《农国辩》(1923年)、《何故农村立国》(1927年)等
		梁漱溟	哲学家	《东西文化及其哲学》(1921年)
		董时进	农学家	《论中国不宜工业化》(1923年)
	工业立国	杨杏佛	经济学家	《中国能长为农国乎?》(1923年)
		恽代英	政治家	《中国可以不工业化乎?》(1923年)
		杨明斋	政治家	《评〈农国辩〉》(1924年)

（续表）

时期	主要观点	代表人物	第一职业	主要论著
民国中期	农业立国	梁漱溟	哲学家	《往都市去还是到乡村来》(1935年) 《乡村建设理论》(1935年)
	工业立国	吴景超	社会学家	《我们没有歧路》(1934年) 《发展都市以救济农村》(1934年) 《再论发展都市以救济农村》(1935年)
		张培刚	经济学家	《第三条路走得通吗?》(1935年)
		陈序经	社会学家	《乡村文化与都市文化》(1934年)
	先农后工	郑林庄	农业经济学家	《我们可以走第三条路》(1935年)
民国后期	工业兴国	吴景超	社会学家	《中国经济建设之路》(1943年)
		刘大钧	经济学家	《工业化与中国工业建设》(1944年)
		谷春帆	金融经济学家	《中国工业化计划论》(1945年)
		张培刚	经济学家	《农业与中国的工业化》(1945年)
		许涤新	经济学家	《中国经济的道路》(1945年)

注：此表格原出处为孙智君《民国时期产业结构思想的变迁》文中列表（载于武汉《经济评论》，2007年第5期），本书作者在标题、内容和时期划分上略有改编，并重新绘制。本书作者以为，弄清楚学说主张者的"第一职业"尤为重要，既有益于理解其主张的合理性和专业性，也有助于理解其观点的片面性或局限性。

民国学者们的争辩告一段落，但是"工业化"能否实施起来可是两码事。由于战后不到两年，国共内战打响，中国社会的工业化进程再次戛然停止。

纵览自晚清至民国后期近百年的中国工业化进程，其间战事不绝、灾害连连，真是天灾人祸不断，可谓无比艰辛、无比坎坷。即便如此，依然取得了很大的成就，中国社会建立起了差强人意的现代化工商业基础体系，也通过百年积累，创造了一大批涉及社会大众各个生活领域的"国货名牌"。这些"国货名牌"商品不仅仅是一些曾经引导了无数人文明新生活的民生必需品、消费商品，同时还是我们民族的先辈们在极为艰难困苦环境中呕心沥血、拼死拼活所创造的近代丰厚文化遗产之一部，里面凝聚了无数前辈们对自由、民主、文明、幸福的向往和努力，可歌可泣，感人至深。本书作者粗略地整理了已掌握资料，列举了部分民国时期在社会热销的"国货名牌"，表中所列还有不少迄今仍延续在我们今天的生活当中。

表5-10　民国时期部分国货名牌[注1]

类别	商品名称	产地	创办年代	创办人	厂商名称
日用	皮带、马靴	天津	1898	吴懋鼎	北洋硝皮公司
日用	宝华彩瓷餐具	福建	1904		厦门宝华制瓷有限公司
日用	醴陵彩瓷餐饮具系列	湖南	1905	袁伯葵	醴陵瓷业公司
日用	彩瓷餐饮具、器皿	江西	1910	张季直等	萍乡瓷业公司
日用	机制电窑瓷器	江西	1919	程业洪	景德镇天佑华窑业公司
日用	金鼎紫砂壶	江苏	1930	汪宝根	宜兴利用公司

类别	商品名称	产地	创办年代	创办人	厂商名称
日用	嘉禾牌铝合金饭锅 （钢精锅）、饭盒等	上海	1938	郭松根	嘉禾钢精厂
日用	警钟牌缝纫钢针	上海	1945		大中工业社上海针厂
纸业	飞艇牌胶版纸	上海	1925	刘柏森	天章纸厂股份有限公司
纸业	机制连史、毛边、海月纸	上海	1925	虞洽卿、 吴耀庭等	中日合资江南制纸股份有限公司
纸业	陈彭年发明芦苇制 造纸浆、妇女卫生纸出品	上海	1929	虞洽卿、 吴耀庭等	江南造纸厂
纸业	飞马牌晒图纸	上海	1933		马江晒图纸厂
纸业	交通牌胶版纸	上海	1935	朱鸿仪 杨永福	中和造纸厂
纸业	华丽缘牌铜版纸	上海	1946	董和甫	华丽铜版纸厂
印刷	请柬、名片机印	上海	1850		上海戏鸿堂笺扇庄
印刷	国旗牌印刷油墨	上海	1913	叶兴仁	中国油墨厂
印刷	钞票、证券印制	上海	1931	沈逢吉 鲍正樵	中国凹版公司
印刷	商品彩印包装	上海	1932	许俊英	飞达凹凸彩印厂
印刷	钞票印制	上海	1945	官资	上海印钞厂
包装	丝织品包装	上海	1884		陈一鹤纸号
包装	包装纸板、纸盒	上海	1905		恒新泰纸盒厂
包装	麻布版箱、瓦楞纸箱	上海	1922		永固嘉记纸版纸品厂
包装	机制包装纸盒	上海	1932	陈作霖	陈兴泰机器制盒厂
食品	囍牌肉罐头	上海	1906	王拔如	泰丰罐头食品厂
食品	红双喜、飞马、 大爱国牌香烟	上海	1906	简耀登 简玉阶	香港南洋兄弟烟草公司
食品	泰丰牌饼干	上海	1907	王拔如	泰丰食品有限公司
食品	美女牌代乳粉	杭州	民初		新文明蜜饯铺（经销）
食品	新兴白牌机制加工大米	广州	1912		新兴米行
食品	寿星牌机磨面粉	天津	1915		中日合资寿丰面粉公司
食品	奶油太妃糖	上海	1918	冼冠生	冠生园食品公司
食品	屈臣氏汽水（转让）	上海	1919	郭维一	屈臣氏汽水厂
食品	五色丝光糖果	上海	1920		开利糖果食品厂
食品	大丰牌机制面粉	天津	1921	倪幼丹等	大丰面粉公司
食品	佛手牌味精	上海	1922	吴蕴初	天厨味精厂
食品	牡丹牌面粉	汉口	1922	李国伟	福新第五面粉厂
食品	福牌鱼罐头	上海	1923	乐汝成	泰康罐头食品公司
食品	金鹰牌（骆驼牌）饼干	上海	1923	冼冠生	冠生园食品公司

484

类别	商品名称	产地	创办年代	创办人	厂商名称
食品	果味冰棒	上海	1924		泥城桥冰棒厂
食品	生隆昌牌代乳粉	广州	1925		恒升泰大药房(经销)
食品	张裕牌葡萄酒	山东	1926	张弼士	张裕酿酒公司
食品	番茄沙司、辣酱油	上海	1930	冼冠生	冠生园食品公司
食品	金币巧克力	上海	1931		天星糖果厂
食品	金盾牌水果、肉类罐头	上海	1931	石永锡、冯义祥等	梅林罐头食品厂
食品	金鸡牌(万年青)饼干	上海	1931	乐汝成	泰康食品公司
食品	红钟牌酱油	天津	1927	李惠南	宏中酱油厂
食品	金盾牌辣酱油	上海	1933	石永锡等	梅林罐头食品厂
食品	天一牌奶粉	上海	1934	叶墨君	上海天一味母厂
食品	米老鼠奶糖	上海	1940	冯伯镛	ABC(爱皮西)糖果厂
食品	RCA牌润喉止咳糖	上海	1946		天明糖果厂
食品	芝芳牌口香糖	上海	1946		天星糖果厂
食品	CPC(乐口)咖啡	上海	1948		大上海饮料食品厂
食品	乐口福麦乳精	上海	1931	臧伯庸	上海九福化学制药公司
食品	维他牌乳儿糕	上海	1946	闻海鼎、王承恩	维他食品厂
日化	佛山牌火柴	广东	1879		佛山巧明火柴厂
日化	渭水河牌火柴	上海	1890		燮昌自来火公司
日化	双妹牌花露水	香港	1910		港记广生行沪厂
日化	华昌火柴	天津	1910	张新吾	华昌火柴公司
日化	久大牌精盐	塘沽	1914	范旭东	久大精盐公司
日化	无敌牌牙粉	上海	1918	陈蝶仙	家庭工业社股份公司
日化	鸿生牌安全火柴	上海	1920	刘鸿生	鸿生火柴公司
日化	洗衣皂、香皂	山东	1920		源盛泰化工厂
日化	三星牌牙膏	上海	1921	方液仙	中国化学工业社
日化	精益牌精盐	山东	1923		精益精盐公司
日化	红三角牌纯碱	天津	1926	侯德榜	永利碱厂
日化	明星牌香水	上海	1929	周邦俊	明星化工厂
日化	飞鹰牌日用香精	上海	1929	李润田	鉴臣进出口行
日化	葵花牌食用香精	上海	1929	李润田	鉴臣进出口行
日化	百雀羚润肤霜	上海	1930		富贝康化妆品有限公司
日化	百雀羚护肤香脂	上海	1931		富贝康公司
日化	美丽牌香皂	上海	1933	孙学甫	欧治化学工业品厂
日化	鼓楼牌、顺风牌肥皂	南京	1933		南京肥皂股份有限公司

类别	商品名称	产地	创办年代	创办人	厂商名称
日化	医用酒精	上海	1934	董寅初	中国酒精厂
日化	顶上牌火柴	南京	1934		首都火柴厂
日化	芭蕾牌面霜	南京	1934		南京化妆品厂
日化	金鸡牌牙粉	天津	1936		天津协丰化工厂
日化	月里嫦娥牌扑粉	上海	民中		上海永和公司
文具	皮革制球	天津	1920		利生体育用品工厂
文具	民生一指牌蓝黑墨水	上海	1925	孙玉琦	上海民生化工厂
文具	关勒铭金笔	上海	1928	关崇昌	关勒铭制笔股份有限公司
文具	博士牌金笔	上海	1929		大众化自来水笔厂
文具	金星牌金笔	上海	1931		金星金笔厂
文具	鼎牌铅笔	上海	1933	吴羹梅	中国标准国货铅笔厂
文具	钟牌自动芯铅笔	上海	1934		上海大众笔厂
文具	新民牌 1503 铱金笔	上海	1938	周荆庭	华孚金笔厂
文具	警钟牌誊写蜡纸	上海	民中		大明实业厂股份有限公司
文具	长城牌 3544# 皮头铅笔	上海	1946	郭志明	长城铅笔厂
文具	式派雷斯牌圆珠笔	上海	1948		风华精品制造厂
搪瓷	金钱牌日用搪瓷、工业搪瓷、卫生洁具	上海 广州	1924	董吉甫	上海益丰搪瓷厂 广州益丰搪瓷厂
搪瓷	8～10 厘米搪瓷盖杯	上海	1929		华丰搪瓷厂
搪瓷	喷印花卉 36 厘米面盆	上海	1934		久新珐琅厂
机械	全套缫丝机械（仿制）	上海	1882		永昌机械厂
机械	美利华牌台钟、挂钟	上海	1912	孙廷源 孙梅堂	美利华钟厂
机械	飞人牌 15—30 型工业缝纫机	上海	1930	阮贵耀	阮耀记缝衣机器无限公司
机械	清贤式电影录音机	上海	1930	龚清贤	上海大东金狮公司
机械	H 型中文打字机	上海	1930	俞斌琪	上海打字机厂
机械	金属硬币	上海	1930	官资	中央造币厂
机械	华生牌台式电风扇	上海	1930	杨济川	华生电器制造厂
机械	颜苏通电影录音机	上海	1932	颜鹤鸣 苏祖国	亨生有声电影公司 亚美无线电公司
机械	三友式电影录音机	上海	1934	司徒逸民、马德建、龚毓珂	电通影片公司
机械	"宝"字牌摆钟	山东	1918	李东山	烟台德顺兴造钟厂 （原宝时造钟厂）
机械	钻石牌闹钟	上海	1938		金声工业社

486

类别	商品名称	产地	创办年代	创办人	厂商名称
机械	三五牌时钟	上海	1940	毛式唐 钟才章 阮顺发	中国钟厂
机械	蝴蝶（无敌）牌家用缝纫机	上海	1940		协昌缝纫机器公司
机械	41型手打号码机	上海	1942		长城工业社
机械	标准牌35毫米固定式电影放映机	上海	1942	金坚	中西电影机器厂
机械	三六牌走时18天台钟	上海	1943		昌明钟厂
机械	走时21天台钟	上海	1944	阮顺发	中国钟厂
机械	地球牌电钟	上海	1945		中国标准电钟厂
机械	新大陆汽车配件	广州	1945		新大陆汽配公司
机械	铁锚牌自行车	上海	1945		上海机器厂 （原日商昌和制造所）
机械	38型印刷号码机	上海	1946		启文机器厂
机械	密封牌家用缝纫机	上海	1946		家庭缝纫机厂
机械	飞鹰牌三轮汽车	天津	1947		天津汽车制配厂
机械	35毫米有声电影摄像机[注2]	上海	1947	郑崇兰	维纳氏照相器材厂、昆仑影片公司合作研制、投产
服饰	宫廷缨帽、统一六合帽	北京	1817	马聚源	马聚源帽店
服饰	直脚圆口皂单布鞋、大云头"老头乐"，油靴等	北京	1842	马聚源帽店	天成斋
服饰	女子洋服	上海	1852	赵春兰	女子洋服成衣铺
服饰	敞口千层底黑面布鞋	北京	1853	赵廷	内联升鞋庄
服饰	中式衣裳	上海	晚清		苏广成衣铺
服饰	布鞋、棉鞋、毡帽	北京	1902		同升和鞋庄
服饰	裘皮服装	上海	清末		乾发源皮货局
服饰	西服洋装	上海	1910	王财运	荣昌祥呢绒洋服店
服饰	修成记皮鞋男式洋鞋	湖北	1912		武汉修成记皮鞋店
服饰	女子时装及刺绣内衣、服饰睡衣、晚礼服	上海	1914	金鸿翔	鸿翔时装公司
服饰	四股织羊毛衫	上海	1919		（新普育堂）锦华袜厂
服饰	松紧带	上海	1919		上海鸿裕带厂
服饰	机制呢帽	上海	1921	陈吉卿	华福制帽厂
服饰	源盛和护发网	山东	1926		潍坊诸城源盛和发网铺
服饰	裘皮服装	上海	民初		大集成皮货服装公司
服饰	礼帽、毡帽	天津	民初		盛锡福帽厂
服饰	菊花牌棉毛衫、裤	上海	1930		

类别	商品名称	产地	创办年代	创办人	厂商名称
服饰	鹅牌汗衫	上海	1931		
服饰	三枪牌棉毛衫、裤	上海	1931		
服饰	精制翻毛皮大衣	上海	1931	陈长华	陈长记皮货店
服饰	花旗、法兰、鹿皮三种服饰皮革面料	天津	1931		鸿记制革厂
服饰	马裤呢中式大衣	上海	1932	王兴昌	王兴昌西服店
服饰	培罗蒙高档西服	上海	1934	许达昌	
服饰	回力牌胶底鞋	上海	1935		义昌橡皮制物厂
服饰	虎啸牌皮草服饰系列	上海	1936	陈金荪	第一西比利亚皮货店
服饰	飞马牌汗衫	上海	1939	徐文照	景福衫袜织造厂
服饰	司麦脱牌衬衫	上海	1941	傅良骏等	上海新光标准内衣厂
服饰	手工呢绒礼帽	上海	1942		鹤鸣鞋帽店
服饰	康派司牌衬衫	上海	1944		上海康派司实业总公司
纺织	电力机织绸布面料	上海	1915		春记正绸庄[注3]
纺织	绒线制品	上海	1927	沈莱舟	恒源祥人造丝毛绒线号
纺织	无敌牌直贡色织布	上海	1931		达孚染织厂
纺织	地球牌和双洋牌牌绒线、飞轮牌木纱团	上海	1932	沈莱舟	恒源祥公记号绒线店
纺织	大妹妹牌绒布	上海	1934		勤工染织厂
纺织	抵羊牌毛线	天津	1934	宋棐卿	东亚毛呢纺织公司
纺织	686派力司（国产呢绒）	上海	1938	唐君远	协新毛纺织厂
纺织	（仿制）格子碧绉绸料	上海	1946	张木清	大诚绸厂四厂
家纺	三角牌熟纱毛巾	上海	1917	陈万运等	三友实业社
家纺	美亚牌真丝被面	上海	1930	莫觞清 蔡声白	美亚织绸厂
家纺	钟牌被单	上海	1932	李康年	中国国货公司
家纺	民光牌被单	上海	1935	项立民	民光被单厂
家纺	飞鱼牌单面缎条手帕	上海	1939		汉阳手帕厂
家纺	钟牌414毛巾	上海	1940	李康年	中国萃众制造股份有限公司
印染	整理练染绸缎布匹	上海	1918	刘某	上海精炼公司
印染	丝绸、呢绒、布匹蒸汽（水汀）染色	上海	1920	鲁庭健 吴荣鑫等	老正和发记染厂
印染	人造丝绸巴黎缎	上海	1924	杨羹梅 段家桐	纬成公司大昌精炼厂
印染	鹊桥、金星牌染色	上海	1924	朱谋先	大昌成记精炼染织厂
印染	震旦牌不褪色听装染料	上海	1932	朱维谷	大昌澹记精炼皂油厂
印染	辛丰印花	上海	1934	沈榴村	辛丰织印绸厂

类别	商品名称	产地	创办年代	创办人	厂商名称
印染	水印浆印旗袍丝绸面料	上海	1945	章静庐	宏祥公记印花厂
乐器	总统牌钢琴	广东	1928	梁彼得	广州梅花村彼德琴行
乐器	西洋铜管乐器(仿制)	上海	1933	傅信昌	上海傅信昌军乐器厂
乐器	吉他(六弦琴)	广东	1930	邓掌隆	广州珠江琴行
乐器	国光牌 8～10 孔 儿童口琴	上海	1931	潘金声	中国新乐器制造有限 股份公司
乐器	新型民乐乐器	广东	1932	邝惠民	广州华达琴行
乐器	宝塔牌 20 孔口琴	上海	1933	潘金声	中国新乐器制造有限 股份公司
乐器	石人望牌复声口琴	上海	1946	陈德茂	中央口琴厂
乐器	国光牌 24 孔 超级口琴	上海	1947	潘金声	华侨口琴厂
乐器	小型 BE 调长号	广东	1947		广州汤四记乐器店、 冯华记乐器店
玻璃	荷兰水瓶	上海	1883	唐茂枝	中国玻璃公司[注4]
玻璃	玻璃瓶及器皿	上海	1912	董春阳	仁和玻璃厂
玻璃	美孚灯罩	上海	1913	袁如松	华商隆记料器行
玻璃	口吹玻璃瓶、器皿	天津	1921	周学熙	耀华玻璃公司
玻璃	麒麟牌铁壳保温瓶	上海	1925		协新国货玻璃厂
玻璃	高脚玻璃杯	上海	1930		益丽玻璃厂
玻璃	方底玻璃杯	上海	1930		晶华玻璃厂
玻璃	汽水瓶、药剂瓶等	上海	1932		晶华玻璃厂
玻璃	5 号铁壳保温瓶	上海	1935		立兴热水瓶厂
玻璃	金钱牌喷印 搪瓷壳保温瓶	上海	1938	董吉甫	益丰搪瓷厂
玻璃	金鼎牌大口 8 升保温瓶	上海	1939		光大热水瓶厂
玻璃	铝壳保温瓶	上海	1946		上海华旦实业厂
电器	亚浦耳牌白炽灯泡	上海	1923	胡西园	亚浦耳电器厂
电器	地球牌锌锰糊式电池	上海	1924	胡国光	国华电池厂
电器	鹰牌锌锰糊式电池	武汉	1924	范凤源	不详
电器	日月牌小电珠、圣诞泡	上海	1927	许石炯	公明电珠厂
电器	华德牌白炽灯泡	上海	1929	李庆祥 甘镜秋	华德电光股份有限公司
电器	霓虹灯	上海	1930		新光霓虹电器厂[注5]
电器	大无畏牌糊式电池	上海	1930	丁熊照 何才	上海汇明电池厂
电器	雷达牌铁壳封口电池	上海	1947		工商电池厂

类别	商品名称	产地	创办年代	创办人	厂商名称
建材	马牌水泥	河北	1906	周学熙	启新洋灰公司[注6]
建材	方砖、板瓦	上海	1920	胡厥文	中华第一窑业工场
建材	机制电窑砖瓦	上海	1920	管趾卿	华大鑫记砖瓦厂
建材	象牌水泥	上海	1923	刘鸿生	上海水泥厂
建材	胶合板	上海	1928	李松年	义成夹板厂
建材	工业台板（缝纫机用）	上海	1928	王阿林	森顺泰木作工场
建材	永明牌酚醛调和漆	天津	1929	陈调甫	永明漆厂
建材	大理石板材	上海	1930		中国石公司
建材	红平砖	上海	1933		瑞和砖瓦厂
建材	瓷砖	上海	1935		中国制瓷公司
建材	机制砖、空心砖	上海	1936		大中砖瓦厂
建材	三宝牌醇酸树脂漆	天津	1945	陈调甫	永明漆厂
建材	祥泰牌胶合板	上海	1946		华西兴业公司[注7]
建材	标准水泥	南京	1948	官资	江南水泥厂

注1：上表所列部分名牌商品主要是民国期间（1912～1949年）销售并在民国时期老百姓日常生活范围中享有一定声誉的近现代机制国货商品（包括少数合资商品、仿制产品）。

上表未统计入列的民国时期各类商品种类有如下几大类：

1. 洋行进口或洋资地产在华销售的各类商品（包括民国时期享誉市场的各种世界名牌）；

2. 工业化程度较低且未形成全国性民生消费习俗的地方土特产（如食品类的腌腊酿糟卤干肉品、菜肴、干果、蜜饯、药物、滋补品、白酒和商业餐饮等）；

3. 城乡传统手工艺产品（如玉石竹木角骨雕刻、泥塑、糖人、皮影、剪纸、玩偶、彩扎、书画、印章、文房四宝、化妆品、烟花等）、民间手工制品（蜡扎染、刺绣、草编、竹木器等）；

4. 销售范围仅限于本省、市、县的各种地方工业制成品；

5. 非民生日常性直接消费的工业制成品，如各类官资民营的工矿生产机械设备、造船、飞机、铁路、机车、公交、市政设施、建筑物（含民居）等产品；

6. 军工产品。

注2：该产品实为仿制美产米歇尔N．C式35毫米有声电影摄像机。

注3：进口9台瑞士产电动织机。

注4：与英商合资经办。

注5：与日商合资经办。

注6：原"唐山细棉土厂"。

注7："华西兴业公司"收购原英商"祥泰夹板厂"，新建"祥泰夹板厂有限股份公司"，1945年被德商收购。

上表所引用资料主要为官方公布的文件、资料和政府有关机构主持的各地方志以及各种公私文章、信函、博文等。

　　由于本书作者掌握资料极为有限，视野也极为有限，肯定带有个人主观偏见（有时候判断这些至少半个多世纪之前的商品在当时社会是否"知名""热销"，确实相当困难；且因个人条件有限，以上列名信息均无法一一核实），必然疏漏多多。此表所有信息仅供阅读本书时参考。表中空缺部分（指"创办人"等处），均为本书作者未查到可信资讯后不得不留此遗憾，还有其他各项年份、名称很可能因为所涉文献误差有所失误，在此特向相关人士（该商品创办人遗属、后裔等）表示歉意。

490

一、民国后期重工业制造产业背景

　　全世界工业化、现代化进程的史实都告诉我们：一个国家的重工业，如果不能带动涉及全体国民切身利益和福祉的民生产业的整体发展，非但不是健康的，反而是极其有害的畸形经济状态。总的说来，由于中国社会长期以来一直是个"官本位"政体下的国家，百年中国社会变革非但没能削弱这个趋势，大多数时期甚至还进一步强化了这个违反了一切关于市场经济与民主体制的"现代化社会"定义的"官本位"政体制度。从晚清洋务运动兴起的官办产业，一直牢牢把持着中国重工业（包括军火工业、铁路、造船和机器制造业），这种"官体经济"一无例外地重复着"投入巨大、成本高昂、贪腐普遍、产能低下"的发展老路。民国时期、建国后计划经济时代和"改革开放"中的"国企"都不例外。官僚资本（现在叫"国营企业"）企业百年来一直占据着代表国家科技与产业实力象征的重工业领域，民营企业很少能涉足。这种延续百年、迄今延绵不绝的富有"中国特色"的官僚垄断产业政策，使"官体经济"拥有一切资源、技术、人才方面的绝对优势，从而极大侵害和挤占了居于国家经济主导力量的市场化民营经济的生存空间。这个经济政策的弊端，一直是妨碍中国社会彻底实现市场化经济和完成中国社会现代化、工业化进程的最大障碍。

　　战后的中国重工业，凭借没收日伪产业获得了一个不错的发展平台，如当时东北地区伪"满洲国"时期遗留的重工业，在机车制造、矿业开发、汽车修配、铁路修建、日用化工、机械制造等方面，在亚洲是属于一流的；上海地区的造船、汽配、异性钢材、有色金属加工、玻璃及搪瓷制品等制造业经数年敌伪企业不断投资、加强，也具有较强的产业规模、机器装备、技术人员。可惜国民党政府接手后，并没有将其作为带动整个战后中国经济恢复的重要动力来使用，而是由官僚资本完全控制，变成完全仅为国民党军政高层利益集团"私人私党"服务的"国营企业"，导致了这些产业丧失了应完全由市场激发的产业动能，使其沦为国民党政治和私人利益集团敛财的简单工具，也使中国社会的工业化努力大打折扣。可以这么说，民国末期的中国重工业发展，不仅不及民国中期的"黄金十年"，甚至还比不上"沦陷区"的发展状况，基本上算是交了张可耻的"白卷"。当然，除去国民党官僚资本无节制地恶性膨胀，用强占和垄断经营的手段窒息了中国战后重工业的发展机会之外，战后美货倾销、国共内战全面爆发、连年自然灾害，也是民国末期中国重工业不但止步不前，反而有所萎缩的其他外在因素。民国三十六年（1947 年），国民政府与美国签订"关税减让协定"，使美国"战时剩余物资"得以大量涌进中国低价倾销，严重冲击了中国战后产业发展的状况。

　　以上海为例，由于战后美国占据了世界造船的产能、产业技术、工业设计、科技研发的全面优势，上海造船业几乎在战后数年内无船可造，基本没有接到过什么像样的造船订单，仅靠维修和保养勉强维持，处境十分艰难。至解放前夕，全上海仅剩下 9家船厂（不足战后第一年之半数），职工不足 6 000 人，主要业务仅靠修理、保养、生产配件维持生计（详见《上海地方志·船舶建造志》，上海市地方志办公室，2002 年版）。

抗战胜利后,国民政府对在"沦陷区"的敌伪机电企业进行了接收和处理:一部分发还给原来民营业主(包括英美洋商),一部分没收"国有"(实际上归于官僚资本),还有一部分重新组合,采取了国有民营形式继续经营。以上海为例,原随政府内迁的"迁川湘桂工厂联合会"和其他内迁工厂,分批返沪;政府助其索回原址厂房、设备等部分财产,使其复工开业。有些还从敌产中调拨、补充了不少机器装备,实力大于战前,如"大隆机器厂"等。除因战后交通运输的急剧增加的业务量需要,全国各地进口了大批美国汽车,使各大城市汽车修配和汽车零部件生产行业快速发展之外,国民政府还在接收日伪工厂和接受联合国援助的基础上,建立了一些具有官僚资本性质的国营企业,如上海地区的"中国农业机械公司虬江机器厂""吴淞机器厂""通用机器公司""协兴机器厂""建兴机器厂""中和机器厂""中央电工器材厂上海制造分厂"等,形成了战后中国机电业和制造业的骨干厂家,能制造生产 5 马力以下的民用柴油机、6 级离心泵、小型风机、200 马力 8 级开启式交流电动机和一些适应于中国农村特殊需要的大中型农业机械。美货输华倾销后,美产机电产品在中国市场畅行无阻,美国产的柴油机不但品质好、耐久性长,而且售价只有国货同类产品成本的一半。在美货形成的压倒性竞争力面前,加上物价飞涨,市场混乱,国内公办民营机器工厂几乎全面崩溃,民营中小企业更是举步维艰、难以生存。绝大多数厂家不是关闭歇业,就是转产改行。以中国最大的机电工业基地上海为例,截止到民国三十八年(1949 年)4 月统计,上海虽有大小机器厂 1 200多家,开工者却不足一成(详见《上海地方志·机电工业志》,上海市地方志办公室,2002 年版)。

抗战胜利后,国外的汽车(主要是美国产汽车)大量涌入中国各大城市,给战后中国汽配行业带来良机。由于中国汽配业不存在与美国汽车工业的直接竞争关系,反而作为美国汽车业的配套产业,可以让部分美国产业从售后维修业中"解套",以投入整车生产,因此战后的中国汽配行业在战后美货倾销的洪流中非但没有遭受灭顶之灾,反而获得空前的发展。由于战后中国各大中城市从美国和少数欧洲国家进口汽车数量庞大,配件十分紧缺,有远见的中国民营企业家趁势大力开办、扩建配件制造厂。以上海为例,民国三十五年(1946 年),"大中华汽车材料厂"正式开业。同年,原址在重庆的"中国机械工具股份有限公司"在上海设立专营汽车配件的制造分厂。这一时期的上海汽车修配行和配件制造厂激增至 144 家,威海卫路一带在民国末期短短的三四年,就形成了著名的"汽车修配一条街"。民国三十七年(1948 年),国民政府实行"外汇管制",原产汽车配件进口大幅减少,上海汽车配件制造业又一次获得了绝好的短暂发展机会,一大批原属于汽车修理的厂家纷纷转产汽车零配件制造生产。至解放前夕,上海地区初步形成了以"宝锟""杨复兴""郑兴泰""大中华""乐炳昌"等著名厂家为代表的、拥有百余厂家的汽车配件制造行业(详见《上海地方志·汽车工业志》,上海市地方志办公室,2002年版)。

民国末期上海和东北地区的中国民营汽车修配行业的大发展,为后来五六十年代崭露头角的现代中国汽车工业奠定了坚实的产业基础,也积累了宝贵的技术经验。

以战后东北为例,因日本自认为可以永远占据东三省,确实对原本就具有雄厚实力的东北地区的工业化,下了一番力气,十几年内投资和技术移植量巨大。以抗战胜利当年统计,东北城市化水平已达到23.8%,而关内中国城市化水平至1990年才达到18.96%。东北地区的铁路建设在民国三十四年(1945年)已达到11 479公里,而中国铁路总里程(含东北)到民国三十八年(1949年)共22 000公里,东北一地占据过半。东北公路总里程近6万公里,而至解放前夕,中国含东北在内公路总里程才8.09万公里,东北地区占据七成以上。在民国二十年(1931年),东北民航航线总里程已达1.5万公里;而直至1950年,新中国民航关内航线总里程才1.14万公里。东北还有亚洲一流的机车制造业,如时速130公里的"弹丸高速列车"由大连机车厂研制成功;"南满铁路"新京(长春)至大连区间的"亚细亚号特快列车"采用大连制造的"SL-7流线型机车",拥有全封闭式空调车厢。长春还是亚洲第一个全面普及抽水马桶和民用管道煤气的城市,也是亚洲第一个实现主干道电线入地的城市。至民国三十八年(1949年),东北工业规模已超过饱受美军轰炸摧残的日本本土,在亚洲名列第一。伪满时期最后一年(1945年),东北地区发电能力每年22亿度,而至解放前夕,整个中国当年发电总量才43亿度。战后东北地区还生产了占全中国49.4%的煤、87.7%的生铁、93%的钢材、93.3%的电、69%的硫酸、60%的苏打灰、66%的水泥、95%的机械等,形成了庞大的人造石油、特种钢等在当时亚洲第一,甚至领先世界的尖端科技企业。据国民政府财政部统计,民国三十四年(1945年),东北工业占全中国工业总产值85%,台湾占10%,关内各省份合计仅占5%。但民国末期的东北工业经受了两次巨大破坏,元气大伤。一次是苏军撤离时,大肆拆卸和损坏了许多中国东北工厂企业,有时甚至对厂址实施"整体爆破",片瓦不存,一如他们在德国鲁尔工业区所为。另一次是在民国三十七年(1948年)国共东北决战,工业繁荣地区几成主战区。后所幸解放军"围而不打",对长春、沈阳、吉林等大城市实施围困战术,迫使驻守国民党军队最终绝粮而降,相对完整地保住了上述几个东北工业重要基地免遭战火摧毁(以上数据和事件均根据"中国第二历史档案馆"馆藏文献和伪满政权文件档案及相关研究论文、专著综合整理)。

民国末期上海和东北地区的中国民营重工业和机械、电器、汽配业在困境中的维持和局部发展,为后来现代中国社会五六十年代熬过难关、在90年代初步实现工业化,奠定了坚实的产业基础,也积累了宝贵的技术经验。

尽管抗战胜利、产业回迁后百废待兴,尽管战后仅一年多就爆发了国共内战,以上海为基地的现代中国制造业仍取得了一些不凡成就,填补了国内制造产业的诸多空白:民国三十五年(1946年),由陈阿金等5人合资创办的"恰兴抽水泵修理社"(解放后更名为"上海深水泵厂")研制出中国第一架6英寸深井泵机;民国三十六年(1947年),"上海新安电机厂"工程师史钟奇研制出国内第一台40马力交流换向器变速电机;同年,由程伟民投资的"中国玻璃纤维社"(今"上海玻璃纤维厂")宣告创立,标志着刚刚在美国应用于民用领域的新兴化工业随即在中国诞生;同年,益中福记机器瓷电股份公司研制国内第一根变压器用纸柏管宣告成功;同年,"中央印刷厂"(今"上海人民机器厂")研制出国内第一台 32 英寸凸版轮转印刷机;民国三十七年(1948 年),"中建电机制造厂"(今"上海电压调整器厂")研制出国内当时最大的 8 000 伏自耦电力变压器,安装于湖北大冶发电厂;民国三十八年(1949 年),鲍国梁创办的"玲奋电机机械制造厂"(今"上海实验机厂")根据洋机原型仿造改进,研制出国内第一台 100 磅火花动平衡机。同年,孙正友等人创办的"慎和翻砂厂"(后更名为"上海造纸机械厂铸造分厂")仿制出当时国内最大的 150 吨起重机。[此自然段全部事件均根据《上海地方志工业志》(上海地方志办公室主持编纂,2002 年版)所述资料进行改编。]

二、民国后期交通运输产业背景

从全国分布来看,北洋军政府、国民政府和"沦陷区"敌伪政权对新修铁路均不及晚清洋务派干劲大。从 1928～1937 年"七七事变"的"黄金十年",国民党政府在关内修建了 3 600 公里铁路,均以支线为主;东三省从 1928～1931 年"九一八事变",修建 900 公里铁路;东北伪满时期新建约 5 700 公里铁路;华北、华中、华南约新建 900 公里铁路;抗战时期,国民政府在西南、西北大后方新修支线铁路 1 900 公里。至解放前夕,中国铁路总里程为 22 000 公里,四成以上为晚清洋务运动时期30 年内所建(共计 9 100 公里)。尤其是抗战胜利两年后,国民政府金融政策失败、国共内战爆发,除个别路段局部翻修外,在整个民国末期全国各地区基本没有新建一寸铁路。

抗战时期的西南西北大后方的新建公路事业曾十分红火,极大改变了整个西部地区交通落后的状况,为抗战时期的民生物资供应及战争物资输送,提供了强有力的保障。国民政府曾在抗战胜利初期制订了庞大的全国公路网修建计划,但因经济恶化、内战开打,该计划予以搁浅。至国民党战败、退守台湾之际,整个民国末期未见有什么像样的公路干线新建记录。

抗战胜利后的中国经济曾出现了一个短暂的恢复发展时期。国际航运畅通,对外贸易激增,工商企业复苏,社会经济趋于活跃,汽车保有量迅速增加,汽车货运业规模扩大,市区和周边公路、水路和航线均有不同幅度的修复和增长。以上海为例,据上海市政府交通部门统计,至民国三十五年(1946 年)8 月,上海拥有货运汽车 4 149 辆,16 个月后增至 6 797 辆,增长 63.8%。一批战时歇业的汽车运输行相继复业,新设立的运输行不断增加。以民国三十七年(1948 年)8 月与民国三十五年(1946 年)11 月相比,加入上海"同业公会"的华商运输行增加 182 户,拥有营业汽车数增加 683 辆。有的运输行已能一次承担几百吨至上千吨的大批量业务。战后上海民众出行的交通工具中,"黄鱼车"(三轮脚踏车)在人力车货运业中成为后起之秀,至民国统计,上海全市"黄鱼车"数量已超过 1 万辆。"榻车""老虎车"数量也有增加,至民国三十八年(1949 年)初,全市约有营业榻车 1.3 万辆(详见《上海地方志・上海公路运输志》,上海市地方志办公室,2002 年版)。

战后全国长途汽车客运企业虽大都相继复业,但多因资金短缺,经营竭蹶困难,惟官僚资本涉足的部分却风光独秀。如在民国三十五年(1946 年)初正式成立的"国民政府交通部公路总局第一运输处",一度有客货汽车 345 辆,雄踞华东地区长途客货运行业之首。但因公路复建迟缓,通车里程少,通货膨胀加剧,营运成本不断提升,开办不久即告紧缩,无法维持其庞大机构的各项开支。与战后前两年全国客货运业务市场兴旺繁荣、各地汽车保有量急剧上升相适应,各大城市相继新建了许多汽修汽配行业。以上海为例,至民国三十八年(1949 年)4 月,全市已有汽车修理行(厂)近 200 家,比民国三十五年(1946 年)增加 120 余家(详见《上海地方志・上海公路运输志》,上海市地方志办公室,2002 年版)。

战后的长江航运倒是有所起色,战前原属于英美洋商垄断的长江主航线客货运输业已不复存在,战后各洋资航运企业逐步退出了中国水路运输航线。长江沿线各主要港口城市(上海、南京、武汉、沙市、重庆等)均形成了外国商轮公司、外埠轮船公司和地方轮船公司三足鼎立的运营局面。在此期间,中国民营客货运轮船公司有了一个短暂的快速发展时期。如武汉市国民政府"招商局"依靠没收日资"东亚公司"庞大资产建立了公营轮船公司;民营"复兴轮船局"也顺势发展,成为两湖江段中短途航线上的"新贵"。

图 5-9 民国后期的南京浦口轮渡

抗战胜利后的上海市政府所辖"招商局"等官办航运企业和民营航运企业,均大量从国外买船,增加客货运力。至民国三十五年(1946年),仅上海地区的内河轮运企业已达19家,航线为6条,内河航运业一度复苏。至民国三十七年(1948年),上海已拥有江海轮船100多艘;31万余吨;还新设了与日本、东南亚和美国等国际水域航线。但上海远洋运输业仍基本被美、英等国的轮船公司所垄断,实力较大的是美资"总统轮船公司"、英资"大英轮船公司""怡和轮船公司"等十余家洋资企业。中国的官办民营航运业在远洋航运业务中所占比例很小。但内战爆发后,国民政府对内河船舶(包括长江航线)实行严厉管制,任意征用民营企业船舶充作军用,使沿岸中国内河船运业复遭严重摧残。至民国三十八年(1949年)4月25日,长江航线全面停航。解放前夕,上海地区的官办"招商局"大部分船舶被国民政府撤往台湾、香港,留在上海的大部被炸沉或破坏,仅有很少部分小型船舶留在大陆地区。

在抗战胜利后,中国的航空业得到了迅猛发展。靠接收"沦陷区"日伪敌机和大量购置美式飞机,中国建立了当时一流的军用和民用航空事业。就规模看,战后中国实际上已经是当时世界上"航空大国"之一。如国民党空军已拥有9个飞行大队又2个中队,空军官兵共有12.97万人,编制飞机556架,且基本上均为美制新式战机。中国民用航空业的运力、运量、客服等指标,也在战后位居世界排名前列。"两航"(即官办"中央航空公司"和"中国航空公司")运营规模达到空前,飞机、设备和器材等设施基本接近当时航空业发达国家水准。以民国三十五年(1946年)统计数据看,"中航"当年机队总数为46架美制飞机,其规模在全球十大航空公司排第六,是远东地区最大的航空公司。"中航"当年运输总周转量在国际民航运输协会排名为世界第八位。"央航"也有包括6架世界最先进的康维尔-240的飞机在内的机队近30架。至民国三十七年(1948年),民航空运队平均每月完成300万吨英里;这一周转量指标仅居美英之后,占当时世界航空公司运量排名的第三位。在机场建设方面,民国三十六年(1947年)上海"龙华机场"改扩建成远东地区最大的国际民用机场;另外,南京"明故宫机场"和"大校场机场"及广州"白云机场",均新建了亚洲第一批按当时国际民航组织标准建造的民航机场跑道。至解放前夕,"两航"共开通了52条国内外航线。但由于管理不善,缺乏经验和安全保障措施,时有空难发生。仅民国三十六年(1947年)一年,"两航"共有12架飞机失事。其中尤以年底在上海发生的"圣诞之夜空难事件",一天中有3架飞机失事,死亡旅客61人,飞行人员9人,压死村民1人,中外舆论为之哗然(详见《上海地方志·上海民用航空志》,上海市地方志办公室,2002年版)。

民国交通史上最大的海难事故,当属民国三十七年(1948年)12月3日18点45分发生的"'江亚轮'沉没事件"。当时"江亚轮"超载至4 000左右乘客,晚间航行突然船体发生爆炸,事后仅有900余人获救,罹难人数高达3 000余人,远超著名的1912年"'泰坦尼克'号沉船事件"死亡人数(约1 500人),创有记录的人类交通史上一次性遇难人数之最,迄今没有被打破。一直以来人们都以为是船舱内部的锅炉爆炸或误触抗战时期日军遗留水雷所致,后来被台湾方面多次泄露、证实,竟是由于驻扎在上海的国民党海军航空兵轰炸机飞往海州(今辽宁省阜新市)"执行任务"(参加辽沈会战、轰炸东北共产党军队)后,在返航飞至吴淞口外上空时,机上悬挂的一枚重磅炸弹脱钩坠海误中"江亚轮"。台湾"中央研究院"《中国民国史事日志》(郭廷以主编,台湾大东图书公司,1981年版)在1948年12月2日"庚"条中,作如下记载"招商局'江亚'轮在吴淞口北炸沉,旅客三千余人遇难",等于公开承认了"江亚轮"是被空军事故飞机误炸沉没的。

三、民国后期轻工纺织产业背景

纺织印染业一向是民国时期中国现代工业的发达行业,民国末期也一度获得短暂的快速发展阶段,整体技术有所改进,产业装备普遍更新,全行业产能有所提升。其有所发展的原因有三:其一是产业环境较优,且自身具有一定竞争力,战后美货毛呢、咔叽布料的倾销,不涉及中国民营纺印业的经营主项,官僚资本的吞并,似乎也没看上轻纺工业,因而民营纺印业均较少受波及,能在战后初期幸免于难。其二是战后从上海、青岛、天津等地接收了"沦陷区"大批日资棉织、纺布、印染、纺纱等工厂,添加了一批在当时亚洲也属于较先进的设备装置和大量技术人员,使战后中国民营纺印行业的整体产能有所增进。其三是战后前两年原材料市场(如棉花、生丝、化工颜料等)和产品营销市场供销两旺,均有较大市场作为空间。但国共内战全面爆发后,轻纺产业与其他行业一样,都不可避免地陷入了停滞甚至倒退的阶段,产业状态日渐萧条。

以现代中国轻纺工业龙头基地的上海为例,至民国三十八年(1949年)春上海解放前夕,上海纺织工业共有企业4552家,拥有棉纺锭达243.54万枚,当时以城市为单位计算的纺织产业规模而论,上海无疑已是当时在全世界名列前茅的"纺织城"。以民国末期最后一年(1949年)统计,上海市工业总产值中重工、轻工、纺织三者的比重为:纺织占62.4%,轻工占24%,重工占13.6%。上海市的棉纺锭,占全国棉纺锭总数515.7万枚中的47.23%,大有独占"半壁江山"之势。最早据民国十八年(1929年)上海市政府社会局的调查,全市工厂28.5万职工中,纺织业就占20万人,比例接近产业工人总人数的七成左右。近现代上海纺织工业的发展,培育了中国第一代产业工人大军。"从光绪十五年上海建成中国第一家动力机器棉纺织厂,到1949年5月上海解放,上海的近代纺织工业从无到有,发展壮大。1949年上海解放时,上海纺织工业共有企业4552家,作为纺织工业主体的棉纺锭已达243.54万枚。对比发达的资本主义国家,中国的动力机器纺织工业的创立,要晚100年左右,而且发展速度也是缓慢的。但是,一个城市在60年的时间里,形成这样大的规模,在国内是绝无仅有,在世界上也属罕见。"(《上海地方志·上海纺织工业志》,上海市地方志办公室,2002年版)本书作者认为,《上海地方志》编者这段话,说得十分客观,也是十分合理的。

民国后期中国纺织产业的产品总体状况是:原料以棉、毛、麻、丝为主体,初加工产品(棉纱、生丝、麻束、坯布等)在产品总量中所占比例偏多,深加工产品(印花布、丝绸面料、毛呢面料、成衣等)则在产品总量中所占比例偏少。以上海为例,民国三十八年(1949年)4月之前的一年内,上海纺织产业主要产品产量为:棉纱13.46万吨,棉布6.52亿米,印染布4.63亿米,毛线1630吨,呢绒426万米,丝织品1195万米,麻袋420万条,针织内衣1604万件,袜子9610万双,毛巾3294万条。

〔以上涉及上海地区的产业数据均采选《上海地方志·纺织工业志》(上海地方志办公室主编,2002年版)〕

无论是"大后方"还是"沦陷区",全国城乡绝大多数传统手工产业在战时支撑了中国社会多年的民生商品日常供应,对维系民生、支援抗战贡献巨大。战后前两年,这些以传统手工业为主要产销方式的中小型工商业仍保持着较快的发展趋势。但好景不长,随着大量回迁和新建的新型工厂不断增加,机械化、规模化、标准化的现代工商业高速拓展,又有以民生商品为主的美国"战时剩余物资"大举输华倾销,这些传统手工业的市场占有率日益萎缩,相继关、停、并、转。加之后来内战开打,诸事不顺,从民国三十七年(1948年)起出现大面积倒闭、停产风潮。至解放前夕,全国这类传统手工业企业户数仅及抗战胜利的当年(1945年)之半数,剩下的也大多奄奄一息,勉强维持。尤其是上海、武汉、天津、广州、南京等大城市,传统手工业经商户,倒闭、歇业过半,户数仅及民国三十七年(1948年)总数的三成左右。(此自然段内容根据《上海地方志》《湖北通志武汉市志》《广州通志》等各相关地区地方志综合整理而成。)

但是,必须强调的是:尽管面对重重困难,中国民族企业依然在风雨中挣扎求生、不断生长。以上海为例,抗战胜利至解放前夕,一些著名的民族产业仍在困境中顽强向上,如"大同自来水笔厂""上海铅笔厂股份有限公司""丰华圆珠笔厂""中国钟厂""上海电钟厂""中国缝纫机制造有限公司""上海化学工业社""泰康食品厂"等都有所发展。至1949年解放前夕,上海轻工业共有30多个行业、1975家企业,形成一支6万余人的职工队伍,创造出一批蜚声海内外的名牌产品。如"无敌牌牙粉""明星牌花露水""三角牌雅霜""三星牌蚊香""箭刀牌肥皂""金钱牌热水瓶""梅林金盾牌罐头""金鸡牌饼干""佛手牌味精""冠生园月饼""大无畏电池""ABC糖果""孔雀牌香精"等,畅销全国各地,远销欧美、东南亚等几十个国家和港澳地区,其中有些产品在国际上享有盛誉(详见《上海地方志·上海轻工业志》,上海市地方志办公室,2002年版)。

四、民国后期市政公用产业背景

战后前两年,全国各大城市的市政设施和公共服务建设均有一定程度的增长,特别是经济较发达地区的大城市,如上海、广州、北平、天津、武汉、成都和国民政府还都后的南京。这一时期的中国大城市市政建设改善,突出表现在公交行业、民用水电供应和民用电讯(电话、电报、广播等)行业的改建、扩建、新建方面。

民国三十七年(1948年)前后,全国各大中城市商业中心区域均建有官办民营大型商场,市政设施配套比较齐全。此类商场多以提倡国货为特点,设有百货、绢花、文具、书店、布匹、服装、鞋帽、理发、食品等各类柜台及专卖店铺,经营各类以国货为主的民生日杂商品和各地土特产品,并附设各种餐饮副食摊位。此类商场一般都是各大城市繁华街区之所在。

抗战胜利后,上海、成都、南京、杭州及东北、西北(如太原等)等地有部分厂家(以原汽车修配和汽车零部件生产厂家为主)相继从事用途进口卡车(美国"道奇""通用"卡车为主)改装公共车的业务。全国大中城市的公交线路上,这类由中国民营厂家改装的公交车占近八成比例。

以上海为例,至民国三十八年(1949 年)上半年止,上海市区的煤气日输气量9.3 万立方米。煤气管线总长度 414 公里,家庭用户 1.74 万户,工业和其他用户1 298 户,民用煤气普及率 2.1%。至解放前夕,上海陆续建成自来水厂 5 座,用户基本覆盖上海市区全境;市区有出租汽车行 29 家,营业汽车 370 辆。到上海解放前夕,全市共有城市道路和公路 1 235.4 公里,桥梁 488 座;下水道 649 公里,泵站11 座,排水能力为每秒 16 立方米;城市污水处理厂 3 座,日处理能力为 3.55 万立方米;驳岸 18.9 公里。其中市区公路总长度 450.64 公里,桥梁共 348 座(含以后接收的江苏省 10 个县)。这些早期发展起来的公路,虽然路线少,路幅窄,标准低,结构简单,但初步构成上海市区及周边地区的公路网框架。

图 5-10 民国"城管"

在公用服务业逐步扩大完善的同时,公用设施的修理业也逐渐发展起来。如上海地区就形成了各种市政公用服务业的专业修理厂,分别从事煤气表、灶具、自来水表及公共汽车、电车等修理,兼营生产供修理、维养使用的零部件,同时也进口一些洋产原装零部件,自行装配民用煤气表、水表等。

在"黄金十年"期间,上海的公共汽车、电车(包括长途汽车)和小型火车等各类公交车辆已有近千台、线路70余条。抗战胜利后,上海市政府公用局设置"上海市公共汽车公司筹备处",民国三十五年(1946年)10月改组为"上海市公共汽车公司筹备委员会",11月设置"上海市电车公司筹备处",次年(1947年)又将两处合并改组为"上海市公共交通公司筹备委员会"(简称公交〈筹〉),先后开辟线路10条;至解放前夕,上海有市区公交和郊县地区长短途客货运输车辆两千余台。

解放前夕,上海共有自办局所73处,邮路总长3 009公里,电报电路97条,长途电话业务电路44条,市内电话交换机容量72 060门,固定资产5 310万元(银币)。

[以上涉及上海地区的数据详见《上海地方志·上海公用事业志》(上海市地方志办公室,2002年版)。但请留意关于公路里程、桥梁等少数具体数据,《上海地方志·上海公用事业志》在叙述"公交"部分和"市政建设"部分所提供的少数数据,似有出入。请读者引用时仔细查阅、核对原文件,并以其他真实数据佐证。]

五、民国后期军火兵器产业背景

民国末期的中国军火工业,是在抗战时期的西南西北大后方军工基础上延续下来的特殊行业,无论在规模上还是在产能上,与抗战时的生产高峰期,都有较大距离。究其原因,主要有两点:其一是战后中国军工企业,一部分回迁原址(如原属晚清即有的"上海机器制造总局"的造船厂、机械厂部分等和武汉兵工厂、金陵兵工厂大部分)重建复工,一部分留在西南(即后来的"嘉陵机器厂"等),战时强大的中国军工体系基本瓦解;其二是战后头两年旺盛的民生市场需求,使得大多数军工行业转为民用,业务范围主要在机修、汽配、农机、电器、通讯等行业,在产业结构和技术掌握上,已和兵器生产与研发发生了很大偏移。战后军工行业在整体上并没有得到大规模促进、提升。战后头两年,除从上海、青岛、东北、武汉、天津等地接收了敌伪兵工厂一批机械设备之外,没有添加和补充任何专门从事军火产品的技术装备,也没有新建兵工厂项目;虽然国共内战开打后,国民党政府花几百万美元紧急从美国购置了一批装备加强军工生产,1947~1948年新建设立了1个子弹厂与1个战车修理厂,研发生产了"60炮"及弹药之外,由于战后两年的机构分散和大部转向民用产品生产,使内战时期的军工行业已不复抗战时鼎盛之态,加足马力亦不及彼时产能十之二三。

以内战爆发后的武汉、南京、上海军工行业为例,内战时期的民国三十七年(1948年)上半年,"国统区"军工行业可月产中正式步枪13 000支、轻机枪1 000~1 200挺、重机枪500挺、82迫击炮250~300门、60炮700门左右、步机枪子弹

2 500 万发、82 迫击炮弹 10 万发左右、60 迫击炮弹 12 万发左右。至民国三十七年（1948 年），因内战消耗巨大，急需补充军火，国民党政府投资 40 万亿元（先是法币，后为金圆券），扩充设备，计划在 1948 年下半年生产装甲车 40 辆、各种迫击炮 3 558 门、山炮 12 门、轻重机枪 4 500 挺、火箭炮 20 门、榴弹炮 72 门、冲锋枪 5 915 支、步枪 6.655 万支、榴弹筒 1.2 万具、火焰喷射器 250 具、枪弹 6 046 万发、迫击炮弹 73.35 万发、炮弹 15.522 3 万发、火箭弹 4 000 发、枪榴弹 4 万颗、手榴弹 195.05 万颗等等。随着战事失利，由北自南，军工企业相继落入解放军之手，"国统区"军火工业自民国三十八年（1949 年）初起大幅度滑坡，到四五月间基本解体。

"美援"是国民党政府打内战的重要本钱。抗战胜利至内战爆发的不到两年内，美国"援华物资"价值 7 亿 8 000 多万美元，甚至超过了抗战八年时期"美援"之总和。"美援"军用物资以国民党军队的"美械师"装备为主，如预订的 39 个"美械师"装备在抗战结束前完成了 33 个师；其余部分在内战初期由美方加紧补足。国民党政府从美方手中以近乎废铁的廉价大肆购进了一批原贮藏于印缅战区各地（中国的西南昆明、桂北及印度、缅北等地）的美械装备，包括 100 余辆"M3A3 型"坦克和大批轻重武器、弹药，仅在昆明一地就有上万吨航空器材、4 000 吨轻式武器及弹药。战后美国政府还帮助国民党军队新建了八又三分之一个航空大队的空军及海军 271 艘舰艇等等。二战时期的美式装备，得益于靠全民战争动员焕发的无穷创造力，也靠在强大制造业基础上的工业设计。到二战后期，美国军用——民生设计，已是全世界公认的最先进水平。就拿士兵人人都有的钢盔来说，连普通中国远征军士兵都看明白美式钢盔在设计上的优越性："射击训练我们拿钢盔做过比较，英国钢盔、日本钢盔、美国钢盔都放在一百米外，瞄准了打，看哪个钢盔好。英国钢盔最不好，打中了肯定就能打穿，日本的要打偏了，子弹就滑走了。美国的钢盔最好……美国钢盔还可以烧水、做饭、做菜。后来英国钢盔全被我们扔了，宁可不戴钢盔，因为戴它没有用……"（黄耀武《我的战争 1944～1948》，春风文艺出版社，2011 年版）。

至国共内战开打之时（1946 年 7 月），国民党军队的装备大致为 1/4 美械、1/2 日械、1/4 国械，美械与半美械装备部队为 22 个军（整编师）64 个师（旅），交警部队 18 个总队又 4 个教导总队；其中 45 个师（旅）与交警部队均为全部美械装备。这个貌似庞大的战争机器，仅在内战一年多内，就被共产党军队基本摧毁。

（除具体注明外，以上其他内容据"中国第二历史档案馆"相关政府文件、统计资料整理而成。）

第四节　民国后期民生设计特点

随着漫长而艰辛的八年抗战胜利结束，国民党政府既接受了大批美援，又接管了大批敌伪财产，一时间海晏河清、歌舞升平、人心思定、百废待兴。战后的中国社会原本有个良好开端，开头一两年内，确实也显示出强劲的发展速度，各方面的战后恢复与经济建设,很多部分已达到甚至超过了战前水平。可惜仅有短短的一年半时间,国共开打,内战重启,全国人民又陷入三年血雨腥风之中。

民国后期的民生设计产业,在抗战胜利前两年表现出蓬勃发展的趋势。无论是设计观念意识的全面更新,还是设计行为介入产业效益的程度;无论是对战后社会文化事物的影响,还是民生商品的消费时尚日益形成,都全面超越了战前"黄金十年"的最高水平。有些工业制品类的民生商品,已成为中国现代工业和民生设计产业引以为傲的"代表作",是广大远东和亚洲市场最负盛名的畅销名牌民生商品,如"华生"电扇、"益丰"搪瓷、"蝴蝶"缝纫机以及一大批品牌繁多、种类齐全的民用机具(电珠、电池、发电机、农机)、民用化工(肥皂、牙膏、护肤霜、驱虫剂)、民用纺织(生丝、棉布、毛呢、童装、内衣、时装、针织、家纺)等等。在民生商品各产业强劲发展的条件下,设计创意呈现出前所未有的活跃,不但全盘接受了以美国为首的西方民主国家先进的设计理念,而且在设计的产业实施层面全面衔接,不少民生商品的设计水准在当时的亚洲已接近或达到一流水平。

内战的巨大破坏力不言而喻。不仅使得万象更新的战后社会经济文化建设戛然而止,还造成了殃及全国大部地区的基础设施与工矿企业的重复性破坏,其损毁烈度与破坏范围,甚至超过了抗战八年。内战造成中国社会的意识对立、阶级冲突是空前的,其负面影响在战后仍延续了数十年,难以愈合。

民国末期的民生设计产销业态在国民党政权全面失败、撤出大陆地区、退守台澎之后,也算是"寿终正寝"。因为建国初期的中国社会"全民大转向",政治、经济、文化、艺术领域建立了截然不同的体制与形态,民国末期(特别是战后之初)的设计产业发展成果在实体上基本得到承接延续,而设计创意的产业层面的图文题材和消费层面的"大众审美观"难以为继,基本被连根铲除。这个结果利弊参半,一方面为新中国设计产业开拓了发展生存空间,另一方面又导致中国民生商品设计与世界设计潮流和设计事物固有规律的长期严重背离,直到"改革开放初期"通过"恶补"缺失,方得以回归。

"概言之,民国是混乱的,民国的进步也是巨大的。远望民国,它是中国历史发展之路上不可缺少的阶梯。民国是一个古老社会终结后的转型期,是一个试验场,不同的理念和制度在这里进行了演示。有些试验结束了,得出了结论,给后人留下了经验或教训。有些试验则没有结果,直至今天人们仍在讨论着。这就使民国史的研究具有特殊的魅力与意义。民国史研究之所以能吸引无数的研究者而成为一门显学,这大概也是重要原因之一。"(王建朗《远看民国》,载于《近代史研究》2012年第1期)

一、民国后期设计教育与设计产业

40年代末,在"崇美"思潮泛滥、美式消费商品充斥中国市场的大环境影响下,中国的民生商品广告设计、包装设计、产品造型设计、商业宣传设计全面趋向洋化。

以包装行业为例,各华资设计产业纷纷从国外(主要是美国)进口各种包装和

502

图 5-11 国民党军政人员和家眷

印刷机械,使民国末期的商品包装从 30 年代简单的纸盒、玻璃瓶容器发展出丰富多彩、形式各异的包装品种。如包装盒匣用材,已从黄、灰纸板(俗称"马粪纸")发展到厚纸、卡纸、玻璃纸、马口铁等等,盒子的造型设计也愈加多样化,有方形、圆形、六角形、八边形、鸡心形、胖顶形等等。原来的纸盒厂家也采用机器轧盒等先进技术,升级为更先进的企业,专门生产麻布板箱、瓦楞纸箱等大小规格齐备的各种特异型纸质盒箱。民国后期在上海的包装设计界享有盛誉的名家有李咏森(成名作品"白玉牙膏")、顾世鹏(成名作品"四合一肥皂"和各种化妆品)等人。

民国后期面盆、热水瓶壳、餐饮具等搪瓷产品的器表装饰上,以新引进的电动气泵喷雾印花图案居多;战前那种单色罩涂、再加漏版印花的落后工艺基本绝迹。玻璃制品不但有吹玻璃工艺、热塑融彩工艺,还引进了洋式磨砂、刻花、喷印工艺,使民国后期的玻璃制品在装饰陈设类商品达到了空前水平。

民国末期的广告业是现代中国设计史上短暂而辉煌的一页。抗战胜利后最初两年,全国各大中城市工商业兴起了一场"广告热"。与战前上海滩的旧式广告不一样,战后上海商业广告深受美国现代广告风格影响,无论在媒体运用、形象采选、文宣语言、图形及字体设计等各方面,都及时地融入了许多现代元素,领全国广告业之先。丰富多彩的彩绘广告牌,成为战后各大城市中心商业区极为显著的时代风景。至 1947 年国共内战正式开打之前,全国各大中城市普遍开设了各式各样的"广告公司"或"广告社"。尤其是作为中国现代经济之都的上海,更是如此。抗战胜利之初,"上海市广告商同业公会"即告成立,下辖 91 个广告公司、行、号、社参加。其章程规定"以维持增进同业之公共利益及矫正弊害为宗旨……凡在本市区域内经营广告业之广告公司、行、号、社等,其营业范围包括报刊、油漆、路牌、电影、幻灯、民营电台、商业介绍、播音等业,依法均应加入本会为会员"。

　　民国后期,专门绘制各类商业美术作品的画家兼设计师的上海"两栖艺术家"有:孙雪泥(国画家,上海"生生美术公司",印制日历和团扇)、顾定康(粉画,专画仕女、儿童)、杨可扬(版画,不详)、邵克萍(西画,"飞马牌"内衣广告)、徐刚(西画,"金刚百货公司"广告)、庞亦鹏(黑白画,报纸广告)、蔡振华(装饰画,不详)、陶谋基(漫画,广告)等等。

　　除上海外,各大城市如广州、北平、天津、重庆、武汉及还都后的南京等地,整个市区广告到处可见。各种新式的霓虹灯装点的门头和广告牌在商业区鳞次栉比,城乡沿途的广告路牌则密布于铁路沿线和城市要道,各式车厢船身也处处可见广告图文,连很多边远省份穷乡僻壤也多有油漆绘制的简陋广告分布各处。广告的制作方式也五花八门、形式多样,如店铺广告(不但有很多沿用30年代即有的招牌、幌子、旗帜、匾额等,还新出现许多战后欧美流行样式的橱窗实物陈列)、彩楼广告、招贴广告、路牌广告、剧场广告(电影院放映正片前以幻灯片放映商业广告)和空中广告(在电台插播商业广告)、邮政广告(给有潜力的消费客户寄送免费纸本广告宣传画册和优惠卡、邀请函等)。彼时中国现代广告业已经粗具规模,尤其是上海等地广告业的制作水平和产业规模,甚至与欧美各大城市能基本做到"错时延展",起码在远东地区具有领先水平,超过当时的东京、大阪、香港、马尼拉、仰光等绝大多数亚洲大都市。

　　战后民国后期广告艺术的设计水平也有很大提高,主要得益于对美英广告设计作品的学习与模仿,并且逐渐形成了能主动结合本土商业环境进行自主性设计的现代广告业新格局。战后短时期内,业内就涌现出一大批高质量广告作品和高素质的广告设计人才——尽管后来时局巨变,颇多坎坷,他们仍成为从40年代一直延续到60年代初的中国现代广告业基本力量。民国后期广告画的内容有了个显著变化:白肤金发的洋美女成了女主角。个个挺胸撅腚,甚是妖冶。在上海、广州的商业中心,经常整个街口的高层建筑密布悬挂的血盆大口的洋美女连成一片,煞是壮观。这与抗战胜利伊始,弥漫于整个中国都市社会的苦尽甘来、及时行乐的享乐主义消费浪潮不无关联,也跟不分性别、不分阶级的全民"崇美媚洋"社会整体风气很有关系。这类泛滥成灾的大幅户外洋美女广告牌流行方式,较之战前"黄金十年"时期略显羞涩的"月份牌美女画"传播风格,还是有很大区别的。

　　除去拿洋美人当看点的流行广告外,民国后期也出现了不少很好的广告设计案例。从现在能找到的一些民国后期广告作品看,当时的商业广告经营者们已普遍从战前简单地模仿欧美广告的常规方式,迅速发展成具有一定商业经营意识,注重分析商品功能特点,深入研究消费者心理,积极追求广告艺术表达的特殊性和引导消费行为的实用性相互结合。这不能不说是近现代中国设计史上的一大亮点。后来的研究者们(包括本书作者),正是通过大量遗存丰富的40年代后半程的民国广告作品,才得以了解民国末期设计风格,乃至领略整个民国时期现代中国设计事

图 5-12 民国美女广告牌

物的风采。

　　必须指出的是,即便是 40 年代上海等地的民族设计产业已达到较高的产能、技术水平,但在产品造型设计上依然处于薄弱状态。一方面是由于专业的工业设计师多集中在造船、军工、矿山机械与航空等官企行业,少量民间工业设计性质的产品造型设计师,又多在汽配、市政、航运等工业化程度较高的民营企业高就供职;另一方面在日常杂用类的民生商品产业内求职谋生的产品造型技师,多半文化偏低、受教育程度不足,一般是出身于机械维修的工匠,有相当比例的人根本看不懂机械制图,也不明白机械化生产的基本工作原理,仅能依葫芦画瓢般地一味抄袭、模仿洋人商品造型,再根据自身企业生产条件,靠半琢磨、半猜谜地搞"设计",最后多半以降低工业制品的造型审美标准来维持企业仿制性生产。即便是已经蜚声海外的知名产品,情况也是如此,搞产品造型的当家技师,大多数都是模仿高手,根本不是设计师。如广州、上海产国货名牌"益丰搪瓷",因为缺少合格的工业设计师,其产品造型基本上几十年一贯制,一个萝卜一个坑,制好一套冲压模具,就用到完全磨损后再复制一套继续生产。这样做倒是节省下不少从图纸方案、胶塑造型到模具翻制、设备调试的各种花销,结果却是其产品坯材仅有大小尺码区别,很少有新造型在同类产品中亮相市场;所有设计带来的"花色变化",全都只能体现在器表喷印的花鸟图案上。这几乎成了中国民生设计产业在商品设计上的通病，一直延续到八九十年代才稍见改观。因此，本书作者主观认为：整个民国时期的民生设计产业，就基本面判断，还谈不上真正的"工业设计"或"产品造型设计"，鲜有成功案例可溯。

与产品造型设计相反，纺织产业的面料印染设计，在战后前两年，有较显著的发展。民国后期在上海印染行业公认的著名设计师有："国光"的张至煜，"新丰"的陈克白，"同丰"的邵悦夫，"上海印染厂"的丁墨农，"达丰"的张贵祥，"天一"的汪润庠、杨善坤，"信孚"的阮庭生，"庆丰"的凌雪樵等等。另外还有许多不在职的图案设计师和私人印花图案设计室。他们共同促成了民国后期短暂而繁荣的印染设计产业的大发展。

民国三十五年（1946 年）8 月，"中国纺织建设公司"宣告成立。这是由被国民政府没收的多家日伪敌产合并而成的大型"国有企业"。"中国纺织建设公司"下属第一、第四、第七共三个印染厂和公司所属"印花图案设计室（负责人为张至煜）"，设计室承担公司下属三个印染厂相关产品的所有设计业务。"中纺公司"各厂在战后迅速恢复生产，添置印花设备扩大产能，所生产的印花布料不但畅销国内市场，还外销至东南亚各国。

原为日商经营的"纶昌花布"和"防拔染花哔叽""花直贡""花平布"等名牌布料，企业在战后被没收，改由中国民营企业接手经营后，在民国后期的几年中，继续在全国城乡市场上畅销，直到解放初期被除名停产。

据《上海美术志》（徐昌酩主编，上海画报出版社，2004 年版）考证记载：战后上海商业街区的橱窗设计迅速恢复元气，发展很快，而且新创意、新方案、新手法层出不穷。"如洋商'惠罗公司'的橱窗设计中，最早应用了有机玻璃构成的简洁弯曲的透明道具，'福利公司'则应用了金属的或木质纹理本色的，或玻璃异型结构以及塑料等多种质材模拟的家具或其他器物的抽象造型。"这些新涌现的橱窗陈设专用技术与设备、道具的应用，使上海的大大小小商业橱窗更加精美华丽，蜚声天下。除去各大公司专职的橱窗设计师外，不少自由职业设计师与私人"广告社"也纷纷加入到商业橱窗设计行业中来。在民国后期较著名的橱窗设计师有："大陆广告公司"的陆宗尧，"新艺广告公司"的梁艺、杨雪鸿、王增先、徐百益等等，还有两位洋人设计师（一为白俄人，擅长时装人体模型和道具制作；另一为犹太人，擅长橱窗设计陈列业务）当年在业界也小有名声。

抗战胜利后，各大出版社纷纷回迁，沪、平、穗、津、渝、汉等地的出版业、报业、彩印业一度全面繁荣。因为欧美设计风格影响和纷纷购进洋装备，采用洋工艺，发行、印制的作品在装帧设计上都有显著提升。如上海、北平和南京的几家报纸首次采用了丝网彩印，使民国后期的报纸、杂志好看了不少。不少出版的书籍在封面装潢和版式排列设计上，普遍采取了欧美设计样式。一些精装书在书籍装帧上采用了"以内封与护封相联系的手段来装饰图书，是当时的又一进展"（徐昌酩主编《上海美术志》）。

民国后期的玻璃制品有所突破,不但有吹玻璃工艺、热塑融彩工艺,还引进了洋式磨砂、刻花、喷印工艺,使民国后期的玻璃制品在装饰陈设类商品达到了空前水平。

据《上海美术志》考证记载:上海象牙细刻始于30年代,微雕艺人薛佛影于民国三十六年(1947年)在"大新公司"画厅举办个人雕刻艺术展,共展出这一时期精品雕件有:牙章《岳阳楼记》《赤壁赋》《前后出师表》《偕老图》《春牧图》等。民国后期上海瓷刻初兴,北京名家陈智光于民国三十三年(1944年)来沪传艺,历时十年。另一位南京瓷刻艺人杨为义于民国三十一年(1942年)定居上海后业余自学成才,声名渐隆。

民国三十五年(1946年)前后,由于美货倾销、通货膨胀和战事动荡几大因素一起发作,全国的手工艺美术行业急剧萧条,尤其是北平、天津和东北的老字号传统工艺店铺、画斋、古董行纷纷歇业倒闭,许多一度名满海内外的手艺名家,都被迫转行,另谋生路。遭受打击最严重的传统手工行业多半是原来依赖出口外销的那些商号店家,如北京雕漆、景泰蓝、料器、玉雕;天津泥塑、玉器、金银首饰;南京绒绣、云锦;广州工艺雕刻、烧陶、家具修缮等等。在上海,不但城隍庙前自晚清起就连成片的各种传统作坊、手工店铺垮得七零八落,没剩下几家,连最早引进西式镶钻首饰、蜚声海外的百年老店"老凤祥银楼"也打熬不住,破产倒闭。各地手工艺人大多回乡种田或转业谋生,生活十分拮据、艰辛。

民国后期有关设计教育的教学机构变动、创办情况主要有:

民国三十四年(1945年),"上海市实验戏剧学校舞台技术组"创办。其后在1956年更名为"上海戏剧学院舞台美术系"。此为近现代中国第一家专业舞台展示设计的高等教育机构,为民国后期和新中国戏剧、电影业输送了大批舞美设计专业人才。

民国三十五年(1946年),"清华大学建筑系"创立。解放后于1952年全国高等学校院系调整时与"北京大学工学院建筑系"合并于"清华大学建筑系",又在1960年与"清华土木系"合组为"土木建筑系"。50年代以梁思成为首的清华大学建筑系,人才济济,蜚声海内外,参与了一系列新中国建筑设计重大工程。

二、战后美国消费主义商业设计的巨大影响

经历过30年代经济大萧条和二次世界大战洗礼后的战后美国,其资本主义经济模式出现了很大变化。波及全世界三分之二地区的第二次世界大战并没有伤及美国本土,相反,原本就是世界最强经济体的美国社会,在"战时经济政策"作用下,经济产业获得了全面、空前发展的绝好机遇,面对全世界的战时需求,美国成就了"全世界民主国家最大兵工厂"的美誉。受凯恩斯学说(主张以国家形式部分干预市场、刺激消费并解决失业、救济、全民福利等社会问题)影响而逐渐形成的美国式"国家资本主义"在战时期间占据统治地位,也起到了良好效果。以庞大的军火工业为龙头,美国不但在传统制造业(包括钢铁冶炼及型材加工、机械装备制造、船舶和航空器材制造等)方面在世界"一枝独秀",而且还在战争期间开发了独步于全世界的众多新兴行业:民用无线电、民用化工、民用建筑材料、民用通讯、民用百货等行业。靠战争催化作用全面崛起的美国产业,在战后不但以一国之力占有全世界财富的半数以上,建立了各项经济指标雄冠全球的高福利、高就业、高消费的富裕国家,还形成了对全世界(包括战后破败不堪的欧洲地区)关于经济发展模式压倒性的全面影响。

与欧洲国家不同,建国不到两百年的美国人天然没什么历史传统可资炫耀,骨子里并没有"贵族意识",实现公平竞争的市场化自由经济和权利平等的公民社会,要比欧洲和全世界其他国家所付出的社会成本都要小得多,因而也实施得最彻底、最完善。战后美国高速持续繁荣了近半个世纪,还带动了一大批东亚、欧洲、拉美国家也获得了快速发展,完成了自身工业化、现代化社会变革进程。特别是战后美国消费主义商业经济设计风潮,对全世界战后产业的重建和复兴,产生了巨大而有效的深刻影响,由此开创了战后世界经济重心向民生产业转移的不可抗拒的历史潮流。战后美国消费主义商业经济设计蜂巢的核心,就是强调市场消费面的民众化趋势,一切以市场需要为前提,一切以大众消费的满足为前提。这个观念与战前欧洲人领导世界设计主流的、具有丰厚传统和文化积淀的古典式贵族气质的高品质商品设计的传统模式,看似格格不入。事实上,战后美国消费主义商业设计及新颖独创的产销模式,以积极争取最大范围的消费阶层和最大规模的消费群体为突破口,赢得了战后全世界市场商战的全面胜利,就此把欧洲传统设计及产销业态打入了十八层地狱,迄今不得翻身。这个取胜的诀窍就是强调从产品研发(包括设计)到商业营销的"大众消费"观念。

纵览全世界二战战场,伴随着美国大兵的足迹所到之处的,便是如同洪水般的美国式民生商品到处泛滥成灾:口香糖、巧克力、香烟、打火机、尼龙丝袜、高跟鞋、比基尼、太阳镜、金尖钢笔、笔式口红、帽式烫发器、家用洗衣机、二轮摩托车、高腰皮夹克、咔叽布猎装、简版西服、吊带裤、圈扣式皮带……还有地道的美式快餐("麦当劳""必胜客"和"肯德基"、美式热狗、炸薯条)、"好莱坞"电影、"百老汇"歌舞、"可口可乐"饮料、"星巴克"咖啡等等。正由于经由美国设计师创意努力而凝聚的"美式文化特色",挟二战胜利者的余威,使美国民生商品成为传播美国文化的最佳使者,占领了全世界。这个经济占领不是通过枪炮炸弹,而是通过无数令人心悦诚服的民生商品得以完成的。这些所产生的后果,比之二战胜利丝毫不差:确保了战后美国作为"世界第一经济体"持续繁荣了六十年。

战后美国输华"战时剩余物资"(以涉及中国社会广大中下层民众为消费主体的民生商品为主)在中国的倾销,一方面沉重打击了中国战后产业的复原与发展,另一方面深刻促进和推动了中国现代产业和设计水平的发展。为了在日趋激烈的市场竞争中立足,战后中国现代工业中,传统手工操作生产方式急剧减少,机器生产的比例显著上升;产业的标准化程度有所提高,规模化、批量化生产已经成产业发展的共有趋势。这些实现现代化、工业化的最基础信息,已经非常明显地出现在战后中国产业经济活动中(见前述之本章节内容)。战后美国消费主义商业设计的影响和美国民生产业与商业营销的示范作用,功不可没。

　　战后之初的中国现代民生设计产业,正处于战后社会美国文化、经济、政治、军事的巨大影响之下。这种压倒一切的巨大而综合性的社会影响,也是利弊参半,一方面使得战后中国的民生商品设计得以迅速接近、直接学习和参照"美式设计"(尤其是在战后新建工商企业或以敌产组合形成的"国有"党产工商业)的产业标准,大大缩短了设计方面的创意及产业与世界领先水平的行业差距,另一方面又严重压制了战后中国社会广大民营工商户的切身利益,侵占了他们的市场发展空间。美国"战时剩余物资"输华民生商品所营造的弥漫于全社会消费和时尚领域的"崇美之风",人为地迫使相当比例的民营工商户逐步退出民生商品产业领域,严重地打击了现代中国的民族工商业。

　　"对有闲的绅士来说,对贵重物品做明显消费是博取荣誉的一种手段","有闲阶级在社会结构中是居于首位的,因此其生活方式,其价值标准,就成了社会中博得荣誉的准则。遵守这些标准,力求在若干程度上接近这些标准,就成了等级较低的一切阶级的义务","上层阶级所树立的荣誉准则,很少阻力地扩大了它的强制性的影响作用,通过社会结构一直贯穿到最下阶层。结果是,每个阶级的成员总是把他们上一阶级流行的生活方式作为他们礼仪上的典型,并全力争取达到这个理想的标准"([美]凡勃伦著、蔡受百译《有闲阶级论》,商务印书馆,2002 年版)。战后弥漫于全社会的"崇尚美货"的消费浪潮,从根子上是一种全新的消费"异化现象",已远远超出了实用和鉴赏本身,使原本的日常商品成为社会身份的标识。这个全民"崇洋消费观",发轫于清末社会,在抗战胜利后的民国后期快速普及,又在改革开放初期达到鼎盛时期,迄今仍深刻地影响着中国社会。

三、民国后期民生商品消费的新特点

　　民国后期的民生设计,犹如岔路口上的路标,既标记了过去路途的坎坷崎岖,又呈现了现在路途的曲折迂回,还展示了将来路途的复杂多变。

　　民生设计,是整个百年中国实现工业化、现代化的文化缩影,每每行进一步,留下的都是社会进步、变革的脚印。中国民生设计及产销业态,是完全建立在西方式的大众消费观念和社会商品经济生产模式之上的现代化产物。它与以手工劳作为主的传统生产模式虽然存在着千丝万缕的联系,但在本质上又有着天壤之别。正由于中国近现代民生设计及产销业态的发生、发展、延传,作为工业化最基本特征的"机械化""标准化""规模化"才在中国社会扎根、立足;作为现代化最基本特征的以"公民消费意识(市民意识)"和"大众审美意识"为核心的自由市场经济和民主秩序的社会(这点是百年来所有革命团体口头上喊得无比响亮的政治口号),才得以在中国初见端倪。从这个层面上讲,近现代中国民生设计及产销业态的形成和发展,是百年中国社会伟大变革的最基本动力来源之一,其作用力和影响力波及全社会各社会阶层的每一个成员,以及每一个社会成员每时每刻的生产行为和生活状态;其文化价值,绝对不逊于任何革命战争和重大社会变革事件。

民国后期的民生设计,是战后中国最耀眼的文化旗帜,一方面代表了战后中国消费社会关于时尚风潮、关于西方世界新奇事物的全部概念,另一方面代表了战后无数民众对未来新生活向往的全部热望。

中国民生设计及产销业态在民国末期(特别是战后前两年)形成了一些新特点。这些特点后来成了整个民国时代最辉煌耀眼的文化成就之一,极其深刻地影响了整个 20 世纪下半叶的中国社会和全体民众消费阶层。这些新特点概括起来有以下三点:

1. 消费阶层的新变化。战前的中国民生设计产业,其消费对象虽然涉及社会各阶层成员,但由于社会消费习惯、消费能力、产业规模与产能的巨大局限性,其消费主体在很大程度上仍局限于社会上流人士和少数大都市市民阶层。战后美货的主要品种,全都是以"大众消费"为经销目的的道地民生商品,如洪水猛兽般地席卷中国战后消费市场,其结果不仅成功地吸引了社会中下层劳工阶级,而且也成功地吸引了中国的上流社会,使遍及战后中国城乡社会的全体消费者,或多或少地都感受到这场来势凶猛、涤荡一切旧式消费观念的"美国消费主义商业设计"所带给中国社会的巨大冲击。这个商业胜利其实也是观念的胜利——美国人创造的以大众消费为主体的产销业态新观念以及无数成功的商业实例,向全世界证明了其"普世价值"的真实存在——这成了美国人在战后向全世界推销美式民主体制的最有力依据之一,美国人所引领的战后大众化设计在全世界兴起,彻底颠覆了战前以欧洲产业为主导的传统消费观念(重点突出阶级差异的奢侈品设计及名牌产业)。而战后中国社会,无论是涉及民生商业领域的产业结构、设计方式和消费模式、时尚标准,都随之发生重大变化,使之第一次有机会与世界潮流同步发展。这个全社会观念变革的良机获得,其意义已远远超越了民生日用消费品使用价值本身。

2. 消费内容的新变化。美式民生商品覆盖范围,几乎囊括每一个普通人(包括上流人士和中下层人士)的日常生活。这种全新的"普适性"一夜之间就废止了全世界传统产销业态始终强调拉开消费群体阶级差异、争取高端消费牟利的陈旧观念。当然其产生不可能是孤立的,而是美国式西方民主社会确实已经发展到较高水平后的必然产物。美式民生商品所争取的消费主体,始终紧盯着大众消费领域,因而无论在规模上、总量上、批次上,都是其他形式和其他地区的旧式产业所无法比拟的巨大优势。在战后数十年内相继取得商业成功、迄今仍是世界著名品牌的美国原创产业中,以进入世界 500 强排序为例,没有一家是欧洲古典式高端消费者的"奢侈品"产业。这个将企业未来锁定在争取社会最大范围的大众消费层面,是美国新创民生企业取得成功的最大原因之一。

通过美国在战后向中国倾销的"战时剩余物资"的吸引,中国城乡消费者领略了"大众设计"产业的巨大消费魅力和强大产业威力,也使中国社会各阶层消费群体由此滋生了崭新的时尚消费新观念。尽管历时过短,人数尚少,美式大众消费主义设计并未能在中国社会彻底扎根,迟至八九十年代才卷土重来,但其对战后以及五六十年代仍部分地延续下来的消费内容的新变化,仍是 20 世纪中国社会变革最耀眼的文化亮点之一。

3. 消费取向的新变化。民国末期民生设计新特点的形成,其外在原因最主要是战后美国"战时剩余物资"在华倾销所促成的市场严重分化、消费观念巨变和"大众消费审美观"的形成。美国"战时剩余物资"以及之后输华民生商品直接摧毁了原来占市场主流地位的传统手工产销业态和虽有"现代化"之名、但并没有市场竞争力的弱小官办民营产销业态,一下子将中国民生设计产业逼上了"绝境":要么洗心革面,逐步实现标准化、机械化、规模化的工业化产业模式,要么死无葬身之地。从美货倾销引起的商战中得以逃生的那些幸存的中国民生产业,绝大多数又经历了无数的坎坷磨难,后来成为 20 世纪末中国社会实现现代化、工业化的立足点和支柱性产业。

产业进步能直接体现在消费群体的意向选择上。如战后中国民生设计产业中进步最快的印刷产业在技术装备和平面设计的带动下,导致了包括商品包装、书籍装帧、报刊版式、商宣招贴等分支行业的连锁良性反应,引起了纸媒相关产业全行业的整体进步。美式同类商品,以其设计——生产——销售各产业链环节突出的高品质、低价格、广口径的巨大优势,残酷地淘汰了很大比例的战后落后产业,无意间净化了战后中国民生产业的整体成分。再例如战后中国大中城市的服饰行业和其原料生产的纺织产业、化妆品行业和其原料生产的日化产业,以美式化妆品、成衣、时装为主的新兴商品消费,成为战后中国社会时尚消费的"风向标",在无情淘汰了一大批中国民营面料、成衣、日化产业的同时,又使得一批新型的纺织、时装、民用化工等行业的中国民生产业建立起来,并在市场上站稳脚跟,逐渐获得未来的巨大发展空间。同时,一大批被世界先进商品消费所培养出来的中国消费群体(包括无数中下阶层的小职员、学校师生、公司雇员、军政机关小公务员、文化人、艺术家、部分收入稳定的劳工阶级成员和广大青年消费者),有意无意地开始成为引领社会大众消费取向的主导消费群体。他们的消费取向的新变化,决定了现代中国民生产业的发展方向。

四、近现代中国设计的里程碑

民国末期民生设计及产销业态在对战后中国社会民众生产生活方式产生了重大的影响,以至于树立了这么一个高度:由此可划分出近现代中国工业化、现代化进程的"文化分水岭",之前,近现代中国设计及产销业态犹如一路在黑暗中探索前行,方向感、路标不甚明确;之后,商品的设计研发及其所附属的母体产业形式和商业模式日趋成熟,就此走上了一条与之前截然不同的发展道路。

民国后期民生设计是百年中国民生设计历史中第二次与世界"零距离接触"的良机。第一次中国社会与世界"零距离接触"发生在清末时代,结果是中国民生设计及产销业态就此萌生。第二次与世界"零距离接触"则直接催生了中国设计产业与商业的现代化模式就此形成。通过这两次波及全社会绝大多数社会成员的"工商业革命",不但深刻地影响(甚至左右)了全体国民的日常生活状态和谋生产业,也使无数中国城市居民和乡村百姓开始养成了源自西方的现代社会所必须具备的文明生活方式(个人卫生习惯、社交礼仪行为、社会公序良俗等等)和文明生产方式(机械化操作开始代替手工劳作;标准化批量生产开始代替即兴、无序、零散的作坊店铺式生产;积极主动确有规模的商业营销、物流方式开始逐步代替被动的蹲点式店铺营销模式)。这是一个20世纪中国社会变革最伟大的成就。因此,民国末期民生设计是近现代中国设计的"里程碑"。

50年代之后的"苏俄化"并没有完全中断民国末期民生设计对中国民众生产方式与生活方式所形成的巨大影响。事实上,尤其是在不少行业中,在战后建立起来的新兴中国民生产业,在民生商品的设计——生产——销售领域中,并不逊色于一直以军工为主的重工业为骄傲,但民生商品乏善可陈的苏联"老大哥",局部行业还具有一定的优势,如棉纺、印染、搪瓷、玻璃、食品加工、造纸、印刷等等。

必须指出的是,战后民国末期民生设计及产销业态的"副产品"之一,就是中国社会迄今难以根除的"崇洋媚外"社会消费意识,其直接原因是战后美货所形成的消费时尚带来的"文化后遗症"。虽文化名流与商界大佬,亦不能免。明用洋货,暗用国货,成了民国时期不少上流人士家庭的待客之道。如上海滩卷烟大王的"南洋兄弟烟草公司"的经营者简照南在给香港的兄弟简玉阶的信中曾深有感触地说,"犹有奇者,花界中固少吸我烟,即强其购吸,亦以'三炮台'罐盛之。外人无论矣,即大兄与秋湄请客亦如是"。显然,当时的消费行为不再单纯是基于价廉物美的一种纯理性消费选择了,已被附加了更多的时尚意义,"社会心理都爱慕洋货,许多放弃很好的绸缎不穿,都去穿外来的假货,无非因为洋货时髦些。"(周石峰《"国货年"运动与社会观念》,载于《中国经济史研究》,2007年01期)

战后美国民生商品的消费大潮,深深根植于经历过那个时代的中国城市居民的消费意识中。虽然在建国后被政治形态和消费能力所长期束缚多年,但在80年代末得到彻底释放,一方面为改革开放提供了无需成本的最有效社会动员,另一方面又形成了带有盲目色彩的盲从性、冲动性消费,阻碍和制约了现代中国民生设计产业的进一步发展。但无论如何,即便是今天来评价民国末期民生设计产业的成就和它对中国消费社会形成的文化影响,依然是利大于弊。

举例而言,如果说民初和"黄金十年"打造出几个才貌双全的"民国淑女"(陆小曼、唐瑛、张爱玲之流),战后社会职场女性则个个具备了新时代女性的气质和容妆,这是与战前较为显著的变化,也是民生商品中时尚元素日益下行普及的可喜现象。这点不得不说是整个战争时期西南大后方和战后前几年美国时尚元素弥漫全社会的巨大影响所致。美国文化主角所塑造的对象从来不是贵族妇女和"富二代",而是无数出身低微、怀揣着"美国梦"的城乡无名男女青年。美国文化人不遗余力地使全世界人民相信:这种"美国梦"是可以被效仿的。正因为如此,二战结束后的美国价值观才如此风靡全球,伴随而来的则是战后铺天盖地席卷全球的美国民生商品大众化设计，而随之没落的则是英法贵族气息的奢侈型时尚设计。这是一种不亚于二战胜利的全世界消费观念改朝换代般的时尚革命，带给全世界的影响是不可逆转的。听着60年代经典影片《蒂凡尼的早餐》(奥黛丽·赫本主演)主题曲《月亮河》那婉约、幽怨、梦幻般的曲调，无论哪国听众都能多少感悟出一个现代文明社会共有的法则：男人世界普遍具有的绅士风度、怜香惜玉、宽恕包容，是社会盛产淑女的先决条件。很难想象一个忘却了性别差异、在名利场上同场竞技中锱铢必较的残酷社会，能容忍真正的淑女生存下去。毕竟女人们特有的消费"缺点"也许正是成熟、发达、文明社会最闪亮的装饰和魅力所在。这点扑朔迷离、忽隐忽现的感觉恰好在战后中国时尚社会开始形成，也说明了经过二十年工业化改造的社会进步足迹。很可惜这个刚刚露头、正在形成的时尚风气很快就被长时期的战争和政治严控所彻底摧毁，50年代的"三八红旗手"杀猪女屠户、满脸煤灰的火车女司机、长着红扑扑脸蛋和粗手大脚的铁姑娘们颠覆了古今中外的"公众审美观"妇女形象，与此相关的时尚商品自然也销声匿迹，如今千呼万唤也难现昔日倩影。一个让女人出来打拼世界的艰辛环境，无论如何都是与精巧而奢费、细致而脆弱的时尚审美无缘的。究竟当代中国时尚设计缺的是什么？就是缺民国时代那种对女性时尚消费的相对宽容大度的绅士风气、相对包容忍让的社会氛围。爱好时尚的知性女人永远是品牌设计师最真诚、最可靠的盟友。没有情感深厚、谈吐儒

图 5-13　滑竿的阶级性

雅、心胸宽阔的卓越男人,就不可能有姿容靓丽、精致婉约、品位高尚的优雅女人。也许这正是当今中国设计界生存环境中极为缺乏的基本要素。

民国后期民生设计的短暂辉煌,仅仅两年便草草结束了。但它留给后来中国社会的影响和启迪,一直延续到今天。其兴也勃,其亡也忽,令人扼腕长叹。

　　本书作者将建国初期至改革开放之前的三十年,统称为"毛泽东时代"。其中,新中国诞生到"文革"前夕,是"毛泽东时代前期";整个"文革"时期至"改革开放"前夕,是"毛泽东时代后期"。本章节所涉时间范围,即是"毛泽东时代前期",指从1949年10月中华人民共和国宣告建立至1966年5月(中共中央发表"五·一六"公报,宣布在全国开展"无产阶级文化大革命"运动)为止。"毛泽东时代前期"又可以分为三个时间节点:第一阶段是1949年10月(建国初始)至1956年7月(恢复国民经济、胜利完成第一个五年计划、《宪法》颁布);第二阶段是1957年"反右"运动至1963年政府正式宣布"三年自然灾害"结束;第三阶段是1964年"四清"运动至1966年"文革"开始。

　　之所以本书作者要不厌其烦地将"建国初期"(即"毛泽东时代前期")划分得这么详细,是因为确实这三个时期的政治氛围、经济体制和社会风气之间有一定的区别——这个区别被明显地反映在各时期的民生商品的设计创意和产品外形之上;而日趋强化的"政治挂帅"倾向,是整个毛泽东时代最鲜明的时代特征,只是各时期民生商品在设计上反映的"烈度"有所不同而已。把握住这些不同时段贯穿于全社会生产与生活各方面的"政治元素",无疑是找出各自所属时段设计特征的最佳捷径。

　　总的来说,建国初期的社会主义革命和社会主义建设成就是极其巨大的。这种中国历史上前所未有的社会变革深入人心,旧有社会所遗留的种种弊端(卖淫嫖娼、吸毒、赌博、放高利贷盘剥等等)彻底扫除,整个社会移风易俗、风气清新,人人积极向上,党心民心凝牢固聚。这种前所未有的社会环境,很大程度上塑造了几代人(包括本书作者)迄今难舍的民族情结、国家意识、文化立场、艺术主张。"毛泽东时代前期"的第一阶段(1949~1956年)的经济发展也是很成功的,不但在国家的工业基础上几乎是全面开花,而且创造了多项"中国第一",奠定了新中国实现工业化、现代化、科学化的良好基础。同时,对于全体普通民众来说,五六十年代政治生活的宽松度,相比后来的"大跃进时代""三年自然灾害时代"和"文革"时代而言,要明显高了很多。在本书作者的父兄辈和同龄人心目中,1949~1956年的"毛泽东时代前期"的第一阶段所留下的记忆,大体上都是正面的。不但经济迅猛发展、各行各业兴旺发达,而且全社会弥漫着一种积极向上、朝气蓬勃、助人为乐、秩序良好的清新社会风气。这一时期的中国民生设计及产销业态,实际上是自从中国近现代民生设计产业自晚清诞生之后的第三个"黄金时期"(前两次是晚清洋务运动和民国中期的"黄金十年"),所取得的成就却远大于清末、民初、"黄金十年"和战后的民国末期。

遗憾的是,建国初期前七年所获得的伟大成就,使骄傲自满、妄自尊大的情绪在党的高层领导中蔓延开来。以政治热情取代事物发展的客观规律性,逐渐成为中国社会的"全民共识";加之决策者政治上的狭隘、偏执,使敢于直面问题的文化精英在异常突如其来的"反右派斗争"中几乎一夜之间被一网打尽,全社会丧失了对政治、经济政策的民间监督机制,从此偏移出正常发展的轨道,于是灾难性的严重后果必然接踵而至:近乎荒唐可笑的全民大炼钢铁,违背中国数千年农耕文明传统的"人民公社"在一年多内就严重损害了之前七年间辛苦建立起来的工业化、农业化经济基础,加之外交纷争导致中苏决裂,苏联单方面撤资撤人,不但加剧了中国经济的困难局面,也使中国在国际上丧失了仅有的一大批政治盟友,在国际上陷于完全孤立状态。于是,在遭遇到确实很严重的三年自然灾害面前,一些灾区地方政府进退失据、举措全无,致使整个中国社会坠入到极其悲惨、孤立无援的境遇之中,尤其是普通民众所遭受的困境与灾难,没有亲历的人是完全无法想象的;完全可以用"饿殍满目、哀鸿遍野"来形容当年的惨状。新生的新中国民生设计及产销业态,在这样的困难环境中自然也难逃厄运,无论是设计、生产、营销,都遭遇到空前的困难,出现了多年停滞的状况,甚至全行业大范围产能衰减,直到多年以后的"改革开放"初期才得以恢复和发展。

三年自然灾害结束后,曾出现短暂的繁荣时期,不但国民经济有所恢复,包括民生设计产业在内的各行各业都出现了全面发展的良好态势。民生设计产业甚至还走在全社会经济活动的最前列,时有杰出的设计案例不断涌现。可惜好景不长,"政治挂帅"的执政惯性再一次笼罩了中国社会,危害性和破坏力不亚于三年自然灾害的"无产阶级文化大革命"再度降临,而且长达十年。总体上功大于过的"毛泽东时代前期"宣告结束,新中国历史步入了建国60年历史上最灾难深重的十年。包括现代中国民生设计产业在内的中国经济、文化社会,又一次全面遭受几乎是灭顶之灾的困难时期,历史性地错失了赶上60年代起全球范围高速经济增长世界潮流的发展机会。

图 6-1　分到土地的农民春耕

第一节　建国初期社会时局与社会状况

　　1949 年 10 月 1 日中华人民共和国的建立,不仅仅是个中国社会历史上频繁出现的改朝换代的政治事件,而且是有着重大而深刻的世界范围影响的国际性事件。因为新中国的诞生,意味着几件事:其一,占全世界五分之一人口的中国,终于真正实现了民族自由和国家独立;其二,有别于西方民主世界模式的"另类社会"(以苏联模式为榜样的社会主义阵营)初步形成;其三,一种崭新的社会制度在中国建立起来;这种社会制度既不完全等同于苏联,也完全不同于西方,对刚刚在二战后相继摆脱殖民主义,但仍是积弱贫困的广大亚非拉国家,具有无可比拟的示范作用。

　　新中国国家主权所拥有的自主性和独立性,是鸦片战争以来百年中国社会所发生的最值得骄傲的伟大胜利。因为即便是辛亥革命、北伐战争、抗战胜利等重大社会变革,都没有达到中国国家主权的全部恢复,也不具有彻底的独立程度。中国社会始终处于"前账未清、后债又续"的被动状态,国家行使主权和保持民族独立、领土完整等方面,始终受到外来势力的全面阻碍和局部牵制,从没有能力来实现真正意义上的民族自由和国家独立。共产党建立的新中国,一夜之间就彻底铲除了所有百年来帝国主义强加在中国人民头上的所有"不平等条约"和帝国主义在华势力,强势实现了最完整意义上的国家主权全面恢复,实现了以汉民族为主体、结合了中国版图内五十六个民族共同构建的"中国大家庭"的民族共同体的完全独立,使百年来无数革命志士仁人流血牺牲而梦寐以求的民族独立成为现实。事实上,新中国一旦建立,中国大陆地区的国土上就不再保留哪怕是一寸土地的外国租界,不再承认哪怕是一条强加给中国的不平等条约,不再建有哪怕是一个凌驾于中国主权至上的外国兵营、机构;一切套在中国人民身上的枷锁在一夜之间消失得无影无踪。这是满清、北洋、国民党政权都从没有彻底做到的事情。因此,当毛泽东在开国大典上朗声宣告"中国人民从此站起来了"的时候,他喊出了全中国人民压在心底长达百年的共同心声,预告了中国社会从此走上了一条并不平坦的光明大道,也宣示了一个完全由中国人真正自己当家做主的崭新而伟大时代的来临。

新中国的诞生,还使得苏联这样具有传统军事封建色彩的社会主义国家,不再孑孓独行,形成了足以与西方发达国家组成的资本主义世界相抗衡的、有二十六个大小国家先后加盟的社会主义阵营(西方称之为"铁幕"国家)。这个二战结束几年后出现的世界新格局,深刻影响了 20 世纪下半叶的人类社会,全世界大大小小的事物都摆脱不了这一重大事件的影响,包括新中国自身。

后来的无数史实证明,作为中国人民伟大领袖的毛泽东,骨子里首先是民族主义者,然后才是共产主义者。新中国的国家利益、全体中国人民的福祉,始终是毛泽东心中最重要的东西。正如新中国开国大典中毛泽东在天安门城楼上向全世界郑重宣告的那样:中国人民要建立一个"自由、民主、富强的新中国";而对"社会主义阵营""苏联共产党""无产阶级专政"这样后来为人熟知的字眼,连一个字也没有提及。新中国加入社会主义阵营,原本并不是毛泽东和建国后的中共第一代集体领导的唯一选项。

现在已经解密的外交文件都表明,事实上,由于苏联领导人缺乏政治远见和领袖气度,压根没能预见到中国革命的伟大胜利和新中国的诞生,因而在国共内战中表现丑陋;新中国建国之初又对华坚持霸道立场,不肯废除一系列对华不平等条约,埋下了后来中苏两国分道扬镳、反目成仇的最初隐患。

反而是美国人更能预见中共的胜利和新中国成立的不可避免,一方面在国共内战后期完全终止了对国民党的军援,另一方面在新中国诞生后并未撤出外交使团,预备与新政权接触。美国国务院于 1949 年 8 月 5 日发表题为《美国与中国的关系》的白皮书,承认对华政策失败,同时指责国民党政府的腐败无能是美国丢失中国大陆的关键所在,同时寄希望于"中国的悠久文明和民主的个人主义终将再度胜利"。随着中国革命胜利的步伐加快,美国杜鲁门政府内部一直在为新中国建立后的对华政策激辩,最终较为一致地得出结论:不再支持国民党政权,尽可能同新生的红色中国"保持接触",继而建立正式外交关系。美国国务卿艾奇逊于 1950 年 1 月 12 日在美国全国新闻俱乐部发表长篇讲演,露骨地表明了此时的美国对华立场。全文大谈中美之间有传统的历史的友谊:美国人民一向对中国人民满怀深厚情谊。如美国没有参与八国联军侵略中国,战后"庚子赔款"全部用于中国教育(注:指美国将"庚子赔款"除修复教堂、抚恤遗属之外,余款全数用于中国文教事业,包括分批接受公派赴美留学生,开办"留美预科学堂"即清华大学前身和"国立北平图书新馆"即中国国家图书馆前身等等),美国在中国从来没有开办租借地(注:指美国从未在中国设立租界),"中国同胞们你们想想,外蒙古是谁分出去的?东北 150 万平方公里土地哪去了?"正在苏联忙着签约的毛泽东拒绝自己表态,以低级别官员名义发表了一篇文章,敷衍一下苏联人(详见毛泽东起草《驳斥艾奇逊的无耻造谣》,以中央人民政府新闻总署署长胡乔木名义发表,载于《人民日报》,1950 年 1 月 21 日;后收于《毛泽东文选》第六卷)。

受美国此种公开的"挑拨离间"做法所胁迫,苏联政府被迫在签约问题上做出一系列重大让步(注:指毛泽东访苏一再坚持而苏联不肯让步的签约立场:苏联立即归还旅顺港;中国立即收回大连港行政权;苏联全部无偿归还所有租给苏联的物资;中国立即无偿收回"中长路"即长春铁路等等),慌忙与毛泽东签署了《中苏友好同盟条约》(详见沈志华主编《一个大国的崛起与崩溃:苏联历史专题研究》,社会科学文献出版社,2007 年 11 月版)。这场外交胜利,展现了毛泽东等中共领导成熟、机警、游刃有余的外交才干,也表明了战后美苏争夺背景下的新中国外交空间,原本是很大的。

中国普通民众对美国的态度也是十分矛盾的。"据当时报界搞的调查资料显示,民众中普遍存在畏战求安、漠然无谓、'恐美''崇美''亲美'心态。""到美军在仁川登陆占领汉城,进入'三八线'以北,直逼鸭绿江时,这种心态发展到顶峰"。"作为世界上最发达的工业国,美国有足够多让国人美慕的地方。美国富有,'每人都有汽车,能吃白面';美国民主,'每个人都有一张选举票';美国科技发达;美国文化繁荣,好莱坞的电影好看,流行音乐好听。美国货也深受欢迎,商家卖东西给顾客总喜欢介绍'这是美国货',有的甚至把本国货刻上 U.S.A 来冒充美国货"。"有不少群众表示对美国'恨不起来',尽管'理论上知道可恨,感情上不觉得什么恨'。因为'美国过去也是日本的死对头',还'在中国办学校开医院和慈善事业',提供了很多救济物资,'日本来的时候,他办了难民区,明明是救了我们,怎么说他是仇人?'而且'美国很富,怎么会到别的国家抢东西?'"(杜华《仇视美国! 鄙视美国!蔑视美国!》,载于《看历史》,2012 年 8 月刊)

可惜一个突发性事件的发生(中国家门口的朝鲜战争意外爆发,中国被迫卷入,志愿军入朝参战等)导致了美国杜鲁门—艾森豪威尔政府由于政治短见、外交敏感而产生了连续误判,继之极其粗鲁暴劣地采取了一系列严重侵害新中国国家主权的行为:派遣美国第七舰队武力控制台湾海峡水域以阻止新中国解放台湾;宣布提供全面军援扶持摇摇欲坠的台湾国民党政权;建立"半月形"岛链防御,对新中国大陆地区全方位的全面封锁。尤其是朝鲜战争爆发后,美国国内"麦卡锡主义"得势,几乎所有曾与中国事务有过联系的西方政治家、文艺界人士,全部被扣上"亲共""亲华"的"红帽子",遭到清洗,整个西方舆论一边倒地持有反华大合唱。西方一系列极其谬误和狂妄的帝国主义强盗行径,终于彻底激怒了新中国的领袖和全体人民,迫使中共第一代领导无法选择与西方打交道的中庸路线,不得不彻底放弃最初所主张的"独立自主"外交政策,高调宣布新中国要采取"一边倒"的外交新策略,全身心投入以苏联为首的"社会主义大家庭",以争取建国之初所必须的军事保障、经济重建等外部支援。美国战后两届政府极其愚蠢的外交误判和反华政策,造成了"两败俱伤"的严重后果:因中国的加盟而实际形成了战后世界反美阵营;全球範圍的軍備競賽延緩了戰後各國經濟恢復與重建,世界各地(特別是中國周邊地區)烽火連年,美國自己多年深陷戰爭泥沼、國力大損;新中國與外部世界多年隔絕,經濟、政治發展長期滯後等等。

新中國的社會主義革命與社會主義建設,是世界上沒有任何先例可資參照的偉大革命實踐。無論是政治、經濟、外交、軍事上向蘇聯"一邊倒"時期的建國初期,還是保持全社會政治高壓態勢的60年代初中蘇分裂之後和整個"文革"時期,直到改革蘇俄式計劃經濟弊端、全面向西方世界開放的"改革開放"時期,中國的社會主義制度由於自身還不夠完善,無疑存在著很多不完善、不正確,甚至是極端錯誤的東西,中國社會和全體人民也為此付出了沉重代價,但這是一條中國社會實現現代化、工業化、民主化的"必由之路",自始至終充滿著各種複雜而特殊的社會矛盾相互制衡、相互作用下才形成的"中國特色"。正如資本主義制度在經歷無數次大大小小的經濟危機後能不斷完善自身機制、保持特有旺盛活力、繼續"腐而不朽"一樣,中國人民只有經歷了像建國初期那種與世隔絕、經濟上極其艱難的年代,像"文革"那種瀰漫著窒息般政治氛圍、物質與精神都極度匱乏的年代,"改革開放"初期那種萬馬奔騰、近乎無序混亂的年代,中國人民才最終找到真正適合自己的正確發展道路,無比珍惜無數人用青春、熱血、眼淚、痛苦,甚至生命換來的今天民族全面復興的大好局面,並且胸懷大志、韜光養晦、義無反顧、決不回頭地繼續走下去,直至徹底實現整整一百年前民國之父孫中山首倡的"振興中華"民族最高理想,一定要重返世界強國之巔。

一、萬象更新的新社會

每逢改朝換代時各個被攻佔城市必然舉行的"入城式",中國老百姓可見得多了。從八國聯軍到張勳辮子軍,從國民革命軍北伐部隊到日軍,再到勝利光復的國民黨軍隊,每次照例都會有地方商會和士紳名流們組織一個看著挺熱鬧的"群眾歡迎儀式"來為征服者捧場,以滿足征服者的榮耀感,試圖讓即將接管被征服城市的勝利者,能看在這份表明百姓臣服、地方擁護的面子上,因此對自己和地方上的老百姓"好一點"。這些"入城式"都是一樣的彩旗飄揚、鑼鼓喧天。

剛解放時,中國大城市裡的普通民眾,很多人是第一次親眼見到共產黨軍隊。當解放軍排著整齊的隊伍通過市區時,除去前排基本由地下黨和軍管會組織起來的、以青年學生和工人為主的群眾歡迎隊伍在敲鑼打鼓、高喊口號外,街道兩旁的後排站著更多看熱鬧的老百姓,他們絕大多數人面無表情、目光冷漠,心中難免五味雜陳。他們有太多的疑惑和不解,不知道被多年國民黨宣傳機構形容成"洪水猛獸"般的這群人,除去會打仗外,還會幹點什麼。不過人人心裡多少鬆了口氣:畢竟不用再打仗了,以後可以安生過日子了。老年人則根據自己豐富的人生閱歷暗自深懷疑慮:這支看上去衣著樸素、裝備簡陋、官兵不分、個個長著標準的農民模樣黝黑面龐的軍人們,能管好這座城市嗎?

答案很快就有了,而且行動是以迅雷不及掩耳之勢全面鋪開的。上海市區響了一夜的枪炮声突然就停止了,疲惫不堪的上海人带着惊恐和疑惑进入梦乡。当沿街业主清晨打开店铺、市民匆忙上班的途中,透过还未散去的战火硝烟和寒冷薄雾,看见街道两旁人行道地面上躺着几十万和衣而睡的士兵,一眼望不到头,却悄无声息。解放军宁愿睡冰冷马路也不愿打搅市民,第二天全市有多家报纸都刊载了这样的照片。上海人民被感动了,因为他们从来没见过这样的胜利之师。这是解放军给他们的第一个良好印象,开始融化了人们心里对共产党、解放军误会、隔阂的第一块坚冰。后来上海市民就习惯了,因为他们经常看见城市繁华街区里新添的一道景色:为维护市面治安而日夜站街巡逻的解放军士兵们,宁愿穿着草鞋、戴着斗笠、忍着饥渴、顶着烈日,却坚辞沿街市民的入户歇息邀请和茶饭慰劳。他们衣着土气、不苟言笑、表情腼腆,但态度都很坚决,谢绝的理由总是只有一句简单的话:"我们有纪律,不能拿群众一针一线。"

"一九四九年,我家地里的产量虽然不如别人家打得多,却是父亲去世后这十年来收入最多的一年。夏季收入小麦六石,豌豆一石,扁豆一石;秋季收入荞麦五斗,糜子四升,棉花九斤。解放后,我们没有了各种负担,生活便不那么苦了。虽然也给解放军管饭,但管饭后解放军每顿还给我们一千元的伙食费和四两粮票。起初人们总不相信,后来一兑现,果然拿到粮票就能换到粮食,大家才真的信服了解放军,知道他们说到做到,不哄人。"(侯永禄著《农民日记·一九四九年十月初九》,中国青年出版社,2006年12月版)

图6-2 装电灯

建国初期的共产党政府可不光会讨老百姓的喜欢，也会顺应民意，经常做让群众高兴的事情。只要有必要，便行动神速、雷霆万钧。尽管民国以来中国人禁烟、禁娼、禁赌空喊了三十几年，从袁世凯、日本人到蒋介石，其实都没能真正除掉这三个社会毒瘤。这些戕害百姓贻祸社会的陋习恶俗，从来没被当局真正禁止过，一直半公开地经营着，而且财源广进、生意红火。"从20年代末到30年代初，烟毒最盛之时，全国有8 000万吸毒者，以每人每天平均耗毒资0.1元计，则一年便消耗29亿元，远超出政府的财政收入。"（张金起《八大胡同里的尘缘旧事》，郑州大学出版社，2005年11月版）这些烟馆、妓院、赌场往往与军政要员及商界大佬有染，输金纳银、暗通款曲；且多半有一定的帮会背景，被黑社会"罩"着。既然有后台撑腰，自然是左右逢源、黑白通吃。干这些营生的老板们满心以为：凡是个猫，就没有不吃腥的；凡是个人，就没有不沾烟赌嫖的。共产党军队进城，也不过是花几个钱摆平，便可太平无事。

可共产党偏不吃这一套。解放军刚刚进入北平第二个月，某日夜里突然就全市一起发作，一辆辆大卡车载来全副武装的士兵，趁夜突然包围了北平所有的几百处色情场所及附近街道，一举端掉了已经经营了上百年的北平全市的卖淫嫖娼行业。所有业主、老鸨拘留教育、严格登记后释放，交由社区派出所和街道居民组织严厉监管，以防其重操旧业；全体妓女集中学习改造、提高认识，还被迫必须学习新的谋生技能（从纺织女工到文艺演员），然后一一释放，让她们获得新生。对抓捕吸贩毒人员、收缴吸毒制毒用具、查封赌博会所和涉及民间高利贷的地下钱庄，尤其是各种成员复杂、有时确为外国反华势力所利用的宗教组织、黑社会性质的民间帮会，共产党更是雷厉风行，决不姑息，甚至可称心狠手辣。上海、广州、南京等城市不断重复上演了类似捂被窝抓人的数千起事件。建国不到半年，大陆地区凡是建立了共产党政权的城乡，黄、赌、毒、黑一扫而光，几十年内销声匿迹。

对于共产党各地市政府的禁毒、禁娼、禁赌及严禁高利贷、取缔不法宗教组织和打击黑社会的一系列高压举动，全社会一边倒地喝彩，广大市民无不拍手称快，因为这些行业作为旧时代遗留的社会毒瘤，长期败坏社会风气，已经戕害了无数个家庭和个人。将黄、赌、毒、黑彻底禁绝，长期以来被中国几代老百姓口口相传为建国初期共产党领导的人民政府最得民心的伟大政绩之一，也成为当今社会各界批评个别地方政府对治安问题处置不力，使黄、赌、毒、黑现象有所死灰复燃的对比依据。

建国初期的共产党干部，可以说是全社会的楷模。他们不但勤奋努力、工作积极，还生活俭朴、作风正派。共产党打天下、坐天下的最大法宝就是走群众路线，毛泽东曾生动地概括成一句话："从群众中来，到群众中去。"建国初期的共产党是这样说的，也是这样做的。新中国初建时代的干群关系，是我们今天的人难以想象的和谐、亲近。新中国各级政府不但自身廉洁奉公，反对官僚主义、反对贪污浪费，还在全社会大力提倡节约勤俭和艰苦朴素，号召全民积极开展"爱国增产节约"运动。

在"三反运动"中，毛泽东显示出对贪污腐败的"零容忍"态度。他电报指示道：

"应把反贪污、反浪费、反官僚主义的斗争看做如同镇压反革命的斗争一样的重要。"(详见《建国以来毛泽东文稿》(第 2 册),中央文献出版社,1988 年版)按照当时的处理标准:贪污旧币 1 亿元(注:旧版人民币 1 万元约合后来的新版人民币 1 元)以上的就称为"大老虎",1 亿元以下 1 000 万元以上的称为"小老虎"。整个"三反运动"时期,"全国查处了 10 万余人,其中判处有期徒刑的 9 942 人、无期徒刑的 67 人、死刑的 42 人、死缓的 9 人"(详见薄一波著《若干重大决策与事件的回顾·上卷》,中国中央党校出版社,1997 年 2 月版)。

党和政府对于敢于触犯戒律的党员干部,无论级别高低,一律严惩不贷。刚解放的第二年,天津就公审枪决了地委书记刘青山、张子善两位老红军出身,且战功卓著的共产党高官。毛主席亲自批准了这项在当时也颇有争议的死刑决定,因为他高瞻远瞩地意识到:贪风不止,亡党亡国。

建国初期共产党施政的又一个亮点,就是对中国妇女权益的全面保障。从解放区民主政府起,就主张婚姻自由、男女平等,反对包办婚姻,保护妇女的各项生育权、选举权,反对欺压妇女的家庭暴力。新中国妇女享有中国历史上从未有过的社会地位,这点并不是只能从那些人大政协开会时不会说话、光会举手的文盲女代表的人数上才能有所反映,而是全中国劳动妇女社会地位实实在在的提高,能被无数史实反复证明的。新中国劳动妇女可以享受带薪产假、哺乳时间、例假调休;她们还可以申诉自己所有合理的权益主张,因为有妇联、工会和各级党组织、政府给她们撑腰壮胆;新中国妇女几乎涉猎了社会的每一个领域,从开飞机到开火车,从当干部到当科学家。我们今天认为是理所当然的那些妇女权益保障的所有法律条款,百分之九十全是在建国初期被制定、颁布,并被全社会严格执行的。

与北洋军政府和南京国民政府的做法不一样,新中国的共产党政府对普及全民教育是通过自己所擅长的"发动群众"的运动方式取得重大进展的。尽管自民国建立起,各届政府都大力推行了"国民教育",尤其是中小学教育确实取得一定成效,但 1950 年的普查表明,在全国总人口中,文盲和半文盲的人口比例高达七成以上,尤其是广大城市劳工阶级(包括所有产业工人加服务型行业从业人员)和农业人口的文盲、半文盲比例竟接近九成。这使得新中国要实现战后经济恢复,振兴各项社会事业,推行雄心勃勃的国家现代化、工业化建设目标,完全有可能半途夭折。于是,共产党像抓军事斗争、政权建设一样狠抓全民教育普及。于是我们能从当年传下来的很多黑白新闻照片中看到这个"全民教育普及运动"的深入和持久(一直延续到 60 年代初):

大军南下的行军队伍中,一队士兵们背包上挂有各式各样的识字牌,上面写着很大的汉字和拼音字母,以方便走在身后的战友们一边行军一边学习。加入了互助组、合作社、人民公社的中国农民们,在田间地头支起小黑板识字断文,一大群从胡须苍白的老头到中年妇女全在认真听讲,老师则是村里"完小"的三年级学生。青年男女农民在窑洞里点着油灯伏在破旧的课桌上写字读书,他们是利用小学校教室晚上空出来的时间在上"扫盲班";他们如饥似渴的表情足以说明,并不仅仅是因为村里领导以扣工分相威胁才被迫参加的。在肮脏喧闹的车间或巷道、更衣室内，纺织女工或矿工们利用午休间歇围拢在黑板前，跟着企业的技术人员在学习文化。舞台后侧的化妆间里，青年男女演员也利用珍贵的卸妆化妆间隙刻苦学文化，他们将识字卡片张贴在化妆镜旁、过道门边和一切可以利用的地方。在短短的几年内，全国几乎所有的大中城市都建立起了自己的"工人文化宫"。这个工人福利机构在整个50年代最大职能就是普及文化知识。一个个灯火通明的窗口都表明"工人夜校"和"扫盲班"在当年是多么受到全体劳动人民的衷心拥护和积极参与。

在学校教育方面，新中国完全模仿苏联这方面的成功经验，迅速建立了以公立全日制大学和公办中小学为主体的国家教育体制，基本不存在私立学校。在任何城市，如有适龄儿童辍学在家，从学校教师到街道居委会，甚至出动派出所公安同志轮流"拜访"，使家长不得不乖乖就范，将孩子送去上学。新中国各级政府还依靠国营企业自筹自办了大批公办幼儿园、托儿所，也鼓励街道居委会兴办"集体所有制"幼儿园，既解决了广大劳动者家庭实际困难以便他们安心工作，又将国民普及教育提前进行，收取了良好的效果。

总之，五六十年代的全民普及教育运动是最值得让人铭记的新中国伟大成就之一，其价值巨大而影响深远，重要性一点不比工业、军事、科技战线上的众多成就逊色。

新中国还在改造社会、移风易俗方面做了大量发动群众的工作，并且获得全社会各阶层积极响应。如声势浩大的"爱国卫生运动"最为显著，有些细节一直被传为佳话，成为那个年代少有的滑稽和幽默的成分。如"除四害"运动的打击对象，一开始是"老鼠、苍蝇、蚊子、麻雀"，其中麻雀因为总是在全国夏秋两次收获季节偷吃粮食而荣登"四害"之列。全国各城市出动了机关、学校、厂矿各单位大量人员，使用各种今天看起来令人啼笑皆非的"土办法"完成任务：人们擂鼓、敲锣、放鞭炮，为的是用巨大声响使麻雀受惊坠落。学生们则敲击脸盆、挥舞旗帜来造势。儿童们则大显身手，制造了无数的木架弹弓和铁架弹弓来袭击麻雀。城市里用气枪来射击麻雀也成了兼有爱国卫生与爱国体育双重目的的时尚。麻雀在50年代的悲惨境遇后来饱受社会各界批评，在60年代初由党报等权威媒体正式更换为"蟑螂"，才逃脱灭种厄运。据说当年红色文豪郭沫若也曾赋诗助兴："麻雀麻雀气太官，天垮下来你不管。麻雀麻雀气太阔，吃起米来如风刮。麻雀麻雀气太暮，光是偷懒没事做。麻雀麻雀气太傲，既怕红来又怕闹。麻雀麻雀气太娇，虽有翅膀飞不高。你真是个混蛋鸟，五气俱全到处跳。犯下罪恶几千年，今天和你总清算。毒打轰掏齐进攻，最后方使烈火烘。连同武器齐烧空，四害俱无天下同。"（郭沫若作《咒麻雀》，载于《北京晚报》，1956年4月21日）

新中国党和政府利用自己在广大人民群众心目中的巨大威信，相继发动了一系列旨在提高全民族体质水平的群众体育运动：包括广泛吸引群众参与的各项业余体育活动，在全国范围推广实施共六次"广播体操"，兴建各种体育设施，提倡全民健身等等。毛泽东有个题词，最精确地道出了新中国兴办体育事业的根本大纲：

"发展体育运动,增强人民体质。"

　　写到这儿,本书作者忍不住要评价几句:五六十年代的全民健身运动的目的正确、方法适当,所以才成就伟大,吸引了全国人民广泛参与,真正实现了毛主席对体育事业的纲领性指导思想:之所以要发展中国体育,目的在于提高人民群众的体质和健康水平。而近三十年来虽然中国职业运动员在奥运会上金牌越拿越多,但中国体育事业不但没有进步,反而严重倒退。因为中国体育早已沦落成"金牌战略"和"政绩工程"的一部分了,以"举国之力"(用全国纳税人的血汗钱)营造出来的假性繁荣,根本掩盖不了中国体育事业的倒退本质,完全背离了毛泽东"发展体育运动,增强人民体质"的创办新中国人民体育事业初衷。问题的严重性只要比较一下现在和五六十年代活跃在球场、操场上的普通百姓人数比例就一目了然了。绝大多数中国人已由中国体育事业的"参与主体"沦为实质上的旁观者。现在老百姓接触体育的机会,百分之九十来源于捧着饭碗吃喝时顺便观看电视报纸中激动人心的现场报道和实况转播。由于缺乏参与体育活动的场地、资金等各项条件的政府支持,广大中国人民(特别是劳工阶级)被基本剥夺了对体育的兴趣和参与的权利。占人口绝大多数、最需要体育锻炼来增强自身体质的全体中国劳动人民,是那些有条件常年在体育馆场办卡消费的体育锻炼者,还有在河边路旁守着几摊生锈失修的体育器材坚持锻炼的退休老头老太太,所绝对代表不了的。

　　迄今人们回忆"毛泽东时代"的全部正面的东西,基本都集中在建国初期的五六十年代。毛泽东在 50 年代中期曾骄傲地说道:"过去说中国是'老大帝国''东亚病夫',经济落后,文化也落后,又不讲卫生……但是,经过这六年的改革,我们把中国的面貌改变了。"(毛泽东《增强党的团结,继承党的传统》,中央档案馆根据毛泽东在中国共产党第八次全国代表大会预备会议第一次会议上的讲话录音整理,载于《毛泽东选集·第五卷·第五十二篇》,人民出版社,1977 年版)可以这么说,整个建国初期的共产党政府,以自身清廉、高效、朴素、公正的整体形象,在人民群众心中享有至高无上的权威。这个权威不是西方社会所诬蔑的那样是仅仅凭借铁腕暴力和血腥杀戮所获得的,而是绝大多数中国人民内心深处滋生出来的真实情感。在共产党、毛主席带领下,建国初期的中国人民勤勉工作、努力向上、移风易俗、改造山河。尽管新中国的内外环境险象环生、事端不断;党和毛主席也一再犯这样和那样的错误,有些错误还很严重,但建国初期整个社会风气充满了健康、积极、清新、公平的东西,使人奋进、给人希望。为此,有无数新中国的青年人甘愿付出自己的青春和热血,听毛主席的话,跟共产党走,哪怕历经磨难、饱受创伤也无怨无悔。新中国同龄人这份对党和国家的情感是真诚的、宝贵的,容不得今天那些不了解历史和现实的二杆子文学家、史学家们的亵渎。诬蔑建国初期的伟大成就,就是诬蔑整整一代新中国同龄人伴随新生的人民共和国从幼稚走向成熟的最珍贵人生。

二、一穷二白与自力更生

共产党接手的旧中国,确实是一副烂摊子。虽然历经晚清洋务运动、北洋军政府和国民政府"黄金十年"期间曾有过一些现代化、工业化的基础建设,但百年中国社会整体上基本上一直政局不稳定、社会动荡频繁,使经济建设始终处于时断时续、修修补补的状态,难以有大的作为。持续了14年(东北从1932年算起、全国从1937年算起)的抗日战争把全中国打得一塌糊涂;抗战胜利还没喘息两年,全面内战爆发;内战结束、新中国刚诞生第一年,"抗美援朝"战争又打响。二十年中国人一直在陆续打仗。从新中国建立往前推一百年,从第一次鸦片战争起算,中国社会就没有太平过,不是各地风起云涌的农民起义、社会暴乱,就是强敌入侵、裂土割地。前后算起来,以百万计以上人口卷入的大大小小的内外战争不下百起,百年内发生过重大战事的地区遍及中国大部国土,从繁荣的大都会城市到边疆的穷乡僻壤,有些城市在一百年内经历了反反复复的战火洗礼,甚至数度屠城。大多数时间一直处于各种战争状态下的中国社会,各项经济指标始终处于全世界平均值的最末排名区位,在新中国诞生之初,战后中国各方面状况,真可谓满目疮痍、一片萧条,被毛泽东形象地概括为"一穷二白"。

这个"一穷二白"的经济状况体现在中国社会民生水平的严重恶化方面。50年代初,中国有两个绕不过去的令人难堪的数据:成年人中有七成以上的文盲,这表明社会劳动力的素质低下,中国的现代化、科技化的社会基础也许是全世界最薄弱的国家之一;全国人口中有九成是农民,这表明名义上早已进入现代社会的中国经济结构,还在延续古代的自然经济结构,现代中国的工业化程度在50年代初来看,基本上还是遥不可及的远景梦想。

毛泽东不仅是伟大的政治家、军事家,还是个伟大的艺术家。他以战争时期仗马援笔的"马背诗人"的浪漫情怀,藐视自己人生道路上遇到的一切艰难险阻。建国初期的毛泽东,在党外友人(梁漱溟、郭沫若等人)的警醒下,谨记进京建立大顺朝的李闯王最终败北的历史教训,一直保持谦虚谨慎、审时度势、广纳良言、民主协商的政治姿态,在整个50年代大多数时期始终能保持清醒头脑。尽管整个西方世界对新中国采取了蛮横无理的全面封锁反华政策,使新中国几乎是在与世隔绝环境中开始了自己战后恢复和工业化腾飞的经济建设;尽管整个50年代的中国国内每年都有大大小小的政治运动(从"三反运动""五反运动"到"社会主义改造运动",后者亦称"资本主义工商业改造运动"),整个50年代中国国内及周边地区又不断发生大大小小的军事行动(从解放初期的西南西北剿匪行动、抗美援朝、解放一江山岛、援越奠边府战役、台湾海峡炮战等),但毛主席仍然领导党和全国人民取得了"第一个五年计划"的胜利实现(其实是整体的超额完成)等一系列社会主义建设的重大成就,为新中国的现代化、工业化奠基了雄厚的实力基础。

以"一五规划"胜利实现为核心的建国初期经济建设成就,概括起来有五大方面:

国有化改造:至1956年,对生产资料私有制社会主义改造的基本完成,使社会主义经济成分(特指"国营经济"和"集体经济")在国民经济中占了绝对的优势。1957年同1952年相比,国营经济所占比重由19%提高到33%,合作社经济由1.5%提高到56%,公私合营经济由0.7%提高到8%,个体经济则由7.296%降低到3%,资本主义经济由7.296%降低到1%以下。

基本建设:"一五规划"的五年内,全国共完成投资总额为550亿元,其中国家对经济和文教部门的基本投资总额为493亿元,超过原来计划427.4亿元的15.3%。五年新增加固定资产460亿元,相当于1952年底全国固定资产原值的1.9倍。五年内施工的工矿建设项目达一万多个,其中大中型项目有921个,比计划规定的项目增加227个,到1957年底,建成全部投入生产的有428个,部分投入生产的有109个。苏联援建的156个重大项目,到1957年底,有135个已施工建设,有68个已全部建成和部分建成投入生产。我国过去没有的一些工业企业(如飞机、汽车、发电设备、重型机器、新式机床、精密仪表、电解铝、无缝钢管、合金钢、塑料、无线电等),从无到有地建设起来,弥补了很多中国工业体系原有的缺项,进一步增加了新中国基础工业实力。1957年工农业总产值达到1 241亿元,比1952年增长67.8%。1957年的国民收入比1952年增长53%。1957年工业总产值超过原计划21%,比1952年增长128.5%。原定五年计划工业总产值平均每年增长14.7%,实际达到18%。1957年手工业总产值比1952年增长83%,平均每年增长12.8%。1957年的钢产量为535万吨,比1952年增长近3倍;原煤为1.31亿吨,比1952年增长98.596;发电量为193亿度,比1952年增长164.4%。机床产量达2.8万台,比1949年增长17.7倍;棉布为50.6亿尺,比1952年增长3 296;糖86万吨,比1952年增长92%。

农业建设:1957年农业总产值完成原计划101%,比1952年增长25%,平均每年增长4.5%。其中主要农作物(粮、棉两项)产量完成的指标为:粮食产量1957年达到3 900亿斤,比1952年增长19%;棉花产量为3 280万担,比1952年增长25.8%。粮食和棉花年平均增长速度,分别为3.7%和4.7%。五年内全国扩大耕地面积5 867万亩。1957年全国耕地面积达到16.745万亩,完成原定计划101%。五年内全国新增灌溉面积21.810万亩,相当于1952年全部灌溉面积的69%。

交通运输:到1957年底,全国铁路通车里程达到29 862公里,比1952年增加22%。五年内,新建铁路33条,恢复铁路3条,新建、修复铁路干线、复线、支线共约一万公里。建成宝成铁路、鹰厦铁路、武汉长江大桥等重大交通项目。到1957年底,全国公路通车里程达到25万多公里,比1952年增加1倍。边疆地区的公路建设尤为引人注目,如康藏、青藏、新藏公路在"一五规划"期间相继通车。

国民收入:1957年全国职工的平均工资达到637元,比1952年增长42.8%,农民的收入比1952年增加近30%。人民平均消费水平,1957年达到102元,比1952年的76元提高34.2%。文教、卫生、科学、艺术事业也有很大发展。第一个五年计划的超额完成,奠定了我国社会主义工业化的初步基础,提高了人民生活水平,显示了社会主义制度的优越性,并初步积累了社会主义建设的经验。

[以上关于超额完成"一五规划"的数据及事件,均参考郭德宏编著《历史的跨越·中华人民共和国国民经济和社会发展一五计划至十一五规划要览·1953～2010·上》(中央党校出版社,2007年版)]

城市化:截止到1952年底,新中国市镇总人口由1949年的5765万人增加到7163万人。"一五"期间,由于156项工程和多项重大城市工业发展项目在各大中城市里实施所造成的劳动力严重不足,使得各城市对农村户籍人口采取宽松开放的政策,积极吸收农民进城务工或在远郊工厂、矿区就业。在1950～1957年城市人口增加总量中,总计从农村转入城市就业的劳动力人数达到2300万;全国农业劳动者占全社会劳动力的比例由1949年的91.5%下降为1952年的88%,1957年再下降为81.2%。至1957年底,全国市级以上城市人口达到6902万人,加上县镇人口共有城镇人口9949万人,比1952年增加2786万人,五年内增加了38.9%;城市化水平由1949年的10.6%增加到1952年的12.46%,再增加到1957年的15.39%。从1949～1957年八年间,新中国城市化率增长了约4.8个百分点,较之解放前的一百年(1851～1949年)城市化率5%,增长到新中国前八年的10.6%;就城市化的发展速度而论,新中国前八年的城市化速度不仅是中国近现代史上是前所未有的,也明显高于1950～1970年同期平均年增长0.46个百分点的世界城市化速度(详见何一民、周明长撰文《156工程与50年代新中国工业城市发展》,载于"百度文库",2010年7月1日)。

由于历史原因和自身经验的问题,建国前十年在取得伟大成就的同时,也逐渐暴露了一些不足,为后来的政治、经济和社会连续遭遇挫折,埋下了一些隐患。概括起来讲,问题主要有三方面:其一,经济发展过于依赖"苏联模式",即过于强调与国家形象和国防力量有关的重工业建设,却使与民生息息相关的轻工业和农业生产建设步伐稍缓,跟不上重工业迅猛发展的节奏。如"一五规划"制订了"以工业总产值占工农业总产值70%"和"工业总产值中生产资料占60%"两项数值来作为实现国家工业化的重要标志之一,本质上就忽视了工农业同步发展、重工业和轻工业协调发展的两个重要前提。其二,随着全国工农业生产建设捷报频传,1956年起全党全国从上到下开始滋生了全局性的冒进思想,有些做法开始脱离经济规律草率行事。如1956年全国基本建设投资总额竟达147.35亿元,比上年增长70%,高于1953、1954两年的投资额,基本建设贷款占财政支出的比重由上年的30.2%猛增到48%,直接造成了国家财政在后来连续几年的极度紧张,导致影响了国家财政对民生状况、文教卫生、社会福利等社会基础性事业改善的投入。其三,对资本主义工商业进行的"社会主义改造运动"过急、过快,也过于粗糙。各地从赎买到动员的政策不一、各行其是,尤其是各地在执行过程中经常发生一些简单粗暴的半胁迫、半强制行为,挫伤了当时工商业实体经济生产中仍占有重要角色的资本家、小业主们的生产积极性;"大一统"的国营经济模式和集体经济模式,也打乱了因各自环境、条件差异而千差万别的工农业生产特点;特别是经历社会主义改造后,中国经济主体正式步入苏联式"计划经济"的发展轨道,开始背离符合经济生产规律的市场经济原则。这些失误为后来相当长时间内所发生的工农业生产全面滑坡和经济结构性矛盾尖锐冲突,都留下了很严重的"后遗症"。

"自力更生"则体现在 50 年代末至 60 年代中期这段新中国最艰难的岁月。当时新中国遭受历史上空前的自然灾害,超过三分之一的省份发生全境范围的干旱、洪水或蝗灾,波及地区则超过全国七成。尤其是作为主粮产区的江南、四川、两湖、两广等地的连年天灾,沉重地打击了中国的农业经济,直接导致了全国大面积的饥荒发生。事实上,从 1958 年开始兴起的"大跃进",是蔓延全国各行各业、导致灾难性后果的盲目冒进局面的根源。50 年代末标志性的政治口号是"三面红旗",指的是总路线、大跃进、人民公社。事实证明,"大跃进运动"以工业生产"大炼钢铁"为重心、以农业生产"亩产万斤"为标记的经济冒进、盲动、蛮干行为,本质上基本靠欺上瞒下、数据吹牛来营造繁荣假象的社会风气,不但严重抵消了十年来共产党在全国人民心目中树立的良好印象,还严重地摧毁了工农业正常发展的生产基础,大大削弱了国家防灾减灾实力的财政基础,也从根本上动摇了全社会应对自然灾害的物质基础,致使一旦老天爷不帮忙,大面积天灾频发,政府和全体中国人民必然猝不及防、束手无策、无计可施,听任无数骇人听闻的悲剧一再上演。正如国家主席刘少奇事后在 1962 年"七千人大会"上公开发表自己对此的反思所言:三年自然灾害的教训是"三分天灾、七分人祸"。包括毛主席在内的共产党集体领导和新中国各级政府,都负有不可推卸的历史责任。

1957 年"反右"运动之后,建国初期的一些原本十分正确、也十分有效的政治原则就发生重大变异了。党内的民主集中制和党外的统一战线政策基本已名存实亡。缺少了不同意见的争议,个人的独断专行难免产生重大的失误,导致严重后果。"总路线""大跃进"和"人民公社"(当时并称"三面红旗")和随之降临的"三年自然灾害",都充分证实了这一点。刚整肃了党内外对经济政策的种种质疑之声,毛泽东就头脑发热,誓把复杂的经济问题简单处理成一场轰轰烈烈的群众运动,要以实实在在的经济建设成就,"迎头痛击国内外阶级敌人对党的猖狂进攻"。毛泽东说:"六亿人口是一个决定的因素。人多议论多,热情高,干劲大。""中国六亿人口的显著特点是一穷二白。这些看起来是坏事,其实是好事。穷则思变,要干,要革命。一张白纸,没有负担,好写最新最美的文字,好画最新最美的画图"。"由此看来,我国在工农业生产方面赶上资本主义大国,可能不需要从前所想的那样长的时间"(毛泽东"介绍一个合作社",载于《红旗》杂志,《人民日报》,1958 年 6 月 1日)。毛泽东在中央工作会议上宣布:"十年可以赶上英国,再有十年可以赶上美国,说'二十五年或者更多一点的时间赶上英美'是留了五年到七年的余地的。"(引自何明、罗锋著《中苏关系重大事件述实》,人民出版社,2007 年版)由此,深刻影响中国现代史的一系列经济滑坡和政治动荡的社会事件,就不可避免地发生了。

官媒在这一特殊时期鼓动造势,不但愚弄全国人民,还蓄意欺骗党和毛主席,表现极为丑陋,几乎到了疯狂的地步:"《人民日报》又报道:湖北麻城溪河乡第一农业社早稻亩产 36 960 斤。一时丹城街头'学麻城、赶麻城'、'人有多大胆,地有多大产'标语铺天盖地,全县召开四级干部大会号召'实现亩产吨粮县'。《人民日报》又报道广西环江县红旗人民公社,一块试验田稻谷亩产 130 434 斤 10 两 4 钱,更离奇的是 9 月 26 日《人民日报》发表副总理兼外长陈毅《广东番禺县访问记》说他亲眼看到了这个县亩产番薯 100 万斤、水稻亩产 5 万斤。粮管所每年要收购番薯运往城市供应居民,一个麻袋只能装 90 至 100 斤,100 万斤就得装 1 万余袋,若堆到一亩田(666 平方米)上有二层楼那么高。(葛渭康《从大跃进到大饥饿——一个农村粮管干部的亲历与回忆》,载于《西湖》,2006 年第 02 期)

"大跃进"时代为营造政治宣传氛围而弄虚作假行为,开始成为一种社会常态,极大地毒化了党的高级和基层领导的工作作风。这个负面影响不亚于饿死人本身。连被誉为新中国"经济总管"之一的薄一波后来也反省道:"两本账或三本账的观念(注:指将实际数据与宣传数据分别处理、发布的设想)为计划的层层加码打开了一个重要的缺口。中央带头搞两本账,各级就都搞自己的两本账,下到基层,同一个指标就有六七本账了。不管工业也好,农业也好,其他行业也好,'大跃进'中的各种高指标,大都是通过编两本账的方法,层层拔高的。"(薄一波《若干重大决策与事件的回顾》,中共党史出版社,2008 年版)

1958 年 8 月,中共中央在北戴河召开政治局扩大会议,"人民公社"问题成为议题之一。"结果,在没有经过实验的前提下,从 1958 年 9 月 10 日到 9 月底,短短的 20 天内全国除西藏自治区外共建立起 23 384 个人民公社,入社农户占总农户的 90.4%,其中 12 个省达到 100%;河南、吉林等 13 个省有 94 个县以县为单位建立了县人民公社。到 10 月底,全国入社农户已占总农户的 99.1%。"(郭记中《民粹主义与人民公社化运动》,载于《党史研究与教学》,2000 年 05 期)

即便如此,党和毛主席在中国社会遭受百年来最大困境的"三年自然灾害"期间,除去国家根本利益的冲突外,又因双方打起了理论仗,导致当时新中国唯一的盟友苏联全面翻脸,苏联专家在 1960 年一夜之间全部撤离,许多耗尽了新中国财政宝贵资金来兴办的重大建设项目中途被迫停工,甚至解体,新中国就此陷入了遭受同时来自社会主义阵营和资本主义阵营的双重封锁,又同时面临极其严峻的三年自然灾害。面对如此空前的内忧外患,党和政府一方面调整了相应政策,纠正了部分偏差,另一方面号召全国人民减衣缩食、增产节约,以最大的民族牺牲来渡过难关。终于在 1963 年春全国形势基本解除危机,迎来了全国工农业生产的全面恢复,并且在 1965 年前后,全国经济形势达到了前所未有的,甚至超过建国初期鼎盛时代"一五规划"期间的全面繁荣新局面。能使中国社会最终熬过这段极其艰难困苦局面的政治信念,就是毛主席号召、在延安时期面对日本和国民党双重封锁局面时提出的"自力更生、艰苦奋斗"口号。套用在"文革"期间家喻户晓的样板戏《红灯记》里主人翁的一句台词,有"三年自然灾害"这碗酒垫底,中国人民什么样的"酒"都能对付。

毛主席说的"自力更生、艰苦奋斗",仍应该是当代社会"中国创造精神"的根本精髓,而且依本书作者看,再过一百年也不会过时——因为从历史上看,每当中国人民族盛兴、社会繁荣、国家强势的局面,都是主要凭借自己的力量才能获得摆脱困境、重获新生,进而不断发展、不断进步的。凭借这股"自力更生、艰苦奋斗"的民族底气,历史上没有哪个外来因素能左右中国这样从商周起就拥有世界最多人口、幅员辽阔、民族成分复杂,且拥有全世界独一无二文化传统的特殊国度;秦汉时期的马其顿亚历山大大帝、中世纪的欧洲十字军、近代的八国联军、现代的日本军国主义,还有建国初期的美帝国主义,都想做而没有做到。"自力更生、艰苦奋斗"这个口号在今天的年轻人看起来也许很空洞、很枯燥还很乏味,从那个年代熬过来的人们却记忆犹新,终生难忘。"自力更生、艰苦奋斗"不但是中国人每当面临绝境时咬牙坚持、苦熬挣扎、以命相搏、拼死求生的全民族精神面貌的集体写照,也是今天小安乍富、飞速发展的当代中国社会必须居安思危而长期葆有的民族优秀传统。

三、学习"老大哥"好榜样

新中国加入以苏联为首的社会主义阵营,是由当时一系列深刻而紧迫的内外因素决定的。其中,朝鲜战争、西方世界对中国大陆实施彻底封锁、苏联答应向中国提供大笔经援(整个工业化基础的 500 个重点建设项目)和军援,是三个主要原因;而且这三个因素彼此环环相扣,缺一不可。

关于新中国建国初期苏联援华专家的总人数一直是个谜。不是因为国家保密,倒是因为邀请苏联专家的口径太多、太复杂,有两国政府协议派遣的,有单位和机关自行联系交流的,甚至有民间企业、机构自行邀请的各路没有正式专家身份的"野鸡专家",根本没法有个准确计算标准。凡有政府备案的"专家"正式身份的,估计总人数应在 10 万以下、5 万以上。苏联专家贡献的范围涉及工农业,在文教、体育、国防等(包括设计与艺术教育、产业)几乎所有新中国建设行业,都有大量苏联专家当年活动的良好记录,而且十分丰富详实。鉴于本书尺牍有限,不做摘录。

本书作者认为,无论当年苏联领导人出于什么动机,也无论中俄国家关系过去和今后如何变化,当年数以万计的苏联各行各业专家们在新中国建国之初的无私帮助是永远值得中国人民衷心感谢、铭记不忘的。从来没有一个国家的人民曾像苏联老大哥这样大规模、全方位、深层次地帮助过另一个国家的人民。这在全世界已知的历史中也是绝无仅有的。决不能让政治分歧、文化差异来亵渎两国人民这段真挚的友谊和情感,不然我们就真的对不起当年远离家乡和亲人、曾把十年火热而宝贵的青春奉献给新中国艰难岁月的那些善良、友好的苏联专家们了。

在新中国"一边倒"外交政策的影响下,作为社会主义阵营的"老大哥",苏联事物对新中国全社会的影响,一点不亚于当年美国事物对战后中国社会的巨大影响。人们通过报纸、广播、画报、电影、音乐会、联欢会,无比羡慕苏联老大哥的一切社会主义成就。苏联宣传工具推出的任何苏联英雄,立即就能成为全中国人民熟知的英雄人物,从宁死不屈的二战女游击队员卓娅到英勇堵枪眼的马特洛索夫,再到全世界第一个宇航员加加林,全都是新中国男女青年学习的光辉榜样。

海量的苏联小说,使人感到50年代的苏联文学成了中国年轻人心目中的"文学圣地",新中国对文化知识处于极度饥渴状态的人们,对苏联文学作品津津乐道。那个年代流行于全中国每一家书店的畅销书作者以《人生三部曲》作者高尔基为首,还有《静静的顿河》作者肖洛霍夫、《青年近卫军》和《毁灭》作者法捷耶夫、《塔上旗》作者冈察洛夫、《真正的人》(另译名《无脚飞将军》)作者波列伏依等,还有列宁赏识的苏联诗人马雅可夫斯基及叶赛宁等等。几乎每个50年代出生或在中小学读书的人,一辈子读过的小说中,苏联文学作品一定占有压倒性的比例。

整个50年代,苏联音乐铺天盖地,弥漫于中国每座城市大街小巷,几乎每一场音乐会、联欢会,苏联那些脍炙人口、耳熟能详的歌曲,都是最受欢迎的保留节目。那时候在中国人人传唱的最著名苏联歌曲有《莫斯科郊外的晚上》《山楂树》《红莓花儿开》《小路》《喀秋莎》《纺织娘》《列宁山》等等。对苏联音乐的盲目崇拜,以至于50年代在中国最有知名度的外国音乐大师只有苏联音乐大师肖斯塔霍维奇(《列宁格勒第一交响曲》作者兼指挥);最有知名度的外国演出团体只有苏军"红星"歌舞团及无数苏联歌唱家;最有知名度的外国舞蹈家只有苏联功勋艺术家、《天鹅湖》50年代主角乌兰诺娃。电影院整天放映着上座率奇高的各种苏联影片,从老掉牙的《列宁在十月》《列宁在1918》《波将金号》《母亲》到新拍的《乡村女教师》及苏联卫国战争各种战斗片。连话剧舞台上也有自己的苏联榜样,中央实验话剧团在50年代末排演出《带枪的人》,作为国庆十周年献礼。

对苏联艺术的热爱,还促成了中国年轻人爱屋及乌地将旧俄文学艺术也统统奉为"世界级经典",如《战争与和平》《安娜·卡列尼娜》的作者托尔斯泰、《罪与罚》作者陀思妥耶夫斯基、屠格涅夫和契诃夫短篇小说、普希金和莱蒙托夫的诗歌,以及斯坦尼斯拉夫斯基(舞剧《天鹅湖》曲作者)、柴可夫斯基(舞剧《胡桃夹子》曲作者)、里姆斯基(轻音乐《野蜂狂舞》作者)等等。尤其是旧俄美术,基本成了中国每一所美术院校的经典教材,从基础的素描训练,到毕业的作品创作。直到80年代,中国美术小青年都能对旧俄画家和19世纪末的"巡回展览派"画家如数家珍,侃侃而谈,如列宾、苏里科夫、克拉姆斯珂依、列维坦、彼罗夫、马柯夫斯基、萨符拉索夫、希施金等等,连苏联画家也自叹不如。

新中国的农民、工人和无数普通老百姓,天真地把苏联式的共产主义很具体地理解为一种物质享受:"土豆加牛肉","楼上楼下,电灯电话"。人们辛勤上班,刻苦工作,心里想着一定要把中国也建设成苏联那样的"准共产主义社会"。苏联国内流行的一切民生商品,都会迅速成为中国各城市百货商场的畅销货,从卷烟到画报、从手表到收音机。50年代初最流行的职业女装,是"列宁装";迄今本书作者也弄不明白,这种丑陋、拘谨的小翻领、双排扣的女士上衣,究竟是怎么跟整天套着敞胸西装、里面露着小马甲的革命导师列宁挂上钩的。最流行的休闲女装是"布拉吉"(即"连衣裙"),除去青年妇女们通过苏联电影和画报深受影响外,另一个不便公开宣传的重要原因是：中国政府要"帮一把苏联老大哥"、号召广大老百姓踊跃购买苏联国内纺织业生产过剩而来华倾销的大花布。

总之，以 50 年代前几年为"鼎盛时期"的苏联文化影响，一方面给新中国建国初期尚处于半是战时状态、半是战后经济恢复困难时期的中国人民，提供了一种值得憧憬的"理想社会模式"；另一方面由于整个西方世界在美国的裹胁下，集体参加了对新中国的经济封锁、军事干涉和文化围剿，使同西方国家人民一样也有血有肉、有艺术需求、也有情感宣泄各种精神需要的全体中国人民（尤其是豆蔻年华的青年人）不得不选择唯一向他们开放的苏联艺术产品，哪怕看起来有点像是在饮鸩止渴。即便是今天，苏联早已解体，我们依然有理由向创造了无数给新中国建国初期全体中国人民带来无比欢乐、巨大希望的苏联艺术家们表示由衷的敬意和感谢。那时候苏联人民和艺术家们对中国人民的友谊是真挚的、善意的，同样，中国人民对苏联艺术的喜爱也是发自内心的、真心实意的。因为我们是患难时期的好朋友。

事实上，新中国的文学艺术事业在苏联的巨大影响下，模仿性地建立了自己的基本框架，形成了延续近三十年，迄今仍很有势力、很有影响的"革命的浪漫主义与现实主义相结合"（详见毛泽东撰《在延安文艺座谈会上的讲话》）的新中国革命文艺路线。这条原产于旧俄艺术小沙龙、被"斯大林时代"的苏联时期完整继承下来并改头换面、贴上革命标签再无限放大的艺术思潮，也给中国的文艺事业带来了一定的"副作用"。其中以隔绝中国艺术界与世界（包括西方）公认的艺术主体潮流之间的联系，在几乎所有的艺术种类中形成了几乎顽固不化的"程式化"僵死模式，以近乎刻板的、不近人情的革命口号来生硬取代鲜活的现实人生和个性化感受，是最该被彻底批判、摈弃的负面成分。

四、建国初期普通民众收支状况一瞥

先看一则亲历者（侯永禄，陕西省合阳县路井镇路一村五组农民。1931 年农历九月二十七出生。其坚持写日记长达 60 余年，时间跨度为 20 世纪 40 年代中期至 20 世纪末，2006 年被中国青年出版社以《农民日记》为书名公开出版发行，被社会学界公认为具有较高的史料研究价值）可信度较高的记述：

"1960 年的 11 月、12 月和 1961 年的元月，每个人平均一个月只有 15 斤粮。后来'以人定量'的标准，把口粮一压再压，一月比一月低，尤其是人口多、劳力少、大人少、小孩多的户，困难就特别大。如果只按人口，不分大小，那还可以小孩成协大人，现在不行，我家 7 口人，4 个娃，都在 10 岁以下。按 3 个月口粮的低标准是：1～2 岁的娃每月 3 斤，3～5 岁的娃每月 9 斤，6～7 岁的娃每月 11 斤，8～11 岁的娃每月 16 斤。12 岁以上的大人也分了四级口粮标准：轻体力劳动者每月 18 斤，一般的人每月 20 斤，重体力劳动者每月 23 斤，特殊饭量大、干过重体力劳动活的人每月 28 斤。我和菊兰（注：指侯妻）按一般人的口粮标准对待，每月 20 斤，母亲年老做家务，不参加集体劳动，口粮标准为每月 18 斤，引玲、胜天（注：指侯未成年子女）都为 16 斤，西玲 11 斤，丰胜 9 斤，全家 7 口人，每月共分口粮 110 斤，每人平

均不到 16 斤。3 个月共有 92 天,每天 3 顿,共 276 顿。全家人每顿饭共吃 1 斤 2 两粮,每人吃不到 2 两粮。"(侯永禄《农民日记·1960 年是解放后最困难的一年》,中国青年出版社,2006 年 12 月版)

全国工矿企业普通职工的工资收入三十年内(1949~1979 年)基本没有变化。以经济发达地区的上海为例,当时月收入水平为:学徒工 12~18 元(因里弄生产组、集体、国营的单位不同而异),转正后 24~36 元;大学刚毕业:本科 48.5 元,大专约 42 元。转正后为本科 58 元,大专约 52 元。工龄 20 年左右的纺织女工一般为 50~75 元;工程师为 70~120 元。

让我们看一份建国初期的"第一机械工业部直属企业生产工人现行工资标准表"(1963 年 7 月颁布,仅限机械工种)来直观了解"八级工资制"基本情况。其中所在地、厂家之间的差别很有意思,有军工任务和生活水平较高的地区,工资就略微高一点,反之亦然。

表 6-1 第一机械工业部直属企业生产工人现行工资标准表(1963 年)

级别	一	二	三	四	五	六	七	八
适用范围	内江机床电器厂、灌县第一机床厂、花石仪表材料厂、东风电机厂、永清示波器厂、庆恒精密电表厂、永胜电表厂、永佳低压电器厂							
薪额(元)	31.5	37.0	43.5	51.5	60.5	71.5	84.0	99.0
适用范围	贵州轴承厂、长江起重机厂、挖掘机厂、长江打桩机厂、重庆机床厂							
薪额(元)	31.5	37.1	43.7	51.5	60.7	71.5	84.2	99.2
适用范围	沈阳第一砂轮厂、标准件厂、蓄电池厂、丹东汽车配件厂、抚顺电瓷厂、哈尔滨电碳厂、绝缘材料厂、昆明电线厂							
薪额(元)	33.0	38.6	45.2	52.9	61.8	72.4	84.7	99.0
适用范围	西安高压电瓷厂、电力电容器厂、绝缘材料厂、电气控制设备厂							
薪额(元)	35.0	41.0	47.9	56.1	65.6	76.8	89.8	105.0
适用范围	西安电缆厂、变压器厂							
薪额(元)	36.0	42.1	49.3	57.7	67.5	78.9	93.4	108.0
适用范围	开封空封设备厂、高压阀门厂、热工仪表厂							
薪额(元)	31.0	36.3	42.4	49.7	58.1	68.0	79.5	93.0
适用范围	贵州第三砂轮厂							
薪额(元)	32.0	37.4	43.8	51.3	60.0	70.2	82.1	96.0
适用范围	河南第二砂轮厂							
薪额(元)	32.5	38.0	44.5	52.1	60.9	71.3	83.4	97.5
适用范围	广州重机厂							
薪额(元)	39.5	46.2	54.1	63.3	74.0	86.6	101.4	118.5
适用范围	天津第一机床厂							
薪额(元)	35.5	41.7	49.0	57.6	67.7	79.6	93.5	110.1

级别	一	二	三	四	五	六	七	八
适用范围	济南第一、第二机床厂，博山电机厂							
薪额（元）	31.0	36.5	43.0	50.7	59.7	70.3	82.9	97.7
适用范围	宣化工程机械厂、湘潭电机厂							
薪额（元）	32.0	37.7	44.4	52.3	61.6	72.6	85.5	100.8
适用范围	沈阳鼓风机厂、水泵厂、铸造厂、第一机床厂、第三机床厂、中捷友谊厂、变压器厂、电缆厂、风动工具厂、高压开关厂、电工机械厂、金州重机厂、大连机床厂、起重机厂、工矿车辆厂、瓦房店轴承厂、抚顺挖掘机厂、长春材料试验机厂、气象仪器厂、哈尔滨第一工具厂、量具刃具厂、锅炉厂、汽轮机厂、轴承厂、电机厂、电表仪器厂、齐齐哈尔第一机床厂、佳木斯电机厂、阿城继电器厂、杭州制氧机厂、南京机床厂、汽车厂、无锡机床厂、昆明机床厂、云南仪表厂							
薪额（元）	33.0	38.9	45.8	54.0	63.6	74.9	98.2	104.0
适用范围	武汉鼓风机厂、武汉电线电缆总厂、武汉汽车制造厂、武汉汽车制标准件厂、武汉粉末冶金厂、湖北钢球厂、黄石锻压机床厂、汉阳汽车制配厂、黄石轴承厂、湖北电机厂、湖北第二电机厂、湖北汽车电机厂							
薪额（元）	32.9	38.8	45.2	52.8	61.7	72.2	84.5	98.7
适用范围	长春第一汽车制造厂							
薪额（元）	33.5	39.5	46.5	54.5	64.5	76.0	89.5	105.5
适用范围	北京精密仪器厂，第一、第二机床厂，气象分析仪器厂，汽车厂，齿轮厂，轴承厂，重型电工机械厂，锅炉厂							
薪额（元）	34.0	40.1	47.2	55.6	65.5	77.1	90.9	107.1
适用范围	西安仪表厂、开关整流器厂							
薪额（元）	36.0	42.4	50.0	58.9	69.3	81.7	96.2	113.4

注1：表中所列企业均为民用机械行业中的大型、重点、骨干企业，其中工资最高为广州重机厂，因广州地区属于当时中国标准最高的"十类工区"，上海属于"八类工区"，其属地企业参照当地标准制订。此工资标准涉及第一机械部下属全国企业数以万计，同一城市不同企业由于技术因素、国家任务、产品主项的不同，标准也不尽相同；有些企业因接受国家"特殊任务"，所执行的地方标准，要比此项"统一标准"高出很多。一般来说，国务院颁布的《八级工资制》最高与最低工资差在3.0～3.15倍之间，地方标准更低。

注2：原件的表格设置极不合理，本书作者根据原件各项数据、厂名进行了重新设计并绘制。

相对于普通劳动者而言，国务院还制订了一个《七类地区工资标准》（其实与"七类地区"毫不相关，理应称为"24级行政职务工资制"），于1956年开始颁布施行。

表 6-2　国务院《七类地区工资标准》（1956 年）

行政级别	级差	军衔	月工资（元）	行政职务
1级	国家级		594	党和国家领导人及十大元帅
2级		元帅	536	
3级			478	
4级		大将	425	军队大将及国家副职
5级	大军区、省、部、司级	上将	382	大军区、省、部、司正副职
6级		中将	355	
7级			310	

行政级别	级差	军衔	月工资(元)	行政职务
8级	军级	少将	277	正军级、副军级、正厅级、正地市级
9级			252	
10级			217	
11级	师级	大校	200	师级正副职,厅、地、市副职,处、县正职
12级		上校	177	
13级			159	
14级	团级	中校	147	团级正副职、处县正副职
15级			127	
16级		少校	113	
17级	营级	大尉	101	营级正副职、科级正职
18级			89	
19级	连级	上尉	80	连级正副职、副科级
20级			72	
21级	排级	中尉	63	排级正职、科员
22级			57	
23级		少尉	50	副排职、办事员
24级		准尉	43	

注:上述表格根据官媒提供的相关数据编制而成[详见《国务院关于工资改革的决定》,1956年6月16日国务院全体会议第三十二次会议通过,7月4日发布施行,转载于"人民网·法律法规库"(《人民日报》社主办,2010年8月21日)]。

"毛泽东住中南海的房子也要按规定交付房租。1955年实行工资制后,毛泽东的家庭开支主要为9项,其中主食450元;副食120元;日用开销33元。这一标准一直持续到1968年,日用开销才增长至92.96元。这种生活标准已经超出毛泽东(404.8元)和江青(243元)工资的总和。"(冯景元《解读毛泽东1968年的一份家庭生活收支账》,转自馨芹《毛泽东住中南海也要交房租》,载于《政府法制》,2008年第1期)看来毛泽东的家庭和中国普通百姓的家庭一样,工资收入主要用来糊口,吃饭占家庭支出的绝大部分。

对于取消"供给制"之后的第一次工资定级标准,后来的经济学者颇有微词:"1955年8月,政府最终取消了供给制标准,统一实行职务等级工资制。新标准进一步提高了高级干部的工资待遇,而且将工资等级进一步增加到30个级别,最高一级560元,最低一级仅18元。这样,最高工资加上北京地区物价津贴16%后达到649.6元,最低工资仅为20.88元,两者工资差距扩大到了31.11倍之多。而此次工资改革,13级以上干部,除行政1级外,平均增幅达14.35%,而14级以下干部平均增幅仅2.26%。如果从绝对数来看,低级工作人员最少的月收入增加只有0.23元,而高级干部增加最多的达到95.67元,相差几达416倍";"以战后1946年国民政府颁布的标准,除总统和五院院长等选任官外,其文官总共分为37个级别,最高一级的收入仅为最低一级收入的 14.5 倍。在这方面,1956 年人民政府所定工资标准,等级只是 30 个级别,少于国民政府上述标准,但最高一级和最低一级工资收入之差,却达到 36.4 倍,超出前者一倍以上。即使除去相当于国民政府总统和五院院长级别的主席、总理、委员长级,最高级与最低级之差也超过 26 倍之数,至少形式上仍高出前者许多。由此不难了解,建国后推行的工资收入的等级差,确较国民政府时期要高";"英、法、德等国的公务员,包括行政长官在内,最高最低工资差,均在 8~10 倍上下,美国、日本差距较大,也只有 20 倍左右。而且,它们差距之大,多半都只是总统或首相个人的工资较高,有时会高出下一级行政主管一倍以上。可知资本主义国家政府官员高低之间的收入差距,多半都远小于建国后所推行的工资标准所规定的收入差距"(杨奎松《五十年代领导干部的工资、住房、轿车等待遇》,载于《南方周末》,2009 年 2 月 8 日)。

除去高级干部们,原工商业者和少数演员,也是特殊待遇享受者。这些都成了他们在"文革"时受冲击甚至被迫害的"罪状"。著名经济史学者陈明远在自己的文章中披露了一份由"文革"时上海市革命委员会编印的材料,真实地展示了实现"资本主义工商业改造"之后,到"文革"爆发时十年间京沪等地部分"高收入人员"的收入状况:

"1964 年底,我们(注:指陈发现并收藏的这份材料中的第一人称的作者"高薪阶层调查组")对北京、上海、武汉、西安、济南五个城市的资本家进行了调查,拿高工资的约两万四千多人(其中三百元以上的一千二百四十多人)。他们有当中央各部部长、副部长、副省长、副市长的,有当收发、营业员的,绝大部分是在企业担任经理、厂长、科长、工程师和一般职员,他们的工资绝大多数远远高过所任同等职务的职工的工资。请看:江苏省副省长刘国钧(原是常州市私营大成纺织品公司总经理)月工资 1 000 元,省人委还给车马费 200 元。上海建华毛纺织厂厂长王介元,月工资 1 676 元,这个厂的一个财务科长月工资 825 元。上海万里造漆厂作一般职员工作的张志坚,月工资 538 元。上海九华袜厂当收发的邱显章,月工资 374 元。常州市大成工厂当看门的朱尔杰,月工资 320 元……"看来这些老板们原本将自家厂店"公私合营",继而完全被"集体所有制"后换来的这点点少得可怜的活命钱,被判定为"高薪",在"文革"时竟然成了他们继续剥削人民的罪状。

对于私营企业旧社会的"留用人员",这份杀气腾腾的《调查报告》称:"一般职工保留 10~20 元的工资,而旧技术人员,旧职员,资本家的爪牙、亲信,他们的工资保留得很多,有些人实领工资超过了他应得工资标准的几倍。一个办事员,工资竟达 300~500 元,有的甚至高达 500 元以上。请看:上海静安区房产公司 24 级的办事员杨格(原在外商单位工作)标准工资 49 元,可是他却拿 400 元,保留工资 351 元,等于他应得标准工资的七倍多。上海电业局一个会计,标准工资 94 元,实领工资 655 元,保留工资 561 元,等于他标准工资的六倍";"科研、教学、卫生、工程技术人员:在科研、教学、卫生、工程技术人员中,也有一部分资产阶级的'专家''学者''权威',他们的工资超过国家规定同类人员的最高工资,有的达一倍以上。如医务人员,就以北京地区为例,规定是高标准工资 333.5 元,但有些医师月工资实领

600 多元"。对于这些解放前民营企业的技师和专业科研人员、知识分子,建国初期还是能将他们与资本家等剥削阶级区别对待的,直到后来"文革"开始,就不分青红皂白,一律划到"黑九类"里去了。

对于解放前就成名的戏剧、电影演员们,这份《调查报告》也毫不客气:"文艺人员:在文艺人员中,工资高得令人难以想象。一些大演'名''洋''古''封''资''修'的资产阶级'名演员',他们极力宣扬帝主将相,才子佳人,他们是×××修正主义的吹鼓手。他们的月工资高得相当惊人,一般是 500~600 元,甚至高达 1 000 元以上。请看:(上海市的)三反分子周信芳月工资 2 000 元,混入党内以后减为 1 760 元,高出国家规定的文艺人员一级工资标准四倍多。北京京剧演员马连良,月工资 1 700 元,其中保留工资 1 366 元。资产阶级的老演员拿高工资,解放后新培养出来的青年演员也拿高工资。请看:天津市京、评、越、豫四个剧团的十六名主要演员,参加工作最早是 1953 年,他们的工资最低 351 元,最高达 950 元。高稿酬,高报酬:文艺人员中的一部分人,除领取高工资外,还拿着高稿酬、高报酬等高额收入。如作家写文章、写书有稿费,出版后,有'版税';把他写的书编成剧本,演出时,还要再提取演出费;演员拍电影、电台录音、灌唱片等均另有报酬。请看下面几个骇人听闻的事实:京剧演员李少春,月工资 1 000 元,拍了电影《野猪林》后,又得酬金 3 000 元。三反分子周信芳,月工资 1 760 元,录音三小时,得酬金 3 000 元。京剧演员张君秋,月工资 1 450 元,录制《诗文会》选段,仅 30 分钟,得酬金 600 元。"

[以上几个自然段内容摘录于陈明远撰《60 年代对于"高薪阶层"的调查报告》(全文载于《国学论坛·经济史论》,2009 年 11 月 8 日)。]

"三年自然灾害"时期,为了减缓全国城市民生物资供应极度困难的被动局面,全国各行业奉命在 60 年代初"精简"了大批的城市职工回乡务农,这批人数涉及千万人和数百万家庭。"全国职工人数应当在一九六一年年末的四千一百七十万人的基础上,再减少一千零五十六万人至一千零七十二万人。分部门的指标为:工业减少五百万人;基本建设减少二百三十万人;交通运输邮电减少四十万人;农林减少五十万人;财贸减少八十万人;文教卫生减少六十万人;城市公用事业减少二万人;国家机关和党派团体减少九十四万人至一百一十万人。"(引自中共中央、国务院文件《关于进一步精简职工和减少城镇人口的决定》,中发[1962]第 261 号)由于后来"文革"期间知识青年上山下乡和城市居民下乡落户两次更大规模的人口向农村回流事件,60 年代初的"精简"人员后来的辛酸经历,甚至是悲惨命运很少被人提及。这部分人中的大多数,在"改革开放初期"得到"落实政策"而逐步返回城市安置。

对于建国初期的广大百姓而言,有些工业制成品还都属于奢侈品,一般大件(如自行车、手表、收音机、缝纫机等)价格为普通居民人均月收入(以 40 元计算)的数倍,小件(电风扇、铝合金锅、闹钟、保温瓶等)也要相当于人均日收入(以 1.5 元计算)或数倍以上。但日用生活用品(保暖瓶、搪瓷等)相对便宜,而且价格极少大幅变动。这些工业制品在 1958 年之后就不容易买到了,购买这些"大件"都需要"工业券"定量供应,没门路还找不到买的地方。以沪产工业制品为例:

表6-3　永久28吋11型自行车售价(单位:元)

售价执行日期	高价零售价	平价零售价	备注
1962.8.5.	310	158	
1962.11.1.	270	158	
1963.5.1.	215	158	
1963.8.5.	183	158	
1964.12.28.	新式永久12型	173	恢复平价

表6-4　15-80JA-1型杂木五斗缝纫机售价(单位:元)

年份	零售价	年份	零售价	年份	零售价
1954	151.5	1955	127	1958	137
1961	123.8	1962	158	1966	160

表6-5　铁壳保温瓶售价(单位:元)

年份	零售价	年份	零售价	年份	零售价	年份	零售价
1953	8.17	1955	7.54	1957	7.6	1965[注1]	5.8

表6-6　五磅细油竹壳保温瓶售价(单位:元)

年份	零售价	年份	零售价	年份	零售价
1959	2.07	1962	2.40	1964	2.15

表6-7　马蹄牌3.5吋背铃闹钟售价(单位:元)

年份	零售价	年份	零售价	年份	零售价
1953	17.93	1954	16.36	1958	12.65
1959	16.1	1963[注2]	15	1965	因品质可浮价

表6-8　金钱牌益丰搪瓷34厘米全白面盆售价(单位:元)

年份	批发价[注3]	年份	批发价	年份	批发价
1950	1.91	1951	2.7	1953	2.51
1955	2.14	1956	2.13	1958	2.46
1964	2.35	1965	1.78	1966	2.17

表6-9　铝合金24厘米砂光高锅售价(单位:元)

年份	零售价	年份	零售价	年份	零售价
1955	5.75	1956	6.32	1965	5.50

表6-10　上海牌17钻半钢男表售价(单位:元)

年份	零售价	年份	零售价	年份	零售价
1958	60	1962	100~180	1964	80

表 6-11　钟声牌钢丝录音机售价(单位:元)

年份	零售价	年份	零售价	年份	零售价
1951	660	1963[注4]	540	1965	520

表 6-12　津沪产 14 吋电子管黑白电视机售价(单位:元)

年份	零售价	年份	零售价	年份	零售价
1959	430[注5]	1963	468	1965	414

表 6-13　华生牌 16 吋台式电风扇售价(单位:元)

年份	批发价	年份	批发价	年份	零售价
1952	107～127	1955	140	1961	161
1964	179	1965	144	1967	235

注 1:1965 年之后,产品更新为 P05205 五磅包肩彩花铁壳保温瓶。

注 2:60 年代之后更换为"工农牌"提式背铃纸面闹钟。

注 3:未查到零售价。

注 4:1963 年之后,原钢丝、胶带录音机被淘汰,更新为 L601 电子管胶带录音机。

注 5:不含天线等附件;1963 年之后,沪产"上海牌"104 型 14 吋电子管黑白电视机与天津产品同步投放市场,价格相同。

注:上表各项数据均引自《上海地方志·轻工业志》(上海市地方志办公室,2002 年版)。

第二节　建国初期民生状态与民生设计

新中国民生设计及产销业态,50 年代前期是以建国前的旧有经济模式为基础(即民营、官办的"半自由"状态市场经济架构)和容忍一定限度的个性化创意的社会氛围下建立起来的;50 年代以后是建立在以社会主义公有制为主体的经济结构之上的,也是建立在强调"政治挂帅"(即"政治统帅一切")的社会氛围之中的。建国初期的民众生存状态(即"生活方式")和谋生办法(即"生产方式"),决定了新中国民生设计全部的创意——生产——销售模式的形成、存续和发展。

建国初期的"毛泽东时代前期"(1949～1965 年)的民众生活方式,也可以按照本章第一节所属,分成三个阶段分别叙述。第一阶段是建国至"一五"规划胜利完成(1949～1956 年),第二阶段"反右派"运动至"三年自然灾害"结束(1957～1963 年),第三阶段"四清"运动和"批判'三家村'"运动(1964～1965 年)。

"毛泽东时代前期"第一阶段(1949～1956 年)的民众生活方式,从总体上看,有如下几个特点:

1. 经过七年的战后经济恢复和"一五"规划的全面建设,新中国全体劳动人民开始短暂地分享社会进步成果。尤其是 50 年代中期成为整个"毛泽东时代"的亮点,具体表现在这一时期各行各业普遍有程度不同的发展;民众就业、就学比较充分;虽然实行了"配给制"(主要针对少数奸商囤积居奇、牟取暴利、搅乱市场的不法行为),但民生商品市场相对繁荣,生活物资供应比较充沛;社会福利保障和医疗、卫生、文教、体育事业发展迅速;尤其是占人口绝大多数的工农阶级劳动人民普遍生活水平有所提高。

2. 由于持续战争和帝国主义全面封锁、战后经济恢复迟缓等诸多缘故,建国前两年中国民众生活状态从整体上看长期处于较低标准,甚至远不及 30 年代的"黄金十年"。但"抗美援朝"胜利结束和"一五"规划胜利实现,较大程度地改善了新中国的民生状况。在城镇职工平均工资收入、农民全年劳动分配、医疗卫生服务、市场零售额等几项重要的民生指标方面,在 1956 年前后不仅创新中国成立以来的最高纪录,也突破了百年以来中国社会的最高水平。如 1949 年城镇居民人均现金收入不足 100 元,至 1952 年增加到 156 元,增长 56.8%;特别是"一五"规划时期,中国城镇居民人均现金收入达到 254 元,比 1952 年增长 62.8%,扣除物价因素实际增长 48.5%,年均增长 8.2%;农村居民人均纯收入由 1949 年的 44 元增加到 1957 年的 73 元,增长 66.6%(数据引自国家统计局网站编制"新中国 60 年:城乡居民从贫困向全面小康迈进",2009 年 9 月 10 日)。这些都是在建国初期长期保持物价基本稳定条件下实现的实实在在的增长,令人印象深刻。

3. 虽然物质供给仍不算很充分,但民众的精神面貌和心理状态相对轻松、健康。整体上建国初期民众生活水平不算高,有时甚至十分糟糕;就人均消费指标看,即便是各方面达到最高值的 1956 年,仍属于当时世界排名最低的国家之列。但由于长期战乱终于结束(朝鲜战争停战协定于 1953 年签署生效),国民经济不仅已恢复战时创伤,还在各行各业取得全面的飞速进步,市场供应情况大为改善,初现繁荣,教育、科研、文艺、卫生、体育等与人民生活和切身利益密切相关的行业都有十分明显的发展。政局基本稳定,治安基本良好,全社会努力工作、积极向上、勤俭节约、助人为乐、爱劳动、爱卫生等新中国逐渐树立起来的社会新风尚深入人心。这一切使全国人民看到了未来希望和光明前景,都从心底里感谢党和毛主席的英明领导,同时也对新出现的各种官僚主义现象和种种物资缺乏、生活不便,表现出较大的理解、宽容和忍耐。因为人们清楚,只要这种来之不易的社会局面保持稳定,工农业生产得以持续发展,用毛主席的话讲,"中国人民能够克服一切所面临的艰难困苦局面,去争取社会主义革命和建设的伟大胜利"。

"毛泽东时代前期"第二阶段(1957~1963 年)的民众生活方式,有如下几个特点:

1. 50 年代末最令人振奋的口号是"跑步进入共产主义"(据《人民日报》1958年 9 月 11 日报道:河南省徐水县委书记张国忠首先提出宣布"跑步进入共产主义"等轰动全国的口号);最令人愉快的是"大食堂"(全国各地农村人口都挤在"人民公社"办的"大食堂"里胡吃海塞)。"大跃进""人民公社"运动,完全违背了经济发展的客观规律性,很大程度上打乱了全国工农业生产的正常秩序,严重破坏了国民经济的基础,导致全中国人民生活水平的异常波动,也严重削弱了应对异常情况(包括自然灾害和战争等国家安全因素)的应对、减灾、复原能力。以"大跃进时代"轰动了全世界的"大炼钢铁"运动为例,政治虚荣心取代了理性的经济判断能力之后,一时心血来潮竟喊出"三年超过英国、十五年赶上美国"的幼稚口号。全国人民就为了一个数字,砸锅卖铁、倾家荡产来大炼钢铁,青山绿水遍地开矿挖土、满目疮痍;渔港良田处处"土高炉"林立、烈火浓烟,1958 年当年就达到了 1 150 万吨钢铁总产量,真的超过了当时的英国。可惜敲锣打鼓、欢庆胜利的朴实人们并不知道,这些用近似原始方法冶炼的"钢铁坯块",九成以上基本属于杂质含量过高的废品,过半数直接就是含有部分铁质成分的土疙瘩,根本无法用来制造任何工业成品,遑论轧制成国家急需的各种型号的优质钢材了。"人民公社"也不甘落后,河南、山东、河北、湖南等地你追我赶,相继爆出"亩产超过万斤"的骇人听闻的"人造奇迹"(被官媒宣传为"放卫星")。连农民出身的毛泽东也将信将疑,去请教专家们这些"奇迹"的可信度究竟如何。绝大多数专家含糊其辞、莫衷一是,尽量做到既明哲保身,又不违背道德良心。但也有一位原本对农业一窍不通、搞原子弹倒十分内行的著名科学家挺身而出,用一连串复杂的演算数据热情地证明:"亩产万斤"不但可能,而且还有数倍潜力可挖。毛主席还看到了《人民日报》上大幅黑白照片:小女孩坐在麦浪滚滚的谷穗上欢笑,居然没有陷进去、掉下来。他老人家也笑了,也信了,竟忘记派人去实地查一查这些"亩产万斤"的农田,是否都是用附近几百亩收割下来的谷穗"合理密植"硬塞胡插地码放起来的。事后所有这些荒唐至极的造假者被追究责任时,只用一句话便全部免责:一切为了政治宣传需要。这些当年都是颇有"黑色幽默"笑话成分,令今天的青年人不敢相信的神奇事件,是实实在在发生过的,而且要被作为反面事例永久载入人类发展史册的真实事件。

图 6-3　土高炉大炼钢铁

2."大跃进"运动破产后接踵而至的"三年自然灾害",是中国历史上较少见的惨绝人寰的大灾难,全面殃及全体中国人民的日常生活水平,出现了大面积的饿死人现象。关于"三年自然灾害"时期究竟有多少老百姓饿死的具体数据,也许永远是一个谜。但各种没有凭据的猜测、推算甚至杜撰出来的数字,从25万到5000万不等,说法各异。如中国"杂交水稻之父"袁隆平称,"三年自然灾害"饿死人数在四五千万(详见"采访袁隆平",《广州日报》,2009年4月8日第2版);原新华社记者、著名学者杨继绳历数十年走访、调查、研究,在海外出版了60万字的《墓碑》(内地仅有少量盗版流传)确认:1958~1962年期间饿死的人数是3600万。党史专家金冲及(中国史学会前会长,中央文献研究室副主任、研究员)所撰《二十世纪中国史纲》(全四卷,114万字,由中国社科文献出版社于2009年8月正式出版发行)则认为,"三年自然灾害"饿死人数在3860万。这些数据不但听起来有些骇人听闻,也令人怀疑,均无法证实。本书作者仅列出国家统计部门公布的一组人口数据,供读者自行判断。

表6-14　建国初期中国人口统计(1953～1966年)

年份	总人口(万人)	出生率(‰)	死亡率(‰)	自然增长率(‰)
1953	58 796	37	14	23
1954	60 266	37.97	13.18	24.79
1955	61 645	32.60	12.28	20.32
1956	62 828	31.90	11.40	20.50
1957	64 653	34.03	10.08	23.95
1958	65 994	29.22	11.98	17.24
1959	67 207	24.78	14.59	10.19
1960	66 207	20.68	25.43	−4.75
1961	65 859	18.02	14.24	3.78
1962	67 295	37.01	10.02	26.99
1963	69 172	43.37	10.04	33.33
1964	70 499	39.14	11.50	27.64
1965	72 538	37.88	9.50	28.38
1966	74 542	35.05	8.83	26.22

注:根据以上数据我们可以得知,"三年自然灾害"时期的平均出生率为21‰,总共出生约4500万人;总人口却从1959年末的67 207万减少到了1961年末的65 859万,净减少1 348万。扣除年度正常死亡的平均值,其中因饥荒饿死的人数,就不难推算个大概了。可以这样来考虑算法:所谓的饥荒年代的"非正常死亡"确认人数可以被认为是三年里出生的人口减去正常年份条件下的死亡人口,再加上相对于正常年份多出来的死亡人口。据此可以算出,4 500万(三年出生人口)−2 200万(正常年份条件下的死亡人口)+1 348万(比正常年份多出来的死亡人口)=3 650万。(此数据未经任何权威机构证实,仅供参考。)

"此时,无为县和整个安徽境内,已经大面积死人。'惨不忍睹!病人抬死人,埋得不深,没有劲挖,天又热,沿途常闻到腐尸的味道。'张恺帆(注:籍贯为安徽省无为县人,时为安徽省委常委、书记处书记、副省长,是安徽省第三号政治人物)晚年回忆他1959年7月在无为县的见闻时说"(张恺帆口述,宋霖记录整理,宋霖、刘思祥注释《张恺帆回忆录》,安徽人民出版社,2004年10月版)。这种惨绝人寰的景象在全国各地不断再现,实为20世纪最骇人听闻的人间悲剧。

图6-4 人民公社的公共食堂

3. 票证制度的实施,表明了1955年政务院(即后来的"国务院")通令在全国正式施行中国城镇居民生活物资"配给制"。这个制度一方面表明建国初期国民经济发展相对滞后导致的民生生活物资供给不足的矛盾确实存在,另一方面确保了中国城镇的社会各阶层在获取生活资料上保持着相对的公平公正。因为即便是有钱而没有各种票证,任何人也买不到"计划控制内"的任何生活必需品。"配给制"实施对象包括全体城镇居民和国家所有政府、军队、学校、科研机构。"配给制"实施四十年间,所供应的个人定量也根据各时期经济状况的变化而改变,时紧时松。以60年代为例,当时粮食具体定量为:干部、教师、学生、家庭妇女、退休人员等为28斤;轻纺和商业职工为每月30斤;重工业、矿业、运输业工人和军队官兵最高,为每月32斤。口粮一直有"粗细粮搭配比例",各地情况不尽一致。本书作者记得,60年代的固定比例在1963年后逐渐缓解,仅占全部口粮的二三成左右,但仍需每月搭售一定数量的"粗粮",如山芋干、豆类、苞谷等等。"细粮"部分则指大米,60年代仍须按"籼稻"(指口感略粗糙的杂交水稻)和"粳米"对半搭售。不分大小老幼,城镇居民每人每月有半斤食用油、每年二尺布;成人肉类每月定量是一斤肉,未成年人减半。所有粮油、副食品、布匹供应定量都凭以家庭为单位发给的"城镇居民粮油供应本"分栏记录。城镇居民年末需在粮站或放证机关指定的"单位"专门机构和街道、里弄居民委员会领取下一年度全部相关票证。1955年开始专门印制发行了统一样式的"全国通用粮票",1956年、1957年、1964年数次加印,面值分"伍市斤""壹市斤""半市斤"及"肆市两""贰市两""壹市两"等。上海、武汉、重庆等地还有面值更小的"地方粮票",如"伍市钱"等,仅限本地区流通。城镇职工可凭票证以"平价"购买国家规定配给的个人定量内的各种生活必需品。单身居民(如学生等),由学校按"集体户口"领发。政府设置专门机构(国家粮食部和商业省厅市局、粮食省厅市局等)来管理这一复杂烦琐的事务。"文革"时期生活物资供应持续恶化,"配给制"趋紧,还增发了"工业券"(限量购买自行车、缝纫机、手表乃至热水瓶、搪瓷制品和铝合金厨具等)、"煤油券"(部分城郊居民照明、机动车燃油等)、"糖票"(限量供应部分糖果及古巴棉糖和白砂糖)和"鸡蛋票"等等。

以供应状况明显好于全国平均水平的首都北京为例,为了分配有限商品,北京在五六十年代先后发放过的"购物凭票"有:肥皂票、火柴票、烟筒票、铁炉子票、铁锅票、铝壶票、"劈柴票"(每天子专的木柴)、炭煤票、大衣柜票、大木箱子票、木床票、圆桌票、闹钟票、手表票、电灯泡票、缝纫机票、自行车票等。这些票必须一次性消费,按票面规定的数量购买。北京市1961年度在凭证供应品种之外,凭票供应物品达69种。其中新增发了"工业券",按在职人员工资收入比例发放,平均每20元工资配一张券。"工业券"购买范围有:电池、闹钟、收音机、腰带、刀剪、进口刀片、轴线、铁锅、铝盆、铝饭盒、搪瓷面盆、搪瓷口杯、搪瓷便盆、线手套、铁壳暖水壶、竹壳暖瓶、运动鞋、雨伞、毛巾、毛毯、毛线、手帕、棉胶鞋、缝衣针、缝衣线、油布雨衣、夹胶雨衣、人造棉制品、尼龙内衣裤、皮鞋、各类箱包、巧克力糖块及定量之外的香烟、茶叶、白酒等等(详见陈煜《中国生活记忆——建国60年民生往事》,中国轻工业出版社,2009年版)。

以60年代为例,"中国职工家庭每人每月购买的商品中,有70%～80%是凭票证定量供应的。另外有20%～30%(主要为食物和日用品)来自农贸市场和高价商店、高价餐厅。至于收入低的多数职工,几乎全部购买国家定量供应的日用必需品(平价商品),而根本买不起自由市场上的'议价'商品,也进不起高价餐厅"(陈明远《知识分子和人民币时代》,文汇出版社,2006年版)。

4. 政治任意干预国家经济秩序,粗暴侵扰民众日常生活,已经成为一种社会常态。由于充满了各种对于老百姓来说无法把握、无法理解的意外事件,整个社会状态犹如"过山车"一般跌宕起伏、动荡不安,不仅打乱了人们正常的生活、工作、学习秩序,还对人民的日常生活形成了巨大干扰,尤其是涉事人和涉事家庭,心理压抑、精神恐惧。历次运动中被殃及的人数累积逐渐扩大,无疑形成了社会生活不正常的负面因素。

5. "大跃进""人民公社"运动首创的浮夸风、比吹牛皮、以妄想替代现实的政治顽症,已渗透到中国社会的方方面面。这股歪风首见于"大跃进"时代。据《人民日报》1958 年 8 月 13 日的报道:湖北省麻城县麻溪河乡和福建省南安县胜利乡的早稻亩产达到了 36 956 斤,花生亩产达到 1 万多斤。当日《人民日报》以《祝早稻花生双星高照》的题目评论说:"这又一次生动地证明'人有多大的胆,地有多大的产',解放了的人民可以创造出史无前例的事迹来。"这股胡编滥造、罔顾民生、害死了数千万人性命的"宣传"风气,又经过"文革"放大、扩散,已形成了最富有"中国特色"的全社会几乎人人有份的意识形态病毒,迄今仍不能彻底扭转。依本书作者所见,如今充斥中国社会的"政绩工程""报喜不报忧"等恶劣风气,均源自四十多年前"大跃进"时代养成的欺上瞒下、粉饰太平的浮夸风。这方面的危害性巨大,不但从根本上动摇了中国社会数千年孕育的文化传统的根基,也严重败坏了执政党在人民群众中的威信,其危害性本身不亚于"三年自然灾害"和"文革"时期的灾难性后果。

"毛泽东时代前期"第三阶段(1964～1965 年)的民众生活方式,有如下几个特点:

1. 社会民意基础已被彻底排除出中国政治范围,成为多余的事物。民众的部分消费欲望,被弥漫在全社会的批判"资产阶级生活方式"的政治气氛所完全抑制;官僚特权阶层和各行业利益集团开始实质形成。尤其是以军政部门"个别"各级领导的"特供"为标志的"分配不公"现象,凭借分管权利的"个别"各级领导"走后门"等现象开始日趋严重,发展到后来,就形成了"权力寻租""以权谋私"等贪污腐败现象,在社会上引起极其严重的不良反应。

2. 党内政治斗争已扩大成波及全社会的政治灾难,不断地、持续地干扰和影响全社会普通民众的不利因素。"四清"运动、"批判'三家村'"运动的矛头直指广大基层干部和敢于直面现实问题的领导干部,更加严重地摧毁了党内正常的民主集中制原则,禁锢各种不同意见的正常发表,使 60 年代中期的中国社会处于万马齐喑的死寂局面。

总结一下:"毛泽东时代前期"的民众生活方式对新中国民生设计及产销业态的深刻影响,表现在以 1957 年为"分水岭"的两个历史阶段折射出的截然不同的行业状态之中。

1957 年之前的战后经济恢复和社会主义经济建设,使新中国全体民众的生活缓慢地持续地得到较大改善,使得民生商品的市场需求和产业状况同步得到增长。制造业的汽车工业、铁路建设……工农业生产的良好态势,直接反映在人民生活水平的普遍提高上。以提高生活品质、改善生活状况为存在前提的民生设计产业,也在同时期得到迅猛发展。例如轻纺工业,渡过战后经济恢复时期的困难之后,从 1954 年起就得到了前所未有的发展速度。经由设计各环节产生的轻纺产品的多样性,为广大人民群众提供了日益丰富的自由消费选择。

1957 年之后的病态式经济冒进和"三年自然灾害"期间的经济总崩溃,使全国普通民众的日常生活状态出现普遍的恶化趋势,甚至因为从原材料到生产设备的极度匮乏,销售市场一度基本解体,根本不存在消费群体的自由选择,而是出现了类似抗战期间"沦陷区"日伪政权实行的"战时配给制"。这是对民生设计及产销业态近乎毁灭性的打击,因为对于本质上作为提高生活品质、改善生活状况而具有天然存在价值的设计产业而言,因政治理念禁锢了设计创意的自由空间,因政治运动冲击破坏了正常生产的秩序,因政治因素干扰丧失了自由销售的市场机制。新中国民生设计及产销业态在50年代末一直到"文革"结束的整整二十年期间,基本处于冬眠般的停滞状态,甚至很多行业大幅下滑。

1958年之后的政治严控与经济冒进,还造成了中苏分裂表面化,使新中国的外部环境更趋恶化。尤其是苏共领导层对中共"公社化"和"大跃进"的"指手画脚"及由两党理论界论战发展到国家关系全面崩溃等严重后果,使新中国当时唯一拥有的世界强国盟友苏联,后来成了新中国最危险、最可怕的劲敌。当时的苏联领导人赫鲁晓夫在事后回忆道:"毛解散了中国的集体农庄,创造了公社来取而代之。他把农民连同他们的一切个人所有全都公社化了。这简直是荒唐。生产资料集体化是一码事,而把个人所有公有化则完全是另一码事——而且这种做法肯定会导致许多令人不快的结果。过了一段时间,他们又把公社转成了军事组织。结果,一直搞得很有生气的中国农业突然一下子遭到了严重挫折,农村爆发了饥荒。"(尼基塔·谢·赫鲁晓夫著、述弢译《赫鲁晓夫回忆录》,社会科学文献出版社,2006年12月版)

一、建国初期民众衣着方式与设计

国家统计局提供的官方数据是:1954年农村居民人均衣着消费8元;1956年城镇居民人均衣着消费33.1元,其中成衣消费仅占衣着消费比重的0.3%(数据引自国家统计局网站编制"新中国60年:城乡居民从贫困向全面小康迈进",2009年9月10日)。

在新中国整个"毛泽东时代",城乡居民的日常衣着消费,均以购买衣料自制服装为主。各种裁缝、印染、修补、代织的个体服务业,在二十多年的城镇商业中一直占有相当大的比例。除去1959年曾在"北展"举办过一次难得的"时装展览会"之外,新中国时装行业在建国前三十年基本没有出现,处于一片"空白"状态。成衣制作行业也基本以外贸为主;除个别童装、运动背心、短裤、鞋袜外,能进入城乡居民日常衣着消费范围的产品,少之又少。

在建国初期整个十七年内,绝大多数中国家庭主妇都是自己动手制作一家老小的日常穿戴的。通常是每逢年关将近,就估算好全家大小的身高体长,择日上布店扯几米布,再率领全家上裁缝店量身裁剪,小孩子和老人的衣服通常拿回家自己做,要上班的人则委托裁缝店去做。除去皮鞋和尼龙袜,无论城乡,普通人家的鞋袜通常也是自己动手做,以压缩因食品供应短缺造成的日常开销日益捉襟见肘的巨大经济压力。在50年代各级政府"厉行节约、反对浪费"的倡导下,全国城镇居民想方设法节衣缩食,支援社会主义建设。穿改旧衣物俨然成为50年代后期的社会风尚。以大城市为例,"北京市一百三十多个主要街道的缝纫合作社门市部,都

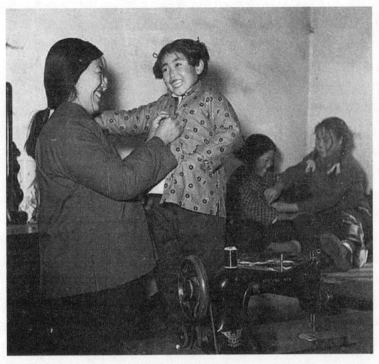

图 6-5　过新年，穿花衣

开展了翻旧改新业务，上半年共翻改了四万多件衣服，为国家节约布匹等衣料二十七万多尺"；"国务院考虑到今年棉布生产势必减少这一趋势，现在决定将今年第二期布票按对折使用，以便平衡棉布的生产和消费之间的差额……要知道，棉布不像粮食：一天不吃饭就不能劳动，但是用布多少的伸缩性很大。一件衣裳在通常的情况下可以穿好几年，而且穿旧了再改改补补还可以穿"（社论《大家都来节约棉布》，载于《人民日报》，1957 年 8 月 16 日）。

占新中国人口九成的亿万农民们没有城里人那么"幸运"，他们被长期排除出整个国家城镇粮油副食品和日用工业品定量供应的"配给制"系统之外，没有一寸布票、工业票，因此绝大多数农村户口的百姓，二十多年来只能穿自己纺织、印染的土布或在集市上买别人纺造的土布。本书作者一向认为：从 50 年代"户籍制""配给制"实施以来就存在的人为制造出来的"城乡差别""地区差别"，是新中国最不合理、最野蛮粗暴的社会弊端，它们是各种社会矛盾的焦点所在，也是中国真正建立民主法制社会，真正走向富民强国道路的最大障碍。

当时的地下民谣称："新三年、旧三年、缝缝补补又三年"，是建国初期中国城乡大多数居民穿着状态的真实写照。五六十年代的普通百姓，无论老弱妇孺、大人小孩，还是工农兵学商，几乎找不出一位没有穿过补丁衣服的人。

本章节重点介绍几款流行于五六十年代的民众服式：

军装：刚解放的每一个大中城市男女青年，把解放军的到来，看成是自己"迈向美好新生活"的大救星,真心爱戴,一度校园和居民区十分流行穿军装。大批军队干部从部队转业到被接管城市的各个部门,这些转业干部们也人人穿军装。可当时没有授衔,弄得满大街真假军人分不清,惹了很多麻烦。军队法纪部门甚至无法管理军容军纪。因此,军管当局曾登报发布通令,严词强调"非军人不得穿军服",并对军事单位各部门所配军装的颜色、款式、用料进行了详细的规定(详见《非军人不得穿军服 京津卫戍区司令部说明军服式样颜色》,载于《人民日报》1949年11月24日)。之后,此风渐息。由于存在大量的复员转业退伍军人,因而各时期各款式的解放军士兵制服不可避免地流入民间。因此,解放军各时期的士兵制服(即"军装")一直是建国初期城乡百姓较为时尚、珍贵的"出客礼服"。除去复员转业军人,因民间不准生产,故平时军服穿着者,非富即贵,大多为"高干"子女和"军干"子女。此风后来在"文革"时期成为红卫兵的标志性服饰。

列宁装:这是指流行于50年代中国社会的一种女式时装单衣,款式为西服式小翻领、双排扣、双襟下侧均有斜口暗袋(指没有翻盖);面料多为单色棉布,除军服色的黄绿色外,不出深蓝、浅灰和少数黑色布料范围。据说苏联革命领袖列宁在其晚年曾经常穿着这种款式的便服出入于各种公开场合;传入中国后,被当做"革命服装"受到热捧,最早在40年代抗战后期的延安机关妇女中出现。在全国各地的流行,最早是1945年之后的东北解放区,率先在部队机关、家属大院的妇女中流行(此说法参照了原载于《国际先驱导报》、由《中国服装网》于2006年3月21日转载的佚名文章《一去不返的列宁装》),后通过东北、华北、中原及南方各地解放区相继开展的"土改工作队"和随军南下的部队中妇女干部的传播,向全国各地区普及开来。一般穿着"列宁装"的革命女同志,都要剪短发或扎两把"小刷子";有些时尚的还将白衬衣领子翻出来,腰里有时还会扎上一条军用皮带。V形深开领袒露的脖颈至锁骨、腰间扎束收紧后尽显无余的女性"三围"特征(凸胸、蜂腰和丰臀),于"紧张严肃"中透出青春活泼的女性气息……这种整体打扮,既能将当时社会环境所特有的"时尚元素"(如朴素、大方、干练、英武、阳刚等)综合成革命女性的"视觉形象符号",又能完全迎合时尚女性欲以自信、艳丽之青春形象自傲于世人的"炫美"心理,一扫民国女性之婉约、含蓄、屈曲、艳丽之"委顿"造型,尽显革命女性英姿飒爽之时代风貌。

1950年10月志愿军参战之后,大批女性亦随军前往各战场和战地后方机关、医院,她们穿着的夏季单服,就是统一配置的"列宁装"样式的特制军装。当关于"抗美援朝"的各种图片、电影传入国内后,"列宁装"基本就成为女性所垄断的"时装"了。尤其是1953年《中苏友好同盟条约》签订后,中苏两国友好气氛达到顶点时,"列宁装"更加成为社会热宠的"女性时装",全社会出来上班的老中青职业妇女,几乎人手一件,没有其他任何女装样式能盖过"列宁装"的风头。"列宁装"一度竟成为新中国城镇青年女性结婚典礼时必备的"婚服","做套'列宁装',留着结婚穿",这句50年代流行在平津、华北一带的民间顺口溜,就说明了"列宁装"当年势不可挡的流行趋势。当时全国报刊、画报宣传画、电影广播等海量信息中,凡是官媒宣传的"女劳模""女英雄",无不一身"列宁装"打扮,如新中国第一个女火车司机田桂英、第一个女拖拉机手梁君以及志愿军女"英模",各级政协、人大的女代表们等等。

从50年代末到60年代初,中苏两党进行了数年论战,最终导致两国交恶。苏联"老大哥"在1960年突然翻脸不认人,撤走全部苏联专家,中断了所有援华项目。至此,"列宁装"在中国社会迅速退潮,至1963年前后,基本销声匿迹、芳踪难觅。

布拉吉:"布拉吉"(俄文 платье 的汉语译音,即俄国式"连衣裙")最初是标准的俄式黑色连衣裙,裙子上部类似背心,通常在里面搭配白衬衣。50年代在中国广泛流行之后,逐渐衍生为一种上下连体的大花长裙,简单的锁边圆领(偶尔也有大翻领款式变化),泡泡膨体短袖,宽松的褶皱裙,腰间通常为一圈后系式布带。做"布拉吉"的布料花色较多,流行的图案有大团花、碎花、几何形条状、格子或小圆点,颜色多以对比强烈、色调明快的浅地艳纹高亮基调为主,也有些深地浅文、相对含蓄优雅的暗色基调。与"布拉吉"相配套的新中国女性时尚打扮是:扎着油黑大辫子或者剪成刘海齐眉的"耳道毛"短发(民间戏称"妹妹头",民初发明),穿着花布面单侧搭襻布鞋或半高跟圆口皮鞋。

50年代中期(1954~1957年前后),苏联一度瞄准了中国这个全世界人口最多的兄弟国家的巨大消费市场,通过各种外交渠道和党务活动,多次请求中国人民帮忙"消化"其国内纺织业产能过剩而出现大量积压的印花棉织布料。于是中国社会各界从干部、师生到劳动群众都积极响应政府号召,施以援手来"帮苏联老大哥一把",纷纷购买"苏式大花布",除一时间各大中城市许多家庭铺天盖地的窗帘、桌布、床单外,苏联大花布的最广泛用途便是妇女们用来做"布拉吉"。据当年的老人们回忆,一到夏季,满街尽是"布拉吉",可谓盛况空前。这件事也大大促进了"布拉吉"这种女性时装在中国城乡社会的普及程度,也反映了当时中苏两国人民息息相关、心心相通的深厚情谊。

俄式套头衫:中苏友好时期,许多大城市男青年喜爱一种源自俄国民间的套头衫:通常为白色、小立领;在胸前偏右侧处上半截开襟,襟边双侧饰有印花边条,并有三粒纽扣与扣眼。这种俄式套头衫在50年代初特别时髦,穿着时也有讲究:穿着时多半将衬衣下摆塞进长裤里,活脱脱一副苏联电影中快乐的哥萨克青年形象。再戴上一顶鸭舌帽,称为"伊万诺夫式",类似苏联工人老大哥;若是披件皮夹克,就成了苏联"契卡"(即"苏维埃肃反委员会"简称,为后来著名的苏联情报机构"克格勃"的前身)工作人员形象;披件西服上衣,前面敞着不扣,便是苏联内陆州区干部形象。这些服饰流行款式,都是50年代初苏联电影、画报、美术作品带来的巨大影响。当中苏两党关系破裂、国家关系恶化,俄式套头衫和"列宁装""布拉吉"一道,被中国社会老百姓的服饰时尚潮流迅速抛弃。

干部装:这种原型为"中山装"、50年代开始流行起来的"干部装",因为建国初期几乎所有吃"公家"饭的人,基本都是这身打扮,因此常被称为"干部装"。其实不光是干部们,后来的绝大多数普通百姓也都穿起了这类颇有革命色彩的正式服装,因此也叫"人民装"。它还因为穿着者的范围越来越大,得到了各种不同的其他称号:"解放装""青年装""学生装""毛氏服装"等等。

这些服装大多保留了"中山装"的基本款式,但程度不同地都在局部进行了"改造"。首先是领子变化最大。民国时期"中山装"的领子一般都是直板小立领,但"干部装"将领口开大,还加上了下翻部分。其次是袖口部分,"中山装"的袖管是原日本士官生制服那种又直又窄样式,开片时亦略有前侧短后侧长的处理;"干部装"袖管放大了尺码,前侧后侧直筒形裁片。"中山装"上部仅在右上胸有一只无盖暗袋;"干部装"则上下左右各有一只全部带翻盖的口袋并且翻盖下沿中端都有扣眼,与袋口四粒纽扣(上小下大)配合使用。"中山装"的两只袖口背侧各缀饰两粒小纽扣;普通人穿的"干部装"袖口已不再保留袖口小纽扣,光板上下。"中山装"的面料一般以呢料(哔叽呢、毛呢、化纤与毛呢混纺等)为主;"干部装"的面料则十分宽泛,棉布、毛呢、咔叽布、化纤布,甚至灯芯绒均可。

"干部装"还成了从50年代至今的解放军常服的基本样式,只是士兵制服下摆没有口袋(怕下口袋装满东西在运动时会形成"副体作用"而产生阻力,因此不可避免地影响士兵做战术动作时的质量和速度),军官制服下部则保留了"干部装"的带翻盖大口袋。这种明显的"官兵不一致"差异流传到社会,也是衣襟下摆有两只下翻盖口袋的单衣被称为"干部装"的主要原因之一。

毛泽东从不穿西装。除"文革"初期八次接见百万红卫兵小将时身着绿军装之外,毛泽东在人们印象中永远就是一身有自己特点的"干部装":"毛氏服装"下翻的领片又大又长,两只袖口则保留"中山装"的两粒小纽扣,四只口袋的翻盖并无扣眼,面料一般也稍讲究些,冬秋季节为毛呢,夏季单衣多为麻棉混纺。由于毛泽东世界级的个人魅力,他所穿的这种升级版"干部装"被西方媒体称呼为"毛氏服装"。"毛氏服装"风靡整个东半球,很多亚非拉国家领袖在六七十年代竞相模仿。如被朝鲜人模仿的"金氏制服",是金日成、金正日、金正恩爷孙三代在所有重大场合穿着的正规国服,完全模仿照搬于"毛氏服装",唯一的改造是将"毛氏服装"原本就又大又长的翻领更加夸张地加大加长。越南人的"胡氏制服",则与"毛氏服装"如出一辙,未有任何改动,只是多了一顶法式凉帽。

与"干部装"穿着相配套的服饰、容妆特点是:下身穿着为直管西裤;右胸插袋通常在翻盖根部留有锁边小开口,以插上一支钢笔;发型在50年代基本为"二八分"(指脑袋上两撇头发反向梳理造型的发缝分界为左2:右8)。在建国初期全社会形成以"扫盲"运动为核心的"文化学习"热潮中,"公家人"和知识分子都喜欢在右胸小袋上佩戴一支钢笔,以显示其特殊的"文化人身份",以至于五六十年代红极一时的相声大师侯宝林曾在自己创作的段子中戏谑道:插一支钢笔的是中学生,插两支是大学生,插三支就成修钢笔的手艺人了。

工装裤:这是一款流行于50年代工矿企业,尤其被新中国女工们热爱的时尚服装。"工装裤"有宽松的裆部和肥大的直管裤腿,用两根交叉于背部的布带跨越双肩,用纽扣与胸前方直挡片连接,后部缝植于后腰两侧;腰部后侧有宽条松紧带箍条。"工装裤"后裆在腰部左右两侧开片,并裁有带扣眼的小布条;平时用纽扣控制,可以自由放下、收起,方便穿着者如厕。

　　"工装裤"的原型产于19世纪的美国,据说是"Lee牌"牛仔装公司创始人H. D. Lee在观察司机修理汽车时频率最高的劳作姿势中获得了设计灵感,从而设计出这款后来流行于全世界的"工装裤"。"工装裤"最早在20年代末民国中期"黄金十年"就传到中国,首见于上海当时的机器、汽配行业。全国解放后,党和政府特别强调"工人阶级是领导阶级"的政治信条,产业工人社会地位迅速提高,而"工装裤"恰好是唯一能把作为"领导阶级"的真正的产业工人和"一般的"劳动人民相区别的服饰标记,因此一度十分流行。尤其是五六十年代最流行的中小学生制服,甚至是幼儿园小朋友的统一制服(被民间戏称"连裆裤",亦称"背带裤"),莫不出自"工装裤"。本书作者就分别在幼时、儿时、少时穿破过好几条这种"工装裤"。

　　"工装裤"在五六十年代全社会的流行,与建国初期每年一度盛大的"国庆群众游行"也有莫大干系。在五六十年代极为简朴的有限服饰款式中,能明显凸出作为中国社会"领导阶级"的工人阶级成员特有身份的标识,非"工装裤"莫属。尤其是厂矿企业的女工,身穿细帆布(亦称"劳动布",其实就是"牛仔布")缝制的深蓝色"工装裤",上身穿白色衬衫,脖子上扎一条白毛巾,相当的英姿飒爽。这些一律穿蓝色"工装裤"白色衬衫的气宇轩昂的女工方阵,万众瞩目地、年复一年地走在群众游行队伍最前列,列队通过天安门广场,又通过广播、报纸图片、画报彩照、新闻电影不断传向全中国和全世界,成就了"工装裤"不单是工人阶级在劳动场合的常用服饰,而且是重大典礼活动中象征着工人阶级"正规礼服"的特殊地位。

　　毛线衣:以羊毛纺线、手工针织的"毛线衣",根据实物证据看,原创于两千多年前南美洲的秘鲁人,中世纪起流行于英格兰民间。"打毛衣"在18世纪后的英国民间女界蔚然成风;通过传教士、商人和教会学校等渠道,从民初起传入中国。"毛线衣"在民国时期逐渐成为各大中城市以上流社会和中产阶级妇女为消费主体的时尚"衣着新款式"。旗袍外罩上一件毛线背心(如60年代初的著名电影《烈火中永生》革命女主角江姐的装束),是民国末期妇女(尤其是白领女性)标准的时尚打扮,据说这种"毛线衣",便是上海当年红极一时的编织专家冯秋萍40年代初在上海首先编织的,一经面世,不胫而走,顿时风靡全国。解放后,"毛线衣"(北方人称"毛衣")不再是城市资产阶级白领丽人的专利,迅速普及为新中国广大城乡劳动妇女普遍喜爱的随常衣着款式。

　　"毛线衣"是外来传入的一种很实用、很经济的现代家常服饰,在春秋冬三季皆可穿着。自民初"女权"兴起、妇女解放之后,"淑女"观念已大为改观。延至解放后,传统的"女红"早已基本废除,但五六十年代家庭妇女和职业妇女在业余闲暇时间打打毛衣、勾勾小花边,还算是一种革命时代极少数残留的女性行为特征。跟现在不一样,建国初期的女孩子要是不会点打毛衣、钩花边的活计,基本上可以划归到"好吃懒做"的"坏女人"一拨去了。因而在50年代的公园、河边、客厅,甚至是电影院、会议室,都能看到三三两两扎堆打毛衣的妇女们。在建国初期至"文革"时期的几十年艰难岁月里，能邀上几个"闺蜜"或同事，坐在一起边打毛衣边闲唠嗑，这是艰难时期的中国成年女性难得的休闲方式，甚至是值得憧憬的幸福内容。切磋打毛衣的针法经验和花样心得，是这种建国初期女性非官方组织的"自由式社交"中的重要话题之一。正因为"毛线衣"在新中国女性日常生活中所占有的比例之重，整个"毛泽东时代"的中国式"毛线衣"已远非民国时期那几款相对单调的款式可比，可谓花样百变、款式繁多，无论在款式、品种、设色、图案诸设计环节，呈现出新中国劳动妇女少有的创造力与想象力。

由于"毛线衣"逐渐成为遍及新中国城乡社会的日常衣物，其供应渠道除去作为"主力军"的广大妇女"业余织手"们自产自销之外，机器织造行业、代客手工编织行业也蓬蓬勃勃地发展起来，而且遍布全国各大中小城镇，成为新中国妇女走向社会，参加社会主义经济建设的一个重要就业方式。这些产业绝大多数在50年代被划归"手工艺行业"，管理体制属于街道或乡镇的"集体所有制"的新兴经济产业，为物资供应困难年代的家庭主妇们如何增加收入、贴补家用以帮助家庭渡过难关，提供了珍贵的就业机会。特别是多年被禁锢于家庭生活、自身又无其他谋生技能的广大家庭妇女来说，这是她们接触社会、接受新生事物的重要渠道，也是充分发挥这些劳动妇女心灵手巧特长的重要场合。

同时，手工针织和机织毛衣行业，还为"特殊人群"在政治氛围严峻的革命年代如何生存下去，提供了实质上的经济和心理上的"庇护所"。旧社会遗留的一大批国民党军政人员家属女眷，因为她们的丈夫、儿子很多不是战死就是被镇压、逮捕、管制，或者逃往台湾而音讯皆无，因而失去了基本的生活来源，生活处于极其困难的境地。还有在解放后被依法取缔的那些黄、赌、毒、黑行业的从业女性或家属（如妓女、舞女、老鸨、女侍从、女大班、老板娘、交际花、阔小姐、姨太太、女房东、女放高利贷者以及伺候富人的家佣、仆人们），加上因出身遭受政治质疑、被"清除出革命队伍"而失去原有工作的部分教师、演员、翻译、职员，还有为数不少的专靠吃银行利息为生、在解放后被取消账号、冻结资金的原食利者阶层（被新中国蔑称为"寄生虫"）家庭女性成员。这批"特殊人群"每个城市都有，而且人数庞大。她们有个共同特点，虽然多半受教育程度较高，但因各种原因无法从事所擅长职业，又不会其他任何谋生技能，如果找不到谋生来源，只能坐以待毙。所幸在五六十年代兴起的手工针织和机织毛衣行业成为这个"特殊人群"的经济来源和社会归属感所在（这些行业从业人员中，"特殊身份"的就业者，一般要占三成以上）。虽说收入菲薄、劳作辛苦，但意义重大，既增强了她们在新中国融入社会、走向人生光明道路的勇气和决心，又稳定了社会局面的"不安定因素"，真正贯彻了建国初期党和政府一向主张的"团结一切可以团结的人"的方针路线。

以成都为例，50年代毛线衣编织的工价，系由"手工合作社"统一规定，对外代工收费价格为：机器织细线每件2.80元至3.40元，织粗线1.80元至2.40元不等；手工织细线每件4.10元至2.80元，织粗线2.40元或3.40元，挑花另加价，分为3.50元、2.80元、2.50元和1.80元不等（挑花的毛线包括在内）。负责争取订单、销售、生产管理工作的"手工合作社"每件要抽 15％的管理费；另有作为房租、水电等公共开销须均摊，一般税率为 3％，七七八八扣除下来，"手工合作社"社员平均月收入一般在 20～50 元之间，与工矿、商业、公教行业不相上下。那些技艺高强，有特殊技能（如既能编织又能挑花）的社员，收入起码在 50 元（相当于 50 年代国营单位的科级干部和企业生产骨干的月薪收入）；个别社员甚至能达到月收入150 元（基本相当于 50 年代正职县团级干部），如机织日产量保持在 6 件以上、其中 2 件有"挑花"纹饰的那些生产能手。但毛线衣针织行业多为季节性生产，每年仅保持 6～9 个月开工时节，其余时间均遣散回家，没有任何收入。［本自然段内容参考了署名为"绒道的日志"的匿名短文《50 年代成都的毛衣编织行业》（载于"网易博客"，2011 年 2 月 11 日）。］

布鞋：以出土文物判断，最早的布鞋出现在西周时期，出土于山西侯马的一尊西周武士跪像，就穿着一双基本结构与现代并无二致的布鞋。因此说布鞋很可能是中国人发明的，而且早在三千年前就已经相当普及了。其实那时候做布鞋的布料，并不是今天我们理解的棉布，而是麻布（古越旧称"葛布"）。

建国初期的城镇居民脚上基本穿的是布鞋，一般男性以船形布鞋为主，儿童和妇女以搭扣布鞋为主。船形布鞋一般为北方城乡居民所喜爱，多为黑色布料做鞋面，开口椭圆形，鞋底通常为多层布料手工缝线"合成"的。整个五六十年代的家庭主妇基本都靠自己动手制作一家人要穿的布鞋。

鞋底的制作较为复杂，且颇有手工艺含量：先用各种弃用、拆卸的旧衣裤的布料裁剪成条（一般为五指宽为佳，长度不限），再以面粉熬成的糨糊将旧布条满幅裱糊在平板上，然后置于阳光下暴晒；待干涸后再裱糊一层旧布条，再晒、再裱，直到晒得起卷成壳的厚布片达到理想厚度（一般约 0.3 厘米）为止。南京土话称这种糊裱暴晒的鞋底原材为"鞋觚子"。做鞋之前，先用将来鞋主人穿过的旧布鞋或干脆让真人拿大脚在"鞋觚子"上比画，用粉笔（一种裁缝专用的扁状粉饼）沿轮廓描下大小；用剪刀裁剪沿所画轮廓将"鞋样"剪下，依次在"鞋觚子"上复制数件，一一剪下，然后重叠起来，准备缝合。一般北方人将鞋底做得很结实，"鞋觚子"裁剪下的"鞋样"要用到五六层，厚度一般在 1.5 到 2 厘米左右；南方人为了轻便，路况也略好些，所以三四层即可，一般鞋底厚度约 1 厘米。

接下来就是"纳鞋底"。工具为一只戴在食指上的金属"顶针"和一根 10 厘米左右长度的大钢针，另有结实的麻线数团。"顶针"上面密布各种凹状小点，用来下力顶住针鼻，使钢针得以刺透、穿过厚实的鞋底，将麻线不断反复地来回带过鞋底两面，以形成密实的针脚（纵向间距几乎没有，因为是两股线共用一孔；横向间距约在 0.1 厘米，越细密越好），将多层糊裱拼接的"鞋觚子"固化。南方的城市居民做布鞋的鞋底厚度一般在 1 厘米以内，一来因为城里多是水泥路面，路况较好，磨损率相对稍轻，二来"纳鞋底"时也可以省些气力。

新布鞋上脚前，一般还要上街请鞋匠在鞋底可能磨损最严重的部位（前掌和后跟）钉上胶皮鞋掌；鞋掌多为轮胎裁剪而成。北方农村路况较差，磨损率较高，因此不但要在鞋底上钉上鞋掌,有时还在胶皮鞋掌上加几颗大方头铁钉,以减少布鞋本身的磨损程度。山东和陕西、甘肃都有对新布鞋的特殊加固处理手法:在布鞋前端(大脚趾凸起处)和后跟处(因经常提拉鞋帮容易断裂)用皮革缝上半月形护片,以加强布鞋的牢固度。这种加了防护装置、又有"千层"厚鞋底,十分之结实、耐用,被北方老百姓夸张地戏称为"踢死牛"。

搭扣布鞋一般多为城市妇女(从小学生到老太太都能穿)所穿女鞋,鞋面多为花布。幼儿园小朋友至小学三年级以下小男孩,多半也穿搭扣布鞋。五六十年代一度流行用比单层棉布更结实耐磨的"灯芯绒"做搭扣布鞋的鞋面。所谓"搭扣",为鞋帮内侧留好一根可横贯脚面的小布条,开出扣眼,锁边;鞋帮外侧则钉上一颗小纽扣;将鞋搭子上的扣眼套上纽扣,可将鞋搭子固定在脚背上,提高"跟脚"程度,也增强穿鞋子走路、运动时的稳定性。

毛主席就是布鞋爱好者,除去重大国事活动和外交场合,总是足蹬一双黑面圆口千层底布鞋。五六十年代即便是干部、军官和知识分子、艺术家们,除去公众场合多穿皮鞋外,一般也以穿布鞋为主。在建国初期的劳动群众眼里,不是坐机关的"公家人",谁要是穿皮鞋,便是"资产阶级生活方式";布鞋才是无产阶级的装束打扮,既思想很革命,又确保政治上安全,还很经济实惠。

不过,对于建国初期的广大乡村农民而言,一般只有在家休闲和出门访客时,才能穿上布鞋。下田劳作和长途出行,一般都足登草鞋。出远门则于干粮之外,肩挂一串五六双草鞋,穿坏一双再换一双。如穿布鞋遭遇下雨,路面泥泞,宁愿脱下布鞋藏在腋下保护,自己光着脚走道,也不愿意糟蹋布鞋。有个 60 年代流传的"黑色幽默"段子,好笑之余不无酸楚:一个农民穿新鞋访客,途遇碎石铺路,十分硌脚。不想农民竟脱下新鞋,光脚走路,结果脚部磨得皮开肉绽。路人挖苦他"抠门儿",农民正色回答:脚破了还能长好,鞋破了可没法长好,太费钱了。

五六十年代的农村少年儿童,多半是光脚,或者是穿父兄辈的旧破布鞋,出门就穿上草鞋。除非家庭条件不错,一般困难家庭的孩子,很少在成年之前能穿上专为自己做的新布鞋。也许"个别地方"少数民族经济条件更差些,迄今仍未有很大改善。本书作者 2003 年在新疆喀什市中心附近的维族居民区转了几天,发现从幼儿到少年,竟然没几个穿着鞋子,大多数打赤脚。一问青年维族女居民方知,此地风俗是"10 岁以前小孩子不穿鞋"。但愿现在能有所改观。

旗袍:50 年代后期,不少城镇的中青年妇女重新将压在箱底十多年的旗袍穿了出来,有些则新制了简式旗袍。不过,50 年代的旗袍与民国旗袍已有较大变化:从款式上看,腰身放宽了许多,两侧可露大腿的开衩也缝合了许多;从配饰上看,胸口、立领及襟边已绝少滚边、绣花和任何镶嵌物;从面料上看,基本都是棉布织品,大多为单纯的灰色蓝色,偶尔有双向网格纹样,但绝少大花艳丽图案。从事文艺或幼教工作的年青女性穿旗袍在款式、花色上稍微活泼些,其余职业的妇女均以朴素、大方为准,远不如民国旗袍花样百出。1964 年起,因大量文学作品和电影中的描述,总使人们把旗袍跟解放前的阔太、小姐,甚至女特务联想到一起,简式旗袍便迅速衰落。至"文革"前夕的 1965 年，旗袍便绝迹于中国内地。

假领：假领原本是民国后期上海经济拮据市民家庭成人出门应景的"特殊服饰"，在 60 年代初重新开始在上海及周边地区城镇流行起来，继而波及全国大中城市，一直延续到 80 年代初。假领通常为纯白色，有完整的领圈、翻片和三角形前襟胸片，还有为防止假领移动而露馅儿专门设置了靠穿越胳肢窝后固定在肩胛骨的布带，甚至包含上三颗纽扣。穿戴起来，再加穿上外套，略微敞开领口，显出雪白的假领，穿着效果跟内套白衬衫一样逼真，花费却节省了不少，特别是去商店购买假领并不需要宝贵的布票。假领还有个好处，更换清洗时方便了许多，只需清洗领口油垢，完全省略了清洗前后衣片和袖管的麻烦。

脖套：脖套多为毛线织造，10 厘米左右宽度，两端连接处钉上三粒金属小按扣，于冬季外出时佩戴。每只毛线脖套所用毛线一般仅需二两左右，比之动辄至少六两、多则一斤的毛线衣而言，不但费用大为节省，保暖效果一点都不差。故而毛线脖套从 60 年代初一直延续到 90 年代，才逐渐消失。毛线脖套穿戴者年龄跨度很大，上至老妪衰翁，下至总角小儿，在 90 年代之前的苏浙沪地区城镇，几乎人手一件。毛线脖套虽在商店有售，但多为自家钩织，主力皆为家庭主妇及未成年女儿。考究的毛线脖套在花色搭配上会尽可能与毛线帽、毛线手套相互协调。

"雷锋帽"：解放军 55 式冬常服所配置的老式棉军帽，因雷锋生前遗留照片中经常戴这种棉帽而得名。"雷锋帽"原型是欧式有护耳的大棉帽，最初出自位于高寒地带国家的芬兰民间的渔夫和伐木工，经俄国于民初前后传入中国，东北地区早在 30 年代已十分流行。棉帽作为军队士兵制服配套，则始见于民初的直系军阀冯玉祥的部队与奉系军阀张作霖的部队。但解放军 55 式冬常服的棉帽，不同于上述北欧版棉帽，而是地道的苏式棉军帽样式，原型是苏军卫国战争期间西伯利亚步骑兵种特有的款式：帽形为平顶盔式，两侧有加毛皮护耳，不需要时可上翻用小绳系结双耳；前部也有皮毛软檐，平时用按扣收起。1955 年解放军正式授衔之际，部队全员换装，总后便参考了苏军远东服役部队的这种棉帽样式，设计出了解放军 55式冬装棉帽。雷锋因公牺牲后，全国人民掀起了轰轰烈烈的学雷锋运动，报纸电影所见雷锋形象，大多戴着这种大棉帽。于是这种棉军帽便被牢牢地与雷锋的光辉形象紧密联系在一起了，大有"爱屋及乌"之势。

雷锋是建国初期整个十七年中最著名的英雄人物，也是新中国六十年来在全世界知名度最高的普通中国人。他仅仅是一个普通士兵，却没机会上战场，因而没有其他英雄人物那么轰轰烈烈的壮举，却在自己短暂的人生经历中，时刻把人民群众的利益放在心上，处处事事、一心一意为老百姓着想，以自己实实在在的举动，真正实践了毛泽东"为人民服务"的崇高宗旨，成为建国初期军民关系十分融洽、共产党人形象良好的标记性形象。

本书作者要借此机会格外评价几句关于"雷锋精神"的内涵实质和承传价值的问题，因为这直接关系到今后国际上势必越来越流行的当代"中国设计元素"如何以视觉造型来阐释文化内涵的大问题。

556

图6-6 雷锋

英雄称号,通常是那些做出了远远超越了一般人标准的行为之后,才能获得的名誉褒奖。战争英雄也许凭热血沸腾,一咬牙、一跺脚冲上去,就能做到取义成仁、万古流芳了;而无数中外历史的事实证明:在和平环境中日日夜夜、每时每刻的世俗消磨,往往又使绝大多数具有英雄潜质的精英人物无法始终保持自己超越凡人的道德准则、行为操守。但雷锋这个"小人物"做到了。想达到雷锋这种高度的英雄水准,就需要比战争英雄更有高度,也更有牢度的道德标准,还需要有非凡的生理和心理上的耐久力以及条件近乎苛刻的、强大的个人内心定力。因为雷锋自从走上工作岗位,就以社会为家,以人民为父母,十数年如一日,兢兢业业、恪尽职守、满腔热忱、倾其所有。这是一个人(无论是普通还是高贵)已经完全摆脱世俗生活"小我"约束,其道德标准、情感寄托、价值取向都升华到别人无法企及的境界时,才能自然而然、乐此不疲地"全心全意为人民服务"(毛泽东语);绝大多数人根本不可能做到。所以雷锋这个英雄的称号,含金量特别高,高到已经远远超越了任何硬贴在他身上的那些五颜六色的政治、艺术彩签所标注的诠释。雷锋的言行,折射出的是中华民族传统道德伦理中所有关于善良、真诚、热情、纯洁等概念的真谛所在,也是新中国所有关于进步、美好、高尚、伟大的时代精神象征。"雷锋精神",就是大公无私、庇护弱小、与人为善、助人为乐的奉献精神,这是个超越党派政治、具有"普世价值"、属于全民族共同拥有的精神财富,在中国文化传统上注定要留下特别浓墨重彩的一笔。

本书作者扪心自问，相比雷锋，自己简直就是一个行为猥琐、目标卑下的标准小人了。但闻古人曰"取法于上，仅得其中，取法于中，不免为下"（唐太宗李世民《帝范》），虽然自认为绝对达不到雷锋境界，并不代表自己不认可"雷锋精神"，不可以"向雷锋同志学习"（毛泽东题词）。本书作者认为：好人如果真心学习雷锋，会变得更加高尚、更加纯粹、更加不低级趣味，可以好上加好；如果是坏人（从小偷扒手到贪官污吏）也真心想学习雷锋，哪怕是干坏事时动一动念头，最起码也可以做到不那么庸俗、不那么贪婪、不那么损人利己、不那么丧心病狂。"雷锋精神"已经凝固成为一个最具有光彩的时代符号，否定了它，就像否定了中国社会百年文明进步本身一样荒谬。就让每一个中国人在"雷锋精神"犹如火炬和灯塔般光辉的引导下，发出我们每个人哪怕是萤火虫般的微光，既温暖已变得越发冷漠阴暗的周边世界，也照亮自己和别人前行的方向吧。

"改革开放"后，中国国力与日俱增，国际影响日益提高，世界设计领域的"中国元素"逐渐增多，人们开始寻找最具有当代中国特色的视觉符号，结果在中国家喻户晓、妇孺皆知的雷锋形象，成了首先被发掘出来的国际级"中国设计元素"，二十年来频现国内外各种服装秀和演艺舞台。因此从 90 年代起，传媒界、设计界开始称呼雷锋生前常戴的这种老式棉军帽为"雷锋帽"，此名不胫而走，几乎被人遗忘的老式军帽也就此成名。人们对"雷锋帽"抱有一种近乎虔诚的尊重心态，也特别敏感，哪怕有被认为不得体的举动，随即会遭受全国舆论界众口一词的鞭挞、讨伐。如 2009 年春"09'纽约梅赛德斯-奔驰时装周"上，众车模头戴"雷锋帽"招摇出场，引起不小轰动，设计师迈克·科尔斯（Michael Kors）对此也不无得意，但不肯对尖刻提问的众媒体坦承自己新发布作品"纯属剽窃"，却自认为发掘并融合了最有品牌号召力的"东方文化元素"。又如在华语地区最具人气的歌手周杰伦，在主演《大灌篮》影片中的造型设计，就是头戴一顶"雷锋帽"，导演声称这个形象，就是在国际化大都市文化社会中出现的富有个性化和时代感的"中国风"。也有关于戴"雷锋帽"弄巧成拙的负面报道：以性感著称的歌手阿朵 2010 年在"北京中国国际时装周"上为某品牌发布会走秀助兴，但因为头戴"雷锋帽"，却胴体半裸、舞姿妖娆，顿时招致媒体一片非议，甚至口诛笔伐。事后策划者、设计者和女主角本人都显得很无辜，深感人们委屈了他们。可这帮不成熟的设计师、表演者忘记了一个全社会半个世纪以来形成的基本共识：既然"雷锋帽"与雷锋本人有联系，不光是中国媒体人，而是全体中国人民无论男女老幼、贫富贵贱，都不可能允许有人将"性感"与"雷锋帽"联系到一起，来玷污雷锋的光辉形象，因为"雷锋帽"所寓意的是雷锋这个最具有中国人自豪感的时代象征。

"解放鞋"："解放鞋"是指解放军着装配套的军鞋。鞋底为橡胶热塑而成，呈黑色，有防滑的齿状凹槽图形；鞋面和鞋帮均为黄绿色帆布面料；鞋帮下沿有约 2 厘米的带竖条凸起防滑纹的橡胶护圈，系与鞋底压膜热塑同步制成；鞋帮内侧的橡胶护圈中部有两个透气孔；鞋面有左右对开扣片，上面有一组 4 对结系鞋带的孔眼,内衬鞋舌。"解放鞋"有船式和高帮两种,船式"解放鞋"的鞋帮较低,约 7 至 8 厘米;高帮"解放鞋"鞋帮则掩盖至脚踝以上,因型号差别,鞋帮约 18 至 22 厘米不等,且扣片上的孔眼也相应增加,约在 8 至 10 对。因"解放鞋"在 50 年代起大量装备部队,是解放军士兵的专用胶皮鞋,所以被人民群众称为"解放鞋"。

"解放鞋"是地道的中国原创设计,问世前世界上从没有类似的鞋类。它的原型源自民国中期的上海,当时有民营橡胶厂参照欧美之网球、篮球等运动鞋,并结合中国地区穿着习惯和地理、气候特点以及特殊的功能要求,发明了这种经济实惠的布胶结合多功能鞋子,当时被市民称为"胶皮鞋"(产业状况详见本书第三章"民国中期民生设计"相关内容)。在 1950 年志愿军入朝参战之后,开始大批装备部队。最初这种军鞋全名叫做"胶底布鞋"。在两年"抗美援朝"战争期间,显示出优越的综合性能,甚至成为不少战役的制胜关键,因而名声大噪。关于志愿军脚穿胶皮鞋打败了脚穿大皮鞋的美国兵的各种消息传到国内,群情振奋,社会上把这种已普遍装备解放军部队的"胶底布鞋"称为"解放鞋",几十年来口耳相传,以至于人们早已忘记了它的原名"胶底布鞋"。

为什么在朝鲜战场上志愿军的"解放鞋"打败了美军的"大皮鞋"? 这就是设计的优劣。北朝鲜是地处山区农业国家,不是城市化程度较高的欧洲战场;美国"大头鞋"设计师不懂这个,而中国"解放鞋"设计师却心知肚明。中式"胶底布鞋"完全适应朝鲜地区特殊的雨雪天多于晴天的气候条件;也符合多数战区特殊的地质条件:北朝鲜多为山区,山路崎岖、路况较差,且阴雨连绵道路泥泞。"解放鞋"还特别适合中国人的穿鞋习惯:志愿军兵员最多的地区是四川和江淮地区,这些地区多潮湿,因易出脚汗,人人喜欢穿轻便、透气性好的布鞋。"解放鞋"的天才设计者综合了上述各项功能要求,用最恰当的材料、最合适的制造工艺、最人性化的形态处理,设计并生产了"解放鞋"。一到战场上,"解放鞋"的优异性能就得到了淋漓尽致的发挥:在志愿军初入朝鲜发动的前三次战役中,拥有从坦克、装甲运兵车到大卡车、吉普车的美军,每次都总是跑不过脚穿"解放鞋"徒步急行军的志愿军。因为朝鲜的山区和随时降临的雨雪气候总是使美军的机械化辎重装备无法发挥,只能徒步行军。而美军士兵都穿着保暖耐磨的"厚底高腰牛皮翻毛大头步兵靴"。这种因鞋尖处缀有加厚牛皮甚至铁质包片,是故被志愿军战士戏称为"大头鞋"。"大头鞋"在北朝鲜无尽的山路上就成了美军士兵们的累赘。拿"解放鞋"与"大头鞋"的自重做个比较:一双"解放鞋"分量在 0.5 公斤以下,而一双"大头鞋"自重却至少在 5 公斤以上。一旦在同样条件下徒步行军,美军士兵自身装备的分量远超志愿军不说,光是脚下那双浸透雪水而越发沉重,又沾满了泥块无法清除的"大头鞋",就足以使士兵举步艰难、疲惫不堪。"解放鞋"与"大头鞋"在战场上的表现,就像轻如赤脚飞奔的人与腿上绑着 10 斤沙袋的人在一起比赛跑步一样。当擅长于分割穿插包抄战术的志愿军凭借遍布北朝鲜的丛林山区不毛野道,仅靠徒步急行军抢先赶往目的地的时候,美军士兵还在因雨雪天变得泥泞不堪的盘山公路上蹒跚行军。而且，美军指挥官还一再将志愿军推进的速度估计错误，为此白白丢掉了千百条士兵性命。因为他们总是愚蠢地根据穿笨重"大头鞋"的美国步兵的徒步行军速度，来估算穿"解放鞋"的志愿军战士的徒步行军速度。"大头鞋"比较"解放鞋"的劣势，最后连吃了不少亏的美国兵自己也想明白了。战后韩战美军退伍士兵曾在"听证会"上强烈控诉"大头鞋"给他们在朝鲜每日爬山过河的行军中带来的巨大麻烦，要求彻底更换不实用的笨重"大头鞋"，另换成"穿着轻便实用的、能防雨防滑的单布胶鞋"，就差直接说出需要志愿军穿的那种"解放鞋"了。事实上，"抗美援朝"之后，亚洲地区的各国军队野战单位（包括美军亚太驻军），基本上都装备了布胶结合的轻便军鞋，只是名称花样百出，不肯直接叫"解放鞋"而已。

"解放鞋"从50年代初流行到80年代末，一直是全中国人民衷心喜爱的民生产品。但建国初期民间尚未放开军品供应，严禁民间生产，只有复员转业退伍军人回乡才可能将"解放鞋"带到民间，因而极为珍贵。70年代后期，军事被服厂门市部有少量利用剩余产能生产的"解放鞋"和军用水壶供应。到新世纪完全开放供应时，"解放鞋"却少有问津、门可罗雀了。"改革开放"后的亿万农民工，成了"解放鞋"最大的、也是唯一的消费群体。他们心里最明白"解放鞋"比之那些华而不实的新款时髦鞋有哪些优越性能。

"解放鞋"给西方世界留下的印象之深，以至于半个世纪后还念念不忘，竟然成了逐渐流行起来的"中国设计元素"。美国休闲名牌鞋Ospop老板班·沃特斯，几年前在上海街头售货亭花了不到2美元就买了一双满大街中国农民工穿的"解放鞋"，包在一个纸袋带回美国。班·沃特斯认为中国农民工才是"把事情搞定的人"。然后他找了一位设计师根据西方消费者的特点将"解放鞋"略加改动，再根据包装纸上印刷的厂名厂址，委托商业伙伴找到了他在上海街头买到的"解放鞋"生产厂家：河南焦作市温县的"天狼鞋厂"，开始合作生产美国版的"解放鞋"。结果销路大畅。现在正牌（国内山寨版不算）的"Ospop解放鞋"在欧美市场每双售价75美元。

《指环王》《加勒比海盗》两部热卖大片主演、好莱坞明星奥兰多·布鲁姆2010年4月在拍摄短片集电影《纽约，我爱你》的曼哈顿片场亮相时，身穿墨绿色大外套，嘴叼香烟，脚上穿着一双中国产"飞跃"球鞋，而"飞跃鞋"除颜色外与"解放鞋"一模一样，是"解放鞋"的民用版国产胶底布鞋。

〔关于"解放鞋"在国外影响的部分内容，综合参考了欧阳海波撰文《解放鞋如何红遍欧美》（载于《中国广告协会网》，2009年6月23日）及《中国日报》、"世界品牌实验室"网站相关文章。〕

我们今天查遍资料已无法找到那些在50年代初设计了志愿军"解放鞋"的无名设计师的真实姓名，但他们的功劳一定会被人们永久牢记，其设计杰作"解放鞋"也会载入新中国设计史并作为一个极其成功的设计范例存档保留。

建国初期（1949～1966年）的大众服饰中，有些民国时期的传统服饰特点被逐渐铲除。如源自晚清的"六合一统帽"(即六瓣毡呢小帽,俗称"瓜皮帽"),在建国伊始就基本难觅踪迹,主要原因是"瓜皮帽"被视为地主老财几乎人手一顶的标准帽式。民初即确立为民国礼服的"长袍马褂",在50年代初尚为寻常男装,但自"三反""五反"之后迅速落潮,到合作化运动前后,基本上销声匿迹,仅在电影中那些思想落后、偷税漏税的私营小业主身上才能看到。团花锦缎面对襟棉袄、浅地深纹花格西装、吊带裤、意大利式领结、宽牛皮腰带、裤脚绑腿,甚至墨镜,都被认作旧社会资本家、黑帮、流氓打手的标准行头而弃用。至于饰有花边褶皱的英式女用衬衫、带衬骨的拖地纱纺长裙以及胭脂、口红,虽建国初期偶有所见,但均在"文革"前夕的1965年前后,被彻底清除出人们的日常生活。

在1956年之前,西装革履仍是各大中城市私营业主、高知、作家、演员等少数人青睐的正规服饰,但"资本主义工商业改造运动"开展之后,这部分人忌惮与资产阶级为伍,迅速脱下西装,穿上"人民装",登上布鞋胶鞋,争取与劳动人民打成一片。于是,西服洋装在一夜之间就被清除出人们的视野,直到30年后的"改革开放初期"才有所恢复。

二、建国初期民众餐饮方式与设计

根据国家统计局提供的数据显示,以1956年为例,人均食品消费支出122元,其中粮食支出52.0元,占食品消费的42.6%;肉禽蛋水产支出21.8元,占17.9%;烟酒茶支出8.2元,占6.7%(数据引自国家统计局网站编制"新中国60年:城乡居民从贫困向全面小康迈进",2009年9月10日)。这是一个很了不起的数字,尤其是在延续了20年战乱后经济建设刚刚起步时期。但社会的生活物资供应水平,仍与人们日益增长的实际需要,存在着一定的差距。相对于新中国庞大的人口基数而言,特别是作为生存条件第一大项的粮食供应,有时还是比较匮乏的。因而在1955年开始实行"城镇居民粮油的定量供应"(即"配给制")这种通常是"战时经济管理"的极端方式,决定了五六十年代新中国民众餐饮方式的基本状况,同时也决定了五六十年代餐饮类民生设计的严酷环境。

"学生食堂的伙食:1953~1955年,大学生每月伙食费旧币12万5千元(原注:约合人民币新币12元5角,相当于如今人民币的150元左右),学生自己随意买饭票、菜票。可供选择的菜肴,种类很多:甲菜旧币1500元(新币1角5分,以下可类推),有宫保鸡丁、古老肉、熘肝尖、木须肉等;乙菜1000元(1角),有荤素搭配的肉炒菜,如菜花炒肉、烧茄子等;丙菜500元(5分),有素菜,如虾皮熬白菜、土豆丝、拌茄泥等;特菜2000~3000元(2角或3角),就是最好的菜了,有红烧鱼、排骨、肉丸子等。早饭的小菜有数十种之多,随意挑选。每逢节日,菜的品种特多;这样的伙食下相当满意,1个月下来,有时还吃不到12万元";"1955年以后,根据学生家庭经济状况,发放不同标准的助学金;伙食改'中灶'大锅饭为食堂制"(陈明远《知识分子与人民币时代》,上海文汇出版社,2006年版)。

很多人忽略了一个事实:整个50年代,新中国一直都是粮食出口大国。"50

年代初至 1960 年,中国一直对外净出口粮食。新中国成立后,在全国逐步实行了土地改革,通过开展多种形式的农业互助合作,大规模兴修水利、减轻农民负担,促进了粮食产量的增加。不仅改变了国民党统治时期沿海城市吃进口粮的局面,实现了粮食自给。而且通过统购统销,国家掌握了必要数量的粮食,通过组织大量粮食出口,进口国外先进技术、机器设备和工业原料,加快推进工业化进程。1950~1960 年,每年净出口粮食 230 万吨左右";然而,自 1961 年起,中国就大量购买境外粮食,而且数量惊人:"据统计,1961 年中国共进口粮食 580 多万吨,净进口 440 万吨以上,其中小麦进口 388 万吨,占当年世界小麦进口总量的 12.3%。这批进口粮食直接抢救了人民群众的生命。正如李先念所指出的:'(这批粮食)用在刀口上,避免了京、津、沪、辽和重灾区粮食脱销的危险'。而且,'完全用于弥补国内粮食收支缺口'。因此,可以认为这批进口粮食实际上全部是救命粮。按当时大致人均一年 360 斤的口粮标准计算,这批进口粮食,维系了超过 2400 万人一年的口粮";"粮食进口还缓和了国家同农民的关系。如果没有这批进口粮食,国家为了保城市,势必要增加从已经普遍出现严重饥馑的农村征粮,那样后果不堪设想。进口粮食对于减轻农民负担,调整国家同农民的关系,调动农民的生产积极性发挥了重要作用。据统计,1961 年 7 月 1 日到 1962 年 6 月 30 日这一个粮食年度,共进口粮食 117 亿斤。同期,征购粮食的实际数是 679 亿斤,比庐山会议确定的当年计划征购数 717.5 亿斤减少 38.5 亿斤,比上一个年度实际征购数 837 亿斤,减少 158 亿斤,折合原粮 190 亿斤,全国平均每个农民少缴售 30 多斤粮食,相当于每人一个月的口粮"(尚长风《三年困难时期中国粮食进口实情》,《百年潮》,2010 年第 4 期)。

尽管存在这样和那样的失误,作为老百姓生存基本保障的粮食生产,在建国初期的 17 年的大多数时间内还是有一定程度增长的,这是新中国农业的基本面。以安徽六安地区为例:

表 6-15 建国初期安徽六安地区粮食生产统计表(1949~1965 年)

项目 \ 单位 \ 年份	粮食作物占耕地	粮食作物播种面	粮食总产量	劳动力人均粮产量	农业人口人均粮食占有量	提供商品粮	稻类		麦类	
							面积	产量	面积	产量
	万亩	万亩	吨	公斤	公斤	吨	万亩	吨	万亩	吨
1949	765.47	919.77	757 815	—	—	208 400	460.9	54.5	228.3	10.1
1950	746.26	917.96	787 305	—	—	224 935	447.42	57.15	219.17	10.08
1951	796.97	966.66	828 850	—	—	227 565	484.47	59.75	245.6	10.87
1952	803.55	1 090.3	964 255	—	—	271 475	530.59	69.95	299.52	11.12
1953	789.64	1 096.82	994 940	—	—	276 865	459.19	67.25	302.48	12.52
1954	625.42	1 084.31	975 650	—	—	302 145	481.6	71.25	324.81	15.58
1955	803.58	1 272.18	1 217 420	—	—	436 160	517.15	80.68	425.08	19.77
1956	788.81	1 358.58	1 100.385	—	—	360 835	622.72	79.6	429.93	9.93

（续表）

项目 单位 年份	粮食作物占耕地 万亩	粮食作物播种面 万亩	粮食总产量 吨	劳动力人均粮产量 公斤	农业人口人均粮食占有量 公斤	提供商品粮 吨	稻类		麦类	
							面积 万亩	产量 吨	面积 万亩	产量 吨
1957	774.08	1 260.71	1 277 230	—	—	384 785	549.95	84.45	385.53	18.24
1958	752.31	1 216.04	970 485	669	283	315 840	487.21	56.25	400.86	20.96
1959	670.18	1 023.42	757 300	541	225	320 425	449.58	45.5	324.49	15.82
1960	713.66	1 058.22	820 705	651	254	341 705	480.53	51.35	343.57	18.24
1961	716.20	1 090.99	723 365	603	234	189 500	398.12	40.7	362.29	13.86
1962	716.48	1 033.41	888 440	728	277	230 835	413.68	56.05	326.33	14.24
1963	707.18	919.06	933 485	778	282	204 705	479.89	74.5	257.8	8.71
1964	701.54	923.42	1 062 765	871	324	230 870	508.78	84.65	218.64	7.28
1965	680.35	938.14	1 245 040	943	365	316 970	471.72	82.4	235.12	16.32

除粮食生产外，当地的经济作物产量虽时有起伏，也总体向上发展。

表6-16　建国初期安徽六安地区经济作物生产统计表（1949～1965年）

项目 单位 年份	棉花			油料		麻类		茶叶		蚕茧		水果	
	面积 万亩	单产 公斤	总产 吨	面积 万亩	总产 吨	面积 万亩	总产 吨	面积 万亩	总产 吨	面积 亩	总产 吨	面积 亩	总产 吨
1949	25.89	7	1825	29.88	12 555	6.89	4 625	11.4	2 352	1 590	113.5	2 688	1 643.3
1950	22.1	6.5	1 415	29.93	11 245	7.2	4 725	10.5	2 675	1 590	116	2 509	1 469.8
1951	26.84	7.5	2020	32.51	13 370	9.78	8 480	10.69	3 130	1 590	150.7	2 455	1 760.5
1952	30.55	8.5	2 545	42.99	18 425	12.27	10 315	10.75	3091	2 590	138	3 102	1 880.9
1953	32.98	8	2 635	55.54	24 045	11.54	10 165	11.08	3 672	3 190	127	4 806	1 697.2
1954	15.96	4	655	36.09	14 965	8.54	7 775	11.55	3 594	5 190	128	5 030	1 642.8
1955	28.61	7	2035	66.21	30 160	10.44	8 820	11.98	4 027	5 218	218	7 657	1 600.5
1956	23.18	3.5	835	62.73	39 435	13.35	15 225	12.06	3 892	5 334	231	11 571	1634.8
1957	19.36	11.5	2 300	76.28	48 130	15.14	12 940	11.68	3 863	12 816	195	8 520	2 167.4
1958	24.53	17	4 190	80.95	45 310	15.36	17 015	10.53	3 912	30 957	224	10 912	2 146.7
1959	32.11	13	4 110	72.12	35 455	14.32	9 080	10.39	4 421	36 212	176.7	14 094	1 774.5
1960	15.68	9.5	1 500	30.61	7 030	9.89	6 605	9.26	4 156	49 686	77.5	11 176	1 736.4
1961	11.28	12.5	1 390	30.29	6 720	6.11	2 985	8.88	3 073	49 755	69	8 048	1 526.4
1962	16.89	10.5	1 770	31.87	13 505	6.19	4 015	8.68	2 964	49 724	74.6	8 031	2 010.6
1963	21.39	8.5	1 800	29.36	11 630	7.27	5 660	8.2	3 072	27 761	89	26 548	2 578.2
1964	21.48	14.5	3 150	35.07	16 220	9.27	7 425	8.66	3 301	27 924	138	23 963	1 728.7
1965	33.6	23.5	7 960	38.81	22 690	9.95	11 850	8.7	3 755	8 970	237	25 455	3 886.8

注：上列二表均引自《六安史志·第四章　农业》（安徽省六安市人民政府编，2007年4月版），本书作者对其中细分项有所删节。安徽六安在全国大致属于中等发达地区，通过该地区粮食和经济作物的历年产量的统计数据，可以分析出当地民众主食供给量与其他农业经济活动状况，从而推算出民生必需品供应与消费等基本生活状况。

国家对包括生活必需品的粮油、副食品的全面控制,导致了商业餐饮的全面衰退,副食品加工和糕点制作等行业也受到很大程度的限制;这些食品行业的衰减,直接使依附于食材造型、食品包装、饮食工艺等范畴的餐饮类民生设计产业,几乎进入了长达二十多年的"冬眠期"。这是因为就绝大多数普通市民而言,食品来源的严格控制、食品品种的单一化、食品加工程度的简单化,都使设计行为本身的商业价值大大下降,甚至处于"可有可无"的尴尬境地。

餐饮类民生设计原本只能在市场选择性竞争的购物环境中尽可能满足不同需要的消费群体时,才能发挥作用。这是因为设计行为本身从来不属于类似美国学者马斯洛所说的"生理需要"的生存必需品;设计活动在人的商业性质的餐饮行为中,只能起两方面的作用:一是实现食品功能;二是改善食用品质。前者是针对"物"(食品)的具体性质,进行实现食品功能方面的设计活动;后者是针对"人"(进食者)的舒适度,进行食用质量改善方面的设计活动。举例说明:一块月饼,原本就是一团面加一些糖分、豆馅和食用油脂。但经过精心设计并实施出来(构思出基本造型、刻出各种模具、控制好烘烤的成色等等),这样就完成了第一部分针对"物"(月饼)本身的设计行为;获得月饼实物后,还需要进行针对消费者"舒适度"的一系列精心设计,包括采用油纸内包装(以防走油走味,不但要避免给消费者造成污染,还要延长保鲜时间,以保障消费者食用的卫生安全)、纸盒外包装(不但标明生产厂家、日期、批号等重要的产品信息,介绍该产品的特殊口味、贮存方法和时效,还要提供让商家物流运输到定点销售和消费者便捷携带、包裹寄送、居家贮藏的基本条件)。小小月饼能涉及的设计动作可能包括食材选料、食材工艺、食材造型、容器造型、容器图案、商标符号、盒体图案、盒体设色等等,不下十余个设计动作。一旦本质属于"副食品"范畴的月饼,不再作为"非生存必需的补充性食品",而是作为充饥果腹的生存必需品,抑或难以企及的"奢侈品",一切关于月饼本身的食材造型、外观样式、馅料成色和月饼包装的成分告知、贮存期限、品牌特色、包装外形、图案设色等等,都退居到极其次要,甚至可以取消的地步了。这就是本书作者为什么一再强调"民生状况和产业背景对民生设计行为的生存本身起着决定性作用"的缘故。不光是月饼,所有属于大众消费范围的民生商品(包括餐饮类商品),都适合这个通用法则。

由于建国初期的 17 年间大多数时段都处于一定程度的农副产品供应不足的局面,有时甚至很严重,因而对商业餐饮、早点小吃、茶水冷饮、糕饼副食等方面的城镇服务性餐饮产业的生存状态与发展,产生了极大的抑制作用,使得这些餐饮类民生设计,无论在规模上、标准上、技术上,还是附着于食品本身而存在的商业价值上,都大为降低。这个长时间的"设计缺位"延续了近三十年,直到"改革开放初期"才得以恢复。

下面分项概括性地论述建国初期民众餐饮方式及餐饮类民生设计的一些基本状况。

商业餐饮:建国之后,由于战后经济恢复和支援"抗美援朝"战争前线的需要,党和政府在号召掀起"爱国增产节约"运动的同时,提倡全国人民"勤俭节约、艰苦朴素",从 50 年代初开始,全社会逐渐流行这么一种观念:上饭店、下馆子大吃大喝,是资产阶级生活方式。无论是工农群众、商业职工,还是政府公务员、教职员工,众目睽睽之下外出餐饮的次数,已明显减少;军队内部则明文规定,某某级别以下的干部战士,均不得在地方上的餐饮场合出入;即便级别"达标",也不得着装前往。形成了这种对商业餐饮严重不利的社会风气之后,各种高档餐饮的消费对象,主要集中在工商业主、食利者阶层和外地游客范围内;普通市民家庭除非有重大喜庆事件(婚嫁迎娶、生日庆宴、亲友重逢等),一般很少公开下饭店、上酒楼。在这种社会氛围下,除特殊的客户需要外,花样繁多、价格昂贵的酒席类菜品营业额已大大衰减;西餐业基本一蹶不振,相继歇业、倒闭;至 1953 年,在全国大城市仍在开业的西餐馆,不及解放前的十之一二。仍以私营业主为主经营的各地商业餐饮服务业,大多通过降低成本、减缩开支,不断推出一系列更加大众化的菜肴、面点来应对困难局面。在"配给制"实行之前,各大中城市的商业餐饮服务业尚能延续着一定程度的市面规模;个别在清末和民国时期开办的"老字号"饭庄、酒楼,如广州"陶陶居"、北京"东来顺"和"全聚德"、上海"国际饭店"、南京"大三元"等,依然一派生意火红兴旺的景象。

1955 年实行"城镇居民粮油定量供应"政策之后,各地商业餐饮遭受前所未有的巨大打击。首先是对全体居民实施的粮油的定量供应,钞票已被粮票、油票联合绑架,无法在商业餐饮经营与消费活动中单独流通,使得商业餐饮场合消费的客户人数进一步急剧衰减。在此前后,全国各地出现了商业餐饮服务业集体性的关、停、并、转高潮;还在坚持经营的商业餐饮店家,经过 1956 年"胜利完成"的"资本主义工商业改造"运动,较有名气的饭店、酒楼基本被转为"国营"和"公私合营",其他大多数中小规模的餐饮店家则以"集体所有制"性质继续经营,纯粹的私营商业餐饮业被一扫而空。全国各地的商业餐饮服务业在经营范围上纷纷改弦更张,将经营主项调整为更加"大众化"菜品、小吃、早点,以勉强维持经营局面。特别是"大跃进"和随之而来的"三年自然灾害"时期,全国商业餐饮服务业遭受了灭顶之灾,九成以上的餐饮业网点倒闭歇业。残存下来的较大规模的店家除"奉命保留"个别难得有人消费的传统菜品(如闽菜的"佛跳墙"、湘菜的"腌腊八合"、京菜的"烤鸭"和"八大碗"即严重减缩后的"满汉全席"等),各家菜式都以绝对大众化的各类家常小炒为主;原属于早点、小吃的面点类菜品(从面条、米粉、包子、馄饨、饺子,到元宵、稀饭、馒头、大饼)则升格为品种主项,被各个店家当做"大堂供应"的主体维持经营模式,以至于二十几年内无论何时何地走遍大江南北各城市,所有饭店、菜馆全能见到这些无论是口味、造型,还是手艺、食材等方面高度趋同的"大一统"的全民化商业餐饮主食品种。

家庭厨事:由于多年严格的"配给制"制约,大众化的商业餐饮向以家庭厨房的全面回归,成为中国社会 50 年代后期至 80 年代初的主要趋势。20 年物资严重匮乏、极其艰难困苦条件下的中国家庭厨事,为中国社会保留了延传千年的中式餐饮的美食传统,也保留了现代商业餐饮服务业赖以生存的"消费口味差异化选择"的可能性。中国普通家庭千千万万的主妇们,功不可没。以至于在"改革开放初期"私营餐饮业全面恢复没几年,中国商业餐饮服务业就进入到了"忽如一夜春风来、千树万树梨花开"(唐岑参《白雪歌送武判官归京》诗句)的繁盛局面,为以民营经济(特别是私营商业餐饮业和服装批发、零售业为突破口)的全面兴起,中国家庭主妇们立下了汗马功劳。

与"配给制"下一片萧条肃杀的氛围不一样,家庭厨事即便在最困难的物资供应条件下,主妇们也能尽可能绞尽脑汁地通过个人在厨艺方面的聪明才智,来不断实现提升食品的食用功能和食用"附加值"的初衷。在"二十年一贯制"的粮油定量限制下,中国社会对非生存类粮食之外的餐饮食品(包括饭菜酒水)普遍以食材价格低廉、操作简单易学、设备条件简便的前提下,对"色香味"的创意研发,非但没有减弱,而且新创出一大批无论在清末、民初还是"黄金十年"这几个商业餐饮大发展时期的传统菜式体系中都不曾出现的经典菜式。这些"新"菜式经过局限于半地下式的"家庭厨事"多年的酝酿、改良、再创新,终于在"文革"结束后的"改革开放初期"如火山爆发般地涌现出来,一举奠定了"家常菜"在当代中国餐饮服务业的"半壁江山"。以川菜中最富有创新精神的重庆菜肴为例,口水鸡、水煮鱼、豆瓣鱼等等,都是一经亮相便迅速流行全国的"家常菜"。它们都是"计划经济时代"长期在民间孵化成熟后走向当代商业餐饮的大舞台的。又如上海菜的"腌笃鲜"、浙江菜的"酒糟鱼"、东北的"大拉皮"和"凉拌菜"、北京的"卤煮"、甘肃的"黄陂驴肉"、贵州的"花江狗肉"和"麻辣烫"、江西的"辣子蛤蟆(其实都是青蛙)"等等,都是从50年代末到"文革"结束20年内由民间家庭主妇们首创出来,先在局部区域流行,于"改革开放初期"才开始风靡全国的。这些五六十年代开始出现的"家常菜"具体的原创者和具体时间一般都没有任何文字资料可以查据,人们只能间接通过坊间口传信息和文学作品片段、新闻报道花絮及后来真假参半、无法证实的许多店家自吹自擂式的"菜品介绍"中略知一二。

总而言之,以"家庭厨事"催生的"家常菜",成为五六十年代一直到"文革"结束的20年间整个中国社会餐饮业"餐饮类民生设计创意行为"的唯一"亮点"。无论在食材选用、成本控制、制作工艺、食材造型和口味配料各方面,都可圈可点,创意十足,真正继承、发展了具有"色香味俱佳"特色的中国美食传统。

事实上,不但"改革开放初期"商业餐饮全面恢复与此有关,而且在进入新世纪后,全国各地"家常菜"消费有愈演愈烈的趋势,说明了发展现代商业餐饮服务业的一条颠扑不破的真理:不断追求满足不同消费群体的"餐饮口味差异化消费选择"的目标,是任何餐饮店家赖以生存的经营之道,也是餐饮企业做大、做强的关键所在。这种普遍存在的"个性化消费差异",不仅仅在餐饮业存在,而且涵盖了所有涉及民生范围的全部"产业链"的设计创意——生产制作——物流销售环节,这正是民生设计"大众化"本质所在,是地地道道的"大众化设计"时代潮流,因为"大众化"从来就不是"单一化""统一化",而恰好是由无数的"个性化差异"汇集而成的包容性文化概念,消除或减弱这种"个性化"和"差异化",就不存在所谓"大众化设计风格"和民生设计本身了。往大里说,"大众化设计"风格,必须将作为民生设计产业消费主体的人民大众"个性化消费差异"作为自己的存身之道。

早点小吃:在"配给制"这种特殊的食品供应条件下,早点小吃在中国商业化餐饮服务业中"一花独放",而且延续至今。由于酒席、点菜之类的"高档消费"大为衰减,很多原本具有地方特色的饭店,在 50 年代末都放下身段,将早点、小吃作为自己经营维持的主打项目。这些面点、甜食不但在早上供应,其实大多数店家基本在全天都供应这些大众化的面点小吃,因为费用较高的各种菜肴、酒水,已很少有人问津。

这些面点小吃都是需要粮票才能购买的,比如买一碗馄饨(价格为人民币一角三分,从"大跃进"年代起到"文革"结束的 20 年内从未变化),就收一两粮票;一屉小笼包(四个,价格也是一角三分),也是收一两粮票;一个大白馒头(价格为两分),则要二两粮票;面条(里面没有任何菜肴的光面,苏浙人称"阳春面")则分为二两一碗(价格九分)或三两一碗(价格为一角一分)。油条则是两根收五分钱、一两粮票;烧饼则是带芝麻粒的"酥烧饼"两分五厘一块,光溜的"侉烧饼"两分一块;均为一块烧饼收一两粮票。豆浆不需要交粮票,两分钱可打满一只很大的带盖搪瓷把缸;店家还很细心,豆浆桶边上通常放一只装着白糖的白瓷碗,买豆浆的顾客可以自由加

图 6-7　粮票油票,比命重要

糖。为了维持经营，这些饭店职工很辛苦，一般轮流分"两班倒"上班，早班职工凌晨三四点就开始生火点炉子、和面、调馅料等等，中午经营时间过去后下班；午班职工则在中饭后的一点左右上班，认真准备通常是全天营业额最多的晚餐高峰时间，然后是盘点、打扫卫生，晚上八点左右下班。

以本书作者熟悉的南京为例，家门口是南京中心市区的一条街，不少餐饮店家都是在"大跃进"至"文革"时期换了名字，如本书作者居住的"德贤里"弄堂口左边的"勤丰饭店"更名为"红旗食堂"，除去面条、馄饨、油条、烧饼、小笼包，没见过还可以点菜摆酒席；"德贤里"弄堂口右边的"山西饭店"更名为"大寨饭店"，以山西面点特产的刀削面著称。经常能看见一个光头伯伯脑袋上垫一块湿纱布，就顶着几斤面团开始表演：双手拿着两块小铁皮，飞快地切削，面片则像雪片般准确无误地直射滚水大锅；削得只剩下一层面圈了，还在不停地削。我总是吓得闭眼，生怕这位勇敢伯伯把自己秃头一层皮给削下来也下到面锅里。刀削面表演这种跟机关枪连射似的操作节奏，十分精彩，是当时一条街上从60年代初到"文革"末期十几年来"一道亮丽的风景线"；只要秃头师傅出来表演，立马里三层外三层围个水泄不通，人群不但站满了店面外侧的人行道，连走自行车的慢车道都堵上了，有时还看见有交警前来维持秩序，他们很通情达理，并不阻止这类艰苦时代给大家带来欢乐的民艺表演。

茶水冷饮："三年自然灾害"时期，全中国各城市商业区的茶楼、饮料店基本被一扫而光。因为在物资极度匮乏的年代，人们无法承受，也不需要非充饥类的餐饮服务。在广州和四川（如成都和重庆等），进入60年代之后，各城市有不少公园附设的茶社恢复开张，兼售各类地方特色的糕饼之类副食品，粮票是照收不误的。这些公园附设的茶社一般也是临时性的，生意淡季多半摇身一变就经营日杂百货。就全国大多数城市而言，闹市区的茶楼、冷饮店的恢复营业，那都是"改革开放初期"之后的事情了。

五六十年代全国大中城市的商业性茶水供应，主要是临街居住的市民私人经营的。道具极为简单：一张方凳上摆放着几个透明玻璃杯，杯中倒好黄澄澄的茶水，每只茶杯上盖着个四方形玻璃片防尘。一般方凳旁边还有一只竹壳或铁壳热水瓶（北方人称"暖壶"）以便客人续杯。价格是一分钱一杯，续水一次不收钱，两分钱管够不限量。这种商业茶饮形式在中国各城市持续了近二十年，至"改革开放初期"便迅速销声匿迹了。本书作者90年代中期在四川万县（现更名"万州市"），竟意外看到了这种小茶摊，与儿时所见完全一致，一时感动莫名、恍如隔世。

夏天（特别是漫长的暑假）的冷饮，永远是少年儿童们的"第一美食"。以已经度过了"三年自然灾害"时期、市场初现繁荣的60年代中期为例，各种新式冷饮开始成为城市居民常见的夏季休闲类食品。以南京为例，近乎奢侈的是上海产的奶油冰砖（约8厘米边长的正方形，厚度约1厘米），一毛钱（北方人称"一角钱"）一块；其次是南京产"马头牌"奶油冰棒（北方人称"冰棍"），也就是用牛奶加糖做的，五分钱一根；再次是赤豆冰棒或绿豆冰棒，都是四分钱一根；再其次是三分钱一根的"橘子"冰棒,估计是橘子香料加色素勾兑的;最便宜的是"天鹅牌"冰棒,估计就是白开水加糖,其他什么也没有,两分钱一根。全体冷饮商品均有蜡光纸包裹(昂贵的冰砖是两层包装纸,内侧是白色透明油光纸,外侧是蜡光纸),商标、图案、字体一样不缺。

糕饼副食:1963年前后,在"三年自然灾害"时期销声匿迹的西式糕点,又开始在各大城市中出现。这些西点分两大类:一部分是"大众化食品",如各种造型和口味的面包;另一部分是蛋糕,除去大量供应的小圆甜蛋糕外,上海、广州、杭州、南京等地,甚至还出现了标准西方样式的"生日蛋糕",它们都淋了很多奶油,且有字迹、图案,放在食品陈列柜里,很是惹人注目。有实物照片为证明,60年代的蛋糕比起民国末期40年代末的制作水平,相差很远。中式糕饼永远是民众主食的重要角色,除去早点中的烧饼外,各地面饼材料一致(全是小麦粉,俗称"面粉"),烤制方法则花样百出。从大饥荒的"三年自然灾害"中幸存下来的人们,仍未从食物短缺的阴影中摆脱出来。于是从街上的饭店、食堂,到每个家庭的厨房,厨师和家庭主妇们都绞尽脑汁,要使糕饼能在充饥抵饱前提下,尽量做到口味良好、造型美观。各地在60年代初的面粉糕饼均以民间传统样式为主,如甘肃、陕西的"馕饼";东北和山东(从胶东半岛到沂蒙山区)民间迄今流行的"蘸酱裹大葱煎饼";北京的"卤煮"(传统做法是将面饼切碎块、加上羊肝马肺等下水和酱料,搁一只大锅里混煮取食。南方人不习惯,90年代初本书作者零散居京一年,每每吃一回、吐一回,实在无福消受);安徽的"茶徽"(将面粉加水搓揉拉扯成细线状,盘绕成团后入锅油炸,60年代常被进城农民当礼物买回去送人或哄小孩);四川的"锅盔"(一种有馅料的烘烤面饼,60年代初为萝卜、豆腐拌酱馅料,后以肉馅为主;在成都和整个川北十分流行,迄今热卖)等。

江南民众自古是稻米主食,不习惯面粉食材,故而总是在糕饼副食的深加工上做文章,以改善食用面粉类糕饼的口味。以苏浙地区的60年代至"文革"为例,最流行的糕饼类面点有:"葱油饼"(未发酵的死面,每一次揉搓后都抹一把黄黄的菜油,再洒上葱花末、味精、细盐等等,再经反复搓揉,最后擀成薄饼状,放入大圆铁盘中油煎;食用时层层错落,外脆里酥。价格为每两一毛钱,价格20年不变);"多馅元宵"(北方人、四川人称"元宵"为"汤圆",一般仅在小年食用),苏浙地区尤以宁波人传统的赤豆馅料的元宵最为著名;上海人则偏好芝麻、花生等香料馅的元宵;南京人则五花八门,最流行的是"四色元宵"(原创于民国中期的"黄金十年",是南京小吃的招牌产品),一毛钱一碗,四只不同馅料的元宵,分别是豆沙、肥肉丁、瘦肉丁、花生馅,咸甜兼列,口味错陈,别有一番风味。"茶糕"和"梅花糕"(据说原产自苏州乡间,60年代之后流行于苏浙大部地区)的食材主要是粳米粉和江南特有的糯米粉掺杂起来用,"茶糕"内有隔层,每层间淋上饴糖,外表通常还点缀若干红绿果脯细丝做装饰,经上笼屉汽蒸而成。"梅花糕"则是民间小贩所为,以木模塑形(将掺入"糖精"的粳米粉和糯米粉混合填入木模)、上笼屉汽蒸致熟。

一位1964年在苏北海安县农村与农民"同吃同住"的"四清"工作队员回忆道:

"虽然我们下去时秋收结束不久，但不知什么原因，我所在的住户家里已没有粮食了。他们一家人就靠我每月的32斤粮食活命。我的住户孙大妈总是每天从那沤着胡萝卜叶子的缸里捞上一大把，切得粉碎，抓上一把我买的米，烧一大锅汤，称为'荠菜粥'，供全家老小和我一起充饥。我们吃的比猪食还差，饥饿和艰苦至极，令人无法想象。第一期'四清'时政策特左，对工作队员要求十分苛刻，不准工作队员单独开伙，不准工作队员到饭店吃饭，甚至不准工作队员买东西充饥。我是从小苦过来的，比较习惯艰难困苦，但面对如此天天的'荠菜粥'，也饿得吃不消，有时不得不偷偷地跑12里路，到隔壁那个不搞'四清'的公社镇上，用积余的粮票买两个烧饼，在路上吃掉后回队"；"农民总是纯朴的，记得这年冬至，我的住户孙大妈特地为我烧了一碗胡萝卜饭，大约是90%的碎胡萝卜，10%是米，还用那黝黑的调羹洒了少许的生棉油，恭恭敬敬地请我吃饭，算是给我过节，而他们仍是喝的'荠菜粥'。这件事使我终生难忘"（署名msinjtang的网友撰《我所经历的"四清"运动》，《天涯社区·天涯论坛》，2011-11-21）。

今天的年轻读者，没有挨过饿，自然很难理解作为五六十年代生的普通百姓对食物的那种无限眷恋和炽热渴望。在那个年代，人们眼中对食品的唯一"审美标准"就是又大又白，能填饱肚子的食物"最美丽"。所谓食材的原材加工、设色、造型、制作等食材设计内容，统统要服从这个压倒一切的首要功能。

三、建国初期民众居住方式与设计

"以1956年为例，全国城镇居民人均居住面积为4.3平方米"（数据引自国家统计局网站编制"新中国60年：城乡居民从贫困向全面小康迈进"，2009年9月10日）。这个数据究竟以什么口径统计的？是怎么得出这个数字的？真实性如何？我们不得而知，因此无法判断其真伪性。

跟眼下不少自诩为"左派人士"的腔调不一样，其实"毛泽东时代"的老百姓住房问题远比"改革开放"之后要困难许多。本书作者尽可能引述在官媒上正式发表的文献资料来说明这方面的真实状况。

"政府无力建房，许多民众的住房需要没有得到满足。根据国家统计局的统计，1956年9月，全国99个城市中，要求解决住宅问题的职工有110万户，加上到1956年底截至新增加的缺房职工，估计有250万人左右，若按照五年计划前四年职工住宅平均造价57元每平方米计算，要投资28亿5千万。这些钱相当于1956年工业建设投资的44%"；"比如在今天都还称得上相当奢华的北京西郊招待所（今友谊宾馆）、北京市委大楼、景山后街的两栋机关宿舍大楼，其建设和竣工时间都是在百废待兴、勤俭建国的50年代。在住房极为紧张的重庆、哈尔滨、广州等市，书记院、高干楼如雨后春笋。……如刘少奇所说：'世界上最不公平最不合理的事，也莫过于此！'"（张群《居其屋——中国住房权问题的历史考察》，社会科学文献出版社，2009年9月版）。

"1952年，北大分配给历史系教授、哈佛大学博士周一良的是原燕京大学外国教员保姆的住房——燕东园24号。这处房屋终年不见阳光,楼梯狭窄、坡度过高。周一良夫妇在这里从39岁住到82岁,多次摔倒骨折;"20世纪50到70年代,即使在清华园中,三代人的四口之家,只能长期蜗居于一间十一二平方米的宿舍中(集体公用厕所,炉灶拥挤在走廊上)。这里虽然没有出现两对新婚夫妇同住一间房的情形,但同在清华工作的新婚夫妇只能分居而分不到一间宿舍的现象,却曾长期存在"(曾昭奋《蓝旗营的三个家庭》,载于《读书》,2007年第6期)。国家办的一流大学教师们尚且如此,一般平头老百姓的住房状况就可想而知了。

"上海市1956年工资改革时就按照行政级别将各级干部住房划分成了十几种待遇标准,明文规定:特甲级可享受200公尺以上的'大花园精致住宅';特乙级可享受190～195公尺的'大花园精美住宅';一级可享受180～185公尺的'大花园精美住宅';二级可享受170～175公尺的'独立新式住宅精美公寓';三级可享受160～165公尺的'上等住宅公寓';四级可分得'半独立式普通住宅中等公寓';五级分得120～135公尺的'新式里弄住宅';六级可分得100～115公尺的'有卫生设备的普通里弄住宅';七级可分得80～95公尺的'无卫生设备的石库门房屋';八级可分得'老式立柱房屋';九级以下只能分得'板房简屋',如此等等。而行政10级以上的高级干部,还可以继续享受供给制残留下来的紧俏和质优商品的特殊供应(即'特供')。而且,应该注意的是,所有针对高级干部的特殊待遇,不仅没有严格限制其使用范围,而且一旦取得,便终生享受,到死为止。这种种待遇相对于每月只有几十元工资收入的普通干部来说,自然是天上地下了。"(杨奎松《五十年代领导干部的工资、住房、轿车等待遇》,载于《南方周末》,2009年2月8日)

本书概念的"民用建筑",包括两部分:其一是非办公性质的、以普通民众为消费主体的居住型建筑,包括商业寓所(指面向民众的临时性收费住所,如企业或机关建造的各种"招待所",服务行业经营的"旅社""旅店"等等);市政或单位兴建的公共宿舍、分配或各种渠道获得的租赁居所;产权自由的各类私人住宅等等。其二是非居住性质的大众服务机构和城市配套设施,包括校舍、教学楼、图书馆、电影院、剧场、博物馆、体育场馆、邮局、车站、码头、广场及部分向公众开放的政府办事机关等等。在建国初期(指本章所涵盖的时段划分:1949～1965年)新建的所有与民生有关的民用建筑设计,"仿苏化""民族化""大众化"的设计风格,是一条突出的主线。

其实建国初期的50年代民用建筑的"民族化"本身,很大部分是受苏联建筑影响的结果。在30年代以后,斯大林和苏共领导层多次公开强调"社会主义建筑风格"的涵义问题,其实就是源自19世纪末兴起的旧俄文坛"民族化"的20世纪翻版,即"古典浪漫主义与革命现实主义相结合"的新说法,无非"新瓶装陈酒"而已。它却成了苏共控制整个意识形态领域的文学艺术部分几十年一贯制的纲领性路线方针。50年代初,苏联建筑界深入批判西方建筑的"结构主义",提出"社会主义的内容,民族的形式"的口号,兴起了建筑设计方面的"复古"风潮。在"中苏友好"的新中国社会大背景下,新中国各行各业都在广泛借鉴"苏联模式",建筑设计界自然也不可能例外。新中国成立之后的"学习苏联老大哥"热潮中，苏联人的这种冠以"社会主义建筑风格"吓人头衔的建筑设计样式，理所当然被视为"经典样式"，深刻地影响了建国初期的绝大多数民用建筑。

"苏式建筑"是新中国民用建筑前十年的主流建筑形式。一方面是1953～1959年之间，直接由苏联建筑专家设计并建造起来的大批风格纯正、样式地道的"苏式建筑"，遍布于中国南北各地大中城市，东至上海、杭州、南京；西至兰州、西安、乌鲁木齐；北至哈尔滨、沈阳、满洲里；南至广州、南宁、昆明。在"一五规划"期间（1952～1957年），苏联援建项目中包含了很多民用建筑项目，往往还是各大中城市新建的标志性建筑。另一方面是数量更大的、由留苏归国中国建筑设计师设计、建造或根本属于中国自产建筑设计师模仿、临摹、学习苏联式民用建筑设计的成果，土产的"仿苏建筑"多以真正的民居为主，几乎涵盖了所有企事业单位和地方市政自建的职工宿舍、居民片区、"公教新村"等等。

五六十年代新建的典型"苏式建筑"或"仿苏式建筑"，概括起来说有两个明显特征：其一，主楼一般较高，两侧裙楼低一层，建筑主体的裙楼与主楼之间形成主高侧低的"中轴对称"外观样式。其二，建筑本身的屋顶、立面、基座之间，在内部结构与外部形态方面有明显的结构性差异，大刀阔斧、区隔硬朗，缺乏中式建筑那种较为舒缓的"过渡处理"。

对于很多五六十年代生的北京"土著"而言，极有争议也富有个性的北京作家王朔笔下的"北展"（原名"苏联展览馆"，由苏联"中央设计院"设计，1954年建成；建成后第一个展览是"苏联经济及文化建设成就展览"；60年代中苏关系"掰黄"之后更名为"北京展览馆""首都展览馆"）和"老莫"（"莫斯科餐厅"，"北展"的附属建筑），是他们儿时关于美好事物的集体性回忆。"北展"主体建筑以其哥特式的塔尖结构、顶尖上类似克里姆林宫那样巨大耀眼的"红五星"标记（装置为彩玻弧光灯），不单是北京人民记忆犹新的城市骄傲，也是那个时代很多中国青年和少年儿童"照亮前路的灯塔"（王朔语）。国庆十周年大批新建筑落成之前，"北展"一度是北京最高的建筑，也是北京城，乃至全国最纯正的、最标准的"苏式设计风格"样板建筑。

50年代后期新中国民用建筑开始兴起"民族化"的热潮，主要作品相对集中于起码在名义上仍属于"城市配套设施"，但本质上民用属性受到严重限制，开始出现浓郁官僚化色彩的一批"官式建筑"，包括直接服务于各级政府的办公、会议、餐饮、接待等综合功能的楼堂馆所；也包括一部分事业单位（如科研机构、学校等文教单位）的办公、住宿建筑。各城市在50年代中后期和60年代初造的这批"官式建筑"，就设计风格而言，"民族化"仅仅是个响亮的称呼，其实在本质上却是"古典化"加"本土化"再加"苏俄化"的"三流合一"大杂烩建筑风格。其中一路是由民国中期延续下来的中西结合式"民族化"风格（如梁思成、杨廷宝等）；另一路是受苏联建筑风格影响下形成的、标准的"古典化加本土化再加苏俄化"的特殊"民族化"风格。这批"民族化"建筑风格尤以"国庆十周年首都十大建筑"（北京市区于1959年9月全部落成的人民大会堂、中国革命和中国历史博物馆、中国人民革命军事博物馆、北京火车站、北京工人体育场、全国农业展览馆、钓鱼台国宾馆、北京民族文化宫、民族饭店、华侨大厦)为典型样式。"国庆十周年首都十大建筑"的具体项目名称，一直以来多有歧见，各种列举所涉项目不下几十种，远超"十大项目"；本书采用了杨玉昆撰《上世纪 50 年代首都十大建筑兴建始末》(载于《大观》。2007 年 1 月，第292 期)一文的采列内容。现在看来，这部分五六十年代兴建的标准"民族化"建筑，其"民族化"的内涵可以有更深刻的解读：如"古典化"，其实就是以明清建筑样式为主体的"借鉴"型设计；"本土化"则是"宫殿化""贵族化"的现代翻版；"苏俄化"就不需细解释了，气势宏大而失之浮夸艳俗、结构严密而失之拘谨死板。

关于新中国"民族化"的官式建筑风格可概括为：在整体建筑的屋顶、墙身、基座三部分基本构造内，以中国古代官式建筑为基本范式进行设计与建造；屋顶铺设建材均为琉璃筒瓦和挡水瓦当，檐口有相应的华丽装饰构件(如斗拱、檐椽、飞檐椽等)；立面的梁枋部位有彩绘、贴金、镶嵌等多种装饰手法，窗棂、门扇、门楣等立面多用民间或传统的木雕、砖雕制作；基座多用高档石材(如汉白玉、大理石、花岗岩等)铺设地面或台阶、护栏；部分地面也使用细泥精烧的地砖。

原本以清华梁思成为代表的本土"民族化"建筑设计风格(有人调皮地将这类建筑样式戏谑为"大方块加大屋顶")，自 50 年代起引起争论，甚至批判。这些有明显政治倾向的、近乎"一言堂"的、强词夺理般的"学术争论"，以及后来愈演愈烈的公开批判，严重挫伤了从二三十年代就持续地探索、发展，五六十年代已日臻完善、相对成熟的中国式土木建筑设计风格，使之面临严重的生存和延续问题。本书作者认为：真正的建筑设计本土化民族风格的缺位，才使各种不伦不类、甚至丑陋无比的"新建筑"泛滥成灾。

新中国建筑的"大众化"风格，集中表现在五六十年代新建的、数目极其庞大、遍布全国城乡各地的那些游离于"仿苏化"和"民族化"之外的真正的民用建筑之中。有些"大众化"建筑设计和建造，结合了当时建筑行业"反对浪费现象"的现实考虑，也结合中西样式的优势，如注重室内空间新的功能区隔；以西式平屋顶为基本外形；在建筑外观的檐口、门窗等部位做一些"民族化"的点缀性装饰处理，如全国政协礼堂、北京电报大楼、西安人民剧院等等(该自然段内容部分参考了谭威、柳肃撰文《20 世纪 50 年代中国建筑的民族形式复兴》，载于《南方建筑》，2006 年03 期)。

这些成本相对低廉、结构设计相对简单、使用功能相对单一的"大众化"公共建筑和民居建筑，是与整个五六十年代经济发展水平相适应的新中国民用建筑的主体形态。人们将建筑的顶部、立面、基座的结构精简到极致：如建筑顶部结合流行的苏式"人字坡"大屋顶，却使用中式片瓦或日式板瓦，无装饰性瓦当或饰边，有刷漆的铁皮弧曲半圆槽或直接安装木质档边；立面多用低温红砖(讲究的用细烧青砖)砌墙、外敷水泥平层，门窗多为木质方框结构，无任何棂棱装饰；基座则铺陈廉价的松木或桦木地板，甚至直接用水泥抹平，再刷上油漆即可。这种简易式的新修建筑，多为五六十年代普通百姓的"新民居"样式，占所有建国初期新建民用建筑的九成以上。该建筑设计风格在"文革"时期继续流行，一直延续到80年代初。

值得深思的是：2008年"5·12"汶川大地震后关于校舍倒塌问题的一系列研讨活动中，发出质疑的人们提出了一个无法辩驳的有力例证：不少建于50年代至70年代的、外表破旧的老建筑，在强烈地震中却安然无恙；而兴建于90年代和新世纪的大多数新建筑却纷纷倒塌，造成了大量的人员伤亡。这里面除去贪污腐败、责任心不到位等因素之外，建筑的选材设计、结构设计的优劣，无疑是最关键的原因之一。

让我们选择三个地理位置相距遥远的省会城市，通过亲历者们的叙述，来一窥50年代民用建筑风格和"苏式'社会主义建筑'样式"在全国的"压倒性"普及程度。

以安徽省会合肥为例，迄今仍矗立在合肥街头的安徽大学"主教楼"（1958年建成，历时2年，占地18 411.7平方米）、"江淮大戏院"、老"市府大楼"这些上世纪50年代的老建筑，仍能引发年长市民对那个火热年代发自内心的美好回忆。1954年12月建成的"江淮大戏院"，是有别于"苏式建筑"的"中西结合"的"民族化"建筑样式，戏院建筑外观和内部装修，都具有一种地道的"徽派"传统建筑风格，是50年代合肥的标志性老建筑。"安大主教楼"于1956年开始规划建设，坐南朝北，是一幢典型的苏式建筑，中间是高大的7层主楼，两侧是4层裙楼，整体呈"中轴对称"样式。合肥市人民政府的历史上第一栋新建"办公大楼"同样使今天的市民印象深刻：新建"市府大楼"由几栋极为普通的办公楼组成；各楼层的各个办公室、走廊、会议室、接待室，一律白石灰刷墙，水泥地面，木质门窗，没有做任何装饰性的室内装修；各房间的基本配置也就一张长方形的写字台，外加几把靠背椅，再安上一个25瓦的白炽灯泡了事，从市长到低级公务员，没有区别。每间办公室墙壁上都有条醒目的标语："节约用电，随手关灯"。

以辽宁省会沈阳为例，在毛主席"在提高生产的基础上改善工人的生活"的指示下，1952年9月，沈阳市人民政府投资1200万元开始在铁西区建设"工人居住区"（也就是后来的"工人村"），由苏联建筑专家亲自设计并现场监工，甚至还参加关键构件的现场建造工作。至1957年，沈阳"工人村"共计143栋"苏式住宅"全部建成。差不多前后同期，沈阳三台子、204工地、南湖等地区的"苏式住宅"片区也相继竣工。这些纯粹的"苏式民居建筑"均为3层式楼房，红砖红瓦，当时十分轰动，也许是当时全中国劳动人民梦寐以求的新式居所。除去这些50年代建立起来的"工人新村"之外，五六十年代还建设了大量的"仿苏式建筑"，包括各级政府机关、大学的教学主楼及市区商业建筑。这些"仿苏式建筑"，多由新中国自己的建筑设计师仿造自己理解的"苏联建筑样式"完成相关设计，并由当地建筑单位完成建造。现东北大学（原"东北工学院"）校园内的那些被保留下来的50年代建筑，就是当年学院建筑设计系师生们参照苏式建筑图纸自行设计的。沈阳的"苏式建筑"和"仿苏式建筑"，整体上大多比其他地区更加"正宗"些，设计和建造的样式大多为典型的起脊"人字坡"大屋顶；墙体多为红砖砌成，一般外墙不抹水泥层；大门口凸前的门亭前沿和四圈，均有石雕的花纹贴片，门洞上沿一般也有石雕花纹。各层阳台均安装了图案精美的铁栅花护栏,阳台下端则一般还装有漂亮的罗马式柱头。

以陕西省会西安为例,1952 年前后,为配合苏联援建项目的建设,西安东郊、西郊大兴土木,建设了许多民用市政设施和工人居住区。"新区"的道路一般为双向六车道,马路中间有两车道宽的绿化带,路边都栽植了垂悬铃木法国梧桐树。这种"超前"设计、建造的市区马路,是当时全国各城市也少见的"模范道路"。西安市区现存的这种当时"高等级"的街道尚有:从西工大到交通大学南门的"友谊路";玉祥门到土门的"大庆路",玉祥门到朝阳门的"西五路"和"东五路"。西安市区的苏联援建项目,布局都比较宏大、开阔;对生产区、生活区、福利区,都用宽敞的林荫道隔开,生产车间体量宽广、举架高大、采光充沛。职工集体宿舍和家属楼等民居建筑,一般都由苏联建筑专家统一设计后统一建造,一律三层,仅有个别综合服务或行政办公用途的建筑为四楼。因而外观极其相似,一律红砖红瓦、斜坡屋顶,各栋楼之间用绿化带和横竖笔直的小路连接。

60 年代初西安新建筑也结合中国国情,在节约建材、取消装饰上做到极致。如有别于"苏式建筑"的 60 年代新建民居,基本上屋顶以中国式片瓦取代了苏联"大洋瓦",墙体以水泥和青砖取代了外露红砖,完全取消了"苏式建筑"比比皆是的重檐、浮雕、拱券、窗楣石、铁栅栏等。

〔以上描述三个城市建国初期建筑的内容,部分参考了诺思撰文《苏式建筑,怀旧底色》(载于《成都日报》,2010 年 8 月 9 日);佚名撰文"上世纪 50 年代合肥记忆:中式与苏式建筑'共舞'"(载于《搜狐地产资讯》,2011 年 7 月 15 日);叶新撰文"20 世纪 50 年代建筑一瞥"(载于《中国记忆论坛》,2008 年 2 月 17 日)等文章的相关内容。〕

有一篇不知道真实姓名的网友写的关于五六十年代上海普通市民生活状况的文章(详见无名氏所撰原文《上海五十年代的衣食住行》,载于"搜房网业主论坛",2009 年 9 月 8 日),其中对居住环境与邻里关系的描述十分细致、真实。很显然,不是常年老住户,不得如此之传神。本书作者自叹弗如,姑且摘录如下而不做任何修改。本书作者在此向原文作者顺致特殊谢意:

说"住房",上海大概算是全国最困难的了,三代人住一个 12 平方米的房间,包吃包撒,并非稀有。普通情况,上海人多住在市区弄堂狭小拥堵的"石库门"房子。上者,有"新式弄堂""公寓"等;下者,有大量的"棚户",就是最简易的小房屋,普通都是"私房",国家不情愿接收这种简陋房屋。典型的传统弄堂"石库门"房子的结构,大致是这样的:底层:有前门和后门。前门进去,是一个小天井,4~6 平方。然后进入"客堂间",20~28 平方不等。普遍比较暗淡潮湿。再深入,经过楼梯和小卫生间,到达厨房,6~8 平方。厨房有后门。上一道楼梯,到达"亭子间",6~10 平方,朝北,阴冷。再上一道楼梯,到达二楼"房间",面积与"客堂间"相等。再上一道楼梯,就到了一个小晒台,也就是"亭子间"的房顶。再上一道楼梯,是"三层阁楼",三角斜顶,"老虎窗",人能够站得直的面积大约 12 平方。这样的房子,原始的设想,是一家人居住。"客堂间"

会客,二楼"房间"是卧室。"亭子间"和"三层阁楼"堆放杂物。结构和如今的"联体别墅"相仿……解放前,"亭子间"常常就是许多穷文人租住的地方。解放后,普通这么一个房子会住进四家人,最多的听说有七家的(子女结婚"派生"而来,用"硬件"或者"软件"隔开)。相对于"棚户",这还算天堂。如果男孩子住在"棚户"区,谈恋爱都大大的有问题:女方家长普遍都要极力反对。当时人们说,你看到一位打扮时髦妖娆,举止似乎相当高傲的女孩子,很可能就是住在"棚户"区的,她普通不会让人知道本人住在那里,很可能吹牛说住在淮海路某公寓。于是,在"石库门"房子的厨房,会看到好几套煤气灶台,不少白天各自上锁,怕邻居偷着用。还有各自的点灯开关。烧饭时候,抢占水斗洗菜淘米等,难免磕磕碰碰。互不相让就会造成"邻里纠纷"。再"升级",找人来打架,砸东西。"武斗"吃了亏的,可能会搞"阶级斗争"报仇,举报对方平时的"反动行动",经常有鬼鬼祟祟的人聚集(其实是来往亲戚),是"反革命地下黑俱乐部"等等。由简单的"邻里纠纷"酿成大祸的,并不少见。

四、建国初期民众出行方式与设计

以 1957 年为例,城镇居民用于交通的支出为 5.3 元,占消费支出的 2.4%(数据引自国家统计局网站编制"新中国 60 年:城乡居民从贫困向全面小康迈进",2009 年 9 月 10 日)。

建国初期的中国大中城市,市区公交路网逐渐先后建立起来,配置的公交车也逐渐增多。公交车的样式也日益丰富起来,先是民国样式的那种用进口车底盘改装的单节有厢汽车,50 年代末至 60 年代中期,因为国产汽车制造业的大发展,使全国大中城市公交汽车数量急剧猛增。公交车品种新添了在市区道路上方架设输电线网的公交电车、专门应对城市客运上班人流高峰期的双节公交汽车、双层公交汽车等等。在"三年自然灾害"困难时期,人们在各大城市还常见车顶上扛着煤气包的公交汽车。

50 年代后期,"长春第一汽车制造厂"在苏联专家帮助下,依靠模仿苏联产"嘎斯"车设计,生产了新中国第一辆载重卡车之后,新中国汽车制造行业快速发展,在建国初期 17 年间,先后有上海的"上海"、武汉的"东风"、南京的"跃进"、重庆的"红岩"等一大批国产汽车大中型企业纷纷上马,还有更多的依靠国产汽车底盘组装城市公交汽车的企业如雨后春笋般涌现出来,如河南洛阳、江苏扬州等地,都是五六十年代建立起来、迄今国内外知名的公交车生产制造基地。这些都为中国六七十年代城镇公交客运业和长途公路客运业的大发展,提供了有力的保障。

五六十年代的全国大中城市,各级政府统一在 1952 年前后取缔了带有帝国主义殖民主义色彩的"黄包车"(北京人叫"拉洋车"),取而代之的是出现了大批人力客运"三轮车"。因为五六十年代各城市公交运力依然不足,因此客运"三轮车"成了大中城市市民出行的重要交通工具,规模、效益和就业人口与国营公交行业相比,一点不逊色。每个城市都设有"三轮车客运公司",一般属于"大集体所有制";

蹬三轮车谋生的脚力车夫们政治地位还很高,属于地道的"工人阶级",当时社会上并没人敢歧视他们。

建国初期市民个人的交通工具,主要是自行车。但五六十年代,真正拥有私人自行车的家庭依然还是少数。作为私人代步工具的自行车,仅有社会地位较高的政府干部、文艺界人士、极少数私营业主和高干、军干子女们才有可能有一辆在当时属于令人羡慕的自行车。而且,对于自行车在市区行驶所"享受"的规定标准不次于机动车。如50年代的自行车走夜路,不装车灯是不行的。因为当时市区道路公共照明还不够完善,很多路段入夜漆黑一片,车辆、行人混杂一处,若没有照明,发生交通意外就在所难免了。因而当时的自行车都装有车灯。这种车灯的主要部件是"摩电管"(在与车轮胎的摩擦中,"摩电管"把摩擦力转换成电力,产生照明),因"摩电管"价格昂贵,也有人给自行车配备方形"手电"(需要用两个1号电池,连同手电一起插在安装车筐的前叉上,能起照明作用)以替代车灯。用当年侯宝林的相声段子里的说法,再没辙的人,就用纸糊灯笼代替车灯:"有人喊,'着啦!着啦!'骑车人说,'废话!不着能叫灯吗?!'结果一看,连袖子都着了。"

60年代,国产自行车如上海产"永久""凤凰"和天津产"飞鸽",逐渐创出了品牌,在历年全国自行车评比中总是名列三甲。那个时代,自行车不仅仅是普通民众的代步工具,也是百姓家庭最重要的家当之一。60年代上半期,随着"三年自然灾害"结束、国民经济逐渐恢复,自行车保有量也逐年递增。以北京为例,1965年全市登记注册的自行车高达94万辆(详见《北京市国民经济统计资料1949~1979》,北京市统计局1979年编)。

新中国前17年的铁路建设是个亮点。在1949~1966年期间,共建成著名的"包兰"线、"陇海"线西段、"兰青"线、"宝成"线、"成渝"线、"黔桂"线等等,还有很多铁路支线、复线得到了改造、维修和提升。这些新建铁路达七万多公里,加上在晚清至民国相继修建的两万多公里原有铁路,组成了覆盖全国大部分地区的相对完整均衡的全国铁路交通运输网。这个铁路交通网的形成,大大方便了全国南北民众长途出行的需要。在建国初期的17年期间,各地在50年代至60年代上半期相继修建了不少漂亮的新式车站候客厅,以取代早已破旧不堪的民国、日据时期修建的车站设施。

新中国的公路建设也是个亮点,在五六十年代持续掀起高潮。50年代初,由于当时形势需要和具体条件限制,公路建设基本是在原大车道、便道上进行修补、扩宽、铺设路面等改造工作;边疆地区新建公路,基本是解放军为保障后勤给养线而在进军途中边行军边施工修建的"应急公路"。60年代之后,中苏交恶,美国和台湾国民党政府不断与大陆发生摩擦,又发生中印边界战争,外部环境急剧恶化,公路建设被看成国防建设的重要内容,得到一定的重视。根据"抓革命,促生产,促工作,促战略"的要求,公路选线强调"隐蔽、迂回、靠山、钻林"等战备国防需要,依靠国家边防公路建设投资和"民工建勤"等方式兴建公路。但这些公路一般等级较低,仅能勉强满足各地区人员出行和货物运输的需要而已。这也是和当时的经济发展水平、物质供应状况相适应的公路建设方式,也方便了地方上民众出行和促进了城乡物资交流。据统计,50 年代初截止到"文革"开始,全国公路通车里程增长较快,达到 89 万公里,其中干线公路 23.7 万公里、县乡公路 58.6 万公里、企事业单位专用公路 6.6 万公里。(本自然段具体数据参照了"中国公路发展概况",载于《中国公路网》,2010 年 6 月 29 日。)

　　1958 年,北京建成了新中国第一条市区地下铁路(简称"地铁")。之所以不能把北京地铁称为"中国第一条地铁",是因为东北的吉林省长春市早在 30 年代末伪满时期就建造了一条地铁。但北京地铁建成后,几十年全国未新建一寸地铁。直至"改革开放"后进入新世纪,各地大中城市纷纷兴建"城市轨道交通",地铁事业"大干快上",进入了一个在世界铁路上也属空前绝后的快速发展时期。

　　内河客运线路,仍是建国初期长江流域各省人民长途旅行的重要交通工具。建国以后,人民政府全部清除了霸占长江航道经营权长达百年的"帝国主义势力",使得整个长江航运回到了人民手中。50 年代初起,还大力促进航线内各客运码头、仓房库区、吊装机械等方面的建设,使货物运输和人员客运飞速发展。如解放前夕的 1949 年,长江客运人数为 155.3 万人次,到 1954 年翻了四番,达到 693.2 万人次;1957 年又达到 854.2 万人次。随着长江航运事业的蓬勃发展,航运职工的收入也逐年改善,以 1952 年为例,人均工资收入比上一年增长 12.89%。"大跃进"以后,因农业人口外出做工、大批灾民外流等因素,长江航运出现了"货物运量急剧减少、客流运量急剧增加"的反常现象。1962 年干线客运量和客运周转量分别比 1960 年增长了 51.8% 和 27.6%。自 1958 年起,新一代"江蓉"型川江客运轮船和"跃进"号区间客货班轮相继投入长江航运;长江航务部门甚至靠将货船改造成客船来应对汹涌的客运人流,使长航客运的客流与运力之间的矛盾有所缓解。1958 年,长航客座总量位有 13 852 个,1965 年陡然增至 55 529 个。(本自然段具体数据参照"述说百年长江客运",载于"交通部长江航务管理局政府网",2006 年 6 月 20 日。)

　　建国初期全国广大农村地区的民众出行,与民国时代未有很大变化,短途依然以徒步、畜力为主;长途则主要依靠水路、铁路客运。"户籍"制度和"配给制"施行后,农业户籍人口长途外出,均需出具乡级政府盖章的所谓"出行证明",以备沿途公安人员查询。特别是"三年自然灾害"期间,大批灾区农村人口流向城市,给各地社会秩序带来冲击,因此各级政府对流民实施了严厉的管控措施,重点加强了铁路沿线各站点的管控,甚至一度农民外出乞讨也要开具"出省乞讨证明"。

　　本书作者儿时听一位安徽籍马姓老邻居讲,他的老家某村(地名忘了)在 60 年代初以集体组织行乞还成了县里的"模范村",县里和邻村干部们前来"取经"学习经验。他们的做法是:农忙时节该干啥还干啥,农闲时节村干部就把群众组织起来,组成几个小分队,分别由村支书("人民公社"化后叫某某生产大队党总支书记)、村长("人民公社"化后叫某某生产大队大队长)和民兵营长、妇联主任、小学校长、大队会计等村干部带队。先派人通过亲属找到铁路上有关系的职工,集体搭乘不要钱的拉邮包和牲口的闷罐车或运煤、拉木材的货车车皮,人人怀揣大队上出具并盖有大红印章的"外出介绍信",一路向东,浩浩荡荡杀奔苏南的南京、无锡、苏州、上海等地行乞,以弥补"交公粮后自备口粮之不足",就此解决了"春荒"问题。

五六十年代因南方诸省农村地区桥梁建设依然严重不足,乡村农民的县乡范围内的交通出行,大多依靠各式收费"摆渡",交通客运工具主要有竹筏、木排、平底小船、乌篷船等等。西北的甘陕地区黄河沿线"摆渡",则仍靠"羊皮筏"。

五、建国初期民众礼仪风俗方式与设计

解放以来,由于新社会移风易俗的新风尚,使解放前原有的很多传统礼仪习俗发生了重大变化。这些变化的核心,是在取消旧社会阶级歧视的陋习。

首先是称呼。建国初期,人们之间交往时的相互称谓,最时髦的叫法,就是互相称呼对方"同志"。彼此熟悉,就冠以对方姓氏,"张同志""李同志";不太熟悉,但看得出职业或职位,就称"司机同志""护士同志""科长同志";完全陌生的男人,就光溜溜叫"同志"或"这位同志";如果陌生人是位女性,就得叫"女同志"。旧社会的"太太""老爷""小姐""少爷"等旧称呼,只要是公开场合,无论是叫的人还是被叫的人,都会感到相当别扭。尤其是"小姐"这样的称呼,如果有陌生人胆敢对女青年这么叫,被叫者轻则柳眉倒竖、厉声斥责,重则直接将你扭送公安机关:因为只有不熟悉大陆社会礼仪习俗新风尚的台湾特务,才可能乱叫人"小姐"。

正式场合的肢体交往,一律以握手为正规礼仪。刚解放那会儿,苏联电影天天放,受其影响,青年人欢庆、狂喜之际,不论男女,也常爱来个俄式"熊抱"之类,还喜欢学苏联人集体高呼"乌拉"来表示极度喜悦之情。

在五六十年代,社会上只要有正式工作的年轻人结婚,都时兴举办朴素、热烈、健康的新式"革命结婚"。这类人生大事,在全国大中城市里通常都在单位举办,从主婚人到证婚人、伴郎、伴娘,都没直系亲属什么事,一概由热情的同事们"包办"。至于参加婚礼的来宾,礼物多是使用的,不是一对热水瓶,就是一只搪瓷脸盆,要么就是一口"钢精锅"(苏浙说法,即铝合金双耳盖锅),或者是一床丝绸被面。也有送现金的,往往都是两元左右,送五元钱,那就是很重的礼金了。婚礼招待来宾的吃喝,无非喜糖、香烟、瓜子、花生之类,绝无酒席等"铺张浪费"的惹眼之举。双方亲家之间的嫁妆、聘礼等物质交换协议,起码不敢公开进行(事实上也很少有人这么做),都按约定在私下准备、交割,条件而异,标准不等。

如果出身都是劳动群众的小两口的结婚,所需条件就更简单了,往往是两人的洗换衣服放进一口樟木箱(五六十年代普通市民家庭必备之物)、单人床换成双人床,就成婚过日子了。后来在"改革开放"初期冒出一首流传甚广的民谣这么讲:"五十年代一张床,六十年代一包糖,七十年代红宝书,八十年代'三转一响',九十年代酒宴排场。"

据当事人回忆,60年代的上海新人们,即便是结婚当天,衣着如平常穿戴一样朴素。当年还流行着"四个一工程"的说法,也就是说两人备好一张双人床、一个热水瓶、一个脸盆、一个痰盂就可以结婚了。据过来人记述(一位1965年结婚的女同志回忆):"当年结婚的时候,男方来我家提亲,聘金是 4 元,聘礼是 2 斤糖。婚事确定下来后,结婚那天就由丈夫骑着单车到我家来载我,我带着衣物、脸盆、桶等'嫁妆'就这样嫁到他们家,中午的时候丈夫家摆了一桌菜,'宴请'亲友,办理了结婚证,这样我们就算结婚了。"(陈煜《中国生活记忆》,中国轻工业出版社,2009 年版)上海市儿童医院陆续有两个女青年结婚。在结婚的当天,一个新娘身穿紧身的连衫裙,唇涂口红;另一个新娘则耳环垂肩,项套锁片,戴着白纱镂空手套的手,还添上一只手镯。由于这两个新娘的打扮在当时相当"出格",究竟是否属于"资产阶级生活情调",在青年中间引起了热烈的议论(详见《上海青年报》有关报道与读者讨论,1964 年 12 月 19 日)。

图 6-8 50 年代的婚礼

50 年代初起,虽政府一再提倡丧葬活动移风易俗、力求简朴节俭,还鼓励火葬和捐献遗体(供移植和科学实验),以毛泽东为首的中央领导曾在 50 年代集体签名死后火化,以示范丧事新办,但城乡民间土葬之风仍盛行,尤其是农村地区。60 年代,城市丧葬礼仪多以举办追悼会为主,亡者若是"有身份的人",多半由单位组织主办,开追悼会、致悼词、献花圈,然后送往火葬场。一般普通居民亡故,则多半由自家操办,通常凭借自己理解自行办理或在同事、邻居中的"晓事者"指点下按章操办(某些旧式丧礼细节,详见本书第一章所述相关内容),各按自己的经济条件和顾忌政治影响的程度而定。"披麻"渐已革除,"戴孝"实难从免,往往是子女辈左臂戴一块黑布,孙辈以下则在黑布上缀加一朵小红花标注身份。最简朴的百姓葬礼,也会在家里设办数日供亲友祭奠的灵堂。

总体上看,五六十年代的社会治安,是整个 20 世纪最好的时期之一。原因是多方面的,主要因素依本书作者看,有如下三点:其一,五六十年代各种阶级冲突在建国之初已基本解决、王寇之争早已尘埃落定,社会矛盾大为缓和、人心思安;建国初期新事物、新观念不断涌现,老百姓多积极响应、踊跃参与,全社会风气清新、积极向上,助人为乐蔚然成风。其二,尽管物资供应仍不够充分,但绝大多数人生活水平相近,即便是干部和群众在收入和供应标准上有所差异,但干部队伍总体上是清廉、自律的,甚至有相当比例的干部确实能与民同甘共苦、风雨同舟,如河南兰考县委书记焦裕禄的事迹感人至深,大有"共和国第一清官"之风范。因此"贫富悬殊"从来没有成为建国初期十七年中国社会的主要矛盾,哪怕是饿死人的"三年自然灾害"极度困难时期,社会上也未发生波及全国的大规模群众性动乱事件。其三,党和政府对违法犯罪一向采取严厉打击的高压态势,而且曾有犯罪记录的"坏分子"在社会"管制"措施(以派出所、街道居委会为主体的监管体制)下,日子确实难熬,使各种违法犯罪行为大为收敛。其四,由于城镇民众绝大多数家庭在五六十年代尚属"温饱"之列,基本是阮囊羞涩、入不敷出,家里除去几张桌子板凳、锅碗瓢勺,也没什么值得偷的东西;乡村农民家庭则绝大多数条件更差,不少农家可谓身无长物、家徒四壁,窃盗之利,无非偷鸡摸狗而已。在那个年代靠偷窃为生的人,活得也确实不易,风险大而收益小,因而"从业者"不可能太多。关于夜不闭户、路不拾遗的传闻,在五六十年代确有其事,而且是普遍现象。本书作者邻居那些大大咧咧的叔叔阿姨们,经常只把房门带上并不上锁(有时常在弄堂口使唤我去"代劳"掩

图6-9　小喇叭开始广播了

上房门），就逛街、办事去了。二十几年从未听说哪家有失盗现象发生。时过境迁，60年代初有首脍炙人口的儿歌《我在马路边捡到一分钱》这么唱："我在马路边捡到一分钱，把它交到警察叔叔手里面……"换到今天，真有这么干的，恐怕捡钱者、收钱者都是被耻笑对象了。其中原因复杂异常，一句话、两句话真说不明白。

但五六十年代盛行鼓励少年儿童"与坏人坏事作斗争"的社会风气，今天看毫无可取之处，而且有违道德伦理。如在五六十年代全社会家喻户晓的两位少年英雄：刘文学、张高谦，都是为了保护集体财产，与饿得受不了偷吃玉米和辣椒的地主富农搏斗而牺牲的。本书作者的同事（南京艺术学院宣传部已退休的董加耕老师）则被砍了无数刀、历经九死一生，才捡回一条小命。他们的事迹被大事渲染，从新闻报道到连环画，铺天盖地，引起全国少先队员们无比向往，甚至羡慕（包括当时的本书作者）。这儿有个道德原则，不是指地主分子挨饿盗窃（他们死不足惜），而是指变相唆使（舆论误导歧途）。孩子们的本性是纯真无邪的，动机也是无可挑剔的，但他们又是弱小的，原本就是需要全社会不惜任何代价（包括损失再多的玉米、辣椒、耕牛）也必须全力保护的对象，他们是国家的未来，也是每一个家庭的希望。在和平年代，明知可能导致严重后果而鼓励未成年人与成年罪犯"作斗争"，这本身就是标准的犯罪行为，而且属于罪大恶极的蓄意怂恿，危害极大。为了几根玉米和一把辣椒，断送两条鲜活的生命，情何以堪，法何以容。事实上，在官媒大张旗鼓地"宣传报道"两位少年英雄"英勇事迹"之后，全国此类事件频发，所幸后来在内蒙古山火事件（为抢救一片七亩坡地燃起山火的小树苗，某小学校长、老师竟然组织全校师生前往灭火，结果死伤数百，村里过半家庭就此绝户，其惨况震动全国）发生后，全国人大常委会就此立法：严禁未成年人参加任何社会非常事件的救援工作，擅自组织者，如造成重大后果，以教唆犯罪论处。这是一个人性觉醒时代的进步象征，立法有此，民族甚幸，国家甚幸。可惜立法太晚，为此已经付出的社会成本实在太高。

以邻里、同事之间相处为核心内容的人际关系，在五六十年代，尽管局部也有种种不尽如人意的事情、摩擦，但整体上是相当和谐、融洽的。在单位里，一个人如果遇见了什么困难，就会成为同事们集体的事，大家和组织上都会伸出援助之手；一个家庭遭遇了不幸，街坊邻居都会有人出人、有力出力，齐心协力帮助不幸家庭渡过难关。在那个时代，"一方有难，八方支援"（革命样板戏《龙江颂》女主角江水英台词），绝不仅仅是说教和口号，而是全社会普遍遵守的人际关系道德准则。经历过五六十年代的人们，每个人心中都藏有关于那个时代所发生的纯真、友谊、善良的动人故事。这种普遍存在于全社会的良好而宽松的人际关系，使人们在政治氛围严峻、物质供应紧张的艰难时代能够相濡以沫、共渡难关。不是说建国初期的中国社会是虚无主义的"乌托邦"，而是五六十年代中国社会确实营造出了一种人人互助友爱、处处与人为善的良好社会风气。可惜新中国社会这种来之不易的新型人际关系，被"反右""大跃进"和"文革"等一系列政治运动所逐渐破坏。

五六十年代的新中国，在发动全民大搞爱国卫生运动和全民健身运动方面效果尤为显著。机关干部、职员、工人们自不待说，不但要每天在工间被半强迫地做

582

图 6-10　好干部焦裕禄

广播体操,业余还要参加各种体育锻炼,在那个年代,如果是个年轻人,没有一两项
体育爱好、没参加哪支球队,一定是个群众关系不好、不合群的家伙,连政治前途也
会因此变得岌岌可危。

　　每个人在公众场合的卫生习惯也牵涉到大家对自己的印象。从 1953 年起直
到"文革"前夕,全国性的"爱国卫生运动"就不断持续地开展各种专项性的活动,有
关于个人和家庭卫生习惯的宣传,有常见病、传染病的医学科普知识普及,也有深
入社区、厂矿、学校、机关的公民卫生习惯宣传(如不随地大小便、不随地吐痰、不吃
变质食品、饭前便后要洗手等等),与"爱国卫生运动"相关的宣传画、漫画、广播、集
会铺天盖地,充斥全国大小城镇的每一条大街小巷和每一个家庭,在全社会造成了
浓厚的"讲究卫生光荣,不讲卫生可耻"的文明氛围,一下把中国社会积弊千年的不
文明卫生习惯仅仅用十余年时间,就提升到一个相当高的现代文明程度,这个成就
非同小可,是共产党在建国初期最伟大的功绩之一。

六、建国初期民众休闲娱乐方式与设计

　　刚解放至 1957 年"反右"之前的那几年,政治气氛相对宽松,各单位(包括所有
机关和企事业单位)有事没事都在周末晚上以各种革命的名义举办集体联欢会。
50 年代初的联欢会,通常有个半固定程序,先是由主办单位领导同志"简短"致辞,

首先重复一下广播、报纸里报道的国内外革命形势,然后是结合本单位实际弄几句振奋人心的口号,最后隆重推出联欢会的主角——报告人。报告人按照当时社会受欢迎程度分为几个档次,第一档是前线归来的志愿军战斗英雄做事迹报告;第二档是老红军讲革命故事,或者是苏联专家露脸;第三档以下就稍微勉强了,无非劳模汇报、技术革新推广、卫生常识等等。人们照样会耐心等下去,因为报告人讲话一结束,才轮到"联欢会"真正开场:舞会。

50年代的舞会,按今天标准是相当土气的,背景音乐八成以上是各种人们耳熟能详、百听不厌的苏联歌曲和舞曲,剩下的就是些根据中国民歌改编的民族轻音乐。舞式也很单调,颠三倒四就那么几种俄式民间舞和"比较健康"的慢三步、快两步;当时最流行的是苏联"水手舞"和"集体舞"。通常各级工会组织是推动群众业余娱乐活动的主要机构,这也就是为什么50年代初各地"工人文化宫""工人俱乐部"一到周末就人满为患、到处挤得水泄不通的主要原因。

建国初期,尽管有各种各样的困难与政治干扰,新中国文艺还是取得了非凡的成绩。从1949～1966年期间,被新中国广大读者和观众广泛认可、具有跨越地区的国内外知名度,且争议最少的著名艺术家和优秀作品有:

音乐:建国初期在群众中最有知名度的作曲家有雷振邦、彭修文、李劫夫等;在群众中最有知名度的乐曲有《瑶族舞曲》《喜洋洋》《雨打芭蕉》《渔舟唱晚》《彩云追月》《青春舞曲》《青年圆舞曲》《春节序曲》《梁祝》等;在群众中最有知名度的歌唱家有郭兰英、周小燕、王昆、沈湘、楼乾贵、孟贵彬、寇家伦、刘淑芳、吕文科、李世荣、叶佩英、马国光、胡松华、马玉涛、刘秉义、邓玉华、贾世骏等;在群众中传唱最广泛的歌曲有《英雄们战胜了大渡河》《崖畔上开花》《歌唱二郎山》《五星红旗迎风飘扬》(又名《歌唱祖国》)、《全世界人民团结紧》《戴花要戴大红花》《社会主义好》《草原上升起不落的太阳》《高高的兴安岭》《祖国颂》《让我们荡起双桨》《听妈妈讲那过去的故事》《我是一个兵》《歌唱二小放牛郎》《克拉玛依之歌》《马儿啊,你慢慢地走》《逛新城》《赞歌》《社员都是向阳花》《学习雷锋好榜样》《我为祖国献石油》等。1964年公演的大型音乐舞蹈史诗《东方红》,则是举国体制下集新中国演艺界之大成而产生的杰作,无论在音乐、舞蹈、歌曲、舞美各方面都达到了新中国17年(很可能会是空前绝后的)最高水准。此一时彼一时,本书作者认为,《东方红》的成功是无法复制的。

电影:建国初期在群众中最有知名度的演员有赵丹、崔巍、金焰、田华、上官云珠、谢添、杨省身、方化、郭清源、王晓棠、于洋、李默然、杨在葆、祝希娟等;在群众中最有知名度的故事片有《白毛女》《钢铁战士》《铁道卫士》《党的女儿》《南征北战》《柳堡的故事》《阿诗玛》《冰山上的来客》《红色娘子军》《五朵金花》《红日》《地道战》《地雷战》《秘密图纸》《小兵张嘎》《英雄儿女》《烈火中永生》《霓虹灯下的哨兵》等;动画片、木偶片有《骄傲的将军》《鲤鱼跳龙门》《狐狸打猎人》《小铃铛》《阿凡提的故事》《大闹天宫》《没头脑与不高兴》《半夜鸡叫》《红军桥》《草原英雄小姐妹》等。

戏曲：建国初期在群众中最有知名度的京剧演员有梅兰芳、马连良、谭元寿、六龄童、钱浩梁（"文革"时更名"浩亮"）等，相声的侯宝林、郭启儒、马三立、马季等，越剧的筱水招，黄梅戏的严凤英，豫剧的常香玉，京韵大鼓的骆玉笙，杂技的夏菊花，歌剧的郭兰英、王玉珍，芭蕾舞剧的茅惠芳，民族舞的刀美兰、崔美善，播音员孙敬修等等。

文学：建国初期在群众中最有知名度的小说家有赵树理（作品《小二黑结婚》）、丁玲（作品《太阳照在桑干河上》）、杜鹏程（作品《保卫延安》）、冯德英（作品《苦菜花》）、李英儒（作品《野火春风斗古城》）、梁斌（作品《红旗谱》）、吴强（作品《红日》）、曲波（作品《林海雪原》）、柳青（作品《创业史》）、杨沫（作品《青春之歌》）、罗广斌和杨益言（作品《红岩》）、金敬迈（作品《欧阳海之歌》）、姚雪垠（作品《李自成》）、浩然（作品《金光大道》）等；报告文学的魏巍（作品《谁是最可爱的人》）、吴运铎（作品《把一切献给党》）；诗人臧克家、艾青、柳荫、贺敬之、郭小川等；散文家杨朔、何其芳、刘白羽、秦牧等。

美术：建国初期在群众中最有知名度的画家有齐白石、徐悲鸿、傅抱石、刘海粟、潘天寿、陈之佛、李可染、陆俨少、石鲁、李琦、刘开渠、董希文、王式廓、罗工柳、靳尚谊、全山石、叶浅予、程十发、张乐平、华君武、丁聪、华山川、贺友直等。

（以上列名仅仅为个人判断和同时期部分文献、唱片、画册、评论综合佐证所致，难免有个人局限性，并不代表除本书作者之外任何他人的意见。）

逛公园是五六十年代劳动人民主要休闲活动之一。全国各城市都在民初和"黄金十年"期间利用古建筑开设的一批现代公园基础上，加强了古建筑的修葺、保养，并新建了更多的新型公园。特别是北京、上海、天津和广州，建国初期至"文革"前夕，向公众开放的公园面积已数倍于民国时期，另辟了儿童乐园、动物园、植物园、花卉盆景馆等配套游览区，而且配置了许多新型的游艺设备，如划艇、游览小火车或画舫等等。一如民国时期那样，公园也成了对民众进行科普教育、国防知识传播和政治宣传的场合。

从1950年起至1970年整整二十年，模仿苏联"十月革命周年纪念"的群众游行模式，全国各地每年一度的"国庆群众游行"，成了建国初期全体劳动者兴高采烈的一天。尤其是北京市的二十年"国庆群众大游行"和阅兵式（以及入夜后在天安门广场举行的歌舞联欢、焰火晚会），是新中国万众瞩目的大舞台。毛泽东及全体党和国家领导人年年在天安门城楼上检阅游行队伍，成了这二十年不变的惯例；因此对于外国媒体而言，每年的国庆节庆典，是中国政府向全世界公告关于中国高层是否发生"重大人事变动"的最重要发布场合。70年代的第一年，因为原本作为毛泽东接班人的林彪突然叛逃并惨遭失败，使得这一已形成惯例的国庆活动戛然而止，就此中断。过了十五年"国庆三十五周年"时才重新举办（1984年），过了十五年又举办了第二次（1999年，"国庆五十周年"），再过十年举办了第三次（2009年，"国庆六十周年"）。

虽然各地无论在规模、花费、效果各方面均无法与首都北京的国庆节大型阅兵式与群众游行相比,但都在地方政府的精心策划和组织下,搞得有声有色,热闹非凡。能参加"国庆大游行"是几乎所有国营和集体单位力争的目标,往往由各市的"国庆游行指挥部"在预演中挑选表现出色的单位参加。有幸被选中的很多单位,通常会早在前几个月就开始精心策划、精心设计、精心准备,倾其所有、全力以赴地进行排练并赶制各种道具、花车、服装、标语牌等等。届时游行经过的道路都施行"戒严",只要是举行"国庆群众大游行"的城市,一定会全城百姓倾巢出动,甚至从凌晨起就早早地抢占有利地形以一饱眼福。在很多五六十年代生人的记忆中,每年金秋十月的"国庆群众大游行"热闹场面,总是具有特殊温暖的深刻印象,令人终生难忘。

如果说新中国民生设计在产业发展一些方面还不尽如人意,而在每年一度的"国庆群众大游行"中算是找到了用武之地。全国各地二十年"国庆群众大游行",使新中国民生设计在礼仪行序设计、花车造型设计、队列编排设计、道具舞美设计、演艺服饰设计等方面,都得到了前所未有的提高和发展。除去北京举办的国家级活动,这些地方上的"狂欢节"般的群众活动的设计者,绝大多数都不是专业人员,仅仅是来自基层各单位的业余美术爱好者和产品设计人员。每年一度的实践机会、举国之力的倾心打造,使得新中国在大规模群众性礼仪庆典活动的设计诸单元,整体上达到了世界级的水准。

不光是"国庆群众大游行"是中国老百姓每年一度的"狂欢节",而且建国初期经常举办的体育盛会开幕式,必然有一场精彩的团体操表演(也是学苏联的;而苏联却是效仿纳粹德国的)。这种团体操表演在后来的历届国内和国际运动会的开幕式、闭幕式上,逐渐演化成大型综合性团体文艺表演。

五六十年代流行的儿童游戏有"格房子""老鹰捉小鸡""踢毽子""花绷绷""城门城门几丈高""抓羊拐""跳猴皮筋""挑花棒""折纸""拍洋画""万花筒""弹弓"等等。关于这些传统儿童游戏中蕴含的行序设计、道具造型和设计文化价值,请读者查阅《中国设计全集·文具类编·礼娱篇·卷十八》"传统儿童游戏"部分(分卷主编:王浩滢;总主编:本书作者、杭间、尚刚、许平、曹意强;商务印书馆,2012 年版)相关内容。

七、建国初期民众日杂消费方式与设计

1955 年,北京"王府井百货商店"建成开业。这是新中国历史上第一座由国家投资兴建的大型国营体制百货商店,从它诞生的第一天起,就承担了平抑物价、稳定市场、保障民生的历史使命。同时期全国各大中城市建立了一系列类似的百货商店,后来都成为整个建国初期物资供应困难时期保障计划内供应的"中流砥柱"。如上海 1949 年 10 月创办"上海第一百货商店"(简称"中百一店",原名"大新百货公司")。"大新"与"先施""永安""新新"等上海地区的中国当时最大的一批民营零售百货企业,解放后先后改造成"公私合营"和国营企业,即后来上海国营零售百货业的"旗舰"单位——"中百一店"至"中百十店"(被上海当地人骄傲地称为"号码店"),继续保持了上海的南京路闻名遐迩的"中华第一商圈"的美誉。各地大中城市都相继建立了以国营体制为主的新中国零售百货业支柱型企业,如天津"和平路百货商店"、南京"新街口百货商店"、广州"友谊商店"、武汉"中心百货商店"、沈阳国营"秋林公司"(后更名"沈阳人民百货商店")、成都国营"百货大楼"等等。

建国之初的1950年,人民政府着手在全国农村建立两种合作组织:"农村供销合作社"和"农村信用合作社"。自成立之初这两个机构就承担了一定的政治任务:"与投机商作斗争;与资本主义成分作斗争;扶助和组织小生产"。其中"农村供销合作社"不但担负着类似零售百货业的农村地区生活资料的供给任务,还兼有农村生产资料物资保障任务。经过建国初期十几年的发展,截止到1952年底,全国基层"农村供销合作社"已发展到35 096个,社员14 796万人,占农村人口的29.4%。供销合作社有职工100万人,拥有股金23 900余万元。1952年收购农副产品金额达37亿元,约占当年国家收购农副产品总金额的60%,其中粮食占40%~50%、棉花占79%(详见陈廷煊撰文《1949~1952年农业生产迅速恢复发展的基本经验》,载于《中国经济史研究》,1992年第2期)。由此可见,五六十年代的新中国"农村供销合作社"体制在乡村社会经济活动和民生保障方面,起着举足轻重的作用。

新中国的零售百货业,也是民生商品赖以依存的主要销售方式。进入零售百货业销售渠道的民生商品,有个显著"共性",都是日常生活所需的物品,同时,其主体品类又不完全是类似"衣食住行"等关系到人的生存状态必备的生活必需品。

图6-11 裸卖的月饼节约掉了包装设计

这儿所谓的"生活必需品",是指人们在"衣食住行"中必须具备的基础生活条件。比如,在极端性物资供应条件下,"衣"类物品中,人们可以不计较服饰款式、面料质地、花色品种,但凡只要是块布,便可以做成衣裤,完成御寒、遮羞两大生存功能即可,如没有经过任何印染处理的坯布、丝束、植物纤维织品,甚至是阔叶、皮革、皮张、鸟羽、毛发等等。在"食"类物品中,人们可以不计较食品的造型、香型、口味,只要能充饥抵饱即可,如任何可以食用的、没有经过食材精加工处理的谷物、植物块茎、昆虫、贝类、兽肉、藻类等等。在"住"类商物中,人们可以不计较面积大小、外观好歹、空间区划、隔音效果,只要能庇荫挡雨即可。在"行"类物品中,人们可以不计较用具的好赖,只要能够代步即可,如毛驴、牛车、独轮车、木筏等等。

进入现代零售百货业销售渠道的民生商品,与上述"生活必需品"无关,民生商品可以充当生活必需品,但从来不等同于生活必需品。对于超越经济购买力"上限"和"下限"之外的两个极端的消费者而言,零售百货业范围的所有民生商品都属于"可有可无"的物品。民生商品的设计——生产——销售"产业链"所有环节的终极目的,归根结蒂只有一个:提高人的生活品质。还拿"衣食住行"说事:以"食"为例,民生类食物商品,是那些经过了对食材的精心设计再制作出来的"色香味俱全"的食品,中国社会给了这类食品一个准确的定位:副食品。它们的最大功能已经不再是充饥抵饱,而是享受一定程度的感官愉悦:"色"满足视觉官能、"香"满足嗅觉官能、"味"满足味觉官能。以"衣"为例,民生类服饰商品,是那些经过了对服装鞋袜的精心设计再制作出来的服饰商品,它们的最大功能已经不再是御寒与遮羞,而是享受一定程度的感官愉悦:面料的透气性、吸水度满足"肤觉"感受;衣裤鞋袜的尺度、大小满足"体觉"感受;款式和色调满足"视觉"感受。以"住"为例,民生类居住物品,是那些经过了对户型、容积、朝向以及配套商业设施、交通设施、文教设施精心设计后再建造出来的民用居所商品,它们的最大功能已经不仅是遮风挡雨庇荫,而是享受一定程度的感官愉悦:如室内的区隔处理,满足不同生活功能的特殊需要;建材的强化处理,满足居所的隔音、保暖、防水防潮防火需要;室外的绿化率和容积处理,满足居所的环保和舒适度需要。以"行"为例,民生类私人拥有的民用代步物品,是那些经过了精心设计再生产出来的代步工具类商品(现在是指自行车、摩托车、轿车,未来可能是私人游艇、私人飞机),它们的最大功能已经不仅是代步了,还要包含对人的心理生理多方面双重需要:驾驶速度,不但可以节约出行时间,还能满足"动感""运动感"的心理需要;车内空间,不但可以多载几个人,还能满足驾乘人员的活动自由度、舒适度;车型外观,不但可以减少阻力、节能高速,还能满足车主的虚荣心和视觉美感。上述的这些民生商品共有的"通用"内容,都是民生设计及产销业态所有工作性质的价值所在。超越这个内容范围,就超越了"民生设计"的既定范围,也就不合适在本书范围内探讨议论了。

对于处于经济购买力"下限"以下的消费者而言,零售百货业的民生商品属于"奢侈品",可望而不可即。因此,这部分人不会是现代零售百货业的消费主体,他们的物质愿望只能依靠非商业性质的社会救助机构的援助得以满足。对于处于经济购买力"上限"以上的消费者而言,零售百货业的民生商品属于"大路货",根本看不上。因此,这部分人也不会是现代零售百货业的消费主体,他们的物质愿望只能依靠购买昂贵的、限量的、高端商品(即"奢侈品")来满足其对商品实用功能之外的心理享受:炫富的虚荣、身份的标注等等。现代零售百货业的服务对象和消费主体,是排除了上述经济购买力"上限"和"下限"之外的两种"特殊消费人群"的其余部分所有消费者。对于成熟的现代化商业社会而言,这部分消费者理应占社会总人口的绝对压倒性比例。民生商品消费主体在社会总人口中所占比例越大,社会的"成熟度"就越高,反之亦然。这个由民生商品在社会总人口中的消费比例所决定的"凸显指标",不但直接决定了现代零售百货业的生死存亡、荣辱兴衰,还意味着零售百货业所处商业环境的品质:社会的现代化、工业化程度,社会的政治文化"生态环境"的健康程度,社会的自由公平竞争市场经济机制的健康程度,社会的法制化和民主化政体的健康程度。这就是本书作者为什么要在本节反反复复强调上述分析内容,而宁愿放弃摘录各种五六十年代官方统计数据和民间舆论评述的具体理由。

之所以要把对现代零售百货业与民生商品的关系特别地放在本节论述,甚至不惜放弃其他章节固有的先采集数据、论点,后加以评述的模式,还有个无法回避的"特殊理由",就是对新中国建国初期零售百货业体系形成重大意义的评估。

近现代中国民生设计及产销业态,虽然从清末租界时代形成、又经过整个民国时期的发展,但一直尚未形成完整的、成熟的"产业链"体系。最明显的标记之一,就是民生商品在社会主流人群的日常生活中,始终未能形成决定性的生活内容。解放前占中国社会总人口95%的广大乡村农民以及城市社会处于底层的劳工阶层,很大程度上还并不依赖只有在经济相对发达的大中城市才勉强成型的民生商品设计——生产——销售体系。如"衣食住行"方面,尚处于天然条件和自然经济状态下的中国农民和以简单体力谋生的城市劳工阶级,完全凭借自己已经延传数千年的造物——设计体系存活,自产自销全部的"衣食住行"类自留用品和外销商品,如衣物类的土布、蓑衣、草帽、草鞋、布鞋等等;食品类的糕饼、面点、零食、瓜果、饴糖等等;居所类的茅草屋、窑洞、"干打垒"、竹楼、棚户等等;出行类的骑马、骑驴、牛车、驴车、胶皮马拉大车、人推独轮小车、有帆有舵有舱的龙骨底大木船、无帆无舵且无篷的平底小舢板、竹排、木排、皮筏等等。这就使得近现代中国民生设计及产销业态在中国社会始终未能获得对社会主体生产方式与生活方式进行"改良型文化干预"的主导权、话语权。这个致命弱点能完全在建国之前的中国社会现代零售百货业的经营规模、经营效益、品种供应上充分反映出来。

建国初期经过五六十年代近十七年的建设,状况发生了根本性的突破。随着国家经济建设的发展、壮大,中国社会的工业化、现代化水平日益提高,随之必然发生的社会分工的精细化、专业化,使得城镇居民的日常生产与生活状态,早已完全离不开民生商品"产业链"的设计——生产——销售体系。在城镇化生活空间,已没有人能做到完全靠自己自产自销去获得所有生产工具和生活用具。尽管农业人口在"改革开放"前依然是中国社会的主体(在80年代初仍占九成以上),但惠及乡村全体百姓的民生商品产销渠道基本已经建立起来：通过各地各级的"农村供销社"系统和遍布全国乡村各地的零售点小卖部，已经将民生商品与每一个农村家庭的日常生活紧密地牢固地联系在一起，须臾不分。中国五六十年代的农村零售百货业，对于绝大多数中国农户而言，开始逐渐成为农村社会不可或缺的必备服务设施，小到针头线脑、油盐酱醋，大到良种化肥、农具器械。这是建国初期所完成的最伟大的中国社会现代化改造任务。这是清末、民国都没有能做到的事情。没有这个基础，中国社会的现代化、工业化、科学化、民主化，也包括现代民生设计产业自身，全属于海市蜃楼般遥不可及的美好远景。

本书作者认为，新中国遍布城乡社会的现代零售百货业的体系建设，尽管迄今仍存在这样和那样的诸多麻烦及突出问题，却是 20 世纪最重要的中国社会改良重大成就之一。建国初期中国现代零售百货业的消费主体，已经涵盖了中国城乡社会所有正常人（囚犯和重度残疾人除外，他们必须通过他人协助才能利用这个社会供应服务系统）在内的全民消费者，已经形成以占中国绝大多数人口为基本服务对象、提供全面影响全体民众生产生活方式的庞大而有效的生活杂用商品产销体系。社会进步的各种元素，正是不断通过这个巨大管道对中国现代社会进行着不间断的、全覆盖的移风易俗、推陈出新、除弊革新等文化改良行为。这个在中国社会进步过程中迟早要发生的"杠杆式"重大事变，正好从建国初期十七年内开始逐步得以实现。

第三节　建国初期产业状态与民生设计

整个建国初期（1949～1966 年）的社会主义经济建设，在克服了一个又一个的重重困难后，取得了伟大的成就。尤其是以"第一个五年规划"（1952～1957 年）胜利实现为核心的众多成绩中，在苏联全面援助下，建成大中型项目 500 多个，五年内工农业总产值增长 60%。五六十年代建成了一大批基本建设项目，如建成了武汉和包头两大钢铁基地；兴建了新安江水电站、三门峡水电站、武汉长江大桥等；首都国庆十大建筑竣工；长春"第一汽车制造厂"生产出新中国第一辆载重卡车；兰新、包兰等铁路干线建成通车，成昆铁路开工修建；中国科学院计算所研制成功我国第一台电子计算机（103 型小型电子管机，运算速度为每秒 2 000 次）等等。60年代初，在国内外形势十分严峻、经济困难正极度困扰新生的共和国时，"大庆油田"建成；至 1965 年，中国的石油产量已完全满足国内各行各业的全面需要，实现了能源自给。1964 年中国第一颗原子弹爆炸成功，宣告新中国跻身"世界核俱乐部"行列。1965 年人工合成结晶牛胰岛素研制成功，标志着新中国生物科学一些领域具备了世界级的科研水准。这些工业化成就的取得，使新中国具备了一定的国家经济实力，进一步推动了各方面事业的全面发展，为后来的"改革开放"时代中国经济的全面腾飞奠定了一定的工业化、现代化基础。伴随着经济建设的不断顺利展开，新中国的民生设计产业也得到快速发展，在许多方面一度达到了历史上的最高水平。

与此同时,党和毛主席在一些经济发展和社会改造过程中,出现了明显的失误和偏差,特别是盲目发动了一系列政治与经济运动,给新中国的革命与建设事业带来了极其严重的后果。尤其是"反右"和"大跃进""人民公社"运动,严重干扰了经济建设秩序,破坏了国家经济基础,导致"三年自然灾害"时期全国规模的饥馑惨剧发生。由于政治冲击经济的错误,在一系列严重挫折中未得到及时纠正,使长达十年的"文革"终于爆发,全国社会环境和经济建设长期处于低水平的停滞状态,给新中国的社会主义革命和建设事业,带来了极大伤害。社会环境和经济条件的严重恶化,使原本就比较脆弱的现代中国民生设计产业再次遭受沉重打击,一度基本处于停顿状态,有些产业多年难以恢复。

本书作者在本节开始前先列一个表格,让读者自行判断五六十年代国民经济发展的基本状态以及在百年中国工业化进程中的地位。

表 6-17 20 世纪中国经济增长记录(单位:%每年)

	1912~1936 年	1952~1956 年	1957~1976 年	1978~1999 年
人均 GDP	1.1	3.7	2.9	7.8
GDP	1.8~2.0	5.8	5.0	9.4
农业增加值	1.4~1.7	2.0	1.7	4.8
工业增加值	9.4	11.5	9.5	11.6
发电量	18.4	15.4	10.6	7.8
生铁	20.2	13.4	7.2	6.3
钢	22.8	13.3	7.3	6.7
水泥	11.6	12.3	10.6	10.9
纱	9.1	4.7	4.5	4.2
布	17.5	8.7	7.1	4.0

注:此表格数据来源于"Chang(1969),Rawski(1989)",载于《中国统计年鉴》(国家统计局主持编纂,中国统计出版社,2001 年 3 月版);未经证实,引用请查阅原文。

特别可喜的变化是,中国国民经济生产总值中的工农业比值发生了明显变化:"1949 年,农业净产值占工农业净产值的 84.5%,工业占 15.5%(其中,轻工业占 11%、重工业只占 4.5%)。1952~1956 年的'一五'期间,工业得到快速发展,而农业总产值也稳步增长,平均每年增长 4.5%,农业的发展基本上满足了工业的需要。以 1957 年为例,在工农业总产值中,农业占 62.3%、轻工业占18.6%、重工业占 19.1%。与 1949 年相比较,农业产值下降了 22.2 个百分点,轻工业产值上升了 7.6 个百分点,重工业产值上升了 14.6 个百分点。"(详见赵德馨《"之"字路及其理论结晶——中国经济 50 年发展的路径、阶段与基本经验》,载于《中南财经大学学报》,1999 年第 6 期)

在"一五"期间的 1952~1956 年,"工业总产值增长 104.96%,其中,重工业增长 162.29%、轻工业增长 73.3%。由于重工业增长很快,使产业结构比较协调。

1957 年,重工业产值 130 亿元(按当年价格计算的净产值)、轻工业产值 127 亿元,重轻工业产值之比为 102∶100,接近 1∶1"(注:数据来源同前,措辞、句型本书作者略有改变)。就当时的社会生产力水平而言,由于中国工业化底子薄,基础工业极为脆弱,需要特别加强和完善;同时,事关民生改善的轻工业也急需提高,因此,两业共举、齐头并进,"一五"时期的这个重工业和轻工业之间发展的比例关系还是较为合理的。正因为建国初期工业化的迅猛发展,使中国社会以工业化为基础生产条件的民生设计产业得到了全面、快速的发展;同时,社会的教育卫生和人民群众文明程度显著提高,又使以工业制成品为主要产销方式的民生商品成为除政治因素外推动社会全面进步、生活方式日益改良的强大动力。

在建国初期的工业化热潮中,中国的民族工商业者是做出很大贡献的,也为此付出了他们个人和家庭的特殊而沉重的代价。在那个特殊年代中,他们的功劳和苦劳,都不该为政治家、史学家、经济学家所忘记,而应该永载史册。

与"土改"手法一样,派遣"工作队"进驻各私营工商企业去发动群众,是取得"三反""五反"运动政治斗争胜利的"法宝"。以上海为例,"工作队成立之后,首先的工作就是以'忆苦'和'控诉'为主要形式发动群众,激起对资本家的仇恨。所谓'如何巩固群众的高涨情绪',就是不断地开诉苦会、控诉会,启发高级职员进行'反上当'诉苦,引起对(资)仇恨,须有这样的信心"(《致昌钱庄"三、五反"运动中的草稿》,上海档案馆藏,编号 Q76-32-3);"再次是在发动群众的基础上,鼓励职工揭发、检举企业及企业经营者的'五毒'行为。从现存的档案资料来看,它们大致上可以分为控诉、怀疑、检举三大类。由于人际关系的复杂,这些材料中有相当部分属于平日的个人恩怨、工作意见,检举人使用的语言往往也多为'推想''很可能''以为''听说''怀疑'等等"(引自《致昌钱庄"五反"检举材料》,上海档案馆藏,编号 Q76-32-3);"这些检举、揭发、交代材料数量之多,极为惊人。从运动开始到 4 月 14 日,仅上海市内 20 个区接受的各种材料已达 874 045 件,到 7 月 5 日更是高达 1 212 357 件。高峰时期,全市每天形成的各种材料可达 10 万件以上"(《二十市区"五反"材料整理统计表·1952 年 7 月 5 日止》,上海档案馆藏,编号 B13-2-231);"在短期内要对这么多材料进行实事求是、认真细致的甄别、核实,即使是调集大量人员来进行处置,实际上仍是极为困难的"(张忠民《"五反"运动与私营企业治理结构之变动》,《社会科学》2012 年 3 期)。时任国务院副总理的"共和国经济总管"陈云说:"'三反''五反'运动以后,在中国的私营企业中,实质上实行着一种由工人严格监督生产的制度,资本家用钱不能随便使用,甚至连盖章的事情都掌握在工会主席的手里。"(中共上海市委统战部编《中国资本主义工商业的社会主义改造·上海卷·上》,中共党史出版社,1993 年版)

从 50 年代初的"三反""五反"运动开始,到 1956 年"资本主义工商业改造"运动之后,所谓"私营"性质的工商业早已名存实亡。"在共产党的利用、限制、改造方针下,私营工商业大部分逐渐转变为各种形式的国家资本主义";"这是大势所趋,所以资本家也希望积极跟上形势";"到 1955 年 10 月,接受政府加工订货、统购包

销的已占私营工业总产值的 92%";"上海大工商业者的带头合营,为全国公私合
营工作顺利开展起了很大的作用"(吴琪《上海 1949~1956:民族资本家的转折年
代》,载于《三联生活周刊》第 528 期,2009 年 5 月版)。实质上消灭了大中产业私
有制之后,再到"城镇居民生活物资配给制"全面施行,晚清至民国建立起来的资本
主义市场经济制度基本已荡然无存。作为以自由创意(设计)、工业制造(生产)和
市场商业(销售)为三大基础的现代中国民生设计产销业态就基本处于"冬眠"状态
了,直到近三十年后的"改初"时代才得以逐步复原。

如果说在初步实现了工业化的 20 世纪八九十年代,传统手工产业依然是中国
民生商品供应的"重要补充形式",那么在建国初期,传统手工产业则被直接视为
"非农业生产"的主要工业生产部门之一,因为它们确实承担了绝大多数民生必需
品的生产任务,从衣食住行到闲用文玩,从民生供给到出口创汇。在 50 年代大多
数时间内,各地甚至直接将手工业划归"二轻局"(全称是"第二轻工业管理局")管
辖,可见传统手工产业在建国初期轰轰烈烈的工业化进程中,一直扮演着承前启
后、继往开来的"过渡型产业"形式的重要角色。

表 6-18　1949~1955 年工业总产值及其结构(单位:百万元,%)

	1949 年		1952 年		1953 年		1954 年		1955 年	
	产值	比重	产值	比重	产值	比重	产值	比重	产值	比重
国营工业	3 688	26.3	14 258	41.8	19 230	43.1	24 488	47.1	28 142	51.3
合作社工业	65	0.4	1 109	3.2	1 702	3.8	2 454	4.7	3 453	6.3
公私合营工业	220	1.6	1 367	4.0	2 013	4.5	5 086	9.8	7 188	13.1
私营工业	6 828	48.7	10 326	30.3	13 108	29.3	10 341	19.9	7 166	13.2
个体手工业	3 222	23.0	7 066	20.7	8 633	19.3	9 606	18.5	8 822	16.1
合计	14 023	100	34 126	100	44 686	100	51 975	100	54 771	100

注 1:上表转引自中国科学院经济研究所手工业组编《1954 年全国手工业调查资料》(三联书店,
1957 年版)。

注 2:除"个体手工业"外,其他各项产业中均程度不同地包含部分传统手工产业形态,只是所有
制有所差异。

表 6-19　1954 年部分省份城乡手工业户数、产值占同省工业比重情况(%)

	辽宁		黑龙江		福建		河北		安徽		河南		四川		云南	
	户数	产值	户数	产值	户数	产值	户数	产值	户数	产值	户数	产值	户数	产值	户数	产值
城镇	47.3	71.0	67.2	77.1	33.2	31.1	5.62	32.6	29.8	59.8	41.4	25.3	43.0	53.5	41.0	39.0
乡村	52.7	29.0	32.9	22.9	66.8	68.9	94.4	67.4	70.2	50.2	58.7	74.7	57.0	46.5	59.0	61.0

注 1:上表引自常明明《20 世纪 50 年代前期乡村手工业发展的历史考察》(载于《中国经济史论
农史》,2012 年第 1 期),改编,转引自中国科学院经济研究所手工业组编《1954 年全国手工业调查资
料》(三联书店,1957 年版)原表。

注 2:表中河北省数据为 1955 年。

注 3:因尺幅所限,表中各项数据之小数点后第二位数值均以四舍五入计入前数;本书作者另拟
标题并略有改编。

从全国农村地区人均占有耕地面积来看,据国家统计局的抽样调查,"土改"结

束时"河南、湖北、湖南、江西、广东各省农民人均占有的土地面积分别为3.21亩、2.53亩、1.94亩、2.58亩、1.94亩"(赵艺文《我国手工业的发展和改造》,中国财政经济出版社,1956年版)。经过"土改"运动对农户生产资料的重新分配、重新整合,50年代初国家抽样调查所反映的农村生产资料基本情况是:

表6-20　土改后23省、自治区15 286个农户之生产资料户均占有情况

	耕地(亩)	牛(头)	马(匹)	驴(匹)	犁(只)	水车(架)	大车(辆)	房屋(间)
贫雇农	15.84	0.32	0.05	0.09	0.41	0.07	0.04	3.29
中农	24.09	0.60	0.07	0.20	1.27	0.13	0.11	5.36
富农	33.51	0.73	0.14	0.22	0.87	0.22	0.15	6.64
原地主	16.77	0.14	0.04	0.05	0.23	0.04	0.02	3.77
合计	19.48	0.43	0.06	0.13	0.73	0.10	0.07	4.17

注:上表引自常明明《20世纪50年代前期乡村手工业发展的历史考察》(载于《中国经济史论农史》,2012年第1期),原表数据来源于国家统计局编印的《1954年6月全国农家收支调查资料》(广东省档案馆,编号:MA07-61·222)。

一个不可忽视的现实是:因长期战争和自然灾害的缘故,除去建国初期集中建设的现代化工矿企业外,自晚清至民国时期所遗现代化工商业明显偏少,全国各地区的所谓工业化基础中,传统手工产业占据了很大比例。以工业基础相对较好的东北地区的黑龙江省为例:

表6-21　1949～1954年黑龙江省手工业(金属制品、棉织)发展情况

年份	体制	个体手工业		手工业合伙私企		农民兼营产值	手工业合作组织		资本主义手工工场	
	内容	从业人员	总产值	从业人员	总产值		从业人员	总产值	从业人员	总产值
1949	金属制品	17 923	62 315	357	2 238	1 504	—	—	270	8 689
	棉织业	7 935	28 508	71	298	68 640			343	5 147
1950	金属制品	20 071	100 898	418	3 538	1 759			386	12 425
	棉织业	10 585	403 297	76	378	88 349			343	5 147
1951	金属制品	20 407	142 336	455	5 507	2 069			994	31 979
	棉织业	13 311	69 199	230	1 199	140 635	575	7 072	1 081	19 466
1952	金属制品	19 633	146 104	491	6 624	2 048	239	369	1 184	38 092
	棉织业	13 684		141	640	17 738	846	15 541	1 483	16 683
1953	金属制品	19 061	166 484	522	7 623	2 525	171	1 001	1 224	39 378
	棉织业	15 283	73 774	642	4 629	195 947	960	13 342	1 604	24 006
1954	金属制品	19 737	115 717	1 067	17 234	2 088	4 468	20 943	965	31 057
	棉织业	8 691	38 586	739	4 380	82 017	1 082	20 356	1 569	10 884

注:上表引自《1954年全国个体手工业调查资料》(中国科学院经济研究所手工业组编,生活·读书·新知三联书店,1957年6月版)。

1958年开办的"广交会"是新中国出口创汇的唯一窗口,也是中国设计产业赖以生存的最大理由。相对于国内商品的市场环境与政治氛围,出口商品的政治禁

忌要少得多,因此整体设计水平也远高于内销民生商品。

表 6-22　建国初期"广交会"成交额统计

年份	成交额		全年成交额	比上年度增减比率
	春交会	秋交会		
1957	18	69	87	1
1958	153	126	279	221.3
1959	76	144	220	−21.3
1960	125	105	230	5
1961	140	131	271	17.5
1962	117	145	262	−3.4
1963	149	209	358	36.7
1964	242	280	522	46.1
1965	325	432	757	44.9

注:上表数据引自"历届广交会成交额统计"(载于《世贸人才网·国际贸易商务人才门户》,2006年9月18日),转引于中国出口商品交易会相关文件(2006年发布)。本书作者删减了部分项目数据("五年规划完成总额"等)。

一、建国初期重工业与设计的产业背景

　　1953 年开始实施的"一五"规划,确立了"以重工业优先发展"为主导的新中国工业化发展的主要方向,即"集中主要力量进行以苏联帮助我国设计的 156 个建设单位为中心的、由限额以上的 694 个建设单位组成的工业建设,建立我国的社会主义工业化的初步基础"(语出"一五"规划草案原文)。"一五"时期苏联援建的 156 项工程中,进入实际施工的共有 150 项:包括军事工业企业 44 个(其中航空工业 12 个、电子工业 10 个、兵器工业 16 个、航天工业 2 个、船舶工业 4 个);冶金工业企业 20 个(其中钢铁工业 7 个、有色金属工业 13 个);化学工业企业 7 个;机械加工企业 24 个;能源工业企业 52 个(其中煤炭工业和电力工业各 25 个、石油工业 2 个);轻工业和医药工业 3 个。这些项目建设的主要目的是为新中国建立起比较完整的基础工业体系和国防工业体系,以奠定新中国工业化的初步基础。

　　以 156 项工程为中心的"一五"工业化建设,使我国的工业技术水平从解放前落后于工业发达国家近一个世纪,迅速提高到 20 世纪 40 年代的水平。到 1957年,新中国先后建成了以大中城市为核心的八大工业区:以沈阳、鞍山为中心的东北工业基地;以京、津、唐为中心的华北工业区;以太原为中心的山西工业区;以武汉为中心的湖北工业区;以郑州为中心的郑洛汴工业区;以西安为中心的陕西工业区;以兰州为中心的甘肃工业区;以重庆为中心的川南工业区,改善了解放前由于约 70% 的中国工业及工业城市密集于东部沿海地带所造成的产业布局严重失衡畸形状况。重型工业城市及综合性工业城市的成批出现,初步奠定了中国工业化和工业城市发展的基础。如综合性工业城市有北京、天津、上海、武汉、重庆、太原等；钢铁工业城市有鞍山、包头、武汉和马鞍山、本溪等；有色金属工业城市有抚顺、吉林、哈尔滨、株洲、个旧、白银等；煤炭工业城市有大同、阜新、本溪等；机械工业城市有沈阳、长春、哈尔滨、齐齐哈尔、洛阳、武汉、株洲、西安、兰州、成都等；化工工业城市有吉林、太原、兰州等；石油化工城市有兰州、抚顺等；煤炭钢铁城市有抚顺、本溪等；纺织工业城市有北京、石家庄、邯郸、郑州、西安等；医药工业城市有石家庄等；造纸工业城市有佳木斯；木材加工业城市有伊春等。

[以上内容综合参考了唐艳艳撰文《"一五"时期156项工程的工业化效应分析》(载于《湖北社会科学》,2008年08期)和何一民、周明长撰文《156工程与50年代新中国工业城市发展》(载于《百度文库》,2010年7月1日)。]

建国以来,从"一五"开始,国家一直把机床工业列为优先发展的重点行业。应该说,整个五六十年代在"优先发展重工业"的方针下,基本奠定了新中国机械工业的基础,机床行业对机械工业所需基本品种满足率达到80%以上,高精度精密机床在制造工艺和品种方面已局部达到了当时的国际先进水平。正因为具备了这样的基础,新中国才能在没有外援的情况下,基本依靠自己的机械制造和设备研发力量支持了"两弹一星"、"二汽"、"成昆"铁路、"南京长江大桥"工程这样的超大规模项目。这是计划经济条件下依靠"举国体制"和全国人民付出节衣缩食代价所积攒下来的宝贵资产及所取得的辉煌成就。

美国中央情报局对新中国经济建设、社会状况也组织专家进行了评估。根据目前已经解密并公布的部分分析文章看,有些观点颇有见地。其中编号为"NIEl3-56"的文件(1956年1月5日完成)在评估中国"一五"规划成就时,着重强调原来的估计未能料到中国的社会主义"三大改造运动"在1955年夏季"突然加速",并在1955年底、1956年初基本完成。在该文件看来,社会主义三大改造的迅速完成对中国的工业化产生了两个贡献:"第一,中国政府全面控制了中国的经济资源,使得其可以重新配置资源以保证对重工业的集中投入;第二,三大改造通过合并原来的分散生产而在一定程度上提高了生产效率。再加上中国获得了苏联的大规模援助以及中国政府通过统购统销与配给制度,实现了对消费的有效控制。"该文件作者认为:中国有可能实现工业的快速增长,但对"一五"规划公布的1957年工农业生产目标仍然持怀疑态度。认为"NIE13-54文件"作者提出的中国社会存在各种根本性问题,仍未彻底解决。其中"对承担人口消费、工业原料与出口创汇三项重任的农业投入不够的问题最为严重",此外"农业合作化运动在一定程度上挫伤了农民生产的积极性也是一个关键因素"。该文件指出,"中国农业发展的滞后势必拖工业发展的后腿"(详见姚昱撰文《二十世纪五六十年代美国中央情报局对中国经济状况的情报评估》,载于《中共党史研究》,2010年第一期)。

事实证明,建国初期对重工业和军工的全力投入,一方面确实增强了新中国的工业化基础和国家经济实力,另一方面也暴露了忽视农业增长过于缓慢所带来的一系列社会问题,尤其是为后来三年大饥馑时代的发生,埋下了隐患。

请读者再看一张表格:

表 6 - 23　工农业占 GDP 比重对照

年份	1933	1952	1957	1976	1999
工业	11.7%	17.6%	25.4%	40.9%	42.7%
农业	62.9%	50.5%	40.3%	32.8%	17.7%

注:该表格数据来源于《中国统计年鉴 2000》(国家统计局编纂,中国统计出版社,2001 年 3 月版)。

经历过"大跃进"的非理性工业建设和接踵而至的"三年自然灾害"教训,从中央到地方都意识到农业对于维系民生和社会稳定的迫切性、重要性,于是在政策上进行了一系列调整工作(这也成了当时主持调整工作的国家主席刘少奇在"文革"中被打倒的"修正主义"罪名之一),很快就收到了良好成效。以广州为例,在各行各业加大全力支农的投入后,城市缓解了对基本食品和其他农副产品供需之间的尖锐矛盾,经济形势也日益好转。

表 6 - 24　调整时期广州地区城乡工农业产值(1961~1965 年)

年份	农村农业劳动力(人)	工业总产值(万元)	农业总产值(万元)	粮食总产量(吨)
1961	803 801	175 695	31 978	748 340
1962	828 123	165 357	34 538	839 020
1963	848 343	178 459	39 510	954 073
1964	871 425	215 643	40 473	920 994
1965	891 908	262 237	46 791	1 084 958

注:表中数据来自广州经济年鉴编纂委员会编印的《广州经济年鉴 1983 年》(1983 年版)。

全国乡村经济也在 60 年代初开始的调整期间获得程度不同的复原。以浙江省鄞州县(今宁波市鄞州区)为例:

表 6 - 25　鄞州县 1965 年与 1961 年农业生产主要指标增减比较

项目	单位	1965 年	1961 年	相比	
				增加%	减少%
农业总产值	万元	13 705	8 063	69.97	—
粮食总产量	吨	262 476	162 436	61.58	—
生猪饲养量	头	272 298	47 556	472.58	—
油菜子	吨	1 986	1 318	50.68	—
棉花	吨	994	51	1 489	—
茶叶	吨	129	103	25.24	—
贝母	吨	156	294	—	88.46
席草	吨	8 060	3 939	104.62	—

注:上表引自《60 年代初国民经济调整的显著成效》(载于《鄞州史志》,中共宁波市鄞州区委党史办公室、宁波市鄞州区地方志办公室编,2010 年 4 月 26 日)。

由上表看出,经过 1963~1965 年的几年调整,鄞州县的八种主要农业经济生产指标除海产养殖的贝母一项有所减产(注:原因不详,原资料未作说明)外,其他七项均有大幅度的提高,甚至超过了建国初期最好的年份。全国大多数乡村情况基本如此。作为"三年自然灾害"重灾区的全国农村地区基础经济产业的全面向好,为各地区的民生商品产业(以乡镇传统手工产业为主)的恢复和发展起到了奠基作用。

二、建国初期轻纺业与设计的产业背景

在晚清时期创建起来的中国近代纺织工业,曾是旧中国最大的一个工业部门。新中国成立伊始的 1950 年,据统计,全国纺织工业总规模为 500 万棉纺锭、12 万毛纺锭、3 万麻纺锭、14 万绪缫丝机;纺织工业从业人数 75 万人;纺织工业总产值合现值约为 55 亿元,占当年全国工业总产值合现值约 191 亿元的 28.8%。至 1952 年,新中国纺织工业总产值已达 94 亿元(分期不变价),占全国工业的 27.4%。在建国初期的第一个十年间,以当时全国人口(1950 年 5.5 亿,1955 年 6.15 亿,1960 年 6.6 亿)来衡量,仍只能在很低的消费水平上保障全国城乡的纺织品人均供给。如 1949 年全国棉布总产量 18.9 亿米,人均仅 3.5 米。因此,在建国初期党和政府高度重视纺织工业的发展问题,急于解决这个改善民生的"瓶颈"问题。如 1953 年秋,国家计委、纺织工业部向党中央汇报时,提出了一个"一五"规划期间发展 180 万~250 万锭棉纺生产能力的"建设盘子"。毛主席当场表示不满,认为规划太保守,目标"不是 180 万锭,也不是 250 万锭,而是 300 万锭"。后经有关部门和纺织工业全体职工的共同努力,"一五"规划执行结果是建成了 240 万棉纺锭,加上在建项目已超过了毛主席要求的 300 万锭(以上数据根据《中国纺织报社》首任总编陈义方的相关文章整理采列)。

60 年代初,国家轻工业部首先建立了南京化纤、新乡化纤等一批粘胶企业;之后不断引进、消化、吸收了国外当时最先进的化纤工业技术,逐渐形成新中国自己的化纤轻纺产业。其中几个重大项目有:1963 年,引进日本万吨级规模维尼纶技术和设备,建立了"北京维尼纶厂"。在六七十年代的十年间,全国范围内在"北京维尼纶厂"的基础上,"翻版"建设了 9 家万吨级维尼纶厂,使维尼纶面料成为当时我国主要化纤品种之一。

五六十年代,当时传统手工操作生产方式,仍在轻纺工业中占有相当比例。尤其是工艺美术、服装、家具、五金、皮革等传统手工业,行业划分在建国初期被划归"二轻"系统中归口管理,大多数生产单位属于"集体经济所有制"企业。"中华全国手工业合作总社"于 1957 年成立,是政府职能部门直接管理下的大型行业协会,据统计,当时全国各地的"手工业合作社(组)"达到 106 400 个,从业人员为 491.9 万人,以 1957 年为例,当年手工业产值达到 137.6 亿元人民币,占全国工业总值的 20%左右。在国家整体经济建设的带动下,新中国手工业集体经济在五六十年代也有较快的行业发展,突出表现在技术改造、产品种类增多、开辟外贸渠道等方面,支持、促进了城乡民众的日杂生活用品的供给保障,也支援了国家的社会主义经济建设(详见《中国新闻报》2007 年 12 月 29 日"北京庆祝中华全国手工业合作总社

成立五十周年"相关报道)。

三、建国初期交通运输业与设计的产业背景

　　新中国的铁路建设是建国初期经济工作的重点之一。从建国之初的 1950 年起,中央和各级地方政府就积极筹集资金,动员全社会各方面力量,发动沿线民众踊跃参与,新建、扩建、改建了一大批铁路干线和支线。据国家统计部门计算,三年经济恢复时期,国家对铁路投资 11.34 亿元,占国家基本建设投资总额的14.47%;"一五"规划时期,国家对铁路投资 62.89 亿元,占国家基本建设投资总额的11.44%。50 年代几条铁路干线的建成开通,极大地促进了建国初期的经济建设和物资交流,也极大地方便了沿线民众的交通出行。五六十年代建成通车的几条著名"新干线"有:"包兰铁路"(包头至兰州,全长 990 公里),1954 年 10 月开工,1958 年 7 月通车,1958 年 10 月交付运营;"陇海铁路"西段(天水至兰州路段),1950 年 4 月开工,1953 年 7 月完成,至此,东西向横贯中国、自晚清起修建长达半个世纪的"陇海铁路"终于全线修成通车;"兰青铁路"(自甘肃兰州至青海西宁,全长 188 公里),1958 年 5 月开工,1959 年 9 月通车,1960 年 2 月交付运营;"兰新铁路"甘肃段(甘肃兰州至新疆红柳河路段),1952 年 10 月 1 日兰新铁路在兰州破土动工,于 1958 年 12 月铺轨越过甘、新交界的红柳河,从此结束了新疆没有铁路的历史;"宝成铁路"(自陕西宝鸡至四川成都,全长 669 公里)为沟通中国西北、西南的第一条铁路干线,1952 年 7 月 1 日在成都动工,1954 年 1 月宝鸡端开工,1956 年 7 月 12 日在黄沙河会师并接轨通车,1958 年元旦全线交付运营;"成渝铁路"(四川省内两大城市成都与重庆之间的地方铁路干线),建于刘伯承、邓小平主政西南时的 1950—1952 年,"成渝铁路"早在 1936 年就开始修建,至 1937 年 7 月抗战爆发而停工,仅完成工程量的 14%,一寸钢轨未铺,1952 年建成通车后,成为中国西南地区第一条铁路干线;"黔桂铁路"(贵州省与广西省两地交通的干线),原"黔桂铁路"在解放前仅建成金城江至都匀的部分路段,1955 年,开始对原有路段进行修复的同时,动工兴建都匀至贵阳段,1958 年底新建路段完成铺轨,1959 年 1 月 7日,黔桂铁路全线通车并正式交付运营。

　　五六十年代铁路客运列车所装备的蒸汽机车(俗称"火车头")可谓五花八门,既有美国产的 DB1 型和 PL 型、KD7 型机车,也有德国产的 BR50 型机车、日本产的 SL7 型机车、苏联产的 FD 型机车(后改称"反修号")等等。50 年代后期,新中国自己研制设计的蒸汽机车开始逐步装备全国铁路网,如最早的国产 JS 型机车(1957 年出产)、国产 GJ 型号机车(1960 年出产)等,逐步建立了中国机车制造的重点基地,如清末德国人于 1900 年建立的青岛"四方机车车辆厂"、晚清洋务派于1908 年官办的"南京浦镇车辆厂"、伪满时期开办的"大连机车车辆制造厂"等在建国初期被改造、扩建为新中国几个最大的研发、制造各种型号的火车机车和客运车厢、货运车皮的大型国营企业之一。"一五规划"期间,铁道部在山西省新建"大同机车厂"(1954 年筹办时名为"428 厂",1957 年建成后更名)。这些改扩建与新建的国营铁路机车车辆设计与制造企业,为建国初期的铁路产业的发展,起到了关键作用(详见"大连""四方""大同""铺镇"等相关企业官网之厂史资料)。

建国初期的新中国桥梁建设成绩多多,50年代预应力混凝土简支桥的实现,使中国桥梁界初步具备了高强度钢丝、预应力锚具、管道灌浆、张拉千斤顶等有关的材料、设备和施工工艺,为60年代建造主跨50米的第一座预应力混凝土T型钢构桥——河南五陵卫河桥,主跨124米的广西柳州桥以及主跨144米的福州乌龙江桥创造了条件。由苏联专家设计的"包兰线东岗黄河大桥"(三孔53米的铁路钢筋混凝土肋拱桥)于1956年建成;主跨88米的太焦线丹河桥于1959年建成;主跨50米的"湖南黄虎港桥"(是当时全国跨度最大的石拱桥,首次用苏联夹木板拱架技术施工的拱桥)于1959年建成;主跨90米、位于著名的龙门石窟旁的"洛阳龙门桥"(采用钢拱架施工)于1961年建成;主跨达112.5米的"云南长虹桥"(在满堂木拱架上用分环、分段、预留空隙等工艺)于1961年建成。1964年建成的南宁邕江大桥是我国第一座按苏联闭口薄壁构件理论设计的主跨55米的钢筋混凝土悬臂箱梁桥,在相关技术的掌握、突破、应用等方面,具有特别重要的意义。

新中国在建国初期的桥梁建设方面的成就,尤以1957年建成通车的"武汉长江大桥"最为显著。"武汉长江大桥"由苏联专家组设计、建造,采用了当时世界上最新的管柱基础技术(管柱由振动打桩机下沉,穿过覆盖,然后钻孔嵌岩,形成一种新型的深水基础。上部结构钢桁架采用胎具组拼、机器样板钻孔的新技术)。1957年通车后成为新中国桥梁建造史上的一座里程碑,也是当年中苏两国人民友谊的结晶,为中国当代桥梁工程技术和60年代末"南京长江大桥"的兴建以及后来中国桥梁建造工程的"桥梁深水基础工程"的发展,奠定了技术研发与工程经验的坚实基础。

五六十年代,各地政府组织动员各方面人力、物力,在广大南方农村地区兴建了许多桥梁,普遍采取了因陋就简、因地制宜的设计创意与建造方法。如60年代初无锡县民间兴建的"双曲拱桥",在施工环节中采用化整为零的方法,先行用水泥钢筋预制出拱桥的"拱肋"和"拱波",再组合拼装起来与现浇混凝土拱背层形成桥梁跨径的"拱圈",使桥梁结构在自重上大为降低。这种桥梁建造技术特别适宜于在江南地区特有的软土地基上建造,是农村小跨轻载桥梁的合理桥型,成为与当地经济发展状况相适应的新中国农村地区桥梁建造技术创新、应用的示范样本。

[以上关于桥梁设计与建设的具体技术环节内容,均参照了中国工程院院士项海帆、范立础所撰《中国桥梁五十年回眸》(刊载于"中国论文下载中心·院士文选",2006年版)一文,并有一定程度改编(仅代表个人见解)。欲了解专家级意见,请读者自行详查原文。]

四、建国初期市政公用事业与设计的产业背景

随着建国初期经济建设的规模日益扩大,城市人口快速增长,城市化水平不断提升,市政公用服务业呈现出蓬勃发展的趋势。在建国后三年战后经济恢复时期

（1950～1952年），各级政府就不失时机地对城市的道路照明、交通条件进行改造和新建，对居民聚集区的排给水网、危旧房组织进行改扩建，还实施了户籍重新登记，建立社区街道群众组织"居民委员会"等等。早在"一五规划"期间，全国各大中城市（特别是156个重点项目落户的18个重点城市：北京、包头、太原、大同、石家庄、西安、兰州、武汉、洛阳、郑州、株洲、沈阳、鞍山、长春、吉林、哈尔滨、富拉尔基、成都），先后兴起了大规模的城市旧片改造、新区创建和各种与城市建设配套的民用市政工程。全国其他非重点工程落户的广大城镇的市政公用服务业和市政工程建设方面，也都在建国初期的十七年间，有程度不同的发展。

600

以新中国首都北京市为例，北京市人民政府在中央财政大力支援下，在1949～1952年三年多的时间内，整修了旧下水道266.6公里，使全部旧下水道恢复了应有的排水效能后，还陆续新建了一大批排水和供水管线，至50年代末，已经覆盖了北京城全部市区。著名作家老舍当年撰写的《龙须沟》，就是描述人民政府组织民众彻底改造老城棚户区居民脏乱差的生活状况、实心实意为老百姓办好事的事迹。北京市还在开始建设煤气管网和热力管网，最早的一批供气、供热管线，于1959年入地铺设并投入运营。特别是50年代末，以举国之力兴建的"国庆十周年"献礼的"首都十大建筑"的竣工落成，使北京市的城市面貌焕然一新，至此北京的市政工程规模与城市地位同步飞速膨胀，一如脱缰野马般，全国其他任何城市均不可同日而语。

中国最大的工业和经济中心城市——上海，虽然一直未被列入重点发展城市，但凭借自身雄厚的技术与经济实力，依靠当地人民政府领导有方、规划合理和社会各界积极配合、热烈响应，解放后的建国初期前十七年期间，在市政建设方面的成绩可圈可点。

上海刚解放之际，人民政府即组织各方面力量，对遭受战争破坏、国民党不断进行的空袭破坏和长期失修失养的市区及近郊道路、桥梁、涵洞、车站、水厂、电站、海塘及其他市政公用设施，进行了反复多次的大规模抢修和维养，1950年，上海市人民政府确定了市政工程设施实行"一般养护，重点建设"的治理方针，并结合整治城市环境，改扩新建了一批重要的公用设施。三年恢复时期（1950～1952年），筹集资金集中用于城市普通百姓聚集的各大片"棚户区"进行大规模市政工程设施建设，初步整治了227个棚户区，兴建改善居民生活配套的一系列交通、照明、卫生、供电、供气、供水、排污的市政工程；50年代新建了第一个工人社区"曹杨新村"，并在控江、日晖等地区建设"二万户"新工房，修建街坊道路，铺设地下排给水管网。1951～1953年期间，市政部门还将租界时期的"跑马厅"改建成"人民广场"和"人民公园"。五六十年代上海市政先后建成了蕰藻浜桥、长寿桥和跨越苏州河的武宁路桥、第一座跨铁路车行立交桥——共和新路旱桥等；拓宽了平凉路、天目路，新辟了河南南路等。通过搬迁、填浜、埋管、筑路，将3公里长、污水横溢、沿岸搭有1100多间棚户或"滚地龙"的肇嘉浜，改造成一条集交通、泄水、环境绿化于一体的林荫大道，形成了五六十年代深受上海人民喜爱的一处新建休闲场所，也是上海解放后深得民心的一项市政工程。市政部门还于五六十年代在近郊修建公路 107 公里、桥梁 83 座、排水系统工程 17 个。

1958 年，国务院将原属江苏省的上海县等 10 个县，先后划入上海市行政区域，上海市的面积从 606.18 平方公里扩大为 6 185 平方公里，其中市区面积达到 141 平方公里。自 1957 年起，北新泾、桃浦和吴淞等近郊工业区开工建设；1958 年起，闵行、吴泾、松江、嘉定、安亭等一批卫星城镇开始规划、建设。市区内，则集中力量填浜埋管筑路，治理法华浜等 160 多公里臭水浜；还建设 50 余座泵站和相应的排水管网，翻修、拓宽了市中心的南京路、北京路等交通干线道路和中山北路、中山西路、中山南二路，除局部路段外，全部筑成宽幅达 35 米的高等级水泥混凝土路面。市郊还改建和新建从吴淞经宝山、嘉定、青浦、松江、奉贤到川沙县的公路。1959～1961 年的"三年自然灾害时期"，国家压缩基本建设投资，上海市政工程建设项目被大量削减，遭受很大影响。1965 年，新建和改建青平公路、沪宜公路等郊区公路。1965 年 6 月开始兴建"平战结合"（指兼有战时疏散安置民众的防空隐蔽所功能）的"打浦路越江隧道"，1966 年上半年竣工通车。

［关于建国初期上海市政建设方面的成就和统计数据，均参照《上海地方志·上海市政工程志》（上海市地方志办公室主持编纂，2002 年版）相关内容整理改编而成。］

五、建国初期文教卫生事业与设计的产业背景

1949 年新中国成立之后，经过数年的准备，包括恢复学校的秩序，接收教会学校，改造私立大学，开展向苏联学习的试点工作等。1952 年秋，中国正式开始了以苏联模式为基本实验的大规模高等教育改革：先按照苏联的大学体制实行了全国高等院校之间的"院系调整"，接着在教学制度方面，也全面实行了苏联模式：建立了高度集中、由国家包揽的"大一统"教育体制。

在全国 1952 年开始、1958 年完成的"院系大调整"中，民国时期著名国立高校除"北平大学"被完整保留、更名为"北京大学"外，其余几乎全部被拆散、合并甚至部分取消"番号"。如南京的"中央大学""金陵大学"，被肢解组合成好几个部分而面目全非，"番号"撤销，"南京大学"和"南京工学院"（即今"东南大学"）成为"中央大学"主要继承者。南京以"中央大学""金陵大学"为主，上海以"交大"为主，其理科、管理部分均被撤并到"复旦"等校。"清华"文理部分被调到"北大"，因"清华"毕竟地处首都，工科部分得以完整保留并有所加强，被调整为纯工科大学。北京的"清华"和上海的"交大"，还抽调大批师资去东北，并入纯按苏联模式新建的"哈工大"和"哈军大"。"浙大"按理、工、农被拆成几部分，最负盛名的理科部分主要并入了"复旦"。早在抗战大后方"西南联大"时期就闻名中外的老"交通大学"四分五裂，唐山、北方两处"交大"相继独立。天津的"南开"和"天大"也进行文、理、工的组合。培养出中国第一代科学家、教育家、史学家，也是大多数中国"两院"院士母校的几家著名大学就此已面目全非或不复存在。而"北大"和"复旦"则成了"全国高

校院系大调整"的最大受益者,特别是原来资质平平的"复旦",可谓一夜成名,一下跃升为全国顶尖大学。

1952年的第一批"院系调整"后,原来的国立名校里南京的"中央大学"最惨,已完全解体、不复存在;杭州的"浙江大学"、上海的"交通大学"、北京的"清华大学"损失次之,被拆分、肢解,七零八落,在50年代一度盛名不再。在50年代全国老百姓心目中,中国最好的大学除"北京大学""武汉大学"保留建制完整,还吞并、接受了不少资源外,重创之后的上海"交通大学""清华大学"勉强保位成功,"复旦大学""哈尔滨工业大学"则如暴发户般跃升上位。原先声名显赫的国立老牌大学"浙江大学""武汉大学"和在"中央大学"基础上新建的"南京大学",全部降为二流地方院校。

50年代末为"两弹一星"等科研需要,抽调精英组成实力强大的"中国科技大学",实力甚至赶超"清华"。60年代"哈工大"由于中苏关系恶化,师资流失(主要是苏联专家撤走),实力大损。因此60年代至"文革"前,在全国老百姓心目中,中国最好的大学是"北京大学""清华大学""复旦大学"和"中国科技大学"四所。

自50年代末教育纳入了计划经济的轨道后,为当时的工业化建设提供了有效的教育支持,包括为国家的科研和生产各行各业提供基础型人才,全面提升关键岗位管理者、劳动者文化素质等等。毋庸置疑,新中国高校教育改革,在实践中具有强烈的"国家功利主义"色彩和"精英教育"的价值取向,使现代社会公民教育的本质,发生了一定的偏差。尤其是政治因素对新中国高校教育、科研带来的严重干扰,延续了整整20年。从50年代"反右派"运动到"文革"结束,高校都是政治运动的"重灾区",敢讲实话的人越来越少,明哲保身的人越来越多,纯粹沽名钓誉为生的"学者""专家",也不乏其人。这种与民初时代蔡元培提倡的"大学精神"背道而驰的典型"不正之风",迄今仍未完全清除,继续贻害着新中国的高教事业。半个世纪后,学者们评价道:"在上世纪50年代初,我国的高等教育经历了院系调整和一个接着一个的政治运动,受到了极左思想的严重破坏,独立的大学精神中断了。几代教育家培育的大学传统,也被彻底否定了。"(智效民、丁东《刘道玉:独立大学精神在50年代初被极左思想破坏》,载于《南方周末》,2012年09月15日)

"1949年,中国共有医院2 600个,床位8.46万张"(蔡景峰《中国医学通史·现代卷》,人民卫生出版社,2000年版);"建国前,人均期望寿命为35.0岁;全国孕产妇死亡率1 500/10万;婴儿死亡率200‰"(详见2009年9月8日由国务院新闻办公室主持的"新闻发布会"上卫生部部长陈竺介绍"新中国成立60年来卫生事业发展成就"发言记录)。

一来由于本书作者孤陋寡闻,二来由于很可能搞医史的人天生喜欢绕弯子说话,写到"新中国医疗卫生状况时",竟无法找到1950年到1994年之间各年度的具体统计数据,比如究竟拥有多少家医院?比上年度新建了几家?拥有多少张床位?比上年度新建了几张?拥有多少位医护人员(包括医生、护士、工友)?比上年度新增了几位?治疗了多少名病患?比上年度新增了几名?本书作者费了牛劲,也就查到了上面两句话，缺了四十几年空白。

我国自 1951 年起，先后实行医疗保险制度和公费医疗制度，前者是解决国有和集体所有制企业职工的医疗保健问题，后者则是对各级政府、党派、团体及其所属事业单位的国家工作人员。这个事关亿万劳动人民健康的政策措施，在很大程度上成为建国初期直到"改革开放"时代延续了六十多年的全国各企事业单位干部职工赖以依靠的社会医疗保障体系。

50 年代按照苏联模式，新中国建立了自己的职工疗养机制。1954 年 9 月，第一届全国人民代表大会第一次会议通过的《中华人民共和国宪法》第 9 条规定了"劳动者有休息的权利"，并提出"工人职员的工作时间和休假制度，逐步扩充劳动者休息和休养的物质条件，以保证劳动者享受这种权利"。《宪法》的颁布，更加促进了新中国疗养事业的发展。1961 年疗养事业曾达到高峰，全国疗养院（所）达 1 363 所，床位 113 000 张。之后，由于"三年自然灾害"的影响，这些疗养院"有所调整"，到 1966 年，仍有疗养院（所）818 所，床位 50 700 张（蔡景峰《中国医学通史·现代卷》，人民卫生出版社，2000 年版）。

与世界上大多数国家不一样，新中国将更多的人力、物力投入到预防，而不是医疗部门。这是由于建国初期的具体经济条件和政治环境所决定的。新中国建国伊始，人口多、底子薄，拿不出更多资金来投入，人民群众的健康，只能靠投入相对较少的平时健身锻炼、养成卫生习惯等主动预防为主了。这是个不得不为之，而且在某些方面行之有效的处理办法。

正因为上述"以预防为主"的实用目的，为了改善环境卫生状况，新中国多次、持续地发动了公共卫生运动（统称"爱国卫生运动"），也取得了巨大成就。如 50 年代的"灭四害（老鼠、苍蝇、蚊子、臭虫）"运动，基本控制住了主要由蚊蝇传播造成的大面积消化、呼吸系统疾病的蔓延和滋生。五六十年代南方各地区发动的清淤填塘、改造城市排给水地下网线运动，完全控制住了疟疾、血吸虫病等主要地方病的传染源。发动社会监督和专政措施的双重威力，严厉打击并消灭了解放前曾四处蔓延的各种性病。从幼儿园、小学到各企事业单位，给民众注射多种预防传染性疾病的疫苗，使人们免受天花、白喉、肺结核等疾病侵害。在"爱国卫生运动"期间，各种传媒（如报纸、收音机、小册子、壁报、漫画、讲演、小组讨论、戏剧、街道宣传、展览等等）都用来鼓动民众积极参与到公共卫生行动中来，从清扫街道到灭杀钉螺。

总的说来，在普通老百姓看来，建国初期的新中国医疗系统，由于严格实行着对医患对象的"差别化服务"（因行政级别、户籍登记、职业性质等，所享受的医疗待遇各有不同），因此，极为有限的医疗资源覆盖面显然严重不足的问题，一直困扰着全国广大劳动人民（城镇人口占 15%、农村人口占 85%），特别是农村劳动力和他们的家庭。

在上述的五六十年代新中国高教与医疗事业大环境中，中国的现代民生设计同与此有关的设计教育机构和工业品设计产业，包括军用和民用工业品外观造型与包装、印刷品装潢与排版、服装款式与面料印染设色与图案、药品容积与外包装、手术器械和医疗电子设备工业造型等直接为民用和军用建筑、轻工、建筑、纺织与服装、医疗卫生等社会主义经济建设的设计服务,都在与对口行业同步发展。

六、建国初期国防工业与设计的产业背景

新中国的国防工业无疑是五六十年代最值得自豪的经济建设重大成就,其发展速度甚至超越了国家整体经济水平和社会物资供应现状的约束。由于是"举国体制",如毛泽东所言"社会主义优越性,体现在能集中力量办大事"方面,新中国的兵器工业和国防科研事业,因此获益最大,成就也最突出。

五六十年代的新中国兵器工业和整个国防工业,从设计到制造技术,都是靠学习、模仿甚至抄袭苏联军工产品起家的。但各种产品,又在设计和生产环节尽可能根据中国的特殊使用环境和批量化生产的具体条件做了一些改进,这就使得新中国兵器设计与生产,从一开头就具有某种鲜明的中国元素,而这些"中国元素"逐渐在后来的八九十年代大放异彩,开始让世界知道中国兵器制造和工业设计与众不同的一些长处。

本书作者不是"军迷",对兵器既不感兴趣,更不内行。由于新中国工业建设的很大一部分社会资源投入了国防工业,因而无法忽略建国初期17年来国防工业的众多具体成就。已经对外公布的知名国产军工产品有:

50式7.62 mm冲锋枪、51式和54式手枪、56式冲锋枪、56式班用轻机枪、12.7毫米的单管高射机枪、多管高射机枪、58式7.62 mm连用机枪、541型进攻手榴弹、542型防御手榴弹、59式木柄手榴弹、59式防御手榴弹、67式70 mm反坦克枪榴弹、57式无后座力炮、54式122毫米榴弹炮、63式107毫米火箭炮、63-1式107火箭炮、国产59式中型坦克、62式轻型坦克、"上海"级(62型)高速护卫艇、乌米格-15改机、歼-7机、轰-6机、歼教-1喷气机、"直5型"直升机等等。

整个建国初期国防工业最伟大的成就,便是1964年10月14日,中国第一颗原子弹爆炸成功。这是从50年代初到60年代十几年来,全体国防科技战线的研制、生产单位科学家、工人和解放军官兵历经几千个日夜奋战、克服重重难以想象的困难后取得的丰硕成果。中国人拥有原子弹,就拥有了对一切境外敌对势力"克敌制胜"的法宝,意味着新中国有了能进行长时期和平建设的可靠保障。这是毛主席和共产党深谋远虑、高瞻远瞩的一个英明决断。尤其是随着时间的推移,中国能及早加入"世界核俱乐部"的重大价值和伟大意义,就越来越清晰地呈现在人们面前。

新中国的兵器工业集中了建国初期各行各业最优秀的人才、设备和物资供应、后勤保障,也取得了研制生产出新中国最早的国产武器装备的巨大成就。正由于这种资源分配优先、人才聚集的特殊优势,使新中国的国防工业成为最先进的工业设计部门,几十年来积累了无数宝贵经验,也形成了自己独特的设计风格,以至于"改革开放"后,大批军工企业转为民用领域后,发挥了巨大的潜能,在中国当代工业设计几乎所有行业中,天然优势得到了无人可及、淋漓尽致的发挥,为中国社会

的工业化、现代化做出了特殊的贡献,功不可没;也为当代中国民生设计产业中工业制品类民生商品(如小到电熨斗、电插座、电开关、电风扇、高压锅、电烤箱,大到摩托车、公交车、工程车、民航大飞机等等)在80年代起持续发生的大跨步飞跃,起到了最大的推动作用,同样功不可没。

图6-12 1964年,我国第一颗原子弹爆炸试验成功

第四节 建国初期民生设计特点研究

"毛泽东时代"的一个重大贡献,就是新中国社会形成了独有的"白手起家""自力更生"精神。拿这个精神去办工业、办国防、办农业、办教育,往往无往不胜。

诗人毛泽东与视觉艺术也是有故事的。西方流传的各种版本的《毛泽东自传》,都是根据早在延安时期由毛泽东本人向西方记者亲口讲述的内容整理而成的,因而主要事件大同小异,可信度也比较高。其中有一段毛泽东回忆上中学时唯一的一次与美术打交道的经历:美术课老师布置了画一个人头像的作业,可以是自画像。青年毛泽东对着镜子里的自己脸蛋,相当认真地画了一个椭圆形当作业交上去了。没想到这个老师不但批给作者一个令人意外的分数,居然还饶有兴致地配了一首打油诗,大意是:你毛润之(即毛泽东)交给我一个"圆",我张某人也还给你一个"圆"云云。

其实毛泽东虽然不擅美术,但很懂艺术,写得一手好字(师法怀素、张旭的狂草),填得一手好词,还通今博古、才高八斗,确实算得饱学之士。正如大多数在大农耕自然经济环境中自学成才的中国旧式文化人一样,他们习惯于祖辈农户那种"自给自足"的人生定式,从穿衣戴帽到吃喝拉撒,从格物修身到家国天下,一辈子靠自己解决所有问题,哪怕层次低、素质差。视野决定境界,境界决定性格。具有这种毁誉参半性格的中国文人,有个"通病",通常都以自己的认识和想法为一切所看到的事物定基调,缺少一种只有在工业化社会环境中才可能被熏陶、养成的交流习惯、集体意识、合作精神——而作为工人阶级的领袖,缺失这种必备素质,使得法、德、俄——苏式无产阶级革命的政治色彩反射到中国这片土壤上时,多多少少有点"荒腔走板"。本书作者非但不认为这有什么不好,而恰恰这种不同于"宗主国"政治信条的另类做法,成就了中国革命的最终成功。中国的事,老天爷派马克思、列宁来也办不好,而且一定弄砸锅;新中国的缔造者,只能是毛泽东。正因为如此,建国初期的毛泽东个人享有的巨大威信,既成了整个社会最具有号召力的凝聚全民族的伟力所在,也成了特定时代"刚性政治"的不二信条。这种带有强烈的毛泽东个性的主导型意志,有时超越了所有事物自身的运行规律,也无意间绑架、裹挟了集体愿望、党派宗旨,成为"毛泽东时代"奇特而又鲜明的时代特征。

这种以领袖个人政治倾向和鲜明而强势的个人喜恶标准所左右的特殊政治氛围,势必成为社会风气(特别是"毛泽东时代"的中国社会)主导因素,对同时代所有的文化事物(包括民生设计行为和生产行为)打下多少年也挥之不去的深刻烙印。

一、建国初期设计教育与设计产业概述

新中国的国旗和国徽设计,是新中国设计界最辉煌最值得骄傲的成就之一。它们的诞生,则是采取了两种截然不同的创作方式取得成果的。前者完全是个人创意的成果;后者则是集体合作的成果。国旗和国徽的设计事件,竟戏剧性地分别预示着新中国民生设计及产销业态的两种基本发展模式:个性化的自由市场经济模式在向集体化的计划经济模式的完全过渡。

中华人民共和国国旗,后来被新中国人民群众自发地称为"五星红旗"并一直延续下来。"五星红旗"的文字称呼形式首见于1951年发表的著名歌曲《五星红旗迎风飘扬》。国旗的设计者曾联松,原是上海现代经济通讯社的一个普通职员,也是1938年入党的老地下党员。他自己事后回忆"五星红旗"的具体寓意是:一颗大五角星表示中国共产党,四颗小五角星表示毛泽东在《论人民民主专政》一文中提到的工人阶级、农民阶级、小资产阶级和民族资产阶级;四颗小星与一颗大星角角相对,表示共产党与同盟者心心相印,在党的领导下,全国社会各阶层团结一心,建设新中国。从标志设计的角度看,"五星红旗"没有机械地采取全世界大多数国旗那种完全对称的通常手法,而是以一个大星符号在上在前,四颗小星环绕紧随,画面不但显得大气、灵活,充满有向心力的运动感而别具一格,并且疏密有致、比例严谨、分布合适、位置恰当,使幅面各视觉元素达到了很自然和谐的均衡效果。即便是今天不从政治意义上考虑,"五星红旗"也是一幅令人印象深刻的平面设计优秀作品。

需要指出的是,"五星红旗"的所有视觉元素,包括旗帜幅面显然出自古希腊原创的长宽"黄金分割"比例,显然参考了苏联国旗样式的左上角符号安放位置和旗帜底面设色,显然源自欧洲中世纪古老族徽的五星符号,几乎没有一点地道的"中国元素"。即便唯一看起来与"中国元素"沾边的"五角星",亦是外来文化的影响:按原设计者所称,"五角星"的符号采用,设计灵感源自苏区红军战士人人头戴的红色五角星帽徽所启发。"苏区",即"苏维埃",是苏俄类似议会的机构名称;中国红军的称呼和红军五角星帽徽,则直接照搬了"苏维埃社会主义共和国联盟"(简称"苏联")的军队名称和帽徽符号。但这些外来元素的组合,都不妨碍"五星红旗"在全世界各国国旗中独树一帜,令人耳目一新。就像指导中国革命获得成功的马克思主义本身就源自西方一样,中国革命并不是一种类似农民起义那样的狭隘民族主义行为,而是"无产阶级要解放全人类"(毛泽东语)伟大理想的一次重大实践。正如中国古代历史和文化传统中不断被融入外来民族优秀文化元素,才得以生生不息、硕果仅存一样,新中国政协全体委员和中共领袖们能选中"五星红旗"为中华人民共和国国旗,这正说明建国之初新中国领导人具有引领世界革命大潮的宽阔胸怀和远大政治抱负。

由于没有能从全国近千份前期征稿中选出令人满意的国徽设计图案,全国政协第一届委员会通过决议,邀请清华大学营建系和中央美术学院分别组织两个"国徽设计小组"对国徽方案进行设计竞赛。清华大学营建系国徽设计组由营建系主任梁思成教授担任组长,成员有梁思成先生的夫人、建筑学家林徽因女士,还有油画家李宗津,中国建筑专家莫宗江,建筑设计师朱畅中、汪国瑜、胡允敬、张昌龄以及研究中国古建筑学的罗哲文等。中央美术学院国徽设计组由著名工艺美术家、教授张仃、张光宇、周令钊、钟灵等组成。最终被采用的"清华元素"有:五星覆盖天空、天安门正立形象、金文红底设色等;"央美元素"有:谷穗和齿轮组成的环状边饰、下端垂缓等。结果两组的国徽设计方案各有所长,但均不能完全令人满意。周恩来亲自任命由梁思成担任国徽设计最终方案的定稿设计负责人,张仃为协作者。其中主要元素(加入谷穗、天安门、工农联盟等)均为周恩来所建议,毛泽东为最终设计方案拍板定稿,并在次年亲自向全国人民宣布。由此可见,国徽设计完全是集体创作的设计产物,在后来50年代许多重大项目(如人民大会堂、军博、史博、民族文化宫、北京地铁、北京饭店、工人体育馆等)的多种设计中,均沿用了这种在国徽设计中首创的集体设计模式。

中华人民共和国国徽中间是五星照耀下的天安门,周围是谷穗和齿轮。谷穗、五星、天安门、齿轮为金色;圆环内的底子及垂缓为红色;金、红两种颜色在中国是象征吉祥喜庆的传统色彩。国徽设计图案的政治寓意为:天安门象征着中国人民反帝、反封建的不屈民族精神;齿轮和谷穗象征工人阶级与农民阶级组成的无产阶级大联盟;五颗星代表在中国共产党领导下,中国人民终于站起来、当家做主了。国徽的设计充分体现了富丽堂皇、庄重典雅的"官体风范"特点。

图6-13　国徽和人民英雄纪念碑的主要设计者梁思成、林徽因夫妇

　　建国初期，在1952年和1958年前后进行的两次"全国高等学校院系大调整"中，各地艺术类教育机构进行了数次大调整，不少解放前创建的学校不断被拆散、合并、改名换姓，形成了一直维持到今天的中国设计教育总体格局。其中新组建了一些知名的艺术院校都包含设计类教学内容，成为新中国设计人才培养、理论研究、科研应用的主要阵地。

　　其中解放初期有所变动，后来在培养新中国设计类人才、促进设计产业发展方面较有成就，社会上享有较高知名度的院校有：

　　"西南人民艺术学院"于1950年初成立，系原"西北军政大学艺术学院"南下至重庆而创建。1953年，又与迁来重庆的"成都艺专"的"绘画科"和"实用美术科"合并为"西南美术专科学校"，1959年更名为"四川美术学院"。

　　"广州美术学院"前身是"中南美术专科学校"，原校址在湖北武昌，是由"中南文艺学院""华南人民文学艺术学院""广西省立艺术专科学校"三家学校的美术系科，于1953年合并而成。1958年秋迁校至广州后正式更名为"广州美术学院"。该校最早的设计教育内容开设于"中南美专"时代的"图案组"，"广州美院"成立后设"工艺美术系"。

　　"西安美术学院"的前身是1948年创办于晋绥边区的"晋绥美术学校"（校长贺龙）。之后多次更名为"西北军政大学艺术学院""西北艺术学院""西北艺术专科学校""西北美术专科学校",于1960年正式定名为"西安美术学院"。该校最早的设计教育内容开设于1956年的"西北艺术学院美术系图案科"。

"鲁迅美术学院"的前身是1938年在延安成立的"鲁迅艺术学院"。1946年"鲁艺"先后迁址至齐齐哈尔、佳木斯、哈尔滨和沈阳,曾更名"东北鲁迅文艺学院"。1953年,其美术部组建为"东北美术专科学校",1958年正式更名为"鲁迅美术学院"。该校最早的设计教育内容开设于1953年的"东北美专染织专业"。

"湖北美术学院"的前身是1920年创办的"私立武昌美术专科学校",后更名为"武昌美术专门学校"等。1949年,"武昌艺专"并入"中原大学",之后又并入"湖北教育学院"和"华中师范学院";70年代更名为"湖北美术学校",80年代正式定名为"湖北美术学院"。该校最早的设计教育内容开设于1946年的"武昌艺专艺术教育科"的"图工组"。

除"苏州丝绸工学院"外,1951年成立的"华东纺织工学院"由12所院系合并而成,是纺织行业专门的高等教育机构之一。"华纺"并无染织设计专业或课程,但其纺织机械、机械制造工艺两专业无疑与工业设计沾边,纺织材料、针织工程等两专业也涉及面料肌理设计与图形处理。该校80年代后更名为"中国纺织大学"和"东华大学"。

1952年,原"上海美专""苏州美专"和"山东大学艺术系"合并,在江苏无锡成立"华东艺术专科学校",1958年,"华东艺术专科学校"迁至南京,更名为"南京艺术学院",下设美术、音乐、工艺美术三个系,其中"工艺美术系"下设"装饰设计专业"与"染织美术专业"。

1952年,"同济大学建筑系"创办,是由原"同济大学土木系"、上海"圣约翰大学建筑系"、"浙江大学建筑系"、"中国美院建筑系"多方整合而成。

1960年,"无锡轻工业学院"创建,设"轻工产品造型美术系"。其基础部分原为解放初分解南京的原"中央大学"时,将其残部"南京大学"的"工学院食品工程系"部分迁至无锡,再合并其他院系而成。此为中国最早的工业设计性质的高等教育机构……

其他还有些扩编新建的含设计课程的院系,如:1958年,"合肥工业大学"创办,开"建筑学专业",80年代后设"建筑学系"。1959年4月,原"哈工大土木系"增编扩建为"哈尔滨建筑工程学院"……

建国初期各地纷纷建立的师范院校中,过半数设有"艺术系",通常下设音乐和美术两个专业,并没有开设正式的设计类课程。解放后的全国众多师范院校涉足设计教育,那都是八九十年代之后的事情了,甚至更晚。故而不在本书范围里议论。

还有些原因不明被停办的设计类院系,如1949年创办的"大连工学院土木系土建专业",1952年停办。1959年创办的"浙江大学建筑工程系建筑学专业",1963年停办。两校均在80年代后恢复。1949年,原"北平师范大学劳作专修科"更名为"北京师范大学美术工艺系"。1952年全国院系调整,又改称"图画制图系",分为"国画"和"制图"两个专业。1956年,该系与音乐系由"北师大"分出,组建"北京艺术师范学院",1960年更名为"北京艺术学院"。1964年停办,部分教职员工并入"北京师范学院美术系"……

50年代起,一批中专、职教性质的设计类学校创建。其中有:"北京市工艺美术学校"于1958年开办,中专,学制三年,设金属工艺、雕刻工艺、染织工艺及商业美术专业四个专业;1962年改学制为四年,增设"特艺专业"。"苏州工艺美术专科学校"于1958年8月开办,中专,学制不详。"上海轻工业学校"于1959年开办,设"造型美术专业",中专,学制不详。"吉林艺术专科学校"于1959年开办,其"美术系"设中国画、油画、版画、工艺和雕塑五个专业;1962年改为中专,学制三年,更名"吉林省艺术学校"。"上海市工艺美术学校"于1960年4月创办,中专,学制四年。河北省轻工业厅所属"河北工艺美术学校"于1964年11月开办,中专,学制四年。1960年9月,"杭州工艺美术学校"开办,初设石雕、木雕、竹编、刺绣和设计五个专业,中专,学制四年……

1950年6月成立的"中央文化部电影局表演艺术研究所"(创办者为陈波儿、谢铁骊、巴鸿、王赓尧等),1953年更名为"北京电影学校"(校长白大方),1956年升级改制为"北京电影学院"。电影、戏剧与设计有关的部分为动画片(建国初期叫"美术电影")与舞台美术。这两部分的正规高等教育教学机构是"改革开放"以后创建的。建国初期的舞美设计教学首推"上海戏剧学院舞台美术系",它起源于40年代的"上海市实验戏剧学校舞台技术组"。动画片的造型设计培训和教学部分在建国初期主要还是由当时唯一的动画片制片厂家"上海美术电影制片厂"为主承担的。可以说,建国初期的中国动画设计者,清一色来自该厂。

建国初期的动画片(包括木偶动画片、水墨动画片等)可谓一片繁荣。至"文革"前,十几年设计、出品了上百部动画片,有多部作品多次在国内外获得各种奖项。其中较受当时少年儿童欢迎的动画片有:《神笔马良》《小鲤鱼跳龙门》《猪八戒吃西瓜》《渔童》《乌鸦为什么是黑的》《小蝌蚪找妈妈》《没头脑与不高兴》《骄傲的将军》《红军桥》《小鲤鱼跳龙门》《大闹天宫》《金色的海螺》《狐狸打猎人》《牧童》《布谷鸟叫迟了》《三只蝴蝶》《小猫钓鱼》《野外的遭遇》《拔萝卜》《怕羞的黄莺》《人参娃娃》《小溪流》《草原英雄小姐妹》等,还有木偶动画片《半夜鸡叫》《阿凡提的故事》《三毛流浪记》《东郭先生》《孔雀公主》等等。

1964年10月,大型音乐舞蹈史诗《东方红》在北京"人民大会堂"公演。此为新中国舞台美术"集大成者"的重大成果,无论是舞台布景、灯光设计、服装设计、道具设计、容妆设计,都达到了空前(也许绝后)的水平。

建国初期的新中国设计最显赫的成就,集中体现在建筑设计上,尤其是首都北京的各种建筑群。在长达半个多世纪的历史进程中,无论经济状态如何、政治形势如何,历届党和国家领导人都十分关注于北京的市政建筑工程。经年累月的高投入、高成本、高频率地集中建设,使北京迅速成为一座充满不同时期各式现代化建筑的大都市。可以这么说,从建国初期直到改革开放初期,在北京兴建的所有大型建筑,其设计风格大多数都体现了"举国体制"条件下"官作设计模式"的无比威力。

610

与中国漫长历史的任何时段一样，"官作设计"都能很好地展示出国家实力、政权强大、社会繁荣的附丽价值，也都能体现"稀缺性""特殊性""独占性"的设计风格与建造特点，因而也都具有即时社会的劳力、技术、物资、文化等各方面社会资源利用率的最高水平。

建国初期建筑方面的"官作设计"有很多，全国各地多多少少都搞了不少，但其代表作大半集中在北京地区，如50年代末建成的"国庆十周年首都十大建筑献礼工程"："人民大会堂""中国历史博物馆""中国人民革命军事博物馆""民族文化宫""民族饭店""钓鱼台国宾馆""华侨大厦""北京火车站""全国农业展览馆""北京工人体育场"中的前几项；50年代的北京第一、二期"天安门广场改造扩建工程"，以及各部委自行建设的大批超出行政公用实际需要范围与百姓民生毫无沾边的那部分楼、堂、馆、所"官作项目"建筑工程。所谓"官作项目"，本书作者的定义是：明显超出民生或公用实际需要，全部由国家投资而并不由所在地财政负担，首要目的在于"鼓舞""宣扬"的政治目的的那部分官资建筑工程项目。

建国初期北京地区也建造了大批与民生设计有直接关系的建筑项目。这方面代表作从时间上排无疑首推1950年竣工的北京朝阳区"龙须沟改造工程"。跟"官作项目"相比，这个地道的民生工程无论在资金投放，还是项目规模、耗工耗时上，都是小得可怜。但一经实施，赢得了多少民望人心。"龙须沟改造工程"和作家老舍不朽名作《龙须沟》一样，永远是新中国民生建筑设计最闪亮的经典案例。经本书作者查阅北京市政府截止到90年代的多份文件看，贯穿于整个建国初期的北京民生建筑工程蔚为壮观、不胜枚举，涵盖了民生建筑的所有方面，如市区与城郊高等级公路建设工程；市区地下排污管网改扩建工程；东、西单商业区和各区居民区商业中心改扩建工程；50年代中期至60年代前半期的市区和近郊"工人新村""公交新村"民居项目；数以千计的学校、剧场、文博、医疗卫生、科学研究等公用项目新建工程；民用供电、供水、供热的管线、机站、设备的改扩建工程；历次北京市区公交线路、站点、机房建设工程；职工业余活动场所等公用性质的民生市政建筑工程项目等等。这些民生建筑工程项目虽然比之上述那些"官作建筑"在规模、资金上要少了很多，但实实在在地大大提升了建国初期数百万北京普通百姓的生活状况，也大大改善了首都地区市容市貌。

建国初期，全国各省市都新建了一批市政"形象工程"（也就是"官作项目"），但其力度、规模和影响无疑远不及北京地区。同时也改扩建了大量民生公用市政建设工程，包括全国大中城市兴建的体育场馆、火车站、轮渡码头、图书馆、博物馆、医院、学校楼和宿舍、百货商场、电影院等等。

建国初期靠国家投资以举国之力兴建的一大批水利、交通、工矿等基本建设项目，极大地提高了我国工业化的基础实力，促进了工农业经济发展，是建国初期"社会主义建设成就"辉煌成果的直接体现。建国初期具体工业成就请阅前述相关章节的概述，这里不再复述。其中与民生设计有关，在专业史占有一席之地的著名建筑工程中水力发电项目有："官厅水库""密云水库""龙羊峡""刘家峡""三门峡"

"富春江"和"淮河疏浚整治""荆江分洪工程""引滦入津工程"等;桥梁建设有:"武汉长江大桥""重庆白沙沱大桥"等;民宅建设项目有:沈阳、西安、太原、南京、武汉、塘沽、合肥等地的"工人新村"和"公教新村"片区;机场建设项目有:上海"虹桥机场"、北京"首都机场"、广州"白云机场"、天津"张贵庄机场"、武汉"南湖机场"、太原"武宿机场"、兰州"中川机场"、合肥"骆岗机场"、哈尔滨"闫家岗机场"等。

建国初期的民生日用商品中,设计产业的实体部分,因为体制的转变,受到很大影响。1956年"资本主义工商业改造运动"以来,全部规模以上民营工商企业实现了"国营""公私合营"体制转型,后来又取消私营,全部转为"国营"企业。规模以下的工商户则实行"集体所有制"经营管理(俗称"大集体""小集体")。在"国营""大集体""小集体"三种等级管理体制下的民生设计产业,在设计力量上自然存在明显差别:"国营"企业一般拥有自己的设计室(机构更大的叫设计院、设计所);"大集体"企业一般称"设计组";"小集体"都没有设计单位,一般产品不存在设计环节,出新产品要么托关系找大厂设计人员"有偿帮忙",要么找个半懂不懂的技术人员自己琢磨着对付一下。

在建国初期的五六十年代,纺织、服装、印染、家纺、日化、电器、照明、家用器械、小五金、玩具、餐饮具、炊具、暖水瓶、钟表、南北货(指农副产品加工、包装后的食品)等民生商品生产企业中的大型企业,一般都属于"国营"企业。各家产品的款式、图案、染色包装装潢、服装款式、面料印染、器具造型、商标设计、图案设计等,均由自己办的设计部门自行完成。由于这种"皇帝女儿不愁嫁"的特殊身份,加之政治气氛长期紧张,使得广大设计师基本没有市场竞争压力,往往求稳怕乱,不大有变化求新的愿望,造成从建国初期到"改革开放"初期"三十年一贯制"的设计方案比比皆是的不正常状况。由于体制所限,"大集体""小集体"更不可能与"国营"厂家竞争,也更没有产品创新的原始驱动力,故而基本放弃了设计,很多"设计"就靠厂长带上技术员,跑一下百货商场转一圈,看看人家"国营"厂弄出什么新花样,回来"依葫芦画瓢"仿制一下就算"设计"了。

1956年,第一台"雪花牌"电冰箱在北京雪花冰箱厂研制成功;1958年,天津712厂和上海无线电厂都开始仿制苏式黑白电视机并获得成功;1958年5月,"东风牌"轿车研制生产;1958年8月,第一台"红旗牌CA72"高级轿车试制成功……但当时这些耗费国家巨资仿制出来的工业制成品,绝对属于奢侈品,拥有这些产品(不是商品)的家庭"非富即贵",与普通百姓人家的日常生活无缘。国产电冰箱、空调、洗衣机等都是这个情况,在当时都由国家组织的科研力量和厂家研制、生产并且先后弄出来,也全部属于"特供产品",从来没有进入市场流通领域,离老百姓十万八千里,故而在此不作细叙。

60年代,倒是做外贸出口商品的企业,往往由于外贸部门总跟外商打交道的"样宣科"的督促,通常由于政治形象与经济效益的双重压力,往往还能搞出一些设计水平较高的产品设计方案来。从1953年起,每年两次的"广州商品交易会",成了检验建国初期民生商品设计水平的大舞台。在建国初期到"文革"三十年内,有外贸订单的民生商品生产厂家的"出口转内销"剩余产品,往往一直是每个大中城市平民百姓家庭最热衷抢购的畅销商品,没商场熟人通消息,根本买不到。

有一点要特别强调:通常认为,80年代之后才有真正意义上的新中国"工业设计",其实自建国初期起,外部环境严重恶化,整个工业化发达的西方国家对新中国实施集体封锁,新中国工业化进程又不得不向前发展,事实上也取得伟大成就,多项"中国国产第一次"都产生在建国初期。这些工业产品无一例外地都存在造型设计和使用者的"适人性设计"问题(尺度、触感、体量和操作方式等等)。如果说"80年代以后才有'工业设计'",这就前后矛盾了:难道之前的新中国工业产品都不是由人来使用、人来操作的?可能毛病出在设计学作者们自身的四大"否定标准"上:1.不贴上"工业设计师"的标签,就不算搞"工业设计";2.不是目前教育部设置的艺术院校"工业设计课程教学大纲"里的内容,就不算"工业设计";3.洋人们文章、书籍中没提到的,不算"工业设计";4.跟机械制造(特别是农机)沾边的,不算"工业设计"。本书作者跟大多数设计史学者们的这个"共识"观点很不一致。这也是当代中国设计学界对设计事物(不光是"工业设计"一项)本质上还存在着普遍的误解。

本书作者的观点旗帜鲜明,凡符合以下三点基本标准的,都属于"工业设计"行为的有效范围。1.必须是主要依靠工业化(机械化、标准化、规模化)的生产制造手段完成的工业制成品;仅靠纯手工制作,哪怕艺术水平再高,也不是设计产品,而是工艺美术品、民间手工艺品。2.必须是跟人的直接使用和人的亲身操作发生关系的那部分工业制成品。因工业制成品的造型处理对人在操作、使用时必然产生的一系列视觉、肤觉、体感、触觉、把握等复杂感受,即工业制成品的外形结构尺度、形态规格、器表肌理等设计行为,使设计消费者引发产生的舒适度、愉悦感、审美度。根本不需要人来操作生产、人来使用消费的工业自动化装置,则根本不需要只与人的操作生产、使用消费发生关系的"工业设计"。3.必须是进入市场流通渠道,特别是民生日常消费领域的标准商品,那些没进入市场流通渠道或者跟老百姓日常生活毫无关系的工业制成品,只能算成金属、化学材质的"艺术装置""艺术陈设品",与"工业设计"无关。搞设计史研究,不能只关心概念的来回操弄,更应该关心"人":设计者、生产者和消费者、使用者。这才是真正的"工业设计"与"伪设计史论"的根本区别所在。正是基于如上认识,本书作者认为:建国初期正是新中国工业设计的第一个"黄金时代"。中国第一回真正自主设计、自行制造的那些完全依靠人来坐、人来开的卡车、轿车、自行车、拖拉机、采掘机、插秧机、脱粒机,还有火车头、轮船、飞机,大多都诞生于建国初期。特别是新中国工业行业自建国初期以来设计、制造、销售的大大小小的农机、纺织机械、医疗器械、手控工具、小五金,更是新中国"工业设计"的骄傲,它们一直处于新中国60年外贸的"三甲"行列,为长期处于困难时期的中国人民经济振兴、社会发展、生活保障争取了无数外汇,自身也发展壮大成响当当的全球第一大"中国名牌",并一直占有国际市场同类商品的"第一大份额"。

不承认新中国工业设计(特别是建国初期)的伟大成就,还不光是政治倾向肯定出了大问题,连是不是真懂"工业设计"基本概念,都要打上一个大大的问号了。

建国初期受影响最大的设计产业,莫过于广告业。由于产业经营体制转变(分成"国营""大集体""小集体"三级体制)、实行配给制(本身供应量严重不足,加之需要各种票券"定量供给")、提倡"艰苦朴素"社会风气,这三种主体因素综合作用,基本上不存在"自由竞争"的市场调节因素,就不再需要"以商品促销为第一功能"的商业广告了。严格地讲,1956年以后,就不存在真正的广告了。所有关于商业宣传的节目插播、电影院商业广告幻灯片放映、户外商业娱乐表演等老百姓原先早已司空见惯的都市生活景象,统统一夜之间就消失得无影无踪。自从1956年最后一张关于香皂的商业招贴从北京"王府井商业大楼"墙壁上消失之后,真正的广告画、招贴画就不存在了;当"文革"初期中国最后一块商业广告牌从"上海第一百货公司"大楼顶部被拆除后,整个中国的商业广告也就彻底消失了。

整个建国初期唯一残留的商业宣传设计内容,只剩下商业橱窗设计这一小块阵地。倒是商业橱窗从1956年一直保持下去,甚至"文革"内乱最严重的时期,也不曾消失。当然,商业宣传的味道已大为减缩,取而代之的是工农兵形象和歌颂火热的社会主义革命与建设成就的内容。以本书作者儿时非常喜欢观看的南京新街口商业圈最大的"新街口百货商店"定期更换的商业橱窗为例:假如商家是想介绍新到的一批新款服装,必然先画个阳光明媚、莺歌燕舞的场面,然后趁机推出个个红光满面、都是用木制胶塑刷油漆做成的"模特"老中青工农兵群众登场,身上套着老年衣裤或童装,周围陈设家用杂物,从雨伞到书包,一应俱全。再譬如商场想推销体育用品,就先画个有毛主席题词"发展体育运动,增强人民体质"的体育场背景,摆出一伙为国争光的体育健儿(还是假人"模特")做着各种比赛姿势,再趁机往"模特"手里塞些球拍、器械,身上套些运动衫、运动裤什么的。这种50年代之后流行了二十多年、近乎无奈之举的商业橱窗设计创意模式,迂回婉转地传达了商品信息,也为中国社会保存了商业宣传设计创意最后的火种。

1957年,罗工柳等人设计的"第二套"人民币对外发行。第二套人民币的时间概念为"自1955年3月1日起至1962年4月20日止",其间数次正式发行的人民币统称为"第二套"人民币。"第二套"人民币,共印制发行11种面额、17种版别。之前的"第一套"人民币为1948年委托苏联完成设计、印制后在东北地区发行,再流向全国。本书作者查阅相关资料,自称为人民币设计者的,从"第二套"到"第四套"人民币,不下20余人,个个回忆得有鼻子有眼,使人真伪莫辨。本书只能以人民银行发布的相关资料中的信息为准,目前只能认定著名画家罗工柳一人,为"第二套"人民币主要设计者。

建国初期的标志设计分为两大块,一部分是商业标志(以厂家、商家的企业或产品的注册用商标为主),另一部分是公众标识(以政党、社团的组织标记、职业服饰的等级或岗位标记、公共建筑内的服务识别符号等为主)。在"资本主义工商业改造"之前,新中国标志设计曾一度十分活跃,花样繁多,也时有佳作:名气最大的无疑是"国旗"设计和梁思成、张仃等领导的"国徽"设计两个最成功案例,还有政协标志、解放军"八一"帽徽、铁路帽徽、民航标志、四大国企银行标志等等；1957年后政治气氛骤然凝重，其后的公共标记基本没了活泼、自由元素，偏重于用汉字与抽象几何图形做基本素材，主要靠字体之间的大小、字形变化和几何外轮廓变化（菱形、圆形、正方形、椭圆形等）来玩玩花样了。商标部分更是被置于可要可不要的地步，就基本走走形式了，乏善可陈。50年代后期起，新中国标志设计的选题和造型基本跟随政治运动不断转向：例如"一五"前后的商标在形式上还比较自由，古建筑、风景、花鸟，甚至美人都有；"大跃进时代"到"四清时代"商标（还有宣传画、招贴画、报刊题花、杂志刊物小插图等等）的造型则多以麦穗、齿轮和革命口号为主，人物形象清一色是戴安全帽的工人、戴草帽的农民、戴眼镜的知识分子、戴红领巾的少年儿童和手握钢枪怒目圆睁的解放军站岗战士、巡逻民兵。景物形象则以麦浪翻滚表示农业丰收，以化工反应炉的管道、油田钻井架、冒着滚滚浓烟的高大烟囱来表示工业繁荣，用战鹰翱翔蓝天来表示国防强大。因上述政治气氛影响，1957年之后的标志设计水平，已大为衰减，现在看上去，大多数设计创意水平远不及民国时期和建国初期前半期。新中国标志设计案例中"最辉煌"的案例无疑是1964年由解放军总政治部发行的全国第一套"毛主席像章"，小横条加五角星形，红底金芯，以链条串联；小横条上刻毛泽东手书"为人民服务"，五角星中央是毛主席着军装免冠侧面头像。后来的"文革"十年，各省纷纷仿效，"毛主席像章"流行十年，有上万款，总产量近百亿枚。建国初期的标志设计经典案例本书作者就不一一列举了，读者可详见谢燕淞主编的《中国设计全集·平面类编·标志篇·卷十二》（商务印书馆，2012年版）所列案例。

整个建国初期的十七年，在包装装潢方面，还是佳作颇多的。时代总是不断前进的，新中国包装业的发展，一方面是由于造纸业、印刷业的不断进步；另一方面是商业美术的日益普及，使一大批畏惧政治违规的美术爱好者，在包装装潢和印染设计（还有连环画、宣传画等"边缘美术"）中找到了宣泄情感才华的用武之地。作为特殊的展会案例，1957年5月，由中国广告公司上海市公司和上海美术设计公司在上海美术馆联合举办的"国内外商品包装及宣传品美术设计观摩会"，使包装业设计师们第一次有机会接触到除苏联、东欧社会主义兄弟国家之外极少量的西欧、日本等资本主义国家的包装设计案例，可谓意义重大、影响深远。

五六十年代，中国邮票设计达到一个很高的水平。由于大批著名画家的介入，使新中国邮票设计不少属于美术精品。其中从1950年7月1日至1964年8月25日发行的部分著名邮品有："纪4中华人民共和国开国纪念"（设计者张仃、钟灵），"纪8中苏友好同盟互助条约签订纪念"（原画作者王式廓，设计者孙传哲），"纪16抗日战争十五周年纪念"（设计者孙传哲），"纪20伟大的十月革命三十五周年纪念"（设计者孙传哲），"纪25世界文化名人"（设计者孙传哲），"纪30中华人民共和国宪法"（设计者邵柏林），"纪40我国自制汽车出厂纪念"（设计者刘硕仁），"纪43武汉长江大桥"（设计者卢天骄），"纪50关汉卿戏剧创作七百年"（原画作者明代黄应光、黄应瑞、黄德珍、李斛，设计者孙传哲），"纪64中国少年先锋队建队十周年"

(设计者卢天骄、吴建坤),"纪 66 第 25 届世界乒乓球锦标赛"(设计者万维生),"特 1 国徽"(设计者孙传哲),"特 14 康藏、青藏公路"(设计者卢天骄),"特 20 农业合作化"(设计者万维生),"特 21 中国古塔建筑艺术"(设计者刘硕仁),"特 26 十三陵水库"(设计者刘硕仁、吴建坤),"特 38 金鱼"(设计者孙传哲、刘硕仁),"特 48 丹顶鹤"(原画作者陈之伟,设计者刘硕仁),"特 46 唐三彩"(设计者卢天骄),"特 44 菊花"(原画作者洪怡、屈贞、胡絜青、汪慎生、徐聪佑,设计者刘硕仁),"特 50 中国古代建筑——桥"(设计者刘硕仁),"特 56 蝴蝶"(设计者刘硕仁),"特 55 中国民间舞蹈(第三组)"(原画作者倪常明,设计者卢天骄),"特 57 黄山风景"(原画作者陈勃、王君华、黄翔、鲍萧然、程默、邵柏林,设计者孙传哲),"特 61 牡丹"(原画作者田世光,设计者邵柏林),"特 63 殷代铜器"(设计者邵柏林)等等。

建国初期前几年,各社会主义阵营国家之间展会频繁,中国各机关、各行业不但积极组团去国外参展,而且在国内多次举办各种大型展览。这些行业展览的展示设计均是在相关国家派遣的专家合作、指导下,依靠国内各行业和设计类院校师生自行完成设计、装修的;国内单位自办的非产业行政制展览会则完全由部队和地方美术工作者自行设计、装修。

50 年代前期国内举办的较为重要的几次展览有:

表 6-26 建国初期国内举办的大型展览会

时间	地点	名称	主办单位
1949 年 8 月	北京故宫午门	中国人民解放军战绩展览会	中央军委
1953 年 5 月	北京故宫东华门城楼	治理黄河展览会	国家水利部、国家黄河水利委员会
1953 年 4 月	北京劳动人民文化宫	德意志民主共和国工业展览会	对外贸易部、重工业部、北京市人民政府
1954 年 10 月	北京劳动人民文化宫	抗美援朝展览会	北京市人民政府
1954 年 10 月	北京"苏联展览馆"	苏联经济及文化建设成就展览会	中国政务院经济委员会
1955 年 4 月	北京"苏联展览馆"	捷克斯洛伐克十年社会主义建设成就展览会	中国政务院经济委员会
1955 年 5 月	北京"苏联展览馆"	匈牙利纺织试验仪器展览会	国家卫生部
1956 年 10 月	北京"苏联展览馆"	日本商品展览会	中国政务院经济委员会
1957 年 2 月	北京"苏联展览馆"	第一届全国农业展览会	国家农业部
1957 年 4 月	广州市海珠区	第一届中国出口商品交易会(简称"广交会")	中国国际贸易促进会
1958 年 10 月	"北京展览馆"	第一届全国工业交通展览会	国家计委、国家经委以及中央 15 个部
1958 年 12 月	"北京展览馆"	第二届全国农业展览会	国家农业部
1959 年 9 月	"北京展览馆"	第二届全国工业交通展览会	国家计委、国家经委以及中央 15 个部
1959 年 9 月	北京农业展览馆	第三届全国农业展览会	国家农业部

与展会活动相关的重大事件还有:1954 年 10 月,北京"苏联展览馆"建成,该馆全部由苏联设计、投资建造并馈赠中方。上海、广州、武汉相继建成仿造"苏联展览馆"的当地展览馆。1956 年国务院成立的"国外来华经济委员会"并入中国"贸促会",成立"来华展览部"。1958 年,根据周恩来总理的意见,"苏联展览馆"更名为"北京展览馆"。1959 年国庆前夕,北京一批大型展馆建成,其中有农业展览馆、中国历史博物馆、中国人民革命军事博物馆等。1963 年 6 月,中国美术馆建成。

建国初期的新中国展示设计的具体业绩更多地体现在各类政治主题的展览和"国庆"花车巡游与群众游行、大型体育赛会、大型群众性文艺展演等活动中,这对普及展示设计的设计创意与装修工艺方面,起到了一定的促进作用。事实上建国初期有些政治性展会、巡游、集会的设计与装修水平,比之眼下也毫不逊色。如1949 年"开国大典"、1950～1965 年北京"国庆阅兵式"和"国庆"花车巡游及群众游行、1953～1965 年从"中华全国职工运动会""全军运动会"到"第二届全运会"等历次全国性运动会的开幕式大型团体操表演、1964 年四川美院泥塑群雕创作"收租院"展览等等,都是新中国展示设计事业堪称经典的一批著名设计案例。这些范例影响大、效果好、全社会积极性高,其中有很多成功经验值得当代展示设计认真总结、汲取。

50 年代在国内外密集举办的各类展会任务和众多现代化展馆建成,使新中国展示设计得到了蓬勃发展。一大批新中国的展会设计专业人员和管理人员脱颖而出,奠基了新中国展示设计的行业管理和教学事业。

二、影响新中国设计的新因素

新中国设计(包括"实用美术""工艺美术""图案""产品美术"等各种不断变化的称谓)从建国初期前几年,就确立了自己的基本走向。其中影响新中国设计的有三个倾向性因素贯穿始终,这就是"民族化""民间化"和"民众化"。

新中国五六十年代的设计的"民族化"特点,也是建国初期政治、艺术氛围的必然产物。在建国伊始,西方世界实行对中国大陆的全面经济封锁,基本上隔绝了新中国与西方世界的全部联系;与此相对应,中国社会在意识形态领域(包括设计和所有文学艺术)"彻底铲除帝国主义思潮影响",完全摒弃西方式艺术思潮和方式方法,成为新中国第一代设计师们自觉自愿、也不得不为之的选择。新中国艺术创作和设计创意倾向、元素,除去认真学习苏联等社会主义"先进国家"的一切经验,深入火热生活第一线之外,真正能体现出"中国特色"的设计创意,只剩下"华山一条路"了:努力挖掘民族文化优秀遗产。在新中国高等设计教育体系尚未完全成熟的五六十年代,以产品(纺织印染品和日用工业品)的"图案设计"为主体的产业设计和设计教育中,民族特有的传统纹饰,包括优秀的中国古代图案、图式符号、纹样骨式等,都得到了前所未有的发掘、整理、运用。那些在当时看起来有封建迷信色彩的古代图案和传统纹样(如宗教符号、卦象标记等),则作为"糟粕"被弃用尘封。对少数民族视觉艺术元素的学习和运用,是五六十年代设计构思和教学中的重要环节。尤其是 50 年代对西南和西北各少数民族手工技艺、器物造型和图案纹饰的抢救性收集、整理,使本来已随着时代变迁濒临消亡的许多艺术瑰宝,得以存留下来。这是新中国设计事业的突出成就之一。

新中国五六十年代的设计的"民间化"特点,源自延安时期的红色革命文艺的延续。当年一大批从"国统区"艺术院校甚至国外留学归来的青年艺术家在抗战初期投奔延安,他们对富有浓郁生活气息、明显地方特色的乡土艺术情有独钟,早在 30 年代就开始了对各地民间手工艺、民间美术和民俗艺术品的关注与学习。一大批后来成为具有世界级影响的中国民间传统艺术代表性品种的乡土艺术,在延安时期被逐渐开发出来,如陕北、晋西北、冀鲁豫等地的革命文艺工作者,先后发掘、整理并创造性地创作了大量剪纸(亦称"绞花""窗花"等)、泥塑、印染、刺绣等民间美术作品。这些人建国后都成为中国美术界、设计界和艺术教育界的行政领导和业务骨干,自然能将民间美术这门新兴而古老的艺术形式延续下来,并在五六十年代达到向民间艺术学习的最高潮。

新中国五六十年代的设计的"民众化"特点,是建国初期文艺战线贯彻党的"为工农兵服务""为人民服务"文艺方针的具体落实成果。在五六十年代,任何个人艺术风格的过度发挥,都被视为小资产阶级情调和自由主义的表现,基本上不存在类似西方那种颓废的、自由散漫的、个人主义的表现空间。毛泽东早在延安时期就为革命文艺定了调门:"革命文艺是团结人民、教育人民、打击敌人的有力思想武器"。也许这种文艺政策在战争环境下确有其必要性,但在和平建设时期,就显得过于泛政治化、功利化了。毛泽东关于革命文艺的方针,延续到五六十年代,就具体为高度强调为革命文艺工作者首先要解决"为什么人"的问题,必须作为社会主义革命和社会主义建设的一部分而存在。这种高度的政治戒律,促使新中国文艺(包括民生设计)以描写或描画歌颂党和毛主席、歌颂新中国成就和歌颂广大人民群众(主要指工农兵学商),成为建国初期十七年的整个"毛泽东时代前期"文化事业的唯一方向。至于工农兵们是不是上班下班整天都只想看关于自己"火热斗争生活"的场景,一点也不想看点"帝王将相、才子佳人",没人关心、也没人敢深究下去。

新中国设计界是当时中国社会文化事业整体的一个组成部分,在五六十年代所具有的"民族化""民间化""民众化"特点,是整个新中国文化艺术基本特点的缩影,同时也是当时特定政治氛围和审美情趣的产物。毕竟在强烈而严格的政治环境中,搞搞民族、乡土和人民大众的东西,怎么也算"政治立场坚定""学术方向正确",且可行性、操作性很强。

五六十年代的新中国民生设计,在与民众生活和生产活动相关的几乎一切工业化产品和传统手工艺产品的图案设计中,严格而明显地反映了"民族化""民间化""民众化"这一新中国文化艺术的特色。从一只普通玻璃杯到一只搪瓷茶盘,从一块印花布到一本书籍封面。

以五六十年代的图案题材为例,最多的图案直接就是图式化的革命符号,以具象图形为主,代表工人阶级的齿轮、机床、火车头;代表农民的田野、镰刀、麦垛;代表解放军的则是攥紧的铁拳和刚毅的面容,还手握钢枪。

有人物出现的图案绝大多数不是工人挥汗如雨还聚精会神地在忙着炼钢、挖煤、开机床,就是农民抱着沉甸甸的麦垛稻捆在幸福地笑,要不就是解放军和民兵在练刺杀、投掷手榴弹、埋设炸药包,或者是正在开坦克、开飞机,或者是小学生在上课专心读书、下课集体游戏。仅有个别经过严格筛选的戏文故事、历史传说的古装人物偶尔露面。甚至还有极端的人物类图案:一个大如山包的拳头砸下去,几个身形丑陋、渺小猥琐的坏人惊恐万状、连滚带爬,无非国内的反革命坏人,蒋介石加国外的美帝和它的走狗英国人、日本人之流。

没人物有建筑的场面,以新修建筑为主,如水库、铁路、桥梁、高楼大厦、崭新街道等等。没人物没建筑的天然风景,不是树木葱郁的古代建筑,就是泛舟水面的人民公园,还有单个的大红旗、小喇叭、向日葵、冉冉升起的红太阳、碧波荡漾的海面、含苞欲放的花骨朵、青翠碧绿的植物茎叶等等。横竖所有图案从造型到设色,从构图到寓意,一定要整成"晴空万里、阳光灿烂、形势大好、山河壮丽"固定模式。

即便是抽象的几何图案,设计者也会想方设法往"积极向上、朝气蓬勃"方面靠。纯自然风光、少数民族风情、个别正式公演过的戏装人物和花鸟鱼虫、名胜古迹(不包括任何宗教造像和庙宇建筑),则是五六十年代图案设计选题的最低"容忍底线"。

三、"民族化""民间化""民众化"

本章节对于引进苏联式"革命的现实主义与浪漫主义相结合"的"革命文艺"特征已在前面有所评述,不再赘言。在苏联影响下,左右新中国革命文艺路线建国初期的趋势(即"民族化""民间化""民众化"倾向)则并不是绝大多数文学艺术家们的"自由选项",而是一种全社会深入骨髓的、"不以个人意志为转移"的"主流"思潮。

在本书作者看来,五六十年代的"官作设计",只要是宣传上跟"民族化"沾边的东西,无论是一座建筑的外立面设计,还是一本书的封面设计,一定是威仪凛然、富丽堂皇。只要是宣传上跟"民间化"沾边的东西,无论是一个热水瓶外壳图案,还是一块丝绸被面纹样,不是吉兆祥瑞、河清海晏,就是莺歌燕舞、春满人间。只要是宣传上跟"民众化"沾边的东西,无论是一只搪瓷茶缸上的小人,还是一方邮票的群像,铁定都是工农兵里那些"值得学习、值得宣传"的高大英雄形象,至于九成九的芸芸众生,是没有立足之地的。说白了,五六十年代"主旋律"中的"民族化",其实就是"古典化""贵族化""皇家典范化",从里到外都透着一股"庙堂之气";五六十年代的"民间化",其实就是"赞美化""歌德化""皇恩浩荡化",从头到脚都透着一股封建小民的"谄媚之气";五六十年代的"民众化",其实就是"榜样化""良民化""说教化",从上到下都透着一股不食人间烟火的"神位之气"。在特殊政治氛围和物资供应困难双重压力下,靠"主流媒体"的宣传、引导,捧艺术饭碗的人们(包括设计师,那时叫"工艺美术师"),自觉不自觉地有一种"奉旨行事"的"御用待诏"心态。正由于这种倾向在 1957 年"反右"之后逐渐遍及全社会的扭曲、隐忍心态,才使得五六十年代革命文艺中占据主流位置的"民族化""民间化""民众化"倾向,在后来的"文革"时期"三化合流",变成了彻头彻尾的"造神化"艺术,并达到了登峰造极、无以复加、空前绝后的"鼎盛时期"。

除去由官媒和宣传部门营造的革命文艺氛围之外,芸芸众生的"非主流"意识,没有、也不可能被彻底铲除。事实上,建国初期的艺术氛围总体上还是比较宽松、有一定个性化的自由空间的。即便是"反右""大跃进"之中,表现普通人、普通事的视觉形象以及设计中"适人性设计"的元素,也总是能拐弯抹角地体现出来,顶多贴一个革命标签而已。毕竟哪怕是最具有革命热情的人,也不愿意总是只拿着有炸碉堡、堵枪眼、杀人放火等战争情节的饭碗吃喝,凑着有打倒美国佬、打倒各种阶级敌人血腥场面的脸盆洗脸,盖着有"东方红、太阳升"政治图案的被子睡觉。一时兴起或长期忍受都可以,人的天性和本能都拒绝总是这样做,毕竟太别扭了。如何规避"政治麻烦"又能让消费者喜闻乐见、舒适惬意,这成了所有"毛泽东时代后期"的中国艺术家、文学家还有设计师们共同的职业命题,也算特殊年代里作为设计者的艺术家和作为消费主体的人民群众共同创造的一种集体性的"设计智慧",三十年行之有效。五六十年代的丰富成果已证明了这一点:"反右""大跃进""四清",还有后来的"文革"等一系列政治禁锢,都没有彻底摧毁中国文化阶级这点点延传千年的文化底蕴,犹如水土贫瘠、怪石峥嵘的山间石缝中顽强滋生的奇花异草,弥足珍贵。

四、"清廉""高效""节俭"的时代特征

1957 年,犹如新中国意识形态领域(包括设计事物)的文化"分水岭"。在此之前,文化事物大多都能如实地反映出建国初期"清廉、高效、节俭"的基本时代特征;在此之后,文艺作品开始成了发生裂变的"穿衣镜",镜中人所反映出来的真实性开始打折、走形。但裂了的穿衣镜也比"文革"塑造的"哈哈镜"要好得多,无论如何也能顽强地、晦涩地、局部地折射出所处时代的精神面貌。

新中国的民生设计产业,套用那个时代时髦的政治术语说,是一头连着经济基础,一头连着上层建筑,属于完全受新中国民众生产方式与生活方式所决定、左右、支配的文化事物,也必然反映出这个文化"分水岭"出现前后的两个不同时段的社会风貌和时代特征。

新中国民生商品的设计诸元中,"清廉"的时代特征,直接反映在建国之初那几年绝大多数设计事物中体现出的、有别于其他任何时期的那种清新、纯洁、干净、本色的设计风格上,所折射出的是附丽于生活用具与生产工具之中的人性光辉。50年代有一种有点令人怀念的创意氛围和审美环境,哪怕是贴上了革命的、政治的标签,依然还是那么纯真、自然,令人流连忘返。我们在 50 年代几乎所有的民生商品中都能感受到这种浓郁的气息。比如现在逐渐成为收藏界"新宠"的 50 年代火柴

贴画、烟标、糖纸、挂历、化妆品盒、搪瓷制品、文具等等，哪怕是充斥着某种"说教""粉饰"成分的内容，今天看起来却能感受到当年设计者那份真挚的情感：一只扎着领结正在扑蝴蝶的小花猫；两只浑身黄毛的小鸡争着一条小虫；一块无垠的麦田上太阳露头，农夫荷锄和宁静的茅屋村庄；一片碧波荡漾的公园湖水和几个跳猴皮筋、划小船的少先队员；一处古树参天、曲径通幽的破庙古塔加一个拄拐蹒跚而行的老者；一弯明月下围桌而坐的一家人……它们透着一种今天已经逝去的朴实、真诚的生活情趣。这就是50年代民生商品特有的那份"清廉"意境（美术作品不大敢这么做，政治标准被认为拔高了很多）。说它"清"，是完全没有后来"文革"时期那种"假大空"式的装腔作势的公然造假，也没有"改革开放"后唯利是图、充满铜钱臭味的那种浑汤浑水的媚俗气息。说它"廉"，是渗透到民众日常生产生活每一处缝隙的那种广泛性、亲和性、贴切性，为那个特殊年代的人们带去了所渴望的一份宁静、愉悦、平安、自在，犹如花开不言，自成美景；雨润无声，万物滋生。

本书作者曾见过朋友收藏的一套60年代初的云南民间版画"纸马"（也就是民间糕点上下垫盖的两张花纸），简直是滇北民俗的真实写照：一个身穿干部服、戴着眼镜（用旋涡般套圈表现）、咧嘴嬉笑的男人，推着一辆自行车；身后是"农业供销社"的平房门头。无名作者可谓"惜墨如金"，仅凭大刀阔斧般的寥寥数笔，一个活生生的时髦人物就跃然纸上了，当年乡间农民心目中那点最时髦的"现代"元素便全部凝聚其中：供销社（新奇东西的出处），干部服（令人羡慕的社会地位）、戴眼镜（有文化的知识分子象征），自行车（最时尚最昂贵的家庭财产）。二寸见方一派阳光灿烂、得意洋洋；连一点点拖泥带水、繁缛俗节也没有，见过的人无不会心而笑，深受感染。这种五六十年代独有的、与生活贴切、与时代紧随的"大手笔"营造视觉感染力的手法，已经失传了。

50年代新中国设计的"清廉"特征，是在彻底铲除个人私欲、全心全意献身于党的事业的政治合格标准前提下所形成的。这些带有严重负面成分的"政治洁癖"，有点像现代版的南宋程朱理学。对于本身存在着固有运行规律（最重要的存立条件是全社会的文明生活方式与现代生产方式）的设计事物而言，这些观念影响下的设计行为，必然是起码部分违拗广大民众的现实需要，政治上扭曲、艺术上平庸的特殊现象。

新中国民生商品设计诸元中的"高效"特征，是指在社会大环境影响下直接体现在设计创意之中的时代风貌。50年代轰轰烈烈的社会主义建设，加上排山倒海的社会舆情（不光是媒体一边倒地宣传，也确实是大多数老百姓心甘情愿），形成了一个巨大的精神旋涡，由不得每个人徘徊、彷徨、犹豫、斟酌，就不由自主地置身其中。在1957年之前，从艺术家、设计师到每个老百姓，绝大多数都真心实意地响应政府号召，积极投身到经济、卫生、政治、文化的各场席卷社会的运动中去。那时候的民生商品所反映"高效"的时代特征，就是通过一个个标语、口号般的图式符号反映出来。如"抗美援朝"时，和平鸽、青松翠柏、"波波莎"冲锋枪就是从副食品包装到橱窗招贴、从玩具到书籍封面、从搪瓷锅到纺织品花色，人们试图把炽热的爱国感情通过一切图式符号表达出来。连"大跃进"时,朴实的人们还相信官媒告诉他们的"美好未来",也通过民生商品的外观设计的可视形象天真地热情讴歌这种"革命理想":人们在水里划着比船还大的花生壳;一列火车拉着一串车厢,每节车厢却只能装一个硕大无朋的瓜果蔬菜(南瓜、老苞米、辣椒、冬瓜等等);一个民工拳打脚踢就劈山造田了("大跃进"时著名的农民赛诗会杰作:"喝令三山五岳让道,我来了!")……近乎狂热的群众热情,铸造了那个时代特有的"高效"特征:火热年代的火热情怀,整个中国就像个大工地,全社会就像个高速运转的大机器,做一切事情都那么万众一心、全力以赴。

对于50年代从设计作品中体现出的人民群众这种社会主义建设的积极性,本身是特别值得敬重与珍惜的。它们都表现出经历过半个多世纪血雨腥风战乱的广大中国老百姓心底里渴望幸福生活的质朴愿望。1957年"反右"运动之前的党和毛主席,确实也当得起人民群众发自内心的歌功颂德。这就给50年代新中国设计从艺术形式到创作题材都定了一个基调:从整体上讲,50年代新中国设计反映了社会主义建设高速发展的时代特征,也代表了中国广大人民群众的心声。

可惜的是,因为各种内外不利因素所致,这种群众热情后来被无情地滥用了、糟蹋了。包括民生商品在内的所有可以下手的地方,无不处处洋溢着当时特有的"高效"另类宣传,尤其是60年代之后有愈演愈烈之势。按当时主管宣传口的康生等人的宣传目的,恨不能劳动人民上班时挥汗如雨、争分夺秒;下班后就读读报纸、听听广播、学学文化,培养点上班时要用上的各种技术、知识;最好连谈情说爱都是为了替伟大祖国多生几个"革命接班人"。一切与此"主旋律"不符的生活情趣,统统归列到"小资产阶级情调"之中。

新中国民生商品设计诸元中的"节俭"特征,是指反映在新中国建国之初民生商品从设计到生产再到营销各环节的"艰苦朴素、勤俭节约"的设计风格。这是党和人民群众从三年恢复时期到"一五规划"胜利完成时期建立起来的全社会良好风气,也是整个"毛泽东时代"给中国社会留下的最宝贵文化遗产。新中国家大、业大、底子薄、人口多,没有全社会雷厉风行的"节俭"风气,轰轰烈烈的社会主义革命和社会主义建设就难以继续。除去物资供应趋紧、外部环境不断恶化的客观环境所致外,"节俭"一向也是中国传统文化的一个基本特征,因此能在新中国得到全社会的广泛响应。事事不铺张浪费、处处勤俭节约,讲卫生,爱劳动、爱学习,这是那时候的连每个少年儿童都知道的社会公德。"节俭"风气的对立面,就是"好吃懒做",那时都是划归到"二流子"行列里的。当时有不少学龄前小朋友听的儿歌是这么唱的:"太阳光金亮亮,雄鸡唱三唱,花儿醒来了,鸟儿忙梳妆。小喜鹊造新房,小蜜蜂采蜜忙,幸福的生活从哪里来? 要靠劳动来创造! 青青的叶儿红红的花,小蝴蝶在玩耍;不爱劳动不学习,我们大家不学它。要学喜鹊造新房,要学蜜蜂采蜜糖,劳动的快乐说不尽,劳动的创造最光荣!"与社会的民众生产活动与生活状态双向连接的新中国民生商品的设计与生产行为,理所当然不可能置身事外,而是成为这种全社会"节俭"风尚的主要传达渠道。

"节俭"风气作为时代特征在五六十年代被拔高到一个很高的政治尺度,也成为全社会高度认同的"公共美德",这种风气基本维持了近半个世纪,正如另一首"文革"时创作的儿歌所唱的那样:"路边有颗螺丝帽,弟弟上学看见了。螺丝帽虽然小,祖国建设不可少。捡起来,瞧一瞧,擦擦干净多么好,送给工人叔叔,把它装在机器上,嗨! 机器唱歌我们拍手笑"。在新中国民生设计、生产行为和商品本身,都体现了这种"公共美德"。直到90年代中期商品经济大潮崛起之后,"节俭"风气才土崩瓦解,全社会物欲横流、拜金主义盛行,走向另一个极端。

在这种氛围下持续了半个多世纪的新中国民生设计产业中,旧社会遗留的"奢侈品设计"在新社会荡然无存、连根拔除,以至于"改革开放"三十年后,中国民生商品可谓占据了全世界民生类商品的"半壁江山",偏偏在高附加值的"品牌商品"上踪影全无。除去各种看得见、摸得着的条件因素外,中国设计界"先天不足、后天失调",是最重要的原因。

反映在新中国设计中的"节俭"之风,是建国初期的五六十年代全社会共有的时代标记。除去政治宣传与自身认知的主观因素外,新中国建国初期帝国主义全面封锁造成的中国社会与世隔绝、周边局部战争连续不断等极为恶劣的外部环境,政府在经济建设上的导向失误(学习苏联模式产生的只重视国家形象的重工业、军工业,不太重视事关民生供应的轻工业和农业),使建国初期的中国社会不得不以"节俭"来完全抑制社会上的高端奢侈品的消费(人数极少的"特供"除外),实际减少民生必需品的需求,来应付物资供应长期短缺的严峻经济形势。

当然,被动的"被节俭"与主动的"勤俭节约"还是要加以区别的。即便是将来中国社会发展到世界首富的时代,"勤俭节约"依然是中华民族的优良传统。因为这是个富民强国的根本法宝,不仅仅在20世纪50年代才提出来,而是融入我们民族每一个成员骨血心脉的文化基因,是数千年来战胜无数内忧外患的思想武器和振兴民族、繁荣社会的行为准则。从这个意义上讲,新中国立国之初的"节俭"社会风气与设计特征,都是无可厚非,也值得当今和未来中国社会永远承传下去的精神财富。

对于"文革"的评价,在"改革开放"初期是全社会人人关注的热点问题。时过境迁,现在几乎已没人关注了,除非此人有"文革"情结。恰巧本书作者就属于这么不合时宜的人。

本书作者有"文革"情结,并非在那时曾经得过什么好处或吃过什么大亏而念念不忘,那时作者只是个刚上小学二年级的"拖鼻涕"男孩;之所以耿耿于怀,是越了解当年的种种情况,就越感到"兹事体大"。本书作者认为,"文革"的影响不会像大多数人认为的那样,随着时间的流逝慢慢被人们遗忘。只要"文革"的形成原因还在,对"文革"的错误认识还在,类似"文革"这样的事件就完全有可能借尸还魂,卷土重来。

需要指出的是,"文革"时期的社会主义建设也不是一无可取之处。尤其是在那种极端困难、艰辛、压抑的环境中,无论是经济建设还是文化建设,都取得了一定的成就,有些还相当伟大。不肯定这个史实,就是否定亿万劳动人民的辛勤工作。事实是,尽管政体之弊、经济之困、民生之苦,最终导致了后来使中国社会天翻地覆的三十年"改革开放",进而完成了百年民族梦寐以求的中国的工业化、现代化,但没有建国初期和"文革"时期的经济建设打下的基础(尽管处处不尽如人意,甚至处处积弊痼症),后来的"改革开放"所取得的辉煌成就,是绝对不可能的。本书作者反对"非黑即白"式的"二元悖论",这种腔调本身就是"文革"形成的余毒之一。只有彻底清算"文革",从各方面找出"文革"这类民族性大灾难之所以发生的根本原因,我们才能真正卸下这个沉重的历史包袱,杜绝这类事情再度重演。

有些借吹捧"文革"来攻击现实的文章,认为"文革"时期社会风气良好,夜不闭户、路不拾遗,全国人民"觉悟很高,积极向上,情绪饱满",并且以各种经济建设成就为例,来证明"文革"时这种"政治挂帅"的"革命路线"无比正确。这些作者在这方面做得相当过分,假如有"时光隧道"这种技术手段,真应当把这些作者送回"文革"去体验一番。拿"文革"经济建设成就说事就更显得作者的无知无畏,而且是对亿万劳动人民最大的侮辱——没有"革命路线"指引方向,劳动人民祖祖辈辈也是勤劳勇敢的。这个账一定要算清楚:"文革"经济建设是全体中国人民克服了"极左"路线的巨大干扰和破坏,凭借自己的勤劳双手和集体智慧获得的伟大建设成果;那些忍辱负重、不断顶住多重压力辛勤工作、艰苦努力的党和国家领导人是"文革"时期经济建设的带头人、领路人,是全国人民的好领导,跟广大人民群众同心同德、亲密无间,时刻把人民群众的利益放在最重要位置。

"四人帮"和他们遍及全国的各类政治爪牙,一直站在全国人民的对立面,始终是"文革"时期社会主义建设的最大破坏力量——几乎所有研究"文革"史的中外学者都看到一个基本事实:假如不是毛主席犯的错误、"极左"思潮的影响、"四人帮"的破坏,原本在六七十年代中国会取得更大的经济建设成就,完全可以迎头赶上当时席卷全世界的工业革命浪潮,提前实现国家的现代化进程。

总之,中国现代民生设计及产销业态,完全是由中国现代社会民众生活方式与生产方式的综合因素而孵化成形、存立发展的文化事物,反过来又对民众生活方式与生产方式产生影响和作用。"文革"时期的民生设计产业,同样是"文革"时期人们日常生活状态、生产行为的具体产物,也对"文革"时期人们的生产与生活发生一定程度的积极影响或消极作用。"文革"时期的民生设计产业行为和民生商品,不可避免地带有那个社会鲜明的时代特点,其中所包含的文化内涵,已远远超越了"设计行为"和"商品实用价值"本身,而是能够充分揭示那个时代各种社会现象、传统根脉、历史成因的特殊的文化符号。

第一节　"文革"时期社会时局因素与民生设计

史无前例的"无产阶级文化大革命"发生的时间,通常以《中国共产党中央委员会通知》(简称"五·一六通知")发布日期1966年5月16日为准;1977年10月,党中央粉碎"四人帮",在1977年8月召开的党的十一大上,华国锋代表党中央正式宣布"无产阶级文化大革命"结束为止。

对于"文革"竟延续十年,毛泽东本人也是始料不及的。1967年8月,毛泽东在接见外国友人时,仍然坚持认为,"文化大革命"只需三年时间。他说:"我们这次运动打算搞三年,第一年发动,第二年基本上取得胜利,第三年扫尾,所以不要着急。凡是烂透了的地方,就有办法,我们有准备。凡是不疼不痒的,就难办,只好让它拖下去";"经过四、五、六、七月,现在八月份了,有些地方搞得比较好,有一些地方不太好,时间要放长一些,从去年六月算起共三年。既然是一场革命,就不会轻松。"(张家庚《毛泽东本想三年结束"文革",没料到局势会失控》,载于《人民网·党史文苑》,2012年6月1日)

"文革"是中国社会永远难以愈合的伤口，它摧毁的不仅仅是建国十七年来全国人民在党和毛主席领导下辛苦建立的社会主义革命与建设的坚实基础，而且严重破坏了领袖与人民的关系，严重降低了共产党在人民群众中的威望，严重损害了人民解放军在老百姓心目中的鱼水情谊，也严重破坏了中国社会建国初期建立起来的助人为乐、与人为善的良好社会风气。经过十年"文革"的持续摧残，社会的人际关系、道德水准、良心操守，都严重滑坡，这个严重恶果，也许比经济损失、政治伤害来得更加持久、深入，对社会进步的实际危害更加巨大，而且极难肃清。

"文革"时期的民生设计及产销业态，便是在这样严苛、艰难条件下存续、发展的，在自然而然地留有那个时代特殊的深刻政治烙印的同时，无处不在地、每时每刻地反映着"文革"时代令人窒息的政治氛围和极端困难的物资供应水平。

一、史无前例的"造神运动"

史无前例的"无产阶级文化大革命"，是近现代人类历史上绝无仅有的大规模"造神运动"。这场"造神运动"的结果，是曾被延安人民发自内心地称为"人民救星"、被建国初期全体中国人民真心实意地称为"人民领袖"的毛泽东，变身为至高无上的神祇。中国人民则用种种祭祀佛祖、菩萨的方式，稍加修饰并贴上"革命"的标签，尊崇这位似乎能决定每个人命运的尊神。本书作者根本不用摘录、转述别人的回忆，自己试着从一个当年还是未成年人的视角去真实描述"造神运动"的一些细节，以飨读者。

"忠字舞"：这是一种特定编排，用来表达对毛主席无限忠诚的集体舞蹈。据说"忠字舞"是解放军总政文工团编排设计的。舞蹈里有几个特别设计的"肢体语言"用来表达这种"对毛主席的忠心"：如双手高高侧向举起，表示对冉冉升起的红太阳（也就是毛主席他老人家）的无比信仰；弓步斜挎的静态造型，则表示永远跟随伟大导师毛主席的决心；食指怒指斜下方，则表示彻底批判资产阶级；换成单拳向下，则表示彻底砸烂某某的狗头了；紧握双拳，表示要将革命进行到底。"忠字舞"主要道具有《毛主席语录》（那时候称"红宝书"）、大红绸带、腰鼓等等；舞蹈者再弄一身黄军装，那就更"正规"了。"忠字舞"也有特定的舞曲伴唱，就是整个"文革"时期最红的歌曲之一的《敬祝毛主席万寿无疆》（集体词，阿拉腾奥勒曲），歌词摘抄如下：

> 亲爱的毛主席，敬爱的毛主席，您是我们心中的红太阳，啊！您是我们心中的红太阳。我们有多少贴心的话儿要对您讲，我们有多少热情的歌儿要给您唱。千万颗红心向着北京，千万张笑脸迎着红太阳，敬祝毛主席万寿无疆！敬祝毛主席万寿无疆！亲爱的毛主席，敬爱的毛主席，您是我们心中的红太阳，啊！您是我们心中的红太阳！

那时候"忠字舞"完全代替"广播体操"，而且大小会议前先要来上一段，也不分男女老幼，人人都要学。工人在工间跳，农民在田头跳，学生在教室里、操场上跳，解放军在军营里跳。有些老胳膊老腿的退休大妈大伯们，也在被迫学跳舞，动作僵硬、迟缓,谁看了都忍俊不禁。还有些带着"特殊袖标"(上面通常标明"黑九类"的具体类别)的人,也在蜡黄着脸学跳"忠字舞",态度特别认真,动作也特别死板。顺便解释一下什么叫"黑九类",即"文革"中要重点打击的九种人:地主、富农、反动派、坏分子、右派、叛徒、特务、走资派、知识分子。知识分子位列第九,故称"臭老九"。

"忠字台":"文革"早几年(1968～1969 年左右),残酷的大规模"武斗"稍事平定后,全国各地兴起了一股家家造"忠字台"的风气,始作俑者据说是进驻各单位的"军代表"和"工宣队员"们。"忠字台"的功能理论上是供人"早请示、晚汇报"用的,请示和汇报时先念上几段《毛主席语录》,然后就是对着"忠字台"上的毛泽东塑像沉思默想,琢磨今儿一天要干哪些、能干哪些、不该干哪些;对了就感谢毛主席英明指示,错了就向毛主席检讨,甚至请罪。这是个混杂了佛教的神龛、回教的祭台和基督教"解告telegraph"祈祷功能的综合体玩意儿。不管谁心里当真怎么想,家家都比着往豪华级别上整,来拼命表现自己对毛主席的"忠心"。倒不是有谁真的相信"忠字台"有什么法力,大家天天祈祷就当真能给毛主席他老人家添福增寿;也不是当真能使自己免除有可能当"一小撮"的厄运,而是在人人自危的政治环境中,唯恐自己表现不如别人,就落到"一小撮"的可怕行列里去了。再不济也可以做给街坊邻居看看,自己对毛主席是"衷心拥戴"的。现在看上去很滑稽、很荒唐的"忠字台",在"文革"的时候,可是永远供在全家屋里最敞亮、最干净的地方,也就是旧社会供奉祖宗牌位和赵公元帅的位置。

"忠字牌":那时候要求每一个人(从小学生到上班职工、下地农民、训练场的解放军)都要人手一块"忠字牌",只要出门,就得扛着举着,列队而行。"忠字牌"通常是木板加一根木柄,木板是用来贴毛主席像的,还有花样翻新,贴毛主席的某段语录、某句题词或是某首诗词都行,反正跟毛主席有关就行;木柄是供人举着的。特别是那年头经常举行大规模群众集会,人人一手拿着《毛主席语录》,一手举着"忠字牌",场面一般都很壮观,有几万个冲你微笑的毛主席组成了壮观的海洋。

"红宝书":"红宝书"也就是《毛主席语录》,最早是由解放军总政治部于 1964年编印的,先是在部队官兵里配发,"文革"初期则迅速成为全中国印刷发行量最大的书籍。不但人人都有一本《毛主席语录》,只要出门就得带上,谁被人发现上班、上学竟然没带"红宝书",谁的麻烦就大了。在严苛的政治氛围裹挟下,"文革"时期每一个成年人都至少会背诵二三十段毛主席语录,中小学的学生们恐怕还不止,因为他们上课除了《毛主席语录》,很少学别的东西,连外语课都是学习英文版的《毛主席语录》。

在 1968 年到 1970 年期间,《毛主席语录》的"学习热潮"到了这样的地步:在说任何正事之前,必须先来一段毛主席语录。无论是政府公文、报纸头版、学生课本,还是出生证、结婚证、粮油本、户口簿,抬头都印着一段毛主席语录。后来发展到职工打报告、学生写作业、医生开处方,甚至私人通信、年轻人写情书,二话没说,先写上一段八竿子打不着的毛主席语录。这种近乎病态、畸形的事例,今天看起来很搞笑,当年可没人敢笑。

有这么一个"文革"段子:一位老太太上菜场买萝卜,翻来挑去的,营业员不乐意了,就说,毛主席教导我们:要狠斗"私"字一闪念! 老太太头也不抬继续挑,回道,最高指示:世界上怕就怕"认真"二字,共产党就最讲"认真"! 1979 年,当时还不太出名的相声演员姜昆有个成名作段子《如此照相》,也是这类事情:"为人民服务,同志,我问点事。""要斗私批修,您问什么事啊?""灭资兴无,我照相。""破私立公,照几寸?""革命无罪,3 寸的。""造反有理,您拿钱吧。""突出政治,多少钱?""立竿见影,6 毛 3。""批判反动权威,给您钱。""反对金钱挂帅,给您票。""横扫一切牛鬼蛇神,谢谢!""狠斗'私'字一闪念,不用了。"是不是他的原创,本书作者就不知道了。

"早请示"和"晚汇报":从 1966 年下半年起,社会上开始流行"早请示、晚汇报"。"早请示"的内容,就是每天早上起床后,对着毛主席像,先三鞠躬,再说"祝毛主席万寿无疆","祝林副主席身体健康、永远健康",然后向毛主席他老人家的画像(或石膏像)喃喃自语,念叨些"今天准备干什么事"之类的话题。"晚汇报"的内容,则是在睡觉前,先重复一遍"早请示"做过的"鞠躬"和"祝福"之类的动作,再汇报"今天做了什么""什么做得好""什么没做好""今后怎么办"之类的话,还要"狠斗'私'字一闪念",把自己犯的错误骂个狗血淋头,才能获得毛主席的谅解。与"早请示""晚汇报"配套的,是有些地方在三餐饭之前都有重复早、晚那种鞠躬动作和祝愿颂词,还有说一番与自己身份相应的"请示"。否则,食堂不肯卖饭菜给你。这种类似基督教徒"餐前祈祷"的形式,主要在北方地区流行,南方并不多见。"早请示""晚汇报"可能过于肉麻,也与"文革"意欲打倒的各种宗教迷信仪式过于接近,在延续了三年左右之后,在 1969 年底彻底消失。

"红海洋":"文革"那时候最美丽的颜色,就是红色;越红越革命,越红也越安全。除去满眼的绿军装,就剩下"一望无际的红色:红旗、红袖章、红宝书,汇成了一片浩瀚的红海洋!"当年在现场做"实况转播"的中央人民广播电台播音员用亢奋的语调这么介绍所目睹的空前盛况。"红海洋"这个词汇,便迅速传遍全国,竟然被当了真,很多城市的居民一大早发现,到处被刷成了红色。

本书作者当年是住在南京市中心的新街口中山东路,一觉睡醒爬起来去上学,竟然有点不认识了:一条大街从头至尾被油漆刷成了"红海洋",商店的门头门脸、机构的外墙立面,连邮筒都没放过,愣给刷成大红罐子,像个巨大的消防栓戳在大街上。有些公交车也被刷得一身红,像个带轮子的大红饼干桶在街上跑,十分滑稽。就差把人行道和马路也油漆成红色了。邻居年长者皱眉叹气:万一失火怎么办? 连消防车、消防栓都分不清,还能不误事吗? 这怎么行、这怎么行。

今天来回忆这些"文革"时期流行的"造神运动"事迹种种,如果不是亲历者,仅凭文字记载和口头传说,真的没人敢相信,以为是在编段子说笑。然而这些事情真的都不是传说和段子,大多数都是本书作者和所有同龄人以及我们的父兄辈亲眼所见、亲身经历的事件。

从一般规律上讲,作为民生设计产业的基础,公众的消费欲望、消费能力、消费喜好,直接决定了民生商品的存亡去留。也就是说,作为民生商品消费主体的社会大众,他们的实际需要(也就是"欲望",包括迫切需要的程度和"可要可不要"的范围两大要素)直接决定了民生商品所有品种的基本功能(有什么用、怎么来用);社会大众的经济条件(也就是"能力",包括购置商品的实际支付能力和支付能力不足形成的实际差额两大要素)直接决定了民生商品所有品种的成本构成和价格定位;社会大众的个性化选择(也就是"喜好",包括消费者个体的差异性选择和消费群体的流行化趋势两大要素)直接决定了民生商品所有品种的款式外观和附丽价值。社会消费公众的欲望、能力、喜好三者之间是互相影响、互相制约的,但对民生商品的价值实现而言,却又都是相对独立的决定性因素。

举例说明:本书作者即刻眼下书桌上放着的一盏台灯,就是个地道"大路货"的民生商品。就"消费欲望"而言,它的照明功能是我迫切需要的功能(包括照度、光向以及可调节度、稳定性、安全性等等),而它特殊的"免除视觉疲劳的'闪频'保护功能"则属于"可要可不要"的功能——因为妻子购买它时并不了解这个功能,只是听信了营业员的"忽悠"将信将疑而已,是否真有效,鬼才知道。就"消费能力"而言,这盏灯的成本构成和价格定位还属于"大路货",便宜得很,倒还算本书作者可以接受的购买能力之内,因而不存在实际支付能力与偿付差额的问题。就"消费喜好"而言,家庭主妇所具有的那种结合了大众流行趋势的"个性化"选择,是"消费喜好"的决定性因素;男人则基本被剥夺了"喜好",因为他们在家庭消费中的地位一般都处于"从属地位"的,买都买来了,谁还挑肥拣瘦、说三道四,哪能这么不识好歹?上述关于民生商品"个案"消费行为的分析,理应适用于绝大多数民生商品消费行为的规律性表述,否则就不属于值得设计学研究的学术范畴了,纯属胡扯。

可"文革"时期的民生商品的社会大众消费,受到社会物资供应水平和两方面"特殊性"的严重制约,表现出违背成熟市场条件下正常消费行为规律性的、反常的、扭曲的、极为特殊的消费方式。为了更具有说服力,还拿本书作者眼前这盏台灯做分析案例:拿"消费欲望"说事,"文革"时期很多家庭,往往就在入户供电线路末端装几个白炽灯泡了事,在照明需求上只能满足最基本的照明条件,一般不存在休闲、进食、阅读、就寝、厨卫等各种细化功能的区分;至于照明之外的"保护视力""低碳排放""陈设装饰"等附丽功能,那时候从设计师到消费者,恐怕连想都没想过。拿"消费能力"说事,鉴于当时普遍低下的消费水平,一只40瓦的白炽灯泡,如果没记错的话,价格约在 0.45 元,当时接近于不少三代五口人结构的普通家庭一顿菜金:0.3 元四两肉,0.1 元两斤时令蔬菜(起码两种花样),另加 0.05 元作料和燃料花费,绝不可能频繁更换、添置灯泡,只能屋中央吊一盏白炽灯,聚会、学习、餐饮甚至洗洗涮涮的照明全都靠它。因此过半普通人家不太可能专门购置台灯。拿"消费喜好"说事,老百姓的选择就更狭窄了,且不说不会花钱买台灯,多半靠自己装一个("文革"时期工人家庭多流行一种"来路不明"的整流器加灯头做成的自制"台灯"),即便买了,也没什么可挑选的,柜台里也就那两三种大同小异的简装小台灯。何况在一些城市（如北京、广州等），台灯属于"工业制品"，没宝贵的"工业券"，有钱也是买不到的。

"文革"时期这种特殊的消费异常环境，决定了作为"文革"时期民生商品的消费主体——社会大众的基本消费观念：其核心消费观便是"能省就省""省一个是一个""填饱肚子不露腚就行""不能让人说有资产阶级情调"等等。原本民生商品理应提供的宽口径多项选择，基本被瓦解。

"文革"时期的"公众审美观"，完全被政治因素所左右，让设计师和消费者极少有表现出个性化的自由选择和追随流行趋势的机会。还拿台灯说事，由于大多数家庭使用的都是"自制台灯"，台灯主人倒是可以根据自己的喜好和条件，进行很个性化的装饰：有人在灯座上焊接个小飞机模型，有的则是一匹奔马或是一只快鹿，简单点则是一个红五星、一朵葵花等等。类似这种脱离了市场商品交换范围的、"文革"时期特有的个体"创意设计"行为，已经超出了本书研究主体之外了，姑且收住不表。

在本书作者看来，所谓的"文革"的"文化行为"（包括"文革"时期所有"疑似设计事物"），基本反映了"文革"特有的包罗万象般的大杂烩展示形式，几乎汇集了所有近现代中国社会政治运动的所有激进式表现形式所包含的政治暴力元素和封建迷信色彩：20年代大革命时代的街头革命方式（给土豪劣绅戴高帽、戴袖标、舞旗帜、打横幅、贴标语、喊口号等等）、30年代抗战前期的救亡宣传方式（集会、演讲、演出、游行、宣传画等等）、40年代末"土改"时期阶级斗争的极端方式（抄家毁产、大会批斗、肢体折磨、人身侮辱、公审枪决等等），再加上宗教礼仪的基本祭祀方式（家家设领袖"忠字台"与寺庙家设祭坛，领袖个人宣传与宗教偶像崇拜，跳"忠字舞"与宗教巡游，大量印刷《毛主席语录》与《圣经》和《古兰经》攀比，"早请示与晚汇报"和宗教日课、坐禅、解告的平行移植等等）。只是当年大革命的斗争对象（土豪劣绅）换成了"走资派"；抗战的斗争对象（汉奸卖国贼）换成了"黑九类"；"土改"的斗争对象（有血债的地主老财）换成了对立群众之间的"窝里反"；崇拜、祈福、祷告的偶像换成了被神化了的领袖人物。从艺术、设计、文化的本体语言看，"文革"现象本身就是反文化、反设计、反艺术的，根本跟设计、艺术、文化无缘，所以谈不上所谓"风格"，有的只是斑斑劣迹的特点；也基本谈不上创意上的"创新点"，有的只是对既往历史（从社会运动到宗教仪式）极端事物生吞活剥般的简单移植和粗糙模仿。

今天不经事的年轻学者们眼里的"'文革'设计风格"，正是"文革"时代所有可视事物中精神暴力、视觉暴力特质的"形式感表现法则"。有些学者分析"文革"中的工农兵形象，是中国式的"普罗艺术"，可他们没有经历过"文革"，不知道"文革设计"中的所谓"工农兵形象"基本是不食人间烟火的"高大全"人物，真的都不是凡人，是根本"普罗"不起来的。别说当年就找不出一个符合标准的活人来，就算崇拜"文革设计风格"的学者们真能"穿越"到"文革"，铁定也无法胜任，没当几天"工农兵英雄人物"就一准哭爹喊妈、怨天尤人了，一如当年英气勃发、豪情万丈的无数红卫兵小将一转身就不小心当上十来年"修地球"的上山下乡知识青年。倘若中国社会的广大工农兵群众真的都被改造成"文革"那个标准,人类文明基本就荡然无存了,所有的进化成果也可以一笔勾销,直接回到"精神与物质高度分离"的混沌状态,只剩下动物般的低级生理需求和狂热愚昧的原始宗教信仰。

"文革"事物是中国文化阶级不愿意触碰的精神疮口,久治不愈。如果说真有所谓"文革设计风格",只能是以视觉载体传达出这么一种时代气息:近现代中国社会在现代化过程中不够成熟、不够理性、不够深沉的民族集体性缺点,借助"文革"这么一种特殊语境,来了一次彻彻底底的大暴露。对"文革"政治倾向和伪艺术形式(也包括伪设计风格)的彻底批判,可以以史为鉴,擦亮我们的双眼,深刻自省我们民族文化品质中顽固潜伏的劣根性,以防它们遇到合适机会就驱使我们头脑发热、胡搞乱来,毁掉我们民族一次次原本大有作为的锦绣前程。

二、中国文化阶级的社会责任

法国哲人孟德斯鸠认为,掌权者具有滥用权力的天性,"一切有权力的人都容易滥用权力,这是万古不易的一条经验。有权力的人使用权力一直到遇有界限的地方才休止。"(详见孟德斯鸠著、张雁深译《论法的精神·上》,商务印书馆,1961 年版)毛泽东在这方面没能超脱出这个关于当权者天性的定律。晚年的毛泽东,已不同于战争年代和建国初期时的人民领袖,所有"反右派""大跃进"和"文革"的错误,都与毛泽东有着直接关系,甚至是主要关系。

但是,必须指出的是,"文革"的种种罪过和劣行,板子不能光打在毛主席一人身上。这既不公道,也不符合事实。

经历过"文革"时代的所有成年人(特别是当过"红卫兵""造反派"的人)都应该扪心自问:当我们亲眼目睹那些骇人听闻的人间惨剧发生时,我们在做什么?是熟视无睹,还是悄无声息?甚至助纣为虐?当我们所熟悉的、完全可以判认为好人的那些领导、同事、邻居、朋友被揪斗、被殴打,甚至被残害时,我们在做什么?"文革"的种种罪过和劣行,是"四人帮"利用广大人民群众客观存在的种种弱点,甚至是集体性的"民族劣根性"才得以倒行逆施、为所欲为的。"文革"死难者、致残者、被迫害者的刑事、民事诉告主体,应该是"四人帮"阴谋行径和人民群众自身缺点的犯罪共体。从这个层面上讲,"文革"时期的成人社会,都应该全体做深刻反省。

无名英雄也有,就是河南那位火葬场职工,冒死偷藏了刘主席的骨灰,深埋三十年,使得后来平反昭雪之日,刘主席骨殖得以与亲人团聚、魂归大海。

但绝大多数人选择了保持沉默和容忍,甚至充当了种种罪恶行径的"拉拉队"。这正是我们这个民族类似"文革"的悲剧常在的最大原因。人人想的是:那是别人在倒霉,幸亏不是我。默认了对一个人的不公,实质上就容忍了对全体社会成员的侵犯。因为就"文革"中所有"以革命名义"施暴的最标准说法,就是"代表绝大多数人民利益对一小撮阶级敌人实行无产阶级专政"。我们原本都属于被代表的"绝大多数",前天容忍了对甲的不公,昨天又容忍了对乙的不公,今天再容忍对丙的不公,明天还会容忍对丁的不公,那么后天就该轮到我们自己遭遇不公了。每个人都有可能轮流当"一小撮",被人"代表着绝大多数人民利益"和"以革命名义"对我们实施"无产阶级专政"。只有那些强行代表绝大多数人利益、非民意选出的、真正的一小撮"代表们",才可以终身免除法律制约,可以永远"以革命名义"自动地"代表着绝大多数人民",以售其奸、从中渔利。不认清这一点,"文革"死去的几百万生命,就会白白浪费,"文革"的悲剧就会再次上演。

揭示"文革"悲剧的深刻内涵,是中国文化阶级所有成员的历史使命。

以"文革"题材著称的作家梁晓声曾经亢声宣言:"我曾经是一个红卫兵,但我绝不忏悔。"(梁晓声《一个红卫兵的自白》,中国物资出版社,2009年9月版)其实他的表态真的错了,而且大错特错。就因为自己动机纯洁,并且付出了青春、热情,哪怕是做了错事,也可以不算错?人的基本良知告诉我们:是错就得忏悔,以便下次不犯错;除非你认为没做错。明明错了还不肯忏悔,这只能是违背正常思维逻辑和人伦常理的强词夺理,是错上加错。要是动机"纯洁"可以抵消罪过,当年走上战场的纳粹党卫军青年士兵和奔赴侵华战场的"大日本皇军"的年轻士兵们,谁不是满腔爱国热情、听从"祖国召唤"而去杀人放火的?军事法庭也许不必审判他们,甚至被害者也许出于善良的本性会去宽容他们,因为他们自身也是受害者、可怜虫,是听人唆使、被人操纵的小喽啰。但历史必然审判他们——不是对他们肉体上的监禁或消灭,而是对他们心灵进行的道德审判和良心谴责,因为他们自身也是施暴机器的一部分,是所有残暴行为(杀戮、迫害、侮辱、监禁等等)的直接执行者。对于所有当过"红卫兵"的人,无论是"以革命的名义",还是心怀各种动机,只要这些人有实际的侵犯人权(包括亲身参加过对任何人的殴打、侮辱、监禁、抄家、揪斗,甚至屠杀等)的各种违法行为,就必须根据自己的违法程度进行深刻忏悔;而且还要套一句"文革"的流行用语:要做"触及灵魂"的深刻忏悔。否则今后一旦犯罪条件成熟,这帮干过坏事还不肯忏悔的人,一定会卷土重来,继续以各种"革命的名义"和"纯洁的动机"去理直气壮地伤天害理,而且继续拒不忏悔。让犯错的人为自己做的错事进行忏悔,这正是要肃清"文革"流毒的关键所在,否则只要中国社会的法制民主政体尚未完全建立起来,类似"文革"这样的人间悲剧,就势必要不断重演。

好在并不是所有经历"文革"的当事人都这么糊涂。算是梁晓声同龄人,但名气更大的作家冯骥才写道:"我时时想过,那场灾难过后,曾经作恶的人躲到哪里去了?在法西斯祸乱中的不少作恶者,德国人或日本人,事过之后,由于抵抗不住发自心底的内疚去寻短见。难道'文革'中的作恶者却能活得若无其事,没有复苏的良知折磨他们?我们民族的神经竟然这样强硬,以致使我感到阵阵冰冷。但这一次,我有幸听到一些良心的不安,听到我期待已久的沉重的忏悔。这是恶的坚冰化为善的春水流露的清音。我从中获知,推动'文革'悲剧的,不仅是遥远的历史文化和直接的社会政治的原因。人性的弱点,妒嫉、怯弱、自我、虚荣,乃至人性的优点,勇敢、忠实、虔诚,全部被调动出来,成为可怕的动力。它使我更加确信,政治一旦离开人道精神,社会悲剧的重演则不可避免。"(冯骥才《一百个人的十年·前记》,

时代文艺出版社,2003年版)

同样以"文革"和知青题材驰名文坛的作家叶兆言说:"在我印象中,'文化大革命'除了革命,没有任何文化。"(冰心、王蒙、万方、杨宪益、叶兆言、徐友渔、张贤亮等《亲历历史》,中信出版社,2008年版)

女作家池莉回忆当知青的经历比较淡然,只有简单而深刻的一句话:"都说穷日子难过,我不怀疑这种说法。我过过穷日子。在做知青的时候,常用盐水拌饭吃。那样的夜,非常非常的漫长。"(池莉、小哑《好日子怎么过》,载于《幸福(悦读)》,2008年第9期)

幸亏对"文革"保持清醒、客观认识的态度依然是社会主流,否则包括本书作者在内的广大老百姓,真该被"文革迷"们想再来一次"青春无悔"的壮举弄得惶惶不可终日了。

三、"文革"时期普通民众收支状况一瞥

与民生商品(包括设计、生产、销售各环节)业态息息相关的是社会各阶层的收入水平和物价水平。计划经济时代三十年不变的是城镇职工工资等级制度和相对低廉的物价总水平,尤其是"文革"期间,物价和工资水平都是相当稳定的,但物资供应也是长期匮乏的,许多下列表格中的商品(特别是食品和工业制品)都是要凭票供应的。

表7-1 "文革"时期城镇民生商品消费价格表(单位:人民币/元)

大米(1市斤)	0.1至0.2	水果(1市斤)	0.2至0.8	理发(1次)	0.08至0.2
面粉(1市斤)	0.18	江南啤酒(1瓶)	0.33	洗澡(1次)	0.1至0.3
粗粮(1市斤)	0.1	白酒(1瓶)	0.24	报纸(1份)	0.02
花生米(1斤)	0.12	酱油(1瓶)	0.10	杂志(1本)	0.15至0.2
菜油(1市斤)	0.86	白砂糖(1市斤)	0.78	寄外地平信(1封)	0.08
猪油(1市斤)	0.52	水果硬糖(1市斤)	1.2	寄本地平信(1封)	0.04
挂面(1市斤)	0.22	蛋糕(1块)	0.04	坐公交(5站以内)	0.05
阳春面(1碗)	0.08	脆麻花(1根)	0.04	火车(南京到上海)	5.6
肉包(1个)	0.09	食盐(1市斤)	0.15	门诊挂号(1次)	0.05
馄饨(1碗)	0.13	醋(1瓶)	0.12	中小学交费(1年)	6至12
烧饼(1个)	0.02	火柴(1盒)	0.02	存自行车(1次)	0.01
油条(1只)	0.025	馒头(1个)	0.05	冰棍(1根)	0.03至0.05
一等猪肉(1市斤)	0.94	二等猪肉(1市斤)	0.87	三等猪肉(1市斤)	0.78
卷烟(甲等,牡丹)	0.56	卷烟(乙等,前门)	0.31	街摊茶水(不限)	0.02
鸡蛋(1市斤)	0.48	卷烟(丙等,勇士)	0.08	书籍(300页)	0.8至1
鲜鱼(1市斤)	0.15至0.3	香皂(1块)	0.24	看电影(1场)	0.05至0.1
蔬菜(1市斤)	0.01至0.1	肥皂(半条)	0.08	打公用电话(1次)	0.04

（续表）

白菜(1市斤)	0.03	棉布(1尺)	0.70	搪瓷茶缸(1只)	0.15至0.3
辣椒(1市斤)	0.1	的确良(1尺)	1.50	铁壳暖水瓶	3至5
萝卜(1市斤)	0.04	丝绸(1尺)	1.3至2.5	电子管收音机(1台)	40
豆腐(1块,半斤)	0.02	煤球(1市斤)	0.004	半导体收音机(1台)	32
臭豆腐(11块)	0.1	木材(1市斤)	0.003	上海产全钢手表(1台)	120
甜大饼(1块)	0.04	蜂窝煤(1个)	0.03	上海产半钢手表(1台)	70
原味豆浆(1碗)	0.03	房租(二室,402)	3至5	南京产钟山表(1台)	6
淡水蟹(1市斤)	0.8至5	自来水(1度)	0.02	自行车(1辆,凤凰)	168.5
老母鸡(1市斤)	1.3	民用电(1度)	0.24	蝴蝶缝纫机(1台)	175.4
山西白皮面(1碗)	0.08	山西桃花面(1碗)	0.38	山西过油肉(1份)	0.43
红糖馅月饼(1块)	0.10	牛奶(1市斤)	0.26	小香槟(1瓶)	0.33
北京卤火烧(1碗)	0.12	北京啤酒(1杯)	0.10	茶叶蛋(1个)	0.10
食堂炒素菜(1份)	0.05	食堂炒荤菜(1份)	0.10	东来顺羊肉(1盘)	2.00
北京粉肠(1段)	0.10	北京余丸子(1碗)	0.25	北京烧茄子(1盘)	0.20
北京老莫奶茶(1杯)	0.3	烤羊肉串(1根)	0.20	烤鸭加苹果(1份)	3.80
肉馅水饺(1斤)	1.40	北方豆腐(1斤)	0.08	冬储大白菜(1斤)	0.01

注：以上数据根据各种资料(主要是本书作者记录苏浙地区离退休老人的口头回忆为主)综合汇编，因地区、时间、城乡差别，有些数据未必一致，均无法获得官方统计数据证实，仅供参考而已。如大米，在南方各城市 50 年代末至"文革"晚期均为粳米每市斤 0.14 元、籼米 0.11 元左右，不产大米的华北各市则略高——本书作者母亲曾在粮管所工作 40 年。

对于物价与工资的变化，有位网友说得特别好："很多人一直在怀念以前的物价，其实是怀念错对象了，举例说猪肉那时是 7 毛 8 到 9 毛 4 一斤，现在是 10 到 13元一斤，翻了大概 17 倍。而工资那时二级工 38 块 5，算是中等收入了。如果把工资翻 17 倍，也才 644.5 块。我想各位看官基本明白了。"("70 年代的物价"，载于《铁血社区·历史论坛》，2010 年 1 月 11 日)从 50 年代延续到 80 年代初普通职工"八级工资制"，因行业、地区的差异，数据无法统一，但总体上差异不算太大。以福建地区煤炭职工"文革"时期八级工资为例：

表 7-2 福建地区煤炭职工"文革"时期八级工资情况(单位:元)

等级	1级	2级	3级	4级	5级	6级	7级	8级
井上	31	36.27	42.44	49.66	58.09	69.98	79.55	93.00
井下	33	38.97	46.04	54.35	64.19	75.80	89.53	105.60

注：重体力劳动行业职工(如搬运、装卸、建筑、钢铁、海员等)月工资均接近或等于上述表格所列数额，差额不大；轻工业和其他轻体力职业(机电、仪表、手工业、商店等)则低约 15% 至 20%。

根据国家人事部门公布的资料显示，长期以来在计划经济时代，除军队外不论什么行业几乎都实行两种工资制度，即政治系列与技术系列工资制度。其中政治系列按行政级别，从第 1 级的国家主席、人大委员长、政协主席(644 元)到第 30 级的基层办事员(23 元)共分为 30 档；技术系列按技术等级，从第 1 级的总工程师、

图 7-1 吃忆苦饭

科学院院士、大学一级教授、研究员（322 元）到第 18 级的实习生（27.5 元）共分 18 级。

1971 年 11 月 30 日,《国务院关于调整部分工人和工作人员工资的通知》[(71)国发文 90 号],内有条"注"如下:"注:例如,北京市郊区县(五类工资区)的粮食加工工业,现行工资标准,二级工为 33 元;三级工为 36 元,工资级差不到 5 元。这次二级工调为三级工,工资级差按增加到 5 元,月工资为 38 元。未调级的原三级工,月工资原为 36 元,也按 38 元的工资级发给。"

"从 1957 年到 1976 年,全国职工在长达 20 年的时间里几乎没涨工资。1957 年全国职工平均货币工资 624 元,1976 年下降到 575 元,不进反退,还少了 49 元。"(曾培炎《新中国经济 50 年》,载于《当代经济研究》2000 年 04 期)

就"文革"期间民众生活的基本状况看,即便是经济条件相对较好的苏浙地区的农村强劳力,一般一个劳动日也仅有 0.1 元左右,全国绝大多数农村地区"一个劳动日只能挣几分钱"的状况非常普遍。很多"知青"回忆,去农村插队后,一年到头地参加各种农业生产劳动,年末结算时,扣除分粮款,一般只能落下几块元、几毛钱,甚至"倒挂账"(指记下欠款、来年偿还)。全国绝大多数农民家庭,手里可支配的现金极少,甚至有些家庭连购买点灯用的煤油和吃饭必不可少的食盐的钱都成问题。大多数农村家庭的煤油、食盐、调味品、布料、日用工业品(肥皂、牙膏等)等,都要靠自己养鸡下蛋换成现金来解决,故而"文革"时期,养鸡生蛋,被农民们成为"鸡屁股股银行"。因为经济状况的极度贫困,"文革"期间农村社会人际关系极为紧张,为区区几分大打出手,甚至命案频发,屡见不鲜。

据原农业部人民公社管理局统计的数字:1978 年,全国农民每人年均从集体分配到的收入仅有 74.67 元,其中两亿农民的年均收入低于 50 元。有 1.12 亿人每天能挣到 1 角 1 分钱,1.9 亿人每天能挣 1 角 3 分钱,有 2.7 亿人每天能挣 1 角 4 分钱。相当多的农民辛辛苦苦干一年不仅挣不到钱,还倒欠生产队的钱。

城镇职工在"文革"期间的生活基本状况略好于农村,但绝大多数家庭仅够勉强糊口而已。在生活改善和享受型消费方面,几乎是一片空白。以工龄为十年以上的中年职工为例,全国城镇职工一般月工资都是 30 至 40 多元,超过 50 多元就已经算"高工资"了。刚参加工作的学徒工全国一个标准:14 元,次年升为 18 元,满师后升为 28 元(算一级工)。

总的说来,"文革"时期出现的政治高压态势下的民生社会,物质匮乏、生活清贫、精神压抑、情绪紧张,是绝大多数中国城乡普通民众家庭极为普遍的生活状态。以"文革"十年动乱结束第二年的 1978 年的统计数据为例,全国城镇居民人均可支配收入 343 元,比 1957 年增长 35.4%,扣除物价因素,实际增长 18.5%,年均仅增长 0.8%;农村居民人均纯收入 134 元,比 1957 年增长 83.6%,年均增长 2.4%,扣除物价因素,增长更低。"文革"时期,城镇居民 70% 以上的消费都用在衣食温饱方面,家庭恩格尔系数达 57% 以上,城镇居民刚刚脱贫,但仍在温饱最低线上徘徊;这一时期,农村居民家庭恩格尔系数都在 67% 以上,到 1978 年全国仍有 2.5 亿农村居民的生活水平还处于绝对贫困线以下,整体上说,农村居民还远未跨入温饱阶段。(详见国家统计局网站编制"新中国 60 年:城乡居民从贫困向全面小康迈进",2009 年 9 月 10 日)以"文革"结束前一年的 1976 年统计数据为例,中国的 GDP 在全球所占的比重由 1949 年的 5.7% 降至 1%。而当年中国人口占全球的 22.6%。这就是说,中国的人均 GDP 比全球平均水平的 1/22.6 还低。1976 年,全球各国贫困线是人均国民收入 300 美元,而《中国年鉴》公布的中国农民(占总人口百分之八九十)的当年平均收入约合 56 美元。可他们除了难以果腹的口粮(以红薯为主)外家徒四壁、一无所有,其真实收入充其量相当于只有十几美元,约等于全球贫困标准的 1/20。"1978 年,全国 8 亿农民每人年平均收入仅有 76 元,其中 2 亿农民的年平均收入低于 50 元。当时农民年平均口粮不到 300 斤毛粮。还有一个令人震惊的数字:1978 年,全国有 1/3 的地区生活水平不如 50 年代,有 1/3 的地区生活水平不如 30 年代"。(杨继绳《邓小平时代》,北京中央编译出版社,1998 年 11 月版)。

第二节 "文革"时期民生状态与民生设计

可以这么说:普通百姓日常生活受政治因素全面干扰的烈度,中国社会的百年历史中没有任何时段能超过"文革"十年。无论是商品供应水平、商品价格水平、百姓收入水平、百姓购买水平(或是指标)以及一切与民生与市场有关的生活品生产(包括设计),都深受影响。在这个大的政治背景下,了解社会民众的生活状态,要是仅仅依靠官方公布的"平均值"统计数据,显然是很不充分的。比如,即便是有时装供应(那是假设,实际是根本不可能存在的),老百姓也买得起(同样是假设,也是绝对不可能存在的),谁又有多余的布票、工业票去买呢?即便可以买,谁又敢穿上街呢?一般在自由经济市场条件下发挥决定性因素,如"商品实用价值""商品消费价格""商品时尚影响"和"商品的宣传引导"在"文革"时期都是以特别异常的方式得以运行的,跟我们今天理解的概念完全不是一回事。因此,今天了解民众生活状态,首先要了解"文革"时期各种政治运动对中国社会的全面影响,才能找到民生设计的生产与消费行为的缘由、规模、水平。

在"三年自然灾害"后期,刘少奇和党中央一些主管同志,积极采取了一系列补救措施,如"分田单干""包产到户""自留地"等调动老百姓生产积极性的具体政策,及时地纠正了"大跃进"时代的冒进失误,在濒临崩溃边缘之际,挽救了党的事业和中国革命的成果。从 1963 年起,国家经济建设与各项社会事业已全面康复,民众生活水平得到较快增长,全社会各行各业正在出现快速发展的势头,重新形成了全国人民鼓足干劲,努力建设社会主义新中国的大好局面。可惜毛泽东并未从"反右"和"大跃进"给社会造成的伤害中汲取应有的教训,而是固执己见地迁怒于人,直接把斗争矛头指向昔日亲密战友、因及时采取补救措施而挽救了国家经济的最大功臣、国家主席刘少奇等一大批党政军负责同志,悍然发动了"无产阶级文化大革命",再一次将中国社会拖向灾难深重的深渊。

"文革"时期的民众生活,由于生产活动和社会秩序受到政治运动的强烈冲击,工农业生产发展缓慢,人民生活水平的提高止步不前,特别是错失了六七十年代全世界范围的经济腾飞"黄金时期"。很多中外学者将抗战八年和"文革"十年,比喻成 20 世纪中国社会最糟糕的时期,一次强敌入侵和一次内部动乱,使中国社会"元气大伤",不但使很多累积起来的建设成果付之东流,损失了很多优秀人才和社会资源,而且严重地挫伤了中国社会进步、改良的积极势头,延缓了中华民族实现工业化和现代化的百年进程。

在"文革"期间,尽管有无数大小政治运动的冲击,广大人民群众仍然坚持在经济建设第一线的岗位上辛勤工作;以周恩来为首的部分未被彻底打倒的党和国家领导人,历经艰辛、委曲求全、忍辱负重地周旋在"四人帮"和其他形形色色的阴谋政治集团之间,为维护国民经济和社会治安的基本秩序,进行了艰苦卓绝的努力。

本书作者认为:"文革"时期如此恶劣、混乱的政治环境下,没有爆发类似"三年自然灾害"那样的大饥馑状况,要特别感谢"文革"大部分时间的周恩来和"文革"后期的邓小平等主管国务院日常工作的政府领导人,他们个人的努力和坚持,甚至不畏威权、敢于斗争,坚决地捍卫、维护了整个国民经济的正常运行,是最主要的原因之一。另外,全国各行各业的干部职工,逐渐意识到"文革"的巨大危害,出于对党和国家前途命运的忧虑和对个人、家庭利益的长远考虑，自觉或不自觉地埋头工作，用实际行动保卫了社会主义建设的成果和自己的切身利益。

图 7-2 "文革"时发的肉票

一、"文革"时期民众衣着方式与设计

1966 年初夏，以北京高校中的军队干部子女为首的第一批"红卫兵"分子（聂元梓、韩爱晶、蒯大富、谭厚兰、王大宾等），开始冲击自己学校党委、行政；在"四人帮"的怂恿、唆使和毛泽东的默许下，"红卫兵"运动迅速向全国各地蔓延，继而扩散到全面冲击社会上的一切党政机关。"红卫兵"分子的主要斗争手段也在不断变化、升级之中：开始是贴大字报，点名道姓地批判，然后发展到揪斗（包括给被害者戴上纸糊的高帽、挂上"打倒某某分子某某"的大木牌、双臂被拧成"喷气式"等等）、抄家等直接违反刑法条律的人身侮辱和侵犯私人财物的行为；最后发展到殴打、监禁，甚至杀害批判对象的严重暴行。

由于"红卫兵"领袖大多是"革命军人"和"革命干部"家庭子女，装束平时多为一身军装，除去没有领章帽徽之外，俨然与军人无异；而且是赤裸裸地炫耀自己来自于"革命军人"和"革命干部"家庭，以有别于普通百姓家庭子女的"特殊身份"：外衣裤子一般是 65 式夏季草绿色单制服，更受欢迎的是洗得发白的 58 式夏季黄色单制服（因为上衣肩部留有扣肩章的小布带，以表明来自"高级军官"家庭）；头戴软檐"解放帽"、足登"解放鞋"、腰扎65式军服配置的人造革皮带、斜挎65式军服配置的小挎包。请读者留意:"红卫兵"领袖们的"标准行头"一定都是有四只口袋的干部制服,士兵制服是要受同伙鄙夷的;因为这本身就是平民子女羡慕不已的特权象征,也就具有一定的隐形"号召力"和"权力诉求"。

"红卫兵"分子的"标准行头"还包括以下三件标准佩饰。其一,左胸佩戴一枚毛主席像章。1967年之后"红卫兵"和"造反派"流行的毛主席像章更换成流行军队内部当时发行的特有徽章(不对外公开发行,须有"门路"才可以搞到),由两部分组成:上部为一枚4厘米左右长度、0.5厘米宽度的小横幅,凹凸版图形,刻有毛泽东手书"为人民服务"字迹,红底金文;下部为一枚外轮廓为五角星造型的徽章,中心部位是毛泽东免冠侧面浮雕头像,红底金文。其二,手拿一本《毛主席语录》。这里也有讲究:老百姓家庭出身、跟着瞎起哄的"红卫兵"分子只能挥舞着大街上"新华书店"发行的大32开本、塑料封套的《毛主席语录》;而"军干""高干"出身的"红卫兵"领袖们则拥有军队内部印发的64开本、塑料封套上印有毛主席戴军帽头像、标有"解放军总政治部编印"字样的袖珍版《毛主席语录》。其三,一只"红卫兵"红袖章。基本款式为,上沿用小字标注所在地区、组织名称;红袖章中央为统一的三个繁体大字:"红卫兵",字形由毛泽东书法集字而成;有些红袖章下部还用小字标注编号,如"(上款)首都地区大专院校、(中款)红卫兵、(下款)清华大学井冈山造反总司令部"等。后来"文革"遍布全国,各地"造反派"组织的红袖章亦沿用了"红卫兵"袖章的基本款式,如"(上款)青岛市国棉六厂、(中款)工人革命造反队、(下款)风雷激战斗团"等等。"红卫兵"袖章的原型出处为仿制解放初期由军队组成的各城市军管会袖标;而军管会袖标款式出处,则最早可追溯到大革命时代(1925~1928年)的"工人武装纠察队"和"农民自卫军"红袖章。

"无产阶级文化大革命"全面爆发后,毛泽东身穿军服(显然受"红卫兵运动"感染,也趁机表明自己的支持态度)不辞辛苦地在北京天安门广场先后八次接见来自全国各地的"红卫兵小将"(据统计人员总数为150万),直接把"无产阶级文化大革命"推向高潮。毛泽东首次接见时,欣然接受了当时北京高校"红卫兵"组织代表宋彬彬为其佩戴上一枚"红卫兵"袖章,至此,"红卫兵"标准装束正式形成。

全国各地的"造反派"组织,谈不上统一着装。唯一有集体象征意义的便是由"红卫兵"袖章模仿演变而来的"造反派"红袖章,还有人人须佩戴一枚款式五花八门的毛主席像章。但各地国营大型厂矿企业的"造反派"组织,有条件在装束上形成自己的"服饰特点":如头戴一顶工人阶级特有的"安全帽",身穿"劳动布"(其实是民国末期引自美国的"牛仔布"),足登各行业不同的"劳保鞋";大型集会和游行时,脖子上还要扎一条白毛巾。由此推演,医院的"造反派"组织在佩戴红袖章和毛主席像章之外,身着白大褂、头戴小白帽、脖子上挂个听诊器等等。

"文革"初期,红卫兵小将们就把"破四旧、立四新"的矛头对准一切与自己革命装束不一致的所有服饰。有些城市甚至有红卫兵拿着剪刀、锤子守在街口,见他们认为的"奇装异服""卷毛烫发"上去就剪、见"火箭头"(指头部较尖的男士皮鞋)和高跟鞋就砸,不由分说。于是,西装革履、胭脂口红、领结吊带、烫发焗色、高跟女鞋、尖头男鞋,统统成了"资产阶级生活方式"的罪证,一旦抄家截获,自然够物主一壶喝的。因而在"文革"初期,几乎全国各城市的每一个家庭(特别是在单位和街道已有麻烦缠身的"被斗争对象"们),基本都在半夜里紧急清理,将这些有可能给自己带来麻烦的服饰用品和只要是解放前颁发的纸本证件(包括结婚证、文凭、职业证书、营业执照、私人信函、个人日记等等)悉数损毁。

在"文革"一片肃杀、凝重的政治气氛中,全国普通老百姓人家的装束,力求艰苦朴素,生怕给自己惹麻烦。"文革"前那种稍微活泼的款式变化,在"文革"那种捕风捉影就能给人扣上大帽子的不讲道理年代,基本全部销声匿迹。在"文革"初期和随后的"一打三反""清理阶级队伍""清查516分子"等一系列严酷斗争中,被邻居或同事揭发有"小资产阶级情调"和追求"资产阶级生活方式",那可是自找麻烦、自寻死路、株连全家的莫大罪名。成年男女着装清一色的"人民装",也就是"毛氏服装"(见本书第六章相关内容)的普及版:面料肯定不可能是毛呢哔叽呢的,多为棉织咔叽布;70年代初开始,增加了化纤布料。"人民装"基本色调局限在蓝、褐、黑、浅灰、水泥灰等以"朴素"为特征的范围内。直到"文革"结束的70年代末,中国百姓千人一面、朴素简陋的服饰特点,给全世界媒体留下的印象是"一群蓝蚂蚁"。

工作服是"文革"时期普及率仅次于军装和毛式服装的大众时装了。"'工人装'脱胎于工作服,后者主要是国家为一些国有大企业的职工提供的制服。根据访谈资料和当时广东工厂的性质,它主要分为准军事化的工作服和一般工作服两类:前者分铁路制服和造船厂工人制服两类;后者主要是毛巾厂、棉纺厂、食品厂、机械厂、制药厂等工人的制服。工人在工作时间全部都穿工作服,有工人在工余时间也选择工作服作为日常穿着,部分青年工人甚至在相亲等重要场合也自豪地穿上工作服,以彰显自己'主人翁'的地位。以当时的铁路制服为例,其色彩以蓝色为主,很少有改变。铁路制服的男装与女装略有不同:男装通常是圆领,没有翻领,与'中山装'有几分相似,通常有四五粒纽扣,胸前有衣袋;女装有领,但没有衣袋。男女铁路职工都统一佩戴'大圆帽'。男装的大圆帽有帽舌,女装的大圆帽没有帽舌。男女职工帽子的正前方都有一个铁路路徽,类似解放军的军徽。"(孙沛东《"文革"时期广东民众的着装时尚》,《开放时代》,2012年第4期)

无论是心甘情愿,还是心有不甘,"艰苦朴素"是"文革"时期全国城镇普通民众服饰最主流的时尚标准。为了表现自己的艰苦朴素,即便是逢年过节,全家人添置新衣服,有时为掩人耳目,甚至将新买的衣服在水中做旧,或者在并未被损坏的衣服上打上几个补丁。这种今天看来匪夷所思的荒诞举止,在十年"文革"却盛行一时。民间顺口溜这么说:"新三年,旧三年,缝缝补补又三年。"还有一首歌曲也家喻户晓:"勤俭是咱的好传统呀,社会主义建设离不了,离不了……"城镇居民用的布料、纱线,都是要凭票定量供应的。每人每年的布票定量按职业、年龄划分,在1~4米上下,仅够做一身衣裤;买布鞋、毛巾、被单、床褥也都是要收布票的,因此得仔细筹划,合理分配用途,不可能全拿来做新衣。不少城镇百姓家庭都有缝纫机,有的家庭主妇也会自己裁剪、缝纫,以便自己动手做衣裤什物,减少这方面的家庭开支。

"文革"时期年轻人最时尚的帽子便是"解放帽",春夏秋三季为单军帽,冬季为"雷锋帽"(详见本书第六章相关内容)。70年代初,一度全国城镇在大街上、公共厕所里抢军帽的民事案件呈多发性趋势。既弄不到、也不敢抢的小青年,也有不少戴"前进帽"(又名"鸭舌帽")、毛线毡帽的。城里的男性上班族穿鞋方面倒一如建国初期,以布鞋、"解放鞋"(大多是地方厂家仿造的)、单位发的翻毛"劳保"皮鞋为主,条件好些的家庭子女还穿篮球鞋、皮鞋。70年代最时髦的皮鞋款式是"三截头",即鞋尖、鞋跟部均有加厚的包皮护片;买皮鞋是需要支付"工业券"的,因此极为珍贵,通常是家庭里出头露面上班挣钱的父亲角色的"特权"。70年代以后,冬季里女孩子开始扎大花丝巾,好在当时已无人阻止,使各种围脖、纱巾成了"文革"时期女装佩饰的唯一亮色。

"文革"时期乡村百姓的服饰,一如建国初期,甚至民国,变化不大。地主、富农早就打倒了,还被"踏上了一只脚",奢侈型的服饰在农村地区已荡然无存,自然也就不存在这方面的设计行为。广大农民经济条件有限,想讲究也是力不从心,想不"艰苦朴素"也是办不到的。因此农民家庭不必像有些心眼儿多的城里人那样,往新做的衣服上故意缝补丁,天然就是破破烂烂的一身。产棉区的棉农家庭要好一些,基本上家家都有纺线车和织布机,全凭自己动手纺线、织布、印染、缝纫"一条龙"设计、生产,完全可以在衣裤被褥方面"自给自足"解决问题。无棉区的有些农民和山民困难家庭在服饰方面就十分可怜了,很多人一件破烂棉衣要穿几十年、传几代人;一条破烂被子常一家子伙着盖,也是拼拼凑凑、缝缝补补地要传几代人。境遇最糟糕的贫困家庭(主要为农村地区被专政、管制的地主、富农、坏分子)不少只有一条整齐裤子,兄弟、姐妹、夫妻,谁出门谁穿。全国乡村农民下田、出远门多穿草鞋,甚至打赤脚是普遍现象;只有出客和参加重大礼仪活动,才穿双布鞋,最奢侈的是穿双"解放鞋"。皮鞋就极为罕见了,不是县级"革委会"前几把手,一般有皮鞋也不敢穿。

"文革"时期南方农民的帽子款式,沿海的苏浙一带,秋冬季节仍以鲁迅笔下的"闰土""阿Q"那种毡帽为主,或者干脆免冠;基层干部则设法弄顶军帽扣着。赣鄂湘等长江沿线地区,则花式相对复杂,既有西南山区那种缠头布条,也有江南毡帽,还有单帽、棉帽不等。西南地区不论云贵川桂,只要是农村地区,基本一布条缠头为主,当然官庶不分,解放军单帽都是很受欢迎的。北方农民都喜欢头裹白毛巾,只是华北农民爱把巾角结系在脑后,晋陕甘宁等西北农民则喜欢把两只羊角系结在额前。

乡村干部和吃"公家饭"的人,只要是自以为"稍有身份",都会设法给自己弄一身城里人那种"人民装"。有些"文革"时出头的乡村干部,有了身"人民装"也不肯好好穿,总是披在肩头,戴个旧军帽,没事双手叉腰,四顾流盼,做出些电影上毛主席他老人家的做派来。这个装束和派头,成了大半个中国农村地区从县级到生产队长(村级)领导干部们标准的"着装造型",显然也算是"文革"时期农村基层干部的"形象设计"。

1973年以后,由于北京燕山和江苏仪征等地先后进口了日本的乙烯设备,中国化纤产能上了一个台阶,市场上出现了许多化纤布料的衣裤、家纺品,也就是人们俗称的"的确良"。虽然比较坚固、轻便,但在长三角这种较潮湿的地区"的确不凉",穿起来一捂一身汗。此类化纤产品在当时可谓"物不美价不廉",比棉织品差多了。据一位老商贸职工回忆,当时"'毛的确良'(70% polyester,30% wool)裤子每条20多元。'棉的确良'(70% polyester,30% cotton)衬衫约10元。牛皮皮鞋每双20多元。呢绒短大衣77元。尼龙袜子2.5元。羊毛围巾5~10元。混纺围巾2~3元。羊毛绒线20多元一斤,混纺的10多元。"(疯疯癫癫僧《文革时期的上海商品供应》,载于"凯迪网·社区·猫眼看人",2010年5月21日)

"文革"后期社会秩序有所恢复,但民生商品供给局面依然紧张。就服装、布料、家纺品而言,除去无一例外都要定量配给的"布票"外,在花色品种上,老百姓可选择的范围极小,基本有啥买啥。以"四人帮"大本营的上海为例,要在"布票"规定的范围之外获取衣物、布料和日用家纺商品(如每日必需的毛巾、手绢等)。一是靠各厂矿单位按季下发的各种"劳动保护用品":包括从上衣到外裤、从帽子到鞋子、从毛巾到手套各种穿戴用品,一应俱全。二是要靠各种"后门":上海是全国轻工业最发达的地区,占全国比重三成左右,因此遍地棉纺厂、毛巾厂、鞋袜厂、被单厂、印染厂。能否不花钱从厂里弄些处理品、残次品,不但自用,还可以与人"调剂余缺",成为每个家庭一项极重要的服饰用品补充渠道。三是靠各种商品信息:上海各厂家(尤其是外贸单位)经常会对外销售一些"出口转内销产品",往往不需要"布票",品质也优于国内市场产品,因此能打听到消息、捷足先登抢购成功,成为衡量每个上海家庭主妇的"社会交际能力"的标准。

"文革"期间全国公交行业都向职工按季度配发"劳动保护用品",包括各种工作服、手套、毛巾、茶缸、肥皂等,重工业还发皮鞋、袜子、帽子,甚至内衣内裤。只是因地区、行业、工种的区别有所差异。国营单位的"劳保"通常大大优于"集体"单位,沿海经济相对发达地区优于内陆省份,军工、重工、采矿行业优于轻工。"劳保用品"的配发,大大缓解了人们在衣物穿着方面的困难境地,甚至成为很多家庭赖以维系的服饰主要来源。整个"文革"十年,全国各大中城市公众场合,满眼都是身穿"劳保"制服的人。不少人还把工作服当成彰显自己属于"领导阶级"的标签,效果不亚于今天的名牌时装。

二、"文革"时期民众餐饮方式与设计

"文革"时期的全国农村,以经济相对发达的苏浙沪和华南地区以及国家重点保障的京津近郊地区稍好,农民家庭口粮及副食品供应相对宽裕。如江南农民家庭日常主食有起码三分之二以上比例为大米;京津近郊农民家庭日常主食起码三

分之二以上比例以白面为主，配之以各种豆类、小米和其他杂粮；其他地区就没这么"优越条件"了。全国各地绝大多数农户，日常主食均以红薯、土豆、玉米、高粱这些高产农作物为主，甚至牛马饲料也被当做口粮配发。"文革"时期常年一天三顿都以红薯充饥的农民们难免时有怨言。如当时流传甚广的几段顺口溜："蒸红薯，煮红薯，上顿下顿皆红薯，吃罢红薯酸水吐，红薯把人吃糊涂"，"红薯叶，红薯干，红薯旦旦红薯面，离了红薯没法办"，"红薯面汤，红薯面馍，还有红薯面饸饹，没有红薯没法活"。许多农民因常年吃红薯而患胃病。即使是红薯这样的"粗粮"也不是年年够吃。尤其是除去江南、华南的全国大多数农村地区，每逢遇到春季来临，上年度口粮基本消耗殆尽，新粮还没接上，通常出现大面积"青黄不接"现象，很多农民家庭实质处于"断粮"境地。有的地区农民饿得受不了就干脆吃掉种子粮，先保住命再说；大多数农户则漫山遍野挖野菜、蕨根、淡水植物茎部等充饥；大中城市附近的农民则将妇孺雏涌向各城镇乞讨要饭，以度过"春荒时节"。

1967年，全国粮食供应出现了严重短缺的危急状态。面对城镇居民口粮计划供应存在巨大缺口的现实，周恩来绞尽脑汁，想了个"以出养进"的办法（出口好大米、好大豆，差不多可以换回两倍的小麦），避免了"文革"前期全国出现大面积饥馑的严重局面，而且在后来的"文革"年份里，一直采取了这个挽救了无数人性命的应急措施。据统计，1971～1976年进口粮食514.42亿斤（其中玉米67.4亿斤），按这几年进口粮食平均价格计算，需支出外汇32.22亿美元。出口粮食327.09亿斤，按这几年出口粮食的平均价格计算，换回外汇39.49亿美元。进出口粮食相抵，国内增加粮源187.33亿斤，还给国家增加外汇收入7.27亿美元（详见唐正芒著《周恩来与"文化大革命"时期的粮食问题》，载于《当代中国史研究》，2008年第1期）。"文革"时期出现过很多这样的难缠事例，周恩来等人均用个人智慧和积极稳妥的应对措施，与固执己见的毛泽东、包藏祸心的"四人帮"耐心周旋、积极弥补，化解了一系列原本可导致社会形势失控、国民经济崩溃的重大危难。

就全国农村绝大多数农户家庭一日三餐的基本情况看，普通农户家庭平时一日三餐中蔬菜极少，肉禽蛋奶就更是难得一见了；虽各家或多或少均有豢养，但绝大多数要到集市上卖掉用来换取"救命钱"（婚嫁丧事、看病抓药等费用）和购买生活必需的燃油（电灯照明用，因为那时未接通民用电的农村地区占大多数）、油盐、作料，自己极少食用。南方大多数农户家庭主要靠咸菜、豆酱佐食。很多西北地区（如甘肃、宁夏、陕北、晋西北、新疆大部等地区）农民往往只吃干馍喝凉水。全国农户家庭平时食用油数量很少，大多数农户家庭能在一年中的"年关岁末"难得炸两次油条，就是补足油脂的"奢侈"享受了。鸡蛋一般都舍不得吃，要积攒起来兑换日用品（肥皂、布料、牙膏、陶灯、农具等，甚至充抵修房工钱和学杂费）。除非过年、结婚、远道访客、上级视察这样的"重大事件"，一般难见荤腥。

"文革"期间全国城镇居民继续施行口粮定量供应的"配给制"。普通城镇居民按职业标准分成几个档次：机关干部和文教职工、大中学生（大学生是指"工农兵学员"，均为1973年开始名义上是"基层推荐"，实质上大多数靠"走后门"招收的"准大学生")每月 28 斤;轻工业、商贸职工每月定量为 30～32 斤;重工业和现役军人一般 36～42 斤;钢铁冶金、地质勘探、矿山采掘、港区装卸等一线职工每月定量最高可达 50 斤。

图 7-3　买越冬蔬菜

　　全国城镇普通居民在"文革"期间日常餐饮的食用油、葱、蒜、豆芽和其他"时令菜蔬",及鸡蛋、肉(包括皮骨都要折算收票),全部凭证凭票购买,供应量基本为成人四两左右、未成年人减半(各地略有不同)。砂糖、糖块、糕点也都凭票供应,"糖票"全年供应量大约在每个成年人半年一斤(各地略有不同)。全国公开的民生市场水果难得一见,倒是不要凭票。维持高级干部及其家庭的"特供系统"情况不明。

　　"文革"期间全国城镇一般大小饭店,都经营一道"大众菜",就是将顾客吃剩的菜肴倒一锅煮热乎再卖,民间俗称"杂烩菜",南京则叫"和菜",起源于民国饥馑年代。

　　"文革"期间城镇居民如遇家中来客,极少下饭店、餐馆,大多数在自家招待,吃以蔬菜、咸菜为主,豆制品为辅的"家常便饭";能以少量肉蛋"精品"招待来客,算是"盛情招待"了,能使客人感动不已。不少家庭,即使有票,也无钱购买;也有家庭肉蛋票证已经消耗殆尽(或舍不得一下消灭),即便有钱也无法"盛情招待"客人。"文革"期间无论城镇或农村,都很难留外地客人在家住上一个星期,因为客人们开销的粮食定量和其他副食品消耗,往往要让接待家庭在很长时期靠严重减缩来消化后果。还有干脆向留饭客人明言要收取粮票的做法,实属无奈。

　　在上述物资供应条件下,市面上的商业餐饮店铺,基本以大众化菜肴、面点、小吃的经营为主业。只有各省市官办"招待所"及外事活动单位,才有继续讲究"色香味"齐全的食材处理、糕点造型等民生餐饮设计内容可言;民间食材设计与筵席行序设计,基本丧失在民间的存在空间。大量的商业餐饮厨师、技工转行、离队,人才流失严重,民生餐饮设计行业出现了"断档"情况。以至于"改革开放"初期全国各地竞相举办各类轰轰烈烈的"美食厨艺大赛"时，获奖作品甚至比不了"文革"前的许多招牌菜、家常菜，无论是冷案刀功、食材雕花、糕点塑型，还是拼盘图样、排菜流程、礼仪行序等民生餐饮类设计内容，都存在着明显的差距。

三、"文革"时期民众居住方式与设计

"文革"期间，被以各种名义强占的私人房产不计其数，遍及全国城乡。从没有全国统一的这方面统计数据，但仅从局部采样看，情况显得十分严重。以北京市为例："'文革'初期，在'左'的错误影响下，北京市接管了八万多户房主的私人房产，共五十一万多间。其中，房主自住房二十七万多间、出租房二十三万多间，建筑面积合计约七百六十五万平方米，相当解放初北京城市全部房屋的三分之一以上。"（《关于落实"文革"中接管的私房政策的若干规定》，北京市人民政府，1983年3月11日颁布，载于《人民日报》，2003年6月9日）根据以上北京市官方统计数据判断，作为首都、尚属"略讲规矩"的北京市在"文革"时期没收、强占、哄抢的私人房产占全市住房的三分之一以上，其他城市在"文革"时期此类情况就可想而知了。房产被占的原房主，多半是在"文革"期间被打倒的"黑九类"人员，即地主、富农、反动派、坏分子、右派（这五类人也被称为"黑五类"），再加上叛徒、特务、走资派、知识分子；还有不少私营工商业者、去台人员家属、有海外关系的侨属和旧社会的演艺界从业人员等等。

全国各地城乡"文革"时期被占房产（被俗称"'文革'房产"）最大的受益者，则是"造反派"大小头目以及"红五类"（即革命军人、革命干部、工人、贫农、下中农；其实虽成分好听，得了实惠的主要是前两种人，后三种人该住哪儿还是住哪儿，绝大多数无权参与"'文革'房产"分配）分子；"'文革'房产"结余部分被当做"国家财产"由各单位分配给居住特别困难的群众居住。

"文革"十年期间，投入城镇居民住房建设的资金长期低位徘徊，而实行"计划生育"前的城镇新增人口压力越来越大。政府有关部门为建更多房子，只好一再降低普通居民新建住房的面积标准："'文化大革命'中，城市住宅标准设计每户建筑面积从1959年、1960年的五十多平方米降为三十多平方米，每平方米的造价从一百元降低为三十多元。大庆出现'干打垒'住宅，建住宅不用砖瓦木材。"（张群《居其屋——中国住房权问题的历史考察》，社会科学文献出版社，2009年9月版）

就"文革"期间全国城镇绝大多数普通居民家庭而言，住房多为"公家"租房，由各市区级"房产管理所"统一管理、收租金和负责维修、保养。城市居民的住宅大多面积小，设施简陋。如北方大中城市以"大杂院"形式居多；南方大中城市则以里弄、街巷、亭子间等为主；总体都十分拥挤杂乱，常常原建筑设计为几口人家的居住单位，被拥挤进好几户、几十人共同居住。居住者常年具有强烈的压抑感、紧张感。许多家庭的住房通常只有一间，几乎相同的布局就是用一张床或一个大立柜放在房屋的中间，拉上帘子把屋子隔成两间，前面是客厅兼饭厅。条件好些的家庭能备上一两只小马扎或小木凳；孩子多的家庭还得设计成上下铺，而床后面就是另

一间卧室与储藏室的统一。未成年子女玩耍只能以床入座,要不干脆到户外去活动。自行车、收音机、手表,是宽裕家庭追求的令人艳羡的"三大件"。桌子、凳子、木箱、被褥,就是当时普通家庭的基本财产。最困难的住户人均居住面积仅一平方米多,三代五至八口人,挤塞在一间十几二十平方的屋内,通常一张折叠床,晚上装好,加上地铺,分上中下三层,把人摞起来睡觉。这样的居住条件是不少"文革"时代普通人家的真实居住条件。自从新世纪之初房地产开发兴起后,全国人民饥渴般的购房热潮,不说明老百姓已家家富得流油,只说明中国老百姓真是在"文革"年代给挤怕了,住怕了。

以人口最多的上海市为例,由于"文革"十年期间,新建的民居远远赶不上新增人口,普通民众的住房问题越来越严重,一家祖孙三代共居一室的现象非常普遍。上海的普通百姓住房大多没有客厅,进门就是卧室,满眼看上去就是大小几张床。不少"筒子楼"人家没有独立的厨房、卫生间,很多都是将自家炉灶支在楼道里或楼梯拐角,几家或一层楼合用一间厕所。这些住房特别困难的家庭,能利用的室内空间全用上了,根本谈不上性别、辈分的区别,几代人共居,生活十分别扭、尴尬,二三十平方的房间里通常能有个地方支张床睡觉就不错了。搁下床板和最基本的桌椅橱柜之后,只剩下狭窄的走道,难得有立足之地。这种窘态是现在人和外地人难以想象的,上海人也无奈地自嘲为"螺蛳壳里做道场"。兄弟之间、邻里之间、同事之间,据说一旦涉及分配住房问题,往往就会激化成非常尖锐的冲突。据"文革"刚结束后上海市房产部门统计,上海 180 万住户中,按国家标准,有 89.98 万户属于住房困难户,占了总户数的一半左右;其中三代同室的 119 499 户,父母与 12 周岁以上子女同室的 316 079 户,12 周岁以上兄妹同室的 85 603 户,两户同居一室的44 332 户,人均居住两平方米以下的 268 650 户。(详见《上海地方志·城建志》,上海市地方志办公室,2002 年版)

"文革"时期北方农村多为土坯房、窑洞,南方农村多住茅草房,大多数常年失修、构件破损严重,不少一直处于"危房"状态在勉强维持。破破烂烂的土坯房、窑洞、茅草房是全国各地农村的普遍风景。与两千多年前相比,几无差别。阴雨季节,房顶漏雨,无法安睡,住窑洞的农民外出躲避,以防窑顶坍塌,许多家庭早已习以为常、见怪不怪了。西部地区的农民以及中、东部地区的山民,许多家庭所有财产就是:锄头、铁锨、一领破席、一床烂被子。全国各地的县城,大多只有一两条、三四条小街,尽是些破烂屋。中小城市,大多道路狭窄,路面坑洼不平;楼房极少,大多是民国和 50 年代修建的破烂瓦房;市政下水管网常年失修、维养不善,路边流淌着污水,公厕飘散着恶臭。

1977 年 6 月,刚到安徽担任省委第一书记的万里,曾先后来到芜湖、徽州、肥东、定远、凤阳等地调研,一路所见所闻,使他大为震惊。某个仅有 20 多户人家、68 口人的生产队,4 户没有门,3 户没水缸,5 户没有桌子。队长史成德是个复员军人,一家 10 口人只有一床被子、7 个饭碗,连筷子全是树条或秸秆做的。全队干群基本都是穷得叮当响,身上穿的、家里搁的,一点像样的东西没有。万里后来回忆说:"原来农民的生活水平这么低啊,吃不饱,穿不暖,住的房子不像个房子的样子。淮北、皖东有些穷村,门、窗都是泥土坯的,连桌子、凳子也是泥土坯的,找不到一件木器家具,真是家徒四壁呀。我真没料到,解放几十年了,不少农村还这么穷!"(田纪云《万里:改革开放的大功臣》,《炎黄春秋》,2006 年第 5 期)

从建国初期到"文革",对基本建设的投资越来越大,但对居民基本住房方面的投入常年在低位徘徊不前,随着城镇人口的逐年攀升,情况越发恶化,这就造成了广大城镇居民的改善住房迫切需要越发强烈,有时甚至爆发出干群、企业与职工各方面的激烈冲突。

70 年代初起,全国各大中城市先后由大型国营企业为本单位干部职工建造了不少职工宿舍、"工人新村"。70 年代这类房屋在一些地区被称为"大统建"。"大统建"平板房(有的则是三至五层楼房)取代了建国初的破旧民居,一片片鱼鳞状的板瓦、石棉瓦取代了破旧的草木棚顶,墙体也不再是石块砌成的,而是红砖、青砖用石灰砌成的平坦而洁白的墙面。但房屋内部很少有装修,只有床、桌子、椅子等基本家具,看上去倒是简朴整洁,一派和谐宁静。对于急切渴望改善居住条件的广大普通职工而言不过是杯水车薪:这批新房首先要解决领导和科室干部们的住房问题,其次才是工龄长的老职工家庭,最后真正能分到新房的基层职工,如凤毛麟角般稀罕。

1950～1978 年居民住房投入与基本建设投入比重对照

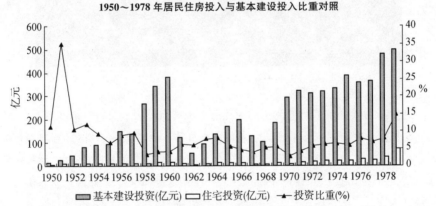

注:上表引自张丽凤、吕赞"中国城镇住房制度变迁中政府行为目标逻辑演进的模型分析"(载于《渤海大学学报:自然科学版》,2012 年第 2 期)。

四、"文革"时期民众出行方式与设计

"文革"时期全国各地城市的交通资源极为有限,普通市民的交通出行,除了徒步行走之外,可以代步的交通工具也就是公交车和自行车了。但"文革"时期市政建设和其他行业一样,时常受到各种政治运动的冲击,无法进行有规划的大规模改造和新建项目,对建国初期及解放前的市政设施也缺乏常年的妥善维养和修理,一般都处于勉强维持、运转的状态。特别是 70 年代初、全国各工矿企业新招了大批新职工参加工作之后,市区公交方面严重滞后的突出矛盾就凸显出来。市区公交线路少,站点不足,很多大中工矿企业不能直接抵达;公交运力严重短缺,维修能力

差导致车辆上路状况良好率低下,晚点、脱班现象严重。每逢早晚两个上下班"高峰期",车厢经常人满为患,挤得水泄不通。上海地区在整个 70 年代一直雇用退休老工人和社会闲散人员担任"公交纠察员",专门在每个公交站台维持秩序、顺手帮赶车上班的群众争取往挤得满满的车厢里多塞几个人。后来这种做法在全国大中城市推广,北京、广州、重庆、武汉、南京、沈阳、西安等地,戴着红袖标、吹着小哨子、舞动小红旗的辛勤老工人,成了"文革"后期每个城市令人记忆深刻的标记性晨曲景观。

图 7-4　自行车洪流

　　70 年代令全世界媒体感到震撼无比的中国城市每天清晨特有的壮观景象,则是每个城市十字路口川流不息的巨大自行车群体。通常是每当红灯闪过、绿灯亮出、交警尖锐的"放行"哨音响起,等待在路口的自行车洪流便滚滚向前,通常数以千计的自行车在五分钟之内一闪而过,下一波钢铁洪流又正在聚集。尤其是每天清晨在天安门广场东西长安街上出现的几十万辆自行车组成的庞大流动军团,密密麻麻、一望无边,犹如排山倒海之势,一泻千里。场面之气势恢弘、震撼人心,常常使当年西方资深媒体人和政治家们对"自行车王国"的赞叹之余,又引出其他令他们心惊胆战的联想来。

　　自行车作为"文革"后期全国城镇居民的最主要出行代步工具,具有至高无上的霸主地位。以北京为例,1965 年是 94 万辆,1970 年是 144 万辆,1975 年则达到了 223 万辆(引自《北京市国民经济统计资料 1949～1979》,北京市统计局,1979年编)。

　　整个 70 年代,拥有一辆自己的自行车,是全国所有青年职工的共同心愿;甚至是当年结婚娶媳妇的"先决条件"之一,名列"四大件"之首,享有如今日之房产和轿车一样的特殊地位。从 60 年代末起,国产的 28 锰钢车、半锰钢车成为自行车里的俏货。上海产的两款自行车如"永久"13型、17型，"凤凰"18型等等，都是大链套（南方人称"全包链"）、电镀单支架、电镀后车架、转铃，即所谓原装"高配置"自行车型。还有天津产的"飞鸽"大链套，支架是黑漆把后轱辘架起来的那种，不是上海车那种"转铃"而是老式的"板铃"，但仍在北方属于首屈一指的自行车名牌，销路极畅。这几款车是当年最先进、最新潮的自行车，全国闻名。

麻烦在于不是看上了哪种车型就可以花钱买到，还得先搞到理想车型的"自行车票"，不是你想要哪种，商场就肯卖给你哪种的。因此名牌车型的"自行车票"非常难搞，在"黄牛"手里价格不菲，通常为车价的两至三成，还要见了就下手抢"票"，稍有迟疑，即刻告罄。70年代的小青工，谁拥有一辆上述三种品牌的自行车，犹如今日之"梅赛德斯-奔驰""宝马"车主一样牛、出风头，常在工余时被三五成群的人围着鉴赏、评议、打探，被众星捧月的车主骄傲之情，溢于言表。

坐火车、坐轮船，是"文革"时期普通民众出远门的主要方式。但"文革"初期随意出门是不行的，各单位正如火如荼地搞"文革"，大批架不住揪斗、批判的人就往外跑，有的准备进京上访，天真地找党和毛主席"讨要说法"；有的则"识时务者为俊杰"，准备投亲靠友、躲过这一关再说。于是全国此类情况引起"'文革'领导小组"重视，严令铁路部门和各地严防死守，各城市火车站"售票处"居然也开始实行"定量供应"：没有单位外出证明一律不卖火车票。有些城市居然还印发了格式化的"'文革'外出证明"，哪个单位要派遣人"因公出差"，须先到"市革委会"有关办公室提交申请、接受审核，待查明出差人员不是"外逃人员"，方能出具有具体时间、起始地点、规定车次的"'文革'外出证明"前往火车站购票。长航轮船客运状况与此差不多。这种对旅客身份实行审查的规矩，至70年代初"清理阶级队伍"运动"胜利结束"后，开始放松。

"文革"初期的全国范围"革命大串联"，创造了新中国客运事业应对"临时性、突发性人口大迁徙"的"新纪录"。据不完全统计，从1966年夏季到1967年春季为止的不到一年期间，全国各地以"红卫兵小将"为主的"革命大串联"总人数，大约在千万上下。"以毛主席为首的无产阶级司令部"（这是"文革"初期"中央'文革'领导小组"的别称）对"革命大串联"无微不至地关怀，指示各地全力以赴做好接待工作，还特别强调了对串联人员的"三免政策"：免费坐火车；免费住宿；免费吃喝。有此等好事，适龄青年们如何不趋之若鹜？于是，几百万从高中生到大学生的学生娃，加上人数更多的小青工、无业游民，甚至"外逃人员"，各怀不同动机，纷纷加入了"革命大串联"的滚滚洪流之中，冲州撞府、走南闯北。那时节，只要是个旅游景点，漫山遍野都是打着红旗、戴着红袖章、拿着小红书的"串联人员"，附近旅社、学校、机关礼堂，甚至办公室、食堂，都塞满了形形色色打地铺睡觉、就地拿搪瓷缸吃喝的真假"红卫兵小将"。

本书作者一位老邻家刘姓青工大姐姐，和她的高中生妹妹，整一年不见人影，回家后面色黝黑、虎背熊腰的，可见沿途招待伙食确实不错。姊妹俩逢人就开故事会，畅谈大江南北的奇闻异事，从西藏林芝、内蒙古锡林郭勒，到云南丽江、吉林延边,可把同龄人眼馋坏了。我姐姐当年上初二,年方14岁,企图冲破家庭重重阻挠,跟同学结伴去"革命大串联",甚至都约好半夜出逃的计划,不承想被父亲骑车猛追至火车站拦截下来(告密者是当时不到12岁的哥哥,现在我猜想其中不无嫉妒成分),连哄带威胁才强行制止住此番荒谬之举,可也被她引为"终生遗憾"。

1968年底的"知识青年上山下乡"运动,给一时间轰轰烈烈的"红卫兵运动"画上了一个悲剧性的句号。"红卫兵小将"们已经被利用透支、达到顺利篡权目的的"四人帮"视为累赘,需要来一次集体性的消失,方能稳住"大好形势"。于是在全国范围突然性地发动了"知识青年上山下乡"运动。全国几百万"红卫兵小将"一夜之间就从"文革"的有功之臣变成了"知识青年";几乎来不及好好准备,就被相关机构以建国以来少有的高效率完成了一系列必要手续:由户籍管理的派出所注销城镇户口,统统转至被下放农村;规定指定时间、指定地点集结登车(铁路的各种客车、闷罐车、露天车皮和军队大卡车为主),由解放军战士和公安民警"沿途保护",直接送往全国各地老少边穷地区的农村、山区、林场、军垦兵团。"知识青年上山下乡"再次刷新了原来由"革命大串联"保持的新中国客运事业上应对临时性"人口大迁徙"的"新纪录",在两个多月内,将几百万"知识青年"连同他们的行李拉到了为他们准备好"安家落户"的指定地点。

这显然是一场精心策划、效率堪称完美的"杰作"。还沉浸在"文革"初期狂热情绪中的前任"红卫兵小将"、现役"知识青年"们,绝大多数依然情绪饱满、斗志高昂,高唱着《革命青年志在四方》《毛主席挥手我前进》《毛主席的战士最听党的话》等"文革"流行歌曲,满怀革命理想地奔赴祖国"真的需要"他们去的地方。

"知识青年上山下乡"运动持续了11年,从1968年底开始直到1979年底才基本结束。坊间计算,全国去农村插队落户的"知识青年"总人数达两千万左右。所有亲历者都可以证明:除1968年底第一拨不明就里、血脉贲张的"红卫兵小将"外,后来的每一拨"知识青年"在与家人车站月台临别时分,再也没有人情绪高亢地唱

图7-5 知识青年上山下乡

革命歌曲了，而是满场生离死别的气氛，个个泪流满面、撕心裂肺。

五、"文革"时期民众道德、礼俗方式与设计

"无产阶级文化大革命"对于"毛泽东时代后期"的中国社会带来的影响，是极其深远、长久的。以"文化革命"的名义，结果导致了中国社会全方位、深幅度、长时间的文化变异。"文革"在激化了社会各阶层的隐性矛盾、破坏了不同利益集团赖以共处的社会结构的同时，也动摇了中国文化传统的基础，摧毁了一些最重要的社会上千年积累的"公序良俗"，使社会风气和全体国民素质出现了大踏步的倒退，人与人之间的关系极度紧张，人伦常理和公共道德水准几近底线。本节内容就"文革"时期城乡社会与普通百姓相关的道德、礼仪、风俗方面出现的"新变化"，结合"文革"时期民生设计与产销行为，进行一个最粗略的梳理，力图通过对这些最能代表"文革"时代社会风貌的相关事例的概述与分析，以点带面、举一反三地揭示为什么说"'文革'是一场'文化浩劫'"的道理，也说明"文革"时期民生设计行为在道德、礼仪、风俗等方面比较有代表性的时代特征。

"文革"初期的"破四旧立四新"运动，是一场真正的文化大劫难。以"破四旧"发祥地的北京为例，北京的"红卫兵小将"们首创了"砸烂旧世界"的"打、砸、抢"行动。他们先是挨家挨户动员，继之以抄家、抄店，把一切被"红卫兵小将"认为是"四旧"范围的东西，统统砸烂、焚毁。除去私人物品中的许多旧社会遗留、收藏的字画、信函、证件、陈设品、首饰珠宝、化妆品、私人照片、日记等等。文博系统、商业系统都是两大"重灾区"：古色古香的"全聚德""东来顺""瑞蚨祥""福联升""同仁堂""荣宝斋"等老字号招牌、门头和橱窗霓虹灯都被悉数砸毁；全市各处"新华书店"里除了马列著作、毛选和鲁迅著作等少数书籍之外，其他都被当街烧光。北京的"红卫兵小将"们还企图冲击"故宫博物院"等"四旧老巢、大本营"，结果被周恩来等制止，出动军队保护才幸免于难。1966年8至9月约一个月期间，北京市共有33 695户家庭被"红卫兵"或自称"红卫兵"的人员抄家，"红卫兵"在一个多月内获得了10.3万两（约5.7吨）黄金、34.52万两白银、5 500余万人民币现金，以及613 600件古玩玉器等（详见［美］麦克法夸尔著《毛泽东最后的革命》，美国哈佛大学出版社，2006年版）。

北京发生的"破四旧"行为，迅速传遍全国城乡，引发了全国规模的文化设施大破坏，浊流滚滚，所向披靡，一切与"旧"有关的东西，都难逃厄运。由于"文革"初期各地党政机关均受到强烈冲击，过半数地方各级领导人均被揪斗、靠边站，甚至监禁，各方面处于失控的混乱状态，因此"破四旧"运动的危害性远远大于北京地区。不但有许多普通民众家里的私人收藏品（字画、装饰品、工艺品等）被"红卫兵"们搜出来砸烂烧光，很多私人财物（珠宝首饰、古典家具、陶瓷器皿、服装被面、私人相册、笔记信函等等）也被趁机洗劫一空。在上海，仅8月23日至9月8日期间就有84 222户家庭被抄家，其中1 231户为教师或知识分子，"红卫兵"除获得了大量的金银珠宝外，还获得了334万元美金、价值330万元人民币的其他外币、240万民

国银圆,以及 3.7 亿元的人民币现金或凭证。据 1966 年 10 月的党中央工作会议文件称,至此之前全国的"红卫兵"仅黄金就获得了 118 万余两(约 65 吨),并将这称为充公"剥削阶级"的不义之财(详见[美]麦克法夸尔著《毛泽东最后的革命》,美国哈佛大学出版社,2006 年版)。就连平素装束优雅、仪态端庄的著名爱国民主人士、孙中山遗孀宋庆龄,也接到了上海"红卫兵"荒谬的"檄文","强烈要求宋奶奶不要再留那种资产阶级的发型和穿那些资产阶级的服饰了"(引自"林彪号召全国'破四旧 立四新'",凤凰卫视《腾飞中国》栏目,2009 年 10 月 23 日)。

全国各城市商业区的店铺招牌、店幌、橱窗、门头、厅堂等普遍被严重损毁,连各街巷路口墙上钉的搪瓷路标,也被全部撬下毁掉。全国各地的工商单位、学校、公共服务机构,还兴起了改名热潮,一律冠以当时最时髦的革命流行语,如"东方红""向阳""人民""工农兵""四新""井冈山""延安"等等,有些名字简直荒诞不经、匪夷所思,如"除四害"药店(不卖耗子药)、"风雷激"浴池、"火车头"修车行(修自行车的)等等。

全国迄今缺乏完整的统计,究竟有多少件文物在"破四旧立四新"运动中遭受不可修复的彻底毁灭。有一点可以确信无疑:全国各地在仅仅数月的"破四旧"运动中被砸烂、焚毁的东西,超过了百年中国社会经历的历次战乱被损毁文物的总和。

<u>家庭伦理的毁灭</u>:在"文革"期间历次运动中没能"过关"而自杀的死难者中,有相当比例的人,是属于绝望的人。这种绝望,往往来自家庭成员形成的最后"致命一击"。"文革"时代提倡"大义灭亲""反戈一击",粉碎了多少人最后一丝求生的愿望,只能以死亡来解脱身临绝境的解脱。

<u>"大家拿"</u>:"文革"对人心灵的摧残,还不仅仅是血腥的暴力和"莫须有"的污蔑,更多地表现在混淆是非、颠倒黑白的鼓噪宣传上,无论宣传什么,老百姓谁也不敢公然说"不信",但心里早就没拿它们当回事了,全凭自己权衡利弊、捏拿分寸,判定是非界限。这就带来了一个问题:失去了公信力的舆论主导的社会,公共道德尺度肯定是具有很强"伸缩性"的。既然老天爷都不肯眷顾自己,只能自己设法照顾好自己和家庭了。人人都琢磨着如何在此精神上令人窒息、压抑,物质上极度匮乏的严酷环境中生存下去。于是,工人顺手牵羊拿点厂里的东西、农民顺手牵羊拿点生产队里的东西"贴补家用",几乎是司空见惯、人人为之的普遍现象。这里面可揭示的内容很丰富,不是简单指责"文革"时期社会风气是好是坏那么简单,本书作者只是提出这一现象,且由读者自己评判。

本书作者敢断言:70 年代初进厂工作的小青工们,家里新添的许多利用工余时间制作的"杂什物件",没几个不是顺手牵羊从厂里"夹带"的材料做成的。从北方市民家庭几乎必备的运煤拉菜的小板车"轮子"到溜冰子的儿童滑板,清一色是只有工厂才有的滚珠轴承,社会上市面商店根本没有卖的。还有无数的台灯、矿石收音机的装配材料和大小模型摆设,甚至烧水壶、晾衣架、小板凳、毛巾、碎布、什么针头线脑的,只要家里用得着,就尽管设法去拿。没人把这种小事情与道德挂钩,

还戏称"顺带不为偷"。"文革"刚结束时,有个广播里收听率很高的相声段子,名字忘了,里面特别喜欢占公家小便宜的那位主角把人家国名"加拿大"用天津腔叫成"大家拿",让人忍俊不禁,感同身受。

图7-6 "文革"婚礼

革命婚礼:"文革"期间的婚礼,一般不敢大操大办(大多数也没能力),相当的"革命化"。全国南北地区除去在结婚仪式的行序设计上略有差异,其他内容基本上大同小异。如婚礼的行序安排、会场布置、仪式道具、随礼物品各方面,都是一套标准的"革命婚礼"流程和做派。"革命婚礼"一般在自家"新房"举办。所谓"新房",基本就是平常家里的住房分出一间半间出来,打扫干净而已。如夫妻双方都是外地人,婚仪一般在单位招待所房间,甚至把办公室临时布置一下举行。以往供奉祖宗牌位的地方,放的是"忠字台"上的毛主席石膏像;或者是屋子的正墙中央贴上一张大幅的毛主席彩色标准像;其他墙面再贴几张毛主席最高指示、毛主席题字、毛主席诗词的印刷品。小夫妻婚礼装束与平时无异,基本换一身洗干净的衣服即可,胸前佩戴一枚毛主席像章、手拿《毛主席语录》是必不可少的,绝少有人敢戴大红花。

"革命婚礼"仪式开始时,小夫妻和来宾均手拿《毛主席语录》,齐声高唱一首革命歌曲,如《大海航行靠舵手》《敬祝毛主席万寿无疆》之类;小夫妻并肩向毛主席像"三鞠躬",取代了"旧风俗"一拜天地、二拜高堂、夫妻对拜的内容;然后是领导(相当于主婚人)讲话,勉励一番,有幽默感的"主婚人"顺嘴再鼓励小夫妻赶紧"整几个革命接班人"。接下来就是来宾们"批斗"小夫妻(有些地方还给小夫妻挂上类似批斗用的红纸牌),让他们坦白交代"恋爱经过"。最后是"茶话会",招待来宾的一般是茶水和零食(以花生、瓜子、糖果、饼干为主),大家聚在一起"畅谈革命大好形势",顺便闲唠家常。客走主安,最后是自入"洞房",行"周公之礼"。

城里人极少办婚宴，即便有，也一般不敢请单位同事（怕传出去政治影响不好，多了条不肯艰苦朴素、铺张浪费的"罪名"），多半是亲戚家属们找个地方私下吃一顿。农村人即便是"文革"时期，也是多半要"请席"的。"席"面主菜为平时难得一见的荤菜（价廉物美的猪头、猪下水居多；江南农村一般还要加道鱼），弄点大曲白酒（北方则是"烧锅子"土造酒），再加个炒鸡蛋、烧豆腐、几个蔬菜、一个素汤，就很像样了。入席者的多为"现金随礼"的至爱亲朋。"礼金"一般在 2 元至 5 元不等，甚至更高（多为血缘近亲）。根据各地"约定俗成"的规矩，"礼金"少于 5 元的来宾，一般在"革命婚礼"结束后自觉离开，但光临现场的各级领导除外。因此那时候的基层乡村"革委会"头目们，巴不得村里天天有婚礼，得逞口腹之欲，还一分钱不花。

"革命婚礼"上来宾"随礼"一般不流行收"现金随礼"，一来怕现金往来影响不好，主宾日后都有麻烦；二来怕是多是少不好说，主客都尴尬。也有少数是收"现金随礼"的，"礼金"数额一般也在 2 元至 5 元之间，并且都要由新人别委朋友逐笔仔细登记造册，以便日后"还人情"。如 5 元级别来宾人数居多，设宴摆席就免不了了，也不分"礼金"多寡，同邀入席一醉。如 5 元级别来宾人数偏少，凑不成一席，则另约时做席还礼。

城市的"革命婚礼"的来宾"随礼"多流行送些有实用价值的生活物品。根据全国当时的基本状况，热水瓶（北方人称"暖壶"，一般是要送就送一对，没有送一个的）、一套彩瓷或刻花玻璃茶具（含一个茶壶或水具，外加四只杯子）最为普及。也有不像话的抠门儿现象，合伙买一套《毛泽东选集》或是一尊毛主席石膏像送人家新人，让小夫妻日后极难处理。上海人一向讲面子但也"门槛精"，结婚"出份子"一般不掏现金的，60 年代末至 70 年代初最流行婚礼送三类物件：其一是搪瓷生活用品，主要品种排序为：脸盆、痰盂（上海搪瓷痰盂可不一般，通常是高脚深腹荷边翻口的造型，很有气派）、汤锅、茶缸；其二是丝绸被面；其三是热水瓶。"出份子"范围一般在同班组的"小兄弟"或"小姐妹"，加上单位的车间领导和厂级工会组织。要是新娘或新郎碰巧在大型国企，一个班组能有大几十号人马，再加上同车间要好的熟人，家里可就"泛滥成灾"了，收到的搪瓷制品、热水瓶能在屋角、走廊、厨房堆积如山，直冲天花板，情景跟"日杂小店"差不多。这么多"礼物"新人们根本无法消受，只能盼望着同班组其他工友们赶紧也结婚，好把这些自己几辈子也无法用完的多余物资再当做"随份子礼物"送出去。

<u>丧事新办</u>："文革"时期的丧事，如果属于"正常死亡"，且死者自身没有"政治问题"，属于普通市民家庭，一般都力求从简，不搞什么大场面，通常在火葬场前厅有个简单的遗体告别仪式，没有花篮、花圈、挽联、寿幛，往往只挂个死者遗像大幅照片，由火葬场职工充任的"司仪员"首先朗读一段毛主席语录（朗读频率最高的是《为人民服务》中"人固有一死，或重于泰山，或轻于鸿毛"那段），然后在口号带领下，家属列队三鞠躬，全部仪式即告结束。往往"戴孝"（指胳膊上套个黑色布箍）的人一般三天就摘下来，生怕与社会上满大街人人戴红袖章的景象发生过于强烈的

视觉冲突。即便有人家哀思深切,在家里偷摸着布置灵堂,也不敢邀请外人前来吊唁,仅局限于血缘亲友拜祭。灵台牌位也不敢放在接近正中央"忠字台"附近,一般另辟房屋进行;如仅有一间房,则偏置一角,向隅而泣。

民间"养生偏方":从 60 年代末一直到"文革"结束的 70 年代末,先后流行于全国城乡社会的民间"养生偏方"很多,不胜枚举,其中以"打鸡血针""喝红茶菌"(南方叫"胖大海")、"甩手疗法""灌凉水",甚至"埋羊肠线""喝盐卤"等几项,曾一度风靡全国、流传甚广。

毛主席像章:1966 年 8 月 19 日,毛主席在天安门城楼上第一次接见来自全国各地成千上万的红卫兵时,一位红卫兵给他老人家佩戴上了一枚毛主席像章。自此从北京到全国各地,各地各单位纷纷大量制作毛主席像章。东方红太阳日日升,毛主席像章人人戴,于是毛主席像章就成了"文革"时代唯一的服饰设计的标记性符号了。毛主席像章的形状,大部分是圆形,也有正方形、长方形、扁圆形、五星形等等。毛主席像章的规格,以圆形为例,直径最小的 0.48 厘米,最大的 1.2 米,但绝大多数都是 4 厘米左右。毛主席像章的重量,差异十分悬殊,最轻的只有 1 至 2克(有塑料泡沫内衬的),最重的达 50 公斤,但绝大多数都在 10 克上下。毛主席像章的材质,也是五花八门,有不锈钢的、铜的、胶木的、塑料的、陶瓷的、竹质的、木质的、骨质的、玉石材料的,大多数以铝合金为主。像章逐渐多了起来,几乎每家都有一大堆毛主席像章。

70 年代初的全国大中城市还形成了民间交换毛主席像章的"交换市场",经常挤得是人山人海、水泄不通。进场者人人拿块毛巾、坯布或海绵、丝绸,上面别着数十枚到数百枚形态、花色各异的毛主席像章。如有大家没见过的新款式亮相,立马成为全场热点,全场玩家围之、追之,如众星捧月般露脸。也有少数愿意出售的,记得当时一枚 8 厘米直径的新款像章,价格在 0.7 元到 2 元之间,一切依像章的款式、成色、稀有度、制造单位而定。不过敢于倒卖像章,一旦被戴着红袖标在场内四处转悠、维持秩序的"工人纠察队"抓住,那是要倒大霉的,不但像章没收,还要跟人"走一趟",去"把问题交代清楚",再写份"深刻检查",最后让单位来人领走继续"批评教育"。因此买卖的人不多;即便有,也是在私下极其隐秘地达成交易。

毛主席像章佩戴的数量多少不一,最少一枚,最多的十几枚,有幅著名的新闻彩照上,一位战士在参加"活学活用毛主席著作积极分子代表会议"时,军帽和军衣上挂满了毛主席像章,总数达数百枚,活像个刺猬。

"芒果"巡展:1968 年,全国上下武斗成灾时,毛主席将几只巴基斯坦外宾赠送的芒果托人转交给了进驻北京大学等首都高校的"毛泽东思想工人宣传队"(简称"工宣队")。这下子不得了,几只水果,就表现了伟大领袖对工人阶级的亲切关怀。在对毛泽东个人崇拜达到顶峰的"文革"初期,这件事成了全国各地持续数月的"巡回展览"——当然不可能是真把那几只芒果到处展示,而是精心制造代用品来到处展示。

无线电爱好:自行组装各种无线电收音机、航模,甚至电视机,是 70 年代广大

图 7-7 "文革""芒果"全国大巡展

青少年的极少有的正当爱好之一。几乎每一个大中城市铁定有一个类似现在"文物市场"的民间"无线电器材市场"。当时掌权的"军宣队""工宣队"和"革委会",均对此默许,一般不予干涉,只是派出戴红袖标的人从早到晚在此轮流值班,防止阶级敌人聚众闹事,也防止有人"投机倒把"或贩卖"盗窃来的国家财产"。此类市场一般都能聚集数百户以上的小摊位,名义上不能买卖、只能互换,但暗中钱物交易也没人管。还有人数更多的流动小贩,来往顾客川流不息,大多是中学生和青年工人、回城知青及"社会闲散人员"("文革"时期对失业者的蔑称)。在这儿能买到你想要的、你听说的所有能自行组装过各种矿石、晶体管无线电收音机、台灯的全部元件,小到电阻、电容,大到线圈、整流器、线路板,还有各种规格的电灯泡、各种口径的钢管,以及各种无线电爱好者必备的电焊枪、松香油、焊条,甚至还有大量各种家用维修工具,如老虎钳、起子(北方人称"螺丝刀")、扳手及各种铁钉、螺丝钉、螺母螺杆、电线等,其经营、交换的范围,已远远超出了"无线电"边界,成为地道的"电讯五金杂货市场"。

当时不少西方著名记者、著名导演涌入中国瞧新鲜,但他们在严控的社会环境中很难从老百姓口中得到完整、准确的信息。于是有些聪明的洋人干脆就不问、不说,端起照相机、摄影机自己拍。随着互联网的普及,四十年前的这些照片、影像如今都能随便查阅到,它们都真实地记录了"文革"时期中国百姓的日常生活,毫无修饰和隐瞒,单从社会学角度看,就极为珍贵,价值巨大。其中两位西方大师级人物的作品名气较大。

一位是自 1964 年以来多次来华拍摄的瑞士裔法国摄影师何奈·布里(Rene Burri),他的作品在网络世界的"文革"研究者眼中早已大名鼎鼎。他的"文革"摄影作品不但取景、用光、构图俱佳,而且涉猎广泛、取材丰富、层次鲜明(多年只爱拍老百姓),几乎是全景式地反映了六七十年代普通中国人的普通生活。特别可贵的是,这位摄影大师每张作品都流露出他个人深厚的人文主义关怀,细致而周到,灼热而真挚,却不带任何政治偏见和其他在那个年代让政治上极为敏感的中国人感到不舒服的西方式傲慢、鄙夷的情绪。何奈·布里的数千张"文革"摄影作品成为研究"文革"社会公认的最珍贵、最有价值的影像资料之一。本书作者收集了这位大师从刚出道的 60 年代初到 90 年代在中国拍摄的百余幅作品,每每细读,感同身受。我认真向所有搞"'文革'史"和当代中国设计史研究的所有青年一代学者们推荐这位大师的摄影作品,并且断言:如果哪一位读何奈·布里的作品却在自己内心深处找不到被感动的情绪,趁早改行。

另一位是名气更大的意大利著名导演米开朗基罗·安东尼奥尼(Michelangelo Antonioni)。他的作品通常带有极具个人感性倾向的评价色彩,应毛泽东夫人江青之邀在华拍摄的纪录片后来以《中国》为名公演后在西方世界引起轰动,却招致中国国内的严厉批判,因为影片中过多地聚焦于都市里简陋的民舍、衣着褴褛的乡村百姓、肮脏污秽的街道集市等等。《人民日报》特约评论员还出面写文章专门批判他的"反华行径",连中小学都有批判这位"反华导演"的课文。事过四十年来平心而论,本书作者也不太喜欢这位大导演的作品,倒不是政治上的反感,而是觉得艺术性、社会性、权威性比之何奈·布里差距太大。不是说"文革"阴暗面不能拍,而是这位导演拍的东西典型性不够,没能深层次地反映"文革"百姓生活(可能跟时间仓促有关)。事实上当代"文革"研究学者也极少有人引用他的作品画面。

六、"文革"时期民众文教、娱乐方式与设计

"文革"时期的全国文化教育机构,是"文化革命"的"重灾区"。在"文革"之前出版、发行的大中小学教材全部作废。不少大中学老师都受到一定程度的冲击,在整个"文革"时期,教师因属于知识分子,被冠以"臭老九"之名,处于社会地位底下的职业之一。

"文革"时期,是对中国社会尊师重教文化传统的一次彻底性的摧毁。"文革"期间,大批教师被自己的学生揪斗、批判、隔离审查,学校的正常教学秩序被彻底打乱,教学内容要么被取消、停课,要么被删减得面目全非,被塞进了乱七八糟的政治宣传和革命口号。在"文革"高潮的 1966～1969 年近三年期间,全国教育系统基本处于瘫痪状态,各地大中小学全面停课,美其名曰"停课闹革命"。1969 年初中小学开始逐步复课,但基本等于没复课一样:因为学生到校,除去没完没了地参加"革命大批判"之外,很少学到文化知识。大学仍基本关闭,中学和小学被可笑地划分成军队建制那样的"连"(相当于年级)、"排"(相当于班级)单位。在"文革"初期,学生当众殴打、侮辱教师,还有教师遭到以粪淋头等极不人道虐待。即便是在 70 年代,学生上课时随意责骂、刁难,甚至侮辱老师的现象在全国各地相当普及。在中国数千年形成的"尊师重道"的传统习俗,在"文革"十年内一扫而光。

在 70 年代还发生了"工农兵学员"张铁生考试交白卷还振振有词附上打油诗、北京五年级小学生黄帅在考卷上批判"师道尊严"的事件,被"四人帮"控制的官媒大肆宣传为"反潮流革命事件",加重了师生对立、破坏教学秩序的严重状况。总而

言之，自 1966 年夏天起，"文革"期间十年内，全国亿万学生就没有好好上过课。

虽然从 1972 年起，全国部分院校开始试点招收"工农兵学员"，其中有部分真正的工农群众及子女得以入学，但就全国整体状况看，大多数"工农兵学员"基本属于通过各式各样"权力交换渠道"入学的，军队干部和各级地方干部以及作为"'文革'新贵"的"造反派"头目们的子女、"文革"积极分子占了大多数，毫无公正性可言；社会群众将此行为称为"走后门"。

本书作者在"文革"十年中度过了自己的中小学生时期（小学二年级到高中毕业），印象深刻的是中学几年（1971～1975 年）的课程，每学期共有三门主课："工业基础知识"（含部分数理化内容）、"农业基础知识"（含部分生物内容）、"革命大批判"（含部分语文内容）。这三部分主课且不能超过学时三分之一，另一大半主要用来参加几乎隔三岔五就举办的"革命批判会"和"学工""学农"以及参加由解放军士兵指导下的军事训练。

1967 年 5、6 月间，京剧《智取威虎山》《红灯记》《沙家浜》《奇袭白虎团》《海港》和芭蕾舞剧《红色娘子军》《白毛女》等七个戏剧，加上"交响音乐"《沙家浜》，在首都北京集中上演。在北京公演之后，即被党报连篇累牍地吹捧、歌颂，冠以"八个革命样板戏"的美誉。之后的近十年里，人们无论在剧场、电影院、电视台、电台，还是群众汇演、"毛泽东思想宣传队"的文艺演出，"八个革命样板戏"总是演出频率最高的脚本。其实在 70 年代还出过其他"样板戏"，如京剧《杜鹃山》《龙江颂》《平原作战》《磐石湾》《红云岗》《审椅子》《战海浪》《江津渡》等，芭蕾舞剧《草原儿女》《沂蒙颂》等，钢琴伴唱《红灯记》和钢琴协奏曲《黄河》等，无奈人们已经习惯"八个革命样板戏"的格式与称呼，也因为后来者无论在主演的名气、剧目影响力、戏迷人数上都远不及前者。

"文革"开始，几乎所有的新中国十七年拍摄的电影全成了"毒草"，许多电影演员、导演、编剧遭受批斗、殴打、凌辱、监禁，还有不少人们喜欢的演员不堪凌辱而愤然自杀（上官云珠等）。唯有三部影片在"文革"十年成了新中国电影的三棵独苗，一演再演：《南征北战》《地雷战》和《地道战》。1974 年前后，又解禁了一批老影片，其中有《铁道卫士》《平原游击队》等等。"文革"末期，为了迎合"四人帮"的政治需要，又赶拍了一批"政治性强、艺术性高"的革命影片，如《闪闪的红星》《难忘的战斗》《春苗》等彩色故事片。

外国电影能在中国获得几十年长盛不衰的只有两部于 30 年代拍摄的苏联影片：《列宁在十月》和《列宁在 1918》。"文革"十年期间国产电影的长期缺位，使得中国那几个社会主义兄弟国家的电影在中国得以大放异彩。每次上映这些国家的新电影，总能成为当时最热门的娱乐文化活动。久而久之，中国老百姓也看出它们之间的风格差异来了，有首当时流传全国的顺口溜这么说："罗马尼亚电影搂搂抱抱，越南电影飞机大炮，朝鲜电影哭哭笑笑，阿尔巴尼亚电影莫名其妙，中国电影《新闻简报》。"

无疑，1973 年之后当时在中国公映的几部罗马尼亚电影以当时中国青年观众集体渴望看到的爱情描写（亲嘴和熊抱）和相对精彩的故事情节，获得了最高分；其中有《多瑙河之波》《沸腾的生活》《神秘的黄玫瑰》《波隆贝斯库》《橡树，十万火急！》《多瑙河三角洲的警报》等等，平心而论，在当时看不到西方影片的前提下，罗马尼亚电影在中国观众心目中算是"世界级水准"了。

阿尔巴尼亚当时只有两百万人，其影片也一直在中国畅通无阻。说阿尔巴尼亚电影全是莫名其妙，有点不公平，起码多半影片还是挺受欢迎的，如《宁死不屈》《海岸风雷》《地下游击队》等。但确实也有几部令人大失所望，看完都不知道在说些什么，如《脚印》《创伤》《广阔的地平线》《第八个是铜像》等等，观众看完一头雾水，心里确实很窝火。话说回来，人家这么小的国家，能靠小成本、小制作弄成这样，就很不错了。

图 7-8　标准的红卫兵舞姿

朝鲜电影是在 70 年代初进入中国的。在《卖花姑娘》和《血海》在中国放映、公演之前，说实话口碑不咋地，如最早进来的《摘苹果的时候》《鲜花盛开的村庄》就臭得很，我们初中生是打着哈欠看完的。后一拨的《看不见的战线》《护士日记》还算凑合。但《卖花姑娘》就不一样了，是绝大多数中国观众生平第一次看到宽银幕电影是咋回事。故事情节极尽撩拨煽情之能事，就记得散场后女观众们个个哭得死去活来的，比刚出席完亲人追悼会还惨。歌剧《血海》把朝鲜演艺艺术在观众心目中又拔高了一个档次，觉得确实是"顶峰"，比咱"八个样板戏"还要厉害。

"文革"时期流行过很多革命歌曲，其中所有的毛主席诗词和一多半毛主席语录，都被谱曲成歌，到处传唱过。普通老百姓中传唱最多也最流行的几首是《大海航行靠舵手》《十六条就是好》《无产阶级文化大革命就是好》《红军想念毛泽东》《敬祝毛主席万寿无疆》等等。"文革"初期最著名造反歌曲是由清华附中"红卫兵小将"严恒作词作曲的《革命造反歌》，相当有时代特点，从歌词到曲调一派杀气腾腾。还有一首明显是军干子弟写的《鬼见愁》。

1970年初，《红旗》杂志第二期推出了重新填词的"革命历史歌曲"5首，《工农一家人》《毕业歌》《抗日战歌》《大刀进行曲》《战斗进行曲》，都是抗战时期脍炙人口的群众歌曲，只是全部被重新填上了莫名其妙的新词。1975年纪念聂耳逝世40周年、冼星海逝世30周年时，两位音乐家作曲的许多歌曲又被官方传媒以重新填词的形式推出，其中包括著名的《黄河大合唱》。1972年为纪念毛泽东《在延安文艺座谈会上的讲话》发表30周年而出版了第一本《战地新歌》，被认为全是官方批准可以唱的"革命歌曲"，以后陆续出版了若干集(本书作者不记得一共出了多少集)，直到"文革"结束。《战地新歌》也有一批群众喜闻乐见、广为传唱的歌曲，如《草原上的红卫兵见到了毛主席》《北京颂歌》《我爱这蓝色的海洋》《我爱五指山，我爱万泉河》《北京颂歌》等等。

"文革"十年被公开出版发行的小说只有区区几本，如浩然写作的《金光大道》(1964年)、黎汝清写作的《海岛女民兵》(1971年)等。由于文化娱乐极度匮乏，地下手抄本和地下歌曲一度极为活跃。其中以手抄本小说《梅花党的故事》《第二次握手》等最为知名，红遍大江南北；"改革开放"后不但得以正式出版，还被拍成了电影和电视剧。也有一些黄色手抄本在中学生中流传甚广，如《少女的心》《曼娜日记》等等。地下歌曲则以篡改革命歌曲为主，宣泄不满情绪；原创的地下歌曲最著名的是南京知青任毅作词作曲的《知青之歌》，其实歌词确实也没什么反动成分，只是比较消沉而已："雄伟的钟山脚下是我可爱的家乡……告别了妈妈，再见吧家乡。金色的学生时代已转入了青春史册，一去不复返。啊，未来的道路多么艰难，曲折又漫长。生活的脚印深浅在偏僻的异乡……跟着太阳出，伴着月亮归。沉重地修理地球……"

人们还变着法子来满足自己对阅读的饥渴。如各地在"文革"最高潮时都编印了一批标有(内部刊物)的"擦边球"科普读物，最著名的有《读报手册》，这是本类似"百科全书"式图书。还有本《各国概况》，全是外国的情况介绍，很受老百姓欢迎，几乎家家必备。

七、"文革"时期民众日杂消费方式与设计

由于实行严格的"配给制"，对城镇居民每人每年定量有固定的数量限制，加之政治因素冲击带来的产业不稳定，"文革"期间的日用百货供应仅能维持在一个勉强支撑的水平。尤其是"文革"前期(从1966年"破四旧"到1970年"清队")，如果走进全国城乡任何一家商店，绝大多数货架上都是空空如也，无货可售。人们日常生活所需的杂什百货，无论是品种花色，还是数量配额，有过半货物长期处于断供现象。在这种情形下，民生百货的"产业链"在前端的设计创意行为和末端的经营销售行为，都受到了中段的生产制造行为的严重制约，处于一种时断时续、缓慢发展的状态。

就普通城乡民众日常生活所需的那些日用工业制品（这是民生设计的主体内容）而言，由于有"配给制"限制，需要限量发售的部分，民众消费者基本被剥夺了选择权利，商店到货就得赶紧去排队，哪能挑肥拣瘦的；只有在不需要定量限制的日用百货商品中，才有可能根据可行性（一是消费者的经济条件，二是商店的品种范围，三是消费的急切程度）进行挑选。正如本书前述部分一再充分强调的那样，消费者对商品的"挑选"，是个性化设计创意最根本的源泉，在所有情况下，消费者的"挑选"幅度都永远与设计资源的投入成正比。缘于此理，"文革"时期百货商品的"限量部分"，基本不需要高成本的设计资源投入，设计的主要成分仅仅做到能保障基本的"实用功能"和部分的"适人功能"即可。

以"文革"时期一度需要"工业券"才能购买的南京产的自行车、手表、香烟、肥皂等"限量供应"的民生商品为例：

当时的南京产"大桥牌"自行车，半包链、板铃、载重后叉架、镀锌配件，在设计环节上无论造型款式，还是标牌漆色，都比沪产"凤凰""永久"那种全包链、小转铃、跑车式叉架、多款彩漆，还有镀铬不锈钢刹车线等那种"时髦设计"差了一大截。但"大桥牌"有个好处：特别便宜。"大桥牌"自行车的售价连"凤凰""永久"自行车的三分之二都不到。何况人家自己还供不应求，南京市场极少有货供应；即便有少量到货，也跟没门路的老百姓基本没什么关系。但当时特殊的市场条件，自行车必须凭票供应，即便是设计得这么土气的"大桥牌"，你有钱有票，没找到熟人门路，还真不容易买到。只要商店挂出"售货通知"，连夜就有人排队，等商店早上开门营业，早就黑压压一片了，个把小时就能脱销。而且"大桥牌"在广大苏北地区和邻省还是很畅销的，因为人家不产自行车。因此，那时候的南京市民没得挑，能弄上一辆自行车骑着上下班就不错了。于是，南京产"大桥牌"自行车的设计部门完全就丧失了原本由消费者"选择"直接驱动的"创新"压力，在款式、漆色、标牌、配件各环节十年一贯制，直到"文革"结束、工厂关门为止。

"凤凰""永久""飞鸽"这些国产名牌命运如何呢？本质上也跟"大桥"一回事，只有"大巫小巫""五十步一百步"之别，一旦"文革"结束，各种设计高强的外资、合资自行车品牌一进来，如冰雪消融、云开雾散，纷纷走向了自己的穷途末路。

六七十年代南京产的一款"钟山"牌手表很好卖。跟"大桥"牌自行车一样，不是设计款式新颖、功能完备、性能可靠，而是便宜得吓人。当时一块"上海"牌带日历全钢自动手表，售价约120元（几乎相当于一个中年工人三个月工资）；"上海"牌光板（指没有日历显示）半钢手表，也要卖80元。南京产"钟山"牌手表居然只卖到26元一块，一直保持着"文革"时期全国手表行业零售价格的"最低纪录"和全国销量的"最高纪录"之一。和上海表一样,"钟山"牌手表不但要"工业券",而且还要由南京一轻局内部印发的特批"专用券"才能买到,因为全国广大城乡人民那时候都缺手表但更缺钱,能弄块手表戴戴就神气十足了,当然是越便宜越好。

"文革"时期南京产的香烟就叫"南京牌",精装 0.31 元一包,简装 0.29 元一包。精装烟无非是在烟盒与卷烟之间包裹了一层亮晶晶的锡纸,不是为了好看,而是可以防潮、防霉,以便长期贮存。简装的就一张瓦灰色油光纸裹着,尤其是江南地区多雨水、湿度大,要及时消费才行。但为了省这每包两分钱的微小差额,简装版居然比精装版畅销得多,稍微下手慢点,早被人抢购一空,就只能去买带锡纸的精装"南京"、多花上两分"冤枉钱",或者买外地烟。"南京"牌香烟还是因为属于比较畅销、限量供应的商品,所以长期无须做任何包装上的新设计,因而几十年一张面孔,雷打不动。

当时的烟民受到严格的定量限购,每年年底(以农历计算)要带上"粮油定量供应证"(俗称"粮证")去粮站盖章画押,领取"烟票"和其他票券。定量是每月一条烟(10 包),而且按"甲乙丙"等分类:每月十包烟中,上海产的"牡丹"牌为甲等,0.52元一包,每月只能买一包;有时还断档,只能降级去买乙等烟。但有时春节(不是每年,是偶尔某年)还会加一包,允许买两包甲等烟。乙等烟三包,可以"自由选择"同档次的上海产的"大前门"、武汉产的"红金龙"、江西产的"瑞金"、南京产的"南京"等,价格都在 0.30 元一包,差距不超过一两分钱。到商店去买甲乙两个档次的香烟时,是需要带"粮证"记录在案的。另外六包"丙级"烟档次就低很了,从上海产的"雪峰"到不知产地的"勇士""工农兵",还有一种最便宜的"大公鸡"(0.08 元一包)。父亲一向不抽乙等以下的烟,都放弃指标,把烟票送给烟瘾大的邻居和同事。对于烟瘾大的人来说,这点定量就远远不够了。大街上常见小孩在捡香烟头;甚至偶尔能看见衣冠整洁、举止正常的人也在捡烟头。可见得都给憋坏了,已顾不得颜面尽失、斯文扫地了。

许多老百姓做梦也想不到的是,对高级领导人的各类日常生活用品,一直实行着"特供制度"——这显然是延安时代"分灶"制度的延续,"文革"时期尤甚。"特供"烟酒、"特供"电器,还有"特供"电影,仿佛和广大人民群众生活在两个完全不同的物质世界。据官媒透露,自 50 年代起就有一个神秘的部门专门为中央首长生产卷烟。"'132'工作由中央办公厅直接领导,生产原料仍由四川提供,辅助材料在当地购买,特供烟月产 15 至 20 条。内部纪律十分严格,不能向外打电话,外出要请假,回来要汇报,不准会客。作息和学习制度也过硬,早上 6 点 20 分起床,冬天扫雪,夏天擦灰,晚上 9 点半睡觉。8 小时工作制,上下午各做一次工间操。每天用 90 分钟学毛著、学《反杜林论》。每周一次党员会,一次民主生活会,用《老三篇》对照检查自己。1973 年,黄炳福经申请被批准回到什邡,烟厂又派出人员前往接替工作。1976 年,'132'不再生产特供烟后,与北京烟厂派出的 20 多名学徒一起,为该厂生产'北京'牌雪茄。产品进入市场,不久正式并入北京烟厂。"(《中

央领导香烟特供组揭秘特供烟内幕》,《新华网·发展论坛》,新华通讯社,2012年7月19日)

"文革"时期香皂是紧俏商品,按限量供应。由于数量太少,一般都是家庭女性成员的"专利"。本书作者不记得什么时候第一次用香皂了,起码应该是在上班当工人之后。从小到大只熟悉一种肥皂:黄黄的,半透明装,10厘米宽,30厘米长,5厘米厚;没有任何包装,上面有"南京肥皂厂"五个凹凸的楷体大字,显然是"模板浇铸"所致。这种裸体肥皂也是需要凭票供应的,当时还没有洗衣粉,洗脸洗手洗澡洗衣物洗被子全靠它了。

这就是"文革"时期特有的产销业态,决定了"'文革'设计"的基本特征。有句话说:皇帝的女儿不愁嫁,其实麻脸瘸腿的柴禾妞有时也很是不愁嫁的——比如满村子全是急吼吼要娶媳妇的光棍汉。本书作者把这种浓缩在"文革"时期限量供应的民生商品中的那种特有的低水平的,甚至是可有可无的设计行为,称为"亚设计"行为——这是"文革"时期百货商品(限量部分)最明显的设计特点之一。

不限量的"文革"民生商品,显然设计含量就要普遍高得多。比如"文革"时家家都有的塑料肥皂盒,开始是全封闭的套盒,估计应该是差旅专用,家庭使用频率高得多,难免把肥皂泡白、泡烂,造成一定程度的浪费和损耗。但那会儿没得选择,基本都是这个样式。后来过渡到底面有几道条状开口,可以自动滤除积水;再后来肥皂盒长出了底部槽条,可以防滑;最后在"文革"结束后集体失踪,被换成了现在五花八门的家用肥皂盒,玻璃、木质、陶瓷、金属什么都有,而且功能齐全,还既好用又好看;就是不大见到塑料的了,可能因为现在出差住宿都有肥皂供应,再也不用自带洗盥用具了。这充分说明:作为消费主体的社会大众,他们的生活状态与谋生方式,不但能决定民生商品的所有设计行为,还直接决定了每项民生商品从设计到生产再到销售整个产业的存亡废立。

"文革"时期全国城乡普通民众家庭基本装备前后有个变化。以"文革"时期结婚时的条件为例,60年代基本都是两个年轻人,如果恰好在一个单位,那就简单多了:把两人的饭菜票、钱粮票交给一个人收着,再把两张床拼一起,就完事了。用今天时髦的话来说,就是人人都是"裸婚"。70年代起就变了,女方要有点面子,怎么着也得准备个"三转一响还带一咔嚓","三转",就是自行车、手表、缝纫机;"一响",就是收音机。这"一咔嚓",不是全国通用标准,那是上海媳妇身价高,非弄个照相机不行。70年代中期又升级了,不但要"三转一响带一咔嚓",还得凑足"四十八条腿"全套家具:一张床,两个床头柜,一个大立柜,一个五斗柜(北方叫"半截橱"),一张方桌,四把椅子,长短两张沙发。那时候想娶媳妇的男青年,一般都是勤快人,全凭自己动手做(也不可能全靠家里买),起码先把自己整成半个鲁班,再兼职油漆匠,才能通过丈母娘的苛刻验货。

"文革"时期全国城乡普通民众家庭不存在今天概念的"家用电器",那些东西都是高干家庭才可能拥有。以1976年的官方统计普通民众家庭拥有的"家用电器"的数据为例:原本在五六十年代发展水平与我国基本持平的邻国日本,其普通民众家庭彩电普及率96.6%;而在中国,除去个别高干、军干家庭之外,中国城乡人民家庭拥有率为0%。日本普通民众家庭电冰箱普及率100%;中国除去个别高干、军干家庭之外,城乡人民普通家庭拥有率仍为0%。日本普通民众家庭每3~4人拥有1辆私人汽车;中国除去个别高干、军干家庭实质拥有免费配给使用的公车(还附加带薪专职司机、免费汽修和维养、免费汽油等)外,城乡人民普通家庭拥有率为0%。老百姓为了发泄对物资匮乏的"配给制"的不满,私下把著名的"文革"热门歌曲《无产阶级文化大革命就是好》的歌词篡改成:"'无产阶级文化大革命',嘿,九十号(注:原歌词中的"就是好",改为谐音"九十号")! 九十号呀,九十号,九十号! 烟号票,酒号票,豆瓣儿豆粉全要票。肥皂一月买半块,火柴两盒慢慢烧。妈妈记,娃娃抄,号票不能搞混了。"(陈煜《中国生活记忆——建国60年民生往事》,中国轻工业出版社,2009年版)

其实"文革"期间即便老百姓家有电视机,也没啥好看的。我家门口有家"延安无线电修理商店",职工们跟街坊都很熟,晚上值班时经常把邻居小孩子们放进去看电视。70年代初的电视台每天只播放几个钟头节目,从下午5点到晚上10点,除了没完没了读"两报一刊"社论,播报"革委会"通知和报道当地"文革"大好形势,就反复播放"八个样板戏"和那几部老电影。难得来一场篮球赛实况转播,区区九英寸黑白电视机前能围得人山人海。

第三节 "文革"时期产业状态与民生设计

"文革"时期,除去1966~1969年连续的"破四旧""串联""夺权""武斗"确实严重打乱了经济运行秩序,冲击了工农业生产之外,也许是意识到代价过大,也有了经验教训,毛主席提出"抓革命、促生产"的口号,给全国恢复正常的工农业生产秩序,提供了最有力的政治保障,在之后的"文革"年份还算能够在一定程度上维持国内各行业生产相对正常的运行,整个国民经济也有缓慢的增长,甚至取得了一些空前的经济建设成就。即便是"清队""清查516"这种波及了数百万人的大规模运动,也并没有再次导致全国经济建设的停摆。实事求是地讲,从政治层面上彻底批判、否定"文革"和充分肯定"文革"时期全国人民的工作热情和经济建设成就,是完全不矛盾的。指出毛泽东的错误和批判"文革"及"四人帮"的滔天罪行,如果连同整个"文革"时期在各行各业广大劳动人民通过辛勤工作、努力建设的所取得的成果一起加以否定,这本身就与"文革"时期"四人帮"鼓吹的"怀疑一切、打倒一切"如出一辙、一个腔调了,也是对那个时代付出劳动、青春甚至生命的共和国整整一代人的侮辱。正是因为那个动乱时代环境是如此之恶劣、艰难,取得的各项成果才更加弥足珍贵、来之不易。这个评价与持有什么样的政治观点无关,只是本书作者查阅大量史料并结合自己的感受得出的结论。本书作者特别赞同一些经济学家的观点:要把"文革"和"'文革'时期"这两个概念加以正确区分,不能因为彻底否定"文革"的错误而彻底否定"'文革'时期"经济建设的成就。

"文革"动乱最严重的 1967 年,工农业总产值比 1966 年下降 9.6%;1968 年比 1967 年又下降 4.2%;其余各年均为正增长。"1967~1976 年的十年间,工农业总产值年平均增长率为 7.1%,社会总产值年平均增长率为 6.8%,国民收入年平均增长率为 4.9%……1976 年与 1966 年相比,工农业总产值增长 79%,社会总产值增长 77.4%,国民收入总额(按当年价格计算)增长 53%……1976 年和 1966 年主要产品产量相比,钢增长 33.5%,原煤增长 91.7%,原油增长 499%,发电量增长 146%,农用氮、磷、钾化肥增长 117.7%,塑料增长 148.2%,棉布增长 20.9%,粮食增长 33.8%,油料增长 61.6%。"[《中国统计年鉴(1993)》,中国国家统计局编纂,中国统计出版社出版发行,1994 年版]

1976 年国家外汇储备有 5.8 亿美元,黄金 600 吨(其中 400 吨是 1973 年与 1974 年在国际黄金市场购进)。"中华人民共和国建立后,中共虽然遭遇到最为恶劣的国际封锁,但在 1952~1978 年的 25 年间,中国却是世界上现代化速度最快的国家,国民收入(以不变价格计算)增加了 4 倍,自 1952~1972 年,每 10 年的经济增长率达到 64.5%,大大超过了德国、日本和苏联在发展高峰期的增长速度。即使是在 1966~1976 年的'文化大革命'期间,尽管经济发展受到了很大的影响,但工业生产仍继续在以平均每年超过 10% 的速度增长。"([美]耶鲁大学历史学教授莫里斯·迈斯纳纳著《毛泽东的中国及其发展,中华人民共和国史》,社会科学文献出版社,1992 年版)

正如古代建造那些伟大工程(金字塔、空中花园、雅典神庙、泰姬陵、长城等等)所展现的事实一样,奴隶制下的"高效率劳动",并不能证明"奴隶制"的合理性;反过来说,不能因为"奴隶制"的残酷性,而彻底否认奴隶们血汗劳作的伟大成果。这就是科学历史观里辩证法成分的核心内容。因此,一方面彻底批判"文革"在政治上的反动性质,另一方面实事求是地肯定"文革"时期的经济建设成就,这就是本书作者所持的学术立场。

由于"文革"后期,民生商品为主的社会物资供应严重不足,但"走后门"等官僚特权现象特别严重,大大挫伤了人民群众的生产积极性。阅读当事人回忆文章,我们能逼真地感受到当时戴着"领导阶级"高帽子的生产一线工人群众的"生产积极性"究竟是怎么回事:"工人们因为不能按劳取酬,于是工人普遍的按酬付劳,甚至是只取酬不付劳。七六年,我在广州金笔厂学工,每到中午十一点多钟,工人们就不干活了,收拾工具聊天,准备吃饭。到了十二点吃饭,大家看到敲下班钟的干部来了,个个都平心静气地盯着那干部,当干部敲钟的手举起来的时候,大家就如离弦之箭飞向饭堂。为啥?为了争那五分钱一份的鱼骨架。这道菜数量有限,晚了就没有了,没有了就只能吃斋,饭堂里不是没有肉,而是最便宜的肉都要一角钱一份,吃不起";"因为劳动得不到相应的报酬和尊重,'文革'结束的时候,在我们这个号称工人阶级领导的国家,人们普遍地鄙视劳动、鄙视工人。农民就更不用说了,他们在社会真正的最底层。"("太极生两仪"博文"'文革',最苦的是老百姓",载于《环球网·论坛·关注中国》,2012年5月18日)

"文革"时期的乡村地区粮食产量和其他经济作物产量,仍以安徽省六安地区为例:

表7-3 "文革"时期安徽六安地区粮食生产统计表(1966～1976年)

项目 单位 年份	粮食作物 占耕地 万亩	粮食作物 播种面积 万亩	粮食总 产量 吨	劳动力人 均粮产量 公斤	农业人口 人均粮食 占有量 公斤	提供商 品粮 吨	稻类		麦类	
							面积 万亩	产量 吨	面积 万亩	产量 吨
1966	626.45	894.95	1 102 545	811	312	268 020	453.26	82.4	228.85	15.76
1967	652.43	916.44	1 011 260	733	278	194 340	413.66	63.25	260.91	22.42
1968	658.68	868.29	1 231 735	874	323	291 685	426.6	87.4	243.49	22.06
1969	645.65	892.53	1 142 805	783	283	249 765	475.05	85.9	225.55	13.57
1970	629.65	905.37	1 344 305	890	322	326 900	498.32	101.85	225.8	16.98
1971	613.64	910.45	1 555 575	954	362	344 015	534.42	120.75	212.33	17.65
1972	594.52	933.00	1 611 150	965	362	342 475	595.15	129.2	203.9	17.11
1973	573.85	908.90	1 778 935	1 059	391	356 905	596.42	148.8	185.89	12.67
1974	575.64	920.01	1 925 520	1 126	415	364 975	606.16	158.1	185.03	15.91
1975	575.23	922.60	1 754 455	1 026	372	348 545	616.27	146.2	196.86	19.42
1976	568.62	946.93	2 098 210	1 242	437	402 395	645.8	173.15	193.8	19.12

由上表可以看出,除去"文革"初期(1966～1969年)发生波动、粮食产量有明显下降外,其他时段还是能稳步增产的。

安徽省六安地区的其他农业经济作物产量的情况也基本如此:

表7-4 "文革"时期安徽六安地区经济作物生产统计表(1966～1976年)

项目 单位 年份	棉花			油料		麻类		茶叶		蚕茧		水果	
	面积 万亩	单产 公斤	总产 吨	面积 万亩	总产 吨	面积 万亩	总产 吨	面积 万亩	总产 吨	面积 亩	总产 吨	面积 亩	总产 吨
1966	54.72	15	8 290	38.51	13 955	11.43	11 965	8.81	4 008	16 553	269.6	23 645	3 034.9
1967	50.98	16	8 065	31.79	15 840	10.79	10 740	8.33	3 727	15 591	226.6	23 656	2 625.9
1968	39.78	16	6 270	25.49	12 110	10.04	10 745	7.34	3 863	11 048	215.8	21 057	2 755.8
1969	30.45	11.5	3 465	27.98	10 520	9.96	8 640	7.72	4 004	10 798	243	21 236	2 728.5
1970	41.83	15.5	6 535	24.99	10 905	10.75	10 965	7.73	4 374	9 213	307	20 099	4 198.3
1971	40.09	13.5	5 320	30.14	17 470	9.09	10 190	8.1	4 833	8 591	227.2	23 172	4 061.5
1972	41.29	17.5	7 220	49.25	25 705	11.02	12 035	9.1	4 668	9 806	268.2	18 084	3 472.1
1973	47.61	22	10 480	64.42	29 905	14.99	20 685	10.24	4 552	16 704	331	17 213	3 032.1
1974	45.63	27.5	12 560	52.11	28 610	16.1	31 175	11.95	5 006	19 896	338	17 768	5 131.7
1975	43.55	16.5	7 265	55.4	30 630	17.04	31 995	14.75	4 438	31 851	410.6	19 169	5 693.2
1976	45.79	23.5	10 790	49.05	24 585	17.76	39 285	17.19	5 313	37 610	564.5	19 935	4 484.1

与粮食生产一样,经济作物生产的减产与波动现象主要集中在"文革"前期的1966～1969 年期间。上列二表均引自《六安史志·第四章农业》(安徽省六安市人民政府编,2007 年 4 月版),本书作者对其中细化分项有所删节。

一、"文革"时期基础工业与设计的产业背景

"1965 年开始并持续到 70 年代末期的三线建设,历时三个'五年'计划,投资2 050 亿元,使国家的基础工业和国防工业得到了长足进展,建立起攀枝花钢铁公司、六盘水工业基地、酒泉和西昌航天中心等一大批钢铁、机器制造、能源、飞机、汽车、航天、电子工业基地和成昆、湘黔、川黔等重要铁路干线,初步改变了我国内地工业交通和科研水平低下的布局不合理状况,形成有较大规模、门类齐全、有较高科研和生产能力的战略后方体系,促进了内地的经济繁荣和文化进步。到 70 年代末,三线地区的工业固定资产由建设前的 292 亿元增加到 1 543 亿元,增长 4.28倍,约占当时全国的三分之一。职工人数由 325.65 万增加到 1 129.5 万,增长2.46 倍。工业总产值由 258 亿元增加到 1 270 亿元,增长 3.92 倍";"1972 年以后,……投资几十亿美元和 200 亿人民币,从国外引进了 26 个大型成套设备和技术,建成了北京石化总厂、上海石化总厂、武钢一米七轧机工程等几十个冶金、化肥、纺织大型企业……石油工业得到飞跃发展,陆续开发和兴建了大庆、胜利、大港等大型油田,克拉玛依和吉林扶余油田生产能力也得到大的提高,还先后在四川、江汉、陕甘宁组织了三个大石油勘探会战,探明和建成辽河、任丘、江汉、长庆油田。从 1966 年到 1978 年,中国原油产量以每年递增 18.6% 的速度增长,1978 年突破 1亿吨……跃居世界第 8 产油大国,原油加工量比 1965 年增加了 5 倍多。"(陈东林《实事求是地评价"文革"时期的经济建设》,载于《中国经济史研究》,1997 年第4 期)

本书作者兹根据官媒报道及政府文告、"'文革'史论"著作、外电外刊和网络资料综合整理,将关于"文革"时期基础工业领域的成果以自己偏好的方式,将项目建成的时间、数字、名称等信息采列如下,均未经证实,且多有遗漏,本书作者亦不做任何评价。

<u>汽车工业</u>:1966 年 5 月 3 日,我国第一批"红旗"高级轿车下线。1966 年,我国的第一台 2 200 马力的柴油机研制成功。1967 年,我国的第一台自主研制的 100吨矿山铁路自翻车制造成功。1969 年 10 月 28 日,"第二汽车厂"扩建工程竣工。1969 年,我国自行设计的 32 吨自卸载重汽车制造成功。1972 年 12 月 26 日,我国第一辆载重 300 吨的大平板车问世。中国汽车年产量从 1955 年的 100 辆发展到1976 年的 13.52 万辆。

<u>航空制造业</u>:1967 年,"长空一号(CK-1)高速无人机"由位于内蒙古巴丹吉林沙漠的空军某试验训练基地二站成功定型。1969 年,采用国产涡喷-8 发动机的轰-6 首飞成功,批量投产。轰-6 服役至今,并仍在继续改进、生产。1970 年 11 月6 日,沈阳飞机厂研制歼教-6 首飞成功;1970 年 12 月,"歼-12"原型机于首飞成

功,1973年起批量生产并装备部队。1971年,"水轰-5型"水上反潜轰炸机由哈尔滨飞机制造公司研制总装出第一架原型01号获得成功。1973年,"运-5"运输机由南昌飞机制造公司研制生产;"运-5"服役已有40年之久,但它飞行稳定、运行费用低廉,起飞距离仅170米,至今仍是中国最常见的运输机。据1973年12月20日"新华通讯社"报道,中国航空已有国内航线80多条,连接全国70多个城市,与100多个外国航空公司建立业务往来。

核工业:1966年1月28日,导弹核武器试验成功。1967年6月17日,第一颗氢弹爆炸成功。1968年12月28日,成功进行一次新的氢弹试验。1971年11月18日,西部地区进行了一次新的核试验。1973年6月28日,成功进行了一次氢弹试验。1975年10月27日,成功进行了一次核试验(内容未公布)。

航天工业:1970年4月26日,成功发射第一颗人造地球卫星。1971年3月3日,成功发射第一颗科学实验人造地球卫星。1975年11月26日,成功发射回收式地球卫星。

生物化学:1965年9月17日,世界上第一个人工合成蛋白质(人工合成牛胰岛素)研制成功。1966年12月23日,世界上第一次人工合成结晶胰岛素研制成功。1969年5月5日,具有独特疗效的抗菌素——"庆大霉素"研制成功。1973年,被世界称为"杂交水稻之父"的袁隆平在世界上首次育成"籼型杂交水稻"并开始在全国推广;至1975年亩产已达千斤左右。1975年11月17日,我国原盐丰收,创历史最高水平。

电力工业:1966年11月,我国第一座电子自动控制电厂5期工程全部竣工,总装机达45万千瓦。后又扩建两台20万千瓦机组,达85万千瓦。1966年10月8日,我国制成第一批10万千瓦水轮发电机组。1968年12月25日,富春江大型水电站建成发电。1969年9月13日,丹江变电工程提前完成。1969年9月30日,我国第一台12.5万千瓦双水内冷气轮发电机组建成,标志我国奠基制造业进入一个新的阶段。1970年7月17日,农村中小型水电站装机容量相当于过去的20年的两倍。1970年12月25日,葛洲坝一期工程开工。1973年2月13日,新华社报道,1972年是解放以来电力发电站装机最多的一年。1973年,古田溪梯级水电站由古田、龙亭、高洋、宝湖4个梯级组成,全部建成,总容量25.9万千瓦。1973年11月1日,新华社报道,几十座大中型水电站建成投产,小型水电站5万多个,遍及全国。1974年3月30日,地热发电站在河北怀涞建成。1974年12月19日,三门峡水电站建成。1975年2月4日,我国最大的水电站——刘家峡水电站建成。1975年8月30日,新华社报道,最近三四年来,每年有一大批电站建成投入生产。1975年9月3日,新华社报道,截止到1974年底,我国小水电发电量占总量的三分之一。1976年3月13日,莱芜大型火力发电厂投入生产。1976年,建成12条地面用太阳电池的生产线或工厂。

重工业:1968年2月23日,我国特大型轴承制成。1969年10月4日,我国第一座旋转氧气转炉建成投产。1969年11月14日,攀枝花钢铁基地建成投产。

水泥工业:1971 年 11 月 18 日,新华社报道,全国建成 1800 多座小水泥厂。1976 年 11 月 16 日,新华社报道,全国 80% 以上的县建立水泥厂,产量比 1965 年增长 4.1 倍。

机床工业:1966~1970 年,组织实施高精度精密机床战役,完成高精度精密机床 26 种,年产量达 500 台。1966~1976 年,组织全行业为"二汽"提供 369 种 7 664 台高精高效机床,国产机床按量计超过 90%,按价值计达到 80%。1973 年 3 月 7 日,新华社报道,我国发展组合机床取得显著成就。

机电工业:1969 年,我国自主设计的第一台 12.5 万千瓦双水内冷式汽轮发电机制造成功。1969 年,我国的第一台五千马力内燃机车研制成功。1974 年,我国自主设计的第一台 4 000 马力的交直流电传动的内燃机车制造成功。1976 年,我国自主研制第一台 30 万千瓦双水内冷式汽轮发电机制造成功。

勘探矿业:1967 年 7 月 26 日,我国第一台 100 吨矿山铁路自翻车研制成功。1970 年 10 月 16 日,大型现代化露天煤矿——新疆哈密矿务局露天煤矿投产。1973 年 10 月 25 日,西藏地区勘探查明几十种有色金属、稀有金属和非金属矿产。1974 年 10 月 23 日,新华社报道,我国地方小煤矿去年产量比 1965 年增长两倍多,占全年 28%。1976 年 5 月 1 日,从事海洋地质调查工作的人数比 1965 年增加 7.5 倍,调查工作发展到黄海、东海和南海。

石油工业:1967 年 1 月 5 日,我国石油产品品种和数量自给自足,勘、采、炼技术登上世界高峰。1969 年 9 月 30 日,北京燕山炼油厂建成投产。1972 年,我国自主研制的自升式海洋石油钻井平台"渤海 1 号"建成投产。1973 年 9 月 12 日,新华社报道,全国钻井进尺和建设投产的油井生产能力创历史同期最高纪录。1974 年 2 月 17 日,新华社报道,"胜利油田"去年创年钻井进尺 150 105 米的全国石油钻井最高纪录。1974 年 5 月 15 日,"大港油田"建成产油。1974 年 9 月 30 日,新华社报道,"胜利油田"建成产油。1974 年 10 月 3 日,我国最大竖井钻井研制成功。1974 年 12 月 27 日,新华社报道,大庆至秦皇岛输油管道建成。1975 年 1 月 14 日,新华社报道,四川省开发天然气取得新成就。1975 年 5 月 30 日,我国第一次发现古生界地层油田。1975 年 7 月 8 日,秦皇岛至北京输油管道建成投产。1976 年 4 月 24 日,6 011 米超深井打成。

水利建设:1968 年 4 月 15 日,根治淮北平原涝灾的大型水利工程——新汴河工程开工。1969 年 7 月 8 日,河南林县人民耗费十年时间的"红旗渠"建成。1971 年 12 月 7 日,新华社报道,全国年度水利建设 50 亿立方米,增加农田 3 000 万亩。1974 年 2 月 24 日,汉江丹江口水利枢纽初期工程建成。1974 年 9 月 15 日,黄河青铜峡水利枢纽建成。

化肥工业:1970 年 6 月 1 日,各地新建一大批化肥厂。1973 年 9 月 30 日,新华社消息,我国化肥产量比 1965 年增加一倍以上。1975 年 7 月 19 日,新华社报道,我国化肥产量显著提高,上半年增产的化肥可增产粮食 100 多亿斤或 3 000 多万担棉花。

"文革"十年，除开始的 1966～1969 年动乱频繁、武斗成风外，70 年代以来，在坚持抓经济建设的党和国家领导人和广大工业战线职工的共同努力下，还是取得了辉煌成就的。尤其是造船、化工、煤炭、冶金、机床等行业，不但达到了历史最好水平，也取得了亚洲先进的行业水平，甚至部分达到世界水平。基础工业和制造业水平的整体提升，必然带来民生商品无论是品质还是造型、包装、商宣各方面"产业实现能力"的全面提升，只是由于过多的政治因素禁忌，这点在国内民生消费市场上的无形生产力，总体上还是受到严重制约，并没有发挥出来，形成提高广大人民群众生活品质和生产效能的积极因素。

表 7－5　1953～1981 年国民经济主要指标每年增长速度(单位:%)

项目	(1953～1957 年)	(1958～1965 年)	(1966～1978 年)	(1979～1981 年)
工农业总产值	10.9	6.0	8.5	6.7
国民收入	8.9	3.2	6.6	5.1
农业总产值	4.5	1.2	4.0	5.6
机耕面积	80.9	24.9	7.7	−3.6
农村用电量	22.9	50.6	15.9	13.5
工业总产值	18.0	8.9	10.2	7.1
轻工业产值	12.9	8.2	8.3	14.0
重工业产值	25.4	9.7	11.8	1.3
原煤	14.7	7.4	7.8	0.2
原油	27.1	29.2	18.6	−0.9
发电量	21.5	17.0	10.8	−6.4
生铁	25.2	7.7	9.4	−0.6
钢	31.7	10.9	7.6	3.9
金属切削床	15.4	4.4	12.5	−17.5
内燃机	76.7	19.1	19.5	−10.7
民用钢质船	38.8	0.1	17.2	2.1
货物周转量	18.9	8.5	8.4	5.7
铁路周转量	17.5	9.1	5.4	2.2
公路周转量	27.9	8.9	8.5	−2.6
基本建设新增固定资产	32.9	2.7	6.4	1.4
基本建设投资总额	26.0	2.7	8.3	−3.7
国家财政收入	11.0	5.4	6.9	−1.7
国家财政支出	11.6	5.5	6.9	−0.6

表 7－6　1951～1980 年工农业生产平均每年增长速度(%)

国别	工业	农业	国别	工业	农业
中国	12.5	4.0	美国	4.0	1.6
苏联	8.6	3.1	日本	11.5	1.7
联邦德国	5.8	1.9	英国	2.3	2.3
法国	5.0	2.5	印度	5.9	2.6

注:上述二表均引自国家统计局编《中国统计年鉴1981》(中国统计出版社,2002 年 7 月版)。

二、"文革"时期轻工、纺织业与设计的产业背景

70 年代初起,在周恩来总理亲自策划下,国家集中资金,以石油、天然气为原料,引进世界先进技术装备,先后建成了上海金山、辽阳、天津、四川川维 4 个大型石油化工化纤联合企业。至此,我国化纤工业粗具规模。

"文革"时期,全国地方工业重点是"五小工业"(即小火电、小水泥、小煤炭、小耐火材料、小机械);还有一批"小化纤、小化肥、小化工(以味精为主)、小水利"等纷纷马上。这是"文革"后期围绕着农业经济和农村生产的实际需要,利用地方具体自然条件和劳力资源创办的一批"乡镇企业"。这一时期的"乡镇企业"发展模式和打下的产业基础,在后来"改革开放"时期民营企业大发展中充当了主力军的重要角色。

在电子仪表工业方面,"文革"期间取得了下列一些成就:1966 年,我国的第一台 3.2 毫米波段的太阳射电望远镜研制成功。1967 年 10 月 5 日,我国第一台晶体管大型数字计算机研制成功。1967 年 10 月 15 日,我国第一台自动化立体摄影机研制成功。1967 年 11 月 29 日,我国最大的无线电望远镜安装调试成功。

1969 年,我国研制的第一台电子式中文电报快速收报机制造成功。1972 年 5 月 13 日,新华社报道,我国电子工业进一步发展,1971 年收音机产量相当于 1965 年的 4 倍。1973 年 8 月 27 日,我国第一台百万次集成电路电子计算机研制成功。1973 年 9 月 3 日,我国第一台天文测时、测纬光电等高仪研制成功。1973 年 5 月 4 日,中日共同投资施工建设中日海底电缆。1974 年,我国自主研制的视网膜激光凝固器制造成功。1974 年,我国的第一台高级台式电子计算机制造成功。1974 年 8 月 9 日,伞式太阳炉研制成功。1974 年 4 月,我国第一台医用电子感应加速器研制成功。1976 年 3 月 22 日,邮电部门发展传真通讯技术。1976 年 4 月 21 日,京沪杭载波电缆投产。1976 年 12 月 11 日,大型通用集成电路电子计算机研制成功。1976 年 5 月 12 日,邮电部门建成全国微波通信干线。

本书作者能力和视野都极为有限,根本拿不到关于"文革"十年全国纺织(特别是棉纺、丝织、面料印染、成衣制作等)行业的完整数据,只能将纺织业重点地区上海的"文革"产业状况(以新兴的化纤产业与传统的丝绸产业为主)做个"点"状描述:

"文革"期间 70 年代初起,上海纺织产业技术改造的重点转移到品种开发上。针对化纤原料的大量使用,围绕发展化纤和化纤混纺产品,棉纺行业进行了牵伸机械的改造,增添精梳和蒸纱设备,织造部分增添了阔幅织机;在印染整理方面,学创结合,自制了大量的氧漂、亚漂机,热熔染色机、热定型机等。通过连续多年的技术改造,使当时具有滑、挺、爽等特点而深受群众喜爱的涤棉印染布(的确良)从无到有,迅速增长,70 年代末,涤棉印染布产量达到 3.75 亿米,占印染布的总产量近30%。中长纤维仿毛织物和涤纶长丝的仿丝绸织物生产也在 70 年代期间得到了发展。这一阶段的技术改造,促使上海纺织工业跃上了一个新的台阶:在原料结构

上,由使用单一的天然纤维,改为天然纤维和化学纤维并举;产品面貌发生了极大的变化;经济效益迅速增长。在 70 年代末、80 年代初,上海纺织工业步入了自己发展史上的黄金时代,在全国纺织工业中处于明显的领先地位。对化学纤维的采用形成新产能,特别是涤纶的大量使用,有力地促进了纺织产品的开发。70 年代起,涤/棉混纺的 45×45 支细纺,一经开发上市,就崭露头角,不仅是内销市场的抢手货,也迅速成为外销中的大宗商品。1970 年,上海出口涤棉布 1238 万米,到 1980 年,迅速发展到 21 153 万米,首破单种产品年出口创汇超过 1 亿美元的纪录。其他开发的化学纤维产品,在机织产品方面有:人造棉织物、毛/涤织物(毛涤纶)以及涤/粘混纺的中长纤维织物(仿毛产品)等;在针织产品方面,发展了涤纶长丝的各种针织品,并使针织品跳出了只做内衣的老传统,开创了针织产品外衣化的新局面(详见《上海地方志·上海纺织工业志》,上海市地方志办公室主持编纂,2002 年版)。

"文革"期间上海丝绸出口增长,商品结构趋向成熟。以沪产丝绸面料及成品出口创汇为例,1971～1975 年为 2.10 亿美元,其中 1973 年的出口值已超过 3 亿美元;1976～1980 年为 3.99 亿美元。其中,丝类商品的所占比重是 1966～1970 年为 52.74%,1971～1975 年为 57.54%;"文革"十年的沪产绸缎商品每年出口在上海出口丝绸中所占比重平均约为 30%。生丝出口国的世界排名,按其世界生丝贸易年度总量中所占比例而定;"文革"期间中国生丝出口已跃居世界第一。以在三个时期的位次变化为例:1951 年日本 91.40%,意大利 7%,其他各国 1.60%;1961 年日本 72.60%,中国 18%,其他各国 9.40%;1971 年中国 60%,韩国 27%,其他各国 13%(数据参照《上海地方志·上海丝绸志》,上海市地方志办公室主持编纂,2002 年版)。

"文革"期间中国轻纺出口贸易这一块的设计,可以说达到了历史最高水平。由于主要针对境外市场,便没有了各种政治禁忌,于是在印染图案、服饰纹样、成衣款式、面料肌理等方面的设计还是相对的丰富多彩。一些轻纺比较发达地区(如上海、杭州、绍兴、苏州、青岛、济南等地)的外贸主项产品(丝绸面料、针织衣裤、儿童服装等等)还在 70 年代成为畅销世界市场的名牌货。正因为 70 年代"文革"后期的中国纺织产品无论在设计还是织造、印染方面的飞速进步,先后超越了原先领先于世界市场的日本、意大利、韩国等纺织业世界强国,一举奠定了新中国纺织业在全世界独一无二的霸主地位。可以这么说,"文革"后期新中国家纺、针织、面料和成衣四大块民生商品在世界市场的地位,是令人羡慕的,也是今天我们做不到的。

特别值得一提的是:新中国首次大规模进口国外先进设备,不是在"改革开放"初期,而是"文革"后期。"上世纪 70 年代,国际形势相对缓和,西方国家经过多年高速发展,经济陷入滞胀阶段,许多产品、设备、技术急于寻找出路,想卖给中国。毛泽东、周恩来等当时排除'左'的干扰,克服外汇短缺的困难,从 1973 年开始,花费 39 亿美元,从法国、德国、日本引进了成套的化肥、化纤、采煤等技术设备,终而使得中国工业化水平上了一个新台阶,而化纤服装技术设备的引进,也解决了所谓

的千辛万苦买'的确良'的问题。"(李海文《新中国首次大规模引进西方技术设备》,载于《世纪》杂志,2012年第4期)

今天中国外贸总值中近三成依然是靠纺织产品获得的,但主要是集中于面料、生丝和童装、内衣、鞋袜等附加值低下的小项,在印染图形设计、成衣款式设计等附加值较高的领域,中国设计显然已落后很多,甚至比不上"文革"后期的市场地位。其中缘故是很令人深思的。除去市场变化、产业更新换代、消费倾向捉摸不定等客观因素,当代中国纺织品设计的全面滞后,肯定是最重要的因素之一。

"文革"时期的"广交会",是中国产业对外交流的唯一窗口。在西方世界持续对中国大陆实行几十年经济封锁情况下,能争取一定数额的外汇资金购置仪器设备和原材料,对国家的国防、文教、医疗和科研事业是极为宝贵的。"文革"时期的"广交会"上,外商订购的主要商品,除猪鬃、生粉、丝束等原材料和小五金、小器械外,占有相当大比例的便是棉织、丝织面料及传统手工艺产品。因为有外贸需要,因此不得不放松对外商喜欢的花色、品种、款式等设计方面的严控措施,允许部分外贸热销的产品(主要是丝绸面料、搪瓷、土特产包装等)设计中,采用"文革"初期被认定为"封资修"的图案纹样和器形款式。到了70年代初,这方面政策更加松动,各省市外贸部门甚至纷纷组织"样宣科""设计室"(70年代之前,多半叫"产品美术造型研究室")有关人马前往"广交会"现场与兄弟省市和外商们互相观摩交流、取长补短,好把自家的产品设计得更符合外商要求,争取更多的订单。

表7-7 "文革"时期"广交会"成交额统计(单位:百万美元)

年份	成交额		全年成交额	比上年度增减比率
	春交会	秋交会		
1966	360	481	841	11%
1967	418	406	824	−2%
1968	396	480	876	6.4%
1969	335	428	764.0	−12.8%
1970	403	509	912	19.4%
1971	505	695	1 200	31.7%
1972	793	1 079	1 872	55.9%
1973	1 381	1 587	2 968	58.5%
1974	1 097	1 267	2 364	−20.3%
1975	1 247	1 420	2 667	12.8%
1976	1 333	1 589	2 922	9.5%
1977	1 547	1 682	3 229	10.6%
1978	1 883	2 448	4 331	34.1%

注:上表数据引自"历届广交会成交额统计"(载于《世贸人才网·国际贸易商务人才门户》,2006年9月18日),转引于中国出口商品交易会相关文件(2006年发布)。本书作者删减了部分项目数据("五年规划完成总额"等)。

三、"文革"时期交通运输业与设计的产业背景

在铁路交通建设方面，"文革"期间主要有如下重大项目建成并交付使用：1966年3月4日，"贵昆铁路"建成通车。1967年1月16日，我国第一台载重150吨中型平板车造成。1967年7月1日，成昆铁路建成通车。1967年9月5日，由中国援助赞比亚政府以"无息贷款"形式修建的"坦赞铁路"建成通车。1968年9月3日，第一批液压传动内燃机车下线出厂。1968年10月，完全依靠自己力量设计建造的"南京长江大桥"建成通车。1969年10月3日，我国第一台5000马力液力传动内燃机车下线出厂。1969年，我国自行设计的第一条地铁"北京地铁一号线"建成。1972年10月13日，连接中南和西南地区的重要干线湘黔铁路通车。1974年3月23日，我国西南交通干线"成昆铁路"建成通车。1974年，我国自主设计的第一台4000马力的交直流电传动的内燃机车制造成功。1975年7月5日，我国第一条电气化铁路"宝成铁路"建成通车。1975年7月28日，新华社报道，全国铁路上半年货运量创历史同期最高水平。1975年12月24日，"焦枝铁路"建成通车。1976年6月29日，上海黄浦江上第一座公路、铁路双层铁轨建成通车。1976年7月6日，"滇藏公路"建成通车。1976年7月23日，沿海铁路干线津沪复线工程提前接轨。

在港口建设和造船工业方面，"文革"期间主要有如下重大项目建成并交付使用：1966年，我国的第一艘自行设计的海洋科学考察船制造成功。1968年1月8日，我国第一艘万吨巨轮"东风"号建成。1968年11月20日，万吨远洋巨轮"高阳"号下水。1969年4月2日，第一艘万吨油轮"大庆27号"下水。1969年6月13日，上海、天津、大连6个船厂新建8个万吨级船台。1971年6月27日，第一艘两万吨货轮"长风"号下水。1974年开始我国船舶工业造船产量（以建造船舶的总吨位计算）已连续数年位居世界第三位。1974年，我国自主设计的第一艘2.5万吨级油轮制造成功。1974年，我国自主设计的第一艘2.5万吨级的浮船坞"黄山"号建成。1974年，我国自主设计的第一艘500吨级起重船制造成功。1974年9月12日，我国第一个5万吨级码头建成。1976年1月21日，万吨级浮船坞"华山号"建成。1976年8月23日，第一艘5万吨级远洋油轮"西湖号"在大连下水。1976年6月6日，第一座现代化10万吨深水油港"大连新港"建成。1976年，我国自主设计的第一艘海底布缆船"邮电1"号制造成功。

"文革"时期交通运输业（包括船舶建造、铁路铺设、机车研制、公路开通、桥梁修筑等等）还有很多可圈可点之处，特别是南京长江大桥、成昆铁路、多艘万吨远洋货轮下水的事实，不是"文革"的成果，而是"文革"时期广大工农群众克服各种干扰、艰苦奋斗的伟大成果。"文革"时期交通运输产业的发展，也给现代中国民生产业的发展提供了良好的前景。远洋航运能力的增加（中国远洋航运"文革"末期达到世界三大巨头之一）、万吨巨轮的不断下水（中国万吨轮造船业在"文革"末期达到世界两大巨头之一），自然使完全由民生商品为基本内容的中国外贸产品大大节约了物流成本，使世界市场开拓远达全球每个角落。全国各地交通运输的缓慢、但

稳定持续的发展,也使得民生商品为主的城乡物资交流更加频繁、便利。这一切都为"文革"后期和后来"改革开放"初期现代中国民生产业的全面崛起、继而是长达三十年的快速发展,奠定了坚实的基础。

图 7 - 9　南京长江大桥建成通车

四、"文革"时期市政公用事业与设计的产业背景

　　本书作者能力和视野有限,加之篇幅有限,无法列出"文革"十年中以真实数据为主的全国各大中城市市政建设的基本状况;仅以大、中、小三个城市的市政建设(以直接涉及民生状况的通路、通水、通气为主要内容)为"采点",来简述"文革"时期中国城市市政建设局部状况,并由此试图引申出全国同类地区的市政建设基本面貌。

　　大城市以上海为例:

　　"文革"期间,上海市公交事业受到严重影响。据《上海地方志》称:"与建国初期前十七年相比,市区公交线路条数年平均增长速度从原来的 6% 下降到 2.9%;线路长度年平均增长速度从原来的 9.6% 下降到 5.8%"。"文革"十年(1966～1976 年),上海市区汽车线路增辟 41 条。为缓解吴淞工业区的乘车难,1975 年 12 月首辟 1 条从武胜路至水产路、长度为 20.94 公里的 201 路早晚高峰线,改善上下班职工乘车拥挤的状况。1968 年 5 月,位于上海虹江路原属江苏省的上海汽车站,由上海市公交公司接办,改名为上海长途汽车站。接办时,上海市公交公司与江苏省苏州地区汽车运输公司签订协议,对上海至常熟、上海至鹿河、上海至昆山和上海至平望的 4 条长途线进行联营。协议规定:双方各半出车,共同开行,在各自境内的区间车各自经营。1970 年 3 月,该长途站划归市公交公司汽车三场经管,改站名为长途车队。这期间的长途线有沪昆线、沪平线、沪常线、沪茶线等,逐步发展至 11 条长途线。

以 1967 年为例,当年上海市区铺设的民用煤气输送管道总长度 923 公里,为 1949 年的 2.2 倍。以 1970 年为例,当年上海市居民煤气用户数为 25.82 万户 (1953 年为 1.81 万户,1960 年为 8.03 万户)。

表 7-8 "文革"时期上海市区自来水管长度表(单位:米)

年份	期末自来水管长度	浦西	浦东	闵行	桃浦	支管长度 75~275 毫米	干管长度 300 毫米以上
1966	1 602 911	1 469 608	98 423	34 880	—	1 120 642	482 269
1967	1 640 833	1 499 789	104 060	36 984	—	1 140 048	500 785
1968	1 671 592	1 522 562	110 410	38 620	—	1 164 416	507 176
1969	1 708 617	1 559 587	110 410	38 620	—	1 185 728	522 889
1970	1 724 571	1 570 817	115 134	38 620	—	1 199 155	525 416
1971	1 739 882	1 575 363	114 942	49 577	—	1 205 685	534 197
1972	1 772 358	1 607 077	114 163	51 118	—	1 220 524	551 834
1973	1 830 137	1 660 744	116 166	53 227	—	1 245 545	584 592
1974	1 874 257	1 698 844	122 752	52 661	—	1 273 051	601 206
1975	1 922 518	1 719 626	124 956	56 191	21 745	1 300 374	622 144
1976	1 963 106	1 751 845	130 419	59 960	20 882	1 324 565	638 541

注:以上涉及上海地区"文革"时期市政建设及公用服务业内容,均根据《上海地方志·上海公用服务业志》(上海市地方志办公室主持编纂,2002 年版)提供数据、事例、图表改编。

中等城市以青岛的市区道路建设为例:

"文革"时期,在各种政治运动和"极左"思潮的影响和冲击下,一些行之有效的规章制度被废除,市政工程设施失修失养失管,乱占乱挖道路、乱接下水、乱填沟渠的现象十分严重。青岛沿海有 52 个出水口,被堵被毁就有 26 个。尽管如此,市政干部、工人不断抵制和排除干扰,在困难的条件下,开辟和拓宽了金华路、湛流路、瑞昌路等道路,建成一座 14 孔多跨径空腹式双曲拱桥"胜利桥"。

1966 年 7 月,市政方面对小阳路路面进行表面处置,工程造价为 240 531.36 元。路面结构分三种:海泊河桥至嘉善路 1 528 米,采用沥青贯入式路面;嘉善路至昌化路 528 米,采取沥青表面处置;昌化路至四方北岭全长 825 米,进行简易铺装。中共四方区委发动人民群众 13.7 万人,拣砸石子、刨路基、铺路面,奋战 20 天,市政专业队伍紧密配合,共铺沥青路面 4.1 万平方米。据此,小阳路更名为"人民路"。

1967 年,铺筑了自延安二路起至海泊桥止全长 1 532 米的沥青路面,铺装采取三种方式进行:延安二路至台东一路 282 米采用沥青贯入式路面;台东一路至台东八路段 425 米采用简易沥青铺装;台东八路至海泊桥 825 米采用细粒式沥青混凝土铺装,工程造价为 153 721.46 元。

1971 年 6~12 月,青岛市"革委会"投资 419 458 元,对人民路交口至交通局管理路段铺装了沥青路面。施工时充分利用旧路面的有利条件,共分三种路面结构五个段落进行铺设。第一段自人民路至青岛铸造机械学校门前;第二段自铸机学校门前至原市政工程处东门;第三段由原市政工程处东门至公路站大楼;第四段由公路站大楼到终点与公路相接;第五段为人民路广场。第一段和第三段的路面结构为:以原路为基层,拓宽部分铺直径 6~10 厘米的碎石厚 10 厘米,上铺直径 3~5 厘米碎石厚 6 厘米,面层铺细粒式沥青混凝土厚 4 厘米。第二段和第四段的路面结构为:在旧路上铺直径 6~10 厘米的碎石厚 10 厘米,上铺直径 3~5 厘米的碎石厚 5 厘米,表面铺细粒式沥青混凝土厚 4 厘米。第五段以白灰土作基层厚 12 厘米,面层铺细粒式沥青混凝土厚 4 厘米。该项工程共铺沥青路面 53 537 平方米,铺 6 厘米厚的碎石层 24 518 平方米,5 厘米厚的碎石层 24 688 平方米,10 厘米厚的碎石层 34 113 平方米,白灰土基层 5 027 平方米,加宽路基填土方 1 万立方米,安砌沟石 6 920 米。

1973 年,市政方面对大沙路交口至造纸厂前车站长 2 000 米的路段进行加宽,面积 13 170 平方米。该段路原沥青路面较窄,宽仅有 10 米左右,两边皆是土路,加宽后沥青路面宽为 16~19 米,适应了交通增长的需要。在加宽后的路面两边修砌乱毛石边沟,并安设了沿石及雨水管以利排水。在水清沟青岛第六百货商店前面的人行道上,铺设预制混凝土人行道板面积共 1 630 平方米。路面结构为:一、加宽的慢车路面,面层铺压细粒沥青混凝土厚 4 厘米,基层铺压直径 6~10 厘米的碎石厚 10 厘米,上面铺压直径 3~6 厘米的碎石厚 6 厘米,路面总厚度为 20 厘米。二、造纸厂前汽、电车站处加强路面,面层铺压细粒沥青混凝土厚 4 厘米,基层铺小毛石厚 20 厘米,上面铺直径 3~6 厘米碎石找平厚 4 厘米,路面总厚度 28 厘米。三、交叉道口的路面,面层铺压细粒沥青混凝土厚 4 厘米,基层铺压直径 6~10 厘米碎石厚 15 厘米,上面铺压直径 3~6 厘米的碎石厚 6 厘米。路面总厚度为 25 厘米,工程投资 218 900 元。

[青岛部分“文革”市政道路交通建设内容改编、摘录于《青岛市志·卷二十一·市政工程志》(青岛市史志办公室主持编纂,2002 年版)。]

小城市以四川省江油县为例:

1967 年,江油县城市区主要干道“解放街”(分上、中、下三条)共安装 20 盏 250 瓦高压汞灯。至 1979 年统计,城区共有路灯 450 盏,灯形为马路弯灯和悬索式灯。

1967 年 3 月,江油县城市区“胜利街”雨水合流管道系统(北起“太白中路”,南至“北大街”东段,东至“胜利后街”)建成投入使用。该地下管线东西两侧全长1 554 米,为石砌盖板沟,断面 0.4×0.6 石米,坡降 5‰,分排入昌明河,穿城堰。有检查井 5 座,进水井 37 座。

1976 年 12 月至 1977 年 6 月,江油县“整治涪江中坝河段工程指挥部”调集全县民工四万余人,动工修建中坝涪大堤(整个工程共分三期进行),历时半年,第一期自建成新堤 21.54 公里。

上述江油市政工程建设过程中,民众所用工程设备极为简陋:至 70 年代,挖运土方、石料用洋镐、洋铲、锄头、钢钎、扁担、土撮箕，夯实土方用60～80厘米长、25～30厘米宽的条石制作的穷，碾压路面用3～5吨重的大石磙，疏浚下水道用8磅锤、铁锹、钢丝或锄头破挖路面、翻开沟盖，再以人工清挖，拌制沥青采用光照化油、人工炒盘方式。70年代初安装城中"纪念碑"和"鱼市口"的悬臂水银灯时，尚无升降车设备，以人工架设10米长的竹梯，用绳索绑成支架，民工站在梯顶操作。

"文革"期间，江油市区公交事业亦有一定的发展，拥有公共汽车10辆，营运线路3条(1965年共有4辆公共汽车，营运线路2条)。

1966年3月，江油县政府发动机关单位、学校及城镇居民在市区庭院人行道或空隙地带种植桉树、法国梧桐、千丈树等。1974年9月，县政府城市建设局从云南购回2000株云烨松树苗，经培育后移栽到江油县城市区的"东大街""北大街""解放中街"的人行道。"文革"初期，园林绿化被视为"封、资、修"货色，"中山公园"被彻底拆毁，树木、竹林、花草等被悉数铲除。至"改革开放"后新辟多处市民公园。

［江油县部分"文革"县城市区市政建设内容，根据《江油市志·县城建设》(载于"江油市政府门户网站"，2006年8月14日)相关内容整理、改编。］

五、"文革"时期医疗卫生事业与设计的产业背景

"文革"初期的一系列政治运动，对城镇的医疗卫生事业带来了很大的冲击，特别是打击、伤害了一大批德艺双馨的老专家、老教授，把他们当做"反动学术权威"统统打倒、靠边站，还引起了全国性的医疗卫生系统两派争斗，"打砸抢"盛行，一度造成了整个全国医疗系统的极大混乱，医疗卫生的科研机构、教学机构濒临瘫痪。1969年之后，在国务院和周恩来的直接干预下，全国医疗卫生事业才逐步得到恢复，并且在整个"文革"后期保持相对稳定，且有所发展，甚至取得了一些引人瞩目的成就。其中，发轫于50年代的"农村合作医疗"制度和60年代初期的"赤脚医生"，在"文革"十年逐渐成熟，形成了对中国南北广大农村地区的全面覆盖，使乡村农民及其家庭在"计划经济"体制下获得了相对稳定的健康保证。"农村合作医疗"和"赤脚医生"两项制度，是"文革"时期最重要，甚至堪称伟大的杰出成就，迄今被广大人民群众所津津乐道，而且在近几年被世界卫生组织专家和几乎所有中国问题研究学者们一致高度赞扬，被视为是当今世界所有发展中国家建立有效的国家医疗卫生体制的唯一楷模。

"赤脚医生"，是"文革"中期(70年代初)开始后出现的"新"名词，一般指未经正式医疗训练、仍为农业户籍、绝大多数情况下仍保持"半农半医"的农村医疗人员。"赤脚医生"的来源主要由三部分人员组成：一是农村的医学世家，特别是祖辈行医的乡村医生及其后代；二是高中毕业学历、且略懂医术病理的医药爱好者；三是60年代底遍布全国农村的、城里来的上山下乡"知识青年"。"赤脚医生"的出现并粗具规模，为彻底根除广大农村地区长期存在"缺医少药"的状况，也缓解了中国农民"看病难"的燃眉之急，为当时国家经济底子薄、农村各方面条件差的具体状况下，如何建立行之有效的中国农村医疗卫生事业，做出了积极的

贡献。

在"文革"时期，享受"农村医疗合作"制度的人员，主要分为三类：第一类是行政事业人员（也就是县属机关干部，农民叫他们"公家人"），他们是"公费医疗"的最大受益者，多数人无论到哪个医院看病，无论药费是多少，没有上限，只掏五分钱的门诊费，个别人一分钱也不用掏，算是一种中国公务员迄今享有的"特权"。第二类是国有和集体所有企业的干部职工，他们的医疗费用一般都是实报实销；通常家属的药费也能报销。第三类是实行"农村合作医疗"之后广大普通农民，一般看病不用花一分钱，小病一般不用出村，家门口就有"赤脚医生"来送医送药；大病到乡级卫生站或县级医院。医疗费用多半因人而异、可以"酌情处理"，那些家境困难的患者，一般都可以做到基本免费。

作为常年奋战在农村医疗卫生事业第一线的全国数百万"赤脚医生"，当年付出了他们的辛勤汗水和巨大艰辛，也流传着许多感人事迹，以"赤脚医生"为主体的所有乡村医生们，赢得了中国社会全体民众的极大尊敬和全世界的广泛赞誉。

为农民看病抓药服务的乡村医生大致分为两种人：一种是公社卫生院的专职医生，另一种是以村级（当时是"生产队"建制）为经济保障、统属于"农村合作医疗"体制下的广大"赤脚医生"。乡级（当时是"人民公社"的社级建制）卫生院的医生，最辛苦的是频繁的下乡巡诊。当时的公社卫生院所有医生均要轮流排班，通常能保证每天派出一人下基层巡诊。巡诊医生都要自己扛着药品、器材翻山越岭、走巷串村。每次巡诊走上几十里山路、林地，那是寻常小事。在村里一般都借宿于农家，真正与农民"同吃同住同劳动"。

村级"农村合作医疗"的"赤脚医生"们更为辛苦。他们通常收入微薄、工作繁重，往往一个人要负担全村所有人的医疗服务，从头痛脑热到生老病死。全国"赤脚医生"只挣八分劳动日，即不到一个工，而很多贫困地区，年终结算时，一个工还不到一毛钱，待遇之低可想而知。"赤脚医生"的工作日程序，通常是有一段固定的"坐诊"时间，为前来登门求医问药的患者服务，"坐诊"时间通常不分白天黑夜，随到随看。"赤脚医生"更多的时间是给十里八乡散布于周边地区广大地域的农民家庭，提供"送医送药"上门服务。"赤脚医生"一般都是"全天候""全地质条件"的"全科"医生，只要是病人全身哪儿零部件不对了，他们全得管起来，从耳喉鼻舌到心肝五脏，从熬药打针到接生送殓，一年四季，风雨无阻，蹚河过溪、翻山越岭。通常一个村的孩子，都是"赤脚医生"当的"稳婆"（即接生婆）。这在当时农村经济极端拮据的条件下，起到了对每户农民实施最低医疗保障的重要作用。

"文革"时期，50年代兴起的"农村合作医疗"制度已日臻完善，各方面积累总结了很多经验教训，也找到了很多应对方法。"农村合作医疗"制度在整个"文革"期间被大力推广。据世界银行（1996年）专题报道，"文革"时期"农村合作医疗"的总费用大约只占全国医疗卫生费用的20%，却初步解决了占当时80%的农村人口的医疗保健问题。至"文革"最后一年的1976年，全国农村地区约有90%的行政村实行了"合作医疗"保健制度。

"1970年2月14日我见报纸上最近开始宣传农村合作医疗制,又听说北党大队已开始实行合作医疗制。上午,我便去北党看访学习,并将人家的制度和方法,逐条抄录下来:1. 每次看病只收挂号费五分钱,用土单验方看病不收钱。2. 每户一个医疗证,证件不能转借他人。3. 报销长期的慢性病的医药费,只认总医药费的85%。4. 工伤事故,由施工单位付医药费。5. 门诊时间是上午10点至12点。6. 外队人看病要持介绍信。7. 每季度公布一次账目。"(侯永禄《农民日记·1970年5月4日》,中国青年出版社,2006年12月版)

20世纪70年代末期,由于中国农村地区推行了以"家庭联产承包责任制"为主要内容的农村经济体制改革,建立了"统分结合"的双层经营体制,原有的"一大二公""队为基础"的农村社会组织形式迅速解体,实行了近三十年的"农村合作医疗"也随之大幅衰减。1989年的统计表明,继续坚持"农村合作医疗"的行政村仅占全国的5%;眼下中国"农村合作医疗"体制早已分崩离析、片瓦不存。令人遗憾的是:如今中国农民"看病难、看病贵"、因病返贫的问题已十分严重,成为整个中国社会的焦点矛盾之一。

至于为什么"文革"时期那么拮据的农村集体经济却能成功地支撑起"农村合作医疗制度",台湾学者陈美霞认为:"由于公社是合作医疗体系的资金来源(主要就是公社合作基金和成员缴费),公社具有非常强烈的动机降低合作医疗体系的开销。这种降低作用体现在四个方面:首先,中央和地方政府鼓励公社确保成功执行'预防为主'政策和开展公共卫生运动,以便减少公社中疾病和疫情的发生,自然而然合作医疗体系的医疗费用就减少了;其次,在病情加重以前,合作医疗体系努力为病人提供预防性的和基本的医疗服务,并提醒农民一旦病情恶化,治疗费用会更高,督促农民采取预防措施;再次,为了减少药物的花费,合作医疗体系尽量避免过度使用或滥用药物,公社种植、采集、加工、使用具有广阔前景的当地药草、药材,而减少使用昂贵的西医药物;第四,合作医疗体系限制送到县医院去的病人的推荐数量,因为县医院比农村合作医疗诊所的费用高昂得多。赤脚医生充当这些推荐病人的'看门人',决定病人是否需要转送县医院。"(详见台湾学者陈美霞著《大逆转:中华人民共和国的医疗卫生体制改革》,载于《Blackwell Companion to Medical Sociology》,科克蓝主编,跨国出版社 Blackwell 出版发表,2001年版)

70年代涉及药品包装的设计案例,有许多可取的做法值得借鉴。以药品包装为例,从药厂到消费者手中,通常要经由三级包装:"一级包装"是纸板箱,消费对象通常是各级官办医疗公司,因此通常是瓦楞纸为主,其主要功能是保证药品在运输、仓储过程中不散失、不污染、不破损;"二级包装"通常是纸板盒,消费对象一般是各级官办医院、卫生所的药房,其主要功能是不仅有上述几项外,还要对各种药品的性质进行较详细介绍;"三级包装"就是药品的容器,消费对象主要是全体老百姓。

"文革"时期的药品各级包装设计风格极为简陋。无论是胶囊(70年代初开始在中国城乡医院出现,颇为时髦)、白药片,还是中药丸、汤剂,大体是能怎么省钱就怎么包装，基本谈不上设计。以厂家发送到医院药房的药品"二级包装"看：固体药片药丸多半盒装、袋装，流体、液体的药剂多半是玻璃瓶、塑料瓶盛着。容器上的装潢顶多也就是贴张小纸片，上面通栏横列药名加拼音，下面是药品的药用范围、禁忌、服用介绍，还有厂名厂址、出产日期，倒是一目了然。讲究的还弄个三套色，弄个小商标，字体和色块还讲个形状变化什么的；不讲究的就黑白二色，大号铅字直排药名，小号铅字直排药品信息介绍。当时城里医院全是财政拨款，医生不兴乱开药，一般小病也就开两天的药片，从小盒小瓶里拨出来，找个小纸袋，药房还给仔细手写上服药医嘱（一天几次、一次多少、孕幼禁忌等）；乡村卫生院更简单，多半找个小纸片、再口头反复叮嘱几句"怎么吃"（很多农民不识字，写了也白写），一包了账。"文革"时期这种与财政挂钩或集体合作医疗体制下的医药包装设计，最突出特点就是"节约"，但效果不差，该有的药品信息一样不差。虽然看着确实不怎么养眼，但起到了最基本的包装功能。

反观80年代之后的"医疗改革"，各级医院除去行政拨款，要增加收入、添置设备、改善生活，则完全依赖药房收入来维持。于是上层领导灵机一动就出了个"以药养医"的歪点子，就像打开了潘多拉盒子，于是乎医药厂家的"医药代表"们就八仙过海、各显神通，医院领导进药就能拿红包、医生多开药就能拿回扣，全部增加的部分则由病患单位或个人完全负担。药品质量不说，单药品的各级包装设计和印制可真算突飞猛进，上了档次，电子分色彩印到塑胶封套，反正画报、彩照能怎么搞，药品包装就怎么搞，横竖增加的成本全由患者买单。药品说明部分也大大变味：明明是老百姓知道的常用药，可每次因为要提价就起个新药品、洋药名，没学过几年医药学根本记不住；各种老老实实介绍药品成分、禁忌的内容不少被故意"忽略"甚至造假。如今的中国只要是面对普通老百姓的所有医药行业，整个是乌七八糟，各种药费、检查费虚高不下，医生护士吃拿卡要的丑闻不断，医患纠纷不停，成了老百姓口中压迫中国人民的新"三座大山"之一。现在想想当初那些医疗行业"改革"政策的制定者真是混账至极，贻害无穷。眼下医疗行业这种吃拿成瘾，自然尾大不掉。现在要一下子不让医院领导拿回扣、不让药房拿分成、不让医生拿红包，他们还真是不习惯。

"文革"医药卫生行业的很多做法，还是很值得总结的；特别是联合国卫生组织高度赞誉的"农村合作医疗""赤脚医生"以及药品包装的简朴节约、但十分高效的设计风格。

六、"文革"时期国防工业产业背景

"文革"时期在科学技术方面取得了一批重要成就，特别是国防尖端技术得到了空前的突破。"1966年5月9日，第一次含有热核材料的核试验成功；1966年10月27日，第一枚核导弹发射试验成功；1967年6月17日，第一颗氢弹爆炸成功；1969年9月23日，第一次地下核试验成功；1970年4月24日，第一颗人造地球卫星发射成功；1970年12月26日，第一艘核潜艇研制成功；1973年8月26日，第一台每秒百万次集成电路电子计算机研制成功;1975 年 11 月 28 日,第一次回收发射的人造地球卫星成功,使中国成为继美国、苏联后第三个能回收卫星的国家;1975 年 10 月 20 日,由科学家袁隆平等培育的籼型杂交水稻通过鉴定,经过推广后一般能提高产量 20%,为世界粮食增产做出了重大贡献。这些成果为以后改革开放时期的科学技术赶超世界先进水平,准备了物质基础和保障。"(陈东林《实事求是地评价"文革"时期的经济建设》,载于《中国经济史研究》,1997 年第 4 期)

本书作者不是"军迷",对军火武器一窍不通。但鉴于国防工业是"文革"期间国家唯一遭受冲击最小、国家投入最大(在当时国际环境下是完全必要的)、取得成就最多的产业,同时也是中国现代工业设计最集中使用的部门,因此无法回避。本章节仅根据官媒已经披露的各种信息及各相关公开发布的文献资料,综合整理之后,将相关项目按时间顺序采列于下,且不做任何评价。特别声明:下列信息中不乏"道听途说",均无法核实;读者不得转引,如需要正版信息,请自行前往有关部门咨询。

1966 年:我国自主研制的第一枚中程地对地导弹发射成功;仿制苏联的"66式"152 毫米口径榴弹炮制造成功并入役;仿制苏联的导弹艇入役;我国的"歼 7"战斗机仿制成功并入役;我国的第一型轰炸机"轰 5"仿制成功并入役;我国的第一型地空导弹"红旗 2 号"导弹研制成功并入役。

1967 年:我国的第一颗氢弹爆炸成功。

1968 年:我国的第一型中型轰炸机"轰 6"仿制成功并入役。

1969 年:我国自主研制的 69 式 40 火箭筒开始制造并入役;我国自主研制的 69 式主战坦克开始制造并入役;我国自主研制的 69 式水陆两用坦克开始制造并入役;我国自主研制的"歼 8"战斗机首飞成功,并于 70 年代末装备部队;我国自主研制的"强 5"强击机制造成功并入役;我国进行了第一次地下核爆炸。

1970 年:我国自主研制的 70 式 130 毫米口径火箭炮制造成功并入役。

1971 年:我国自主研制的导弹驱逐舰"105 舰"入役。

1972 年:"强 5"核武器运载机制造成功并装备部队;我国研制出第一颗新型氢弹。

1973 年:我国研制的第一型反舰导弹"鹰击 1 号"制造成功并入役。

1974 年:我国自主研制的 74 式火箭布雷车制造成功并入役;我国自主研制的第一型中型常规动力鱼雷攻击潜艇 035 型入役;我国自主研制的第一艘核动力鱼雷攻击核潜艇"长征 1 号"入役。

1975 年:"歼侦 6 型"飞机制造成功并入役。

1976 年:我国自主研制的第一型水上轰炸机"水轰 5"制造成功并入役;歼教 6型飞机制造成功并入役;我国自主研制的第一型反舰导弹"海鹰 1 号"制造成功并入役;我国的第一艘核动力弹道导弹潜水艇也完成了全部的研制工作并开工建造,于不久后的 1981 年投入现役。

"文革"十年,军火工业无疑是整个国民经济中投入最多、发展最快、成效最高的特殊行业。这不单是体制的缘故,也有新中国长期处于极为恶劣的外部环境的深刻缘故。是帝国主义(后来又加上苏联社会主义阵营)的双重封锁,使得中国社会处于几十年的严密封锁和战争威胁之下,一切都只能依靠自给自足、自力更生。在相对困难的条件下,新中国国防工业聚集了全社会最充分的物质资源、最优秀的技术人才,理所当然也成为新中国前三十年工业化程度最高,也是最先进的工业部门。从实际成效上讲,建国初期的国防工业直接保障了中国社会数十年的和平安宁,虽然投入巨大、牺牲多多,但也是值得的。新中国国防工业这种极为雄厚的工业制造实力,后来在"改革开放"初期大部分转化为"军转民"的普遍现象,为国民经济的全面腾飞注入了强大的力量,在中国社会工业化初步实现的伟大实践中,起到了至关重要的作用。邓小平于1988年说:"如果60年代以来中国没有原子弹、氢弹,没有发射卫星,中国就不能叫有重要影响的大国,就没有现在这样的国际地位。"(1986年10月18日讲话"中国要发展,离不开科学",《邓小平文选》,人民出版社,1993年版)

第四节 "文革"时期民生设计特点研究

目前设计学界对"'文革'设计"的研究似乎开始"热"起来了。

这儿对"'文革'设计"所做的特点分析,是指整个"文革"时期所有民生商品所包含的所共有的集体性特征,而不是指个别的,甚至是半地下式的、游离于"'文革'设计"主流之外的那些设计个案所展示的特征。本书作者一向认为,对于设计史的研究,无论是研究设计通史、设计断代史,还是设计专业史,只有大视野、高起点、全方位地紧紧把握设计事物与特定时空环境的内在联系,很多彼此关联的依存因素才能看得明白。当然,真正做到这点会比较吃力,也比较难操作,没一点甘心寂寞、寒窗苦读的干劲,是肯定做不到的。现在流行的搞学问仅靠"概念炒作"就能立马三刻获得成效,真可谓"短平快"。但既然是"概念炒作",就难免"概念偷换""概念扭曲""概念'创新'(其实是'概念造假')",最终难免失去自己的学术方向感,陷入标准的"'文革'设计"那种"假大空"的窠臼之中。

即便是"文革"最动乱的时期,中国工业化的进程依然在持续进行,一切可信的数据都能表明这一点。对"文革"时期的政治批判和文化肃清,本书作者举双手欢迎,但如果把"文革"十年中广大工农群众和各条战线职工在克服各种难以想象的困难条件下取得的社会主义建设成就一笔抹杀,不但做不到,而且在法理上、政治上都是极为可笑的,还将自己处于人民群众的对立面了。

同时,在"文革"十年工农业在大多数时段仍保持持续增长的大环境下,现代中国民生设计的"产业实现能力"(如宣传画彩印、书籍装帧、包装纸质、棉纺丝织、印花染色、成品铸模、建筑修造、胶片洗染等等)都有较为明显的提升,有个别行业可谓突飞猛进。对民生设计而言,"文革"十年的重灾区是"设计创意能力"部分,因为政治观念的僵死禁锢,所有民生商品的设计创意都难逃厄运,甚至到了令人窒息的地步。不能牢牢把持这个关于"文革"时期中国民生设计产销业态的"产业实现能力"与"设计创意能力"的"两分法"客观分析标准,对"文革"时期的设计史研究内容,只能是"盲人摸象"、自说自话罢了。

本书作者看过几篇关于"文革"时期平面设计的研究文章,颇感忧虑。作者多半是南北设计院校的硕士毕业生,文章多是他们参加毕业答辩的"学位论文"。在佩服青年学生们思维活跃、不拘一格的研究方法之余,但所及内容确实有点跟我们这辈亲历"文革"的人的感受"风马牛不相及",起码很难辨认他们说的真是"文革"事物。说心里话,心里难免为此深感忧虑。比如,这些青年作者在对"文革"设计(包括平面设计)的分析研究中,基本不留意"文革"设计的社会成因、产业状态、技术程度、文化影响,"文革"时期整个"'文革'设计"的"产业链"环节的设计思潮、产业形态、营销方式也基本没有涉及。比较一致的做法,就是用最时髦的词汇(一般都是洋人的和洋人吹捧的国内"前卫艺术家")对"'文革'设计"进行自说自话式的"再诠释",而对西方标准的"解构主义"真正很值得研究的视觉形象营造手法(如图式化"个体符号"的塑造和彼此依存、延展的"共体构架"之间组合关系)几乎一无所知。有很多地方就难免属于缺乏理论构架和实际验证作支撑的低层次"窥视"了。比如"'文革'设计"平面作品的视觉传达几个基础元素的分析中,青年作者们罔顾形成那些"文革"特色的具体时空环境决定因素,有点可笑地将"文革"歇菜几十年后才在当今设计界热乎起来的诸如"前卫艺术"和"解构主义"概念(往往是他们自己理解的,靠搜索网络照片和翻阅词典获得的基本知识,与正版尚存较大差距)搬来套用"'文革'设计"平面作品的一些画面特征,贴上一堆有些"驴唇不对马嘴"的时尚标签。不客气地说,这类不成熟的"时尚艺术"及"前卫艺术"和"解构主义"的国内版本,都属于"山寨版"。这些原本就来路不正的概念,在文章中被再次胡乱"解构"一番;生吞活剥、文不对题、走腔跑调,甚至南辕北辙。用曲解概念作分析研究,到自创概念做出结论,真的玩起了"穿越"手法,结果"穿越"到了百年前租界时代,只能得到类似"洋泾浜"性质的现代版亚殖民文化衍生品。如此急功近利、肤浅治学,实在是让人有些担心。搞设计学研究这么个"假大空"搞法,用的完全是庸俗电视剧里那种"穿越"勾当,根本不能怪学生,板子应该结结实实地打在他们导师的屁股上。

一、"文革"时期设计教育与设计产业概述

"文革"之前,因为 1965 年底开始批判"三家村"的预兆频现,全国各大中小学早于工矿企业先乱了起来。到 1966 年 5 月 16 日"五·一六通知"发布时,全国大中城市的各类学校基本早就办不下去了,因为学生们全都"停课闹革命"去了。回到学校的主要原因,很可能是来揪斗自己的老师。不管是否心甘情愿,跟所有大专院校一样,所有艺术类院校(包括美术、音乐、工艺美术)的师生都不再上课,要么上街游行、喊口号、贴大字报、撒传单、揪斗校长和有名气的老师,要么就回家歇着。绝大多数"老三届"中学生们,和其他大专院校的兄姐们一样,在"文革"十年的人生

轨迹，就是一条直线：出去大串联——回来造反——两派武斗——夺权后靠边站——上山下乡修地球——回城找工作糊口。最终在70年代末到80年代初，跟小自己十几岁的弟弟、妹妹甚至侄儿、外甥们一起，涌进高考恢复后的残酷考场，去争取那机会渺茫的最后一线人生机会，只有极少数幸运儿获得成功。

"文革"前几年全国所有大专院校全部停办，到了1973年左右，全国高校（包括艺术类高校）开始招收三年学制的"工农兵学员"，他们身份很特殊，不需要考试，直接上学。其中人数不详，但占相当比例的生源一部分来自军干、高干子女，另一部分来自各地从造反派到革委会中有权有势家庭的"走后门"子女。刨掉这两部分人，真正靠贫下中农和工人师傅们推荐来上大学的生源，就可想而知了。设计类高校主要复课部分课程为包装装潢与染织设计，有的加上陶瓷美术、工艺雕刻等。生源缺乏公正性，加之当时正值"文革"高峰期，教学内容极不正常。

但不少老教师克服困难、想方设法传授设计技能与理论，为新中国设计教育与设计产业保留火种，日后在"改革开放"时代的中国设计教育与设计产业大发展中，发挥了"承前启后"的重要作用。

"文革"后期职工教育性质的设计教育还是颇有作为、可圈可点的。例如，70年代初开始试办的上海"七·二一工人大学"中，有轻工系统的包装装潢设计、印染图案设计、产品造型设计相关课程内容。后来北京、广州、天津等大城市轻纺企业纷纷仿效，类似上海"七·二一工人大学"的各类"职工大学"遍地开花。这类企业自办性质的"职工大学"有个优势：授课的教师一部分来自原高校师资，理论和基础课教得好；另一部分师资则来自企业和主管厅局附属"产品美术研究室""研究所"的专业设计师们，实战能力特别强。尤其是后者，始终是长期奋战在生产第一线设计类骨干，业务精、专业熟、水平高，所以办学效果良好，原先都出身"文革"前的大专院校，加上长期设计实践锻炼，早就成为各行各业设计产业的"顶梁柱"。他们实实在在培养了不少设计人才，为"改革开放"之后的设计教育和设计产业大发展，做出了特殊的贡献。本书作者就是70年代后半期开办的"南京市第一轻工业局产品设计研究室第一期培训班"的学员之一，受到几位老师（王波，南京艺术学院毕业；王霞，中央美院毕业）的严格基础训练和设计启蒙教育，获益匪浅。当取消了"高考报名必须缴纳单位出具'政审表'（我家庭出身不好，又没门路，所以总拿不到合格'政审表'）和'同意书'"这一极不合理手续后，才有机会参加高考、侥幸上大学。

"文革"后期各地轻工、纺织系统主管厅局还自办了一批中专、技校性质的专业学校，课程涉及印刷、包装、装帧、广告、传统手工艺等等，大多与"职工大学"一样，实践型能力均较强，毕业了就能顶上岗发挥作用。

1966年夏秋之际，由北京开始迅速波及全国各地，红卫兵和造反派掀起"破四旧、立四新"高潮，大批有历史和文化价值的老字号商铺、场店遭受冲砸，不少晚清至民国的珍贵设计史料（设计图纸、模型、私人日记、档案、照片、设计笔记、生产图表、证书、执照等）和设计文物（产品原件、生产模具、机具原件和店招、匾额、历代藏品等）被彻底毁灭。全国很多著名设计师、技术员和老手工艺人、研究学者受到批判、揪斗和其他人身攻击与精神迫害。很多传统手工艺和生产技能就此湮灭、失传。

"文革"之前本身就很幼稚的大众时尚概念(多半是民国时期残留或极少数允许公映的外国电影影响所致)仿佛在一夜之间就荡然无存。女用化妆品中的口红、香水、眉笔、粉饼、美甲油、高跟鞋、长筒尼龙丝袜、"火箭头"皮鞋一律被视为资产阶级生活方式的商品,自1966年夏天起,就绝迹于各地国营商场,十几年后方见其芳踪。理发店也难以幸免,当时除去类似革命女烈士(江姐、刘胡兰等)或样板戏中年女主角(《海港》方丽珍、《杜鹃山》柯湘、《沙家浜》阿庆嫂等)那种革命的齐耳短发,烫发、焗油、染色被全面禁止。即便是革命宣传文艺演出需要购进某些化妆品,也要单位出具证明才能在指定商店买到。一般人也没胆量平日涂脂抹粉在大街上行走。不需要进理发店的女子发行就是留大辫子,类似大寨"铁姑娘队"和样板戏里李铁梅(京剧《红灯记》女主角)、喜儿(舞剧《白毛女》女主角)、小常宝(京剧《智取威虎山》女主角)。

金银首饰、文房玉玩、牙角石雕、古董瓷器、刺绣织锦皆被认定为"封资修"事物,一旦被红卫兵小将发现便没收查抄。任何传统手工艺厂家也不再敢生产制作,直到70年代初"广交会"订单大增才得以部分恢复,并且严禁在国内市场返销。

"文革"初期对各种商品的名称、包装、图案的苛责到了无以复加的"文字狱"水平。任何一款商品,哪怕本身没有任何政治问题,但凡名字带有洋气、古气就没法通过审查,如上海地区经营了几十年的名牌商品"麦尔登""凡立丁""派力司"等,都被批判为"崇洋媚外",在"文革"初期统统被更名。"文革"初期,全国所有城市乡村的厂名、店名、路名,有九成以上被更换,最时髦、流行的名称是"东方红""人民""工农兵""向阳""井冈山""红太阳""反帝""反修"等等。经过"文革"洗礼,任何城市总有一条大马路叫"人民路",总有个广场叫"东方红广场",总有家医院、电影院或商场叫"工农兵某院"。

"文革"时期任何商品的图案设计中涉及古典戏文里的帝王将相、才子佳人、八仙过海、神话传说;民间祈福寓意的福禄寿喜、吉祥如意、添丁发财;甚至动物纹样的龙凤、鸳鸯、麒麟、仙鹤;植物纹样的牡丹、芍药、丁香、海棠等等,都是不能触碰的"封资修"内容的"禁选题材"。弄得设计人员只能在很狭小的范围里采选具有革命色彩的图形,除去全部是跟毛主席语录、诗词、题字有关的文字外,只剩下浓烟滚滚的烟囱、一望无边的麦田、高大雄伟的水库、一排排耸立的厂房、乘风破浪的轮船等等。毛主席头像也不能随意乱印在茶杯、毛巾、肥皂盒、点心匣等民生必需品上,以免发生商家和顾客都不方便的"大不敬"意外事故。"根据上海百货采购供应站统计,1966年6月至1967年底,该站批发经营的所有商品中,被更换原有商标图案的商品共计1200余种。"(陈明远《温饱与小康——中国60年的衣食变迁》,山西人民出版社,2011年版)

因为50年代后期起的供应紧张、商品经济极不发达的大环境影响,"市场因素"基本让位给"配给因素",设计本身必须包含的商业宣传、商业促销功能被大大瓦解,因而院校设计教育和厂企设计产业,都流行"工艺美术"的概念。受到"文革"初期各地轻纺业一度生产下滑、产量和品质极不稳定、"广交会"展销以传统手工产品为主等因素综合影响,以手工艺品为主的中国传统产品成为"文革"外贸商品的主角。在很长一段时间里,工艺美术的主体是各种民间美术品、手工艺产品,而不是真正最能影响社会大众的日用工业商品设计内容,连包装装潢和印染图案都被包容在"工艺美术"之内。"文革"十年,在设计产业这一块,完全依靠商品流通的市场气氛才能生存的商业广告业基本处于休眠状态,商标设计、商业美术(广告画、宣传画、招贴画)也失去了许多设计本体语言的含量,变味成某种附着于产品载体的政治宣传方式。

图 7-10 "文革"宣传画

譬如,"文革"时期的商标主体形象要么是高举铁拳、气壮山河的工农兵群众和金光闪闪的红太阳,要么是有革命寓意的轮船(大海航行靠舵手)、火车(革命火车头)、梅花(附会毛主席诗词)、地球(解放全人类)等等,基本上跟泛滥成灾的政治宣传画、报头题花一个味道。"文革"标志设计的宣泄口是"毛主席像章"的设计。这股风气是军队先搞起来的:1964年解放军总政治部发行了全国第一套小横条加五角星形的"毛主席像章",金底红芯,小横条上刻毛泽东手书"为人民服务",五角星中央是毛主席军装免冠侧面头像。"文革"在全国发动后,各地纷纷效仿,自行设计、自行制作了大批"毛主席像章",长达十余年,有上万款,不下几十亿枚。

　　"文革"时期的宣传画倒是极为发达，但已和商业毫无关联，清一色变为"团结人民、教育人民、打击敌人"的美术化"思想武器"，很多跟民生设计教育和产业毫无关系的专业团体（如70年代初"海军美术创作组""济南军区美术创作组"等在宣传画创作方面名气最大）也纷纷置身宣传画、招贴画创作，使宣传画一度火爆异常，离政治与美术越来越近，离民生和设计越来越远。

　　"文革"时期的书籍装帧设计与邮票设计也与平面设计大背景一样，基本脱离了商业和市场的运行规律，成为特殊载体的政治宣传的分支和子项目。比如现在收藏价值极高的著名"文革"邮品，无一例外跟毛泽东、"文革"有关：不是宣传"文革"大好形势（1967年底，各省"革命委员会"成立后发行的"全国山河一片红"纪念邮票），就是毛主席画像（毛主席接见红卫兵加林彪题词"伟大导师、伟大领袖、伟大统帅、伟大舵手"的"四个伟大"纪念邮票，油画"毛主席去安源"纪念邮票等等）、毛主席诗词、毛主席语录等等。

　　"文革"中期，"八个样板戏"（京剧《智取威虎山》《海港》《红灯记》《沙家浜》《奇袭白虎团》和芭蕾舞剧《红色娘子军》《白毛女》及交响音乐《沙家浜》）于1967年5月9日至6月15日同期在北京上演，并先后搬上银幕在全国发行放映。与大型音乐舞蹈史诗《东方红》相比，舞台设计整体是艺术上下滑、技术上提高，在道具、布景、服装、容妆、烟火、灯光等设计环节上都突出一个主题：英雄人物的"红光亮"造型。

　　"文革"时期真正受影响较小的设计相关产业是工业设计部分。尤其是国防工业，哪怕是"文革"十年最混乱的时期，国家仍持续大规模投入、全方位保障。这使得"文革"期间的国防工业仍保持较快增长速度，兵器、军备的国产化率越来越高。尤其是单兵操作轻武器体系和部分乘用军车、舰船、军机的设计与建造，已经部分摆脱模仿苏制武器的惯例，大比例提高了自主设计、自行制造的国产程度。当然，非人工操作或非人体直接接触性使用的军工产品，如"文革"时期对地空、空空导弹的重点科研投入和战略性武器（氢弹、洲际运载火箭）不属于"工业设计"范畴，但使得中国尽早进入军事装备研发强国行列，这也直接地保障了"文革"混乱十年时期和"改革开放"时期四十年的持久和平局面，此类技术后来还应用到诸如民用卫星发射和航天探索领域，都是功不可没的。

　　机械制造业是"文革"中影响相对较小、持续发展的领域。其中由人工操作或部分由人体直接接触性使用的大型工业制成品（如矿山采掘和港口运输专用车辆、万吨级以上远洋船舶、大型民航客机研制、电动高速内燃机车等项目）的不断成功，使得新中国设计在"改革开放"初期一加入世界市场的残酷商战，就占据有利位置，以"价廉质高"享誉世界市场，迄今占据市场大比例份额。由人工操作或人体直接接触性使用的小型工业制成品（如农机、医疗器械、手控工具、小五金配件以及工业制作的文具、玩具、餐饮具、灯具等民生消费商品）更成为中国外贸出口的"主力军"，在八九十年代起就占有市场"世界第一"的位置。由"文革"时期默默无闻奋战在工业战线的广大科研人员（包括工业设计师们）和广大职工辛勤努力的伟大成果,缔造了新中国工业设计的一个奇迹——特别是这个奇迹要早于"改革开放"时代,是件特别了不起的事情。尽管那时候这些功臣们不被后来的中国设计史学者们看成是"工业设计师",但他们对当代中国工业设计的实质性贡献,是彪炳史册、不可磨灭的。

纺织、印染、服装、家纺这四大块,经近二十年磨炼,在外销商品方面一直保持着高速增长态势,在"文革"后期的70年代中期就占据了世界市场份额的"世界第一"和"中国历年外贸总值第一"两项冠军头衔。迄今仍保持着中国外贸出口总产值两成以上的份额。这个伟大业绩的取得,与"文革"时期设计产业广大面料图案、纺机造型、色织肌理等方面的广大设计人员的努力密不可分。我们什么时候也不该忘记他们的功劳。

被视为"文革"最大成就之一的是:1968年,"南京长江大桥"建成通车。该桥正桥长1577米,引桥长3012米;公路桥长4589米,宽19.5米,4车道;铁路桥长6772米,宽14米,铺设双轨,两列火车可同时对开。此为第一座完全由中国设计、建造及采用国产材料的双层式铁路、公路两用桥,因而在中国桥梁史上具有重要意义。当年是世界上最长的铁路公路两用桥,号称"天下第一桥"。南京长江大桥除桥头堡建筑外立面与内部装修设计、桥梁钢架结构的工程建筑设计外,还采用了许多装饰设计,如桥栏杆部分的多幅浮雕、路灯的白玉兰造型、南北桥头堡的四座群雕等等。

"广交会"是新中国展示设计在"文革"期间得以延续,甚至有相对较快发展的极少数设计产业。自1957年4月以后,每年两次的春季秋季"广交会",各省市主管部门都要以外贸公司"样宣科"专业人员牵头,组织队伍对本省展区进行相关规划、设计、装修。从50年代中期起算至"文革"结束,近二十年来实际上培养、锻炼了一大批新中国自己的展示设计与装修的专业人才。尽管新中国展示设计事业一直形成没有编制上独立的展示设计产业和展示设计教育机构,但专门为"广交会"服务的展示设计与装修队伍一直处于相对完整、稳定的状态,除武斗猖獗、社会大乱的1967年外,"文革"期间历届"广交会"都能如期举办,并没有受到过多干扰而停止工作。这在"文革"中是难能可贵、较为罕见的特殊事例。

除"广交会"外,"文革"前半期各种专业展览会基本停止,非行业性的各种政治性展会倒是异常活跃。其中有"文革"初期各地造反派组织举办的"造反有理展览会",主要展出在抄家过程中缴获"牛鬼蛇神"们的各种"封资修"物品,还有"夺权展览会""'文革'宣传展览会"等等。1969年各地造反派完成夺权之后,全国各地都相继举办了"毛泽东思想万岁展览会";各地为此建造了大批"毛泽东思想展览馆",有些场馆迄今还在使用。

"文革"中的非行业性的政治类展示设计案例非常丰富。如1966年毛泽东八次接见红卫兵、1968年全国"芒果巡展"、1969年全国各地"庆祝'九大'开闭幕庆典活动"、1970~1975年北京及全国大中城市"国庆典礼"以及各种"阶级教育展览会""建设成果展览会"等等。除政治因素外,这些展示设计的成功案例,社会反响高、效果好、影响大，有很多专业经验值得认真总结、汲取。

1972年以后，因"林彪事件"的发生，中央"极左路线"得到部分纠正，工农业生产进行了一些调整。一些国外的专业展览陆续举办，其中包括在北京先后举办的意大利、瑞典、瑞士、法国、丹麦等国的"工业展览会"和日本"机床工业展览会"。

"文革"后半期国内虽然也举办过一些专业展会，但影响和规模最大的首推自1972年起常年性展出的"上海工业展览会"，主题是突出"文革"以来上海公交战线社会主义建设的"伟大成就"，为以上海出身为主的"四人帮"涂脂抹粉。

从负面因素讲，"'文革'设计"最不可取之处，就是本节一开头就说的"假大空"特征。甚至可以这么说，"改革开放"三十多年，有些假冒伪劣式的商业宣传的手法，令人感到似曾相识，仿佛又回到了十年"文革"那种充满不实信息、完全靠宣传者虚构起来的"假大空"时代。"文革"式宣传，最流行的信条就是"谎话说上一千遍，就成了真理"。这也成了附着于"文革"社会生产方式与生活方式的"'文革'设计"无法磨灭的文化烙印。

让我们来费点口舌分析一下"文革"之所以发生的特殊原因吧。从动机上讲，毛泽东发动"无产阶级文化大革命"，除去他个人的政治图谋之外，理论上也是一场移风易俗、改造中国陈规陋习的全社会文化革新运动。只可惜夹杂了过多的个人因素，难免被后人指责为一场权力角逐游戏。其实毛泽东是个艺术家，是很富于理想的人。当他通过数十年艰苦卓绝的战争，在中国人民集体的拥戴下站到"人民领袖"的高度，便"一览群山小"了。凡是游历过大山名川的人都有这个体验：一旦置身于一个前所未有的巅峰状态，身边既没有羁绊物、也没有参照物的高度时，不由得会产生自我膨胀的感受，仿佛环顾宇宙，唯我独尊。毛主席登上的高度可是前无古人、后无来者。他历经艰辛、受尽委屈，不但挽救了党的事业，还将中国革命一步步引向胜利。进北京城前夕，他保持清醒头脑，牢记老乡们的忠告，不学李自成，把执掌国家舵位当成一场"进京赶考"。于是，不管是三年国家战后恢复，还是"抗美援朝"和"一五规划"，毛主席都兢兢业业、谨慎勤勉，领导全中国人民取得了一个个伟大的胜利。随着50年代中期新中国社会主义革命和建设达到高潮，毛泽东个人威信也达到了巅峰状态，可资参照的李自成的身影也就淡去了，过去奉若神明的那些历史警示也不当回事了，毛泽东开始失去湖湘学者天然具有"实事求是"的那份理性与从容，真的以为自己成了"神"。既然是"神"，自然想法就跟凡人不可能一样了，看凡人们也就不顺眼了，《党章》《宪法》都没当回事了（事实上也根据政治需要和个人意愿，来来回回被改个不停，毫无庄严之感；也根本不可能对缔造者本身起制约作用），获得了超越党纪国法的特权，"以革命的名义"，随意将个人意志凌驾于党内集体利益和全体人民利益之上。毛主席晚年这种错误意识，是导致"文革"的最大原因。其他阴谋家、野心家，仅仅是利用毛泽东晚年错误依附而上、顺势而为。

毛主席在"文革"期间，确确实实为中国社会营造了一个"精神与物质高度分离"的理想化"乌托邦"境界。人人都活得像雷锋、白求恩、焦裕禄，大公无私、忘我工作,过着苦行僧一样的生活。可惜老百姓天生素质就那么低,学一下雷锋没问题,就像雷锋那么活着,肯定受不了,也肯定不愿意。他们心目中的"共产主义"很具体、很物质化:要么就像苏共领袖形象比喻的那种"土豆烧牛肉加共产主义",再不济也得像党和军队的高级干部家庭那样"楼上楼下、电灯电话"。尤其是经历过"大跃进"和"三年自然灾害"那一段哀鸿遍野的悲惨日子之后,再看见确实存在着不少干部都在"以革命的名义"干着伤天害理的事情,对比着彼此越来越明显的生活差距,不免心中淤积了越来越多的疑问和越来越强烈的不满。

"文革"正是这么一场引导群众泄愤的运动。因此许多骇人听闻的暴行和罪恶便在红太阳照耀的光天化日之下发生了。

"'文革'设计"的"假大空"主流风格,正是一种"红色文化恐怖"的突出标记,从动机到效果,从形象到符号,从设色到构图,都是彻头彻尾的"视觉暴力",是对人类天性的审美需求的一次"计划生育"般的集体阉割,目的是只准抱着人鬼难辨的"革命娃",其他长得不革命的娃,统统都要流产、堕胎。

"'文革'设计"的"假大空"主流风格,也是一种政治"忽悠"风格,革命目的是假的,政治口气是大的,传达内容是空的;在"乌托邦"理想色彩的掩护下,传达着一种虚幻的诱骗式的致命信息。对于经历过"文革"的人而言,每每看到标准样式"'文革'设计"风格的作品,红色的海洋成了血雨腥风,金灿灿的向日葵夺去了口粮滋长的土壤,放射状的光芒灼伤了每个人心灵深处最柔软最娇嫩的情感。红太阳的光辉,让一切与优雅、细腻、品位、精致有关的事物,都无处遁形、无处藏身。

经历过那个时代的人,没人当真把紧握铁拳砸烂敌人的魁伟工农兵形象当成是自己的未来角色。因为那个时代发生的所有事件都反复提醒人们:小心翼翼地活着,提防着能操纵那只"无产阶级专政"大铁拳的隐形人,不然谁都会变成被铁拳砸烂的"一小撮"——即便你真是个工人、农民、士兵。

"乌托邦"美丽幻境破灭,导致的只能是火山喷发般的怒火熔岩,因而毛泽东的遗孀江青为首的"四人帮"倒台消息一传开,全中国人民一边倒地喝彩。"'文革'设计"那种"假大空"风格,也随着自己的母体——"文革"所创造的特殊"宣传文体"的覆灭,也迅速绝迹于中国社会,让位给世俗化、大众化、商业化、同时也是乱哄哄的80年代"新潮"设计风格。

"'文革'设计"的"假大空"风格,一度是令人深恶痛绝的苦难印记,本该是每个经历者(特别是现在还在吃设计这碗饭的人)灵魂深处丑陋的疮疤。但时过境迁,四十年后居然被稚嫩的小朋友们当成是时尚元素吹捧有加,不禁使人觉得匪夷所思,大有恍如隔世、物是人非、乾坤挪移、沧桑巨变之感。有些年纪一大把的学者们其实心里很明白,但出于各自的目的跟着起哄,那就其心可诛,也很值得玩味了。这类言行有点像鲁迅笔下的怪异日本浪人作家,有种极为恶心的癖好:喜欢抠挠自己身上的疮疤,食之如饴,乐此不疲。这最起码算一种极度变态的举止。

二、令人窒息的宣传气氛

"'文革'设计"表面口号跟"文革"中所有跟艺术沾边的文化事物一样,都是"为工农兵服务",但本质上是一种对民意社会的恣意践踏,漠视了社会民众对视觉美感的天然心理、生理需求。在这种犹如《国际歌》中"思想牢笼"般的学术氛围中,只能生长出"'文革'设计"这样的"罪恶之花"来(英国唯美主义诗人王尔德诗集书名)。

"'文革'设计"的显著特征之一,就是无处不在的宣传气氛。始作俑者便是官媒的"两报一刊",每天抬头都印上一段套红的毛主席语录。上行下效,"文革"中任何书报、杂志、教科书、结婚证、奖状、文凭、病历本、粮油证、户口本,统统也这么做,连肥皂盒、火柴盒、药瓶、练习簿、玻璃杯、脸盆、牙膏、毛巾都不放过,到处都印满了毛主席语录——这些"平面设计"的"创意",排字工人就能干。本书作者不知道那些赞美"'文革'设计"的"设计史论"学者们,连这个"'文革'设计"泛滥成灾的显著特征都不了解吗?

"'文革'设计"这种政治宣传方式令人窒息,形成的原因不言自喻。除去特殊政治氛围的多重压力外,还有两个根本原因。其一是物质匮乏,特别是限量商品,基本上用不着"包装设计",只需要"包"和"装";即便是不限量的针头线脑,只要有可能,就处处下家伙,怎么着也弄个"革命"标贴,这样设计师、工程师都保险,省得以后被挑出毛病来,吃不了兜着走。其二是从众心理作怪,别人设计都这么来,自己也得随行就市,不但政治上保险,也符合"时尚"。这是一种无法摆脱的惊惧过度、压力过大所导致的心理变异,有点像"斯德哥尔摩综合征"(Stockholm syndrome),又称"斯德哥尔摩症候群""人质情结""人质综合征";有多部欧美电影表现这个题材:肉票在被绑架后逐渐适应了屈辱生活,居然在心理上产生出对绑架者的依赖感,甚至依恋之情,有的还发展到跟歹徒谈情说爱,进而沦为帮凶。"'文革'设计"这种填鸭式的政治灌输,不一定是"四人帮"亲自下令造成的,确实有不少是当时的设计师们自觉不自觉的主动行为。但要是时至今日,已没人对自己进行"思想绑架"了,还这么痴迷留恋,那就是患上道地的"斯德哥尔摩综合征"心理疾病了,该去脑科医院瞧瞧精神科大夫了。

与"假大空"相比,"'文革'设计"的"填鸭式灌输法"更具有破坏性。"'文革'设计"实质上以粗放处理过的"革命"化的视觉图式符号,来对社会消费大众实施政治意愿上的视觉绑架。"宁要社会主义的草,不要资本主义的苗",几乎摧毁了一代中国设计师的创意能力,把原本对设色、造型、构成、寓意诸元素的本体语言阉割成固定模式的"革命"政治符号,"革命"成了"要命","创意"成了"曲意",一切设计语言就成了一种类似中世纪那种宗教性质图式规范的"设计八股":用色首选大红,越红越"符合标准";造型首选是"工农兵",越粗壮越"符合标准";构图首选"顶天立地",越满越"符合标准";寓意首选"不断革命",越"左"越"符合标准"。个性化的选择和个人情感表达,都被视作"资产阶级情调"。在这种"大一统"设计环境中的民生商品设计师,是没办法、也不敢追求什么个性化表达的,因为"'文革'设计"的优劣标准是"没有最左,只有更左"——这点倒是"文革"设计师们唯一可以发挥个人聪明才智的想象空间，因此我们今天才能看到民间收藏家们手里那些让我们忍俊不禁、哑然失笑的荒唐怪诞的"'文革'设计"藏品。对"'文革'设计"的误读所产生的"亲切感"，那是"错拿肉麻当可爱"。

拿"'文革'设计"标准的人物造型说事，工农兵形象倒是主体，但一定都是虎背熊腰、浓眉大眼的。就算是个女工人、女农民，那也一定是豹眼环瞪、牛腰款舒的，唯一像女人的地方，就是扎个革命的两把小刷子，胸前整点表示凸起的阴影。倒不是说健康点不好（怎么也比现在清一色"天上人间"风格好），但拍"'文革'设计"马屁的人，假如自己找老婆也是这个标准，"娶媳妇儿腰粗手脚大最好，下地能干活，上炕能生娃！"本书作者就服气，承认并非别有用心。人们把那个时代的设计（"文革"时还不叫"设计"，叫"工艺美术"或"实用美术"）与美术作品的"时代风格"精准地概括成三个字："红、光、亮"。

三、"'文革'设计"的民众智慧

"'文革'设计"除去特定时代造成的必然特征之外，也并不是一无可取之处。民生商品中拐弯抹角的设计创意，便是一种"另类"的"'文革'设计"，一种迫不得已的、善意的"偷换概念"式设计风格。这是一种在"文革"后期出现的"约定俗成"风气下形成的设计手法，是设计师与民众消费者之间的一种精神默契。它的操作要领是一定要在毛主席语录或毛主席诗词里找到出处，好给作品在政治方面上"保险"。民生商品（脸盆、毛巾、茶缸和不少搪瓷、玻璃、陶瓷制品）上出现梅花图案，必定比那些标准的"'文革'设计"深受消费者喜爱，政治上也完全没问题，因为毛主席诗词里有句："梅花欢喜漫天雪，冻死苍蝇未足奇""俏也不争春，只把春来报"等等。桃花、牡丹图案就都可能有麻烦，因为毛主席他老人家没提过。迎春花、向日葵都是可以的，因为能跟"歌颂社会主义大好形势"搭上边。绸缎被面的图案让设计师们绞尽脑汁，除去梅花外，喜鹊是加不得的，有"复古怀旧"嫌疑；只好光溜溜梅花枝算数。

有些另类的"'文革'设计"创意十分巧妙，用语找得十分贴切，令人赞叹。比如"农业供销社"在"文革"时期出售的瓶装杀虫剂的标签上，一般都印上一段毛主席诗词："要扫除一切害人虫，全无敌！"有的还"画蛇添足"，来一个二套色的小图案，上面有组巍峨如山的工农兵形象，拿个革命的铁扫帚，扫帚底下呆着的自然是"黑九类"和刘少奇、邓小平或者苏修、美帝之流，各自做着惊恐万状、仓皇逃命的姿势。

有时难免牵强附会、生拉硬扯，让人哭笑不得。例如，有些设计弄个名胜古迹小图标，怕人误解"宣扬封资修"，尽管不是庐山，也硬贴上一句毛主席诗词："无限风光在险峰"；最多的是大海上有条帆船，美其名曰"大海航行靠舵手"，可这大海上就孤零零的一条帆船，岂不是迷失航向了，还能是什么？

"文革"时期是全民文化饥渴年代。身心疲惫的人们渴望精神上得到一切与政治无关、能给予人的感官带来慰藉的东西，哪怕是一片优雅的颜色、一个美丽的图形、一段浪漫的情节、一幅漂亮的画面。囿于政治上的桎梏，设计师又不得不"带着镣铐跳舞"(闻一多语),这是需要很高的政治智慧和艺术能力的。首先是要精通所有的"红色文典",随时可以为自己的设计创意找出能对应查实的最可靠的政治出处,毛主席语录、毛主席诗词的"经变相图"是首选来源;革命歌曲、标语口号的"会意联想"位居其次。另外,如何在政治要求严苛、制作手段简陋的双重夹缝中尽可能满足广大消费者的"公众审美观"的天然视觉感受需要,则完全取决于设计师个人的设计手法和消费者的理解能力了。这种"另类"的"'文革'设计"风格,是"'文革'设计"中普遍存在的现象,也是特殊社会环境下的产物,把"'文革'设计"的主流风格(指政治高压下形成的"假大空"加"红光亮"风格)定位成中国的"波普艺术""大众艺术"风格,是对"文革"时期身心备受煎熬的全体中国人民(包括广大工农兵群众)的恶毒诬蔑。这种肆意曲解"'文革'设计"主流风格的现象,表明了喜爱歌颂"'文革'事物"的这些史论研究者和极个别"新潮画家"们为了自己的私利,故意以"怀旧"为诱饵,以混淆是非概念、肆意篡改历史的手法,企图通过歌颂"文革"事物来诋毁现实社会、主动迎合西方舆论、甘愿为西方反华势力所利用的真实目的。当然这部分人里不包括对"文革"真实状况并不了解,在前辈们影响、裹挟下也跟着起哄的那些一时糊涂的年轻人。

对为"'文革'设计"风格唱赞歌的这部分年轻学子,我有一句忠告:在"文革"期间被摧毁得最严重的,便是中国文化阶级特有的"士人精神"。"士人精神"里面包含内容很多很丰富,但第一重要的便是中国文人与生俱来的"家国情怀"(心胸境界);第二重要的便是中国文人与生俱来的铮铮铁骨(独立人格);第三重要的便是中国文人与生俱来的批判精神(治学态度)。与此对立存在的,便是那些品行不端、欺师灭祖、蝇营狗苟的无行文人。在高压环境中的中国文化人,可以一时软弱,也可以为了自保而保持沉默,但不可以放弃自己的心理底线和道德操守。十年"文革"时期以生命为代价而保持住"士人"品格的那些文化人(老舍等等)为我们做出了榜样,"大丈夫宁可玉碎,不能瓦全"([唐]李百药《北齐书·元景安传》)。绝不可以为了一点点蝇头小利,就逢迎着弄权者和有钱人,昧着良心、指鹿为马、混淆是非、颠倒黑白地瞎说。正如东北民谚里说的那样:雪地上留下的脚印,都是自己走的。在自己的学术道路上留下斑斑劣迹,将来是一定会加倍付出代价的,不值得。

从设计学角度分析"'文革'设计"现象,理应具有客观分析的学术心态。一方面讲,"'文革'设计"同当时意识形态领域的所有事物一样,在涉及政治口号宣传、扭曲大众审美情趣、抑制老百姓生活幸福意愿等方面,存在着严重的封建主义加专制主义的浓厚色彩;另一方面讲,"'文革'设计"在产业化发展领域取得了前所未有的进步。无论是工业制成品的整体外观,还是构件研发;无论是商标设计,还是招贴画创作;无论是纸媒平面的彩印技术、机械装备,还是商品包装的箱盒版型、容器种类,"文革"十年期间都有长足进步。甚至可以这么讲:"改革开放初期"的当代中国设计产业的全面发展,起码部分是建立在"文革"设计产业在产能开发和技术革新层面持续发展的坚实基础之上的。

　　原本这本书写到"文革"就该结束了。根据一般的史论研究常识，任何历史事件，不经过最短也需要二十年的"反刍""酝酿"，是很难做出公正、客观的评价的。这有点像欣赏油画：不退远点距离，是没法品鉴个中真味的。若靠得太近，无法将画中景物尽收眼中，哪怕画的是大美人，看在眼里的只能是凸凹不平的笔触和颜料疙瘩，再加上画布的网格肌理，何美存之？常言道："距离产生美"，是句大实话。

　　"改革开放"时期，被公认为是中国现代历史上所发生的最伟大事件之一，由于它的出现，使中国社会发生了天翻地覆的巨大变化；这种变化影响之深刻、波及面之广，无论哪个社会阶层都无法置身事外。由"改革开放"导致的巨大社会变革，以及"改革开放"时代中国当代民生设计及产销业态全面发展，提供了令人眼花缭乱的无数丰富案例，恰恰又可以为本书题目"设计与百年民生"做出最好的注脚。

　　本章"改革开放初期"的时间概念，大致定位在从1979年至90年代上半期。这个时间上的划分，完全是个人见解，未必与学界同仁保持一致的时间概念。1978年，党的"十一届三中全会"吹响了"改革开放"的号角，由此中国社会步入了一个崭新的历史发展时期；1989年，国际社会主义阵营全面解体，中国的国际环境骤变。"改革开放初期"中国社会在取得巨大成就的同时，也有些急于解决的社会矛盾逐渐凸现出来，中国社会变革与"改革开放"事业，都站到了何去何从的十字路口。正由于几届党和国家领导集体坚持"改革开放"的伟大事业，审时度势、从容不迫，坚强地领导中国人民坚持走中国特色社会主义道路，中国社会改革开放步伐才得以深入、持续地进行，终于迎来从90年代初到21世纪前十年"黄金二十年"的大发展。近现代中国民生设计及产销业态，正是经过百年嬗变之后，终于在"改革开放初期"羽翼丰满，虽然还存在种种弊端，却已逐渐成为主导当代中国经济的一支不可或缺的产业力量。有了对"改革开放初期"中国民生设计的描述和分析,本书才能算有个相对完整的结构和令人欣慰的结论。

本章将中国经济在"亚洲金融危机"中的出色表现,作为"改革开放初期"的截止时间。与母体经济一样,中国民生设计产业也在这一次席卷全球的经济衰退中经受住了严峻考验,表现可圈可点。至于之后的事件的研究评述,就有待来日了。

第一节　改革开放初期社会时局因素与民生设计

"改革开放"给世界和中国带来了什么,就不用本书作者说了,是作为任何个人用千言万语也难以表达清楚的。用看得见、摸得着的现实情况看,中国以近三十年"世界第一"的发展速度在高歌猛进,已经回到了世界第二大经济体的位置;中国大多数老百姓实现了"楼上楼下、电灯电话"百年梦想,甚至每个城市的道路都被私家车塞得水泄不通,餐饮火爆,市场繁荣。这是"改革开放初期"谁也不敢预言的沧海桑田般的巨大变化,连世界上最反华的媒体也不敢否认。没吃过苦的青年人对我这个想法也许会嗤之以鼻,觉得本书作者已经提前衰老到糊涂的地步了,就知道这些物质化的东西,眼窝子太浅。其实当有机会读一读本书和其他关于中国百年历史的书籍、史料、影片,就知道这些成就是多么的来之不易,也会为自己那些不负责任的、类似"红卫兵"式的"造反派"言论感到脸红了——为了争这一点点当下不少年轻人瞧不上的东西,百年中国最起码死了上亿人,也耗费了几代、几十亿人的一生,真是不容易。

往大里说,中国革命的一切目的,就是为了让全体中国人民过上好日子,还要有尊严地活着。当下中国社会矛盾丛生,而且有些矛盾还十分尖锐复杂,亟须解决;老百姓头上压着的"三座大山"(住房、看病、上学)的负担越发沉重;贪污腐败现象屡禁不止。滞后多时的政治制度改革到了必须同步推进、以适应已经发生巨变的经济基础的关键时刻。正如这一百年来中国社会已经走过的腥风血雨、山河巨变伟大而艰辛的历程一样,未来"改革开放"伟大事业仍会面临这样和那样的问题需要去攻坚、战胜、克服。本书作者对中国的未来充满信心。尤其是这本书写到这一章时,这个信念越发强烈。因为写这本书使本书作者花了好几年时间来审视中国社会变革百年历史的整体进程,使作者更加感到了"改革开放"事业的伟大历史功绩,同时也感受到它的必要性、艰巨性、复杂性。作为勉强可以称为第二代的"共和国同龄人",本书作者自豪地认为:我和我的同龄人一道,把自己全部的青春、热情都奉献给了这个伟大的"改革开放"时代,也伴随着自己民族和国家在磕磕绊绊中一路前行,也一天天地进步。这个伟大时代赋予了我们每一个人不同于我们先辈的、前所未有的生活条件、工作环境、文化视野,还有做人的尊严。躬逢盛世,无比欣慰。本书作者为能生活、工作在伟大的"改革开放"时代,而且极其幸运地看到了"改革开放"之后我们民族发生的一系列沧桑巨变而深感自豪,也为本书作者在书中提及的那些许许多多没能看到民族复兴伟大成果的志士仁人们,感到特别的惋惜。

作者真心希望,再过二十年后,能有机会为本书再版时续写一章关于"改革开放"时期"黄金二十年"的中国民生设计及产销业态的内容。

图 8-1 "小平您好"

一、人心思变、春潮涌动

1977 年 8 月,在党的十一大上,当时的党中央主席华国锋代表中共中央正式宣布:"无产阶级文化大革命"结束了。

宣布结束一件事容易,真正结束它的影响、纠正它的后果,则是另外一件事。事实上,在如何清算"文革"恶果问题上,不光是党和国家领导人,全社会也存在着各种不同的议论。"文革"持续十年,各方面淤积了很多疑难杂症迫切需要得到治理。特别是"人身解放"的首要问题急需解决,而且件件都牵扯到重新安排职业岗位,重新安排户籍,重新补偿多年经济损失等一大堆具体而复杂的事务;总数达一亿左右的在十年"文革"中遭受各种冤假错案株连的人们急切地希望得到"政策平反";尤其是其中数百万死难者家属希望能"冤案昭雪";两千万上山下乡知识青年(其中 60 年代末第一批知青大多已人到中年)急切地返城回乡;数百万户在 70 年代初"响应号召"上山下乡把家迁到原籍农村的城镇居民家庭急切地迁回城市……可谓千头万绪、百废待兴。

"文革"结束前两年,尽管国家经济基础还很薄弱,各方面阻力还很大,但两三年内全国有几千万受迫害家庭从中受益,得以重见天日,无论如何也算是一桩功德无量的大善事。

在"文革"结束之初,全中国每一个老百姓都能深切感到:春天来了。尽管青年人对未来懵懵懂懂,没能理解这个春意对自己的人生意味着什么,但所有经历过酷暑严寒的中老年人们相当实际:只要生活必需品的"计划定量"能保证供给,不再随意抓人、批人、打人就成。因为春寒料峭、冰雪未融,当时"两个凡是"和"继续批邓"

的政治形势,让人们感觉跟"文革"后期的做派区别不大,不敢对未来生活抱有太多的奢想。

党的十一届三中全会召开后,在 80 年代初,每一个老百姓开始真的感受到春天的气息了,好一派春雷滚滚、春光明媚、春潮泛起的景象!

首先是前述的"人的解放"。党和政府在几年内投入了巨大的人力,拿出了巨大的财力和物力,快刀斩乱麻地解决了不仅仅是"文革",而是建国三十年来蒙冤受屈的所有党和国家前领导人的平反昭雪以及全国数千万家庭与上亿人的冤假错案纠正工作,一一给予落实政策。这是个不得了的天量工作,也浸透了当时主抓这方面工作的总书记胡耀邦和全体有关方面工作人员的辛勤汗水。

其次是全国所有高校恢复招考。从 1966 年就停止的全国统考,终于在十二年后的 1977 年底重新启动。这个消息如炸雷般轰动中国社会,牵动了无数人的心。尽管一开始还存在很多不成熟不如意的地方,但这对于亿万中国青年(特别是绝大多数没有门路当"工农兵学员"的普通平民子女)而言,不啻是大旱十年后的一场天降甘霖。无论是还在上山下乡的知识青年,还是在厂矿劳动的小青工,还是根本还没有找到任何生计的各种"社会闲散人员""黑九类"子女等等,都从中看到了自己人生道路上亮起的第一道曙光。

再次是全国广大农村地区逐步开始实行的家庭"联产承包责任制"。这是广大农民群众自发创造的自救举措。安徽省凤阳县小岗村十八位农民在 1978 年冬季某天夜间秘密开会相互"托孤":共同承诺"谁出事其他人就必须照顾其家属"。最后以共同署名加摁手印方式获得通过然后施行。这份摁手印的农村改革历史性文件后来被"中国人民革命军事博物馆"作为"一级革命文物"收藏。家庭"联产承包责任制"得到了邓小平为首的党的集体领导高度认可,在全国迅速推广。"1982 年 7 月 19 日上午,巷东头的饲养室门口,人来人往,吵吵嚷嚷,生产队开始评价分牲口、农具等。经大家一致同意,采用抓阄的办法:这对每个人、每一户都是公平的,分得多少好坏,就看你的运气了。我的运气不怎么样,只分到一条口袋、一个六股叉、一个木锨和一个刮板。同一天,队里又将全部耕地按人口分给了社员各户,作为责任田。我共分到四亩七分二的责任田,在靳家岭,也就是 1960 年公社组织 108 位英雄好汉进行割麦大战的地方,自留田东西宽十来米。当天下午,我和丰胜去地里看了看自家的责任田,走在回家的路上,我思绪万千:从互助组、农业社,再到公社化,走过了一条多么长的路啊!回想起我 1954 年加入农业社时,共有 27 亩地,并按地交了 207 斤种子和 631 斤饲料,另外,把家里的一头牛和一头驴也入了农业社。真是三十年河东,三十年河西啊!还有人惋惜地说:'辛辛苦苦 30 年,一夜退到解放前。'二队的一位复员军人说:'唉,领导们把咱这一代农民做了实验田了!'但不管怎么说,大包干就是好,大锅饭就是不怎么样。谁都不能否认这个事实。"(侯永禄《农民日记·1982 年 7 月 9 日》,中国青年出版社,2006 年 12 月版)

中国的广大农民,在过去的历次战争和建国三十年经济建设中,出力最大、牺牲最多,但索取最少、回报最低。把土地真正地还给农民,把农民从繁重的体力劳动中彻底解放出来,这就是农村"联产承包责任制"实施后出现的两个最具有划时代意义的本质变化。大量被解放的三亿农村剩余劳动力涌向"改革开放"第一线,才有后来延续了三十多年的欣欣向荣、蓬勃发展的经济腾飞时代。可以这么说,全中国对农民欠账最多。"当中国把停止征收农业税视为对农业的一大恩惠时,却忽略了:世界上所有发达国家和世界上绝大多数国家,一直在对农业实行高补贴或补贴的政策。"(时寒冰《干旱警钟:事关生死存亡》,载于《凤凰博报》,2010 年 3 月 22 日)没有亿万农民工三十年来付出的辛苦劳动,现在所引以为傲的所有"改革开放"成就(民营经济、经济特区、全国人民的生活明显改善、全国城市面貌焕然一新)都是不可能实现的。在可以预期的未来半个世纪,中国社会的主体依然会是中国农民,"农民工"的命运,就是未来中国的命运。作为未来中国社会最大的消费群体之一,中国农村民众的命运,也是中国民生设计产销业态的命运。

再次是整个中国外部环境的巨大改善。在对新中国封锁三十年之后,西方世界机体对中国敞开了大门,无数的西方资金、技术、人员涌入中国,外资、合资企业如雨后春笋般遍布南北各地。全国人民学外语、留学、与外国人建立各种联系,成了一种全社会趋之若鹜的时尚。必须指出,中国社会能迅速弥合一部分与西方世界的心理差距与实际生活差距,八九十年代的政策宽松条件下的各种官方、民间对外交往,是起了关键作用的。特别是邓小平 1979 年访美之后出现的中美关系"蜜月期",则为中国提供了极其重要的外部安全保障,确保了处于急剧动荡、社会集体转向的脆弱而危险时局的中国社会的稳定性和安全性。从卡特、里根,到老布什、克林顿等历届美国政府的对华开明政策,起了良好的导向作用。

再次是由 80 年代中期启动、90 年代初开始全面铺开的全国工商企业由"计划经济"体制向"社会主义市场经济"体制的深入改革。这个经济体制的改革,是"改革开放"全部内容的重中之重,涉及全国绝大多数城镇职工家庭,尤其是国营厂矿企业的亿万工人阶级队伍。现在看来,这个"改革阵痛"的代价虽然很高(出现了数千万下岗职工,他们的家庭生活受到严重冲击,水平相对下降),但确实是完全必要的、非常及时的。全国数千万下岗职工以及他们的家庭成员,为中国"改革开放"的持续深入发展,做出了他们个人的巨大的牺牲。

最后是学术和文艺环境的全面改善。全社会学术研究和艺术创作的相对自由、文艺政策的相对宽松和全中国人民相对丰富的文化消费,这是"改革开放"三十年最大的变化之一。现在的中国社会开放程度,已经基本做到与全世界"同步",这也是建国六十多年来最好的时期。

二、变革之痛与体制之殇

"改革开放"的实质,是对中国社会自身存在的各种弊端进行改革,向经济发达、文化先进的西方世界开放。中国社会从 70 年代末一直持续到 80 年代末的十年全方位"对外开放",主要是指向西方发达国家的全面开放,从生活方式到生产方式。这十年的开放程度以及对社会造成的深刻影响,唯有"甲午"兵败后的维新运动、二战胜利后的民国末期,可以与之类比。一旦开放的闸门打开,外界的事物犹如决堤的洪水滚滚而来,一泻千里。与外界隔绝了三十多年的人们,敞开心扉去接受所有自己并不熟悉的种种事物。

这一波"全民崇洋"的社会风尚,是长期隔绝造成的"信息饥渴现象"导致的本性中好奇心、猎奇感,加上掺杂着实用性的借鉴、学习的需要而综合起来的混合体。在全面开放中,也难免泥沙俱下、鱼龙混杂。正如延安时期的毛泽东所言:打开窗扉,透进清新空气,就无法阻止苍蝇和灰尘的进入。八九十年代"全民从商"的社会热潮,也产生了一定的副作用。:

八九十年代"全民崇洋""全民从商"的群众性自发运动,大大激发了尘封已久的物质追求热情,挣脱了一直束缚人们意识观念的陈腐政治教条,从而形成了推动社会变革各项措施的势不可挡的滚滚洪流。从本质上讲,"改革开放"三十年的最根本动力,就来自人民群众先是被解放出来,然后又被激发起来的集体性的精神欲望与物质欲望。这种被解放了的人性基本意识,一下子产生出犹如核聚变的巨大能量,冲垮了"毛泽东时代"靠政治信条垒砌铸就的"思想堤防大坝",涤荡了曾经的意识形态条条框框,将社会的既有秩序统统打乱,让原有的道德法律信仰定义全部"重新定义"。这是一场 20 世纪最伟大的社会变革运动,烈度、范围、成效,都远远超过中国近现代史上的历次革命:晚清洋务运动、戊戌变法运动、"五四"新文化运动等等,其最直接的收效便是大大推动了中国社会的现代化、工业化进程,以数十年"世界第一"高速猛进,将中国经济推向了一个百年未有的崭新高度。就全社会绝大多数普通百姓家庭而言,每一个人都是"改革开放初期"经济建设的受益者,或多或少都分享了经济腾飞所带给自己在物质享受和生活保障方面的巨大变化。诚如老百姓所言:毛泽东使中国人民站起来了,邓小平使中国人民富起来了。

众所周知,"改革开放初期"的十几年,全中国百分之百的个人和家庭,在生活水平和精神面貌上都或多或少、程度不同地发生了巨大变化。我们这一代人都是"改革开放初期"的受惠者和参与者。否定了"改革开放初期"的伟大成就,就是否定我们自己。应该特别感谢这个伟大时代和"改革开放"的引路人、总设计师邓小平以及他身边的那批同事们。邓小平的伟大名字,哪怕再过几百年,也会因为老百姓子孙后代发自内心的口口相传、铭记不忘,并且必然镌刻在近现代中国文明发展史册上。与那些在 20 世纪同样领导了中国社会变革与进步的几位最伟大的中国领袖们(孙中山、毛泽东等)并肩仁立,熠熠生辉。

八九十年代"改革开放初期"的经济大潮,也从根本上动摇了中国社会视为基石、持续三十年的"毛泽东时代"几乎所有的政治信条,包括一些好的东西,例如"艰苦朴素""大公无私""助人为乐"等等。这是不以人的意志为转移的客观事实,部分也说明了社会进步的必然趋势。意识形态的标准,必然伴随着经济基础的变化而变化,没有哪一种意识形态可以固化成超越时空、能"放之四海而皆准"的恒定标准。

马克思和恩格斯在总结巴黎公社的经验时,高度评价了巴黎公社对于"公民委员"实行法纪约束的制度设置,认为以此可以"防止国家和国家机关由社会公仆变为社会主人"。马克思说:"自由就在于把国家由一个高踞社会之上的机关变成完全服从这个社会的机关。"(马克思《哥达纲领批判》)今天看,革命导师的这些话依然是真知灼见。

全中国广大人民群众在共同享有"改革开放初期"成果的同时,也承担、消化了产业转型、体制变化必然带来的"副作用"。无数人承受了这个"变革之痛与体制之殇"的全部后果,为伟大的"改革开放"事业做出了巨大的牺牲。这些后果迄今仍未消除,而且有日益酵化、激变之虑:几代、数亿"农民工"的生存环境迄今依旧,并没有随着时代进步而发生根本性变化;国营企业关停并转产生的数以千万计的失业工人及其家庭谋生无门,迄今生活艰难;"计划经济"体制垮台后,城乡差异、工农差异、体脑差异并没有本质上的缩小,反而因"分配不公"所导致的贫富悬殊社会矛盾日益激化;五六十年代党和全国人民辛辛苦苦建立起来的那一点"全民福利"("教育""医疗""住房")被借"改革"名义彻底取消后,竟成了全国普通百姓头上压着的新的"三座大山"……如何正视这些突出矛盾,引导"改革开放"事业继续向前发展,是摆在中国执政党集体领导面前的亟须解决的核心问题。

三、"全民崇洋"与"温州模式"

阔别已久的西方世界,在普通老百姓心目中具有无比的神秘感,也是当时大多数青年人最向往的地方。但凡当时有海外关系或境外有办法、有路子的人,都削尖脑袋设法出国留学,读不了书,哪怕是打工洗盘子也好。许多共和国同龄人在经历过"上山下乡"的"土插队"之后,又一次奔上了"洋插队"的滚滚大潮。

除去通过私人关系出国留学、移居的那一部分人外,由国家以各种形式委派的公费留学生,构成了"洋插队"的第一次浪潮,时间在70年代末到80年代中期。最早的一批"官费"留学人员多为访问学者、进修生,他们大多是"文革"前考取的最后一批大学生,也有少数"文革"时期的"工农兵学员",各级党政干部子女在其中占有"相当"比例。这部分人中不少人后来在驻在国攻读各种学位。这批人中有一部分后来回国后,多成为各行政单位和各教学、科研机构的骨干成员,是"改革开放"事业最可靠、最得力的中坚力量之一。在目前的"两院"(指"中国科学院"和"中国工程院")院士有相当比例的人,都具有这段经历。可惜的是,这部分人竟然是第一批"公费留学生"中的少数者——正因为少数,才显得宝贵,也能凸显出这批学成归国者的胸襟、胆识、素养和做人的道德感以及对国家对人民无比的忠心赤胆。

在1978~1985年前后,除去由国家各部委委派的公费研究生出国留学外,各高校中派出不少进修生、访问学者,均为公费委派。但由于当时国家财力有限,处处捉襟见肘,这批人能享受的生活待遇极低,吃了不少辛苦。据当事人称,在美国和加拿大的公费留学生,每月的生活津贴大致为150美元,这对于所派遣国家的人均收入而言,是极其低下的,相当于当时美国人均消费的几十分之一。正是由于这种巨大的物质条件反差,也由于自身素质的缘故,第一批"官费留学生"学成后大多数竟"爽约违规",没有返回祖国,而是留在了西方国家,既失去了参与后来震惊世界的"改革开放"伟大事业的机会,也失去了达到自己人生理想顶峰的良好途径。

"改革开放"三十年,仅仅英语地区国家,每年平均约有数万中国留学生前往。据坊间统计,70年代末至80年代中期的第一批留学人员中,有五分之四没有回国,而是选择了留下来定居、入籍。到80年代末和整个90年代,留学人员归国比例有明显提高,大致约在三分之一。到了新世纪以来,留学人员归国比例已经过半,且有急剧增速的趋势。从"海盗"(指刚出国时自我膨胀的狂傲心态)到"海龟"(指看到国内形势好转纷纷回归)再到"海带"(很多单位,特别是高校人满为患,海外文凭不再是稀罕事物,加之"高不成、低不就"心态,致使很多留学归国人员待岗失业)的事实充分证明:仅仅靠国家采取不断提供价码越来越高的优惠"鼓励"政策,解决人才流失、学子不归问题是不现实的;而且对留在国内发展、真正参与"改革开放"事业全程建设的绝大多数各行各业劳动者而言,也不能算公平。虽说民谚"儿不嫌娘丑、狗不嫌家贫",但是人们大都趋利避害。喻之以理效果不大,但诱之以利一定奏效。只要中国人民凭借自己的双手辛辛苦苦建设起美好家园,就不怕离家出走的浪子们不纷纷回头。

绝大多数普通中国人,在"改革开放初期"的"全民崇洋"大潮中,只能通过极有限的信息渠道接受充满神秘的、被描述得十分美好诱人的西方世界种种事物。极度向往与信息缺失之间的尖锐矛盾,结果演化成种种黄腔走调的社会时尚事物。从全国流行的时装表演、交际舞会,到满大街踩脚裤、蝙蝠衫、蛤蟆镜、喇叭裤,人们在一知半解、懵懵懂懂中一路磕磕绊绊、跌跌撞撞地追逐自己认为的"社会时尚",无形中却建立起了完全不同于"毛泽东时代"的全新的"公众审美观"和"公众消费观",也为"改革开放初期"的当代中国民生设计产业,奠定了所有民生设计的基本创意格调和民生商品的基础产业状态。此处不一一展开,会在下面相关章节的"衣食住行文用闲玩"和产业背景简述中一一论及。

这些今天看起来有些滑稽可笑的"流行事物",却是八九十年代"改革开放初期"的时代标记,每一个在"改革开放初期"那些流金岁月适逢青春年华的人们(包括本书作者),心灵深处都对这些怪诞幼稚的事物仍怀有一种特殊的情感,每当看到它们就仿佛被拨动了最敏感的那根心弦,回响起久已忘怀的那份纯真、萌动的时代音符,偶尔竟也会不能自制、眼润心颤,仿佛软化了在多年人生打拼时早已坚硬如铁的麻木心灵。

"改革开放初期",是个给无数中国人提供实现梦想的伟大时代。这个时代特别需要冒险精神,有点像两百年前美国西部淘金时代,每天都上演着冲动、刺激,甚至是疯狂的成功故事和失败故事的活报剧,有千千万万的人,因为各自的原因,辞掉收入微薄但稳定、清闲的正式工作去"下海"经商——起初这些新时代的冒险家们被人们称为"赶海"的人,意思是形容他们是那些赶着潮起潮落的浪花,在海滩上捡拾贝壳的人。可是人们小看了他们。他们不只是赶海捞点小鱼小虾,而是要真正地下海大捞一把。很多"下海经商"的人,辞掉工作、变卖家产,搭上全部身家,义无反顾地投身于波涛滚滚、暗流汹涌的商潮之中。大多数人沉沦了，失败了，被无情的商海吞噬了，但有少部分人成功了。他们一步一个脚印地顽强打拼，数十年如一日地艰苦创业，终于打拼出一片属于自己的天地，成为中国第一批民营企业的先驱者，不但为"改革开放初期"的中国经济做出了自己的杰出贡献，而且为未来的"改革开放"事业持续发展，奠定了最坚实的产业基础。这些民营企业的先驱者，是"改革开放"伟大时代的有功之臣。

"温州模式"的出现，是八九十年代"改革开放初期"所有社会变革事件中最重大的事件之一。温州这个江南小城，民风灵透，人勤手巧，历史上素有"百工万商"的习俗，在"毛泽东时代"亦不改本性，很多人天生就长着一条"资本主义的小尾巴"，不肯好好守着"人民公社"的大锅饭挨饿，宁愿出门去闯荡，走街串巷地给人家当小裁缝、配钥匙、修鞋、织毛衣、缝补袜子，甚至收破烂、捡垃圾。70年代起，又抓住机遇，伴随整个江南地区（主要指江苏南部和上海郊区、浙江）"五小工业"蓬勃发展的形势，顺势而生创建了一批"准民营性质"的"乡镇企业"。可以说，温州人民在极度严寒的低温条件下，为中国社会保持住了民营经济的一点点火种。在"改革开放初期"，温州人民走在了改革大潮的最前列。与享受各种国家优惠政策、全国集中投资建设的"特区模式"（即"广东模式"）不同，只凭借自己的力量"下海经商"，靠自我努力奋斗、步步为营、艰苦创业，遨游商海，建立了一大批中国最早的民生产业，在中国外贸、内需两个市场的民生产业方向上成绩优异，创造了意义重大的"温州模式"，为后来的中国民营经济的全面发展，提供了最有价值的参照模式。"走进来的是300万民工，走出去的是200万老板"，"温州模式"所代表的是普通百姓自己在"改革开放"经济建设中的参与方式。用四个字便可以概括"温州模式"所代表的中国民营企业在"改革开放初期"的创业精神："勤劳致富"。

"温州模式"被人戏称为"小狗经济"，即以家庭成员为基本组成结构的小企业、小作坊、小店铺。"温州模式"与"苏南模式"（以村级集体经济为主的乡镇企业为主，产业方向主要为邻近大都市工业作配套服务）、"广东模式"（以引进外资为主的外资合资企业为主，产业方向注重外资出口）的发展方式不同，属于一种"改革开放初期"产生的、完全根据中国社会实际情况，并结合地区经济、文化、民俗特点的全新发展模式，正因为它的"因陋就简""因地制宜""因人而异""因势利导"等灵活多变、积少成多的特点，因此在引导全国各地中国民营企业发展的示范性上，具有特别重大的现实应用价值和理论启迪价值。

必须特别强调的是，温州历届政府官员在"温州模式"创立的艰难过程之中，起到了至关重要的作用：一是长期同形形色色的刁难者、质疑者打官腔、太极拳，坚定地为本地民营企业的发展保驾护航；二是实行老子说的"无为之治"，不对民营企业的市场行为横加干涉，而是积极配合、维护市场化经济的法律法规制度；三是不少干部平时习惯把乌纱帽锁在办公室的抽屉里，积极下到第一线去帮助广大民营企业解决诸如资金筹集、市政配套、劳工召集、产品物流等实际困难。本书作者认为，"改革开放初期"的温州政府官员，可能是八九十年代最有作为的一批中国官员。

他们的为官之道和为民服务理念，理应好好总结，编成一部"中国公务员"人人必读的教科书。

为什么民营企业的创立如此重要？这是市场经济的固有规律性所决定的。所有经济体在一个由法律提供强有力保障的固定尺码下，参加所有公平而自由的竞争——这是全世界市场经济最明显的特征。只有民营经济占据主导地位的市场，才可能是健康的、自由的、公平的。尤其是在"改革开放初期"那种百业待举、万事无序的大转向、大变革时代，快速建立起有一定覆盖面、有一定产业规模、占一定经济比重的第一批民营产业，具有极其重要的带领作用和示范作用。历史证明，"改革开放初期"创立的民营企业在数十年中有不少在不断发展壮大，最终成为中国经济持续突飞猛进的最大驱动力之一，也成为中国经济的主体形式——无论是接受城乡就业人口、负担国家税赋收入、提供国家外贸主要商品，都占有决定性的过半数比重。这是一个划时代的伟大变化。一旦真正符合市场经济特征的中国民营经济占据国家经济的过半数比重，就意味着两件事：其一，由于过半数的经济总量就意味着丰厚的赋税收入，国家财政依赖程度便无法摆脱，为自己的切身利益，反过来会提供真心实意的各种服务，这就为自己的发展和生存赢得了巨大的空间；其二，中国民营经济过半数的经济总量，就意味着起码是相对公平自由的市场行为会在中国经济中占据主导地位，既可以抵消以"大型国企"为主的"国家垄断资本主义"（民国时期称为"官僚垄断资本主义"）对中国市场经济的种种不利因素，又可以保持民营经济继续蓬勃发展，为真正市场经济的可行性、延续性，保留珍贵的机会。

四、从无到有、从小到大、从弱到强

"毛泽东时代"基本消灭了中产阶级和小资产阶级，因而本质上属于"非生存需要"的民生设计产业在发展上三十年来处于相对的缓慢发展状态。

"改革开放初期"的全民皆商的经济发展热潮中，受益最大、最直接的便是中国当代民生产业。八九十年代中国民生设计及产销业态的巨大发展，使百年来一路坎坷、艰难发展的中国民生设计的创意体系、产业体系、营销体系终于得以成形、完善。尽管今天看起来，不但"改革开放初期"的民生商品无论在设计创意、产业制造、物流营销各方面还显得十分幼稚、脆弱，而且还遗留下许多亟待解决的问题，但民生产业体系本身的完整建立，是具有划时代意义的重大发展，其引发的社会变革联动效应，甚至超越了产业经济本身。

例如，"改革开放初期"的中国平面设计产业，发轫于晚清的租界时代，创业已经长达百年，曾经是近现代中国民生设计产业最早的摇篮之一。但解放后因为外部环境处于西方世界的集体封锁、内部环境意识形态高压态势，使整个平面设计产业长期处于"半冬眠"状态。民生商品的平面设计创意本身，更是受各种因素制约，无论从功能设计、选材设计、工艺设计还是形态设计讲，非但整体发展缓慢，甚至停滞，而且局部（如包装、招贴、装帧等）远不如民国时期的设计水平。产业的技术手

段和装备都相当落后,基本还在使用四五十年代的老旧生产方式和机械设施,如充当整个平面设计主体产业形式的中国印刷行业,在纸浆、造纸上仍在使用三四十年代甚至民初时期的陈旧机械设备,且生产环节多为半手工操作,产能低下、污染严重、品种匮乏,如包装纸材仅有油光纸、牛皮纸、道林纸、瓦楞纸为主,极少有早在战后遍及全世界的彩印专用的铜版纸、亚粉纸供应;在彩印方面多采用40年代的套色胶版印刷技术,不但套色少、色泽脏、画面暗、错层多,而且纸质酥脆、清晰度差、产能低下。当时的中国平面设计产业,与日本和欧美造纸业、彩印业存在半个世纪的严重技术差距。这势必在"改革开放初期"便充分暴露出来,成了严重制约民生商品经济的"瓶颈问题"。经过八九十年代"改革开放初期"的十数年发展,中国平面设计产业用十几年时间跨越了几十年的差距鸿沟,可以说到90年代末,中国平面设计产业整体已经基本赶上世界发达国家的"一般水平",甚至在局部产业(如造纸等)在世界市场上还逐步取得了一定的技术、产能、价格优势,成为当代中国平面设计创意最重要的产业支撑和市场空间。

不光是平面设计产业,还有百货设计产业(各种生活杂具及玩具、文具等)、服饰设计产业(包括面料纺织、印染、成衣设计与制作、服饰配件、美容美发等)、建筑设计产业(民居、公共、商业、城区及室内装修、环境、景观等)、工业设计产业(家电、机械、五金、工具、车船、兵器、航空航天器材等)、数码设计产业(动画、电玩、多媒体、网络页面、LOGO交互及电影、戏剧美工等)等等,都是经过八九十年代"改革开放初期"的十数年发展,一方面高歌猛进、攻城略地,另一方面步步为营、日积月累,从无到有、从小到大、从弱到强,终于在20世纪末基本建立起了完整的当代中国民生设计产业体系。这个体系的完整性价值,不但使中国民生设计产业好几代人的"百年梦想"得以实现,而且为未来的中国民生设计提供了坚实的、强大的、可持续发展的产业支撑,使所有人都深信不疑:在"改革开放"的未来岁月,中国民生设计产业必将作为中国经济最强大的产业主体形式之一和提供巨大动能的经济引擎之一,成为导致中国社会经济体制和政治体制不断转型并一步步走向成功,确保"改革开放"事业成为不可逆转的历史发展趋势的最基本保障之一。

本书下列各章节,将具体介绍和分析"改革开放初期"民生设计及产销业态在民众生产方式与生活方式各个领域取得的具体成就,并进一步分析民生商品的设计行为和产销行为引发的一系列社会变革(主要是"公众审美观"与"公众消费观"方面)的大致原因。

五、"改初"社会普通民众收支状况一瞥

本书将"改革开放初期"的时间具体划分在从1979年(党的十一届三中全会召开、改革开放全面启动)至1998年(成功抵御"亚洲金融危机",保持高速增长)的十九年左右。由于这十几年经历了好多次民生商品价格的全面上涨,全国城镇职工和乡村农民收入波动幅度太大,加之十几年来人民币面值与实际物价的购买力变化数值太大(与大规模变化前基本没有可比性),以至于没法按照统一的

人民币面值去排列十几年统一的、可信的民众收入列表和商品价格列表。因此本章节所有关于工资数值和商品物价的各项数字,均只能作为阅读本文的参照系数之一。

全国城乡集体所有制职工的平均工资,从计划经济的 1963 年开始,到改革开放前夕的 1977 年,基本维持不动,没有很大变化。据国家劳动人事部门统计,1963年,全国职工人均全年工资 576 元,在后来的十四年内,仅有轻微波动,最高曾攀上峰值为 590 元,到 1977 年,又回到 576 元基准线。1978～1980 年三年内,政府给全国职工三次上调工资,分别上升到 615 元、668 元、692 元。与 1977 年的水平相比,1980 年已上升了 116 元。70 年代末,政府还大幅提高了农副产品的收购价格,直接使亿万农民家庭成为受惠者。在物价没有大的涨幅前提下,这个力度是很可观的,牺牲前提是靠当年全国各地大量压缩基建投资得以实现的。以 1979 年计算,当时登记在册的全国集体所有制正式职工总人数是 9 967 万人。所以全部职工涨工资,每年共支出约 116 亿元。1979 年的 GDP 是 4 038 亿元,116 亿元的涨幅,相当于 GDP 的 2.9%。1979 年,全社会资本形成总额是 1 474 亿元,116 亿元相当于其中的 7.9%。以如此力度积极改善全国人民生活水平,体现了"改革开放初期"党和政府对人民群众的真切关怀(详见《中国统计年鉴》,国家统计局编制,中国统计出版社,2002 年版)。

"文革"结束后的几年至 80 年代初,全国物价和工资水平基本保持平稳。到 80年代中期至 90 年代中期(亚洲金融危机),物价和居民收入都有个快速增长期,且频率增多、幅度加大。下列简表内容是关于"改革开放初期"(以 80 年代全程为主)民生商品中最畅销的几种工业制品及服务性收费基本价格。因各项数据无法从官方统计渠道获得证实,本书作者仅根据亲历者回忆及网络相关内容综合编制,仅供参考。

表 8-1 "改革开放初期"家用电器销售价格(单位:元/件)

双缸洗衣机	357	收录机(三洋)	530	方正三型汉卡	1 200
缝纫机(蝴蝶)	178	组合音响(先锋)	2 112	打印机(东芝)	1 600
单门冰箱(香雪海)	126	正版 CD(三片)	360	286 台式电脑	6 200
台扇(摇头)	85	12 时黑白电视机	440	钢琴(聂耳)	2 292
DF 相机(海鸥)	453	14 时彩色电视机	998	电话初装费	150

上述表格中采列的家电商品价格,按照今天的标准显然是"小儿科"了,但当时(70 年代末至 80 年代初)城乡职工平均工资收入不足百元,这些商品的价格显然属于"奢侈品",不是一般人家想买就能买的。而到 90 年代中期,表中许多家电已经实现国产化,价格均大幅下降,普及率也大幅提升,几乎成了每个中国家庭的民生必需品消费,甚至有些商品(如缝纫机、单桶洗衣机、碟片唱机、音响、打字机、电风扇、黑白电视机等等)都因升级换代或新的替代方式出现(如电脑和互联网)而被陆续淘汰出中国社会民众日常生活的消费范围。

表8-2 "改革开放初期"部分普通工业制成品销售价格(单位:元/件)

咔叽布中山装(自做)	10~20	毛领军用棉大衣	30	喜筵(8桌)	480
花格毛呢西装(自做)	50	扎染蜡染工艺长裙	1~200	喜糖(100斤)	200
男式衬衫	3~5	人造革皮夹克	80	婚礼租车(2辆)	60
汗衫、背心	0.5~1	真皮长大衣	300	婚礼拍摄(胶卷洗印)	50
高级女式绸缎衬衣	18	私房买卖(30平)	15 000	家具(部分自制)	500

此项列表中的情况也如上述,七八十年代的西装、毛料正装,仅仅是"难得一回"的婚礼等人生大事时才能添置的,所耗成本也远远大于日常生活开销;而现在服饰"时装化"(注:指日常服饰用品都以时尚化标准设计、工业化标准生产、市场化标准销售方式进行的成衣消费)已成为普通民众日常消费的主体部分,已很少有人去裁缝铺自做衣裤了。而90年代中期以来的与婚嫁相关的婚庆消费(婚纱摄影、婚装采办、婚房装修、婚庆车队、婚宴置办、婚礼仪式等等),再加上婚房、私车购置等等,逐渐形成产业化趋势,无论是消费规模、消费额度都是之前无法比拟的。按全国大中城市平均水平的一般标准计算,没上百万(甚至更多),是办不下来的。

表8-3 "改革开放初期"部分其他民生必需品及服务消费价格(单位:元/件、次)

婴儿奶粉	2~5	玻璃围棋(中号)	2.40	电费(每度)	0.24
婴儿玩具	0.5~2	自行车寄存(每月)	2	住家保姆(月薪)	35~50
奶瓶加奶嘴	0.8~1.5	露天游泳池	0.08	住房月租(30平方米以内)	3~5
农村接生费	10	公交车(5站以内)	0.05	看电影	0.15~0.30
住院接生费	60	中学学杂费(每年)	12	钢笔用墨水瓶	0.08
电话传呼(次)	0.04	洗衣皂(条)	0.36	印刷品邮寄(本埠)	0.015

此项表格中的各种数据就十分纠结了。首先是育儿成本大幅提高,也是根据各自经济收入状况决定的,无法统一标准。比如现在大城市年轻夫妻不爱亲自哺乳,爱用洋奶瓶、洋奶粉,还爱搞"胎教""幼教",甚至跑到香港或者国外生孩子、养孩子,这部分开支增加显然不属于必需部分,理应排除出民生商品范围——尽管这些小夫妻的"奢侈品消费"并不一定意味着他们属于精英阶层的"高端消费客户"。健身部分也一样,大众性的体育消费与在健身、美容俱乐部一年花几千、上万办"会员卡",不是一回事,自然也无法在民生消费中统计。当美容与健身成了社会上绝大多数普通民众日常消费行为之后,采列这些数据并加以研究,才有意义。

表8-4 "改革开放初期"部分农副食品、餐饮服务基本价格(单位:元)

甜大饼(只)	0.04	火柴(盒)	0.02	啤酒(瓶)	0.33
油条(只)	0.025	赤豆冰棒(根)	0.04	飞马牌香烟(包)	0.28
阳春面(碗)	0.08	奶油冰棒(根)	0.05	牡丹牌香烟(包)	0.52
菜汤面(碗)	0.15	小冰砖(块)	0.11	勇士牌香烟(包)	0.13
豆浆(碗)	0.02	涮羊肉(份)	0.30	大生产香烟(包)	0.08
盐(斤)	0.15	大闸蟹(斤)	5	大前门香烟	0.35
白砂糖(斤)	0.78	什锦硬糖(斤)	1.20	老母鸡(斤)	1.30
菜油(斤)	0.88	水果硬糖(粒)	0.01	鸡蛋(斤)	0.70
大米(斤)	0.14	盐金枣、果脯(包)	0.03	猪肉(中等,斤)	0.78

注:上表价格为"改初"在80年代末第一次物价全面上涨之前的民生消费取样价格。

这部分食品和副食品消费价格三十年来已发生"翻天覆地"的变化。如今在上海吃一碗菜面少则几元多则十几元,吃一根冰棒少则一元多则几元,油条也要两元一根,彼此之间价格已上涨了几十倍到上百倍。与此同时,工资上涨也少则几十倍多则上百倍。这说明:改革开放以来,全国老百姓在基本衣食住行等民生必需品消费方面明显提升,但压力并未见减轻;因工业化基本实现使得工业制成品的成本下降、价格下降、品种增加、花色丰富,又使得全国老百姓在"非必需品"的消闲娱乐方面的服务性消费行为大大增加,也日益提高。

综合上述各表分析,这种"第二产业"(轻工产业)和"第三产业"(服务型行业)的快速提升和"第一产业"(重工业和制造业)的比重相对降低,本身是初步实现现代化的社会必然出现的大众消费共有现象,十分可喜。把千千万万原来只属于少数人消费的"高端奢侈品"不断变为普通民众日常消费的"民生必需品",这正是"改革开放初期"取得的最显著成果之一,也是改革开放要继续坚持的产业方向,还是中国民生设计取得的百年历史上最辉煌的成果——不是"之一",而是"唯一"。

"《南方都市报》10月17日报道称,在16日佛山市召开的前三季度经济分析会上,佛山市财政局局长黄福洪表示财政工作就要'敢于举债',并举例说,以1978年作为基数,中国财富增长了300倍,但中国货币投放已增长9 000倍,也即是说当年的1块钱等于现在的30块钱";"资金泛滥保证了GDP的增长,但随之出现的物价快速上升、通货膨胀,让没有灰色收入黑色收入的大多数老百姓苦不堪言"(《财政局长无意透露的惊人秘密:人民币究竟贬值了多少?》,《新华网·发展论坛》,新华通讯社,2012年10月22日)。

老百姓一直对官方统计数据动辄就以"平均数"说事,颇有微词。一则坊间笑话称:有人月收入10万,我月收入2 000,可咱俩"一平均","人均收入5.1万"!有人一家3口住着几套住房、别墅共计500平方,我一家三代5口住着50平方,可咱两家"一平均","人均住房面积达68平方"!有人一家连公车、带私车五六辆,我只能天天乘公交车,可咱俩"一平均","人均有车2.5辆"!有人连老婆带二奶外加情人、小蜜(注:指女秘书)加一起七八个,我连个老婆也守不住穷想跟我离婚,可咱俩"一平均","人均占有女人4个"!"李家富豪一千万,九个邻居穷光蛋,平均个个是百万"!笑话虽然极端了些,但很说明事,发人深省。不管官方怎么平均统计,老百姓对从80年代第一次大涨价直到今天的物价,有自己的真实感受。之所以很多人感受不到生活有太大的改善,一是分配不公,二是物价没控制住。特别是历年来民生必需品部分的快速而持续地涨价,吞噬了"改革开放"的大部分成果。

表8-5 "改革开放初期"部分同档次民生商品物价今昔比较

商品名称及数量	80年代初期价格	90年代中期价格	2010年前后价格
一件国产衬衫	3元	30元	300元
一双国产牛皮鞋	5元	20元	150元
一件皮夹克	50元	300元	2 500元

商品名称及数量	80年代初期价格	90年代中期价格	2010年前后价格
一件进口西装上衣	150元	2 000元	10 000元
一斤猪肉	0.80元	3.5元	12元
一斤大米	0.14元	0.80元	3元
一瓶酱油	0.20元	1.5元	6元
一块豆腐	0.02元	0.10元	3元
一根白萝卜	0.02元	0.20元	2元
一斤鸡蛋	0.80元	2元	5元
一斤淡水虾	0.50元	3元	30元
一瓶汽水	0.20元	1元	2.5元
一碗菜面	0.10元	2元	8元
一碗馄饨	0.10元	0.50元	5元
一个大肉包	0.09元	0.50元	3元
四菜一汤	2元	30元	150元
一次4人涮羊肉火锅	10元	50元	400元
一桌4冷8热酒席	30元	150元	2 000元
20平方房租	4元以下	20元	500元
一亩宅基地	200元	3 000元	50万元
泥瓦小工日工钱	1.5元	10元	80元
一套三室两厅二手房	5万元	20万元	150万元以上
坐一次五站内公交车	0.05元	0.5元	2元
坐一次沪宁线火车	6元	12元	300元
存一次自行车	0.01元	0.5元	2元
一升汽油	0.16元	1.10元	7元
买一只3克金戒指	200元	600元	1 300元
看一次感冒	0.5元	30元	200元
接生一个孩子	2元	150元	3 000元
动一次阑尾手术	15元	800元	10 000元
上大学每月伙食费	8元	50元	800元
中小学每年杂费	80元	600元	5 000元
一家4口每月开支	80元	800元	8 000元
一次理发	0.20元	2元	30元
看一次新电影	0.15元	3元	70元
一张公园门票	0.05元	1.5元	30元
划一小时船	0.50元	5元	40元
买一本200页新书	0.80元	5元	30元

（续表）

商品名称及数量	80年代初期价格	90年代中期价格	2010年前后价格
结一次婚	1 000元	2万元	10万元以上
住家保姆月薪	30元以下	500元	3 000元以上
一平方米办公楼租金	5元	150元	600元
一条"中华"烟	20元	200元	680元
一瓶"五粮液"	5元	300元	1 080元

也要说句公道话：老百姓日常生活所必需的自来水价、民用电价、燃气价等等，30年来在绝大多数民生商品都涨价30～100倍的前提下，仅涨价3～4倍，这部分"国企"不少处于零利润状态。要不是国家补贴，早就绷不住了。还有，由于中国社会已初步实现了工业化，大多数家用电器、汽车等民生类工业制成品的价格都基本保持稳定，有不少工业商品价格甚至有大幅下降，如半导体、彩电、电话座机、手机、照相机等等。原来只有少数人消费的"高端奢侈品"，逐渐转为大众消费的"民生必需品"，这本身就是一种社会进步的象征。

老百姓的收入也在明显增长。就同一地区、同一岗位比较：80年代初刚工作的大学毕业生每月工资为70元左右，90年代中期为300元左右，2010年至少在2 000元以上。

对于为什么中国社会普遍"收入低、物价高"的现象，西方媒体刊登的分析文章曾有这样的说辞："就中国高物价来说，则是中国实行高额税收和通货膨胀的结果。中国税收占消费品价格的比重竟然高达64%，而商品本身的比重只有36%，中国老百姓每购买100元的商品中就包含有64元的税收，超过商品本身近1.8倍。如此高额税收加到商品价格里面，自然会造成物价高高在上。此外，中国老百姓同时还要承担因出口商品造成的巨大通货膨胀的损失。中国每出口1美元商品，国内就要按照汇率比大约1比7来增发7元人民币来平衡。目前中国外汇储备大约2.3万亿美元，国内由此增发的人民币超过16万亿元，相当于2008年3.4万亿市场货币流通量（M0）的近5倍。这些由出口结汇投放的巨额货币，全部以通货膨胀的方式转嫁到老百姓头上，造成老百姓手中货币的大幅度贬值，物价自然会相应大幅度上涨。在此我们看到了一个荒谬现象：中国出口商品越多，赚取外汇越多，老百姓就越困难。"（郎咸平《中国低工资高物价的惊人秘密》，载于"中国网络电视台·经济台·财经频道"，转引于新西兰《先驱报》，2011年3月22日）

再看两份表格（资料来源：美国波士顿咨询公司）：

表8-6 世界各国生产工人每小时平均工资（单位：美元/小时，包括福利）

国别	2001年	2002年	2003年	2004年
中国	0.52	0.65	0.68	0.8
泰国	1.89	1.9	1.8	1.96
马来西亚	2.01	1.98	1.86	2.09

国别	2001 年	2002 年	2003 年	2004 年
巴西	2.71	2.7	2.73	2.75
韩国	8.97	9.23	9.5	9.09
法国	17.73	17.75	17.6	17.77
英国	17.81	17.83	17.84	17.87
加拿大	18.36	18.37	18.3	18.44
日本	20.5	20.65	20.58	20.68
美国	21.75	21.7	21.73	21.86
德国	30.47	30.58	30.3	30.6

表 8-7　各国制造业雇员工资（单位：美元/小时）

国别	2002 年	2003 年	2004 年
中国(B)	0.67	0.75	0.84
美国(A)	15.29	15.74	16.14
日本(B)	16.54	16.55	—
德国(A)	17.74	18.19	18.56
法国(B)	12.30		
意大利(B)★	104.2	107.0	110.6
英国(B)	19.24	19.96	
加拿大(B)	17.44	17.70	18.05
韩国(B)	8.90	9.68	10.31
马来西亚	2.78	2.90	—
印度*	0.43	0.33	—
澳大利亚(B)	15.30		
巴西(B)	2.18	—	—
新加坡	8.93	9.24	9.48
墨西哥	1.69	1.83	2.03
埃及(A)	0.63	0.64	—
俄罗斯	0.65	0.88	
巴基斯坦(B)	0.42	—	—
挪威(A)	20.19	20.93	21.69
罗马尼亚(B)	0.92	1.15	—

注1：数据来源：除带＊号的国家外，数据均来自国际劳工组织网站；带＊号国家的数据来自《2004 中国国际竞争力评价——基于〈2004 洛桑报告〉的分析》一文。

注2：(A)为计时付酬工人工资；(B)为全部雇员工资。

注3：数据单位：除带★号的国家外，数据单位均为美元/小时，根据工资水平、工作时间、汇率计算得出。带★号的意大利为制造业平均工资指数，2000 年＝100。

注4：以上表格均转引于"从国际比较看我国劳动力价格水平的优势和趋势"（载于《中华人民共和国发展与改革委员会官网·就业与收入》，2006 年 3 月 20 日）。

本书作者曾在第三章编绘了一份列表,说明个人对民国中期大众消费状况的基本分析,现再列同样内容的分析表格,看看半个世纪后的"改革开放初期"(1979～1996年)的中国百姓民生商品消费究竟发生了哪些深刻变化。

表 8-8 "改革开放初期"民生商品消费状况分析

区域	大中城市普通居民基本消费模式				乡村及小城镇普通居民基本消费模式			
类型	必需品		奢侈品[注1]		必需品		奢侈品	
品种	洋货	国货	洋货	国货	洋货	国货	洋货	国货
服饰	次要	主要	主要	偶尔	—	偶尔	—	
餐饮[注2]	次要	主要	偶尔	偶尔	偶尔	主要	—	偶尔
居住	偶尔	主要	—	偶尔	基本自给		—	偶尔
出行[注3]	次要	主要	次要	主要	偶尔	主要	主要	次要
休闲	次要	主要	偶尔	主要	—	主要		
杂用	偶尔	主要	偶尔	主要	偶尔	主要		
文教	次要	主要		主要	偶尔	主要		
游玩	次要	主要	偶尔	主要	偶尔	主要		
礼俗[注4]	次要	主要	主要	次要	次要	主要	偶尔	主要
信仰[注5]	—	主要		偶尔	—	主要		

注1:此处"奢侈品"指超出日常生活必需品范畴的生活用品,如老百姓认定的奢侈品消费物品如LV包、劳力士表、名牌时装、出境度假等等。

注2:此处餐饮类"洋货"含大众型消费的洋快餐,如"肯德基""麦当劳""必胜客"等和奢侈型消费的、由外籍主厨打理的法式大厨、意式菜肴、日式料理等。

注3:此处"出行"含:1. 大众型的国内假日旅游和奢侈型消费的出国旅游;2. 大众型消费的公用交通工具(火车、轮船、地铁、公交车等)和奢侈型消费的私家轿车拥有、飞机和出境游轮乘用等。

注4:此处"礼俗"含婚嫁、丧葬、节庆、祭祀的"份子钱"及实际花销。

注5:此处"信仰"含:1. 个人对公益事业捐款、捐物和做善事花销;2. 宗教信徒的居家修行与寺庙进香的实际花销及捐输钱物;3. 公派捐款及党费、单位集资公益等开销。

图 8-2　80 年代初选购自行车的四川新都青年

第二节　改革开放初期民生状态与民生设计

"改革开放初期",在"社会主义计划经济"——"社会主义有计划的市场经济"——"社会主义市场经济"的三大步经济体制历史巨变中,城镇居民生活模式也实现了生存型——温饱型——"准"小康型的三大步历史性跨越。"改革开放初期"中国城镇居民社会消费群体对待民生商品设计行为的"公众审美观"与"公众消费观",也经历了从低级幼稚——逐渐成熟——日趋完善的三大步变化过程,民生商品的供应水平和品种质量都有了很大的提高。据国家有关部门统计,"改革开放"前二十年(1979 年到 1997 年)来,城镇居民人均可支配收入增长 14 倍,扣除物价因素,实际增长 2.12 倍(数据引自《中国年鉴 1999》,国家统计局编制,载于"中国年鉴网",2011 年 11 月 3 日)。

按官媒文章的具体时段划分(本数据作者观点与此基本一致),"改革开放初期"中国城镇居民生活水平的不断提高,经由下列三个阶段:

从生存型转向温饱型(1978～1984 年):城镇居民人均生活费收入由 1978 年的 378 元,增加到 1984 年的 608 元,6 年增长 60.8%,平均每年递增 10%;城镇居民人均生活费支出由 1978 年的 350.9 元,增加到 1984 年的 559 元,6 年增长59.3%,平均每年递增 9.8%;生活模式也发生质的飞跃,由生存型转向温饱型。其中主要表现在以下数据变化中:1. 消费支出仍主要集中于吃穿等生存资料,但生活质量提高,选择性增强,吃穿支出增长较快;恩格尔系数较高,一直在56.5%～59.5%之间变动。2. 在食品消费的内部结构中,粮食支出占消费支出的比重明显下降,由 22%～24%降到 12%,副食消费比重明显上升,由 24%～28%上升到31%～33%。3. 耐用消费品的消费在数量上增长很快,彩电、冰箱、洗衣机等大件耐用消费品开始进入居民家庭,但质量、档次还处在低水平。

从温饱型转向准小康型(1985～1989 年):城镇居民人均生活费收入由 1984 年的 608 元,增加到 1989 年的 1 261 元,5 年增长了 1.1 倍,平均每年递增16.7%。生活模式发生了较大变化,由温饱型转向准小康型,主要表现在以下数据变化中:1. 吃穿等生存资料在消费结构中所占比重下降,消费支出投向趋于多元化,消费质量进一步提高;恩格尔系数明显降低,由 57%～59%降到 52%～53%。2. 在食品消费的内部结构中,粮食支出占消费支出的比重进一步下降,由 12%左右降到7%～9%;副食消费比重保持在 31%～33%,饮食质量进一步提高。3. 居民消费需求不断增强,消费投向开始集中于日用品,特别是高档耐用消费品,并在 1985 年和 1988 年形成两个高峰,造成日用品及文娱用品消费支出大幅度增长,占消费支出的比重跃上一个新台阶,消费支出结构有了历史性的转变,由"一吃二穿三用"变为"一吃二用三穿"。

从准小康型开始向小康型转变(1990～1997 年):城镇居民人均生活费收入由 1989 年的 1 261 元,增加到 1997 年的 4 656 元,8 年增长 2.7 倍,平均每年递增

17.7%；城镇居民人均消费支出由 1989 年的 1 211 元增加到 1997 年的 4 186 元,8 年增长 2.5 倍,平均每年递增 16.8%。生活模式也发生了较大变化,由准小康型开始向小康型转化,其中主要表现在以下数据变化中:1. 恩格尔系数的下降速度快于 80 年代,从 1994 年第一次突破 50%,连续 4 年低于 50%,1997 年为 46.6%。成为小康模式的最明显标志。2. 衣、食消费在数量增加的同时转向质量的提高。3. 用品消费由购买日用必需品为主转向购买高档品为主,消费市场由供给决定型向需求导向型转化,消费类型由雷同型向多层次、多元化转变。具体表现为居民主要耐用消费品拥有量逐年增加。截至 1997 年底,城镇居民彩电百户拥有量已达 100 台,冰箱为 73 台,洗衣机为 89 台;同时汽车、组合音响、录像机、钢琴也开始进入居民家庭。4. 住房条件有很大改善,居住支出的比重日益增大;部分福利型消费逐步转向自理型消费,所占比重进一步提高。5. 居民消费倾向有所降低,居民金融投资渠道进一步拓宽,在消费的同时尽可能地追求货币增值。

[以上各项统计数据及时段划分等内容,均引自《光明日报》专栏评论员文章“城镇居民生活水平明显提高”(载于《光明日报》“请看今日之中国”栏目,1998 年11 月 21 日)。]

农村“家庭联产承包责任制”在全国推行以后,农村居民生活水平大幅提高。人均纯收入从 1978 年的 133.6 元增加到 1991 年的 708.6 元,增长 4.3 倍,扣除物价因素,年均增长 9.3%;人均生活消费支出从 1978 年的 116.06 元增加到 1991 年的 619.79 元;恩格尔系数从 1978 年的 67.7%下降到 1991 年的 57.6%,下降 10.1 个百分点。改革开放以后,特别是从 1984 年我国经济改革的重心从农村转移到城市,国家随之出台了一系列收入分配体制改革的措施,理顺了一些不合理的收入分配关系,价格补贴也由暗补改为明补,城镇居民收入水平较改革开放前和改革开放初有了明显的提高,消费水平也随之提高。人均可支配收入从 1978 年的 343.4 元增加到 1991 年的 1 700.6 元,增长 4.0 倍,扣除价格因素,年均增长 6.0%;人均生活消费支出从 1978 年的 311.16 元增长到 1991 年的 1 453.81 元;恩格尔系数从 1978 年的 57.5%下降到 1991 年的 53.8%。到 1991 年,城乡居民家庭恩格尔系数都已小于 60%,城乡居民生活基本上摆脱了贫困,解决了温饱。

1992 年以后,农村经济改革迈出了重大步伐并取得了很大的进展和突破,为农民收入的增长奠定了良好的基础。1991 年的农村居民家庭人均纯收入为 708.6 元,2000 年为 2 253.4 元,扣除物价因素,年均增长 4.8%。全国农村的“家庭联产承包责任制”实行以后,家庭经营收入开始成为农民收入的主体。1978 年农村居民纯收入中,66.3%来源于集体统一经营收入,26.8%来源于家庭经营收入。“家庭联产承包责任制”的实行,使农户成为独立的经营单位,收入来源由集体统一经营为主转向家庭经营为主。到 1990 年农村居民家庭经营纯收入占纯收入的比重高达 75.6%,比 1978 年的 26.8%上升 48.8 个百分点。同时,农村居民人均家庭经营纯收入也由 1978 年的 35.79 元增长到 2008 年的 2 435.6 元,增长 67.1 倍。

[以上内容均转引自国家统计局相关统计资料(国家统计局网站编制“新中国

60 年:城乡居民从贫困向全面小康迈进",2009 年 9 月 10 日)。]

一、"改初"社会民众衣着方式与设计

八九十年代,最能体现"改革开放"初见成效的,就是全国人民的服装变化。跟解决待遇、就业、医疗、住房、就学等诸多问题的艰巨性、复杂性不一样,吃饭穿衣是普通老百姓最基本的"温饱"生存条件,是任何政治家都绕不过去的民生基础;同样也是具备了各种积极因素、比较容易立竿见影收取成效的"改革开放"突破口。

当"吃饭"问题被以"农村家庭联产承包责任制"这样的伟大创举彻底解决之后,城乡人民衣着穿戴方面的显著变化,就成了 80 年代初起就席卷中国社会各个层面的社会风潮,社会包容度也越来越高。自 1985 年广州率先举办"青春美大赛",开新中国建立后首次变相"选美"比赛之先河;再到 90 年代末各地竞相举办"接吻大赛"(重庆大学城甚至举办"同性恋接吻大赛"),已从单纯的服饰展演扩展到时尚娱乐,其中不乏幼稚可笑、甚至低劣庸俗的成分。与历次中国服饰巨变不同,穿了三十年"人民装"、被西方媒体挖苦为"蓝蚂蚁"的中国人民,急于摆脱这些数十年一成不变的衣着方式;同时,当时社会条件下,在普通百姓空前高涨的"求新求变"意愿和与外部世界交流渠道不畅、信息获取不足的客观条件之间,就存在着巨大差异。人们只能通过"新时代"的电影、画报、新闻照片,甚至是彼此之间并不可靠的口传、模仿,来捕捉任何关于服饰装扮的"时尚信息"。于是,从 70 年代末到90 年代中期,社会上流行过一系列真正可谓是"奇装异服"的服装款式、发型、美容、首饰,波及面之大,普及度之高,令人叹为观止。在所有堪称"改革开放初期"时尚风向标的"时髦事物"中,关于衣着打扮类的"新鲜事物"多得不胜枚举,但真正具有全国性影响的服饰花样,也仅有几种,分别是"蝙蝠衫""幸子头""踩脚裤""蛤蟆镜""喇叭裤""矢村风衣"等等。下面仅就个人感受,分别评述:

"蝙蝠衫":是一种针织类毛衣,原出处不详,据本书作者判断,很可能源自美国电影。该款毛衣有一对与众不同的宽肥袖子,袖幅宽大出奇夸张,腋下部分与侧面连为一体,呈漏斗状,穿着者展开双臂,其袖形似蝙蝠之"肉蹼",因故得名"蝙蝠衫"。

"蝙蝠衫"流行于 20 世纪 80 年代初,风靡一时,成为时髦女青年必备的行头。街头追逐时髦的"摇滚青年"尤其青睐"蝙蝠衫",因而"蝙蝠衫"成为 80 年代各种舞会、时尚发布、电影电视剧等文艺演出的最流行外衣款式。因为袖子宽大,肢体动作受制较小,在舞动中又因袖幅宽大有形象放大之视觉效果,因此"蝙蝠衫"是 80年代时髦青年跳"柔姿舞""霹雳舞""太空舞"的必备行头,袖风忽闪,舞姿绰约,颇有几分时髦小青年喜爱的造型范式。想当年时见街头少年,模仿着欧美电影里街舞主角,身着"蝙蝠衫",头绑汗带,脚踩高帮运动鞋,不时表演几个从美国电影《霹雳舞》主角那儿模拟出来的"擦玻璃"动作,或是迈克尔·杰克逊原创的那种有板有眼、捂裆扭胯的"太空步",不时能博得路人的围观喝彩。"蝙蝠衫"流行到后来,虽身材臃肿、行动迟缓的中老年妇女,亦趋之若鹜,人手一件,不但彼时满街尽是"蝙

衫"，河边晨练、校园食堂也处处"蝙蝠"云集，甚至农贸市场里买菜卖菜、自行车棚存车看车的主客双方的小姐小姑大妈大嫂，人人穿而套之，尴尬相对。故而"蝙蝠衫"在 90 年代逐渐式微，最终销声匿迹，芳踪难觅。

　　"时装表演"："改革开放初期"无论是社会上还是院校里，各种"时装表演"都是相当受欢迎的大众娱乐节目（注意本书作者的措辞：是娱乐节目，不是发布会）；在 80 年代的"时装表演"中，女人体暴露的吸引力无疑是各类"时装表演"的最大看点。平心而论，对于"狠素"了三十年的平民百姓而言，能从"时装表演"中"一饱眼福"也是可以理解的。其次是绝大部分属于当时服装专业人员自说自话性质的"时装概念"展示活动。这里面既有纺织企业和服装行业、艺术院校的"专业"性的"时装表演"，也有各城镇文化宫、文化馆自娱自乐的"群众文艺汇演"，甚至是私人演艺团体的以赢利为目的、充斥黄色、低俗成分的"人体艺术展演"，都冠以"时装表演"的名义大行其道。

　　之所以本书作者对八九十年代流行的各种"时装表演"评价不高，倒不是因为这些活动所造成的社会影响弊大于利，主要是似乎跟服装类民生商品不沾边。即便是"专业时装表演"，也很难逃脱一个定式：远离服装和面料设计的本体语言（如服装款式和面料肌理、设计、色调、图案等等），忽略制衣业的产业方向（如成衣也从开篇、开版到裁剪、缝纫；从号型配套、品牌宣传到物流配送到仓储运输），变成纯粹的艺术观赏性质为主的舞台表演节目。当时大多数艺术院校由"染织专业"仓促更名为"服装专业"后，特别热衷玩这个。搞得热火朝天的"服装设计展演"，多半没什么能被穿到大街上的、能实实在在形成产能和经济效益的实用型成衣设计，而是随意弄一些花布披挂在身上，再靠几枚别针钩挂起来即可。剩下的全是真正吸引人眼球的看点了：暴露程度越高越受欢迎；非服装元素的花里胡哨装饰越多就"艺术性越高"，于是"专业时装表演"变成了一窝蜂的模式：半裸的美女脸蛋被涂抹得半妖半仙；满脑袋插满了从孔雀毛到芦苇草的各种东西；凡能凝聚观众视线的女人体"焦点部位"（从胸部到小腹、从发型到脸蛋）都被重点装饰，上身"关键部位"贴上亮晶晶的小贴片到干脆半露半裸，顶多"关键部位"涂抹点颜料而已。台上的不知道想给人看什么，台下的倒真知道想看什么。且不说这类"时装表演"多大程度上游离于服饰设计本身，单是不好的对社会审美庸俗化推波助澜的副作用，就足以使后来的评论者在审视这段历史时，将当时九成以上的"时装表演"统统划归到"准人体艺术表演"等低俗化演艺档次中去。可惜中国艺术院校尽盛产这类低档次"艺术人才"，搞真正的服装设计没本事，打打擦边球，整点黄赌毒黑"艺术化"的创意热情很高，还持之以恒——现在我们不时还能见到的"人体彩绘艺术"，便是 80 年代"专业时装表演"在新时代的变种形式。严重恶果是，迄今中国服装业仍缺少有国际影响的"世界名牌"。

　　"踩脚裤"：是一种紧身的女裤，一般以黑色为主，由丝质的材料和部分人造纤维混纺而成（通常为氨纶织品），有很大弹性；上宽下窄，裤脚下连着一条带子或直接设计成环状，以便踩在脚下。女性穿着后，足登手提，因巴肉贴身，蛮可以塑造出腿部线条的轮廓。

"踩脚裤"大约在 80 年代末开始在国内流行。起初是当时风靡一时的"健美操"中练习者穿着，因此俗称"健美裤"，又称"脚蹬裤""踏脚裤"。后来"踩脚裤"逐渐就流行到大街上了。在 90 年代初，很多城市的女性，无论胖瘦俊丑，几乎人腿一裤；年龄跨度也相当大：从 15 到 50 岁。更有甚者也不分白天黑夜、上班下班，整天套着"踩脚裤"，但此等不在乎自家天然条件如何、不计较场合，一味大方地"玉腿横陈"，反而沦为低俗。其实"踩脚裤"并不是人人都合适穿，身材过胖者穿着，会适得其反。腿形纤细者，效果自不待言，完全可以显示出苗条身材和健美修长的腿形。身材不济者，套上"踩脚裤"，虽然起码自己主观上有种"瘦身"感受，甚至可以虚构出胖腿也有"线条美"的幻象，但在外人看来，反而其臃肿不堪之体态弊端，尽可一览无余。尤其是 90 年代初一度不少肥腿粗踝胖腰巨臀的"踩脚裤"穿着者满大街不时闪现，在公众眼中效果，不啻是视觉摧残。正由于"踩脚裤"过于普及，品位初具之女性，逐渐醒悟，不屑从众而为，其势渐衰。至 90 年代中期，仅为不谙世事之女高中生、乡镇女菜贩和饭铺女老板特有之行头。

"蛤蟆镜"：凡男性"时髦小青年"外出走动时，也不问需要不需要，都戴着墨镜的风气，大约从 70 年代末便开始流行。起初也不计较造型，是个墨镜就往脸上戴，弄得满大街冒出不少算命先生一般。后来受美日电影影响，广东、浙江、福建等地纷纷仿造出洋明星那种太阳镜，水货也大举输入。

美国二战时享誉世界的"雷朋"牌太阳镜，是国内重点"山寨"的对象。因其镜片较大，且外沿下撇，类似苍蝇、蛤蟆般又黑又亮，故百姓戏称"蛤蟆镜"。在 80 年代初，国内根本不组织进口，因而正品进货渠道极为狭窄，绝大多数"蛤蟆镜"均为仿制品，价格也从 30 元到 3 元不等。由于假货泛滥成灾，能搞到一副正宗美国货"雷朋"牌太阳镜（从港澳水货走私为主；当时价格不详；但今日市场标价均在2 000 元左右），实属不易。是故主人多舍不得揭去镜片上的洋文纸质标签，以示尊贵。凡戴着贴标签太阳镜的风尚，实为 80 年代时尚一景。

"喇叭裤"：一种 60 年代原创于英国、由著名的"甲壳虫"乐队率先穿着，后迅速流行于欧美日本各地的"现代时装长裤"，也是越战时期美国国内兴起的西方文化革命运动"垮掉的一代"激进反战青年标志性的装束。

该裤款式因其裤管下半截呈椎体状，形如喇叭，是故中国百姓戏称"喇叭裤"。"喇叭裤"款式多为低腰短裆，臀部紧裹；裤腿上窄下宽，从膝盖以下逐渐张开，裤口的尺寸明显大于膝盖的尺寸，形成喇叭状。在结构设计方面，是在西裤的基础上，立裆稍短，臀围放松量适当减小，使臀部及中裆（膝盖附近）部位合身合体，从膝盖下根据需要放大裤口。按裤口放大的程度，"喇叭裤"裤脚长度多长及鞋面。

中国内地"喇叭裤"热潮兴起，始作俑者是 1978 年首次在中国公映的日本影片《望乡》中女主角栗原小卷穿的一条白色的"喇叭裤"；之后是《追捕》的男主角高仓健和矢村警长的扮演者原田芳雄也各自穿着"喇叭裤"。由于这两部电影是"改革开放初期"最早公映的西方影片，其轰动程度可想而知。不但两位男女主角后来都成为当时全体中国观众心中偶像,还"爱屋及乌","喇叭裤"(有条件的还要置办"矢村风衣")一下就火起来了。在80年代初彼时大学校园里学生中敢穿"喇叭裤"者尚在少数,虽无明文规定不允许,但老教授及家长多侧目而视,认为此物纯属"奇装异服",乃街头混混、地痞流氓所穿。后风气渐开,有些青年老师也赶时髦穿上了身,自然全体解禁。80年代有些时尚青年的"喇叭裤"裤脚肆意放大,有些竟在30厘米以上,裤脚又长得藏起鞋子,穿着后就像两把大扫帚在一路扫街,颇为滑稽。"喇叭裤"和上述几种时髦服饰一样,来得快,去得也快,至80年代末,就基本绝迹了。

"幸子头":一种80年代初迄今流行的女式发型:短发及领,有齐眉刘海;头缝三七分;可略作大波烫卷;两侧可遮掩脸型偏宽的缺陷,为整个20世纪在中日间长盛不衰的"妹妹头"之现代版衍生发型(详见本书第二章相关内容)。

1982年在中国内地电视台热播的日本电视连续剧《血疑》女主角"幸子"的扮演者山口百惠,在剧中梳理了一种清丽、纯朴的发型,深受中国女观众喜爱。想当年《血疑》播放时,可谓万人空巷、盛况空前。由于是现代家庭伦理片,剧中人物的服饰恰好为当时处于信息饥渴状态的全体时尚男女提供了颇为丰富的流行样式,如"幸子头""光夫衫"(光夫为剧中男主角,由三浦友和扮演,戏里戏外都是山口百惠的丈夫)、"大岛茂包"(戏中幸子的父亲,整天上下班夹个皮包)等等,随着《血疑》的热播,这些服饰迅速在城乡青年中蹿红,成为80年代红极一时的时尚服饰。尤其是"幸子头",成为女青年人人竞相模仿、唯恐落伍的最时尚发型;当时全国各地的大小理发店,若是哪家竟然不会整"幸子头",生意都要黄一大截。"幸子头"迄今仍是部分职场女性进"美容美发厅"的首选发型。

"大背头":是一种全体头毛向后梳理、短可露领、长可及肩的男式发型。香港在内地播放的第一部武打电视连续剧《大侠霍元甲》,是当时最受欢迎且百看不厌的热播节目。男主角黄元申扮的霍元甲,梳着一个"大背头",一下子就在中老年观众中流行起来;尤其是知识分子、大学生或文化馆小干部,以中老年人为主,有相当比例的人都爱整个"大背头",颇有几分民初文化人的风采。

这种"大背头"是民初时期的流行男式发型,其实毛泽东从青年时就梳这个发型,不过倒是越剪越短,但头发全体向后一边倒的基本样式,却终生未改。时过境迁,在建国初期至"文革"三十年,成人男人的发型,是清一色"两片瓦"(亦称"二八开"),每次理发越短越好,不但可以延长理发周期、节约理发成本,还可以避免有"资产阶级情调"之嫌。三十年隔绝,技艺荒疏,难免在开放之初需要借鉴、参考。是故"大背头"恰逢其时,在八九十年代着实火了一把。

必须指出,中国民生商品的弄虚作假风气,尤以成衣制品和家用电器最为突出,也是起源于"改革开放初期"的80年代。在具有"中国特色"的"社会主义市场经济"环境中,民营企业一直面临"国有企业"的强势打压和外资企业的天然优势的双重压力;而起步之初的民营企业家们,有不少人难改"小农意识"痼疾,普遍采取不惜自毁声誉、"打一枪换个地方""捞一把是一把"的游击队作风,假冒伪劣之风相当猖獗无忌。每一个"改革开放初期"的亲历者,对此均有个人的深切感受,本书作者亦是如此。借此机会,就衣着穿戴方面的亲身遭遇说几个"段子",一来使读者有逼真感受以加强印象,二来调节一下读本书这种厚本的纯理论研究书籍必然导致的枯燥乏味情绪,以稍事舒缓本书作者给读者带来的"阅读疲劳感":

本书作者在80年代初入学四川美术学院就读,四年间(1981～1985年)利用每次寒暑假往返于南京——重庆之间,做南北两线的"环国旅游",看到当时尚未消除"文革"时期痕迹的不少城镇景象,可谓一派萧条。比如现在豪华程度不亚于南京和苏锡常的江苏北部第一大城徐州,1982年那会儿,可真够寒酸的,整个市区也就两条十字线交叉的马路组成,两边都是白墙片瓦的平房组成的店铺。来都来了,总要买点什么吧。于是我就花5块钱,在一间看上去店面比较大的店(好像叫"人民商场")买了一双当时看上去很时髦的"三截头"皮鞋,牛皮的,看上去挺结实;于是就当场换上新皮鞋,丢掉了旧皮鞋。可几天后我才玩到河南开封,麻烦就来了,左脚那只新皮鞋出状况了:看上去很厚实的牛皮鞋底中间那层,居然往外一条条"吐"碎皮子。穷学生抠门儿,刚买的鞋舍不得扔,心想咬牙挺着坚持几天到学校再说吧,可不行,一瘸一拐地乘车挨到郑州,右脚新皮鞋也开始吐小皮条了。这下不崩溃也撑不住了,当场在车站花3块钱买了双"解放鞋"穿上,把新皮鞋扔了。

南京夏天素有"火炉"之称,90年代初搬进学校分给本书作者的土坯平房后尤显闷热,于是便受命去新街口买凉席。国营的夏令用品商店一般只有草席,且仅有双人、单人两种固定尺寸,十分死板机械。恰逢大街上有人兜售真正的凉席,我凑近前打量,小贩热情介绍各种优异性能,并展开半截反复揉碾,以示品质精良。以目视之、以手抚之,果然是竹篾编制,结实清爽,柔韧性极好,可以折叠成小豆腐块收藏;且问明尺寸规格应有尽有,遂掏钱成交。因完成任务心情大悦,主动掏烟给小贩。小贩是个闽籍青年,接烟吸之,一下竟沉默不语,而后又欲言即止,没头没脑来一句"其实我们不想骗人的……"接着道别,转身离开。本书作者粗人快语,一向不善琢磨别人心思,不解其中情绪变故,就没往深处想,夹着凉席回家交差。按民间程序新凉席用滚水先行冲烫杀菌,再以板刷猛刷数道,清水泡洗后晾干即可。但第一道工序就看出端倪来了:原来凉席是正方形的,跟小贩声言的尺寸宽度丝毫不差(这点我当场验证过),但长度整整差一个枕头的位置(这点在街边不可能完全展开检查,就听信了小贩说法)。当时就恍然大悟小贩接烟时的复杂表情,显然这是个初涉造假行当的销售人员,良心未泯且不时有思想斗争。其实这张凉席真的质量很好,多年以来南京全城也没有地方可买。本书作者也没舍得扔这张品质优良、尺寸"伪劣"的凉席,差一截就往下铺设,上端空缺处另购草席包裹枕头来弥补,被我睡了十几年,直到入油泛红依然纹丝不断。迄今我还是没想通:此等造假,无非在短斤少两上赚点材料、手工钱(农民们最不缺的就是体力和竹子,尤其是素有"竹编之乡"美誉的闽侯地区);若是尺寸合乎规格,便是硬碰硬的优质手工制品,何愁卖不掉? 即便价格略高,那也是可以接受的。为如此蝇头小利,竟自毁自误,赶时髦般"为造假而造假",真是让人匪夷所思。

90 年代中期，凡是画画的、搞设计的，多少在外有点事情做。我领头和同事们接下了当时兰州"亚欧商厦"（当时号称西北第一、全国第三）的室内装潢设计业务，因此时常往返华东、西北之间。有次大夏天出门匆忙，未及准备，抵达兰州后不期此处昼夜温差极大，白天火热煎烤般酷暑，早晚却凉意十足，冷风飕飕的。实在抵挡不住，便在已接近完成装修、部分楼层已急着开业的"亚欧商厦"服装部，买了一条"磨石蓝牛仔裤"，价格不菲，营业员告诉我是福建石狮进的货。回住处便套上，相当合体，便穿着急赴工地现场办事。晚上回来洗澡时，竟发现身上淌下一股股深色暗流，急取眼镜细看，认定是新裤子的染料掉色污染肌体所致，心中不免老大不快，觉得 200 多元一条新裤子，不至于如此低劣吧？又转念安慰自己，既然是"磨石蓝牛仔裤"，不褪色倒不时髦了，即便褪成白色又能奈我何？照穿不误。可过几天后又出事了：帮我们洗衣服的招待所服务员（当时被安排下榻在兰州军区空军招待所，就在著名的兰州黄河大铁桥附近）惊慌地跑来告诉我：不好了，你那条"牛仔裤"早上洗时还好好的，可下午去收晾干衣物时，怎么一下短了那么多？急取来摁在身上一比画，确实明显缩短，都缩到小腿中段了。见小丫头急成那样，我安慰她，不要紧，不就短一截嘛，你拿把剪刀来，咱干脆剪成个短裤也一样穿嘛，服务员飞快取来剪刀，还顺手带来针线，准备给"新短裤"锁边。可剪一截裤管容易，套上身就难了。虽说当时我算是枯瘦如柴体型，但"新短裤"裤管大腿处缩水如此厉害，勉强伸进去，到膝盖处竟然死活提不上来，窘态毕露，惹得满屋子围观群众爆笑不已。只能乖乖放弃，央告富有生活经验的女服务员们另购"样式随意，但绝对不要掉色、缩水的本地产棉布长裤一条"。

后来我因公因私，结识了不少福州、厦门的朋友，其中颇有几位成了我终身的铁杆挚友。每当我在饭局上拿这两件事打趣，福建朋友们尴尬之余，都附声谴责，并急于辩解"绝非本地正派商界人士所为"。

"解放鞋"和棉毛衫，是 20 世纪后半叶绝大多数中国百姓家庭肯定要消费的民生必需品，时效横跨从建国初期到"改革开放初期"四十余年的整个计划经济的"票证配给供应"时代。它们的供需与价格变化，也许更能说明"票证时代"服饰类民生商品的基本产销状况。

"50 年代以后，在物价统计中，通常以这两件（注：指'解放鞋'与棉毛衫）日用品的价格为基本数据以做参考对比。按可比购买力估算，1955 年的 1 元人民币，约合今人民币 20 元。（一）尺码 90 厘米的棉毛衫，32 支纺纱品。20 世纪后半叶价格变化为：从 50 年代到 1963 年，每件价格恒定为 2 元 1 角钱；1964～1976 年，每件价格恒定为 2 元 8 角钱；1983～1988 年，每件价格恒定为 3 元 7 角 4 分钱；1990～1994 年，每件价格猛涨到 8 元 3 角 7 分钱；1995 年每件 12 元；1996 年，每件 16 元；1997 年，每件 18 元；1998 年以后，每件 20 元以上。（二）尺寸 40 码的'解放鞋'，从 50 年代到 1963 年，每双价格恒定为 4 元 5 角钱；1964～1976 年，每双价格涨到 4 元 8 角 8 分钱；1968～1982 年，每双价格又回到 4 元 5 角钱；1983～1988 年，每双价格降至 4 元至 4 元 6 角 6 分，价格变化的原因主要是商品鞋的花色品种增加了,消费者另有更多选择,故而厂家不得已降价促销;1989 年,每双价格 5 元 8 角 3 分;1990 年,每双价格 6 元 1 角 5 分;1991 年,每双价格 6 元 2 角 8 分;1992 年,每双价格涨到 7 元 5 角。"(陈明远《温饱及小康:从缺穿少吃到丰衣足食》之"典型衣着消费价格"章节,山西人民出版社,2009 年 9 月版)

二、"改初"社会民众餐饮方式与设计

"改革开放初期"面临着诸多民生问题亟须解决:粮食、就业、教育、医疗、住房等等。迅速取得民生改善的突破性效果,让人民群众看到实实在在的收益,是使"改革开放"事业得以持续推进、步步深入的关键所在。全国老百姓的"吃饭"和"穿衣"问题,就是这样的突破口。率先解决这些涉及民众生存基本状态的问题,成了凝聚人心、扭转中国经济从体制到结构、从动能到效率所有问题的"杠杆"问题。

拿吃饭来说,十一届三中全会之后,全国农村实行了"家庭联产承包责任制",一下子就把中国农民从人性根部的那种对土地对粮食的热爱给发掘出来了,农民自己为自己干活,自然不会存在"集体经济"特有的那种分配不公、偷懒耍滑的痼症,使各地农业生产从根本上扭转了局面。国家粮食系统从 80 年代末就彻底开放了农产品集市贸易,全国各城镇都设立了大量的农贸市场,农民们纷纷进城,把自己生产的口粮、副食品拿到农贸市场里出售,没过几年,就使中国从此以后彻底摆脱了粮食供应三十年偏紧的国计民生的大问题。其标志之一,就是在 1990 年前后,全国范围内取消了自 1954 年就实施了 36 年的城镇居民粮油定量供应"配给制"。这是一个可以载入中国文明发展史册的伟大创举,也是"改革开放"所有成就中最值得铭记的伟大贡献,是安徽凤阳小岗村的农民们和以邓小平为首的党中央集体领导以及亿万中国农民家庭共同缔造的伟大业绩。

同时,在解决了全国人民"温饱"问题之后,如何进一步改善民生的"生活品质问题"又转化成社会焦点问题。按西方国家衡量各国经济发展状况个人收入及消费水平的通行标准的"恩格尔指数"看,维系生存的以食品为主的生活必需品在家庭开支中所占比例越大,国家的经济发展水平和人民消费能力就越低。西方发达国家的"恩格尔指数"一般均在 20% 以下,甚至还有个位数的几个最富国家(如瑞士、北欧诸国、德国、美国等)。"改革开放"之前的中国社会,从没有进行过"恩格尔指数"方面的统计,但除去高干、高知等特殊家庭外,绝大多数中国普通百姓家庭的年度总收入,一般用于购买各种食品的开销,通常占有八九成以上,甚至更高。"改革开放"之后,中国普通家庭用于食品方面的开销在逐年下降,充分说明了随着"改革开放初期"经济建设的不断取得成就,城乡人民生活水平得到实实在在的改善。

但必须指出的是,"改革开放"持续相当长一段时期内,中国普通百姓家庭在食品方面的开销,依然在家庭总收入中占据较高的比例,这是与全世界"发展中国家"(穷国的礼貌代名词)相似的全民消费特征,也说明八九十年代的"改革开放初期",普通中国百姓的生活水平虽有很大提高,但发展和改善的空间也很大。一直到 20 世纪末,这方面状况才有根本性的改观,中国普通百姓家庭收入的"恩格尔指数"首

次降至半数以下。这是个特别了不起的社会进步,仅十几年就从一个缺乏食物长达半个世纪的落后社会,变成了彻底摆脱饥饿感的温饱型社会。没有这个根本性转变,不仅中国社会其他任何事业无法维系,谈不上人民群众的生活水平有明显改善,即便是直接与食物有关的"商业餐饮"和"家常菜式"以及餐饮设计,都谈不上有什么发展空间。据官方统计:1991 年全国人均生活消费支出为 619.79 元,2000 年增长到 1 670.13 元;1992 年的"恩格尔系数"为 57.6%,2000 年则为 49.1%。在此期间,以 1991 年为例,城镇居民家庭人均可支配收入为 1 700.6 元,人均生活消费支出 1 453.81 元,恩格尔系数为 53.8%("新中国 60 年:城乡居民从贫困向全面小康迈进",国家统计局官网首页,2009 年 9 月 10 日)。

当代中国商业餐饮服务业,与晚清至民国末期的近现代中国商业餐饮业,一直存在着一个明显的"断层"。近现代中国商业餐饮发轫于晚清的广州"十三行"时代和清末的上海租界时代,又在民国中期"黄金十年"获得长足进步,原本已初步形成了符合现代生活节奏的庞大都市商业餐饮服务产业。但建国后,一来新中国社会形成了崇尚"勤俭节约"、反对"铺张浪费"的社会风气,而且在政治因素影响下愈演愈烈,延续了三十年,直到"改革开放"时代才告结束;二来从 1954 年起就实施了严格的粮油食品"配给制","毛泽东时代"三十年,有一多半时间处于食品的严管时期(如 1954~1958 年、1963~1978 年),另有几年大饥馑时代(1959~1962 年)。上述这两个因素严重地压制了中国商业餐饮服务业的产业规模、经营范围和技术水平;与此相依存的餐饮设计(如食材设计、菜式设计、餐具设计、餐饮行序设计、餐饮环境装潢设计、筵席陈设设计等等)自然也一直处于"休眠时期"。总而言之,50 年代至 70 年代末的中国商业餐饮服务业,出现了停滞甚至倒退的严重状况。经过几十年的"断档",至"改革开放初期"的商业餐饮服务业大发展时期,全国南北各地的商业餐饮服务业,都暴露了全行业普遍存在的"餐饮设计严重缺失"的诸多问题:传统厨艺失传、餐具款式老旧、餐饮行序不合时尚、餐饮场合破败陈旧等等。

在"改革开放初期"的"全民皆商"热潮中,中国商业餐饮服务产业迎来了百年未见的大好局面。从各大中城市的高档酒楼、饭店、餐馆到小城镇和乡村集市的各种小菜馆、小饭铺几乎同时起跑、全面铺开,掀起了深入、持续、全方位的"简式中餐改造"运动。这种"简式中餐改造",不同于 20 世纪初通商口岸时代和"黄金十年"那种为迅速增长的人口聚集和适应西洋式快节奏作息习俗而进行的简化改造(见本书第二、三章相关内容),而是一种涉及商业餐饮全部层面,所有品种的大整合、大提高、大发展的全行业改造。通过"改革开放初期"十几年的"简式中餐改造"运动,当代中式餐饮商业服务产业才得以形成今天的面貌,成为旅游观光业、市政社区配套服务业绝对不可或缺的支柱性产业。

本书作者把"改革开放初期"以民营商业餐饮为主体的发展现象称为第三次"简式中餐改造"运动。第一次"简式中餐改造"运动出现在清末明初时期的沿海通商口岸城市,它完成了符合最基本市场条件和中国近现代都市舆情民俗与"西化"生活方式转换之间的基础性建设;第二次"简式中餐改造"运动出现在民国中期的

"黄金十年"，它完成了现代中国商业餐饮服务业在相对规范的市场条件下的运作和餐饮业自身结构的基本建设；第三次"简式中餐改造"运动来得比前两次更加规模宏大、全面深入，不但恢复并超越了前两次既有成果，而且奠定了当代中国商业餐饮服务业的"餐饮设计"基本特征（食材和菜式特色、文化内涵特色、餐饮礼仪特色等等），也完成了古老中华餐饮文化传统与现代化商业市场运作之间的转换、对接，确立了自己在经过"改革开放"三十年后逐渐显现出来的"国家新文化形象"中的特殊地位。

以家庭为单位的城乡小饭铺、小菜馆，是全国城乡数千万摆脱了"计划经济"体制束缚的人们"下海经商"的最便捷方式。它以投资小、成本低、见效快的特点，为初涉商海的人们提供了一条相对稳妥的"发家致富"途径。经过十几年打拼，从这些当年的小饭铺、小菜馆中涌现了一批大中型民营餐饮企业，现已成为具有现代商业管理模式、纯粹市场运作模式和鲜明经营特色的中国餐饮龙头骨干企业，如全国连锁形式的"小肥羊""大娘水饺""江南公社""东北人家""毛家饭店""百姓人家"和港资中式连锁的"避风塘""港式茶餐厅"等，以及一大批地方餐饮的领军企业，如"二我也""赖汤圆""稻花香"等等。无论是获得成功的少数幸运者，还是大多数已销声匿迹的失败者，它们都是"改革开放初期"第一批下海试水、先吃螃蟹的勇敢者。通过"改革开放初期"十几年可谓波澜壮阔、场面浩大的改革浪潮的洗礼，中国当代餐饮服务业早已"旧貌换新颜"，基本完成了自己华丽的转身，比其他任何行业更加成功，也更加具有示范意义。

这批民营餐饮企业成为八九十年代非"公有制"经济最为活跃的部分，它们的起步发展和站稳脚跟、逐步获得成功，是整个"改革开放初期"民营经济发展壮大的一个最成功的缩影，也是社会变革很重要的内容之一。从中我们不但能够解读到在中国特殊的社会环境和文化氛围中经济行为的交叉影响，更能看到整个中国经济社会会不断进步变化的基本文化方向。

"改革开放初期"民营餐饮业的全面崛起，极大地促进了餐饮设计整体水平的不断提高。这个行业水平的全面提升具体表现在六大方面：

其一，在食材、选料加工方面，"改革开放初期"的民营餐饮业，多半自为采办所有食材，即购即用，随点随出，在食材的新鲜程度、价格定位、进货口径方面具有很大的灵活性、便捷性，也给商业餐饮"随行就市"创造了极大的让利空间；这是"高端餐饮"和"西式餐饮"无论如何做不到的。民营餐饮的食材加工多扬长避短，很少在白案刀功（指"高端餐饮"擅长的食材雕塑等）上与大型酒楼、饭店较量，而是注重食材的天然造型和色泽，菜肴、煲汤、冷盘、饮料具有纯自然、朴实的清新感、天趣感；有些民营餐饮还特别擅于吸收境外（如东南亚和港台地区、日韩等）食材和作料的融入，不断创造出在食材选料、加工方面具有鲜明特色并且价格适中的新型菜品，使自己在残酷的餐饮业混战中立于不败之地。这方面浙菜（有绍兴菜与宁波菜两大派风格，口味迥异，但各有千秋，都火爆异常）、粤菜（有广州菜和潮汕菜两派花样百出、争奇斗艳）和川菜（特别是重庆民营餐饮，个个都是创意大师，每发明一道新菜品,都能迅速红遍大江南北,如豆瓣鱼、水煮肉片等)做得特别成功,时有新品流行全国,三十年来基本上引领了全国餐饮的时尚之风。相对而言,苏菜做得特别差,只把眼光盯在食材选料上,或在加工的"稀缺性""复杂性"上做文章,价格堪比"高端消费"但排场比不过"高端餐饮",口味比不上"家常菜"但又比"家常菜"复杂繁琐,商业定位严重失误,白白断送了三百年来从"淮安菜"到"苏锡菜"荣尊独享、首屈一指的苏菜传统,眼下基本没有全国性影响,已沦落为地道的地方性"小菜",仅仅在江南地区中下等城镇还稍有市场。

其二,在菜式观感方面,"改革开放初期"创业起步阶段的民营餐饮业,多以"家常菜"作为主打方向,进而结合不同顾客的综合口味,逐渐打造出一批具有鲜明个性化的招牌菜式,从而形成自己独有资源的菜式风格,也培养出自己固定的客户源。"家常菜"具有口味独特的巨大优势,且食材广泛、厨艺自备、成本低廉、操作简便,特别符合以家庭成员为主要人员构成的早期民营餐饮业的具体条件和实际情况。"家常菜"的菜式花样通常具有鲜明的地方特色,色(视觉感受)、香(嗅觉感受)、味(口味感受)极少雷同,且相互影响、交叉传播,随时可以吸取别的"家常菜"和西餐、高端中餐的许多优点,时有新作,层出不穷,体现出民营餐饮业在菜式设计方面"船小好掉头"的灵活机动的极大优势。这种中小型民营餐饮"家常菜"的流行趋势,不但成为从 70 年代末到整个 90 年代的中国商业餐饮的主体经营项目,而且影响了"高端餐饮消费",成为整个商业餐饮菜式设计变化的主要发展方向,迄今长盛不衰。

其三,在餐具品种方面,"改革开放初期"的民营餐饮业,逐步接受了新时代逐渐形成的市场规范、行业标准和卫生常规,在餐具上彻底告别了沿用了数百年的一双竹筷加一个大白碗、几个大白盘的老式餐具,基本上换成了起码看上去"比较卫生"的套装餐具或一次性餐具,桌椅、杯壶也在向中餐用具通行模式(主要是港式餐饮模式)逐步看齐。这些餐具替换的行为,虽然直接提升了用餐成本,但蔚然成风之后,反而扩大了客源,也为民营餐饮业健康发展提供了更多机会。当然,民营餐饮中小企业的卫生状况迄今不能令广大民众安心、满意,这是个需要市场管理部门长期监督、有效管理的"瓶颈"问题。

其四,在礼仪行序方面,"改革开放初期"的民营餐饮业,无论在餐饮服务人员的服饰穿着、服务仪容、服务语言、服务内容等方面,逐渐接受了源自港澳台中式茶餐大众风格影响,在接待、引座、摆席、续水、撤盘、买单和订餐、外卖、保安、泊车、纠纷等各餐饮服务具体环节上,都有与 80 年代之前不可同日而语的极大提高。特别是在处理接受婚庆、生日、亲聚、商务等各种筵席的礼仪行序设计(包括座次安排、礼仪流程、形象设计、气氛营造、席卡装帧、贺仪馈赠等等)方面,可以说是白手起家、从无到有,进步尤为明显。

其五,在厨事设备方面,"改革开放初期"的民营餐饮业,经过十数年的不断发展,固定店面已基本摆脱了传统的柴火大灶加砖砌烟囱的旧式厨房炉具、生铁大锅加铁皮大铲的落后烹调用具,逐渐接受了以西式厨具设备和管道热能供应为主的现代厨式装备。这就充分保证了民营餐饮业在规模上、效率上、保洁上逐步向现代商业餐饮模式靠齐的良好趋势。后厨的卫生、热能、储存方式的改善,有时直接关系到民营餐饮业的健康、常规发展,但这方面显然仍有很大的改善空间。

其六,在场所装潢方面,"改革开放初期"的民营餐饮业,通常都能根据自己的产业定位,量力而行地尽可能改善进餐环境。这方面突出表现在从 90 年代起,全国范围的中式商业餐饮店铺普遍兴起的港台式标准的室内装修热潮。这是一个特别值得夸耀的经营观念的大转变,直接提升了民营餐饮业的商业档次,也顺应了城市市政设施的不断完善、市容市貌不断更新的现代化进程,这无疑对商业餐饮自身的壮大发展,百益而无一害。

八九十年代创立的这批民营餐饮业骨干企业,绝不是一蹴而就建立起来的,其间的无数艰辛、痛苦,甚至濒临绝望,恐怕只有创业者自己才能体会。正是由于伴随社会转型时期特有的复杂异常、政策多变,造就了这些民营餐饮业与生俱来的市场适应能力和商机把握能力,所以本书作者有充分理由相信:包括餐饮业在内的中国当代民营企业经济,一定能够敢为天下之先,紧随浪涛汹涌、风云际会大时代商潮,稳打稳扎、步步为营,把自己的命运牢牢地掌握在自己手中,最终促成真正的市场化经济逐渐成为整个中国经济的主体形式,成就"改革开放"的伟大事业。

以原有国营企业和其他集体所有制企业为基础的全国大中型商业餐饮服务业,是"改革开放初期"的主力军,所遭遇的冲击、困难、挫折,甚至是灭顶之灾,都是最多的。同时,它们占有了餐饮业的人才资源、食材选配、厨艺技术、设备装置各方面的绝对优势,在"改革开放初期"兴起的第三次"中式商业餐饮改造"运动中为承传当代中华美食传统创造了一大批经典菜式。但这些以星级酒店、外事接待、政府机构招待会馆构成的"官体餐饮服务产业"又具有"高端消费"与生俱来的固有弊端:对社会主流消费群体影响甚微。和本书作者一以贯之的思路相符,本书将这部分高端商业餐饮企业排除出本章节重点议论的内容,因为它们原则上从来不在大众消费的范围之内,相当于历史上的"官作设计传统"以及现代延续版的"奢侈品设计",已超越了本书涉及范围,加之本书尺牍有限,因此略过不提。

毋庸讳言,八九十年代至今,中国商业餐饮的快速发展与全面提高,与遍布全国的"公款吃喝"有千丝万缕的联系。非但如此,甚至形成了局部的餐饮业畸形膨胀式发展,并且在"一些"地区已经成为腐败现象的温床。"三公"开支(公款吃喝、公款出国、公款用车)一向为全国人民深恶痛绝,但屡禁不止,且有愈演愈烈之势。仅仅公款吃喝一项,规模就很吓人,甚至直接关系到全国商业餐饮服务业的"繁荣发展":每次国家发文,扬言查禁"公款吃喝风",各地不得不有所"回应",大多数公务员都会暂时避开在公开场合下公款吃喝,但这个现象立即会导致全国餐饮行业的暂时性萧条,大量餐饮服务员、厨师失业,大批中小型饭店酒楼关张歇业;但风头过去,餐饮业立即大地回春,日日车水马龙,夜夜歌舞升平。三十年来周而复始、循环往复,各方面操作都已娴熟,声势不减、吃喝照旧。据国家统计局原局长邱晓华在 2008 年的一次电视采访时说,当年"全国人民"喝掉的白酒总量,相当于喝干了两个杭州西湖的总容量还不止。

三、"改初"社会民众居住方式与设计

整个"改革开放初期"的八九十年代,全国城镇居民的居住条件整体上延续了"文革"时期的基本状态,尚处于"计划经济"体制下的职工家庭的住房问题,依然基本由单位和街道房管所去统一解决。八九十年代正好赶上第一波"生育高峰"的人口膨胀期,这一批在新中国战后恢复的50年代生育高峰时期出生的人,在"改革开放初期"都先后开始参加工作、组建家庭、生养子女,对住房条件的改善问题尤为急切。

表 8-9 **1977 年城市人均居住面积国际比较(单位:平方米)**

国别	人均面积	国别	人均面积	国别	人均面积
中国	3.7	日本	13	罗马尼亚	9.6
美国	18	西德	25	匈牙利	21
苏联	12.5	法国	13	南斯拉夫	15

注:上表引自《调研资料》(中华人民共和国商业部主办,1981 年第 56 期)。

"建国后 30 年,城镇居民的住房条件可谓没有明显改善。30 年人均住房投资不足 300 元,年人均住房投资不足 10 元。到 1978 年,城市人均居住面积从 1949 年的 4.5 平方米降至 3.6 平方米。"(张丽凤《中国城镇住房制度变迁中政府行为目标的逻辑演进》,辽宁大学博士论文,载于《中国评论月刊·网络版》,中国评论通讯社主办,2012 年 8 月 18 日)

在统计真实的居住情况时,使用"平均数值"是毫无意义的,也会招致老百姓极度反感。差别化的分类调查数据,往往起码能部分反映实情:"1988 年中国社会调查系统于北京市对 1 000 户居民进行了入户问卷调查。调查发现住房分配存在以政治身份和行政级别为基础的群体差异:(1) 干部与工人的差异。机关干部和企业干部的住房状况明显好于企业工人和商业职工,干部的人均使用面积是8.133 8 平方米,比工人(包括商业职工)高出 2.133 1 平方米。(2) 党员与群众的差异。党员的人均使用面积为 8.133 平方米,比群众高出 1.188 平方米。(3) 中央和地方的差异。中央机关干部的人均使用面积为 9.123 平方米,比市属机关干部高出 0.187 平方米。"(李斌《中国住房改革制度的分割性》,社会学研究,2002 年)

"住房调配方法采取上下结合、全所平衡,公布方案,征求意见,最后由所务会议讨论通过,党委审定,行政领导签发,发榜公布。然而,在分配过程中,有些并未照此执行。如有位造反派头头,共有四口人,两个孩子最大的才上初中,自报还有两个临时户口,第一批分配时,一榜方案上分配给他一个朝南十二平方有阳台、煤气、大卫生的单间套,加一个朝北两间二十余平方有阳台、煤气、大卫生的小套,群众意见非常集中,非常强烈,多数意见反对这个方案,因此,在第一批分配时不得不

撤销这个方案。当时有的群众就说：'这不过是个缓兵之计，看着好了，最后领导还会分配给他的。现在不报恩，以后没机会了。'有的则说：'不会吧？领导不能那样无视群众意见，一意孤行吧。'然而，在第二批分配时，果然上了第二榜，而且，说明不再发第三榜，抛开所务会议一锤定了音，这种做法在干部群众中，影响极坏。"（黄勤《公房怎样分配得公平合理——M研究所分房情况剖析》，载于《社会科学》，1984年02期）"对于福利房的分配制度和实际结果，多数民众认为分配是十分不公平的。1993年研究人员对上海和天津民众的调查显示，'认为您单位的住房分配是否公平？'将回答中表示'很公平'或'公平'的个案加起来，天津为36％，上海为25％。很显然，大多数人对此持不同的看法。民众认为，住房分配一系列标准当中，最重要的次序分别是：1. 住房困难程度；2. 婚后无房；3. 等房结婚。此外，天津市民将职工年龄和工龄也列为主要的标准之一"；"在调查中受访者认为，工人和干部或是不是党员这样的政治条件不应该成为住房分配的前提条件，领导人的意见也不应该是重要的分房依据。但是人们还是承认，'与单位领导人搞好关系'，特别是'与分房委员会领导搞好关系'是能否分到住房的重要因素。"（李斌《中国住房改革制度的分割性》，《社会学研究》，2002年第2期）

1983年，国务院专门针对老百姓群情激愤的"分房不公"问题下发《整改通知》："全国城镇建设了大批住宅，住房紧张状况有所缓和。但近两年来，许多地区和部门擅自制订住宅标准，任意突破国家有关规定，为领导干部新建的住宅面积越来越大，标准越来越高，脱离了我国国情，脱离了群众。""为了加强对住宅标准的管理"，该文件还特意规定各级别的住房标准："一、严格控制住宅建筑面积标准……一般职工家庭为42～50 m²（均为建筑面积，下同）；县、处级干部及相当职级的知识分子的住宅标准为60～70 m²，厅、局、地委级干部及相当职级的知识分子的住宅标准为80～90 m²。"如以往《整改通知》的执行情况一样，全凭地方和基层领导干部们的"良心发现"和"自觉行为"，而恰恰这两点，偏偏又是最让老百姓不放心的。

全国绝大多数在"改革开放初期"走上工作岗位的人都住过"筒子楼"集体宿舍。所谓"筒子楼"集体宿舍，多半是50年代建造的办公楼、教学楼，一般是50年代流行的三至四层苏式或仿苏式建筑，室内上有木条构建的棚顶、外敷泥膏抹平、白石灰粉刷的"天花板"，下铺木质宽条地板。全国各地几乎所有的高校、机关、科研及事业单位和绝大多数国企，在整个"改革开放初期"都是这么安置新增人员的。

"筒子楼"居民"诞生"的程序是：通常是谁被分配到单位后，由接收单位的房产科安排进去，未婚者一般数人一间（视各单位具体条件而定，通常2至4人不等）；申请结婚后"排队"等候单位解决，幸运者可以分得一个二十平方左右的单间，来组成自己的"爱巢"；之后的娶妻生子、赡养老人，一家三代的居住问题全都在这个单间内"就地解决"：将原本就不大的单间用床单来分割成若干更狭小的空间。

"筒子楼"家庭通常没有独立的厨房。少部分"筒子楼"宿舍另辟单间作为"共用厨房"以安排若干家庭共同使用；更多的"筒子楼"居民则将自家厨房摆放在走廊上：每家"厨房"基本设施主要有：简式铁皮煤炉（燃料是煤块，北方多为煤球，南方多为"蜂窝煤"，详细结构见本书第三章"民国中期民生与设计"相关内容）一只，盛放碗筷、作料的小橱柜一只，课桌一只（一半用来放置小碗橱，另一半当做"厨艺操作台"），再加上一只凳子。无论是单间"共用厨房"还是走廊，每家厨房设施决不能随意添置以挤占"公用面积"，否则定会引起邻居们的严重不满，甚至发生纠纷。

"筒子楼"家庭通常也没有独立的卫生间，一般如厕仅靠各层分布在楼面两端的"男女公厕"。起夜或行走不便的老人、未成年幼童，则依靠搪瓷痰盂来解决。"筒子楼"家庭最不方便的是夏季的全家洗澡问题。通常是"筒子楼"居民们按"约定俗成"的时间段轮流占据"男女公厕"，靠快速冲凉来凑合解决。秋冬季节则主要依靠本单位自办澡堂和附近厂矿对外营业的"公共浴池"来解决。

几乎每一个"改革开放初期"参加工作的人都有过在"筒子楼"居住的经历，有些家庭长达二十年。这些"筒子楼"原属于并不是居住用途的行政用房，被当做"临时性"集体宿舍后，形成了70年代末至90年代末整整二十年特有的"筒子楼文化"，颇有堪比民国时期"亭子间文化"的丰富内涵。本书作者与自己的同龄人一样，也有数年的"筒子楼"居住经历，并且不以为苦，反以为乐，认为"筒子楼"居住条件虽然简陋，但生活氛围远胜于现在家家户户大门紧闭、跟邻居"民至老死不相往来"（老子著《道德经·第八十章》）的"现代化居住方式"。

室内布置中家纺产品的明显增多，这是"改革开放初期"居住方式的特点之一。家纺产品在居家布置中的设计行为，一度被贴切地称为"软装饰"。70年代末到90年代的"家纺"产品主要包括床上用品（被胎及被褥、被面；床单、床垫、床罩、床幔；枕头及枕套、枕巾等等）、立面用品（窗帘、门帘、壁挂等）、家具用品（桌布、椅靠、沙发垫、沙发套及八九十年代特有的"家电罩"：电视机罩、缝纫机罩、收录机罩等等）、地面用品（地毯、地毡、脚垫及入户蹭鞋用的泥毡等）。八九十年代的家纺类民生商品中，棉麻织品和天然皮革比例有所下降，化纤织料的比例越来越大。化纤家纺产品的快速发展和普及，在大大降低商品价格、普及家纺产品的同时，亦造成一定程度室内空间和人体肌肤的轻度污染以及产业环保问题。

整个"改革开放初期"，全国城镇居民九成以上仍居住在解放前和建国初期建造的民居建筑里，除大量的"筒子楼""板式楼""统建楼"之外，从北方的大杂院、四合院、胡同、土坯房，到南方的弄堂、巷道、棚户区，五花八门，应有尽有。其居住方式和民居建筑设计方面的具体特点分析，请详见本书前列各章相关内容。中国城乡居民的居住条件有明显改善，有赖于后来的房地产全面开发，不过那都是90年代末全面起步、新世纪初才全面启动的事情了。由于"房地产开发"的时间概念超出了本书"改革开放初期"所涉范围，故在此不另做评述。

四、"改初"社会民众出行方式与设计

"改革开放初期"普通百姓短途出行所用的私人交通工具，经历了一个自行车——助力车——小轻骑——摩托车的变化；在90年代末，甚至出现了"私家车"

图 8-3　城郊接合部的打工族部落

开始普及的苗头。在八九十年代,全国各大中城市的"出租车"行业均得到快速发展,使之成为与公交车几乎同样重要的市区常规客运力量。但作为与普通老百姓经济条件相适应的长途出行交通方式,仍以铁路、公路、内河航运为主,航空、私家车为辅的格局。

据铁路部门统计,在 80 年代,因全国铁路运输能力的不足,当时的铁路客运量每天超载 50%,高峰时超出 100%,每天有 80 万人站着乘火车,而全国每年积压的物资则高达 1.5 亿吨,南北运输的缺口达 6 000 万吨。在"改革开放初期"最早的那些年头里,普通百姓出行,对于许多人来说,并不是一件愉快的事,买票难、乘车难、运输难,是全国性的普遍问题。出行客流剧增,主要由三大部分人构成:

其一是沿海四个经济特区的建立,吸引了全国大量农村"剩余劳动力"纷纷前往广东和南方其他地区打工;当时本书作者在渝读书时即耳闻有"百万民工下广东"之说。据说在"改革开放初期"的八九十年代的十数年内,仅广东一地就先后吸纳、消化了近千万外地农民工。这些数目庞大的乡村青年中,后来涌现了建国以来第一批真正的市场经济条件下锻炼成长起来的中国工人阶级产业大军,与历届中国产业工人的前辈们相比,他们文化素质最好、技术程度最高、对市场适应能力最强。这批人中有不少人后来相继成长为新时代中国产业的骨干力量,甚至是民营企业领导者。他们构成了八九十年代的每年春节前后的返乡回城人潮,充当了真正具有中国铁路客运特色的"春运"大潮的主体。

其二是异地求学的"学生潮"。全国各地院校持续扩张的招生人数在不断上升,其中大多数是异地就读(包括本书作者)。70 年代末,全国高校每年录取总人数仅为 20 多万,尚未形成对铁路客运的人流压力。之后全国高校持续扩招,逐渐形成百万客运流群体。以八九十年代全国高校入学生源外地省籍平均约占八成计算,每个学生每年有寒暑假各一次,需适时返乡和返校共计四次,在 90 年代中期,全国每年铁路公路客运仅"学生潮"一项,即增加每年在每次极短的几天内骤增三四百万人次的巨大压力。这些比之 90 年代后期"教育产业化"之后全国高校,盲目发展、盲目扩招形成的人数倍增的更大"学生潮",还算是"小巫见大巫":"1998 年之前,全国高校每年招生数目基本上呈缓慢增加趋势(刚刚恢复高考之后的几年,无论是报考人数还是录取人数,有几年数字是逐年递减的,究其原因,是因为十年'文革'导致大量等待高考的知青,同时当时的大学处于'清空'状态,允许知青们在最初几年被'释放掉')。1998 年的招生人数为 108 万,1999 年扩招比例高达47%,达到 160 万。"(详见"中国高等教育十年改革完败?"载于中科院官网"科学新闻",2010 年 1 月 12 日)每年暴增的"学生潮"人数给铁路客运带来的压力,可想而知。

其三是各地经销人员(以各地中小民营企业的推销人员为主)形成的"经商潮"客运流群体。由于当时还没有互联网、移动通讯手段,各地市场行为又"不够规范",到处流行"拖欠三角债"(即原材料供应方、生产方、销售方三家连环拖欠、赖账),全国各地的民营企业,尤其是江南、华南等沿海一带,均高度重视"跑市场"的工作,从原料进口到客户订单,从"公关"行贿到追讨欠账,往往主要依靠派遣大批人员各处办理;有些厂家每年春秋两季派遣经销人员占全员岗位职工比例近三分之一,有些甚至过半。这部分客运流群体总人数当不下千万,但"经商潮"出行时间上比"学生潮"和"民工潮"相对分散,除岁末年关加紧催讨欠账外,大多有意识错开"学生潮"和"民工潮"出行。

"学生潮"有个特点,多集中在寒暑假开始和结束的狭窄时间段,大多仅持续几天,形成了骤减剧增的突发性客运特点。人数大于"学生潮"十倍以上的"民工潮",则在春节前后形成返乡和回城高潮,持续时间也仅为 20 天左右。"经商潮"则相对分散。

亿万农民工、大学生每年一度的返乡回岗及经销商们的外出经商差旅行为,形成了"改革开放"三十年以来中国铁路客运独特的"春运"现象。与全国普通民工和普通学生的经济承受能力相适应,基本由铁路长途客运为主、公路短途客运为辅的综合运力所承担。

本书作者是对"改革开放初期"亿万普通中国人出行方式体会最深,也自认为较有发言权的。南京到重庆的单程距离约为 2 800 公里,当时尚未开通直线列车,只能经由上海,然后转乘 93 次/95 次特快列车,绕道往返。上海至重庆的车次正点行车时间是 56 个小时,但印象中从来没有一次正点到达过,总是延后数小时,有时更严重;因而一般单程历时 60 小时以上,计两天三夜。本书作者在四年求学期间,每年四次(共计十六次),加之中途数次公务、私事、考察,仅四年内个人累计行程不下 10 万公里。铁路南北两线来回交换出行(南线为南京——上海——鹰潭——襄樊线——贵阳——重庆;北线为南京——徐州——陇海线——成渝线),偶尔也顺流东行(长江航运,重庆——万县——涪陵——三峡——沙市——武汉——安庆——南京）。至于本书作者在"改革开放初期"乘过的其他民间出行用具，那就五花八门了：滑竿、骆驼、劣马、拖拉机、小驴车、胶皮大车、竹筏、冲锋舟、纤夫拉船、小舢板、乌篷船、大型轮渡，搭载试航的水陆两栖坦克过江，扒乘火车头进城看电影，还有与猪笼相伴的大卡车，跟鸡婆、鸡蛋、甘蔗、背篓挤在一起的长途公交车——本书作者因上学路途遥远，饱受旅途颠簸劳顿之苦，但也因此在年轻时便养成了爱到处乱跑的坏毛病，在家呆久了就憋得慌；而且适应力较强，什么伙食都能吃、什么交通工具都敢坐、什么住宿条件都不在乎。

穷学生每次往返只能靠硬座，因此每次行程之艰苦，感受颇深。每次上车，不是"春运高峰"，便是暑假往返，均拥挤不堪。最厉害一次，暑期从上海到贵阳，沿途不断有人从窗口、车门爬进或被亲友、列车员塞进车厢，因而车内几近"爆棚"；每条硬座原定额三人，但基本坐着四五人；别说过道上因坐满人被挤得密不透风，连行李架上、座位底下都有人照样酣睡不误，因此餐车寸步难行，干脆消失了。于是全程的吃饭、喝水、如厕就成了问题，只能每逢列车停靠大小站点时自行抓紧时间迅速解决。可沿途只见人上不见人下，车厢内越发拥挤，最后因断粮缺水严重加之空气混浊，不时有人昏厥被抬至餐车去挂水急救；沿途小站虽然努力卖饭送水，但时间太短，绝大多数乘客供应不上，便有好心的小站（记得是娄底站）值班人员拿自来水胶皮管往每个窗口里直接冲，给车内降温，顺带冲凉。没有一个旅客对此"甘霖

图 8-4　春运人潮

普降"有所异议,都直夸这事情"做得灵活"。

另一次冬季从北线返家,在重庆挤上车时即被告知座位号已经"不算数",连厕所里都坐满了人;我被拥挤人群死死卡在过道处,别说车厢进不了,连坐下或蹲下都无法做到。由于本书作者个子偏高,于是身体便被四周人体紧紧夹持,经常被挤得双脚腾空悬挂着保持僵硬姿势十数小时疲惫不堪,不吃不喝只能昏睡。直到西安站下了一部分旅客,车厢内空间才稍见舒缓,我便顾不得地面泥泞不堪(充满黏糊糊的呕吐物、排泄物、食物残渣等等),就地依着车厢墙壁坐了下来,顿感周身舒坦无比,美美地进入梦乡。

五、"改初"社会民众礼俗婚丧方式与设计

"改革开放初期"的社会风气,与"文革"时有了天翻地覆的变化,尤其是表现在人的精神状态和舒适度方面。虽然人人在物质欲望和精神欲望上与现实之间总是存在着不小差距,但社会在不断进步,而且步幅不算小:起码已基本解除了"文革"时代那种压抑郁闷、人人自危的政治高压环境。这种建国以来可谓"史无前例"的相对宽松的社会生态环境,促使全社会在意识形态领域(用官媒的话叫"精神文明"领域)发生的深入而快速的一系列变化,无情地摧毁了原先作为社会意识形态基础的一些政治信条、教义,也动摇了原先作为社会公序良俗基础的一些传统观念,而一些几乎全新的道德观、价值观、人际观、审美观等新概念,正逐步融入新时代的中国社会意识形态体系之中。本书作者认为,这个吐故纳新、革新除弊的过程还远远没有结束,正处于大分化、大变革、大组合的关键时期。

"改革开放初期"社会风气的转变,首先是从民众之间的称谓开始启动的,其中流露出深刻的人生观、价值观的巨大变迁。从建国初期流行了三十多年的"同志"称谓,在 80 年代初逐渐褪去了革命的光芒,开始成为落伍、守旧的代名词。一些在经济建设大潮中由老百姓自发创意、迅速流行的新名词,或者是来源于民间社会的"旧词新用",逐渐成为新时代人际交往的彼此称谓。如同事、同学、邻居间的彼此称呼,关系不错的便昵称"哥们儿""姐们儿"般称兄道弟,"张哥""李姐""刘叔""马大爷""老弟"等等;关系不近不远的则一般直呼其名,或掐掉姓氏以示"亲热",或带上官衔以示尊敬。无论在私下交往或公众场合,已很少有人喊自己的同事为"某某某同志"了,除非是由单位领导宣读的晋升或处罚的正式文体书面通知。

所有公众场合陌生人之间的称谓变化最大。例如,对所有服务性行业从业人员,不论男女老幼,顾客一律统称"同志",从建国初期到"文革"三十年不变。八九十年代就不同了,得"因人而异",否则便会遭白眼。如餐饮场合呼唤女性服务员,看年轻的(不论俊丑胖瘦)一律叫"小姐",拿人家当大家闺秀、小家碧玉看,哄得人开心,人家才会好好给你端盘子;否则惹毛了人家背着你往菜里唾一口痰拌着给你端上来享用,也不是不可能的。

可 90 年代中期开始又不兴叫"小姐"了,因为彼时社风大变:由华南特区开始,

台港老板们(还有港台电影推波助澜)将境外"繁荣、'娼'盛"输入内地,迅速普及,并形成了从业人员不下千万的庞大"无烟立体产业",利益丰厚、成本低廉,且供需两旺,不由得经商者不趋之若鹜。该行业的繁荣活活糟蹋了"小姐"这个原本很淑女的名称,以至于在90年代中期,即便是个端盘子洗碗的打粗活女工,对"小姐"的称呼,也唯恐避之不及。还是华南人脑子快,开始对全体服务业年轻女性一律以"妹"相称,闽粤地区叫"小妹",川鄂湘地区叫"幺妹儿",苏浙沪人脑子没转过来,要么继续喊"小姐""服务员",不知道喊什么就干脆高呼"喂、喂"。

当年有个段子就是取笑对称谓变化反应木讷而吃亏的事:某位戴眼镜、书呆型、上海工程师比较抠门儿(那年头挖苦上海人总是个时髦题材),还不大识相。下广州买双皮鞋东挑西拣地老麻烦人,一口一个"小姐""小姐"地把女售货员呼来唤去,磨叽多时就是不肯痛快掏钱买鞋。结果"小姐"没憋住气就掌掴了这位眼镜兄。眼镜兄吃亏如此,怎肯罢休?于是拨电话叫来了警察。警察问售货员为啥打人?售货员说得理直气壮:这人耍流氓,借口买皮鞋调戏本姑娘,口口声声老是问我:"小姐,什么价?""小姐,多少钱?""小姐,你卖得太贵了!"边上围观群众一致起哄证明"有这回事"。警察就板下脸训起眼镜兄来了:同志,你哪个单位的?光天化日竟敢到处找"小姐"?要不要跟我走一趟,去把事情说说清楚?上哪儿也没法说清楚的眼镜兄眼见形势逆转,只能忍气吞声、夹着包仓皇撤退。

"同志"称呼在90年代重新流行,意思已完全变味儿了——成了"同性恋"的代名词。

在八九十年代"全民皆商"的热潮中,"老板"的称呼开始流行起来,且不分对象、不分场合。"老板"之称呼泛滥成灾,比如谁上理发店(那时候一夜之间统统改名叫"美容美发厅"了,即便什么设备也没添加)剃头,从店主到员工都热情叫你"老板",大概他们以为人人都以当老板为荣。哪怕是买包烟、喝瓶水,店主也让你当一回"老板"。连学生们都受此社会风气影响,比如学校里(尤其是理工科院校)谁申请下个项目,自然是大把银子攥在手里有得花,学生们则称老师为"老板"。至于国营私企的大老板们,反而倒不被人当面叫老板了,清一色被叫"某总",不过那个年头满大街都是各色各样的"老总",多如牛毛。有个笑话:街上倒下一块广告牌,砸倒五个人,里面起码有三位老总、一位总经理助理。

80年代的婚礼大多数还算简朴,通常小夫妻都会量力而行,操办婚事,也很少搞很大的排场,但基本生活设施还是比"文革"时期要讲究了许多,再不济也是70年代末那种"三转一响带一咔嚓"和"四十八条腿"的标准(详见本书第七章"'文革'时期民生与设计"相关内容);婚房不是在家里隔出"专区",便是单位从哪儿腾出个一间半间的来解决。

到90年代婚礼习俗就变化大了,互相比着讲排场,成了一种社会风气。各种"婚庆礼仪公司"也应运而生,只要雇主肯砸银子,就帮着人往死里猛花。那时候同事之间都兴送礼金,少于200元(相当于一个月工资左右)一般还拿不出手,有的人个把月能收到四五张婚宴邀请函,不啻平添烦恼、徒生忧愁。自己年年月月送,轮到自己办婚事,便广邀亲朋好友,也趁机"扳本回笼"资金。

90年代末之后,"婚礼"就基本失控了,不少成了烧钱大赛。婚礼花费则直线上升,清一色名车组成的"迎亲车队"接送新娘不说,婚宴必在星级饭店举行,还要出境"蜜月游"。连房带车加婚礼,有人统计过,当今娶个媳妇回家,在一线城市(北京、上海、深圳、广州等)每个人不吃不喝地猛攒钱,平均在二十几年,还要搭上父母毕生积蓄,才能勉强凑足。人人喊穷,但人人结婚,这些钱从哪儿凑?答案只有一个:啃老刮老,榨干耗尽父母最后一丝"绵薄之力"而已。无房无车的穷光蛋那是不配当新郎的,就算骗到了手,哄得新娘跟自己"裸婚",也难免遭受众议,一辈子被人戳脊梁骨。

新娘开始穿西洋式婚纱,新郎则西装革履,成了八九十年代绝大多数新人的婚礼固定装束。90年代还时兴起了拍"婚纱照",一套"婚照"价格少则几百,多则几千;如此获利丰厚,跟"空手套白狼"差不多,于是不到几年街面上照相馆全改行拍"婚纱照"了,没剩下几家肯替老百姓拍"全家福""登记照""留念照""毕业照"那种旧式照相馆。

"改革开放初期"的丧事操办,首先在农村地区变化迅速,旧式丧礼相关一切,开始回潮(详见本书第二章"民初时期民生设计"相关内容);但凡是经济条件允许,全国农村地区修墓园、做道场、吹吹打打着出殡送葬、披麻戴孝着棺木入土,是很普遍的现象。只是时间阻隔过久,很多细节无法回忆,便综合了港台影片及许多自创性的丧事道具、丧礼行序相关细节等等,总之丧礼热闹程度大大超过以往。这种"传统丧事"也逐渐影响到城镇居民,其流行程度视各地管控程度而定。本书作者80年代初去成都住在李大树老师家,户籍成都的同学约我出去逛街,且神秘告知要领我"开开眼界",找个免费吃喝游玩、顺带了解民俗的地方。结果进了金牛区闹市主要街道上一个人家操办丧事临街搭起的芦席棚:不论亲朋好友,还是路过看热闹的,主人家一概热情迎接入座。草棚里人头攒动,视线不甚明朗,只见棚内坐了黑压压一片,都在玩一种我当时不了解的牌戏:玩法估计跟麻将差不多,但木质牌张却壮阔不少,每张约20厘米长短,5厘米宽,上面没汉字,全是黑底上红白二色的下凹圆点,后来得知这就是川地民间"牌九"。台上是一帮身穿法衣的道士在呻吟哼唱着什么,手里木鱼、铜锣、小鼓和叉钹响个不停。草棚内自有"义工"不停前来沏茶续水,并反复感谢诸位前来捧场赏光,还告知若肯守夜,茶饭招待不说,"定备薄仪相赠"。

八九十年代的长江流域中下游地区,乡间丧礼上还有个特色,就是要用彩帛花纸扎制大量的祭祀陪葬品,主要是各种生活用具,不过不埋入棺内坟冢,而是在出殡送葬仪式结束后当场焚烧,遥祝逝者在阴间"来日享用"。这便是苏浙徽赣湘鄂川一线自宋明以来素有传统的民间纸扎的主要用途。彩扎祭品的内容,概因丧主家人的意愿而不断推陈出新、花样百变:不单有一应生活用具(如床柜灶台大家什及牛马羊猪大牲口),还添加了电视机、电冰箱和花园洋房及大别墅,甚至还有"人祭"随葬。有照片为证,江西农民首创了"妻妾成群"彩扎群像,可能是哪位孝子聊表孝心,想让死去的爹在阴间也好"快活风流"一把,真不知道在场的老母及舅甥和众表亲有何感想。陕北某农民更是紧随时尚,90 年代还在祭祀彩扎众多祭品里"创意"了一组现代化的穿制服(好像是工商管理所的)美女小人,还怕仙逝老爹看不明白,在美女小人背上赫然写上一溜墨迹大楷:"女公务员",使人忍俊不禁。

六、"改初"社会民众文娱休闲方式与设计

　　"改革开放初期"的群众性娱乐活动可谓前所未有的丰富多彩。据官方统计,以 1980 年为例,全国农村居民家庭人均文教娱乐用品及服务支出为 8.3 元,占消费性支出比重 5.1％;同年全国城镇居民家庭人均教育文化娱乐服务支出为 38 元,占消费性支出比重 8.4％。以 1981 年为例,全国城镇居民人均文化娱乐教育支出 35.8 元(数据引自国家统计局网站编制"新中国 60 年:城乡居民从贫困向全面小康迈进",2009 年 9 月 10 日)。

　　"文革"刚结束时,文化界跟其他行业一样,声讨"四人帮"、控诉"文革",是所有内容的主旋律。特别是文学艺术界,"伤痕文学"持续发烧,一直延续到 80 年代初。"'文革'结束后,坚冰开始融化。1978 年,北京人艺恢复本名。这一年,郑榕主演的《丹心谱》是最重要的大戏。6 月 6 日,北京人艺第一台复排大戏《蔡文姬》开始售票,每人限购四张,购票的人潮势不可挡,一度挤塌了首都剧场的南墙。人们都在热情期待一个新时代的来临。"(周冉《"文革"暴风骤雨中的人艺群星》,载于《文史参考(5 月上)》,2012 年第 9 期)

　　可大众文化娱乐的特点是架不住老是哭哭啼啼,眼见得风向就转了,而且一发不可收。70 年代末至 80 年代的第一批在内地公映的欧美、日本和港台地区的电影,充当了向中国社会大众传播"资本主义生活方式"各种信息的主要媒介,实质上一度起到了引领中国大众消费"时尚"风向标的巨大作用,功不可没。这种境外影视作品影响社会时尚的现象,与民国中期"黄金十年"和抗战胜利之初的全民崇美,还有建国之初全民学苏联,有惊人的相似之处。

　　外国和港台电影、电视剧中对大众生活方式及民生商品设计创意影响最大的有如下这些。美国电影《未来世界》《爱情故事》《克莱默夫妇》《野战排》《与狼共舞》《辛德勒的名单》《阿甘正传》《现代启示录》《生于 7 月 4 日》《毕业生》《雨人》《沉默的羔羊》《蛇》《星球大战》《帝国反击战》《蝙蝠侠》《截击偷天人》《野鹅敢死队》《海狼》及《007 系列》等;复映的经典老片《罗马假日》《百万英镑》《蝴蝶梦》《飘》《魂断蓝桥》《出水芙蓉》《雨中情》《美国往事》《巴顿将军》等;美国电视连续剧《大西洋底来的人》《加里森敢死队》《成长的烦恼》等;复映、新做的动画片《米老鼠和唐老鸭》《猫和老鼠》《狮子王》《蓝精灵》《大力水手》《国王与小鸟》及《白雪公主》《木偶历险记》等等。欧洲电影《佐罗》《黑郁金香》《老枪》《英俊少年》《茜茜公主》《铁面人》《电影院的故事》《布拉格之恋》等等。日本电影《追捕》《望乡》《人证》《砂器》《绝唱》《蒲田进行曲》《生死恋》《寅次郎的故事》《幸福的黄手绢》等和电视剧《排球女将》《血疑》《阿信》等及动画片《变形金刚》《机器猫》《聪明的

一休》《蜡笔小新》等等。香港影片《巴士奇遇结良缘》《屈原》《少林寺》《火烧圆明园》《赌神》《方世玉》《白玫瑰与红玫瑰》等和电视连续剧《霍元甲》《陈真》《上海滩》《万水千山总是情》以及台湾电视剧《追妻三人行》《昨夜星辰》《金粉世家》《包公》和近乎泛滥成灾的琼瑶电视剧等等。

通过上述这些影视作品,中国社会培养起一大批以青年学生为主体的欧美日明星的"追星族"。从 70 年代末到 90 年代中期在中国普通观众中(并非中国电影界标准)享有盛誉的新老影星有:美国的伊丽莎白·泰勒、奥黛丽·赫本、费雯·丽、英格丽·褒曼、格里高里·派克、保罗·纽曼、劳伦斯·奥利佛、卡里·格兰特、蒂龙·鲍尔、丽塔·海洛斯、克拉克·盖博、西尔维斯特·史泰龙、阿诺德·施瓦辛格、汤姆·汉克斯、珍妮·哈洛、朱迪·福斯特、克里斯蒂·斯旺森等等;日本影星首推高仓健和山口百惠、三浦友和夫妻,其次是栗原小卷、松坂庆子、渥美清次郎等;欧洲影星有阿兰·德龙、卡特琳娜·德诺芙、索菲亚·罗兰、菲利普·诺瓦雷、曼纽·贝阿、杰拉尔·德帕迪约、罗密·施奈德、肖恩·康纳利、朱丽叶特·毕诺什、凯特·温斯莱特等等。

香港电影和电视剧是"改革开放初期"绝对主角;后来台湾电影电视剧也接踵而至,在中国大陆民间社会一直颇有市场。当时在大陆最具人气的香港影视女明星有:夏梦、陈思思、汪明荃、关之琳、梅艳芳、张曼玉、刘嘉玲、吴君如、郑裕玲、钟楚红、杨紫琼、叶倩文、林忆莲、赵雅芝、周海媚、周慧敏、米雪、王祖贤、蔡少芬、叶童、朱茵、温碧霞、郑秀文、杨采妮、吴倩莲、李嘉欣、陈慧琳、袁咏仪等;男明星有鲍方、周润发、郑少秋、成龙、梁家辉、张国荣、黄日华、温兆伦、吕良伟、万梓良、任达华、罗嘉良、陈小春、吴镇宇、李克勤、钟镇涛、莫少聪、黎明、郭富城、刘德华、周星驰、梁朝伟、曾志伟、古巨基、郑伊健、古天乐等。

"改革开放初期"在大陆最具人气的台湾影视女明星有:林青霞、潘迎紫、施思、宋冈陵、沈海蓉、李烈、沈时华、林秀君、苏明明、夏文汐、官晶华、吴静娴、陈莎莉、李莉凤、赵咏馨、舒淇等;男明星有秦汉、寇世勋、张晨光、张佩华、姜厚任、周绍栋、马景涛、李立群、金超群、秦风等。

"改革开放初期"最有人气的国产电影有:《人到中年》《牧马人》《天云山传奇》《红牡丹》《街上流行红裙子》《创业》《苦恋》《黑三角》《戴手铐的旅客》《开枪,为他送行》《庐山恋》《小街》《小花》《芙蓉镇》《骆驼祥子》《一个和八个》《雁南飞》《雷雨》《神鞭》《漩涡里的歌》《红高粱》《秋菊打官司》《龙年警官》《咱们的牛百岁》《澡堂》等;国产电视剧有:《渴望》《蹉跎岁月》《敌营十八年》《围城》《外来妹》《四世同堂》《篱笆、女人和狗》《孽债》《编辑部的故事》《我爱我家》《康熙微服私访记》《雍正王朝》以及根据古典名著拍摄的《红楼梦》《西游记》《三国演义》《水浒》等;国产动画片有《葫芦兄弟》《邋遢大王奇遇记》《黑猫警长》《舒克和贝塔》等。

"改革开放初期"最具人气的中国内地影视女明星有:潘虹、李秀明、姜黎黎、陈冲、刘晓庆、斯琴高娃、张瑜、龚雪、赵静、洪学敏、王馥荔、张金玲、张闽、娜仁花、盖丽丽、谭小燕、施建岚、薛白、马晓晴、吴海燕、赵娜、陈烨、宋佳、张伟欣、方舒、朱琳、傅艺伟、巩俐、宋晓英、刘佳、吕丽萍、李羚、吴玉芳、宋春丽、林芳兵、韩月乔、王姬、付丽莉等；男明星有达式常、周里京、唐国强、李连杰、迟志强、张丰毅、申军谊、陈宝国、陶泽如、李书田、李雪健、张国立、王志文、葛优等等；最知名导演有谢晋、张艺谋、陈凯歌、田壮壮、张元、冯小刚、贾樟柯等。

"改革开放初期"流行歌曲非常之多，有部分是老百姓传唱多时而经久不忘的。但要列出在八九十年代传唱至今的热门歌曲，绝非易事。本书作者下列歌曲名目来源采信了自行考察的原始数据：委托几位学生前往四个不同档次的"自助式练歌房"，根据顾客点歌率抄录成点击率最高的歌名和歌手名单，再根据两类名单整理而成，因而自信多少具有一定的代表性。特别声明：没有按点击率进行排名，排序前后仅仅依据流行发生的大致时间。

在70年代末至90年代中期在大陆范围流行的歌曲中，最热门的港台原创歌曲有：《小城故事》《月亮代表我的心》《小路》《甜蜜蜜》《橄榄树》《阿里山》《万里长城永不倒》《酒干倘卖无》《垄上行》《童年》《两只黄鹂鸟》《外婆的澎湖湾》《上海滩》《铁血丹心》《北方的狼》《一剪梅》《我的中国心》《驼铃》《在水一方》《千千阙歌》《冬天里的一把火》《恋曲1990》《忘情水》《中国人》《女人花》《你好毒》《爱你在心口难开》《吻别》《不了情》《千纸鹤》《爱拼才会赢》《凡人歌》《花心》《你看你看月亮的脸》《冬季到台北来看雨》《风中有朵雨做的云》《梅花三弄》《再回首》《我是一只小小鸟》《寂寞沙洲冷》《新鸳鸯蝴蝶梦》《原来是你》《宁夏》等。

"改革开放初期"最热门的大陆原创歌曲有：《好人一生平安》《蹉跎岁月》《长江之歌》《太阳岛上》《妈妈教我一支歌》《血染的风采》《再见吧妈妈》《在希望的田野上》《小白杨》《牧羊曲》《军港之夜》《大海啊故乡》《篱笆墙的影子》《长征路上的摇滚》《一无所有》《黄土高坡》《少年壮志不言愁》《枉凝眉》《春天的故事》《十五的月亮》《走进新时代》《糊涂的爱》《涛声依旧》《滚滚长江东逝水》《千万里追寻着你》《弯弯的月亮》《纤夫的爱》《中华民谣》《精忠报国》《同桌的你》《思念》《我的眼里只有你》《辣妹子》《好汉歌》《牵挂你的人是我》《暗香》等等。

"改革开放初期"最具人气的大陆歌手有：李谷一、李双江、吴雁泽、蒋大为、于淑珍、殷秀梅、毛阿敏、成方圆、程琳、范琳琳、杭天琪、阎维文、郁钧剑、李娜、崔健、田震、董文华、彭丽媛、宋祖英、刘秉义、杨洪基、刘欢、韦唯、高林生、毛宁、杨钰莹、那英、老狼、韩磊、屠洪刚、沙宝亮、郑钧、刀郎、韩红等。

"改革开放初期"最具人气的港台歌手有：邓丽君、刘文正、青山、罗文、甄妮、奚秀兰、徐小凤、齐秦、齐豫、张明敏、罗大佑、张学友、刘德华、凤飞飞、费翔、郑智化、潘美辰、庾澄庆、伊能静、郭富城、蔡琴、苏芮、张国荣、王菲、姜育恒、赵传、陈淑桦、王杰、周华健、陈百强、李宗盛、张雨生、李翊君、千百惠、孟庭苇、叶倩文、童安格、巫启贤、张信哲、范晓萱、林忆莲、梁咏琪、刘若英等。

"改革开放初期"最有名气的小说有：《班主任》《乔厂长上任记》《许茂和他的女儿们》《大墙下的红玉兰》《男人的一半是女人》《被爱情遗忘的角落》《乡场上》

《人啊，人！》《女俘》《沉重的翅膀》《树王》《棋王》《孩子王》《陈奂生上城》《你别无选择》《爸爸爸》《三寸金莲》《小鲍庄》《鞋癖》《一半是海水，一半是火焰》《妻妾成群》《红高粱》《商州纪事》《秦腔》《白鹿原》《废都》等。

"改革开放初期"最有知名度的作家有：王蒙、白桦、汪曾祺、刘宾雁、张贤亮、从维熙、刘绍棠、李国文、流沙河、陆文夫、邓友梅、高晓声、刘心武、冯骥才、韩少功、张承志、史铁生、郑义、张辛欣、梁晓声、孔捷生、陈建功、李杭育、张抗抗、阿城、何立伟、叶辛、铁凝、李晓、马原、贾平凹、刘索拉、池莉、王朔、高洪波、苏童、余华、王小波、叶兆言、孙甘露、潘军、北村、吕新、叶曙明、王安忆、陈忠实等，还有诗人艾青、顾城、芒克、江河、杨炼、舒婷、北岛等。

当时著名的文学（或半文学、半休闲）杂志有：《收获》《人民文学》《十月》《当代》《小说月刊》《昆仑》《花城》《青年文学》《漓江》《山花》《芙蓉》《西湖》《青春》《雨花》《读者》《知音》等和诗刊《诗刊》《今天》《星星》等。顺便说一句：自从互联网时代之后，文学杂志的发行量便每况愈下，上述杂志中近半早已停刊，保存下来的文学杂志也从80年代初150万最高的发行量（如《收获》和《当代》等）跌落至大多数均在万份以下，入不敷出，处境尴尬。

当时专门刊登外国文学译著的主要杂志有：《世界文学》《外国文艺》《外国文学》《当代外国文学》《译林》《译海》《外国小说》《苏联文学》《俄苏文学》《日本文学》《外国文学研究》《外国文学报道》《外国文学动态》《外国文学研究集刊》等。90年代中期后，大多数已停刊。

以上名单完全根据本书作者揣摩70年代末到90年代中期上述这些艺术作品和艺术家在老百姓中知名度而定，纯属个人的外行观感，与官方或行业协会列名毫无干系。

"改革开放初期"先后流行过呼啦圈、飞盘、魔方、变形金刚（机器人模型）、滑板等，都是欧美先流行，然后传至日韩及港台地区，中国内地再接第三波掀起热潮。每当一种新玩法出现，不分老幼、全民上阵，玩得热火朝天。尤其是街道大妈大婶们最是起劲，穿着"蝙蝠衫"，套着"踩脚裤"，烫着"幸子头"，甩着"呼啦圈"，扔着"飞盘"，掰着"魔方"……在河边、广场、公园和自家楼下，到处都能见到。直到90年代中期，这些当年"时髦"的休闲运动如退潮般一下子消失得无影无踪。

七、"改初"社会民众日杂消费方式与设计

"改革开放初期"是中国民生设计产业百年发展历史上空前的"黄金时期"。零售百货业的现代销售方式，不但直接规范了民生设计"产业链"前端的民生商品必须以"实用性"和"适人性"功能设计为主的所有创意设计行为，也使民生设计产业"生产链"中段的生产环节全面实现标准化、规模化、机械化的现代工业化生产方式，同时也大大改善了民生设计产业"生产链"至关重要的末端环节——营销问题。

在八九十年代，首先是港人移植于日式"便利店"的百货零售业逐步传入内地，然后在90年代初期，欧美式大型民生商品发售模式（包括连锁店、专利店、超市、仓

储式售货中心 MALL 等等)开始大举登陆中国。这些洋商百货业与中国旧式百货业之间优劣差别一下就凸现出来,无论是销售(包括记账、分期付款、贷款等)、商宣(媒体、公共、社区等)、物流(规模化进货、标准化配送、机械化仓储)等等,几乎每一个环节中,"计划经济"企业都败下阵来,成了一群任人宰割的羔羊,在短短的几年中,就实现了天翻地覆的全面改造,成就了中国当代民生产业的经营销售环节全面实现现代化。这种集两百年近现代资本主义民生商品营销方式优点的先进商业模式,给中国的零售百货业带来巨大冲击(大批国企百货业纷纷倒闭歇业)的同时,一下把现代中国民生设计"产业链"末端的营销方式给活活地"逼"上了与世界同步的国际平台,逼死了大批经营理念陈旧、销售渠道不畅、仓储物流手段落后的"计划经济"下的零售百货企业,也逼活了大批按市场规则行事的现代化零售百货企业。90年代初起,全国各地如雨后春笋般涌现出来的大中小型现代百货零售业,基本构成了全国性的厂——店——库三位一体的现代化商业模式,一大批地道的中国民营零售百货企业应运而生(如"华联""苏果"等等),它们机制根正苗红,商业血统纯正,不单使自己在中国商业经济中占有举足轻重的支配性地位,而且盘活了民生产业在生产制造和技术升级、设计更新的整个产业经济,意义重大,成就斐然。

本书作者认为,这个营销方式的变化,对中国当代民生设计产业的健康、壮大、持续发展尤为重要。八九十年代中国零售百货业所发生的变化,是整个"改革开放初期"最伟大的经济体制改革伟大成就之一,直接导致了当代中国民生商品在设计创意——生产制作——营销物流整个"产业链"各环节的全面现代化进程,直接充当了"黄金二十年"中国经济腾飞最重要的推动力之一。

进入 90 年代以来,中国零售业态开始呈现多元化趋势,百货店、超级市场、大型综合超市、便利店、仓储式商场、专业店、专卖店、购物中心等各种业态都存在对"计划经济"体制下的百货商店的竞争,并不断地从百货零售业中分流顾客,给集体经济模式的百货零售业的主导地位造成了极大的威胁。如自 1994 年以来,中国连锁超市业的平均增长速度在 70% 以上,其中 2000 年比 1999 年增长 53%,也超过百货店成为零售业的第一方阵。

90 年代起风起云涌的现代化百货零售业无限扩张,给民生商品的"产业链"整体提升带来了巨大的变化,这个变化是全方位的、非常彻底的,几乎没留下任何死角。这是个"改革开放"伟大成就的经典案例,特别具有示范意义。这点尤其突出表现在以中国家用电器产业的内需外销方面。在"改革开放初期"完全是从零开始、白手起家的中国家用电器产业,起步时还存在巨大供需缺口、几乎人人需要"走后门"才能买到的家电产品,不到 20 年便拥有全世界产能近一半、供货比达三成的世界市场"领头老大"。中国不但拥有压倒性的市场份额,而且牢牢地掌握着产业发展方向,并且不断深入地向技术发明和创意设计的最高端发起全面冲击——本书作者乐观地认为:由中国现代化零售百货市场机制"倒逼"民生商品"产业链"整体快速提升的良好现象会继续持续下去,并且会最终克服"计划经济"最后堡垒的"国企"垄断痼症,在中国全面实现"非中国特色"而是"国际同色"的自由竞争、公平交换机制的真正的市场经济。

以家用电器为主题的民用工业制品，在整个"改革开放初期"发生的天翻地覆般的变化，是整个八九十年代中国民生产业巨变的缩影。在不断飞速进步的百货零售业体制转型的过程中，几乎每一个商品种类都发生了技术发明、设计创意——生产制造——营销物流方面的沧桑巨变。下面就几个具有标记性意义的民生商品种类在"改革开放初期"的产业变迁，来说明民生设计产业"生产链"的进步，对于中国社会的民众生活方式的快速改善，究竟产生了多么重要的影响。

电视：电视机在"改革开放初期"的每一个中国普通民众家庭里充当了这么一个角色：有了它你便拥有整个世界，没有它生活便暗淡无光。因为在70年代末开始，几乎所有重要的视听信息，从百姓生活资讯到党和国家大事，从首播的外国电影到文艺演出，全是由电视台发布的。较之传统媒体的书报杂志、新闻广播，电视机像一个窗口，一下就把整个世界鲜活地展现在你的眼前。作者亲历过"改革开放初期"最早几年电视机迅速普及于中国城乡社会给亿万民众的生活方式所带来的深刻变化。那时候，每当一个外国和港台新片播放时间都会造成街区寂静的场景，如日本片《追捕》《望乡》、美国片《大西洋底来的人》、香港片《霍元甲》《上海滩》等等。70年代末，中国百姓家庭即便有个黑白9吋电视机也是幸运无比的事情，通常在"黄金开播"时间，邻居们会自带小凳不请自来地围拢过来，百十号人死死地盯着小小的荧屏一同度过几个小时幸福时光，比街道居委会召集开会强多了。

本书作者的父亲是个思想开明的人，可能是13岁起便独闯上海滩的二十几年经历，使其养成了容易接受新事物的天性。从50年代起，我家便每每是全院子最早拥有时髦电器的家庭：第一台"熊猫牌"电子管收音机、第一个"红灯牌"晶体管半导体、第一只"海鸥牌"双镜头照相机、第一架"嘹亮牌"电唱机、第一台录音机（牌子

图8-5 选购电视机的快乐

忘了)、第一只"小天鹅"洗衣机、第一台电冰箱(牌子忘了)和第一部电话;也自然是全里弄第一个拥有电视机的家庭。父亲这个爱赶时髦的毛病常被母亲抱怨,她认为"文革"时期因被人检举揭发无辜遭受很多打击,都是因为邻居们嫉妒造成的。当9时电视机尚未进入市民家庭时,父亲则通过找熟人买进了一台当时觉得硕大无朋的"青松牌"26时黑白电视机。每当放映故事片的精彩时段(通常是晚8点到10点)时,家里总是被挤得水泄不通,连参与对父母迫害的"造反派"都挈妇将雏地全家赶来,而且一场不落。在后来更换彩色电视机的进程中也每每领先,尺寸越换越大,品牌越换越洋。我每次放假回家时,进门总要先好奇地看一下家里电视机被换掉没有。

80年代初中国彩色电视机生产的起步阶段,日本人的帮助发挥了相当大的作用,当然不可能是"无偿"的,据说仅"松下电器"一家,就同时向中国各省出售了二十多条整机装配线:由日本国内提供关键零部件,由中国内地生产其他配件和外壳,并负责组装生产。既然各省都有了自己的电视机厂,打出的牌号就五花八门了,质量也相差无几,以至于闹出了大笑话:80年代某年国家轻工部组织的第一次全国电视机评比竞赛中,全部参赛者是29家企业,评比结果是26家企业并列一等奖,另外3家获二等奖。最高奖比例和获奖比例如此之高,恐怕算个"吉尼斯"纪录。

音响:在70年代末,结婚条件的"三转一响"当中的"一响",已经不是弄个半导体那么简单了,一般都要求有"立体声",于是各种音箱便流行起来,多半是女婿们自行或请人帮忙装起来的,其实所谓音箱,无非装了个纸棚大喇叭,再加两个小喇叭,有高低音调节,然后再配上收音装置而已,跟真正的"立体声"完全是两码事。但这些"伪音响"糊弄丈母娘还是可以的,好歹算个"家具大件",搁哪儿都挺气派。讲究的人家,不但有装了大喇叭小喇叭的音箱和收音机,还在最上层添加个唱片机,倒是真有几分"组合音响"的意思了。后来80年代日本的"健伍""山水"家用组合音响进入中国,既可以收音,也可以连接电视机,上层还可以放LD(大唱片)和CD(小唱片)以及各式磁带,而且绝对真的是"立体声"。日本原装组合音响成了八九十年代不少自诩"小资格调"家庭的必备电器。

八九十年代在高校教师和文化从业人员(主要是青年人)家庭中,还流行起了按照个人口味,自行组装专业水平的"高保真"音响设备的热潮。本书作者也赶了一回"时髦",不但邀请专业人士(音乐系朋友)操办,还声明"不怕花钱",结果人家也当真辛苦了一把,给我弄了个"联合国牌"组合音响:丹麦的"尊宝"音柱,西德的中置环绕(品牌忘了),日本的"雅马哈"功放和大小喇叭(品牌忘了)……花了六万多(在90年代初可不是个小数字),调音时还让我听了美国大片中金属弹壳掉在水泥地上滚动时发出"呛啷啷"的逼真声响,以及摩托车、飞机启动时引擎由小变大、由近至远的轰鸣声,不禁十分高兴。不想专家"临别赠言"让我如一盆凉水从头冷到脚:这玩意儿金贵,你要善待,要不定期找人维养、调音。最好只听古典室内弦乐,什么巴赫、莫扎特之类,少听些美国大片、交响乐、重金属音乐,不然声波振幅过大过久,喇叭纸棚震脱胶了,都是进口原装货,那可是没处换的。我这不是没事找事,请了个爷在家供养着吗?咱们外行票友玩点东西,真是不能找太专业的人办事。后来遇见个邻校的"发烧友"老师,他说自家专门搞了个"音响室",光音响设备就花了三十多万,为了保持"高保真"音质,连墙壁、天花、地板都是敷贴吸音材料的;自己听音乐时,连家里人送茶进来,都蹑手蹑脚地走道。我听后不由得心里一下就平衡多了:还有比我更傻的人。

录音:本书作者第一次接触录音机,是 1974 年在一位中学同学家中,那是他家一位当海员的亲戚从境外带回来的。能够清晰地听到刚才说过的话,这时不由得惊讶不已。同学还大方地借给我带回家"玩几天"。后来市面上也有供应后,架不住央求,父亲也为家里买了一台单卡式自带录音机,长得跟一块板砖差不多。后来我上学时把它带到四川美院,一年级起被人"借"走后就成了全年级每逢周末在教室里举办的自发性舞会的主要音响设备,从此和我这个主人就再也尸骨未见。随着录音机的普及与舞会盛行,街面上磁带销售生意热火起来,从正经的轻音乐舞曲到各种港台歌曲(尤以邓丽君最为畅销)甚至超过了"新华书店"的买卖。当然这些磁带清一色都是盗版产品。

说来惭愧,上大学四年恰好是全国人民大办舞会的"鼎盛时期",本书作者一直置身事外。仅有的一次舞会参与经历,还是毕业仪式后临分手的"告别舞会",被人死拉活拽下舞场的,自然什么都不会。虽然有女同学自告奋勇要对我进行"扫盲",但估计感觉都不好。我还自以为是地认为自己"进步神速",结果被舞伴委婉地评价为"挺规矩的,就是舞姿有点类似全国'第六套'广播体操的标准动作"。遭此恶评,从此以后本书作者就绝迹舞场了。

80 年代的休闲娱乐,录音机是个重要道具。在当时全国各地都能看到惊人一致的景象:无论是公园、草坪、山间、河边,只要是年轻人的聚会,女青年总是穿着红裙子或蝙蝠衫、踩脚裤;男青年则烫着满脑袋小卷毛,戴着"蛤蟆镜",穿着花衬衫和喇叭裤,拎着一架双卡收录两用机,还叼着卷烟,得闲便扭腰晃腚地跳上一回。此类时髦装扮被老教授们气愤地评价:全像流氓、阿飞。

后来双卡磁带录音机取代了单卡磁带录音器,"随身听""学习机"又取代了双卡录音机,MP3 又取代了"随身听""学习机",如今都出到 MP5 了,而且兼有录音、放映、游戏各种功能。这十几年视听设备的更新换代频率越来越快,而且显然会延续下去,因为自由竞争、公平交易的市场游戏规则就是这样:谁具有不断创新的能力,谁就能占据市场。

摄影:自从照相机在美国发明并在晚清传入中国社会后,就一直是普通中国家庭百年来的主要成像方式,城镇居民哪怕实在贫穷,一辈子总要在某个时候进一次照相馆,留下自己的即时影像,以示留念。至于照相机普及每个家庭,和其他家用电器一样,那是"改革开放初期"之后的事情了。在 70 年代末,人们每逢重大人生纪念日(生日、结婚、亲友团聚、参加工作等等),大多数家庭还都是习惯于结伴去照相馆合影留念,以至于我们今天能看到几乎每一个家庭都有的"全家福"照片。但

图 8-6 喇叭裤加蛤蟆镜等于时尚

也有少数家庭已经有了私家的照相机,于是他们的周末活动往往就更加丰富多彩了;上河边、公园、广场或任何有花有草的地方去拍摄照片,成了有照相机家庭的主要休闲活动。往往在这些休闲活动中,家庭的女性成员和未成年成员最为起劲,通常在出行早几天就精心准备拍摄所用的发型、服饰及其他道具,仿佛去公园或哪儿游玩本身并不重要,能留下几张"特别美"的照片,才是顶顶重要的大事。70 年代的家用照相机一般分两种,一种是"文革"之前甚至解放前购置的单镜头、折叠式欧美原版相机,这些几十年前的老旧相机通常品质卓越、经久耐用。另一种多为 70 年代上海产的"海鸥牌"双镜头照相机,比之老式欧美相机,"海鸥"相机上面有个取景框和玻璃板画面,摄像者俯视便可以完整看到被摄对象的全部画面;这对于初涉摄影的老百姓而言就容易掌握多了,不必哈腰半蹲地调整取像姿势,确实方便了不少。

要是有相机的家庭会自己洗照片,那就更加成本低廉了。70 年代末的大中城市,都有"摄影器材商店",向顾客出售各种胶卷和洗印药水及其他设备。自家置办洗像设备也不是太复杂,无非首先要有个完全避光的暗室,因而多半在夜间进行;白天进行则需要用毛毯、厚毡遮挡窗户,而且要嘱咐好家人不得随意拉开房门使相纸曝光作废;然后取出显影药和定影药,按要求勾兑成药剂,倒进两只医用搪瓷盘备用;再将已经冲洗好的胶卷(这个一般私人来不了,只能交到"摄影图片社"去冲洗)和相应尺寸的空白相纸,放到专用的放大机(有点像医用显微镜,但个子要大得多)的片夹中,调整所需的大小尺寸,对好焦距,然后嘴巴数着数字逐张"曝光"几秒钟。被"曝光"过的相纸要赶紧浸入显影液,影像便会逐渐显现出来,待自己觉得黑白灰度合适了,就取出浸入定影液,使其中止显影反应,固化影像,一般约半小时后取出,用自来水冲洗数遍,找一块擦洗得特别干净的玻璃(书桌玻璃压板甚至窗户玻璃都行)趁湿逐一贴上。待其自然干燥后,照片便会自行剥落,再用裁片机(没有就用剪刀也行)切割裁边,便大功告成。少年时代我和兄长在自家建的洗像房内不知道耗费了多少夜晚,想来颇多怀念。

彩色胶片的照相机普及于中国家庭仿佛是一夜之间的事情,大多数家庭都是跳过黑白照相机直接玩起了彩色照相机的。80年代中期,基本每个城镇居民家庭起码都有了一台照相机;而且随着照相机的普及率越来越高,胶片冲洗和彩照放印业务量也做得很大,成本和收费也越来越低,全国城镇几乎每条街角都有大小不等的洗印小店。当时最有名的是美国"柯达"和日本"富士",占销量九成以上,合资生产的胶片不大被人看好,销量不佳。由于本书作者学美术,难免常年跟照相机打交道,都能区分出"柯达"和"富士"胶片的微细差别:"柯达"适宜在室内和静态下拍摄,成像色调偏暖,层次丰富,有种厚重的油画感;"富士"则适宜野外和运动物体拍摄,冷暖色差强烈,特别容易清新出"绿"。

90年代中期以后,中国市场上又出现了各种卡式照相机和数码相机,更加使家用照相机的普及率达到空前水平。后来带有摄像功能的手机普及,曾给照相机带来一些麻烦,但照相机毕竟有更高成像清晰度和自己的其他天然优势,依然成为每个家庭必不可少的休闲娱乐类必备用品。

录影:家用摄像录影设备则是在90年代初开始进入中国普通家庭的。它有个先决条件,家里必须要有放映卡式磁带的录影机和电视机才能观看。故而家用摄像机是在彩电和磁带录影机普及之后,才普及开来。最早的摄像机个头吓人,多为专业摄像器材中的小型机种,但仍是长枪短炮的,使用起来仍需怀抱肩扛的,甚是吃力。后来90年代初日本产掌上机型的袖珍摄像机洪水般涌入中国市场,而且几家日商品牌自家打起了价格战,使中国市场上的日本货价格相当低廉,得以迅速在很多中国家庭中普及开来。其中"索尼"的名气最大,外形品质都是世界一流的,其次是摄影器材的老牌子"尼康"和"佳能""日立"。日本影像产业的产品研发和更新换代的频率确实令人吃惊,即便是袖珍摄像机,从单眼后望式到翻版彩屏式,在不到十年内不知更新了多少代。日产照相机和袖珍摄像机迄今还牢牢地占据中国市场,根本看不到其他竞争对手。一般传入中国市场的其他欧美日本家电产品,寿命最长的也就十年,然后便被大量的国产货以通常仅有三成的低价所冲垮,要么彻底消失走人,乖乖让出市场份额,要么蜷缩在售价昂贵的"高端产品"中惨淡经营,努力维持。日本照相机和微型摄像机在中国市场的独霸地位,这在"改革开放初期"获得极大发展的境内外"中国制造"的大环境中,也算是绝无仅有的"奇迹"了。

录影放像机:磁带式录像机是一款对普通中国家庭休闲娱乐活动中发生"革命

性"变化的重要家用电器,影响力仅次于彩色电视机。当八九十年代各种外国和港台影片和电视剧节目充斥中国内地时,磁带录像机和彩色电视机便成了每一个家庭的必备用器。相比电视台和电影院的固定播放模式,人们观看各种影视节目可以花费更少,而且时间、场合更为轻松自在。在整个"改革开放初期",人们已经习惯于从中吸取国外令人羡慕的生活方式以及各种令人眼花缭乱的商品了。这对于随之而来的各种新型民生商品在中国内需市场上畅销无比,起到了非常重要的商业宣传作用。

磁带式录像机的迅速普及,还带动了一个庞大的影像制品从拍摄到制片再到发行的产业群体。在八九十年代,即便是穷乡僻壤,怎么着也有个"录像室",和后来的"网吧"一样高度普及。街边小店和地摊上到处都有销售或出租几乎泛滥成灾的港台录像带。

80年代中期本书作者在藏区便进过这样的"录像室",到处漏风、简陋至极的帆布大棚,里面就一个高高的木柜,上面放着台17吋彩电,连着一根电线通往木柜里的磁带录像机。因长时间播放显像管早已老化而图像模糊、色调分离,但清一色的藏民们似乎不太计较图像质量,对电视机里播放的内地武打片很感兴趣,或蹲或坐,还边嗑瓜子边唠嗑,并不时上下打量我这古怪的汉人,好像我是混进了鸭群的一只鹅。帐篷大门口的拴绳木桩和木质电线杆上,被各种粗细不等、横七竖八的铁链拴着藏民们心爱的"坐骑"——摩托车。

使用寿命更长、图像质量更好的家用光碟放映机,是90年代中期开始进入中国内地市场的,并且似乎是在一夜之间就将磁带式录像机彻底淘汰出中国市场和每一个中国百姓家庭。以至于有次一位很大牌的欧洲艺术家到学校来做交流,但带来的资料全是卡式录像带的;教务部门赶紧到处找磁带录像机,甚至跑遍了能敲开门的教师家,仍是空手而归;主客双方僵持在会场上,尴尬无比,急得主持人一脑门子汗;最终还是在当保安看大门的传达室农民工兄弟那儿才找到一台老掉牙的磁带录像机,不然真不知道如何能收场。

电话:国企性质的中国电信业在"计划经济"时代,根据上级指示,一般是不向民间开放私人安装电话业务的。在"改革开放初期"头几年,这项蛮不讲理的内部规定被取消,一部分家庭在70年代末到80年代初安装了私人电话座机。本书作者是在上大学二年级回家时发现家里装了电话的。

私人安装电话的高峰出现在80年代末到90年代初,那时候装一部家用电话真是不容易,不但要到电信营业厅排队拿"号",因为人家电信老爷们一天只能放若干条线,只给解决若干户;拿不到"号"只能干等着;等不及只能向"黄牛"们买。"物以稀为贵",拿到"号"的家庭还得欢天喜地去乖乖交一笔"初装费",90年代初一般是3 000元左右,相当于一个讲师大半年的工资收入。

这种国企垄断长期欺行霸市的恶习,一直就是"改革开放"三十年体制改革的最大阻力之一,尤其是国企电信业可谓丑态种种、罪行累累,不断地发明了一大堆具有中国特色的收费项目(如电话初装费、手机双向收费以及各种在全世界都查不到的收费名目），利用原本属于全体国民所有的"国家资源"，无耻也无情地搜刮民脂民膏，为自己本部门利益集团牟取私利、中饱私囊——都属于政府"亲儿子"的国企垄断行业的电信、银行、保险、石油老总们平时经营绝无任何竞争风险，却给自己定的年薪高得惊人，少则数百万，多则上千万，还没加上各种明暗福利、分红，甚至"灰色入账"。居然就有一位"平安保险"的老总面对媒体的质疑还振振有词：我拿的每一块钱都对得起良心。结果引起全国舆情民意一片哗然，真是无耻之尤。这种行径早已严重地败坏了党和政府的声誉。

90 年代还出现了一种随身通讯工具——BP 机（也叫哔哔机，因响声而得此浑名）。这是种流行一时的电话呼叫工具：自己不能直接通话，但可以字迹显示是哪位曾打电话找你。各地城市还设立了呼叫台，全国从业人员数十万，业务十分红火。由于本书作者一向不甘被人随意打搅，没赶上这拨时髦，因此从不知道呼叫台接线小姐们是否真如 BP 机主们议论的那般"音质甜美、颇具港台影星发声特色"。那时候是个人物，裤带上就两个大鼓包，一个装钱包，另一个挂 BP 机。连院校教师都不例外，几乎人手一件。有人上课上了一半，BP 机响起，便不顾学生，径直冲出教室去到处找电话。

与家用电话座机配套使用的传真机（缩写 FAX）、家用打印机都流行过一阵子，随着网络的普及以及与网络配套的文件传输、打印软件的不断开发、日趋成熟，FAX 机和老式打印机都逐渐淡出了人们的视野。不过这些都是 90 年代后期和新世纪发生的事情了。

90 年代最牛的通讯工具，便是"大哥大"了，也就是后来的"移动电话"（老百姓俗称"手机"）的雏形。最初一部"大哥大"价格约为六万，加上当时颇为昂贵的通信月费，确实不是一般人能买得起的。当时拥有一部"大哥大"，已远远超出了机主自身对通讯工具的实用需要，成为那个年代"成功人士"最明显的身份标记，就跟现在的"宝马""大奔"车主们一样有炫富效果。"大哥大"的造型类似一个黑糊糊的微型棺材，或者是竖着劈开的半片板砖，也许是百年来最丑陋的工业制品。但"大哥大"机主们不嫌它丑，明明挎着包也不肯放进去，放进包里就犹如锦衣夜行，白瞎了"大哥大"这么贵重的好东西了。因此一般总在手里拿着，佯装着总在等着什么人给他打重要电话，哪怕只有他老婆喊他下班回家时顺路去菜场买把小青菜。记得学校里第一位买"大哥大"的教师某君，上课时带学生到学校图书馆阅览室查找资料；可能是实在抑制不住自豪的心情，又实在没人给他打电话，就竟然起身离座，站到屋中央显眼位置，当众主动打起了"大哥大"，在原本理应保持绝对安静的阅览室内，声音之洪亮，激情之澎湃，实在是与身份不符，令人侧目。

电脑：美国总统克林顿上台前后提出了两个著名的口号，其一是"人权大于主权"，结果是美国连续陷入几场战争而难以自拔；其二是"美国永远是个创新型国家"，结果是自 90 年代兴起，将原用于军事目的的互联网技术向全世界民用领域开放，掀起了全球范围的网络风暴，在很大程度上改变了人类的生产与生活方式，也使美国人再一次站到了领导全世界技术革命的最前沿，同时也赚得盆满钵满。所幸的是，经过十几年"改革开放"的观念与产业技术更新、提升和市场预热，当 IT 产业革命席卷世界的时候，中国人几乎与世界同步发展——这是百年来世界级产业升级的历次热潮中，第一次出现这样的状况。90 年代初进入中国家庭的电脑，主要有"微软"的兼容机（也称 PC 机）和"苹果"的工作站性质的高端机（不能兼容别人的软件），这两种软件创意设计的优劣很快便分出高下：从 90 年代中期起，PC 机就成为独霸天下的家用电脑基本机型，"微软"仅靠不断供应 PC 机匹配的各种软件，就一跃成为全世界排名第一的产业帝国，"微软"的创始人和首席执行官（缩写CEO）比尔·盖茨，连续近二十年被评为"世界首富"。至今，中国已拥有全世界最多的网民人数和全世界最多的计算机台数，互联网数码技术已渗入每一个普通中国家庭成员生活的每一个角落，人们的日常生产与生活已经与网路须臾不离。

互联网在普通中国人生产与生活中的普及，经历了十年快速发展历程。当 90 年代初互联网在中国内地开放时，谁也没有预料到它会给普通中国人带来些什么变化。将家用电脑首先引入中国普通家庭的人，主要由两种人群构成，一是赶时髦的人，他们以为西方又发明了一种好玩好看的"游戏机"，赶紧弄来开开眼；另一种人具有敏锐的嗅觉，已经意识到网络和依附于网络的数码技术对未来的产业与商业将发生巨大的作用。

本书作者显然属于没有敏锐度的那种人，由于当时还有"画家身份"的矜持心理，起初对电脑是嗤之以鼻、不屑一顾的。后因家庭成员调动工作必须从事与电脑有关性质的岗位需要，赶紧在 1994 年买了一台当时"最高级别"的兼容机，跨越了286、386、486 阶段，直接进入 586 和"奔腾时代"。但自己依然如故，拒绝学习与电脑有关的任何操作，甘愿"落伍"；直到出版社竟然拒绝接受我的纸质手稿后，我才意识到问题的严重性，不得不放下臭架子，老老实实学起了用键盘打字，先是"一指禅"，现在是"二指禅"，既不会"盲打"，也除去拼音字母输入法不会什么"五笔字型"之类。幸亏后来"谷歌"开发了一种具有联想功能的新型汉字输入法，也由于十几年如一日地长期打字熟能生巧，本书作者自诩目前打字速度基本能与自己的语速同步。因而开会、上课什么的，基本上用笔记本电脑做记录。这就带来了一个麻烦，在签署或手写纸质文件时，因为长期缺乏手写训练，我的字迹已凌乱不堪、东歪西倒，弄得有时我自己都难以辨认，也常遭受有关部门（如校内教务、财会和校外出版）相关办事人员的讥讽和批评。

后来电脑的机型更新频率越来越快，从台式机到笔记本，几乎每年都有新品种问世。不过这些都是 90 年代后期的事情了，超越了"改革开放初期"的时间范围，且按住不提。

小家电和其他日杂百货：从 80 年代起，中国家庭就进入了全副武装的家用电器大普及时代，除去前述的那些物品外，洗衣机、冰箱、电饭锅、烤箱、微波炉、电熨斗、吸尘器、电饭煲等等，只要是能想得起来的劳作空间，一定有勤奋的日本人和欧美工程师、设计师们能想出花样来发明一种家用电器来帮你减轻家务负担，同时赚取你一小笔血汗钱。本书作者自私地认为，现在的家庭主妇真幸福，只要是伸手做家务,就会有个小电器在帮她们,就差发明"择菜机"和"育儿机"了——不对,全世界每年有数万"试管婴儿"诞生,理应算作一种"育儿机"。

八九十年代的新技术的广泛运用,也使生活方式的每一个枝节末梢都发生颠覆性的变化。就拿传统文具来说,一度被近百年中国文化人珍爱的钢笔,已消失得无影无踪;40年代一度流行三十多年的圆珠笔也已风光不再;现在从学生到教师普遍用的是10块钱一大把的墨水笔、签到笔、画线笔。

传统烟具情况也一样,"安全火柴"自身已不再安全,早就退出了家用领域,人们只是在酒店宾馆的茶几上才能找到一两盒免费使用的火柴盒。烟民们从80年代起便用上了日本人发明的一次性塑料打火机,这玩意儿真是物美价廉,通常1元钱一只。中国产一次性塑料打火机就把日本人先是挤出中国市场,然后挤出世界市场,早在90年代中期,中国产的一次性塑料打火机在全世界市场的占有率已经是100%。如今的打火机国内外市场上,仅有ZIPPO等少数经典品牌还在专卖店出售,人们买它们不是因为方便(又麻烦又昂贵,性价比和一次性塑料打火机比,实在是差得很远),而是玩一种情调。本书作者是个三十年烟龄的"老烟枪",先后收集了近百种世界品牌的金属打火机,也从中看出了中国点火用具一百年来的沧桑变迁:清末的火镰——民初的磷脂火柴——"黄金十年"的"安全火柴"——民后的美式防风汽油打火机——建初和"文革"的国产汽油、煤油金属打火机——"改初"的一次性塑料打火机。

"改革开放初期"先后在中国销售的洋卷烟有"希尔顿""摩尔""箭牌""柔七""555""骆驼""万宝路"等,一直卖得不温不火。中国烟民在吸烟喝酒上一点不崇洋媚外,只喜欢国货。目前除去"万宝路""555""柔七"外,其他品牌基本退出了中国市场。本书作者开始也抽"555",但后来转过欧美日本才知道,"555"是专为中国烟民发明的,外国根本买不到,于是便不再抽这种假洋烟了,成了"万宝路"的忠实"粉丝",二十年口味不改。不是因为崇洋媚外,而是一种习惯,因为与我这般烟龄、且吸烟量较大(平时一天两包,忙起来就没数了)相等的国产烟爱好者们,就没有不整天咳嗽的。而我没这个毛病,平时既不吐痰、也不咳嗽,就因为听信洋烟丝是经过发酵的,剔除了大部分能导致癌症和其他多种疾病的焦油成分,却保留了烟民最感兴趣的尼古丁有效成分。

手表:钟表业的巨变也是在"改革开放初期"完成的,经历了机械表——电子表——奢侈表的变化。到90年代中期,腕表已基本消失,因为从电脑到手机、MP4、"随身听"及各种凡是带屏幕的电器,都有时间显示;手表已经丧失了实用功能的专属性质,成了一种纯粹的装饰品:90年代中期起,有钱人(包括商界和仕途上的各类"成功人士")倒是纷纷戴起了手表,以示与普通百姓的身份差异,手表价格自然不菲,从几万一块的"劳力士"到十几万一块的"江诗丹顿"不等。

第三节 改革开放初期产业状态与民生设计

"改革开放初期",随着经济体制由"计划经济"向"市场经济"的逐步转化,由此激发的产业潜能如火山一般喷发出来，中国经济出现了百年未见的高速增长。这种产业的巨大变化不仅仅表现在数量和经济绝对值上，还体现在产业结构的良性调整上——这恰恰是民生商品最需要的产业形态。本书作者以建国初期（1952年）和"改革开放"（2008年）两组数据的变化说明这种产业形态的良性转换。

表 8-10 三大产业增加值占国内生产总值的比重（%）

年份	第一产业	第二产业	第三产业
1952	51.0	20.8	28.2
2008	11.3（−39.7）	48.6（+27.8）	40.1（+11.9）

注：上述数据来源于《中国经济年鉴 2008》（国家统计局编制，中国统计出版社，2008 年 2 月版）。

　　根据国家统计局颁布的《三次产业划分规定》（国统字［2003］14 号）的精神，本书作者把三大产业理解为如下产业形态："第一产业"指农、林、牧、渔（含有海洋捕捞与近海、水产养殖）业以及与这些产业相关的服务业、加工业、商贸业等等；"第二产业"指基础工业和制造业，包括化工、冶金、采矿、机械制造、能源（油水电汽生产和供应）、建筑等产业；"第三产业"指交通（公共区域货物运输与人员出行往来）、物流（商业性仓储、配送）、信息传输（公共网络传媒、电子商务、软件编制与研发等）、商业（民生商品批发和零售）、服务业（餐饮、旅游、住宿、娱乐、家政、物业、美容美发、洗浴、理发、修理等）、金融业、房地产业以及与国民生活保障相配套的非盈利性或营利性服务业（医疗、邮政、文博、教育、体育、保险、救护、社会福利与保障）等等。在"改革开放"之前，自然形态、手工制造的经济形态占据中国经济的主体位置，各项产业性质与世界标准无法匹配，还谈不上按照西方社会经济学家发明的"三大产业"比重关系来分析即时的中国经济形态。经过中国人民半个多世纪的艰苦努力，这种产业形态的根本性转变可谓是决定性的，按经济学者的观点，这是进入工业化中期"初级阶段"时社会产业比重的典型形态。正因为直接事关民生的第二、第三产业的不断发展，使当代中国民生设计产销业态的生存与发展具备了前所未有的良好前景条件。

　　"生产方式"用老百姓的话说就是"谋生方式"；用文绉绉的话说，是指社会生活所必需的物质资料的谋取方式；物质内容是生产力，其社会形式是生产关系。生产力的成效由具体的数据说话，比较直观，也比较有说服力；生产关系的成效，那就比较复杂了，是一系列社会学、经济学（还有政治学）现象在生产过程中综合影响的反应结果，恐怕已远远超出了本书研究的范围了，本书作者也"力有不逮"，仅能倚重前者。前面诸章节关于"生产方式"的论述，均是这个意思，与哲学意义上的"生产方式"略有区别，特此说明。

　　一系列经济建设获得的冷冰冰数据背后，其实本身也说明了"改革开放"的路线宗旨对每一个普通民众"谋生方式"上的导向作用，另一方面也可以说是"制约作用"。八九十年代的中国产业经济大发展，印证了"改革开放"的实质所在，也就是大大改善了经济活动中普通百姓"谋生方式"中所处的地位，焕发出民众的生产热情,提升了民众在产品分配环节的经济收益。对内改革,直白地说,就是一改过去"计划经济"时代国家在经济领域一切都大权独揽、大包大办的陈旧经济管理方式,通过中央权力下放,地方、企业和个人获得更多的生产自主权。这个关于生产自主权的改革,首先从农村开始,即"家庭联产责任承包制",后来发展为全国农村全面推广的"生产承包责任制",放手让农民自己承包,自己受益。这就极大激发了农民们的生产积极性,在"生产关系"中一跃成为主人翁的角色。这个生产关系获得改善的措辞,绝无暗讽之意,而是实事求是地说明生产者在生产过程中发生明显的地位改善:就绝大多数中国农民而言,今天已经能"基本"控制整个生产行为中的生产资料、生产过程、产品分配。这个生产关系的改善,直接导致了中国农业迄今连续获得二十几年的大丰收,完全解决了困扰中国社会持续三十几年的粮食供给紧张的关键问题。尽管存在许多的不足,这个成就无疑是非常巨大的,不容抹杀。

80年代初中国农村改革成功后,这种着力于改善生产者在生产过程中所处关系地位的"实验性改革",被移植到广大城市的产业改革中,"对内改革"的具体做法是把国营企业的经营权下放到企业,政府放松政策监管和经营权控制,大力提供基础配套和资金供给的良好服务;同时为了加快产业发展和技术进步,大力引进境外资金(包括洋资、侨资和港澳台投资)和西方先进管理模式及西方先进产业技术,并不断探索,建立既符合中国国情、又符合市场规律的现代化企业管理制度。尤其需要强调的是:八九十年代的政府的执政效率、有计划的体制改革"渐进模式"、贪污腐败现象尚属"可控范围",也极大地保证了中国经济相对平稳地快速发展。

所谓"对外开放",就产业发展具体路径而言,"改革开放初期"的思路便是利用境外投资去实现主客的经济利益"双赢"局面。一方面,国内外向型经济发展了,可以换取外汇,以购买相应的外国设备和技术,增强中国经济实力和发展后劲;另一方面,大量外资、合资企业在内地的建立,可以直接解决中国农村的大量剩余劳动力的出路(即"农民工"问题)和大量城市人口就业问题;还有一方面(当然也是最主要的目的),可以增加国家财政和地方政府财政急需的宝贵税收,拓宽进账来源,彻底搞活经济。至于给中国社会带来的"联动效应",这是包括总设计师在内的"改革开放初期"的领导者们起初无法预料的事情。

除了"改革开放"各项改革措施的制定施行、全国人民辛勤劳作之外,中国丰富而廉价的劳动力资源(也叫"人口红利")、丰富的矿产资源和开采成本的天然优势,也是"改革开放初期"导致"中国经济腾飞"的关键因素之一。

中国的"改革开放"无疑是20世纪全世界最伟大的变革事件之一,不但导致了中国社会各项事业的全面发展(绝不仅仅是经济建设和产业发展),也影响了整个世界的政治与经济格局。究竟中国的"改革开放"三十年高速增长的发展模式能否延续下去?对其他发展中国家是否具有示范意义?以及中国经济发展模式是否意味着必然导致中国社会政治体制会随之发生与逐渐完善的"社会主义市场经济"相适应的一系列变化?这恐怕是全世界都在高度关注的事情。让本书作者以比自己内行的经济学家列举的数据表格来部分说明这种趋势的优势所在以及亟待解决的结构性缺陷所在：

表 8-11　东亚地区经济高速增长期若干指标

		日　本 1951~1973	韩　国 1962~1992	中国台湾 1961~1990	马来西亚 1971~2000	中国大陆 1979~2004
起飞初期	人均 GDP/美国	20%（50年）	17%（73年）	/	/	5%
	农业就业率	48%（50年）	48%（73年）	37%（70年）	52%（70年）	70%
GDP 年均增长率		9.8%	9.0%	9.1%	7.1%	9.6%
平均投资率		32.7%	27.4%	24.8%	31%	36.5%*
平均资本产出率		30%	33%	37%	23%	26%
平均通货膨胀率		5.2%	17%*	4.0%*	/	5.4%
农业就业率年均减少		1.57%	1.58%	1.24%	1%	0.85%
城市化率年均提高		1.56%	1.53%	1.23%	/	0.88%
增长末期	人均 GDP/美国	70%	45%	50%	25%	17%
	农业就业率	12.1%	17%	12.9%	20%	48%
	城市化率	76%（75年）	82%	73%（85年）	/	41%
	大学毛入学率	34%（75年）	50%（95年）		28%	19%
2000 年汇率/购买力		1/0.7	1/1.8	/	1/2.4	1/4.6

注：此表格引自陈正标撰文《经济追赶的本质和中国发展预期》（发表于"北京大学经济观察研究中心"，2007年11月）。

有篇名叫"改革开放30年中国经济的标志性事件"（下载于《猫扑网》"猫扑大杂烩"，2011年10月31日）的匿名文章，以轻松幽默的笔调、也很宏观的社会视野，相当生动地描述了"改革开放初期"的中国社会众生相：

"任何一段历史都有它不可替代的独特性，可是，1978~2008年的中国，却是最不可重复的。……外国投资者很快发现，中国并不是一个理想的投资国。一位随大众汽车前来中国考察的德国记者略带嘲讽地写道：'大众汽车将在一个孤岛上生产，并且这里几乎没有任何配件供应商。中国车间里的葫芦吊、长板凳、橡皮榔头，都是我爷爷辈的生产方式。'在重庆炼钢厂，一位日本记者意外地发现了一台140多年前英国制造的蒸汽式轧钢机还在使用。"

"在山东青岛，35岁的张瑞敏被上级派到一家濒临倒闭的电器厂当厂长。他后来回忆说：'欢迎我的是53张请调报告。'上班8点钟来，9点钟走人，10点钟时随便在大院里扔一个手榴弹也炸不死人。到厂里就只有一条烂泥路，下雨必须要用绳子把鞋绑起来，不然就被烂泥拖走了。为了加强管理，他上任后的第一条规章制度是'不准在车间随地大小便'。"

创业之初，柳传志（注：中国 IT 行业的龙头老大"联想"集团创始人）像没头苍蝇一样骑着自行车每天在北京街头瞎转。他先是在单位大门旁边摆摊兜售电子表和旱冰鞋，然后又批发过运动裤衩和电冰箱。……这是一段让很多企业家自豪却又不愿意多作回忆的历史,创业初期,他们几乎无一不在灰色地带完成了原始积累。

从 1985 年到 1987 年,全国各地共引进 115 条彩电生产线、73 条冰箱生产线,仅广东一省,就引进 21 条西装生产线、18 条饮料罐装线、22 条食品面包生产线、12 条家具生产线。美国《新闻周刊》曾对此作过生动的描述:"一批工程师、技术员和包装工来到了法国的工业城市瓦尔蒙,他们夜以继日地工作,把已经破产的博克内克特冰箱厂的设备尽数拆去,5 000 吨设备装上了轮船、飞机和火车,启程运往天津,在那里的一家工厂里它们将被重新组装成一条每天生产 2 000 台新冰箱的生产线";"1990 年 12 月 19 日,上海证券交易所在一片忙乱中开业。交易所负责人敲完锣后竟兴奋得当场晕倒,毕竟中国人已经有 40 年没搞过资本游戏了,所有人都手忙脚乱……"(吴晓波《激荡三十年——中国企业 1978~2008》,中信出版社,2008 年 7 月版)

中国社会就是在这种看上去乱糟糟的开局中步入了自己百年历史中一个前所未有的高速发展新时代,并且在"改革开放初期"起步时,就让全世界听到了自己震撼人心的前进脚步声,继而看到了中国经济的高歌猛进和中国社会的沧桑巨变。

一、"改初"时期重工制造产业背景

八九十年代的中国制造业腾飞,得益于以"特区经济"为中心的外资、合资企业的大批涌现,一下子把中国制造产业逼上了国际大交流的产业平台。

从 20 世纪 80 年代初开始,原为香港四大经济支柱型产业的制造业,开始大规模内迁至珠江三角洲、广东省和内地其他省区。港企制造业在内地纷纷办厂开业,不但充当了各个经济特区吸引外资的领头羊作用,也使内地制造业一下子有了可以"抵近观察"的市场经济同行样板,对后来中国制造业快速发展、在 90 年代中后期成为"世界第一"的制造业基地,起到了非常好的示范作用。

港企内迁,也给香港经济本身的更新换代,提供了绝佳机会。以当时与香港毗邻的珠江三角洲地区为例,以其与香港人文环境相通、交通相连,拥有丰富低廉的劳动力(工人的工资仅是香港的 1/4 到 1/5)和便宜的厂房租金(厂房租金仅是香港的 1/10)等有利于香港制造业发展的优势,吸引着香港工业界选择了一条低成本竞争的道路。在制造业产地外延扩大的过程中,香港的经济结构发生了重大转型。在香港,制造业的发展势头逐年减弱。政府加大对以对外贸易为龙头的服务业的迅速发展,导致制造业在国民经济中的比重不断下降,服务产业产值比重却持续上升。截至 2006 年,香港服务产业的比重已达 86%,而包括制造业在内的第二产业的比重仅为 8%。香港由当年轻型产品的加工制造中心,演变为亚太地区举足轻重的商贸服务中心。选择制造业外移,香港工业低成本竞争的即期效益十分明显,香港经济也由此迈入"快车道"。1980 年,香港经济增长率达到创纪录的 28%,香港经济总量为 288 亿美元,人均 GDP 首次突破 5 000 美元。2000 年,香港经济总量达到 1 688 亿美元,人均 GDP 达 25 320 美元。20 年间,香港经济总量、

752

设计与百年民生

人均 GDP 分别提高了 6 倍和 5 倍,进入了世界高收入地区行列(详见李敏撰文《香港制造业外迁促经济转型对内地的启示》,载于《中国信息报》,2008 年 9 月 3 日)。

当中国制造业开始在 90 年代的世界舞台上逐步崭露头角,并且吸纳了大批港台地区及欧美日韩的"夕阳产业"之后,终于获得了"世界加工厂"的"美誉"。平心而论,在支付了大量资源、环境和"人口红利"的高昂学费后,中国制造业毕竟在 90 年代中期已经成为支撑整个中国国家经济的主要产业之一,也成为其他产业的生产手段和技术升级最重要的基础性保障。"改革开放初期"中国制造业的进步,主要表现在以下几个支柱型产业的发展方面:

汽车:1978 年到 1994 年,在"改革开放初期",中国汽车产业的"对外开放"主要是以引进资金和引进国外的技术、管理经验为主,"对内改革"则主要是对以往的"计划经济"进行使之能适应自由市场经济的体制改革。"改革开放初期"头几年,中国汽车制造业起步时的格局是:重型车、轻型车造型设计和技术参数都是几十年一贯制,产品类型严重缺乏变化和升级;乘用型轿车几乎是空白,从来没有形成过在市场上的竞争力。以 1978 年为例,当时中国的汽车总产量只有 14.9 万辆,其中轿车的产量只有 2 600 辆;中国汽车工业的总产值人民币仅有 60 个亿。在 80 年代初,最早的、最大的中外合资企业都集中在汽车行业,一直到今天,产量规模超过 100 万,产值超过 1 000 个亿,利润超过几十个亿的大型的中外合资企业,也云集在中国汽车行业。在"改革开放"三十年中国工业经济不断发展中,中国汽车工业始终充当了中国工业改革开放的"排头兵"和"先锋队"作用。通过引进合资、引进技术走出去等,经过十几年的快速发展,到了 1994 年的时候,中国境内各种外资、合资、国资、民营车企的汽车总产量,已经达到了 135 万辆,这是一个具有划时代意义的数据,中国汽车工业及其背后起支撑作用的整个中国制造业,由此跨上了一个规模化扩张的高起点,并迎来了 90 年代末到新世纪长达十几年的高速增长,轿车开始进入中国寻常百姓家庭,使中国提前进入了"汽车时代"。在"改革开放初期",中国的汽车产业经历了 1980、1985、1990 年三步三级台阶的产能大提升阶段,往往第二年的产量远大于头一年的产量。到了 1994 年,以国务院的名义颁布了唯一的产业发展的政策就是关于促进中国汽车工业快速发展的"红头文件",它是在 1985 年时中央就明确提出"要把汽车工业作为重要的支柱产业来发展"的基础上逐渐出台的纲领性文件,中国汽车产业在国民经济"第七个五年计划发展纲要"里面唯一被明确提出作为"国民经济重要支柱产业"。在这个大背景下,中国汽车工业面临着由"计划经济"向"社会主义市场经济"的改革和过渡的过程,同时被作为必须要列入 WTO 的谈判内容中去的重要产业,这使得 90 年代整个的中国汽车工业面临着巨大的压力和国际竞争的浪潮,同时也具有迅速接近和赶超世界汽车制造强国的巨大机运。为此中国车企从 1994 年到 2000 年一直在进行关于适合中国汽车产业的政策性调整,宁愿放缓汽车产能的逐年增加。如从 1994 年到 1999 年,中国汽车产业始终徘徊在 100 万辆的总产量之间;汽车产量销售量的增长,大概平均每年是

2.5％～5％。直到进入新世纪,中国的汽车产业才迎来中国车企自创建以来百年历史中最好的发展时期:国家在"第十个五年规划纲要"中明确地提出"鼓励轿车进入家庭"的产业发展方向,为中国汽车产业确定了大规模、高起点、快速度的产业发展模式,至2007年,中国汽车年产量已经突破880万(含轿车490万辆),汽车工业的总产值超过了2万亿,位居世界第三。

通过世界级市场环境的大风大浪锻炼,经历从吸引外资、合资经营、引进技术、走出去抢占世界汽车市场等一步步的产业发展阶段,中国车企的产能和制造的技术得到了空前的提升。目前中外合资企业的资产占全行业资产的30％,它的产值占全行业的40％,中外合资企业的利润占全行业的50％;民营车企则不断在壮大成长,逐渐成为整个中国车企的主力军。中国汽车工业已经成为全世界汽车工业的重要组成部分,在国际汽车制造业和世界市场份额中具有举足轻重的份额,也具备了一定的"话语权"。中国汽车工业在世界的地位,由1978年仅占全世界汽车市场份额的0.35％,到2000年中国车企市场份额是全世界的3.5％,花二十多年翻了十倍;到2007年,中国汽车产量已经是全世界八分之一的市场,仅数年又翻了四倍。目前中国车企年产已经突破1000万辆,中国各种汽车销售量占全世界的1/7的市场份额,成为仅次于美国的全球第二大汽车市场。

[以上内容根据张小虞撰《改革开放三十年中国汽车产业发展路径展望》(载于《盖世汽车网》,2008年9月27日)一文所提供数据进行了改编,如需引用请直接参阅原文。]

需要指出的是,虽然中国车企在设计部门与产业同步取得巨大发展的同时,中国工业设计在汽车设计方面与世界水平之间,还存在着明显的差距,尤其是在核心技术和车型外观方面,问题凸显。中国汽车设计师们始终没有在自己的设计内容方面把所谓的"装饰艺术行为"和"适人性功能设计"有机结合起来,尚处于需要鉴别真伪教科书的长期纠结过程中的低级探索阶段(这是中国当代设计界凸出弊端所在,不唯中国车企设计师们所独有)。不客气地讲,中国目前的企业设计部门和院校工业设计教育,基本还是起步阶段——大多数设计师和专业教师们,自身连汽车设计的"入门知识"和最起码的实验条件还尚不具备,大多数院校所谓"汽车设计"课程,还仅仅是丑陋无比的效果图加自说自话的玩具式模型的幼稚可笑内容。可以想见,未来真正具有自主型知识产权、独特而鲜明的"中国风格"的"中国汽车设计时代",还有很长很长的一段路要走。

机械:作为中国制造业产能基础和技术保障的中国机械产业,在经历整个"改革开放初期"与中国制造业同步快速发展的十几年后,已形成全世界最大的机械制造产业体系(指规模和产值,不是指精密度、技术含量等),包括各种机床设备、农用机具、矿山机械和医疗器械、小五金等机械类产品,已经成为自"改革开放"以来中国外贸名列三甲的主力商品种类。2001～2006年,我国机床消费年均增长22.8％,产业规模不断扩大。2006年,全行业完成工业总产值1656亿元,同比增长27.1％;机床产值70.6亿美元,数控金切机床产量达到8.6万台。2007年,中国机床工具行业 4 040 家企业完成工业总产值约为 2 600 亿元,同比增长 30%～35%。2007 年,中国机床行业进出口总额达到 129.14 亿美元,同比增长 10.92%。其中出口 36.24 亿美元,增长 36.66%。进出口贸易逆差 56.66 亿美元。中国机床产业的下游行业主要包括汽车及零部件制造、机械制造、航空航天、船舶制造和农业机械制造等,这些行业在整个"改革开放初期"都保持了十几年的稳定增长,其中国机床制造业所做出的贡献功不可没。

中国自 90 年代中期后,成为"世界加工厂"和全世界最大的制造业基地,一直是世界上最大的机床消费国。但在高精密度和类型配套、产品更新换代等高技术研发(其中包括机床设备的工业设计环节)方面均远远落后于德国、日本、北欧等西方发达国家。以 2007 年为例,中国机床年贸易总量为 137 亿美元,其中进口所占的比重达到 40%左右。以自主型研发、设计有效替代进口,确保中国制造水平逐步占据世界领先优势,这理应是中国当代机床工业未来的产业发展方向,也是行业的历史责任和社会义务,同时也是其未来发展壮大进程中也许是最重要的商业机遇。

中国制造的农用机械产品,一直是面对全世界发展中国家最具吸引力的中国外贸主要工业制成品货源之一。1981 年起,中国农机产业进入行业的全面体制转换阶段。随着经济体制改革的不断深入,市场在农业机械化发展中的作用逐渐得以显现。国家对农机工业的"计划管制"政策日益放松,实现了"联产责任承包制"的广大农民家庭及各种农村民间经济合作组织,逐步成为投资和经营农业机械的主体,使中国农业机械制造业进入了市场经济环境下的多种经营形式并存的大发展时期。

从"改革开放初期"至今,中国农业装备水平和农业机械化水平实现了"跨越式"发展。截至 2008 年底,全国农机总动力达 8.22 亿千瓦,年平均增长速度为 16.95%;每公顷耕地拥有农机动力 6.75 千瓦;拖拉机保有量 2 021.91 万台,年均增长速度为 22.68%。高性能、大功率的田间作业动力机械和配套机具增长幅度较快,特别是大中型拖拉机、半喂入式水稻联合收割机、水稻插秧机、玉米收获机和保护性耕作机具的保有量有了大幅度增长。农业机械化水平进入了中级发展阶段。截止到 2008 年,全国耕种收综合机械化水平达到 50.8%。在主要粮食作物专属的生产机械化迅速发展的同时,新型农机研发和作业领域,也由粮食作物向经济作物,由大田农业向设施农业,由种植业向养殖业、农产品加工业全面发展,由原来单纯的"生产链"的"产中环节"分别向"产前环节"(技术研发、结构设计)和"产后环节"(仓储、运输及农副产品精加工等)不断延伸。农机标准化作业的程度明显提高,集收获、耕整、播种于一体的机械化复式作业应用范围扩大,农业抢收抢种能力和农产品综合生产能力进一步增强。截止到 2008 年底,中国农机制造企业约 8 000 家,规模以上企业达到 2 021 家,农机工业总产值 1 915 亿元,是"改革开放初期"1980 年(103.7 亿元)的 18.5 倍。这些农机产业的成就,有力地保障了"改革开放"三十年中国农业持续丰收的大好局面。

"改革开放初期"以来,农机工业通过转换经营机制,深化企业改革,实现了从农机生产弱国发展成为世界农机生产大国的历史性跨越,支撑了中国农业机械化的迅速发展。当代中国农机产业"对外开放"领域进一步扩大,成功引进、消化、吸收了一批国外的水稻、玉米、甘蔗等作物生产机械和旱作节水农业、保护性耕作等先进技术,使中国农机产业研发、设计、制造水平得到进一步提高。中国农机产品目前不仅能满足国内市场需要,而且在国际市场上也表现出了明显的竞争优势(详见署名为"财经评论"的文章《新中国成立 60 周年农业机械化发展成就综述》,载于新浪网"财经评论",2009 年 8 月 31 日)。

造船:新中国造船业从解放初期发展至今,可以分成三个发展阶段:第一个阶段是解放初期到 1978 年的平稳发展时期,特点是艰苦奋斗、夯实基础;第二个阶段是从 1978 年"改革开放"到上个世纪末的全面发展时期,特点是改造自身运行体制,转向世界市场开放;第三个阶段是从 2000 年至今的高速发展时期,特点是以密集劳动力和产能优势在国际市场上占有较大市场份额。国家工信部发布的数据显示,目前我国造船产能约 6,600 万载重吨,约占世界造船完工量的三分之一左右,已超越日本和韩国,成为世界第一的造船大国(详见尹乃潇撰文《三大软肋制约中国造船业发展》,载于《经济参考报》,2010 年 5 月 4 日)。

造船业往往与国家的制造业整体发展水平紧密相连,又往往是每个世界大国经济崛起的标记之一,英国、美国、日本,莫不如此。从晚清起,造船业就一直是中国重工业和制造业中唯一能走在世界前列,与世界先进水平较量的行业。但解放前数十年由于国家整体的制造业水平低下,无法支撑中国造船业全面进入世界市场去发展,只能根据自身内需小打小闹搞一点。解放后三十年,还是因为国家整体制造业不够强大,使中国造船业始终处于低水平的缓慢发展态势。只有经过"改革开放初期"十几年的体制改造和对外开放,才真正启动了中国造船业的巨大潜能,使之在短短的十几年内,就连续赶超了世界许多老牌的造船强国(德国、韩国、日本等),一举登上世界造船业老大的宝座。

历史经验表明,一个国家造船业的振兴,往往都是在其经济起飞期间、货物贸易急剧增加的过程中完成的。所以,日本才能在上个世纪中期全面超越欧洲成为世界造船的新中心,而韩国则在上个世纪 90 年代开始超越日本并于 21 世纪初成为世界造船工业的新宠。中国又因自身的综合实力,成为世界造船业的新霸主。

与很多老百姓理解的不一致,船舶工业不仅仅是劳动力密集的产业,同时也是资金密集、技术密集的综合制造业。和造船发达国家比,中国劳动力成本低;和其他发展中国家比,中国技术、资金和工业基础又比较雄厚。中国是世界上唯一同时具备劳动力(特别是大量具有较高生产技术的文化劳动力人口)、资金(以国有银行为主的全面金融财政支持)、技术(国家制造产业整体技术基础背景下举国之力的技术攻关方式)三大优势的国家,有着世界上先进国家与后进国家不可能同时具备的综合优势。在整个"改革开放初期"的十几年里,中国造船业在初步完成了自身计划经济模式的深入改造、产业结构和管理模式发生了巨大变化,从 80 年代起逐步走向世界造船市场,去与众多老牌的世界造船强国一较高下。在激烈的世界造船市场竞争中,中国造船业的综合能力处处尽显优势:1995年中国造船产量首次超过德国,占到世界市场份额5%,位列韩国、日本之后,成为世界第三造船大国。这是个中国造船业具有划时代意义的事件,标志着中国已经跻身一流造船大国行列。

在世界经济与90年代中期遭遇"亚洲金融风暴"时期,世界造船业"龙头老大"的日本经济由此一蹶不振,中国经济却一枝独秀、继续快速发展,并且顺势而上,在世界造船接单订量和成船总吨位上连创佳绩,并且一步一个脚印地牢固夯实基础、扩大自主性创新技术覆盖范围,将"世界第三"这个名次在新世纪保持几年后,连克韩日,终于在2009年一举成为"世界第一"造船大国。中国造船业的勃兴在很大程度上得益于"改革开放"之后中国工业的全面发展,是整个"改革开放初期"中国经济全面腾飞、中国社会逐步实现工业化、现代化的一个社会缩影。

[以上关于造船业的部分内容根据署名为"顺风"的撰文《中国造船业的复兴》(载于《中国科技财富》,2004年第6期)所提供的数据和部分观点改编而成。]

钢铁:从"改革开放初期"的1978年起,中国钢铁产业便开始利用国外资金、技术和资源为中国钢铁工业创造行业扩展、技术换代和全面进入国际市场的各项条件。"上海宝钢""天津无缝钢管厂""武汉轧钢厂"等建国以来第一批具有世界级先进水平的现代化大型钢铁企业都是在80年代建立起来的。同时,一些老的大型钢铁企业也在"改革开放初期"得到了全面的技术改造和产业升级,其中有"鞍钢""包钢""武钢""首钢"等等。1978年,邓小平同志亲自考察日本的钢铁公司,亲手拉开了大批量引进国外先进设备的序幕。1981年,我国与澳大利亚科伯斯公司通过签订补偿贸易合同的方式,首次实现了利用外方资金和技术对"鞍钢"焦化总厂沥青焦车间进行全面设备更新和技术改造的成功尝试。1987年,国家计委批准了"鞍钢""武钢""梅山钢铁公司""本钢""莱钢"这5个钢铁企业利用外资的项目建议书,使中国钢铁工业在产业管理、技术研发、工艺流程、装置设备等方面进行全面现代化改造,得到持续发展,中国钢铁工业的产能和市场经济的管理,得到不断提升。1992年前后,中国钢铁业为了提高劳动生产率,在全行业内部积极进行了生产体制上的全面探索。"首钢"对"承包经营责任制"的大胆尝试,极大地调动了当班工人的生产积极性,不仅在面对巨大的压力时成功解决困难,同时也为全国钢铁行业首创了贯彻落实机制转变的"生产承包制"的榜样。1994年以来,"武钢""本钢""太钢""重钢""天津钢管厂""大冶""八一"等列入国家"百家现代企业制度"试点;"酒泉钢铁""邯钢""抚顺钢铁公司""天津钢铁"等57家企业,列入第二改革试点。到1998年,试点改革任务圆满完成,全面建立了"企业法人财产制"和产业的法人治理结构。由此,中国钢铁产业通过企业改革释放出强大的潜在产能发展动力,1986年,中国钢产量(粗钢)超过了5 000万吨,达到5 221万吨。随后在90年代初实现了钢铁年产量过亿吨的重大突破,终于圆了自"大跃进"以来中国人民要在钢铁年产量上"赶英超美"的梦想。

目前,中国钢铁工业已多年位居世界钢铁工业"龙头老大"宝座。2003年超过2亿吨,2005年超过3亿吨,2006年超过4亿吨,增长了3 000多倍。2008年突破了5亿吨。以2008年的数据为例,在钢铁产业的相关产品中,铁矿石82 401万吨,焦炭32 359万吨,生铁46 067万吨,钢产量50 049万吨,钢材58 488万吨。钢材品种达到1 000多种,合金钢产量在2007年达到2 823万吨;其他的钢材(如无缝管、型钢、镀层钢板等)也有了很大的生产规模,能基本满足国内制造业的基本需求,并有部分钢材出口。全国钢铁行业中"宝钢""鞍钢""武钢""包钢""首钢""马钢""湖南华凌集团"等大型企业年产量都超过了3 000万吨,均跻身于世界级大型钢铁企业。中国钢铁产业已经逐步具备国际性的市场竞争力,开始走向世界。"宝钢"等已经提前两年完成目标,进入世界五百强,成为世界级的钢铁企业。"宝钢"的首个海外投资项目——与巴西"淡水河谷"合资成立的"宝钢维多利亚"钢铁项目也开始启动。"首钢"收购了秘鲁铁矿,成立了"首钢秘鲁铁矿公司",从事铁矿开采;"鞍钢"集团则收购了"金达必金属公司"12.94%的股份,成为国内钢铁行业第一家参股国外上市矿业公司的企业。

〔以上关于"改革开放初期"中国钢铁工业相关内容均参考了张苏撰文的《钢铁业60年:与改革开放息息相关的成就》(载于《中国经济网》,2009年8月13日)所提供的数据和主要观点。〕

由于在"改革开放"初期的十几年财富与经验积累,中国制造业在20世纪末逐渐成为"世界加工厂",但这个"世界加工厂"的称号,也并不都是好事情。主要生产经营模式竟沿用元明清时期那种专营青花瓷的洋商们发明的"来样加工"方式,即洋人搞"来样"(就是出技术、出设计),中国人搞"加工"(就是出劳力、出原料、出基建),给全世界充当农民工。实事求是地讲,"来样加工"在"改初"早期是十分成功,而且完全必要的,一方面可以及时接收外国的先进技术、设计与管理经验,尽快缩短与世界先进生产管理和设计创意方面存在的巨大差距,这些对于推动深化体制改革,促进全面开放都是极为重要的;另一方面,充分利用外资侨资,吸纳和安排国营企业大量因体制改革下岗、转岗的产业工人和农村剩余劳动力,增加地方税费和国家财政收入,改善群众生活,都具有很强的实用价值。但"改革开放"数十年之后,"来样加工"方式依然是中国工业化和经济增长的主要方式,这种引进机制就出大问题了。"来样"剥夺了中国人自主发明与创意的权益,人为掐断了"产业链"最前端的技术发明和设计创意与中游环节(生产制造)和下游环节(经营销售)之间的联系;"加工"限制了中国产业在产品研发、技术创新方面的自主性、灵活性,在"世界经济一体化"的分工中,只能给上游(技术发明、设计创意和品牌开发)和下游(物流仓储、经销零售和品牌开发)安分守己地给人家打打下手,做做"外包"服务。

"来样加工"方式是一把"双刃剑",既能赚一点辛苦钱、血汗钱,又会扼杀自主创新意识。其严重后果之一是:正如明清社会青花瓷等"来样加工"使中国人从此以后再也没有产生过影响全世界的文化事物一样,尽管已经经历了持续三十年经济腾飞,当下中国产工业制品迄今在以民生商品为主的世界主要贸易市场范围内,绝少有高附加值的世界级名牌。这个教训是极为深刻的,足以警醒全社会对此广泛思考。

二、"改初"时期服装纺织产业背景

　　1983 年,中国持续了近三十年的"布票供给配给制"结束。经过"改革开放初期"十几年的持续高速发展,中国在 90 年代中期成为全球纺织品服装第一大生产国、消费国和出口国,实现了令世界震惊的神速飞跃。中国纺织品服装出口额 1978 年为 24.31 亿美元,而经过"改革开放初期"十几年的发展,到 1994 年达到年出口额 355.5 亿美元,占全球纺织品服装比重的 13.2%,开始成为世界纺织品服装第一大出口国。自此以后,中国纺织品服装"世界第一"的位置就从来没有被动摇过。

　　20 世纪 70 年代中后期,中国服装业主要产业形式是一些由几十台、百余台家用缝纫机和几块台板装备起来的集体所有制小厂以及一些"前店后厂"的缝纫工厂,总的来看还处于工场手工业阶段。"文革"末期的 1970～1978 年,仍在实行"大部制"(国务院将纺织、一轻、二轻合为一个大轻工业部),"后计划经济"体制时期,中国服装产业的最高管理机构是"轻工业部手工业管理局"。纺织工业部系统的针织服装(内衣)厂和少量衬衫厂、风雨衣厂,机械化程度也不高,大体处于半机械化阶段。

　　直到"改革开放初期"的八九十年代,在社会主义市场经济大环境中迅速发展壮大的众多服装企业,面对国内外市场激烈竞争的新形势,开始重视产品升级、工艺升级、设备更新。1986 年,国务院决定将服装制造由轻工业系统划归纺织系统,整合为上、中、下游紧密协作的产业链。在此之前的 1985 年,全国服装企业有 2 万多家,但服装产量仅 16 亿件(不含针织服装,下同)。1986～1990 年全国服装企业迅速增加到 35 000 多家,服装年产量倍增,达到 32 亿件。经过优胜劣汰,涌现出一大批现代化大型服装企业,如浙江的"杉杉""雅戈尔""罗蒙""万事利""富润"集团;江苏的"红豆""雅鹿""波司登"集团;湖北的"美尔雅"集团;山东的"兰雁"集团;广东的"名瑞"集团;内蒙古的"鄂尔多斯""鹿王"集团;上海的"三枪"集团等。这些大型企业,无论技术装备、生产工艺、生产管理方式还是产品设计,都已接近以至达到世界一流水平。以这些新兴的现代化服装企业构成行业主体为标志,中国服装制造业大体用了十五六年的时间(1980～1995 年),完成了从工场手工业到现代工业(大工业生产方式)的过渡。

　　由服装工业的庞大规模、完整体系和国际市场竞争力,造成了"中国制造"服装外贸出口的巨大能量。"中国制造"的各式各样、物美价廉的服装,大举进入国际市场,进入发达国家一些最著名的连锁商业系统和大百货公司。至 90 年代中期,在全世界服装贸易出口总值中,"中国制造"的服装已三分天下有其一。近年来,产品档次也在大幅度提升。曾经遭受外人嘲讽的"地摊货"时期,早已成为历史。由庞大的设计、生产、销售完整产业体系的中国服装工业规模形成了对国家(包括中央、地方)财税收入的贡献,对全国进出口贸易顺差的作用,以及为全国城市、乡镇创造就业岗位的作用,在当代中国实体经济各行各业中,都已位居前列。由服装外贸出口创造的贸易顺差,在 90 年代均在全国各类商品外贸顺差总额的半数上下。到2007 年,中国服装行业在"改革开放"以来的近二十年左右,出现了突飞猛进的发展,全行业年产服装 512 亿件,其中梭织服装 178 亿件(比 1985 年增加了 10 倍)、针织服装 334 亿件;全国服装出口 976 亿美元,其中梭织服装 427.7 亿美元、针织服装 548.3 亿美元。仅规模以上服装针织企业就已多达 6 600 多家,从业人员多达 130 多万,主营业务收入高达 2 400 多亿元。截止到 2008 年,虽然国产家电、机具、器械大农耕外贸新项"异军突起",但服装业的成衣及面料出口,仍列当年中国外贸出口金额总量第一大项,占 28% 左右。

"改革开放初期"中国服装工业的大发展、大提高,还体现在如下一些重要的经济统计数据上:中国服装企业数,1980 年为 22 100 家(乡及乡以上);2007 年(11月),仅国家统计局统计的规模以上服装企业,达到了 14 326 家。全国服装行业从业人员数,1980 年为 90.9 万人;2007 年(11月),仅国家统计局统计的规模以上服装企业的从业人员,即已达 396.8 万人。全国服装产量,从 1980 年的 21.62 亿件,发展到 2007 年的 201.59 亿件(规模以上企业),其中梭织服装从 9.45 亿件发展到94.56 亿件(规模以上企业),针织服装从 12.17 亿件发展到 107.03 亿件(规模以上企业)。全国服装业出口总值,从 1980 年的 16.53 亿美元,发展到 2007 年的1 150.74 亿美元,其中梭织服装及附件 473.21 亿美元,针织服装及附件 613.31 亿美元。进入 21 世纪以来,中国成衣出口占全球出口份额,由 2000 年的18.2%发展到 2006 年的 30.6%。

作为近现代中国工业化和民生设计产业摇篮的中国纺织工业,直到 80 年代中期,基本上是"内需型"产业,对外依存度还很低。而在其后的二十几年间,棉、毛、麻、丝纺织各行各业新"追加"的设备规模部分,则主要是由"外需(外贸出口)"和农村市场拉动出来的。在"改革开放初期"由"计划经济"体制向"市场经济"体制转型过程中,中国纺织工业焕发了无比的产业活力,取得了引人瞩目的一系列成就:1980～1990 年的 10 年间,我国纺织工业总产值由 885 亿元发展到 3 735 亿元;1990～2000 年的 10 年间,又增加一倍多,上升到 8 895 亿元;进入新世纪以来,更出现了七八年间就增长两倍多的惊人速度:2007 年全国纺织工业总产值 3.1 万亿元。

中国棉纺工业通过市场经济的洗礼和不断的技术更新,产能有了巨大的提升,在"改革开放初期"前十年间增加了 2 000 多万锭,1995 年竟达到 4 191 万锭。从当时内外市场需求看,棉纺产能显得有些过剩,于是在 90 年代最后几年间,进行了"压缩棉纺生产能力(压锭改造)、淘汰落后设备 1 000 万锭"的战略大调整。整个棉纺织行业的装备水平因此上了个大台阶,加快了现代化进程。接着,恰逢中国加入世贸组织(缩写 WTO),在达成妥协的谈判中,成衣纺织业又是中国外贸大发展"重点保护项目",发达国家按约定分阶段取消纺织品进口配额,浮现出国际市场发展空间的历史性机遇。在市场经济催化下,中国棉纺工业的设备规模出现了合理反弹,在 2007 年达到创纪录的 10 098 万锭(其中环锭 9 900 万锭、紧密纺 198 万锭)。如今,包括纺织业、服装制衣业、家纺产业三大块在内的中国轻纺服装产业,已形成世界第一的巨大产业,多年雄踞中国外贸出口的第一大项。

"改革开放初期"中国毛纺织工业经 1980～2003 年二十多年的快速发展,由 60 万锭扩大到 385 万锭,亚麻、苎麻纺织工业由 6.5 万锭扩大到 69 万锭,桑蚕缫丝由 89 万绪扩大到 199 万绪,也与中国纺织业一样,同步取得了骄人的成绩。在工业规模发展得如此庞大的情况下,2006～2007 年,棉、毛、麻、丝纺织各业和针织、服装行业的产品销售率,都保持在 97% 以上。

中国化纤工业起步于 70 年代,经过"改革开放初期"市场化的运作,至 80 年代中期得到巨大收获,达成 100 万吨的目标;1998 年中国化纤制造业以年产 510 万吨,首次超过美国居世界榜首。整个"改革开放初期"及之后,中国化纤工业一步一个台阶地扎扎实实迈进,相继出现了 1995 年 320 万吨、2000 年 695 万吨、2005 年 1 665 万吨、2008 年 2 405 万吨这些惊人的化纤年产量统计数字。至 2008 年,国家先后建成"大征化纤""平顶山(轮胎)帘子布厂"等 6 个现代化大型化纤企业。

[以上数据根据中国纺织报社首任总编陈义方的文章《纺织专家回忆纺织技术信息化的风雨历程》(载于《中国服装网》,2009 年 9 月 25 日)整理汇编。]

在 70 年代后期已经成形的较完整纺织产业体系、已经占有世界主要市场份额的雄厚基础上,"改初"时期的纺织业全面发展更加迅猛。完全可以自豪地讲:跟造船、机械、家电、电机等同样发展迅速的产业相比,"改初"时期的中国纺织业(包括生丝、棉纺、织布、针织、家纺、童装、内衣裤、制鞋、织袜和部分成衣、时装)技术改造与设计创意的自主性程度,无疑是最高的。"改初"时期的中国外贸纺织商品,不但在国际市场占有率上长居"世界第一"宝座,而且在技术研发和产能开放方面都领先于世界。大多数纺织品占据世界市场贸易总额的半壁江山,个别品种(如坯布、丝绸面料、鞋袜、童装等)分别占世界产量的六成至九成。

在取得经济效益提高和产业规模扩大的同时,又必须看到一个严酷的现实:"改初"时期的中国纺织业民生商品因为长期处于"产业链"的低端,加之管理体制改革严重滞后,使成衣类的款式设计创意与品牌开发,缺乏基本的动力。其结果不但使中国企业在高附加值的纺织成衣类"高端商品"市场中,迄今并不具备全世界消费者认可的设计实力,也不具备独立的一流国际品牌开发能力,基本退出了世界成衣业和时装业的"高端市场";还导致了"恶性循环"这种更为糟糕的现实忧虑:每年国内纺织外贸企业之间为争取洋人的大额订单彼此玩"贴身肉搏"、自相残杀、竞相削价,结果往往以近乎成本价的"价格优势"得以延喘,继续蹲守中低端市场;甚至国内市场也连连失守,在民生商品方面被众多洋品牌攻城拔寨、打得溃不成军。

三、"改初"时期家电轻工产业背景

中国家用电器产业,是中国"改革开放初期"真正的"从无到有"的典型新兴产业。在体制转型和党的"富民政策"引导下,中国家电业走在改革开放的最前沿,也获得了最凸显的成就。中国家电业从萌发到发展、壮大,直到跃上"世界第一"这个产业发展的伟大奇迹本身,就充分说明了"改革开放"是中国社会实现工业化、现代化的必由之路。

1978 年,计委决定,由轻工业部统一归口管理全国各系统、各地区的家用电器工业,并将洗衣机、冰箱、电风扇、房间空调器、吸尘器、电熨斗等 6 个产品列入国家和部管计划,同时对国内尚不能生产的家用电器零配件和原材料(如冰箱压缩机、洗衣机定时器、ABS 工程塑料等),由国家列入进口计划,轻工业部统一分配,这对促进各地主管部门重视发展家用电器产品起到了积极作用。1986 年,广州建成了从日本松下电器株式会社引进年产百万台的冰箱压缩机厂。与此同时,北京也建成了从"飞利浦"设在意大利的"伊瑞"公司引进年产百万台的电冰箱压缩机厂。这两个冰箱压缩机厂对保证发展冰箱国产化起到了重要作用。1984 年和 1985 年,轻工业部对电冰箱行业进行了二次规划,确定了 44 家定点企业。当时计划,如果按冰箱厂合理经济规模 40 万台计算,这些企业总规模将达到 1 700 万台,已经超出当时的市场需求。不光电冰箱和洗衣机,当时全国各地区形成了"一窝蜂"地齐上家用电器项目的混乱局面。可以看出,尽管当时计委、国家经济贸易委员会和轻工业部频繁下发控制引进和建设家电生产能力的政策,甚至将冰箱、洗衣机列为第一批"暂停进口、引进生产线"的项目,但是这种国家通过行政命令对行业进行控制的管理方式,依然具有"计划经济"的影子,显然已违背市场规律,已经不起作用,产能过剩和产业组织散乱的局面开始形成。那一段时期,搭上计划政策"末班车"的企业如"美菱""荣事达""新飞"等,刚引进建立生产线,企业就面临着严峻的市场竞争。经过交付高昂学费和外向型家电企业的逐步壮大成长,使中国家电业得以几经沉浮、脱胎换骨,确立了以外贸为主、内需为辅的"两条腿走路"产业发展方向,经受住了国际市场洗礼的大风大浪,终于在 90 年代末到新世纪全面爆发,迅速冲占世界家电市场的主要份额,成为全球家电"一家独大"的新兴产业。

经过"改革开放初期"十几年体制转换和市场打拼,中国家电业从无到有、从小到大再到发展成熟的今天,已然由一个基础薄弱、1978 年年产值只有 8.6 亿元的小产业蜕变成今天超过 6 000 亿元规模的成熟产业,并接过全球家电产业重心的转移,成为全球最大的家电制造基地。目前,全国有 2 000 多家规模以上家电企业,专业范围涉及冰箱冷柜、空调、洗衣机、厨房家电、家电配件等 12 个大类,近 30 种家电产品产量居世界首位。从 1978 年和 2007 年数据比较来看,家用冰箱产量由 2.8 万台增加到 4 397.13 万台,洗衣机由 0.04 万台增加到 3 856.13 万台。从 1978～1990 年,中国第一产业和第二产业的轻重工业的比例由 43.1∶56.9 变为 49.4∶50.6,资本形成率(资本形成总额占 GDP 的比率)由 38%下降为 34.7%,净出口率(货物和服务净出口占 GDP 的比率)由−0.3%上升为 2.8%,三次产业比重分别由 28.1%、48.2%、23.7%变为 27%、41.6%和 31.3%。

以 2004 年为例,中国电视机、洗衣机、冰箱、风扇、电饭锅等产量占世界市场

20%左右,猪轻革高档产品占世界的 3/4,皮鞋占世界 1/3,缝纫机占世界 1/2,自行车出口占全球贸易量的 2/3,羽绒制品占世界 1/2,玩具占美、欧市场的 40%至50%。"改革开放初期"三十年来,出口总量增长 125 倍,出口值中工业制成品比例由 1978 年的 30%上升到 2004 年的 95%。中国家电行业 2009 年的销售规模已经高达 6 000 亿美元,冰箱、洗衣机产量占全球 40%以上,空调、微波炉产量占全球70%,小家电产量几乎占全球 90%。

[以上关于家电业的数据和重要事件,均根据刘钊撰文《改革开放 30 年:中国家电行业发展企业成真正主角》(载于《电器》杂志,2008 年第 11 期)改编而成。]

"改初"时期的中国家电业的全面崛起,是很多人意想不到的。这个良好局面得益于"改初"时期从 70 年代末持续到 90 年代前半程的全面引进。这种引进的力度和规模也许是所有工业领域最大的。面对"改初"时期火爆的国内市场,单纯进口制成品已远远难以满足市场需求,全国各地纷纷组织力量从许多世界知名品牌厂家搞引进项目,先是进一两条只是搞搞装配的生产流水线,后来干脆将这些大品牌的淘汰款型整机生产线引进,后来发展到整厂、整店地买下来,有的干脆"大手笔"引进,把人家研发、设计单位和连锁销售网点,连人带设备、带厂店一起买,确实挽救了不少已经在世界市场上日薄西山的洋品牌。经过三十年努力,中国家电业已是中国外贸的"第一新贵"和第三大主项,也具有一定的产品更新换代的研发能力(主要是技术发明与设计创意),在世界中低端家电市场上占有明显优势。

同时,一如其他中国外贸民生类商品一样,中国家电产业混三十年仍没有混出哪怕是一两个世界级的国际品牌。其病根也一模一样:中国家电行业长期缺乏优质的经济管理制度(包括融资渠道、合理税费、基础设施、物流成本等等)的稳定保障,缺乏世界设计潮流信息,缺乏设计与产业、商业之间高度融合的品牌开发团队,缺乏既具有鲜明个性、又具有世界眼光的高水平工业设计人才。

四、"改初"时期交通运输产业背景

"改革开放初期"以来,随着中国经济蓬蓬勃勃快速增长,全国铁路、公路、民航、水运建设具有前所未有的快速发展,为中国经济的全面腾飞,提供了强有力的运输保障。

铁路:"改革开放初期",针对中国经济快速、全面的强劲增长,全国铁路系统的货物和客流运力明显不足,政府以举国之力进行铁路建设。从上世纪 80 年代组织"南攻衡广、北战大秦、中取华东"三个铁路建设的全国重点会战,到 90 年代组织"强攻京九、兰新,速战宝中,再取华东、西南"铁路建设大会战,再到掀起世纪之交铁路建设高潮,中国先后建成了"大秦""京九"等一大批铁路干线,建成了"衡广""兰新"等一大批铁路复线以及干线电气化改造项目。"改革开放"以来,中国铁路建设步伐逐步加快,营运里程从 1978 年的 5.17 万公里增长到 2007 年的 7.8 万公里,增长了 50.9%。

"改革开放"以来,铁路在加快建设的同时,始终坚持把挖潜扩能摆在突出位置,不断深化内涵扩大再生产,实现了客货运量持续大幅度增长,为经济社会发展提供了有力的运力支持。铁路部门在运输能力紧张的情况下,坚持国家利益至上、社会效益第一,优先保证关系国计民生的重点物资运输。以 2006 年为例,铁路承担了全社会 85% 的木材、85% 的原油、60% 的煤炭、80% 的钢铁及冶炼物资的运输任务,保证了国民经济平稳运行和人民群众生产生活需要。1978～2007 年,铁路旅客发送量由 8.15 亿人次增长到 13.57 亿人次,增长 66.5%;货物发送量由 11.01亿吨增长到 31.42 亿吨,增长 1.6 倍;总换算周转量由 6 438.41 亿吨公里增长到 31 013.31 亿吨公里,增长 3.8 倍。中国铁路以占世界铁路 6% 的营运里程完成了世界铁路 25% 的工作量,运输效率世界第一。

进入新世纪之后,中国铁路建设迈向了高速发展的新时代。2006 年 7 月 1 日,世界上海拔最高、线路里程最长的高原铁路——青藏铁路提前一年建成通车,并实现了持续安全平稳运行。2008 年 4 月 18 日,"京沪高铁"正式开工,此前,"武广""郑西"等 20 多条时速 200～350 公里的客运专线和城际铁路相继开工建设。随着一批客运专线和高速铁路建成投入使用,加上既有提速线路,中国铁路快速客运网将初步形成。与此同时,中国大能力通道建设全面展开。"沪汉蓉""太中银"铁路等区域通道项目及一批西部开发性项目相继开工建设,随着这些大能力运输通道的建成投入运营,加上对既有干线的技术改造,将形成贯通中国东、中、西部和东北地区的大能力通道,实现各区域间客货运输的大出大入。通过六次大面积提速,铁路全面掌握了时速 200 公里及以上线路的设计、施工、养护维修等成套技术,进入了世界铁路既有线提速先进行列。目前,铁路既有线时速 120 公里以上线路延展里程达到 2.4 万公里,其中时速 160 公里及以上的线路延展里程达到 1.6 万公里,时速 200 公里及以上线路延展里程达到 6 227 公里,时速 250 公里的线路延展里程达到 1 019 公里;省会城市之间,以及大的中心城市之间列车运行时间,比 1997 年第一次大面积提速前普遍压缩一半。此外,中国铁路重载运输网络得到了进一步扩展,可运行 5 000 吨以上重载列车的线路里程达到 11 897 公里。

目前世界上年运量 1 亿吨以上的铁路路线有 24 条,其中中国有 21 条。包括"大秦""侯月""京哈""京广""京沪""京九""陇海""沪昆""京包""包兰""胶济""淮南""北同蒲""南同蒲""迁曹""沈山""沈大""津山""石德""石太""新石"铁路。除去国铁建设外,民企"神华公司"自行筹资建造了"包神""神朔""朔黄"3 条过亿吨的铁路。

高铁:按照"引进先进技术、联合设计生产、打造中国品牌"的设计总体要求,以铁道部为主导,集中全国铁路市场需求,中国铁路成功引进了时速 200 公里及以上动车组技术、大功率电力和内燃机车技术,实现了引进最先进技术、本土化生产、使用中国品牌、价格最低四个目标。通过再创新,成功研制了具有完全自主知识产权和具有世界一流水平的时速 350 公里动车组。时速 486.1 公里,这个震惊世界的列车行驶新世界纪录是属于中国人的。据铁道部最新数据显示,截至 2010 年底,中国高铁运营里程达到8 358公里,占全世界高铁运营里程的三分之一强。2010年是中国大规模高铁建设逐步进入收获期的一年,"郑西""沪宁""沪杭"等高铁相继建成并投入运营,中国高铁运营里程达到8 358公里,在建里程1.7万公里,无论是运营里程、运营速度还是建设速度,均居世界第一。

图8-7 中国引领高铁时代

等级公路:"改革开放"以来,全国公路建设也蓬勃发展。70年代末,中国各等级公路总里程为89万公里,其中41%是上不了等级的公路,称为"等外路",上了等级的路59%当中又有97.5%的绝大部分是一个车道的三级路和四级路,此外还有59万公里的农村公路。当时的"国道"上的行车速度平均30公里。到1996年度,全国公路通车里程已达118.6万公里,其中高速公路3 422公里,一、二级汽车专用公路15 000多公里,四级及四级以下公路87万公里。全国100%的县城,95%以上的乡镇的74%的行政村通了公路。2007年年底,中国公路总里程则达到358万公里,村道也达到520万公里,高等级公路占全国路网总里程的10%多,路网密度达到了每百平方公里有37.33公里的公路。

高速公路:1988年10月31日,中国第一条高速公路——上海至嘉定高速公路建成通车。此后,中国高速公路建设突飞猛进,增长幅度之大世界罕见:1995年,我国高速公路达到2 141公里;1998年末达到8 733公里,居世界第六位;1999年10月,突破了1万公里,跃居世界第四位;2000年末,达到1.6万公里,跃居世界第三位;2001年末,达到1.9万公里,跃居世界第二位;2004年8月底突破了3万公里,比世界第三位的加拿大多出近一倍。近3年多来中国高速公路建设继续突飞猛进地发展,2007年新修通高速公路8 300公里,是历史上最多的一年。到2007年年底,中国高速公路通车总里程达到5.36万公里。根据《国家高速公路网规划》,中国高速公路到2020年将达到8.2万公里,可以覆盖10多亿人口,接近高速公路世界第一的美国8.8万公里的规模。

　　[以上关于中国公路建设的数据和重大事件,均根据中国公路学会副理事长、交通部原总工程师凤懋润撰文《架桥铺路、造福民生——中国公路桥梁自主创新之路》(在"第十届中国科协年会"上的报告,载于《中国网》,2008 年 9 月 11 日)整理改编而成。]

　　民航:"改革开放初期"起,中国民航进入了快速持续发展的新时代。1986 年底,民航的运输总周转量、旅客运输量、货邮运输量分别是 1978 年的 5.2 倍、4.3 倍、3.5 倍。2007 年全行业运输总周转量、旅客运输量和货邮运输量分别达到 365.3 亿吨公里、18 576 万人和 401.8 万吨,分别是 1978 年的 122 倍、80 倍和 63 倍。相比 1978 年与 2007 年,民航运输总周转量、旅客运输量和货邮运输量年均分别增长 17.3%、15.7%和 14.88%,运输总周转量的平均增长速度高出世界平均水平的 2 倍多。2007 年定期航线总数达到 1 506 条,其中国际航线 290 条,分别为 1978 年的 9 倍多和 24 倍。定期航班运输总周转量(不含香港、澳门、台湾)在国际民航组织缔约国中的排名,由 1978 年的第 37 位上升至 2005 年的第 2 位,2006 年、2007 年继续保持世界第 2 位。

　　至 2007 年底,中国民航全行业机队规模达到 1 591 架,通航定期航班的机场数量为 152 个,分别比 1978 年增加 1 209 架和 82 个;机型结构发生了巨大变化,拥有了世界上各型号的先进机种。机场和空中交通管制设施、设备的现代化水平大幅度提高。飞行、机务等各类专业技术人员的培养渠道不断拓宽,规模扩大,水平提高。"南航""国航"和"东航"旅客运输量进入全球最大 20 家航空公司之列。2006 年,"首都国际机场"旅客吞吐量开始跻身世界十大机场之列,2007 年上海"浦东国际机场"货物吞吐量位居世界第 5。截至 2007 年底,中国与 110 个国家正式签署了双边航空运输协定,其中的三分之二以上是在 1978 年改革开放以后新订立的。现在每周有 2 869 个定期客运航班和 589 个定期货运航班往返于中国与世界主要国家之间。中国民航百万飞行小时事故率从"六五"期间(1981~1985 年)的 5.24 次下降到"十五"期间(2001~2005 年)的 0.29 次,2005、2006、2007 年连续 3 年全行业没有发生运输飞行事故,截止到 2008 年年中,航空运输连续安全飞行超过 1 200 万小时,航空运输安全达到国际先进水平。民航旅客周转量占全社会旅客周转量由 1978 年的 1.6%上升到 2007 年的 13%,增长了 8 倍。通用航空在农林、地勘、旅游、救灾等行业和社会生活的许多领域发挥了重要作用。2007 年通用航空飞行小时数几乎为 1978 年的 4 倍,通用航空的重要性日益显现。在 2008 年我国发生的雪灾和地震两次自然灾害中,通用航空展现出了难以替代的作用。

　　[以上数据及重大事件均参照《中国民航改革开放三十周年回顾》(载于《中国民航局》官网首页,2008 年 12 月 19 日)一文采摘并进行改编。]

　　内河航运:"改革开放初期"以来,中国内河干线航运事业在"北煤南运""北粮南运"、油矿中转等大宗货物运输中发挥了重要作用。经过多年航道整治、船闸等通航设施建设,"京杭运河"大部分通航航段的航道等级在 90 年代均已提升为三级,由双线运行变为三线运行,通航里程达到 883 公里。"京杭运河"航道已是我国航道等级最高、渠化程度最好、船闸设施最为完善的人工河流。至 2008 年,"京杭运河"航运业的货物运输量、货物周转量分别达到 2.12 亿吨、636.8 亿吨公里。

一是干线货运量大幅增长。1978 年长江干线货运量仅为 4 000 多万吨,2007 年达到 11 亿吨,增长近 24 倍。从 2004 年起,长江水系货运量已经超过密西西比河和莱茵河,成为世界上内河运输最繁忙、运量最大的通航河流。二是港口吞吐量大幅增长。1978 年长江干线港口吞吐量为 8 000 多万吨,2007 年超过了 10 亿吨,是 1978 年的 13 倍多。三是船舶保有量大幅增加。1978 年,长江干线只有 200 多万吨运力。到 2007 年底,长江上从事省际运输的水运企业达 2 000 多家,拥有运输船舶达到近 8 万艘,运力达 3 600 万吨。

进入新世纪以来,内河航运迎来了难得的发展机遇,国家加快了以长江黄金水道为重点的内河航运建设。2008 年,长江干线规模以上港口完成货物吞吐量 10 亿吨,货运量突破 12 亿吨,内河航运运能大、占地少、能耗小、污染轻、成本低等比较优势得到发挥。

目前长江干线对外国籍船舶开放的一类口岸已达 20 个,自东向西从上海延伸到城陵矶,开放里程达 1 356 公里,成为世界上开放里程最长的港口群。"改革开放初期"以来,中国外贸集装箱运输业迅速发展,至 2007 年,长江港口外贸货物吞吐量和集装箱吞吐量分别超过了 1.1 亿吨和 550 万 TEU(集装箱),同比分别增长 20.6% 和 37.5%。长江引航业务不断扩大,从分散管理到集中管理再到规范引航秩序,长江航运引航事业的不断发展适应了外轮进江和开展干支直达、江海直达的运输需要,成为长江对外开放程度的重要体现。2007 年,长江引航中心引领中外籍船舶 31 704 艘次。

远洋海运:国家统计局统计数据表明,"改革开放初期",中国海运船队货物运输总吨位居世界 40 多位;经过近三十年发展,至 2008 年已跃居世界第 4 位。目前,我国拥有轮驳船 18.4 万艘、1.24 亿载重吨。"中远集团"船舶总运力跃居世界第二位。

我国国际航线和国内沿海航线目前多达几千条,开辟的国际集装箱班轮航线 2 000 余条,不但满足了我国石油、铁矿石、粮食、煤炭等大宗外贸进出口货物的运输需要,还能为国外货源提供港口中转服务。截至 2008 年底,我国已与世界主要海运国家和地区都签订了海运协定,连续 10 届当选为国际海事组织 A 类理事国,在世界海运界的地位显著提升。如今,我国已成为世界海运发展的主要推动力,是世界海运需求总量、集装箱需求和铁矿石进口最大的国家,30 年来的外贸海运需求年均增长 12.3%,远高于世界海运量年均 3.6% 的增长速度。

进入新世纪以来,"中国因素"已成为世界海运需求的主导力量。2008 年,我国港口完成货物吞吐量 70 亿吨,连续 6 年稳居世界第一。到 2008 年底,我国亿吨大港达到 16 个,7 个大陆港口进入全球港口货物吞吐量前 10 位,上海港成为世界第一大港。截至 2008 年底,我国港口共拥有生产性泊位 31 050 个,具备靠泊装卸

30万吨级散货船、44万吨级油轮、1万标准箱集装箱船的能力。集装箱运输是交通运输现代化的重要标志。近10多年来,我国港口集装箱以年均近30％的速度增长,年吞吐量于2007年历史性地突破1亿标准箱。2008年,8个大陆港口集装箱吞吐量进入世界前20位,5个进入前10位。目前,我国沿海主要港口装卸技术和服务效率处于世界前列,港口每承运1吨出口货物的总成本比30年前低20％以上。我国已发展成世界港口大国、航运大国和集装箱运输大国。

〔以上关于中国远洋海运和外贸港口建设重大事件及相关数据均采选于严冰、陈海燕、张海林撰文《远洋航运 融入世界》(载于《人民日报海外版》,2009年10月24日,第6版)汇编整理而成。〕

768

图8-8 中国远洋货轮

五、"改初"时期市政公用产业背景

从民生设计的角度看,常规意义上的市政公用事业,主体包括三大块:城市道路交通各项设施的新建与维养(含公交运载工具和站点设施、市区道路交通标志与信号、市区道路公共照明、城市公共区域道路道行树养植与绿化等);市区民用水电气供应与维养(含民用照明与日常用电、自来水、燃气等生产及供应管网,城市排污排水地下管网及河道清淤、垃圾处理填埋等);市区民用生活与商业配套(城市街区规划与旧城区改造、市民住宅新建与维修、公用文教医体设施、警务消防救护设施、中心商业区与城区商业网点等)。所谓民生设计在市政公用设施的建设工程中的涉及范围主要有:建筑设计(含城市整体规划、建筑物土木工程与室内装修、环境及公共景观等等)、识别系统设计(含道路交通信号与标志、公共设施功能区标志、商业区供应及服务划分标志等等)、公用设施构件的工业制成品设计(机具、玻璃、化纤、照明、市政供应及去化公用管网末端设备的民用家庭工业制成品等等)。其中能形成较大产业规模与商业利益的市政类设计产业,集中在工业设计、建筑设计两大领域。中国社会全面接受并建成这种外来的现代化市政设计产业的"全新"理念,是"改革开放初期"以后的事情了。在此之前,市政建设项目还谈不上对机具装备、网线铺设和使用终端消费者三方面专门进行的"适人性设计",从这个意义上讲,"改革开放初期"进行的全国各地大中城市市政公用服务方面的全面建设,填补了与世界标准的巨大差距。平心而论,中国社会在市政公用设施方面的飞速进步,使得本书作者无论是行驶在美国国家一号公路沿途(从纽约到华盛顿),还是置身于日本东京最繁华的银座商业区,抑或著名的欧洲空运中心巴黎戴高乐机场,都大感意外,除管理服务上确实做得出色外,并没看出在硬件方面比国内先进到哪儿去,甚至略感简陋。

"改革开放初期"开始启动的市政建设热潮,给全国各地区城镇面貌带来了日新月异的巨大变化。这个变化,是百年历史上前所未有的力度、速度和高度。全国城市市政建设的力度通常表现在规模和资金、劳力、技术的投入量方面;市政建设的速度体现在具体项目从开工到竣工验收所需时间的耗时上,以及建设项目全面铺开和持续不断地上新项目方面;市政建设的高度则体现在市政工程的类型、质量、功能配套与日臻完善、更趋合理方面。可以这么说,自从晚清租界时代以来,百年中国社会从未有过覆盖面如此之大、建设项目如此集中、社会关注度如此之高的市政建设工程。八九十年代的中国城市市政工程甚至吸引了世界目光,外国游客、政客和记者们一致的评价就是:中国就像一个巨大的工地,到处都在搞建设,生气勃勃、热火朝天。

要想在本书内把"改革开放初期"全国各地掀起的市政公用服务业建设热潮说清楚,是件无论如何都办不到的事情。因为几乎每一个城市"改革开放初期"十几年的市政建设历史,都浸透了城市建设者、决策者、投资者们的辛勤汗水,也可谓是丰富多彩、波澜壮阔,都完全可以写成一本本厚书。根据本书前几章的惯例,本节内容也采取"抽样"方法,在全国大中小城市中各取一个点,分别加以概述,来使读者对"改革开放初期"全国各地市政建设的基本状况,有一个大致的印象,从而自行分理出当代民生设计产业(室内空间、公共环境、城区景观等等),是如何作为市政建设的重要力量积极参与到每个城市的城市建设之中、并且伴随着市政建设而获得同步发展的。

上海:"改革开放初期"(1976~1995年)十几年间,是上海公用事业自从租界时代形成以来,百年历史中投入最多、发展最快的大发展时代。特别是90年代前半程,上海市政建设的发展速度和巨大成就,超过历史上任何时期。

80年代后期起,上海就开辟多渠道、多元化集资,包括对家庭煤气新装用户收初装费并规定购买煤气建设债券、建立股份制企业、向社会发行股票、建立内部股份制企业和集体合作股份制企业等。其中上海市各级地方对国有公用事业企业的固定资产投资1976~1990年为35.72亿元,1991~1995年为101.33亿元。在探索资金筹措和经营权、所有权分离的产权管理机制中,直接将市场机制引入市政公用服务业,如1991年成立解放后中国首家出租汽车股份制企业"上海浦东大众出租汽车股份有限公司";同年,成立"浦东强生出租汽车股份有限公司";1992年,成立"大众出租汽车股份有限公司""凌桥自来水股份有限公司""原水股份有限公司""巴士实业股份有限公司"等,其中"凌桥""原水""巴士"均为中国同行业中首家股份制企业。1992年,"大众出租汽车股份有限公司"发行B股股票。以后各公司通过配股和国家股的转配股,继续筹集更多的建设资金。为加速公用事业的发展,政府鼓励多种外资、合资、民营、国营经营方式的企业并存共荣,既利用了各自的行业优势,也发挥了各方面积极性。这些在市场经济大环境下积极出台的产业政策,在解决上海市区出租汽车"叫车难"、公交车"乘车难"和填补公交线网的空白点,解决新建居住小区和边远地区的交通,普及全市乡村的自来水化和使上海基本实现家庭燃气化等方面,起了相当大的作用。以每个五年计划时期的发展作比较,1991~1995年的发展最快。日供水能力增加95.2万立方米,日供气能力增加152万立方米,公共交通车辆增加1 189辆,专线车增加3 000多辆,出租汽车增加25 693辆。公共汽车、出租汽车增加之多,已大大超过80年代,甚至超过1990年制订的规划中的2000年预期指标。

上海公用事业的大发展,还体现在公用事业服务质量和市民的生活质量的显著改善。黄浦江上游引水一期工程完工后,上海东部、中部、南部、浦东等地区自来水水质获得改善,使用长江水源后,上海北部地区水质也获改善,预期在黄浦江上游引水二期工程完工后,全市自来水水质将再度改善。煤气的大发展使全市大多数家庭摆脱了沿用许久的煤球炉,很多家庭装上了煤气热水器,在家中沐浴已不再是少数人奢侈的享受。乘客向专线车、出租汽车分流后,公共交通车辆不再拥挤不堪,公交车服务质量大有提高,杜绝了擅自放站、逃客,而两次停站、等客上车已成风气。出租汽车价格较为合理,已成为普通市民常用的交通工具,上车问路成为出租汽车司机普遍遵守的守则。

自来水供应方面:90年代初再度扩建"长桥水厂"和"吴淞水厂",新建"杨思水厂""居家桥水厂"和"闵行二水厂",建成使用第二水源——从长江引水的"陈行水库"和"月浦水厂",成倍提高了全市居民们日常用水的产能,至1995年,市区日供水能力已达到557.2万立方米,比"文革"后几年(以1975年为例)增加了255.2万立方米。总投资逾30亿元的黄浦江上游引水工程,1987年7月第一期完工投产,使市区部分地区自来水水质改善,二期工程1997年12月完工。不仅如此,至1995年末,上海郊县建成县级水厂44座、乡级水厂159座、村级水厂203座,日供水能力共265.56万立方米。全市各郊县552万人口饮用自来水,普及率达

99.3%,在全国率先达到全市农村自来水化。

　　煤气供应方面:再度扩建"杨树浦"煤气厂和"吴淞"煤气厂,新建全国最大的"浦东"煤气厂,开始建设日产量210万立方米的"石洞口"煤气厂及开发东海天然气,燃气事业的发展十分迅速。1995年市区管道煤气日供气能力达到490万立方米,比1949年增加469.6万立方米,增长23倍,比1975年增加209万立方米;市区管道煤气家庭用户达到184.83万户,比1949年增加183.09万户,增长105倍,比1975年增加143.98万户;1975年开始有液化气家庭用户538户,1995年末达到64.38万户,增加64.33万户,增长1 195.72倍,实现了市区基本煤气化。实现多家经营后,各郊县发展管道燃气和液化气,郊县家庭燃气化已达50.58%。

　　城市公交客运方面:以1995年为例,公共交通汽车、电车比1949年增加6 519辆(折合单机车增加10 118辆),增长10.83倍。上海市区公共交通线路条数1949年为44条,1975年为152条,1995年达501条;年运客量1949年为2.41亿人次,1975年为21.10亿人次,1995年达48.34亿人次。公交线路除正常班次外,上下班时有高峰车、妇婴中小学生专车、定班车,晚上有通宵车。新发展的专线车,为多家经营,弥补了公交线路的不足,比公交车方便、舒适,比出租汽车便宜,还有双层大客车、大客车和中、小面包车,发展很快。

　　出租车方面:80年代初出租汽车的供应与需要相差甚多,自1985年开展有引导的多家经营后,发展很快。至1995年末,已有36 991辆车,比1949年增加36 914辆,增长479.40倍,比1975年增加35 562辆。乘坐出租汽车比较方便,可以在路上扬手招车,也可电话叫车、电话预约,在车站、码头、机场和主要客流集散点,有专设的出租汽车站点。以国有企业为骨干的出租汽车行业,服务和计费都有规范,基本上符合国际标准。1995年出租汽车服务车次达到3 082.68万次,比有记录的1952年增加3 072万次,增长298.58倍。

　　市政工程方面:随着改革开放的发展,市政工程设施的管理体制相应变更,形成市和区县两级政府两级管理的体制。1986年,在统一领导、分级管理的原则下,将市区路幅在6米以下的区域性街坊支路和非系统性的下水道支管,下放各区政府管理、养护和维修。同年,经国务院批准,上海市区面积从141平方公里扩大到375平方公里。为此,将郊区的部分公路、桥梁等调整为市区管辖。1994年3月,市市政工程管理局管辖的浦东地区道路、公路、桥梁、污水和排水设施,全部划归浦东新区城市建设局管辖。1994年后,由各区政府自行筹资承建了武宁南路、徐家汇路、长宁路、西藏南路、四川北路等工程。到1995年底,全市共有道路5 420.3公里,桥梁3 561座,其中市区道路1 633.3公里、桥梁438座;公路3 787公里、桥梁3 123座;地铁16.21公里、越江隧道2条;下水道2 535.8公里;城市防汛泵站171座,排水能力为每秒1 024.4立方米;城市污水处理厂12座,日处理能力为49.3万立方米。

　　[以上关于上海市政公用服务业方面的内容,完全根据《上海地方志·公用服务业志》和《上海地方志·市政工程志》(上海市地方志办公室主持编纂,2002年发

布)所提供的数据和重大事件改编而成。〕

　　许昌:作为中国人口第一大省——河南省众多城镇中的一个中型城市,许昌在"改革开放初期"以来城市面貌上的巨大变化,可以成为全国中等城市在市政建设和公用服务业方面取得成就的一个缩影。

　　市区道路:到 1988 年,许昌市区已有道路 116 条,总长 77.2 公里,道路面积 71.87 平方米,人均道路面积 4.3 平方米。截至 2000 年 12 月,市区道路已发展到 140 余条,总长 110 公里,面积 147.85 万平方米,人均道路面积 10.5 平方米,其中人行道面积 105 万平方米。13 年间,修建、扩建、改建的道路有 62 条。到 1988 年,市区已有道路 116 条,总长 77.2 公里,道路面积 71.87 平方米,人均道路面积 4.3 平方米。截至 2000 年 12 月,市区道路已发展到 140 余条,总长 110 公里,面积 147.85 万平方米,人均道路面积 10.5 平方米,其中人行道面积 105 万平方米。13 年间,修建、扩建、改建的道路有 62 条。

　　市政工程:以"九五"期间为例,许昌市共完成各项城建投资 37 亿元(其中仅 2003 年就完成城建投资 17 亿元),新建、改建、扩建了 30 多条道路,使市区道路总长达 204.6 公里,雨污水管线达 180 公里,建有污水处理厂一座,日处理污水能力 8 万吨,建设地下通道 6 个,总面积 5.1 万平方米,挖通、疏浚、改造了护城河、运粮河、引水渠、清潩河、清泥河等穿越市区的河流。通过大规模的市政工程建设,许昌市区面积迅速扩大,城市人口迅猛增长。截至 2007 年年底,许昌市区建成区面积达 63 平方公里,建成区人口达 59.1 万人,城镇化率达到 35.79%,比 2000 年提高了 15.39%,远高于河南全省平均水平的 1.49%。

　　市区公交:"改革开放初期"前几年的 80 年代,许昌市区唯一的公交企业许昌"捷通公交有限公司"公交车票价仅为一角钱,每三站递增一角钱。尽管票价低廉、垄断经营,当时仅有的一家还是连年亏损,公交设施靠政府投资,运营亏损靠财政补贴。随着社会主义市场经济的深入发展和公用事业市场准入制度的实行,1994 年 8 月,许昌"东方公交客运有限公司"创建,加入市区公交运营,为城市公交客运市场注入了新的活力。经过几年的发展,"捷通公交"和"东方公交"两个公司比运营、比服务,形成了良性竞争。市区两家公交公司拥有运营线路 21 条、运营车辆 315 台,运营线路网长度 440 公里,年运营里程 1 570 万公里,年客运总量 1 350 万人次,每万人拥有公共交通车辆 11 标台,再加上豪华长途客运车、出租车,为乘客提供了快捷、舒适、便利的出行条件。至 1995 年,许昌市区公交运营车辆增加到 86 台,线路长度 100 公里,客运总量 523 万人次,每万人拥有公交车辆 2.9 标台。

　　公用服务业:许昌市引进日本海外协力基金、国家补助资金、开发银行贷款等 3 亿多元,新建了"许昌第二水厂",扩建了"周庄水厂",使市区水厂达到 3 个,设计日供水能力达 33.5 万吨,年实际供水量 2 800 万吨,人均日生活用水量 132.69 升,用水普及率、供水水质综合合格率均达 100%。同时,配套铺设新管道,改造旧管网,提高输水能力,保证安全供水,形成了南水源供水体系和地表水供水体系的供水格局。

从80年代末,许昌市区开始采用液化石油气瓶装供气。1997年,许昌商业学校职工住宅小区液化石油气管网供气工程竣工,工程规模为120户,工程内容包括气化间,填补了许昌市管道供气的空白。2000年年底,市区用气人口已有11万人,年供气量1 600吨,气化率22%,已有液化气公司3家,建成集中供气小区30个,公交车、出租车实施了"油改气",许昌市成为河南省液化气汽车试点市。进入新世纪以来,许昌市实施了原管道液化气转换天然气工作,到2008年,许昌市区管道液化气户数总计为12 716户,已陆续对接天然气4 059户,清洁、环保的天然气走进了越来越多的许昌家庭。

公园与市区绿化:1988～2000年间,许昌市累计完成全民义务植树120余万株,先后绿化了"八一路""健康路"等道路28条,建设了"八龙游园""健康游园"等23处公园、景区、广场和街头游园。这些绿化项目的完成,增加了城市绿化量,极大地改善了城市生态环境。截至2000年,许昌市区建成区绿化地面积已达616公顷,公共绿地面积168公顷,市区绿地率、绿化覆盖率分别从1988年的20.7%、22%增至22%、26%,人均公共绿地从1988年的1.5平方米增至2000年的6平方米。90年代末,许昌建成"清潩河游园绿化建设"项目,这是建国后许昌市区规模最大的绿化工程。绿化景区内共新植乔、灌、花、木、藤等各类苗木81万株,铺栽草坪30万平方米,建设广场、停车场14个,面积达9 000平方米,修筑园路1万多米,打井12眼,埋地下供水管道11 700米;绿化区游园面积自八龙桥以北300米,南至许扶运河交汇处,全长4 500米,总面积1 553亩,绿化面积1 054亩。许昌市为解决创建资金"瓶颈"问题,创新投资机制,探索出企业冠名开发广场、全民义务植树建设大型游园绿化带等10种资金运作模式,引资3.33亿元,规划建了"许继会馆""灞陵文化生态园""八龙游园""清潩河游园"等一批城市绿化风光带景观项目。由于绿化工作成效显著,许昌市相继获得了"国家园林城市""国家森林城市"称号。

[以上关于许昌市政工程及公用服务业相关数据及重大事件的内容,均根据罗全振(许昌市建设委员会主任)撰文《改革开放30年城市建设大发展》、记者董艳菊撰文《从许"脏"到许"昌"》(载于《许昌日报》,2008年11月14日,第1版)整理改编而成。]

辛集:河北辛集市,是一个典型的中国北方小型城市,目前城市建成区面积23.7平方公里,城市人口17.94万人,城市化水平达到34%。

城市规划与市政工程:"改革开放初期"70年代末,在《1960年县城规划》的基础上编制完成了《1980～1985年县城近期规划》;1986年撤县建市后,于次年编制《辛集市城市规划》,同年经河北省人民政府正式批准实施。90年代,又投资150万元对《辛集市总体规划》进行了重新修编。辛集市城建项目在八九十年代主要先后抓了一批商业区、住宅区和工业区建设。1992年,投资3.8亿元建设了集商贸、居住、消费、休闲于一体的"辛集皮革商业城",完成建筑面积36万平方米,成为河北皮毛加工业的窗口；又投资 3 亿多元建设了"金街""不夜城"等一批高档次商业设施。同时结合住房制度改革，相继建设了"金城""安定""明珠""博雅""书香园"等高标准的宜居生活小区。截止到 2008 年，辛集市居民住房总建筑面积累计达到 451 万平方米，人均住房面积 32.8 平方米，市民的居住条件有了明显改善。城区规划已初步形成"东工业、西居住，市区路网井状布；镶街道、嵌绿地，南部仓储依铁路"的市区结构布局。

市区道路：进入 80 年代尤其是辛集建市以来，先后投资近 6 亿元，陆续新开、拓宽和翻新了"兴华路南段""建设街""束鹿大街""方碑大街""教育路""宴城路""迎宾路""朝阳路""市府街"等街道，同时进行了无障碍设施建设，并开辟了 8.8 公里的环城路。目前，城市道路铺装率达到 100%，道路完好率达到 94%；城区主干道总里程达到 86 公里，城区道路总长达到 152 公里，道路面积 341 万平方米，人均城市道路面积达 18.74 平方米。如今城区内道路宽阔、路面平整。以横贯东西的"建设大街""束鹿大街""方碑大街""市府大街""安定大街"和纵穿南北的"兴华路""西华路""东华路""朝阳路""教育路""宴城路""工业路"为主要骨架，贯穿 100 多条大小街道，形成了南北为路、东西为街、主次相间、疏密适宜、相互协调、有机联系的比较完整的棋盘道路系统，形成了"一环四纵七横"的市区路网格局，初步构筑起区域中心城市的道路框架。随着市区、道路的通畅，市区也随之逐年扩大，人口越来越多，市区变得越来越繁华了。"辛集跟农村就是不一样，吃、穿、住、行样样方便"，辛集和周边乡村的老百姓现在这样说。

自来水：建国初期，县城辛集镇居民饮水仍源于各街道自建的砖砌大井，居民所用汲具为筲（水桶），以井绳系桶手提或用辘轳提汲，再用扁担肩挑或用车推取水入户。居民多置水缸，供短期储水之用。当时城内尚有以卖水为业的水夫，手推独轮驾车，奔走于大街小巷之间，送水上门。1974 年 8 月，束鹿县（今辛集市）自来水公司成立后，于 1975 年打凿水源井 2 眼，并完成与之配套的机电设备安装及输配水管道工程。同年 10 月正式向城内部分用户定时供水，日供水量 700～1 000 吨。改革开放的春风为辛集市的供水业带来了蓬勃生机。80 年代建市初期，辛集市开始兴建城区供水基础设施，当时城区内共建公共水源点 4 处，有水源井 6 眼，日供水能力达 1.1 万吨，用水人口 4.2 万，供水普及率为 91.6%。90 年代初，投资 700 万元的高标准水厂建成投产，日产水能力 2.3 万吨，供水普及率达到 96%，使城区居民的"吃水难"问题得到有效解决。90 年代中期至 2005 年，随着城市规模的膨胀、人口的增加及城市重心的北移，市区内先后新打 10 眼补压井，并完善了管网配套设施等，使市区日供水能力达到 2.9 万吨，供水管道累计达 81 公里，供水普及率达到 100%，并做到了停电不停水，24 小时不间断供水，固定资产也从 1990 年的 426 万元提高到现在的 2 205 万元。为配合"南水北调"工程进一步提高供水能力，"辛集北水厂"即将建成。

市区排水及环保：自 1978 年后，束鹿县（今辛集市）共投资 38.35 万元修建了 28 条街的排水沟，总长 13.61 公里。1984 年建成 5 处泵站，用于排污排雨。1987

年市区内有各种不同规格的暗沟和明沟盖板排水沟 33 条,总长 18 053 米,城市污水主要排入两条排水沟,使城区排水难的问题有了初步改善。进入 90 年代,随着辛集城区面积的扩大,排水量急剧增加,排水难的问题依然突出。1996 年用于排水工程的总投资达 1 860 万元。之后的数年间,无论是新开道路还是旧道路的拓宽改造,都把排水工程与道路建设同步实施。目前辛集市区内共有排水管道 50条,长 93 公里;市区外 4 条排渠,长 45 公里,累计排水管道长度 138 公里,排水管道密度 1.01 公里/平方公里,在辛集城区内形成了一个科学完整的排水体系。投资 1.38 亿元、日处理污水能力达 10 万立方米的"辛集市水处理中心"于 2003 年 10月建成并投入正式运行,处理后的水质达到了国家二级排放标准,可用于农田灌溉。2008 年辛集全市污水处理总量达 2 345 万立方米,全年 COD 削减量为 1万吨。

民用燃料:辛集居民使用液化石油气始于 80 年代初,当时仅有少数有条件的用户从外地自找气源,作为辅助燃料使用。1985 年后,城区先后建起了 3 个液化气供应站,城市居民液化石油气用户逐年增加,到 1990 年末,液化石油气用户达30 000 多个,城区居民用气普及率 50%以上,年供气量达 1 700 多吨。如今,全市液化石油气供应站有 6 个,液化石油气储气能力 231 吨,液化石油气供气总量为3 576 吨,用气户数达 60 110 户。自 1996 年以来,居民小区管道供气发展迅猛,市内新建住宅小区开始实行管道供气,已累计铺设供气管道 42 公里,有 11 700 户小区居民使用上了管道集中供气。另外,压缩天然气项目正在紧张实施,已有部分小区居民使用上了天然气。

民用供暖:到 1990 年末,辛集市城区家庭冬季采暖仍为传统的分散供热方式,采用小锅炉、小煤炉分散供热,机关、企事业单位冬季采暖多用采暖锅炉和工业锅炉,热效率低、耗煤多、污染严重。自 1994 年成立"集中供热管理处"以来,住宅小区先后实行了集中供热。为节约能源、减少污染,投资 3.36 亿元建成了"东方热电厂";2005 年辛集市投资 500 万元对原有供热管网、供热站进行了彻底改造,全部实行了发电供热,并在辛集市区内建成了 10 座换热站。经过两年来的发展,市区居民供热除大力推行使用热电的同时,还包括地热和自备锅炉供热,城市供热面积340 万平方米。

市区公交:辛集市区公交在"改革开放初期"实现了"从无到有"的过程,1990年 11 月,正式开通市内 1 路公交车,单程营运全长 8.6 公里。1994 年城市公交公司成立后,不断拓展公交事业。个体出租车也在 1985 年开始在市区营运。目前辛集市内已有公交线路 5 条,运营车辆 55 辆,年客运量 300 万人次,单程营运 83 公里。城市出租汽车达 682 辆,年客运总量达 318 万人次,市民出行乘车环境得到了明显改善。

市区建筑与节能环保:进入 80 年代建市之后,辛集市区出现了一大批新式建筑,如"市府办公楼""金城大酒店""金皇冠大酒店""飞马大酒店""明珠高层住宅"等地标性建筑拔地而起。在市区新建大兴土木的同时,辛集加快了节能减排步伐,扎实推进了建筑新型墙材应用,实现了每年 10% 的黏土实心砖递减目标。自 2000 年开始,市区所有新建居民小区全部执行 50% 的节能标准,进一步改变了空气质量,降低了能耗,为实现"碧水、蓝天、绿地"的奋斗目标,迈出了可喜的一步。另外,2007 年还清洗装饰大型建筑 30 多座,铺装彩色便道砖 4 万多平方米,并对城市四个出入口进行了翻新改造。

绿化与亮化:1988 年起,三年内共植树 15.4 万株,绿化 8 条街道。进入 90 年代后,辛集重点抓了以"兴华路"为主体的"五点一线"工程建设,即"新垒头市标广场""市府广场""文化宫广场""车站广场""云塔芳荫"及"迎宾路"绿化工程,恢复建设绿地 1.5 万平方米,新增园林绿地面积 2.8 万平方米。特别是进入"十五"时期,城市绿化建设进一步加大,严格实行"绿线"管制,在绿线范围内只许拆、不许建。按照街景特色化、园林艺术化的要求,狠抓广场绿地和庭院绿化。先后投资 1 120 万元完成了"市府广场""烈士陵园""金鹿公园"改造、重建和拆墙透绿等工作。同时,累计投资 1 840 万元,建设了"教育路"东侧绿化带、"雷锋公园""建设街"与"宴城路""教育路"交叉口等 13 块街头绿地和"教育路""市府街""朝阳路"等道路绿化,共建成区绿化面积 736 公顷,建成区绿化覆盖率 37.05%,绿地率 31.05%,公园面积 14 公顷,人均公园绿地面积 6.59 平方米。

"改革开放初期"以来,辛集市投资改造和扩建了街路灯光照明设施,新装程控式路灯 1 560 盏,辛集市区交通主次干道全部安装了路灯。进入"十五"时期,在路灯建设上累计投资 730 万元,完成了大街小巷的路灯安装和改造。新世纪以来,辛集市全面开展了亮化工程和形象广告建设。"市府广场""文体广场""文化宫广场""金街""不夜城"以及"建设街""兴华路"两侧建筑进行了较高标准的亮化,广泛采用了轮廓灯、泛光灯、变色灯、烟花灯、草坪灯、霓虹灯、射灯等设施。2006 年投资 76 万元对铁塔进行了全面亮化,"云塔芳荫"已成为辛集市区必逛的夜景胜地。"雷锋广场""芳华公园"的亮化工程也于 2007 年全部完成。

[以上关于辛集市市政建设与公用服务营业的数据及重大事件均根据匿名辛集网友撰文《旧貌换新颜,纪念改革开放三十周年之城市建设篇》(载于《新浪博客·辛集贴吧》,2008 年 11 月 3 日)改编而成。由于并非正式官方统计数据,读者须慎重引用。]

六、"改初"时期文教卫生事业背景

"改革开放初期"以来,中国的医疗卫生事业也随着中国经济的腾飞,发生了重大变化,也取得了很大成就。虽然我国医疗卫生事业仍不能满足全国城乡人民日益增长的健康保障需要,甚至与全国人民对医疗卫生事业迫切要求相去甚远,但经过"改革开放初期"十几年及之后延续不断的发展、提高,就规模(从业人数、病床拥有数、医疗网点覆盖率等)、技术(医疗技术和制药科技)上讲,中国医疗卫生事业已经达到百年历史上的最好状态,这本身也是"改革开放"伟大成就的一个重要组成部分。

以 1990 年为例,全国城镇居民家庭人均医疗保健支出为 25.7 元(数据引自国家统计局网站编制"新中国 60 年:城乡居民从贫困向全面小康迈进",2009 年 9 月 10 日)。到 1994 年,我国医院总数已达 67 857 所,其中县及县以上医院有 14 763 所,乡卫生院 51 929 所,城乡其他医院 1 166 所,全国病床达到了 3 133 617 张,卫生技术人员 4 199 217 人;截至 2005 年底,中国居民的人均期望寿命达到了 73 岁,比 30 年前增长了 7 岁(详见蔡景峰著《中国医学通史·现代卷》,人民卫生出版社,2000 年版)。

据《2002 年全国卫生事业发展情况统计公报》数据显示,90 年代以来,中国农村每一千农业人口拥有乡镇卫生院床位 0.81 张、医护人员 1.28 人;农村医疗卫生事业取得了长足发展。全国新型农村合作医疗试点县已经达到 316 个,覆盖人口 9 700 万。目前,面向农村居民的农村新型合作医疗制度迅速发展,已经覆盖了全国 86% 的县、市、区,参加人数达到了 7.26 亿,城市社区卫生服务加快发展,新型城市卫生服务体系正在形成。社区卫生服务机构的数量不断增加。截止到 2003 年统计,全国社区卫生服务中心(站)10 101 个,2004 年增长为 14 153 个,2005 年 17 128 个,2006 年 22 656 个,2007 年底全国社区卫生服务中心(站)2.4 万个。2007 年社区卫生服务中心人员数达 7.7 万人(其中卫生技术人员 6.4 万人),社区卫生服务站总人员 8.0 万人。2007 年与 2003 年比较,社区卫生服务中心(站)增加 1.4 万个,卫生人员增加约 10 万人(增长 1.6 倍)。

大城市重点医院的病床使用率提高,平均住院日缩短,医师工作负荷增加。2007 年,医院病床使用率为 78.4%,乡镇卫生院病床使用率为 47.7%。与 2003 年相比,医院病床使用率提高 13.1 个百分点,乡镇卫生院病床使用率提高 11.4 个百分点。2007 年医院出院者平均住院日为 10.6 日,比 2003 年平均缩短 0.4 日。

中国城镇职工医疗保险覆盖面进一步扩大,2006 年筹资额达到 1 747 亿元。2007 年下半年,中国 79 个城市启动了"城镇居民基本医疗保险试点",面向城镇职工的基本医疗保险已经覆盖到绝大多数企事业单位和部分非公经济组织,已扩大到全国 50% 以上的城镇,参保人数达到 1.76 亿。同时,城乡医疗救助制度不断完善,2007 年救助资金总规模达 71.2 亿元。2006 年全国农村医疗救助支出资金 15 亿元,救助 1 823 万人次;城市医疗救助支出资金 10 亿元,救助 211 万人次。此外,商业医疗保险也在不断发展。应该说,中国特色的基本医疗保险框架已经初步形成。

"改革开放初期"以来,公共卫生服务和保障能力得到提高,重大疾病防治工作扎实推进。传染病和公共卫生突发事件(如 SARS、禽流感等)应急处置能力不断上升,艾滋病、结核病、乙肝、血吸虫病等重大传染病发现、控制和治疗能力得到提高。截至 2007 年 11 月底,全国 448 个血吸虫病流行县(区)中,280 个县(区)达到传播阻断标准,72 个县(区)达到传播控制标准;2007 年 1~10 月血吸虫病治疗和扩大化疗人数达 289.5 万人。2007 年起,国家将甲肝、流脑等 15 种可以通过接种疫苗有效预防的传染病全部纳入"国家免疫规划"。从 2003 年"抗击非典"时期起,我国采取了疫情网络直报,2007 年全国卫生信息直报系统试运行,网络信息平台的使用进一步提高了我国公共卫生领域的应对速度和能力。

新型"农村合作医疗制度"覆盖面扩大,农村卫生工作得到加强。新型农村合作医疗制度从 2003 年开始试点,截至 2007 年 9 月底,全国开展新型农村合作医疗的县(市、区)达 2 448 个,参合农民 7.3 亿人,参合率达 86.0%,与 2004 年相比,开展新农合的县(市、区)增加 2 115 个,参合农民增长 8 倍,参合率增长 10.8 个百分点。与此同时,我国积极实施农村卫生服务体系建设与发展规划,从 2004 年起 5 年投资 217 亿元,重点加强中西部地区县乡村医疗卫生机构建设。

"改革开放初期"以来,中央和地方政府卫生资金投入量逐年增加。至 2003 年,全国卫生总费用 6 594.70 亿元,其中政府、社会和个人卫生支出分别占 17.1%、27.1%和 55.8%。到 2006 年,全国卫生总费用达 9 856.3 亿元,政府、社会和个人卫生支出分别占 18.0%、32.6%和 49.4%。2007 年,中央财政医疗卫生支出达到 631 亿元,比 2006 年增长 277%。

[以上关于医疗卫生系统的内容中未注明参考文献出处的部分,均根据邹东涛著《中国经济发展和体制改革报告:中国改革开放 30 年(1978～2008)》(社会科学文献出版社,2008 年 6 月出版)之"第二十三章:我国卫生医疗体制改革 30 年"中的"第二节:卫生医疗体制改革 30 年的成就和主要问题"相关数据和主要观点改编而成。]

表 8-12　建国初期至改革开放初期全国平均每千人口医院床位数及专业卫生技术人员数统计列表

	1949 年	1957 年	1965 年	1975 年	1980 年	1985 年	1990 年	1995 年
医院床位(张)	0.15	0.46	1.06	1.74	2.02	2.14	2.32	2.39
城市	0.63	2.08	3.78	4.61	4.7	4.54	4.18	3.5
县乡	0.05	0.14	0.51	1.23	1.48	1.53	1.55	1.59
卫生技术人员(人)	0.93	1.61	2.11	2.24	2.85	3.28	3.45	3.59
城市	1.87	3.6	5.37	6.92	8.03	7.92	6.59	5.36
县乡	0.73	1.22	1.46	1.41	1.81	2.09	2.15	2.32
医生(人)	0.67	0.84	1.05	0.95	1.17	1.36	1.56	1.62
城市	0.7	1.3	2.22	2.66	3.22	3.35	2.95	2.39
县乡	0.66	0.76	0.82	0.65	0.76	0.85	0.98	1.07
护理师、护士(人)	0.06	0.2	0.32	0.41	0.47	0.61	0.86	0.95
城市	0.25	0.94	1.45	1.74	1.83	1.85	1.91	1.59
县乡	0.02	0.05	0.1	0.18	0.2	0.3	0.43	0.49

补充资料:1995 年平均每千人口医师 1.23 人,其中,城市平均 1.97 人,县乡平均 0.70 人(详见《中国卫生年鉴 1999》),由卫生部、全国爱国卫生运动委员会、国家发展和改革委员会、劳动和社会保障部、国家中医药管理局、国家质量监督检验检疫总局、解放军总后勤部卫生部共同编写,人民卫生出版社,1999 年

12月版）。

从1978年到2009年，中国图书产品增加18.4倍，报纸、期刊的产品增加近10倍，印刷业总产值增加100倍。与改革开放前相比，中国出版传媒市场发生了历史性变化，出版由"书荒"变成"书海"，新闻由"封闭"变得"开放"，传媒由"单一"变得"多样"，图书、报刊和电子出版物的出版品种、总量逐年大幅增长，30年的出版总量超过了过去几千年的出版物总和。2009年，全国新闻出版业实现总产出10 668.9亿元；实现增加值3 099.7亿元，占同期国内生产总值（GDP）的0.9%；其中，属于文化产业核心层的增加值达1 660亿元，占同期全国文化产业核心层增加值的60.1%。特别是数字出版发展迅速，总产出已达到799.4亿元，首次超过同期图书出版产出规模。全行业营业收入10 341.2亿元，利润（结余）总额893.3亿元，纳税总额为620.3亿元；不包括数字出版在内的全行业资产总额为11 848.5亿元，净资产（所有者权益）为6 168.3亿元。

传统新闻出版业向规模化、集约化、专业化发展，新闻出版新业态大量涌现。2009年，全国共出版图书30.2万种，总印数70.4亿册（张）；出版报纸1 937种，总印数439.1亿份；出版期刊9 851种，总印数31.5亿册；出版录音录像制品25 384种，出版数量4.0亿盒（张）；出版电子出版物10 708种，2.3亿张。目前，我国日报出版规模居世界第一，图书出版品种、总印数居世界第一，电子书出版居世界第二，印刷复制业总产值居世界第三。生产能力和产出总量都表明，我国已经成为名副其实的出版大国。与此同时，数字出版、互联网出版、动漫游戏出版、手机出版等新的业态发展迅猛。到2009年底，我国581家图书出版社中已有90%开展了电子图书出版业务。2009年，我国国产电子书、电子阅读器销量约71.6万台，承载图书3 000多万册，销售额超过25亿元；预计2010年将达300万台，销售额100亿元左右。

新闻出版产业体系、结构、布局不断优化。到2009年，我国有图书出版单位581家，音像出版单位380家，电子出版物出版单位240家，各类印刷复制单位18万家，发行网点16万个，全行业直接从业人员达450万人。现已形成以图书、报纸、期刊、音像、电子、网络、手机等媒体出版和印刷、复制、发行、外贸等为主的，包括教育、科研、版权代理、物资供应、国际合作等在内的完整的产业体系。在印刷、发行和复制、形象策划服务领域，已经形成国有、民营、外资等多种所有制共同发展的新格局。在区域布局上，已经形成珠江三角洲、长江三角洲、环渤海地区等各具特色的产业集群和版权、出版、印刷、物流和数字出版基地，具备了一定的国际竞争力。目前，我国出版物已进入世界190多个国家和地区，报刊发行覆盖80多个国家和地区。2009年出口图书、报纸、期刊885万多册（份），比上年增长10.4%；版权贸易逆差逐年缩小，引进与输出之比从2002年的15∶1降至2009年的3.3∶1。国内企业在外办社、办报、办刊、办店、办厂290多家，"走出去"由版权、产品层次向资本、渠道层面提升。

〔以上关于文化出版方面的内容，均根据柳斌杰（国家新闻出版总署署长）

撰文《开创新闻出版业改革发展新局面》(载于《求是》半月刊,中共中央机关刊物,2008 年第 19 期)和"新闻出版系统改革发展背景材料"(国务院新闻办公室新闻发布材料),载于《人民网》,2008 年 11 月 10 日,相关数据与主要观点汇编而成。]

"改革开放初期"以来,我国教育事业发展十分迅速。1978～2007 年三十年间,全国小学学龄儿童入学率从 94% 提高到 99.5%;初中毛入学率从 20% 达到 98%;高中阶段教育毛入学率从不到 10% 提高到 66%;高等教育毛入学率从不到 1% 提高到 23%;学前教育毛入园率从很低水平起步,达到 44.6%。目前我国 15 岁以上人口和新增劳动力的平均受教育年限分别接近 8.5 年和 10.5 年,人力资源开发处于发展中国家较高水平。

"改革开放"以后,中国的义务教育进入全面普及巩固的新阶段,基础教育水平全面提升。2000 年,中国实现了"基本普及九年义务教育""基本扫除青壮年文盲"(简称"两基")的宏伟目标,"两基"受惠人口覆盖率超过 85%,2007 年进一步扩大到 99%。我国已跻身于免费义务教育水平较高国家行列,数以亿计初中毕业的劳动力为国民经济持续快速增长提供了关键支撑。同时,在基础教育其他领域,普通高中、学前教育和特殊教育发展也很迅速。2007 年,普通高中在校生 2 522.4 万人,幼儿园(含学前班)在园 2 349 万人,特殊教育学校在校生 41.3 万人,均处于历史最高水平。

八九十年代中国职业教育以服务为宗旨、以就业为导向,在改革和创新中加快发展。至 2007 年,全国中等和高等职业教育的在校生分别为 1 987 万人和 861 万人,分别是 1979 年的 3.4 倍和 4.2 倍。技能培训和继续教育也有很大发展,2007 年非学历的中、高等教育毕(结)业者分别为 6 810.8 万人次和 412.6 万人次,企业年培训规模 9 100 万人次。国家专项支持建设的 1 076 个职业教育实训基地、1 280 个县级职教中心和示范性中职学校、70 所示范性高职学院成效明显。

"改革开放初期"以来,中国高等教育事业的发展,始终是全国人民和历届政府关注的焦点。经过多年的发展,无论在招生人数、办学条件、师资力量,还是科研能力等各方面,均有很大提高。中国高校的办学规模,在世纪之交跃上新的台阶,开始了大面积的"扩招",促使我国高等教育毛入学率 2002 年达到 15%,迈入发达国家普遍实行的"高等教育大众化"阶段。以 2007 年为例,当年全国高等院校在学人数 2 700 万人,规模居世界第一;比 1978 年增加了近 11 倍。其中普通本科生 1 024.4 万人,研究生 119.5 万人,分别比 1978 年增长了 21.3 倍和 107.6 倍。

中国政府为加强紧缺人才和高技能人才培养,对西部和人口大省高教发展倾斜支持,通过"211 工程"和"985 工程"建设了一批高水平大学和重点学科。全国高校积极参与国家创新体系建设,获国家级"自然科学奖""技术发明奖""科技进步奖"累计数均占 50% 以上。2006 年全国高校专利拥有量 4.5 万项,国家大学科技园 62 个。

〔以上关于教育事业的数据和重大事件均根据张力(教育部教育发展研究中心主任、研究员)撰文《改革开放30年我国教育成就和未来展望》(载于《中国发展观察》月刊,国务院发展研究中心主办,2008年第10期)整理改编而成。〕

但是,对中国教育现状的不满,又成为中国社会较为突出的社会矛盾之一。除了教育资源分配不公、学术弊端时现、教育机构行政化这些问题之外,整个教育方针受到了广泛的质疑:"用刘道玉先生的话来说,就是'按照一种固定的模具,把原料注入模具中,然后出来的就是流水线上规格相同的批量产品'。这种说法与老一代学者如出一辙。已故语言学家吕叔湘指出:'教育的性质类似农业,而绝对不像工业。工业是把原料按照规定的工序,制造成为符合设计的产品。农业可不是这样。农业是把种子种到地里,给它充分的合适的条件,如水、阳光、空气、肥料等等,让它自己发芽生长,自己开花结果,来满足人们的需要。'丰子恺先生画过一幅名为'教育'的漫画。画面上有一个做泥人的师傅,正在非常认真地把一个个泥团往模子里按,旁边摆着一个个从模子里脱出来的泥人。叶圣陶看到这幅漫画以后,感慨地说:'受教育的人决非没有生命的泥团,谁要是像那个师傅一样只管把他们往模子里按,他的失败是肯定无疑的。'现在看来,这种应试教育就像制造泥人一样。"(智效民、丁东《刘道玉:独立大学精神在50年代初被极左思想破坏》,载于《南方周末》,2012年9月15日)

现在"民国"热炒,很多人感叹当下为什么就培养不出民国那种文人、知识分子。其实这是个伪命题,理由很浅显,不说也人人明白,非要假装不明白,就未免矫情了。本书作者用一段匿名网友的博文来概括现在高教亟须改革的弊端,本书作者以为不同于恶意污蔑或肆意谩骂,此文的批评还是比较中肯而准确的:"今日之学界,着实令人汗颜。本书作者概括为'三化':官场化、赌场化、市场化。官场化:高校体制几与行政体系一般无二,外行管内行,官僚主义作风普遍。赌场化:主要指不少无良之辈铤而走险,抄袭他人学术成果,意图侥幸过关。市场化:指靠量化指标(说白了,就是学术的价格)这一看不见的手引导学术研究,导致重理工,轻人文成为风尚,学风浮躁,唯利是图,斯文扫地。其中前两点似无争议,唯第三点本书作者认为有进一步讨论的余地。其实,适度的市场化是可以理解甚至是必要的——特别是在我们这个以经济建设为中心的时代。事实上,民国时期文化思想虽可谓异彩纷呈,但总有散兵游勇之感,且多为意气之作(如陈寅恪《柳如是别传》)。这种研究模式显然并不适合如今这个高速发展、讲求合作的社会。然而,学术毕竟不同于商业行为。学术成果价值几何是个十分难以判断的问题(工科因为可以直接转化成生产力因而相对容易,基础理科及人文学科则几乎不可能),岂能明码标价?看来,'板凳须坐十年冷'的古训已成绝响。"(野史《民国时期比现在条件差得多,为何大师却层出不穷?》,载于"人人网·日志",2011年10月18日)

高等设计教育,是伴随着当代中国教育在规模上的全面发展而发展起来的"新兴学科"。目前中国设计类院校的毕业人数(有一应俱全的各级文凭,包括博士、硕士、本科、专科),已经接近全世界每年此类专业院校毕业生总量的一半。

本书作者对设计教育的弊端已多有非议,此处就不占篇幅、重复议论了。反正现状是谁都看在眼里的:尽管中国设计院校三十年如一日地崇洋媚外成风,很多师生了解大牌洋设计师们的姓氏、业绩和绯闻,比了解自家嫡血亲戚还要熟悉。但耗尽了很多在此行当混饭吃的"专家""学者"们(包括本书作者)几乎一辈子的心血努力,中国设计院校离成批量培养出具有世界级影响的民生设计师还有一定距离。起码对此要有个公正评价:现代化标准的高等设计教育,在"改初"时期做到了"从无到有",但"从弱到强",还需待以时日。

七、新中国的"国货名牌"

以本小节的篇幅,本书作者花了不少时间辛苦查找、整理资料,制作了一份建国初期至改革开放初期跟老百姓日常生产、生活和民生设计都密切相关的《国货名牌》,以飨读者。

表 8-13　建国初期至改革开放初期民生商品国货名牌[注1]
(流行时段:1949~1995 年之间)

种类	名称及注册品牌	创设年份	产地及厂家名称	现状
服装	梅花牌运动衣	1970	天津针织运动衣厂	已停产
	李宁牌运动衣	1990	广东李宁体育用品有限公司	
	波司登羽绒服	1975	上海波司登国际控股有限公司	改制升级
	鸭鸭牌羽绒服	1974	江西共青鸭鸭(集团)有限公司	改制升级
	红都西装	1956	北京市红都时装公司	改制升级
	李顺昌西服	1904	上海、南京、宁波李顺昌西服店	改制升级
	红豆牌针织内衣、休闲服等	1983	江苏无锡红豆服装公司	转产改型
	雅戈尔牌系列服饰	1979	浙江宁波雅戈尔服饰公司	转产改型
	七匹狼牌男装	1990	福建七匹狼实业股份有限公司	
	美特斯·邦威牌男装	1995	浙江温州美特斯·邦威服装公司	
	德尔惠牌运动服饰系列	1985	福建晋江德尔惠服饰公司	合资联营
	春竹牌羊绒衫	1957	上海春竹针织服装厂	改制升级
	金兔牌羊绒衫	1979	上海金兔羊毛衫厂	已停产
	海魂衫	1963	上海针织运动衣厂等	已停产
	鹅牌针织内衣	1924	上海五和针织二厂	
	司麦脱牌衬衫	1933	上海新光标准内衣厂	改制升级
	康派司牌衬衫	1944	上海康派司实业公司	合资联营
	海盐牌衬衫	1980	浙江省海盐县衬衫总厂	已停产
	三枪牌内衣裤	1937	上海针织九厂	并购联营
	古今牌女用内衣	1942	上海古今内衣有限公司	改制升级

种类	名称及注册品牌	创设年份	产地及厂家名称	现状
鞋帽	雷锋帽	1955	解放军总后勤部指定军用被服厂	已停产
	羊皮前进帽(鸭舌帽)	1952	北京盛锡福帽店	改制升级
	解放鞋	1950	解放军总后勤部指定军用被服厂	已停产
	回力牌运动鞋	1935	上海回力鞋业有限公司	改制升级
	飞跃牌运动鞋	1920	上海飞跃鞋业公司	合资联营
	双星牌运动鞋	1921	山东青岛国营第九橡胶厂	改制升级
	火炬牌运动鞋	1935	上海运动鞋总厂	转产改型
	万里牌男皮鞋	1958	江苏南京万里皮鞋厂	改制升级
	骆驼牌皮鞋、休闲运动鞋	1993	福建石狮豪迈鞋业有限公司	
	安踏牌运动鞋	1991	安踏(福建)鞋业有限公司	并购联营
	提花弹力袜	1995	浙江诸暨大唐袜业公司	
	圆口黑面千层底布鞋	1853	北京步联升鞋庄	改制升级
	小花园牌布鞋	1923	上海小花园鞋厂	改制升级
	星花牌雨靴	1970	天津橡胶厂	已停产
	红鸟牌鞋油	1987	上海日用化学工业开发公司	合资联营
首饰	系列中外金银钻玉首饰	1848	上海老凤祥银楼	改制升级
	金银首饰	1985	北京菜百金银珠宝公司	改制升级
	金银首饰	1982	上海老庙黄金银楼(原上海老城隍庙工艺品商店)	改制升级
容妆	飞鹰牌剃须盒装刀具	1946	上海刀片厂(光荣五金厂)	已停产
	天堂牌拉杆折叠太阳伞	1984	浙江杭州天堂伞厂	
	日威牌电动理发剪	1991	上海宁波日威电器有限公司	合资联营
	康夫牌电动吹风机	1995	广东揭阳华能达电器有限公司	
	电熨斗系列	1995	浙江慈溪黎明电器有限公司	
日化	美加净牌牙膏	1962	上海牙膏厂	
	中华牌牙膏	1954	上海牙膏厂	
	百雀羚香脂(面霜)	1940	上海富贝康化妆品有限公司	改制升级
	谢馥春化妆品	1830	公私合营谢馥春香粉厂(1956年)	改制升级
	友谊牌雪花膏	1964	上海家用化学品厂	
	郁美净	1980	天津郁美净集团有限公司	改制升级
	孔凤春化妆品	1862	杭州孔凤春化妆品厂	改制升级
	大宝洗面奶	1985	北京市三露厂	改制升级
	六神安花露水	1989	上海家用化学品厂	改制升级
	水仙牌风油精	1972	福建漳州水仙药业有限公司	改制升级
	手牌蛤蜊油	1994	上海梦娜日化厂	已停产
	天坛牌清凉油	1975	上海中华制药厂	改制升级

种类	名称及注册品牌	创设年份	产地及厂家名称	现状
	龙虎牌清凉油	1980	上海中华制药厂	已停产
	白猫牌清凉油	1969	江苏南通薄荷厂	改制升级
	三星牌蚊香	1915	上海三星日用品有限公司	改制升级
	白猫洗洁精	1948	上海永新化学工业股份有限公司	合资联营
	熊猫牌洗衣粉	1990	北京日化二厂	已停产
	活力28洗涤液	1982	湖北沙市日化总厂	已停产
家纺	民光牌家纺系列	1935	上海民光被单厂	改制升级
	凤凰牌毛毯	1978	上海毛毯厂	合并联营
	工农兵牌被单	1953	江苏南京工农兵针织内衣厂	已停产
	钟牌414毛巾	1940	上海萃众毛巾厂（原中国国货公司）	合并联营
	皇后牌浴巾	1933	上海龙头家纺锦乐公司	合并联营
食品	大白兔奶糖、糕点、蜜制品	1918	冠生园食品厂	改制升级
	粽子	1921	浙江嘉兴五芳粽子店	改制升级
	江浙菜肴、小吃	1946	湖北武汉五芳斋食品店	改制升级
	江浙风味点心零食	1895	北京稻香村南味食品店	改制升级
	金鸡牌饼干、冰砖、万年青（葱油）饼干	1931	上海泰康饼干厂	改制升级
	傻子（年广久）瓜子	1979	安徽芜湖傻子瓜子炒货铺	
	挂炉烤鸭、京味菜肴	1864	北京全聚德烤鸭店	改制升级
	羊肉涮锅	1903	北京东来顺饭庄	改制升级
	梅林午餐肉	1987	上海梅林食品（集团）公司	合并联营
	双汇火腿肠、肉制品	1994	河南漯河双汇食品公司	
	雨润肉制品	1993	江苏南京雨润食品公司	
	桂花盐水鸭	南朝	江苏南京食品公司卤菜门市部(1956年)	改制升级
	金华火腿	北宋	浙江金华食品厂(1950年)	改制升级
	宣威火腿	清雍正	云南宣威大有恒公司(1920年)	改制升级
	大娘水饺	1996	江苏常州大娘水饺餐饮集团股份有限公司	
	老妈火锅	1986	四川成都半边桥老妈火锅店	改制升级
	光明牌冷饮	1950	上海益民食品一厂	改制升级
	马头牌冷饮	1947	南京玲玲机制冷食厂（国营南京糖果冷食厂）	已停产
副食	中华牌香烟	1951	上海国营中华烟草公司（上海卷烟厂）	改制升级
	牡丹牌香烟	1955	国营上海卷烟二厂（原上海卷烟厂）	已停产
	大前门牌香烟	1916	上海、天津、青岛等地卷烟厂	改制升级
	红金牌香烟	1964	上海卷烟厂	已停产

种类	名称及注册品牌	创设年份	产地及厂家名称	现状
	南京牌香烟	1945	江苏南京卷烟厂（原南京勤丰烟厂）	改制升级
	（大）重九牌香烟	1922	云南国营昆明卷烟厂（1949年）	改制升级
	勇士牌香烟	1947	上海卷烟厂（原上海福新烟草公司等）	已停产
	大生产牌香烟	1949	辽宁沈阳制烟厂	改制升级
	山西陈醋	清顺治	山西徐清醋厂（六味斋、新园等）	改制升级
	镇江香醋	1840	江苏国营镇江恒顺制醋厂	改制升级
	红钟牌酱油	1927	天津光荣酱油厂（原天津宏中酱油厂）	已停产
	机轮牌酱油	1950	南京酿化厂	已停产
饮料	北冰洋牌汽水	1950	北京市食品厂	已停产
	正广和牌汽水	1864	国营上海汽水厂（原上海正广和汽水厂）	改制升级
	健力宝罐装饮料	1984	广东佛山市三水健力宝贸易有限公司	已停产
	青岛啤酒	1903	山东国营青岛啤酒厂	改制升级
	哈尔滨啤酒	1900	国营哈尔滨啤酒厂（原乌卢布列夫斯基啤酒厂）	改制升级
	光明牌啤酒	1953	上海怡和啤酒厂（地方国营上海华光啤酒厂）	已停产
	天鹅牌啤酒	1959	国营上海啤酒厂	已停产
	上海啤酒	1970	上海啤酒厂	已停产
	珠江牌啤酒	1983	广州珠江啤酒集团	
	雪花牌啤酒	1957	辽宁国营沈阳啤酒厂	改制升级
	乐口福麦乳精	1931	上海咖啡厂（原黄河制药厂）	改制升级
	太阳神口服液	1988	广东太阳神集团有限公司	已停产
	娃哈哈儿童口服液	1988	杭州娃哈哈合资公司	已停产
	中华鳖精口服液	1991	浙江圣达保健品有限公司	已停产
	乐百氏牌口服液	1989	广东中山乐百氏公司	已停产
	三株牌口服液	1994	山东济南三株福尔制药有限公司	已停产
	茅台白酒	西汉	贵州仁怀茅台镇茅台酒厂（1953年）	改制升级
	五粮液白酒	宋代	四川地方国营宜宾酒厂	改制升级
	汾酒（竹叶青）	南北朝	山西汾阳杏花村汾酒厂	升级改型
	洋河大曲	晚明	江苏宿迁洋河镇国营洋河酒厂（1953年）	升级改型
	张裕葡萄酒	1892	山东烟台张裕酿酒公司	升级改型
	绍兴花雕（黄酒）	清代	浙江国营绍兴酒厂	升级改型
日用	鹿牌（红双喜）铁壳暖水瓶	1961	北京昌平国营北京保温瓶厂	已停产
	长城牌暖水瓶	1934	国营上海热水瓶一厂（原上海立新热水瓶厂）	已停产

种类	名称及注册品牌	创设年份	产地及厂家名称	现状
	金鼎牌热水瓶	1946	上海热水瓶厂（原上海光大热水瓶厂）	已停产
	荆江牌热水瓶	1957	湖北沙市热水瓶厂	已停产
	金钱牌搪瓷餐饮炊具	1926	上海益丰搪瓷厂	已停产
	水晶牌净水器	1983	上海轻工机械七厂	已停产
	精益牌近视、老花、墨镜	1911	上海、武汉精益眼镜店	已停产
	视力牌呼式赛璐珞 202 型秀郎眼镜架	1958	上海眼镜一厂	已停产
电器	双鹿牌电池	1954	浙江宁波电池总厂	联营转产
	南孚牌电池	1988	福建南平南孚电池有限公司	合资联营
	白象牌电池	1941	上海电池厂	已停产
	亚字牌白炽灯泡	1958	南京下关灯泡厂	已停产
	电工牌荧光灯	1970	南京华东电子管厂	已停产
	华生牌电风扇	1930	上海电扇厂（原华生电器制造厂）	改制升级
	长城牌电风扇	1975	苏州电扇厂	升级改型
	红灯牌 501 型五管台式一波段收音机	1970	青岛无线电二厂	已停产
	熊猫牌 601 型收音机（1956年）	1947	南京无线电厂（原中央无线电厂）	已停产
	德生牌 PL737 收音机	1994	广东东莞市德生通用电器制造有限公司	已停产
	凯歌牌 593 型五灯电子管收音机	1961	上海无线电四厂	已停产
	红旗牌 601 型晶体管收音机	1968	上海无线电三厂	已停产
	中华牌 206 电唱机	1975	上海中国唱片厂	已停产
	胶木唱片	1952	上海唱片厂（原大中华唱片厂）	已停产
	塑料薄膜唱片	1968	上海中国唱片厂	已停产
	葵花牌 HL－1 型盒式录音机	1976	上海玩具元件厂	已停产
	三角牌电饭锅	1988	广东顺德容奇镇容声家用电器厂	改制升级
	小天鹅洗衣机	1978	江苏无锡洗衣机厂	
	小鸭洗衣机	1987	山东济南洗衣机厂	改制升级
	威力洗衣机	1980	广东中山威力洗衣机厂	已停产
	荣事达洗衣机	1992	荣事达（合肥）电气公司	
	雪花牌电冰箱	1958	北京电冰箱厂	已停产
	香雪海电冰箱	1980	江苏苏州电冰箱总厂	已停产
	美菱牌电冰箱	1985	安徽合肥电冰箱厂	已停产

786

种类	名称及注册品牌	创设年份	产地及厂家名称	现状
	双鹿牌电冰箱	1987	上海电冰箱厂	已停产
	北京牌 14 吋黑白电视机	1958	天津 712 厂（仿造苏式产品）	已停产
	红岩牌 12 吋黑白电视机	1972	重庆无线电三厂	已停产
	凯歌牌（黑白、彩色）电视机	1981	上海无线电四厂	已停产
	飞跃牌（黑白、彩色）电视机	1982	上海无线电十八厂	已停产
	金星牌彩色电视机（引进）	1982	上海电视机厂	已停产
	福日牌电视机（合资）	1981	福建电子设备厂	已停产
	长虹牌彩色电视机	1985	四川绵阳电视机厂	改制升级
	熊猫牌彩色电视机	1982	南京无线电厂	已停产
	牡丹牌彩色电视机	1983	北京电视机厂	已停产
	华宝牌分体壁挂式空调机	1988	广东顺德华宝电器集团	已停产
	春兰牌 70DS 型柜式空调机	1987	江苏泰州春兰电器集团	已停产
	格兰仕微波炉	1992	广东格兰仕电器集团	
	联想 486 家用电脑 PC 机	1994	北京联想集团	升级改型
	美的家电	1992	广东美的电器企业集团	升级改型
	海信家电	1994	山东青岛海信电器股份有限公司	
机械	海鸥牌 203 照相机	1963	上海照相机二厂	已停产
	上海牌 58-Ⅱ 型照相机（仿德产莱卡Ⅲb型）	1960	上海照相机厂	已停产
	凤凰牌 205E 照相机	1983	江西光学仪器厂	已停产
	东方牌 S 系列 135 照相机	1956	天津照相机厂	已停产
	红梅 HM-1 皮腔折叠式照相机	1980	常州照相机厂	已停产
	华蓥牌 120 双反照相机		四川华光、明光、永光仪器厂	已停产
	珠江牌 S-201 型照相机	1978	广州照相机厂	已停产
	百花牌 M1、Z120 照相机	1969	南京光学仪器厂（南京照相机厂）	已停产
	西湖牌 35MM 照相机（仿匈牙利 35MM）	1960	杭州光学仪器厂（杭州照相机厂）	已停产
	长城牌 DF-1 型照相机	1980	北京照相机总厂	已停产
	红旗牌 20 型照相机（仿德国莱卡 M3 型平视取景照相机）	1973	上海照相机厂	已停产
	华夏牌 H821 型 135 平视照相机	1983	三五八厂	已停产
	青岛牌照相机（仿德产奥普蒂玛 2746 型）		青岛照相机厂	已停产
	东风牌 6920 型照相机（仿瑞士哈苏勃莱德 500c 型 120 单反光照相机）	1969	上海照相机厂	已停产

种类	名称及注册品牌	创设年份	产地及厂家名称	现状
	牡丹牌 MD－1D 型照相机	1970	丹东照相机厂	已停产
	乐凯牌胶卷	1958	化工部第一胶片厂(河北保定)	已停产
	公元牌胶卷	1953	广东汕头感光材料厂	已停产
	蝴蝶(无敌)牌缝纫机	1919	公私合营上海协昌缝纫机厂	已停产
	蜜蜂牌缝纫机	1940	上海缝纫机总厂(原协昌缝纫机器公司)	已停产
	英雄牌闹钟	1958	南京钟表厂	已停产
	黎明牌闹钟	1964	天津钟表厂	已停产
	钻石牌(夜光针)闹钟	1969	上海钟表厂	已停产
	三五牌挂钟	1940	上海钟表厂(原中国钟厂)	升级改型
	北极星牌摆钟	1918	烟台钟表厂(原德顺兴造钟厂)	已停产
	海鸥牌手表	1955	天津手表厂	已停产
	上海牌半钢手表	1956	地方国营上海手表厂	已停产
	北京牌手表	1958	北京手表厂	已停产
	上海牌全钢 17 钻手表	1963	地方国营上海手表厂	已停产
	宝石花牌手表	1969	上海手表二厂	已停产
	东风牌 19 钻凸镜面男表	1969	天津手表厂	已停产
	钻石牌手表	1970	上海手表四厂(原上海秒表厂)	已停产
	宝石花牌手表	1973	上海手表三厂	已停产
	山城牌手表	1978	重庆手表厂	已停产
	双菱牌日历手表	1981	北京手表厂	已停产
	青云牌手表	1980	辽宁丹东手表二厂	已停产
	红旗牌手表	1971	辽宁手表厂(丹东)	已停产
	孔雀牌手表	1958	辽宁手表厂(丹东)	升级改型
	延安牌手表	1972	陕西西安红旗手表厂	已停产
	蝴蝶牌手表	1985	陕西西安红旗手表厂	已停产
	多菱牌手表	1977	苏州手表厂	已停产
	广州牌手表	1959	广州手表厂	已停产
	泰山牌手表	1975	山东聊城手表厂	已停产
	北极星牌手表	1984	烟台钟表厂	已停产
	钟山牌手表	1971	南京手表厂	已停产
	玉兔牌血压计	1958	上海医疗设备厂	升级改型
	上海牌 MF30 型万用表	1974	上海第四电表厂	已停产
五金	张小泉剪刀	1663	杭州张小泉剪刀厂(1957 年)	升级改制
	曹正兴菜刀	1840	武汉市曹正兴刀具生产合作社(1955 年)	升级改制

种类	名称及注册品牌	创设年份	产地及厂家名称	现状
	普发牌(POFA)绘图仪器	1963	上海绘图仪器厂	已停产
	双环牌绘图仪器	1972	广州文具厂	已停产
	劳动牌五金工具	1949	上海劳动机械厂	升级改制
	上工牌五金工具	1950	上海工具厂	升级改制
	三环牌门锁	1977	山东烟台锁厂	升级改制
	地球牌弹子门锁	1956	公私合营上海环球锁厂	升级改制
	"江"字牌门锁	1961	重庆制锁二厂	已停产
	固力牌门锁	1992	广东中山广东固力制锁集团	合资联营
车辆	飞鸽牌自行车	1950	天津自行车总厂	联营转型
	永久牌自行车(原日商昌和制造所"铁锚牌")	1945	上海机器厂(1949年)	升级改制
	凤凰牌自行车	1958	上海自行车三厂	合资联营
	双钱牌轮胎	1928	上海大中华橡胶厂	升级改制
	回力牌轮胎	1947	上海正泰橡胶厂	外资收购
	朝阳牌轮胎	1958	杭州中策橡胶有限公司(原国营杭州橡胶厂)	联营转型
	嘉陵牌摩托车	1978	重庆建设机械厂	已停产
	金城牌摩托车	1979	江苏南京金城集团有限公司	合资转型
	夏利牌轿车(丰田技术)	1986	天津一汽夏利汽车股份有限公司	
	比亚迪牌轿车	1995	深圳龙岗比亚迪汽车公司	
	奇瑞牌轿车	1997	安徽芜湖奇瑞汽车有限公司	
	中华牌轿车	1991	沈阳华晨金杯汽车有限公司	联营转型
	长安牌微型客车(面包车)	1981	重庆长安汽车股份有限公司	联营转型
	昌河微型客车(铃木技术)	1982	江西景德镇昌河汽车有限公司	联营转型
	金杯微型客车	1992	沈阳金杯客车制造公司(原沈阳汽车制造厂)	联营转型
	黄海牌客车(公交车)	1983	丹东黄海汽车有限责任公司(原丹东汽车制造厂)	升级改制
	海格牌客车	1998	金龙联合汽车工业(苏州)有限公司	
	恒通牌公交车	1979	重庆恒通客车有限公司(原重庆客车总厂)	升级改制
	解放牌CA10型载重卡车(仿苏联吉斯150)	1956	吉林长春第一汽车制造厂	升级改型
	东风牌商用车、发动机等	1969	东风汽车公司(原湖北十堰第二汽车制造厂)	联营改制
	红旗牌轿车	1958	吉林长春第一汽车制造厂	合资联营
	红岩牌工程车(仿法国贝利埃军车)	1965	四川重庆汽车制造厂	合资联营

种类	名称及注册品牌	创设年份	产地及厂家名称	现状
	黄河牌重型卡车、工程车	1960	山东济南汽车配件厂	已停产
文具	中华牌铅笔	1954	中国铅笔一厂（原中国标准国货铅笔厂）	升级改制
	长城牌铅笔	1937	中国铅笔二厂（原长城铅笔厂）	
	英雄牌金笔	1958	上海英雄金笔厂（原华孚金笔厂）	升级改型
	永生牌钢笔	1961	上海国营新华金笔厂（原商务自来水笔厂）	已停产
	英雄牌针管绘图笔	1973	上海英雄金笔厂	已停产
	长城牌活动铅笔	1934	中国铅笔二厂	已停产
	丰华牌圆珠笔	1948	上海丰华圆珠笔厂（原丰华精品制造厂）	外资收购
	英雄牌蓝黑墨水	1925	上海墨水厂（原民生化工厂）	已停产
	工字牌（808牌）运动型汽步枪、铅弹	1933	上海汽枪厂（原雄明机器厂）（1959年）	升级改型
	红双喜牌乒乓球	1959	上海华联乒乓球厂	升级改型
	红双喜牌体育器材	1995	上海红双喜体育用品总厂（原上海华联乒乓球厂等）	联营转型
	体育系列用品、器材	1978	山东（乐陵）泰山体育产业集团有限公司	
	体育系列用品、器材	1985	江苏（张家港）金陵体育器材股份有限公司	
	国光牌系列口琴	1950	上海国光口琴厂（原中国新乐器制造公司）	外资收购
	晶体管复声电子琴	1965	上海国光口琴厂	已停产
	华星牌电子琴	1984	上海华新电子电器厂	已停产
	星海牌钢琴	1956	地方国营北京钢琴厂（原人民艺术服务部、新中国供销社）	已停产
	聂耳牌、英雄牌钢琴	1958	公私合营上海钢琴厂（原永兴、民凤琴行和新声、风琴厂）	已停产
	幸福牌钢琴	1957	辽宁营口地方国营东北钢琴厂	已停产
	珠江牌钢琴	1956	公私合营广州珠江钢琴厂	已停产
	红棉牌吉他	1960	国营广东乐器厂	联营转型
	丹凤牌脚踏板竖式风琴	1950	上海丹凤乐器厂（原上海新艺文具厂）	联营转型
	鹦鹉牌手风琴	1952	国营天津乐器厂	联营转型
	民族乐器系列	1983	天津市凯华乐器厂	
	民族乐器（碧泉牌古筝）	1998	扬州正声民族乐器厂	
	民族乐器（宝马牌鼓）	民初	成都宏达制鼓厂	
	大连牌铜管乐器	1955	大连铜管乐器厂	已停产

种类	名称及注册品牌	创设年份	产地及厂家名称	现状
	百灵牌铜管乐器	1958	公私合营上海管乐器厂（原傅信昌军乐器厂等）	升级改制
	星海牌管乐器系列	1952	北京管乐器厂	升级改制
	马利牌水彩颜料	1919	地方国营上海美术颜料厂（1957年）	升级改制
	小霸王学习机	1987	广东中山小霸王公司	已停产

注1：本表仅限于日常生活范围的民生商品，如下产品均未统计入列：1. 工矿机械及市政设施、医疗器械、大型公共交通工具等工业制成品；2. 影响力仅限于地区或仅在本地区销售的传统地方土特产品及民间、少数民族手工艺品等；3. 外资独营或地产的所有外国品牌；4. 军事装备及兵器等等。

注2："现状"栏空白，指该商品生产企业在体制、品种、营销范围等方面没有根本性变化，与对其产值、利润变化的评估无关。

注3：由于2000年后房地产兴起，带动了建材行业（包括水泥、木材、家具、钢材及电线、开关、门窗、厨卫用品、照明用具等等）的全面快速发展，绝大多数厂家是近十数年新建的私营企业，还没经受起码二十年以上的商战洗礼，很难判定算不算过硬品牌。原有国营体制的建材企业被冲击得没剩下几家，且状况大多日子难熬，前程难卜。各种官私媒体上"十大名牌排行榜"比比皆是，自吹自擂有之，彼此吹捧有之，互相攻击、诋毁亦有之，信息大量而庞杂，真伪难辨。本书作者实在吃不准该信谁的，故而宁缺毋滥，干脆放弃对国产建材品牌的采列。依本书作者个人观点，"国货名牌"最起码该有半个世纪左右的市场中残酷商战考验，才算合乎资格，在老百姓心目中，捞一把就"黄"、就跑的暴发户企业，是当不起"国货名牌"称号的。再过二十年让别人去评价：这个时代建材行业中究竟哪个产品属于货真价实的"国货名牌"。

注4：所引数据、年份、厂名皆出自官方文件和媒体发布信息、民间文论、网络信息，难免有所疏忽甚至严重失误，本书作者凭借个人力量亦无法一一核实。如表中内容与事实不符，本书作者再次深表歉意，并恭请当事人（或单位）多多予以原谅。

第四节　改革开放初期民生设计特点研究

本书作者不用说过多的肉麻词汇，来表达自己对"改革开放"事业那位伟大的决策者和同样伟大的亿万参与者们的崇高敬意。我们都是风雨同舟的过来人，都把自己一生最美好的三十年献给了伟大的"改革开放"事业，也一同伴随着祖国的日益富强昌盛而茁壮成长。几乎每一个普通百姓，心里都有一本账，记着"改革开放"三十年的辉煌成就和祖国的山河巨变、天翻地覆；也对自己小家庭发生的点滴变化，刻骨铭心、须臾不忘。伴随着壮丽的事业，才会有绚烂的人生，为此，我们这代人，是特别自豪的。

"改革开放"三十年，是当代中国民生设计及产销业态真正"长大成人"的时期。有了对内改革不合理的产业管理体制，又有了对外开放引入的先进市场模式，民生设计所依附的产业不但终于形成了堪称完整的体系构架，中国设计师也有了自己的自由创意空间，还有了自己真正发挥作用、施展影响社会消费群体的渠道，在此之后，中国民生设计算是真的成熟了，羽翼丰满，振翅欲飞。

与"文革"和建国初期比，"改革开放初期"的民生商品无论在设计创意上，还是在产业制造和商业营销上，都有不可比拟的突破和发展。从设计图文选题看，"改初"民生设计几乎没有任何政治、文化上的禁区，在最大范围内实现了设计创意的自由发挥。这是整个 20 世纪前所未有的开放程度。虽然在早期确实存在一些低俗幼稚、萎靡颓废,甚至反动黄色的有害内容,但这是长期处于封闭状态然后解禁必然爆发的"后遗症",很快就得以纠正。总体上,"改初"设计的选题及图文内容是健康的、积极向上的,不但能够顺应形势、直接参与全社会的思想解放热潮,也能较好地满足商品产销和老百姓消费要求。从设计的产业制造与商业经营看,"改初"民生设计是在全社会加速实现工业化的大背景下取得快速发展的,尤其是外资、侨资、港资大举入境的同时,不但带来了充足的资金、先进的装备和技术,也带来了世界设计产业的先进经营方式和全新创意观念,使当代中国设计得以迅速靠拢日新月异的世界设计潮流,快速弥补多年封闭造成的设计信息缺失,迎头赶上设计产业更新换代的步伐。就设计产业的产能、创意水平和体系建设而言,这是个超越近现代百年发展史任何时段的真正的"黄金时期"。靠"改初"十几年努力,中国社会拉近了和世界越拉越大的艺术与技术差距,弥补了设计产业几乎所有的"空白点",实现了完全符合国际标准的全领域设计产业。尽管依然存在这样那样的种种不足,甚至还存在一些重大的发展隐患,但我们依然要说这是一项特别了不起的伟大成就,也是"改革开放"以来中国社会全面快速高效发展的重要组成部分。

一、"改初"时期设计教育与设计产业概述

1977 年底,在全国高等院校因"文革"停办 11 年后,终于又开始正式招生了。无数望眼欲穿的在乡知青、回城知青和待业知青,还有屈居街道小厂、里弄小组的"老三届"高初中学生们,都涌向仿佛一夜间仓促划定的各个考场,来争取这第一次难得的机会。当年仅报名的人就提前两天在南京师范学院美术系(前身是中国最早设置设计课程的晚清"三江师范学堂")前的操场上通宵排队,临时离座的还要领一块抹上特殊记号的板砖占着座。其实今天看起来这场被好心肠的中央领导人突然拍板决定的"文革"后首次高考实在组织得很匆忙,不少考题也近乎幼稚(如考外语居然默写 26 个字母就能拿分),但毕竟是时隔多年后的第一次,珍贵无比,人人如"久旱禾苗逢甘霖",千军万马就奔上了独木桥。据说七七级报名与录取的比例为 20∶1,能赶上这第一拨的,实在是幸运。

由于艺术高考连续多年的火爆场面,接下来就是教育机构的"大跃进"。不光是老牌的八大美院和二十多家艺术学院,含美术和设计系科的师范学院和其他综合大学比比皆是。现在就没有一家省级的师范大学不设置美术学院或美术系,也没有一家美术院系不开设设计专业。还有总数不亚于全日制高校的大专、中专、职校、技校,更是多如牛毛。全国设计类教育机构中有近 80% 以上是"改革开放"初期创建的。"改初"前,即便是正规院校最多有包装装潢、染织美术、工艺美术和陶瓷美术等少数几个专业,但到 90 年代,科目众多的新专业开始喷涌而出:"电脑设计"(这个专业名称我现在也没想通:连电脑都会设计了,还要人做什么?)、"多媒体设计""工业设计""服装设计""室内设计""景观设计""公共艺术设计"……反正社会上什么热,就办什么专业,有学生敢报名,就有老师敢教。事实证明这些新办

的专业有不少条件确实并不具备,很多专业知识连老师们都所知甚少,学生们能学到什么就可想而知了。"改初"的设计教育就是在一片热火朝天的局面中发展起来了。据早几年统计:现在含设计院系单位的全国高等院校本科以上学制的正规教育机构有714家,加上全国师范、综合大学几乎家家必办的美术、设计类院、系、专业,再加上设计类系科专业的全国大、中专和职校、技校,还要加上数目不详的私人设计教育机构,全国每年毕业的"设计师"早已过万。如此庞大的"设计师"流水生产线,带来了教育质量的参差不齐、良莠莫辨,给社会就业和设计产业都造成了巨大的压力。

作为特殊事例,自1987年起,日本"任天堂"以电子游戏项目迅速风靡全国各地。此为中国最早的游戏类动漫软件进入中国市场。此后,国内多家专营电子游戏软件开发、产品制作与销售的企业纷纷创办。面对巨大的市场潜力,官方为之心动,多方扶持此"新兴产业"。眼下电子游戏已成为中国青少年和不少中青年职场人士的主要消遣方式,被其戕害、耽误终生者不在少数。因之社会舆论对洋商输入电子游戏的"商战"亦有"第三次鸦片战争"之负面议论。

据本书作者所知,日本设置"设计学部"的国立艺术院校仅有5所:东京艺大、爱知艺大、京都艺大和石川的金泽艺专、冲绳艺专。这五所正规院校加其他设计和美术类私立学校(如武藏野等)不到二十间。韩国正规的同类高校、专科是26所,美国仅有4所。中国每年毕业的本科以上学历的设计师,占每年全世界"总产量"的一半以上,而且从博士、博士后到硕士、本科生文凭一应俱全,却没有换来中国设计产业的世界地位:迄今为止,中国设计界还没有营造出任何行业的任何一件"世界名牌"。除去中国民生商品产业自身原因之外,中国当代设计教育无疑是要对此承担主要责任的。

与设计教育的"虚火旺盛"不太一样。"改初"以后的中国民生设计产业蓬勃发展。以广告业为例,仅"改初"第一年就创造了新中国广告业的多项"中国首次":1979年1月4日,《天津日报》刊登"蓝天"高级牙膏(天津牙膏厂)广告;同年1月28日,"上海电视台"播放"参桂养容酒"(上海药材公司)广告;同年3月15日,"上海电视台"播放"雷达RADO"(瑞士名表)广告;同年3月5日,"上海人民广播电台"播放"春蕾药性发乳"广告;同年3月15日,"中央电视台"播放日本"西铁城CITIZEN"(日本手表)广告等等。90年代以后中国广告业发展迅速,并开始取得国际声誉:1995年5月,广州"白马广告公司"宣传册《家·中国人的故事》获"第36届美国基奥国际广告节"平面设计银奖;1997年1月,中国"梅高广告策划公司"《"天和骨通"广告营销策划案》获世界三大广告节之一的"纽约广告节"银奖;1998年10月,浙江"华林广告公司"影视广告《浙江信联轧钢》获"蒙特利尔国际广告节"金奖……

尽管缺乏"国际品牌",但中国企业占据世界市场的大部分份额的现象,越来越多。其中,截止到90年代末,纺织服装业(包括丝棉麻纤面料的纺织和印染、服饰佩件、衣帽鞋袜、家纺品四大块)占全世界市场近四成;家用业(包括常规家电的电视机、洗衣机、电冰箱和空调机等,特殊家电的灯具、仪器、钟表、影像、声响、仪表等)占三成以上;机械(数控与普通自动机床,矿山采掘与粉碎、输送机械,大型农用机械与手控农具,普通医疗装备与手术器械,消防、交通、警务等市政器械等)占两成左右;小五金(锤、钳、刀、锯、锥、斧及螺钉、搽扣、电线、电珠、插座开关等配件、手电筒、电工护具等)占接近五成;儿童玩具及节庆礼品占九成左右;普通家用箱包占四成左右……除去上述这些产能和份额的"世界第一",还有更多的产能与市场份额的"世界第二""世界第三",不胜枚举。正是由于"改初"以来中国工业的高歌猛进,使中国已成为全世界最大规模的制造业加工基地,号称"世界加工厂"。

令人羞愧的是,这些成就多半与中国设计类院校开设的专业课程毫不相干,而且企业商战的唯一法宝是"多以价格低廉取胜"。中国设计的严重滞后,造成了中国工业在民生商品领域"世界品牌"的严重缺失,使得眼下国内民生商品产业要持续发展都普遍面临刻不容缓、亟待革新除弊的"瓶颈问题":环境污染严重、原材料耗损浪费、经济附加值低下、企业效益不高、员工收入偏低……

本书作者一再重申:"世界名牌"绝不等于"奢侈品牌"。要完成经济运作模式与产业转型、实现中国经济的第二次高速发展的"黄金时代",中国设计界就必须把主要精力集中于有最大的消费人群、最广阔的市场前景、最高的投资回报的民生商品领域,逐步在全世界民生商品市场上创建一大批占有压倒性品牌优势的、具有稳定的、牢固的、持续的品牌影响力的世界级"名牌产品",不但是切实可行的,而且是极为关键的。中国的设计院校和其他设计教育机构、研究机构的设计师、设计学者们,责无旁贷、前程远大,理应收回天马行空的浪漫眼神,放下身段、脚踏实地,去充当中国民生商品各类品牌创建的"第一主力军"。

至于"改初"中国设计教育与设计产业的具体单位,哪些值得一提、哪些提了也白提,本书作者心里真没把握,因为写跟史学有关的具体内容,没有二十年以上的反刍与思考,总不会成熟的。怕出书不久后自己也后悔,只能如上述笼统概述,然后就此打住。

二、民生设计的"前世今生"

不完整把握中国近现代民生设计的既有经历,就很难看出"改革开放初期"的当代设计究竟有些什么"时代特点"。本书作者把中国民生设计比喻成一个孩子,来简单回顾一下其百年成长的坎坷身世:

"民生设计"这孩子呱呱坠地在晚清的租界,这可是个不算光彩的出生地。叫"中国文化"的母亲到"西洋文化"大户人家去帮佣,主仆不合就"暧昧"上了,结果"民生设计"就稀里糊涂地出生在大户人家的柴房里。打小就有口奶就喝奶,没奶就喝粥,啥也没有就饿着。因营养缺乏,落下了"先天不足"的毛病,缺钙缺铁还缺锌,襁褓中便见人目光浑浊、眼神猥琐,抱着还皮瘪肉塌、腰松腿软的,实在不招人待见。一直也没个正经名字,就任凭人家"阿猫阿狗"地瞎叫。

"民生设计"这个婴儿在民初时代活得不容易。因相貌长得不伦不类,还细胳脯细腿的,在中国社会的血亲家族里没人疼,"工业"姥姥不亲、"商业"舅舅不爱,还老是遭"爱国"亲戚们翻白眼,只好自己饥一顿、饱一顿地瞎混着。家里大人们争家产还闹得鸡飞狗跳,打得一塌糊涂,倒也容着他满世界瞎转悠着找杂食吃、找破事做,自生自灭地活着。

终于盼来了"黄金十年","民生设计"有了个幸福的童年。这十年里"民生设计"这个小童苗壮成长,可算吃上了正经的伙食,小胳膊小腿就长出了肉,人也长了几分精神,气定神闲,谈吐不俗,处处显示出一份早熟的"神童"迹象,开始指挥家里大人们跟着自己做:早上刷牙、晚上洗脚,出门不准随地吐痰、在家不准对骂粗口、公众场合都不准随地大小便。

正值少年,不想"日本"就打上家门了。骨骼柔嫩、嗓音稚气的"民生设计"也不由得不与全家人一起操家伙,跟闯进家里的强盗以命相拼。后来"地球村"遭劫,原本光看热闹的滑头邻居们不得不卷袖子上阵一起打群架。一场混战下来,终于制服了那几个结伙行凶的不安分的"德国""日本""意大利"。家里被打了个稀巴烂,少年也遍体鳞伤——但多了几分成熟、练达,处处亦步亦趋地模仿起"地球村"中个子最大、营养最好、打架最凶的"山姆大叔",虽动作滑稽,但处处显露心机。

幸运的"民生设计"在青少年时代遇上了建国初期那种阳光灿烂的好日子,处处照耀在新中国的明媚阳光中苗壮成长,体格开始越发健壮。但红太阳的光芒有时未免太火热,成了"毒日头",在"大跃进"和"文革"的气候下光芒万丈,直烤得万物萎靡、赤地千里,青少年也身心疲惫、满身疮疖、缺粮少水、奄奄一息。

有"改革开放"的清新空气、和风细雨的滋润,使"民生设计"这个经历坎坷不幸的孩子终于起死回生、舒筋通脉、羽翼渐丰,逐渐成长为一个壮硕青年:举止粗鲁,但孔武有力;肤浅浮躁,但谦虚好学。青年在市场的风风雨雨中经受了洗礼,长高、长大了。青年人长出了一份自信,逐渐意识到:"混血儿"也是家里的好孩子,自己不是洋人的"拖油瓶",从娘家算我还是"贵胄子弟"。从邻居们鄙夷、猜忌、嫉妒,甚至不怀好意的眼光中,慢慢地,青年发现了自己的长处:他们有点怕我,因为我来自一个最有生命力的中国文化大家庭,是古老的名门望族,血管里流着祖先高贵的血液,血液里有纯粹的华夏文化基因。我根正苗红。青年人看到了自己的光明未来,每天夜里都在梦境里憧憬:在自己壮年后的"某一天",跟祖辈们一样,我是注定会当上这个"地球村"的村长的,这是我们家族的文化宿命。

从"改革开放初期"的阳光雨露中成长起来的"中国民生设计",就是"中国文化大家庭"里最该有出息的孩子,尽管满身污秽、衣裳褴褛、举止笨拙、谈吐粗俗,却朝气蓬勃、精力旺盛、目光远大、鹏程万里。

三、"工艺美术"与"现代设计"

其实"改初"以来,困扰当代中国设计学发展的一个难点,就是如何区分"工艺美术"与"现代设计"的具体范围。师门之下,人人要选边、站队,不然就是欺师灭祖,大逆不道。这种概念之争有时甚至影响到了学科发展。

"工艺美术"与"现代设计"都是日源词,日本人发明时的意思连他们自己也变化不少,大抵上跟每个时段的主要造物方式差不多。比如,日本人使用"工艺美术"说法最盛行的年代在大正年间(跟我们民初正好同步),1886年就开张的"东京美术学校"(就是战后"东京艺大"的前身)那会儿在"西洋画科""日本画科"之外,还弄起了"工艺科"(战后改名叫"某某学部"),陶科艺、漆艺、皮艺、纸艺、布艺、木艺等等,开了不少课。日本最权威的官办艺术展览有两个,"帝展"和"日展"。"帝展"(第某某回帝国美术展)是文部省办的,相当于中国现在的"全国美展","日展"则是"传统工艺展"(第某某回日本传统工艺展)。可见"工艺美术"在日本社会分量不

小。自打在1900年巴黎世博会露大脸之后,日本"工艺美术"在20世纪初对亚洲和世界艺术界影响还是比较大的。当时中国留学生中去日本的最多,学美术的不少,便把这个概念照搬回来了,凡是跟视觉有关、跟绘画和雕塑无关的,统统往这个箩里装,连最初的装潢设计、染织设计,都属于"工艺美术"的分支。这个观念一直沿用到上世纪八九十年代。"设计"这个日语词汇什么时候有的本书作者不清楚,还留待修辞史学者考证。但大正十年(约1925年前后)较早出现在书籍装帧、包装装潢、商业海报等"平面设计"(这也是日源词)行当。在此之前,全叫"印刷美术"。没几年,由鲁迅等人先在国内叫起来。鲁迅不得了,是搞平面设计的高级"票友",标志、封面、版式都有涉足,水平也不低,在与美术小青年书信探讨杂志封面时曾提及"设计"二字。也许之前有人更早用"设计"词汇,但影响力哪能跟鲁迅比。于是,装帧率先从"工艺美术"中分解出来,继而是包装、建筑(之前都叫"营造",如"姚新记营造厂")等在几十年内陆续突围成功。等到八九十年代"工业设计"开始在国内流行起来后,又出现了"电脑辅助设计",这下子"工艺美术"的箩筐就真的装不下了——怎么说机器造的玩意儿,无论如何也跟"工艺美术"的手工制作挨不上边了。到现在,从全国艺术院校系科设置上看,"工艺美术"反而被装进"设计"的新箩筐里面了。其实对于搞造物创意的人而言,叫什么其实无所谓,被叫"梓人""木匠""营造师""技师""工艺美术师""设计师",只要都是在搞"人为造物的设计创意"的事情,就都是一伙的。造物的创意构思,凡对人的生产操作与人的消费使用这两件事能产生良好作用,这就是中国和外国、过去和现在、"工艺美术"和"现代设计"之间最大的文化"公约数"。

外国人怎么分咱也管不了,本书作者就认定中国的"工艺美术"与"现代设计"这两者完全是"一体两面"的事物,既有紧密联系,也有明显区别:传统的"工艺美术"教育与产业,代表了工业化兴起之前的造物文明的技术高度与艺术高度,历史悠久、底蕴丰厚,本质上是"官作设计"和部分民间手工艺在现代条件下残存的传统手工业技艺的实体延续。"工艺美术"与称为"官作设计""奢侈品设计""精英设计""小众设计"等事物在创意模式、生产手段和消费审美上都属于同一类型,只是在应用时段上略有区别而已。而"现代设计"教育与产业,则代表了工业化兴起以来的造物文明的文化高度,其主体是建立在工业化(机械化、标准化、规模化)生产方式与文明化(科学化、自由化、民主化)消费方式基础上建立起来的"民生设计"。

"民生设计"本身就是从"工艺美术"中的"民物设计"（通常随着日本学者叫"民具设计"，我认为概念过窄）等传统手工艺在现代条件下特别是精神层面的实体延续。两者都是过去和现在中国设计体系的组成部分，缺一不可，根本没法做断然切割。

"工艺美术"与"现代设计"的概念之争，就像一百年前的"文言文"与"白话文"之争一样，犹如"庶民文化"对垒"精英文化"，即便是激烈冲突，本质上也不存在你死我活的问题。"文言文"与"白话文"也是彼此联系又相互区别、彼此冲突又互为补充的"一体两面"同一事物，共同构建了华夏民族当代的语言文字系统。没有"文言文"千百年的延续、改良，哪里会有"白话文"从石头缝里蹦出来？同理，没有"工艺美术"的精神滋养与物质孵化，哪里会有"现代设计"从天上掉下来？没道理实行了"白话文"就非要灭掉"文言文"，研究"现代设计"就非要诋毁"工艺美术"。这种非逼着人选边站的做法，是十分横蛮、无力，也是反学术、反科学、反理性的。

依本书作者的观点：只要还有"中国人""华夏民族"这些词汇，传统中国工艺美术就绝不可能消亡。中国人的文化传统决定了我们民族每个人都有心灵手巧、奇思妙想的血脉基因——这恰好是传统工艺美术的根基所在。无论中国的现代、当代还是未来什么代的设计产业与设计教育发展到何等时期、何种高度，由传统工艺美术所一肩扛下、历经千百年风雨沧桑的造物精神与创意智慧，永远会是鲜活的、灵动的，会不断融入新的载体、透过新的观念、借助新的形式，顽强而持续地传达出来并被全世界所接受。当代中国的设计学研究，哪一天如果忘掉、抽去、排斥中国传统工艺美术研究的存在价值和伟大意义，本身就是"伪设计学""山寨版设计学"，这样的"中国设计学研究"会使自己沦落成"翻译学""修辞学"的文化"小妾"身份，根本就不足道哉。所以说，面对花样百出、五光十色的"设计学"舶来品概念大爆炸的混乱时代，搞传统工艺美术理论研究的学者朋友们完全该沉得住气、定得住神，潜心治学，厚积薄发，大可不必过于紧张、着急。

之所以"工艺美术"与"现代设计"的"取舍"会成为争论话题，本书作者认为是另有原因的。从一方面说，用自诩"捍卫传统文化""民族精神家园守望者"来为自己失血苍白的学术形象贴金抹红，可能是个最容易达到现实利益的省力省心做法；另一方面说，自诩"新潮""激进"却腹内空空，仅仅靠贩卖洋人设计类书籍杂志里那点只言片语、一知半解的"洋泾浜"创意来装点门面，更是可以四两拨千斤，完全不费脑子。人为撕裂"工艺美术"与"现代设计"之间的血脉联系、有机肌体，都是对当代中国设计学研究（或工艺美术史论研究）的最大伤害。"中庸之道""合二为一"的伟大思想，是中国哲学最精髓、最有独创性的部分。在同一场景、环境、条件下出现的对立事物，本身就是相互依存、相互作用的共同体，也是相互印证彼此特质的参照物。心胸狭隘、目光短浅、偏激过火，都是搞学问的天然大忌。我想，逻辑思维上的非黑即白、非此即彼的"二元定式"，是许多急功近利的学者不断产生浅薄、无聊学术思想的根源所在。

本书作者倒是旗帜鲜明地反对"艺术设计"的称谓的，可能"艺术设计"的词汇发明者的初始动机是想把画图、做模型等视觉造型手段的艺术家们与搞农机、车船、化学、程序软件等设计的工程师们区别开来，出发点是好的，但效果并不好，而且同过去传统与现代的现实应用状况出入巨大。事实上，"艺术设计"的说法带来了一定程度的思想混乱，把"设计行为"死死圈定在类似纯观赏的"次等美术"范围了。其直接后果就是把许多原本属于设计师们应该完成的社会责任和技术应用排除在我们设计教育和设计产业之外，致使这些领域的"中国制造"在全世界灰头土脸、颜面无光。之所以"中国设计"不如"中国制造"，就是原本是工业设计师们该干的分内活计，全让不懂设计的工程师们干了。

都是"艺术设计"的说法惹的祸：设计咱说不清，艺术谁还能不懂？有不少设计艺术学的教师们从不认为古代的手工制品和现代的工业制成品（比如与民生密切相关的农机、工具和各种生活用品）属于自己该关心、研究的对象，把它们统统排除在设计学范围之外，整天尽琢磨着博物馆、手工作坊和古玩市场那点真假古董，对现代设计的认识最多也就局限在几张破广告和几个印花被单的图案稿中。可能他们不怎么读书，只顾着省力省心翻翻画册就一劳永逸地把课件准备下了，几年都不肯翻花样的。在他们看来，皇帝用的"青瓷虎子"（夜壶）、"漆绘溺器"（马桶）比农民用的水车、磨盘更值得研究。弄得设计史学者个个像满大街一抓一大把那种"二把刀"文物贩子、收藏票友、考古爱好者。

要是机械、工具、交通用具都不能算"设计"，恐怕被中国设计界整天膜拜的洋人大师中，大家独独假装没看见那位大名鼎鼎的美国佬雷蒙德·罗维（Raymond Loewy，1893~1986）。要是搞机器外形不算搞设计，雷蒙德想在中国混碗设计师的饭吃吃，怕是早就被撵出中国设计界了。因为他就是个不安分的设计师，小到邮票、口红、标志和可乐瓶子，大到轮船、火车头、波音客机、太空飞船，几乎无所不及，偏偏就是没搞过中国"二半吊子"设计师们熟悉的"艺术设计"。

本书作者断定：中国新一代年轻设计师们，不趁早赶紧割掉"次等美术"的小尾巴，跳出"艺术设计"的小圈圈，还是那么不着边际地玩"概念性创作"，嘴上讲的、眼睛看的，全是些莫名其妙、毫无头绪，既不好看，也不能用，甚至丑陋无比的破烂玩意儿，专门制造各种百无一用的视觉垃圾，就真的永无出头之日，只能天天"打酱油"了。

只要是跟人的身体直接接触的生产操作和消费使用发生关系的人造物件，就一定存在设计。化肥合成和农药勾兑，造原子弹和造火箭，那些属于科学家跟工程师们干的活，一般也没人敢轻易接触，也不会流入普通人家，真的不需要搞设计。之所以中国设计现状如此糟糕，社会地位混得跟中国足球差不多，跟设计教育与设计产业的主管部门领导自己也需要睁眼扫盲非常有关。

根据人的造物行为判断，设计就是"精细化的技术"，而"精细化的技术处理"不朝达到完善、完美、完满的艺术高度上努力，那就只能搞劣质的设计。人为造物的末端手段，就是精细化技术处理；精细化技术处理达到极致，就是艺术化的技术处理。从概念到概念的解释，实在是拗口，还是换句话说试试：对人造物的最后的技术处理一旦精细化了，自然就是艺术了，这种艺术行为本身就是设计。艺术加技术,等于设计。没办法发现不追求艺术性的设计,也没办法找到没技术含量的艺术。设计,本质上是一种"艺术化的技术",是建立在"实用性功能设计"基础之上的"适人性功能设计"——专门伺候人的,眼睛的视觉、皮肤的触觉、躯干的体觉;弄好了,还有精神层面的知觉。

现代设计观念本身就是一种新型的、宽泛的"人为造物概念",设计师是需要综合任何现代科技成果才能胜任的职业。搞机械、搞软件同样是设计,但如果属于单纯的实用功能实现部分(如机械装置的构件结构、传动装置的动力来源、电路板线路的布局、软件应用的数值编程等等),当然不属于设计,而属于"技术发明",是科学家和工程师们的分内事。只要牵涉到人造产品中由人体直接接触来主导的生产操作和消费使用,那就一定属于设计学范围——设计学的核心价值所在,就是设计行为本身是专门研究人与物"接触式"互动关系的一门科学,概括起来就是本文作者不遗余力鼓吹的"适人性功能设计"。

"适人性功能设计"由高中低三个层次组成:

基础层次是生理感受的"舒适度",不管是农机还是火车、飞机,只要跟人的躯体发生接触(无论是生产操作还是消费使用),人造物的物体尺度、构造比例、接触体感(用起来顺手、穿起来服帖等等),都理应尽可能设计得使人最起码要在纯生理接触上让人感到舒适,如拖拉机的操纵杆、轿车的方向盘、飞机的座椅、火车的车厢、手机的摁键、茶缸的把手、筷子的长短、菜刀的把柄、麦克风的外形等等。

中间层次是生理感受与心理反应共同作用而产生的"愉悦感"。在获得基本的舒适度之后,人造物品要尽量设计得让人官能感受与心里感觉都比较愉悦。拿穿衣服来说,就是面料的款式、色彩、质地,要让人穿在身上不但舒适,还要心情愉快、取悦受众;拿机械来说,就是器表、外形上的形态。比如说哪怕是一辆私家车的门把手、调速档、仪表盘、车标等等,不但要操控灵便、轻巧,还得做到赏心悦目,这部分人体接触,就是视觉上的形式感、肤觉上的肌理感和体觉上的分量感,与人造物品生理接触后能否产生的心理愉悦,直接决定了这件人造物品的商业价值。

最高层次的"适人性功能设计",当然是"审美性"。审美性通常是建立在设计者的良好创意与设计消费者良好的素养之间发生互动作用、产生精神契合的结果上的,基本属于精神层面的稀有事物。如果一件人造物品不但让人生理舒适、心理愉悦,还可以带来某种崇高感、时尚感、完美感,说明这件设计物的文化内涵深厚,不但使消费者具有超出实用功能之外的附丽价值(升值意识),还能使消费者通过占有、使用这件设计物作为媒介,营造出影响广大受众精神层面的卓越感。以服饰和容妆设计为例:"五四"运动时期革命女青年的"妹妹头"、号称"民国第一国服"的"中山装"、30年代风靡上海滩的"新式旗袍"、60年代趋之若鹜的"雷锋帽""解放鞋"等等。由特定的创意、生产与消费环境综合因素决定,使这些设计事物升华为具有某种时代精神的"大众审美观",成为引领一个时代风尚的代言标记。人们用视觉感知就可以凭借它们熟悉的造型特征去感受到浓郁的时代气息。从设计学角度讲,时髦风气、时尚品位和时代精神,各属不同的高低层次,完全不是一码事,不容混淆。

有一种设计消费的"畸形审美":"高端人士""成功人士"都喜欢戴块"江诗丹顿"、开辆"宾利"、穿一身"范思哲",来炫富、炫贵,哪怕是一身名牌包装下的肉瓤子仍是一肚皮狗宝牛黄,卸了这身名牌还是什么都不是。这种行为不是"好马配宝鞍",而是"毛驴配好鞍",白糟蹋物件。这跟实用已无多少关系,跟审美更没有关系,是一种"奢侈品消费"带来的"异化现象"。设计者和消费者的审美格调没有发生互动,根本就无法产生美感。

不是每件设计事物都能随意达到"适人性功能设计"的最高层次"审美性"阶段的。套用赵本山小品《不差钱》里的台词说,"这个可以没有"。但只要称为"设计物",基础层次的"舒适度"和中间层次的"愉悦感"必须具备,"这两个可以有"。"舒适度"和"愉悦感"所占比例也完全由设计师的能力、素养、品位而定。至于好不好,设计消费者则在市场上用钞票代替选票,来选举让他们心仪的优秀设计物,淘汰他们不喜欢的劣质设计物,绝对公平。

〔关于"适人性功能设计"的详细论述,请有兴趣的读者翻阅本书作者的另一本拙作《设计史鉴》(江苏美术出版社,2011年版)。〕

在拙文最后重申一下本书作者关于"现代设计"性质界定的观点:作为中国近现代设计历史主线的民生设计产销业态(亦可以称之为"产业链":设计创意——生产制造——物流销售)有三大基本特征:产业链前端的"自由化创意",指排除了他人意志胁迫或外力因素非自愿影响的、身心处于完全自由状态下完成的个性化设计构思;产业链中端的"工业化生产",指至少在关键工序已局部实现了以机械化、标准化、规模化作为主要生产手段的产业形式;产业链末端的"市场化营销",指基本采用"树状物流模式"(商品从运输到仓储的一点到多点的单向流动)和"网状零售模式"(按消费状况预设的散点连锁门店)的现代化商业机制。这是中国社会百年苦斗的心血成果,得来确实不易。

四、"中国特色"刍议

让我们首先来看看具有全球影响力的西方权威媒体对"改革开放"的评价。美国《时代》周刊2009年9月28日专栏文章说:"60年之后,世界看到了中国的巨大成就,中国现如今是世界上第三大经济体。作者认为,照此发展,中国的国内生产总值预计将在明年超越日本,甚至可能在2020年超越美国……60年之后,中国的社会生活也得到了全面进步。超过2亿人摆脱了贫困,人们的可支配收入不断增长。中产阶级的数量在扩大,他们外出吃饭,出国旅游,在股票市场投资,从宜家这样的商场购买最时尚的家居产品来装饰自己的公寓。如今中国有2100万学生正在上大学,每年估计有30万人出国留学,中小学在校生有2.06亿人。要知道,1949年的中国,文盲率高达20%左右。"

"改革开放初期",将中国由什么都缺的"生存型"社会带进了"温饱型"社会,中国民生设计产业,也从似乎可有可无的尴尬境地,变为中国经济全面腾飞的一只重要引擎——从 90 年代末起,中国对外贸易大宗商品的前三项(服装纺织、机械五金、家电)的"产业链"最重要的产业前端,无一不涉及产品的设计创意。甚至可以这么说,在"改革开放初期"十几年内,由于中国设计产业的努力,使中国商品几乎占据了全世界民生商品市场的"半壁河山";也由于包括中国设计产业在内的中国产业界集体发力,使中国经济在"改革开放"三十年之后,在规模和经济总量上赶德超日,直逼老美,终于坐上了"世界第二"的宝座。

同时,由于中国设计产业的"先天不足"加"后天失调",其研发水平迄今仍是使中国大宗民生商品长期处于质量低下、价格低廉的现状的"罪魁祸首",严重地阻碍了在中国经济起支配性地位的民生商品"更新换代",使社会呼吁的"经济转型"和"可持续发展"变得尤为艰难。这两个似乎过于极端的"肯定"与"否定",正是"改革开放初期"中国民生设计及产销业态的最大特征,"成也萧何,败也萧何"。

作为与老百姓生活最密切相关的民生商品的设计行为,在"改革开放"之前三十年内的大多数时间里,产业化和商业化程度是一直受到严重抑制的。拿衣食行住来说,这部分民生商品绝大多数都属于定量供应的"配给制"范围之内,因而丧失了消费群体对商品进行自由选择的基本空间——这个消费者的挑选意愿,恰恰是民生设计行为最主要的动力来源。丧失了动力的民生设计,只可能维持在最基本的"实用性功能设计水平"上;至于"适人性功能设计"(舒适度、愉悦感、审美性)就变得可有可无了。是"改革开放初期"在最大程度上解除了对民生设计产业的所有束缚,使其在市场范围内经受锻炼、迅速成长。我们还拿"衣食行住闲玩文用"这八个字来说,中国民生设计产业在"改革开放初期"十几年学到的、掌握的东西,远远超过了一百年来所学之总和。可以说,没有"改革开放初期"这十几年的市场商战的洗礼,就没有当代中国设计产业的今天。

随着中国经济持续增长,中国民众的消费热情日益高涨。购买奢侈品的中国消费主力群体已不再只是老板、文体明星、贪官、"富二代"和"官二代"以及各种官僚特权阶层分子,而是下移到社会的中层群体——职场白领、青年才俊,甚至普通学生、低级职员、蓝领打工仔。这是一个人数日益庞大、并且势将在二十年内人数占据社会总人口第一位的新生消费群体。经过三十年"改革开放"国际文化的熏陶,他们熟知市场法则,也熟知欧美时尚;虽然财力不济,却有较高品位需求,宁愿节衣缩食也要追求"高端消费"。"除了昂贵和高品质之外,在对奢侈品的标准释义里,还有'非必需'这一必要素质";"不失偏激地说:奢侈品在中国不再是什么生活方式,而成为一种矫揉造作、咄咄逼人的生存姿态,虚荣的载体,富裕阶级对自我身份的粗暴证明,进而升华为某种此地无银式的,对真正意义上的上流社会的背离。香奈儿的香水、蒂凡尼的戒指……这些本是世上最为优雅之物,忽然变得无比粗俗。那位攒了一年钱来买 LV 包的制伞女工希望借此向这个世界展示和证明的东西或许仅是个人的存在而已,而这种存在感,在文化发达、政治昌明的时代里,也许只需借一首诗即可。"(佚名博文《民国名人与麻将和奢侈品》,"36 棋牌休闲游戏中

心"原创,2011年12月22日)

　　"高端奢侈品"下移到"民生必需品",这是从清末租界到民初、"黄金十年"都市"新市民阶层"消费趋向的当代翻版。很明显,目前国内商品无论在品牌影响还是在商品本身的品质上,都无法与国外知名品牌相抗衡,而且负面新闻多多,形象不佳。于是,大量的奢侈品消费流向国际市场,尤其是欧美日韩等发达国家。"2011年,每个中国游客平均在澳大利亚花了4.67万元,在美国花了4.47万元,在法国花了2.36万元。而在国内,自从1999年推出'黄金周'假期以来,国内旅游市场风生水起,2011年营收高达2.25万亿,相当于全国财政总收入的五分之一";"作为中国内陆省会城市的新中产阶级,尽管在巴黎一口气花去数月工资,某某夫妇的购物额在旅行团里并不算高。同行的一对中年长沙夫妇一路上在导游带去的每一个店里采购,从LV包到劳力士手表,花费超过十万,他们的理由是'国内的东西几乎要贵三成以上,买这些早就把机票钱赚回来了'";"'睡廉价房,买高档货',则是欧洲旅游业对中国游客的描述。"(张育群《中国游客扫货全球　欧洲人说"谢谢中国"》,载于《南方周末》,2012年10月5日)其实对奢侈品追求的狂热病并非中国社会独有,在经济发展达到一定程度的新兴国家都可以看到这种对欧美奢侈品病态般的消费热情:"随便一个日本小姑娘对名牌都能精通到毫不费力地写两千字的论文,内容涵盖设计师擅长的细节处理方式、本季的设计主题、与之前设计主题的内在联系、走秀时哪个模特穿了哪件设计、当时台下有哪些名人光顾、这个牌子的消费者里有哪些国际名流以及本地名人。"([印]拉哈·查哈、[英]保罗·赫斯本合著/王秀平、顾晨曦译《名牌至上——亚洲奢侈品狂热解密》,新星出版社,2007年7月版)

　　为什么国内设计界无法经营出能满足这类消费的名牌商品?原因很多,但最致命的短板出现在消费大众的"急切消费"心理和产业界"短视经营"行为,是一对孪生怪胎。这对"双胞胎"的出现内涵很丰富:既有对国内市场环境总是处于不稳定、不确切状态的基本认知成分,也有对国内产业经济秩序和政策导向不够信任的成分,更有对国内设计界和产业界的从业道德的全面否认成分。事实表明:缺乏稳定的产业行为和持续而有效的经济政策,无论是设计者或消费者,没有人肯拿自己的饭碗和身家性命或真金白银去当"摸着石头过河"的实验型"小白鼠"。一方面是激烈的市场竞争,另一方面是"中国特色"旧有体制的严控制约,民生设计产销业态自然是两头受压,日子越发难过。在人所皆知的"不够平等、不够公正"的市场环境中,没几家产业能仅仅依靠公正、品德、良心来维持生计。在这种"捞一把算一把"(不知道风向什么时候又会变)的短视、即时、肤浅式产业与消费大环境中,很多国产民生商品可谓信誉扫地、声名狼藉。到国外去购买货真价实的品牌商品,自然是追求时尚品位的大多数精明的中产阶级消费者最便捷、最有效的途径,我们没有丝毫理由去责怪这些消费者为什么不热爱"国货",而是更该多多自责、反省;尤其是希望中国设计界的主管职能部门能从中得到正确的启示。

　　即便是"改革开放"已三十年,中国经济实质上还保留着一条名叫"中国特色"

的"计划经济"的大尾巴。中国民生设计产业之所以未能在基本结构上发生根本性变化,归根结底,还是产业环境中愈加恶化的"中国特色"——这几乎成了所有回避体制改革、拒绝公正市场行为的天然掩体。以国企为主要形式的"国家垄断资本主义",还盘踞在民生领域的许多方面,如电讯、金融、能源、交通(铁路航空)和水电气供应等方面,因而这些领域的经营方式,完全是垄断性质的,不存在任何市场化的竞争因素,因此也混得一身的沉疴积弊,完蛋是早晚的事。好在国企和发改委挑肥拣瘦,不爱啃骨头,根本没看上"衣食行住闲玩文用"中大多数又麻烦又繁琐的产业,把它们推向了市场,也成就了它们的脱胎换骨,所有这些获得解放的产业被彻底打造成完全符合市场规律运作的民营企业的"一统天下"。这正是中国经济的未来所在。"改革开放"三十年成就了已占据中国经济半壁江山的民营企业(包括几乎全部民生设计产业),也成就了中国的"准市场经济体制",这就使"改革开放"事业本身也成了不以任何人意志为转移的历史潮流。有了市场规则,就有了当代企业的一切生命所系。是"改革开放"为中国经济保留了希望的明天,也造就了中国经济未来的远大前程。这是"改革开放初期"这十几年无比重要的伟大成就之一,用什么话形容其重要性,也绝不过分。

正由于"改革开放初期"十几年旧有体制、观念的节节败退仍节节抵抗,使中国经济的市场化过程与民生企业的创业之路,显得尤为艰辛。当市场化的洪水猛兽开始吞噬部分"既得利益"集团的立足之地时,自然会遭遇拼死反抗,甚至不择手段。我们今天还能看到的所有发生在市场运作范围内的不平等、不公正、不道德的事情,"权力寻租""贪污腐败""好大喜功""以权谋私"等等,都是这些旧有体制、观念搅动的沉渣泛起,确实大大延缓了中国经济的完全市场化进程,使中国社会迈向工业化、现代化的步伐,变得步履艰难。包括民生设计产业在内的所有中国产业经济的发展,都因之掣肘。每一个从事民生商品设计的人(包括本书作者),都能切身感受到市场行为不规范的严重后果:如招投标时的"暗箱操作"、项目制定时的"长官意志"、工程实施时的"权力寻租"等等,还有其他一大堆乌七八糟的事情。没有公正平等的市场机制和合理的经济政策,什么怪事、丑事、骇人听闻的坏事,随时随地都有可能发生。

时至今日,真正阻碍"改革开放"进程的正是现行体制下的获利者利益群体。他们人数极少,但能量巨大。"'权贵利益群体'利用规则制定权、资源分配权、监督管理权等权利大肆寻租,获取非法收入和灰色收入;'垄断利益群体'通过行政垄断获得超额垄断利润,进而将超额利润部门化、个人化;'地产和资源利益群体'通过与'权贵利益群体'合谋非法攫取社会财富,成为现有制度下的食利群体。"(碧翰烽《收入分配改革能否突破三大利益群体阻挠?》,"人民网·强国社区",人民日报社主办,2012 年 8 月 27 日)

也许今天来评价"改革开放初期"的得失,时间尚未成熟,只能点到为止。但本书作者依然对"改革开放"伟大事业充满了无限的信心。因为她已经使百年中国崛起之梦成为现实,也是未来中国社会唯一可行的发展道路,是真正代表民族最高利益的文化方向。任何后退都是没有出路的,任何事物也是阻挡不了的。

五、"民生为本"是中国设计的唯一出路

理想的民生设计产业形态,必然是规模化、标准化、机械化的现代化工业生产模式;而将民生产品转化为民生商品的唯一途径,只能是公正、平等、自由的市场化商业运作模式。

但由于长期实行"计划经济"带来的体制弊端,尾大不掉,三十年来也阴魂不散,依然在延缓、滞怠着中国经济(包括民生设计产业)实行全面市场化的必由进程。这个"改革开放初期"并没有彻底解决的体制弊端,不时发作,搅乱了正常的经济运作,也阻碍着社会进步。尤其是社会日益突出的"分配不公"现象,已经在严重影响中国当代民生设计及产销业态的健康发展。在经历过"改革开放初期"十几年那种以集约化生产、廉价劳力和粗放型经济带来的"繁荣时期"之后,受制于资金支持、市场挤占、技术升级等各方面"不同于人"的歧视性管理政策,又饱受市场衰退、金融危机、产能过剩的内外双重压力,民生设计产业已疲态出现,有些甚至已难以为继了。当大的体制管理模式出了重大问题(国企垄断,甚至操纵市场运行;官员腐败前赴后继、欲罢不能),民生状态也同时出现重大问题(老百姓所称的"新的三座大山":住房难、看病难、上学难等等),作为中国经济主体,并以绝大多数社会成员作为自己消费主体的当代中国民生设计产业,是不可能独善其身的。

经济体制的彻底改革和社会政治体制深化改革,已经到了"迫在眉睫"的地步。

现在有些不知所云的腔调不时冒出来,试图否定"大众化设计"成为中国当代设计产业的主流方向,如提出"小众化设计"概念等。尽管此说法源自某洋人设计大师(原旨是"大众化设计"前提下强化大众消费群体的"差异化处理"),但经中国设计理论家剽窃、改装之后,所含宗旨早已是"驴唇不对马嘴"。其实中国版"小众化设计"说法,仅仅是一些有设计名家头衔和教授职称的"网络级写手"一向习惯、也比较擅长的混饭路数:用言辞上的"标新立异"来掩饰自己"江郎才尽"的尴尬境遇,或者是深度隐藏私底下渴望去搞只为极少数"高端消费者"服务的"奢侈品设计"而自行杜撰出来的意淫之词。"小众化设计"从修辞到立意,不但令人费解,也根本站不住脚,不可能、也不会成为民生设计的主流趋势。"小众化设计"的本质,就是"小撮化设计",与"众"无缘。搞"奢侈品设计""小撮化设计"本身并没有错,也是现代设计产业的重要组成部分,但躲躲藏藏、鬼鬼祟祟地企图混淆截然不同的服务对象天然存在的消费差异来从中渔利,那就属于别有用心了。正如"孔雀开屏张开了漂亮的大花尾巴,同时也暴露了肮脏的屁眼"一样,这份耍小聪明的掩人耳目的说辞,是无法糊弄大多数人的,只能把自己和因天真而上当的低年级学生们、初入门道而涉世不深的青年设计师们,绕得稀里糊涂。

还有些很另类的杂音也在不时鼓噪:"中国完全不是当年只注重火箭和导弹的苏联那个'不食人间烟火'的社会。但小商品显然做不了中国走向未来的引擎。"《环球时报》社评:《中国航天出彩,凭什么不高兴》,载于《环球时报》,2011 年 11

月4日)跟作者蓄意隐瞒的事实相比,中国国家形象"有待提高"、部分老百姓还"不太满意",绝对跟中国有没有航天工程毫无关系,而和作者用轻蔑口吻提及的那些鸡零狗碎的"小商品"有天大关系——甚至包括航天工业发展在内的所有"国家形象"花费的资金,绝大多数都是信口雌黄的作者所瞧不起的"小商品"经济挣来的。只要与民生无碍,办一点类似放礼花、崩焰火的事情,大家高兴一下也未尝不可,但拿事关国计民生的"小商品"与事关某些精英们体面的"大工程"相比,孰重孰轻,得有个仔细的、合理的先后排序。"小商品"与"大工程",究竟谁算"引擎"、谁算"烟花",恐怕是鉴别每一个中国文化人真伪身份的试金石,也是道德良心的底线。连立场和方向感都错得一塌糊涂的人,哪里有什么"未来"呢?世界上绝大多数发达国家(北欧、加拿大、澳大利亚,甚至德国、法国、英国)的老百姓基本没有"航天工程"那样的"走向未来的引擎",但生活铁定比拥有令人自豪的"走向未来的引擎"的我们过得好——在"小商品"方面(无非房子、票子、菜篮子),国家对老百姓欠账太多、漏洞百出,急需拿大把银子填补窟窿。中国和全世界人民可以为民生放弃那些导致国家走向虚无缥缈"未来的引擎",但绝不可能不需要事关全体百姓生存的"小商品"。

为什么本书作者要斤斤计较地去纠结民生设计产业必须具备真正的市场化环境和以大众为主体的消费方式呢?因为就民生设计"产业链"理想化的状态而言,以民为本、为民服务,就是它的创意方式,工业化、标准化、机械化就是它的生产方式,自由竞争、公平交易的市场行为,就是它的销售方式。这不单是民生设计产业未来的方向、中国经济的未来,甚至中国社会的未来,都命系于斯。没有这个前提,"改革开放",只能是伪改革、伪开放;民生设计产业,也只能是伪设计、伪商品。"民生为本",是中国设计的唯一出路,这是已经被百年历史充分证明了的。把品牌形象与奢侈品互画等号,这是当代中国设计师所犯的一系列通病中最可怕、最致命的错误之一。美国人几十年的成功实践告诉我们,能使自己的设计融入社会大众日常生活方式生产方式的方方面面,才是具有世界级的影响力,才能跻身世界某百强行列的真正国际品牌。可口可乐、微软、苹果、好莱坞,无一不是如此。这方面三十年的南辕北辙做法,使中国设计迄今在世界上仍无地位可言。急功近利,尽惦记捞大钱、捞快钱,死盯着人民币而不盯着人民,路子自然越走越窄。

今天中国社会已形成的良好发展局面真的来之不易,是百年来无数志士仁人拿性命和前途换取的,作为他们的后继者,我们无意也无权轻易毁掉这个大好局面。作为专业学者,对待敏感的政治、社会问题,本书作者情愿木讷、含糊,甚至虚与委蛇、苟且偷生般地可耻地活下去,因为本书作者认为自己能切实为社会做一些比空喊口号、虚表态度要重要很多的小事情。未来的中国社会最不缺政治家,很缺实干家。

百年来亲历过太多的战争和动乱的无数中国人,曾多么渴望民族复兴、国家强盛和百姓幸福。今天,中国社会的发展已经来到了这样一个三岔路口:一条是向后走的回头路,通往过去血雨腥风、炮火连天、灾祸毕集、民不聊生的过去;一条是向左拐的歧途歪路,通往荆棘密布、阴云笼罩、人心惶恐、民生维艰的未可知境遇;一条是笔直向前的康庄大道,通往经济富裕、政治开明、社会民主、人民幸福的未来。我们要用自己的汗水、血泪去浇灌无比艳丽、无比珍贵的"改革开放"胜利之花,像珍惜自己的眼珠、心灵一样地誓死捍卫三十年来之不易的"改革开放"伟大成果。

正如本章第四节第二点中戏谑的那位叫"民生设计"的青年人那样,中国民生设计及产销业态,虽然有一身的毛病,但根正苗红、基因优异,自然前途无量。我们没有理由为中国设计和中国经济的未来"杞人忧天"。正如革命导师马克思一再强调的那样:凡是不符合经济基础的上层建筑,必然引起社会革命,以更改、革除那些已阻碍经济发展的意识形态。只是我们要有足够的耐心与顽强的坚持,希望必然到来的、无法回避的、彻底的一次次社会革命不要流血、不要暴力、更不要动乱,而是一种循序渐进、由表及里、上下齐心、同舟共济的深刻的、全方位的、彻底的改革——这正是"改革开放"伟大事业无论如何拼了性命也要继续进行下去的最重要理由。

让本书作者用约一百年前由梁启超写的《少年中国说》一文的末段,来作为本章节,也是《设计与百年民生》这本小书全部正文的结尾部分:

> 红日初升,其道大光。河出伏流,一泻汪洋。潜龙腾渊,鳞爪飞扬。乳虎啸谷,百兽震惶。鹰隼试翼,风尘吸张。奇花初胎,矞矞皇皇。干将发硎,有作其芒。天戴其苍,地履其黄。纵有千古,横有八荒。前途似海,来日方长。美哉我少年中国,与天不老!壮哉我中国少年,与国无疆!

★ "甲午"海战(1894年)中,"福州船政局"(左宗棠于1866年创办)所造多艘兵舰被悉数击沉。"福州船政局"所属"马尾绘事院"(1867年办)所设置"画法课",专事传授西洋工业制图及产品图案绘制,聘任多位法籍教席授课。

★ 1895年,侨商梁楠引入洋人技术与设备,在香港开办"广生行",生产"双妹牌"花露水、生发油、雪花膏、爽身粉等,连带包装、商宣、标志等设计业务经办。1910年在上海开办分行。

★ 1895年10月,革命党人陆皓东设计"青天白日旗",以备广州起义所用。事泄被捕,就义于广州。"青天白日旗"被定为"中华革命党"(后更名"中国国民党")党旗,沿用至今。

★ 1896年,北洋大臣袁世凯上折奏请:"西人赛会为商务最要关键,为工艺第一战争,洵中国今日亟应举办之端";吉林将军长顺亦上折言称:"今与列国开门通市竞争雄富,号为'商战'之时,人皆开通,我独自守,断无能胜之理,今日举办赛会实为当务之急"。清廷闻奏甚为嘉许。其后,国内展会渐兴。

★ 1897年,"商务印书馆"在上海开业,创办人夏瑞芳、鲍咸恩、鲍咸昌、高凤池等。与之后创办的"中华书局"(1912年,陆费逵创办)、"世界书局"(1917年建,1950年停,沈知方创办)、"光明书局"(今"中国青年出版社",1926年,章锡琛创办)并称晚清至民国"四大书局",先后出版了多种设计类画册、书籍。

★ 1898 年,康有为在《应诏统筹全局折》中提出设立"工局"以"专司举国之制造机器美术"的观点,奠定了中国设计以工业化机器生产方式和文明生活消费方式为基本内容的现代美术思想。

★ 1899 年,华洋合资民营"华章造纸厂"在上海创办,于两年后出纸。晚清以来已有多家洋资造纸厂和官办"上海造纸总局"在上海开业。

★ 1900 年,华商姚锦林创办"姚新记营造厂"。在半个世纪经营中,"姚新记"先后承建了一系列清末到民国著名建筑工程:上海"外白渡大铁桥"修复工程、"中孚银行大厦""中央造币厂""中央银行""恒丰路桥""法国总会"(今"上海花园饭店"裙房)、南京"中山陵园一期工程"(即陵墓、祭堂、平台等主体建筑)等等。

★ 1900 年,法国巴黎再办"世博会",中国展品以瓷器、绸缎等工艺品和茶叶、小麦等农产品为主,另有传统手工艺工匠数十人每天为观众现场表演。

★ 1901 年,清廷成立"督办政务处"主持变法机构,宣布实行"新政";官办西学教育始盛。

★ 1902 年,"英美烟草公司"在上海开业,专设"广告部"和"图画间"。"英美烟草公司"的香烟广告以报纸刊印、招贴画张贴、传单散发、月份牌与日历赠送、在烟盒内附加小画片等多种形式发布。

★ 1902 年,梁启超在《读〈日本书目志〉书后》一文中提出"精其器用"的观点,进一步深化了康有为现代美术的设计思想。

★ 1902 年,主政湖广的张之洞在武昌倡办"两湖劝业场"。1909 年,湖广总督陈夔龙又在武昌创办"武汉劝业奖进会",分设"天产部""工艺部""美术部""教育部""古物参考部"陈列展销各类商品,如"古物参考部"中又下列金类、石类、陶瓷、书画、杂物等五项手工艺产品陈列展销。

★ 1903 年,在李瑞清主持下,"三江师范学堂"(今"南京师范大学")创办,设置"图画手工科"。

★ 1903 年,上海"私立女子蚕业学堂"创办,除部分西洋科学知识课程外,主要教习缫丝、丝纺、丝织各项工艺及印染图案绘制。

★ 1904 年,天主教会创办的福州"孤儿院传习所"设置设计类相关课程,包含软木雕刻、手工印染、图案绘制等内容,并聘请多位荷兰、德国、日本教席授课。

★ 1904 年,华资"闵泰广告社"开业,聘请数位著名日籍设计师主持设计业务,承办各类广告的设计与发布。

★ 1904 年(光绪三十年),美国圣路易斯举办"世博会"。中国展品以传统农副、手工艺品为主。

★ 1905 年,比利时列日举办"世博会"。中国展品仍以传统农副产品和工艺品为主,共获奖牌百余枚。

★ 1905 年,华商"恒新泰(包装)纸盒厂"在上海开业。

★ 1906 年,意大利米兰举办"世博会"。中国派员组团参展,展品以传统农副产品和工艺品为主。

★ 1906 年前后,成都开办了"劝工局",下设专司教习各类手工技艺之各科(刺绣、漆器、染织等)培训班。

★ 1907 年,中国国内第一座公路大铁桥——由德国人设计、中国人施工的兰州黄河大铁桥开建,1909 年竣工。

★ 1908 年,官资"汉冶萍煤铁厂矿公司"成立,统辖汉阳铁厂、大冶铁矿和萍乡煤矿。

★ 1909 年,侨商王梓濂创办"维罗广告公司"开业,主要承接户外广告业务。其后,法商"法兴印书馆广告部"(年份不详)、意商"贝美广告社"(1916 年)、美商"劳克广告公司"(1918 年)、英商"美登灵广告公司"(1922 年)等也先后承接户外广告业务。"美登灵"还承接电话号码簿和公交车车厢广告。

★ 1909 年,廖君创办"上海图画专修学校",设计类课程有"机械画""建筑制图"等科目。

★ 1910 年,"南洋劝业会"在南京开办。展会历时半年,累计 24 部 86 门 442 类约 100 万展品(项目),共评出一至五等奖 5 269 个。

★ 1911 年,意大利都灵举办"世博会"。中国参展物品主要是丝绸、瓷器、服装、景泰蓝、文具等传统商品,还有各地学堂的学生外文作业、江南制造局的军舰图纸等等。中国展品共获奖 256 项,其中沈寿刺绣等 4 项展品获"卓越大奖"。

★ 1911 年,留日画家周湘"背景画传习所"开办,专门传授"西洋戏剧舞台背景画法"及"活动布景构造法"。招收学生中有乌始光、陈抱一、丁健行、刘海粟等人。

★ 1911 年,"浙江中等工业学堂"在杭州开办。创办人为留日学习染织工艺归国创业的许绒甫。学堂开设了两个专业:"机械"与"染织",设计相关课程主要为构件造型设计的工业制图与染织图案设计。后数次更名为"浙江省立甲种工业学校""浙江公立工业专门学校""国立第三中山大学工学院"等。

★ 1912 年 3 月 13 日,孙中山领导的南京中华民国临时政府发布一系列公告:《剪辫通令》《劝禁缠足文》《严禁鸦片通令》等。

★ 1912 年,山东"工艺局"木作工场出品的家具中已有多种洋味十足的新式木器,如欧式穿衣镜、梳妆台、书桌、"安乐椅"(即摇椅)等等。

★ 1912 年,袁世凯主持的北京北洋政府颁布《服制条例》。因其中颇多不谙国情之举,平民百姓无法企及,故社会各界非议多多,遂无疾而终、不了了之。

★ 1912 年,"上海图画美术院"成立,创办人为乌始光、刘海粟、张聿光、汪亚尘、丁悚等。后更名为"上海美术专科学校",张聿光为校长,刘海粟为副校长,于次年(1913 年)开始招生。所含设计类课程有周锡保教授的"图案"课程等。1914 年起,由刘海粟接任,担任校长数十年。

★ 自 1912 年民国建立以后,西方饮食文化逐渐深入市民消费阶层,尤其是冷餐招待会这种自助餐饮方式的传入,以及西式餐饮的菜式、选材、配料以及宴席行序、餐饮卫生、餐具款式、厨具装备、厅堂装潢、侍者服饰、迎宾礼仪等等,都深刻影响了各大城市餐饮商业。广州、上海、北京、天津、南京、汉口等地兴起"新式商业餐饮改造运动"。

★ 1912 年,日商"芦泽印刷所"在上海开业,承接各种纸本装潢设计及印制业务。至 1921 年美商"中国版纸纸品公司"开业时,上海已有三十多家专营印刷装潢的洋商企业。

★ 1913 年,山东"工艺局"更名山东省"工艺传习所",为省属官办手工艺工场,以"倡导实业、传习工艺"为宗旨,内设铜铁、毛毯、绣花、织布、木器、洋车六厂,雇员两千余人。1927 年更名"济南劝业场"。

★ 1914 年，上海画家郑曼陀首创"擦笔水彩画技法"，是为"月份牌美女画艺术"的"始作俑者"。后"月份牌美女画艺术"风靡沪上二十余年。依此一举成名的"少壮派"画家还有谢之光、杭英等人。

★ 1915 年，全国工商界一致反对日本当局提出的"二十一条"，纷纷建立"爱国储金"，全国人民掀起"提倡国货、抵制日货"运动。

811

★ 1916 年，英商麦克利"广大工场"（亦称"广大工厂"）在上海开业，主营设计并生产各式户籍门牌、车辆牌照、餐饮把缸、盖杯、碗碟等搪瓷制品，并自行经办商标、包装及商宣各项设计业务。

★ 1916 年，靠仿制美商"奇异电扇"起步的上海"华生牌电扇"投入量产。此后数十年间，经过长期不间断地研制、创新等改良型设计，"华生电扇"逐渐成为民国时期最负盛名的国产家电产品，畅销欧美及南洋。

★ 1917 年，上海石库门民宅建筑（第三代）东、西"斯文里"片区落成。石库门民宅建筑由洋人设计、洋资与华资营造业共同建造。因其建筑结构内部紧凑高效的空间设计和形式独特的外立面造型设计，使其成为近现代中国民居建筑设计中的经典之作。

★ 1917 年 10 月，港资"先施百货公司"在上海开业。之后"永安""新新""大新"公司相继开业，并称华资"四大公司"，它们全部是按照西方现代商业理念经营的现代化大型华资商业机构，开现代中国百货零售业之先河。

★ 1918 年，华商郭唯一并购上海市场规模第一的英商"屈臣氏汽水厂"。此后，多家华资玻璃瓶流水灌装生产线相继开业，西式饮料（汽水、果汁、啤酒等）、调味品（酱油、食醋、料酒等）、化妆品（发油、花露水、美甲水等）和中西药剂的液剂瓶装等中国现代包装方式逐渐形成。

★ 1918 年 4 月，"国立北京美术学校"创办，设有绘画、图案两科，郑锦任校长。1923 年更名"国立北京美术专门学校"，设有国画、西画、图案三系。1925 年更名"艺术专门学校"，增设音乐、戏剧两系，刘百昭、林风眠先后任校长。1927 年与其他七所学校合并成立"国立北平大学"，"北京艺专"更名"北平大学美术专门部"，刘庄任部主任。1928 年改称"北平大学艺术学院"，徐悲鸿任院长。

★ 1918 年,北京大学"新闻学研究会"成立。其研究内容包含纸媒(报纸、杂志、画刊等)广告的设计与发布。

★ 1918～1919 年,上海江南造船厂为美商订制的四艘同一类型的万吨货轮相继建成下水。这些货船都是全遮蔽甲板、蒸汽机动力大型远洋轮船,船长 135 米,宽 16.7 米,深 11.6 米,排水量 14 750 吨,分别命名为"官府号"(MANDARIN)、"天朝号"(CELESTIAL)、"东方号"(ORIENTAL)、"震旦号"(CATHEY)。

★ 1919 年,华资"马利工艺厂"(生产各类颜料、画具)在上海开业。之前国人所用绘图颜料及画具全部依赖进口。

★ 1920 年,华商刘柏森并购中国境内产量最大的日资"华章纸厂",改名"宝源纸厂东厂"。至此,国产常规纸张在中国市场竞争中已逐渐占优。

★ 1920 年 10 月 15 日,上海《申报》广告版刊登美商"古得克思"美甲水广告,因画面优美、字体醒目、文体新颖,当时曾引起较大反响。

★ 1920 年,民初诗人刘半农独创新汉字"她",迅速流行开来。20 年代初,女权主义被视为新文化运动中开明、民主思想的重要内容,在很大程度上促进了女性时尚,女性消费对社会生活的巨大影响。

★ 1921 年,上海"益丰搪瓷厂"开业。此后,"益丰搪瓷"逐渐成为民国时期海内外最知名的国货名牌之一,产品远销欧美、亚非广大地区。

★ 1922 年,美商奥斯邦(Osborn)与英商《大陆报》合作开设中国境内首家商业电台——"奥斯邦电台",在电台节目放送过程中不时插播商品信息介绍。

★ 1922 年起,经孙中山亲自参与设计、改进的"中山装"开始在"同盟会"(后改名"国民党")员、留日学生和进步侨社中流行,后来成为整个民国中后期至 80 年代的中国社会"第一国服"。

★ 1922 年,华人技师吴蕴初仿制日本味素成功,于次年以"天厨牌味精"在上海办厂投产。"天厨牌味精"之商标、包装及商宣业务均由华人技师设计,并由华资企业经办。

★ 1922 年前后,各大城市先后创办民营汽车公司,实行男女混乘。民初公交车多为美国"道奇牌"汽车底盘经装配车厢而成。

★ 1923 年,留日学习染织图案设计的陈之佛归国创办"尚美图案馆"。后在汉口、广州、重庆、南京等处任教染织与装潢等图案设计课程数十年。

★ 1923 年,华商陶桂林"馥记营造厂"开业,是民国时期上海与"姚新记"齐名、规模最大的建筑企业之一。

★ 1924 年,华商王叔贤创办的"上海纸版厂"开业,主营包装盒匣专用各式黄纸板、灰纸板生产。

★ 1924 年,张竟生首倡中国妇女"放乳";随后胡适发表演讲"争取大奶子"。1926 年《良友》推出"胸罩专题",1927 年广东省政府通过"禁止女子束胸"案。

★ 1925 年,吕彦直"中山陵墓间还珠设计方案"获得官办征选活动头名,并担任总建筑师(上海"姚新记营造厂"建造)。1930 年,"中山陵园"竣工。

★ 1926 年 2 月,由侨商伍联德创办的时尚杂志《良友》画报发行"创刊号"。

★ 1926 年起,绒线编结艺人黄培英在"丽华公司""荣华公司""安乐线厂"现场表演编结毛衣,在"中西""市音"等商业电台讲授"毛线衣编结法"课程。随后,毛线衣逐渐普及。

★ 1926 年,华商林振彬创办的"华商广告公司"在上海开业。此后"华商"经十年奋斗,发展成近百家分店的大型华资广告企业。

★ 1927 年,"上海建筑师学会"(后更名为"中国建筑师学会")成立。庄俊为第一任会长,范文照为副会长,至 1949 年解散。

★ 1927 年,"中央大学"在南京创办,设"建筑系"。

★ 1927 年,上海"新新公司"自办的中国首家民营商业电台"无线广播电台"首次开播,所播放节目中插播商业广告。

★ 1927~1929 年,南京国民政府颁布了一系列旨在促进工业建设、与设计产业有关的政策和法令:《注册条例》《公司注册规则》《工厂登记规则》《奖励工业品暂行条例》《特种工业奖励法》《小工业及手工艺奖励规则》《奖励实业规程》《工业奖励法》等。

★ 1927年,上海有六家广告社组织成立"中华广告公会",创办人为王梓濂("维罗广告社")、郑耀南("耀南广告社")等人。

★ 1927年,上海"大兴车行"聘请日籍技师二人,由洋行购置部分自行车零部件,并自行生产部分配件,进行组装生产,以"红马牌""白马牌"自行车品牌销售,并在1929年杭州举办的"西湖博览会"上获奖。

★ 1927年,上海"大世界游乐场"屋顶竖立中国最早的霓虹灯户外广告牌。

★ 1928年,"国立西湖艺术院"创建,设有国画、油画、图案、雕塑、建筑、音乐等学科。1930年更名"国立杭州艺术专科学校",1937年西迁,次年在湖南沅陵与南迁之"北平艺专"合并,更名为"国立艺术专科学校"。解放后先后更名"浙江美术学院"和"中国美术学院"。

★ 1928年,陈秋草与潘思同、方雪鸪等人先后创办"白鹅画会""白鹅绘画研究所"和"白鹅绘画补习学校",同时编辑出版了《白鹅年鉴》《装饰美》《白鹅画刊》。

★ 1928年秋,国民政府工商部在上海举办"中华国货展览会"。其展品分为"普通"与"特别"两种;"普通"陈列展品又分成14大门类,大多数属于国产的民生商品,如上海、天津等地华商厂家生产的肥皂、火柴、卷烟、门锁、铁钉、蜡烛、马灯及家纺品、服装、建材、药品、手工艺品等。

★ 二三十年代,有多种外国手工艺技法相继传入中国。如绒线编结、电植绒绣、抽纱花边、镶钻饰件、金银首饰、口吹玻璃、烧彩玻璃、电镀镜背、金属錾刻、电窑烧陶、套色版画、化学漆绘、软木雕刻、毛绒玩具、珐琅器等等。亦有多种洋工艺书籍在上海刊印发行,如《造洋漆法》《金工教范》《染色法》等等。

★ 1928年,南京国民政府先后颁布《中华民国无线电台管理条例》及《中华民国广播无线电台条例》,全面开放公私团体和个人经营广播电台。此后至抗战爆发,在上海、北平、广州、南京、天津、汉口等地如雨后春笋般涌现近千家民营商业电台。自此,电台节目插播商业广告成为电台广播业常态。

★ 1929年,"西湖博览会"在浙江杭州举办,历时137天。参观人数总计达2000余万。设有"八馆二所",即"革命纪念馆""博物馆""艺术馆""农业馆""教育馆""卫生馆""丝绸馆""工业馆"和"特种陈列所""参考陈列所",展品逾万。展览期间还设飞行表演、学术讲演、体育比赛。

★ 1929 年，"天津特别市第一次国货展览会"在天津举办。

★ 1929 年 7 月，上海特别市政府第 123 次会议通过《大上海计划》，并组织实施。有大批中国建筑设计师与华资营造商参加建设。

★ 1929 年，南京国民政府重新颁布《服制条例》，对男女正式礼服和公务人员制服做了明文规定（男性公务员礼常正服为长袍马褂、中山装，女性公务员或女眷之礼常正服为简式袄裙），民众百姓所穿日常便服，未作任何具体约束。

★ 1929 年，上海"组美艺社"成立。王扆昌、卞少江、陈景烈、蒋孝游、魏紫兰、汪灏等人发起，有工商美术家三十余人入社，分为印染、刺绣、工艺设计、商业广告、铺面装饰、橱窗陈列等专业组，两年多后停办。

★ 1929 年，上海"江南造船所"建造的"永绥"号炮舰下水。1930～1937 年期间，"江南造船所"先后建造了浅水炮艇、护航舰、巡洋舰、巡逻艇、炮艇、客货轮、破冰船等数十艘。

★ 1929 年，"河北省女子师范学院"在"家政系"中附设国画副系，有国画、西画、图案、技能理论等课程。

★ 1930 年，留英学者李士毅创办"上海美术供应社"，主营美术用品经销并承接广告装潢设计业务。

★ 1930 年，"国产丝绸和棉织品展览会"在上海举办。

★ 30 年代初，美商"胜家公司"为了在中国市场推销缝纫机，在上海开设"胜家刺绣缝纫传习所"。

★ 1931～1935 年，原"福州船政局"所属"飞机制造处"制成双翼式侦察机两架、水陆两栖飞机两架。

★ 1931 年，上海"国际饭店"建成开业。该建筑当时号称"远东第一大厦"，土建及装修工程所用建材全部来自国产。

★ 1931 年，上海特别市政府经济部门统计，仅当年上海一地的化妆品企业中，华商企业已达 138 家，外商企业有 37 家。

★ 1931 年,"决澜社"社员作品展览在上海举办,由庞薰琹、阳太阳等人组织、参展。作品中首次展出以喷绘手法绘制的广告招贴画,引起观众和舆论关注。

★ 1931~1936 年,上海地区多家华资西洋式玻璃厂家开业,产品远销东南亚及欧美市场。原垄断中国及远东市场的日资"宝山玻璃厂"被彻底挤出中国市场。

★ 1932~1937 年,南京"外交部大楼"、南京"国民大会堂"、上海新区"市政府办公大厦"、上海"大新公司"、上海"中国银行大楼"、上海"聚兴诚银行"等相继竣工。

★ 1932 年,"实业部三周年纪念展览会"在南京举办。

★ 1932 年起,美式"简版西服"在中国社会迅速流行。上海的"荣昌祥""培罗蒙",南京的"李顺昌""老久章",北平的"荣昌源"等华资企业先后成为国货西装洋服的著名品牌。

★ 1932 年,上海"百乐门"娱乐场开业。至 1933 年前后,"爵禄""一品香""扬子"等旅店增设舞厅、书场、弹子房、商业电台、屋顶花园等娱乐设施。

★ 1932 年,庞薰琹在上海筹办"大熊工商美术社"未果,先后在"上海昌明美术学校""上海美专"等多间学校担任图案及工艺美术课程专职教席,并举办"广告画展览"。

★ 1932 年,英商"飞达凹凸彩印厂"在上海开业。此精致彩印工艺与设备的引入,提升了民国中期书籍画刊装帧、装潢与商业纸媒宣传品彩色印制水平。

★ 1933 年,《明星日报》举办"电影皇后选举大会",前三名为胡蝶(21 334 票,头名)、陈玉梅(13 028 票,第二名)、阮玲玉(第三名)。1934 年,"十大影星"选举中,胡蝶当选"最美丽的女明星",阮玲玉当选为"演技最佳的女明星"。

★ 在上海工商业地方协会的倡议推动下,1933 年被定为"国货年",1934 年被定为"妇女国货年",1935 年被定为"学生国货年"。

★ 1934~1937 年,由蒋介石夫妇倡导、国民政府发动全国范围的"新生活运动",重点提倡全社会养成个人良好的清洁卫生习惯和遵守公共秩序的国民素质。

★ 1934 年,南京市政府推行"'平民住宅'建造计划"。由政府出资 20 万银圆,委托日籍设计师完成设计,并由日资营造商与华资建筑企业合作完成建造790所平民住宅,均以无房劳工等低收入者为承租对象。后武汉、上海、北平先后实行"'平民住宅'建造计划"。

★ 1934年9月,扩建增编后的"苏州美专"(颜文樑1922年创办)新设"实用美术科",并自辟印刷、铸字、制版、摄影工场,先后出版《艺浪》《沧浪美》等校刊。

★ 1934年,"新生活运动展览会"在江西南昌举办。

★ 1934年,华资"大方饭店"在上海开业。其为中国境内最早由中国人创办、完全按照西式旅店模式经营、全部进口设施、集餐饮住宿娱乐为一体的现代化商旅企业。

★ 1934年1月,抵制日货运动再次兴起,山东"济南劝业场"更名为"国货商场",规定场内商户一律只准出售国货,不准贩卖洋货。30年代类似的官办民营大型商场,均以批发为主,兼顾零售百货、文具、土特产杂品。

★ 1935年,"回力牌胶底鞋"在上海注册。此为中国市场上最早的国产运动鞋名牌畅销商品。

★ 1936年,首届全国性"商业美术展览会"在上海举办,参展作品包括广告招贴设计、包装装潢设计、陈设品造型及装饰图案设计等等。

★ 1937年,钱塘江大铁桥建成通车。该桥全长1 453米,上层为双车道公路,车道宽6.1米,为第一座完全由中国人自行设计、建造的大型钢结构公路铁路两用桥梁,设计者为留美(康奈尔大学土木工程系)归来的青年建筑师茅以升博士。钱塘江大桥虽先后经历抗战爆发、国民党撤退两次炸桥事件,可建成后从未经受任何一次结构性大修,75年来巍然屹立,通行如常,被杭州人民赞誉为"桥坚强"。

★ 1937年,"全国手工艺品展览会"在南京"国货展览馆"(今"江苏省美术展览馆"老馆)举办。

★ 1937年7月,上海市政府社会局承办"上海市政府成立10周年工业展览会"。其中"机制工业展览部"展品全部是国产橡胶、搪瓷、机器、电器、化妆品、新药、化工、造纸、人造丝等民生商品类工业制成品,共分13大类95小项。每项产品至多以6家厂商为限,竞选参展。此展会为近现代中国首次"工业设计"性质的专题展会。

★ 1937 年抗战爆发前夕,上海民族轻工企业已有 31 个行业、1 160 家企业。新增国产商品有:缝纫机、热水瓶、打字机、计算机、感光材料、号码机、速印机、灯泡、铝制品、自来水笔、锯木胶合板、味精、冷藏制冰、钢笔用墨水、复写纸等 15 个行业、979 家工厂。

★ 1937～1945 年抗战时期,宣传画创作达到高潮,很多美术家、设计师投身于抗战宣传画创作与设计,佳品频现。其中有著名画家张善孖、彦涵、李可染等。

★ 伪满时期,大连组装生产"超特急"和"亚细亚号"机车先后出厂,时速达 130 公里,为亚洲第一、世界第三,均为当时工业设计与制造技术的世界水平。

★ 1937 年起,日商"纶昌花布"和"防拔染花哔叽"独霸"沦陷区"中国市场,并一直是 20 年代至解放前夕中国市场上的畅销商品。

★ 1938 年,上海华企"金钱牌热水瓶厂"(老板董吉甫)的"搪瓷壳热水瓶"和"搪瓷喷印工艺"新工艺研制成功并投入量产。

★ 1938 年,留洋归国参加"文化抗战"的李有行、沈福文、雷圭元、庞薰琹等,在成都创办"中华工艺社"。这几位艺术家后来均成为现代中国设计教育的先驱、开拓者。

★ 1938 年,上海"复社"出版《鲁迅全集》,1940 年,《中国版画史图录》(郑振铎编)出版。此两种书籍装帧设计均较为考究,为抗战时期设计做得较为出色的精装出版物。

★ 1938 年 10 月 13 日和 1939 年 5 月 12 日,上海"孤岛"时期的"中国工商业美术家协会"两度举行为难民募捐的"义卖美术作品展"。

★ 1939 年,姚锡林("姚新记"老板)办"华伦造纸厂",生产包装专用"金轮牌"牛皮纸。

★ 1939 年,"难民生产品展览会"在上海公共租界举办。

★ 1939 年起,上海民营"信孚厂"的"福利多"黛绸部分产品远销海外。另一家上海民营"新丰厂"的"白猫"花布也较为畅销。

★ 1939 年,华商"中国化学工业社"的名牌产品"剪刀牌肥皂",全面压倒了原竞争对手英商"中国肥皂公司"的产品"祥茂香皂",彼此商战中的"商标侵权案"为华商败诉,被迫更名"箭刀牌"。

★ 1940 年,上海"富贝康家用化学品公司"研制出"百雀羚"国产护肤霜,年销量达上亿盒,为 20 世纪最负盛名的容妆商品国货名牌之一。

★ 1940 年,日商"上海昌和制作所"开业,专产"铁锚牌 26 英寸自行车",战后被民营企业接管,研造出"永久牌自行车"。

★ 1940 年 8 月 1 日,太行根据地八路军"流动工作团"研制出"八一式步马枪",是抗战时期中国工业设计的一项杰作:该枪自重轻、体积小、配三棱短刺、射击精度高、轻便灵巧,可多兵种配用,完全根据八路军士兵的常规生理特点和特殊运动作战方式设计、生产,共装备太行前线部队一万余支。

★ 1941 年底,日本军队进驻上海公共租界,大批企业家、艺术家、文学家纷纷撤离、避难,大部分转道香港前往大后方。

★ 1942 年,毛泽东发表《在延安文艺座谈会上的讲话》。

★ 1943 年,上海华商企业约倒闭 2/3。日资企业趁机大量开设新厂新店,总数达 91 家,占外资企业的 70%。

★ 1943 年,绒绣艺人刘佩珍绣制《高尔基像》展出。1937～1941 年是上海绒绣手工艺产业发展的全盛时期,全市从业人员达 2 万人,月产量 30 万件,月销售额10 万美元。

★ 1944 年起,美产尼龙制品、太阳镜、zippo 打火机、拉链、皮夹克、笔式口红等化妆品及青霉素、各种家用电器开始不断输入西南大后方社会,并迅速流行。

★ 抗战胜利后,各大出版社纷纷回迁,沪、平、穗、津、渝、汉等地的出版业、报业、彩印业一度全面繁荣。因为欧美设计风格影响和纷纷购进洋装备、采用洋工艺,发行、印制的作品在装帧、版式设计上都有显著提升。

★ 抗战胜利伊始,整个中国都市社会弥漫着"苦尽甘来、及时行乐"的享乐主义消费浪潮,整体社会风气"崇美媚洋"较为严重,加之美国"输华战时剩余商品"大举进入中国市场,使民族工商业处境艰难。

★ 1945 年,"上海市广告商同业公会"宣告成立,下辖 91 个广告公司、行、号、社参加。

★ 1945 年 9 月,"中央印制厂"在上海成立,专事承印国有银行及金融管理机构发行的钞票、票券、证件等。

★ 1945~1949 年,大型悬挂式商业广告牌成为户外广告发布的主要形式之一。较普遍的内容是西洋美女加推介商品,画面再穿插各种洋字码、美术字。

★ 民国后期的玻璃制品不但有吹玻璃工艺、热塑融彩工艺,还引进了洋式磨砂、刻花、喷印工艺,使民国后期的玻璃制品在装饰陈设类商品达到了空前水平。

★ 1945 年,"上海市实验戏剧学校舞台技术组"创办,后在 1956 年更名"上海戏剧学院舞台美术系"。

★ 1946 年 8 月,"中国纺织建设公司"在上海宣告成立,第一、第四和第七共三个印染厂和公司均设置"印花图案设计室"。

★ 1946 年 8 月 20 日,在上海新仙林舞厅举办"苏北水灾筹募会'上海小姐'票选"活动。舞女王韵梅获"上海小姐"冠军。活动共募得 4 亿元善款。

★ 战后上海商业街区橱窗引进了大量欧美道具、装备,也引进了外国的橱窗设计手法,使上海商业橱窗达到较高水准,影响全国。

★ 民国后期,上海专门绘制各类商业美术作品的画家兼设计师的有:孙雪泥、顾定康、杨可扬、邵克萍、徐刚、庞亦鹏、蔡振华、陶谋基等。

★ 40 年代末,在"崇美"思潮泛滥、美式消费商品充斥中国市场的大环境影响下,中国各大城市的民生商品广告设计、包装设计、产品造型设计、商业宣传设计全面趋向洋化,其中"美国商业消费主义设计思潮"影响巨大。

★ 战后各大城市华资工商业纷纷从国外(主要是美国)进口各种包装和印刷机械,使民国末期的商品包装从 30 年代简单的纸盒、玻璃瓶容器发展出材质丰富、印制精美、造型各异的包装品种。

★ 1946 年 10 月,"清华大学建筑系"创立,由梁思成主持教务。80 年代后更名"清华大学建筑学院"。

★ 1947 年,微雕名家薛佛影在上海"大新公司"画厅举办个人雕刻艺术展。其多件作品曾于 30 年代为政府所选参展巴黎,并为政府机构和民间名家收藏。

★ 1948 年前后,全国各大中城市商业中心区域均建有官办民营大型商场,市政配套比较齐全。此类商场多以提倡国货为特点,设有百货、绢花、文具、书店、布匹、服装、鞋帽、理发、食品等各类柜台及专卖店铺,经营各类以国货为主的民生日杂商品和各地土特产品,并附设各种餐饮副食摊位。

★ 1948 年前后,全国的手工艺美术行业急剧萧条。尤其是北平、天津和东北的老字号传统工艺店铺、画斋、古董行纷纷破产歇业倒闭,许多一度名满海内外的手艺名家,都被迫转行、另谋生路。上海"老凤祥银楼"等多家老字号店铺也歇业停办。各地手工艺人大多回乡种田或转业谋生,生活十分拮据艰辛。

★ 1949 年,上海"昌和制作所"研制出完全国产化的第一辆"永久牌"自行车,并投入量产。

★ 1949 年,上海纺织工业共有企业 4 552 家,作为纺织工业主体的棉纺锭已达 243.54 万枚。上海市 1949 年工业总产值中重工、轻工、纺织三者的比重:纺织占 62.4%、轻工占 24%、重工占 13.6%。上海市的棉纺锭,占全国棉纺锭总数515.7 万枚中的 47.23%。

★ 1949 年解放前夕,上海轻工业共有 30 多个行业、1 975 家企业,是拥有 6 万余员工、近百个国际市场畅销品牌的成熟、发达的产业系统。

★ 1949 年,张仃创作宣传画《在毛泽东旗帜下前进》。建国初期,张仃先后主持或参与了一系列新中国最早的设计,且涉猎广泛、影响巨大。其中有:新中国政协会徽、新中国国徽、新中国最早的纪念邮票、中南海怀仁堂装修工程等,堪称新中国"红色设计之父"。

★ 1949 年,全国政协第一次全体会议通过决议,选择"五星红旗"(上海平面设计师曾联松设计)为中华人民共和国国旗。

★ 1949 年,原"北平师范大学劳作专修科"更名"北京师范大学美术工艺系";1952 年全国院系调整,又改称"图画制图系",分为"国画"和"制图"两个专业。

★ 1949~1954 年,第一次北京"天安门广场改扩建工程"竣工。部分拆除左长安门、右长安门,广场中部的东、西红墙,广场面积达到 11.3 万平方米。

★ 1950 年,原"国立北京艺术专科学校"更名为"中央美术学院",取消"图案"等设计类课程,转向纯美术办学。

★ 1950 年,北京"朝阳区龙须沟改造工程"竣工。次年,作家老舍创作的话剧《龙须沟》在京公演;1952 年,电影《龙须沟》在全国公映。

★ 1950 年,北京"劳动人民文化宫"正式开放。该处原为明清太庙,在此基础上进行了一系列修葺、改建工程。

★ 1950 年 9 月 20 日,中央人民政府主席毛泽东向全国颁发了公布国徽的命令。国徽设计由中央委托清华大学营建系(组长梁思成,组员林徽因、李宗津、莫宗江、朱畅中、汪国瑜、胡允敬、张昌龄、罗哲文等人)和"国立北平艺专"(1950 年改名"中央美术学院",小组负责人为张仃,成员有张光宇、周令钊、钟灵等)最终完成。

★ 建国初期政治性展会、巡游、集会的展示设计活动十分活跃。如 1949 年"开国大典",1950～1965 年北京"国庆阅兵式"和"国庆"花车巡游及群众游行,1953～1965 年从"中华全国职工运动会""全军运动会"到"第二届全运会"等历次全国性运动会的开幕式大型团体操表演,1964 年四川美院泥塑群雕创作"收租院"展览等等,都是新中国展示设计事业堪称经典的一批著名设计案例。这些范例影响大、效果好、全社会积极性高,其中有很多成功经验值得当代展示设计教学与产业机构认真总结、汲取。

★ 1951 年,新编话剧《龙须沟》公演,取得巨大成功。1950 年 5 月至同年 10 月,北京市政府先后对该地区进行两次改造工程,受到广大百姓的拥护和赞誉。

★ 1952 年,第一次全国高等学校"院系大调整"中,多家含设计类课程、专业、院系的高等学校被新建、合并、转向、停办。

★ 1952 年,原"上海美专""苏州美专"和"山东大学艺术系"合并,在江苏无锡成立"华东艺术专科学校";1958 年迁至南京,更名为"南京艺术学院",下设美术、音乐两个系,"美术系"下设"工艺美术专业",含包装潢与染织美术两类课程。

★ 1953 年,罗工柳等人设计的"第二套"人民币对外发行。之前的"第一套"人民币为 1948 年委托苏联完成设计、印制后在东北地区发行、再流向全国。

★ 50 年代起,一批中专、职教性质的设计类学校创建。其中有:"北京市工艺美术学校"(1958 年)、"苏州工艺美术专科学校"(1958 年)、"上海轻工业学校"

（1959年）、"吉林艺术专科学校"（1959年）、"杭州工艺美术学校"（1960年）、"上海市工艺美术学校"（1960年）、"河北工艺美术学校"（1964年）等等。

★ 1954年10月，全部由苏联设计、出资建造的北京"苏联展览馆"竣工落成；同年10月至12月，在此举办"苏联经济及文化建设成就展览会"（主办单位：中国政务院经济委员会）；1958年，根据周恩来总理的意见，"苏联展览馆"更名为"北京展览馆"。

★ 1955年，中国人民解放军受衔仪式举行，解放军各兵种着装由此正规化。

★ 1956年5月21日，国务院批准成立"中央工艺美术学院"。同年11月1日正式举行建院典礼。学院下设"染织美术""陶瓷美术"和"装潢设计"三个系，另有"中央工艺美术学院研究所"，下设理论、刺绣、服装、家具四个研究室。

★ 1956年"资本主义工商业改造运动"以来，全部规模以上民营工商企业实现了"国营""公私合营"体制转型，后来又取消私营，全部转为"国营"企业。规模以下的工商户则实行"集体所有制"经营管理（俗称"大集体""小集体"）。

★ 1956年，"上海广告装潢公司""北京广告美术公司"相继成立。

★ 1956年，第一台"雪花牌"电冰箱在北京雪花冰箱厂研制成功；1958年，天津712厂和上海无线电厂都开始仿制苏式黑白电视机并获得成功；1958年5月，"东风牌"轿车研制成功；1958年8月，第一台"红旗牌"CA72高级轿车试制成功。这些"特供产品"从未进入市场流通环节。

★ 1957年10月15日，"武汉长江大桥"竣工通车。全桥总长1 670米，宽14.5米，为铁路公路两用桥。"武汉长江大桥"主要设计者有茅以升、罗英、陶述曾、李国豪、张维、梁思成等，苏联专家康斯坦丁·谢尔盖耶维奇·西林参与指导。

★ 1957年4月，"中国进出口商品交易会"（简称"广交会"）创办。之后每年春秋两季在广州举办。"改革开放"之前的建国以来三十年，"广交会"是集中展示和检验新中国民生商品设计水平的唯一平台。

★ 1957年5月，"国内外商品包装及宣传品美术设计观摩会"在上海美术馆举办。此次展会由中国广告公司上海市公司和上海美术设计公司联合举办，展出的外国案例绝大多数来自苏联、东欧，也有极少量来自西欧、日本的包装设计作品。

★ 1958年，第二次全国高等学校"院系大调整"中，多家解放前创办的设计类课程、专业、院系的高等学校被合并、转向、停办，并新建了一批设计类院系。

★ 1958年，在"大跃进"运动高潮中，上海英雄钢笔厂提出"英雄赶派克"口号。次年，在抗漏、减压、耐高温、耐磨等12个指标中，"英雄"有11个方面超过了"派克"。

★ 1959年，北京"国庆十周年首都十大建筑"竣工落成：人民大会堂、中国历史博物馆、中国人民革命军事博物馆、民族文化宫、民族饭店、钓鱼台国宾馆、华侨大厦、北京火车站、全国农业展览馆、北京工人体育场。

★ 1959年9月，第二次北京"天安门广场改造工程"竣工。中华门、东长安门、西长安门等一并彻底拆除，正阳门、箭楼得以保留。广场东西宽500米，南北长880米，总面积达44万平方米。其中，铺筑水泥板块20公顷，周围路面30万平方米。

★ 建国初期以来，工业制成品多项"中国第一次"诞生。新中国自主设计、自行制造出汽车、机车、造船、飞机以及农机、纺织机械、医疗器械、手控工具、小五金等等，使建国初期成为新中国工业设计的第一次"黄金时期"。

★ 1960年，"无锡轻工业学院"创建。所设"轻工产品造型美术系"为新中国最早的工业设计性质的高等教育机构之一。

★ 建国初期（1949～1965年）新中国动画片在海内外都享有盛誉。其中部分广受欢迎的作品有：《神笔马良》《小蝌蚪找妈妈》《没头脑与不高兴》《大闹天宫》《人参娃娃》《草原英雄小姐妹》等，木偶动画片《半夜鸡叫》《三毛流浪记》等。

★ 60年代初，新中国邮票设计达到鼎盛时期，佳作频出。其中部分作品为："纪50关汉卿戏剧创作七百年""特14康藏、青藏公路""特21中国古塔建筑艺术""特38金鱼""特48丹顶鹤""特46唐三彩""特44菊花""特50中国古代建筑——桥""特56蝴蝶""特55中国民间舞蹈（第三组）""特57黄山风景""特61牡丹""特63殷代铜器"等。

★ 1961年，中共中央批转轻工业部《关于紧急安排日用工业品生产的报告》。时逢"三年自然灾害"，物资供应十分紧缺，全国设计产业处于建国后的最低谷时期。

★ 1962 年,王泽《老夫子》漫画在香港面世。半世纪以来,《老夫子》风靡全世界华人社会。

★ 1963 年 6 月,中国美术馆建成,毛主席题写馆名。

★ 1964 年,解放军总政治部发行了全国第一套"毛主席像章",为小横条加五角星形,红底金芯,以链条串联;小横条上刻毛泽东手书"为人民服务",五角星中央是毛主席身着军装免冠侧面头像。

★ 1964 年 10 月,大型音乐舞蹈史诗《东方红》在北京"人民大会堂"公演。此为中国舞台美术"集大成者"的重大成果,无论是舞台布景、灯光设计、服装设计、道具设计、容妆设计,都达到了空前绝后的水平。

★ 1965 年,中共中央批准《毛主席语录》交由人民出版社出版,新华书店在全国公开发行。《毛主席语录》原由解放军总政治部于 1964 年编纂。

★ 1966 年 5 月 16 日,"五·一六通知"(《中国共产党中央委员会通知》简称)发表,全国大中城市的各类学校(包括设计教育机构)基本停课。

★ 1966 年夏秋之际,在"破四旧、立四新"高潮中,大批有历史和文化价值的珍贵设计史料和设计文物被毁,全国很多著名设计师、技术员和老手工艺人、研究学者遭受迫害。

★ 以手工艺品为主的中国传统产品一度成为"文革"外贸商品的主角。"'文革'时期工艺美术"的主体是各种民间美术品、手工艺产品,而不是民生商品。

★ "文革"十年,原先完全依靠商品流通的市场环境才能生存的商业广告业基本处于休眠状态;商标设计、商业美术(广告画、宣传画、招贴画)也沦为附着于产品载体的政治宣传方式。

★ "文革"十年的非行业性政治类展示设计案例非常丰富,也不乏成功案例。如 1966 年毛泽东天安门广场八次接见红卫兵、1968 年全国"芒果巡展"、1969 年全国各地"庆祝'九大'开闭幕庆典活动"、1970～1975 年北京及全国大中城市"国庆典礼"以及各种"阶级教育展览会""建设成果展览会"等等。

★ 1967 年 5 月 9 日至 6 月 15 日,"八个样板戏"同期在北京上演,并先后搬上银幕在全国发行放映。与大型音乐舞蹈史诗《东方红》相比,"八个样板戏"舞台设计的艺术性下滑、技术上提高,突出主题是英雄人物的"红光亮"造型。

★ 1968 年,北京"首都体育馆"建成。馆内有 18 000 个观众席,设有比赛大厅 1 个,练习馆 3 个,观众休息厅 6 个。场内的地板可以移动撤走,放水结冰后,可进行滑冰、冰球、花式溜冰等冰上体育比赛。

★ 1968 年,"南京长江大桥"建成通车。当年是世界上最长的铁路公路两用桥,号称"天下第一桥"。"南京长江大桥"除桥头堡建筑外立面与内部装修设计、桥梁钢架结构的工程建筑设计外,还采用了许多装饰设计,如桥栏杆部分的多幅浮雕、路灯的白玉兰造型、南北桥头堡的四座群雕等等。

★ 1969 年,上海"美加净"系列护肤产品面世。此为"文革"至 90 年代中国市场最畅销的容妆名牌畅销商品之一。

★ 1969 年 10 月 1 日,"北京地铁"一期工程建成通车,全长 23.6 公里,设 19 座车站。"北京地铁"很长时间内不对公众开放,需凭介绍信参观及乘坐。直至 1981 年 9 月 15 日,"北京地铁"才正式对外运营。

★ 1970 年,全世界最大的水利建筑——中国葛洲坝水利枢纽工程开建。

★ 1971 年,在第 31 届世界乒乓球锦标赛上,天津产"梅花牌"运动服首次亮相。自此,"文革"至 90 年代初,"梅花牌"一直作为国家运动队正式队服。

★ 1972~1976 年,部分大专院校重新复课,开始招收"工农兵学员"。设计类高校复课,部分课程为包装装潢与染织设计,有的加上陶瓷美术、工艺雕刻等。

★ 1973~1982 年,上海"七·二一工人大学"创办。之后,全国各地纷纷开办各类"职工大学"和职业技校,包括纺织、轻工和"二轻系统"自办的职业教育机构,含包装装潢、染织、产品造型等设计类课程。

★ 1973~1975 年,"文革"宣传画达到鼎盛时期,但与商业美术毫无关系。"海军美术创作组"等部队画家最为活跃。"文革"宣传画与政治和美术越来越近,离民生和设计越来越远。

★ 1966~1974 年,"文革"期间"毛主席像章"十分流行,先后发行上万款、几十亿枚。

★ 1974 年，江青设计的裙装作为推荐"国服"发表。因不符国情，款式怪异，虽价格一降再降，全国广大群众反应消极，最后不了了之。

★ 至 1975 年，中国主要靠从日本等国引进，建立了一系列大型化工及化纤纺织企业，如燕山化工、扬子乙烯、仪征化纤等等。自此，中国在人造纤维纺织品方面始终占据着全世界市场的"半壁江山"。

★ 1976 年，毛泽东逝世。"毛主席纪念堂"于当年开始设计、建造，次年 3 月竣工。华国锋题写馆名。

★ "文革"时期的邮票设计大多跟毛泽东、"文革"有关，如"全国山河一片红""四个伟大""毛主席去安源"、毛主席诗词、毛主席语录等等。

★ "文革"时期的国防工业持续发展。在工业设计所涉方面，单兵操作轻武器体系和部分乘用军车、舰船、军机的设计与建造方面，大比例提高了国产化程度。

★ 在"文革"后期，中国纺织、印染、服装、家纺产业，经近二十年磨炼，在外销商品方面一直保持着高速增长态势，在 70 年代中期占据了国际市场份额的"世界第一"和"中国外贸总值所占比重第一"两项冠军头衔，并保持至今。

★ 1977 年底，全国高考恢复。包括设计院系在内的全国多家艺术类院校开始正式招收"文革"以来的第一批大学生。

★ 1978 年起，喇叭裤、蝙蝠衫、牛仔服、蛤蟆镜、迪士高（又称"迪斯科"）、流行音乐、影视节目及各种家用电器（卡式磁带录音机、电冰箱、洗衣机为主）等开始传入内地，并迅速流行于中国城乡社会。

★ 1979 年，复苏的中国内地广告业创造多项"中国内地首次"：1979 年 1 月 4 日，《天津日报》刊登"蓝天"高级牙膏（天津牙膏厂）广告；同年 1 月 28 日，"上海电视台"播放"参桂养容酒"（上海药材公司）广告；同年 3 月 5 日，"上海人民广播电台"播放"春蕾药性发乳"广告；同年 3 月 15 日，"上海电视台"播放"雷达 RADO"（瑞士名表）广告；同年 3 月 18 日，"中央电视台"播放日本"西铁城 CITIZEN"（日本手表）广告……

★ 1979 年 10 月，"全国部分地区广告业务第一次交流会"在上海召开，共同制订了全国各地统一标准的《广告价目表》。

★ 1979 年,阔别 30 年之后,美国"可口可乐"饮料重返中国内地市场,投资建厂。1981 年,美国"百事可乐"进入中国内地,在深圳建灌装厂。其广告牌、商标、招贴画等商品形象宣传设计在"改初"时代达到了家喻户晓的水平。

★ 1979 年,法国著名时装设计大师皮尔·卡丹在北京民族文化宫举办时装表演,引起很大轰动。

★ 1980 年,山东从意大利引进国内第一条滚筒洗衣机生产线(济南"小鸭")正式投产。

★ 1980 年,深圳"东湖丽苑"竣工并交付业主入住。这是中国最早面向市场、银行信贷全面支持下的"预售制商品房开发"模式,20 年后普及于全国。

★ 1980 年,上海时装模特表演队成立。1989 年秋,上海举办"中国'迅达杯'时装模特大赛"。

★ 80 年代相继在全国流行的服饰为:喇叭裤、蝙蝠衫、牛仔服、踩脚裤、大花男式衬衫、蛤蟆镜(太阳镜)等等。

★ 1981 年,"托福"在中国内地(北京)首设考场。由此,到西方去出国留学成为"改革开放初期"许多中国青年的梦想之一。

★ 1982 年 10 月,上海从日立公司引进年产 10 万台的彩电生产线及成套技术设备投产(上海"金星牌"彩电)。

★ 1982 年,专业性杂志《中国广告》在上海创刊。

★ 1983 年,"中央工艺美术学院"在国内首次设置"工艺美术史论系";1984 年,在全国首次设置"工业设计系"和"服装设计系"。

★ 1984 年,"燕舞牌收录机"广告在电视台播放:"燕舞,燕舞,一曲歌来一片情"(广告片演员为苗皓钧)。此为"文革"后第一次播放的国产商业电视广告。

★ 1985 年 5 月,北京"中国美术馆"展出法国"伊夫-圣-洛朗时装展览"。

★ 1985 年 8 月,广东"健美操大赛"选手穿比基尼泳装参赛。

★ 1985 年,上海汽车制造厂引进国内第一条家用轿车生产线(德国桑塔纳 SANTANA)投产并向全国公开销售。

★ 1986 年,石凯以私人身份参赛并获"第六届国际模特大赛特别奖"。1988 年,彭丽在意大利"今日新模特国际大赛"中获得冠军。1995 年,"第四届中国模特大赛"冠军谢东娜获得"世界超级模特"称号。

★ 1986 年,山东一家濒临倒闭的"小集体"厂家引进国内第一条德国电冰箱生产线,出产"海尔冰箱"。二十年后,"海尔冰箱"成世界名牌。

★ 1987 年起,日本"任天堂"以电子游戏项目迅速风靡全中国各地。眼下电子游戏已成为中国青少年和不少中青年职场人士的主要消遣方式,行业年产值过百亿。但被其戕害、耽误、累及家庭者亦不在少数,社会舆论对此时有"第三次鸦片战争"之负面议论。

★ 1987 年 9 月,中国模特表演队在法国巴黎"第二届国际时装周"亮相,引起西方世界轰动。

★ 1987 年,美国连锁快餐业"肯德基"在北京开设第一家店面。1990 年,美国连锁快餐业"必胜客"在北京开设第一家店面。1992 年,美国连锁快餐业"麦当劳"在深圳开设在中国内地的第一家餐厅。1998 年,美国咖啡餐饮连锁业"星巴克"在北京开设第一家门店。美式快餐的营销方式与商业宣传、广告发布,对中国餐饮界、设计界同行产生较大影响。

★ 1988 年 10 月,"沪嘉高速公路"竣工并通车。此为中国第一条高速公路,之后二十年内,中国建成的高速公路总里程位居"世界第二"。

★ 1990 年,瑞士"雀巢咖啡"在中国大陆的第一家合资厂开始运营,随后又建了多家工厂。当年一句电视广告词"味道好极了!"在中国脍炙人口。

★ 90 年代起,日本车企"丰田""日产""本田""铃木"等先后在中国投资建厂。电视广告词"车到山前必有路,有路必有丰田车"在中国家喻户晓。

★ 1991 年,中央电视台举办第一届"3·15 晚会"。这是首次将国产商品置于公众舆论监督、保障消费者利益、促进国内企业不断强化自身能力的有效举措。

★ 1991 年 8 月 19 日,前苏联宣告解体。

★ 1992 年初,"联想公司"在国内第一个推出"家用电脑"的概念:"联想"1+1电脑"。1996 年起,家用计算机(PC 机)迅速普及。

★ 1993 年,"九江长江大桥"建成,桥长 7 675 米,公路桥长 4 460 米,为当时世界最长的铁路、公路两用的钢桁梁大桥。"改革开放初期"(1979～1996 年),长江上建成 23 座跨江大桥。

★ 1994 年,美国纽约"时代广场"电子广告屏首次滚动播出中国商品"三九胃泰"(广州制药厂)广告。

★ 1995 年起,美国"高露洁"(1995 年)、"佳洁士"(1996 年)、"黑人牌"(1997年)等牙膏先后在中国建成生产线。

★ 1995 年 5 月,广州"白马广告公司"宣传册《家·中国人的故事》获"第 36 届美国基奥国际广告节"平面设计银奖。1997 年 1 月,中国"梅高广告策划公司"《"天和骨通"广告营销策划案》获世界三大广告节之一的"纽约广告节"银奖。1998年 10 月,浙江"华林广告公司"影视广告《浙江信联轧钢》获"蒙特利尔国际广告节"金奖。

★ 90 年代中期,中国纺织服装、农具机床、器械五金、玩具文具等民生商品的世界市场份额占据"世界第一"。基础工业的钢铁、水泥、煤炭、化肥总产量均为"世界第一"。

★ 90 年代起,美国"舒肤佳"、美国"夏士莲"护发霜、美国"玉兰油 OLAY"护肤油、美国"安利"系列化妆品、英国"力士"香皂等日化商品先后进入中国,并开办生产厂家与销售网点。

★ 到 90 年代中期,中国造船业已能建造包括 30 万吨巨型油轮、海洋勘探船到豪华级邮轮、海上钻井平台等所有型号民用船舶,从船体结构到船舱装修均为我国自行设计、自行建造,造船总吨位世界名列"三甲"。20 世纪末,中国造船总吨位达到"世界第一"。

根据《设计与百年民生》整理编写

　　我是从 2007 年开始筹划这本书的写作的。几年来提纲数易其名,时紧时松,忙起来便抛置脑后,闲时就捡起来拾掇一番。但对本书章节的结构调整和前期准备工作一直在进行。本书所选择时段和内容也一直未变:不再搞具体的设计案例分析,而是从宏观角度重点论述中国社会百年民生状态、产业条件对近现代中国民生设计的决定性影响和孵化、促进、提升的具体作用。说白了,就是想从设计行为的文化成因着眼,按具体时段查清楚跟这些设计行为有关事物的五服三代、血脉基因。我自以为这是件很重要的事情,特别有益于把现代设计学研究与工艺美术研究从概念上加以区分。长期以来,曲解工艺美术的陈旧概念还在延续,甚至有人胡乱篡改词意、偷换概念,试图以工艺美术研究取代、置换设计学内容,大有李代桃僵之势,实质上已严重妨碍了现代设计学理论的进一步深入发展。其实本书作者非但不反感传统工艺美术,而且是三十年最忠心不二的拥趸、粉丝,至今我依然认为:中国传统工艺美术是中国设计传统的重要组成部分,尤其是官作设计(漆艺、景泰蓝、玉雕、金银器等等,民间工艺除外),代表着中国传统官作设计的最高水平;因为物质与人力资源的独占性和垄断性,传统工艺美术也是历朝历代中国设计传统在科技成分、艺术成就和文化含量方面的标杆性事物。但如果将传统工艺美术与以民生商品设计为主线的现代设计在概念上加以混淆(姑且称之为"简单取代法"),那就是我不能容忍、必须与之撇清的事情了。

　　另一种现象就是截然相反:断然否定 80 年代之前的近现代中国社会曾有过设计。他们认为"设计"这个词在社会上流行起来之前,中国就不存在设计。这个说法比之上述的"简单取代法"更荒谬,就等于说"文化""艺术""美术"这些词汇(都是日源词,传入中国都只有百把年)没在中国社会流行起来之前,中国人连文化、艺术、美术都没有一样。如此轻易地就将数千年中国文化一笔勾销，"文化汉奸"的本事也太大了，恐怕连发明这些词汇的日本人也接受不了。这个幼稚至极的说法，本不是在大学里教学生、混饭吃的"学者"们应该犯的错误。我花六年时间辛苦撰写这本小书的目的之一，就是要正面批评一下"简单取代法"和"简单否定法"两种错误见解。

本书所涉的一百余年，刚好横跨中国社会的古代、近代、现代和当代四个历史时期，充满了社会剧烈转型所发生的各种重大文化事件。从设计史论研究角度讲，这一百年的中国设计历史，深刻反映了中国社会民众生产方式和生活方式在各时段的新出现的改良、创新事物，与各时段设计事物之间形成的交叉性相互作用。我以为，努力揭示以设计事物为媒介发生的人对人发生的影响、人对人产生的作用、人与物形成的关系，以文明事物化解生活难题，进而开化民智、改良民俗、培养文明消费习惯、提升人的生活品质，是设计文化的核心内容。这要比侈谈"设计文化"的空泛概念，琢磨《新华字典》上"文化"一词的修辞学定义，来得更有意义。

正如"文化行为，从来就不是文化人的独有行为"一样，设计行为，从来就不是设计师的专利行为。正相反，能流传迄今的古今中外所有经典设计案例，绝大多数出自无数在生产生活中辛勤劳作、努力进取的无名氏，他们从来不是专职设计师，他们的设计行为直接反映了他们在生活方式和生产方式中遭遇问题、解决问题的所作所为，才因此具有无比的承传时间长度、应用范围宽度、作用影响深度。这些杰出设计事物的无名创造者的统一名称是"人民大众"。人民大众的生产方式和生活方式，永远是任何时代、任何社会设计事物的依存主体。关注民生设计的文化成因，就是关注近现代中国设计发生、发展的文化脉络本身。

人的生命是短暂的，有效工作时效更短暂，必须合理利用。用自己潜心研究的成果去纠偏补正，这件事情是我捍卫自己珍惜的设计史论这个"瓷饭碗"所必须要尽到的责任和义务，值得我豁出去做，哪怕再花比《中国传统器具设计研究》这艰苦异常的"八年抗战"更长的时间、更多的心力。

自从2007年动了"凡念"之后，五年下来，查阅、整理的书籍、文献不下千种，采集的旧照片已有数万张（我自吹自擂：论民国时期关于民众生活状态的黑白照片拥有量，国内设计学界如我者，不会太多），日夜研读。原本再磨合它十年八年再动笔撰写不迟，不期江苏凤凰美术出版社前任社长、我的老友周海歌先生将我几年前发给他商议切磋的本书旧版提纲（记得是2007年左右）拿去申报了"'十二五'国家重点图书出版规划项目"，且承蒙各级评委错爱最终得以立项，意外之余，未免措手不及，只能仓促上阵。

书稿杀青之际，颇感欣慰，因为自己又有新收获；经过几年辛苦琢磨，书稿写完后对许多事情更明白了。最大的提高是获得了一个心得体会：从文化脉络上讲，民生设计是传统民具设计的历史延续；从产业形态上讲，民生设计是工业化、现代化进程的具体成果；从社会变革上讲，民生设计是百年中国除弊革新、移风易俗的必然产物。在动手收集资料和开始写作时，这个认识原本并不是很清晰的。越往下写,对此的认识就越清晰,瓜熟蒂落,水到渠成,结论就自然而然浮现出来了。如果读者有人能明白《设计与百年民生》这个核心的结论,我真的是算没有白辛苦一场。

有一点我要老实坦白:由于《设计与百年民生》谈的是民生设计的百姓消费状态与百姓谋生产业背景,必然涉及大量的经济数据的采集与整理,还有大量社会学、经济学理论的应用。恰好我在这些方面一窍不通,基本上算闯到陌生领域里了,往往挂一漏万、以偏概全,很难如实反映全貌。之所以勉强自己做此项研究,还是想"以身试法",探索一下从普通消费者与生产者(这是中国百年设计事物的依存主体)的社会广角去揭示设计事物的文化价值。作为以前不多见的设计学研究方法,即便错误百出,也多少有些实验性意义,总比以往那些"设计史"(总是围绕着皇帝老子、贵妃娘娘和达官贵人、商贾豪绅如何如何,就是没怎么把老百姓放眼里)要强多了。想到这点,我倒是能够原谅自己的。

此番写作不比以往。既没有与人合著,也没有让学生找一份资料、画一幅图,自然靠不上以往我算是驾轻就熟的依靠团队协同作战的集体合力。除去老婆大人(王浩滢博士)为我采集、整理、缩编各类海量图文资料,也参与了其中一些重要章节的初稿撰写还坚持不肯署名外,基本靠自己单打独斗,连头带尾历时六年完成。说来羞愧,我是个电脑盲,除去打字,连打开、发送电子邮件也不会;平时还懒得很,不愿意出门,日常上图书馆、档案馆、博物馆都是她的事——理由是我不会开车,挤公交、地铁又太辛苦。所以除非是书中特殊事件需要我实地求证的重大问题之外,我经常只花几分钟写张纸条、列一堆问题,她却要满城跑上好几天。因此最先要感谢的人是妻子王浩滢。这儿还要专门请她谅解我在本书数年写作过程中发生学术观点争议时,因恼羞成怒而多次蛮横无理、粗暴简单的对话态度。给我当免费、无名的合作者,还总是吃力不讨好,我完全理解她这份淤积数年的委屈。我决心深刻反省自己的行为,要走悔过自新、改弦更张的道路,保证在今后日常生活中服从管理、俯首帖耳,对自己的"大男子主义"严加改造。

还要特别感谢周海歌先生。周社长是我多年的挚友,在我此生最困难的内外交困之时(得罪领导而被深度冷藏、编书工作人财两空、家庭变故、意外受伤等)主动出手援助,全力承担所有出版费用,才成就了我在设计史论界马马虎虎算是能立足栖身的两套书《中国传统器具设计研究》(全四卷)、《设计史鉴》(全四卷)。因此,当我得知几年前提交、忙起来几乎遗忘的那份《设计与百年民生》"编撰提纲",被其送审并立项之后,未免一时错愕不已,惊慌失措,不知该如何分身应付。砸在我手里的事情一大堆:拖拉了三年多的商务印书馆《中国设计全集》(全40卷)稿件才完成一半多;受邀主持编撰的其他项目刚前期完成十数万字的"编撰细则"和初步拟定分卷主编人选,只差开会公布了;还有本职工作一堆:本科日常课程、参加各种会议、评审、社会活动;加之教学任务和没完没了的硕士、博士、博士后们的论文写作从开题到预审、终审都要我指导等等,未来几年恐怕不会有空再揽活了。

但周海歌先生于我有"知遇之恩"。《设计与百年民生》的提纲也确实是我自己几年前给他的,虽未签约确认,白纸黑字,赖都赖不掉。我要借故赖账,于人情事理相悖,有忘恩负义之嫌,得此恶名,以后我也没法在朋友圈里混了。权衡利弊再三,我决心不计代价、义无反顾地投入《设计与百年民生》的撰写。首先是推辞掉所有的新邀写作任务,减少教学课程和不出席所有社会活动,以便自己能继续深居简出,全身心投入《设计与百年民生》的撰写。我清楚我自己的弱点:我要是成了"社会活动家",就基本上搞不出像样的东西了——因为我不是个意志力很强的人,与枯坐书斋相比,把酒言欢、口若悬河毕竟是令人愉快、容易上瘾的事情,我很怕自己最终也被眼下学术风气腐蚀成尸位素餐的"专家"。这儿特此向几年来曾好意邀请却遭我频繁"婉拒"的单位和朋友们致歉,事出有因,万望海涵。

《设计与百年民生》的策划、构思于 2006 年。经过六年的艰苦努力,于 2012 年底完成初稿,共计 99.95 万字,交付出版社。

最后要感谢江苏凤凰美术出版社所有参与此书审稿、校样、装帧、制版、印刷、发行各环节的编辑老师和全体工作人员。我们是患难与共的朋友,是你们十余年来一直支持了我的学术研究成果发表,有你们的心血努力,我才能一步步走到今天。过去是《中国传统器具设计研究》《设计史鉴》,现在是《设计与百年民生》,我们肯定还有未来的合作机会。

王琥,于南京龙江小区"三冷斋"

2012 年 10 月 16 日,修定

图书在版编目(CIP)数据

设计与百年民生/王琥著. --南京:江苏凤凰美
术出版社,2016.1
ISBN 978-7-5580-0120-8

Ⅰ.① 设… Ⅱ.① 王… Ⅲ.① 设计学-研究-中国
Ⅳ.① TB21

中国版本图书馆 CIP 数据核字(2016)第 025405 号

责任编辑 周海歌　方立松　郑　晓
装帧设计 郭　渊
特约校对 洪　波　曹永琴　陶善工
责任监印 吴蓉蓉

书　　名	设计与百年民生
著　　者	王　琥
出版发行	凤凰出版传媒股份有限公司
	江苏凤凰美术出版社(南京市中央路 165 号　邮编 210009)
出版社网址	http://www.jsmscbs.com.cn
制　　版	江苏凤凰制版有限公司
印　　刷	江苏凤凰通达印刷有限公司
开　　本	718mm×1 000mm　1/16
印　　张	53
版　　次	2016 年 1 月第 1 版　2016 年 1 月第 1 次印刷
标准书号	ISBN 978-7-5580-0120-8
定　　价	198.00 元

营销部电话　025-68155677　68155679　营销部地址　南京市中央路 165 号
编辑部电话　025-68155753
江苏凤凰美术出版社图书凡印装错误可向承印厂调换